高等院校园林与风景园林专业规划教材

园林树木学

（修订版）

陈有民　主编

中国林业出版社

图书在版编目（CIP）数据

园林树木学/陈有民主编. —北京：中国林业出版社，2006.9（2022.10 重印）
高等院校园林与风景园林专业规划教材
ISBN 978-7-5038-0523-3-02

Ⅰ. 园…　Ⅱ. 陈…　Ⅲ. 园林树木－高等院校－教材　Ⅳ. S68

中国版本图书馆 CIP 数据核字（2006）第 070957 号

中国林业出版社 · 教材出版中心
责任编辑：康红梅
电话：83143551　　传真：83143561

出版发行　中国林业出版社（100009　北京市西城区德内大街刘海胡同 7 号）
E-mail：jiaocaipublic@163.com　电话：（010）83143550
网　址：http：//lycb.forestry.gov.cn
经　销　新华书店
印　刷　廊坊市海涛印刷有限公司
版　次　1990 年 9 月第 1 版
2006 年 9 月修订版
印　次　2022 年 10 月第 36 次印刷
开　本　787mm × 1092mm　1/16
印　张　47.75
字　数　1205 千字
定　价　68.00 元

编 写 人 员

主　编　陈有民
主　审　陈俊愉
编　者（按内容顺序排列）
陈有民：绪论、总论中第一、三、四、五、六、七、八、十、十四、十五等章。各论中裸子植物（与陈俊愉合编）、被子植物中第［21］～［25］科、［31］～［35］科、［52］～［67］科。
王玉华：总论中第二、第三章中第九节、第九章。
张秀英：总论中第十一、十二、十三章。
陈俊愉：裸子植物（与陈有民合编）。
张天麟：各论中第［11］～［20］科、［26］～［30］科、［36］～［51］科。
周道瑛：各论中第［68］～［81］科、［83］科。
苏雪痕：各论中第［82］科。

此外，参加本书有关选图、绘图、抄写、打字、编排索引等工作的，还有阮接芝、周放、余小琪、华佩琤、俞孔坚、吉庆平、张德舜、高尤军等同志，在此一并致谢。

前　　言

《园林树木学》是园林专业主要专业课程之一。在进行园林（包括风景区）规划设计、绿化工程及园林的养护管理中，都必须具备园林树木学知识。《园林树木学》从建国初期创办全国唯一的“造园组”至成立园林系后，曾按传统称为《观赏树木学》，至20世纪60年代中期改为现名，但在国外多仍用传统名称，故无论各校课程使用何种名称，本教材均属适用。

本书内容分为绪论、总论、各论三部分。绪论、总论着重于理论阐述，各论讲述全国各地习用及有发展前途的树种。

各论中裸子植物部分按郑万钧教授的系统（1978年），被子植物部分按恩格勒（Engler）的系统（1884、1909、1963及1964）。

各论中的树种，依其在园林中应用的情况，分别按重要树种、一般树种和次要树种进行繁简程度不同的讲述，在编写格局上有所不同，使读者一目了然。对一些有发展前途但又限于篇幅无法叙述的种类，只列于检索表中供参考而不再在正文中叙述。

本书中的插图除自绘外，在各论中采用了《中国高等植物图鉴》《华北树木志》《中国树木志》《中国主要树种造林技术》《树木学》（南方本）等书的附图，图中未标明出处，在此一并致谢。

由于编者水平有限，谬误之处，欢迎批评指正。

陈有民

1988年5月

前言

目　录

第二篇 各 论

绪　论

第一节　园林树木学的定义、任务和学习方法

中国国土辽阔、地跨寒、温、热三带，山岭逶迤、江川纵横，奇花异木种类繁多，风景资源极为丰富，可以说是个多彩多姿的大花园。从园林绿化风景建设和保持国土的良好生态环境而言，园林树木是极为重要的因素。从概念上来讲，凡适合于各种风景名胜区、休疗养胜地和城乡各类型园林绿地应用的木本植物，统称为园林树木；而以园林建设为宗旨，对园林树木的分类、习性、繁殖、栽培管理和应用等方面进行系统研究的学科称为园林树木学。园林树木学属于应用科学范畴，是为园林建设服务的，是园林教育中的重要专业课程。

园林树木学的内容包括绪论、总论和各论三部分。总论讲授理论，各论讲授树木的识别、分布、生长发育和生态习性、环境因子对树木的影响和树木改善环境的作用、树木的繁殖和栽培管理技术、树木的观赏特性和在园林中的配植应用以及树木的经济生产用途等。

从宏观来讲，园林绿化工作的主体是园林植物，其中又以园林树木所占比重最大，从园林建设的趋势来讲，必定是以植物造园（景）为主流。当然，其中也必须包括适当的地形改造等工程和能起画龙点睛与实用作用的适量建筑物。因此，学好园林植物——园林树木学，对园林规划设计、绿化施工、以及园林的养护管理等实践工作具有巨大意义。

欲学好园林树木学，必须有一定的基础学科和专业基础学科的知识，例如为了辨识树种、了解植物资源，必须有植物学、植物分类学知识；为了掌握树木单体和群体的生长发育规律、生态习性和树木改善环境的作用，必须有植物生理学、土壤学、肥料学、气象学、植物生态学、植物地理学、地植物学和森林学等知识。除了应了解上述各个基础及专业基础学科与园林树木学的关系外，还应当明确地认识到园林树木学是专业性的应用科学，学习它的目的和任务就是要学会应用树木来建设园林的能力，并具有使树木能较长期地和充分地发挥其园林功能的能力。为此，在学习时必须记住树木的识别特点，掌握其习性、观赏特性、园林用途以及相应的栽培管理技术措施。此外，在学习时还应当注意本课程与有关专业课程间的有机联系关系，这样才可以收到更好的效果。

值得特别提出注意的是树木的配植应用问题，这绝不是一般外行人所认为的仅只是在图纸上画圈的问题，也不是仅画出一张美丽风景画的问题。园林师在应用树木时，实际上是预见了十几年或几十年以后各种不同树木所将表现的效果，而且这十几年或几十年之中尚须经园林师按照一定的意图进行精心的栽培与管理，才能最后实现其美好的理想效果，所以不学好园林树木学是很难具有这种才能的。

由于园林树木种类繁多，地域性差异很大，形态、习性各有不同，在学习上有一定难度，所以在学习方法上要注意理论联系实际，多作观察记录，勤思考，多作分析、比较和归

纳工作，并应善于抓住要点，坚持这种学习方法定会有较大的收获。

本书的编写方针是：以总论为理论指导，各论为主体；对各论的编写是以识别为基础，习性（生长发育、生态、观赏特性）、栽管（繁殖、栽培管理）为中心，园林应用为目的。望各地在讲授与学习时，师生共勉，并结合所在地区的特点加以灵活运用。

第二节 园林树木在园林建设中的作用

现在世界各地都在重视城市建设中的园林建设工作。由于工业生产的大规模发展，造成环境污染，给人类带来很大灾害，所以保持生态平衡的工作已提到国家议事日程上来。从本质上讲，消除公害必须从工业生产本身去解决，仅靠工厂的防护绿地及城市园林绿地是解决不了问题的。虽然如此，却也促使人们对园林绿化工作的注意，而不再认为它是可有可无的工作了。随着国民经济的发展和人民生活水平的提高，人们对工作和生活条件的改善有了更高的要求，但是，大城市的畸形发展，人口过于集中，使人们产生返回自然的要求，因此在城市建设中重视了园林绿地的发展，例如华盛顿市人均绿地面积40m^2以上；巴黎有大巴黎岛的绿化规划，平均每隔250m远就有一块绿地；雾都伦敦已变成公园、绿地成片的城市；新加坡市已建成为环境优美景色宜人的花园城市；莫斯科的绿地总面积占全市总面积的35%，计划以后每5年增加绿地2000hm^2。中国第五届全国人民代表大会第四次会议作了关于开展全民义务植树运动的决议。1982年2月城建总局在全国城市绿化工作会议上对园林绿化的规划指标提出如下的要求：凡有条件的城市，绿化覆盖率近期应达到30%，本世纪末达到50%；每人平均公共绿地面积，近期应达到3～5m^2，本世纪末达到7～11m^2；城市新建区的绿化用地面积应不低于城市总用地的30%，旧城改建区一般不低于25%。一个城市的园林苗圃面积，一般应相当于建成区用地总面积的2%～3%。现在北京市的绿化覆盖率为22.3%，平均每人占有公共绿地面积为5.07m^2。从总的趋势来讲，全国所有的城市园林绿地均将大幅度增大。此外，在国际上，旅游事业的发展非常迅速，早有“无烟工业”的美称；中国地大物博，风景名胜资源极为丰富，不远的将来，旅游业一定会蓬勃发展，各类风景区的建设高潮一定会到来。

园林树木在园林中具有巨大的作用，它可构成美景、造成各种引人入胜的景境。由于树木是活的有机体，随着一年四季的变化，即使在同一地点也会表现出不同的景色，形成各异的情趣。树木本身就是大自然的艺术品，它的叶、花、果姿，均具有无比的魅力；古往今来千千万万的诗人、画家无不为它们讴歌作画，由此可见它们对人类的巨大影响。人们在与大自然、与植物的接触中，可以荡涤污秽、纯洁心灵、美育精神，陶冶性格，这不仅是一种高尚的精神享受，还是一种美好精神文明的教育。

树木不仅有美化环境的功能，尚有改善环境生态因子的作用，尤其对局部小气候的改善作用极大，对恶劣的环境因子能起到防护作用，因而对人们产生良好的保健效果。

树木还具有创造财富的生产功能，古人曾有“燕秦千树栗，其人与千户侯等”的说法。树木的生产功能包含极其丰富的内容，在园林中只要运用经营得当，对园林建设亦可起到促进作用，但是如果运用经营不当，亦会起到消极甚至破坏作用。

总之，园林树木具有美化、改善环境因子和生产等三方面的功能。关于每种功能的内容，将在总论中详细论述。

第三节　中国丰富多彩的园林树木资源和宝贵的科学遗产

一、中国丰富多彩的园林树木资源

中国被西方人士称为“园林之母”，园林树木资源极为丰富。各国园林界、植物学界对中国评价极高，视为世界园林植物重要发祥地之一。中国的各种名贵园林树木，几百年来不断传至西方，对于他们的园林事业和园艺植物育种工作起了重大作用。许多著名的观赏植物及其品种，都是由我国勤劳、智慧的劳动人民手中培育出来的。例如，桃花的栽培历史达3000年以上，培育出百多个品种，在公元300余年时传至伊朗，以后才辗转传至德国、西班牙、葡萄牙等国，至15世纪才传入英国，而美国则从16世纪才开始栽培桃花。又如梅花在中国的栽培历史也达三千余年，培育出三百多个品种，在15世纪时先后传入朝鲜、日本，至19世纪才传入欧洲，至于美国仅在本世纪才开始栽培梅花。再如李、杏等，亦均为栽培数千年之久的优美观花享果佳树；至于号称“花王”的牡丹，其栽培历史达1400余年，远在宋代时品种曾达六、七百种之多。

中国园林树木资源有以下几方面特点：

（一）种类繁多　中国原产的木本植物约为7500种，在世界树种总数中所占比例极大。以中国园林树木在英国丘园（Royal Botanic Gardens, Kew）引种驯化成功的种类而论（1930年统计），即可发现中国种类确实远比世界其他地区丰富。以耐寒乔灌木及松杉类而言，原产我国华西、华东及日本的共1377种，占该园引自全球的4113种树木的33.5%；而引自北美的共967种，占总数的23.5%；至于引自北欧与南欧的仅587种，只占总数的11.8%。在亚洲，中国园林树木最为丰富，尤以西南山区尤为突出，这一地区的植物种类最为繁多，约比毗邻的印度、缅甸、尼泊尔等国山地多4～5倍。事实上西南山区已形成世界著名园林树木的分布中心之一。

中国园林树木在前苏联及东欧各国中，同样起了巨大作用。如据帕米尔植物园古尔斯基教授1958年统计，前苏联栽培的166种针叶树中，有40种来自东亚，占24%；在1791种阔叶树中，620种来自东亚，占34%。从前苏联北部到南部，中国木本植物的比例愈来愈大。例如在列宁格勒和乌克兰，约有10%的乔灌木原产中国；在中亚为18%；在南克里木为24%；在巴库为29%；在索契为47%；到了巴统竟达50%。古尔斯基在其论文末尾写道：“所有这些事实都说明了：现在已经完全明确了中国木本植物在前苏联的重要性”。

据已故陈嵘教授在《中国树木分类学》（1937）一书中统计，中国原产的乔灌木种类，竟比全世界其他北温带地区所产的总数还多。非我国原产的乔木种类仅有悬铃木、刺槐、酸木树（*Oxydendron*）、箬棕（*Sabal*）、岩梨（*Arbutus*）、山月桂（*Kalmia*）、北美红杉、落羽杉、金松、罗汉柏、南洋杉等10个属而已。

探究中国树木种类之所以丰富的原因，一方面是因为中国幅员广大、气候温和以及地形变化多样，另一方面是地史变迁的因素。原来早在新生代第三纪以前，全球气候暖热而湿润，林木极为繁茂，当时银杏科即有15属以上，水杉则广布于欧亚地区直达北极附近。到新生代第四纪时由于冰川时期的到来，大冰川从北向南运行，因为中欧山脉多为东西走向，所以北方树种为大山阻隔而几乎全部受冻灭绝，这就是北部、中部欧洲树种稀少的历史根源。在中国，由于冰川是属于山地冰川，所以有不少地区未受到冰川的直接影响，因而保存了许多欧洲已经灭绝的树种，如银杉、水杉、水松、穗花杉、鹅掌楸等被欧洲人称为活化石的树种。

（二）分布集中 很多著名观赏树木的科、属是以中国为其世界分布中心，在相对较小的地区内，集中原产着众多的种类。现以20属园林树木为例，从中国产的种类占世界总种数的百分比中证明中国确是若干著名树种的世界分布中心（表1）。

表1 20属国产树种占世界总种数的百分比

属 名	国产种数	世界总种数	国产占世界数（%）	备 注
金粟兰	15	15	100	
山 茶	195	220	89	西南、华南为分布中心
猕猴桃	53	60	88	
丁 香	25	30	83	主产东北至西南
石 楠	45	55	82	
油 杉	9	11	82	主产华东、华南、西南
溲 疏	40	50	80	西南为分布中心
毛竹（刚竹）	40	50	80	主产黄河以南
蚊母树	12	15	80	主产西南、华东、华南
杜鹃花	500余	800	75	西南为分布中心
槭	150	205	73	
花 楸	60	85	71	
蜡瓣花	21	30	70	主产长江以南
含 笑	35	50	70	主产西南至华东
椴 树	35	50	70	主产东北至华南
海 棠	22	35	63	
木 犀	25	40	63	主产长江以南
栒 子	60	95	62	西南为分布中心
绣线菊	65	105	62	
南蛇藤	30	50	60	

（三）丰富多彩 中国地域广阔、环境变化多，所以经过长期的影响形成许多变异种类，仅以常绿杜鹃亚属而论，植株习性、形态特点、生态要求和地理分布等差别极大、变幅甚广。小型的平卧杜鹃高仅5～10cm，巨型的如大树杜鹃高达25m，径围2.6m。常绿杜鹃的花序、花形、花色、花香等差异很大，或单花或数朵或排成多花的伞形花序；花朵形状有钟形、漏斗形、筒形等；花色有粉红、朱红、紫红、丁香紫、玫瑰红、金黄、淡黄、雪白、斑点、条纹及变色等；在花香方面，则有不香、淡香、幽香、烈香等种种变化。

（四）特点突出 在中国有许多植物是世界他处所无而仅产于中国的特产科、属、种，确实是举世无双的。例如银杏科的银杏属，松科的金钱松属，杉科的台湾杉、水杉属、水松属，柏科的建柏属，红豆杉科的白豆杉属、穗花杉（*Amentotaxus*），榆科的青檀属，蔷薇科的牛筋条属（*Dichotomanthus*）、棣棠属，木兰科的宿轴木属（*Tsoogiodendron*），瑞香科的结香属，槭树科的金钱槭属（*Dipteromia*），蜡梅科的蜡梅属，蓝果树科（珙桐科）的珙桐属、旱莲木属，杜仲科的杜仲属，大风子科的山桐子属，忍冬科的猬实属、双盾木属（*Dipelta*），棕榈科的琼棕属（*Chuniophoenix*），以及梅花、桂花、牡丹、黄牡丹、月季花、香水月季、大花香水月季、木香、栀子花、南天竹、鹅掌楸以及表 1 所列各属中的许多种。

此外，中国尚有在长期栽培中培育出独具特色的品种及类型，如黄香梅、龙游梅、红花檵木、红花含笑、重瓣杏花等，这些都是杂交育种工作中的珍贵种质资源。尚应强调提出的是中国若干园林树木资源中具备有特殊的抗逆性和抗病能力，过去米丘林曾广泛应用海棠果于苹果的抗寒育种（抗 -35℃低温）而美国曾于 1904 年后大量用中国的板栗与北美板栗（*Castanea dentata*）杂交才解决了大面积栗疫病的灾难。近年来美国榆树大量罹病死亡，几至全部灭绝，后通过用中国的榆树与美国榆树杂交才培育出抗病的新榆树，避免了灭绝的灾难。

二、中国在园林树木方面宝贵的科学遗产

我国有关园林树木的古籍，除了各种以分类记载或医药为主的本草集等不计外，专门论述园林树木方面的亦极多。例如公元 265 ~ 419 年晋代的戴凯之著有《竹谱》，蔡襄有《荔枝谱》、欧阳修有《洛阳牡丹记》、范成大有《梅谱》、韩彦直有《橘录》、沈立有《海棠谱》，而陈景沂所著《全芳备祖》论述了多种园林树木。此后，于 1630 年又有明代王象晋所著的《群芳谱》，1688 年有清代陈淏子的《花镜》，而 1708 年清代汪灏、张逸少、汪瀣、黄龙眉等人共同编著的《广群芳谱》，更为园林植物的巨著。

除上述列举的古籍外，散在民间世代相传而不见经传的优秀技术和优良品种亦极为众多，这些都是劳动人民在长期实践中积累的宝贵财富，今后希望园林工作者注意发掘整理和总结，并以现代科学技术理论加以阐述提高，使之发扬光大。

第一篇　总　论

第一章　园林树木的分类

地球上的植物约有50万种，而高等植物达35万种以上，其中已经被利用于园林建设的种类仅为一小部分。因此，如何发掘利用和提高植物为人类服务的范围和效益是既引人入胜又繁重艰巨的任务。面对这样浩瀚的种类，必须首先有科学、系统的识别和整理的分类方法才能进一步扩大和提高对它们的利用。

植物分类学是一门历史悠久的学科，它的内容主要是对各种植物进行描述记载、鉴定、分类和命名；它是各种应用植物学部门的基础学科，亦是研究园林植物学科所应具备的基础。

园林树木的园林建设分类法是按照园林建设的要求，将树木进行分类的方法，是以树木在园林中的应用或利用为目的，以提高园林建设水平为主要任务的分类体系。

第一节　植物分类学方法

一、概　说

中国有悠久的历史和灿烂的文化，早在公元前600年的《诗经》里记载有200多种植物。在公元前476—221年的《尔雅》中载有约300种植物，并分为草本与木本两类。在公元304年，西晋的嵇含著有《南方草木状》，载有80种植物，并分为草、木、果、竹四类。此外，记载有植物的重要书籍尚有张华的《博物志》，杨孚的《交州异物志》，赵晔的《吴越春秋》，房千里的《南方异物志》，万震的《凉州异物志》，常璩的《华阳国志》，朱应的《扶南记》，范成大的《桂海虞衡志》等。由于中国文化历史悠久，本草学极为发达，记载了大量的药用植物，如《神农本草经》记载有365种，其后陶弘景（452—536）著有《名医别录》记载730种，唐代李世勣、苏恭合著的《唐本草》（659）记载844种，附有图并分为草、木、果、菜、米谷等类，宋代马志著《开宝本草》（974），宋代苏颂著《图经本草》（1062），均记载多种植物，而宋代唐慎微著《经史证类备急本草》（1082）载有1784种药物。最著名的为明代李时珍所著的《本草纲目》（1590），记载1195种植物，且有插图，以纲、目、部、类、种作为序列，将植物分为木、果、草、谷菽及蔬菜等五个部共30类1100余种，该书内容对中国和世界的医药学和植物学均具有重大贡献，所以它不但是中国的名著而且亦属世界名著。此外，清代吴其浚著的《植物名实图考》（1848）共载有1714种植物，且附有实物图，是一部极有价值的中国植物分类学著作。

欧洲开始记载植物的历史亦很悠久，古希腊哲人亚里士多德（公元前384—322）已有著述。其后，他的学生塞奥弗拉士塔士（公元前370—285）更著有10卷的《植物历史》。欧洲经过1000多年的封建停滞时期，至文艺复兴时代后各学科始得到较快的发展。瑞典植物学家林奈（1707—1778）著有《自然系统》《植物志属》《植物志种》描述有1万多种植物，林奈氏又主张"双名法"，对分类学的发展有重要贡献。英国边沁（G. Benthum）与虎克（J. D. Hooker）著的《植物属志》（1862—1883）、德国恩格勒（Adolph Engler）主编的《植物自然分科志》（1889—1899）和《植物分科志要》（1924）以及英国的哈钦松（J. Hutchinson）著的《有花植物志科》（1926—1934）等，均为权威性著作。

综观植物分类学科的发展过程不难发现在分类系统上可分为两类，一类是人为的分类系统，另一类是自然的分类系统。人为的分类系统是着眼于应用上的方便，例如本草学是为了医药的目的；而自然的分类系统则着眼于反映出植物界的亲缘关系和由低级到高级的系统演化关系，所以又称为植物系统学。前者多在应用学科中使用，后者多在理论学科中使用，尤其在达尔文（1809—1882）于1859年发表了伟大的著作《物种起源》以后，植物分类学家均致力于探索自然分类系统。应用科学与理论科学总是相辅相成、互相促进的，所以园林工作者在发展、应用园林植物学科中，也应当具有一定的理论植物学知识。

二、自然分类系统的基本原则

自然分类系统既是以客观地反映出植物界的亲缘关系和演化关系为目的，那么在进行分类时就必须掌握某些原则，其中最基本的原则就是对物种应有较明确的概念及判断进化的特征标准，以及分类系统上的等级。

（一）物种的概念　物种又简称为"种"（Species），它是分类的根据，但对物种的概念，各派学者之间的认识并不统一而有许多争论，目前为大家所接受的概念是："种"是在自然界中客观存在的一种类群，这个类群中的所有个体都有着极其近似的形态特征和生理、生态特性，个体间可以自然交配产生正常的后代而使种族延续，它们在自然界又占有一定的分布区域。人们就以这种客观存在的类群——"种"作为分类上的基本单位。"种"与"种"之间是有明显界限的，除了形态特征的差别外，还存在着"生殖隔离"现象，即异种之间不能交配产生后代，即使产生后代亦不能具有正常的生殖能力。

"种"是具有相对稳定性的特征，但它又不是绝对固定永远一成不变的，它在长期的种族延续中是不断地产生变化的。所以在同种内会发现具有相当差异的集团，分类学家按照这些差异的大小，又在"种"下分为亚种（Subspecies）、变种（Varietas）和变型（Forma）。

"亚种"和"变种"这两个名词虽然在分类学上经常使用，但在概念上却长期以来是比较含混不清的，不同的学者有不同的看法。比较正确的看法应该是，"亚种"是种内的变异类型，这个类型除了在形态构造上有显著的变化特点外，在地理分布上也有一定较大范围的地带性分布区域。"变种"也是种内的变异类型，虽然在形态构造上有显著变化，但是没有明显的地带性分布区域。

"变型"是指在形态特征上变异比较小的类型，例如花色不同，花的重瓣或单瓣，毛的有无，叶面上有无色斑等。

（二）关于进化特征的标准问题　各系统学派间常有不同的观点，对此，将在后文论及。

（三）分类系统上的等级 各系统统一用下述的等级顺序，即界（Regnum）、门（Divisio）、纲（Classis）、目（Order）、科（Familia）、属（Genus）、种（Species）等级次；各级又可根据情况再分为亚级，即在级次单位前加“亚”（Sub-）字来表示。

现以桃为例：

界……植物界 Regnum Plantae

门……种子植物门 Spermatophyta

亚门……被子植物亚门 Angiospermae

纲……双子叶植物纲 Dicotyledoneae

亚纲……离瓣花亚纲 Archichlamydeae

目……蔷薇目 Rosales

亚目……蔷薇亚目 Rosineae

科……蔷薇科 Rosaceae

亚科……李亚科 Prunoideae

属……梅属 *Prunus*

亚属……桃亚属 *Amygdalus*

种……桃 *Prunus persia*

按照上述的等级次序，植物分类学家即以“种”作为分类的起点，把“种”定为基本单位，然后集合相近的种为属，又将类似的属集合为一科，将类似的科集合为一目，类似的目集合为一纲，再集纲为门，集门为界，这样就形成一个完整的自然分类系统。

此外，在园林、农业、园艺等应用科学及生产实践中，尚存在着大量由人工培育而成的植物，这类植物原来并不存在于自然界中而纯属人为创造出来的，所以植物分类学家均不以之作为自然分类系统的对象，但是这类植物对人类的生活是非常重要的，是园林、农业、园艺等应用科学的研究对象，这类由人工培育而成的植物，当达到一定数量成为生产资料时即可称为该种植物的“品种”（Cultivar）。

三、植物命名法

每一种植物，各国均有不同的名称，即使在同一国内，各地的叫法亦常不同，例如北京的玉兰，在湖北叫应春花，在河南叫白玉兰，浙江叫迎春花，江西叫望春花，四川峨眉叫木花树。由于植物种类极其繁多，叫法不一，所以经常发生同名异物或异名同物的混乱现象。为了科学上的交流和生产上利用的方便，作出统一的名称是非常必要的。为此，早在1867年，经德堪多（A. P. De Candollo）等人倡议，在国际会议上制订了国际植物命名法规（I. C. B. N.），规定以双名法（binomial nomenclature）作为植物学名的命名法。关于双名法的最早使用者，可溯源于公元前的塞奥弗拉士塔士，至16世纪中叶更有多人采用，但当时植物学界仍存在着应用单名、双名、三名、多名等方法。至1751年林奈（Carl Linnaeus）在其植物哲学论文集中专门讨论了这个问题，又在1753年在其《植物志种》中全面应用后，对各国产生巨大影响而为全世界所接受。

双名法规定用两个拉丁字或拉丁化的字作为植物的学名。头一个字是属名，第一个字母应大写，多为名词；第二个字是种名，多为形容词。以此二名作为一种植物的学名。但是完整的学名，尚要求在双名之后，附上命名人的姓氏缩写（第一字母应大写）和命名年份，但是在一般使用时，均将年份略去。有些植物的拉丁学名是由两个人命名的，这时应将二人的缩写字均附上而在其间加上连词"et"或"&"符号。如果某种植物是由一人命名但是由另一人代为发表的，则应先写原命名人的缩写，再写一前置词 ex 表示"来自"之意，最后再写代为发表论文的作者姓氏缩写。又常有些植物的学名后附上二个缩写人名，而前一人名括在括号之内，这表示括号内的人是原来的命名人，但后来经后者研究后而更换了属名之意。

此外，在拉丁学名之后经常可看到有 syn 的缩写字，其后又写有许多学名。这是什么意思呢？这是因为在《国际植物命名法规》中规定，任何植物只许有一个拉丁学名，但实际上有的有几个学名，所以就将符合《命名法规》的作为正式学名而将其余的作为异名（Synonymus）。由于有些异名在某些地区或国家用得较普遍，为了查考或避免造成"异名同物"的误会起见，所以常在正式学名之后，附上缩写字 syn.，再将其余的异名附上。本书在各论部分则将主要的异名放在括号中列出。例如银杏的学名为 *Ginkgo biloba* L.，其属名为中国广东话的拉丁文拼音；种名为形容词，意为二裂的，形容银杏的叶片先端呈二裂状；最后的 L. 为命名人 Carl von Linne，即林奈 Linnaeus 的缩写。

关于种以下的变种，则在种名之后加缩写字 var. 后，再写上拉丁变种名；对变型则加缩写字 f. 后，再写变型名，最后写缩写的命名人。例如红玫瑰的学名应写为 *Rosa rugosa* Thunb. var. *rosea* Rehd.

关于栽培品种，则在种名后加写 cv.，然后将品种名用大写或正体字写出或不写 cv. 而仅大写或正体写于单引号内，首字母均用大写，其后不必附命名人。例如日本花柏的一个栽培品种叫绒柏的学名为 *Chamaecyparis pisifera* Endl. cv. Squarrosa，或写为 *Chamaecyparis pisifera* 'Squarrosa'。

自 1959 年 1 月 1 日以后制订的品种名称，不必用拉丁语，可用现代语，但从前已有的拉丁名称可不必改变。此后定新品种名称时，应正式在刊物上发表或正式印刷成文并向有关国际组织登记及分送适当的图书馆保存。发表新品种、文章的内容，应有性状记载，与其他品种的异点、亲本植物、栽培历史、创造人或引种人；在国际上发表时，用任何国文字均为有效，但应附有英、法、德、俄、西等文字摘要。

中文名的命名原则：

前面讲了植物的拉丁学名是采用双名法，那么在中国名称上有无规定呢？现在将《中国植物志》编委会对植物的中名命名原则的意见择要简述于下以供参考。

①一种植物只应有一个全国通用的中文名称；至于全国各地的地方名称，可任其存在而称为地方名。

②一种植物的通用中文名称，应以属名为基础，再加上说明其形态、生境、分布等的形容词，例如卫矛、华北卫矛。但是已经广泛使用的正确名称就不必强求一致，仍应保留原名，如丝棉木。

③中文属名是植物中名的核心，在拟定属名时，除查阅中外文献外，应到群众中收集地方名称，经过反复比较研究，最后采用通俗易懂、形象生动、使用广泛、与形态、生态、用途有联系而又不致引起混乱的中名作为属名。

④集中分布于少数民族地区的植物，宜采用少数民族所惯用的原来名称。

⑤凡名称中有古僻字或显著迷信色彩会带来不良影响的可不用，但如“王”、“仙”、“鬼”等字，对已广泛应用，如废弃时会引起混淆者仍可酌情保留。

⑥凡纪念中外古人、今人的名称尽量取消，但已经广泛通用的经济植物名称，可酌情保留。

四、自然分类系统中几个主要系统的特点简介

由于植物界在长期的历史发展过程中，许多植物种群已经灭绝，而已发现的化石材料又残缺不全，所以在建立完整的自然分类系统时存在很多困难。但是各国分类学者根据现有材料及各自的观点创立了一些不同的系统。在各系统中，对“门”以上的等级分类，差别不太大，兹示一例如下。

植物界

Ⅰ. 孢子植物（隐花植物）亚界

（一）藻类植物门

1. 裸藻纲
2. 绿藻纲
3. 轮藻纲
4. 金藻纲
5. 甲藻纲
6. 褐藻纲
7. 红藻纲
8. 蓝藻纲

（二）菌类植物门

1. 细菌纲
2. 黏菌纲
3. 真菌纲

（三）地衣门

以上为低等植物（原植体植物、无胚植物），它们在形态上没有根、茎、叶的分化，生殖器官为单细胞，合子发育时脱离母体，不形成胚。

（四）苔藓植物门

（五）蕨类植物门

Ⅱ. 种子植物（显花植物）亚界

（一）裸子植物门

（二）被子植物门

以上自苔藓、蕨类到种子植物均属高等植物（茎叶体植物、有胚植物），它们在形态上均有根、茎、叶的分化，生殖器官为多细胞，合子在母体上形成胚。

关于种子植物的自然分类系统，各学者的意见尚未能统一。现在将最常用的两个系统的特点简单的介绍如下：

1. 恩格勒（Engler）系统 德国的恩格勒主编了两部巨著，即《植物自然分科志》（1887—1899）和《植物分科志要》（1924）。这两部书由目、科、属、至种采用它自己的系统描述了全世界的植物，内容非常丰富并有插图。很多国家采用了这个系统。它的特点是：

①认为单性而又无花被（柔荑花序）是较原始的特征，所以将木麻黄科、胡椒科、杨柳科、桦木科、山毛榉科、荨麻科等放在木兰科和毛茛科之前。

②认为单子叶植物较双子叶植物为原始。

③目与科的范围较大。

在1964年，本系统根据多数植物学家的研究，将错误的部分加以更正，即认为单子叶植物是较高级植物，而放在双子叶植物之后，目、科的范围亦有些调整。

由于恩格勒等人的著作极为丰富，其系统较为稳定而实用，所以在世界各国及中国北方多采用，例如《中国树木分类学》和《中国高等植物图鉴》等书均采用本系统。

2. 哈钦松（J. Hutchinson）系统 英国的哈钦松在其著作《有花植物志科》（1926，1934）中公布了这个系统。它是继承了19世纪英国植物学家边沁与虎克的系统，并以美国植物学家柏施（C. E. Bessey，1845—1915）的植物进化学说为基础加以改革而建立的。它的特点是：

①认为单子叶植物比较进化，故排在双子叶植物之后。

②在双子叶植物中，将木本与草本分开，并认为乔木为原始性状，草本为进化性状。

③认为花的各部分呈离生状态、花的各部呈螺旋状排列、具有多数离生雄蕊、两性花等性状均较原始；而花的各部分呈合生或附生、花部呈轮状排列、具有少数合生雄蕊、单性花等性状属于较进化的性状。

④认为在具有萼片和花瓣的植物中，如果它的雄蕊和雌蕊在解剖上属于原始性状时，则比无萼片与花瓣的植物为较原始，例如木麻黄科、杨柳科等的无花被特征是属于废退的特化现象。

⑤单叶和叶呈互生排列现象属于原始性状，复叶或叶呈对生或轮生排列现象属于较进化的现象。

⑥目和科的范围较小。

目前很多人认为哈钦松系统较为合理，但是原书中未包括裸子植物。中国南方学者采用哈钦松系统者较多，例如《广州植物志》及《海南植物志》。哈钦松系统的分目分科虽比前人细致，并有许多重要的改革，但是后来的研究亦发现有些重要的缺点，所以哈钦松在1948年又将其原书的分类系统略有改动，而重新公布一个系统表。

3. 其他系统 美国的甘德生（Alfred Gunderson）在1950年著有《双子叶植物志科》，书中请阿诺德写了化石植物，狄颇写木材解剖，又请许多专家教授写了关于胚胎学、细胞学、植物地理学等章节，从而建立了他的双子叶植物的分类系统。前苏联的塔赫他间（A. Λ. Тахтаджян）在1950年亦发表了一个高等植物的新系统，以后在1954年、1969年均有重要著述发表。此外，前苏联的茹科夫斯基（1949），格罗斯盖姆（1945），美国的克朗奎斯特（1968）以及中国的郑万钧（1975，1978）等，均有重要著作。

关于自然分类系统的研究，在进入20世纪后，实际上已不能仅仅依靠外部形态上的特征而确定其亲缘与进化发展关系，必须全面对其他有关学科的研究成果进行综合研究才能得出较正确的结论。这些有关的学科包括古植物学、比较解剖学、遗传生态学、细胞分类学、植物胚胎学、细胞遗传学、生物化学分类学、孢粉学、植物地理学、超微结构分类学以及数量分类学等学科。

本书的各论部分，为了实际检索植物种类的方便起见，对裸子植物采用郑万钧等的系统，对被子植物采用恩格勒系统。

五、植物分类检索表

分类检索表是鉴别植物必不可缺少的工具。一般分为分科、分属及分种等 3 种检索表。鉴别植物时，利用这些检索表，初步查出该植物的科、属、种，然后再与植物志中该种植物的描述性状仔细核对，如果完全相符才能最后确定是该种植物。

检索表的编制原则是根据一群植物不同的主要特征和相同的特征来编制的，好的检索表在选择特征上应明显，应用起来才能方便，但对大群植物编制检索表并非易事，必须对该群植物中每种植物的性状充分熟悉才能编制出来。

常用的检索表有下列 2 种形式：

（一）定距检索表 本检索表中，对某一种性状的描述是从书页左边一定距离处开始，而与其相对的性状描述亦是从书页左边同一距离处开始；其下一级的两个相对性状的描述又均在更大一些的距离上开始；如此逐级下去，距书页左方愈来愈远，直至检索出所需要的名称为止。现举植物界的分门检索表如下：

A_1. 植物体无根、茎、叶的分化，没有胚胎 ………………………… 低等植物

　B_1. 植物体不为藻类和菌类所组成的共生体。

　　C_1. 植物体内有叶绿素或其他光合色素，为自养生活方式 ………………… 藻类植物门

　　C_2. 植物体内无叶绿素或其他光合色素，为异养生活方式 ………………… 菌类植物门

　B_2. 植物体为藻类和菌类所组成的共生体 ………………………… 地衣植物门

A_2. 植物体内有根、茎、叶的分化，有胚胎 ………………………… 高等植物

　B_1. 植物体有茎、叶，而无真根 ………………………… 苔藓植物门

　B_2. 植物体有茎、叶，也有真根。

　　C_1. 不产生种子，用孢子繁殖 ………………………… 蕨类植物门

　　C_2. 产生种子 ………………………… 种子植物门

（二）平行检索表 本类检索表中每一相对性状的描写紧紧并列以便比较，在一种性状描写之末即列出所需的名称或是一个数字。此数字重新列于较低的一行之首，与另一组相对性状平行排列；如此继续下去直至查出所需名称为止。现举豆科分亚科检索表为例如下：

1. 花小，花冠辐射对称，花瓣镊合状排列，花通常集成头状花序 ……………（Ⅰ）含羞草亚科
1. 花较大，花冠左右对称或略左右对称，花瓣覆瓦状排列，花通常不集成头状花序 …………… 2
　2. 花冠左右对称，为蝶形花冠，上部的一片花瓣在其他花瓣之外 ……………（Ⅱ）蝶形花亚科
　2. 花冠略左右对称，非蝶形花冠，上部的一片花瓣被包于其他花瓣之内 ……………（Ⅲ）苏木亚科

在植物分类学书籍中，通常主要根据花、果的构造形态进行编制检索表。但是为了生产实际上使用的方便，尤其是在不开花的季节使用方便起见，亦有仅用枝、叶、芽等形态编制检索表的，例如枝叶检索表或树木冬态检索表等。

第二节　园林建设中的分类法

园林树木的园林建设分类法有多种多样，各国学者、专家间既有相异处又有相同处，但是总的原则均是以有利于园林建设工作为目标的。

一、依树木的生长类型分类

（一）乔木类　树体高大（通常自6m至数十米），具有明显的高大主干。又可依其高度而分为伟乔（31m以上）、大乔（21～30m）、中乔（11～20m）和小乔（6～10m）等4级。

本类又常依其生长速度而分为速生树（快长树）、中速树、缓生树（慢长树）等3类。

（二）灌木类　树体矮小（通常在6m以下），主干低矮。

（三）丛木类　树体矮小而干茎自地面呈多数生出而无明显的主干。

（四）藤木类　能缠绕或攀附它物而向上生长的木本植物。依其生长特点又可分为绞杀类（具有缠绕性和较粗壮、发达的吸附根的木本植物可使被缠绕的树木缢紧而死亡），吸附类（如爬山虎可借助吸盘，凌霄可借助于吸附根而向上攀登），卷须类（如葡萄等）和蔓条类（如蔓性蔷薇每年可发生多数长枝，枝上并有钩刺故得上升）等类别。

（五）匍地类　干、枝等均匍地生长，与地面接触部分可生出不定根而扩大占地范围，如铺地柏等。

二、依对环境因子的适应能力分类

（一）按照热量因子　根据树种自然分布区域内温度的状况，可分为热带树种、亚热带（暖带）树种、温带树种和寒带亚寒带树种。通常各地园林建设部门为了实际应用的目的，常依树种的耐寒性而分为耐寒树种、不耐寒树种和半耐寒树种等三类。

（二）按照水分因子　通常可分为耐旱树种（其中又可分为数级）、耐湿树种（其中亦可包括几级），以及湿生树种。

（三）按照光照因子　可分为喜光树种、中性树种、耐荫树种，每类中又可分为数级。

（四）按空气因子　可分为抗风树种、抗烟害和有毒气体树种、抗粉尘树种和卫生保健树种（能分泌和挥发杀菌素和有益人类的芳香分子）等4类。每类别中又可细分为若干组。

（五）按土壤因子　可分为喜酸性土树种、耐碱性土树种、耐瘠薄土树种和海岸树种等4类。每类中再分为若干级。

三、依树木的观赏特性分类

①赏树形树木类（形木类）

②赏叶树木类（叶木类）　又可按叶子的形态、大小、色彩的有无及变化的特点等而分成多类。

③赏花树木类（花木类）

④赏果树木类（果木类）

⑤赏枝干树木类（干枝类）

⑥赏根树木类（根木类）

以上各类别均可细分为若干类，详细内容将在另章专门叙述。

四、依树木在园林绿化中的用途分类

①独赏树（孤植树、标本树、赏形树）类
②遮荫树类
③行道树类
④防护树类
⑤林丛类
⑥花木类
⑦藤木类
⑧植篱及绿雕塑类
⑨地被植物类
⑩屋基种植类
⑪桩景类（包括地栽及盆栽）
⑫室内绿化装饰类（包括木本切花类）。

五、依树木在园林结合生产中的主要经济用途分类

①果树类
②淀粉树类（木本粮食植物类）
③油料树类（木本油料植物类）
④木本蔬菜类
⑤药用树类（木本药用植物类）
⑥香料树类（木本香料植物类）
⑦纤维树类
⑧乳胶树类
⑨饲料树类
⑩薪材类
⑪观赏装饰类
⑫其他经济用途类。

六、依施工及繁殖栽培管理的需要分类

（一）按移植难易　分为易移植成活及不易移植类。

（二）按繁殖方法　分为种子繁殖类及无性繁殖类；其中又可依繁殖特点而细分。

（三）按整形修剪特点　可分为宜修剪整形及不宜修剪整形类；其中又可依修剪时期及特点而细分。

（四）按对病害及虫害的抗性　可分为抗性类及易感染类；其中又可细分为许多类别，有些尚应注明是否为中间寄主。

第二章　园林树木的生长发育规律

植物在同化外界物质的过程中，通过细胞的分裂和扩大（也包括某些分化过程在内），导致体积和重量不可逆的增加，称为“生长”。在其生活史中，建立在细胞、组织、器官分化基础上的结构和功能（难以用简单数字等表达的质）的变化，称为“发育”。生长与发育，关系密切，生长是发育的基础。植物从播种开始，经幼年、性成熟开花、衰老直至死亡的全过程称为“生命周期”。植物在一年中经历的生活周期称为“年周期”。春播1年生植物在年内完成生命周期；它的年周期就是生命周期。2年生植物需跨年，即春播者至次年；秋播者，有的要到第3年才能开花，进而完成其生命周期。

关于树木的生长发育规律，远不如对一、二年生草本植物的研究来得深入，学说也很多，本书只就公认的一些学说进行介绍。

由于树木是多年生的木本植物，有的可活上千年。因此，所有的树木从繁殖开始，无论是实生苗还是营养繁殖苗，或长或短都要年复一年地经过多年的生长才能进入开花结实并完成其生命过程。由此可见，树木发育存在着两个生长发育周期，即年周期和生命周期。研究树木的生长发育规律，对正确选用树种和制定栽培技术，有预见性地调节和控制树木的生长发育，做到快速育好苗，使其在移植成活并健壮长寿的基础上，充分发挥园林绿化功能，有十分重要的意义。例如在不同年龄时期的不同物候期应采取哪些养护措施，使其提早或延迟开花和防止早衰、古树更新复壮等都有重要的指导意义。

第一节　树木的生命周期

树木的生命周期是指从繁殖开始经幼年、青年、成年、老年直至个体生命结束为止的全部生活史而言。

一、树木生命周期中生长与衰亡的变化规律

（一）离心生长与离心秃裸

1. *离心生长*　树木自播种发芽或经营养繁殖成活后，以根颈为中心，根和茎均以离心的方式进行生长。即根具向地性，在土中逐年发生并形成各级骨干根和侧生根，向纵深发展；地上芽按背地性发枝，向上生长并形成各级骨干枝和侧生枝，向空中发展。这种由根颈向两端不断扩大其空间的生长，叫“离心生长”。树木因受遗传性和树体生理以及所处土壤条件等的影响，其离心生长是有限的；也就是说根系和树冠只能达到一定的大小和范围。

2. *离心秃裸*　根系在离心生长过程中，随着年龄的增长，骨干根上早年形成的须根，由基部向根端方向出现衰亡，这种现象称为“自疏”。同样，地上部分，由于不断地离心生长，外围生长点增多，枝叶茂密，使内膛光照恶化。壮枝竞争养分的能力强；而内膛骨干枝上早年形成的侧生小枝，由于所处地位，得到的养分较少，长势较弱。侧生小枝起初有利积

累养分，开花结实较早，但寿命短，逐年由骨干枝基部向枝端方向出现枯落，这种现象叫“自然打枝”。这种在树体离心生长过程中，以离心方式出现的根系“自疏”和树冠的“自然打枝”，统称为“离心秃裸”。有些树木（如棕榈类的许多树种），由于没有侧芽，只能以顶端逐年延伸的离心生长，而没有典型的离心秃裸，但从叶片枯落而言仍是按离心方向的。

（二）向心更新与向心枯亡 随着树龄的增加，由于离心生长与离心秃裸，造成地上部大量的枝芽生长点及其产生的叶、花、果都集中在树冠外围，由于受重力影响，骨干枝角度变得开张，枝端重心外移，甚至弯曲下垂。离心生长造成分布在远处的吸收根与树冠外围枝叶间的运输距离增大，使枝条生长势减弱。当树木生长接近其最大树体时，某些中心干明显的树种，其中心干延长枝发生分杈或弯曲，称为“截顶”或“结顶”。

当离心生长日趋衰弱，具长寿潜芽的树种，常于主枝弯曲高位处，萌生直立旺盛的徒长枝，开始进行树冠的更新。徒长枝仍按离心生长和离心秃裸的规律形成新的小树冠，俗称“树上长树”。随着徒长枝的扩展，加速主枝和中心干的先端出现枯梢，全树由许多徒长枝形成新的树冠，逐渐代替原来衰亡的树冠。当新树冠达到其最大限度以后，同样会出现先端衰弱、枝条开张而引起的优势部位下移，从而又可萌生新的徒长枝来更新。这种更新和枯亡的发生，一般都是由（冠）外向内（膛）、由上（顶部）而下（部），直至根颈部进行的，故叫“向心更新”和“向心枯亡”。

由于树木离心生长与向心更新，导致树木的体态变化（图2-1）。

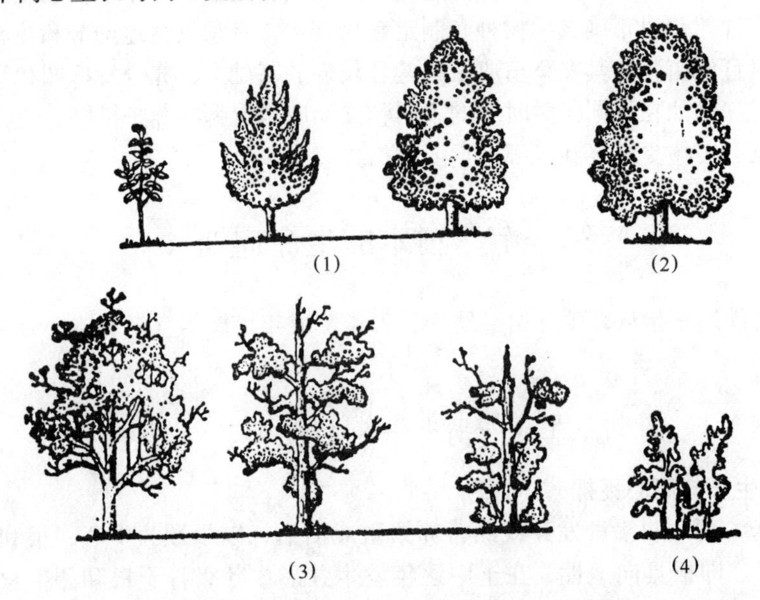

图2-1 （具中干）树木生命周期体态变化图

（1）幼、青年期 （2）壮年期 （3）衰老更新期 （4）第二轮更新初期

图2-1所示，当树木主干枯亡后，有些潜芽寿命长的树种，根颈或根蘖萌条又可以类似小树时期进行的离心生长和离心秃裸，并按上述规律进行第二轮的生长与更新。有些实生树能进行多次这种循环更新，但树冠一次比一次矮小，直至死亡。根系也发生类似的相应更新，但发生较晚，而且由于受土壤条件影响较大，周期更替不那么规则。

树木离心生长的持续时间、离心秃裸的快慢、向心更新的特点等与树种、环境条件及栽培技术有关。

（三）不同类别树木的更新特点　不同类别的树木，其更新方式和能力大小很不相同。

1. 乔木类　由于地上部骨干部分寿命长，有些具长寿潜伏芽的树种，在原有母体上可靠潜芽所萌生的徒长枝进行多次主侧枝的更新。虽具潜芽但寿命短，也难以向心更新，如桃等；由于桃潜伏芽寿命短（仅个别寿命较长），一般很难自然发生向心更新，即使由人工更新，锯掉衰老枝后，在下部从不定地方发出枝条来，树冠多不理想。

凡无潜伏芽的，只有离心生长和离心秃裸，而无向心更新。如松属的许多种，虽有侧枝，但没有潜伏芽，也就不会出现向心更新，而多半出现顶部先端枯梢，或由于衰老，易受病虫侵袭造成整株死亡。只具顶芽无侧芽的树种，只有顶芽延伸的离心生长，而无侧生枝的离心秃裸，也就无向心更新，如棕榈等。有些乔木除靠潜芽更新外，还可靠根蘖更新；有些只能以根蘖更新，如乔型竹等。竹笋当年在短期内就达到离心生长最大高度，生长很快；只有在侧枝上具有萌发能力的芽，多数只能在数年中发细小侧枝进行离心生长，地上部不能向心更新，而以竹鞭萌蘖更新为主。

2. 灌木类　灌木离心生长时间短，地上部枝条衰亡较快，寿命多不长，有些灌木干、枝也可向心更新，但多从茎枝基部及根上发生萌蘖更新为主。

3. 藤木类　藤木的先端离心生长常比较快，主蔓基部易光秃。其更新有的类似乔木，有的类似灌木，也有的介于二者之间。

二、实生树与营养繁殖树的生命周期特点

（一）实生树的生命周期　实生树一生的生长发育是有阶段性的。前苏联米丘林学派把实生树的个体发育阶段划分为：胚胎、幼年、性成熟（或青年）、繁殖、衰老等 5 个阶段。但世界多数学者的看法，认为实生树的生命周期主要是由两个明显的发育阶段所组成，即幼年阶段和成年（熟）阶段。

1. 幼年阶段　从种子萌发时起，到具有开花潜能（具有形成花芽的生理条件，但不一定就开花）之前的一段时期，叫“幼年阶段”。对木本植物习称为“幼年期”。中国民谚：“桃三、杏四、梨五年”，就是指这几种树木的幼年期的长短。也就是说，绝大多数实生树不生长到一定年龄是不会开花的。不同树木种类和品种，其幼年期的长短差别很大。少数短的，播种当年就能开花，如矮石榴、紫薇等；但一般均需经较长的年限才能开花。如梅花需经 4 ~ 5 年；松和桦需经 5 ~ 10 年；核桃除个别品种 2 年外，一般需经 5 ~ 12 年；银杏15 ~ 20 年。在幼年阶段未结束时，不能接受成花诱导而开花；也就是说，用任何人为的措施都不能使其开花。但这一阶段是可以被缩短的。

2. 成年（成熟）阶段　幼年阶段达到一定的生理状态后，就获得了形成花芽的能力。这一动态过程叫“性成熟”。进入性成熟（或成年）阶段的树木就能接受成花诱导（如给予环剥、喷激素等条件）并形成花芽。开花是树木进入性成熟的最明显的特征；在现时，我们对树木幼年阶段的结束比较确切的判断标志，还只能以首次开花来确定。然而幼年阶段的结束与首次开花可能是不一致的。即，此幼年阶段已结束，但并未成花。当发生这种不一致的情况时，有人把那个实际已具有开花潜能而尚未真正诱导成花的一段时期，称为“过渡时期”。实生树经多年开花结实后，逐渐出现衰老和死亡现象。这一总体上的衰老过程，称

为“老化”（图2-2）。

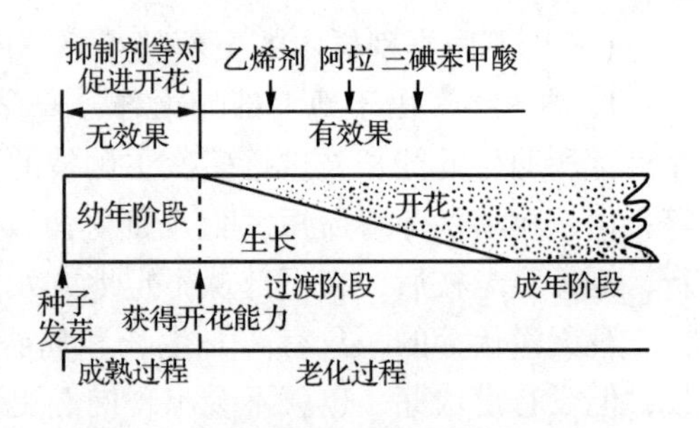

图2-2 实生树的发育阶段和开花反应

(Zimmerman，1972)

由于树木是多年连续生长的，这两个阶段在有些树种的年青树上，可从形态上加以区别；有些则不能。壮龄时，基部枝由于已离心秃裸，一般都难以区分。但在实生大树上实际存在幼年区和成年区。一般第1层主枝基部到树干以下及根颈部这一部分，论年龄虽属最大，但其上所萌发的枝却为幼年阶段；而树冠的外围枝，枝龄虽小，但已处于成熟阶段，即“干龄老，阶段幼；枝龄小，阶段老”。

（二）营养繁殖树的生命周期 营养繁殖树，一般都已通过了幼年阶段，因此没有性成熟过程，只要生长正常，有成花诱导条件，随时就可成花。从定植时起，经多年开花结实进入衰老死亡。可见营养繁殖树的生命周期，只有成熟阶段和老化过程。

如何缩短实生树的幼年阶段，加速性成熟过程，以及维持成年阶段和延缓老化（或衰老）过程，是树木栽培者和育种工作者的重要任务之一。

三、有关树木发育阶段的研究

（一）实生树幼年期与性成熟的研究

1. 实生树的早花现象 一般需经数年才能开花的树木，有的偶尔也可见到很早就开花的现象。例如，需经5~10年才能开花的油松，曾见有1年生苗就产生了雌球花；据报道，柑橘类的许多种、板栗、核桃、苹果、椿树、无花果等实生苗中，均见有少数植株当年即开花的现象。Molisch记载了只有3片叶子的核桃实生苗就出现了雄花序。著名的美国植物育种家路得·布尔班克曾培育出一种特别早熟的板栗新品种，他写道：“……它们矮如灌木。但能结硕大的坚果，而且如此早熟，以致有时由种子生出来之后只过6个月便开花结果。”在柑橘、扁桃（八旦杏）、葡萄育种中，播种的实生苗也都见有早花现象。上述树木的早花现象说明，有些树木的实际幼年期可能比习惯认为的要短；或可以通过树木育种和早期改变栽培条件来缩短，只是其规律还没有被真正揭示。

2. 幼年阶段的标志

(1) 形态标志 经有关学者的研究，提出了某些树种的幼年特征：

①从叶形上 如杏，总体上与上部成年叶比，树冠下部枝上的叶片小；桃与上部成年叶或嫁接的栽培品种比，均具窄叶；侧柏具针刺状叶（而成年叶为鳞片叶）；蓝桉幼态叶，圆钝而宽大（成年叶呈披针形）。

②从分枝角上及其附属物看 如苹果幼年期所发枝分枝角度很小；刺槐干基枝有刺，多不开花。

③从枯叶脱落性上 栎类某些种（如栓皮栎、橡树、水青冈、板栗等）的实生幼树秋冬已枯叶不落，待来春发芽时才落；而成年树上部枝的枯叶秋冬普遍脱落。

④从叶序上 有的树木，幼年时为互生，长大变对生；也有的相反变化。

⑤从扦插、压条生根能力上看　许多成年树外围枝已丧失再生不定根的能力，而幼年期树木多数生根容易。例如苹果实生矮化砧母株，如进行灌丛状的直立压条易生根，而进行普通压条繁殖时，年龄越大，先端枝生根越难。需进行回缩重剪，用根颈部所发枝进行（水平）压条。

以外部形态特征区分和确定幼年、成年阶段问题，决定于外部特征是否稳定或是否与内在阶段相一致。目前对幼年阶段的外部性状有两种看法：有些学者认为，以外部形态来区分，并不十分可靠。理由是树木达到开花时，许多所谓的幼年性状都没有明显变化；还有些性状，如生长速度、分枝类型等，成年树木也会出现。而有些学者则认为，树木幼年阶段某些外部性状是稳定的。他们把幼苗、根颈萌条接在大树上，其幼年形态特征（如栎类枯叶冬不落性等）不变，也不能使其早开花，仍要经数年生长，待幼年性状消失后，才能开花。相反，若把已能开花成年树的外围枝，接在幼年砧木上，则能提早开花。Fritzsche，对尚未开花的实生苹果小树于树干部进行环剥，发现下部那些具小叶片（幼年期特征）的枝条不能成花，而上部具宽大叶片的成年枝则能成花。对实生树来说，除热带树木见有老茎生花者外，一般多在树冠外围枝（或近外围的成年区）先开花结果，而未见有从树下部和冠内膛枝先开花结果的。而营养繁殖树，多数则是下部和冠内的中短枝先开花结实。由此可见，只要能够找到并经验证明，能真正反映幼年阶段的外部特征，在生产实践中就有一定的意义。

（2）解剖学特征　有人研究发现，水青冈不论光照如何，其幼年叶倾向于阴性结构；苹果和其他树种也有类似情况。仁果类果树幼树1年生枝的横切面，木质部占的比例大，导管少，薄壁细胞和髓细胞少，皮层与韧皮部不发达，因而有人认为，其幼年期的枝茎解剖构造，不宜于积累大量的碳水化合物，故用环剥等不能诱导成花。

（3）生理生化特征　树木幼年期的还原糖、淀粉、纯蛋白、果胶物质、灰分等营养物质较少，而纤维素、半纤维素较多。在对苹果和柑橘幼年和成年叶片组织的核酸含量测定中，发现幼年期的RNA/DNA的比值小，说明其基因不活泼，而成年树则变为活泼有效。这一生理状态的变化说明，欲想缩短幼年阶段，必须创造条件来提高RNA/DNA比值。例如，增施氮、磷、钾肥，或为降低核酸酶（RNAse）的活性，必须使新梢内保持适宜的锌浓度。因为锌不足，会导致RNAse活性的增加和RNA/DNA比值的降低，从而阻碍花芽的形成。

3. *加速实生树苗开花的一些试验*　前苏联一些学者认为，一些落叶果树必须通过春化、光照等发育阶段。并认为春化是在0～5℃（同时需一定的湿度和通气条件）的种子层积过程中通过的，所需时间一般为4～6周。经过层积处理的桃树种子，其幼苗嫁接在即将进入结实的砧木上，就能在第1年形成花芽。А. Л. Родионов根据自己对果树春化阶段的多年研究，认为层积过程中的低温，并不单纯是保证种子发芽的因素，同时也是植株发育的条件，具有形态形成的意义。他对桃和沙樱桃进行春化试验，发现未行春化处理（或层积）所长成的实生苗，第一年缺乏主干，表现为矮化现象。但仍可经秋冬低温期通过此阶段，获得正常生长。而经人工春化，同时以提早播种，延长生长期等方法，可使桃、沙樱桃在播种当年成花。其他学者在20世纪50～60年代初用桃、甜樱桃、樱桃、苹果、梨等进行了类似工作，多少证实了上述现象。种子和早期幼苗经层积处理，可使核桃（个别类型）、日本樱桃等树种，在一龄时开花结实。

有些学者研究矿质营养对实生苗加速开花影响。米丘林曾试验在春天用0.012%的高锰酸钾溶液施于扁桃幼苗的土中，当年高达178cm，比未施的（53cm）高出2倍多。次春这些1年生实生苗开了花，授以桃的花粉还结了果，使开花结果期提前6年之多。

西方一些学者研究过木本实生苗对光周期的反映。Wareing（1956）引证一些作者的研究认为，木本植物一般对光周期不敏感。Stahly（1962）试验发现：在12h的白炽灯光下苹果能形成花芽，而在8h下则不能。其他一些学者也发现光周期对柳杉、葡萄、醋栗等形成花芽有一定效果外，一般都认为光周期对木本植物的影响不如草本明显。

K. T. Клименко（1956）用过磷酸盐浸出液及磷酸钾溶液喷射柠檬实生苗，1～3月每10d喷1次，4～5月每5d喷1次，共14次。夏天又施硼砂，磷酸盐、粪水等，处理植株于12月首先出现花蕾；次年2月喷过磷酸盐浸出液的植株全部出现了花蕾；喷磷酸钾的1/5的植株出现了花蕾。

一般说来，生长素对成花起阻碍作用，但对有些树种也有促进作用。柏科和杉科某些树种，用赤霉素能促早开花；同时发现乙烯利能增强赤霉素对成花的诱导效果。有人据此提出针叶树种的幼年期可能只是激素还不能达到诱导开花的临界浓度的时期。

以上有些事实的机理还不十分清楚。已知层积过程的实质是种子内（包括种皮、果壳中的）抑制物质解除过程。经越冬，种子中抑制物质（如脱落酸或称休眠素）慢慢减少或被另一种刺激素的产生所抵消。需低温和光的种子，用赤霉素处理对打破休眠比其他方法更为有效。例如榛子的种子，赤霉素在冷冻中被诱导而活化，后来又在高温萌发过程中大量合成，并逐渐抵消脱落酸的抑制，促进了生长，产生了大量叶片；而叶片经光照又逐渐增多脱落酸，进而抑制淀粉酶的合成，促进淀粉的累积，并同时拮抗赤霉素的合成；然后随新梢停长，促进根系生长，合成的细胞激动素逐渐增多，促进蛋白质及核酸（DNA，RNA）的合成，进而为花芽分化提供了条件。简言之，春化打破休眠（抑制）——促长，扩大叶面积——有机物积累、基因活化和特殊蛋白质形成——达到具有开花的能力。

4. 达到性成熟的条件　实生幼树达到性成熟需要什么条件，有两种看法：是经过一定次数的季节性生长周期（生长—休眠—生长）呢，还是达到一定大小和形态学上的复杂性（或复杂程度）呢？经有些学者试验：一组约在1～2年内使其生长和休眠交替几个循环未能成花；而另一组在连续光照下生长1～2年，当达到一定大小后，再用短日照诱导休眠，当苗木再转向长日照条件下生长时（或用冷处理打破休眠），即可能成花。由此证明，植株长到一定大小是木本植物成花所必需的条件。有人研究认为，阶段变化发生的决定因素是在受精和分生组织分化之后，经过一定最低次数的有丝分裂世代，再经诱导即可成花。

（二）实生树成熟阶段与营养繁殖树老化过程的研究

1. 实生树成熟阶段的老化过程　树木在完成生命过程中除植株大小因素外，同时也发生其他变化。如幼苗头几年的年生长量较大，呈对数式生长，但随树木达一定大小和复杂性增加以后，相对生长速率下降，年生长量也开始下降。在完全成熟的树上，年生长量经常是很小的。这种生命力的减小，是和顶端优势的明显降低相联系的。在成年树上领导枝和侧枝区别不明显了。枝条负向地性也不强了，且方向不定，甚至下垂了。

根据对实生树木在生命过程中的变化研究Wareing（1959）及Moorby等（1963）认为：木本植物从幼苗到成年状态的发育过程中，表现出各种各样的变化。有些变化，如幼年和成年阶段间所产生的叶型和叶序的差异，随幼年型的消失，从不开花到开花等变化；这些变化是比较稳定的，一般在其生命活动过程中不易逆转。若将具有成熟性状的枝嫁接到幼龄砧木上，这些特征仍能保持不变。以上这些现象应称为“成熟”。而另些变化，如枝干的增大和复杂化，每年延长生长量的逐渐降低，顶端优势的逐渐丧失，枝条变得下垂等的变化，应称为“老化”。老化的特征是可以因修剪或经营养繁殖而逆转。例如，把一根老化树上的枝条，如能促使生根，或将它嫁接到幼龄砧木上以后，其生长势就逐渐增强，年生长量就增加，顶端优势又明显起来。有人认为前者是基因型，后者是表现型。研究树木的老化问题，对栽培上为花、果的高产、稳产、延长经济寿命、古树名木的保护和更新复壮等都有其实践意义。Moorby 认为老化可能是由于树冠中枝条的复杂性逐渐增加，而使各枝条间对养分的竞争加强所致。但从生理上看，不能单纯归咎于养分的竞争，还与再生作用的逐渐降低，新根量的减少，吸收减少，运输压力加大，蒸腾量的降低等都可能是老化的原因。老化问题是个很复杂的问题，有待从多方面进行研究。

开花结实多的树木，存在着新梢生长、新芽的形成与分化、开花与果实发育、根系生长这四者间的对立统一关系。从养分竞争和整体营养水平方面来看，优先开放和发育着的果实和种子，消耗了大量的贮藏营养，从而使其他花、果、种子、新梢和根系的生长受阻，同时植物也会以落花落果来自动调节。根系弱了会影响吸收，无机营养少了，新梢长势减退，进而会使整个植物处于光合产物不足，常引起部分小枝和侧根等的衰老与死亡；这是树体老化的主要原因之一。因为根系和枝叶是全部营养物质的合成基地，是生长、结果和长寿的基本保证条件。某些激素，如生长素、赤霉素的含量水平，有利更新复壮。除上述内因外，促使衰老的外因更多，诸如不适宜的环境条件（如高温、干旱、土壤通气不良等）和错误的栽培技术以及污染物、病虫害的危害等。外因催老的总特点是破坏树体组织和促进细胞蛋白质水解。不论对单个器官还是整个树体，衰老的含义包括代谢强度的衰退和蛋白质合成率的降低，与酶也有关。

2. *营养繁殖树的发育特性* 具体要看繁殖穗取自实生大树的什么部位。取自大树外围枝条的，开花早；若取自实生树下部主枝基部和根颈处的萌条，则开花迟。生产上一般取自成年树外围枝来繁殖，成活的小苗就具有开花的潜能；其发育阶段是接穗所在实生母株成熟阶段的继承和发展。除繁殖营养体本身产生芽变者外，其遗传基础与母株相同，如其发育性状（花、果、色等）和对环境的要求和抗逆性基本相同。除接（或插）穗带花芽者成活后即可开花外，其他虽然也要经一定年数的生长，才能开花，从现象上看与实生树进入开花相似，但比实生苗要早。既然取自成年树上的枝，经营养繁殖后为什么还要经一定年数的生长才能开花？其原因是头几年缺少成花诱导条件或由于枝叶与根系接近，在无机营养供应充分和根系某些生长素的影响，出现复壮，造成碳水化合物积累不够，有利于成花的激素减少等。但只要具有适当的诱导条件便可早成花，如梨的 1～2 年生嫁接苗，行环剥；对矮化砧苹果嫁接苗喷矮壮素（草地果园用）很早便能开花就是证明。营养繁殖树经多年开花结实后，植株开始衰老直至死亡。所以，营养繁殖树只有老化过程而无需再经过性成熟过程。老化过程在一定程度上和一定条件下是可逆的。如深翻土壤，修剪根系和施含氮素多的有机肥，并对树冠回缩修剪即可更新复壮。另外通过营养繁殖，初期一段时期也可得到复壮。但从总体上看，营养繁殖个体，除他根（嫁接）苗受乔化砧木影响而生活力增强外，一般根系不如实生根系强。有人曾提出，如果连续营养繁殖许多代，所得植株生活力是否会衰退得很弱呢？从实践证明，许多园艺品种经几个世纪繁殖至今，尚未见到生活力弱到不能利用的程度。从理论上讲，老化在某种程度上是可逆的。经营养繁殖，植株再生，或接上相应的新器官，使地上部枝叶和根系接近而得到复壮。这可从营养繁殖幼树的枝条生长期变长、叶片增多、节间变长得到证明。通过近年组织培养试验，如能不断更新培养剂，可使组织和器官的寿命比自然的更长些。

第二节 树木的年周期

生物在系统发育过程中，其形态形成过程中，大都是在一年有四季和昼夜周期变化的环境条件下进行的。这两种呈周期性变化的外界条件，必然影响其营养和生命活动的性质，常表现为生命活动的内在节律（生物钟）。

生物在进化过程中，由于长期适应这种周期变化的环境，形成与之相应的形态和生理机能有规律变化的习性，即生物的生命活动能随气候变化而变化。人们可以通过其生命活动的动态变化来认识气候的变化，所以称为“生物气候学时期”，简称为“物候期”。

在一年中，树木都会随季节变化而发生许多变化。如萌芽，抽枝展叶或开花、新芽形成或分化、果实成熟、落叶并转入休眠等。树木这种每年随环境周期变化而出现形态和生理机能的规律性变化，又称为树木的年生长周期。

物候是地理气候研究、栽培树木的区域规划以及制定某地区树木科学栽培措施的重要依据。此外，树木所呈现的季相变化，对园林种植设计还具有艺术意义。

一、树木的物候期

外界环境条件的周期变化，每年也不完全相同。气象因子（如温度、降水量等）在每年不同季节的波动和采取不同的栽培技术措施，在一定范围内能改变树木物候期的进程。不同树种和品种的物候期不同，尤其是落叶树木和常绿树木的物候期有很大的差别。

（一）落叶树的年周期 由于温带地区的气候，在一年中有明显的四季，所以，温带落叶树木的物候季相变化，尤为明显。

落叶树木的年周期可明显地分为生长期和休眠期。即从春季开始萌芽生长，至秋季落叶前为生长期，其中成年树的生长期表现为营养生长和生殖生长两个方面。树木在落叶后，至次年萌芽前，为适应冬季低温等不利的环境条件，处于休眠状态，为休眠期。在生长期和休眠期之间，又各有一个过渡期。即从生长转入休眠期和从休眠转入生长期。这两个过渡时期，历时虽短，但很重要。在这两个时期中，某些树木的抗寒、抗旱性和变动较大的外界条件之间，常出现不相适应而发生危害的情况。这在大陆性气候地区，表现尤为明显。现将落叶树木物候的4个时期分述如下。

1. 休眠转入生长期 这一时期处于树木将要萌芽前，即当日平均气温稳定在3℃以上起，到芽膨大待萌时止。树木休眠的解除，通常以芽的萌发作为形态标志。而生理活动则更早。树木由休眠转入生长，要求一定的温度、水分和营养物质。当有适合的温度和水分，经一定时间，树液开始流动，有些树种（如核桃、葡萄等）会出现明显的“伤流”。北方树种芽膨大所需的温度较低，当日平均气温稳定在3℃以上时，经一定时期，达到一定的累积温度即可。原产温暖地区的树木，其芽膨大所需的积温较高。花芽膨大所需积温比叶芽低。树体贮存养分充足时，芽膨大较早，且整齐，进入生长期也快。树木在此期抗寒能力降低，遇突然降温，萌动的花芽和枝干西南面易受冻害。干旱地区还易出现枯梢现象。

2. 生长期　从树木萌芽生长至落叶，即包括整个生长季。这一时期在一年中所占的时间较长。在此期间，树木随季节变化，会发生极为明显的变化。如萌芽、抽枝展叶或开花、结实等，并形成许多新器官（如叶芽或花芽等）。

萌芽常作为树木生长开始的标志；其实根的生长比萌芽要早。不同树木在不同条件下每年萌芽次数不同。其中以越冬后的萌芽最为整齐，这与去年积累的营养物质贮藏和转化、为萌芽作了充分的物质准备有关。树木萌芽后抗寒力显著降低，对低温变得敏感。

每种树木在生长期中，都按其固定的物候顺序通过一系列的生命活动。不同树种通过各个物候的顺序不同。有些先萌花芽，而后展叶；也有的先萌叶芽，抽枝展叶，而后形成花芽并开花。

树木各物候期的开始、结束和持续时间的长短，也因树种和品种、环境条件和栽培技术而异。

3. 生长转入休眠期　秋季叶片自然脱落是树木进入休眠的重要标志。在正常落叶前，新梢必须经过组织成熟过程，才能顺利越冬。早在新梢开始自下而上加粗生长时，就逐渐开始木质化，并在组织内贮藏营养物质（绝大部分是淀粉、可溶性糖类等碳水化合物和少部分含氮化合物）。新梢停长后这种积累过程继续加强，同时有利于花芽的分化和枝干的加粗等。结有果实的树木，在采、落成熟果后，养分积累更为突出，一直持续到落叶前。

秋季日照变短是导致树木落叶，进入休眠的主要因素，其次是气温的降低。落叶前在叶内发生一系列的变化，如光合作用和呼吸作用的减弱，叶绿素的分解、部分氮、钾成分转移到枝条等，最后叶柄基部形成离层而脱落。落叶后随气温降低，树体细胞内脂肪和单宁物质增加；细胞液浓度和原生质黏度增加；原生质膜形成拟脂层，透性降低等，有利于树木抗寒越冬。

上述说明，过早落叶，不利养分积累和组织成熟。干旱、水涝、病害等会造成早期落叶，甚至引起再次生长，危害很大;该落不落,说明树木未作好越冬准备,易发生冻害和枯梢。

树体的不同器官和组织，进入休眠的早晚不同。温带树木多数在晚夏至初秋就开始停止生长，逐渐进入休眠。某些芽的休眠在落叶前较早就已发生。一般小枝，细弱短枝，早形成的芽，进入休眠早；长枝下部的芽进入休眠早，顶端的芽仍可能继续生长。上部侧芽形成后不萌发，不一定是由于休眠，可能是因顶端产生的激素抑制之故。在生长季，可用短截新梢先端除去抑制作用，看剪口芽的反应来判断是否休眠。剪口芽不萌发，说明已处在休眠中；如果剪口芽萌发，但生长弱并很快停长，则说明休眠程度尚浅；如果剪口芽极易萌发并继续延长生长，说明未进入休眠。皮层和木质部进入休眠早，形成层最迟，故初冬遇寒流形成层易受冻。地上部主枝、主干进入休眠较晚，而以根颈最晚，故易受冻害。

不同年龄的树木进入休眠早晚不同。幼龄树比成年树进入休眠迟。

刚进入休眠的树，处在初休眠（浅休眠）状态，耐寒力还不强，遇间断回暖会使休眠逆转，突然降温常遭冻害。

4. 相对休眠期　秋季正常落叶到次春树体开始生长（通常以萌芽为准）为止是落叶树

木的休眠期。局部的枝芽休眠出现则更早。在树木休眠期，短期内虽看不出有生长现象，但体内仍进行着各种生命活动，如呼吸、蒸腾、芽的分化、根的吸收、养分合成和转化等。这些活动只是进行得较微弱和缓慢而已，所以确切地说，休眠只是个相对概念。

落叶休眠是温带树木在进化过程中对冬季低温环境形成的一种适应性。如果没有这种特性，正在生长着的幼嫩组织，就会受早霜的危害，并难以越冬而死亡。

根据休眠的状态，可分为自然休眠和被迫休眠。

(1) 自然休眠 又称深休眠或熟休眠，是由于树木生理过程所引起的或由树木遗传性所决定的。落叶树木进入自然休眠后，要在一定的低温条件下经过一段时间后才能结束。在未通过时，即使给予适合树体生长的外界条件，也不能萌芽生长。大体上，原产寒温带的落叶树，通过自然休眠期要求0~10℃的一定累积时数的温度；原产暖温带的落叶树木，通过自然休眠期所需的温度稍高，约在5~15℃条件下一定的累积时数。具体还因树种和品种而异。

冬季低温不足，会引起萌芽或开花参差不齐。北树南移，常因冬季低温不足，表现为花芽少，易脱落，或新梢节间短，叶呈莲座状等现象。

(2) 被迫休眠 落叶树木在通过自然休眠后，如果外界缺少生长所需的条件时，仍不能生长，而处于被迫休眠状态。一旦条件合适，就会开始生长。此期如遇一段连续暖和天气，易引起树体活动和生长，再遇回寒易受冻害。

(二) 常绿树的物候期 常绿树，并非周年不落叶，而是叶的寿命较长，多在1年以上至多年；每年仅仅脱落部分老叶，又能增生新叶，因此全树终年连续有绿叶存在。常绿针叶树类：松属针叶可存活2~5年；冷杉叶可活3~10年。紫杉叶存活高达6~10年。它们的老叶多在冬春间脱落，刮风天尤甚。常绿阔叶树的老叶，多在萌芽展叶前后逐渐脱落。常绿树的落叶，主要是失去正常生理机能的老化叶片，所发生的新老交替现象。

生长在北方的常绿针叶树，每年发枝1次或以上。松属有些先长枝，后长针叶；其果实的发育有些是跨年的。

热带、亚热带的常绿阔叶树木，其各器官的物候动态表现极为复杂。各种树木的物候差别很大，难以归纳。有些树木在一年中能多次抽梢，如柑橘可有春梢、夏梢、秋梢及冬梢；有些树木一年内能多次开花结实，甚至抽1次梢结1次果，如金橘；有些树木同一植株上，同时可见有抽梢、开花、结实等几个物候重叠交错的情况；有些树木的果实发育期很长，常跨年才能成熟。

在赤道附近的树木，年无四季，终年有雨，全年可生长而无休眠期，但也有生长节奏表现。在离赤道稍远的季雨林地区，因有明显的干、湿季，多数树木在雨季生长和开花，在干季落叶，因高温干旱而被迫休眠。在热带高海拔地区的常绿阔叶树，也受低温影响而被迫休眠。

二、园林树木物候观测法

(一) 观测的目的与意义 园林树木的物候观测，除具有生物气候学方面的一般意义外，主要有以下的目的意义：

第一，掌握树木的季相变化，为园林树木种植设计，选配树种，形成四季景观提供依据。

第二，为园林树木栽培（包括繁殖、栽植、养护与育种）提供生物学依据。如确定繁殖时期；确定栽植季节与先后，树木周年养护管理（尤其是花木专类园），催延花期等；根据开花生物学进行亲本选择与处理，有利杂交育种；不同品种特性的比较试验等。

（二）观测法　园林树木观测法，应在与中国物候观测法的总则和乔灌木各发育时期观测特征相统一的前提下，增加特殊要求的细则项目。如为观赏的春、秋叶色变化以便确定最佳观赏期；为芽接和嫩枝插进行粗生长和木质化程度的观测；为有利杂交授粉，选择先开优质花朵和散粉、柱头液分泌时间的观测等。

1. 注意事项　在较大区域内的物候观测，众多人员参加时，首先应统一树木种类、主要项目（并立表格）、标准和记录方法。人员（最好包括后备人员）经统一培训。

（1）观测目标与地点的选定　在进行物候观测前，按照以下原则选定观测目标或观测点。

①按统一规定的树种名单，从露地栽培或野生（盆栽不宜选用）树木中，选生长发育正常并已开花结实3年以上的树木。在同地同种树有许多株时，宜选3～5株作为观测对象。

对属雌雄异株的树木最好同时选有雌株和雄株，并在记录中注明雌（♀）、雄（♂）性别。

②观测植株选定后，应作好标记，并绘制平面位置图存档。

（2）观测时间与方法

①应常年进行，可根据观测目的要求和项目特点，在保证不失时机的前提下，来决定间隔时间的长短。那些变化快要求细的项目宜每天观测或隔日观测。冬季深休眠期可停止观测。一天中一般宜在气温高的下午观测（但也应随季节、观测对象的物候表现情况灵活掌握）。

②应选向阳面的枝条或上部枝（因物候表现较早）。高树顶部不易看清，宜用望远镜或用高枝剪剪下小枝观察；无条件时可观察下部的外围枝。

③应靠近植株观察各发育期，不可远站粗略估计进行判断。

（3）观测记录　物候观测应随看随记，不应凭记忆，事后补记。

（4）观测人员　物候观测须选责任心强的专人负责。人员要固定，不能轮流值班式观测。专职观测者因故不能坚持者，应经培训的后备人员接替，不可中断。

2. 园林树木物候观测项目与特征

（1）根系生长周期　利用根窖或根箱，每周观测新根数量和生长长度、木栓化时期。选青中年树先于树冠投影外缘开沟挖根。待挖出根系，在距树干一定距离，选根系生长较多的地方，修建根系观察窖。窖的大小依树体大小、根系分布和便于观测而定。观察面与地面略有10°的倾斜，以便观测。然后装上绘有方格网的厚（5～6 mm）玻璃或钢化玻璃；玻璃面必须与土密接，不留空隙，因为实际观察到的根只是玻璃面上的局部生长状态。为减少外界影响，力求保持与原有土壤条件一致；窖内要求保温、保湿，并应防止有光照，保持黑暗（为便于观察可安红灯泡）。定期入窖观测根系的生长长度、方向和根系更新情况，同时可连续观察到不同土深，不同温、湿度条件下的根系生长动态。树苗可栽入根系观测箱（要求用长方形，一面有玻璃，外加木板保护）中进行观测。

（2）树液流动开始期　以新伤口出现水滴状分泌液为准。如核桃、葡萄（在覆土防寒地区一般不易观察到）等树种。

（3）萌芽期　树木由休眠转入生长的标志。

①芽膨大始期　具鳞芽者，当芽鳞开始分离，侧面显露出浅色的线形或角形时，为芽膨大始期（具裸芽者，如枫杨、山核桃等，不记芽膨大期）。不同树种芽膨大特征有所不同。

由于树种开花类别不同，芽萌动有先后，有些是花芽（包括混合芽）；有些是叶芽，应分别记录其日期。为便于观察不错过记录，较大的芽可以预先在芽上薄薄涂上点红漆（尤其是不易分清几年生枝的常绿的柏类）。芽膨大后，漆膜分开露出其他颜色即可辨别。对于某些较小的芽或具绒毛状鳞片芽，应用放大镜观察。

②芽开放（绽）期或显蕾期（花蕾或花序出现期）　树木之鳞芽，当鳞片裂开，芽顶部出现新鲜颜色的幼叶或花蕾顶部时，为芽开放（绽）期。此期在园林中有些已有一定观赏价值，给人带来春天的气息。不同树种的具体特征有些不同。如榆树形成新苞片伸长时；枫杨锈色裸芽出现黄棕色线缝时，为其芽开放期。

有些树种的芽膨大与芽开放不易分辨时，可只记芽开放期。

具纯花芽早春开放的树木，如山桃、杏、李、玉兰等的外鳞层裂开，见到花蕾顶端时，为花芽开放期或显蕾期。

具混合芽春季开花的树木，如海棠、苹果、梨等，由于先长枝叶后开花，故其物候可细分为芽开放（绽）和花序露出期（图 2-3）。

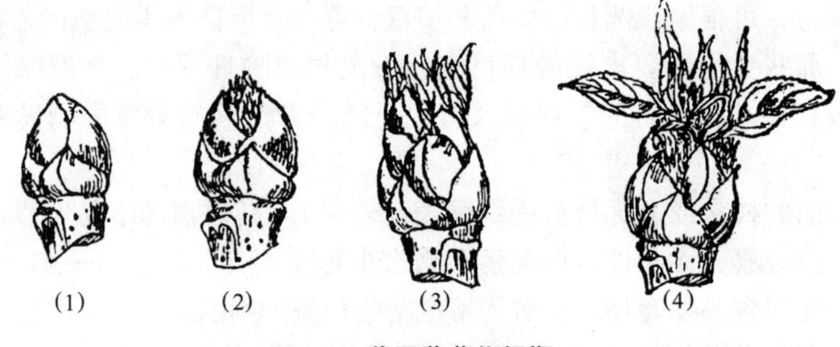

图 2-3　苹果萌芽物候期

（1）休眠期　（2）芽膨大期　（3）芽开绽期　（4）花序露出期

（4）展叶期

①展叶开始期　从芽苞中伸出的卷曲或按叶脉褶叠着的小叶，出现第一批有 1 ~ 2 片平展时，为展叶开始期。不同树种，具体特征有所不同。针叶树以幼针叶从叶鞘中开始出现时为准；具复叶的树木，以其中 1 ~ 2 片小叶平展时为准。

②展叶盛期　阔叶树以其半数枝条上的小叶完全平展时为准。针叶树类以新针叶长度达老针叶长度 1/2 时为准。

有些树种开始展叶后，就很快完全展开，可以不记展叶盛期。

③春色叶呈现始期　以春季所展之新叶整体上开始呈现有一定观赏价值的特有色彩时为准。

④春色叶变色期　以春叶特有色彩整体上消失时为准，如由鲜绿转暗绿，由各种红色转为绿色。

(5)开花期

①开花始期　在选定观测的同种数株树上，见到一半以上植株，有5%的(只有1株亦按此标准)花瓣完全展开时为开花始期。

针叶树类和其他以风媒传粉为主的树木，以轻摇树枝见散出花粉时为准。其中柳属在柔荑花序上，雄株以见到雄蕊，出现黄花时为准；雌株以见到柱头出现黄绿色为准。杨属始花不易见到散出花粉，以花序松散下垂时为准。

②开花盛期(或盛花期)　在观测树上见有一半以上的花蕾都展开花瓣或一半以上的柔荑花序松散下垂或散粉时，为开花盛期。针叶树可不记开花盛期。

③开花末期　在观测树上残留约5%的花时，为开花末期。针叶树类和其他风媒树木以散粉终止时或柔荑花序脱落时为准。

以杂交育种和生产香花、果实为目的，观察项目可根据需要增加，如果树应增加落花期(图2-4)。

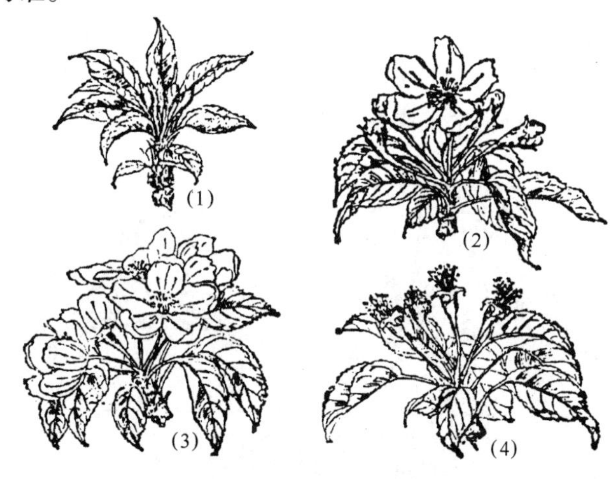

图2-4　苹果开花物候期

(1)花蕾分离期　(2)初花期　(3)盛花期　(4)落花期

④多次开花期　有些一年1次于春季开花的树木，有些年份于夏秋间或初冬再度开花。即使未选定为观测对象，也应另行记录；内容包括a. 树种名称、是个别植株或是多数植株、大约比例；b. 再度开花日期、繁茂和花器完善程度、花期长短；c. 原因调查记录与未再度开花的同种树比较树龄、树势情况；生态环境上有何不同；当年春温、干旱、秋冬温度情况；树体枝叶是否(因冰雹、病虫害等)损伤；养护管理情况；d. 再度开花树能否再次结实；数量；能否成熟等。

另有一些树种，一年内能多次开花。其中有的有明显间隔期；有的几乎连续。但从盛花上可看出有几次高峰，应分别加以记录。

以上经连续几年观察，可以判断是属于偶见的再度开花，还是一年多次开花的变异类型。

(6)果实生长发育和落果期　自坐果至果实或种子成熟脱落止。

①幼果出现期　见子房开始膨大(苹果、梨果直径达0.8cm左右)时，为幼果出现期。

②果实生长周期　选定幼果，每周测量其纵、横径或体积，直到采收或成熟脱落时止。

③生理落果期　坐果后，树下出现一定数量脱落之幼果。有多次落果的，应分别记载落果次数；每次落果数量、大小。

④果实或种子成熟期　当观测树上有一半的果实或种子变为成熟色时，为果实和种子成熟期。较细致的观测可再分为以下两期：

初熟期　当树上有少量果实或种子变为成熟色时为果实和种子初熟期。

全熟期　树上的果实或种子绝大部分变为成熟时的颜色并尚未脱落时，为果实或种子的全熟期。此期为树木主要采种期。不同类别的果实或种子成熟时有不同的颜色。

有些树木的果实或种子为跨年成熟的应记明。

⑤脱落期　又可细分以下两期：

开始脱落期　见成熟种子开始散布或连同果实脱落。如见松属的种子散布；柏属果落；杨属、柳属飞絮；榆钱飘飞；栎属种脱；豆科有些荚果开裂等。

脱落末期　成熟种子或连同果实基本脱完。但有些树木的果实和种子在当年终以前仍留树上不落，应在“果实脱落末期”栏中写“宿存”。应在第2年记录表中记下脱落日期，并在右上角加“*”号，于表下作注，说明为何年的果实。

观果树木，应加记具有一定观赏效果的开始日期和最佳观赏期。

(7)新梢生长周期　由叶芽萌动开始，至枝条停止生长为止。新梢的生长分一次梢(习称春梢)，二次梢(习称夏梢或秋梢或副梢)，三次梢(习称秋梢)。

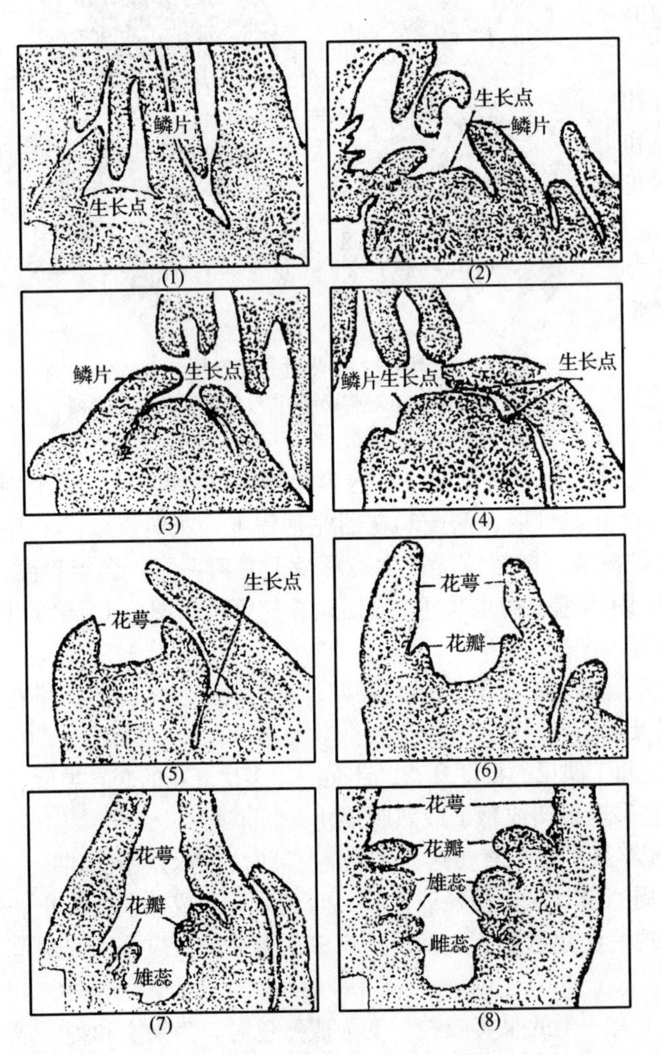

图2-5　苹果花芽分化切片形态图

(1)未分化期　(2)花芽分化初期——前期　(3)花芽分化初期——中期　(4)花芽分化初期——后期　(5)花萼形成期　(6)花瓣形成期　(7)雄蕊形成期　(8)雌蕊形成期

①新梢开始生长期　选定的主枝1年生延长枝(或增加中、短枝)上顶部营养芽(叶芽)开放为1次(春)梢开始生长期；一次梢顶部腋芽开放为二次梢开始生长期，以及3次以上梢开始生长期，其余类推。

②枝条生长周期　对选定枝上顶部梢定期观测其长度和粗度，以便确定延长生长与粗生长的周期和生长快慢时期及特点。2次以上梢以同样方法观测：

③新梢停止生长期　以所观察的营养枝形成顶芽或梢端自枯不再生长为止。2次以上梢类推记录。

(8)花芽分化期　一般按树种的开花习性以主要花枝上花芽分化期为准。取芽3~5个。夏秋分化型的仁果类取中、短枝上的顶芽；核果类取中、长花枝的中部侧芽。年内多次发梢多次分化型的树木，应于不同季节梢上取芽，如柑橘类于春梢和早期秋梢顶部取芽。专类花园、果园应选10~20株作采芽用树；定期(7~10d)采芽。用切片法和剥芽法，观察全树花芽分化时期(开始期、盛期、终止期)。

单花的分化过程，可划分形态分化各阶段(分化始期、花萼、花瓣、雄蕊及雌蕊等原基的形成期)(图 2-5)。

①徒手切片法　先剥去最外层的苞叶或硬鳞片，用刮胡刀片从芽的基部向先端纵切，要求切得薄、平、全。切下后用毛笔蘸水，将其移到盛有蒸馏水的培养皿中，再移至载玻片上，经番红染色后，立即用水冲洗，即行显微镜镜检、绘图、按花芽形态分化各期特征鉴别。可选符合要求的切片，用 50% 的甘油封片作暂时保存和照像用。此法较简便，可随采随即观察，但切片较厚，不宜持久保存。

②剥芽法　将外鳞用小镊子轻轻剥掉，不要伤及芽体，见出现内层小鳞片时，在解剖镜或解剖显微镜下用剥针剥去（应记载鳞片的数目），使生长点完全无损地露出，在显微镜下观察生长点形状并绘图，按花芽形态分化各期特征进行鉴别（图 2-6）。

(9) 叶秋季变色期　是指由于正常季节变化，树木出现变色叶，其颜色不再消失，并且新变色之叶在不断增多至全部变色的时期。不能与因夏季干旱或其他原因引起的叶变色混同。常绿树多无叶变色期，除少数外可不记录。

①秋叶开始变色期　当观测树木的全株叶片约有 5% 开始呈现为秋色叶时，为开始变色期。针叶树的叶子，秋季多逐渐变黄褐色，开始不易察觉，以能明显看出变色时为准。

②秋叶全部变色期　全株所有的叶片完全变色时，为秋叶全部变色期。

③可供观秋色叶期　以部分（30% ~ 50%）叶片所呈现的秋色叶，有一定观赏效果的起止日期为准。具体标准因树种品种而异。记录时注明变色方位、部位、比例，颜色并以图示标出该树秋叶变色过程。例如：元宝枫，由绿变成黄、橙、红三色。

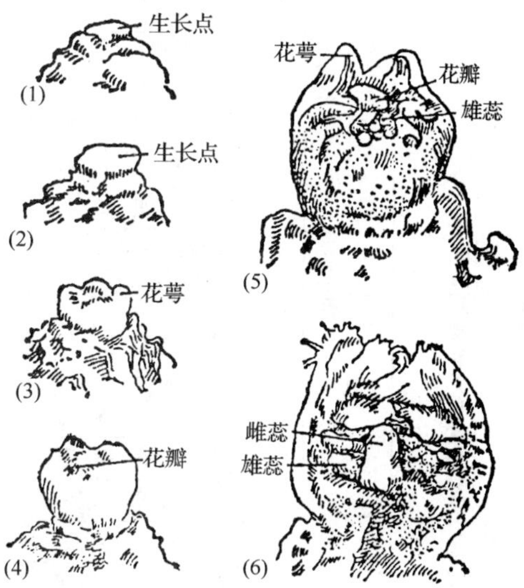

图 2-6　桃的花芽分化剥芽形态图

（1）分化初期　（2）分化期　（3）萼片形成期
（4）花瓣形成期　（5）雄蕊形成期
（6）雌蕊形成期

(10) 落叶期　观测树木秋冬开始落叶，至树上叶子全部落尽时止。系指为树木秋冬的自然落叶，而不是因夏季干旱，暴风雨、水涝或发生病虫害引起的落叶（但见此现象应注明）。针叶树不易分辨落叶期，可不记。

①落叶始期　约有 5% 的叶子脱落时为落叶始期。

②落叶盛期　全株有 30% ~50% 的叶片脱落时，为落叶盛期。

③落叶末期　树上的叶子几乎全部（90% ~95%）脱落为落叶末期。当秋冬突然降温至 0℃或 0℃以下时，叶子还未脱落，有些冻枯于树上，应注明。

有些落叶树种的叶子干枯至年终还未脱落，应注明“干枯未落”。有些至次春（多萌芽时）落叶，应记落叶的始、盛、末期年、月、日。可在右上角加“ * ”号，并于表下标注那年的叶子在何年脱落的日期。

热带地区树木的叶子多为换叶，如能鉴别其换叶期，应加以记录（表 2-1）。

表 2-1　园林树木物候观测记录卡

观测单位　　　　　　　　　　　　　　　　　　　　　　　　　　观测者

编号　　观测地点　　　省(市)　　　县(区)　　　北纬　　°　　′　　东经　　°　　′　　海拔　　m

生境　　地形　　　土壤　　　同生植物　　　小气候　　　养护情况

物候期 树种	树液开始流动期	萌芽期				展叶期				开花期							果实发育期						新梢生长期								秋叶变色与脱落期							备注
		花芽膨大开始期	花芽开放(绽)期	叶芽膨大开始期	叶芽开放期	展叶开始期	展叶盛期	春色叶呈现期	春色叶变绿期	开花始期	开花盛期	开花末期	最佳观花起止日	再度开花期	2次梢开花期	3次梢开花期	幼果出现期	生理落果期	果实成熟期	果实开始脱落期	果实脱落末期	可供观果起止日	春梢始长期	春梢停长期	2次梢始长期	2次梢停长期	3次梢始长期	3次梢停长期	4次梢始长期	4次梢停长期	秋叶开始变色期	秋叶全部变色期	落叶开始期	落叶盛期	落叶末期	可供观秋色叶期	最佳观秋色叶期	

第三节　树木各器官的生长发育

一株正常的树木，主要由树根、枝干（或藤木枝蔓）、树叶所组成。此外，在一定树龄范围内，还含有花果等。习惯上把树根称为地下部；把枝干及其分枝形成的树冠（包括叶、花、果）称为地上部；地上部与地下部交界处，称为根颈。各类树木（乔木、灌木、藤木）其组成又各有特点。现以乔木为例来说明树体的组成（图 2-7）。

一、根系的生长

树木根系没有自然休眠期，只要条件合适，就可全年生长或随时可由停顿状态迅速过渡到生长状态。其生长势的强弱和生长量的大小，随土壤的温度、水分、通气与树体内营养状况以及其他器官的生长状况而异。

（一）影响根系生长的因素

1. 土壤温度　树种不同，开始发根所需要的土温很不一致；一般原产温带寒地的落叶树木需要温度低；而热带、亚热带树种所需温度较高。根的生长都有最适和上、下限温度。温度过高过低对根系生长都不利，甚至造成伤害。由于土壤不同深度的土温，随季节而变化，分布在不同土层中的根系活动也不同。以中国中部地区为例，早春土壤化冻后，地表 30cm 以内的土温上升较快，温度也适宜，表层根系活动较强烈；夏季表层土温过高，30cm 以下土层温度较适合，中层根系较活跃。90cm 以下土层，周年温度变化小，根系往往常年都能生长，所以冬季根的活动以下层为主。上述土壤层次范围又因地区、土类而异。

2. 土壤湿度　土壤湿度与根系生长也有密切关系。土壤含水量达最大持水量的 60% ~80% 时，最适宜根系生长，过干易促使根木栓化和发生自疏；过湿能抑制根的呼吸作用，造成停长或腐烂死亡。可见选栽树木要根据其喜干、湿程度，并正确进行灌水和排水。

3. 土壤通气　土壤通气对根系生长影响很大。通气良好处的根系密度大、分枝多、须根量大。通气不良处发根少，生长慢或停止，易引起树木生长不良和早衰。城市由于铺装路面多、市政工程施工夯实以及人流踩踏频繁，土壤紧实，影响根系的穿透和发展；内外气体不易交换，引起有害气体（CO_2 等）的累积中毒，影响菌根繁衍和树木的吸收。土壤水分过多也影响土壤通气，从而影响根系的生长。

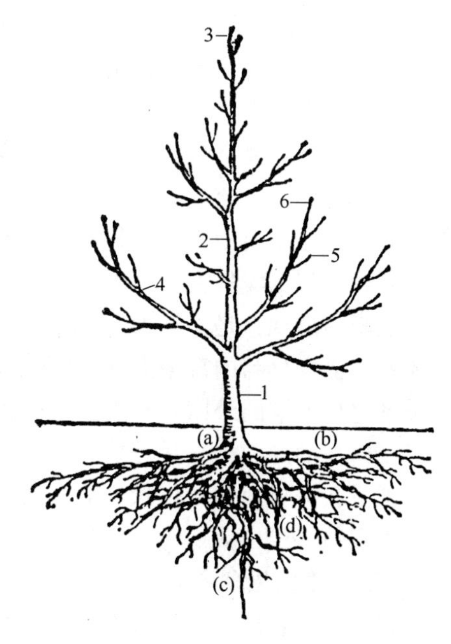

图 2-7　树体的组成

（1）主干　（2）中心干　（3）中央领导枝
（4）主枝　（5）侧枝　（6）主枝延长枝
（a）根颈（b）水平根（c）主根（d）垂直根

4. 土壤营养　在一般土壤条件下，其养分状况不致于使根系处于完全不能生长的程度，所以土壤营养一般不成为限制因素，但可影响根系的质量，如发达程度、细根密度、生长时间的长短。根有趋肥性。有机肥有利树木发生吸收根；适当施无机肥对根的生长有好处。如施氮肥通过叶的光合作用能增加有机营养及生长激素，来促进发根；磷和微量元素（硼、锰等）对根的生长都有良好的影响。但如果在土壤通气不良的条件下，有些元素会转变成有害的离子（如铁、锰会被还原为二价的铁离子和锰离子，提高了土壤溶液的浓度），使根受害。

5. 树体有机养分 根的生长与执行其功能依赖于地上部所供应的碳水化合物。土壤条件好时，根的总量取决于树体有机养分的多少。叶受害或结实过多，根的生长就受阻碍，即使施肥，一时作用也不大；需保叶或通过疏果来改善。

此外，土壤类型、土壤厚度、母岩分化状况及地下水位高低，对根系的生长与分布都有密切关系。

（二）根系的年生长动态 根系的伸长生长在一年中是有周期性的。根的生长周期与地上部不同。其生长又与地上部密切相关，而且往往交错进行，情况比较复杂。一般根系生长要求温度比萌芽低，因此春季根开始生长比地上部早。亚热带树种（如柑橘）根系活动要求温度较高，如种在冬春较寒冷的地区，由于春季气温上升快，也会出现先萌芽后发根的情况。一般春季根开始生长后，即出现第一个生长高峰。这与生长程度、发根数量与树体贮藏营养水平有关。然后是地上部开始迅速生长，而根系生长趋于缓慢。当地上部生长趋于停止时，根系生长出现一个大高峰。其强度大，发根多。落叶前根系生长还可能有小高峰。在一年中，树根生长出现高峰的次数和强度，与树种、年龄等有关。据研究，苹果小树一年有上述 3 次高峰；大树虽也有 3 次，但萌芽前出现的第 1 次高峰不明显。柿子树原产暖地，北移后，一年内根的生长只有 1 次高峰。在华北地区，松属树木（据对油松观察），根系生长差不多与地上部同时开始；在雨季前土壤干热期则有停顿。由于先长枝，后生长针叶，其营养积累主要集中在生长季的后半期。雨季开始后（8 月份）根生长特别旺，一直可延续至 11 月内尚未停止。也有些树种，根系的生长一年内可能有好几个生长高峰。据报道，生于美国乔治亚州的美国山核桃，根生长高峰一年内可多达 4～8 次。侧柏幼苗的根年内也可见有多次生长。根在年周期中的生长动态，取决于树木种类，砧穗组合，当年地上部生长、结实状况，同时还与土壤的温度、水分、通气及无机营养状况等密切相关。因此，树木根系生长高、低峰的出现，是上述因素综合作用的结果。但在一定时期内，有一个因素起主导作用。树体的有机养分与内源激素的累积状况是根系生长的内因，而夏季高温干旱和冬季低温是促使根系生长低潮的外因。在整个冬季虽然树木枝芽进入休眠，但根并非完全停止活动。这种情况因树种而异。松柏类一般秋冬停止生长；阔叶树冬季常在粗度上有缓慢生长。在生长季节，根系在一昼夜内的生长也有动态变化；据对葡萄和李子根的观察资料，说明夜间的生长量和发根数多于白天。

（三）根的生命周期 不同类别树木以一定的发根方式（侧生式或二叉式）进行生长。幼树期根系生长很快，一般都超过地上部分的生长速度。树木幼年期根系领先生长的年限因树种而异。随着树龄增加，根系生长速度趋于缓慢，并逐年与地上部分的生长保持着一定的比例关系。在整个生命过程中，根系始终发生局部的自疏与更新。吸收根的死亡现象，从根系开始生长一段时间后就发生，逐渐木栓化。外表变为褐色，逐渐失去吸收功能；有的轴根演变成起输导作用的输导根，有的则死亡。至于须根，自身也有一个小周期，从形成到壮大直至衰亡有一定规律，一般只有数年的寿命。须根的死亡，起初发生在低级次的骨干根上，其后发生在高级次的骨干根上，以致较粗骨干根的后部出现光秃现象。

根系的生长发育，很大程度受土壤环境的影响，各树种、品种根系生长的深度和广度是有限的，受地上部生长状况和土壤环境条件所影响。待根系生长，达到最大幅度后，也发生向心更新。由于受土壤环境影响，更新不那么规则，常出现大根季节性间歇死亡现象。更新所发生之新根，仍按上述规律生长和更新。随树体衰老而逐渐缩小。有些树种，进入老年后常发生水平根基部的隆起。

当树木衰老，地上部频于死亡时，根系仍能保持一段时期的寿命。

二、枝条的生长与树体骨架的形成

树体枝干系统及所形成的树形，决定于枝芽特性，芽抽枝，枝生芽，两者极为密切。了解树木的枝芽特性，对整形修剪有重要意义。

（一）树木的枝芽特性　芽是多年生植物为适应不良环境和延续生命活动而形成的重要器官。它是枝、叶、花的原始体，与种子有相类似的特点。所以芽是树木生长、开花结实、更新复壮、保持母株性状和营养繁殖的基础。了解芽的特性，对研究园林树形和整形修剪有重要意义。

1. *芽序*　定芽在枝上按一定规律排列的顺序性称为芽序。因芽多着生于叶腋间，故芽序与叶序相同。不同树种的芽序不同；多数树木的互生芽序为2/5式，即相邻芽在茎周相距144°处着生；葡萄和板栗的芽序为1/2式（即相距180°着生）。有些树木的芽序，也因枝条类型、树龄和生长势而有所变化，如板栗旺盛生长时，芽序变为2/5式；又如枣树的一次枝为2/5式，二次枝为1/2式。对生芽序者，每节芽相对而生，相邻两对芽交互相垂直，如丁香、洋白蜡、油橄榄等。轮生芽序者或某些针叶树，其芽在枝上呈轮生排列，如夹竹桃、盆架树、雪松、油松、灯台树等。

了解芽序对幼树整形，安排主枝方位很有用处。

2. *芽的异质性*　由于芽形成时，随枝叶生长时的内部营养状况和外界环境条件的不同，使处在同一枝上不同部位的芽存在着大小、饱满程度等差异的现象，称为“芽的异质性”。枝条基部的芽，多在展雏叶时形成。这一时期，因叶面积小、气温低，故芽瘦小，且常成为隐芽。其后，叶面积增大，气温也高，光合效率高，芽的发育状况得到改善；到枝条缓慢生长期后，叶片光合和累积养分多，能形成充实之饱满芽。有些树木（如苹果、梨等）的长枝有春、秋梢，即一次枝春季生长后，于夏季停长，于秋季温湿度适宜时，顶芽又萌发成秋梢。秋梢常组织不充实，在冬寒地易受冻害。如果长枝生长延迟至秋后，由于气温降低，梢端往往不能形成新芽。

许多树木达到一定年龄后，所发新梢顶端会自然枯亡（如板栗、柿、杏、柳、丁香等），或顶芽自动脱落（如柑橘类）。某些灌木和丛木，中下部的芽反而比上部的好，萌生的枝势也强。

3. *芽的早熟性与晚熟性*　已形成的芽，需经一定的低温时期来解除休眠，到次春才能萌发的芽，叫做晚熟性芽。有些树木生长季早期形成的芽，当年就能萌发（如桃等）有的多达2～4次梢，具有这种特性的芽，叫早熟性芽。这类树木当年即可形成小树的样子。其中也有些树木，芽虽具早熟性，但不受刺激一般不萌发；当因病虫害等自然伤害和人为修剪、摘叶时才会萌发。

4. 萌芽力与成枝力 各种树木与品种其叶芽的萌发能力不同。有些强，如松属的许多种、紫薇、小叶女贞、桃等；有些较弱，如梧桐、栀子花、核桃、苹果和梨的某些品种等。母枝上芽的萌发能力，叫萌芽力；常用萌芽数占该枝芽总数的百分率来表示，所以又称“萌芽率”。枝条上部叶芽萌发后，并不是全部都抽成长枝。母枝上的芽能抽发生长枝的能力，叫成枝力。

5. 芽的潜伏力 树木枝条基部芽或上部的某些副芽，在一般情况下不萌发而呈潜伏状态。当枝条受到某种刺激（上部或近旁受损，失去部分枝叶时）或冠外围枝处于衰弱时，能由潜伏芽发生新梢的能力，称为“芽的潜伏力”，也称潜伏芽的寿命。芽潜伏力的强弱与树木地上部能否更新复壮有关。有些树种芽的潜伏力弱，如桃的隐芽，越冬后潜伏一年许，多数就失去萌发力，仅个别的隐芽能维持 10 年以上，因此不利于更新复壮，即使萌发，何处萌枝也难以预料。而仁果类果树、柑橘、杨梅、板栗、核桃、柿子、梅、银杏、槐等树种，其芽的潜伏力则较强或很强，有利于树冠更新复壮。芽的潜伏力也受营养条件的影响，条件好的隐芽，寿命就长。

（二）枝茎习性

1. 枝的生长类型 茎的生长方向与根相反，是背地性的，多数是垂直向上生长，也有呈水平或下垂生长的。茎枝除由顶端的加长和形成层活动的加粗生长外，禾本科的竹类，还具有居间生长。竹笋在春夏就是以这种方式生长的，所以生长特快。树木依枝茎生长习性可分以下 3 类：

（1）直立生长 茎干以明显的背地性垂直地面，枝直立或斜生于空间，多数树木都是如此。在直立茎的树木中，也有些变异类型，以枝的伸展方向可分为：①紧抱型；②开张型；③下垂型；④龙游（扭旋或曲折）型等。

（2）攀援生长 茎长得细长柔软，自身不能直立，但能缠绕或具有适应攀附它物的器官（卷须、吸盘、吸附气根、钩刺等），借它物为支柱，向上生长。在园林上，把具缠绕茎和攀援茎的木本植物，统称为木质藤本，简称藤木。

（3）匍匐生长 茎蔓细长，自身不能直立，又无攀附器官的藤木或无直立主干之灌木，常匍匐于地生长。在热带雨林中，有些藤木如绳索状，爬伏或呈不规则的小球状铺于地面。匍匐灌木，如偃柏、铺地柏等。攀援藤木，在无物可攀时，也只能匍匐于地生长。这种生长类型的树木，在园林中常用作地被植物。

2. 分枝方式 树木除少数种不分枝（如棕榈科的许多种）外，有三大分枝式：

（1）总状分枝（单轴分枝）式 枝的顶芽具有生长优势，能形成通直的主干或主蔓，同时依次发生侧枝；侧枝又以同样方式形成次级侧枝。这种有明显主轴的分枝方式叫“总状分枝式”（或单轴分枝式），如银杏、水杉、云杉、冷杉、松柏类、雪松、银桦、杨、山毛榉等。这种分枝式以裸子植物为最多。

（2）合轴分枝式 枝的顶芽经一段时期生长以后，先端分化花芽或自枯，而由邻近的侧芽代替延长生长；以后又按上述方式分枝生长。这样就形成了曲折的主轴，这种分枝式叫“合轴分枝式”，如成年的桃、杏、李、榆、柳、核桃、苹果、梨等。合轴分枝式以被子植物为最多。

（3）假二叉分枝式 具对生芽的植物，顶芽自枯或分化为花芽，由其下对生芽同时萌枝生长所接替，形成叉状侧枝，以后如此继续。其外形上似二叉分枝，因此叫“假二叉分枝”。这种分枝式实际上是合轴分枝的另一种形式。如丁香、梓树、泡桐等。

树木的分枝方式不是一成不变的。许多树木年幼时呈总状分枝，生长到一定树龄后，就逐渐变为合轴或假二叉分枝。因而在幼青年树上，可见到两种不同的分枝方式，如玉兰等（可见到总状分枝式与合轴分枝式及其转变痕迹）。

了解树木的分枝习性，对研究观赏树形、整形修剪、提高光能利用或促使早成花，选择用材树种，培育良材等都有重要意义。

3. 顶端优势 一个近于直立的枝条，其顶端的芽能抽生最强的新梢，而侧芽所抽生的枝，其生长势（常以长度表示）多呈自上而下递减的趋势，最下部的一些芽则不萌发。如果去掉顶芽或上部芽，即可促使下部腋芽和潜伏芽的萌发。这种顶部分生组织或茎尖对其下芽萌发力的抑制作用，叫做“顶端优势”（或先端优势）。因为它是枝条背地性生长的极性表现，又称极性强。顶端优势也表现在分枝角度上，枝自上而下开张；如去除先端对角度的控制效应，则所发侧枝又呈垂直生长。另外也表现在树木中心干生长势要比同龄主枝强；树冠上部枝比下部的强。一般乔木都有较强的顶端优势，越是乔化的树种，其顶端优势也越强；反之则弱。

4. 干性与层性 树木中心干的强弱和维持时间的长短，简称为“干性”。顶端优势明显的树种，中心干强而持久。凡中心干坚硬，能长期处于优势生长者，叫干性强。这是乔木的共性，即枝干的中轴部分比侧生部分具有明显的相对优势。

由于顶端优势和不同部位芽的质量差异，使强壮的1年生枝的着生部位比较集中。这种现象在幼树期历年重现，使主枝在中心干上的分布或二级枝在主枝上的分布，形成明显的层次，称之为“层性”。层性是顶端优势和芽的异质性共同作用的结果。一般顶端优势强而成枝力弱的树种层性明显。此类乔木于中心干上的顶芽（或伪顶芽）萌发成一强壮中心干的延长枝和几个较壮的主枝及少量细弱侧生枝；基部的芽多不萌发，而成为隐芽。同样在主枝上，以与中心干上相似的方式，先端萌生较壮的主枝延长枝和萌生几个自先端至基部长势递减之侧生枝。其中有些能变成次级骨干枝；有些较弱枝，生长停止早，节间短，单位长度叶面积大，生长消耗少，累积营养物多，因而易成花，成为树冠中的开花、结实部分。多数树种的枝基，或多或少都有些未萌发的隐芽。

从整个树冠来看，在中干和骨干枝上几个生长势较强的枝条和几个生长弱的枝以及几个隐芽一组组地交互排列，就形成了骨干枝分布的成层现象。有些树种的层性，一开始就很明显，如油松等；而有些树种则随树龄增大，弱枝衰亡，层性逐渐明显起来，如苹果、梨等。具有层性的树冠，有利于通风透光。但层性又随中心干的生长优势和保持年代而变化。树木进入壮年之后，中心干的优势减弱或失去优势，层性也就消失。不同树种的层性和干性强弱不同。裸子植物中的银杏、松属的某些种以及灯台树、枇杷、核桃、杉、长山核桃等层性最为明显。而柑橘、桃等由于顶端优势弱，层性与干性均不明显。顶端优势强弱与保持年代长短，表现为层性明显与否。干性强弱是构成树冠骨架的重要生物学依据。干性与层性对研究园林树形及其演变和整形修剪，都有重要意义。

（三）枝的生长 树木每年以新梢生长来不断扩大树冠，新梢生长包括加长生长和加粗生长这两个方面。一年内枝条生长达到的粗度与长度，称为“年生长量”；在一定时间内，枝条加长和加粗生长的快慢，称为“生长势”。生长量和生长势是衡量树木生长强弱和某些生命活动状况的常用指标，也是栽培措施是否得当的判断依据之一。

1. 枝的加长生长 指新梢的延长生长。由一个叶芽发展成为生长枝，并不是匀速的，而是按慢—快—慢这一规律生长的。新梢的生长可划分为以下3个时期。

（1）开始生长期 叶芽幼叶伸出芽外，随之节间伸长，幼叶分离。此期生长主要依靠树体贮藏营养。新梢开始生长慢，节间较短，所展之叶，为前期形成的芽内幼叶原始体发育而成，故又称“叶簇期”。其叶面积小，叶形与以后长成的差别较大，叶脉较稀疏，寿命短，易枯黄；其叶腋内形成的芽也多是发育较差的潜伏芽。

（2）旺盛生长期 通常从开始生长期后随着叶片的增加很快就进入旺盛生长期。所形成的节间逐渐变长，所形成的叶，具有该树种或品种的代表性；叶较大，寿命长，含叶绿素多，有很高的同化能力。此期叶腋所形成的芽较饱满；有些树种在这一段枝上还能形成腋花芽。此期的生长由利用贮藏营养转为利用当年的同化营养为主。故春梢生长势强弱与贮藏营养水平和此期肥、水条件有关。此期对水分要求严格，如水不足，则会出现提早停止生长的“旱象”，通常果树栽培上称这一时期为“新梢需水临界期”。

（3）缓慢与停止生长期 新梢生长量变小，节间缩短，有些树种叶变小，寿命较短。新梢自基部而向先端逐渐木质化，最后形成顶芽或自枯而停长。枝条停止生长早晚，因树种、品种部位及环境条件而异，与进入休眠早晚相同。具早熟性芽的树种，在生长季节长的地区，一年有2～4次的生长。北方树种停长早于南方树种。同树同品种停长早晚，因年龄、健康状况、枝芽所处部位而不同。幼年树结束生长晚，成年树早；花、果木的短果枝或花束状果枝，结束生长早；一般外围枝比内膛枝晚，但徒长枝结束最晚。土壤养分缺乏，透气不良，干旱均能使枝条提早1～2个月结束生长；氮肥多，灌水足或夏季降水过多均能延迟，尤以根系较浅的幼树表现最为明显。在栽培中应根据目的（作庭荫树还是矮化作桩景材料）合理调节光、温、肥、水，来控制新梢的生长时期和生长量。人们常根据枝上芽的异质性进行修剪，来达到促、控的目的。

2. 枝的加粗生长 树干及各级枝的加粗生长都是形成层细胞分裂、分化、增大的结果。在新梢伸长生长的同时，也进行加粗生长，但粗生长高峰稍晚于加长生长，停止也较晚。新梢由下而上增粗。形成层活动的时期、强度、依枝生长周期、树龄、生理状况、部位及外界温度、水分等条件而异。落叶树形成层的活动稍晚于萌芽。春季萌芽开始时，在最接近萌芽处的母枝形成层活动最早，并由上而下，开始微弱增粗。此后随着新梢的不断生长，形成层的活动也持续进行。新梢生长越旺盛，则形成层活动也越强烈，且时间长。秋季由于叶片积累大量光合产物，因而枝干明显加粗。级次越低的骨干枝，加粗的高峰越晚，加粗量越大。每发一次枝，树就增粗一次。因此，有些一年多次发枝的树木，一圈年轮，并不是一年粗生长的真正年轮。树木春季形成层活动所需的养分，主要靠去年的贮藏营养。1年生实生苗的粗生长高峰靠中后期；2年生以后所发的新梢提前。幼树形成层活动停止较晚，而老树较早。同一树上新梢形成层活动开始和结束均较老枝早。大枝和主干的形成层活动，自上而下逐渐停止，而以根颈结束最晚。健康树较受病虫害的树活动时期要长。

（四）影响新梢生长的因素　新梢的生长除决定于树种和品种特性外，还受砧木、有机养分、内源激素、环境与栽培技术条件等的影响。

1. *砧木*　嫁接植株新梢的生长受砧木根系的影响；同一树种和品种嫁接在不同砧木上，其生长势有明显差异，并使整体上呈乔化或矮化。

2. *贮藏养分*　树木贮藏养分的多少对新梢生长有明显影响。贮藏养分少，发梢纤细；春季先花后叶类树木，开花结实过多，消耗大量贮藏营养，新梢生长就差。

3. *内源激素*　叶片除合成有机养分外，还产生激素。新梢加长生长受到成熟叶和幼嫩叶所产生的不同激素的综合影响。幼嫩叶内产生类似赤霉素的物质，能促节间伸长；成熟叶产生的有机营养（碳水化合物和蛋白质）与生长素类配合引起叶和节的分化；成熟叶内产生休眠素可抑制赤霉素。摘去成熟叶可促新梢加长，但并不增加节数和叶数。摘除幼嫩叶，仍能增加节数和叶数，但节间变短而减少新梢长度。

4. *母枝所处部位与状况*　树冠外围新梢较直立，光照好，生长旺盛；树冠下部和内膛枝因芽质差、有机养分少、光照差，所发新梢较细弱。但潜伏芽所发的新梢常为徒长枝。以上新梢姿势不同，其生长势不同，与新梢顶端生长素含量高低有关。

母枝强弱和生长状态对新梢生长影响很大。新梢随母枝直立至斜生，顶端优势减弱；随母枝弯曲下垂而发生优势转位，于弯曲处或最高部位发生旺长枝，这种现象叫“背上优势”。

5. *环境与栽培条件*　温度高低与变化幅度、生长季长短、光照强度与光周期、养分水分供应等环境因素对新梢生长都有影响。气温高、生长季长的地区，新梢年生长量大；低温、生长季热量不足，新梢年生长量则短。光照不足时，新梢细长而不充实。

施氮肥和浇水过多或修剪过重，都会引起过旺生长。一切能影响根系生长的措施，都会间接影响到新梢的生长。应用人工合成的各类激素物质，都能促进或抑制新梢的生长。

（五）树冠的形成　以地上芽分枝生长和更新的乔木，自1年生苗或前一季节所形成的芽，抽枝离心生长。由于枝茎中上部芽较饱满并具有顶端优势，且由根系供应的养分比较优越，抽生的枝旺盛，多垂直向上生长成为主干的延长枝。几个侧芽斜生为主枝。次春又由中干上的芽抽生延长枝和第2层主枝；第1层主枝先端芽，抽生主枝延长枝和若干长势不等的侧生枝。在一定年龄时期内逐年都以一定的分枝方式抽枝。主枝上较粗壮的侧生枝，随枝龄增长，发展为次一级的骨干枝。而枝条中部芽所抽生的依次比较短弱枝条，停止生长早，易成花或衰老枯落。从整个树体来看，是由几个生长势强与其母枝夹角小的斜生枝和几个长势弱较开张的枝条以及一些隐芽，一组组地交互排列，使骨干枝的分布形成明显或不甚明显的成层现象。层间距的大小、层内分枝的多少、秃裸程度决定于树种和品种特性、植株年龄、层次在树冠上的位置、生长条件以及栽培技术。

随树龄的增长，中心干和主枝延长枝的优势转弱（顶芽成花、自枯或枝条弯曲）树冠上部变得圆钝，而后宽广。此时树木表现出壮龄期的冠形，直到该树在该地条件下达到最大的高度和冠幅。再后即转入衰老更新阶段。

以地下芽更新为主的竹类和丛木类，为多干丛生。从株体看，它们是由许多粗细相似的丛状枝茎所组成。对许多丛木的每一枝干上形成的芽质，有些类似乔木；有些则相反，在枝的中下部芽较饱满，抽枝较旺盛。说明丛木单枝离心生长达到其最大体积快，衰老也快。

攀援藤木多数类似乔木，主蔓生长势很强，幼时少分枝，壮老年以后分枝才多。由于依附它物而生长，多无自身的冠形，而随构筑物体形而变化。藤木中也有少数开始生长时类似灌木，如紫藤、猕猴桃等，而后才出现具缠绕性的长枝。

（六）树木生长大周期 树木和其他绿色植物一样，其各器官（或一部分）的生长规律都是起初生长缓慢，随后逐渐加速，继而达到最高速度，随后又减慢，直到最后完全停止。总之都以慢—快—慢这种“S”曲线规律。树木一生按这种规律的生长过程，称之为“生长大周期”。从杉木生长看，10年前后为高峰，而以材积生长来看10~15年为生长高峰。因此，为生产木材以在材积生长高峰5年内采伐为宜。

不同树木在一生中生长高峰出现的早晚及延续期限不同。一般喜光树种，如油松、马尾松、落叶松、杉木、加拿大杨、毛白杨、旱柳、垂柳等，其生长最快的时期多在15年前后出现，以后则逐渐减慢；而耐荫树种，如红松、华山松、云杉、紫杉等，其生长高峰出现较晚，多在50年以后，且延续期较长。

在园林绿化中，常根据早期高生长速度的差异，把园林树木划分为快长树（速生树）、中速树、慢长树（缓生树）等3类。新建城市的绿地，自然应选快长树为主，但也应搭配些慢长珍贵树，以便更替。不了解树木生长速度，往往当时搭配种植尚好，但预想效果不佳；不用几年，快长树就把设计意图打乱了。

三、叶和叶幕的形成

（一）叶片的形成 叶片是叶芽中前一年形成的叶原基发展起来的。其大小与前一年或前一生长时期形成叶原基时的树体营养和当年叶片生长日数、迅速生长期的长短有关。单个叶片自展叶到叶面积停止增加，不同树种、品种和不同枝梢是不一样的。梨和苹果外围的长梢上，春梢段基部叶和秋梢叶生长期都较短，叶均小。而旺盛生长期形成的叶片生长时间较长，则叶大。短梢叶片除基部叶发育时间短外，其上叶片大体比较接近。因此，不同部位和不同叶龄的叶片，其光合能力也是不一样的。初展之幼嫩叶，由于叶组织量少，叶绿素浓度低，光合产量低。随叶龄增加，叶面积增大，生理上处于活跃状态，光合效能大大提高，直到达到一定的成熟度为止，然后随叶片的衰老而降低。展叶后在一定时期内光合能力很强；常绿树也以当年的新叶光合能力为最强。

由于叶片出现的时期有先后，同一树上就有各种不同叶龄的叶片，并处于不同发育时期。总的说来，在春季，叶芽萌动生长，此时枝梢处于开始生长阶段，基部先展之叶的生理较活跃。随枝的伸长，活跃中心不断向上转移，而基部叶渐趋衰老。

（二）叶幕的形成 叶幕是指叶在树冠内集中分布区而言。它是树冠叶面积总量的反映。园林树木的叶幕，随树龄、整形、栽培的目的与方式不同，其叶幕形成和体积也不相同。幼年树，由于分枝尚少，内膛小枝存在，内外见光，叶片充满树冠；其树冠的形状和体积也就是叶幕的形状和体积。自然生长无中心干的成年树，叶幕与树冠体积并不一致，其枝叶一般集中在树冠表面，叶幕往往仅限冠表较薄的一层，多呈弯月形叶幕。具中心干的成年树，多呈圆头形；老年多呈钟形叶幕。具体依树种而异。成林栽植树的叶幕，顶部成平面形或立体波浪形。为结合花、果生产的，多经人工整剪使其充分利用光能，或为避开架空线的行道树，常见有杯状整形的杯状叶幕，如桃树和架空线下的悬铃木、槐等；用层状整形的，就形成分层形叶幕；按圆头形整的呈圆头形、半圆形叶幕。

藤木叶幕随攀附的构筑物体形而异。落叶树木叶幕在年周期中有明显的季节变化。其叶幕的形成规律也是初期慢、中期快、后期又慢，即按慢-快-慢这种“S”形动态曲线式过程而形成。叶幕形成的速度与强度，因树种和品种、环境条件和栽培技术的不同而不同。一般幼龄树，长势强，或以抽生长枝为主的树种或品种，其叶幕形成时期较长，出现高峰晚；树势弱、年龄大或短枝型品种，其叶幕形成与其高峰到来早。如桃以抽长枝为主，叶幕高峰形成较晚。其树冠叶面积增长最快是在长枝旺长之后；而梨和苹果的成年树以短枝为主，其树冠叶面积增长最快是在短枝停长期，故其叶幕形成早，高峰出现也早。

落叶树木的叶幕，从春天发叶到秋季落叶，大致能保持5～10个月的生活期；而常绿树木，由于叶片的生存期长，多半可达一年以上，而且老叶多在新叶形成之后逐渐脱落，故其叶幕比较稳定。对为花果生产的落叶树木来说，较理想的叶面积生长动态，以前期增长快，后期适合的叶面积保持期长，并要防止过早下降。

四、花芽的分化

（一）有关概念　植物的生长点既可以分化为叶芽，也可以分化为花芽。这种生长点由叶芽状态开始向花芽状态转变的过程，称为“花芽分化”。也有指包括花芽形成全过程的，即从生长点顶端变得平坦，四周下陷开始起，逐渐分化为萼片、花瓣、雄蕊、雌蕊以及整个花蕾或花序原始体的全过程，称为“花芽形成”。由叶芽生长点的细胞组织形态转为花芽生长点的组织形态过程，称为“形态分化”。在出现形态分化之前，生长点内部由叶芽的生理状态（代谢方式）转向形成花芽的生理状态（用解剖方法还观察不到）的过程称为“生理分化”。因此树木花芽分化概念有狭义和广义之说。狭义的花芽分化是指形态分化。广义的花芽分化，包括生理分化、形态分化、花器的形成与完善直至性细胞的形成。

（二）花芽分化期　探讨花芽分化的时间概念，即何时开始分化，何时到达高峰，何时停止等。

1. *花芽分化期的划分*　根据花芽分化的指标，可分为生理分化期、形态分化期和性细胞形成期。不同树种其花芽分化过程及形态指标各异。分化标志的鉴别与区分是研究分化规律的重要内容之一。

（1）生理分化期　是指芽的生长点内转向分化花芽发生生理代谢变化的时期。据果树研究，生理分化期约在形态分化期前1～7周（一般是4周左右或更长）。生理分化期是控制分化的关键时期，因此也称“花芽分化临界期”。

（2）形态分化期　是指花或花序的各个花器原始体的发育过程。一般又可分为以下5个时期：

①分化初期　因树种稍有不同。一般于芽内突起的生长点逐渐肥厚，顶端高起呈半球体状，四周下陷，从而与叶芽生长点相区别；从组织形态上改变了发育方向，即为花芽分化的标志。此期如果内外条件不具备，也可能退回去。

②萼片原基形成期　下陷四周产生突起体，即为萼片原始体，达此阶段才可肯定为花芽。

③花瓣原基形成期　于萼片原基内的基部发生突起体，即花瓣原始体。

④雄蕊原基形成期　花瓣原始体内方基部发生的突起，即雄蕊原始体。

⑤雌蕊原基形成期　在花原始体中心底部发生的突起，即为雌蕊原始体。

上述后两个形成期有些树种延续时间较长，一般在次年春季开花前完成。关于花芽分化指标还因树种是混合芽，还是纯花芽；是否是花序；是单室还是多室等而略有差别。

(3) 性细胞形成期　于当年内，进行一次或多次分化并开花的树木，其花芽性细胞都在年内较高温度下形成。而于夏秋分化，次春开花的树木，其花芽经形态分化后要经过冬春一定低温（温带树木0～10℃；暖带树木5～15℃）累积条件下，形成花器和进一步分化完善与生长。再在次年春季萌芽后至开花前在较高的温度下才能完成。如苹果在花序分离时，其花粉母细胞和雌蕊胚囊才形成。因此早春树体营养状况对此类树的花芽分化很重要。如果条件差，对分化尚未完全的花芽，有时也会出现分化停止或倒退现象。有人把需经一定低温来进一步分化完善花器这一过程，称为“花芽的发育”。但发育即分化，所以如此称呼不甚确切。

2. 花芽的着生与分化期的关系　花芽可能是（既有花又有枝叶的）混合芽或纯花芽。花芽按其着生形式有顶生的，也有腋生的（表2-2）。

表2-2　木本植物花芽的形式

项目	纯花芽	混合芽	
	只含有花的芽	含有叶及花，开放后长出枝叶，而花着生于顶端	芽内含有叶及花，花着生于叶和托叶的腋间，永远不在顶端。其顶端，仍是营养部分
芽顶生	枇杷属 柏属 杉属 柳杉属 世界爷属 桧属	苹果属 梨属 榅桲属 蔷薇属 雪松属 落叶松属 核桃属（雌） 山核桃属（雌）	番石榴属 洋橄榄属（部分的） （齐敦果属）
芽侧生于叶腋间	桃属 松属 帝杉属 油加利属 桦木属 核桃属（雄） 杨属 山核桃属（雄）	树莓属 苹果属（偶尔的） 梨属（偶尔的） 醋栗属 葡萄属 榛属	无花果属 洋橄榄属（部分的） 柿属 桑属 鳄梨属 栎属

上表说明树木花芽的一般形式。有些树木的花芽，如柑橘属，以单个花芽来说，它可以属于表中的任何一类。花芽在枝上的位置是重要的。花芽顶生者，则说明该枝成花后其顶端生长就停止。而当花芽分化时，则出现一段休眠期（也有由顶花芽下侧生叶芽立刻代替顶芽生长的情况）。如果花芽是腋生的，则在顶端继续生长的情况下，它们也可以继续分化。

花芽顶生的树种，其顶花芽开始分化是在叶片停止产生之后，即只有在苞片出现之后，芽的顶端才能真正发生花器的变化。但此期因条件变化顶芽不一定保证就是花芽。

腋生花芽的树种，其花器的基础变化一般在分生组织开始活动许多天之后，但也有马上开始的（如桉树）。它们的花芽分化与枝条生长情况的关系因树种而异。桉树和葡萄在枝旺长时分化；而桃、杏、李一般是在枝停长后分化。许多腋生花芽的种，从分生组织分化到形成花器需要一个较长的分化过程，早期其分化的方向，可受条件变化而改变。

3. 树木花芽分化的类别　花芽分化开始时期和延续时间的长短，以及对环境条件的要求。因树种与品种、地区、年龄等的不同而异。根据不同树种花芽分化的特点，可以分为以下 4 种类型：

（1）夏秋分化型　绝大多数早春和春夏间开花的观花树木，如仁果类和核果类果树及其观花变种，如海棠花类、榆叶梅、樱花等。此外还有迎春、连翘、玉兰、紫藤、丁香、牡丹等，在北京大致在枣树花开放以前的花木多属此类。还有常绿树中的枇杷、杨梅、山茶（春季开花的）、杜鹃花等。它们都是于前一年夏秋（6 ~ 8 月）间开始分化花芽，并延迟至 9 ~ 10 月间，完成花器分化的主要部分。但也有些树种，如板栗、柿子分化较晚，在秋天还只能形成花原始体，还看不到花器，延续的时间更长些。此类树木花芽的进一步分化与完善，还需经过一段低温，直到次年春天才能进一步完成性器官。有些树种的花芽，即使由于某些条件的刺激和影响，在夏秋已完成分化。但仍需经低温后才能提高其开花质量，如冬季剪枝插瓶水养，离其自然花期越远，开花就越差。

（2）冬春分化型　原产暖地的某些树木，如龙眼、荔枝，一般秋梢停长后，至次年春季萌芽前，即于 11 ~ 4 月间这段时期中，花芽逐渐分化与形成。而柑橘类的柑、橘、柚常从 12 月至次春期间分化花芽，其分化时间较短，并连续进行；此类型中有些延迟到年初才分化，而在冬季较寒冷的地区，如浙江、四川等地，有提前分化的趋势。

（3）当年分化型　许多夏秋开花的树木，如木槿、槐、紫薇、珍珠梅、荆条等，都是在当年新梢上形成花芽并开花，不需要经过低温。

（4）多次分化型　在一年中能多次抽梢，每抽一次，就分化一次花芽并开花的树木，如茉莉花、月季、葡萄、无花果、金柑、柠檬等以及其他树木中某些多次开花的变异类型，如四季桂、西洋梨中的三季梨，四季橘等。此类树木中，春季第 1 次开花的花芽有些可能是去年形成的，各次分化交错发生，没有明显停止期，但大体也有一定的节律。

此外还有不定期分化型，热带原产的乔性草本植物，如番木瓜、香蕉等。香蕉吸芽展叶要达一定叶片数即可分化，吸芽形成参差不齐，花芽分化期也各异。

4. 树木花芽分化期的规律　花芽分化期虽因树种类别有很大差异，然而各种树木在分化时期方面也有以下共同规律。

（1）都有一个分化临界期　各树木从生长点转为花芽形态分化之前，都必然有个生理分化阶段。在此阶段，生长点细胞原生质对内外因素有高度的敏感性，处于易改变代谢方向的不稳定时期，因此，生理分化期也称为花芽分化临界期，是花芽分化的关键时期。

花芽分化临界期，因树种、品种而异。例如，苹果于花后 2 ~ 6 周；柑橘于果熟采收前后不久。

（2）分化的长期性　大多数树木的花芽分化，以全树而论是分期分批陆续进行分化的；这与各生长点在树体各部位枝上所处的内外条件不同，营养生长停止早晚有密切关系。不同品种间差别也很大，如“早生旭”苹果从开始生理分化期至分化盛期（从 5 月中下旬至 8

月下旬）到落叶后（11月下旬至12月初）仍有10%～20%的芽处在分化初期状态。“倭锦”苹果甚至在次年2～3月间还有5%～40%的芽处于分化初期状态。这种现象说明，树木在落叶后，在暖温带条件下可以利用贮藏养分进行花芽分化。具有多次发枝多次成花的树木自然更长些。

（3）相对集中和相对稳定性　各种树木花芽分化的开始至盛期，在各地及不同年份有差别，但不悬殊。以果树为例，苹果在6～9月；桃在7～8月；柑橘12～2月。这是由于气候季节相对稳定有关。多数树木是在新梢（春、夏、秋梢）停长后，为花芽分化高峰。果树在采果后还会出现一个分化高峰，有些在落叶后还能在适宜气候条件下，利用贮藏养分进行分化。

（4）形成花芽所需时间因树种和品种而不同　从生理分化到雌蕊形成所需时间，因树种、品种不同。苹果需1.5～4个月，芦柑半个月；雪柑约2个月，福柑1个月；甜橙4个月左右。梅从形态分化到7月上中旬～8月下旬花瓣形成；牡丹6月下旬～8月中旬为分化期。

（5）分化早晚因条件而异　树木花芽分化期不是固定不变的。一般幼树比成年树晚；旺树比弱树晚；同一树上短枝早；中长枝及长枝上腋花芽形成依次要晚；苹果腋花芽比短果枝要晚3个月。一般停长早的枝分化早，但花芽分化多少与枝长短无关。“大年”时新梢停长早，但因结实多，使花芽分化推迟。

开始分化期持续时间的长短，也因树体营养和气候而异。营养好，分化持续时间长；气候温暖、平稳、潮湿，分化持续时间长。

（三）影响花芽分化的因素与理论　由于花芽分化的多少，直接影响花、果产量或观赏价值。长期以来人们就很注意研究影响花芽分化的内外因素。关于其分化机制也提出一些理论。

1. 影响因素

（1）实生树的遗传性与首次成花的关系　前文已讲过，实生树通过幼年期，要长到一定的大小（体积、分枝级次或枝的节数）或叫形态上的复杂性，或需经过一定的有丝分裂世代，即达到一定年龄以后，才能接受成花诱导。但不同树木，在一定条件下，首次成花的快慢不同，这是受其遗传性所决定的。快则1～3年，多则半个世纪。

（2）枝条营养生长与花芽分化的关系　从现象上看，营养生长旺盛的成花迟，而营养生长弱的成花早。据此有人曾认为，营养生长与花芽分化是对立的关系，提出只有抑制生长才能成花。事实上，上述现象只是其一。杏与桃长得旺者，花芽才形成得多；表现其节数与花芽成正相关。就以苹果为例，有人研究指出，健旺幼树，在长的新梢上50～100cm处易形成腋花芽。这些事实说明，营养生长与花芽分化的关系，是在不同情况下，既相辅又对立的辩证关系。所谓生长旺盛应是“健旺”，虚长肯定是不行的。只有健旺生长，叶面积多，制造有机营养物质才多。这是形成花芽的物质基础。可见花芽分化要以营养生长为基础，否则比叶芽复杂得多的花芽就不可能形成。国内外的研究结果一致认为，绝大多数树木的花芽分化，都是在新梢生长趋于缓和或停长后开始的。因为新梢停长前后的代谢方式有一个明显的转变，即由消耗占优势转为累积占优势。如果此时营养生长过旺，自然不利于花芽分化。由于生长本身首先要消耗营养物质（可理解为形态建成的“投资”），此时能累积的营养物质绝对量和相对量都少，影响成花。可见生长的消耗与累积是一对矛盾。所以还要看旺长发生在什么时候，是否符合正常的节律。生长初期，旺长问题不大，健旺是好的，但快分化花芽时发生旺长，就不利于花芽分化了。即使对那些花芽腋生的类型，多数也是如此。

（3）叶、花、果与花芽分化的关系　叶是同化器官，碳素的产物主要来自这个“加工厂”。有人用摘叶法试验：把苹果叶摘光则不能成花。西北农学院做摘叶试验，按每个果有70片叶来保护，几乎可以全部成花；每果只有10片叶者，成花大大减少。就树上不同枝条的叶面积来看，长枝叶面积的绝对量大，但按枝条单位长度计算叶面积，以短果枝叶面积最大。在一短枝上，其叶成簇，累积则多，极易形成花芽。据我国的大株疏植苹果生产情况，提出经验数据，其叶果比，以（30～40）∶1，即结一个果要有30～40片叶来保证，方能使花芽分化不错，或用叶芽与花芽比（3～4）∶1。乔化砧叶果比应高；矮化砧可低。叶多则形成花芽多的原因除营养物质多以外，还有：①成熟之老叶多，形成有利花芽分化的脱落酸（休眠素），以抑制来自嫩叶和种子的能促进生长、阻碍花芽分化的赤霉素；②叶多，蒸腾作用强，能使根系合成的激素（细胞分裂素或称激动素等）上升，有利于花芽分化。

先花后叶类的树木，开花，尤其是繁茂之花，能消耗大量贮藏养分，从而造成根系生长低峰并限制新梢生长量。因而开花量的多少，也就间接影响果实发育与花芽分化。树上结实多，一般易理解为果多、消耗多、积累少。影响花芽分化，但这只是一方面。另一方面是果多、种子多、种胚多，其生长阶段产生大量的赤霉素和IAA，使幼果具有很大的竞争养分的能力和改变了激素平衡（即改变了与促花激素间的比例）。有人以单性结实的无子苹果与有子苹果及无果的3类树做对比试验。无子苹果与有子苹果，从养分消耗上取其一致，差别在于有无种子。结果是无子苹果结果树与无果的花芽分化均多；有子的结果树花芽分化少，由此可见，树体内激素平衡是很重要的。据此，“大年”就应适当疏果，时期应在种胚形成之前，这样可促使多分化些花芽，使其稳产。

（4）矿质、根系生长与花芽分化　吸收根系的生长与花芽分化有明显的正相关。这与吸收根合成蛋白质和细胞激动素等的能力有关。据研究对苹果花芽生理分化期，施铵态氮肥（如硫酸铵），以利促进生根和花芽分化。施铵态氮，改变了树体内有机氮化物的平衡。由于细胞激动素本身是氮化物，因此氮的形态同根内细胞激动素的产生可能也有些值得进一步研究的关系。此外氮对黑醋栗、樱桃、葡萄、杏、甜柚等均能促进成花。氮对落叶松及几个被子植物硬木树种，可促其形成雄花。氮对成花的作用关键在于施氮的时间是否正确。虽然氮的效果已广泛地被鉴定，但它在花器分化中的确切作用还没有真正弄清楚。

磷对成花的作用因树而异。苹果施磷增加成花，但对樱桃、梨、桃、李、柠檬、板栗、杜鹃花等无反应。有人曾指出P/N比高可诱导成花，但在成花中磷所起作用的性质和氮一样很难确定。此外，缺铜对苹果、梨减少成花。苹果枝条灰分中钙的含量和成花量成正相关；缺钙、镁可减少柳杉成花。总之，大多数元素相当缺乏时，都会影响成花。可以肯定，营养元素的相互作用的效果，对成花也是重要的。

（5）光照的影响　光照对树木花芽形成的影响是很明显的，如有机物的形成，积累与内源激素的平衡等，都与光有关。无光不结果，光对树木花芽分化的影响主要是光量和光质等方面。经试验，许多树木对光周期并不敏感，其表现是迟钝的。黑醋栗等少数树种已证明是必须短日照的植物，当减少日照长度，则内生赤霉素水平降低，而一种内生的抑制物质

（可能是脱落酸）提高。松树的雄花，其分化需要长日照，而雌花的分化则需要短日照。针叶树的柏属对光周期有反应，但也只有在赤霉素诱导开花的情况下，才有这种影响。光周期不影响苹果和杏的成花，只是长日照下花芽多些。光量对花芽分化作用有广泛的根据。这可从树冠的内外、不同方位和遮光试验得到证明。对苹果、桃、杏、几种松树遮光都减少了花芽分化。柏属对光也有一定量要求。葡萄属在强光下有比较大量的花分化，有人试验若对其中一片叶遮光，并不减少该叶腋芽的分化，而单独对芽遮光则减少花序原始体的数目及大小。

（6）温度的影响 温度影响树木的一系列生理过程，如光合作用，根系的吸收率及蒸腾等，并且也影响激素水平。

苹果的花芽分化温度，一般品种要在20℃左右；大体上分化开始期的平均温度在20℃左右，分化盛期（6～9月）平均温度稳定在20℃以上，最适温在22～30℃。秋温降到20～10℃时，分化减慢，平均气温10℃以下时，分化停滞。苹果在热带的爪哇每年开花结果2次的事实说明，苹果有些品种的花芽分化需要较高温，而并不一定需要低温。

温度对葡萄花芽分化的影响，其芽内分化的花数与主芽转为生殖状态前的3周的温度紧密相关。13℃时少量分化；30～35℃时分化增到最大量，再高无人试过。

杏在人工控制环境下，在24℃时比16℃的分化高40%；柑橘属夏季高温是阻止其花芽分化的。

油橄榄要求冬季低温在7℃以下，无此低温不能成花；当给芽输热时，花芽中赤霉素增加而抑制物下降，而叶芽中激素的水平变化很小。

森林树种，如山毛榉属、杉属、松属、落叶松属和黄杉属等，它们的花芽分化与夏季高温一般表现为正相关。

山茶花要15（夜间）～20℃（昼间）以上；杜鹃花要求在19～23℃分化花芽，栀子花在15～18℃的夜温条件下才能形成花芽，高于21℃就不行；叶子花需在15℃条件下形成；八仙花在10～15℃并有充足光照时分化，18℃以上则不能。

（7）水分的影响 水分过多不利于花芽分化；夏季适度干旱有利于树木花芽形成。如在新梢生长季对梅花适当减少灌水量（俗称“扣水”），能使枝变短，成花多而密集，枝下部芽也能成花。对于适度干旱能成花的原因有不同解释：有人认为，在花芽分化临界期行短期适度控水（60%的田间持水量），可抑制新梢生长，使停长或不使徒长，有利于光合产物累积，导致碳氮比增加；有人认为，缺水能使生长点细胞液浓度提高，有利成花。达0.6g分子浓度，是苹果花芽分化的必要条件，超过则生长点停止分裂进入休眠；也有人认为，缺水能增加氨基酸，尤其是精氨酸水平，有利于成花；水多可提高氮含量，但不促进成花。缺水也影响内源激素的平衡。在缺水的植物中，脱落酸含量高，抑制赤霉素和淀粉酶，这与苹果花芽分化时淀粉含量高，赤霉素含量低相吻合，但也有些试验未能证明与脱落酸含量有关。柑橘在适当低温（13℃以下）和适当干旱交替作用下能诱导成花。柠檬一些品种可能经常开花，夏季控水有助于使花集中于秋季开放。

上述解释，可能都只是强调了某个侧面。但控水，确能促进成花，早成花。如干旱山地树木成花年限比充足灌水处早。

（8）栽培技术与花芽分化的关系 我国劳动人民的经验是首先采取综合措施（挖大穴、

用大苗，施大量的有机肥，促水平根系的发展，扩大树冠，加速养分积累。然后采取转化措施（开张角度或拉平，行环剥或倒贴皮等），促其早成花。搞好周年管理，加强肥水，防治病虫害，合理修剪，疏花、果来调节养分分配，减少消耗，使每年形成足够的花芽。另外利用矮化砧、应用生长延缓剂等来促进成花。

综上所述，根据苹果生产实践已有的经验和林木及花木的试验结果表明，形成花芽需要以下 3 个方面的条件：

①生长点处于分裂又不过旺状态　进入休眠的芽，停止细胞分裂的芽不能分化；过旺的营养生长也不行，因为分化是一种质变过程。

②取决于有效同化产物，在一定部位和一定时间里的相互作用，以及内源激素的平衡。

③适宜的环境条件。包括日照、温度、水分状况等。上述三方面，关键是第 2 个条件，因外因要通过内因才起作用，生长点的分裂也受同化产物和内源激素平衡的影响。

2. *花芽分化的内因学说*　生长点的分生细胞是在怎样的生理生化条件下分化为花芽的，历来是研究的重要目标。自 1865 年 Sachs 提出成花物质学说和 1898 年 Miiller-Thurgau 提出成花过程中累积有机物质之后，一百多年来，学者们在各种不同条件和不同方面进行了大量的有关生理、生化机制的研究。基本上可归纳为 3 种理论：

①营养物质论；②成花物质论或成花激素论；③遗传基因控制论。有关这些学说在《植物生理学》书中多已详细论述。由于树木对春化和光周期反应不敏感，现仅从树木的特点作一概述：

（1）碳氮比（C/N）学说　花芽分化离不开营养物质，这是很早就被人认识到的。在营养物质中，首先引人注意的是碳水化合物和无机氮素的影响。早在 1903 年和 1918 年，Klebes 认为矿物质与碳水化合物的数量比例关系有特殊意义；在植物体中碳水化合物占优势时就开花。此论点后来被 E. J. Kraus 和 H. R. Kraybill 等人修改为碳氮比（C/N）学说，并曾获得广泛的支持（表 2-3）。

表 2-3　不同的碳氮比对果树生长和结果的影响

状　况	C/N	营养生长	结　果	原　因　解　释
Ⅰ	C/N	不　良	少或无	叶子受虫害、病害、药害、落叶或连续过多修剪
Ⅱ	C/N	过　旺	少	过多氮肥或过重修剪，或二者兼有
Ⅲ	C/N	适　中	多	适宜的肥料、修剪、疏果、土壤管理和病虫防治
Ⅳ	C/N	衰　弱	少	氮肥不足或生草条件下缺乏或无氮肥

碳氮比学说对生产有一定的指导意义。如对许多已通过幼年期的实生树和营养繁殖树的旺长树，行环剥、扭枝、圈枝、断根、开张枝条角度等来提高 C/N 比，能有效地促其成花。从生产实践来看，根据树势，从碳、氮关系上来考虑调整枝势，以“促”或“抑”来控制花芽分化尚有一定参考意义，但不能把它看作实质性的认识。后人的研究认为，此学说有些绝对化，它只能笼统说明碳氮平衡，而不能具体指出多种碳水化合物与多种氮素化合物的平衡关系对花芽形成的影响。故后人只提碳氮关系。另外也未注意到内源激素和其他物质的作

用。

碳氮比学说主要只说明形成花芽的物质基础，未能说明直接关系。事实上，后人研究证明碳、氮对树木成花影响比较复杂。碳、氮究竟是以按何种形态参与花芽分化？中国果树研究所和河北农业大学的研究证明，也不是氮越少越有利花芽分化，氮素对花芽分化也很重要。但全氮的含量对花芽分化不大明显，主要是在花芽分化前蛋白态氮含量很高时，才有利于花芽分化。国内外的研究证明，碳氮代谢关系是不可否定的。氮的代谢以糖的代谢为基础，当糖类物质供应充足时，则氮的代谢才能首先形成氨基酸，然后进而合成蛋白质。所以，在碳氮关系中，首先应该是糖类物质的积累。作为结构物质和能源物质的淀粉含量也很重要。从上述可知，除碳氮的比例及两类物质绝对含量影响分化外，碳氮代谢方向，特别是蛋白质合成的速率更能直接左右花芽分化。

（2）内源激素平衡说　前文已述，一般减弱生长与花芽分化有关。人们也常常把新梢减缓和停长对花芽分化的作用只解释为促进了碳水化合物积累。这显然是不全面的。因事实上新梢生长减缓与停长并不一定等于花芽分化。它与花芽分化是两个既有联系而又互相独立的过程。花芽分化也不只是由营养物质所决定。上文已述，用无子苹果与其他对比试验说明，大小年也受来自种子激素的影响。植物体内有两类激素物质。两类激素对不同种植物的成花有不同作用。目前广泛认为，花原基的发生与植物体内的激素有重要关系，于是有人提出有“成花素”，但一直未能提取出来。现在倾向成花作用，可能不是取决于一种通用的成花素，而是取决于某些内源激素、抑制剂和其他因素的适当比例或特定的作用顺序。对同种植物，当来自成熟老叶片（或根系）的“促花激素”和来自发育着的种子与枝条先端嫩叶的“抑花激素”达到一定平衡关系时，才有利于花原基的形成。经不少研究证明，赤霉素对苹果、梨、桃、樱桃、杏、柑橘、葡萄等果树有抑制成花的反应。常见枝条节间长度往往与花芽分化之间成负相关；由于来自枝条先端嫩叶的促进生长的激素（赤霉素和生长素）下运，促使节间变长，不利于成花。有人认为生长素抑制成花的作用大于赤霉素。来自果实发育种子里的赤霉素或赤霉酸多了就影响花芽分化。原因是可以分解贮藏物质——淀粉，使枝内碳水化合物含量降低，而不利于成花。

来自根的细胞分裂素有利于花芽分化，累积到一定水平可以使生长点处于分裂状态。这是花芽分化的必要条件。有人提出假说，认为可能赤霉素和细胞分裂素的平衡会影响花芽分化。来自成熟老叶的脱落酸能抑制赤霉素的合成。已知乙烯利可促进花芽分化，生产上用乙烯利促苹果成花效果很好；据认为就是因乙烯利分解生长素的合成和传导。

（3）遗传基因控制论　还有不少生理生化测定表明，遗传物质在花芽分化中也有重要作用。丰产品种，无论生长旺、弱均能成花；说明与遗传基因有关。此外花芽分化需要新的酶的合成，而酶的产生又可能被其他因素所影响。因此花芽分化过程中的每一个时期都存在着一定范围的不同控制机制，每个步骤都有被卡住的可能。

关于生理分化如何过渡到形态分化的具体细节和机制，目前还知道得很少。然而可以明显认识到的分化基本过程是：假定生长点分生组织在未分化时是同质的细胞群（均为体积小、等直径、形状相同和排列整齐的原分生组织细胞）。所有的细胞有同样的遗传全性能。但不是所有的基因在一个细胞的任何时期都能表现出它们的活性。那些控制花芽分化的基因，要等到外界条件（如分化临界期的日照、温度、水分等）和内部因素（如赤霉素、生长素水平的降低、细胞激动素、脱落酸和乙烯利水平的提高，结构和能量物质的累积等）的刺激后，就会变得活跃或解除抑制，而另一套外界条件和内部因素就不能刺激这种有关开花基因的活化，而只能刺激营养生长或休眠等基因的活性。

控制基因的这种连续反应活动就是控制组织分化的关键。而外部条件所导致的内部刺激就会诱导出特殊的酶，而特殊的酶又导致结构物质、能量物质和激素水平的改变，从而导致生理分化。现已肯定某些特殊酶的增加常常发生在这些细胞或组织分化的前头。

（四）控制花芽分化的途径　上述可知，树木许多生理代谢活动都直接或间接地影响着花芽分化。人们在了解花芽分化规律的基础上，以栽培技术措施通过调节树体各器官间生长发育的关系以及与外界因子影响，来控制树木的花芽分化。如通过适地适树（土层厚薄与干湿等）、选砧（乔化砧或矮化砧）、嫁接（二重接、高接、桥接等）、促控根系（穴大小、紧实度、土壤肥力、土壤含水量等）、整形修剪（主干倒贴皮、适当开张主枝角度、环剥（勒）、摘心、扭梢、摘心并摘幼叶促发二次梢、轻重短截和疏剪）、疏花疏（幼）果、施肥（肥料类别、叶面喷肥），生长调节剂的施用等。

控制花芽分化应因树、因地、因时制宜。

①首先研究其花芽分化时期与特点或按树木开花类别。

②抓住分化临界期，采取相应措施进行促控。

③根据不同分化类别的树木，其花芽分化与外界因子的关系，通过满足或限制外界因子来控制。

④根据树木不同年龄时期的树势，枝条生长与花芽分化关系进行调节。

⑤使用生长调节剂，人工合成类似激素的生长调节物质。使用赤霉素可抑制多种树木的花芽分化，如对苹果、梨、杏、柑橘、葡萄、杜鹃花属等，促进生长抑制成花。但花芽减少和促进生长比例间无规律，甚至还有促进生长，同时花芽也多的情况。赤霉素对针叶树的柏科和杉科则有明显的促进成花。生长素和细胞分裂素对树木成花无重要效果。而施生长抑制剂如阿拉（B_9）、矮壮素（CCC）、乙烯利等，可抑枝条生长和节间长度，促进成花。苹果用阿拉（B_9）、三碘苯甲酸（TIBA）、青鲜素（马来酰肼 MH）和矮壮素、乙烯利等，可促其成花；柑橘类和梨、杜鹃花可用阿拉、矮壮素等；李用矮壮素增进成花。

五、树木开花

一个正常的花芽，当花粉粒和胚囊发育成熟，花萼与花冠展开，这种现象称为开花。

（一）开花的顺序性

1. 树种间开花先后　树木的花期早晚与花芽萌动先后相一致。不同树种开花早晚不同。长期生长在温带、亚热带的树木，除在特殊小气候环境外，同一地区，各树木每年开花期相互有一定顺序性。如北京地区的树木，一般每年均按以下顺序开放：银芽柳、毛白杨、榆、山桃、侧柏、圆柏、玉兰、加拿大杨、小叶杨、杏、桃、绦柳、紫丁香、紫荆、核（胡）桃、牡丹、白蜡、苹果、桑、紫藤、构树、栓皮栎、刺槐、苦楝、枣、板栗、合欢、梧桐、木槿、槐等。

2. 不同品种开花早晚不同　在同地，同种不同品种间开花也有一定的顺序性。如碧桃在北京地区，‘早花白碧’桃于3月下旬开，‘亮碧’桃于4月中下旬开。凡品种较多的花木，按花期都可分为早花、中花、晚花这样3类品种。

3. *雌雄同株异花树木的开花前后*　雌、雄花既有同时开的，也有雌花先开，或雄花先开的。凡长期实生繁殖的树木，如核桃，常有这几类型的混杂现象。

4. *不同部位枝条花序开放先后*　同一树体上不同部位枝条开花早晚不同；一般短花枝先开，长花枝和腋花芽后开。向阳面比背阴面的外围枝先开。同一花序开花早晚也不同。具伞形总状花序的苹果，其顶花先开；而具伞房花序的梨，则基部边花先开。柔荑花序于基部先开。

（二）开花类别

1. *先花后叶类*　此类树木在春季萌动前已完成花器分化。花芽萌动不久即开花，先开花后长叶。如银芽柳、迎春花、连翘、山桃、梅、杏、李、紫荆等。有些常能形成一树繁花的景观。如玉兰类、山桃花等。

2. *花、叶同放类*　此类树木花器也是在萌芽前完成分化。开花和展叶几乎同时，如先花后叶类中的榆叶梅、桃与紫藤中某些开花较晚的品种与类型。此外多数能在短枝上形成混合芽的树种也属此类。如苹果、海棠、核桃等。混合芽虽先抽枝展叶而后开花，但多数短枝抽生时间短，很快见花。此类开花较前类稍晚。

3. *先叶后花类*　此类部分树木，如葡萄、柿子、枣等，是由上一年形成的混合芽抽生相当长的新梢，于新梢上开花。加上萌芽要求的气温高，故萌芽晚。开花比第二类也晚。此类多数树木花器是在当年生长的新梢上形成并完成分化。一般于夏秋开花，在树木中属开花最迟的一类。如木槿、紫薇、凌霄、槐、桂花、珍珠梅、荆条等。有些能延迟到初冬，如枇杷、油茶、茶树等。

（三）花期延续时间　花期延续时间长短受树种和品种、外界环境以及树体营养状况的影响而有差异。

1. *因树种与类别不同而不同*　由于园林树木种类繁多，几乎包括各种花器分化类型的树木，加上同种花木品种多样，在同一地区，树木花期延续时间差别很大。杭州地区，开花短的6～7d（白丁香6d，金桂、银桂7d）。长的可达100～240d（茉莉可开112d，六月雪可开117d，月季最长，可长达240d左右）。在北京地区开花短的只有7～8d（如山桃、玉兰、榆叶梅等）；开花长的可达60～131d。果树花期在同一地区，苹果可延续5～15d，梨可延续4～12d，桃11～15d，枣21～37d。不同开花类别树木的开花还有季节特点。春季和初夏开花的树木多在去年夏季花芽开始分化，于秋冬季或早春完成，到春天一旦温度适合就陆续开花，一般花期相对短而整齐；而夏、秋开花者，多为当年生枝上分化花芽，分化有早有晚，开花也就不一致，加上个体间差异大，因而花期较长。

2. *同种树因树体营养、环境而异*　青壮年树比衰老树的开花期长而整齐。树体营养状况好，开花延续时间长。

在不同小气候条件下，开花期长短不同。树荫下、大树北面、楼北花期长。

开花期因天气状况而异，花期遇冷凉潮湿天气可以延长，而遇到干旱高温天气则缩短。

开花期也因环境而异。高山地区随地势增高花期延长。这与随海拔增高，气温下降，湿度增大有关。如在高山地带，苹果花期可达1个月。

（四）每年开花次数　因树种、品种、树体营养状况、环境条件而不同。

1. *因树种与品种而异*　多数每年只开一次花，但也有些树种或栽培品种一年内有多次开花的习性。如茉莉花、月季、柽柳、四季桂、佛手、柠檬等。紫玉兰中也有多次开花的变异类型。

2. *再（二）度开花*　我国古代称“重花”，帝王对这些奇异现象命人记载与呈报。原产温带和亚热带地区的绝大多数树种，一年只开一次花，但有时能发生再次开花现象，常见有桃、杏、连翘、‘黄太平’苹果等，偶见玉兰、紫藤等。树木再次开花有两种情况：一种是花芽发育不完全或因树体营养不足，部分花芽延迟到春末夏初才开，这种现象时常发生在梨或苹果某些品种的老树上。另一种是秋季发生再次开花现象。这是典型的再度开花。为与一年2次以上开花习性相区别，选用“再度开花”这个术语是比较确切的。这种一年再（二）度开花现象，既可以由“不良条件”引起，也可以由于“条件的改善”而引起，还可以由这两种条件的交替变化引起。例如秋季病虫危害失掉叶子，或过早后又突然遇大雨引起落叶，促使花芽萌发，再度开花。如春季物候来得早的1975年，在10~11月间很多地方的树木再度开花。西安见有桃树再度开花；北京见有桃，连翘再度开花。1976年北京秋季特别暖和，见有连翘从8月初~12月初开花的。同年冬季在烟台南山果园（后改公园）的连翘于11月中旬再度开花，该年冬有一段时间，早上无霜，出现多浓雾反常现象。后来得知是日本发生火山爆发，暖流侵入之故。

树木再度开花时的繁茂程度不如春天，原因是由于树木花芽分化的不一致性，有些尚未分化或分化不完善，故不能开花。出现再度开花一般对园林树木影响不大，有时还可加以研究利用。如人为促成于国庆节再度开花。丁香在北京可于8月下旬~9月初摘去全部叶子，并追施肥水，至国庆节前就可开花。对于为生产花、果的，再度开花一则提前萌发了明年开花的花芽，二则消耗大量养分，又往往结不成果（或不能成熟，或果质差）并不利于越冬，因而大大影响次年的开花与结果，对生产是不利的。

此外见有报道：①生于四川江津地区某居民屋侧肥沃地上，有株50年生的实生甜橙，1973年夏在树下埋过7头小死猪，到10月份出现大量开花，并结了200多个果；②1975年在沈阳见有珍珠梅于11月中旬又开花等。这些事例，从花芽分化类别与开花习性来分析，均系具早熟性芽，在年内能多次发枝并具有多次成花的潜能，当条件适合时就能再次开花。因此，此类虽见有明显的二次开花，但严格说来，不能算作典型的再度开花。典型的再度开花是指夏秋分化型的树木，本需经一定的低温累积完善花器，于次年春季开花，由于某些因素影响，提前于当年秋冬间开花。

六、坐果与果实的生长发育

了解果实的生长发育，对果品生产、林木种子生产很重要。园林除结合果品、种子生产外，还栽植许多观果的树木。主要观果的“奇”（奇特、奇趣之果）、“丰”（给人以丰收的景象）、“巨”（果大给人以惊异）、“色”（果色多样而艳丽）。通过栽植养护来达到这些方面的功能，就必须了解果实生长发育的规律。

（一）授粉和受精　绝大多数树木，开花要经过授粉和受精才能结实。少数树木可不经授粉受精，果实和种子都能正常发育，如湖北海棠、变叶海棠、锡金海棠中的某些类型。这种现象叫“孤雌生殖”。另一些树木，也不需授粉受精，子房即可发育成果实，但无种子，如无核葡萄、无核柿子等。这种现象叫“单性结实”。

1. *影响因素*　授粉、受精过程能否完成，受许多因素的影响。有些树木“自交不孕”（又叫“自花不实”），其最主要的原因是自交不亲和。某些树种其花粉不能使同品种的卵子受精，如欧洲李、甜樱桃、巴旦杏等，栽培时应配植花粉多，花期一致，亲和力强的其他品种作授粉树。有些长期实生繁殖的树木，如核桃等，雌雄异花虽同株，但常能分化出雌、雄开花期不一致的类型；除部分雌雄同熟者外；有的雄花先熟，有的雌花先熟。因此，应注意不同类型的混栽。除少数能在花蕾中闭花受精的树木（豆科、葡萄）外，许多树木有异花授粉的习性，即除雌雄蕊异熟外，还有雌雄异株（如银杏等）、雌雄蕊虽同花而不等长（如李、杏的某些品种）以及柱头分泌液对不同花粉刺激萌发有选择性等。能形成正常花粉和胚囊是授粉和受精成功的前提条件。但有些因素常会引起花粉或胚囊发育的中途停止。这种现象称为“败育”。引起败育的原因，一是遗传方面（如三倍体与五倍体），造成不能形成大量正常的花粉。二是营养条件。花粉粒所含的物质（蛋白质、碳水化合物以及生长素和矿质等）供萌发和花粉管伸长用。胚囊发育也需要蛋白质。当这些营养物质不足时，二者就会发育不良。表现在花粉萌发率差，花粉管伸长慢，在胚囊失去功能前未达珠心或胚囊寿命短致使柱头接受花粉的时间变短。而上述营养物质的多少又决定于亲本树体的营养状况。如衰老树或衰弱枝上的花，花粉少，萌发力弱；干旱、土壤瘠薄或前一年结实过多，也会使胚囊发育不良。三是环境条件，例如有些地区早春严寒，引起花粉或胚囊发育不良或中途死亡；有些地区冬季树木休眠所需的低温不足，也会引起这种现象。此外，温度、风、雨等也有影响。

温度是影响授粉受精的重要因素。温度不足，花粉管伸长慢，甚至不能完成受精；过低时能使花粉、胚囊冻死。如果低温期长，造成开花慢而叶生长加快，因而消耗养分不利胚囊发育与受精。低温也限制昆虫的传粉活动。此外，开花期遇干旱、大风、阴雨、大气污染等都影响授粉和受精。

2. *提高授粉受精的措施*　除配植授粉树外，应提高氮素营养贮存和喷施硼等。

树体营养状况是影响花粉萌发、花粉管伸长速度、胚囊寿命以及柱头接受花粉的时间长短的重要内因。因此，凡能直接或间接影响树体营养，特别是氮素营养贮存，都会影响受精。对衰弱树，花期喷尿素可提高坐果率。头年后期施氮肥，也有利于提高结实率。

硼对花粉萌发和受精有良好作用。花粉本身含硼不多，要靠柱头和花柱的补充。如能在萌（花）芽前或花期喷一定浓度的硼砂，可提高坐果率。

（二）坐果与落花落果　经授粉受精后，子房膨大发育成果实，在生产上称为“坐果”。事实上，坐果数比开放的花朵数少得多，能真正成熟的果则更少。其原因是开花后，一部分未能授粉、受精的花脱落了，另一部分虽已授粉、受精，因营养不良或其他原因产生脱落，这种现象叫做“落花落果”。如枣的坐果率仅占花朵的0.5%～2.0%。

1. *落花落果次数*　据对仁果和核果类果树的观察，落花、果现象，一年可出现4次。

（1）落花　第1次于开花后，因花未受精，未见子房膨大，连凋谢的花瓣一起脱落。这次对果实的丰欠影响不大。

（2）落幼果　第2次出现约在花后2周，子房已膨大，是受精后初步发育了的幼果。

这次落果对丰欠已有一定影响。

（3）六月落果　在第 2 次落果后 2 ~4 周出现落果，大体在 6 月间，故果树栽培上又称“六月落果”，此时幼果已有指头大小，因此损失较大。

（4）采前落果　有些树种或品种在果实成熟前也有落果现象，果树生产上叫“采前落果”。

以上这几种不是由机械和外力所造成的落花落果现象，统称为“生理落果”。也有些由于果实大，结得多，而果柄短，常因互挤发生采前落果。夏秋暴风雨也常引起落果。

2. 落花落果的原因　生理落果的原因很多。最初落花、落幼果是由于授粉、受精不完全而引起的，尤其有些树种的花器发育不全，如杏花常出现雌蕊过短或退化或柱头弯曲，不能授粉受精。除上述外界不良条件影响外，水分过多造成土壤缺氧削弱根呼吸，导致营养不良，而水分不足又容易引起花、果柄形成离层。缺锌也易引起落花落果。

6 月份落果主要是由于营养不良引起的。幼果的生长发育、果肉细胞、胚乳细胞迅速分裂增加，需要大量的养分。尤其胚和胚乳的增长，需要多量的氮才能形成构成所需的蛋白质，而此时有些树种的新梢生长也很快，同样需要多量的氮。如果此时氮供应不足，两者之间就发生对氮争夺的矛盾，常使胚的发育终止而引起落果，因此应花前施氮肥。磷是种子发育的重要元素之一；种子多，生长素多，可提高坐果率。花后施磷肥对减少“六月落果”有显著效果，可提高早期和总的坐果率。

水不仅是一切生理活动所必须，果实发育和新梢旺长都大量需水，由于叶片的渗透压比果实高，此时缺水，果实的水被叶片争夺易干缩脱落。过分干旱，树木整体造成生理干旱，导致严重落果。另一原因是幼胚发育初期生长素供应不足，只有那些受精充分的幼果，种胚数多而发育好，能产生大量生长素，对养分水分竞争力强而不脱落。

“采前落果”的原因是将近成熟时，种胚产生生长素的能力逐渐降低之故，与树种、品种特性有关，也与高温干旱或雨水过多有关。日照不足或久旱忽降大雨，会加重采前落果。不良的栽培技术，如过多施氮和灌水，栽种过密或修剪不当，通风透光不好，也都会加重采前落果。

3. 坐果机制　发育着的子房，往往在开花前突然停止生长，授粉、受精后促使子房内形成了激素，即可重新生长。花粉中也含有少量生长素、赤霉素、芸苔素（类似赤霉素的物质）。当花粉管在花柱内伸长时，可使形成激素的酶系统活化。受精后的胚乳也能合成生长素、赤霉素和细胞激动素，都有利于坐果。

保证果实不落的内源激素不仅在种子内合成，木质部汁液内以及来自根合成的细胞激动素也有利于坐果。

落果的直接原因是由于生长素的不足或器官间生长素的不平衡而引起果柄形成离层。生长素主要是由种胚产生，在未受精和受精不完全的情况下，由于种子数量少，因而产生的生长素很少，不能满足果实发育的需要，同时由于其他器官产生的生长素，如果与种胚产生的生长素不平衡时，则也易促进离层的形成而造成脱落。

单性结实的原因也是由于果内含激素量高的缘故。

低温（严霜后）可使有子苹果形成单性结实果，并可从中提取出赤霉素（GA_3）。这说明与 GA_3 形成有关。

不同树种坐果所需激素不同。坐果和果实增大所需的激素也不同。不同树木的坐果对外源激素反应不同。

有人对葡萄摘心和喷生长延缓剂可提高其坐果的试验说明，与在坐果临界期提高细胞激动素有关。

总之，坐果的机制是较高浓度的内源激素含量，与提高其调运营养物质的功能和促使基因活跃有关。

落花落果的原因是多方面的，但最后均因花果柄基部产生了离层。生长素能抑制产生离层细胞。坐果率的高低首先决定于花的质量和授粉受精条件。栽培上应注意先从上一年创造分化好花芽的条件，使树木有足够的优质花。并配置授粉树，保证授粉受精。总之应从根本上提高树体营养水平和调节养分的分配上着手，来防止落花落果。对某些有采前落果习性的树种和品种，可应用人工合成的类生长素加以防止。有人主张喷施 B_9（抑制新梢旺长）和萘乙酸等。

（三）果实的生长发育 从花谢后至果实达到生理成熟时止，需经过细胞分裂、组织分化、种胚发育、细胞膨大和细胞内营养物质的积累和转化等过程。这种过程称为果实的生长发育。

1. *果实生长发育所需的时间* 树木各类果实成熟时在外表上表现出成熟颜色的特征为“形态成熟期”。果熟期与种熟期有的相一致，有的不一致；有些种子要经后熟，个别也有较果熟期为早者。其长短因树种和品种不同。榆树、柳类等最短；桑、杏次之。松属树种因第1年春传粉时球花还很小，次春才能受精。种子发育成熟需要2个整生长季，故果熟跨年。

一般早熟品种发育期短；晚熟品种发育期长。果实外表受外伤或被虫蛀食后成熟得早些。另外还受自然条件的影响，高温干燥，果熟期缩短，反之则长。山地条件、排水好的地方果熟得早些。

2. *果实生长图型* 果实体积增长不是直线上升的，而是呈一定的慢—快—慢“S”型曲线形式。另一类呈双“S”型（即有2个速长期），曲线图型与果实构造无关。双“S”型的机制还不十分清楚。园林观果树木果实多样，有些奇特果实的生长规律有待研究。

3. *果实生长的分期* 果实生长发育要经过2个时期：

（1）生长期 果实生长没有形成层活动，而是靠果实细胞的分裂与增大而进行。果实先是伸长生长（即纵向生长）为主，后期以横向生长为主。不同树种果实的生长，具体还可细致划分。

（2）成熟期 即果实内含物的变化，其中肉质果的变化较显著（表2-4）。

4. *果色的呈现* 果实的着色是由于叶绿素的分解，细胞内已有的类胡萝卜素、黄酮等，显出黄、橙等色。由叶中运来的色素原，在受光照、较高温度和有充足氧气的条件下，经氧化酶而产生花青素苷，而显出红、紫色。花青素苷是碳水化合物在阳光（特别是短波光）的照射下形成的。因此，凡有利于提高叶片光合能力，有利于碳水化合物积累的因素，都有利果实的着色。

5. *满足果实发育的栽培措施* 首先应从根本上提高包括上一年在内的树体贮藏养分的水平。这是果实能充分长大的基础。花前追施氮肥并灌水，开花期注意防治病虫害；花后叶面喷肥（尿素），也可进行环状剥皮和应用生长刺激素等来提高坐果率。根据观果要求，为

表 2-4　果实成熟过程内含物的变化

成分＼果实	幼果	成熟前	成熟果		
				初期	后期
淀粉	多——	糖化酶——	→糖	还原糖	蔗糖
水分	少——	→多			
有机酸	少——	→多——	→少	经果实呼吸作用，氧化所耗	
单宁	多——	——	→少	或转化	
果胶	不溶于水（果硬）——	酶——	→可溶性	果软化	
乙烯				细胞产生乙烯，促进呼吸作用，促各生化过程，加速成熟	
色素及其他				合成各种色素和维生素，外皮角质化或附蜡质和果粉	

观“奇”、“巨”之果，可适当疏幼果。结合果品生产者，一定数量的果，要保证有相应数量的叶面积。为观果色者，尤应注意通风透光。果实生长前期可多施氮肥，后期则应多施磷钾肥。

第四节　树木的整体性及其生理特点

植物体各部分之间，存在着相互联系、相互促进或相互抑制的关系，即某一部位或器官的生长发育，常能影响另一部位或器官的形成和生长发育的现象。这种表现为相互促进或抑制的关系，植物生理学上称之为“相关性”。这主要是由于树体内营养物质的供求关系和激素等调节物质的作用。这种相互依赖又相互制约的关系，是植物有机体整体性的表现，也是对立统一的辩证关系。树木则是比草本植物更为复杂的对立统一的有机体。树木各部分的相关性，是制订栽培措施的重要依据之一。

一、树木各部分的相关性

（一）各器官的相关性

1. *顶芽与侧芽*　幼、青年树木的顶芽通常生长较旺，侧芽相对较弱或缓长，表现出明显的顶端优势。除去顶芽，则优势位置下移，并促使较多的侧芽萌发。修剪时用短截来削弱顶端优势，以促进分枝。

2. *根端与侧根*　根的顶端生长对侧根的形成有抑制作用。切断主根先端，有利促进侧根，断侧生根，可多发些侧生须根。对实生苗多次移植，有利出圃栽植成活；对壮老龄树，深翻改土，切断一些一定粗度的根（因树而异），有利促发吸收根，增强树势，更新复壮。

3. *果与枝*　正在发育的果实，争夺养分较多，对营养枝的生长、花芽分化有抑制作用。

其作用范围虽有一定的局限性，但如果结实过多，就会对全树的长势和花芽分化起抑制作用，并出现开花结实的“大小年”现象。其中种子所产生的激素抑制附近枝条的花芽分化更为明显。

4. *营养器官与生殖器官*　营养器官和生殖器官的形成都需要光合产物。而生殖器官所需的营养物质系由营养器官所供给。扩大营养器官的健壮生长，是达到多开花、结实的前提。但营养器官的扩大本身也要消耗大量养分。因此常与生殖器官的生长发育出现养分的竞争。这二者在养分供求上，表现出十分复杂的关系。

（二）根系与地上部的相关　“本固则枝荣”，根系能合成二十多种氨基酸、三磷酸腺苷、磷脂、核苷酸、核蛋白以及激素（如激动素）等多种物质。其中有些是促使枝条生长的物质。根系生命活动所需的营养物质和某些特殊物质，主要是由地上部叶子进行光合作用所制造的。在生长季节，如果在一定时期内，根系得不到光合产物，就可能因饥饿而死亡，因而必须经常地进行上下的物质交换。

1. *地上部与根系间的动态平衡*　树的冠幅与根系的分布范围有密切关系。在青壮龄期，一般根的水平分布都超过冠幅，而根的深度小于树高。树冠和根系在生长量上常持一定的比例，称为根冠比（一般多在落叶后调查，以根系和树冠鲜重，计算其比值）。根冠比值大者，说明根的机能活性强。但根冠比常随土壤等环境条件而变化。

当地上部遭到自然灾害或经较重修剪后，表现出新器官的再生和局部生长转旺，以建立新的平衡。移植树木时，常伤根很多，如能保持空气湿度，减少蒸腾以及在土壤有利生根的条件下，可轻剪或不剪树冠，利用萌芽后生长点多、产生激素多，来促进根系迅速再生而恢复。但在一般条件下，为保证成活，多对树冠行较重修剪，以求在较低水平上保持平衡。地上部或地下部任何一方过多的受损，都会削弱另一方，从而影响整体。

2. *枝、根对应*　地上部主干上的大骨干枝与地下部大骨干根有局部的对应关系　主干矮的树，这种对应关系更明显。即在树冠同一方向，如果地上部枝叶量多，则相对应的根也多。俗话说“那边枝叶旺，那边根就壮”。这是因为同一方向根系与枝叶间的营养交换，有对应关系之故。

3. *地上部与根系生长节奏交替*　地上部与根系间存在着对养分相互供应和竞争关系。但树体能通过各生长高峰错开，来自动调节这种矛盾。根常在较低温度下比枝叶先行生长。当新梢旺盛生长时，根生长缓慢；当新梢渐趋停长时，根的生长则趋达高峰；当果实生长加快，根生长变缓慢；秋后秋梢停长和采果后，根生长又常出现一个小的生长高峰。

二、树木的生理特点

树木生理学总产量（即包括树体的各个部分）中，有机物占干物质重的90%～95%，无机物只占5%～10%，但有机营养物是由无机营养物转化而来，所以无机营养的数量虽少，但对树体的营养水平影响很大。

树体有机物的形成，首先要靠来自土壤中的水分和空气中的二氧化碳，还要靠来自土壤中的各种无机营养元素，通过叶片的光合作用制造有机物。树体在酶系统的作用下，将光合初级产物转化为蔗糖、淀粉、纤维素等复杂的碳水化合物，经氧化形成有机酸、合成蛋白质、再经还原形成脂肪，在代谢过程中还能形成维生素、激素和各种中间产物。由此可见，在同样光照和叶面积条件下，树木吸取无机营养的多少，直接影响着有机营养的生产能力。

（一）年周期中树体营养变化规律

1. *营养代谢类型的变化*　通过叶绿素进行光合作用，合成碳水化合物，叫“碳素同化作用”；通过根系吸收的氮素在细胞中合成含氮物质，进而合成蛋白质，叫“氮素同化作用”。树木同化的有机营养，贮藏在各级枝干和根系中，落叶树于秋冬尤为明显。树木在年周期中的营养代谢，有氮素代谢和碳素代谢这两种基本类型，并随季节进行消长变化。树木在营养生长前期，对氮素的吸收和同化作用都强，以细胞分裂为主的枝叶建造，其营养器官扩大很快。而光合生产还处于逐渐增加之中，故这一时期称为氮素代谢（营养）时期。此期内消耗有机营养多，积累少，对肥（特别是氮素）、水的要求较高。

随着新梢由快趋于缓长，光合生产不断增强，树体内积累营养增加，枝条转入组织分化（新芽鳞片和雏叶分化、花芽分化等）。在此期，氮素代谢和碳素代谢均较旺盛。当大部枝叶建造完成，转为主要进行碳水化合物的生产。有果实的，其细胞停止分裂而变大，有些花芽分化进入高峰。此期氮素代谢渐衰，而进入积累营养为主的时期，称为碳素代谢（营养）时期。后期表现为贮藏型的代谢，秋冬经转化贮藏于枝干、根中，为次年（或下一季节）的生长发育作准备。

这两种代谢的关系极为密切。在春季进行的氮素代谢，以上一年的碳素代谢为基础，而氮素代谢扩大了营养器官，又为碳素代谢和进一步积累养分创造了条件。两类代谢的消长变化支配着营养水平的变化。当两类代谢失调时，常见有以下两种表现：一种是枝条旺长，建造期长，消耗多，积累少，不利于花芽分化；另一种是枝叶生长衰弱，整体营养水平低下，同化产物的总量少，也不利于分化。

2. *营养物质的运转和分配*

（1）运输的途径　根系吸收的水分和无机营养，主要是通过木质部中的导管向上运输的；而碳水化合物等有机物是通过树皮内韧皮部的筛管运输的。有机物的运输，既可由上往下，又可由下向上。如在早春，贮于根、枝干中的营养，经水解由下往上运输。有些树种如葡萄、核桃等，在萌芽前会有明显的“伤流”出现。根据早春有机物的运输特点，欲使枝干某处发枝（粗大枝干应有潜芽），可于芽的上方（0.5cm）处横刻一刀，以截留来自根部的有机营养，刺激萌枝。在生长季，枝叶制造的有机物，主要由上向下运输，欲促其成花或提高坐果率，可于枝基行环状剥皮，其宽度要有利日后愈合，视枝粗细而定；对树干则宜用“倒贴皮”，即将剥下之皮倒过来再贴上，捆绑好，使愈合，即可安全地起较长期的类似效果。

（2）养分运转分配特性　树体营养物质运转分配的总趋势是由制造营养的器官向需要营养的器官运送。在运送过程中仍进行复杂的生理生化的变化。

根系吸收、合成的营养和叶片同化（也可吸收）的营养为植物两大营养来源。树体营养运送到各个部分的量是不均衡的。一般向处在优势位置、代谢活动强的部分（竞争能力强）运送得多，使生长更旺盛，而向劣势位置、代谢活动弱的部分运送得少，其生长往往受抑制。

营养物质的运转，有按不同物候时期集中为主分配的特性。这种集中运送和分配营养物质的现象与这一时期的旺盛中心相一致，故又叫“营养分配中心”。营养分配中心随物候变化而转移。如先花后叶类的果木，春季萌芽开花为第一个营养分配中心。此后向新梢生长——营养运输的第二中心转移。然后从新梢到花芽分化——→果实发育——→贮藏组织（或器官）转移。

3. 营养物质的消耗与积累 树木各部分的生长发育、组织分化和呼吸作用都要消耗大量的营养物质。当枝叶生长过旺时，不但要消耗大量的营养物质，不利于花芽分化和果实发育，而且枝叶过多，使光照条件恶化，尤其使内膛枝叶呼吸作用增大，有些成为无效叶或寄生叶，甚至枯亡。从器官的生长量和生长速度这两方面来看，当新梢和叶片以及花、果的生长量尚未达到应有大小时，促进生长是有利的。但已经达到应有大小后仍继续生长，不但消耗养分，而且打破了各器官生长发育节奏的协调，引起相互之间的竞争。如发生落花落果，则影响花芽分化和当年养分的积累与贮藏，并影响来年的生长发育。

树体营养物质的积累，主要决定于已经停止生长的健全叶片同化功能的强弱和各器官消耗养分的多少。生长前期，形成大型叶片较多，同化能力强，则有利物质的积累和其他器官的形成。秋季气温降低，其他器官的生长发育近于停止，呼吸消耗也少，而叶片的光合效能仍保持较高的水平，因而营养物质积累较多。此期如能利用光照好，土温尚高的特点来保护好叶片，行深翻施基肥（并灌水），促发新根，增加吸收，同时结合防治病虫，进行叶面喷肥（又叫根外追肥），“以无机促有机”，乃是提高树体贮藏养分水平的重要措施。

（二）树木生命周期的营养特点 贮藏营养是多年生植物不同于一、二年生植物的重要特性；树木尤其突出，表现出……去年—今年—明年……这种连续影响作用。

树木的贮藏营养，既有季节性贮藏，又有常备（底质）贮藏。后者系多年积累，属经常性的营养水平，多贮于木质部和髓中。在不同年龄时期，前述两类代谢的消长变化所支配的营养水平，有不同的特点。

幼龄树木，尤其是实生树，要经过一定年龄，年复一年的生长，逐渐积累贮藏营养，才能为开花结实提供物质基础。幼树期常见两种表现：一种是植株生长过旺，根系、新梢和叶片形成期长，光合作用强的大型叶片比例小，消耗大，积累水平低，影响分化，不易开花结实，常备贮藏水平较低，适应越冬能力差。另一种是由于环境条件不良，尤其是土壤坚实，造成生长很差；根系和叶面积小，吸收和光合能力差，整体营养水平低下，不仅抑制了生长，也影响分化，甚至成为未老先衰的“小老树”。

成年树营养期短，光合功能强的大型叶片多，积累多，适应性和开花结实能力均强。成年树木的营养生长和生殖生长是同时进行的，呈现为多重性，不象1年生植物这两种生长区分那么明显。因此，成年树的贮藏营养，不仅为生长发育提供物质基础，而且可以调节和缓冲供需关系间的矛盾，不致于因两种生长的多重性而引起各种生命活动的混乱和失调。如果此期贮藏营养水平低，就会造成开花、结实“大小年”的恶性循环的后果。

壮老年树，经多年选择吸收，土壤在无外来补充的情况下，肥力降低。由于树体输导组织障碍，根系吸收的无机营养运往叶片加工的距离很大。这些都限制了根的吸收和叶的同化功能，降低了营养水平。在开花结实尚多的情况下，消耗过多，在不良条件（如病虫害的侵袭）配合下，还会引起植株提早死亡。

（三）树木的生理特点与栽培 树木的季节贮藏养分是调节不同季节性供应的营养水平，影响到器官建造功能的稳定性；常备贮藏养分影响分化水平、适应能力及健康状况。保证季节性贮藏养分及时消长，并使常备贮藏养分水平年年有增长是管好树木的前提。应根据树木所处的不同年龄时期和物候期，“以无机促有机，以有机夺无机”，使前期氮素代谢增强，形成大量有高效能的叶面积；中期扩大和稳定贮藏代谢，使其水平显著提高；后期使贮藏代谢进一步提高。以此来提高并维持不同的物候和年龄时期营养水平的相对稳定性，建立协调的树势，为其多种功能的发挥，打下良好的基础。

第三章　园林树木的生态习性

植物所生活的空间叫做“环境”，任何物质都不能脱离环境而单独存在。植物的环境主要包括有气候因子（温度、水分、光照、空气）、土壤因子、地形地势因子、生物因子及人类的活动等方面。通常将植物具体所生存于其间的小环境，简称为“生境”。环境中所包含的各种因子中，有少数因子对植物没有影响或者在一定阶段中没有影响，而大多数的因子均对植物有影响，这些对植物有直接间接影响的因子称为“生态因子（因素）”。生态因子中，对植物的生活属于必需的，即没有它们植物就不能生存的因素叫做“生存条件”，例如对绿色植物来讲，氧、二氧化碳、光、热、水及无机盐类这6个因素都是绿色植物的生存条件。

在生态因子中，有的并不直接影响植物而是以间接的关系来起作用的，例如地形地势因子是通过其变化影响了热量、水分、光照、土壤等产生变化从而再影响到植物的，对这些因子可称为“间接因子”。所谓间接因子是指其对植物生活的影响关系是属于间接关系而言，但并非意味着其重要性降低，事实上在园林绿化建设中，许多具体措施都必须充分考虑这些所谓的间接因子。

在研究植物与环境的关系中，尚必须具有以下几个基本观念：

1. 综合作用　环境中的各生态因子间是互相影响紧密联系的，它们组合成综合的总体，对植物的生长生存起着综合的生态、生理作用。

2. 主导因子　在生态因子对植物的生态、生理综合影响中，有的生态因子处于主导地位或在某个阶段中起着主导作用，同时，对植物的一生来讲主导因子不是固定不变的。

3. 生存条件的不可代替性　生态因子间虽互有影响、紧密联系，但生存条件间是不可代替的，缺乏一种生存条件是不能以另一种生存条件来代替的。

4. 生存条件的可调性　生存条件虽然具有不可代替性，但如果只表现为某生存条件在量方面的不足，则可由于其他生存条件在量上的增强而得到调剂，并收到相近的生态效应，但是这种调剂是有限度的。

5. 生态幅　各种植物对生存条件及生态因子变化强度的适应范围是有一定限度的，超出这个限度就会引起死亡，这种适应的范围，叫做“生态幅”。不同的植物以及同一植物不同的生长发育阶段的生态幅，常具有很大差异。

由于植物生态学、植物群落学和环保科学的发展，自20世纪60年代至今盛行生态系统理论（Ecosystem）。它是英国植物群落学家坦斯雷（A. G. Tansley）首先提出来的（1935）。认为生态系统是在一定的时间空间内生物和环境间物质循环和能量流动的相互作用和依存的功能单位整体。生态系统在不同地段有不同的类型，如森林、湖泊、城市等。在1940—1957年苏联的苏卡切夫（B. H. Сукачев）提出“生物地理群落”概念，认为在地球表面一定的时、空、地段内，生物群落和其环境是个互相作用的统一体。其后，在1965年的国际会议上，决定生态系统和生物地理群落二词为同义词。

园林家在园林建设工作中，亦应掌握园林植物与其环境具有相互作用的基本概念，并应加以创造性的运用。

第一节　温度因子

温度因子对于植物的生理活动和生化反应是极端重要的，而作为植物的生态因子而言，温度因子的变化对植物的生长发育和分布具有极其重要的作用。

一、季节性变温对植物的影响

地球上除了南北回归线之间及极圈地区外，根据一年中温度因子的变化，可分为四季。四季的划分是根据每五天为一“候”的平均温度为标准。凡是每候的平均温度为10～22℃的属于春、秋季，在22℃以上的属夏季，在10℃以下的属于冬季。不同地区的四季长短是有差异的，其差异的大小受其他因子如地形、海拔、纬度、季风、降水量等因子的综合影响。该地区的植物，由于长期适应于这种季节性的变化，就形成一定的生长发育节奏，即物候期。物候期不是完全不变的，随着每年季节性变温和其他气候因子的综合作用而含有一定范围的波动。在园林建设中，必须对当地的气候变化以及植物的物候期有充分的了解，才能发挥植物的园林功能以及进行合理的栽培管理措施。

二、昼夜变温对植物的影响

气温的日变化中，在接近日出时有最低值，在15：00～16：00有最高值。一日中的最高值与最低值之差称为“日较差”或“气温昼夜变幅”。植物对昼夜温度变化的适应性称为“温周期”。这种性质可以表现在下述几个方面：

（一）种子的发芽　多数种子在变温条件下可发芽良好，而在恒温条件下反而发芽略差。

（二）植物的生长　大多数植物均表现为在昼夜变温条件下比恒温条件下生长良好。其原因可能是适应性及昼夜温差大，有利于营养积累。

（三）植物的开花结实　在变温和一定程度的较大温差下，开花较多且较大，果实也较大，品质也较好。

植物的温周期特性与植物的遗传性和原产地日温变化的特性有关。一般言之，原产于大陆性气候地区的植物在日变幅为10～15℃条件下，生长发育最好，原产于海洋性气候区的植物在日变幅为5～10℃条件下生长发育最好，一些热带植物能在日变幅很小的条件下生长发育良好。

三、突变温度对植物的影响

植物在生长期中如遇到温度的突然变化，会打乱植物生理进程的程序而造成伤害，严重的会造成死亡。温度的突变可分为突然低温和突然高温两种情况。

（一）突然低温　指由于强大寒潮的南下，可以引起突然的降温而使植物受到伤害，一般可分为以下几种：

1. 寒害　这是指气温在物理零度以上时使植物受害甚至死亡的情况。受害植物均为热带喜温植物，例如轻木（*Ochroma lagopus*）在5℃时就会严重受害而死亡；热带的丁子香（*Syzygium aromaticum*）在气温为6.1℃时叶片严重受害，3.4℃时树梢即干枯；三叶橡胶树、椰子等在气候降至0℃以前，均叶色变黄而落叶。

2. 霜害　当气温降至0℃时，空气中过饱和的水汽在物体表面就凝结成霜，这时植物的受害称为霜害。如果霜害的时间短，而且气温缓慢回升时，许多种植物可以复原；如果霜害时间长而且气温回升迅速，则受害的叶子反而不易恢复。

3. 冻害　气温降至0℃以下使植物体温亦降至零下，细胞间隙出现结冰现象，严重时导致质壁分离，细胞膜或壁破裂就会死亡。

植物抵抗突然低温伤害的能力，因植物种类和植物所处于的生长状况而不同。例如在同一个气候带内的植物间，就有很大不同，以柑橘类而论，柠檬在-3℃受害，甜橙在-6℃受害，而温州蜜橘及红橘在-9℃受害，但金柑在-11℃才受害。至于生长在不同气候带的不同植物间的抗低温能力就更不同了，例如生长在寒温带的针叶树可耐-20℃以下的低温。应注意的是同一植物的不同生长发育状况，对抵抗突然低温的能力有很大不同，以休眠期最强，营养生长期次之，生殖期抗性最弱。此外，应注意的是同一植物的不同器官或组织的抗低温能力亦是不相同的，以胚珠最弱，心皮次之，雌蕊以外的花器又次之，果及嫩叶又次之，叶片再次之，而以茎干的抗性最强。但是以具体的茎干部位而言，以根颈，即茎与根交接处的抗寒能力最弱。这些知识，对园林工作者在植物的防寒养护管理措施方面都是很重要的。

4. 冻拔　在纬度高的寒冷地区，当土壤含水量过高时，由于土壤结冻膨胀而升起，连带将草本植物抬起，至春季解冻时土壤下沉而植物留在原位造成根部裸露死亡。这种现象多发生于草本植物，尤以小苗为重。

5. 冻裂　在寒冷地区的阳坡或树干的阳面由于阳光照晒，使树干内部的温度与干皮表面温度相差数十度，对某些树种而言，就会形成裂缝。当树液活动后，会有大量伤流出现，久之很易感染病菌，严重影响树势。树干易冻裂的树种有毛白杨、山杨、椴、青杨等树种。

（二）突然高温　这主要是指短期的高温而言。植物生活中，其温度范围有最高点、最低点和最适点。当温度高于最高点就会对植物造成伤害直至死亡。其原因主要是破坏了新陈代谢作用，温度过高时可使蛋白质凝固及造成物理伤害，如皮烧等。

一般言之，热带的高等植物有些能忍受50～60℃的高温，但大多数高等植物的最高点是50℃左右，其中被子植物较裸子植物略高，前者近50℃，后者约46℃。

四、温度与植物分布

把木棉、凤凰木、鸡蛋花、白兰等热带、亚热带的树木种到北方就会冻死，把桃、苹果等北方树种引种到亚热带、热带地方，就生长不良或不能开花结实，甚至死亡。这主要是因为温度因子影响了植物的生长发育从而限制了植物的分布范围。关于植物的自然分布情况将在另外章节述及。在园林建设中，由于经常要在不同地区应用各种植物，所以应当逐步熟悉各地区所分布的植物种类及其生长发育状况。

各种植物的遗传性不同，对温度的适应能力有很大差异。有些种类对温度变化幅度的适应能力特别强，因而能在广阔的地域生长、分布，对这类植物称为“广温植物”或广布种；

对一些适应能力小，只能生活在很狭小温度变化范围的种类称为“狭温植物。”

植物除对温度的变幅有不同的适应能力因而影响分布外，它们在生长发育的生命过程中尚需要一定的温度量即热量。根据这一特性，又可将各种植物分为大热量种（其中又可按照水分状况分为两类）、中热量种、小热量种以及微热量种。

当判别一种植物能否在某一地区生长时，从温度因子出发来讲，过去通常的习惯做法是查看当地的年平均温度，这种做法只能作为粗略的参考数字，实际上是不能做为准确的根据。比较可靠的办法是查看当地无霜期的长短，生长期中日平均温度的高低、某些日平均温度范围时期的长短、当地变温出现的时期以及幅度的大小、当地的积温量以及当地最热月和最冷月的月平均温度值及极端温度值和此值的持续期长短，这种极值对植物的自然分布有着极大的影响。

园林绿化中，常常需突破植物的自然分布范围而引种许多当地所没有的奇花异木。当然，在具体实践中，不应只考虑到温度因子本身，而且尚需全面考虑所有因子的综合影响，才能获得成功。

五、生长期积温

植物在生长期中高于某温度数值以上的昼夜平均温度的总和，称为该植物的生长期积温。依同理，亦可求出该植物某个生长发育阶段的积温。积温又可分为有效积温与活动积温。有效积温是指植物开始生长活动的某一段时期内的温度总值。其计算公式为：

$$S = (T - T_0)n$$

式中 T——n 日期间的日平均温度；

T_0——生物学零度；

n——生长活动的天数；

S——有效积温。

生物学零度为某种植物生长活动的下限温度，低于此则不能生长活动。例如某树由萌芽至开花经15d，其间的日平均温度为18℃，其生物学零度为10℃，则 $S = (18-10) \times 15 = 120$℃。即从萌芽到开花的有效积温为120℃。

生物学零度是因植物种类、地区而不同的，但是一般为方便起见，常概括地根据当地大多数植物的萌动物候期及气象资料，而作个概括的规定。在温带地区，一般用5℃作为生物学零度；在亚热带地区，常用10℃；在热带地区多用18℃作为生物学零度。

活动积温则以物理零度为基础。计算时极简单，只需将某一时期内的平均温度乘以该时期的天数即得活动积温，亦即逐天的日平均温度的总和。

第二节 水分因子

一、由于水分因子起主导作用而形成的植物生态类型

（一）旱生植物 是指在干旱的环境中能长期忍受干旱而正常生长发育的植物类型。本类植物多见于雨量稀少的荒漠地区和干燥的低草原上，个别的也可见于城市环境中的屋顶、

墙头、危岩陡壁上。根据它们的形态和适应环境的生理特性又可分为以下两类：

1. *少浆植物或硬叶旱生植物* 体内的含水量很少，而且在丧失 1/2 含水量时仍不会死亡。它们的形态和生理特点是：

①叶面积小，多退化成鳞片状或针状或刺毛状。如柽柳、针茅、沙拐枣等。

②叶表具有厚的蜡层、角质层或毛茸，防止水分的蒸腾，如驼绒藜。

③叶的气孔下陷并在气孔腔中生有表皮毛，以减少水气的散失。

④当体内水分降低时，叶片卷曲或呈折迭状。如卷柏。

⑤根系极发达，能从较深的土层内和较广的范围内吸收水分，如骆驼刺的根可深入地下近 20m 处。

⑥细胞液的渗透压极高，常为 20～40 个大气压*，有的可达 80～100 个大气压，这类的叶子失水后不萎凋变形。

⑦同一属中少浆植物单位叶面积上的气孔数目常比同属中生植物的气孔数为多，因此在土壤水分充足时，其蒸腾作用会比中生植物强得多，但在干旱条件下蒸腾作用却极低。

2. *多浆植物或肉质植物* 体内有由薄壁组织形成的储水组织，所以体内含有大量水分，因此能适应干旱的环境条件。根据储水组织所在的部位，又可分为肉茎植物和肉叶植物。肉茎植物具有粗壮多肉的茎，其叶则退化成针刺状，例如仙人掌科植物。肉叶植物则叶部肉质化显著而茎部的肉质化不显著，例如一些景天科、百合科及龙舌兰科植物，多浆植物的形态和生理特点是：

①茎或叶具有发达的储水组织而多肉。

②茎或叶的表皮有厚角质层，表皮下有厚壁细胞层，这种结构可以减少水分的蒸腾。

③大多数种类的气孔下陷；气孔数目不多。

④根系不发达，属于浅根系植物。

⑤细胞液的渗透压很低，为 5～7 个大气压。

多浆植物有特殊的新陈代谢方式，生长缓慢，但因本身贮有充分的水分，故在热带、亚热带沙漠中其他植物难以生存的条件下，仙人掌类、肉质植物却能很好地适应，有的种类能长到 20m 高。

3. *冷生植物或干矮植物* 本类植物具有旱生少浆植物的旱生特征，但又有自己的特点。一般均形体矮小，多呈团丛状或垫状。其生长环境依水分条件可分为两种。一种是土壤干旱而寒冷，因而植物具有旱生性状；另一种是土壤湿润甚至多湿而寒冷，植物亦呈旱生性状，其原因是由于气候寒冷因而造成生理上的干旱。前者又可称为干冷生植物，常见于高山地区，而后者又可称为湿冷生植物，常见于寒带、亚寒带地区，可谓温度与水分因子综合影响所致。

（二）中生植物 大多数植物均属于中生植物，不能忍受过干和过湿的条件，但是由于种类众多，因而对干与湿的忍耐程度方面具有很大差异。耐旱力极强的种类具有旱生性状的倾向，耐湿力极强的种类则具有湿生植物性状的倾向。中生植物的特征是根系及输导系统均较发达；叶片表面有一层角质层，叶片的栅栏组织和海绵组织均较整齐；细胞液的渗透压约

---

* 1 个大气压 = 101 325Pa

在5～25个大气压；叶片内没有完整而发达的通气系统。

以中生植物中的木本植物而言，油松、侧柏、牡荆、酸枣等有很强的耐旱性，但仍然以在干湿适度的条件下生长最佳；而如桑树、旱柳、乌桕、紫穗槐等，则有很高的耐水湿能力，但仍然以在中生环境下生长最佳。

（三）湿生植物 需生长在潮湿的环境中，若在干燥或中生的环境下则常致死亡或生长不良。根据实际的生态环境又可分为两种类型：

1. 喜光湿生植物 这是生长在阳光充足，土壤水分经常饱合或仅有较短的较干期地区的湿生植物，例如在沼泽化草甸、河湖沿岸低地生长的鸢尾、半边莲、落羽杉、池杉、水松等。由于土壤潮湿通气不良，故根系多较浅，无根毛，根部有通气组织，木本植物多有板根或膝根；由于地上部分的空气湿度不是很高，所以叶片上仍可有角质层存生。

2. 耐荫湿生植物 这是生长在光线不足，空气湿度较高，土壤潮湿环境下的湿生植物。热带雨林中或亚热带季雨林中、下层的许多种类均属于本类型，例如多种蕨类、海芋、秋海棠类以及多种附生植物。这类植物的叶片大都很薄，栅栏组织和机械组织不发达，而海绵组织很发达，防止蒸腾作用的能力很小，根系亦不发达。本类可谓为典型的湿生植物。

湿生植物由于环境中水分充足，所以在形态和机能上就不发展防止蒸腾和扩大吸收水分的构造；其细胞液的渗透压亦不高，一般约为8～12个大气压。

（四）水生植物 生长在水中的植物叫水生植物。它们又可分为3个类型：

1. 挺水植物 植物体的大部分露在水面以上的空气中，如芦苇、香蒲等。红树则生于泥海岸滩浅水中，满潮时全树没于海水中，落潮时露出水面，故称为海中森林。

2. 浮水植物 叶片飘浮在水面的植物，又可分为2个类型。

（1）半浮水型 根生于水下泥中，仅叶及花浮在水面，如萍蓬草、睡莲等。

（2）全浮水型 植物体完全自由地飘浮于水面，如凤眼莲、浮萍、槐叶萍、满江红等。

3. 沉水植物 植物体完全沉没在水中，如金鱼藻、苦草等。

水生植物的形态和机能特点是植物体的通气组织发达；在水面以上的叶片大；在水中的叶片小，常呈带状或丝状，叶片薄，表皮不发达；根系不发达。

二、耐旱、耐涝树种

在园林绿化建设中，掌握树木的耐旱、耐涝能力是十分重要的，现将武汉市的调查结果介绍如下。

（一）耐旱树种 1959年夏秋，武汉市经历80余天的大旱。当地对3～10年生的266种树进行了耐旱力调查，根据耐旱能力的强弱共分为5级。

1. 耐旱力最强的树种 经受2个月以上的干旱和高温，其间未采取任何抗旱措施而生长正常或略缓慢的树种有：雪松、黑松、菝葜、响叶杨、加拿大杨、垂柳、旱柳、威氏柳、杞柳、化香树、小叶栎、白栎、栓皮栎、石栎、苦槠、榔榆、构树、柘树、小檗、山胡椒、狭叶山胡椒、枫香、檵木、桃、枇杷、石楠、光叶石楠、火棘、山槐、合欢、葛藤、胡枝子类、黄檀、紫穗槐、紫藤、鸡眼草、臭椿、楝树、乌桕、野桐、算盘子、黄连木、盐肤木、飞蛾槭、野葡萄、木芙蓉、芫花、君迁子、秤锤树、夹竹桃、栀子花、水杨梅等52种。

2. 耐旱力较强的树种 经受2个月以上的干旱高温，未采取抗旱措施，树木生长缓慢，有叶黄落及枯梢现象者，有：马尾松、油松、赤松、湿刚松、侧柏、千头柏、圆柏、柏木、龙柏、偃柏、毛竹、水竹、棕榈、毛白杨、滇杨、龙爪柳、青钱柳、麻栎、槲栎、青冈栎、板栗、锥栗、铁壳槠、白榆、朴树、小叶朴、榉树、糙叶树、桑树、崖桑、无花果、薜荔、南天竹、广玉兰、樟树、溲疏、豆梨、杜梨、沙梨、杏树、李树、皂荚、云实、肥皂荚、槐树、杭子梢、波氏槐蓝、枸橘、香椿、油桐、千年桐、山麻杆、重阳木、黄杨、瓜子黄杨、野漆、枸骨、冬青、丝棉木、无患子、栾树、马甲子、扁担杆、木槿、梧桐、杜英、厚皮香、柽柳、柞木、胡颓子、紫薇、银薇、石榴、八角枫、常春藤、羊踯蠋、柿、粉叶柿、光叶柿、白檀、桂花、丁香、雪柳、水曲柳、常绿白蜡、迎春、毛叶探春、醉鱼草、粗糠树、枸杞、凌霄、六月雪、黄栀子、金银花、六道木、香忍冬、红花忍冬、短柄忍冬、胯把树、木本绣球等99种。

3. 耐旱力中等的树种　经受2个月以上的干旱和高温不死，但有较重的落叶和枯梢现象者，有：罗汉松、日本五针松、白皮松、落羽杉、刺柏、香柏、银白杨、小叶杨、钻天杨、杨梅、胡桃、核桃楸、山核桃、长山核桃、桦木、桤木、大叶朴、木兰、厚朴、桢楠、八仙花、山梅花、蜡瓣花、海桐、杜仲、悬铃木、木瓜、樱桃、樱花、海棠、郁李、梅、绣线菊属4种、紫荆、刺槐、龙爪槐、柑橘、柚、橙、朝鲜黄杨、锦熟黄杨、大木漆、三角枫、鸡爪槭、五叶槭、枣树、枳椇、葡萄、椴树、茶、山茶、金丝桃、喜树、紫树、灯台树、楤木、刺楸、杜鹃花、野茉莉、白蜡树、女贞、小蜡、水蜡树、连翘、金钟花、黄荆、大青、泡桐、梓树、黄金树、钩藤、水冬瓜、接骨木、绣球花、荚蒾、锦带花等85种。

4. 耐旱力较弱的树种　干旱高温期在1个月以内不致死亡，但有严重落叶枯梢现象，生长几乎停止，如旱期再延长而不采取抗旱措施就会逐渐枯萎死亡者，有：粗榧、三尖杉、香榧、金钱松、华山松、柳杉、鹅掌楸、玉兰、八角茴香、蜡梅、雅楠、大叶黄杨、青榨槭、糖槭、油茶、斗霜红、结香、珙桐、四照花、白辛等21种。

5. 耐旱力最弱的树种　旱期1月左右即死亡，在相对湿度降低，气温高达40℃以上时死亡最为严重者，有：银杏、杉木、水杉、水松、日本花柏、日本扁柏、白兰花、檫木、珊瑚树等9种。

（二）耐淹树种　根据武汉1931年及1954年两次大水后（持续时间平均为2个月，最久处达5个月以上，水深1～2 m，最深处达38.3m），将116种树依其耐淹力分为5级如下：

1. 耐淹力最强的树种　能耐长期（3个月以上）的深水浸淹，当水退后生长正常或略见衰弱，树叶有黄落现象，有时枝梢枯萎；又有洪水虽没顶但生长如旧或生势减弱而不致死亡者，有：垂柳、旱柳、龙爪柳、榔榆、桑、柘、豆梨、杜梨、柽柳、紫穗槐、落羽杉等11种。

2. 耐淹力较强的树种　能耐较长期（2个月以上）深水浸淹，水退后生长衰弱，树叶常见黄落，新枝、幼茎也常枯萎，但有萌芽力，以后仍能萌发恢复生长。本类有水松、棕榈、栀子、麻栎、枫杨、榉树、山胡椒、狭叶山胡椒、沙梨、枫香、悬铃木属3种，紫藤、楝树、乌桕、重阳木、柿、葡萄、雪柳、白蜡、凌霄等23种。

3. 耐淹力中等的树种　能耐较短时期（1～2个月）的水淹，水退后必呈衰弱，时期一久即趋枯萎，即使有一定萌芽力也难恢复生势。本类有：侧柏、千头柏、圆柏、龙柏、水杉、水竹、紫竹、竹、广玉兰、酸橙、夹竹桃、杨类3种、木香、李树、苹果、槐树、臭椿、香椿、卫矛、紫薇、丝棉木、石榴、喜树、黄荆、迎春、枸杞、黄金树等29种。

4. *耐淹力较弱的树种*　仅能忍耐2~3周短期水淹，超过时间即趋枯萎，一般经短期水淹后生长也显然衰弱。本类有罗汉松、黑松、刺柏、百日青、樟树、枸橘、花椒、冬青、小蜡、黄杨、胡桃、板栗、白榆、朴树、梅、杏、合欢、皂荚、紫荆、南天竹、溲疏、无患子、刺楸、三角枫、梓树、连翘、金钟花等27种。

5. *耐淹力最弱的树种*　最不耐淹，水仅浸淹地表或根系一部至大部时，经过不到1周的短暂时期即趋枯萎而无恢复生长的可能。本类有马尾松、杉木、柳杉、柏木、海桐、枇杷、百楠、桂花、大叶黄杨、女贞、构树、无花果、玉兰、木兰、蜡梅、杜仲、桃、刺槐、盐肤木、栾树、木芙蓉、木槿、梧桐、泡桐、楸树、绣球花26种。

由上述的耐旱、耐淹力分级情况来看，可概括出树木的几个特点：

①对阔叶树而言，一般情况是耐淹力强的(1~2级）树种，其耐旱力也表现得很强(1~2级)，例如柳类、桑、柘、榔榆、梨类、紫穗槐、紫藤、夹竹桃、乌桕、楝、白蜡、雪柳、柽柳、山胡椒等。

②深根性树种大多较耐旱（1~2级)，如松类、栎类、樟树、臭椿、乌桕、构树等，但檫木为一例外。浅根性树种大多不耐旱（3~5级)，如杉木、柳杉、刺槐等。

③树种的耐力与其原产地生境条件有关。

④在针叶树类（包括银杏）中，其自然分布较广及属于大科、大属的树木比较耐旱，如多种松科、柏科的树种。反之，自然分布较狭及属于小科、小属，如仅为一科一属一种或仅有几种者，其耐旱力多较弱，如银杏科、三尖杉科（粗榧科)、红豆杉科（紫杉科）及杉科等。在阔叶树类中，也有上述趋势，但非必然。在耐水力方面，不论针叶树或阔叶树，其为常绿者常不如落叶者耐涝，而松科、木兰科、杜仲科、无患子科、梧桐科、锦葵科、豆科（紫穗槐、紫藤等例外)、蔷薇科（梨属例外）等大多是耐淹性较差（3~5级)。

⑤就某个具体树种而言，其分布区域广大者，常具有较强的耐性。

三、水分的其他形态对树木的影响

（一）雪　在寒冷的北方，降雪可覆盖大地，有增加土壤水分，保护土壤，防止土温过低，避免结冻过深，有利植物越冬等作用。但是在雪量较大的地区，会使树木受到雪压，引起枝干倒折的伤害。一般言之，常绿树比落叶树受害严重，单层纯林比复层混交林为严重。

（二）冰雹　对树木会造成不同程度的损害。

（三）雨淞、雾淞　会在树枝上形成一层冻壳，严重时，冰壳愈益加厚最终使树枝折断。一般以乔木受害较多，乔木中又因种类的不同而受害程度有很大差异，木质脆的最易受害，木质富弹性者则不易受害。

（四）雾　多雾即空气中的相对湿度大，虽然能影响光照，但一般言之，对草木的繁茂是有利的。

第三节　光照因子

光是绿色植物的生存条件之一，也正是绿色植物通过光合作用将光能转化为化学能，为地球上的生物提供了生命活动的能源。

一、光质对植物的影响

光是太阳的辐射能以电磁波的形式投射到地球的辐射线。其能量的99%是集中在波长为150~4000nm的范围内。人眼能看到的波长为380~770nm的范围，即是称为可见光的范围。对植物起着重要作用的部分主要是可见光部分。但是人眼看不见的波长小于380nm的紫外线部分以及看不见的波长大于770nm的红外线部分对植物也有作用。一般言之植物在全光范围，即在白光下才能正常生长发育，但是白光中的不同波长段即红光(760~626nm)、橙光（626~595nm)、黄光（595~575nm)、绿光（575~490nm)、青蓝光（490~435nm)、紫光（435~370nm）对植物的作用是不完全相同的。青蓝紫光对植物的加长生长有抑制作用，对幼芽的形成和细胞的分化均有重要作用，它们还能抑制植物体内某些生长激素的形成因而抑制了茎的伸长，并产生向光性；它们还能促进花青素的形成，使花朵色彩鲜丽。紫外线也有同样的功能，所以在高山上生长的植物，节间均短缩而花色鲜艳。可见光中的红光和不可见的红外线都能促进茎的加长生长和促进种子及孢子的萌发。对植物的光合作用而言，以红光的作用最大，其次是蓝紫光；红光又有助于叶绿素的形成，促进二氧化碳的分解与碳水化合物的合成，蓝光则有助于有机酸和蛋白质的合成。而绿光及黄光则大多被叶子所反射或透过而很少被利用。

二、日照时间长短对植物的影响

每日的光照时数与黑暗时数的交替对植物开花的影响称为光周期现象。按此反应可将植物分为3类：

（一）长日照植物 植物在开花以前需要有一段时期，每日的光照时数大于14h的临界时数称为长日照植物。如果满足不了这个条件则植物将仍然处于营养生长阶段而不能开花。反之，日照愈长开花愈早。

（二）短日照植物 在开花前需要一段时期每日的光照时数少于12h的临界时数的称为短日照植物。日照时数愈短则开花愈早，但每日的光照时数不得短于维持生长发育所需的光合作用时间。有人认为短日植物需要一定时数的黑暗而非光照。

（三）中日照植物 只有在昼夜长短时数近于相等时才能开花的植物。

（四）中间性植物 对光照与黑暗的长短没有严格的要求，只要发育成熟，无论长日照条件或短日照条件下均能开花。

由于各种植物在长期的系统发育过程中所形成的特性，即对生境适应的结果，大多是长日照植物发源于高纬度地区，而短日照植物发源于低纬度地区，而中间性植物则各地带均有分布。

日照的长短对植物的营养生长和休眠也有重要的作用。一般言之，延长光照时数会促进植物的生长或延长生长期，缩短光照时数则会促使植物进入休眠或缩短生长期。前苏联曾对欧洲落叶松进行不间断的光照处理，结果使生长速度加快了近15倍，我国对杜仲苗施行不断光照使生长速度增加了1倍。对从南方引种的植物，为了使其及时准备过冬，则可用短日照的办法使其提早休眠以增强抗逆性。

三、光照强度对植物的影响

根据植物对光照强度的关系，可分为3种生态类型。

（一）喜光植物 在全日照下生长良好而不能忍受荫蔽的植物。例如落叶松属、松属（华山松、红松除外）、水杉、桦木属、桉属、杨属、柳属、栎属的多种树木、臭椿、乌桕、泡桐，以及草原、沙漠及旷野中的多种草本植物。喜光植物的细胞壁较厚，细胞体积较小，木质部和机械组织发达，叶表有厚角质层；叶的栅栏组织发达，不只1层，常有2～3层；叶绿素a与叶绿素b的商较大$\left(\frac{a}{b}\right)$，因为叶绿素a多时有利于红光部分的吸收，使喜光植物在直射光线下充分利用红色光段，气孔数目较多，细胞液浓度高，叶的含水量较低。

（二）耐荫植物 在较弱的光照条件下比在全光照下生长良好。例如许多生长在潮湿、阴暗密林中的草本植物，如人参、三七、秋海棠属的多种植物。严格的说木本植物中很少有典型的耐荫植物，而多为耐荫植物，这点是为草本植物不同的。耐荫植物的细胞壁薄而细胞体积较大，木质化程度较差，机械组织不发达，维管束数目较少，叶子表皮薄，无角质层，栅栏组织不发达而海绵组织发达。叶绿素a与叶绿素b的商较小，即叶绿素b较多因而有利于利用林下散射光中的蓝紫光段，气孔数目较少，细胞液浓度低，叶的含水量较高。

（三）中性植物（耐荫植物） 在充足的阳光下生长最好，但亦有不同程度的耐荫能力，在高温干旱时在全光照下生长受抑制。本类植物的耐荫程度因种类不同而有很大差别，过去习惯于将耐荫力强的树木称为阴性树，但从形态解剖和习性上来讲又不具典型性，故以归于中性植物为宜，在中性植物中包括有偏喜光的与偏阴性的种类。例如榆属、朴属、榉属、樱花、枫杨等为中性偏阳；槐、木荷、圆柏、珍珠梅属、七叶树、元宝枫、五角枫等为中性稍耐荫；冷杉属、云杉属、建柏属、铁杉属、粗榧属、红豆杉属、椴属、杜英、大叶槠、甜槠、阿丁枫、荚蒾属、八角金盘、常春藤、八仙花、山茶、桃叶珊瑚、枸骨、海桐、杜鹃花、忍冬、罗汉松、紫楠、棣棠、香榧等均属中性而耐荫力较强的种类，因为这些树种在温、湿适宜条件下仍以在光线充足处比在林下荫暗处为健壮。中性植物在同一植株上，处于阳光充足部位枝叶的解剖构造倾向于喜光植物，而处于阴暗部位的枝叶构造则倾向于阴性植物。

四、树木的耐荫力

在园林建设实际工作中，掌握各种树木的耐荫力是非常有用的。

（一）华北习见乔木耐荫能力的顺序（从强到弱排列） 冷杉属、云杉属、椴属、千金榆、槭属、红松、裂叶榆、圆柏、槐、水曲柳、胡桃楸、赤杨、春榆、白榆、板栗、黄檗、华山松、白皮松、油松、风桦、红桦、辽东栎、蒙古栎、白蜡树、槲树、栓皮栎、臭椿、刺槐、黑桦、白桦、杨属、柳属、落叶松属。

（二）判断树木耐荫性的标准

1. 生理指标法 植物的光合作用在一定的光照强度范围内是与光强有密切关系的，当光强减弱到一定程度时，树木由光合作用所合成的物质量恰好与其呼吸作用所消耗的量相等，此时的光照强度称为光补偿点。随着光照强度的增加光合作用的强度亦提高，因而产生有机物质的积累，但是当光强增加到一定程度后光合作用就达到最大值而不再增加，此时的光照强度称为光饱和点。耐荫性强的树种其光补偿点较低，有的仅为100～300lx，而不耐荫的喜光树则为1000lx。耐荫性强的树种其光饱和点较低，有的为5000～10 000lx，而一些喜光树的光饱合点可达50 000lx以上，就一般树种而言在20 000～50 000lx之间。因此从测定树种的光补偿点和光饱和点上可以判断其对光照的需求程度。但是植物的光补偿点和光饱和点是随生境条件的其他因子以及植物本身的生长发育状况和不同的部位而改变的。例如红松的补偿点，在郁闭的林下为70lx，在半荫处为100lx，在全光下为150lx，相差达一倍以上。此外，由于温度、湿度的变化又可影响到呼吸作用和蒸腾作用的强度从而亦影响到光补偿点和光饱和点的数值，因此在判断植物的耐荫性时需要综合地考虑到各方面的影响因素。

2. *形态指标法*　有经验的园林工作者根据树木的外部形态常可以大致推知其耐荫性，方法简便迅速，其标准有以下几方面：

①树冠呈伞形者多为喜光树，树冠呈圆锥形而枝条紧密者多为耐荫树种。

②树干下部侧枝早行枯落者多为喜光树，下枝不易枯落而且繁茂者多为耐荫树。

③树冠的叶幕区稀疏透光，叶片色较淡而质薄，如果是常绿树，其叶片寿命较短者为喜光树。叶幕区浓密，叶色色浓而深且质厚者，如果是常绿树，则其叶可在树上存活多年者为耐荫树。

④常绿性针叶树的叶呈针状者多为喜光树，叶呈扁平或呈鳞片状而表、背区别明显者为耐荫树。

⑤阔叶树中的常绿树多为耐荫树，而落叶树种多为喜光树或中性树。

在园林建设中了解树木的耐荫力是很重要的，例如喜光树的寿命一般较耐荫树为短，但生长速度较快，所以在进行树木配植时必需搭配得当。又树木在幼苗、幼树阶段的耐荫性高于成年阶段，即耐荫性常随年龄的增长而降低，在同样的庇荫条件下，幼苗可以生存，但幼树即感光照不足，例如红松幼苗在郁闭度0.7～0.8的条件下产苗量最多，但对幼树的健壮生长而言，以0.3～0.5的郁闭度为适宜。了解这一点，则可以进行科学的管理，适时地提高光照强度。此外，对于同一树种而言，生长在其分布区的南界就比生长在分布区中心的耐荫，而生长在分布区北界的个体较喜光。据维斯纳尔测定，英国槭的相对最低需光量在北纬48°（维也纳附近）为1/55，在北纬61°处（挪威南部）为1/3 7，而在北纬70°处则为1/5。同样的树种，海拔愈高，树木的喜光性愈增加。又土壤的肥力也可影响植物的需光量，例如榛子在肥土中相对最低需光量为1/50～1/60，而在瘠土中则为1/18～1/20。掌握这些知识，对引种驯化、苗木培育、植物的配植和养护管理以及盆栽植物的培养和催延花期等各方面均会有所助益。

第四节　空气因子

一、空气中对植物起主要作用的成分

（一）氧和二氧化碳　氧是呼吸作用必不可少的，但在空气中它的含量基本上是不变的，所以对植物的地上部分而言不形成特殊的作用，但是植物根部的呼吸以及水生植物尤其

是沉水植物的呼吸作用则靠土壤中和水中的氧气含量了。如果土壤中的空气不足，会抑制根的伸长以致影响到全株的生长发育。因此，在栽培上经常要耕松土壤避免土壤板结，在黏质土地上，有的需多施有机质或换土以改善土壤物理性质；在盆栽中经常要配合更换具有优良理化性质的培养土。

二氧化碳是植物光合作用必需的原料，以空气中二氧化碳的平均浓度为320mg/L计，从植物的光合作用角度来看，这个浓度仍然是个限制因子，据生理试验表明，在光强为全光照1/5的实验室内，将二氧化碳浓度提高3倍时，光合作用强度也提高3倍，但是如果二氧化碳浓度不变而仅将光强提高3倍时，则光合作用仅提高1倍。因此在现代栽培技术中有对温室植物施用二氧化碳气体的措施。二氧化碳浓度的提高，除有增强光合作用的效果外，据试验尚有促进某些雌雄异花植物的雌花分化率效果，因此可以用于提高植物的果实产量。

（三）氮气 空气中的氮虽占约4/5之多，但是高等植物却不能直接利用它，只有固氮微生物和蓝绿藻可以吸收和固定空气中的游离氮。根瘤菌是与植物共生的一类固氮微生物，它在将空气中的分子氮吸收固定过程中需要用147千卡*的能量；它的固氮能力是因所共生的植物种类而不同，据测算每公顷的紫花苜蓿一年可固氮达200kg以上，每公顷大豆或花生可达50kg左右。非共生的固氮微生物的固氮能力弱得多，一般每年每公顷仅5kg左右。此外，蓝绿藻的固氮能力也较强。

二、空气中的污染物质

由于工业的迅速发展和防护措施的缺乏或不完善，造成大气和水源污染，目前受到注意的污染大气的有毒物质已达400余种，通常危害较大的有20余种，按其毒害机制可分为6个类型：

（一）氧化性类型 如臭氧、过氧乙酰、硝酸脂类、二氧化氮、氯气等。

（二）还原性类型 如二氧化硫、硫化氢、一氧化碳、甲醛等。

（三）酸性类型 如氟化氢、氯化氢、氰化氢、三氧化硫、四氟化硅、硫酸烟雾等。

（四）碱性类型 如氨等。

（五）有机毒害型 如乙烯等。

（六）粉尘类型 按其粒径大小又可分为落尘（粒径在10μm以上）及飘尘（粒径在10μm以下），如各种重金属无机毒物及氧化物粉尘等。

在城市中汽车过多的地方，由汽车排出的尾气经太阳光紫外线的照射会发生光化学作用变成浅蓝色的烟雾，其中90%为臭氧，其他为醛类、烷基硝酸盐、过氧乙酰基硝酸酯，有的还含有为防爆消声而加的铅，这是大城市中常见的次生污染物质。

三、城市环境中习见的污染物质和抗烟毒树种

（一）二氧化硫 凡烧煤的工厂以及供暖、发电的锅炉烟囱、硫铵化肥厂等所放出的烟气中均含有二氧化硫和三氧化硫，一般以二氧化硫最普遍。二氧化硫气进入叶片后遇水形成亚硫酸和亚硫酸离子，然后再逐渐氧化为硫酸离子。当亚硫酸离子增加到一定量时，叶片会

---

* 1千卡=4184J

失绿，严重的会逐渐枯焦死亡。当空气中含量达 0.5 ~ 500mg/L 时就可对某些植物起毒害作用。

在东北地区据韩麟凤等人 1959 年在工厂区的普查，抗性强的树种有：山皂角、刺槐、银杏、加拿大杨、臭椿、美国白蜡、华北卫矛、欧洲红豆杉、茶条槭、榆树、大叶朴、枫杨、梓树、黄檗、银白杨等。

抗性中等的有：小叶杨、小青杨、旱柳、复叶槭、辽杏、山桃、山荆子等。

抗性弱的有：黄花落叶松、辽东冷杉、红松、侧柏、青杆、杜松、油松等。

在北京地区根据北京市园林科研所的资料统计，抗性强的有：臭椿、槐、榆树、加拿大杨、马氏杨、垂柳、旱柳、馒头柳、栾树、小叶白蜡、杜梨、山桃、君迁子、北京丁香、胡桃、太平花、紫穗槐、野蔷薇、木槿、珍珠梅、雪柳、黄栌、白玉棠、丁香、构树、泡桐、柿树、小叶黄杨、云杉、连翘、山楂、火炬树、紫薇、胡颓子、海州常山、五叶地锦、大叶黄杨、地锦等。

抗性中等的有：北京杨、钻天杨、桑树、金银木、西府海棠、金星海棠、榆叶梅、栗、合欢、元宝枫、枫杨、悬铃木、接骨木、桂香柳、银杏、华山松、侧柏、白皮松。

抗性弱的有：黄金树、五角枫、紫薇、桃、白玉棠、复叶槭、山杏、美国凌霄、油松、黄刺玫等。

在上海地区根据上海市园林局及上海师范大学的调查，抗性强的有：夹竹桃、女贞、广玉兰、樟树、蚊母树、珊瑚树、枸骨、山茶、十大功劳、冬青、油橄榄、棕榈、厚皮香、丝兰、月桂、无花果、丁香、石榴、胡颓子、柑橘、丝棉木、白榆、合欢、乌桕、苦楝、木槿、接骨木、月季、紫荆、小叶女贞、黄金条、梓、桑、刺槐、臭椿、加拿大杨、青冈栎、银杏、罗汉松、圆柏、龙柏等。

抗性中等的有：大叶黄杨、八角金盘、悬铃木、广玉兰等。

抗性弱的有：雪松。

在广东地区根据华南植物研究所、广东植物研究所、广州市绿委会的调查，知抗性强的有：对叶榕、构树、黄槿、小叶榕、高山榕、印度榕、粗叶榕、木麻黄、油茶、白油树、蒲桃、洋蒲桃、九里香、夹竹桃、台湾相思、紫珠等。

抗性较强的有：石栗、桑、木芙蓉、鸡蛋花、厚壳、朴树、竹类、黄葛榕、榄仁树、人心果、番石榴、黄皮、宝巾、黄栀子、变叶榕、苏铁、广玉兰、白蝉、香蕉、金边凤尾兰等。

抗性较弱的有：刺桐、蒲葵、木棉、凤凰木、大叶合欢、大叶榕、树菠萝、安石榴、乌榄、油棕、扇桃果、椰子、茉莉、红背桂、一品红等。

抗性弱的有：马尾松、湿地松、水杉、羊蹄甲、山竹子、油梨、母生、荔枝、龙眼、白榄、杨桃、木瓜、桃、白兰、大红花、假连翘等。

（二）光化学烟雾 汽车排出气体中的二氧化氮经紫外线照射后产生一氧化氮和氧原子，后者立即与空气中的氧化合成臭氧；氧原子还与二氧化硫化合成三氧化硫，三氧化硫又与空气中的水蒸气化合生成硫酸烟雾；此外氧原子和臭氧又与汽车尾气中的碳氢化合物化合成乙醛；尾气中尚有其他物质，所以比较复杂，但以臭氧量最大，约占 90%。

根据日本以臭氧为毒质进行的抗性试验，表明当臭氧浓度为 0.25 mg/L 时的结果如下：

抗性极强的有：银杏、柳杉、日本扁柏、日本黑松、樟树、海桐、青冈栎、夹竹桃、海州常山、日本女贞等。

抗性强的有：悬铃木、连翘、冬青、美国鹅掌楸等。

抗性一般的有：日本赤松、东京樱花、锦绣杜鹃、日本梨等。

抗性弱的有：日本杜鹃、大花栀子、大八仙花、胡枝子等。

抗性极弱的有：木兰、牡丹、垂柳、白杨、三裂悬钩子等。

（三）氯及氯化氢 现在塑料产品愈益增多，在聚氯乙烯塑料厂的生产过程中可能造成的空气污染属于本类物质。根据1964年北京林学院陈有民、王玉华与市、区园林局、卫生部门刘铜、李临淮、刘长乐、张福民、杨以宁、刘丽和等的定点试验结果，在日常空气中氯气的含量为0.01～0.86mg/L，氯化氢的含量在0.028～1.32 mg/L的条件下，经3～4年的观察，结果如下：耐毒能力最强的有：杠柳、木槿、合欢、五叶地锦等。

耐毒能力强的有：黄檗、伞花胡颓子、构树、榆、接骨木、加拿大接骨木、紫荆、槐、紫藤、紫穗槐等。

耐毒能力中等的有：皂荚、桑、加拿大杨、臭椿、二青杨、侧柏、复叶槭、树锦鸡儿、丝棉木、文冠果等。

耐毒能力弱的有：香椿、枣、红瑞木、黄栌、圆柏、洋白蜡、金银木、刺槐、旱柳、南蛇藤、银杏等。

耐毒能力很弱的有：海棠、苹果、槲栎、毛樱桃、小叶杨、钻天杨、连翘、鼠李、油松、绦柳（垂柳）、栾树、馒头柳、吉氏珍珠梅、山桃等。

不耐毒而死亡的有：榆叶梅、黄刺玫、胡枝子、水杉、杂种绣线菊、茶条槭、雪柳等。

（四）氟化物 氟化物对植物危害很大，空气中的氟化氢浓度如高于3×10^{-3}mg/L就会在叶尖和叶缘首先显出受害症状。例如HF浓度为1×10^{-3}mg/L时在半个月至2个月内可使杏、李、樱桃、葡萄等受害，如浓度达5×10^{-3}mg/L则在1周至10d就可使之受害。根据北京地区的调查知抗性强的有：槐、臭椿、泡桐、绦柳、龙爪柳、悬铃木、胡颓子、白皮松、侧柏、丁香、山楂、紫穗槐、连翘、金银花、小檗、女贞、锦熟黄杨、大叶黄杨、地锦、五叶地锦等。

抗性中等的有：刺槐、桑、接骨木、桂香柳、火炬树、君迁子、杜仲、文冠果、紫藤、美国凌霄、华山松等。

抗性弱的有：榆叶梅、山桃、李、葡萄、白蜡、油松等。

四、空气的流动与抗风树种

空气流动形成风。从大气环流而言，有季候风、海陆风、焚风、台风等，在局部地区因地形影响而有地形风或称山谷风。风依其速度通常分为12级，低速的风对植物有利，高速的风则会使植物受到危害。

对植物有利方面是有助于风媒花的传粉，例如银杏雄株的花粉可顺风传播5km以外；云杉等生长在下部枝条上的雄花花粉，可借助于林内的上升气流传至上部枝条的雌花上。风又可传布果实和种子，带翼和带毛的种子可随风传到很远的地方。

风对树木不利的方面为生理和机械伤害，风可加速蒸腾作用，尤其是在春夏生长期的旱风、焚风可给农林生产上带来严重损失，而风速较大的飓风、台风等则可吹折树木枝干或使树木倒伏。在海边地区又常有夹杂大量盐分的潮风，使树枝被覆一层盐霜，使树叶及嫩枝枯萎甚至全株死亡。

各种树木的抗风力差别很大，根据1956年武汉市在台风以后的调查结果是：

抗风力强的有：马尾松、黑松、圆柏、榉树、胡桃、白榆、乌桕、樱桃、枣树、葡萄、臭椿、朴、栗、槐、梅树、樟树、麻栎、河柳、台湾相思、大麻黄、柠檬桉、假槟榔、桄榔、南洋杉、竹类及柑橘类等。

抗风力中等的有：侧柏、龙柏、杉木、柳杉、檫木、楝树、苦槠、枫杨、银杏、广玉兰、重阳木、榔榆、枫香、凤凰木、桑、梨、柿、桃、杏、花红、合欢、紫薇、木绣球、长山核桃、旱柳等。

抗风力弱受害较大的有：大叶桉、榕树、雪松、木棉、悬铃木、梧桐、加拿大杨、钻天杨、银白杨、泡桐、垂柳、刺槐、杨梅、枇杷、苹果等。

一般言之，凡树冠紧密，材质坚韧，根系强大深广的树种，抗风力就强；而树冠庞大，材质柔软或硬脆，根系浅的树种，抗风力就弱。但是同一树种又因繁殖方法、立地条件和配植方式的不同而有异。用扦插繁殖的树木，其根系比用播种繁殖的浅，故易倒；在土壤松软而地下水位较高处亦易倒；孤立树和稀植的树比密植者易受风害，而以密植的抗风力最强。

不同类型的台风对树木的危害程度会不一致，先风后雨的要比先雨后风的台风危害为小，持续时间短的比时间长的危害小。

此外，在北方较寒冷地带，于冬末春初经常刮风，加强了枝条的蒸腾作用，但此时地温很低，有的地区土壤仍未解冻，根系活动微弱，因此造成细枝顶梢干枯死亡现象，习称为干梢或抽条。此种现象对由南方引入的树种以及易发生副梢的树种均较严重。

第五节 土壤因子

一、依土壤酸度而分的植物类型

自然界中的土壤酸度是受气候、母岩及土壤中的无机和有机成分、地形地势、地下水和植物等因子所影响的。一般言之，在干燥而炎热的气候下，中性和碱性土壤较多；在潮湿寒冷或暖热多雨的地方则以酸性土为多；母岩如为花岗岩类则为酸性土，为石灰岩时则为碱性土；地形如为低湿冷凉而积水之处则常为酸性土；地下水中如富含石灰质成分时则为碱性土；同一地的土壤依其深度的不同以及季节的不同，在土壤酸度上会发生变化；此外，如长时期施用某些无机肥料，亦可逐渐改变土壤的酸度。

依照中国科学院南京土壤研究所1978年的标准，我国土壤酸碱度可分为5级，即强酸性为pH <5.0，酸性为pH5.0～6.5，中性为pH6.5～7.5，碱性为pH7.5～8.5，强碱性为pH >8.5。

依植物对土壤酸度的要求，可以分为3类，即：

（一）酸性土植物 在呈或轻或重的酸性土壤上生长最好、最多的种类。土壤pH值在6.5以下。例如杜鹃花、乌饭树、山茶、油茶、马尾松、石南、油桐、吊钟花、马醉木、栀子花、大多数棕榈科植物、红松、印度橡皮树等，种类极多。

（二）中性土植物　在中性土壤上生长最佳的种类。土壤 pH 值在6.5～7.5之间。例如大多数的花草树木均属此类。

（三）碱性土植物　在呈或轻或重的碱性土上生长最好的种类。土壤 pH 值在7.5以上。例如柽柳、紫穗槐、沙棘、沙枣（桂香柳）、杠柳等。

在上述3类中，每类中的植物又因种类不同而有不同的适应性范围和特点，故有人又将植物对土壤酸碱性的反应按更严格的要求而分为5类，即：需酸植物（只能生长在强酸性土壤上，即使在中性土上亦会死亡），需酸耐碱植物（在强酸性土中生长良好，在弱碱性土上生长不良但不会死亡），需碱耐酸植物（在碱性土上生长最好，在酸性土上生长不良但不会死亡），需碱植物（只能生于碱土中，在酸性土中会死亡）及偏酸偏碱植物（既能生于酸性又能生于碱性土上，但是在中性土壤上却较少，如熊果，这类植物少见）。

二、依土壤中的含盐量而分的植物类型

我国海岸线很长，在沿海地区有相当大面积的盐碱土地区，在西北内陆干旱地区中在内陆湖附近以及地下水位过高处也有相当面积的盐碱化土壤，这些盐土、碱土以及各种盐化、碱化的土壤均统称为盐碱土。

盐土中通常含有 NaCl 及 Na_2SO_4，因为这两种盐类属中性盐，所以一般盐土的 pH 值属于中性土，其土壤结构未被破坏。碱土中通常含 Na_2CO_3 较多，或含 $NaHCO_3$ 较多，又有含 K_2CO_3 较多的，土壤结构被破坏，变坚硬，pH 值一般均在8.5以上。就我国而言，盐土面积很大，碱土面积较小。

依植物在盐碱土上生长发育的类型，可分为：

（一）喜盐植物

1. *旱生喜盐植物*　主要分布于内陆的干旱盐土地区。如乌苏里碱蓬、海蓬子等。

2. *湿生喜盐植物*　主要分布于沿海海滨地带。如盐蓬、老鼠筋等。

喜盐植物以不同的生理特性来适应盐土所形成的生境，对一般植物而言，土壤含盐量超过0.6%时即生长不良，但喜盐植物却可在1%，甚至在超过6% NaCl 浓度的土中生长。喜盐植物可以吸收大量可溶性盐类并积聚在体内，细胞的渗透压高达40～100个大气压，如黑果枸杞、梭梭等，这类植物对高浓度的盐分已成为其生理上的需要了。

（二）抗盐植物　亦有分布干旱地或湿地的种类。它们的根细胞膜对盐类的透性很小，所以很少吸收土壤中的盐类，其细胞的高渗透压不是由于体内的盐类而是由于体内含有较多的有机酸、氨基酸和糖类所形成的，如田菁、盐地风毛菊等。

（三）耐盐植物　亦有分布于干旱地区和湿地的类型。它们能从土壤中吸收盐分，但并不在体内积累而是将多余的盐分经茎、叶上的盐腺排出体外，即有泌盐作用。例如柽柳、大米草、二色补血草以及红树等。

（四）碱土植物　能适应 pH 达8.5以上和物理性质极差的土壤条件，如一些藜科、苋科等植物。

从园林绿化建设来讲，在不同程度的盐碱土地区，较习用的耐盐碱树种有：柽柳、白榆、加拿大杨、小叶杨、食盐树、桑、杞柳、旱柳、枸杞、楝树、臭椿、刺槐、紫穗槐、白

刺花、黑松、皂荚、槐、美国白蜡、白蜡、杜梨、桂香柳、乌桕、杜梨、合欢、枣、复叶槭、杏、钻天杨、胡杨、君迁子、侧柏、黑松等。

三、依对土壤肥力的要求而分的植物类型

绝大多数植物均喜生于深厚肥沃而适当湿润的土壤，但从绿化来考虑需选择出耐瘠薄土地的树种，特称为瘠土树种，例如马尾松、油松、构树、木麻黄、牡荆、酸枣、小檗、小叶鼠李、金老梅、锦鸡儿等。与此相对的有喜肥树种如梧桐、胡桃等多种树种。

四、沙生植物

能适应沙漠半沙漠地带的植物，具有耐干旱贫瘠、耐沙埋、抗日晒、抗寒耐热、易生不定根、不定芽等特点。如沙竹、沙柳、黄柳、骆驼刺、沙冬青等。

第六节 地形地势因子

一、海拔高度

海拔由低至高则温度渐低，相对湿度渐高，光照渐强，紫外光线含量增加，这些现象以山地地区更为明显，因而会影响植物的生长与分布。山地的土壤随着海拔的增高，温度渐低湿度增加，有机质分解渐缓，淋溶和灰化作用加强，因此 pH 值渐低。由于各方面因子的变化，对于植物个体而言，生长在高山上的树木与生长在低海拔的同种个体相比较，则有植株高度变低、节间变短、叶的排列变密等变化。至于海拔不同与树种的垂直分布关系，将在第八节中叙述。

二、坡向方位

不同方位山坡的气候因子有很大差异，例如山南坡光照强，土温、气温高，土壤较干，而山的北坡则正相反。在北方，由于降水量少，所以土壤的水分状况对植物生长影响极大，因而在北坡可以生长乔木，植被繁茂，甚至一些喜光树种亦生于阴坡或半阴坡；在南坡由于水分状况差，所以仅能生长一些耐旱的灌木和草本植物，但是在雨量充沛的南方则阳坡的植被就非常繁茂了。此外，不同的坡向对植物冻害、旱害等亦有很大影响。

三、地势变化

地势的陡峭起伏、坡度的缓急等，不但会形成小气候的变化而且对水土的流失与积聚都有影响，因此可直接或间接地影响到树木的生长和分布。

坡度通常分为 6 级，即平坦地 $<5°$，缓坡为 $6°\sim15°$，中坡为 $16°\sim25°$，陡坡为 $26°\sim35°$，急坡为 $36°\sim45°$，险坡为 $45°$以上。在坡面上水流的速度是与坡度及坡长成正比，而流速愈大、径流量愈大时，冲刷掉的土壤量也愈大。

山谷的宽、狭与深浅以及走向变化也能影响植物的生长状况。

第七节　生物因子

在植物生存的环境中，尚存在许多其他生物，如各种低等、高等动物，它们与植物间是有着各种或大或小的、直接或间接的相互影响，而在植物与植物间也存在着错综复杂的相互影响。

动物方面，为大家所熟知的例子是达尔文早在1837年和1881年发表论文中所指出的有关蚯蚓活动的影响。他指出在当地一年中，每一公顷面积上由于蚯蚓的活动所运到地表的土壤平均达15t。这就显著地改善了土壤的肥力，增加了钙质，从而影响着植物的生长。土壤中的其他无脊椎动物以及地面上的昆虫等均对植物的生长有一定的影响。例如有些象鼻虫等可使豆科植物的种子几乎全部毁坏而无法萌芽，从而影响该种植物的繁衍。许多高等动物，如鸟类、单食性的兽类等亦可对树木的生长起很大影响。例如很多鸟类对散布种子有利，但有的鸟却因可以吃掉大量的嫩芽而损害树木的生长。松鼠可吃掉大量的种子；兔、野猪等每年都可吃掉大量的幼苗或嫩枝。松毛虫在短期内能将成片的松林针叶吃光。当然，有益动物亦为植物带来许多有利的作用，如传粉、传播种子以及起到害虫天敌的生防作用等。

植物方面，互相的影响更是密切，例如植物受真菌的寄生而患病甚至死亡。高等的寄生植物如菟丝子可使大豆大大减产，槲寄生、桑寄生会使寄主生势逐渐衰弱。附生植物一般言之对附主影响不太大，但有些附生植物却可成为绞杀植物使附主死亡，例如热带雨林中的绞杀榕、鸭脚木(*Schefflera*)等。植物之间的共生现象是对双方有利的，例如豆科植物的根瘤以及罗汉松、木麻黄、胡颓子、沙棘、赤杨、杨梅等的根瘤。许多具有挥发性分泌物质的植物可以影响附近植物的生长，例如将苹果种在胡桃树附近则苹果会受到胡桃叶分泌出核桃醌的影响而发生毒害；但将皂荚、白蜡树、驳骨丹(*Buddleia asiatica*)种在一起，就会产生促进生长速度的影响。又自然界中发现的连理枝现象则可谓植物间的机械损伤与愈合现象。此外，在树林中发生的根部自然嫁接愈合现象，以及植物群落的形成与演替发展等亦均是植物种本身及植物种之间的直接、间接互相影响，以及外界的综合作用所致。

第八节　植物的垂直分布与水平分布

一、垂直分布

这是指在山区由于海拔高度的变化而形成不同的植物分布带而言。从低海拔处向高海拔处上升，每升高100m，年平均温度约下降0.6℃，而相对湿度却有增加。垂直分布的模式是从热带雨林过渡到阔叶常绿树带、阔叶落叶树带、针叶树带、灌木带、高山草原带、高山冻原带直至雪线(图3-1)。

一般言之，除了热带的高山以外，极难见到全部各带的垂直分布，普通只能见到少数的几带，现在以我国西部某地的植被垂直分布状况为例，如图3-2。

二、水平分布

植物的水平分布主要是受纬度、经度的气候带的影响，而地形及土壤因子亦起着一定的

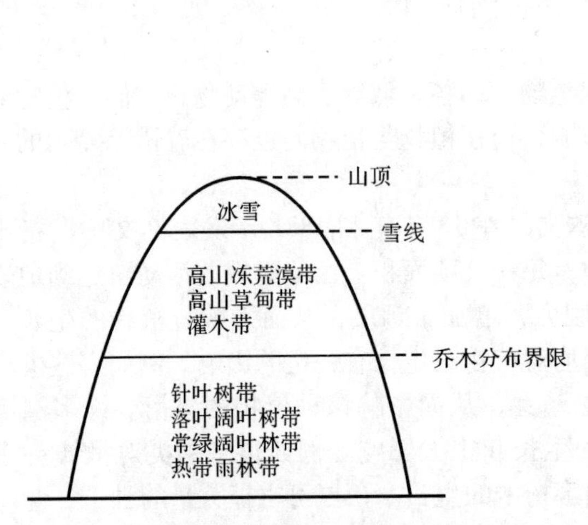

图 3-1 植物垂直分布模式图

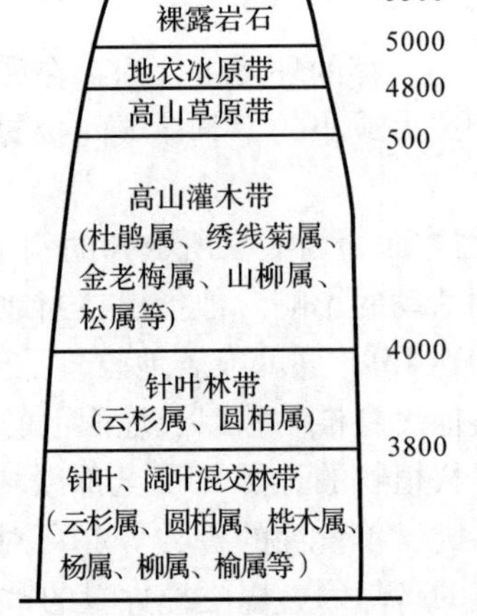

图 3-2 中国西部某地植物垂直分布图

作用。气候带的基本状况是自赤道向两极，热量随纬度的提高而渐减，并依经线的方向距离海洋愈远时，则由海洋性气候渐变为大陆性气候，植物就受这种变化的影响而形成自然的水平分布带。这种分布的状况可用模式图表示如下(图 3-3)。

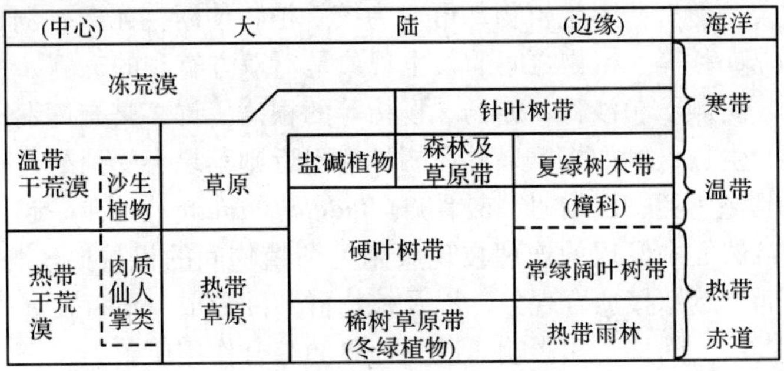

(中心)		大	陆		(边缘)	海洋
冻荒漠				针叶树带		寒带
温带干荒漠	沙生植物	草原	盐碱植物	森林及草原带	夏绿树木带	温带
			硬叶树带		(樟科)	
热带干荒漠	肉质仙人掌类	热带草原			常绿阔叶树带	热带
			稀树草原带(冬绿植物)		热带雨林	赤道

图 3-3 植物水平分布模式图

在热带靠近海洋处的炎热多湿气候，特别有利于常绿的中生形态结构的树木和耐荫性的湿生形态树木的发展，故形成热带雨林及阔叶常绿树带。从海边向大陆深处，空气湿度渐减，出现了明显的旱季与雨季的季节性变化，故形成具有中生、旱生形态结构的硬叶植物和冬绿植物的稀树草原带；再向大陆腹部深入，则因降水量愈益减少，树木不能生长，只能生长草本植物的热带草原地带；继续向大陆中心深入，水分极少，由于气候非常干燥，所以只有具旱生形态的植物稀疏地生长在酷热的沙漠之中，形成有仙人掌肉质植物的分布带；在大陆中心因极度干燥酷热而形成热带干荒漠了。

在温带的沿海地区，仍有阔叶常绿树带(以樟科植物作典型代表)；渐向大陆中心则有具旱生形态的硬叶树木及干草原以至温带的干荒漠植物了。在温带纬度较高的地区，在近海处有夏绿树及盐碱土植物的分布，向大陆中心则经森林草原、草原以至温带荒漠。

在寒带的近海处，有夏绿树和针叶树的分布，向大陆中心则渐变为草原及荒漠。在寒带的高纬度地区则仅稀疏地生长着苔原小灌木和苔藓、地衣等植物，形成冻荒漠带。

以上仅是水平分布规律概括性的模式，实际上，由于河湖、土壤、地形地势等的种种变化，会使树木的水平分布情况比模式所显示的要复杂得多。例如，以我国中部地区而言，在近海地带是温带、夏绿林带及草地带呈不规则的楔状嵌入分布；略向西进则为亚高山针叶林带及局部的草原、草地带。在我国西部，则为高原草地灌丛带、干荒漠及半荒漠带和高原冻荒漠带呈犬牙交错状分布。

此外，若就某个植物种的自然分布而言，它是依该种的生长发育特性及其对综合环境因子的适应关系而形成该种的垂直分布和水平分布区的。各种植物生长分布的状况，除了生态方面的作用外，尚受地史变迁、种的历史发展以及人类生产活动的巨大影响。因此不同的种类，其分布区的大小，分布的中心地区，以及分布的方式(如连续的分布区或间断的分布区)等，均有其各自的特点。

园林工作者在不同气候区对大面积地形复杂区域进行绿化时必须掌握上述总的规律作为基础。

第九节　城市环境概述

在同一地理位置上的城市或居民区的环境条件与其周围的自然环境条件相比，是有很大变化的，因此在进行园林绿化建设时必须根据城市环境的特殊情况加以考虑。

一、城市气候

(一)城市的下垫面　城市的下垫面与具较疏松湿润的土壤、且多有植物覆盖的农村下垫面相比，有很大的不同，多数是水泥或沥青铺装的街道广场和由疏密相间、高低错落的建筑群形成的屋顶和墙面。建筑密度大的地方，仅少部分直射光能照到地面。由于城市下垫面的这种特性，会引起气团的变化，进而影响城市气候。从光能利用来说，发展屋顶花园和构筑物、墙面的绿化有广阔的天地。从地面来讲，反射、漫射光较丰富。

(二)微尘与细菌

1. 微尘　所谓微尘是指空气中一切飘浮的和污染空气的微粒。通常分为习称的离子与核。

(1)离子　城市空气中所习称的离子，不是一般物理学上的离子，而是指比半径 10^{-8}cm 较大的微粒。离子按其大小，可分为轻离子、中离子、重离子及超重离子。

(2)核　按大小可分为小核、大核及巨型核(尘埃，半径约为 10^{-3}cm)，由于能源燃烧而产生 $10^{-7} \sim 10^{-5}$cm 大小的原核。地表物质的破坏也产生核，其中 $10^{-2} \sim 10^{-5}$cm 大小的尘粒，会因车辆开过而产生的风带起而飞扬于空中，进而可能由小核、原核与同样大小或较大的核相结合而成凝结核。居住区上空多凝结核和原核。半径愈小的尘埃沉降愈慢，久停于空中，飘距也远，城市对大气候影响也就越广。

由轻离子和重凝结核相结合而产生重离子。城市空气与农村地区空气(轻离子占优势，凝结核很少)相比以重离子占优势。重离子占的部分越大，能见度就越差，反之则越好。

不同类型地区的凝结核的含量不同。大城市空气中凝结核最多；而海洋和 2000m 高山最少。城市大气凝结核浓度的日变化与其他工作日相比，有很大差异。据柏林和英国一些城市观测，工作日最大值在8：00和18：00~22：00之间。煤烟含量与天气有关。雨前和降雨时比雨后多。暴雨时核量急剧下降。久雨天气核量不大，空气污染适中。在刮风时，城市空气煤烟含量减少，但下风方向含量增加。在明朗的夏天，因对流大，含核量有很大变化。夏天从18：00开始，因风力减弱，市内交通增多以及回流影响(气团下降，污染空气从上部返回原来位置)，凝结核浓度增加。

(3)微尘的垂直分布　据国外资料可分为3层。近地面的空气层含尘量达最大值；22m高的屋顶上层，因房屋的烟囱把微尘吹到这一层。50~60m高处，是工厂烟囱烟气污染层。离开空气层往上，微尘急剧下降。

在冬季，城市上空的烟雾降至很低，但厚度可达2000m，因此烟雾可飘移到离城很远的地方去。

2. 细菌　因细菌是凝结的核心，因此不仅属公共卫生范围，与气象学也有关。城市空气中细菌含量据巴黎的一次测定1m³空气中细菌含量(表3-1)。

表3-1　巴黎城乡每立方米空气中细菌含量

地　区	冬天平均数	夏天平均数	年平均数
农　村	190	550	345
城　市	3250	6550	4790

从上表可知，细菌最小量在冬天，最大量在夏天。从总体上看，城市细菌量均远高于农村地区。这是城市空气的另一特点。据法国里昂市空气中细菌日变化测定，从7:00~19:00细菌是由少到多的。

(三)城市空气的气体成分　城市空气中除含一般干洁空气的组成(一定比例的氮、氧、氢、二氧化碳和臭氧、氦、氖、氪、氙等)外，还有些其他污染物；它们可能呈气态、雾态或液态(高浓度的盐或酸雨滴)、固态。其中有害气体主要来源工业、汽车发动机的尾气和居民的供热系统。主要含有二氧化硫(SO_2)、氟化氢(HF)、氯气(Cl_2)、氯化氢(HCl)、光化学污染[臭氧(O_3)、二氧化氮(NO_2)、乙醛、过氧酰基硝酸酯]一氧化碳、二氧化碳等。超过一定浓度的有害气体和悬浮微粒(以致细菌)改变了城市空气的性质。不仅影响城市气候的形成且对人体和树木有害。(参见第四节)

(四)城市雾障　由于城市空气中的微尘、煤烟微粒及各种有害气体，它们的数量决定烟雾的厚度、高度和浑浊度，从远处看城市，其上空被灰黑色雾障所笼罩。这种雾障只有在大风时有可能吹散和在大雨后暂时变得稀薄些。冬天城市上空烟雾降得很低，使大气能见度降低更甚。以煤为主作生产、生活能源的城市，冬季城市上空呈灰黑色。在形成逆温层时，不利于毒气扩散，易造成严重危害。由于上述原因，城市云量增加，阴天日数多，降大雨多，冰雹少；降雪少或多(因城而异)。同时使城市太阳辐射发生改变(特别是紫外线)。城市里太阳辐射强度减弱，太阳光经雾障后，减为原有能量的3/5，大城市减弱还要多些，城市日照持续时间减少。

(五)城市气候的特点　高度密集的人口，在一个有限地区进行生产和生活的结果，使集中的能量放出大量的热。城市雾障虽减弱了太阳辐射，但并未减少城市的热量。城市下垫面的热容量大，蓄热较多。雾障反而使城市下垫面吸收累积和反射的热量以及生产、生活能源释放的热量不易得到扩散。这是城市产生“热岛”效应和减少了昼夜温差的主要原因。此外，城市有建筑物的交叉辐射，阻碍风的吹入，两个表面(屋面与路面)的存在，虽减少了深处的太阳辐射传播，但能较多地吸收热量，在日落后仍继续增温。尤其夏日傍晚，天气由晴转阴时和夜间更显得闷热。城市所降的雨，大部为下水道排走；蒸发量又大，湿度小，使城市非雨季的夏日显得燥热。冬、春季较温暖，树木物候较早。

由于城市下垫面的固定因素和能源集中，因雾障而使热量不易扩散，形成城市气候有以下特点：①气温较高；②空气湿度低并多雾；③云多、降雨多；④形成城市风；⑤太阳辐射强度减弱；⑥日照持续时间减少。

二、城市的水和土壤

(一)城市水系与水体污染

1. 城市水系　在城市规划和修建中，多利用自然江、河、湖、海等自然水体；许多城市沿江、河、湖、海建设。城市的有些部分(市中心、休疗养场所，工业区)常趋向建在水体附近，主要街道也常沿水体建设。缺少自然水体的城市，多建水库，挖人工运河或挖湖蓄水(如北京西郊颐和园的昆明湖和市内的三海)。有的利用河道作排水用，但在汛期也可能发生倒灌(如南宁市)。工业废水的排放，引起水体污染。城市水系对城市湿度、温度及土壤均有相当影响。

2. 水体污染　污染物进入水中，其含量超过水的自净能力时，引起水质变坏，用途受到影响，称为水体污染。水体污染，有的可以从水色、气味、清澈度、某些生物的减少或死亡、另一些生物的出现或骤增上直观地察觉到，而有的需借助于仪器观测分析才能查觉。

水体污染源大致有工矿废水、农药和生活污水等三大方面。这些废污水中污染物质很多，包括：①有毒物质：如镉、铜、铅、铬、汞、砷等重金属离子、氰化物、有机磷、有机氯、游离氯、酚、氨等；②油类物质；③发酵性的有机物耗溶氧并分解出甲烷等腐臭气体和亚硫酸盐、硫化物等；④酸、碱、盐类无机物；⑤“富营养化”污染；造纸、皮革、肉类加工、炼油等工业废水、生活污水、化肥等，使藻类大量繁殖，耗溶氧，从而影响鱼类生存；⑥热污染：工厂冷却水；⑦含色、臭味的废水；⑧病原微生物污水(医院及生物制品、制革、屠宰等废水、生活污水)；⑨放射性物质(原子能工业、同位素应用产生之污水)等。当以上物质超过一定的临界浓度即会引起水体污染。水污染物随水流运送到远处，有些也能随蒸发被风带入大气。

污染水可直接毒害动、植物和人，或积累在动、植物体中，经食物链危害人体健康。也可流入土壤，改变土壤结构，影响植物生长，转而影响到人、畜。有些污水流经一定距离后，在某些微生物转化下而自净或经水生植物的吸收富集、或分解和转化毒物而净化。有些经处理过的污水在不超出土壤及作物自净能力的原则下，可用于灌溉。

(二)城市土壤与污染

1. 城市的土壤变化　城市建设和人的生产、生活活动，改变了原有土类。因市政工程施工需挖方、填方，造成土壤养分差别。因碾压、夯实、铺装路面以及行人踩踏等，影响土壤通气。由于人多，对中国城市土壤通气来说是一个带普遍性的问题。地下管道(热力、煤气)供热和漏气影响土温和土壤空气成分。临近大水体的城市要考虑地下水影响问题。由于现代化生产和生活需大量用水和城市下垫面多铺装，使雨水渗入不多，而使城市地下水呈漏斗形下降；有的造成地面沉降；也有的城市，排水系统不佳，暴雨之后，部分地区造成水淹(如20世纪50年代的南京市)。由于建筑施工，造成建筑垃圾(灰沙残渣、木片、弯钉断铁，碎玻璃以及各种废物)，如果管理上不合理，就坑填平不清理，会给以后绿化造成困难。此外，战争、大地震等造成砖头、瓦块等侵入体，对老城土壤也有很大影响。新建的城区，仅土壤表层受影响较大，中下层一般为原农田土，对树木生长有利。国外建筑施工后，地表土铲去30cm左右一层，运好土填上。

2. 土壤污染 城市的现代工业发展和能源种类造成的污染沉降物和有毒气体，随雨水进入土壤。当土壤中的有害物含量超过土壤的自净能力时，就发生土壤污染。大气污染的沉降物(或随降水)、污染水、残留量高且残留期长的化学农药、特异性除莠剂、重金属元素以及放射性物质等都会造成土壤污染。

土壤中有些有毒物质(如砷、镉、过量的铜和锌)能直接影响植物生长和发育，或在体内积累。有些污染物引起土壤pH的变化，如二氧化硫随降雨形成"酸雨"使土壤酸化，使氮不能转化为供植物吸收的硝酸盐或铵盐；使磷酸盐变成难溶性的沉淀；使铁转化为不溶性的铁盐，从而影响植物生长。碱性粉尘(如水泥粉尘)能使土壤碱化，使植物吸水和养分变得困难或引起缺绿症。

土壤污染后，破坏土中微生物系统的自然生态平衡，还会引起病菌的大量繁衍和传播，造成疾病蔓延。土被长期污染，结构破坏，土质变坏，土壤微生物活动受抑制或破坏，肥力渐降或盐碱化，甚至成为不能生长植物的不毛之地。

有些污染物(特别是氟化物、重金属污染物)能被土壤吸持积累。不仅直接影响植物生长发育，并在体内积累经食物链危害人畜。

土壤污染的显著特点是具有持续性，而且往往难以采取大规模的消除措施。如某些有机氯农药在土中自然分解需几十年。日本神岗矿山，在二次世界大战时开采铅锌矿，排放含镉废水，50年代采取废水治理措施后，含镉已很少，但事隔几十年，该地区骨疼病人反而增多。原因是被土壤吸持积累，转移到稻米中，经长期食用在人体内蓄积而造成。

以上是城市环境的一般情况，具体到每个城市还应考虑城市性质及其自然条件等特点。

3. 土壤透气性与紧实度

(1)土壤透气性 由于中国人多，城市街道及游览区的游人集中地和川流地，土壤因踩踏或铺装，尤其造成地表坚实，不利或隔绝土中气体与大气间的交换，造成缺氧，影响根系生长与土壤营养变劣。表面无铺装的土壤通气比有铺装的稍好，雨水仍可渗入。铺装又因材料和接合方式不同，影响程度不同。以中国传统的青砖(尤以倒梯形砖)为最好，较有利透气，能吸水，保持地表温度稳定等优点，唯一缺点是不耐磨损。水泥预制块粘合铺装，不透气，不渗水、地表温差大，常引起树木早衰。

(2)土壤坚实度 由于人流践踏，尤其是市政施工的碾压等造成坚实度很高的土壤，栽植几年后，影响树木根系向穴外穿透与生长，造成树木早衰，变为"小老树"，甚至死亡。一条行道树，在苗圃多年培育过程中，经多次分级，定植时的大小差别不大，坑穴规格相同，管理相同；但十多年后就会出现分化，表现为不整齐。这是由于穴外土壤坚实度的差异所引起的。如在分车带中种植根系需氧性较高的油松和白皮松，依树池的宽窄决定维持正常生长的年限，如不及时采取措施，就可能提早衰亡。有的还会造成雨季穴内积水，经日晒增温引起烂根而死亡。

（3）土壤含盐碱量　海滨城和盐碱土地区的城市较为突出，与地下水高低有关。另外因融雪喷洒的盐水和厕所渗漏引起含盐量过高，影响树木生长不良与死亡。

（4）挖方与填方　由于市政建设需将某些土岗等堆平，造成挖方为未熟化之土壤，影响树木生长。这样的地段在新植树时，也应单独划出。选用耐瘠薄树种和配合相应的改土和养护措施。填方，要看具体填的是什么土。填入表土，对树木生长有利；如果填的是其他土（如挖人防、地下铁道、城市建筑或生活垃圾）对生长可能就有不利影响，应具体分析。

三、建筑方位和组合

城市中由于建筑的大量存在，形成特有的小气候。对以光为主导的诸因子起重新分配作用；其作用大小以建筑物大小、高低而异。建筑物能影响空气流通，但具体有迎风、挡风、穿堂风之分。其生态条件因建筑方位和组合而不同。现以单体建筑各方位分析如下：

单体建筑由于建筑物的存在，形成东、西、南、北 4 个垂直方位和屋顶。在北回归线以北地区绝大多数坐北朝南的方形建筑，4 个垂直方位改变了以光照为主的生态条件。这 4 个方位与山地不同坡向既相似又有不同。主要是下垫面为呈垂直角的 2 个砖砌或水泥面，反射光显著，局部地段光随季节和日变化较大。

（一）东面　一天有数小时光照，约 15：00 后即成为庇荫地，光照强度不大，不会有过量的情况，比较柔和，适合一般树木。

（二）南面　白天全天几乎都有直射光，反射光也多，墙面辐射热也大，加上背风，空气不甚流通，温度高，生长季延长，春季物候早，冬季楼前土壤冻结晚，早春化冻早，形成特殊小气候，适于喜光和暖地的边缘树种。

（三）西面　与东面相反，上午以前为庇荫地，下午形成西晒，尤以夏日为甚。光照时间虽短，但强度大，变化剧烈。西晒墙吸收累积热大，空气湿度小。适选耐燥热、不怕日灼的树木。

（四）北面　背阴，其范围随纬度、太阳高度角而变化。以漫射光为主；夏日午后傍晚有少量直射光。温度较低，相对湿度较大，风大，冬冷，北方易积雪和土壤冻结期长。适选耐寒、耐荫树种。

由于单体建筑因地区和习惯，朝向不同，高矮不同，建筑材料色泽不同，以及周围环境不同，生态条件也有变化。一般建筑愈高，对周围的影响愈大。

城市建筑群的组合形式多样，有行列式的，有四合院式的等。由于组合方式、高矮的不同，对不同方位的生态条件有一定影响。如四合院式，可使向阳处更温暖；大型住宅楼，多按同向并呈行列式设置，如果与当地主风相一致或近于平行，楼间的风势多有加强。尤其是南北走向的街道，由于两侧列式建筑形成长长的通道，使“穿堂风”更大。东西走向的街道，建筑愈高，楼北阴影区就愈大；在寒冷的北方地区，带状阴影区更阴冷或会长期积有冰雪，甚至影响到两边行道树，应选用不同的树种。

四、空气污染区

整个城市(尤其是工业城)或多或少都有污染。但对树木影响较显著的主要集中在有严重污染源的附近区域。其区域大小决定严重污染源的多少、气体扩散性质。以一个工厂排放污染毒气而论，可能是单一的，也可能复合污染(尤其是合成化工厂)。所以要了解工厂生产的工艺流程，外泄有害气体的种类与性质，排放特点(阵发性及其次数、持续性)。应定期测定污染源不同方位、不同距离以及不同地形或地物影响下的地段，有害气体种类与浓度，以及水、土污染状况。尤其应以当地的风向(主风、季节风)确定污染影响范围(往往影响到厂外)。访问建厂前后不同地段植物种类与演变和现有树木等的生长状况及受害状态、方位、症状、程度，以便分别选用(或先作现场试验)抗耐性较强的树种。

城市环境较自然环境更为复杂，除较空旷处主要考虑土壤条件外，多需从地上环境(地物及其形成的小气候)和地下环境(包括管道等)两方面来加以分析。两方面对树木的影响都较大时(如街道环境，尤其是土壤与大气都有严重污染的地段)，除选择适合地上环境的树种外，往往只能采取改土的办法。

综上所述，城市的栽植环境是极其多样复杂的；既有自然形成的，又有人工造成或受干扰影响的。对重点地区，需行精细的种植设计，在按主导因子划分立地类型时，更应注意局部小环境(如小地形、小气候等)的影响来考虑树种的选择和栽培养护管理措施。

第四章　园林树木群体及其生长发育规律

第一节　植物群体的概念及其在园林建设中的意义

“植物群体”是生长在一起的植物集体。按其形成和发展中与人类栽培活动的关系来讲，可分为两类：一类是植物自然形成的，称为自然群体或植物群落；另一类是人工形成的，称为人为群体或栽培群体。

自然群体(植物群落)是由生长在一定地区内，并适应于该区域环境综合因子的许多互有影响的植物个体所组成，它有一定的组成结构和外貌，它是依历史的发展而演变的。在环境因子不同的地区，植物群体的组成成分、结构关系、外貌及其演变发展过程等就都有所不同。一个植物群体应被视为与该地区各种条件密切相关的植物整体，它的发生、发展与该地区的环境因子、各种植物种本身的习性及各植物体间的相互关系等综合影响有着极其密切的关系。

栽培群体是完全由人类的栽培活动而创造的。它的发生、发展总规律虽然与自然群体相同，但是它的形成与发展的具体过程、方向和结果，都受人的栽培管理活动所支配。

在自然界中，到处都可以见到自然植物群体，例如在高山及纬度较高地区的针叶林和针、阔叶混交林，在沙漠地区的旱生植物群落和在低湿地区的沼泽植物群落等。

在园林中，有各种树丛、防护林、林荫道、绿篱，以及苗圃中的苗木、公园中的花坛、花境、草坪等，这些都是栽培群体。在园林建设工作中，为了充分发挥园林绿化的多种功能，保证园林植物能按照人们的目的要求来充分发挥其作用，则必须深入掌握园林植物群体的发展规律。

群体虽然是由个体所组成，但其发展规律却不能完全以个体的规律来代替。至今，对群体的研究工作尚很不够，尤其是在园林中的人工群体研究方面更是如此。本章仅对此作一概括性的介绍。

第二节　植物的生活型和生态型

一、植物的生活型

生活型是植物对所在环境综合条件长期适应而表现在外貌上的类型。它是植物体与环境间某种程度上统一性的反映。生活型与分类学中的分类单位无关，例如同为蔷薇科植物，有的是乔木生活型，有的是灌木或藤本等不同的生活型。反之，亲缘关系很远的不同科的植物却可以表现为相同的生活型。具有相同生活型的各种植物，表示它们对环境的适应途径和方式是相同的。

丹麦生态学家饶基耶尔(Raunkier)将高等植物分为五个大的生活型类群，即高位芽植物、地上芽植物、地面芽植物、隐芽植物及一年生植物；然后在各类群中再依植物的高度、有无芽鳞、落叶或常绿、草本或木本、旱生形态与肉质等特征而再细分。其后，瑞士学者布镜-布郎喀(Brau-Blanquet)又提出一个系统；本文则将两者综合概括为一个大体系如下：

(一)树上的附生植物

(二)高位芽植物(依高度可分四型，各型的范围不变)

1. 常绿的、裸芽的

(1)大高位芽植物(巨型：即高30m以上)。

(2)中高位芽植物(中型：即高8～30m)。

(3)小高位芽植物(小型：即高2～8m)。

(4)矮高位芽植物(矮型：即高0.25～2m)。

2. 常绿的、鳞芽的(芽具保护的)

(5)大高位芽植物(巨型)。

(6)中高位芽植物(中型)。

(7)小高位芽植物(小型)。

(8)矮高位芽植物(矮型)。

3. 落叶的、裸芽的

(9)大高位芽植物(巨型)。

(10)中高位芽植物(中型)。

(11)小高位芽植物(小型)。

(12)矮高位芽植物(矮型)。

4. 落叶的、鳞芽的(芽具保护的)

(13)大高位芽植物(巨型)。

(14)中高位芽植物(中型)。

(15)小高位芽植物(小型)。

(16)矮高位芽植物(矮型)。

5. 攀援藤本的

(17)常绿藤本高位芽植物。

(18)落叶藤本高位芽植物。

6. 肉茎(多浆汁)的

(19)肉茎高位芽植物。

7. 草质茎的

(20)多年生草本高位芽植物。

(三)地上芽植物

1. 亚灌木地上芽植物

2. 蔓生的灌木和亚灌木地上芽植物

3. 禾本型地上芽植物

4. 泥炭藓型地上芽植物

5. 垫状地上芽植物

6. 肉叶地上芽植物(肉叶植物)

7. 匍匐地上芽植物

8. 地衣地上芽植物(枝状地衣)

9. 匍匐苔藓地上芽植物

(四)地面芽植物 在对植物的不利季节，植物体的上部一直死亡到土壤水平面上，仅有被死地被物或土壤保护的植物体的下部仍然存活并在地面处有芽。

1. 叶状体地面芽植物 包括固着的藻类(生于地面上、树皮上或岩石上)、壳状地衣及叶状体苔藓植物。

2. 生根的地面芽植物 包括莲座状及半莲座状地面芽植物、直茎地面芽植物(具有带叶的茎)、草丛地面植物、攀援爬行地面植物。

(五)地下芽植物 在恶劣环境下以埋在土表以下的芽渡过不利环境。

1. 真地下芽的

(1)根茎地下芽植物。

(2)块茎地下芽植物。

(3)块根地下芽植物。

(4)鳞茎地下芽植物。

(5)球茎地下芽植物。

(6)根地下芽植物。

2. 其他地下芽的

(7)寄生的地下芽植物(根寄生)。

(8)真菌地下芽植物：包括根菌(子实体在地下)、气生菌(子实体在地上)。

(六)水生植物

1. 生根水生植物 包括水生地下芽植物、水生地面芽植物、水生一年生植物。

2. 固着水生植物 包括苔类、藓类、藻类、真菌。

3. 漂浮水生植物

(七)一年生植物 是以种子的形式渡过恶劣环境的。

1. 一年生种子植物 包括匍匐一年生植物、攀援一年生植物、直立一年生植物。

2. 蕨类一年生植物

3. 苔藓一年生植物

4. 叶状体一年生植物(黏菌和霉菌)

(八)内生植物

1. 动物体内植物 生活在动物体内的微生物，往往是病原性的。

2. 植物体内植物 生活在植物体内的植物。

3. 石内植物 生活在岩石里的地衣、藻类、菌类。

(九)土壤微生物

1. 好气性土壤微生物

2. 嫌气性土壤微生物

(十)浮游植物

1. 大气浮游植物

2. 水中浮游植物

3. 冰雪浮游植物

二、植物的生态型

瑞典生物学家杜尔松(Turesson)认为，生态型是“一个种对某一特定生境发生基因型反应的产物”。换言之，生态型是同一种植物由于长期适应不同环境而发生的变异性和分化性的个体群，这些个体群在形态、生态特征和生理特性上均有稳定性并有遗传性。一个植物种，分布区愈广，就常具有较多的生态型。不同生态型间的区别是否明显，则视其生境的变化是否具有连续性以及授粉方式而异。如果生境变化大而且不连续，授粉方式不是异花授粉和风媒花，而是自花授粉的种类，则其不同生态型间的区别就明显，否则就不太明显而不易被区别开来。同一个植物种的不同生态型，即使种植在同一环境中时，仍能保持一定的形态、生态和生理、遗传上的特征；当然，若经长期的、多世代的生长在同一环境内，则这些区别特征会变小以致消失。

生态型根据其所以形成的主要影响因子，可分为：

(一)气候生态型 即同一个种，长期受不同气候的影响而形成不同的生态型。

(二)土壤生态型

(三)生物生态型

优秀的园林工作者不但能培育和栽培好不同的生态型植物，而且应善于应用不同生态型的植物去创造出不同的、丰富多采的园林景色，取得非凡的园林艺术效果。

第三节 植物群体的组成结构

一、自然群体的组成结构

各种自然群体均由一定的植物所组成，并有其形貌上的特征。

(一)群体的组成成分 群体是由不同的植物种类(成分)所组成，但各个种类在数量上并不是均等的，在群体中那种数量最多或数量虽不太多但所占面积却最大的主要成分，即称为“优势种”。优势种可以是一种或一种以上(有的生态学家称为“建群种”)。优势种是本群体的主导者，对群体的影响最大。

(二)群体的外貌

1. 优势种的生活型 群体的外貌主要取决于优势种的生活型。例如一片针叶树群体，其优势种为云杉时，则群体的外形呈现尖峭突立的林冠线，若优势种为偃柏时，则形成一片贴伏地面的、低矮的、宛如波涛起伏的外貌。

2. 密度 群体中植物个体的疏密程度与群体的外貌有着密切的关系。例如，稀疏的松林与浓郁的松林有着不同的外貌。此外，具有不同优势种的群体，其所能达到的最大密度也极不相同，例如沙漠中的一些植物群落常表现为极稀疏的外貌，而竹林则呈浓密的丛聚外貌。

群体的“疏密度”一般均用单位面积上的株数来表示。与“疏密度”有一定关系的是树冠的“郁闭度”和草本植物的“覆盖度”，它们均可用“十分法”来表示。以树木而论，树林中完全不见天日者为10，树冠遮荫面积与露天面积相等者为5，其余则依次按比例类推。

3. *种类的多寡*　群体中种类的多少，对其外貌有很大的影响。例如单纯一种树木的林丛常形成高度一致的线条，而如果是多种树木生长在一起时，则无论在群体的立面上或平面上的轮廓、线条，都可有不同的变化。

4. *色相*　各种群体所具有的色彩形相称为色相。例如针叶林常呈蓝绿色，柳树林呈浅绿色，银白杨树林则呈碧绿与银光闪烁的色相。

5. *季相*　由于季节的不同，在同一地区所产生不同的群落形相就称为季相。例如春季在山旁、岸边到处可见堇菜、二月兰等蓝堇色的花朵，不久则蒲公英黄色的花朵布满各处，入夏则羊胡子草的新穗形成一片褐黄色浮于绿色的叶丛上，暮秋则银色的白茅迎风飞舞，即是在一年四季之中表现为不同的形、色。

以同一个群体而言，一年四季中由于优势种的物候变化以及相应的可能引起群体组成结构的某些变化，也都会使该群体呈现有季相的变化。

6. *植物生活期的长短*　由于优势种寿命长短的不同，亦可影响群体的外貌。例如多年生树种和一、二年生或短期生草本植物的多少，可以决定季相变化的大小。

7. *群体的分层现象*　各地区各种不同的植物群体，常有不同的垂直结构“层次”。“层次”少的如荒漠地区的植物通常只有一层；“层次”多的如热带雨林中常达六、七层以上。这种“层次”的形成是依植物种的高矮及不同的生态要求而形成的。除了地上部的分层现象外，在地下部，各种植物的根系分布深度也是有着分层现象的。

在热带雨林中，藤本植物和附生、寄生植物很多，它们不能自己直立而是依附于各层中的直立植物，不能自己独立地形成层次，这些就被称为“层间植物”或“填空植物”。

8. *层片*　“层片”与上述分层现象中的“层次”概念较易混淆。“层次”是指群体从结构的高低来划分的，即着重于形态方面，而“层片”则是着重于从生态学方面划分的。在一般情况下，按较大的生活型类群划分时，则层片与层次是相同的，即大高位芽植物层片即为乔木层，矮高位芽植物层片即为灌木层。但是，当按较细的生活型单位划分时，则层片与层次的内容就不同了，例如在常绿树与落叶树的混交群体中，从较细的生活型分类来讲，可分为常绿高位芽植物与落叶高位芽植物等2个层片，但从群体的形态结构高度来讲均属于垂直结构的第一层次，即二者属于同一层次。从植物与环境间的相互关系来讲，层片则更好地表明了其生态作用，因为落叶层片与常绿层片对其下层的植物及土壤的影响是不同的。由于层片的水平分布不同，在其下层常形成具有不同习性植物形成小块组群的镶嵌状的水平分布。

二、栽培群体的组成结构

栽培群体完全是人为创造的，其中有采用单纯种类的种植方式，亦有采用间作、套种或立体混交的各种配植方式；因此，其组成结构的类型是多种多样的。栽培群体所表现的形貌亦受组成成分、主要的植物种类、栽植的密度和方式等因子所制约。

第四节 植物群体的分类和命名

一、植物自然群体的分类和命名

(一)植物自然群体的分类 植物自然群体的分类是个非常复杂的问题，许多国家均有不同的分类法，现在尚没有大家一致公认的分类系统。

1969年联合国教科文组织曾以群体的外貌和结构为基础发表一个“世界植被分类提纲”。它将世界植被分为5个群系纲，即密林、疏林、密灌丛、矮灌丛和有关群落及草本植被。中国植被编辑委员会经过多年的工作，在1980年出版的《中国植被》一书中，对植被的分类采用了三级制，即高级单位为“植被型”，中级单位为“群系”，基本单位为“群丛”。又在每级单位之上，各设一个辅助单位，即植被型组、群系组、群丛组。此外，又可根据需要，在每级主要分类单位之下设亚级，如植被亚型、亚群系等。因此，其分类系统可简介如下：

植被型组：凡是建群种生活型相近而且群落的形态外貌相似的植物群落联合为植被型组。全中国的植被型组共计10个，其中除1个栽培植被型组外，其他9个型组为针叶林、阔叶林、竹林、灌丛及灌草丛、草原及稀树草原、荒漠(包括肉质刺灌丛)、冻原及高山植被、草甸和沼泽及水生植被。

植被型：是在植被型组内，把建群种生活型(1或2级)相同或近似而同时对水热条件生态关系一致的植物群落联合为植被型。全中国共分为29个植被型，例如在针叶林型组下可分为寒温性针叶林、温性针叶林、温性针阔叶混交林、暖性针叶林和热性针叶林等5型；在阔叶林型组下可分为落叶阔叶林、常绿与落叶阔叶混交林、常绿阔叶林、硬叶常绿阔叶林、季雨林、雨林、珊瑚岛常绿林和红树林等8型。

植被亚型：这是植被型的辅助或补充单位，是在植被型内根据优势层片或指示层片的差异进一步划分成为亚型的。例如在落叶阔叶林型中可分为3亚型，即典型的落叶阔叶林、山地杨桦林和河岸落叶阔叶林。

群系组：是根据建群种亲缘关系近似(同属或相近的属)、生活型(3或4级)近似或生境相近而分为群系组，但划入同一群系组的各群系，其生态特点一定是相似的。例如温性常绿针叶林亚型中，可分为温性松林、侧柏林等群系组。

群系：这是最重要的中级分类单位。凡是建群种或共建种相同(在热带或亚热带有时是标志种相同)的植物群落联合为群系。如辽东栎林、兴安落叶松林等。全国共划分了560余个群系。

亚群系：这是在生态幅度比较广的群系内的辅助单位，是根据次优势层片及其所反映的生境条件而划分的。但是对大多数群系来讲是无需划分亚群系的。

群丛组：这是将层片结构相似并且其优势层片与次优势层片的优势种或标志种相同的植物群落联合而称的。例如兴安落叶松林群系内又可分为兴安落叶松—杜鹃花群丛组。

群丛：这是植被分类的基本单位，是所有层片结构相同，各层片的优势种或标志种相同的植物群落联合为群丛。例如在兴安落叶松—杜鹃花群丛组中，可分为兴安落叶松—杜鹃花—越橘群丛和兴安落叶松—杜鹃花—红花鹿蹄草群丛。

(二)植物自然群体(植物群落)**的命名**　通常应用的命名法有2种，即：

1. 分层记载法　在命名时写出群体各层次优势种的名称，并在其间连以横线。如果同一层次中有几个优势种，则均应写出，但须在其间附以“+”号。例如樟子松(*Pinus*)—越橘(*Vaccinium*)—藓(*Pleurozium*)群落。

2. 简要记载法　在群体中选出2种优势种来代替该群体。当使用学名表示时，应在最重要的种类之后加字尾“-etum”，在另一种类后加“-osum”字尾。例如云杉-蕨类群落可写为Piceetum dryopterosum。

在一般应用上，多采用分层记载法，因为它可给人们以较明确的组成结构内容。

二、植物栽培群体的分类和命名

(一)植物栽培群体的分类　栽培群体又称为栽培植被。栽培群体的种类，由于经营目的不同而不同，即使目的相同，又因经营方式、自然条件、管理设备条件等而有不同。一般言之，首先按经营目的而分为各种类型，如粮食类型、果品类型、蔬菜类型、木材类型、特用经济植物类型和园林绿化类型等许多类型。在各种类型内又分为若干级，其分法可有多种形式。我国农、林业的发展虽有几千年的历史，积累有丰富的栽培与经营的经验，但仍有待从群体的角度进行系统的科学的整理与研究。从各类型中，依其群体的组成成分而言，均可分成“单一群体”和“混合群体”两大类，而这两类又分别有其生长、发育规律，并结合生境与人工栽培技术措施的不同而有不同产品效益。因而综合各种因子进行栽培群体分类的研究并进一步掌握其规律是很有必要的。例如西双版纳热带植物研究所在橡胶林群体研究中创造了橡胶—茶叶、橡胶—砂仁、橡胶—可可、橡胶—金鸡纳—千年木等栽培群体，在生产上起了很大作用。

(二)园林栽培群体的命名　中国的园林建设有几千年的历史，园林植物的配植、种类、方式和用途是多种多样的，但从未有系统的科学的命名法，个别的配植分类名称亦存在混乱现象，园林界尚无统一规定，为此笔者曾在20世纪50年代末提出园林植物群体的命名法。此命名法所依据的原则是园林植物群体的形成必须有园林效果(艺术的、功能的、经济的单一或综合效果，达到园林建设的目的要求)，园林植物群体有其组成成分和结构，表现出一定的形貌和内部、外部的生理生态关系，从而导致对一定栽培技术措施的反应与需求性。关于具体的命名法，著者主张在园林中对组成配植结构单元的群体，首先记明各层次的主要种类和次要种类的名称，然后在前面标明园林配植结构和用途的专门名词，即成为该园林栽培群体的名称。例如单纯树种的栽培群体可有“自然风景式油松纯林”、“密植材用马尾松纯林”、“双行绿篱式圆柏群体”等；混交种植的群体有“林荫道式油松+槭树群体”、“团植树丛式垂柳+栾树—榆叶梅+连翘群体”、和“镶嵌状花境式孔雀草+金盏菊群体”等。

总之，园林植物栽培群体的命名应充分体现园林植物配植的特点，能给人以明确的概念并具有较丰富的内容。

第五节　群体的生长发育和演替

群体是由个体组成的。在群体形成的最初阶段，尤其是在较稀疏的情况下，每个个体所占空间较小，彼此间有相当的距离，它们之间的关系是通过其对环境条件的改变而发生相互影响的间接关系。随着个体植株的生长，彼此间地上部的枝叶愈益密接，地下部的根系也逐渐互相扭接。如此，则彼此间的关系就不再仅为间接的，而是有生理上及物理上的直接关系了。例如营养的交换，根分泌物质的相互影响以及机械的挤压、摩擦等。

群体是个紧密相关的集体，是个整体。研究群体的生长发育和演变的规律时，既要注意组成群体的个体状况，也要从整体的状况以及个体与集体的相互关系上来考虑。

关于群体内个体间通过环境因子而产生的彼此影响，已在生态环境因子部分中讲到，所以现在仅从整体的角度来讲其生长发育和演替的规律。但是由于群体与个体以及和环境因子是彼此紧密相关的，故在论述作为一个整个的群体规律时，必然要涉及个体及环境因子等方面的问题。

关于群体的理论虽然在生产实践上有所需要，但在学术上研究得还很不够，现在尚无一套完整而较理想的系统理论，对于其生长发育个别阶段的理论研究，也还存在着不同的看法和争论。

根据著者的初步意见，群体的生长发育可以分为以下几个时期，即：

一、群体的形成期(幼年期)

这是未来群体的优势种在一开始就有一定数量的有性繁殖或无性繁殖的物质基础，例如种子、萌蘖苗、根茎等。自种子或根茎开始萌发到开花前的阶段属于本期。在本期内不仅植株的形态与以后诸期不同，而且在生长发育的习性上亦有不同。在本期中植物的独立生活能力弱，与外来其他种类的竞争能力较小，对外界不良环境的抗性弱，但植株本身与环境相统一的遗传可塑性却较强。一般言之，处于本期的植物群体要比后述诸期都有较强的耐荫能力或需要适当的荫蔽和较良好的水湿条件。例如许多极喜日光的树种如松树等，在头一二年也是很耐荫的。一般的喜光树或中性树幼苗在完全无荫蔽的条件下，由于综合因子变化的关系，反而会对其生长不利。随着幼苗年龄的增长，其需光量逐渐增加。至于具体的由需荫转变为需光的年龄，则因树种及环境的不同而异。在本期中，以群体的形成与个体的关系来讲，个体数量的众多是对群体的形成有利的。在自然群体中，对于相同生活型的植物而言，哪个植物种能在最初具有大量的个体数量，它就较易成为该群体的优势种。在形成栽培群体的农、林及园林绿化工作中，人们也常采取合理密植、丛植、群植等措施以保证该种植物群体的顺利发展。例如在设立草坪时的经验。本期中，如个体的数量较少，群体密度较小时，植物个体常分枝较多，个体高度的年生长量较少；反之，群体密度大时，则个体的分枝较少，高生长量较大，但密度过大时，易发生植株衰弱，病虫孳生的弊害，因而在生产实践中应加以控制，保持合理的密度。

二、群体的发育期(青年期)

这是指群体中的优势种从始花、结实到树冠郁闭后的一段时期，或先从形成树冠(地上部分)的郁闭到开花结实时止的一段时期。在稀疏的群体中常发生前者的情况，在较密的群体中则常发生后者的情况。从开花结实期的早晚来讲，在相同的气候、土壤等环境下，生长在郁闭群体中的个体常比生长在空旷处的单株(孤植树)个体为迟，开花结实量也较少，结实的部位常在树冠的顶端和外围。以生长状况而言，群体中的个体常较高，主干上下部的粗细变化较小，而生于空旷处的孤植树则较矮，主干下部粗而上部细，即所谓"削度"大，枝干的机械组织也较发达，树冠较庞大而分枝点低。本期中由于植株间树冠彼此密接形成郁闭状态，因而大大改变了群体内的环境条件。由于光照、水分、肥分等因素的关系，使个体发生下部枝条的自枯现象。这种现象在喜光树种表现得最为明显，而耐荫树种则较差。后者常呈现长期的适应现象，但在生长量的增加方面却较缓慢。

在群体中的个体之间，由于对营养的争夺结果，有的个体表现生长健壮，有的则生长衰弱，渐处于被压迫状态以至于枯死，即产生了群体内部同种间的自疏现象，而留存适合于该环境条件的适当株数。与此同时，群体内不同种类间也继续进行着激烈的斗争，从而逐渐调整群体的组成与结构关系。

三、群体的相对稳定期(成年期)

这是指群体经过自疏及组成成分间的生存竞争后的相对稳定阶段。虽然在群体的发展过程中始终贯穿着生理生态上的矛盾，但是在经过自疏及种间斗争的调整后，已形成大体上较稳定的群体环境和大体上的适应于该环境的群体结构和组成关系(虽然这种作用在本期仍然继续进行着，但是基本上处于相对稳定的状态)。这时群体的形貌，多表现为层次结构明显，郁闭度高等。各种群体相对稳定期的长短是有很大差别的，它又根据群体的结构、发展阶段以及外界环境因子等而异。

四、群体的衰老期及群体的更新与演替(老年及更替期)

由于组成群体主要树种的衰老与死亡以及树种间斗争继续发展的结果，乃使整个群体不可能永恒不变，而必然发生群体的演变现象。由于个体的衰老，形成树冠的稀疏，郁闭状态被破坏，日光透入树下，土地变得较干，土温亦有所增高，同时由于群体使其内环境的改变，例如植物的落叶等对于土壤理化性质的改变等。总之，群体所形成的环境逐渐发生巨大的变化，因而引起与之相适应的植物种类和生长状况的改变，因此造成群体优势种演替的条件。例如在一个地区上生长着相当多的桦树，在树林下生长有许多桦树、云杉和冷杉幼苗；由于云杉和冷杉是耐荫树，桦树是强喜光树，所以前者的幼苗可以在桦树的保护下健壮生长，又由于桦树寿命短，经过四五十年就逐渐衰老，而云杉与冷杉却正是转入旺盛生长的时期。所以一旦当云杉与冷杉挤入桦树的树冠中并逐渐高于桦木后，由于树冠的愈益郁闭，形成透光很少的阴暗环境，不论对大桦木或其幼苗都极不利，但云杉、冷杉的幼苗却有很强的耐荫性，故最终会将喜强阳光的桦木排挤掉，而代之为云杉与冷杉的混交群落了。

这种树种更替的现象，是由于树种的生物学特性及环境条件的改变而不断发生的。但每一演替期的长短是很不相同的，有的仅能维持数十年(即少数世代)，有的则可呈长达数百年的(即许多世代的)长期稳定状态。对此，有的生态学家曾主张植物群落演变到一定种类的组成结构后就不再变化了，故有称为"顶极群落"的理论。其实这种看法是不正确的，因为环境条件不断发生变化，群落的内部与外部关系都永远在旧矛盾的统一和新矛盾的产生中不断地发生变化，因此只能认为某种群体可以有较长期的相对稳定性，但却绝不能认为它们是永恒不变的。

一个群体相对稳定期的长短，除了因本身的生物习性及环境影响等因子外，与其更新能力亦有密切的关系。群体的更新通常用两种方式进行，即种子更新和营养繁殖更新。在环境条件较好时，由大量种子可以萌生多数幼苗，如环境对幼苗的生长有利，则提供了该种植物群落能较长期存在的基础。树种除了能用种子更新外，还可以用产生根蘖、发生不定芽等方式进行营养繁殖更新，尤其当环境条件不利于种子时更是如此。例如在高山上或寒冷处，许多自然群体常不能产生种子，或由于生长期过短，种子无法成熟，因而形成从水平根系发出大量根蘖而得以更新和繁衍的现象。由种子更新的群体和由营养繁殖更新的群体，在生长发育特性上有许多不同之点，前者在幼年期生长的速度慢但寿命长，成年后对于病虫害的抗性强；后者则由于有强大的根系，故生长迅速，在短期内即可成长，但由于个体发育上的阶段性较老，故易衰老。园林工作者应分别情况，按不同目的的需要采取相应措施，以保证群体的个体更新过程的顺利进行。

总之，通过对群体生长发育和演替的逐步了解，园林工作者的任务即在于掌握其变化的规律，改造自然群体，引导其向有利于我们需要的方向变化。对于栽培群体，则在规划设计之初，就要能预见其发展过程，并在栽培养护过程中保证其具有较长期的稳定性。但是，这是一个相当复杂的问题，应在充分掌握种间关系和群体演替等生物学规律的基础上，进行能满足园林的“改善防护、美化和适当结合生产”的各种功能要求。例如有的城市曾将速生树与慢长树混交，将钻天杨与白蜡、刺槐、元宝枫混植而株行距又过小、密度很大，结果在这个群体中的白蜡、元宝枫等越来愈受到抑制而生长不良，致使配植效果欠佳。若采用乔木与灌木相结合，按其习性进行多层次的配植，则可形成既稳定而生长繁茂又能发挥景观上层次丰富、美观的效果。例如人民大会堂绿地中，以乔木油松、元宝枫与灌木珍珠梅、锦带花、迎春等配植成层次分明又符合植物习性的树丛，则是较好的例子。

第五章　园林树木对环境的改善和防护功能

第一节　园林树木改善环境的作用

一、空气质量方面

在树林中或公园里花草树木多的地方，空气新鲜，有利于人体的健康。植物对改善空气质量的作用主要表现在以下几方面：

（一）吸收 CO_2 放出 O_2　大气中的 CO_2 的平均浓度为 320mg/L，但是实际上在不同地点是有变化的。在城市中由于人口密集和工厂大量排放 CO_2，所以浓度可达 500～700mg/L，局部地区尚高于此数。从卫生角度而言，当 CO_2 浓度达 500mg/L 时，人的呼吸就会感到不舒适，如果达到 2000～6000mg/L 时就会有明显受害症状，通常是头疼、耳鸣、血压增高、呕吐、脉搏过缓，而浓度达 10% 以上则会造成死亡。

植物是环境中 CO_2 和 O_2 的调节器，在光合作用中每吸收 44g CO_2 可放出 32g O_2。虽然植物也进行呼吸作用，但在日间由光合作用所放出的 O_2 要比由呼吸作用所消耗的 O_2 量大 20 倍。一个体重 75kg 的成年人，每天呼吸需 O_2 量为 0.75kg，排出 CO_2 量为 0.9kg。通常每公顷森林每天可消耗 1000kg CO_2，放出 730kg O_2。所以每人若有 $10m^2$ 的树林，即可满足呼吸氧气的需要。生长良好的草坪，每平方米每小时可吸收 CO_2 1.5g，即约合 $1hm^2$ 吸收 15kg，而每人每小时呼出 37.5g CO_2，所以每人有 $50m^2$ 草坪可以满足呼吸的平衡。若以公园绿地而言，因为不完全是树林，所以根据 1966 年德国在柏林中心大公园所作试验的结果，得知每个居民需要绿地面积 30～$40m^2$，才能满足呼吸的需要。

不同的树种，其光合作用的强度是不同的。据试验得知，在气温为 18～20℃ 的全光照条件下，每 1g 重的新鲜落叶松针叶在 1h 内能吸收 CO_2 3.4mg，松树为 3.3mg，柳树为 8.0mg，椴树为 8.3mg。一般言之，阔叶树种吸收 CO_2 的能力强于针叶树种。

（二）分泌杀菌素　城镇中闹市区空气里的细菌数比公园绿地中多 7 倍以上。公园绿地中细菌少的原因之一是由于很多植物能分泌杀菌素。如桉树、肉桂、柠檬等树木体内含有芳香油，它们具有杀菌力。据计算 $1hm^2$ 圆柏林于 24h 内，能分泌出 30kg 杀菌素。

据俄罗斯的托金院士对植物杀菌素的一系列研究，知具有杀灭细菌、真菌和原生动物能力的主要树种有；侧柏、柏木、圆柏、欧洲松、铅笔桧、杉松、雪松、柳杉、黄栌、盐肤木、锦熟黄杨、尖叶冬青、大叶黄杨、桂香柳、胡桃、黑胡桃、月桂、欧洲七叶树、合欢、树锦鸡儿、金链花（*Laburnum*）、刺槐、槐、紫薇、广玉兰、木槿、楝、大叶桉、蓝桉、柠檬桉、茉莉、女贞、日本女贞、洋丁香、悬铃木、石榴、枣、水栒子、枇杷、石楠、狭叶火棘、麻叶绣球、枸橘、银白杨、钻天杨、垂柳、栾树、臭椿、四蕊柽柳及一些蔷薇属植物。

植物的挥发性物质除了有杀菌作用外，对昆虫亦有一定影响，例如一个有趣的试验是：

采3片稠李的叶子，尽快地捣碎后放入试管中。如立刻放入苍蝇而将管口用透气棉絮塞住，则在5～30s内，最多在3～5min内即死亡。又据著者的观察，在柠檬桉林中蚊子较少。而俄罗斯一些学者认为，幼龄松林的空气中，基本上是无菌的。

很多国家自古以来就知道，松树林中的空气对呼吸系统有很大好处。欧洲曾有过报道，在感冒流行的季节，德国和瑞士有的大工厂工人患病率极高，几乎全都病倒，有的人还死亡了。但是在一些专门使用由萜品油、萜品醇和萜品油烯制成溶液的工厂里的工人们却非常健康，根本不发生流感。其原因就是松树枝干上流出的松脂即松节油精含有多种碳氢化合物以及萜品油、萜品醇和萜品油烯；具有杀菌功能和防腐功能的“松树维生素”就存在于这些物质及其化合物之中，这种“松树维生素”不必像一般维生素那样的需口服或注射，而是仅靠呼吸就可对人体发生药效，它可杀死寄生在呼吸系统里的能使肺部和支气管产生感染的各种微生物。那些工人不患病，就是因为工厂的空气中充满了松节油精散发的芳香物质，工人们因吸入松树维生素所以避免了病菌的感染。

松树维生素为半油脂性物质，是一种脂肪溶剂，也能溶于水中，具有长效性，不会失效且无副作用，也不会产生抗药性，是极好的净化环境物质。

植物的一些芳香性挥发物质尚可使人们有精神愉快的效果。

(三)吸收有毒气体 城市空气中含有许多有毒物质，植物的叶片可以将其吸收解毒或富集于体内而减少空气中的毒物量。

1. 二氧化硫 二氧化硫被叶片吸收后，在叶内形成亚硫酸和毒性极强的亚硫酸根离子，后者能被植物本身氧化转变为毒性小30倍的硫酸根离子，因此达到解毒作用而不受害或受害减轻。

不同树种吸收二氧化硫的能力是不同的，一般的松林每天可从1m 空气中吸收20mg 的二氧化硫；每公顷柳杉林每年可吸收720kg 二氧化硫；每公顷垂柳在生长季节每月可吸收10kg 二氧化硫。

根据1978年沈阳市园林科研所李洪溪、董成文、王春来等对树木吸收有害气体能力的熏气试验结果(以每小时每平方米叶面积吸收二氧化硫的毫克量计)知：

达250～500mg/(m^2·h)的有：忍冬、臭椿、美青杨、卫矛、旱柳等。

达160～250mg/(m^2·h)的有：山桃、榆、锦带花、花曲柳、水蜡等。

达100～160mg/(m^2·h)的有：连翘、皂角、丁香、山梅花、圆柏、胡桃、刺槐、桑等。

达0～100mg/(m^2·h)的有：银杏、油松、云杉等。

在上述等级中，每个树种的伤害表现亦有不同，例如忍冬的吸毒力强，吸二氧化硫量达438.14mg/(m^2·h)，但叶面受害并不重，只有星点烧伤。臭椿的吸毒量达443.82mg/(m^2·h)，叶面受害略重于忍冬，但也仅是在叶脉间出现斑点烧伤。美青杨吸毒量达369.54mg/m^2，但叶面呈现大斑块烧伤，这说明它虽有很强的吸收能力，但抗性较弱。桑树的吸毒量为104.77mg/(m^2·h)，叶面几乎不产生病害，这说明其吸毒力弱但抗性强。胡桃树的吸毒量为124.76 mg/(m^2·h)，整个叶面变成褐色烧伤斑块或呈水浸状，这说明其吸毒力弱而抗性也弱。因此，吸毒能力的强弱与抗性的强弱不是统一的，在应用树种时必须认识到这一特性。从试验结果可知，忍冬、卫矛、旱柳，臭椿、榆、花曲柳、水蜡、山桃等既具有较大的吸毒力，又具有较强的抗性，所以是良好的净化二氧化硫的树种。总而言之，落叶树的吸硫力强于常绿阔叶树，更强于针叶树。

2. 氯气　根据沈阳市园林科学研究所对氯气的熏气试验结果知：

吸氯气量在1000mg/(m^2·h)以上的有：银柳、旱柳、美青杨。

吸量在750～1000mg/(m^2·h)的有：臭椿、赤杨、水蜡、卫矛、花曲柳、忍冬。

吸量在500～750mg/(m^2·h)的有：刺槐、雪柳、山梅花、白榆、丁香、山槐、茶条槭、桑。

吸量在500mg/(m^2·h)以下的有：皂角、银杏、珍珠花、黄檗、连翘。

根据吸毒力较强而抗性亦较强的标准来筛选，认为银柳、旱柳、臭椿、赤杨、水蜡、卫矛、花曲柳、忍冬等都是净化氯气的较好树种。

此外，银桦、悬铃木、柽柳、女贞、君迁子等均有较强的吸氯气力。

3. 其他有毒物质　根据江苏省植物研究所1975年对生长在氟污染区树木的分析，认为泡桐、梧桐、大叶黄杨、女贞、榉树、垂柳等均有不同程度的吸氟力。

氟化氢对人体的毒害作用比二氧化硫大20倍，但不少树种都有较强的吸氟化氢的能力。据国外报道柑桔类可吸收较多的氟化物而不受害。

云南林学院分析生长在氟污染区的树木含氟量(mg/L)结果是：银桦630、乌桕420、梨310、苹果305、蓝桉250、石榴225、葡萄175、桃100、云南松50。

(四)阻滞尘埃　尘埃中除含有土壤微粒外，尚含有细菌和其他金属性粉尘、矿物粉尘、植物性粉尘等，它们会影响人体健康。尘埃会使多雾地区的雾情加重，降低空气的透明度，减少紫外线含量。工矿城市中由于烧煤，可产生大量粉尘，据计算每燃烧1t煤即可排放11kg粉尘。

树木的枝叶可以阻滞空气中的尘埃，相当一个滤尘器，可以使空气较清洁。各种树的滞尘力差别很大，如桦树比杨树的滞尘力大2.5倍而针叶树比杨树大30倍。一般言之，树冠大而浓密、叶面多毛或粗糙以及分泌有油脂或黏液者均有较强的滞尘力。例如北京市环境保护研究所用体积重量法测定粉尘污染区的圆柏和刺槐得知单位体积的蒙尘量在圆柏为20g，在刺槐为9g。据南京市的资料，在水泥厂中的测量结果表明在绿化林带中比无树空旷地带的降尘量(较大颗粒的粉尘)减少23%～52%，飘尘量(较小的颗粒)减少37%～60%。而据广州市测定，在居住区墙面爬有植物“五爪金龙”的室内空气含尘量与没有绿化地区的室内相比，少22%；在用大叶榕绿化的地区，空气含尘量少18.8%。

南京林学院及有关单位对各种树木叶片测定了在单位面积上的滞尘量(g/m^2)，结果如表5-1。

表5-1　各种园林树木的叶片滞尘量

树　种	滞尘量(g/m^2)	树　种	滞尘量(g/m^2)
榆　树	12.27	朴　树	9.37
木　槿	8.13	广玉兰	7.10
重阳木	6.81	女　贞	6.63
大叶黄杨	6.63	刺　槐	6.37
楝　树	5.89	臭　椿	5.88
构　树	5.87	三角枫	5.52

（续）

树　种	滞尘量(g/m^2)	树　种	滞尘量(g/m^2)
桑　树	5.39	夹竹桃	5.28
丝棉木	4.77	紫　薇	4.42
悬铃木	3.73	五角枫	3.45
乌　柏	3.39	樱　花	2.75
蜡　梅	2.42	加　杨	2.06
黄金树	2.05	桂　花	2.02
栀　子	1.47	绣　球	0.63

此外，草坪也有明显的减尘作用，它可减少重复扬尘污染。据日本的资料，在有草坪的足球场上，其空气中的含尘量仅为裸露足球场上含尘量的1/3～1/6。

二、温度方面

树冠能阻拦阳光而减少辐射热。由于树冠大小不同，叶片的疏密度、质地等的不同，所以不同树种的遮荫能力亦不同。遮荫力愈强，降低辐射热的效果愈显著。吴翼在安徽合肥市测量的结果见表5-2。

表5-2　常用行道树遮荫降温效果比较表(1963年)　℃

树　种	阳光下温度	树荫下温度	温　差	树　种	阳光下温度	树荫下温度	温　差
银　杏	40.2	35.3	4.9	小叶杨	40.3	36.8	3.5
刺　槐	40.0	35.5	4.5	构　树	40.4	37.0	3.4
枫　杨	40.4	36.0	4.4	楝　树	40.2	36.8	3.4
悬铃木	40.0	35.7	4.3	梧　桐	41.1	37.9	3.2
白　榆	41.3	37.2	4.1	旱　柳	38.2	35.4	2.8
合　欢	40.5	36.6	3.9	槐	40.3	37.7	2.6
加拿大杨	39.4	35.8	3.6	垂　柳	37.9	35.6	2.3
臭　椿	40.3	36.8	3.5				

由表中的结果可知在15种常见的行道树中，以银杏、刺槐、悬铃木与枫杨的遮荫降温效果最好，垂柳、槐、旱柳、梧桐最差。

当树木成片成林栽植时，不仅能降低林内的温度，而且由于林内、林外的气温差而形成对流的微风，即林外的热空气上升而由林内的冷空气补充，这样就使降温作用影响到林外的周围环境了。从人体对温度的感觉而言，这种微风也有降低皮肤温度，有利水分的发散，从而使人们感到舒适的作用。

从降温的绿化效能来看，树木减少辐射热的作用要比降低气温的作用大得多。生活的经验，使我们知道，在夏季即使气温不太高时，人们亦会由于辐射热而眩晕，因此以树木绿化来改善室外环境，尤其是在街道、广场等行人较多处是很有意义的。

在冬季落叶后，由于树枝、树干的受热面积比无树地区的受热面积大，同时由于无树地区的空气流动大、散热快，所以在树木较多的小环境中，其气温要比空旷处高。总的说来，树木对小环境起到冬暖夏凉的作用。当然，树木在冬季的增温效果是远远不如夏季的降温效果具有实践意义。

三、水分方面

城市中的工矿业、加工业和生活污水均可污染水质。又当水中的油脂、蛋白质、碳水化合物、纤维素等营养物质太高时，由于微生物分解它们要消耗很多氧气。同时由于藻类的大量繁殖，也会消耗水中的氧气，因此会形成缺氧的条件。这时有机物就在厌气条件下分解而放出甲烷、硫化氢和氨等气体而使水中生物死亡。但是许多植物能吸收水中的毒质而在体内富集起来，富集的程度，可比水中毒质的浓度高几十倍至几千倍，因之水中的毒质降低，即得到净化。而在低浓度条件下，植物在吸收毒质后，有些植物可在体内将毒质分解，并转化成无毒物质。

不同的植物以及同一植物的不同部位，它们的富集能力是很不相同的。如以对硒而言，大多数禾本科植物的吸收和积聚量均很低，约为 30mg/L，但是紫云英能吸收并富集硒达 1000～10 000mg/L。一些在植物体内转移很慢的毒质，如汞、氰、砷、铬等，以在根部的积累量最高，在茎、叶中较低，在果实种子中最低。汞可与根里的蛋白质结合而沉积下来很少移动，所以根中汞量达 1000mg/L 时，茎叶中仅达 0.5mg/L。长期的低浓度的慢性汞中毒可引起神经系统障碍，头痛、记忆力减退、上下肢痉挛震颤、精神兴奋和痴呆、毛发脱落等。氰化物及其盐类能从呼吸道及无伤皮肤进入体内，慢性中毒可使人感到全身疲倦、呕吐、关节痛；急性中毒则出现神经系统症状有强度恐怖感、痉挛等。砷的慢性中毒是侵害皮肤、黏膜、胃肠及神经系统病。铬中毒症状是呼吸道障碍、鼻中隔溃疡及穿孔，皮肤出现极痒的红点状疹，后变为疼痛的坏死性溃疡，能深达骨头，很难治愈，铬又能引起贫血、神经炎及变态反应性喘息。所以在上述 4 种物质的污染区应禁止栽培根菜类作物以免人们食用受害。至于镉、硒等物质，在植物体内很易流动，根吸入后很少贮存于根内而是迅速运往地上部贮存在叶片内，亦有一部分存于果实、种子之中。镉是骨痛病的元凶，所以在硒、镉污染区应禁止栽种叶菜类和禾谷类作物如稻、麦等以免人们长期食用造成危害。水中的浮萍和柳树均可富集镉，可以利用具有强度富集作用的植物来净化水质。但在具体实施时，应考虑到食物链问题，避免人类受害。

最理想的是植物吸收毒质后转化和分解为无毒物质，例如水葱(*Scirpus lacustris*)、灯心草(*Juncus ellesus*)等可吸收水或土中的单元酚、苯酚、氰类物质使之转化为酚糖甙、CO_2、天冬氨酸等而失去毒性。

种植树木对改善小环境内的空气湿度有很大作用。一株中等大小的杨树，在夏季白天每小时可由叶部蒸腾 25kg 水至空气中，一天即达半吨，如果在某个地方种 1000 株杨树，则相当于每天在该处洒 500t 水的效果。不同的树种具有不同的蒸腾能力。蒸腾力的大小，用蒸腾强度来表示。所谓蒸腾强度，是指该树种在每小时内每平方米叶面积所蒸腾的水分重量(g)，即以 $g/(m^2 \cdot h)$来表示。如果不易测定叶面积时，则可用每小时每千克鲜叶重的蒸腾克数来表示。俄罗斯科学家伊万诺夫在莫斯科地区，在 17℃ 的条件下所作的测定结果[$g/(kg \cdot h)$](表 5-3)。

表5-3　各树种的蒸腾强度

树　种	蒸腾强度[g/(kg·h)]	树　种	蒸腾强度[g/(kg·h)]
松　树	152	忍　冬	252
白　蜡	326	桦　木	341
榆　树	344	栎　树	364
杨　树	369	美国槭	388
椴　树	390	苹果树	530

从上列数字可知，不同树种的蒸腾能力相差数倍。选择蒸腾能力较强的树种对提高空气湿度有明显作用。据测定，在树林内的空气湿度要比空旷地的湿度高7%～14%。由于树林内温度较低，故相对湿度比林外要显著提高，所以无论从相对湿度和绝对湿度来讲，树林内总是比空旷地要潮湿些。但是这种湿度的差别程度是受季节影响的，在冬季最小，在夏季最大。

此外，在过于潮湿的地区，例如在半沼泽地带，如大面积种植蒸腾强度大的树种，有降低地下水位而使地面干燥的功效。

四、光照方面

城市中公园绿地中的光线与街道、建筑间的光线是有差别的。阳光照射到树林上时，大约有20%～25%被叶面反射，有35%～75%为树冠所吸收，有5%～40%透过树冠投射到林下。因此林中的光线较暗。又由于植物所吸收的光波段主要是红橙光和蓝紫光，而反射的部分，主要是绿色光，所以从光质上来讲，林中及草坪上的光线具有大量绿色波段的光。这种绿光要比街道广场铺装路面的光线柔和得多，对眼睛保健有良好作用，而就夏季而言，绿色光能使人在精神上觉得爽快和宁静。

五、声音方面

城市环境中充满各种噪音。噪音的感觉强度是从人耳的"闻阀"开始，至人耳的"痛阀"止，分为130dB。噪音越过70dB时，对人体就产生不利影响，如长期处于90dB以上的噪音环境下工作，就有可能发生噪音性耳聋。噪音还能引起其他疾病，如神经官能症、心跳加速、心律不齐、血压升高、冠心病和动脉硬化等。

种植乔灌木对降低噪音有作用，据南京市1976年的测定，树木减弱噪音的结果如下：

①城市街道上的行道树对路旁的建筑物来说，可以减弱一部分交通噪音。例如快车道上的汽车噪音，在穿过12m宽的悬铃木树冠到达其后面的三层楼窗户时，与同距离的空地相比，噪音的减弱量大于3～5dB。

②公路上20m宽的多层行道树(如雪松、杨树、珊瑚树、桂花各1行)的隔音效果很明显。噪音通过后，与同距离的空旷地相比，可减少5～7dB。

③30m宽的杂树林(以枫香为主、林下空虚)，与同距离的空旷地相比，可减弱噪音8～10dB。18m宽的圆柏、雪松林带(枝叶茂密，上下均匀)，与同距离空旷地相比，可减弱9dB。45m宽的悬铃木幼树林，与同距离空旷地相比，可减弱15dB。

④4m宽的枝叶浓密的绿篱墙(由椤木、海桐各1行组成)的隔音效果十分显著，可减少

6dB。

实践证明，我国较好的隔音树种是雪松、圆柏、龙柏、水杉、悬铃木、梧桐、垂柳、云杉、薄壳山核桃、鹅掌楸、柏木、臭椿、樟树、榕树、柳杉、栎树、珊瑚树、椤木、海桐、桂花、女贞等。

第二节　园林树木保护环境的作用

一、涵养水源保持水土

由于过去对国土绿化重视不够，滥伐森林、不合理的开荒等等原因，使我国的水土流失面积已达150万km^2，每年损失的土壤达50亿t多。以黄河为例，由于上、中游森林植被的破坏，造成每年流失土壤约达十六亿t。以西北某县为例，由于大量砍伐森林，结果使全县水土流失面积占总面积的86.1%，水库淤积占总库容量的40%。但是在绿化良好的地区则情况就大为不同，据黄河水利委员会在某地的测定结果，知森林在小流域中可拦蓄洪水量的41.2%～100%，可阻挡土壤流失的79%。

树林的林冠可以截留一部分降水量，据各地的观测知，在东北红松林冠可截留降水量的3%～73.3%，在福建的杉木林可截留7%～24%，在陕西的油松林可截留37.1%～100%。这个百分数与降水量的大小有关，降水量愈大则截留率反而会降低。树种不同，其截留率也不同，一般言之，枝叶稠密、叶面粗糙的树种，其截留率大，针叶树比阔叶树大，耐荫树种比喜光树种大。总的来讲林冠的截留量约为降水总量的15%～40%。

由于树冠的截流、地被植物的截流以及死地被的吸收和土壤的渗透作用，就减少和减缓了地表径流量和流速，因而起到了水土保持作用。

在园林工作中，为了涵养水源保持水土的目的，应选植树冠厚大，郁闭度强，截留雨量能力强，耐荫性强而生长稳定和能形成富于吸水性落叶层的树种。根系深广也是选择的条件之一，因为根系广、侧根多，可加强固土固石的作用，根系深则有利于水分渗入土壤的下层。按照上述的标准，一般常选用柳，槭、胡桃、枫杨、水杉、云杉、冷杉、圆柏等乔木和榛、夹竹桃、胡枝子、紫穗槐等灌木。在土石易于流失塌陷的冲沟处，最宜选择根系发达，萌蘖性强、生长迅速而又不易生病虫害的树种，如乔木中之旱柳、山杨、青杨、侧柏、白檀等，灌木中的杞柳、沙棘、胡枝子、紫穗槐等，以及藤本中的紫藤、南蛇藤、葛藤、蛇葡萄等。

二、防风固沙

当风遇到树林时，在树林的迎风面和背风面均可降低风速，但以背风面降低的效果最为显著，所以在为了防风的目的而设置防风林带时，应将被防护区设在林带背面。防风林带的方向应与主风方向垂直。一般种植防风林带多采用3种种植结构，即紧密不易透风的结构、疏透结构和通风结构。究竟以何种结构的防风效果最好呢？中国科学院林业土壤研究所于1973年观察到下述的数值(表5-4)。

表5-4 不同结构林带的防风效果

平均风速(%) 水平位置范围 / 林带结构	0~5倍树高	0~10倍树高	0~15倍树高	0~20倍树高	0~25倍树高	0~30倍树高
紧密结构	25	37	47	54	60	65
疏透结构	26	31	39	46	52	57
通风结构	49	39	40	44	49	54

注：以旷野风速为100%

由上表知疏透结构和通风结构的防护距离要比紧密结构的为大，减弱风速的效率也较好。紧密结构的林带因形成不透风的墙，造成回流，所以防护范围反而小了。

根据风洞试验，知林带结构的疏透度在0.5时，其防护距离最大，可达林带高度的30倍，但在实际营造防护带时，其有效的水平防护距离多按林带高度的15~25倍来计算，一般则采用20倍的距离为标准。

为了防风固沙而种植防护林带时，在选择树种时应注意选择抗风力强、生长快且生长期长而寿命亦长的树种，最好是最能适应当地气候土壤条件的乡土树种，其树冠最好呈尖塔形或柱形而叶片较小的树种。在东北和华北的防风树常用杨、柳、榆、桑、白蜡、紫穗槐、桂香柳、柽柳等。在南方可用马尾松、黑松、圆柏、榉、乌桕、柳，台湾相思、木麻黄、假槟榔、桄榔等。

三、其他防护作用

在地震较多地区的城市以及木结构建筑较多的居民区，为了防止火灾蔓延，可应用不易燃烧的树种作隔离带，既起到美化作用又有防火作用。对防火树种日本曾作过许多研究，常用的抗燃防火树有：苏铁、银杏、青冈栎、栲属、槲树、榕属、珊瑚树、棕榈、桃叶珊瑚、女贞、红楠、柃木、山茶、厚皮香、交让木、八角金盘等。总之以树干有厚木栓层和富含水分的树种较抗燃。

美国近年发现酸木树(*Oxydendrum arboreum* DC.)具有很强的抗放射性污染的能力，如种于污染源的周围，可以减少放射性污染的危害。此外，用栎属树木种植成一定结构的林带，也有一定的阻隔放射性物质辐射的作用，它们可起到一定程度的过滤和吸收作用。俄罗斯经多年的研究表明，落叶阔叶树林所具有的净化放射性污染的能力与速度要比常绿针叶林大得多。

在多风雪地区可以用树林形成防雪林带以保护公路、铁路和居民区。

在热带海洋地区可于浅海泥滩种植红树作防浪林。

在沿海地区亦可种植防海潮风的林带以防盐风的侵袭。

四、监测大气污染

在第三章和本章中曾经谈到许多对大气中有毒物质具有较强抗性和一些能吸毒净化毒质的植物，这些植物对园林绿化都有很大作用。但是一些对毒质没有抗性和解毒作用的“敏感”植物在园林绿化中也很有作用，我们可以利用它们对大气中有毒物质的敏感性作为监测手段以确保人民能生活在合乎健康标准的环境中。

（一）对二氧化硫的监测　二氧化硫的浓度达到 1～5 mg/L 时人才能感到其气味，当浓度达到 10～20mg/L 时，人就会有受害症状，例如咳嗽、流泪等现象。但是敏感植物在浓度为 0.3mg/L 时经几小时就可在叶脉之间出现点状或块状的黄褐斑或黄白色斑，而叶脉仍为绿色。

监测植物有：地衣、紫花苜蓿、菠菜、胡萝卜、凤仙花、翠菊、四季秋海棠、天竺葵、锦葵、含羞草、茉莉花、杏、山丁子、紫丁香、月季、枫杨、白蜡、连翘、杜仲、雪松、红松、油松、杉。

（二）对氟及氟化氢的监测　F 是黄绿色气体，有烈臭，在空气中迅速变为 HF；后者易溶于水成氟氢酸。慢性的氟中毒症状为骨质增生、骨硬化、骨疏松、脊椎软骨的骨化，及肾、肠胃、肝、心血管、造血系统、呼吸系统、生殖系统也受影响。

F 及 HF 的浓度在 0.002～0.004mg/L 时对敏感植物即可产生影响。叶子的伤斑最初多表现在叶端和叶缘，然后逐渐向叶的中心部扩展，浓度高时会整片叶子枯焦而脱落。

监测植物有：唐菖蒲、玉簪、郁金香、大蒜、锦葵、地黄、万年青、萱草、草莓、玉蜀黍、翠菊、榆叶梅、葡萄、杜鹃花、樱桃、杏、李、桃、月季、复叶槭、雪松。

（三）对氯及氯化氢的监测　氯气是黄绿色气体，有臭味，比空气重。氯化氢可溶于水成强酸。氯有全身吸收性中毒作用，5～10mg/L 即可产生刺激作用由呼吸道入体内后，溶解于黏膜上从水中夺取 H 变成 HCl 而有烧灼作用，同时从水中游离出的[O]对组织也有很强的作用。氯中毒可引起黏膜炎性肿胀、呼吸困难、肺水肿、恶心、呕吐、腹泻及肺坏疽等，即使急性症状消失后也能残留经久不愈的支气管炎，对结核患者易引起急性变剧。

氯气及氯化氢可使植物叶子产生褪色点斑或块斑，但斑界不明显，严重时全叶褪色而脱落。

监测植物有：波丝菊、金盏菊、凤仙花、天竺葵、蛇目菊、硫华菊、锦葵、四季秋海棠、福禄考、一串红、石榴、竹、复叶槭、桃、苹果、柳、落叶松、油松。

（四）光化学气体　光化学烟雾中占 90% 的是臭氧。人在浓度为 0.5～1 mg/L 的臭氧下 1～2h 就会产生呼吸道阻力增加的症状。臭氧的嗅阀值是 0.02mg/L，在浓度为 0.1mg/L 中短时间的接触，眼睛会有刺激感。若长期处于 0.25mg/L 下，会使哮喘病患者加重病情。在 1mg/L 中 1h，会使肺细胞蛋白质发生变化，接触 4h 则 1d 以后会出现肺水肿。

光化学烟雾中的臭氧可抑制植物的生长以及在叶表面出现棕褐色、黄褐色的斑点。

监测植物有：美国的试验表明浓度为 0.01mg/L 时，经 1～5h 烟草会受害，而菠菜、莴苣、西红柿、兰花、秋海棠、矮牵牛、蔷薇、丁香等均敏感易显黄褐色斑点。又据日本的试验，知浓度为 0.25mg/L 时牡丹、木兰、垂柳、三裂悬钩子等均有受害症状则已在第三章中述及而可供利用了。此外，早熟禾和美国五针松、银槭、梓树、皂荚、葡萄等也很敏感。

（五）其他有毒物质　对汞的监测可用女贞；对氨的监测可用向日葵；对乙烯的监测可用棉花。

对空气中有毒物质的监测最好是用自动仪表，但在设备不足情况下采用绿化植物监测法仍是简便易行的有效方法。

从国外的几次空气污染来看，例如 1948 年 10 月在多诺拉发生的二氧化硫大污染，使

43%的居民患了呼吸道疾病。在1952年12月于英国伦敦发生二氧化硫及烟尘大污染，在4d内死亡4000人之多，而以后的2个月内又陆续死亡8000人；又1954年美国洛杉矶由于光化学烟雾使75%的居民患了眼病。因此园林工作者很有必要在工作中注意配植和观察监测植物的生长情况以保护居民的生活环境。

第六章　园林树木的美化功能

第一节　园林树木美化功能的意义与特点

园林中没有园林植物就不能称为真正的园林，而园林植物中又以园林树木在园林绿地中占有较大的比重并成为主要题材。

园林树木种类繁多，每个树种都有自己独具的形态、色彩、风韵、芳香……等美的特色。这些特色又能随季节及年龄的变化而有所丰富和发展。例如春季梢头嫩绿、花团锦簇，夏季绿叶成荫、浓影覆地，秋季果实累累、色香具备，冬则白雪挂枝、银装素裹；一年之中，四季各有不同的丰姿与妙趣。以年龄而论，树木在不同的年龄时期均有不同的形貌，例如松树在幼龄时全株团簇似球，壮龄时亭亭如华盖，老年时则枝干盘虬而有飞舞之姿。

园林中的建筑、雕像、溪瀑、山石等，均需有恰当的园林树木与之相互衬托、掩映以减少人工做作或枯寂气氛，增加景色的生趣。例如庄严宏伟、金瓦红墙的宫殿式建筑，配以苍松翠柏，则无论在色彩和形体上均可以收到“对比”、“烘托”的效果；又如庭前朱栏之外、廊院之间对植玉兰，春来万蕊千花，红白相映，会形成令人神往的环境。

不同民族或地区的人民，由于生活、文化及历史上的习俗等原因，对不同的树木常形成带有一定思想感情的看法，有的更上升为某种概念上的象征，甚至人格化了。例如我国人民对四季常青、抗性极强的松柏类，常用以代表坚贞不屈的革命精神；而对富丽堂皇、花大色艳的牡丹，则视为繁荣兴旺的象征。不仅中国人民如此，其他国家的人民亦如此，在欧洲许多国家均以月桂代表光荣，油橄榄象征和平。

由于树木的不同自然地理分布，会形成一定的乡土景色和情调，因此，它们在一定的艺术处理情况下，便具有使人们产生热爱家乡、热爱祖国，热爱人民的思想感情和巨大的艺术力量。

一些具有先进思想的文学家、诗人、画家们，更常用园林树木的这种特性来借喻、影射、启发和唤起人民反抗剥削与压迫，为着人类美好未来而奋斗的精神；因此，园林树木又常成为美好理想的象征。例如中国特产的珙桐，树形高大端庄，开花时犹如无数的白色鸽子栖息树端，蔚为奇观，象征着勤劳、勇敢、智慧的中国人民热爱和平的性格，如果植于国际会议大厅前的草坪上就会产生极好的艺术效果和政治影响。

由上述的概括介绍，可知美化功能的重要意义和观赏特性具有丰富的内容，只有深入地研究才能使园林建设在艺术水平上得到不断的提高。

园林树木美(观赏特性)，可分为单体美与群体美，本章只讲单体美方面的内容，关于群体美及美的运用问题，将在树木配植章中讲授。

关于单体美，主要着重于形体姿态、色彩光泽、韵味联想、芳香以及自然衍生美。所谓自然衍生美的含义是指由于某种植物美而诱导产生的美，例如有经验的园林家知道多种植某种树木就会诱来某种鸟类而促进“鸟语花香”境界的形成，反之，无经验的人种了某种植物，招来的不是蜜蜂与蝴蝶而会是许多令人厌恶的绿头苍蝇。以上仅是个很平常的例子，它说明在植物的观赏特性方面有许多值得进一步研究的内容。

第二节 园林树木的树形及其观赏特性

在美化配植中，树形是构景的基本因素之一，它对园林境界的创作起着巨大的作用。为了加强小地形的高耸感，可在小土丘的上方种植长尖形的树种，在山基栽植矮小、扁圆形的树木，借树形的对比与烘托来增加出山的高耸之势。又如为了突出广场中心喷泉的高耸效果，亦可在其四周种植浑圆形的乔灌木；但为了与远景联系并取得呼应、衬托的效果，又可在广场后方的通道两旁各植树形高耸的乔木 1 株，这样就可在强调主景之后又引出新的层次。

不同形状的树木经过妥善的配植和安排，可以产生韵律感、层次感等种种艺术组景的效果。至于在庭前、草坪、广场上的单株孤植树则更可说明树形在美化配植中的巨大作用了。

树形由树冠及树干组成，树冠由一部分主干、主枝、侧枝及叶幕组成。不同的树种各有其独特的树形，主要由树种的遗传性而决定，但也受外界环境因子的影响，而在园林中人工养护管理因素更能起决定作用。

一个树种的树形并非永远不变，它随着生长发育过程而呈现出规律性的变化，园林工作者必须掌握这些变化的规律，对其变化能有预见性，才能成为优秀的园林建设者。

一般所谓某种树有什么样的树形，大抵均指在正常的生长环境下，其成年树的外貌而言。通常各种园林树木的树形可分为下述各类型：

一、针叶树类

(一) 乔木类

1. 圆柱形　如杜松、塔柏等。
2. 尖塔形　如雪松、窄冠侧柏等。
3. 圆锥形　如圆柏。
4. 广卵形　如圆柏、侧柏等。
5. 卵圆形　如球柏。
6. 盘伞形　如老年期油松。
7. 苍虬形　如高山区一些老年期树木。

(二) 灌木类

1. 密球形　如万峰桧。
2. 倒卵形　如千头柏。
3. 丛生形　如翠柏。
4. 偃卧形　如鹿角桧。
5. 匍伏形　如铺地柏。

二、阔叶树类

（一）乔木类

1. 有中央领导干（主导干）

（1）圆柱形　如钻天杨。

（2）笔形　如塔杨。

（3）圆锥形　如毛白杨。

（4）卵圆形　如加拿大杨。

（5）棕椰形　如棕榈。

2. 无中央领导干的

（1）倒卵形　如刺槐。

（2）球形　如五角枫。

（3）扁球形　如栗。

（4）钟形　如欧洲山毛榉。

（5）倒钟形　如槐。

（6）馒头形　如馒头柳。

（7）伞形　如龙爪槐。

（8）风致形　由于自然环境因子的影响而形成的各种富于艺术风格的体形，如高山上或多风处的树木以及老年树或复壮树等；一般在山脊多风处常呈旗形。

（二）灌木及丛木类

1. 圆球形　如黄刺玫。

2. 扁球形　如榆叶梅。

3. 半球形（垫状）　如金老梅。

4. 丛生形　如玫瑰。

5. 拱枝形　如连翘。

6. 悬崖形　如生于高山岩石隙中之松树等。

7. 匍匐形　如平枝栒子（铺地蜈蚣）。

（三）藤木类（攀援类）　如紫藤。

（四）其他类型　在上述之各种自然树形中，其枝条有的具有特殊的生长习性，对树形姿态及艺术效果起着很大的影响，习见的有二类型：

1. 垂枝型　如垂柳。

2. 龙枝型　如龙爪柳。

将上述各类树木的树形归纳起来，可分为25个基本树形（图6-1）。

各种树形的美化效果并非机械不变的，它常依配植的方式及周围景物的影响而有不同程度的变化。但是总的来说，在乔木方面，凡具有尖塔状及圆锥状树形者，多有严肃端庄的效果；具有柱状狭窄树冠者，多有高耸静谧的效果；具有圆钝、钟形树冠者，多有雄伟浑厚的效果；而一些垂枝类型者，常形成优雅、和平的气氛。

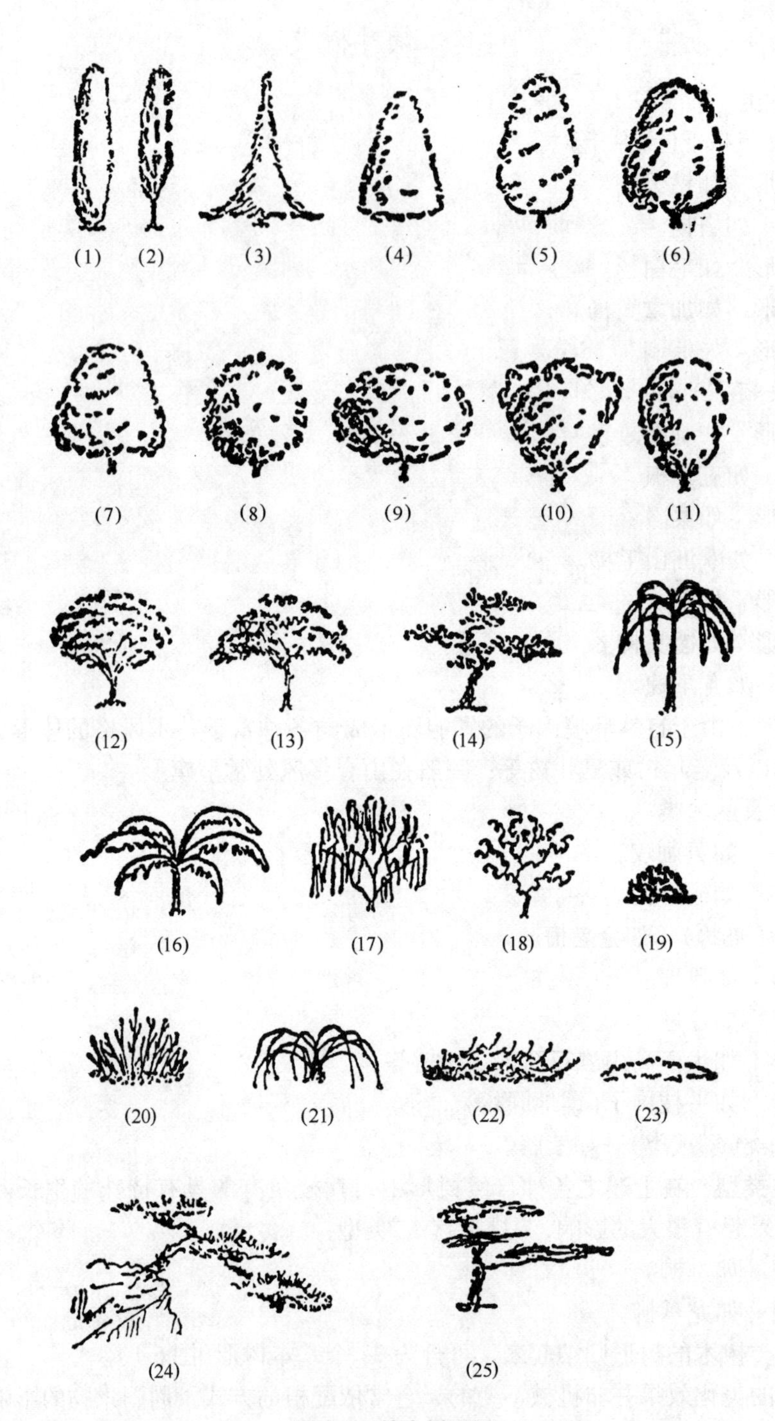

图 6-1 基本树形图

(1)圆柱形 (2)笔形 (3)尖塔形 (4)圆锥形 (5)卵形 (6)广卵形 (7)钟形 (8)球形 (9)扁球形 (10)倒钟形 (11)倒卵形 (12)馒头形 (13)伞形 (14)风致形 (15)棕榈形 (16)芭蕉形 (17)垂枝形 (18)龙枝形 (19)半球形 (20)丛生形 (21)拱枝形 (22)偃卧形 (23)匍匐形 (24)悬崖形 (25)扯旗形

在灌木、丛木方面，呈团簇丛生的，多有朴素、浑实之感，最宜用在树木群丛的外缘，或装点草坪、路缘及屋基。呈拱形及悬崖状的，多有潇洒的姿态，宜供点景用，或在自然山石旁适当配植。一些匍匐生长的，常形成平面或坡面的绿色被覆物，宜作地被植物用；此外，其中许多种类又可供作岩石园配植用。至于各式各样的风致形，因其别具风格，常有特定的情趣，故须认真对待，用在恰当的地区，使之充分发挥其特殊的美化作用。

第三节　园林树木的叶及其观赏特性

园林树木的叶具有极其丰富多彩的形貌。对叶的观赏特性来讲，一般着重在以下几个方面：

一、叶的大小

大者如巴西棕其叶片长达20m以上，小者如麻黄、柽柳、侧柏等的鳞片叶仅长几毫米。一般言之，原产热带湿润气候的植物，大抵叶较大，如芭蕉、椰子、棕榈等；而产于寒冷干燥地区的植物，叶多较小，如榆、槐、槭等。

二、叶的形状

树木的叶形，变化万千，各有不同，从观赏特性的角度来看是与植物分类学的角度不同的，一般将各种叶形归纳为以下几种基本形态：

（一）单叶方面

1. 针形类　包括针形叶及凿形叶，如油松、雪松、柳杉等。
2. 条形类（线形类）　如冷杉、紫杉等。
3. 披针形类　包括披针形如柳、杉、夹竹桃等及倒披针形如黄瑞香、鹰爪花等。
4. 椭圆形类　如金丝桃、天竺桂、柿以及长椭圆形的芭蕉等。
5. 卵形类　包括卵形及倒卵形叶，如女贞、玉兰、紫楠等。
6. 圆形类　包括圆形及心形叶，如山麻杆、紫荆、泡桐等。
7. 掌状类　如五角枫、刺楸、梧桐等。
8. 三角形类　包括三角形及菱形，如钻天杨、乌桕等。
9. 奇异形　包括各种引人注目的形状，如鹅掌楸、马褂木的鹅掌形或长衫形叶，羊蹄甲的羊蹄形叶，变叶木的戟形叶以及为人熟知的银杏的扇形叶等。

（二）复叶方面

1. 羽状复叶　包括奇数羽状复叶及偶数羽状复叶，以及2回或3回羽状复叶，如刺槐、锦鸡儿、合欢、南天竹等。
2. 掌状复叶　小叶排列成指掌形，如七叶树等。也有呈2回掌状复叶者如铁线莲等。

叶片除基本形状外，又由于叶边缘的锯齿形状以及缺刻的变化而更加丰富。

不同的形状和大小，具有不同的观赏特性。例如棕榈、蒲葵、椰子、龟背竹等均具有热带情调，但是大形的掌状叶给人以朴素的感觉，大形的羽状叶却给人以轻快、洒脱的感觉。产于温带的鸡爪槭的叶形会形成轻快的气氛；但产于温带的合欢与产于亚热带及热带的凤凰木，却因叶形的相似而产生轻盈秀丽的效果。

三、叶的质地

叶的质地不同，产生不同的质感，观赏效果也就大为不同。革质的叶片，具有较强的反光能力，由于叶片较厚、颜色较浓暗，故有光影闪烁的效果。纸质、膜质叶片，常呈半透明状，常给人以恬静之感。至于粗糙多毛的叶片，则多富于野趣。

由于叶片质地的不同，再与叶形联系起来，使整个树冠产生不同的质感，例如绒柏的整个树冠有如绒团，具有柔软秀美的效果，而枸骨则具有坚硬多刺，剑拔拏张的效果。一般人在观赏装饰上对叶形、叶色等均能注意但是却常常忽略质感方面的运用，这是特别值得注意的。

四、叶的色彩

叶的颜色有极大的观赏价值，叶色变化的丰富，难以用笔墨形容，虽为高超的画家亦难调配出其所具有的色调，园林工作者若能充分掌握并加以精巧的安排，必能形成神奇之笔。根据叶色的特点可分为以下几类：

（一）绿色类 绿色虽属叶子的基本颜色，但详细观察则有嫩绿，浅绿、鲜绿、浓绿、黄绿、赤绿、褐绿、蓝绿、墨绿、亮绿、暗绿等差别。将不同绿色的树木搭配在一起，能形成美妙的色感。例如在暗绿色针叶树丛前，配植黄绿色树冠，会形成满树黄花的效果。现以叶色的浓淡为代表，举数例如下：

1. 叶色呈深浓绿色者 油松、圆柏、雪松、云杉、青杄、侧柏、山茶、女贞、桂花、槐、榕、毛白杨、构树等。

2. 叶色呈浅淡绿色者 水杉、落羽松、落叶松、金钱松、七叶树、鹅掌楸、玉兰等。

应加以说明的是叶色的深浅、浓淡受环境及本身营养状况的影响而会发生变化，所以上述的分法应以正常的情况为准。为深入掌握叶色的变化规律起见，在观察记载时应记录环境条件及植物本身的生长状况。

（二）春色叶类及新叶有色类 树木的叶色常因季节的不同而发生变化，例如栎树在早春呈鲜嫩的黄绿色，夏季呈正绿色，秋则变为褐黄色。除对树木在夏季的绿叶加以研究外，在园林工作中尤其应注意其春季及秋季叶色的显著变化。对春季新发生的嫩叶有显著不同叶色的，统称为“春色叶树”，例如臭椿、五角枫的春叶呈红色，黄连木春叶呈紫红色等。在南方暖热气候地区，有许多常绿树的新叶不限于在春季发生，而是不论季节只要发出新叶就会具有美丽色彩而有宛若开花的效果，如铁力木等，这一类统称为新叶有色类。为了方便起见，亦可将此类与春季发叶类统称为春色叶类。

本类树木如种植在浅灰色建筑物或浓绿色树丛前，能产生类似开花的观赏效果。

（三）秋色叶类 凡在秋季叶子能有显著变化的树种，均称为“秋色叶树”，各国园林工作者均极为重视。

1. 秋叶呈红色或紫红色类者 鸡爪槭、五角枫、茶条槭、糖槭、枫香、地锦、五叶地锦、小檗、樱花、漆树、盐肤木、野漆、黄连木、柿、黄栌、南天竹、花楸、百华花楸、乌桕、红槲、石楠、卫矛、山楂等。

2. 秋叶呈黄或黄褐色者　银杏、白蜡、鹅掌楸、加拿大杨、柳、梧桐、榆、槐、白桦、无患子、复叶槭、紫荆、栾树、麻栎、栓皮栎、悬铃木、胡桃、水杉、落叶松、金钱松等。

以上仅示秋叶之一般变化，实则在红与黄中，又可细分为许多类别。在园林实践中，由于秋色期较长，故早为各国人民所重视。例如在我国北方每于深秋观赏黄栌红叶，而南方则以枫香、乌桕的红叶著称。在欧美的秋色叶中，红槲、桦类等最为夺目。而在日本，则以槭树最为普遍。

（四）常色叶类　有些树的变种或变型，其叶常年均成异色，而不必待秋季来临，特称为常色叶树。全年树冠呈紫色的有紫叶小檗、紫叶欧洲槲、紫叶李、紫叶桃等；全年叶均为金黄色的有金叶鸡爪槭、金叶雪松、金叶圆柏等；全年叶均具斑驳彩纹的有金心黄杨、银边黄杨、变叶木、洒金珊瑚、红檵木等。

（五）双色叶类　某些树种，其叶背与叶表的颜色显著不同，在微风中就形成特殊的闪烁变化的效果，这类树种特称为“双色叶树”。例如银白杨、胡颓子、栓皮栎、青紫木等。

（六）斑色叶类　绿叶上具有其他颜色的斑点或花纹。例如桃叶珊瑚、变叶木等。

除了上述关于叶的各种观赏特性以外，还应注意叶在树冠上的排列，在上部枝条的叶与下部枝条的叶之间，常呈各式的镶嵌状，因而组成各种美丽的图案，尤其当阳光将这些美丽图案投影在铺装平整的地面上时，会产生很好的艺术效果。

有些树木的叶会挥发出香气，如松树、樟科树种及柠檬桉等，均能使人感到精神舒畅。

此外，叶还可有音响的效果。针状叶树种最易发音，所以古来即有“松涛”、“万壑松风”的匾额来赞颂园景之美，至于响叶杨，即是坦率地以其能产生音响而命名了。

这些园林树木艺术效果的形成，并不是孤立的，园林工作者在进行美化配植之前，必须对叶的各种观赏特性有深刻的领悟，才能创造出优美的景色，才能会充分发挥出它们的观赏特性。

第四节　园林树木的花及其观赏特性

一、花形与花色

园林树木的花朵，有各式各样的形状和大小，而在色彩上更是千变万化，层出不穷。单朵的花又常排聚成大小不同、式样各异的花序。

由于上述这些复杂的变化，就形成不同的观赏效果。例如艳红的石榴花如火如荼，会形成热情兴奋的气氛；白色的丁香花就似乎赋有悠闲淡雅的气质；至于雪青色的繁密小花如六月雪，薄皮木等，则形成了一幅恬静自然的图画。

由于花器和其附属物的变化，形成了许多欣赏上的奇趣。例如金丝桃花朵上的金黄色小蕊，长长地伸出于花冠之外；金链花的黄色蝶形花，组成了下垂的总状花序；锦葵科的拱手花篮，朵朵红花垂于枝叶间，好似古典的宫灯；带有白色巨苞的珙桐花，宛若群鸽栖息枝梢。

通过人民的长期劳动，创造出园林树木的许多珍贵品种，这就更丰富了自然界的花形。有的甚至变化得令人无法辨认。例如牡丹、月季、茶花、梅花等，都有着大异于原始花形的各种变异。

除花序、花形之外，色彩效果就是最主要的观赏要素了。花色变化极多，无法一一列举，现仅将几种基本颜色花朵的观花树木列举于下：

（一）红色系花　海棠、桃、杏、梅、樱花、蔷薇、玫瑰、月季、贴梗海棠、石榴、牡丹、山茶、杜鹃花、锦带花、夹竹桃、毛刺槐、合欢、粉花绣线菊、紫薇、榆叶梅、紫荆、木棉、凤凰木、刺桐、象牙红、扶桑等。

（二）黄色系花　迎春、迎夏、连翘、金钟花、黄木香、桂花、黄刺玫、黄蔷薇、棣棠、黄瑞香、黄牡丹、黄杜鹃、金丝桃、金丝梅、蜡梅、金老梅、珠兰、黄蝉、金雀花、金链花、黄夹竹桃、小檗、金花茶等。

（三）蓝色系花　紫藤、紫丁香、杜鹃花、木兰、木蓝、木槿、泡桐、八仙花、牡荆、醉鱼草、假连翘、薄皮木等等。

（四）白色系花　茉莉、白丁香、白牡丹、白茶花、溲疏、山梅花、女贞、荚蒾、枸橘、甜橙、玉兰、珍珠梅、广玉兰、白兰、栀子花、梨、白碧桃、白蔷薇、白玫瑰、白杜鹃花、刺槐、绣线菊、银薇、白木槿、白花夹竹桃、络石等。

二、花的芳香

以花的芳香而论，目前虽无一致的标准，但可分为清香（如茉莉）、甜香（如桂花）、浓香（如白兰花）、淡香（如玉兰）、幽香（如树兰）。不同的芳香对人会引起不同的反应，有的起兴奋作用，有的却引起反感。在园林中，许多国家常有所谓“芳香园”的设置，即利用各种香花植物配植而成。

由于文学、艺术等方面的影响，人们对有些花会产生各种不同的联想，并给予不同的评价。

三、花相理论

花序的形式很重要，虽然有些种类的花朵很小，但排成庞大的花序后，结果反而比具有大花的种类还要美观。例如小花溲疏的花虽小，就比大花溲疏的效果还好。花的观赏效果，不仅由花朵或花序本身的形貌、色彩、香气而定，而且还与其在树上的分布、叶簇的陪衬关系以及着花枝条的生长习性密切有关。我们将花或花序着生在树冠上的整体表现形貌，特称为“花相”。园林树木的花相，从树木开花时有无叶簇的存在而言，可分为两种型式，即：一为“纯式”，一为“衬式”。前者指在开花时，叶片尚未展开，全树只见花不见叶的一类，故曰纯式；后者则在展叶后开花，全树花叶相衬，故曰衬式。现将树木的不同花相分述如下：

（一）独生花相　本类较少，形较奇特，例如苏铁类。

（二）线条花相　花排列于小枝上，形成长形的花枝。由于枝条生长习性之不同，有呈拱状花枝的，有呈直立剑状的，或略短曲如尾状的等。简而言之，本类花相大抵枝条较稀，枝条个性较突出，枝上的花朵成花序的排列也较稀。呈纯式线条花相者有连翘、金钟花等；呈衬式线条花相者有珍珠绣球、三桠绣球等。

（三）星散花相　花朵或花序数量较少，且散布于全树冠各部。衬式星散花相的外貌是在绿色的树冠底色上，零星散布着一些花朵，有丽而不艳，秀而不媚之效。如珍珠梅、鹅掌楸、白兰等。纯式星散花相种类较多，花数少而分布稀疏，花感不烈，但亦疏落有致。若于其后能植有绿树背景，则可形成与衬式花相相似的观赏效果。

（四）团簇花相　花朵或花序形大而多，就全树而言，花感较强烈，但每朵或每个花序的花簇仍能充分表现其特色。呈纯式团簇花相的有玉兰、木兰等。属衬式团簇花相的可以大绣球为典型代表。

（五）覆被花相　花或花序着生于树冠的表层，形成覆伞状。属于本花相的树种，纯式有绒叶泡桐、泡桐等，衬式有广玉兰、七叶树、栾树等。

（六）密满花相　花或花序密生全树各小枝上，使树冠形成一个整体的大花团，花感最为强烈。例如榆叶梅、毛樱桃等。衬式如火棘等。

（七）干生花相　花着生于茎干上。种类不多，大抵均产于热带湿润地区。例如槟榔、枣椰、鱼尾葵、山槟榔、木菠萝、可可等。在华中、华北地区之紫荆，亦能于较粗老的茎干上开花，但难与典型的干生花相相比拟。

此外，由花的观赏特性言之，开花的季节及开放时期的长短以及开放期内花色的转变等，均有不同的观赏意义。这些，都是研究观赏特性时所应注意的内容。

第五节　园林树木的果实及其观赏特性

许多果实既有很高的经济价值，又有突出的美化作用。园林中为了观赏的目的而选择观果树种时，大抵须注意形与色两方面。

一、果实的形状

一般果实的形状以奇、巨、丰为准。所谓“奇”，乃指形状奇异有趣为主。例如铜钱树的果实形似铜币；象耳豆的荚果弯曲，两端浑圆而相接，犹如象耳一般；腊肠树的果实好比香肠；秤锤树的果实如秤锤一样；紫珠的果实宛若许多晶莹剔透的紫色小珍珠；其他各种像气球的，像元宝的，像串铃的，其大如斗的，其小如豆的等，不一而足。而有些种类，不仅果实可赏，而且种子又美，富于诗意，如王维“红豆生南国，春来发几枝，愿君多采撷，此物最相思。”诗中的红豆树等。所谓“巨”，乃指单体的果形较大，如柚；或果虽小而果形鲜艳，果穗较大，如接骨木，均可收到“引人注目”之效。所谓“丰”，乃就全树而言，无论单果或果穗，均应有一定的丰盛数量，才能发挥较高的观赏效果。

二、果实的色彩

果实的颜色，有着更大的观赏意义。“一年好景君须记，正是橙黄橘绿时”，苏轼这首诗描绘出一幅美妙的景色，这正是果实的色彩效果。现将各种果色的树木，分列于下：

（一）果实呈红色者　桃叶珊瑚、小檗类、平枝栒子、水栒子、山楂、冬青、枸杞、火棘、花楸、樱桃、毛樱桃、郁李、欧李、麦李、枸骨、金银木、南天竹、珊瑚树、紫金牛、橘、柿、石榴等。

（二）果实呈黄色者　银杏、梅、杏、瓶兰花、柚、甜橙、香圆、佛手、金柑、枸橘、南蛇藤、梨、木瓜、榅桲、贴梗海棠、沙棘等。

（三）果实呈蓝紫色者 紫珠、蛇葡萄、葡萄、豲猪刺、十大功劳、李、蓝果忍冬、桂花、白檀等。

（四）果实呈黑色者 小叶女贞、小蜡、女贞、刺楸、五加、枇杷叶荚蒾、黑果绣球、毛梾、鼠李、常春藤、君迁子、金银花、黑果忍冬、黑果栒子等。

（五）果实呈白色者 红瑞木、芫花、雪果、湖北花楸、陕甘花楸、西康花楸等。

除上述基本色彩外，有的果实尚有具花纹的。此外，由于光泽、透明度等的不同，又有许多细微的变化。在选用观果树种时，最好选择果实不易脱落而浆汁较少的，以便长期观赏。

三、果实对生物的诱引力

果实不仅可赏，又有招引鸟类及兽类的作用，可给园林带来生动活泼的气氛。不同的果实可招来不同的鸟，例如小檗易招来黄连雀、乌鸦、松鸡等，而红瑞木一类的树则易招来鹎、知更鸟等。但另一方面的问题是，在重点观果区域，却须注意防止鸟类大量啄食果实。

儿童最喜欢色彩鲜艳果实累累的环境。布置精美的观果园可使儿童流连忘返，但应不用具有毒性的种类。

第六节 园林树木的枝、干、树皮、刺毛、根等及其观赏特性

一、枝

树木的枝条，除因其生长习性而直接影响树形外，它的颜色亦具有一定的观赏意义。尤其是当深秋叶落后，枝干的颜色更为显目。对于枝条具有美丽色彩的树木，特称为观枝树种。习见供赏红色枝条的有红瑞木、红茎木、野蔷薇、杏、山杏等；可赏古铜色枝的有山桃、桦木等；而于冬季欲赏青翠碧绿色彩时则可植梧桐、棣棠、青榨槭等。

二、干 皮

乔木干皮的形、色也很有观赏价值。以树皮的外形而言，大抵可分为如下几个类型：

（一）干皮形态

1. *光滑树皮* 表面平滑无裂，例如许多青年期树木的树皮大抵均呈平滑状，典型者如胡桃幼树，柠檬桉等。

2. *横纹树皮* 表面呈浅而细的横纹状，如山桃、桃、樱花等。

3. *片裂树皮* 表面呈不规则的片状剥落，如白皮松、悬铃木、木瓜、榔榆等。

4. *丝裂树皮* 表面呈纵而薄的丝状脱落，如青年期的柏类。

5. *纵裂树皮* 表面呈不规则的纵条状或近于人字状的浅裂，多数树种均属于本类。

6. *纵沟树皮* 表面纵裂较深，呈纵条或近于人字状的深沟。例如老年的胡桃、板栗等。

7. *长方裂纹树皮* 表面呈长方形之裂纹，例如柿、君迁子等。

8. 粗糙树皮　表面既不平滑，又无较深沟纹，而呈不规则脱落之粗糙状，如云杉、硕桦等。

9. 疣突树皮　表面有不规则的疣突，暖热地方的老龄树木可见到这种情况。

树皮外形的变化颇为繁复，且可随树龄而变化，但是上述的类型已可包括一般的形貌了。

（二）干皮色彩　树干的皮色对美化配植起着很大的作用。例如在街道上用白色树干的树种，可产生极好的美化及路宽范围的实用效果。而在进行丛植配景时，也要注意树干颜色之间的关系。现将干皮有显著颜色的树种举例于下：

1. 呈暗紫色的　如紫竹。
2. 呈红褐色的　如马尾松、杉木、山桃等。
3. 呈黄色的　如金竹、黄桦等。
4. 呈灰褐色的　一般树种常为此色。
5. 呈绿色者　如竹、梧桐等。
6. 呈斑驳色彩的　如黄金嵌碧玉竹、碧玉嵌黄金竹、木瓜等。
7. 呈白或灰色者　如白皮松、白桦、胡桃、毛白杨、朴、山茶、悬铃木、柠檬桉等。

三、刺　毛

很多树木的刺、毛等附属物，也有一定的观赏价值。如楤木属多被刺与绒毛。红毛悬钩子小枝密生红褐色刚毛，并疏生皮刺；红泡刺藤茎紫红色，密被粉霜，并散生钩状皮刺。峨眉蔷薇小枝密被红褐刺毛，紫红色皮刺基部常膨大；其变型翅刺峨眉蔷薇皮刺极宽扁，常近于相连而呈翅状，幼时深红，半透明，尤为可观。

四、根

树木裸露的根部也有一定的观赏价值，中国人民自古以来即对此有很高的鉴赏水平。因此，久已运用此观赏特点于园林美化及桩景盆景的培养。但是并非所有树木均有显著的露根美。一般言之，树木达老年期以后，均可或多或少地表现出露根美。在这方面效果突出的树种有：松、榆、朴、梅、楸、榕、蜡梅、山茶、银杏、鼠李、广玉兰、落叶松等。

在亚热带、热带地区有些树有巨大的板根，很有气魄；另外，具有气生根的种类；可以形成密生如林、绵延如索的景象，则更为壮观。

第七节　园林树木的意境美（联想美）

通常易为人们注意的是前面各节所叙述的植物的形体美和色彩美，以及嗅觉感知的芳香美，听觉感知的声音美等。除此以外，树木（植物）尚具有一种比较抽象的，但却是极富于思想感情的美，即联想美。最为人们所熟知的如松、竹、梅被称为“岁寒三友”，象征着坚贞、气节和理想，代表着高尚的品质。其他如松、柏因四季常青，又象征着长寿、永年，紫荆象征兄弟和睦，含笑表示深情，红豆表示相思、恋念，而对于杨树、柳树，却有“白杨萧萧”表示惆怅、伤感，“垂柳依依”表示感情上的依依不舍、惜别等。在民间，传统上更有所谓“玉、堂、春、富、贵”的观念，对此，有的认为是粗俗的观念，但是在某些地区，广大的民间却喜欢在欢乐的节日里，家中能有玉兰、海棠、迎春、牡丹、桂花开放，哪怕只有其中的一种能在家中盛开，就会给其带来全年精神上的快乐与安慰。实际上，这种民间广大群众所喜闻乐见的习俗是不应受到贬责的，园林工作者应当热情地给予支持，使千家万户都能有名花盛开。

树木联想美的形成是比较复杂的，它与民族的文化传统、各地的风俗习惯、文化教育水平、社会的历史发展等有关。中国具有悠久的文化，在欣赏、讴歌大自然中的植物美时，曾将许多植物的形象美概念化或人格化，赋予丰富的感情。事实上，不仅中国如此，其他许多国家亦均有此情况，例如日本人对樱花的感情，每当樱花盛开的季节，男女老幼载歌载舞，举国欢腾；加拿大以糖槭树象征着祖国大地，将树叶图案绘在国旗上。中国亦习惯以桑、梓代表乡里，出现于文学中。一个较著名的例子是，在第二次世界大战后，俄罗斯在德国柏林建立一座苏军纪念碑；在长轴线的焦点，巍然矗立着抗击法西斯、保卫祖国、保卫和平的威武战士抱着儿童的雕像；军旗倾斜表示庄严的哀悼，母亲雕像垂着头沉浸于深深的悲痛之中，在母亲雕像旁配植着垂枝白桦，白桦是俄罗斯的乡土树种，垂枝表示哀思。这组配植使我们想象到来自远方祖国家乡的母亲，不远万里来到异国想探视久久思念的儿子，但当她得知爱子已牺牲而来到墓地时的心情。这组配植是非常成功的，当你细细品味时总是感人泪下，从而唤起反对法西斯、保卫世界和平的感情。还会觉得战士的英灵也会得到慰藉，因为他得到人民的尊重并且有母亲和家乡的草木在身旁陪伴而不会感觉是在异国他乡。我国首都天安门广场人民英雄纪念碑及毛主席纪念堂南面的松林配植也是较好的例子。

植物的联想美，如前所述，多是由文化传统逐渐形成的，但是它并不是一成不变的，随着时代的发展而会转变的。例如“白杨萧萧”是由于旧时代，一般的民家多将其植于墓地而形成的，但是在现代却由于白杨生长迅速，枝干挺拔，叶近革质而有光泽，具有浓荫匝地的效果，所以成为良好的普遍绿化树种，即时代变了，绿化环境变了，所形成的景观变了，游人的心理感受也变了，所以当微风吹拂时就不会有“萧萧愁煞人”的感觉。相反地，如配植在公园的安静休息区中却会产生“远方鼓瑟”、“万籁有声”的安静松弛感而收到充分休息的效果。又如梅花，旧时代总是受文人“疏影横斜”的影响，带有孤芳自赏的情调，而现在却应以“待到山花烂漫时，她在丛中笑”的富有积极意义和高尚理想的内容去转化它。

总之，园林工作者应善于继承和发展树木的联想美，将其精巧地运用于树木（植物）的配植艺术中，充分发挥树木（植物）美对人们精神文明的培育作用。

第七章　园林树木的生产功能

第一节　园林树木生产功能的意义及其特点

园林树木的生产功能是指大多数的园林树木均具有生产物质财富、创造经济价值的作用。树木的全株或其一部分，如叶、根、茎、花、果、种子以及其所分泌的乳胶、汁液等，许多是可以入药、食用或作工业原料用，其中许多甚至属于国家经济建设或出口贸易的重要物资，它们在生产上的作用是显而易见的；另一方面，由于运用某些园林树木提高了某些园林的质量，因而增加了游人量，增加了经济收入，并使游人在精神上得到休息，这亦是一种生产功能，不过它常为人们所忽略罢了，从园林建设的目的性和实质上来看，这方面的生产功能却是比前者更为重要的。

关于园林树木生产功能概念的认识及其为园林建设的关系方面，是有许多经验教训的。过去，有一个时期，有的人特别强调园林植物的单纯物质生产功能，对园林建设工作提出“园林生产化”的口号，把它当作方针政策来推行。结果，公园中的草坪破坏了，许多园林树木被砍倒，换植成果树，供游人水上活动的湖池围起来变成养鱼池……。实践证明，“生产化”的结果，导致把园林绿地都变成变相的农业生产圃地，而这些所谓生产化了的园林，在栽培养护及经营管理上也均无法按照真正的农业生产场地去实行集约经营，加之，场地的条件、设施等在规划设计上与专门的生产用地在规划设计上有很大差异，不能满足生产活动的要求，因而达不到真正的经济生产目的。例如在公园中，东种几株果树，西种几种果树，不能像果园中那样精细地喷药、施肥、灌溉、耕作、套袋以及合理地安排授粉树，公园中占很重要比重的古松柏树及绿篱，例如圆柏是各种苹果树、梨树品种锈病的中间寄主，根本无法完全砍光；所以最后，无论从单位土地面积或单株产量来计算或从果实品质来讲，均无法与果园相比。再以水面养鱼来讲，园林中的水池湖塘均以自然式为主，池中及岸边均设有种植台不利于捕鱼，这种园林中的池塘虽可养些鱼，但若从生产化经营的角度来讲，比起专门养殖场的经济效益要小很多倍，因为养殖场的鱼池有很多科学技术上的专门要求而园林中所设计的池塘常常是与这些要求背道而驰的。因此，所谓“园林生产化”的结果，导致园林的濒于消失，而从土地、资金、劳力、经营管理、商品生产率等方面来计算是很不经济的。关于“园林结合生产”是比“园林生产化”的口号现实一些，但问题是在执行中所掌握的分寸，有的人说是结合生产但头脑里想的只是生产产品为主，干扰了园林绿地本身所应担负的使命。由于园林绿地的类型很多，有的类型可以做一些结合生产的工作，有的类型就不大可能结合生产，所以不宜一概而论。

正确的方针是园林树木生产功能的发挥必须从属于园林绿地依其类型性质而负有的园林使命，绝不允许片面的只强调生产功能而损害园林所应有的主要任务和作用。这就是在发挥园林树木物质生产功能时所必须掌握的原则和特点。园林树木的生产功能是多种多样的，在具体实施中必须因地制宜、深入细致地进行考虑。例如国际市场上1kg玫瑰香精油要比黄金昂贵得多，即使如此，也不可能设想在公园中大种其玫瑰而在花朵初开时又全部采光去提炼香精油，玫瑰花园中看不到几朵花，还算什么花园？对于用材类树种或树皮、根部入药的树种，也不可能设想城市公园中应当承担生产木材和药材的任务。但是，在很多情况下，在园林中通过合理的措施，生产一些产品还是可能的，尤其是在面积较大的自然风景旅游区中，生产途径还是很广阔的。西方的罐装食品中，有的增放一片月桂叶子，价格就提高很多，而月桂树在我国南方是生长得很好的；有的地区可以将茶树作为绿篱栽培，结合采摘、修剪可以制成该园的特产。有的园林树种不需特殊的精细管理却能结出较丰盛的果实，例如山楂、柿子、海棠、……等，果实可在树上存留很久，既有观赏效果又有生产收益，其他如山果类、小果类等树种均可适当应用。此外，还可利用植物材料制作一些有纪念性的手工艺品。

总之，园林绿地的主要任务是美化和改善生活居住和工作与游憩的环境，园林树木物质生产功能的发挥必须从属于园林主要任务的要求。

第二节 园林树木的经济用途

园林树木的生产功能，按其产品的经济用途可分为以下数类，对各类的具体运用必须视具体情况而定，决不应生搬硬套以致影响树木在园林中的美化、防护和改善环境的主要功能。

一、果品类

园林树木中有很多种类的果实味美可口，且富含维生素等营养物质。其中有的果实可供鲜食，有的则应干制或加工食用。北方常用的有梨类、桃、木瓜、杏、柿、狗枣猕猴桃、枣、李、山楂、海棠果、苹果、桑、葡萄、板栗、榛等；南方常见的有石榴、梅、无花果、香榧、山核桃、龙眼、橄榄、木菠萝、杧果、番木瓜、杨梅、枇杷、香蕉、椰子等。

二、淀粉类

许多园林树木的果实、种子富含淀粉，其中淀粉质地好、产量高的树种可特称为“木本粮食树种”或“铁杆庄稼”，如栗类、枣、栎类、栲类、柯类、柿、榆、薜荔、银杏等。

三、菜用类

很多树木的叶、花、果可作蔬菜食用，例如香椿、枸杞、木槿、玉兰，紫藤、刺槐、榆等。

四、油脂类

许多园林树木的果实、种子富含油脂，称作油料树，它们对人民生活及工业方面均很重要。树木种子的含油量有些比农作物的含油量还高，例如油桐种子的含油量为40%～60%，黄连木种子为56%，樟树为64%，胡桃仁为58%～74%，铁力木竟高达78.9%以上，而农业上的油菜子的含油量只为39%，花生为40%～55%，芝麻为45%～55%。

常见的园林油料树种有：松属、榧属、胡桃属、山核桃属、榛属、钓樟属、山杏、扁桃（巴旦杏）、花椒属、乌桕属、漆树属、黄连木、栾树、山茶属、沙棘、油桐属、文冠果、毛梾（车梁木）、梾木、重阳木、元宝枫、茶条槭、无患子、山桐子（水冬瓜）、毛叶山桐、榄仁树、油棕、油橄榄、乌榄等。

五、纤维类

有些树木的茎干富含纤维，对人民生活及工业生产均很重要。一般可分为编织、造纸、纺织、绳索等类。

常见有各种纤维原料的树种有：杨属、榆属、刺槐、桑属、构树、柘树，椴、云杉属、辽东冷杉、朴属、枫杨、化香、梧桐、榕属、榉属，紫穗槐、荆条、胡枝子、杭子梢、南蛇藤、木槿、木芙蓉，雪柳、扁担杆、络石、杠柳、棕榈、毛竹、茶杆竹（青篱竹）、木棉、结香、芫花、剑麻、龙舌兰等。

六、芳香油类

由于人民生活的提高和国产香精油在国际上的美誉，芳香油的需要颇为迫切。我国富含芳香油的园林树种甚多，大有发展前途。常见富含芳香油的树种有：茉莉、含笑、白兰花、珠兰、桂花、素馨、鸡蛋花、山鸡椒、山胡椒、木姜子、香薷属、芸香、柑橘属、花椒、白千层、柠檬桉、细叶桉、桂香柳、刺槐、紫穗槐、樟树、檫木、台湾相思、肉桂、月桂、八角、香水月季、熏衣草、黄荆等。

七、鞣料类

在制革、纺织印染、渔网制造以及医药工业等方面，均需要大量鞣料。园林树种中含鞣质（单宁）丰富的树种很多，常见的有落叶松属、云杉属、松属、铁杉属、杉木、木麻黄、柳属、杨梅、桦属、台湾相思、金合欢、合欢属、羊蹄甲属、楝、红椿、石栗、乌桕、南酸枣、冬青、野鸦椿、铜钱树、杜英属、厚皮香、大头茶、沙棘、大叶桉、蒲桃属、刺楸、梾木属、化香树、黄连木及槭属的茎皮、根皮、叶和果；桤木属（赤杨属）的树皮及果实；榛属的树皮、总苞及叶，栗属、栲属、槠属的树皮、木材及壳斗；火棘属、蔷薇属及悬钩子属的根皮；云实属及石榴的果皮；盐肤木及漆树属的“五倍子”（虫瘿）等。

八、橡胶类

我国虽已大力发展橡胶，仍感生产不足，急须进一步发展橡胶植物。园林树木中富含橡胶的种类有：橡胶树、印度胶榕（印度橡皮树）、卫矛及大果卫矛（树皮、根、叶等可提硬橡胶）、疏花卫矛（茎皮、根皮提硬橡胶）、丝棉木、冬青卫矛，华北卫矛及胶枝卫矛（树皮均含硬橡胶）、杜仲（树皮及果实含硬橡胶）、猫儿屎（果皮）、白桂木（茎皮、根皮含硬橡胶）、薜荔（干、枝、叶、果均含胶乳）、杜仲藤（茎皮、叶脉及果实含胶乳）等。

九、树脂、树胶类

树脂及树胶在现代化学工业中颇为重要。富含树脂与树胶的园林树木有：松类、柏类、杉类、桃、山桃、枫香、木蜡树、漆树、栾树、猕猴桃、华东楠、香椿、三花冬青（细叶冬青）、坡垒等。

十、药用类

园林树木很多可以入药，难于一一列举，其最常用的有：银杏、侧柏、麻黄属、牡丹、五味子属、构树、木兰、枇杷、梅、枳、七叶树、刺楸、使君子、连翘、枸杞、海州常山、杜仲、萝芙木、接骨木、金银花、槟榔、金鸡纳树、天竺桂、木莲、化香树、扶桑、扶芳藤、花榈木、夹竹桃、佛手、迎春、九里香、女贞、六月雪、木棉、杜仲、鸡蛋花、枫杨、刺玫、欧李、郁李、毛葡萄、龙船花、石楠、四方木、四方藤、青荚叶、冬珊瑚等。

十一、饲料类

园林树木之果或嫩枝、幼叶可用于饲养牲畜的有：栎类、槠类、胡枝子、刺槐、构、榆、杨等；叶用于养蚕的有：桑属、柘属等；有较丰富的蜜及花粉可以养蜂的有：牡荆属、椴属、枣、刺槐、蔷薇属，香薷属等。

十二、用材类

一般高大的园林乔木，可提供不同的用材，如松、杉、柏、桧、楸、梓、杨、柳、榆、槐、泡桐、栎类等。不过向国家提供木材主要是林业的任务，在园林中通常只能因地制宜地提供一些小径材或作农具、手杖、筷子、编筐织篓一类的材料。

十三、其　他

除上述各种经济用途外，园林树木中尚有些种类富含糖分，可提制砂糖，如糖槭、复叶槭、刺梨、金樱子等。有可用于食品染色的，如栀子、冻绿、苏木、木槿等。有富含维生素而可供提制的，如玫瑰及许多蔷薇类、桂香柳、猕猴桃等。有的含有特种成分可供饮用者，如咖啡、可可、柿叶、茶树等。亦有含杀虫成分可供作杀虫农药的，如夹竹桃、银杏、苦参、臭椿、无患子、羊踯躅、杠柳、楝、皂荚、大叶桉、油茶、苦木、鸡血藤属等。

第八章　园林树木的配植

第一节　配植的原则

园林树木的配植千变万化，在不同地区、不同场合、地点，由于不同的目的、要求，可有多种多样的组合与种植方式；同时，由于树木是有生命的有机体，是在不断的生长变化，所以能产生各种各样的效果。因而树木（植物）的配植是个相当复杂的工作，也只有具有多方面广博而全面的学识，才能做好配植工作。配植工作虽然涉及面广、变化多样，但亦有基本原则可循。

首先，因为树木（植物）是具有生命的有机体，它有自己的生长发育特性，同时又与其所位于的生境间有着密切的生态关系，所以在进行配植时，应以其自身的特性及其生态关系，作为基础来考虑。

其次，在非常重视树木（植物）习性的基础上又不应完全绝对化的受其限制，而应有创造性地来考虑。

第三，树木（植物）具有美化环境、改善防护及经济生产等三方面的功能，在配植中应明确该树木所应发挥的主要功能是什么。在进行绿化建设时，需有明确的目的性；园林绿地除了具有综合功能外，在综合中总有主要的目的要求，因此在进行树木配植时应首先着重考虑满足主要目的的要求。

第四，在满足主要目的要求的前提下，应考虑如何配植才能取得较长期稳定的效果。

第五，应考虑以最经济的手段获得最大的效果。

第六，应考虑到配植效果的发展性和变动性，以及在变动过程中的措施。

第七，在有特殊要求时，应有创造性，不必拘泥于树木（植物）的自然习性，应综合地利用现代科学技术措施来保证树木配植的效果能符合主要功能的要求。

当前，在全国普遍重视园林绿化的前提下，曾发现有的地区有些单位不了解树木（植物）的习性，盲目大量的从外地购入树木，结果由于不能适应该地气候土壤条件而全军覆灭，造成很大损失。有的单位忽视树木是活的有机体，初植时尽量密植，以后的措施跟不上，结果树木生长不良，树冠不整、高低粗细杂乱无章，达不到美化要求。有的单位只知种树却不懂配植，降低了园林绿化水平。有的人将园林绿化与植树造林完全等同起来，固然二者间有非常密切的关系但亦有很多绝然不同之处，因而降低了配植水平，不能符合园林配植的要求；这并不是褒贬某个学科而是从实际出发而言的。现在各个学科之间均有其共性亦有其特性，这两方面均不应忽略，如果简单化地等同起来，必然导致某些学科的停滞甚至消亡，必将给国家的建设和文化的发展带来损失。

园林绿化建设中的树木（植物）配植工作，必须符合园林综合功能中主要功能的要求，要有园林建设的观点和标准，用园林科学的方法来实现其目的。

一个较好的例子是首都北京天安门广场的绿化。新中国成立 10 周年时，在许多绿化方案中选中用大片油松林来烘托人民英雄纪念碑，表现中华儿女的坚贞意志和革命精神万古常青永垂不朽的内容。在现在来看对宏伟端庄肃穆的毛主席纪念堂也是很好的陪衬。从内容到形式上这个配植方案是成功的，从选用油松树种来讲也是正确的。但是如果仅从树种的习性来考虑，则侧柏及圆柏均比油松更能适应广场的生境，就不会有现在需换植一部分生长不良的枯松的麻烦，在养护管理上也省事和经济多了。但是天安门广场绿化的政治意义和艺术效果的重要性是第一位的，油松的观赏特性比侧柏、圆柏的观赏特性更能满足这第一位的要求，所以即使其适应性不如后二者，但仍然被选中。

第二节 配植的方式

配植的方式有多种多样，可以千变万化，一般言之有以下几类。

一、按配植的平面关系分

（一）规则式 植株的株行距和角度按照一定的规律进行种植。可分为左右对称及辐射对称等两大类：

1. *左右对称* 见图 8-1。

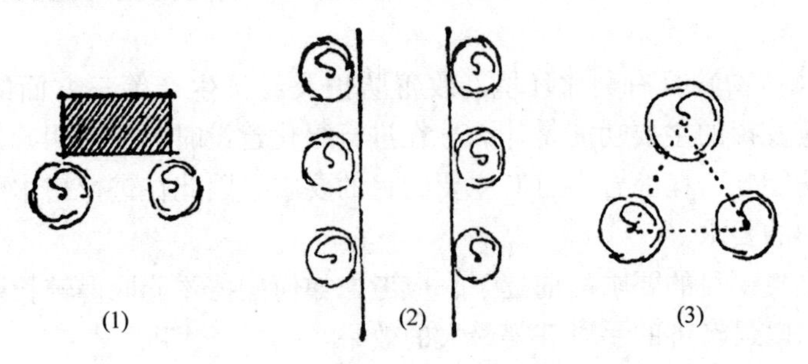

图 8-1 规则式左右对称配植

（1）对植 （2）列植 （3）三角式

（1）对植 常用在建筑物门前，大门入口处，用两株树形整齐美观的种类，左右相对的配植。

（2）列植 树木呈行列式种植。有单列、双列、多列等方式。其株距与行距可以相同亦可以不同。多用于道路上行道树、植篱、防护林带、整形式园林的透视线、果园、造林地。这种方式有利于通风透光，便于机械化管理。

（3）三角形种植 有等边三角形或等腰三角形等方式。实际上在大片种植后乃形成变体的行列式。等边三角形方式有利于树冠和根系对空间的充分利用。

2. *辐射对称* 见图 8-2。

（1）中心式 包括单株及单丛种植。

（2）圆形 又包括环形、半圆形、弧形以及双环、多环、多弧等富于变化的方式。

（3）多角形 包括单星、复星、多角星、非连续多角形等。

（4）多边形 包括各种连续和非连续的多边形。

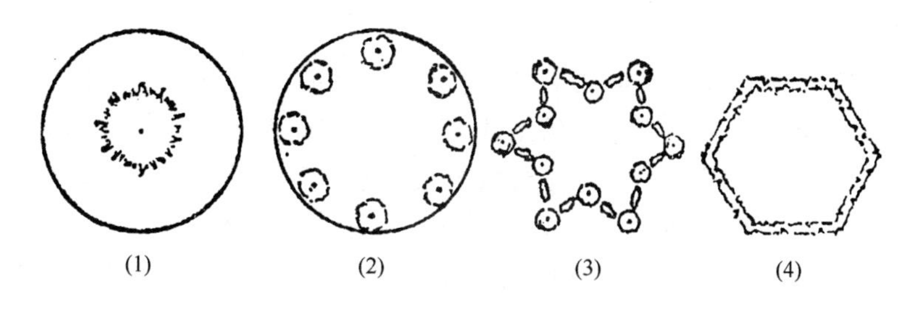

图 8-2 规则式辐射对称配植

（1）中心式 （2）环形 （3）多角形 （4）多边形

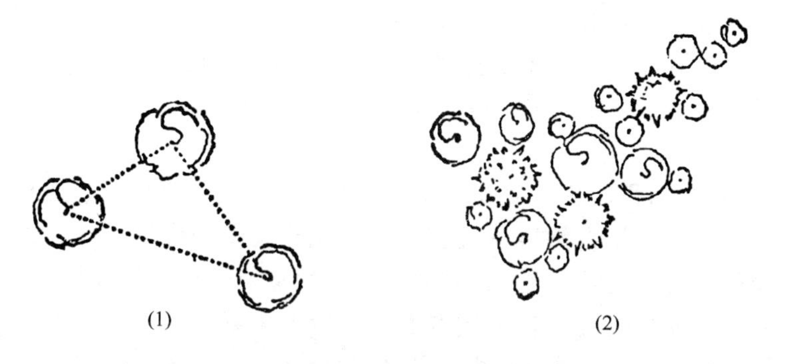

图 8-3 不规则式配植

（1）不等边三角形 （2）镶嵌式

（二）不规则式 亦称为自然式，见图 8-3。

（1）不等边三角形式

（2）镶嵌式

（三）混合式 在一定单元面积上采用规则式与不规则式相结合的配植方式称为混合式。

二、按配植的景观分

（一）独植（孤植、单植）

为突出显示树木的个体美，常采用本法。通常均为体形高大雄伟或姿态奇异的树种，或花、果的观赏效果显著的树种。一般均为单株种植，西方庭园中称为标本树，在中国习称独赏树（孤赏树、孤植树），对某些种类则呈单丛种植，如龙竹等。

独植的目的为充分表现其个体美，所以种植的地点不能孤立地只注意到树种本身而必须考虑其与环境间的对比及烘托关系。一般应选择开阔空旷的地点，如大片草坪上、花坛中心、道路交叉点、道路转折点、缓坡、平阔的湖池岸边等处。

用作独植的树种有雪松、白皮松、油松、圆柏、黄山松、侧柏、冷杉、云杉、银杏、南洋杉、栎类、悬铃木、七叶树、臭椿、枫香、槐、栾、柠檬桉、金钱松、凤凰木、南洋楹、樟树、广玉兰、玉兰、榕树、海棠、樱花、梅花、山楂、白兰、木棉等。

（二）丛植 由二、三株至一、二十株同种类的树种较紧密地种植在一起，其树冠线彼此密接而形成一个整体外轮廓线的称为丛植。丛植有较强的整体感，少量株数的丛植亦有独赏树的艺术效果。丛植的目的主要在于发挥集体的作用，它对环境有较强的抗逆性，在艺术上强调了整体美。

（三）聚植（集植或组植） 由二、三株至一、二十株不同种类的树种组配成一个景观单元的配植方式称聚植；亦可用几个丛植组成聚植。聚植能充分发挥树木的集团美，它既能表现出不同种类的个性特征又能使这些个性特征很好地协调地组合在一起而形成集团美，在景观上是具有丰富表现力的一种配植方式。一个好的聚植，要求园林工作者从每种的观赏特性、生态习性、种间关系，与周围环境的关系以及栽培养护管理上去多方面的综合考虑。

（四）群植（树群） 由二、三十株以上至数百株的乔、灌木成群配植时称为群植，这个群体称为树群。树群可由单一树种组成亦可由数个树种组成。树群由于株数较多，占地较大，在园林中可作背景、伴景用，在自然风景区中亦可作主景。两组树群相邻时又可起到透景框景的作用。树群不但有形成景观的艺术效果，还有改善环境的效果。在群植时应注意树群的林冠线轮廓以及色相、季相效果，更应注意树木间种类间的生态习性关系，务以能保持较长时期的相对稳定性。

（五）林植 是较大面积、多株数成片林状的种植。这是将森林学、造林学的概念和技术措施按照园林的要求引入于自然风景区和城市绿化建设中的配植方式。工矿场区的防护带，城市外围的绿化带及自然风景区中的风景林等，均常采用此种配植方式。在配植时除防护带应以防护功能为主外，一般要特别注意群体的生态关系以及养护上的要求。通常有纯林、混交林等结构。在自然风景游览区中进行林植时应以营造风景林为主，应注意林冠线的变化、疏林与密林的变化、林中下木的选择与搭配、群体内及群体与环境间的关系以及按照园林休憩游览的要求留有一定大小的林间空地等措施。

（六）散点植 以单株在一定面积上进行有韵律、节奏的散点种植，有时也可以双株或三株的丛植作为一个点来进行疏密有致的扩展。对每个点不是如独赏树地给以强调，而是着重点与点间有呼应的动态联系。散点植的配植方式既能表现个体的特性又处于无形的联系之中，正好似许多音色优美的音符组成一个动人的旋律一样能令人心旷神怡。

第三节 配植的艺术效果

园林建设中对植物的应用，从总的要求来讲，创造一个生活游憩于其中的美的环境是主要目的。有人可能说应以生态平衡为主要目的，或以环境保护为主要目的，但是只要从客观事实来看，全世界的自然森林面积和人工造林面积，广大的农作物面积和果园、菜园面积以及放牧草原、草场面积所发挥的生态平衡作用与园林面积所能起到的改善环境作用相比较时，就会很明确了。

在园林建设工作中，除了工矿区的防护绿地带外，总的说来，城镇的园林绿地及休养疗养区、旅游名胜地、自然风景区等地的树木配植均应要求有美的艺术效果。应当以创造优美环境为目标，去选择合适的树种、设计良好的方案，和采用科学的、能维护此目标或实现此目标的整套养护管理措施。

很多地区认为“普遍绿化”就是园林工作，这种认识是不全面的，概括地说园林建设工作应是“绿化加美化”。只讲绿化不讲美化则不能称为园林建设工作的全部，也不能表示出园林专业的特点。所谓美化，除包括一般人习惯说的“香”、“彩化”等内容，还应包括地形改造以及园林建筑和必要的设施。如果只有地形改造和园林建筑而没有绿化，亦不能称为园林建设工作的全部。因此，园林建设工作必须既讲绿化又讲美化，缺一不可。

在前面的章节中曾讲过植物的形象美、色彩美以及联想美，园林工作者应该充分运用其对植物美的丰富知识，按照一定的理想，将其组合起来，这种组合必须对树木（植物）十几年或几十年后的形象具有预见性，并结合当地具体的环境条件和园林主题的要求，巧妙地、合理地进行配植，构成一个景观空间，使游人置身其间，陶醉于美好的意境中。

“几处早莺争暖树，谁家新燕啄春泥。乱花渐欲迷人眼，浅草才能没马蹄。最爱湖东行不足，绿杨荫里白沙堤。”这是著名诗人白居易对植物形成春光明媚景色的描绘。“独坐幽篁里，弹琴复长啸。深林人不知，明月来相照。”这是著名诗人王维对植物所形成的“静”的感受。各种植物的不同配植组合，能形成千变万化的景境，能给人以丰富多彩的艺术感受。

树木（植物）配植的艺术效果是多方面的、复杂的，需要细致的观察、体会才能领会其奥妙之处，在此仅作一般概述，望读者继续深入领会。

丰富感：图 8-4 中示建筑物在配植前后的外貌。配植前建筑的立面很简单枯燥，配植后则变为优美丰富。在建筑物屋基周围的种植叫“基础种植”或“屋基配植”如图 8-5。

平衡感：平衡分对称的平衡和不对称的平衡两类，前者是用体量上相等或相近的树木以相等的距离进行配植而产生的效果，后者是用不同的体量以不同距离进行配植而产生的效果。

稳定感：在园林局部或园景一隅中常可见到一些设施物的稳定感是由于配植了植物后才产生的。例如图 8-6，示园林中的桥头配植。图中之（1）为配植前，桥头有秃硬不稳定感，

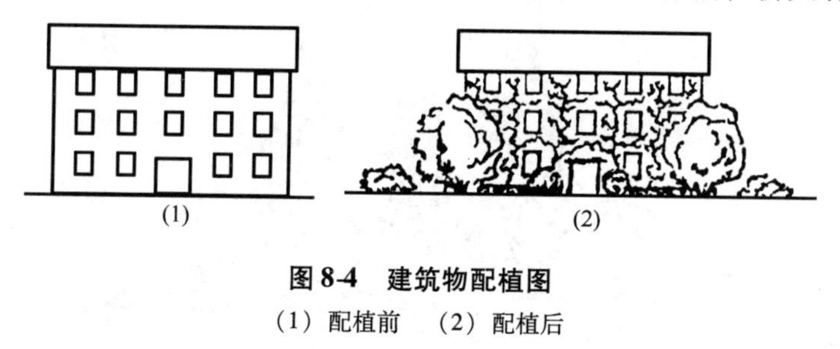

图 8-4　建筑物配植图

（1）配植前　（2）配植后

图 8-5　建筑物基础种植

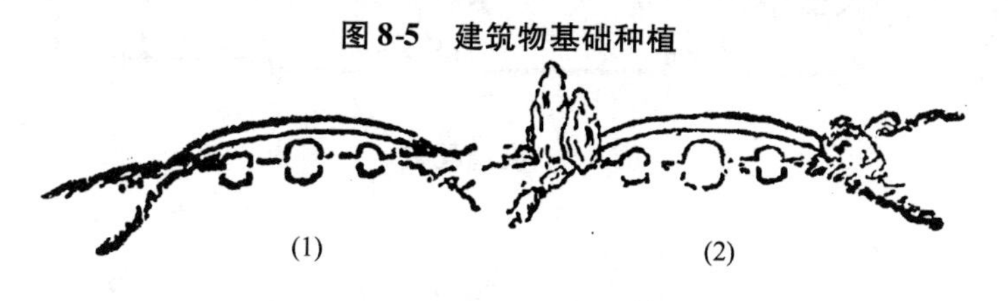

图 8-6　园林桥头配植

（1）配植前　（2）配植后

配植之后则感稳定。实际上中国较考究的石桥在桥头设有抱鼓尾板，木桥也多向两侧敞开，因而形成稳定感，而在园林中于桥头以树木配植加强稳定感则能获得更好的风景效果。

严肃与轻快：应用常绿针叶树，尤其是尖塔形的树种常形成庄严肃穆的气氛，例如莫斯科列宁墓两旁配植的冷杉产生很好的艺术效果。一些线条圆缓流畅的树冠，尤其是垂枝性的树种常形成柔和轻快的气氛，例如杭州西子湖畔的垂柳。

强调：运用树木的体形、色彩特点加强某个景物，使其突出显现的配植方法称为强调。具体配植时常采用对比、烘托、陪衬以及透视线等手法。

缓解：对于过分突出的景物，用配植的手段使之从“强烈”变为“柔和”称为缓解。景物经缓解后可与周围环境更为协调而且可增加艺术感受的层次感。

韵味：配植上的韵味效果，颇有“只可意会不可言传”的意味。只有具有相当修养水平的园林工作者和游人能体会到其真谛。但是每个不懈努力观摩的人却又都能领略其意味。

总之欲充分发挥树木配植的艺术效果，除应考虑美学构图上的原则外，必须了解树木是具有生命的有机体，它有自己的生长发育规律和各异的生态习性要求，在掌握有机体自身和其与环境因子相互影响的规律基础上还应具备较高的栽培管理技术知识，并有较深的文学、艺术修养，才能使配植艺术达到较高的水平。此外，应特别注意对不同性质的绿地应运用不同的配植方式，例如公园中的树丛配植和城市街道上的配植是有不同的要求的，前者大都要求表现自然美，后者大都要求整齐美，而且在功能要求方面也是不同的，所以配植的方式也不同，例如图 8-7 和图 8-8。

图 8-7 树丛配植

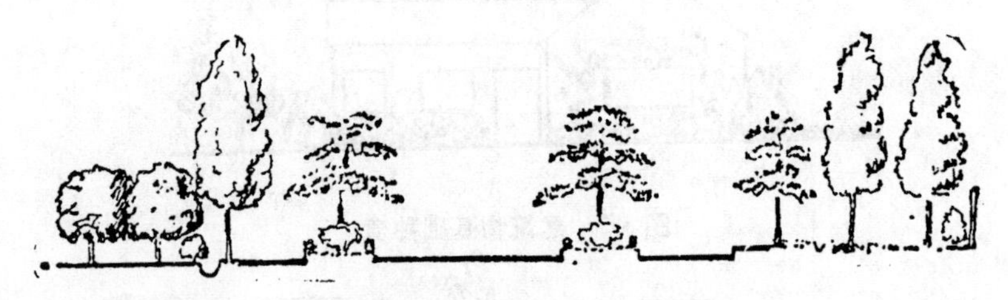

图 8-8 街道配植

第九章　园林树木的栽植

第一节　栽植的概念

栽植是农林园艺栽种植株的一种作业。但一般常仅狭义地理解为“种植”而已。实际上广义的栽植应包括“起（掘）苗”、“搬运”、“种植”这样3个基本环节的作业。将植株从土中连根（裸根或带土团并包装）起出，称为“起（掘）苗”。“搬运”是指将植株用一定的交通工具（人力或机械、车辆等）运至指定地点。“种植”是指将被移来的植株按要求栽种于新地的操作。在栽植的全过程中，仅是临时埋栽性质的种植称之为“假植”。如在晚秋，苗圃为了腾出土地进行整地作业或为防寒越冬便于管理，将苗木掘起，集中斜向全埋或仅埋根部于沟中，待春暖时再起出进行正式栽植。另外在栽植时，由于苗的数量很大，一时栽不完，为保护根系不被风吹日晒，临时培润土于根部施行保护，也称为假植。若在种植成活以后还需移动者，那么这次作业称为“移植”。园林所用苗木规格较大，为使吸收根集中在所掘范围内，有利成活和恢复，根据树种特性，在苗圃中往往需要间隔一至数年移植1次。植株若在种植之后直至砍伐或死亡不再移动者，那么这次种植称之为“定植”。

第二节　栽植成活的原理

在未移之前，一株正常生长的树木，在一定的环境条件下，其地上部与地下部，存在着一定比例的平衡关系。尤其是根系与土壤的密切结合，使树体的养分和水分代谢的平衡得以维持。植株一经挖（掘）起，大量的吸收根常因此而损失，并且（裸根苗）全部或（带土球苗）部分脱离了原有协调的土壤环境，易受风吹日晒和搬运损伤等影响；根系与地上部以水分代谢为主的平衡关系，或多或少地遭到了破坏。植株本身虽有关闭气孔等减少蒸腾的自动调节能力，但此时作用有限。根损伤后，在适宜的条件下，都具有一定的再生能力，但发生多量的新根需经一定的时间，才能真正恢复新的平衡。可见，如何使树在移植过程中少伤根系和少受风干失水，并促使迅速发生新根与新的环境建立起良好的联系是最为重要的。在此过程中，常需减少树冠的枝叶量，并有充足的水分供应或有较高的空气湿度条件，才能暂时维持较低水平的这种平衡。总之在栽植过程中，如何维持和恢复树体以水分代谢为主的平衡是栽植成活的关键，否则就有死亡的危险。而这种平衡关系的维持与恢复，除与“起掘”、“搬运”、“种植”、“栽后管理”这4个主要环节的技术直接有关外，还与影响生根和蒸腾的内外因素有关。具体与树种根系的再生能力、苗木质量、年龄、栽植季节都有密切关系。

第三节 栽植季节

植树的季节应选在适合根系再生和枝叶蒸腾量最小的时期。在四季分明的温带地区，一般以秋冬落叶后至春季萌芽前的休眠时期最为适宜。就多数地区和大部分树种来说，以晚秋和早春为最好。晚秋是指地上部进入休眠，根系仍能生长的时期；早春是指气温回升土壤刚解冻，根系已能开始生长，而枝芽尚未萌发之时。树木在这两个时期内，因树体贮藏营养丰富，土温适合根系生长，而气温较低，地上部还未生长，蒸腾较少，容易保持和恢复以水分代谢为主的平衡。至于春栽好还是秋栽好，世界各国学者历来有许多争论，主张秋栽为好的占多数，但从生产实践来看，因各地具体条件不同，不可拘泥于一说。大致上，冬季寒冷地区和在当地不甚耐寒的树种宜春栽；冬季较温暖和在当地耐寒的树种宜秋栽。冬季，从植株地上部蒸腾量少这一点来说，也是可以移栽的，但要看树种（尤其是根系）的抗寒能力如何，只有在当地抗寒性很强的树种才行。在土壤冻结较深的地区，可用“冻土球移植法”(参见大树移植)。夏季由于气温高，植株生命活动旺盛，一般是不适合移植的。但如果夏季正值雨季地区，由于供水充足，土温较高，有利根系再生；空气湿度大，地上蒸腾少，在这种条件下也可以移植。但必须选择春梢停长的树木，抓紧连阴雨时期进行，或配合其他减少蒸腾的措施（如遮荫）才能保证成活。至于具体到一个地区的植树季节应根据当地的气候特点、树种类别和任务大小以及技术力量（劳力、机械条件等）而定。现将中国各大区植树季节分述如下：

一、华南地区

本区冬季虽仍受西伯利亚冷空气南下影响，但为时甚短；南部（如广州市等）没有气候学的冬季，仅个别年份绝对最低温度可达0℃。年降水量丰富，主要集中在春夏季，而秋冬较少，故秋季干旱较明显。植树季节与第三区相似，但春栽相应提早，2月份即全面开展植树工作。雨季来得早，春季即为雨季，植树成活率较高。由于有秋旱，故秋栽应晚栽。由于冬季土壤不冻结，可冬栽，从1月份就可开始栽植具深根性的常绿树种（如樟、松等）并与春栽相连接。

二、西南地区

此区主要受印度洋季风影响，有明显的干、湿季。冬、春为旱季；夏、秋为雨季。由于冬春干旱，土壤水分不足，气候温暖且蒸发量大，春栽往往成活率不高。其中落叶树可以春栽，但宜尽早并有充分的灌水条件。夏秋为雨季且较长，由于该区海拔较高，不炎热，栽植成活率较高，常绿树尤以雨季栽植为宜。

三、华中、华东长江流域地区

本区冬季不长，土壤基本不冻结，除夏季酷热干旱外，其他季节雨量较多，有梅（霉）雨季，空气湿度很大。除干热的夏季以外，其他季节均可栽植。按不同树种可分别行春栽、梅雨季栽、秋栽和冬栽。春栽，可于寒冬腊月过后、树木萌芽前，主要集中在2月上旬至3

月中下旬。多数落叶树宜早春栽，至少应在萌芽前半个月栽。但对早春开花的梅花、玉兰等为不影响开花，则应于花后栽；对春季萌芽展叶迟的树种，如枫杨、苦楝、无患子、合欢、乌桕、栾树、喜树、重阳木等，实践证明宜于晚春栽，即见芽萌动时栽为宜，如过早栽因尚处休眠状态，栽后易发生枯梢枯干现象。但晚春栽，因天气已较暖，应配合掘前灌足水，随掘、随运、随栽等措施，才容易成活。对部分常绿阔叶树，如樟树、柑橘、广玉兰、枇杷、桂花等也宜晚春栽，有时还可延迟到4~5月，开始展新叶时栽，只要栽后养护抓得紧，仍可保证成活。至于该区的竹类，栽植期因种类而异，一般应不迟于出笋前1个月栽为宜。在此区，落叶树也可晚秋栽；时期是10月中至11月中下旬，有时可延至12月上旬栽。此时气候凉爽，类似春天，故有“小阳春”之称，同时树木地上部多停止生长，并逐渐进入休眠，水分蒸腾小，而地温尚高，有利栽后恢复生长。且冬季不寒冷也不干旱，还有利明春根系和地上部的生长，故该地区晚秋栽效果更佳。萌芽早的花木（如牡丹、月季、蔷薇、珍珠梅等）宜秋季移栽。

四、华北大部与西北南部

本区冬季时间较长，有2~3个月的土壤封冻期，且少雪多风。春季尤其多风，空气较干燥。由于夏秋雨水集中，土壤为壤土且多深厚，贮水较多，故春季土壤水分状况仍较好。该区的大部分地区和多数树种仍以春栽为主；有些树种也可雨季栽和秋栽。春栽时从土壤化冻返浆至树木发芽前，时期约在3月中旬至4月中下旬栽植。多数树种以土壤化冻后尽早栽为好。早栽容易成活，扎根深。在该地区凡易受冻和易干梢的边缘树种，如英桐、梧桐、泡桐、紫荆、紫薇、月季、锦熟黄杨、小叶女贞以及竹类和针叶树类宜春栽。少数萌芽展叶晚的树种，如白蜡、柿、花椒等在晚春栽较易成活，即在其芽开始萌动将要展叶时为宜。本区夏秋气温高，降水量集中，也可植树，但只限栽常绿针叶树。注意掌握时机，以当地雨季于第1次下透雨开始或以春梢停长而秋梢尚未开始生长的间隙移植，并应缩短移植过程的时间，要随掘、随运、随栽；最好选在阴天和降雨前进行。本区秋冬时节，雨季过后土壤水分状况较好，气温下降。原产本区的耐寒落叶树，如杨、柳、榆、槐、香椿、臭椿以及须根少而次年春季生长开花旺盛的牡丹等以秋栽为宜，时间以这些树种大部分落叶至土壤封冻前，约10月下旬至12月上中旬为宜。华北南部冬季气候较暖些，适秋栽的树种则可更多。

五、东北大部和西北北部、华北北部

本区因纬度较高，冬季严寒，故以春栽为好，成活率较高，可免防寒之劳。春栽的时期，以当地土壤刚化冻，尽早栽植为佳，于4月上旬至4月下旬（清明至谷雨）。在一年中当植树任务量较大时，亦可秋栽，以树木落叶后至土壤未封冻前行之；时期在9月下旬至10月底。但其成活率较春栽为低，又需防寒，费工费料。另外对当地耐寒力极强的树种，可利用冬季进行“冻土球移植法”，可省包装和利用冰冻河道、雪地滑行运输（参见大树移植）。

第四节 栽植技术

一、栽植过程各环节的关系

绝大多数树木的移植，从掘（起）苗、运输、定植、至栽后管理这四大环节过程中，必须进行周密的保护和及时处理，才能保持被移树木不致失水过多。移栽过程除长距离运输苗木外，一般时间也不会很长，与树木一生来比是短暂的。但移植如同人动了一次大手术一样，只要有一个环节马虎，就可能造成树木的死亡或降低树木的抵抗力以及园林绿化功能的发挥。因此首先必须提高操作人员对移植过程各环节重要性的认识。事实上，正确的移植，除懂得科学道理之外，就是认真细致的操作，而责任心是很重要的。

移栽的4个环节，应密切配合，尽量缩短时间，最好是随起、随运、随栽和及时管理形成流水作业。应按操作规程所规定的范围起苗，不使伤根过多；大根尽量减少劈裂，对已劈裂的，应进行适当修剪补救。除肉质根树木，如牡丹等，含水多，易脆断不易愈合，应适当晾晒外，对绝大多数树种来说，起出后至定植前，最重要的是保持根部湿润，不受风吹日晒。对长途运输的，应采取根部保湿措施（如用薄膜套袋、沾泥浆并填加湿草包装保湿，以免泥浆干后影响根呼吸，栽前还应浸水等）。对常绿树为防枝叶蒸腾水分，可喷蒸腾抑制剂和适当疏剪枝、叶。

二、栽植施工技术的采用

多数落叶树比常绿树较容易移栽成活，但具体不同树种对移植的反应亦很不相同。有些树木根系受伤后的再生能力强，很容易移栽成活，如杨、柳、榆、槐、银杏、椴树、槭、蔷薇、紫穗槐等；比较难移的有苹果、七叶树、山茱萸、云杉、铁杉等；最难移的有木兰类、山毛榉、白桦、山楂和某些桉树类、栎类等。

如前所述，同种不同年龄的树木，幼青年期容易移活，壮老龄树不易移活。因此绿化施工时，应根据不同类别和具体树种、年龄采取不同的技术措施。容易移植的施工可适当简单些，一般都用裸根移植，包装运输也较简便。而多数常绿树和壮老龄树以及某些难移活的落叶树，必须采用带土球移植法。对有些多年未曾移植过的大苗、大树、野生树及山野桩景树，为提高成活率，还须提前2~3年于春季萌芽前进行“断根缩坨”处理（参见大树移植）。

三、栽植前的准备

植树工作量因计划完成任务的大小而异。较大的植树任务常按完成一项工程来对待。在进行栽植工程之前，必须作好一切准备工作。

（一）了解设计意图与工程概况 首先应了解设计意图，向设计人员了解设计思想，所达预想目的或意境，以及施工完成后近期所要达到的效果。通过设计单位和工程主管部门了解工程概况，包括：①植树与其他有关工程（铺草坪、建花坛以及土方、道路、给排水、山石、园林设施等）的范围和工程量。②施工期限（始、竣日期，其中栽植工程必须保证以不同类别树木于当地最适栽植期间进行)。③工程投资(设计预算、工程主管部门批准投资数)。④施工现场的地上(地物及处理要求)与地下(管线和电缆分布与走向)情况与定点放线的依据(以测定标高的水位基点和测定平面位置的导线点或和设计单位研究确定地上固定物作依据)。⑤工程材料来源和运输条件,尤其是苗木出圃地点、时间、质量和规格要求。

(二)现场踏勘与调查　在了解设计意图和工程概况之后,负责施工的主要人员(施工队、生产业务、计划统计、技术质量、后勤供应、财务会计、劳动人事等)必须亲自到现场进行细致的踏勘与调查。应了解:①各种地上物(如房屋、原有树木、市政或农田设施等)的去留及须保护的地物(如古树名木等)。要拆迁的如何办理有关手续与处理办法。②现场内外交通、水源、电源情况,如能否启用机械车辆,无条件的,如何开辟新线路。③施工期间生活设施(如食堂、厕所、宿舍等)的安排。④施工地段的土壤调查,以确定是否换土,估算客土量及其来源等。

(三)编制施工方案　园林工程属于综合性工程,为保证各项施工项目的相互合理衔接,互不干扰,做到多、快、好、省地完成施工任务,实现设计意图和日后维修与养护,在施工前都必须制定好施工方案。大型的园林施工方案比较复杂,需精心安排,因而也叫"施工组织设计",由经验丰富的人员负责编写,其内容包括:①工程概况(名称、地点、参加施工单位、设计意图与工程意义、工程内容与特点、有利和不利条件);②施工进度(分单项与总进度),规定起、止日期;③施工方法(机械、人工、主要环节);④施工现场平面布置(交通线路、材料存放、囤苗处、水、电源、放线基点、生活区等位置);⑤施工组织机构(单位、负责人、设立生产、技术指挥,劳动工资、后勤供应,政工、安全、质量检验等职能部门以及制定完成任务的措施、思想动员、技术培训等),对进度、机械车辆、工具材料、苗木计划常绘图表示之;⑥依据设计预算,结合工程实际质量要求和当时市场价格制定施工预算。方案制定后经广泛征求意见,反复修改,报批后执行。

合理的园林施工程序应是:征收土地→拆迁→整理地形→安装给排水管线→修建园林建筑→广场铺装道路、→大树移植——→种植树木→铺装草坪→布置花坛。其中栽植工程与土建、市政等工程相比,有更强的季节性。应首先保证不同树木移栽定植的最适期,以此方案为重点来安排总进度和其他各项计划。

对植树工程的主要技术项目,要规定技术措施和质量要求。

(四)施工现场清理　对栽植工程的现场,拆迁和清理有碍施工的障碍物,然后按设计图纸进行地形整理。

(五)选苗　关于栽植树种及苗龄与规格,应根据设计图纸和说明书的要求进行选定,并加以编号。由于苗木的质量好坏直接影响栽植成活和以后的绿化效果,所以植树施工前必须对可提供的苗木质量状况进行调查了解。

1. 苗木质量　园林绿化苗木依植前是否经过移植而分为原生苗(实生苗)和移植苗。播后多年未移植过的苗木(或野生苗)吸收根分布在所掘根系范围之外,移栽后难以成活,经过多次适当移植的苗,栽植施工后成活率高、恢复快,绿化效果好。

高质量的园林苗木应具备以下条件:

①根系发达而完整,主根短直,接近根颈一定范围内要有较多的侧根和须根,起苗后大

根系应无劈裂。

②苗干粗壮通直（藤木除外），有一定的适合高度，不徒长。

③主侧枝分布均匀，能构成完美树冠，要求丰满。其中常绿针叶树，下部枝叶不枯落成裸干状。其中干性强并无潜伏芽的某些针叶树（如某些松类、冷杉等），中央领导枝要有较强优势，侧芽发育饱满，顶芽占有优势。

④无病虫害和机械损伤。

园林绿化用苗，多以应用经多次移植的大规格苗木为宜。由于经几次移苗断根，再生后所形成的根系较紧凑丰满，移栽容易成活。一般不宜用未经移植过的实生苗和野生苗，因其吸收根系远离根颈，较粗的长根多，掘苗损伤了较多的吸收根，因此难以成活；需经1~2次“断根缩坨”处理或移至圃地培养才能应用。生长健壮的苗木，有利栽植成活和具有适应新环境的能力；供氮肥和水过多的苗木，地上部徒长，茎根比值大，也不利移栽成活和日后的适应。

2. 苗（树）龄与规格　树木的年龄对移植成活率的高低有很大影响，并对成活后在新栽植地的适应和抗逆能力有关。幼龄苗，株体较小，根系分布范围小，起掘时根系损伤率低，移植过程（起掘、运输和栽植）也较简便，并可节约施工费用。由于保留须根较多，起掘过程对树体地下部与地上部的平衡破坏较小。栽后受伤根系再生力强，恢复期短，故成活率高。地上部枝干经修剪留下的枝芽也容易恢复生长。幼龄苗整体上营养生长旺盛，对栽植地环境的适应能力较强。但由于株体小，也就容易遭受人畜的损伤，尤其在城市条件下，更易受到外界损伤，甚至造成死亡而缺株，影响日后的景观。幼龄苗如果植株规格较小，绿化效果发挥亦较差。

壮老龄树木，根系分布深广，吸收根远离树干，起掘伤根率高，故移栽成活率低。为提高移栽成活率，对起、运、栽及养护技术要求较高，必须带土球移植，施工养护费用高。但壮老龄树木，树体高大，姿形优美，移植成活后能很快发挥绿化效果，对重点工程在有特殊需要时，可以适当选用。但必须采取大树移植的特殊措施。

根据城市绿化的需要和环境条件特点，一般绿化工程多需用较大规格的幼青年苗木，移栽较易成活，绿化效果发挥也较快。为提高成活率，尤宜选用在苗圃经多次移植的大苗。园林植树工程选用的苗木规格，落叶乔木最小选用胸径3cm以上，行道树和人流活动频繁之处还宜更大些；常绿乔木，最小应选树高1.5m以上的苗木。

四、栽植的程序与技术

树木的栽植程序大致包括放线、定点、挖穴、换土、掘（起）苗、包装，运苗与假植、修剪与栽植、栽后养护与现场清理。

（一）放线定点　根据图纸上的种植设计，按比例放样于地面，确定各树木的种植点。种植设计有规则式和自然式之分。规则式种植的定点放线比较简单；可以地面固定设施为准来定点放线，要求做到横平竖直，整齐美观。其中行道树可按道路设计断面图和中心线定点放线；道路已铺成的可依距路牙距离定出行位，再按设计确定株距，用白灰点标出来。为有利栽植行保持笔直，可每隔10株于株距间钉一木桩作为行位控制标记。如遇与设计不符（有地下管线、地物障碍等）时，应找设计人员和有关部门协商解决。定点后应由设计人员验点。

自然式的种植设计（多见于公园绿地），如果范围较小，场内有与设计图上相符，位置固定的地物（如建筑物等），可用“交会法”定出种植点。即由2个地物或建筑平面边上的2个点的位置，各到种植点的距离以直线相交会来定出种植点。如果在地势平坦的较大范围内定点，可用网格法。即按比例绘在设计图上并在场地上丈量划出等距之方格。从设计图上量出种植点到方格纵横坐标距离，按比例放大到地面，即可定出。对测量基点准确的较大范围的绿地，可用“平板仪定点”。

定点要求：对孤赏树、列植树，应定出单株种植位置，并用白灰点明，钉上木桩，写明树种、挖穴规格；对树丛和自然式片林定点时，依图按比例先测出其范围，并用白灰标画出范围线圈。其内，除主景树需精确定点并标明外，其他次要同种树可用目测定点，但注意要自然，切忌呆板、平直。可统一写明树种、株数、挖穴规格等。

（二）挖穴（刨坑）　栽植坑（穴）位置确定之后，即可根据树种根系特点（或土球大小）、土壤情况来决定挖坑（穴）（或绿篱沟）的规格。一般应比规定根幅范围或土球大，应加宽放大40~100cm，加深20~40cm。穴挖的好坏，对栽植质量和日后的生长发育有很大影响，因此对挖穴规格必须严格要求。以规定的穴径画圆，沿圆边向下挖掘，把表土与底土按统一规定分别放置（挖行道树穴时，土不要堆在行中），并不断修直穴壁达规定深度。使穴保持上口沿与底边垂直，大小一致。切忌挖成上大下小的锥形或锅底形，否则栽植踩实时会使根系劈裂、拳曲或上翘，造成不舒展而影响树木生长（图9-1）。

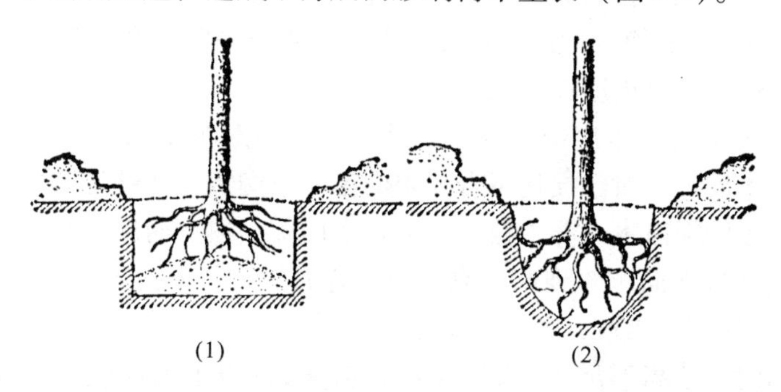

图9-1　穴、树关系

（1）正确的树穴和树木种植（树穴上下一样，保持根系舒展，树木种植深浅适当）　（2）不正确的树穴（树穴锅底式，根系卷曲）

遇坚实之土和建筑垃圾土应再加大穴径，并挖松穴底；土质不好的应过筛或全部换土。在黏重土上和建筑道路附近挖穴，可挖成下部略宽大的梯形穴；在未经自然沉降的新填平和新堆土山上挖穴，应先在穴点附近适当夯实，挖好后穴底也应适当踩实，以防栽后灌水土塌树斜（最好应经自然沉降后再种）；在斜坡上挖穴，深度以坡的下沿一边为准。施工人员挖穴时，如发现电缆、管道时，应停止操作，及时找设计人员与有关部门配合商讨解决。坑穴挖好后，要有专人按规格验收，不合格的应返工。

（三）起掘苗木　起出的苗木质量与原有苗木状况、操作技术和认真程度、土壤干湿、工具锋利与否等，有直接关系，拙劣的技术和马虎的态度会严重降低原有苗木的质量，甚至需继续留圃培养或报废。因此，在起掘前应做好有关准备工作；起掘时按操作规程认真进行；起掘后作适当处理和保护。

1. *掘前准备* 按设计要求到苗圃选择合用的苗木，并作出标记，习称“号苗”。所选数量应略多，以便补充损坏淘汰之苗。对枝条分布较低的常绿针叶树或冠丛较大的灌木、带刺灌木等，应先用草绳将树冠适度捆拢，以便操作。为有利挖掘操作和少伤根系，苗地过湿的应提前开沟排水；过干燥的应提前数天灌水。对生长地情况不明的苗木，应选几株进行试掘，以便决定采取相应措施。起苗还应准备好锋利的起苗工具和包装运输所需的材料。

2. *起苗方法与质量要求* 按所起苗木带土与否，分为裸根起苗和带土球起苗。其方法与质量要求各有不同。

（1）裸根苗的挖掘 落叶乔木以干为圆心，按胸径的4～6倍为半径（灌木按株高的1/3为半径定根幅）画圆，于圆外［用铁铣（铲）更应如此］绕树起苗，垂直挖下至一定深度，切断侧根。然后于一侧向内深挖，适当按摇树干，探找深层粗根的方位，并将其切断。如遇难以切断之粗根，应把四周土掏空后，用手锯锯断。切忌强按树干和硬切粗根，造成根系劈裂。根系全部切断后，放倒苗木，轻轻拍打外围土块，对已劈裂之根应进行修剪。如不能及时运走，应在原穴用湿土将根覆盖好，行短期假植；如较长时间不能运走，应集中假植；干旱季节还应设法保持覆土的湿度。

（2）带土球起苗 多用于常绿树，以干为圆心，以干的周长为半径画圆，确定土球大小。具体操作见“大树移植”部分。土球直径在50cm以下，土质不松散的苗，可抱出穴外，放入蒲包、草袋（或用塑料布）中，于苗干处收紧，用草绳呈纵向捆绕扎紧即可。

（四）运苗与施工地假植 运苗过程常易引起苗木根系吹干和磨损枝干、根皮。因此应注意保护，尤其长途运苗时更应注意保护。

1. *运苗* 同时有大量苗木出圃时，在装运前，应核对苗木的种类与规格。此外还需仔细检查起掘后的苗木质量。对已损伤不合要求的苗木应淘汰，并补足苗数。车箱内应先垫上草袋等物，以防车板磨损苗木。乔木苗装车应根系向前，树梢向后，顺序安放，不要压得太紧，做到上不超高（以地面车轮到苗最高处不许超过4m），梢不得拖地（必要时可垫蒲包用绳吊拢），根部应用苫布盖严，并用绳捆好。

带土球苗装运时，苗高不足2m者可立放；苗高2m以上的应使土球在前，梢向后，呈斜放或平放，并用木架将树冠架稳。土球直径小于20cm的，可装2～3层，并应装紧，防车开时晃动；土球直径大于20cm者，只许放一层。运苗时，土球上不许站人和压放重物。

树苗应有专人跟车押运，经常注意苫布是否被风吹开。短途运苗，中途最好不停留；长途运苗，裸露根系易吹干，应注意洒水。休息时车应停在荫凉处。苗木运到应及时卸车；要求轻拿轻放，对裸根苗不应抽取，更不许整车推下。经长途运输的裸根苗木，根系较干者，应浸水1～2d。带土球小苗应抱球轻放，不应提拉树干。较大土球苗，可用长而厚的木板斜搭于车箱，将土球移到板上，顺势慢滑卸下，不能滚卸以免散球。

2. *施工地假植* 苗木运到现场后，未能及时栽种或未栽完的，应视离栽种时间长短分别采取“假植”措施。

对裸根苗，临时放置可用苫布或草袋盖好。干旱多风地区应在栽植地附近挖浅沟，将苗呈稍斜放置，挖土埋根，依次一排排假植好。如需较长时间假植，应选不影响施工的附近地点挖一宽1.5～2m、深30～50cm，长度视需要而定的假植沟。按树种或品种分别集中假植，并作好标记。树梢须顺应当地风向，斜放一排苗木于沟中，然后覆细土于根部，依次一层层假植好。在此期间，土壤过干应适量浇水，但也不可过湿以免影响日后的操作。

带土球苗1~2d内能栽完的不必假植；1~2d内栽不完的，应集中放好，四周培土，树冠用绳拢好。如囤放时间较长，土球间隙中也应加细土培好。假植期间对常绿树应行叶面喷水。

（五）栽植修剪　园林树栽植修剪的目的，主要是为了提高成活率和注意培养树形，同时减少自然伤害。因此应对树冠在不影响树形美观的前提下进行适当重剪。

无论出圃时对苗木是否进行过修剪，栽植时都必须修剪，因经运输多少有损伤。对已劈裂、严重磨损和生长不正常的偏根及过长根进行修剪。起、运后苗木根系的好坏，不仅直接影响成活，而且也影响将来的树形和同龄苗日后的大小是否趋于一致，尤其会影响行道树大小的整齐程度。经起、运的苗木，根系损伤过多者，虽可用重修剪，甚至截干平茬，在低水平下维持水分代谢的平衡来保证成活，但这样就难保树形和绿化效果了。因此对这种苗木，如在设计上有树形要求时，则应予以淘汰。苗木根系经起、运都会受到损伤，因保证栽植成活是首要的，所以在整体上应适当重剪，这是带有补救性的整形任务。具体应根据情况，对不同部分进行轻重结合修剪，才能达到上述目的。对干性强又必须保留中干优势的树种，采用削枝保干的修剪法。应对领导枝截于饱满芽处，可适当长留，要控制竞争枝；对主枝适当重截饱满芽处（剪短1/3~1/2）；对其他侧生枝条可重截（剪短1/2~2/3）或疏除。这样既可做到保证成活，又可保证日后形成具明显中干的树形。对无中干的树种，按上述类似办法，以保持数个主枝优势为主，适当保留二级枝，重截或疏去小侧枝。对萌芽率强的可重截，反之宜轻截。对灌木类修剪可较重，尤其是丛木类；做到中高外低，内疏外密。带土球苗可轻剪，其中常绿树可用疏枝、剪半叶或疏去部分叶片的办法来减少蒸腾；对其中具潜伏芽的，也可适当短截；对无潜伏芽的（如某些松树），只能用疏枝、叶的办法。对行道树的修剪还应注意分枝点，应保持在2.5m以上，相邻树的分枝点要相近。较高的树冠应于种植前进行修剪；低矮树可栽后修剪。

有关修剪的其他方法，参见整形修剪有关内容。

（六）种植　种植树木，以阴而无风天最佳；晴天宜11:00时前或15:00以后进行为好。先检查树穴，土有塌落的坑穴应适当清理。

1. 配苗或散苗　对行道树和绿篱苗，栽前应再进一步按大小进行分级，以使所配相邻近的苗木保持栽后大小趋近一致。尤其是行道树，相邻同种苗的高度要求相差不过50cm，干径差不过1cm。按穴边木桩写明的树种配苗，做到“对号入座”。应边散边栽。对常绿树应把树形最好的一面朝向主要观赏面。树皮薄，干外露的孤植树，最好保持原来的阴阳面，以免引起日灼。配苗后还应及时按图核对，检查调正。

2. 栽种　因裸根苗和带土球苗而不同。

（1）裸根苗的栽种　一般2人为一组，先填些表土于穴底，堆成小丘状，放苗入穴，比试根幅与穴的大小和深浅是否合适，并进行适当修理。行列式栽植，应每隔10~20株先栽好对齐用的“标杆树”。如有弯干之苗，应弯向行内，并与“标杆树”对齐，左右相差不超过树干的一半，这样才能整齐美观。具体栽植时，一人扶正苗木，一人先填入拍碎的湿润表层土，约达穴的1/2时，轻提苗，使根呈自然向下舒展。然后踩实（黏土不可重踩），继续填满穴后，再踩实一次，最后盖上一层土与地相平，使填之土与原根颈痕相平或略高3～5cm（图9-1）；灌木应与原根颈痕相平。然后用剩下的底土在穴外缘筑灌水堰。对密度较大的丛植地，可按片筑堰。

（2）带土球苗的栽种 先量好已挖坑穴的深度与土球高度是否一致，对坑穴作适当填挖调正后，再放苗入穴。在土球四周下部垫入少量的土，使树直立稳定，然后剪开包装材料，将不易腐烂的材料一律取出。为防栽后灌水土塌树斜，填入表土至一半时，应用木棍将土球四周砸实，再填至满穴并砸实（注意不要弄碎土球），作好灌水堰，最后把捆拢树冠的草绳等解开取下。

3. 立支柱 对大规格苗（如行道树苗）为防灌水后土塌树歪，尤其在多风地区，会因摇动树根影响成活，故应立支柱。常用通直的木棍、竹竿作支柱，长度视苗高而异，以能支撑树的1/3～1/2处即可。一般用长1.7～2m，粗5～6cm的支柱。支柱应于种植时埋入。也可栽后打入（入土20～30cm），但应注意不要打在根上和损坏土球。立支柱的方式大致有单支式、双支式、三支式3种。支法有立支和斜支，也有用10～14号铅丝缚于树干（外垫裹竹片防缢伤树皮），拉向三面钉桩的支法。

单柱斜支，应支于下风方向。斜支占地面积大，多用于人流稀少处。行道树多用立支法。支柱与树相捆缚处，既要捆紧又要防止日后摇动擦伤干皮。捆缚时树干与支柱间应用草绳隔开或用草绳卷干后再捆。用较小的苗木作行道树时（如昆明用盆栽银桦苗）应围以笼栅等保护。

（七）栽后管理 树木栽后管理，包括灌水、封堰及其他。栽后应立即灌水。无雨天不要超过一昼夜就应浇上头遍水；干旱或多风地区应加紧连夜浇水。水一定要浇透，使土壤吸足水分，并有助根系与土壤密接，方保成活。北方干旱地区，在少雨季节植树，应间隔数日（3～5d）连浇3遍水才行。浇水时应防止冲垮水堰，每次浇水渗入后，应将歪斜树苗扶直，并对塌陷处填实土壤。为保墒，最好覆一层细干土（或待表土稍干后行中耕）。第3遍水渗入之后，可将水堰铲去，将土堆于干基，稍高出原地面。北方干旱多风地区，秋植树木干基还应堆成30cm高的土堆，才有利防风、保墒和保护根系。

在土壤干燥，灌水困难的地区，为节省水分，可用“水植法”。即在树木入穴填土达一半时，先灌足水，然后填满土，并进行覆盖保墒。

树木封堰后应清理现场，做到整洁美观。设专人巡查，防止人畜破坏。对受伤枝条或原修剪不理想的进行复剪。

五、非适宜季节的移植技术

有时由于有特殊需要的临时任务或由于其他工程的影响，不能在适宜季节植树。这就需要采用突破植树季节的方法。其技术可按有无预先计划，分成两类。

（一）有预先移植计划的方法 预先可知由于其他工程影响不能及时种植，仍可于适合季节起掘好苗，并运到施工现场假植养护，等待其他工程完成后立即种植和养护。

1. *落叶树的移植* 由于种植时间是在非适合的生长季，为提高成活率，应预先于早春未萌芽时行带土球掘（挖）好苗木，并适当重剪树冠。所带土球的大小规格可仍按一般规定或稍大。但包装要比一般的加厚、加密些。如果只能提供苗圃已在去年秋季掘起假植的裸根苗，应在此时另造土球（称做“假坨”），即在地上挖一个与根系大小相应的，上大下略小的圆形底穴，将蒲包等包装材料铺于穴内，将苗根放入，使根系舒展，干于正中。分层填入细润之土并夯实（注意不要砸伤根系），直至与地面相平。将包裹材料收拢于树干捆好。然后挖出假坨，再用草绳打包。为防暖天假植引起草包腐朽，还应装筐保护。选比球稍大、略高20～30cm的箩筐（常用竹丝、紫穗槐条和荆条所编）。苗木规格较大的应改用木箱（或桶）。先填些土于筐底，放土球于正中，四周分层填土并夯实，直至离筐沿还有10cm高时为止，并在筐边沿加土拍实作灌水堰。同时在距施工现场较近，交通方便、有水源、地势较高、雨季不积水之地，按每双行为一组，每组间隔6～8m作卡车道（每行内以当年生新梢互不相碰为株距），挖深为筐高1/3的假植穴。将装筐苗运来，按树种与品种、大小规格分类放入假植穴中。筐外培土至筐高1/2，并拍实，间隔数日连浇3次水，然后进入假植期间，适当施肥、浇水、防治病虫、雨季排水、适当疏枝、控徒长枝、去蘖等。

待施工现场能够种植时，提前将筐外所培之土扒开，停止浇水，风干土筐；发现已腐朽的应用草绳捆缚加固。吊栽时，吊绳与筐间应垫块木板，以免勒散土坨。入穴后，尽量取出包装物，填土夯实。经多次灌水或结合遮荫保其成活后，酌情进行追肥等养护。

2. *常绿树的移植*　先于适宜季节将树苗带土球掘起包装好，提前运到施工地假植。先装入较大的箩筐中；土球直径超过1m的应改用木桶或木箱。按前述每双行间留车道和适合的株距放好，筐、箱外培土，进行养护待植。

（二）临时特需的移植技术　无预先计划，因临时特殊需要，在不适合季节移植树木。可按照不同类别树种采取不同措施。

1. *常绿树的移植*　应选择春梢已停，2次梢未发的树种；起苗应带较大土球。对树冠行疏剪或摘掉部分叶片。做到随掘、随运、随栽；及时多次灌水，叶面经常喷水，晴热天气应结合遮荫。易日灼的地区，树干裸露者应用草绳进行卷干，入冬注意防寒。

2. *落叶树的移栽*　最好也应选春梢已停长的树种，疏剪尚在生长的徒长枝以及花、果。对萌芽力强，生长快的乔、灌木可以行重剪。最好带土球移植。如行裸根移植，应尽量保留中心部位的心土。尽量缩短起（掘）、运、栽的时间，保湿护根。栽后要尽快促发新根；可灌溉配以一定浓度的（0.001%）生长素。晴热天气，树冠枝叶应遮荫加喷水。易日灼地区应用草绳卷干。适当追肥，剥除蘖枝芽，应注意伤口防腐。剪后晚发的枝条越冬性能差，当年冬应注意防寒。

第五节　大树移植

一、在园林绿化中的意义

根据城市环境特点和园林绿化的要求，多选用大规格的苗木。但有些树木的生命周期很长，即使选用较大规格的苗木，仍需经数十年甚至上百年的生长，达壮年期以后才能充分发挥其最佳的绿化功能和艺术效果。树木与其他园林建设材料相比，可以说是一类不大定形的材料，虽有随树龄增加姿态不断变化，有丰富景色的一面，但如果对树种在一生中的树形变化规律不是真正了解，选用的是幼、青年苗木，就很难保证达到预想的构图要求。树木到了壮年期其树形是比较稳定的。有些重点建筑工程，要求用特定的优美树姿相配合，这就只有采用大树移植的办法才能实现。另外移植大树绿化城市，见效快，例如，为迎接建国十年大庆，在北京天安门广场人民英雄纪念碑、人民大会堂和历史博物馆的周围以及东西长安街上，曾大规模移植干径20～30cm、高5～6m的油松等大树，配以其他花草树木，在短期内就改变了天安门广场一带的面貌。

二、大树移植的特点

就大树本身来说，在树木生命周期变化规律中已讲过。其根系正处在离心生长趋向或已达到最大根幅，而骨干根基部的吸收根多离心死亡，主要分布在树冠投影附近。而移植所带土球（块）不可能这么大；也就是说，在一般必须带土范围内，吸收根是很少的。这就会使移植的大树严重失去以水分代谢为主的平衡。对于树冠，为使其尽早发挥绿化效果和保持原有优美姿态，也多不行过重修剪，因此只能在所带土球范围内，用预先促发大量新根的办法为代谢平衡打基础。并配合其他移栽措施来确保成活。

另外，大树移植与一般树苗相比，主要表现在被移的对象具有庞大的树体和相当大的重量。故往往需借助于一定的机械力量才能完成。

三、大树移植技术

大树移植成功与否，固然与起掘、吊运、栽植及日后养护技术有密切关系，但主要决定于所带土球（块）范围内吸收根的多少。

（一）大树的准备和处理

1. 作好规划与计划　为预先在所带土球（块）内促发多量吸收根，就要提前1至数年采取措施，而是否能做到提前采取措施，又决定于是否有应用大树绿化的规划和计划。事实上，许多大树移植失败的原因，是由于事先没有准备好已采取过促根措施的备用大树，而是临时应急任务，直接从郊区、山野移植而造成的。可见做好规划与计划对大树移植极为重要。

2. 选树　应对市郊等地可供移植的大树进行实地调查，包括树种、年龄时期、干高、干径、树高、冠径、树形，进行测量记录，注明最佳观赏面的方位，并摄影。调查记录土壤条件，周围情况；判断是否适合挖掘、包装、吊运；分析存在的问题和解决措施，此外，还应了解树的所有权等。选中的树木，应立卡编号，为设计提供资料。

3. 断根缩坨　也称回根法，古称盘根法。先根据树种习性、年龄和生长状况，判断移栽成活的难易，决定分2～3年于东、西、南、北四面（或四周）一定范围之外开沟，每年只断周长的1/3～1/2（图9-2）。断根范围一般以干径的5倍（包括干径）画圆（或方）之外开一宽30～40cm、深50～70cm（视根的深浅而定）的沟。挖时最好只切断较细的根，保留1cm以上的粗根，于土球壁处，行宽约10cm的环状剥皮。涂抹0.001%的生长素（萘乙酸等）有利促发新根。填入表土，适当踏实至地平，并灌水，为防风吹倒，应立三支式支架。

（二）起掘前的准备工作　根据设计选中的树木，应实地复查是否仍符合原有状况，尤其树干有无蛀干害虫等，如有问题应另选他树代替。具体选定后，应按种植设计统一编号，并作好标记，以便栽时对号入座。土壤过干的应于掘前数日灌水。同时应有专人负责准备好所需用的工具、材料、机械及吊运车辆等。此外还应调查运输线路是否有障碍（如架空线高低、道路是否有施工等），并办理好通行证。

（三）起树包装　经提前2～3年完成断根缩坨后的大树，土坨内外发生了较多的新根，尤以坨外为多。因此在起掘移植时，所起土坨（球或块）的大小应比断根坨向外放宽10～20cm。为减轻土坨重量，应把表层土铲去（以见根为度，北方习称“起宝盖”）。其他起掘和包装技术，因具体移植方法而异。

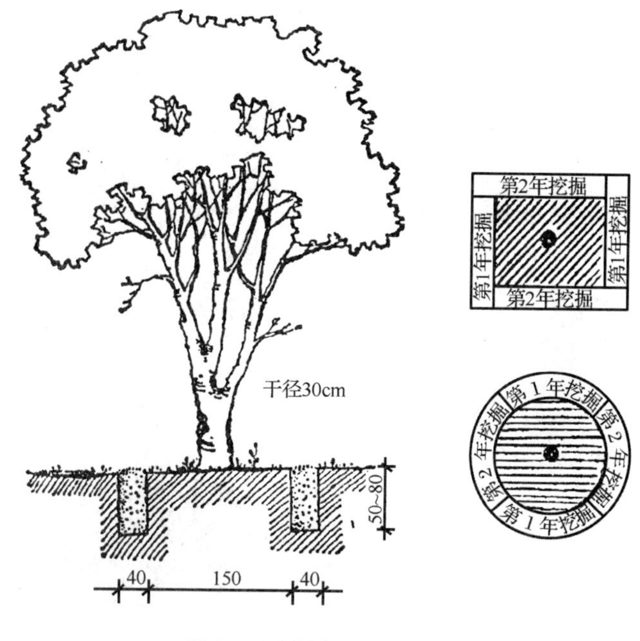

图9-2　大树断根缩坨法

1. 带土球软材包装　适于移胸径10～15cm的大树，（壤土）土球不超1.3m时可用软材。为确保安全，应用支棍于树干分枝点以上支牢。以树干为圆心，以扩坨的尺寸为半径画圆，向外垂直挖掘宽60～80cm的沟（以便利于人体操作为度），直到规定深度（即土球高）为止。用铁铣将土球肩部修圆滑，四周土表自上而下修平至球高一半时，逐渐向内收缩（使底径约为上径的1/3）呈上大下略小的形状。深根性树种和砂壤土球应呈“红星苹果形”，浅根性和黏性土可呈扁球形。对粗根应行剪、锯，不要硬铲引起散坨。先将预先湿润过的草绳理顺（以免扭拉而断），于土球中部缠腰绳，2人合作边拉缠，边用木锤（或砖、石）敲打草绳，使绳昭嵌入土球为度（下同）。要使每圈草绳紧靠，总宽达土球高的1/4～1/3（20cm左右）并系牢即可。将土球上部修成干基中心略高至边缘渐低的凸镜状。在土球底部向下挖一圈沟并向内铲去土，直至留下1/4～1/5的心土；遇粗根应掏空土后锯断。这样有利草绳绕过底沿不易松脱。然后用蒲包、草缝等材料包装。壤土和砂性土均应用蒲包或塑料布先把土球盖严，并用细绳稍加捆拢，再用草绳包扎；黏性土可直接用草绳包扎。草绳包扎方式有3种：

（1）橘子式　先将草绳一头系在树干（或腰绳）上，呈稍倾斜经土球底沿绕过对面，向上约于球面约一半处经树干折回，顺同一方向按一定间隔（疏密视土质而定）缠绕至满球。然后再绕第2遍，与第1遍的每道于肩沿处的草绳整齐相压，至满球后系牢。再于内腰绳的稍下部捆十几道外腰绳，而后将内外腰绳呈锯齿状穿连绑紧。最后在计划将树推倒的方向沿土球外沿挖一道弧形沟，并将树轻轻推倒，这样树干不会碰到穴沿而损伤。壤土和砂性土还需用蒲包垫于土球底部并用草绳与土球底沿纵向绳拴连系牢（图9-3）。

（2）井字（古钱）式（图9-4）　先将草绳一端系于腰箍上，然后按图示（1）所示数

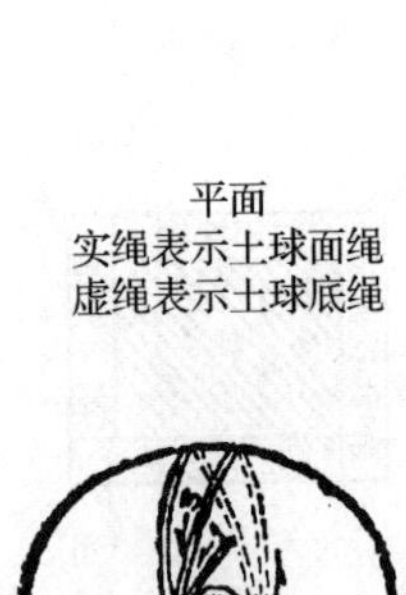

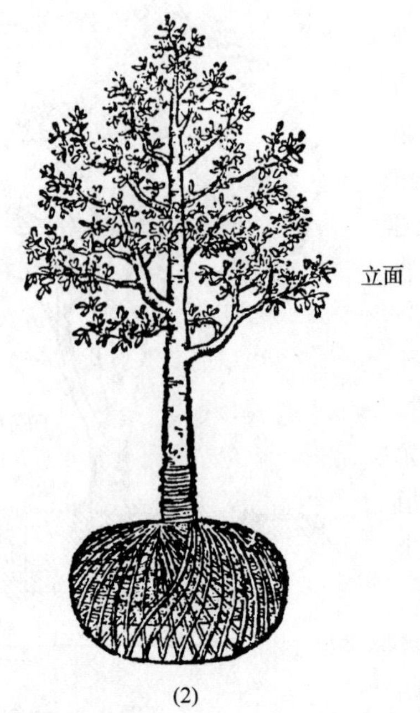

图 9-3　橘子式包扎法示意图
(1) 包扎顺序图　(2) 扎好后的土球

字顺序，由 1 拉到 2，绕过土球的下面拉至 3，经 4 绕过土球下拉至 5，再经 6 绕过土球下面拉至 7，经 8 与 1 挨紧平行拉扎。按如此顺序包扎满 6～7 道井字形为止，扎成如图（2）的状态。

（3）五角式(图 9-5)　先将草绳的一端系在腰箍上，然后按图所示的数字顺序包扎，先由 1 拉到 2，绕过土球底，经 3 过土球面到 4，绕过土球底经 5 拉过土球面到 6，绕过土球底，由 7 过土球面到 8，绕过土球底，由 9 过土球面到 10，绕过土球底回到 1。按如此顺序紧挨平扎 6～7 道五角星形，扎成如图示的状态。

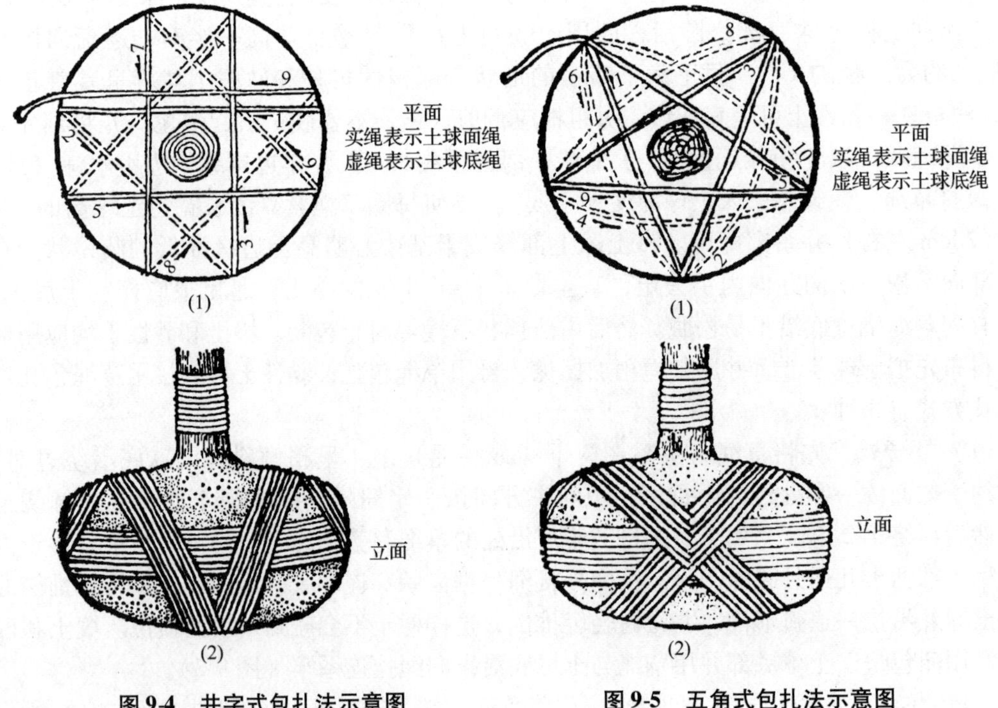

图 9-4　井字式包扎法示意图
(1) 包扎顺序图　(2) 扎好后的土球

图 9-5　五角式包扎法示意图
(1) 包扎顺序图　(2) 扎好后的土球

井字式和五角式适用于黏性土和运距不远的落叶树或1t以下的常绿树，否则宜用橘子式或在橘子式基础上再外加井字式和五角式。

2. 带土块起掘方箱包装　适移干径15～30cm或更大的树木以及砂性土质中的大树。

（1）箱板、工具及吊运车辆的准备　①应用厚5cm的坚韧木板，制备4块倒梯形壁板（北京常用上底边长1.85m，下底边长1.75m，高0.8m），并用3条宽10～15cm，与箱板同高的竖向木条钉牢。底板4块（宽25cm左右，长为箱板底长，加2块壁板厚度的条板）；盖板2～4块（宽25cm左右、长为箱板上边长，加2块壁板厚度的条板），以及打孔铁皮（厚0.2cm、宽3cm、长80～90cm，80～100根）和10～12cm的钉子（约备800枚）。②附有4个卡子，粗0.4寸，长10～12m的钢丝绳和紧线器各2；③小板镐及其他掘树工具；④油压千斤顶1台，⑤起重机和卡车。土块厚1m，其中1.5m见方用5t吊车；1.8m见方用8t吊车；2 m见方用15t吊车，相应卡车若干。⑥备用作支撑比树略高的杉槁3根。

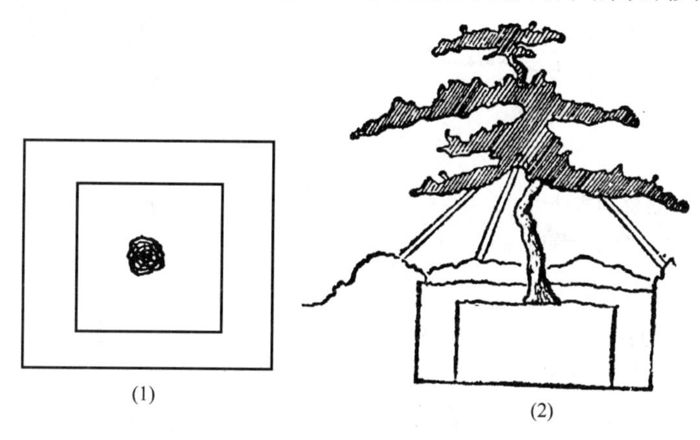

图9-6　方箱包土块的挖掘

（1）平面　（2）剖面

（2）挖土块　挖前先用3根长杉槁将树干支牢。以树干为中心，按预定扩坨尺寸外加5cm划正方形，于线外垂直下挖60～80cm的沟直至规定深度（图9-6）。将土块四壁修成中部微凸比壁板稍大的倒梯形（图9-7）。遇粗根忌用铲，可把根周围土稍去成内凹状，并将根锯断，不使与土壁平，以保证四壁板收紧后与土紧贴。

图9-7　修理后的土块状与箱板

（3）上箱板　箱壁中部与干中心线对准，四壁板下口要保证对齐，上口沿可比土块略低。2块箱板的端部不要顶上，以免影响收紧。四周用木条顶住。距上、下口15～20cm处各横围2条钢丝绳，注意其上卡子不要卡在壁板外的板条上。钢丝绳与壁板板条间垫圆木墩用紧绳器将壁板收紧（图9-8），四角壁板间钉好铁皮（图9-9）。然后再将沟挖深30～40cm，

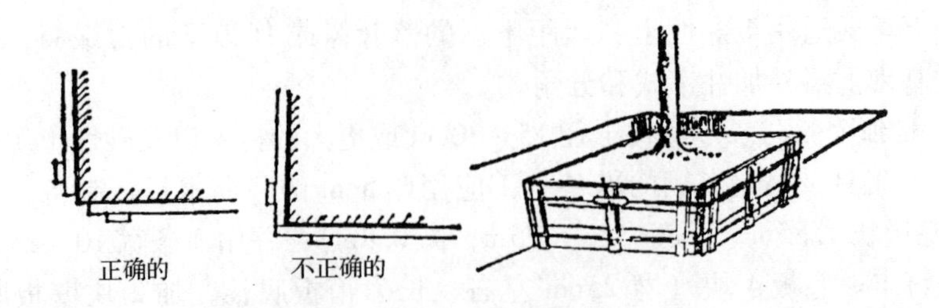

图 9-8 箱板与紧绳器的安法

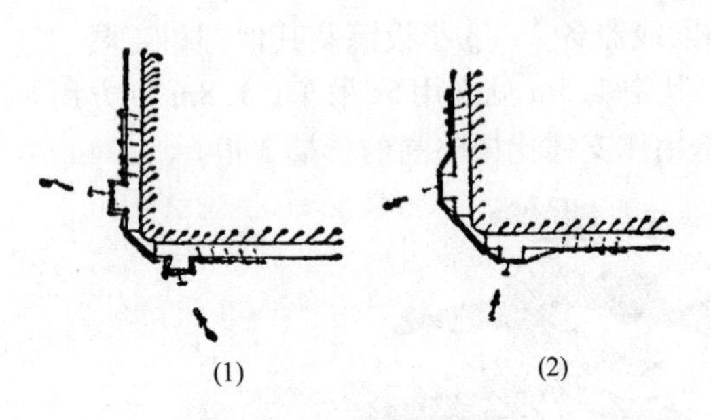

图 9-9 钉铁皮的方法
（1）不正确的 （2）正确的

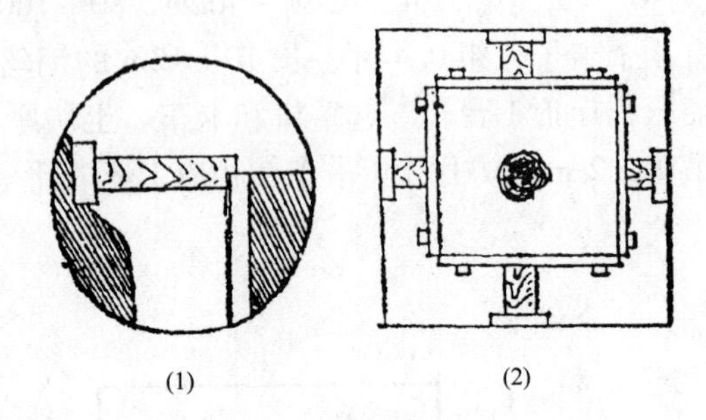

图 9-10 土块上部支撑法
（1）剖面 （2）平面

并用方木将箱板与坑壁支牢（图 9-10），用短把小板镢向土块底掏挖（图 9-11），达一定宽度，上底板。一头垫短木墩，一头用千斤顶支起，钉好铁皮，四角支好方木墩，再向里掏挖，间隔10～15cm 再钉第 2 块底板。如遇粗根，去些根周之土并锯断。发现土松散，应用蒲包托好，再上底板。最后于土块面上树干两侧钉平行或呈井字形板条。

图 9-11 从两边掏底（左边已上好底板）

（四）吊运与假植 吊运前先撤去支撑，捆拢树冠。应选用起吊、装运能力大于树重的机车和适合现场施用的起重机类型。如松软土地应用履带式起重机。软材包装用粗绳围于土球下部约 3/5 处并垫以木板。方箱包装可用钢丝绳围在木箱下部 1/3 处。另一粗绳系结在树干（干外面应垫物保护）的适当位置，使吊起的树略呈倾斜状（图 9-12）。树冠较大的还应在分枝处系 1 根牵引绳，以便装车时牵引树冠的方向。土球和木箱重心应放在车后轮轴的位置上，冠向车尾。冠过大的还应在车箱尾部设交叉支棍。土球下部两侧应用东西塞稳。木箱应同车身一起捆紧，树干与卡车尾钩系紧（图 9-13）。运树时应有熟悉路线等情况的专人站在树干附近（不能站在土球和方箱处）押运，并备带撑举电线用的绝缘工具，如竹竿等支棍。

运到栽植现场后，方箱包装的，如不马上栽植，卸立时应垫方木，以便栽吊时穿吊钢丝绳用（图 9-14）。半月内不能栽植者应于工地假植，数量多时应按前述方法集中假植养护。

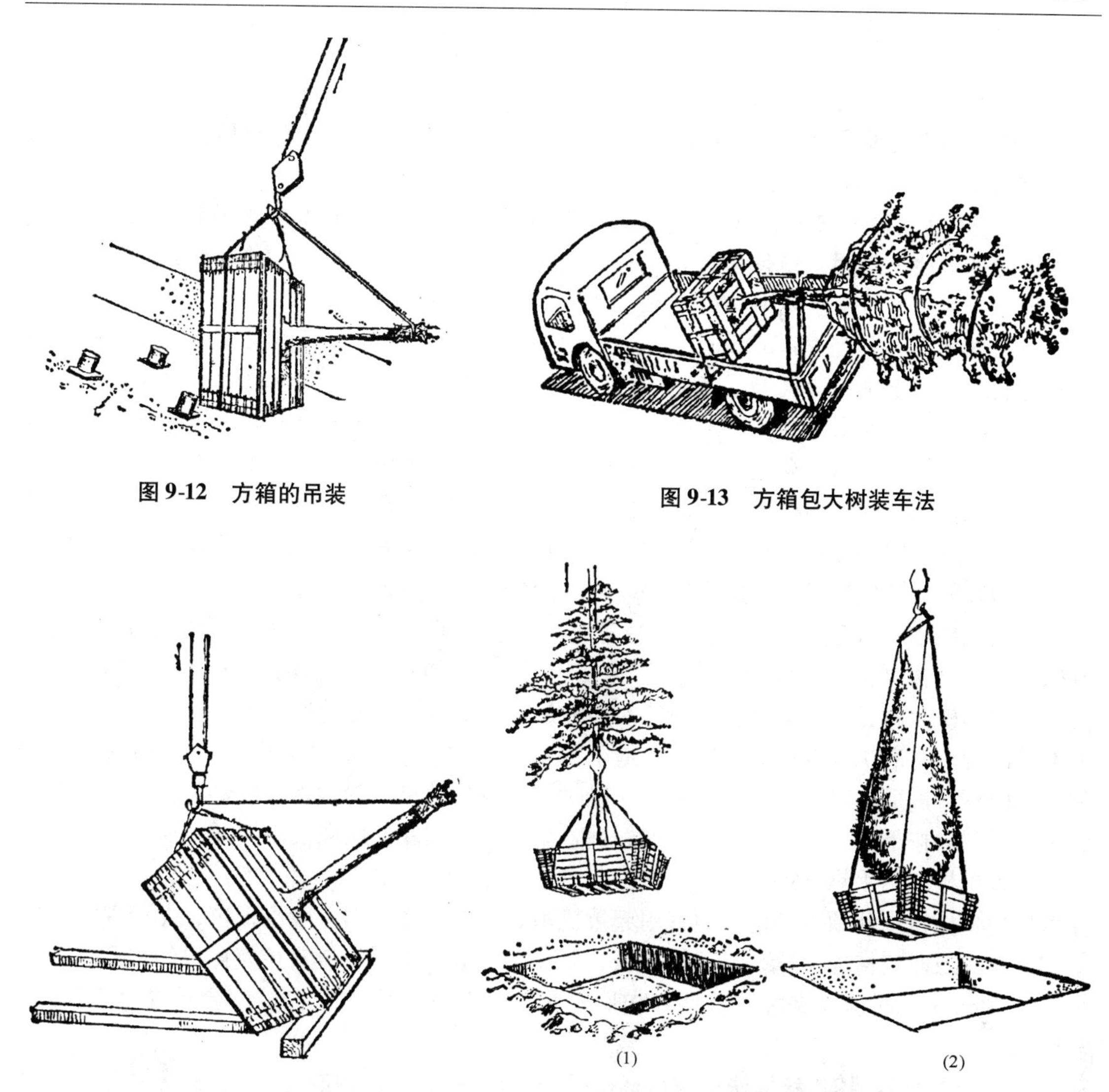

图 9-12　方箱的吊装

图 9-13　方箱包大树装车法

图 9-14　卸立垫木法

图 9-15　大树栽植垂直吊放法
（1）栽植　（2）栽植

（五）定植与养护　核对坑穴，对号入座。方箱定植穴最好也呈正方形，每边比箱放宽 50～60cm，加深 15～20cm。量木箱底至树干原土痕深度，检查并调整坑的规格，要求栽后与土相平。土壤不好的还应加大。需换土或施肥应预先备好，肥应与表土拌匀。栽前先于坑穴中央堆一高 15～20cm、宽 70～80cm 的长方形土台，长边与箱底板方向一致。穿钢丝绳于两边箱底，垂直吊放（图 9-15）。底土不松散的，放下前应拆去中部两块底板。入穴时应把姿态最好的朝向主要观赏面。近落地时，1 人负责瞄准对直，4 人坐坑穴边，用脚蹬木箱的上口来放正和校正位置。然后拆两边底板，抽出钢丝绳，并用长竿支牢树冠。先填入拌肥表土达 1/3 时再拆除四面壁板，以免散坨，夯实再填土；每填 20～30cm 土夯实 1 次，填满为止。按土块大小与坑穴大小做双圈灌水堰，内外水圈同时灌水。其他栽后养护基本同前。

四、其他移植法

大树移植除主要用带土软材包装和方箱包装移植法外，还有冻土球移植法和裸根移植法以及现代发展的大树移植机法。

（一）冻土（冰）球移植法 在土壤冻结期挖掘土球，不必包装，可利用冻结河道或泼水冻结的平土地，只用人畜便可拉运的一种方法。优点是可以利用冬闲，省包装和减轻运输。中国古代北方帝王宫宛中移植大树，多用此法。

选用当地（尤其是根系）耐严寒的乡土树种，冬季土壤冻结不很深的地区，可于土壤封冻前灌水湿润土壤。待气温下降到 -12 ~ -15℃，土层冻结深达 20cm 时，开始用羊角镐等挖掘土球。下部尚未冻结，可于坑穴内停放 2 ~ 3d；预先未灌水，土壤干燥冻结不实，可于土球外泼水使其冻结。在土壤冻结很深的地区，为减少挖掘困难，应提前在冻得不深时挖掘，并泼水促冻。挖好的树，未能及时移栽时应用枯草落叶覆盖，以免晒化或经寒风侵袭而冻坏根系。运输应选河道充分冻结时期；于土面运输应预先修平泥土地，选择泼水即冻的时期或利用夜间达此低温时泼水形成冰层，以减少拖拉的摩擦阻力。

（二）大树裸根移植 适用于移植容易成活，干径在 10 ~ 20cm 的落叶乔木。如杨、柳、刺槐、银杏、合欢、柿、栾树、元宝枫等。个别树种（如槐）干径粗达 40 ~ 50cm 的也可移活。裸根移植大树必须在落叶后至萌芽前当地最适季节进行。有些树种仅宜春季；土壤冻结期不宜进行。对潜伏芽寿命长的树木，地上部留一定的主枝、副主枝外，可对树冠行重剪，但慢长树不可过重，以免影响栽后相当一段时期的观赏效果。锯截粗枝应避免劈裂，伤口应涂抹保护剂。按干径 8 ~ 10 倍半径范围外垂直掘根，挖掘深度应视根系情况，比一般要挖得深些。遇粗根应用手锯锯断，不宜硬铲引起劈裂。挖倒大树以后，用尖镐由根颈向外去土，注意尽量少伤树皮和须根。过重的宜用起重机吊装，其他要求同一般裸根苗，尤应保持根部湿润。未能及时定植应假植，但不能过长，以免影响成活率。栽植穴径应比根的幅度与深度大 20 ~ 30cm。栽时应立支柱。其他养护同裸根苗。萌芽后应注意选留适合枝芽培养树形，其他剥去。

（三）用大树移植机移植法 大树移植机是一种在卡车或拖拉机上装有操纵尾部，四扇能张合的匙状大铲的移树机械。可先用四扇匙状大铲在栽植点挖好同样大小的坑穴，即将铲张至一定大小向下铲，直至相互并合。抱起倒锥形土块上收，横放于车的尾部，运到起树边卸下。为便于起树操作，预先应把有碍的干基枝条锯除，用草绳捆拢松散树冠。移植机停在适合起树的位置，张开匙铲围于树干四周一定位置，开机下铲，直至相互并合，收提匙铲，将树抱起，树梢向前，匙铲在后，横卧于车上（图 9-16），即可开到栽植点，直接对准放正，入原挖好的坑穴中，适填土入缝，整平作堰，灌足水即可。

大树移植机最适于交通方便，运距短的平坦圃地移植，效率很高。与传统的大树移植相比，使原分步进行的众多环节、机具和吊、运联成一体；使挖穴、起树、吊、运、栽等，真正成为随挖、随运、随栽的流水作业，并免去了许多费工的辅助操作（如包装等），是今后应该广为普及的一种先进方法。

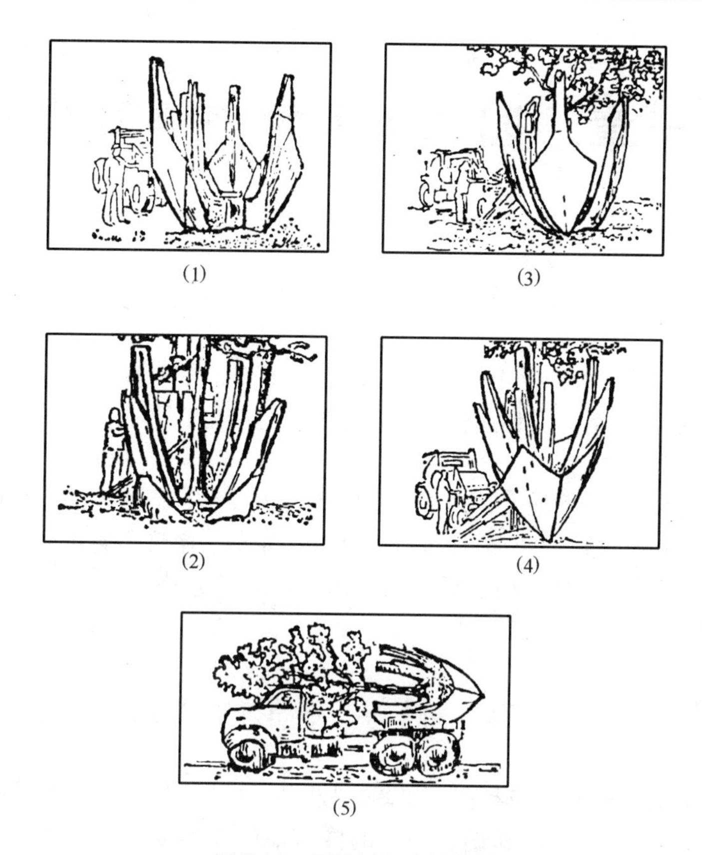

(1) (3)

(2) (4)

(5)

图 9-16 用移树机移植大树

第十章　园林树木的修剪与整形

第一节　修剪、整形的意义

在公园绿地中，对树木进行正确的修剪、整形工作，是一项很重要的养护管理技术。修剪、整形工作可以调节树势，创造和保持合理的树冠结构，形成优美的树姿，甚至构成有一定特色的园景。

在城市街道绿化中，由于地上、地下的电缆和管道关系，通常均需应用修剪、整形措施来解决其与树木之间的矛盾。在有台风侵扰的地区，修剪、整形措施可以减少风害，防止倒伏。对有生产作用的树种，如果树、桑、茶、用材树种等，修剪、整形措施更具有保持丰产、优质的巨大意义。

第二节　修剪、整形的原则

"修剪"，是指对植株的某些器官，如茎、枝、叶、花、果、芽、根等部分进行剪截或删除的措施。"整形"，是指对植株施行一定的修剪措施而形成某种树体结构形态而言。整形是通过一定的修剪手段来完成的，而修剪又是在一定的整形基础上，根据某种目的要求而实施的。因此，两者是紧密相关的，统一于一定栽培管理目的要求下的技术措施。

在对树木进行修剪、整形时，应根据下述的原则进行工作。

一、根据园林绿化对该树木的要求

不同的修剪、整形措施会造成不同的后果；不同的绿化目的各有其特殊的整剪要求，因此，首先应明确该树木在园林绿化中的目的要求。例如，同是一种圆柏，它在草坪上独植作观赏用与为了生产通直的优良木材，就有完全不同的修剪整形要求，因而具体的整剪方法也就不同；至于作绿篱用的则更是大不相同了。

二、根据树种的生长发育习性

在确定目的要求后，于具体整形修剪时还必须根据该树种的生长发育习性来实施，否则会事与愿违达不到既定的目的与要求。一般应注意以下两方面：

(一) 树种的生长发育和开花习性　不同树种的生长习性有很大差异，必须采用不同的修剪整形措施。例如很多呈尖塔形、圆锥形树冠的乔木，如钻天杨、毛白杨、圆柏，银杏等，顶芽的生长势力特别强，形成明显的主干与主侧枝的从属关系；对这一类习性的树种就应采用保留中央领导干的整形方式，而成圆柱形、圆锥形等。对于一些顶端生长势不太强，但发枝力很强，易于形成丛状树冠的，例如桂花、栀子花、榆叶梅、毛樱桃等，可修剪整形成圆球形、半球形等形状。对喜充分阳光的树种，如梅、桃、樱、李等，如果为了多结实的目的，就可采用自然开心形的修剪整形方式。而像龙爪槐、垂枝梅等具有曲垂而开展习性的，则应采用盘扎主枝为水平圆盘状的方式，以便使树冠呈开张的伞形。

各种树木所具有的萌芽发枝力的大小和愈伤能力的强弱，与修剪的耐力有着很大的关系。具有很强萌芽发枝能力的树种，大都能耐多次的修剪，例如悬铃木、大叶黄杨、圆柏、女贞等。萌芽发枝力弱或愈伤能力弱的树种，如梧桐、桂花、玉兰、枸骨等，则应少行修剪或只行轻度修剪。

在园林中经常要运用剪、整技术来调节各部位枝条的生长状况以保持均整的树冠，这就必须根据植株上主枝和侧枝的生长关系来进行。按照树木枝条间的生长规律而言，在同一植株上，主枝愈粗壮则其上的新梢就愈多，新梢多则叶面积大，制造有机养分及吸收无机养分的能力亦愈强，因而使该主枝生长粗壮；反之，同树上的弱主枝则因新梢少、营养条件差而生长愈渐衰弱。所以欲借修剪措施来使各主枝间的生长势近于平衡时，则应对强主枝加以抑制，使养分转至弱主枝方面来。故整剪的原则是“对强主枝强剪（即留得短些），对弱主枝弱剪（即留得长些）”，这样就可获得调节生长，使之逐渐平衡的效果。对欲调节侧枝的生长势而言，应掌握的原则是“对强侧枝弱剪，对弱侧枝强剪”。这是由于侧枝是开花结实的基础，侧枝如生长过强或过弱时，均不易转变为花枝，所以对强者弱剪可产生适当的抑制生长作用而集中养分使之有利于花芽的分化，而花果的生长发育亦对强侧枝的生长产生抑制作用。对弱侧枝行强剪，则可使养分高度集中，并借顶端优势的刺激而发生出强壮的枝条，从而获得调节侧枝生长的效果。

树种的花芽着生和开花习性有很大差异，有的是先开花后生叶，有的是先发叶后开花，有的是单纯的花芽，有的是混合芽，有的花芽着生于枝的中部或下部，有的着生于枝梢，这些千变万化的差异均是在进行修剪时应予考虑的因素，否则很可能造成较大损失。

（二）植株的年龄时期（生命周期） 植株处于幼年期时，由于具有旺盛的生长势，所以不宜行强度修剪，否则往往会使枝条不能及时在秋季成熟，因而降低抗寒力；亦会造成延迟开花年龄的后果。所以对幼龄小树除特殊需要外，只宜弱剪，不宜强剪。成年期树木正处于旺盛的开花结实阶段，此期树木具有完整优美的树冠，这个时期的修剪整形目的在于保持植株的健壮完美，使开花结实活动能长期保持繁茂和丰产、稳产，所以关键在于配合其他管理措施，综合运用各种修剪方法以达到调节均衡的目的。衰老期树木，因其生长势力衰弱，每年的生长量小于死亡量，处于向心生长更新阶段，所以修剪时应以强剪为主以刺激其恢复生长势，并应善于利用徒长枝来达到更新复壮的目的。

三、根据树木生长地点的环境条件特点

由于树木的生长发育与环境条件间具有密切关系，因此即使具有相同的园林绿化目的要求，但由于条件的不同，在进行具体修剪整形时也会有所不同。例如同是一株独植的乔木，在土地肥沃处以整剪成自然式为佳；而在土壤瘠薄或地下水位较高处则应适当降低分枝点，使主枝在较低处即开始构成树冠；而在多风处，主干也宜降低高度，并应使树冠适当稀疏才妥。

第三节 修 剪

一、修剪的时期

各种树种的抗寒性、生长特性及物候期对决定它们的修剪时期有着重要的影响。总的来讲，可分为休眠期修剪（又称冬季修剪），和生长期修剪（又称春季修剪或夏季修剪）等两个时期。前者视各地气候而异，大抵自土地结冻树木休眠后至次年春季树液开始流动前施行。抗寒力差的种类最好在早春修剪，以免伤口受风寒伤害；对伤流特别旺盛的种类，如桦木、葡萄、复叶槭、胡桃、悬铃木、四照花等不可修剪过晚，否则会自伤口流出大量树液而使植株受到严重伤害。后者，即生长季的修剪期是自萌芽后至新梢或副梢延长生长停止前这一段时期内实施，其具体日期则视当地气候及树种而异，但勿过迟，否则易促使发生新副梢而消耗养分且不利于当年新梢的充分成熟。

二、修剪的方法及其对生长的影响

（一）休眠期的修剪

1. 截干　对干茎或粗大的主枝、骨干枝等进行截断的措施称为截干。这种方法有促使树木更新复壮的作用。在培育次生萌芽林以及对树木施行去顶的“头状作业”时均采用本法。在截除粗大的侧生枝干时，应先用锯在粗枝基部的下方，由下向上锯入1/3~2/5，然后再自上方在基部略前方处从上向下锯下，如此可以避免劈裂（图10-1）。最后再用利刃将伤口自枝条基部切削平滑，并涂上护伤剂以免病虫侵害和水分的蒸腾。伤口削平滑的措施会有利于愈伤组织的发展，有利于伤口的愈合。护伤剂可以用接蜡、白涂剂、桐油或油漆。

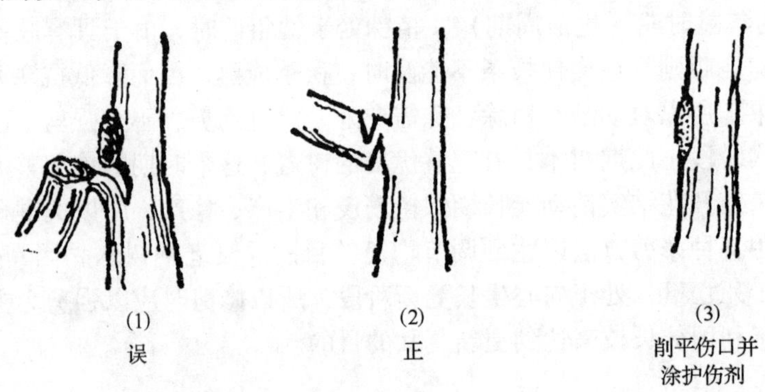

图10-1　截干方法

（1）误（仅自上方锯下时，易发生撕裂损伤）　（2）正（先自下方向上锯，然后再自上方锯下）　（3）最后削平伤口并涂护伤剂

2. 剪枝　这是修剪中最常应用的措施。依修剪的方式可分为“疏剪”（又称疏删）及“剪截”两类。前者是将整个枝条自基部完全剪除，不保留基部的芽，林业上的“打枝”和园艺上的“疏枝”均是应用此法。后者则是仅将枝条剪去一部分而保留基部几个芽。

剪截又依程度的不同而分为“短剪”（又称“重剪”或“强剪”），即剪除整个枝条长度的1/2以上；及“长剪”（又称“轻剪”或“弱剪”），即剪除的部分不足全长的1/2。

行疏剪时，可使邻近的其他枝条增强生长势，并有改善通风透光状况的效果。行强剪时，可使所保留下的芽得到较强的生长势；行弱剪时，则其生长势的加强作用较强剪为小。当然这种刺激生长的影响是仅就一根枝条而言的。实际上，各芽所表现出的生长势强与弱的程度还受到邻近各枝以及上一级枝条和环境条件的影响。

剪枝是修剪中的主要技术措施，应用极广，除少数情况外，大抵均在休眠期进行。

剪枝措施对树木生长发育的影响有两方面：

（1）对局部的影响　经剪枝后，生长点减少，次春发芽时可使留存的芽多得到养分、水分的供应，因而新梢的生长势可得到加强。又由于剪枝的方法和强弱程度的不同，可以有效地调节各枝间的生长势。其实行剪截的植株，由于生长点降低，故前级枝与新梢间的距离缩短，因而有避免树冠内部空虚的作用。

（2）对全株的影响　对同一种树木进行修剪与不行修剪的对比试验结果表明，修剪量的大小对全株的生长发育影响很大，但反应的程度则视树种而异。那些长期进行较多量修剪的树木（例如果园中的果树），均会产生树体容积减少的后果，又由于地上部与地下部生长的平衡关系，所以枝梢及根系的总生长量要比不修剪者为少，而对幼树来讲更易产生矮化的倾向。由生产果实角度言之，成年树年年修剪后虽树高不如未经修剪的树，但能达到年年开花繁茂、果实丰产及延长结果年限和保持树冠完整等目的。对施行自然式整形的庭荫树而言，适当疏去冗枝等轻度修剪可促进树木的生长。对衰老树的修剪，尤其是行重度修剪，能收到更新复壮的效果。

（二）生长期的修剪

1. 折裂　为防止枝条生长过旺，或为了曲折枝条使形成各种苍劲的艺术造型时，常在早春芽略萌动时，对枝条施行折裂处理。较粗放的方法是用手将枝折裂，但对珍贵的树木行艺术造型处理时，应先用刀斜向切入，深及枝条直径的2/3～1/2，然后小心地将枝弯折，并利用木质部折裂处的斜面互相顶住（图10-2）。精细管理者并于切口处涂泥以免伤口蒸腾水分过多。

图10-2　枝条折裂的方法

2. 除芽（抹芽）　把多余的芽除掉称为除芽。此措施可改善其他留存芽的养分供应状况而增强生长势。其中亦有将主芽除去而使副芽或隐芽萌发的，这样可抑制过强的生长势或延迟发芽期。例如河南鄢陵花农为了延长蜡梅的嫁接时期而常将母本枝条上的主芽除去，使再生新芽后，才采作接穗用。

3. 摘心　将新梢顶端摘除的措施称为摘心。摘除部分约长2～5cm。摘心可抑制新梢生长，使养分转移至芽、果或枝部，有利于花芽的分化、果实的肥大或枝条的充实。但摘心后，新梢上部的芽易萌发成二次梢，可待其生出数叶后再行摘心。

4. 捻梢　将新梢屈曲而扭转但不使断离母枝的措施称捻梢。此法多在新梢生长过长时应用。用捻梢法所产生的刺激作用较小，不易促发副梢，缺点为扭转处不易愈合，以后尚须再行一次剪平手续。此外，亦有用“折梢”法，即以折伤新梢而不断下的方法代替捻梢。

5. 屈枝（弯枝、缚枝、盘扎）　是将枝条或新梢施行屈曲、缚扎或扶立等诱引措施。

由于芽、梢的生长有顶端优势，故运用屈枝法可以控制该枝梢或其上的芽的萌发作用。当直立诱引时可增强生长势；当水平诱引时则有中等的抑制作用；当向下方屈曲诱引时，则有较强的抑制作用。在一些绿地中，于重点园景配植时常用此法将树木盘扎成各种艺术性姿态。

6. 摘叶（打叶）　适当摘除过多的叶片，称摘叶。它有改善通风透光的效果。在果实生产上尚有使果实充分见光而着色良好的效果。在密植的群体中施行本措施，有增强组织、防止病虫滋生等作用。

7. 摘蕾　凡是为了获得肥硕的花朵，如牡丹、月季等，常可用摘除侧蕾的措施而使主蕾充分生长。对一些观花树木，在花谢后常摘除枯花，不但能提高观赏价值，又可避免结实消耗养分。

8. 摘果　为使枝条生长充实，避免养分过多消耗，常将幼果摘除。例如对月季、紫薇等，为使其连续开花，必须时时剪除果实。至于以采收果实为目的，亦常为使果实肥大，提高品质或避免出现“大、小年”现象而摘除适量果实。

（三）在休眠期或生长期均可施行的修剪措施

1. 去蘖　是除去植株基部附近的根蘖或砧木上萌蘖的措施。它可使养分集中供应植株，改善生长发育状况。

2. 切刻　是在芽或枝的附近施行刻伤的措施。深度以达木质部为度。当在芽或枝的上方行切刻时，由于养分、水分受伤口的阻隔而集中于该芽或枝条，可使生长势加强。当在芽或枝的下方行切刻时，则生长势减弱，但由于有机营养物质的积累，能使枝、芽充实，有利于加粗生长和花芽的形成。切刻愈深愈宽时，其作用就愈强。

3. 纵伤　是在枝干上用刀纵切，深及木质部的措施。作用是减少树皮的束缚力，有利于枝条的加粗生长。细枝可行一条纵伤，粗枝可纵伤数条。

4. 横伤　是对树干或粗大主枝用刀横砍数处，深及木质部。作用是阻滞有机养分下运，可使枝干充实，有利于花芽的分化，能达到促进开花结实和丰产的目的。此法在枣树上常常应用。

5. 环剥（环状剥皮）　是在干枝或新梢上，用刀或环剥器切剥掉一圈皮层组织的措施。其功能同于横伤，但作用要强大得多。环剥的宽度一般为2～10mm，视枝干的粗细和树种的愈伤能力、生长速度而定。但忌过宽，否则长期不能愈合会对树木生长不利。应注意的是对伤流过旺或易流胶的树种，不宜应用此措施。

6. 断根　是将植株的根系在一定范围内全行切断或部分切断的措施。本法有抑制树冠生长过旺的特效。断根后可刺激根部发生新须根，所以有利于移植成活，因此，在珍贵苗木出圃前或进行大树移植前，均常应用断根措施。此外，亦可利用对根系的上部或下部的断根，促使根部分别向土壤深层或浅层发展。

三、修剪时应注意的事项

（一）剪口芽　在修剪具有永久性各级骨干枝的延长枝时，应特别注意剪口与其下方芽的关系。见图10-3。图中之（1）是正确的剪法，即斜切面与芽的方向相反，其上端与芽端相齐，下端与芽之腰部相齐。这样剪口面不大，又利于养分，水分对芽的供应，使剪口面不易干枯而可很快愈合，芽也会抽梢良好。如图中之（2）的剪法，则形成过大的切口，切口下

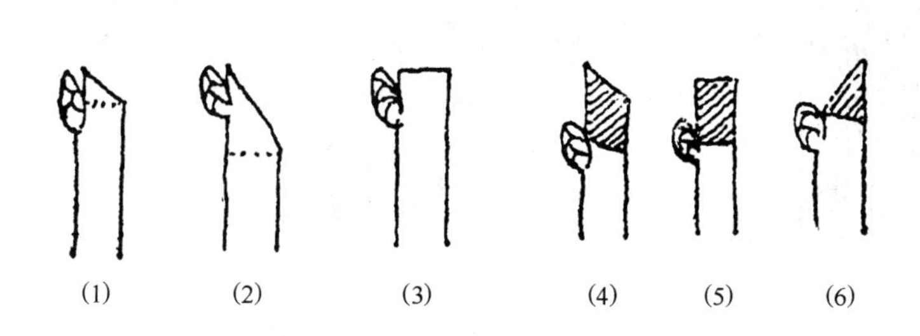

图 10-3　修剪枝条时，剪口位置与剪口芽的关系

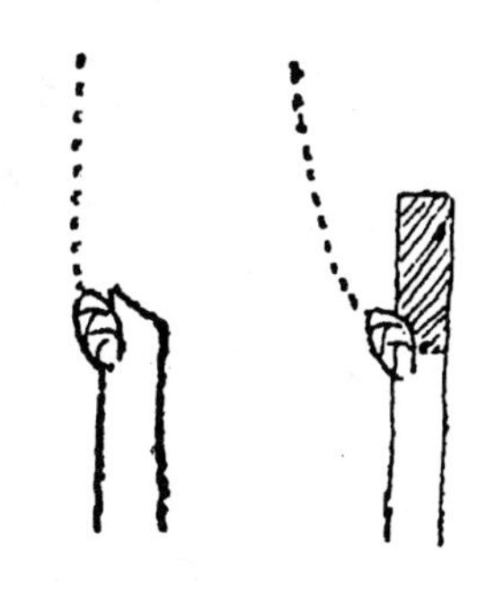

图 10-4　不同剪法的剪口芽的发枝趋向

端达于芽基部的下方，由于水分蒸腾过烈，会严重影响芽的生长势，甚至可使芽枯死。图中之(3)的剪法尚属可行，但技术不熟练者易发生如图中之(5)或剪损芽子的弊病。图中之(4)、(5)、(6)的剪法，遗留下一小段枝梢，常常不易愈合，并为病虫的侵袭打开门户，而且如果遗留的枝梢过长时，在芽萌发后易形成弧形的生长现象(图 10-4)。这对于幼苗的延长主干来讲，会降低苗木的品级。但在华北春季多旱风处亦常行如图 10-3(4)或(5)的剪法，待度过春季旱风期后再行第 2 次修剪，剪除芽上方之多余部分枝段。

此外，除了注意剪口芽与剪口的位置关系外，还应注意剪口芽的方向就是将来延长枝的生长方向。因此，须从树冠整形的要求来具体决定究竟应留哪个方向的芽。一般言之，对垂直生长的主干或主枝而言，每年修剪其延长枝时，所选留的剪口芽的位置方向应与上年的剪口芽方向相反，如此才可以保证延长枝的生长不会偏离主轴（图 10-5）。

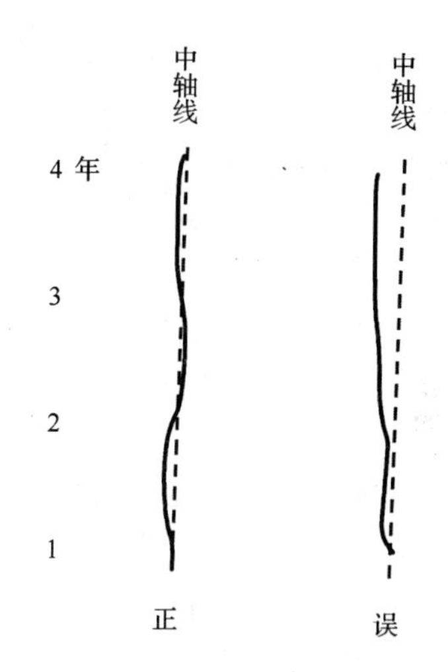

图 10-5　垂直主干延长枝的逐年修剪法

至于向侧方斜生的主枝，其剪口芽应选留向外侧或向树冠空疏处生长的方向。

以上所述均为修剪永久性的主干或骨干枝时所应注意的事项。至于小侧枝，则因其寿命较短，即使芽的位置、方向等不适当也影响不大。

（二）主枝或大骨干枝的分枝角度　对高大的乔木而言，分枝角度太小时，容易受风、雪压、冰挂或结果过多等压力而发生劈裂事故。因为在二枝间由于加粗生长而互相挤压，不但不能有充分的空间发展新组织，反而使已死亡的组织残留于二枝之间，因而降低了承压力；反之，如分枝角较大时，则由于有充分的生长空间。故二枝间的组织联系得很牢固而不易劈裂（图 10-6）。

由于上述的道理，所以在修剪时应剪除分枝角过小的枝条，而选留分枝角较大的枝条作为下一级的骨干枝。对初形成树冠而分枝角较小的大枝，可用绳索将枝拉开，或于二枝间嵌撑木板，加以矫正。

（三）修剪的顺序　修剪时最忌漫无次序不加思索地乱剪。这样常会将需要保留的枝条也剪掉了，而且速度也慢。有经验的技术人员除对人工整形树如绿篱等是先由外部修剪成大

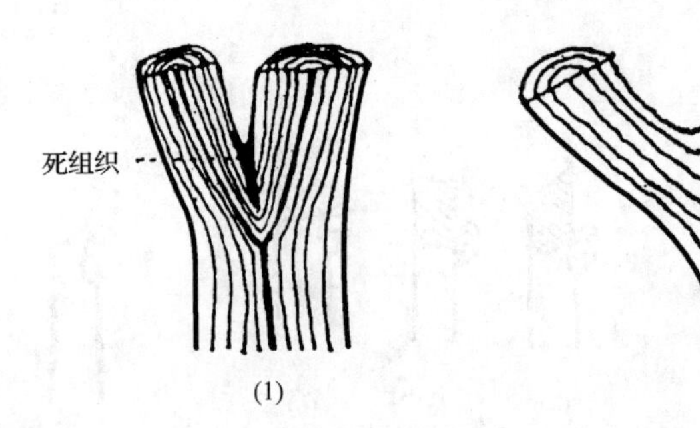

图 10-6 主枝或大枝分枝角大小的影响

(1) 分枝角狭易产生死组织，因而结合不牢固

(2) 分枝角大，二枝间结合牢固

体轮廓外，均是按照“由基到梢、由内及外”的顺序来剪，即先看好树冠的整体应整成何种形式，然后由主枝的基部自内向外逐渐向上修剪，这样就会避免差错或漏剪，既能保证修剪质量又可提高速度。

第四节 整 形

一、时 期

整形工作总是结合修剪进行的，所以除特殊情况外，整形的时期与修剪的时期是统一的。

二、形 式

园林绿地中的树木负担着多种功能任务，所以整形的形式各有不同，但是概括地可以分为以下 3 类。

(一) 自然式整形 在园林绿地中，以本类整形形式最为普遍，施行起来亦最省工，而且最易获得良好的观赏效果。

本式整形的基本方法是利用各种修剪技术，按照树种本身的自然生长特性，对树冠的形状作辅助性的调整和促进，使之早日形成自然树形，对由于各种因子而产生的扰乱生长平衡、破坏树形的徒长枝、冗枝、内膛枝、并生枝以及枯枝、病虫枝等，均应加以抑制或剪除，注意维护树冠的匀称完整。

自然式整形是符合树种本身的生长发育习性的，因此常有促进树木生长良好、发育健壮的效果，并能充分发挥该树种的树形特点，提高观赏价值。

(二) 人工式整形 由于园林绿化中特殊的目的，有时可用较多的人力物力将树木整剪成各种规则的几何形体或不规则的各种形体，如鸟、兽、城堡等。

1. 几何形体的整形方法

按照几何形体的构成规律作为标准来进行修剪整形，例如正方形树冠应先确定每边的长度；球形树冠应确定半径等。

2. 非几何形体的其他形体整形方法

（1）垣壁式　在庭园及建筑附近为达到垂直绿化墙壁的目的，在欧洲的古典式庭园中常可见到本式。常见的形式有 U 字形、叉形、肋骨形，扇形等（图 10-7）。

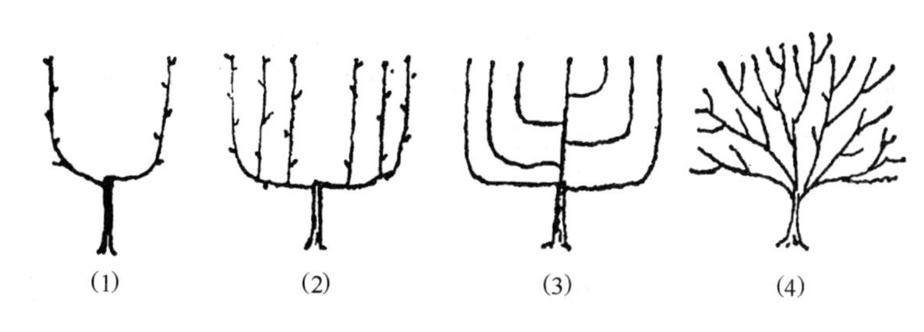

图 10-7　习见的垣壁式整形

（1）U 字形　（2）叉形　（3）肋形　（4）扇形

本式的整形方法是使主干低矮，在干上向左右两侧呈对称或放射状配列主枝，并使之保持在同一平面上。

（2）雕塑式　根据整形者的意图匠心，创造出各种各样的形体。但应注意树木的形体应与四周园景谐调，线条勿过于烦琐，以轮廓鲜明简练为佳。整形的具体做法全视修剪者技术而定，亦常借助于棕绳或铅丝，事先作成轮廓样式进行整形修剪。

人工形体或整形是与树种本身的生长发育特性相违背的，是不利于树木的生长发育的，而且一旦长期不剪，其形体效果就易破坏，所以在具体应用时应该全面考虑。

（三）自然与人工混合式整形　这是由于园林绿化上的某种要求，对自然树形加以或多或少的人工改造而形成的形式。常见的有以下几种：

1. 杯状形　在主干一定高度处留 3 主枝向四面配列，各主枝与主干的角度约 45°，3 主枝间的角度约为 120°。在各主枝上又留 2 条次级主枝，在各次级主枝上又应再保留 2 条更次一级的主枝，依次类推，即形成似假二叉分枝的杯状树冠。这种整形方法，本是对轴性较弱的树种施实较多的人工控制的方法，也是违反大多数树木的生长习性的。在过去，杯状形多见于果园中用于桃树的整形，在街道绿化上亦有用于悬铃木的。后者大都是由于当地多大风、地下水高，土层较浅以及空中缆线多等原因，不得不用抑制树冠的方法，但亦常见一些城市虽无上述限制，却也采用本法则属“东施效颦”了。

2. 开心形　这是将上法改良的一种形式，适用于轴性弱、枝条开展的树种。整形的方法亦是不留中央领导干而留多数主枝配列四方。在主枝上每年留有主枝延长枝，并于侧方留有副主枝处于主枝间的空隙处。整个树冠呈扁圆形，可在观花小乔木及苹果、桃等喜光果树上应用。

3. 多领导干形　留 2～4 个中央领导干，于其上分层配列侧生主枝，形成均整的树冠。本形适用于生长较旺盛的种类，可造成较优美的树冠，提早开花年龄，延长小枝寿命，最宜于作观花乔木、庭荫树的整形。

4. 中央领导干形　留一强大的中央领导干，在其上配列疏散的主枝。本形式是对自然树形加工较少的形式之一。本形式适用于轴性强的树种，能形成高大的树冠，最宜于作庭荫树、独赏树及松柏类乔木的整形。

5. 丛球形　此种整形法颇类似多领导干形，只是主干较短，干上留数主枝呈丛状。本形多用于小乔木及灌木的整形。

6. 棚架形　这是对藤本植物的整形。先建各种形式的棚架、廊、亭，种植藤本树木后，按生长习性加以剪、整等诱引工作。

总括以上所述的 3 类整形方式，在园林绿地中以自然式应用最多，既省人力、物力又易成功。其次为自然与人工混合式整形，这是使花朵硕大、繁密或果实丰多肥美等目的而进行的整形方式，它比较费工，亦需适当配合其他栽培技术措施。关于人工形体式整形，一般言之，由于很费人工，且需有较熟练技术水平的人员，故常只在园林局部或在要求特殊美化处应用。

第五节 各种园林用途树木的修剪整形

园林绿地中栽植着各种用途的树木，即使是同一种树木，由于园林用途的不同，其修剪整形的要求也是不同的。下面分别将其要点叙述于下：

一、松柏类的剪整

一般言之，对松柏类树种多不行修剪整形或仅采取自然式整形的方式，每年仅将病枯枝剪除即可。在园林局部中亦有行人工形体式整形的。在大面积绿化成林栽植中，值得注意的是“打枝”问题。因为松柏类的自然疏枝活动过程较慢，所以常施行人工打枝工作。衰弱枝剪除，有利通风、透光、减少病虫感染率，且有利于形成无节疤的良材，并能适当产生一些薪炭材供给附近居民。问题在于打枝量的多少。许多地方习惯于大量打枝，仅保留一个很小的树冠，这样势必严重影响到植株的生长。打枝量究竟多少才属适当呢？这是与树种的生长特性有密切关系的。Takahara 认为对日本扁柏和柳杉施行中度的打枝后，对生长的影响不大。Slobaugh 对美国赤松做试验，分别将树冠修剪除 30%、50%、70%、90%，经过 5 年后，发现仅是去除树冠 90% 的树木的高度生长有显著减弱现象，而修去 30%～70% 树冠的树，在高生长方面仅有很小的差异。如此看来，似乎可以实行相当重度的打枝；其实不然，因为有些人又观察到，施行相当重度的打枝后，树木的高生长虽不显著降低，但是干部的直径生长却显著减少了。例如 Young 和 Kramer 研究火炬松，Lehtpere 研究花旗松均发现有此现象。因此在打枝时必须根据栽培目的，既考虑到树高的生长，又考虑对树干加粗生长的影响。Luckhoff 曾发现针叶树去掉 25% 的树冠后，不会影响其高度及直径的生长，而去掉 50% 的树冠就会减少直径的生长，但是不减少高度的生长。Dahms 亦认为对许多种针叶树种来讲，可以去掉树冠的 1/3，而对高生长及直径生长减少不显著。

对园林中独植的针叶树而言，除有特殊要求呈自然风致形者外，由于绝大多数均有主导枝、且生长较慢，故应注意小心保护中央领导干勿使受伤害为要。

二、庭荫树与行道树的剪整

一般言之，对树冠不加专门的整形工作而多采用自然树形。庭荫树的主干高度应与周围环境的要求相适应，一般无固定的规定而主要视树种的生长习性而定。行道树的主干高度以不妨碍车辆及行人通行为主，一般以 2.5～4m 为宜。

庭荫树与行道树树冠与树高的比例大小，视树种及绿化要求而异。庭荫树等独栽树木的树冠以尽可能大些为宜，不仅能充分发挥其观赏效果而且对一些树干皮层较薄的种类，如七叶树、白皮松等，可有防止日烧伤害干皮的作用。故树冠以占树高的 2/3 以上为佳，而以不小于 1/2 为宜。行道树的树冠高度以占全树高的 1/2～1/3 为宜，如过小则会影响树木的生长量及健康状况。

行道树的整形方式虽多采用自然形，但由于特殊的要求或风俗习惯等原因，亦有采用人工形体式的。尤其是行道树，由于空中电线等设施物的阻碍，常严重限制了树冠的发展。例如上海市的行道树大都整剪成杯状。行道树树冠过小，不但影响了其的遮荫等卫生防护功能而且常致寿命短促，故最近不少城市已在注意如何解决行道树与地上、地下管线的矛盾，以达到扩大树冠的目的。上海及杭州已运用“开弄堂”（即将树冠剪整成V字形，使电线从空隙中穿过）、“伞股式复壮”（即疏剪主枝，使主枝穿过电线层之上方）等方法来促使树冠适当扩大，但由于台风以及地下水过高等关系，仍然严重地限制了树冠的高度。

庭荫树与行道树在具体修剪时，除人工形体式需每年用很多的劳力进行休眠期修剪以及夏季生长期修剪外（如上海在夏季需行除梢，及在台风前行疏剪），对自然式树冠则每年或隔年将病、枯枝及扰乱树形的枝条剪除，对老、弱枝行短剪、给以刺激使之增强生长势。对干基部发生的萌蘖以及主干上由不定芽发长的冗枝，均应一一剪除。

三、灌木类的剪整

按树种的生长发育习性，可分为下述几类剪整方式：

（一）先开花后发叶的种类　可在春季开花后修剪老枝并保持理想树姿。对毛樱桃、榆叶梅等枝条稠密的种类，可适当疏剪弱枝、病枯枝。用重剪进行枝条的更新，用轻剪维持树形。对于具有拱形枝的种类，如连翘、迎春等，可将老枝重剪，促进发生强壮的新条以充分发挥其树姿特点。

（二）花开于当年新梢的种类　可在冬季或早春剪整。如八仙花、山梅花等可行重剪使新梢强健。如月季、珍珠梅等可达到在生长季中开花不绝的，除早春重剪老枝外，并应在花后将新梢修剪，以便再次发枝开花。

（三）观赏枝条及观叶的种类　应在冬季或早春施行重剪，以后行轻剪，使萌发多数枝及叶。又如红瑞木等耐寒的观枝植物，可在早春修剪，以便冬枝充分发挥观赏作用。

（四）萌芽力极强的种类或冬季易干梢的种类　可在冬季自地面刈去，使次春重新萌发新枝，如胡枝子、荆条及醉鱼草等均宜用此法。这种方法对绿化结合生产以枝条作编织材料的种类很有实用价值。

四、藤木类的剪整

在自然风景区中，对藤本植物很少细以修剪管理，但在一般的园林绿地中则有以下几种处理方式：

（一）棚架式　对于卷须类及缠绕类藤本植物多用此种方式进行剪整。剪整时，应在近地面处重剪，使发生数条强壮主蔓，然后垂直诱引主蔓于棚架的顶部，并使侧蔓均匀地分布架上，则可很快地成为荫棚。在华北、东北各地，对不耐寒的种类如葡萄，需每年下架，将病弱衰老枝剪除，均匀地选留结果母枝，经盘卷扎缚后埋于土中，次年再行出土上架。至于耐寒的种类，如紫藤等则可不必进行下架埋土防寒工作。除隔数年将病、老或过密枝疏剪外，一般不必每年剪整。

（二）凉廊式　常用于卷须类及缠绕类植物，亦偶而用吸附类植物。因凉廊有侧方格

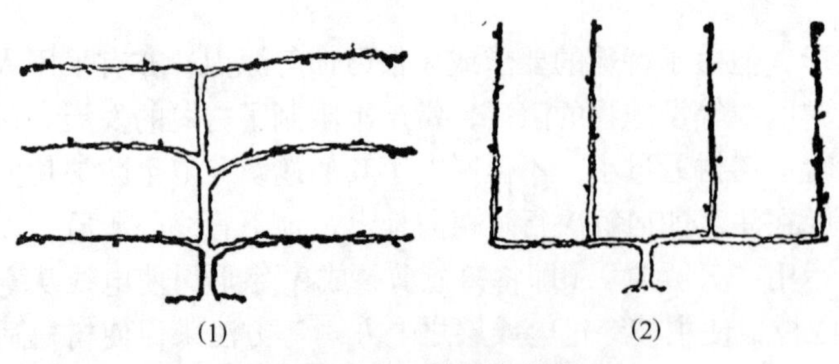

图 10-8　篱垣式剪整

（1）水平三段篱垣式　（2）垂直篱垣式

架，所以主蔓勿过早诱引于廊顶，否则容易形成侧面空虚。

（三）篱垣式　多用于卷须类及缠绕类植物。将侧蔓行水平诱引后，每年对侧枝施行短剪，形成整齐的篱垣形式（图 10-8）。图中之（1）为适合于形成长而较低矮的篱垣形式，通常称为"水平篱垣式"，又可依其水平分段层次之多少而分为二段式、三段式等。图中之（2）称为"垂直篱垣式"，适于形成距离短而较高的篱垣。

（四）附壁式　本式多用吸附类植物为材料。方法很简单，只需将藤蔓引于墙面即可自行依靠吸盘或吸附根而逐渐布满墙面。例如爬山虎、凌霄、扶芳藤、常春藤等均用此法。此外，在某些庭园中，有在壁前 20～50cm 处设立格架，在架前栽植植物的，例如蔓性蔷薇等开花繁茂的种类多在建筑物的墙面前采用本法。修剪时应注意使壁面基部全部覆盖，各蔓枝在壁面上应分布均匀，勿使互相重叠交错为宜。

在本式剪整中，最易发生的毛病为基部空虚，不能维持基部枝条长期密茂。对此，可配合轻、重修剪以及曲枝诱引等综合措施，并加强栽培管理工作。

（五）直立式　对于一些茎蔓粗壮的种类，如紫藤等，可以剪整成直立灌木式。此式如用于公园道路旁或草坪上，可以收到良好的效果。

五、植篱的剪整

植篱又称为绿篱、生篱，剪整时应注意设计意图和要求。自然式植篱一般可不行专门的剪整措施，仅在栽培管理过程中将病老枯枝剪除即可。对整形式植篱则需施行专门的修剪整形工作。

（一）整形式植篱的形式　形式有各式各样（图 10-9）。

有剪整成几何形体的，有剪成高大的壁篱式作雕像、山石、喷泉等背景用，亦有将植篱本身作为景物的；亦有将树木单植或丛植，然后剪整成鸟、兽、建筑物或具有纪念、教育意义等雕塑形式。

整形式植篱在栽植的方式上，通常多用直线形，但在园林中为了特殊的需要，例如需方便于安放坐椅、雕像等物时，亦可栽成各种曲线或几何形。在剪整时，立面的形体必须与平面的栽植形式相和谐。此外，在不同的小地形中，运用不

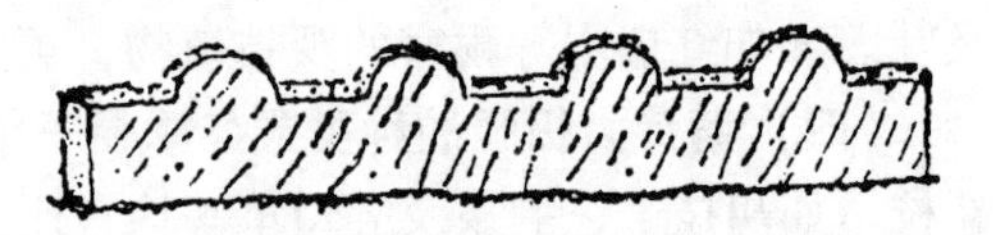

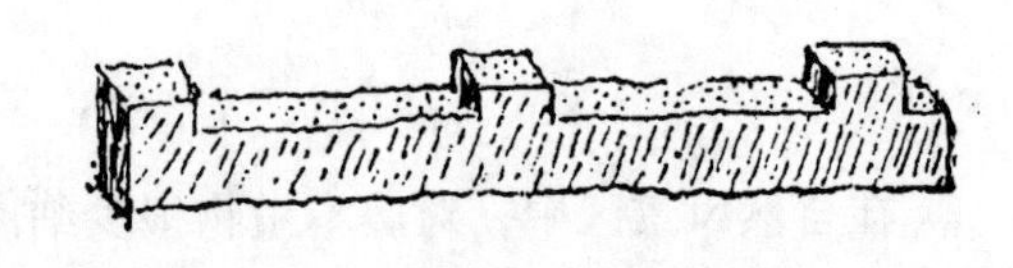

图 10-9　整形式植篱的几种形式

同的整剪方式，亦可收到改造地形的功效，这样不但增加了美化效果，而且对防止水土流失方面亦有着很大的实用意义。

（二）整形式植篱的剪整方法　在以上各式的剪整中，经验丰富的可随手剪去即能达到整齐美观的要求，不熟练的则应先用线绳定型，然后以线为界，进行修剪。

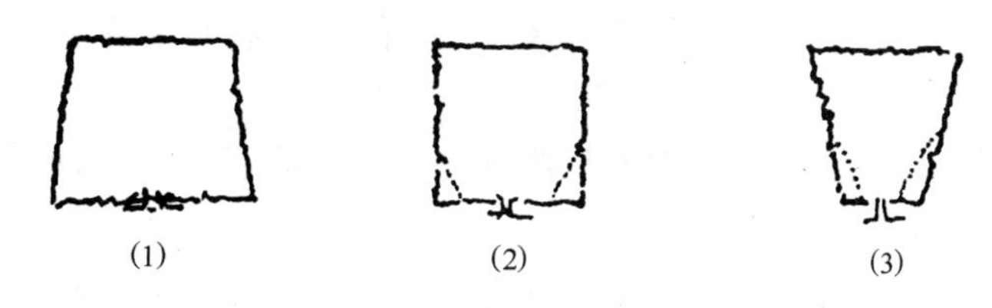

图 10-10　植篱修剪整形的侧断面图

(1)合理(成梯形)　(2)一般的剪整形式(长方形)，下枝易秃空。(3)错误的形式(倒梯形)，下枝极易秃空

植篱最易发生下部干枯空裸现象，因此在剪整时，其侧断面以呈梯形最好，可以保持下部枝叶受到充分的阳光而生长茂密不易秃裸（图 10-10）。反之，如断面呈倒梯形，则植篱下部易迅速秃空，不能长久保持良好效果。

六、桩景树的剪整（树木的艺术造型）

中国的古老庭园以及许多新建的园林曾经有过分强调园林建筑的思想，往往把大量财力用于建造亭楼廊榭，热衷于重院迴廊、楼阁相望，而对“用植物造景”的思想认识不足。当然，必要的园林建筑是绝不应忽视的，但园林绿化建设的根本与精髓在于以植物来美化环境是不容置疑的。植物造景有许多方法，其中之一即运用桩景树。现在概括地讲树木的艺术造型问题。

（一）桩景树的艺术形体　一般以仿照自然界古树名木的奇姿异态，加上园林师自己的构思，运用栽培技术进行艺术加工，经过多年精心的培养，才能创造出优美的树形。

1. 直干式　树木主干直立，树冠的各主、侧枝经过全盘的构思规划布局，运用剪、裁、盘、曲和缚扎定位，最后形成独具情趣的树冠（图 10-11）。剪整要点是培养主干达一定高度后，施行摘心，对各主侧枝必须按创作意图进行配置。对主干顶端的收尾形式应妥为运用预留侧主枝，一般不宜采用枯梢秃顶式接尾。

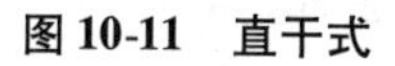

图 10-11　直干式

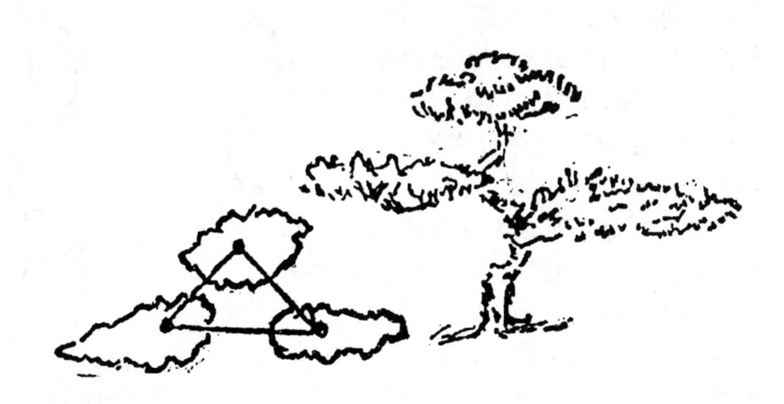

图 10-12　屈干式

2. 屈干式　主干屈折，主枝因势托展有拱迎体态（图 10-12）。剪整要点在于作好主枝方向与层次距离的配列。

3. 悬崖式　主干基部直立、中部倾斜、上部向前悬垂，状如飞瀑，各主侧枝呈高低错落配列（图 10-13）。

4. 劈干式　主干劈分为二，主枝呈层配列。此式目前在广东汕头一带较多，主要显示栽培养护技艺。

5. 双干式　主干二，通常斜生，两干一高一低，方向各异而又相互呼应，树冠亦呈相互呼应的二体（图 10-14）。

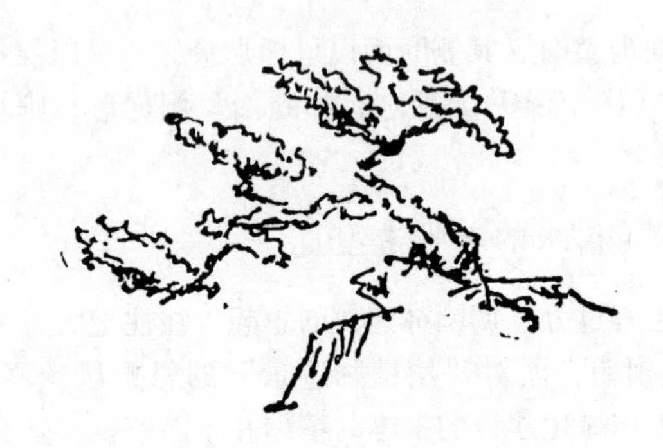

图 10-13　悬崖式

图 10-14　双干式

6. 连理式　将二干或二主枝在距地一定高度处进行嫁接，形成连理干或连理枝。

7. 露根式　对根系发达的树种，可逐年除土露根，最后形成盘龙舞爪的形状。广东汕头一寺庙中即有一榕树根系形成天然落地罩状，可谓一大奇观。

（二）桩景树的剪整技术　剪整技术有多种，可概括为 3 类如下：

1. 盘扎　对较柔韧或比较细的干及枝条可用此法。依园林师的构思将枝条弯曲，用铅丝（粗铅丝可烧红后任其自然冷却后备用）、麻皮或棕丝扎缚拉引使之固定。对较粗的枝条，可加支柱绑缚固定。用本法所造成的盘曲姿式比较圆滑柔软，其特点为只用手力使之盘曲而扎缚，并不用刀子刻切枝条，故花农树艺者在传统上称为“软式”技法（图 10-15）。

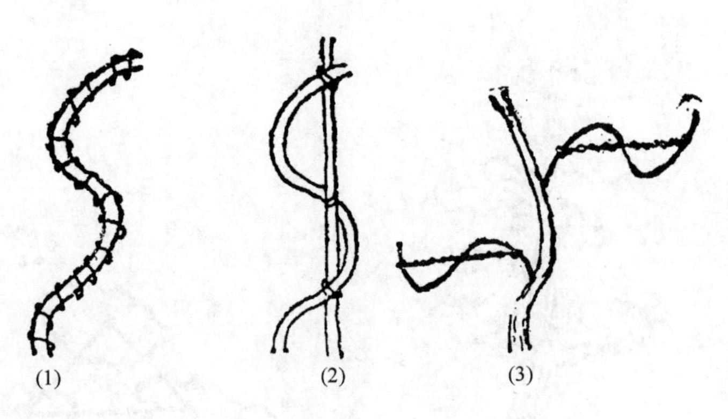

图 10-15　盘扎的方法

(1)用铅丝缠绕后盘曲法　(2)用支柱固定法

(3)用麻皮、棕丝缚扎法

枝条的盘扎时期，以在休眠期施行为好，一般在秋末落叶后或早春萌芽前施行为好，应避免在芽已萌发长大后施行，否则芽易被碰掉。对于当年生长的新梢，可以随其生长长度而适时加以盘扎。已盘扎完毕的枝条，视其固定的程度，一般经过1个生长季后，在次年生长期开始前应行解除盘扎物，以免嵌入枝内。

2. 刻拧　对粗硬不易弯曲的干或枝条，或者欲做成硬线条姿态的树木常用本法。本做法可使人产生浑厚有力、刚劲古朴的艺术效果，树艺者在传统上称为“硬式”技法。

对欲使之弯曲的粗干，可用利刃纵穿枝干，使之劈裂，即易扭曲而不会折断。欲行大角度折屈时，可在折屈处刻出缺口，就可使易弯折而又不会断离。为了避免折口水分过分蒸发，可行包扎及涂泥，如此经1个月以后可以不再涂泥。作切口时，视弯折角度的大小，切口深度约为枝径的1/3～2/3，切口应自上而下斜切。欲使枝条呈左右方向弯折时则切口应在枝条的左方及右方分别切入，如欲使枝条呈螺旋状回转时，则切口也应呈螺旋状排列，一般是每3～5刀转1周。用刀切刻切口的时期应在芽刚萌动时进行，如过早，则常会因切刻而不易发芽；如过晚，则芽已长大故很易被碰落。

3. 撬树皮　为使树干上某个部分有疣隆起有如高龄老树状，可以在生长最旺盛的时期，用小刀插入树皮下轻轻撬动，使皮层与木质部分离，则经几个月后这个部分就会呈疣状隆起。

4. 撕裂枝条　主干上的侧枝如欲去除时，不必用剪剪截，可用手撕除，这样就必然会连树皮一起撕下露出一部分主干的木质部，结果就会造成有如老树在自然界受到风雷损害一样的形貌。其他有原来用剪、锯切断处，凡是断面整齐平滑的，均应用刀施行艺术加工切刻成风雷自然折损的形貌。施用本法的树木，最后均应在断损处涂上具有自然枯木色彩的防腐剂。

5. 枯古木的利用　对某些体形姿态优美或具有一定历史价值或意义的枯古木，过去均一概挖除，这无异损失不少风景资源，实应改变处理办法。具有积极意义的做法是首先将枯木进行杀虫杀菌和防腐处理，以及必要的安全加固处理。然后在老干内方边缘适当位置纵刻裂沟，补植幼树并使幼树主干与古木干沟嵌合，外面用水苔缠好，再加细竹，然后用绳绑紧，如此经过数年，幼树长粗，嵌入部长得很紧，未嵌入部被迫向外增粗遮盖了切刻的痕迹而宛若枯木回春了。

值得注意的是有一种错误观念，认为桩景树只能盆栽不能地栽，这是不正确的。实际上在中国园林中早有运用大的桩景树进行造景配植的手法，例如河南省鄢陵县姚家花园以及广东省潮汕地区等不少地方均有这种传统，只是由于种种原因未被注意罢了。实际上地栽的桩景树与“盆栽”是同源的，均是园林树木栽培技术中的重要组成部分。

七、其他剪整方式的整理和发掘

中国各地花农在长期的实践中积累了许多修剪整形方面的丰富经验，他们结合传统的技法和当地的特点，创造出许多富于地方风格的剪整方法，前面曾提及的河南省鄢陵县，有捏狮子、扎牌楼、蓬子松、灯台松等手法，在广东潮汕地区有劈干法，其他如江苏、福建、四川……等各地均具有悠久的花木栽培历史，都有各具特色的剪整技术，这些都亟待总结、整理和提炼，以便使中国的园林树木剪整技术得到进一步的提高。

应注意的是各种雕塑式造型均很费工，在园林中难于大量应用，最好以画龙点睛的方式加以运用，或者较集中地应用，以便充分表现园景特色。造型本身应具有较高的艺术美效果，有思想内容，且须与周围的景色相协调。

在现代栽培管理技术中，为了节约人工，可以利用化学药剂进行化学整枝，例如对植株进行叶面喷洒辛酸（Caprylic acid）或多效唑（PP_{333}，即 Paclobutrazol）均可抑制植物的顶芽生长以及侧枝的生长，使植株较长期的保持一定的造型。但在剂量浓度方面，不同的植物种类是不尽相同的。

第十一章　园林树木的土、肥、水管理

土壤是树木生长的基地，也是树木生命活动所需求的水分、各种营养元素和微量元素的源泉。因此，土壤的好坏直接关系着树木的生长。不同的树种对土壤的要求是不同的，但是一般言之，树木都要求保水保肥能力好的土壤，同时在雨水过多或积水（除耐水湿的以外）时，往往易引起烂根，故下层排水良好非常重要，因此下层土壤富含砂砾时最为理想。此外，又要求栽植地的土壤应充分风化，才能提供需要的养分。

第一节　土壤管理

一、树木生长地的土壤条件

园林树木生长地的土壤条件十分复杂。据调查园林树木生长地的土壤，大致可分为以下几类：

（一）荒山荒地　荒山荒地的上壤尚未深翻熟化，肥力低。

（二）平原肥土　平原肥土最适合园林树木生长，但这种条件不多。

（三）水边低湿地　水边低湿地一般土壤紧实，水分多，通气不良，土质多带盐碱（北方）。

（四）煤灰土或建筑垃圾土　在居住区，由生活产生的废物，如煤灰、垃圾、瓦砾、动植物残骸等形成的煤灰土以及建筑后留下的灰槽、灰渣、煤屑、砂石、砖瓦块、碎木等建筑垃圾堆积而成的土壤。

（五）市政工程施工后的场地　在城市中，如地铁、人防工程等处由于施工，将未熟化的心土翻到表层，使土壤肥力降低。而且机械施工，辗压土地，会造成土壤坚硬，土壤通气不良。

（六）人工土层　就是人工修造的，代替天然地基的构筑物，这个概念是针对城市建筑过密现象而解决土地利用问题的一种方法。如建筑的屋顶花园，地下停车场、地下铁道、地下贮水槽等上面的栽植，都可以把建筑物视为人工土层的载体。人工土层没有地下毛细管水的供应，同时土层的厚度受到局限，有效的土壤水分容量也小，如果没有雨水或人工浇水，则土壤干燥，不利于植物的生长。

天然土地因为热容量大，所以地温的变化受气温变化的影响小，土层越深，变化幅度越小，达到一定深度后，地温就几乎不变了，是恒定的。人工土层则有所不同，因为土层很薄，受到外界气温的变化和从下部结构传来的热变化两种影响，土壤温度的变化幅度较大。所以天然土地上面的树木根系能够从地表向下生长到一定深度，而不直接受到气温变化的影响，从这一点来看，人工土层的栽植环境是不够理想的。

人工土层的土壤容易干燥，温度变化大，土壤微生物的活动易受影响，腐殖质的形成速度缓慢，因此人工土层的土壤选择很重要，特别是屋顶花园，要选择保水和保肥能力强，同时应施用腐熟的肥料。因为如果保水保肥能力不强，灌水后都漏走流失，其中的养分也随着流失。因此如果不经常补充肥料，土壤就会逐渐贫瘠，不利于植物的生长。为减轻建筑的负荷，减少经济开支，采用的土壤要轻，因此需要混合各种多孔性轻量材料，例如混合蛭石、珍珠岩、煤灰渣、泥炭等。选用的植物材料体量要小，重量要轻。

（七）沿海地区的土壤 滨海填筑地，因受填筑土的来源和海潮及海潮风影响，如果是砂质土壤，盐分被雨水溶解后能够迅速排出，如果是黏性土壤，因透水性小，便会长期残留盐分。为此，应设法排洗盐分，如“淡水洗盐”和施有机肥等。

（八）酸性红壤 在我国长江以南地区常常遇到红壤。红壤呈酸性反应，土粒细，土壤结构不良，水分过多时，土粒吸水成糊状；干旱时水分容易蒸发散失，土块易变成紧实坚硬，又常缺乏氮、磷、钾等元素。许多植物不能适应这种土壤，因此需要改良。例如，增施有机肥，磷肥、石灰、扩大种植面，并将种植面连通开挖排水沟或在种植面下层设排水层等。

（九）工矿污染地 由矿山和工厂排出的废水里面含有害成分，污染土地，致使树木不能生长，此类情况，除用良好的土壤替换外，别无他法。

（十）紧实的土壤 园林绿地常常受人流的践踏和车辆的辗压，使土壤密度增加，孔隙度降低，通透性不良，因而对树木生长发育相当不利。

除上述以外，园林绿地的土壤有可能是盐碱土、重黏土、砂砾土等，因此，在种植前应施有机肥进行改良。

二、树木栽植前的整地

整地，即土壤改良和土壤管理，是保证树木成活和健壮生长的有利措施。

（一）树木栽植前整地工作的特点 从前文介绍来看，园林绿地的土壤条件十分复杂，因此，园林树木的整地工作既要做到严格细致，又要因地制宜。园林树木的整地应结合地形进行整理，除满足树木生长发育对土壤的要求外，还应注意地形地貌的美观。在疏林草地或栽种地被植物的树林、树群、树丛中，整地工作应分 2 次进行：第 1 次在栽植乔灌木以前；第 2 次则在栽植乔灌木之后及铺草坪或其他地被植物之前。

（二）园林整地工作的内容与做法 园林的整地工作，包括以下几项内容：适当整理地形、翻地、去除杂物、碎土、耙平、填压土壤。其方法应根据各种不同情况进行：

1. 一般平缓地区的整地 对 8°以下的平缓耕地或半荒地，可采取全面整地。通常多翻耕 30cm 的深度，以利蓄水保墒。对于重点布置地区或深根性树种可翻掘 50cm 深，并施有机肥，借以改良土壤。平地、整地要有一定倾斜度，以利排除过多的雨水。

2. 市政工程场地和建筑地区的整地 在这些地区常遗留大量灰槽、灰渣、砂石、砖石、碎木及建筑垃圾等，在整地之前应全部清除，还应将因挖除建筑垃圾而缺土的地方，换入肥沃土壤。由于夯实地基，土壤紧实，所以在整地同时应将夯实的土壤挖松，并根据设计要求处理地形。

3. 低湿地区的整地 低湿地土壤紧实，水分过多，通气不良，土质多带盐碱，即使树种选择正确，也常生长不好。解决的办法是挖排水沟，降低地下水位，防止返碱。通常在种树前1年，每隔20m左右就挖出1条深1.5～2.0m的排水沟，并将掘起来的表土翻至一侧培成垅台，经过一个生长季，土壤受雨水的冲洗，盐碱藏少了，杂草腐烂了，土质疏松，不干不湿，即可在垅台上种树。

4. 新堆土山的整地　挖湖堆山，是园林建设中常有的改造地形措施之一。人工新堆的土山，要令其自然沉降，然后才可整地植树，因此，通常多在土山堆成后，至少经过1个雨季，始行整地。人工土山多不太大，也不太陡，又全是疏松新土，因此，可以按设计进行局部的自然块状整地。

5. 荒山整地　在荒山主整地之前，要先清理地面，刨出枯树根，搬除可以移动的障碍物，在坡度较平缓、土层较厚的情况下，可以采用水平带状整地，这种方法是沿低山等高线整成带状的地段，故可称环山水平线整地。

在干旱石质荒山及黄土或红壤荒山的植树地段，可采用连续或断续的带状整地，称为水平阶整地。

在水土流失较严重或急需保持水土，使树木迅速成林的荒山，则应采用水平沟整地或鱼鳞坑整地，还可以采用等高撩壕整地。

（三）整地季节　整地季节的早晚对完成整地任务的好坏直接有关，在一般情况下，应提前整地，以便发挥蓄水保墒的作用，并可保证植树工作及时进行。这一点在干旱地区，其重要性尤为突出。一般整地应在植树前3个月以上的时期内（最好经过1个雨季）进行，如果现整现栽，效果将会大受影响。

三、树木生长地的土壤改良及管理

园林绿地土壤改良不同于农作物的土壤改良，农作物土壤改良可以经过多次深翻、轮作、休闲和多次增施有机肥等手段。而城市园林绿地的土壤改良，不可能采用轮作，休闲等措施，只能采用深翻、增施有机肥等手段来完成，以保证树木能正常生长几十年至百余年。

园林绿地土壤改良和管理的任务，是通过各种措施，来提高土壤的肥力，改善土壤结构和理化性质，不断供应园林树木所需的水分与养分，为其生长发育创造良好的条件。同时还可以结合实行其他措施，维持地形地貌整齐美观，减少土壤冲刷和尘土飞扬，增强园林景观效果。

园林绿地的土壤改良多采用深翻熟化、客土改良、培土与掺沙和施有机肥等措施。

（一）深翻熟化　深翻结合施肥，可改善土壤结构和理化性质，促使土壤团粒结构形成，增加孔隙度。因而，深翻后土壤含水量大为增加。

深翻后土壤的水分和空气条件得到改善，使土壤微生物活动加强，可加速土壤熟化，使难溶性营养物质转化为可溶性养分，相应地提高了土壤肥力。

园林树木很多是深根性植物，根系活动很旺盛。因此，在整地、定植前要深翻，给根系生长创造良好条件，促使根系向纵深发展。对重点布置区或重点树种还应适时深耕，以保证树木随着树龄的增长，对肥、水、热的需要。过去曾认为深翻伤根多，对根系生长不利，实践证明，合理深翻，断根后可刺激发生大量的新根，因而提高吸收能力，促使树体健壮，新梢长，叶片浓绿，花芽形成良好。因此，深翻熟化，不仅能改良土壤，而且能促进树木生长发育。

深翻的时间一般以秋末冬初为宜。此时，地上部生长基本停止或趋于缓慢，同化产物消耗减少，并已经开始回流积累，深翻后正值根部秋季生长高峰，伤口容易愈合；同时容易发出部分新根，吸收和合成营养物质，在树体内进行积累，有利于树木次年的生长发育；深翻后经过冬季，有利于土壤风化积雪保墒；同时，深翻后经过大量灌水，土壤下沉，土粒与根系进一步密接，有助于根系生长。早春土壤化冻后应当及早进行深翻，此时地上部尚处于休眠期，根系刚开始活动，生长较为缓慢，但伤根后除某些树种外也较易愈合再生。但是，春季劳力紧张，往往受其他工作冲击影响此项工作的进行。

深翻的深度与地区、土质、树种、砧木等有关，黏重土壤深翻应较深，砂质土壤可适当浅耕，地下水位高时宜浅，下层为半风化的岩石时则宜加深以增厚土层；深层为砾石，也应翻得深些，拣出砾石并换好土，以免肥、水淋失；地下水位低，土层厚，栽植深根性树木时则宜深翻，反之则浅。下层有黄淤土、白干土、胶泥板或建筑地基等残存物时，深翻深度则以打破此层为宜，以利渗水。可见，深翻深度要因地、因树而异，在一定范围内，翻得越深效果越好，一般为60～100cm，最好距根系主要分布层稍深，稍远一些，以促进根系向纵深生长，扩大吸收范围，提高根系的抗逆性。

深翻后的作用可保持多年，因此，不需要每年都进行深翻。深翻效果持续年限的长短与土壤有关，一般黏土地、涝洼地翻后易恢复紧实，保持年限较短；疏松的砂壤土保持年限则长。据报道，地下水位低，排水好，翻后第 2 年即可显示出深翻效果，多年后效果尚较明显；排水不良的土壤保持深翻效果的年限较短。

深翻应结合施肥，灌溉同时进行。深翻后的土壤，须按土层状况加以处理，通常维持原来的层次不变，就地耕松后掺和有机肥，再将心土放在下部，表土放在表层。有时为了促使心土迅速熟化，也可将较肥沃的表土放置沟底，而将心土覆在上面，但应根据绿化种植的具体情况从事，以免引起不良的副作用。

（二）客土栽培　园林树木有时必须实行客土栽培，主要在以下情况下进行：

①树种需要有一定酸度的土壤，而本地土质不合要求，最突出的例子是在北方种酸性土植物，如栀子、杜鹃花、山茶、八仙花等，应将局部地区的土壤全换成酸性土。至少也要加大种植坑，放入山泥、泥炭土、腐叶土等，并混拌有机肥料，以符合酸性树种的要求。

②栽植地段的土壤根本不适宜园林树木生长的如坚土、重黏土、砂砾土及被有毒的工业废水污染的土壤等，或在清除建筑垃圾后仍然板结，土质不良，这时亦应酌量增大栽植面，全部或部分换入肥沃的土壤。

（三）培土（壅土、压土与掺沙）　这种改良的方法，在我国南北各地区普遍采用。具有增厚土层，保护根系，增加营养，改良土壤结构等作用。在我国南方高温多雨地区，由于降雨多、土壤淋洗流失严重，多把树种种在墩上，以后还大量培土。在土层薄的地区也可采用培土的措施，以促进树木健壮生长。

压土掺沙的时期，北方寒冷地区一般在晚秋初冬进行，可起保温防冻、积雪保墒的作用。压土掺沙后，土壤熟化、沉实，有利树木的生长。

压土厚度要适宜，过薄起不到压土作用，过厚对树木生育不利，“砂压黏”或“黏压砂”时要薄一些，一般厚度为5～10cm；压半风化石块可厚些，但不要超过15cm。连续多年压土，土层过厚会抑制树木根系呼吸，从而影响树木生长和发育，造成根颈腐烂，树势衰弱。所以，一般压土时，为了防止接穗生根或对根系的不良影响，亦可适当扒土露出根颈。

（四）应用土壤结构剂改良土壤

土壤管理包括松土透气、控制杂草及地面覆盖等工作，本书只介绍下面两种管理措施：

1. *松土透气、控制杂草* 可以切断土壤表层的毛细管，减少土壤蒸发，防止土壤泛碱，改良土壤通气状况，促进土壤微生物活动，有利于难溶养分的分解，提高土壤肥力。同时除去杂草，可减少水分、养分的消耗。并可使游人踏紧的园土恢复疏松，改进通气和水分状态。早春松土，还可提高土温，有利于树木根系生长和土壤微生物的活动，清除杂草又可增进风景效果，减少病虫害，做到清洁美观。

松土、除草应在天气晴朗时，或者初晴之后，要选土壤不过干又不过湿时进行，才可获得最大的保墒效果。松土、除草时不可碰伤树皮，生长在地表的树木浅根，则可适当削断，杭州园林局规定市区级主干道的行道树，每年松土、除草应不少于4次，市郊每年不少于2次……，对新栽2~3年生的风景林木，每年应该松土除草2~3次。松土深度，大苗6~9 cm，小苗3 cm。

松土、除草对园林花木生长有密切关系，花农对此有丰富的经验。如山东荷泽牡丹花农每年解冻后至开花前松土2~3次，开花后至白露止松土6~8次，总之，见草就除，除草随即松土，每次雨后要松土1次，当地花农认为松土有“地湿锄干，地干锄湿”之效。又认为在头伏、二伏、三伏中锄地2次，其效果不亚于上草粪1次。对于人流密集地方的树木每年应松土1~2次，以疏松土壤，改善土壤通气状况。

人工清除杂草，劳力花费太多又非常劳累。因此，化学除莠剂的应用广受重视。目前较常应用的几种除草剂有扑草净（Prometryne）、西马津（Simazine）、阿特拉津（Atrazine），茅草枯（Dalapon）和除草醚（Nitrofen）等。

2. *地面覆盖与地被植物* 利用有机物或活的植物体覆盖土面，可以防止或减少水分蒸发，减少地面径流，增加土壤有机质。调节土壤温度，减少杂草生长，为树木生长创造良好的环境条件。若在生长季进行覆盖，以后把覆盖的有机物随即翻入土中，还可增加土壤有机质，改善土壤结构，提高土壤肥力。覆盖的材料以就地取材，经济适用为原则，如水草、谷草、豆秸、树叶、树皮、锯屑、马粪、泥炭等均可应用。在大面积粗放管理的园林中还可将草坪上或树旁刈割下来的草头随手堆于树盘附近，用以进行覆盖。一般对于幼龄的园林树木或草地疏林的树木，多仅在树盘下进行覆盖，覆盖的厚度通常以3~6cm为宜，鲜草5~6cm，过厚会有不利的影响，一般均在生长季节土温较高而较干旱时进行土壤覆盖。杭州历年进行树盘覆盖的结果证明，这样做可较对照树延迟20d抗旱。

地被植物可以是紧伏地面的多年生植物，也可以是一、二年生的较高大的绿肥作物，如饭豆、绿豆、黑豆、苜蓿、苕子、猪屎豆、紫云英、豌豆、蚕豆、草木樨、羽扇豆等。前者除覆盖作用之外，还可以减免尘土飞扬，增加园景美观，又可占据地面，竞争掉杂草，降低园林树木养护的工本，后者除覆盖作用之外，还可在开花期翻入土内，收到施肥的效用。对地被植物的要求是适应性强，有一定的耐荫力，覆盖作用好，繁殖容易，与杂草竞争的能力强，但与树木矛盾不大。同时还要有一定的观赏或经济价值。常用的地被草本有铃兰、石竹类、勿忘草、百里香、萱草、二月兰、酢酱草、鸢尾类、麦冬类、丛生福禄考、留兰香、玉簪类、吉祥草、蛇莓、石碱花、沿阶草等。木本有地锦类、金银花、木通、扶芳藤、常春藤类、络石、菲白竹、倭竹、葛藤、裂叶金丝桃、偃柏、爬地柏、金老梅、野葡萄、山葡萄、蛇葡萄、凌霄类等。

第二节 树木的施肥

一、树木的施肥

根据园林树木生物学特性和栽培的要求与条件，其施肥的特点是：第一，园林树木是多年生植物，长期生长在同一地点，从肥料种类来说应以有机肥为主，同时适当施用化学肥料，施肥方式以基肥为主，基肥与追肥兼施。其次，园林树木种类繁多，作用不一，观赏、防护或经济效用互不相同。因此，就反映在施肥种类、用量和方法等方面的差异。在这方面各地经验颇多，需要系统的分析与总结。从前文得知，园林树木生长地的环境条件是很悬殊的，有荒山，荒地，又有平原肥土，还有水边低湿地及建筑周围等，这样更增加了施肥的困难，应根据栽培环境特点采用不同的施肥方式。同时，园林中对树木施肥时必须注意园容的美观，避免发生恶臭有碍游人的活动，应做到施肥后随即覆土。

（一）施肥时应注意的事项

1. 掌握树木在不同物候期内需肥的特性　树木在不同物候期需要的营养元素是不同的。在充足的水分条件下，新梢的生长很大程度取决于氮的供应，其需氮量是从生长初期到生长盛期逐渐提高。随着新梢生长的结束，植物的需氮量尽管有很大程度的降低，但蛋白质的合成仍在进行。树干的加粗生长一直延续到秋季。并且，植物还在迅速地积累对次春新梢生长和开花有着重要作用的蛋白质以及其他营养物质。所以，树木在整个生长期都需要氮肥，但需求量有所不同。

在新梢缓慢生长期，除需要氮、磷外，也还需要一定数量的钾肥。在此时期内树木的营养器官除进行较弱的生长外，主要是在植物体内进行营养物质的积累。叶片加速老化，为了使这些老叶还能维持较高的光合能力，并使植物及时停止生长和提高抗寒力，此期间除需要氮、磷外，充分供应钾肥是非常必要的。在保证氮、钾供应的情况下，多施磷肥可以促使芽迅速通过各个生长阶段有利于分化成花芽。

开花、坐果和果实发育时期，植物对各种营养元素的需要都特别迫切，而钾肥的作用更为重要。在结果的当年，钾肥能加强植物的生长和促进花芽分化。

树木在春季和夏初需肥多，但在此时期内由于土壤微生物的活动能力较弱，土壤内可供吸收的养分恰处在较少的时期。解决树木在此时期对养分的高度需要和土壤中可给态养分含量较低之间的矛盾，是土壤管理和施肥的任务之一。

树木生长的后期，对氮和水分的需要一般很少，但在此时，土壤所供吸收的氮及土壤水分却很高，所以，此时应控制灌水和施肥。

据河北农业大学对苹果、枣、桃等树木用 P^{32} 标记观测表明：养分首先满足生命活动最旺盛的器官，即养分有其分配中心，随着物候期的进展，分配中心也随之转移，如‘金冠’苹果，在萌芽期，芽中 P^{32} 含量多，开花期花中最多，坐果期果实中最多，花芽分化期以花芽中最多。陕西果树研究所的研究表明，如养分分配中心以开花坐果为中心时，如追肥量超过一般生产水平，可提高坐果率，若错过这一时期即使少量施肥，也可促进营养生长，往往加剧生理落果。

树木需肥期因树种而不同，如柑橘类几乎全年都能吸收氮素，但吸收高峰在温度较高的仲夏；磷素主要在枝梢和根系生长旺盛的高温季节吸收，冬季显著减少；钾的吸收主要在5~11月间。而栗树从发芽即开始吸收氮素，在新梢停止生长后，果实肥大期吸收最多；磷素在开花后至9月下旬吸收量较稳定，11月以后几乎停止吸收；钾在花前很少吸收，开花后（6月间）迅速增加，果实肥大期达吸收高峰，10月以后急剧减少。可见，施用三要素的时期也要因树种而异。了解树木在不同物候期对各种营养元素的需要，对控制树木生长与发育和制定行之有效的施肥方法非常重要。

2. *掌握树木吸肥与外界环境的关系*　树木吸肥不仅决定干植物的生物学特性，还受外界环境条件（光、热、气、水、土壤反应、土壤溶液的浓度）的影响。光照充足，温度适宜，光合作用强，根系吸肥量就多；如果光合作用减弱，由叶输导到根系的合成物质减少了，则树木从土壤中吸收营养元素的速度也变慢。而当土壤通气不良时或温度不适宜时，同样也会发生类似的现象。

土壤水分含量与发挥肥效有密切关系，土壤水分亏缺，施肥有害无利。由于肥分浓度过高，树木不能吸收利用，而遭毒害。积水或多雨地区肥分易淋失，降低肥料利用率。因此，施肥应根据当地土壤水分变化规律或结合灌水施肥。

土壤的酸碱度对植物吸肥的影响较大。在酸性反应的条件下，有利于阴离子的吸收；而碱性反应的条件下，有利于阳离子的吸收。在酸性反应的条件下，有利于硝态氮的吸收；而中性或微碱性反应，则有利于铵态氮的吸收，即在 pH = 7 时，有利于 NH_4^- 的吸收；pH = 5~6 时，有利于 NO_3^- 的吸收。

土壤的酸碱反应除了对吸肥有直接的作用外，还能影响某些物质的溶解度（如在酸性条件下，提高磷酸钙和磷酸镁的溶解度。在碱性条件下，降低铁、硼和铝等化合物的溶解度），因而也间接地影响植物对营养物质的吸收。

3. *掌握肥料的性质*　肥料的性质不同，施肥的时期也不同，易流失和易挥发的速效性或施后易被土壤固定的肥料，如碳酸氢铵，过磷酸钙等宜在树木需肥前施入；迟效性肥料如有机肥料，因需腐烂分解矿质化后才能被树木吸收利用，故应提前施用。同一肥料因施用时期不同而效果不一样，如据北京农业大学园艺系1977年报道，同量的硫酸铵秋施较春施开花百分率高，干径增加量大，1年生枝含氮率也高。因此，肥料应在经济效果最高时期施入。根据山东莱阳农校报道（1972）：前期追氮肥，苹果着色好而鲜艳，蜡质多。施肥时期越晚，果实着色差，果皮蜡质少，并与上述结果相反。因为施氮肥较晚，促进营养生长，使养分不能积累所致。关于氮肥的施用时期在什么时候才合适，文献报道也各不相同，有矛盾的地方。因此决定氮肥施用时期，应结合树木营养状况，吸肥特点，土壤供肥情况以及气候条件等综合考虑，才能收到较好的效果。

（二）基肥的施用时期　在生产上，施肥时期一般分基肥和追肥。基肥施用时期要早，追肥要巧。

树木早春萌芽、开花和生长，主要是消耗树体贮存的养分。树体贮存的养分丰富，可提高开花质量和坐果率，有利枝条健壮生长，叶茂花繁、增加观赏效果。树木落叶前，是积累有机养分的时期，这时根系吸收强度虽小，但是时间较长，地上部制造的有机养分以贮藏为主，为了提高树体的营养水平，北方一些省份，多在秋分前后施入基肥，但时间宜早不宜晚，尤其是对观花、观果及从南方引入的树种，更应早施，施得过迟，使树木生长不能及时停止，降低树木的越冬能力。

基肥是在较长时期内供给树木养分的基本肥料，所以宜施迟效性有机肥料，如腐殖酸类肥料、堆肥、厩肥、圈肥、鱼肥、血肥以及作物秸杆、树枝、落叶等，使其逐渐分解，供树木较长时间吸收利用大量元素和微量元素。

基肥分秋施和春施，秋施基肥正值根系秋季生长高峰，伤根容易愈合，并可发出新根。结合施基肥，如能再施入部分速效性化肥，以增加树体积累，提高细胞液浓度，从而增强树木的越冬性，并为次年生长和发育打好物质基础。增施有机肥可提高土壤孔隙度，使土壤疏松，有利于土壤积雪保墒。防止冬春土壤干旱，并可提高地温，减少根际冻害。秋施基肥，有机质腐烂分解的时间较充分，可提高矿质化程度，次春可及时供给树木吸收和利用，促进根系生长。

春施基肥，因有机物没有充分分解，肥效发挥较慢，早春不能及时供给根系吸收，到生长后期肥效发挥作用，往往会造成新梢二次生长，对树木生长发育不利。特别是对某些观花观果类树木的花芽分化及果实发育不利。

（三）追肥的施用时期 追肥又叫补肥。根据树木一年中各物候期需肥特点及时追肥，以调解树木生长和发育的矛盾。追肥的施用时期，在生产上分前期追肥和后期追肥。前期追肥又分为开花前追肥，落花后追肥，花芽分化期追肥。具体追肥时期，则与地区，树种、品种及树龄等有关，要依据各物候期特点进行追肥。对观花、观果树木而言花后追肥与花芽分化期追肥比较重要，尤以落花后追肥更为重要，而对于牡丹等开花较晚的花木，这两次肥可合为一次。同时，花前追肥和后期追肥常与基肥施用相隔较近，条件不允许时则可以省去。牡丹花前必须保证施 1 次追肥。因此，对于一般初栽 2～3 年内的花木、庭荫树、行道树及风景树等，每年在生长期进行 1～2 次追肥，实为必要，至于具体时期，则须视情况合理安排，灵活掌握。

二、肥料的用量

施肥量受树种、土壤的肥瘠、肥料的种类以及各个物候期需肥情况等多方面的影响。因此，很难确定统一的施肥量。以下几点原则，可供决定施肥量的参考。

（一）根据不同树种而异 树种不同，对养分的要求也不一样，如梓树、茉莉、梧桐、梅花、桂花、牡丹等树种喜肥沃土壤；沙棘、刺槐、悬铃木，油松、臭椿、山杏等则耐瘠薄的土壤。开花结果多的大树应较开花、结果少的小树多施肥，树势衰弱的也应多施肥；不同的树种施用的肥料种类也不同，如果树以及木本油料树种应增施磷肥；酸性花木：杜鹃花、山茶、栀子、八仙花等，应施酸性肥料，绝不能施石灰、草木灰等；幼龄针叶树不宜施用化肥。

施肥量过多或不足，对树木生长发育均有不良影响。据辽宁农科所报道（1971）：树木吸肥量在一定范围内随施肥量的增加而增加；超过一定范围，施肥量增加而吸收量下降。21 年生‘国光’苹果树以株施 0.35kg 氮素的吸收量最大，而株施 0.6kg 以上的则与株施

0.25kg 的相差很少，不如 0.35kg 吸收多，这说明施肥量过多，树木不能吸收。施肥量既要符合树体要求，又要以经济用肥为原则。

（二）根据对叶片的分析而定施肥量　树叶所含的营养元素量可反映树体的营养状况，所以近 20 年来，广泛应用叶片分析法来确定树木的施肥量。用此法不仅能查出肉眼见得到的症状，还能分析出多种营养元素的不足或过剩，以及能分辨 2 种不同元素引起的相似症状，而且能在病症出现前及早测知。

此外，进行土壤分析对于确定施肥量的依据更为科学和可靠。

施肥量的计算：随着电子技术的发展，目前果树上用下面的公式精确地计算施肥量，但在计算前先要测定出树木各器官每年从土壤中吸收各营养元素量，减去土壤中能供给量，同时要考虑肥料的损失。

$$\text{施肥量}=\frac{\text{果树吸收肥料元素量}-\text{土壤供给量}}{\text{肥料利用率}}$$

这在过去是办不到的，现在利用普通计算机和电子仪器等，可很快测出很多精确数据，使施肥量的理论计算成为现实，但目前在园林中还没有应用。

三、施肥的方法

（一）土壤施肥　施肥效果与施肥方法有密切关系，而土壤施肥方法要与树木的根系分布特点相适应。把肥料施在距根系集中分布层稍深、稍远的地方，以利于根系向纵深扩展，形成强大的根系，扩大吸收面积，提高吸收能力。

具体施肥的深度和范围与树种、树龄、砧木、土壤和肥料性质有关。如油松、胡桃、银杏等树木根系强大，分布较深远，施肥宜深，范围也要大一些；根系浅的悬铃木、刺槐及矮化砧木施肥应较浅；幼树根系浅，根分布范围也小，一般施肥范围较小而浅；并随树龄增大，施肥时要逐年加深和扩大施肥范围，以满足树木根系不断扩大的需要。沙地、坡地岩石缝易造成养分流失，施基肥要深些，追肥应在树木需肥的关键时期及时施入，每次少施，适当增加次数，即可满足树木的需要，又减少了肥料的流失，各种肥料元素在土壤中移动的情况不同，施肥深度也不一样，如氮肥在土壤中的移动性较强，既或浅施也可渗透到根系分布层内，被树木吸收；钾肥的移动性较差，磷肥的移动性更差，所以，宜深施至根系分布最多处多同时，由于磷在土壤中易被固定，为了充分发挥肥效，施过磷酸钙或骨粉时，应与圈肥、厩肥、人粪尿等混合堆积腐熟，然后施用，效果较好。基肥因发挥肥效较慢应深施，追肥肥效较快，则宜浅施，供树木及时吸收。

具体施肥方法有环状施肥，放射沟施肥，条沟状施肥，穴施、撒施、水施等。

（二）根外追肥　根外追肥也叫叶面喷肥，我国各地早已广泛采用，并积累了不少经验。近年来由于喷灌机械的发展，大大促进了叶面喷肥技术的广泛应用。

叶面喷肥，简单易行，用肥量小，发挥作用快，可及时满足树木的急需，并可避免某些肥料元素在土壤中的化学和生物的固定作用。尤以在缺水季节或缺水地区以及不便施肥的地方，均可采用此法。但叶面喷肥并不能代替土壤施肥。据报道，叶面喷氮素后，仅叶片中的含氮量增加，其他器官的含量变化较小，这说明叶面喷氮在转移上还有一定的局限性。而土壤中施肥的肥效持续期长，根系吸收后，可将肥料元素分送到各个器官，促进整体生长；同时，向土壤中施有机肥后，又可改良土壤，改善根系环境，有利于根系生长。但是土壤施肥见效慢，所以，土壤施肥和叶面喷肥各具特点，可以互补不足，如能运用得当，可发挥肥料的最大效用。

叶面喷肥主要是通过叶片上的气孔和角质层进入叶片，而后运送到树体内和各个器官。一般喷后15min到2h即可被树木叶片吸收利用。但吸收强度和速度则与叶龄、肥料成分，溶液浓度等有关。出于幼叶生理机能旺盛，气孔所占面积较老叶大，因此较老叶吸收快。叶背较叶面气孔多，且叶背表皮下具有较松散的海绵组织，细胞间隙大而多，有利于渗透和吸收，因此，一般幼叶较老叶，叶背较叶面吸水快，吸收率也高。所以在实际喷布时一定要把叶背喷匀，喷到。使之有利于树木吸收。

同一元素的不同化合物，进入叶内的速度不同。如硝态氮在喷后15min可进入叶内，而铵态氮则需2h；硝酸钾经1h进入叶内，而氯化钾只需30min；硫酸镁要30min，氯化镁只需15min。溶液的酸碱度也可影响渗入速度，如碱性溶液的钾渗入速度较酸性溶液中的钾渗入速度快。此外，溶液浓度浓缩的快慢，气温、湿度、风速和植物体内的含水状况等条件都与喷施的效果有关。可见，叶面喷肥必须掌握树木吸收的内外因素，才能充分发挥叶面喷肥的效果。一般喷前先作小型试验，然后再大面积喷布。喷布时间最好在10：00以前和16：00以后，以免气温高，溶液很快浓缩，影响喷肥效果或导致药害。

第三节 树木的灌水与排水

一、树木灌水与排水的原则

（一）不同的气候和不同时期对灌水和排水能要求有所不同

现以北京为例说明这个问题。

4～6月份是干旱季节，雨水较少，也是树木发育的旺盛时期，需水量较大，在这个时期一般都需要灌水，灌水次数应根据树种和气候条件决定。如月季，牡丹等名贵花木在此期只要见土干就应灌水，而对于其他花灌木则可以粗放些，对于大的乔木在此时就应根据条件决定。总的来说，这个时期是由冬春干旱转入少雨时期，树木又是从开始生长逐渐加快达到最旺盛，所以土壤应保持湿润。在江南地区因有梅雨季节，在此期不宜多灌水。对于某些花灌木如梅花、碧桃等于6月底以后形成花芽，所以在6月份短时间扣水（干一下），借以促进花芽的形成。

7～8月份为北京地区的雨季，本期降水较多，空气湿度大，故不需要多灌水，遇雨水过多时还应注意排水，但在遇大旱之年，在此期也应灌水。

9～10月份是北京的秋季，在秋季应该使树木组织生长更充实，充分木质化，增强抗性，准备越冬。因此在一般情况下，不应再灌水，以免引起徒长。但如过于干旱，也可适量灌水，特别是对新栽的苗木和名贵树种及重点布置区的树木，以避免树木因为过于缺水而萎蔫。

11～12月树木已经停止生长，为了使树木很好越冬，不会因为冬春干旱而受害，所以于此期在北京应灌封冻水，特别是在华北地区越冬尚有一定困难的边缘树种一定要灌封冻水。

地区不同，气候也不同，则灌水也不同，如在华北灌冻水宜在土地将封冻前，但不可太早，因为9~10月灌大水会影响枝条成熟，不利于安全越冬，但在江南，9~10月常有秋旱，故在当地为安全越冬起见在此时亦应灌水。

（二）树种不同、栽植年限不同，则灌水和排水的要求也不同 园林树木是园林绿化的主体，数量大，种类多，加上目前园林机械化水平不高，人力不足，全面普遍灌水是不容易做到的。因此应区别对待，例如，观花树种，特别是花灌木的灌水量和灌水次数均比一般的树种要多。对于樟子松、锦鸡儿等耐干旱的树种则灌水量和次数均少，有很多地方因为水源不足，劳力不够，则不灌水。而对于水曲柳、枫杨、垂柳、赤杨、水松、水杉等喜欢湿润土壤的树种，则应注意灌水。

但应该了解耐干旱的不一定常干，喜湿者也不一定常湿，应根据四季气候不同，注意经常相应变更。同时我们对于不同树种相反方面的抗性情况也应掌握，如最抗旱的紫穗槐，其耐水力也是很强。而刺槐同样耐旱，但却不耐水湿。总之，应根据树种的习性而浇水。

不同栽植年限灌水次数也不同。

刚刚栽种的树一定要灌3次水，方可保证成活。新栽乔木需要连续灌水3~5年（灌木最少5年），土质不好的地方或树木因缺水而生长不良以及干旱年份，均应延长灌水年限，直到树木扎根较深后，既不灌水也能正常生长时为止。对于新栽常绿树，尤其常绿阔叶树，常常在早晨向树上喷水，有利于树木成活。对于一般定植多年，正常生长开花的树木，除非遇上大旱，树木表现迫切需水时才灌水，一般情况则根据条件而定。

此外，树木是否缺水，需要不需要灌水，比较科学的方法是进行土壤含水量的测定，但目前这种方法我们国家还没有普遍应用，很多园艺工人凭多年的经验：例如早晨看树叶上翘或下垂，中午看叶片萎蔫与否及其程度轻重，傍晚看恢复的快慢等。还可以看树木生长状况，例如是否徒长或新梢极短、叶色、大小与厚薄等。花农对落叶现象有这样的经验，认为落青叶是由于水分过少，落黄叶则由于水分过多。栽培露地树木时也可参考。名贵树木略现萎蔫或叶尖焦干时，即应灌水并对树冠喷水，否则即将产生旱害，如紫红鸡爪槭（红枫）红叶鸡爪槭（羽毛枫），杜鹃花等；有的虽遇干旱即现萎蔫，但长时不下雨，也不致于死亡；又如丁香类及蜡梅等，在灌水条件差时，亦可以延期灌溉。

从排水角度来看，也要根据树木的生态习性，忍耐水涝的能力决定，如玉兰、梅花、梧桐在北方均为名贵树种中耐水力最弱的，若遇水涝淹没地表，必须尽快排出积水，否则不过3~5d即可死亡。

对于柽柳、榔榆、垂柳、旱柳、紫穗槐等，均系能耐3个月以上深水淹浸，是耐水力最强的树种，即使被淹，短时期内不排水也影响不大。

（三）根据不同的土壤情况进行灌水和排水 灌水和排水除应根据气候、树种外，还应根据土壤种类、质地、结构以及肥力等而灌水。盐碱地，就要“明水大浇”“灌耪结合”（即灌水与中耕松土相结合），最好用河水灌溉。对砂地种的树木灌水时，因砂土容易漏水，保水力差，灌水次数应当增加，应小水勤浇，并施有机肥增加保水保肥性。低洼地也要“小水勤浇，注意不要积水，并应注意排水防碱。较黏重的土壤保水力强，灌水次数和灌水量应当减少，并施入有机肥和河沙，增加通透性。

（四）灌水应与施肥、土壤管理等相结合　在全年的栽培养护工作中，灌水应与其他技术措施密切结合，以便在互相影响下更好地发挥每个措施的积极作用。例如，灌溉与施肥，做到“水肥结合”这是十分重要的，特别是施化肥的前后，应该浇透水，既可避免肥力过大、过猛，影响根系吸收或遭毒害，又可满足树木对水分的正常要求。河南鄢陵花农用的“矾肥水”就是水肥结合的措施，并有防治缺绿病和地下虫害之效。

此外，灌水应与中耕除草、培土、覆盖等土壤管理措施相结合。因为灌水和保墒是一个问题的两个方面，保墒做得好可以减少土壤水分的消耗，满足树木对水分的要求并减少经常灌水之烦。如山东菏泽花农栽培牡丹时就非常注意中耕，并有“湿地锄干，干地锄湿”和“春锄深一犁，夏锄刮破皮”等经验，当地常遇春旱和夏涝，但因花农加强了土壤管理，勤于锄地保墒，从而保证了牡丹的正常生长发育，减少了旱涝灾害与其他不良影响。

二、树木的灌水

（一）灌水的时期　灌水时期由树木在一年中各个物候期对水分的要求，气候特点和土壤水分的变化规律等决定，除定植时要浇大量的定根水外，大体上可以分为休眠期灌水和生长期灌水两种：

1. 休眠期灌水　在秋冬和早春进行。在我国的东北、西北、华北等地降水量较少，冬春又严寒干旱，因此休眠期灌水非常必要。秋末或冬初的灌水（北京为11月上、中旬）一般称为灌“冻水”或“封冻”水，冬季结冻，放出潜热有提高树木越冬能力，并可防止早春干旱，故在北方地区，这次灌水是不可缺少的；对于边缘树种，越冬困难的树种，以及幼年树木等，浇冻水更为必要。

早春灌水，不但有利于新梢和叶片的生长。并且有利于开花与坐果，早春灌水促使树木健壮生长，是花繁果茂的一个关键。

2. 生长期灌水　分为花前灌水，花后灌水，花芽分化期灌水。

花前灌水：在北方一些地区容易出现早春干旱和风多雨少的现象。及时灌水补充土壤水分的不足，是解决树木萌芽、开花、新梢生长和提高坐果率的有效措施。同时还可以防止春寒，晚霜的为害。盐碱地区早春灌水后进行中耕还可以起到压碱的作用。花前水可在萌芽后结合花前追肥进行。花前水的具体时间，要因地、因树种而异。

花后灌水：多数树木在花谢后半个月左右是新梢迅速生长期，如果水分不足，则抑制新梢生长。果树此时如缺少水分则易引起大量落果。尤其北方各地春天风多，地面蒸发量大，适当灌水以保持土壤适宜的湿度。前期可促进新梢和叶片生长，扩大同化面积，增强光合作用，提高坐果率和增大果实，同时，对后期的花芽分化有一定的良好作用。没有灌水条件的地区，也应积极做好保墒措施，如盖草、盖沙等。

花芽分化期灌水：此次水对观花、观果树木非常重要，因为树木一般是在新梢生长缓慢或停止生长时，花芽开始形态分化。此时也是果实迅速生长期，都需要较多的水分和养分，若水分不足，则影响果实生长和花芽分化。因此，在新梢停止生长前及时而适量的灌水，可促进春梢生长而抑制秋梢生长，有利花芽分化及果实发育。

在北京一般年份，全年灌水6次。应安排在3，4，5，6，9，11月各1次。干旱年份和土质不好或因缺水生长不良者应增加灌水次数。在西北干旱地区，灌水次数应更多一些。

（二）灌水量　灌水量同样受多方面因素影响：不同树种、品种，砧木以及不同的土质、不同的气候条件、不同的植株大小，不同的生长状况等，都与灌水量有关。在有条件灌溉时，即灌饱灌足，切忌表土打湿而底土仍然干燥。一般已达花龄的乔木，大多应浇水令其渗透到80～100cm深处。适宜的灌水量一般以达到土壤最大持水量的60%～80%为标准。

目前果园根据不同土壤的持水量、灌溉前的土壤湿度、土壤容重、要求土壤浸湿的深度，计算出一定面积的灌水量，即：

灌水量＝灌溉面积×土壤浸湿深度×土壤容重×（田间持水量－灌溉前土壤湿度）

灌溉前的土壤湿度，每次灌水前均需测定，田间持水量、土壤容重、土壤浸湿深度等项，可数年测定1次。

在应用此公式计算出的灌水量，还可根据树种、品种、不同生命周期、物候期，以及日照、温度、风、干旱持续的长短等因素，进行调整，酌增酌减，以更符合实际需要。这一方法在园林中可以借鉴。如果在树木生长地安置张力计，则不必计算灌水量，灌水量和灌水时间这些指标均可由真空计器的读数表示出来。

（三）灌水的方式和方法　正确的灌水方式，可使水分均匀分布，节约用水，减少土壤冲刷，保持土壤的良好结构，并充分发挥水效。常用的方式有下列几种：

1. *人工浇水*　在山区及离水源过远处，人工挑水浇灌虽然费工多而效率低，但仍很必要。浇水前应松土，并作好水穴（堰），深15～30cm，大小视树龄而定，以便灌水。有大量树木要灌溉时，应根据需水程度的多少依次进行，不可遗漏。

2. *地面灌水*　这是效率较高的常用方式，可利用河水、井水、塘水等。可灌溉大面积树木，又分畦灌，沟灌、漫灌等。畦灌时先在树盘外作好畦埂，灌水应使水面与畦埂相齐。待水渗入后及时中耕松土。这个方式普遍应用，能保持土壤的良好结构；沟灌是用高畦低沟的方式，引水沿沟底流动浸润土壤，待水分充分渗入周围土壤后，不致破坏其结构，并且方便实行机械化；漫灌是大面积的表面灌水方式，因用水极不经济，很少采用。

3. *地下灌水*　是利用埋设在地下多孔的管道输水，水从管道的孔眼中渗出，浸润管道周围的土壤，用此法灌水不致流失或引起土壤板结，便于耕作，较地面灌水优越，节约用水，但要求设备条件较高，在碱土中须注意避免“泛碱”。此外在先进国家中有安装滴灌设备进行滴灌的，可以大大节约用水量。

4. *空中灌水*　包括人工降雨及对树冠喷水等，又称“喷灌”。人工降雨是灌溉机械化中比较先进的一种技术，但需要人工降雨机及输水管等全套设备。目前我国正在应用和改进阶段。这种灌水有以下优点：

①喷灌基本上不产生深层渗漏和地表径流，因此可节约用水，一般可节约用水20%以上，对渗漏性强，保水性差的砂土，可节省用水60%～70%。

②减少对土壤结构的破坏，可保持原有土壤的疏松状态。

③调节公园及绿化区的小气候，减免低温、高温、干风对树木的为害，使对植物产生最适宜的生理作用，从而提高树木的绿化效果。

④节省劳力，工作效率高。便于田间机械作业的进行，为施化肥、喷农药和喷除草剂等创造条件。

⑤对土地平整的要求不高，地形复杂的山地亦可采用。

⑥喷灌可以使果实着色好，因为喷灌可以降低气温。

喷灌也有以下的缺点：

①有可能加重树木感染白粉病和其他真菌病害。

②在有风的情况下，喷灌难做到灌水均匀。据俄罗斯经验，在3~4级风力下，喷灌用水因地面流失和蒸发损失可达10%~40%。喷灌设备价格高，增加投资。

5. *滴灌* 这是最能节约水量的办法，但需要一定的设备投资。

三、树木的排水

排水是防涝保树的主要措施。土壤水分过多，氧气不足，抑制根系呼吸，减退吸收机能，严重缺氧时，根系进行无氧呼吸，容易积累酒精使蛋白质凝固，引起根系死亡。特别是对耐水力差的树种更应抓紧时间及时排水。

排水的方法主要有以下几种：

（一）明沟排水 在园内及树旁纵横开浅沟，内外联通，以排积水。这是园林中一般采用的排水方法，关键在于做好全园排水系统。使多余的水有个总出口。

（二）暗管沟排水 在地下设暗管或用砖，石砌沟，借以排除积水，其优点是不占地面，但设备费用较高，一般较少应用。

（三）地面排水 目前大部分绿地是采用地面排水至道路边沟的办法。这是最经济的办法，但需要设计者精心的安排。

第十二章　园林树木的其他养护管理

第一节　自然灾害及其防治

一、冻　　害

冻害主要指树木因受低温的伤害而使细胞和组织受伤，甚至死亡的现象。

（一）造成冻害的有关因素　影响树木冻害发生的因素很复杂，从内因来说，与树种、品种、树龄、生长势及当年枝条的成熟及休眠与否均有密切关系；从外因来说是与气象、地势、坡向、水体、土壤、栽培管理等因素分不开的。因此当发生冻害时，应多方面分析，找出主要矛盾，提出解决办法。

1. *抗冻性与树种、品种的关系*　不同的树种或不同的品种，其抗冻能力不一样。如樟子松比油松抗冻，油松比马尾松抗冻。同是梨属秋子梨比白梨和沙梨抗冻。又如原产长江流域的梅品种比广东的黄梅抗寒。

2. *抗冻性与枝条内糖类变化动态的关系*　黄国振副教授在研究梅花枝条中糖类变化动态与抗寒越冬力的关系时发现：在整个生长季节内，梅花与同属的北方抗寒树种杏及山桃一样，糖类主要以淀粉的形式存在。到生长期结束前，淀粉的积蓄达到最高，在枝条的环髓层及髓射线细胞内充满着淀粉粒。到 11 月上旬末，原产长江流域的梅品种与杏、山桃一样，淀粉粒开始明显溶蚀分解，至 1 月杏及山桃枝条中淀粉粒完全分解，而梅花枝条内始终残存淀粉的痕迹，没有彻底分解。而广州黄梅在入冬后，始终未观察到淀粉分解的现象。可见，越冬时枝条中淀粉转化的速度和程度与树种的抗寒越冬能力密切相关。从淀粉的转化表明，长江流域梅品种的抗寒力虽不及杏、山桃，但具有一定的抗寒生理功能基础；而广州黄梅则完全不具备这种内在条件。同时还观察到梅花枝条皮部的氮素代谢动态与越冬力关系非常密切。越冬力较强的‘单瓣玉蝶’比无越冬能力的广州黄梅有较高的含氨水平，特别是蛋白氮。

3. *与枝条成熟度的关系*　枝条愈成熟其抗冻力愈强。枝条充分成熟的标志主要是：木质化的程度高，含水量减少，细胞液浓度增加，积累淀粉多。在降温来临之前，如果还不能停止生长而进行抗寒锻炼的树木，都容易遭受冻害。

4. *与枝条休眠的关系*　冻害的发生和树木的休眠和抗寒锻炼有关，一般处在休眠状态的植株，抗寒力强，植株休眠愈深，抗寒力愈强。植物抗寒性的获得是在秋天和初冬期间逐渐发展起来的。这个过程称作“抗寒锻炼”，一般的植物通过抗寒锻炼才能获得抗寒性。到了春季，抗冻能力又逐渐趋于丧失，这一丧失过程称为“锻炼解除”。

树木的春季解除休眠的早晚与冻害发生有密切关系。解除休眠早的，受早春低温威胁较大；休眠解除较晚的，可以避开早春低温的威胁。因此，冻害的发生一般常常不在绝对温度最低的休眠期，而常在秋末或春初时发生。所以说，越冬性不仅表现在对于低温的抵抗能力，而且表现在休眠期和解除休眠期后，对于综合环境条件的适应能力。

5. 低温来临的状况与冻害的发生有很大关系　当低温到来的时期早，又突然，植物本身未经抗寒锻炼，人们也没有采用防寒措施时，很容易发生冻害；日极端最低温度愈低，植物受冻害就越大；低温持续的时间越长，植物受害愈大；降温速度越快，植物受害越重。此外，树木受低温影响后，如果温度急剧回升，则比缓慢回升受害严重。

6. 与其他因素的关系

（1）地势、坡向不同，小气候差异大　如在江苏、浙江一带种在山南面的柑橘比种在同样条件下北面的柑橘受害重，因为山南面日夜温度变化较大，山北面日夜温差小。如江苏太湖东山的柑橘，每年山南面的橘子多少要发生冻害，而山北面的橘子则不发生冻害。在同样的条件下，土层浅的橘园比土层厚的橘园受害严重，因为土层厚，根扎深，根系发达，吸收的养分和水分多，植株健壮。

（2）水体对冻害的发生也有一定的影响　在同一个地区位于水源较近的橘园比离水远的橘园受害轻，因为水的热容量大，白天水体吸收大量热，到晚上周围空气温度比水温低时，水体又向外放出热量，因而使周围空气温度升高。前文介绍的江苏东山山北面的柑橘每年不发生冻害的另一个原因是山北面面临太湖。但是在 1976 年冬天，东山北面的柑橘比山南面的柑橘受害还重，这是因为山北面时太湖已结冰之故。

（3）栽培管理水平与冻害的发生有密切的关系　同一品种的实生苗比嫁接苗耐寒，因为实生苗根系发达，根深抗寒力强，同时实生苗可塑性强，适应性就强。

砧木的耐寒性差异很大，桃树在北方以山桃为砧木，在南方以毛桃为砧木，因为山桃比毛桃抗寒。

同一个品种结果多的比结果少的容易发生冻害，因为结果多消耗大量的养分，所以容易受冻。

施肥不足的比肥料施的很足的抗寒力差，因为施肥不足，植株长得不充实，营养积累少，抗寒力就低。

树木遭受病、虫为害时，容易发生冻害，而且病虫为害越严重，冻害也就越严重。

（二）冻害的表现

1. 芽　花芽是抗寒力较弱的器官，花芽冻害多发生在春季回暖时期，腋花芽较顶花芽的抗寒力强。花芽受冻后，内部变褐色，初期从表面上只看到芽鳞松散，不易鉴别，到后期则芽不萌发，干缩枯死。

2. 枝条　枝条的冻害与其成熟度有关。成熟的枝条，在休眠期以形成层最抗寒，皮层次之，而木质部、髓部最不抗寒。所以随受冻程度加重，髓部、木质部先后变色，严重冻害时韧皮部才受伤，如果形成层变色则枝条失去了恢复能力。但在生长期则以形成层抗寒力最差。

幼树在秋季因雨水过多贪青徒长，枝条生长不充实，易加重冻害，特别是成熟不良的先端对严寒敏感，常首先发生冻害，轻者髓部变色，较重时枝条脱水干缩，严重时枝条可能冻死。

多年生枝条发生冻害，常表现树皮局部冻伤，受冻部分最初稍变色下陷，不易发现，如果用刀挑开，可发现皮部已变褐；以后，逐渐干枯死亡，皮部裂开和脱落，但是如果形成层未受冻，则可逐渐恢复。

3. *枝杈和基角*　枝杈或主枝基角部分进入休眠较晚，位置比较隐蔽，输导组织发育不好，通过抗寒锻炼较迟，因此遇到低温或昼夜温差变化较大时，易引起冻害。

枝杈冻害有各种表现：有的受冻后皮层和形成层变褐色，而后干枝凹陷，有的树皮成块状冻坏，有的顺主干垂直冻裂形成劈枝。主枝与树干的基角愈小，枝杈基角冻害也愈严重。这些表现依冻害的程度和树种、品种而有不同。

4. *主干*　主干受冻后有的形成纵裂，一般称为“冻裂”现象，树皮成块状脱离木质部，或沿裂缝向外卷折。一般生长过旺的幼树主干易受冻害，这些伤口极易招致腐烂病。

形成冻裂的原因是由于气温突然急剧降到零下，树皮迅速冷却收缩，致使主干组织内外涨力不均，因而自外向内开裂，或树皮脱离木质部。树干“冻裂”常发生在夜间，随着气温的变暖，冻裂处又可逐渐愈合。

5. *根颈和根系*　在一年中根颈停止生长最迟，进入休眠期最晚，而开始活动和解除休眠又较早，因此在温度骤然下降的情况下，根颈未能很好地通过抗寒锻炼，同时近地表处温度变化又剧烈，因而容易引起根颈的冻害。根颈受冻后，树皮先变色，以后干枯，可发生在局部，也可能成环状，根颈冻害对植株危害很大。

根系无休眠期，所以根系较其地上部分耐寒力差。但根系在越冬时活动力明显减弱，故耐寒力较生长期略强。根系受冻后变褐，皮部易与木质部分离。一般粗根较细根耐寒力强，近地面的粗根由于地温低，较下层根系易受冻，新栽的树或幼树因根系小又浅，易受冻害，而大树则相当抗寒。

（三）冻害的防治　我国气候条件虽然比较优越，但是由于树木种类繁多，分布广，而且常常有寒流侵袭，因此，冻害的发生仍较普遍。冻害对树木威胁很大，严重时常将数十年生大树冻死。如 1976 年 3 月初昆明市低温将 30 ~ 40 年生的桉树冻死。树木局部受冻以后，常常引起溃疡性寄生菌寄生的病害，使树势大大衰弱，从而造成这类病害和冻害的恶性循环。如苹果腐烂病，柿园的柿斑病和角斑病等的发生，证明与冻害的发生有关。有些树木虽然抗寒力较强，但花期容易受冻害，在公园中影响观赏效果，因此，预防冻害对树木功能的发挥有重要的意义，同时，防冻害对于引种，丰富园林树种有很大意义。

在北京地区有些种类在栽植 1 ~ 3 年内需要采用防寒措施，如玉兰、雪松、樱花、竹类、水杉、梧桐、凌霄、红叶李、日本冷杉、迎春等；少数树种需要每年保护越冬，如北京园林中的葡萄、月季、牡丹、千头柏、翠柏等。

越冬防寒的措施：

1. *贯彻适地适树的原则*　因地制宜的种植抗寒力强的树种、品种和砧木，在小气候条件比较好的地方种植边缘树种，这样可以大大减少越冬防寒的工作量，同时注意栽植防护林和设置风障，改善小气候条件，预防和减轻冻害。

2. *加强栽培管理，提高抗寒性*　加强栽培管理（尤其重视后期管理）有助于树体内营养物质的贮备。经验证明，春季加强肥水供应，合理运用排灌和施肥技术，可以促进新梢生长和叶片增大，提高光合效能，增加营养物质的积累，保证树体健壮。后期控制灌水，及时排涝，适量施用磷钾肥，勤锄深耕，可促使枝条及早结束生长，有利于组织充实，延长营养物质的积累时间，从而能更好地进行抗寒锻炼。

此外，夏季适期摘心，促进枝条成熟；冬季修剪减少冬季蒸腾面积；人工落叶等均对预防冻害有良好的效果。同时在整个生长期必须加强对病虫害的防治。

3. 加强树体保护，减少冻害 对树体保护方法很多，一般的树木采用浇“冻水”和灌“春水”防寒。为了保护容易受冻的种类，采用全株培土如月季、葡萄等；箍树；根颈培土（高30cm）；涂白；主干包草；搭风障；北面培月牙形土埂等。以上的防治措施应在冬季低温到来之前做好准备，以免低温来得早，造成冻害。最根本的办法还是引种驯化和育种工作。如梅花、乌桕等在北京均可露地栽培，而多枝桉、灰桉、达氏桉、白皮松、赤桉及大叶桉等已在武汉、长沙、杭州、合肥等露地生长多年，有的已开了花。

受冻后树木的护理极为重要，因为受冻树木受树脂状物质的淤塞，因而使根的吸收、输导、叶的蒸腾，光合作用以及植株的生长等均遭到破坏。为此，在恢复受冻树木的生长时应尽快地恢复输导系统，治愈伤口，缓和缺水现象，促进休眠芽萌发和叶片迅速增大。

受冻后恢复生长的树，一般均表现生长不良，因此首先要加强管理，保证前期的水肥供应，亦可以早期追肥和根外追肥，补给养分。

在树体管理上，对受冻害树体要晚剪和轻剪，给予枝条一定的恢复时期；对明显受冻枯死部分可及时剪除，以利伤口愈合。对于一时看不准受冻部位时，不要急于修剪，待春天发芽后再做决定；对受冻造成的伤口要及时治疗，应喷白涂剂预防日烧，并结合作好防治病虫害和保叶工作；对根颈受冻的树木要及时桥接或根寄接；树皮受冻后成块脱离木质部的要用钉子钉住或进行桥接补救。

二、干 梢

有些地方称为灼条、烧条、抽条等。幼龄树木因越冬性不强而发生枝条脱水、皱缩、干枯现象，谓之干梢。干梢实际上是冻及脱水造成的，严重时全部枝条枯死，轻者虽能发枝，但易造成树形紊乱，不能更好地扩大树冠。

（一）干梢的原因 干梢与枝条的成熟度有关，枝条生长充实的抗性强，反之则易干梢。

造成干梢的原因有多种说法，但各地试验证明，幼树越冬后干梢是“冻、旱”造成的。即冬季气温低，尤以土温降低持续时间长，直到早春，因土温低致使根系吸水困难，而地上部则因温度较高且干燥多风，蒸腾作用加大，水分供应失调，因而枝条逐渐失水，表皮皱缩，严重时最后干枯，所以，抽条实际上是冬季的生理干旱，是冻害的结果。

（二）防止干梢的措施 主要是通过合理的肥水管理，促进枝条前期生长，防止后期徒长，充实枝条组织，增加其抗性，并注意防治病虫害。秋季新定植的不耐寒树尤其是幼龄树木，为了预防干梢，一般多采用埋土防寒，即把苗木地上部向北卧倒培土防寒，即可保温减少蒸腾又可防止干梢。但植株大则不易卧倒，因此也可在树干北侧培起60cm高的半月形的土埂，使南面充分接受阳光，改变微域气候条件，能提高土温。可缩短土壤冻结期，提早化冻，有利根部吸水，及时补充枝条失掉的水分。实践证明用培土埂的办法，可以防止或减轻幼树的干梢。如在树干周围撒布马粪，亦可增加土温，提前解冻，或于早春灌水，增加土壤温度和水分，均有利于防止或减轻干梢。

此外，在秋季对幼树枝干缠纸，缠塑料薄膜，或胶膜、喷白等，对防止浮尘子产卵干梢现象的发生具有一定的作用。其缺点是用工多、成本高，应根据当地具体条件灵活运用。

三、霜　害

（一）霜冻为害的情况及特点　生长季里由于急剧降温，水气凝结成霜使幼嫩部分受冻称为霜害。

由于冬春季寒潮的反复侵袭，我国除台湾与海南的部分地区外，均会出现零度以下的低温。在早秋及晚春寒潮入侵时，常使气温骤然下降，形成霜害。一般说来，纬度越高，无霜期越短。在同一纬度上，我国西部大陆性气候明显，无霜期较东部短。小地形与无霜期有密切关系，一般坡地较洼地，南坡较北坡，近大水面的较无大水面的地区无霜期长，受霜冻威胁较轻。

霜冻严重地影响观赏效果和果品产量，如 1955 年 1 月，由于强大的寒流侵袭，广东，福建南部平均气温比正常年份低 3 ~ 4℃，绝对低温达 -0.3 ~ -4℃，连续几天重霜，使香蕉、龙眼、荔枝等多种树木均遭到严重损失，重者全株死亡，轻者则树势减弱，数年后才逐渐恢复。

在北方，晚霜较早霜具有更大的危害性。例如，从萌芽至开花期，抗寒力越来越弱，甚至极短暂的零度以下温度也会给幼嫩组织带来致死的伤害。在此期，霜冻来临越晚，则受害越重，春季萌芽越早，霜冻威胁也越大，北方的杏开花早，最易遭受霜害。

早春萌芽时受霜冻后，嫩芽和嫩枝变褐色，鳞片松散而枯在枝上。花期受冻，由于雌蕊最不耐寒，轻者将雌蕊和花托冻死，但花朵可照常开放；稍重的霜害可将雄蕊冻死，严重霜冻时，花瓣受冻变枯、脱落。幼果受冻轻时幼胚变褐，果实仍保持绿色，以后逐渐脱落，受冻重时，则全果变褐色很快脱落。

（二）防霜措施　霜冻的发生与外界条件有密切关系，由于霜冻是冷空气集聚的结果，所以小地形对霜冻的发生有很大影响。在冷空气易于积聚的地方霜冻重，而在空气流通处则霜冻轻。在不透风林带之间易聚积冷空气，形成霜穴，使霜冻加重，由于霜害发生时的气温逆转现象，越近地面气温越低，所以树木下部受害较上部重。湿度对霜冻有一定的影响，湿度大可缓和温度变化，故靠近大水面的地方或霜前灌水的树木都可减轻为害。

因此防霜的措施应从以下几方面考虑；增加或保持树木周围的热量；促使上下层空气对流；避免冷空气积聚；推迟树木的物候期，增加对霜冻的抗力。

1. *推迟萌动期，避免霜害*　利用药剂和激素或其他方法使树木萌动推迟（延长植株的休眠期）因为萌动和开花较晚，可以躲避早春回寒的霜冻。例如，B9、乙烯利、青鲜素、萘乙酸钾盐（250 ~ 500mg/kg 水）或顺丁烯二酰肼（MH 0.1% ~ 0.2%）溶液在萌芽前或秋末喷撒树上，可以抑制萌动，或在早春多次灌返浆水，以降低地温，即在萌芽后至开花前灌水 2 ~ 3 次，一般可延迟开花 2 ~ 3d。或树干刷白使早春树体减少对太阳热能的吸收，使温度升高较慢，据试验此法可延迟发芽开花 2 ~ 3d，能防止树体遭受早春回寒的霜冻。

2. *改变小气候条件以防霜护树*　根据气象台的霜冻预报及时采取防霜措施，对保护树木具有重要作用，具体方法：

（1）喷水法　利用人工降雨和喷雾设备在将发生霜冻的黎明，向树冠上喷水，因为水比树周围的气温高，水遇冷凝结对放出潜热，计 1m^3 的水降低 1℃，就可使相应的 3300 倍体积的空气升温 1℃。同时也能提高近地表层的空气湿度，减少地面辐射热的散失，因而起到了提高气温防止霜冻的效果。此法的缺点主要是要求设备条件较高，但随着我国喷灌的发展，仍是可行的。

(2) 熏烟法　我国早在 1400 年前所发明的熏烟防霜法，因简单易行而有效，至今仍在国内外各地广为应用。事先在园内每隔一定距离设置发烟堆（用稻秆、草类或锯末等），可根据当地气象预报，于凌晨及时点火发烟，形成烟幕。熏烟能减少土壤热量的辐射散发，同时烟粒吸收湿气，使水气凝结液体放出热量提高温度，保护树木。但在多风或降温到 -3℃ 以下时，则效果不好。

近年来北方一些地区配制防霜烟雾剂，防霜效果很好。例如，黑龙江省宾西果树场烟雾剂配方为：硝酸铵 20%，锯末 70%，废柴油 10%。配制方法：将硝酸铵研碎，锯末烘干过筛，锯末越碎，发烟越浓，持续时间越长。平时将原料分开放，在霜来临时，按比例混合，放入铁筒或纸壳筒，根据风向放药剂，待降霜前点燃，可提高温度 1~1.5℃，烟幕可维持 1h 左右。

(3) 吹风法　上面介绍了霜害是在空气静止情况下发生的，因此可以在霜冻前利用大型吹风机增强空气流通，将冷气吹散，可以起到防霜效果。

(4) 加热法　加热防霜是现代防霜先进而有效的方法，美国、俄罗斯等利用加热器提高果园温度。在果园内每隔一定距离放置加热器，在霜将来临时点火加温。下层空气变暖而上升，而上层原来温度较高的空气下降，在果园周圈形成一个暖气层，果园中设置加热器以数量多而每个加热器放热量小为原则，可以达至蠢既保护果树，而不致浪费太大。

(5) 根外追肥　根外追肥能增加细胞浓度，效果更好。

做好霜后的管理工作：

霜冻过后往往忽视善后，放弃了霜冻后管理，这是错误的。特别是对花灌木和果树，为克服灾害造成的损失，夺取产量，应采取积极措施，如进行叶面喷肥以恢复树势等。

四、风　害

在多风地区，树木常发生风害，出现德冠和偏心现象，偏冠会给树木整形修剪带来困难，影响树木功能作用的发挥；偏心的树易遭受冻害和日灼，影响树木正常发育。北方冬季和早春的大风，易使树木干梢干枯死亡。春季的旱风，常将新梢嫩叶吹焦，缩短花期，不利授粉受精。夏秋季沿海地区的树木又常遭台风危害，常使枝叶折损，大枝折断，全树吹倒，尤以阵发性大风，对高大的树木破坏性更大。

（一）树种的生物学特性与风害的关系

1. 树种特性　浅根、高干、冠大、叶密的树种如刺槐、加拿大杨等抗风力弱；相反，根深、矮干、枝叶稀疏坚韧的树种如垂柳、乌桕等则抗风性较强。

2. 树枝结构　一般髓心大，机械组织不发达，生长又很迅速而枝叶茂密的树种，风害较重。一些易受虫害的树种主干最易风折，健康的树木一般是不易遭受风折的。

（二）环境条件与风害的关系

①行道树如果风向与街道平行，风力汇集成为风口，风压增加，风害会随之加大。

②局部绿地园地势低凹，排水不畅，雨后绿地积水，造成雨后土壤松软，风害会显著增加。

③风害也受绿地土壤质地的影响，如绿地偏砂，或为煤渣土，石砾土等，因结构差，土层薄，抗风性差。如为壤土，或偏黏土等则抗风性强。

（三）人为经营措施与风害的关系

1. 苗木质量　苗木移栽时，特别是移栽大树，如果根盘起得小，则因树身大，易遭风害。所以大树移栽时一定要立支柱，在风大地区，栽大苗也应立支柱，以免树身吹歪。移栽时一定要按规定起苗，起的根盘不可小于规定尺寸。

2. 栽植方式　凡是栽植株行距适度，根系能自由扩展的，抗风强。如树木株行距过密，根系发育不好，再加上护理跟不上则风害显著增加。

3. 栽植技术　在多风地区栽植坑应适当加大，如果小坑栽植，树会因根系不舒展，发育不好，重心不稳，易受风害。

怎样预防和减轻风害呢？首先在种植设计时要注意在风口、风道等易遭风害的地方选抗风树种和品种，适当密植，采用低干矮冠整形。此外，要根据当地特点，设置防风林和护园林，都可降低风速，免受损尖。

在管理措施上应根据当地实际情况采取相应防风措施，如，排除积水；改良栽植地点的土壤质地；培育壮根良苗；采取大穴换土；适当深植，合理修枝，控制树形；定植后及时立支柱；对结果多的树要及早吊枝或顶枝，减少落果；对幼树、名贵树种可设置风障等。

对于遭受大风危害，折枝、伤害树冠或被刮倒的树木，要根据受害情况，及时维护。首先要对风倒树及时顺势扶正，培土为馒头形，修去部分和大部分枝条，并立支柱。对裂枝要顶起或吊枝，捆紧基部伤面，或涂激素药膏促其愈合；并加强肥水管理，促进树势的恢复。对难以补救者应加淘汰，秋后重新换植新株。

五、雪害和雨淞（冰挂）

积雪一般对树木无害，但常常因为树冠上积雪过多压裂或压断大枝，如 1976 年 3 月初昆明市大雪将直径为 10cm 左右的油橄榄的主枝压断，将竹子压倒。同时因融雪期的时融时冻交替变化，冷却不均易引起冻害。在多雪地区，应在雪前对树木大枝设立支柱，枝条过密的还应进行适当修剪，在雪后及时将被雪压倒的枝条提起扶正，振落积雪或采用其他有效措施防止雪害。

雪淞对树木也有一定的影响，1957 年 3 月，1964 年 2 月在杭州、武汉、长沙等均发生过雨淞，在树上结冰，对早春开花的梅花、蜡梅、山茶、迎春和初结幼果的枇杷、油茶等花果均有一定的损失，还造成部分毛竹、樟树等常绿树折枝、裂于和死亡。对于雨淞，可以用竹竿打击枝叶上的冰，并设支柱支撑。

第二节　树木树体的保护和修补

一、树木的保护和修补原则

树木的树干和骨干枝上，往往因病虫害、冻害、日灼及机械损伤等造成伤口，这些伤口如不及时保护、治疗、修补，经过长期雨水浸蚀和病菌寄生，易使内部腐烂形成树洞。另外，树木经常受到人为的有意无意的损坏，如树盘内的土壤被长期践踏变得很坚实，在树干上刻字留念或拉枝折枝等，所有这些对树木的生长都有很大影响。因此，对树体的保护和修补是非常重要的养护措施。

树体保护首先应贯彻“防重于治”的精神，做好各方面预防工作，尽量防止各种灾害的发生，同时还要做好宣传教育工作，使人们认识到，保护树木人人有责。对树体上已经造成的伤口，应该早治，防止扩大，应根据树干上伤口的部位、轻重和特点，采用不同的治疗和修补方法。

二、树干伤口的治疗

对于枝干上因病、虫，冻、日灼或修剪等造成的伤口，首先应当用锋利的刀刮净削平四周，使皮层边缘呈弧形，然后用药剂（2% ~5% 硫酸铜液，0.1% 的升汞溶液，石硫合剂原液）消毒。修剪造成的伤口，应将伤口削平然后涂以保护剂，选用的保护剂要求容易涂抹，黏着性好，受热不融化，不透雨水，不腐蚀树体组织，同时又有防腐消毒的作用，如铅油、接蜡等均可。大量应用时也可用黏土和鲜牛粪加少量的石硫合剂的混合物作为涂抹剂，如用激素涂剂对伤口的愈合更有利，用含有 0.01% ~0.1% 的 α-萘乙酸膏涂在伤口表面，可促进伤口愈合。

由于风折使树木枝干折裂，应立即用绳索捆缚加固，然后消毒涂保护剂。北京有的公园用 2 个半弧圈构成的铁箍加固，为了防止摩擦树皮用棕麻绕垫，用螺拴连接，以便随着干径的增粗而放松。另 1 种方法，是用带螺纹的铁棒或螺拴旋入树干，起到连接和夹紧的作用。

由于雷击使枝干受伤的树木，应将烧伤部位锯除并涂保护剂。

三、补树洞

因各种原因造成的伤口长久不愈合，长期外露的木质部受雨水浸渍，逐渐腐烂，形成树洞，严重时树干内部中空，树皮破裂，一般称为“破肚子”。由于树干的木质部及髓部腐烂，输导组织遭到破坏，因而影响水分和养分的运输及贮存，严重削弱树势，降低了枝干的坚固性和负载能力，缩短了树体寿命。

补树洞是为了防止树洞继续扩大和发展。其方法有 3 种：

（一）开放法　树洞不深或树洞过大都可以采用此法，如伤孔不深无填充的必要时可按前面介绍的伤口治疗方法处理。如果树洞很大，给人以奇特之感，欲留做观赏时可采用此法。方法是将洞内腐烂木质部彻底清除，刮去洞口边缘的死组织，直至露出新的组织为止，用药剂消毒并涂防护剂。同时改变洞形，以利排水，也可以在树洞最下端插入排水管。以后需经常检查防水层和排水情况，防护剂每隔半年左右重涂 1 次。

（二）封闭法　树洞经处理消毒后，在洞口表面钉上板条，以油灰和麻刀灰封闭（油灰是用生石灰和熟桐油以 1∶0.35）（也可以直接用安装玻璃用的油灰俗称腻子），再涂以白灰乳胶，颜料粉面，以增加美观，还可以在上面压树皮状纹或钉上 1 层真树皮。

（三）填充法　填充物最好是水泥和小石砾的混合物，如无水泥，也可就地取材。填充材料必须压实，为加强填料与木质部连接，洞内可钉若干电镀铁钉，并在洞口内两侧挖一道深约 4 cm 的凹槽，填充物从底部开始，每 20 ~ 25cm 为 1 层，用油毡隔开，每层表面都向外略斜，以利排水，填充物边缘应不超出木质部，使形成层能在它上面形成愈伤组织。外层用石灰、乳胶、颜色粉涂抹，为了增加美观，富有真实感，在最外面钉 1 层真树皮。

四、吊枝和顶枝

吊枝在果园中多采用，顶枝在园林中应用较多。大树或古老的树木如有树身倾斜不稳时，大枝下垂的需设支柱撑好，支柱可采用金属、木桩、钢筋混凝土材料。支柱应有坚固的基础，上端与树干连接处应有适当形状的托杆和托碗，并加软垫，以免损害树皮。设支柱时一定要考虑到美观，与周围环境谐调。北京故宫将支撑物油漆成绿色，并根据松枝下垂的姿态，将支撑物做成棚架形式，效果很好。也有将几个主枝用铁索连结起来，也是一种有效的加固方法。

五、涂 白

树干涂白，目的是防治病虫害和延迟树木萌芽，避免日灼为害，据试验桃树涂白后较对照树花期推迟 5d，因此在日照强烈，温度变化剧烈的大陆性气候地区，利用涂白减弱树木地上部分吸收太阳辐射热原理，延迟芽的萌动期。由于涂白可以反射阳光，减少枝干温度局部增高，可预防日灼为害。因此目前仍采用涂白作为树体保护的措施之一。杨柳树栽完后马上涂白，可防蛀干害虫。

涂白剂的配制成分各地不一，一般常用的配方是：水 10 份，生石灰 3 份，石硫合剂原液 0.5 份，食盐 0.5 份，油脂（动植物油均可）少许。配制时要先化开石灰，把油脂倒入后充分搅拌，再加水拌成石灰乳，最后放入石硫合剂及盐水，也可加黏着剂，能延长涂白的期限。

除以上介绍的 4 种措施外，为保护树体，恢复树势，有时也采用“桥接”的补救措施。

第十三章　古树、名木的养护与管理

古树是活着的古董，是有生命的国宝。我国的古树分布之广，树种之多，树龄之长，数量之大，均为世界罕见，极应保护，深入研究，使之永葆青春，永放光彩。

第一节　古树、名木的意义、作用

什么是古树、名木？凡达100年树龄者即可称为古树。

名木是指具有历史意义、文化科学意义或其他社会影响而闻名的树木。其中，有的以姿态奇特，观赏价值极高而闻名，如黄山的“迎客松”、泰山的“卧龙松”，北京市中山公园的“槐柏合抱”等；有的以历史事件而闻名，如北京市景山公园内原崇祯皇帝上吊的槐树（现已无存）；有的以奇闻轶事而闻名，如北京市孔庙的侧柏，传说其枝条曾将权奸魏忠贤的帽子碰掉而大快人心，故后人称之为“除奸柏”等。

古树、名木往往一身而二任，当然也有名木不古或古树未名的，都应引起重视，加以保护和研究。

一、保护和研究古树、名木的意义

（一）古树名木是历史的见证　例如我国传说有周柏、秦松、汉槐、隋梅、唐杏（银杏）唐樟等均可以作为历史的见证，当然对这些古树应进一步考察核实其年代；景山上崇祯皇帝上吊的古槐（目前之槐已非原树）是记载农民起义军伟大作用的丰碑；北京颐和园东宫门内有两排古柏，八国联军火烧颐和园时曾被烧烤，靠近建筑物的一面从此没有树皮，它是帝国主义侵华罪行的记录。

（二）为文化艺术增添光彩　不少古树名木曾使历代文人、学士为之倾倒，吟咏抒怀。它在文化史上有其独特的作用。例如“扬州八怪”中的李鱓，曾有名画《五大夫松》，是泰山名木的艺术再现。此类为古树而作的诗画，为数极多，都是我国文化艺术宝库中的珍品。

（三）古树名木是历代陵园、名胜古迹的佳景之一　它们苍劲古雅，姿态奇特，使万千中外游客留连忘返，如北京天坛公园的“九龙柏”，团城上的“遮荫侯”，香山公园的“白松堂”，戒台寺的“活动松”……，它们把祖国的山河装点得更加美丽多娇。

又如陕西黄陵“轩辕庙”内有2棵古柏，一棵是“黄帝手植柏”，柏高近20m，下围周长10m，是目前我国最大的古柏之一。另一棵叫“挂甲柏”，枝干“斑痕累累，纵横成行，柏液渗出，晶莹奇目。”遊客无不称奇，相传为汉武帝挂甲所致。这2棵古柏虽然年代久远，但至今仍枝叶繁茂，郁郁葱葱，毫无老态，此等奇景，堪称世界无双。

（四）古树是研究古自然史的重要资料　其复杂的年轮结构，常能反映过去气候的变化情况。

（五）古树对于研究树木生理具有特殊意义　树木的生长周期很长，相比之下人的寿命却短得多，对它的生长、发育、衰老、死亡的规律我们无法用跟踪的方法加以研究，古树的存在就把树木生长、发育在时间上的顺序展现为空间上的排列，使我们能以处于不同年龄阶段的树木作为研究对象，从中发现该树种从生到死的总规律。

（六）古树对于树种规划，有很大的参考价值　古树多为乡土树种，对当地气候和土壤条件有很高的适应性，因此古树是树种规划的最好依据。例如对于干旱瘠薄的北京市郊区种什么树合适？20 世纪 80 年代前曾三易主张：建国初期认为刺槐比较合适，不久证明它虽然耐干旱，幼年速生，但对土壤肥力反应敏感，很快出现生长停滞，长不成材；60 年代认为油松最有希望，建国初期造的油松林当时正处于速生阶段，山坡上一片葱翠令人喜爱，但到 70 年代也开始平顶分杈，生长衰退；这时才发现，幼年时并不速生的侧柏、圆柏却能稳定生长。北京的古树中恰以侧柏及圆柏最多，故宫和中山公园都有几百株古侧柏和圆柏，这说明它是经受了历史考验的北京地区的适生树种。如果早日领悟了这个道理，在树种选择中就可以少走许多弯路。

二、古树衰老的原因

任何树木都要经过生长、发育、衰老、死亡等过程，也就是说树木的衰老、死亡是客观规律。但是可以通过人为的措施使衰老以致死亡的阶段延迟到来，使树木最大限度地为人类造福，为此有必要探讨古树衰老原因，以便有效地采取措施。

除上面讲的客观规律以外，往往还与下面因素有关：

（一）土壤密实度过高　城市公园里游人密集，地面受到大量践踏，土壤板结，密实度高，透气性降低，机械阻抗增加，对树木的生长十分不利。从初步了解古树生长环境的情况来看，条件都比较好，它们一般生长在宫、苑、寺、庙或是宅院内、农田旁，一般地说土壤深厚，土质疏松、排水良好，小气候适宜。但是建国多年来，人口剧增，随着经济的发展，人民生活水平的提高，旅游已经成为人们生活中不可缺少的部分，特别有些古树姿态奇特，或是具有神奇的传说，招来大量的游客，为此造成土壤环境恶劣的变化。据测定：北京中山公园在人流密集的古柏林中土壤容重达 $1.7g/cm^3$，非毛管孔隙度为 2.2%，天坛“九龙柏”周围土壤容重为 $1.59g/cm^3$，非毛管孔隙度为 2%，在这样的土壤中，根生长受到抑制。

（二）树干周围铺装面过大　有些地方用水泥砖或其他材料铺装，仅留很小的树池，影响了地下与地上部分气体交换，使古树根系处于透气性极差的环境中。

（三）土壤理化性质恶化　近些年来，有不少人在公园古树林中搭帐篷，开各式各样的展销会、演出会或是住扎群众进行操练，这不仅使该地土壤密度增高，同时这些人在古树林中乱倒各种污水，有些地方还增设临时厕所而造成土壤的含盐量增加，对古树的生长非常有害。

（四）根部的营养不足　有些古树栽在殿基土上，植树时只在树坑中换了好土，树木长大后，根系很难向坚土中生长，由于根活动范围受到限制，营养缺乏，致使树木衰老。

（五）人为的损害　由于各式各样原因，在树下乱堆东西（如建筑材料，水泥，石灰，沙子等），特别是石灰，堆放不久树就会受害死亡。有的还在树上乱画、乱刻、乱钉钉子，使树体受到严重的破坏。

（六）自然灾害　雷击雹打，雨涝风折。都会大大消弱树势。

诸如以上等原因，古树生长的基本条件日渐变坏，不能满足树木对生态环境的要求，树体如再受到破坏摧残，古树就会很快衰老，以致死亡。

第二节 古树、名木的养护管理技术措施

一、古树、名木的调查、登记、存档

古树、名木是我国的活文物，是无价之宝，各省市应组织专人进行细致的调查，摸清我国的古树资源。调查内容：树种、树龄、树高、冠幅、胸径、生长势、生长地的环境（土壤、气候等情况）以及对观赏及研究的作用、养护措施等。同时还应搜集有关古树的历史及其他资料，如有关古树的诗、画、图片及神话传说等。总之，群策群力逐步建立和健全我国的古树资源档案。

在调查、分级的基础上，要进行分级养护管理，对于生长一般，观赏及研究价值不大的，可视具体条件实施一般的养护管理，对于年代久远，树姿奇特兼有观赏价值和文史及其他研究价值的，应拨专款、派专人养护，并随时记录备案。

二、古树、名木复壮养护管理技术措施

古树是几百年乃至上千年生长的结果，一旦死亡则无法再现，因此应该非常重视古树的复壮与养护管理。

（一）古树的复壮措施 据北京市园林科研所的研究，北京市公园古松柏生长衰弱的根本原因，是土壤密实度过高，透气性不良。针对这个原因，他们采取了埋树条或埋树条与铺草皮和铺梯形砖相结合，并加设保护性栅栏的措施：

1. 埋条法 分放射沟埋条和长沟埋条：

前者在树冠投影外侧挖放射状沟4~12条，每条沟长120cm左右，宽为40~70cm，深80cm。沟内先垫放10cm厚的松土，再把剪好的苹果、海棠、紫穗槐等树枝缚成捆，平铺1层，每捆直径20cm左右，上撒少量松土，同时施入粉碎的麻酱渣和尿素，每沟施麻酱渣1kg、尿素50g，为了补充磷肥可放少量动物骨头和贝壳等物，覆土10cm后放第2层树枝捆，最后覆土踏平。

如果株行距大，也可以采用长沟埋条。沟宽70~80cm，深80cm，长200cm左右，然后分层埋树条施肥、覆盖踏平。

应注意埋条的地方不能低，以免积水。

2. 地面铺梯形砖和草皮 下层做法与上述措施相同，在地面上铺置上大下小的特制梯形砖，砖与砖之间不勾缝，留有通气道，下面用石灰砂浆衬砌，砂浆用石灰、砂子、锯末配制比例为1∶1∶0.5。同时还可以在埋树条的上面种上花草，并围栏杆禁止游人践踏，或在其上铺带孔的或有空花条纹的水泥砖或铺铁筛盖。此法对古树复壮都有良好的作用。

3. 换土 古树几百年甚至上千年生长在一个地方，土壤里肥分有限，常呈现缺肥症状；再加上人为踩实，通气不良，排水也不好，对根系生长极为不利。因此造成古树地上部分日益萎缩的状态。北京市故宫园林科从1962年起开始用换土的办法抢救古树，使老树复壮。

如1962年在皇极门内宁寿门外有一古松，幼芽萎缩，叶子枯黄，好似被火烧焦一般。职工们在树冠投影范围内，对大的主根部分进行换土。换土时深挖半米（随时将暴露出来的根用浸湿的草袋子盖上），以原来的旧土与砂土、腐叶土、大粪、锯末、少量化肥混合均匀之后填埋其上。换土半年之后，这株古松重新长出新梢，地下部分长出2～3 cm的须根，终于死而复生。以后他们又换过几株，效果都很好。如1975年又将1株趋于死亡的古松救活，这棵树换土时深挖达1.5m，面积也超出了树冠投影部分。同时挖深达4m的排水沟，下层填以大卵石，中层填以碎石和粗砂，上面以细砂和园土填平，使排水顺畅。目前，故宫里凡是经过换土的古松，均已返老还童，郁郁葱葱，很有生气。此法很值得学习推广。

（二）养护管理措施

1. *支架支撑*　古树由于年代久远，主干或有中空，主枝常有死亡，造成树冠失去均衡，树体容易倾斜；又因树体衰老，枝条容易下垂，因而需用他物支撑。如北京故宫御花园的龙爪槐，皇极门内的古松均用棚架式支撑。

2. *堵树洞*　方法见前1章。

3. *设避雷针*　据调查千年古银杏大部分曾遭过雷击，严重影响树势，有的在雷击后因未采取补救措施甚至很快死亡。所以，高大的古树应加避雷针。如果遭受雷击，应立即将伤口刮平，涂上保护剂，并堵好树洞。

4. *防治病虫害*　古树衰老，容易招虫致病，加速死亡。北京天坛公园因抓紧防治天牛，保护了古柏。他们的经验是：掌握天牛每年3月中旬左右要从树内到树皮上产卵的时机，往古柏上打223乳剂，工人称为“封树”。

5. *灌水、松土、施肥*　春季、夏季灌水防旱，秋季、冬季浇水防冻，灌水后应松土，一方面保墒，同时增加通透性。古树的施肥方法各异，可以在树冠投影部分开沟（深0.3m、宽0.7m，长2m或者深0.7m、宽1 m，长2m），沟内施腐殖土加粪稀，有的施化吧，有的在沟内施马蹄掌或酱渣（油粕饼）。

6. *树体喷水*　由于城市空气浮尘污染，古树树体截留灰尘极多，影响观赏效果和光合作用，北京市北海公园和中山公园常用喷水方法加以清洗。此项措施费工费水，只在重点区采用。

古树，名木的保护与研究是个新的问题，也是一个相当紧迫急待解决的问题。各地应根据当地实际情况，进行试验、研究，为保护古树、名木做出贡献。

第十四章　园林中各种用途树木的选择要求、应用和养护管理要点

第一节　独赏树（孤植树）

独赏树又称为孤植树、标本树、赏形树或独植树。主要表现树木的体形美，可以独立成为景物供观赏用。适宜作独赏树的树种，一般需树木高大雄伟，树形优美，具有特色，且寿命较长的，可以是常绿树，也可以是落叶树；通常又常选用具有美丽的花、果、树皮或叶色的种类。

一般采取单独种植的方式，但也偶有用2～3株合栽成一个整体树冠的。

定植的地点以在大草坪上最佳，或植于广场中心、道路交叉口或坡路转角处。在独赏树的周围应有开阔的空间，最佳的位置是以草坪为基底，以天空为背景的地段。

适于作独赏树的树冠应开阔宽大，呈圆锥形、尖塔形、垂枝形、风致形或圆柱形等。

习用的种类有雪松、南洋杉、松、柏、银杏、玉兰、凤凰木、槐、垂柳、樟、栎类等。

在管理上应注意保持自然树冠的完整，如有较大损伤应及时施行外科手术；注意树冠下的土面勿使践踏过实，如属纪念树或古树名木应竖立说明牌，在人流过多处应在树干周围留出保护距离，其范围的大小视树种、根盘及树冠的直径而定。

第二节　庭 荫 树

庭荫树又称绿荫树，主要以能形成绿荫供游人纳凉避免日光暴晒和装饰用。

在园林中多植于路旁、池边、廊、亭前后或与山石建筑相配，或在局部小景区三、五成组地散植各处，形成有自然之趣的布置；亦可在规整的有轴线布局的地区进行规则式配植；由于最常用于建筑形式的庭院中，故习称庭荫树。晋代大诗人陶渊明所说的“方宅十余亩，草屋八九间。榆柳荫后檐，桃李罗堂前。”指的就是庭荫树的配植。

庭荫树自字面上看似乎以有荫为主，但在选择树种时却是以观赏效果为主结合遮荫的功能来考虑。许多具有观花、观果、观叶的乔木均可作为庭荫树，但不宜选用易于污染衣物的种类。

在庭院中最好勿用过多的常绿庭荫树，否则易致终年阴暗有抑郁之感，距建筑物窗前亦不宜过近以免室内阴暗。又应注意选择不易罹病虫害的种类，否则即使用药剂防治，亦会使室内人员感到不适。

庭荫树在园林中占着很大比重，在配植应用上应细加考究，充分发挥各种庭荫树的观赏特性；对常绿树及落叶树的比例应避免千篇一律，在树种选择上应在不同的景区侧重应用不同的种类。

养护管理上应按照不同树种的习性分别施行，而不应如目前某些园林所采用的“一刀切”办法来一律对待。对其中的边缘树种或有特殊要求的树种应当用特殊的养护管理办法。

习用的庭荫树有油松、白皮松、合欢、槐、槭类、白蜡、梧桐、杨类、柳类以及各种观花观果乔木等，种类极为繁多，不胜枚举。

第三节　行道树

行道树是为了美化、遮荫和防护等目的，在道路旁栽植的树木。

中国早在周代（公元前770年）即已在道旁植树，并设官职“野庐氏”掌管此事。至秦代更是大修驰道（公元前221年），据《汉书》载：“秦为驰道于天下，……。道广五十步，三丈而树，厚筑其外，隐以金椎，树以青松。”由此可见中国有极悠久的栽植行道树的历史。至近代，世界各国均已普遍重视行道树的栽植了。

城市街道上的环境条件要比园林绿地中的环境条件差得多，这主要表现在土壤条件差、烟尘和有害气体的危害，地面行人的践踏摇碰和损伤，空中电线电缆的障碍，建筑的遮荫，铺装路面的强烈辐射，以及地下管线的障碍和伤害（如煤气管的漏气、水管的漏水、热力管的长期高温等）。因此，行道树种的选择条件首先需对城市街道上的种种不良条件有较高的抗性，在此基础上要求树冠大、荫浓、发芽早、落叶迟而且落叶延续期短，花果不污染街道环境、干性强、耐修剪、干皮不怕强光暴晒、不易发生根蘖、病虫害少、寿命较长、根系较深等条件。由于要求的条件多，所以完全合乎理想、十全十美的行道树种并不多。此处以狭义的行道树即仅指乔木而言时，则美丽的巴黎只有10余种，著名的伦敦不足10种，北京不足40种。若依地区或国家来统计则北美约60种，法国约50种，英国约50种，前联邦德国约43种，日本约60种，中国约百余种。当然，若包括各种灌木类则种数会增加许多了。

在行道树的应用上，目前我国有“一块板”、“两块板”、“三块板”和“花园林荫道”等形式，大都在道路的两侧以整齐的行列式进行种植。存在的问题是株距偏小，树种不够丰富，若说某个树种好时，全国竞相仿效。例如悬铃木有“行道树之王”的美称，则北自华北南至华南，东自沿海西至山城，大家都种它，结果造成千篇一律、没有特色，反而显得单调贫乏；而且有的城市由于种得太多，以至由于飞毛造成红眼病的危害。在配植上一般均采用规则式，其中又可分为对称式及非对称式。当道路两侧条件相同时多采用对称式，否则可用非对称式。目前在个别城市正在试行不规则式的配植方式。从配植的地点来看，世界各国多将行道树配植于道路的两侧，但亦有集中于道路中央的，例如德国及比利时多用后一方式。如果路上只在一侧种植时，就北半球地区而言，如果是东西向的有建筑的道路，则树应配植于路的北侧；如果是南北向的路，则应植于东侧。

栽植和养护管理的要点是，行道树距车行道边缘的距离不应少于0.7m，以1～1.5m为宜，树距房屋的距离不宜小于5m，株间距离过去习用4～8m，实际以8～12m为宜，慢长树种可在其间加植一株，待适当大小时移走。树池通常约为1.5m见方。在有条件处可用植物带方式，带宽不应小于1m，这种方式要比树池方式对生长更为有利。以上为行道树的一般种植方式，某些地区则采用其他方式，例如新疆乌鲁木齐市则在道路两侧设浅灌水沟，在沟的两旁以2～3m株距各植一排树。新植乔木一定要立支架保证树干垂直地面。植树坑中心与地下管道的水平距离最少应大于1.5m，在多地震地区，与煤气管道的距离应大于3～5m；树木的枝条与地上部高压电线的距离应在3～5m及其以上，必要时需适当修剪和设其他防护措施。树木的枝下高，我国多为2.8～3m，日本为2.4～2.7m，欧美各国为3～3.6m。

行道树的常年管理主要是注意树形完美，有利发挥美化街景和遮荫功能及保持树木的正常生长发育。每年应及时修除干基萌蘖，修剪树冠中的病枯枝、杂乱枝，注意枝条与电线的安全距离，预防病虫害，台风前后的保护措施，适时的水肥管理，涂白，越冬前的管理等。在灰尘多的城市应定期喷洗树冠，在冬季多雪地区应及时对常绿树行除雪工作。

第四节 群丛与片林

群丛及片林在城市园林绿地中是经常应用的配植形式之一，尤其在大面积的风景区中更是占着极大的比重。由于群丛及片林的组成成分不同，及在园林中所担负的作用不同，所以在具体栽培管理上有许多不同之处。例如各种结构及组成的风景林、防护性片林及林带、游憩性及休疗养性片林、水源涵养水土保持性林、结合生产性片林等都有其管理上的不同要求。至于由于组成成分不同，例如松柏林、杂木林、竹林等均有不同的要求。现仅就一般的基本要求叙述要点如下：

1. 中耕除草　本项工作对新植片林极为重要，一般每年应行2～3次，主要应将种植穴及附近的草铲除，以免杂草与苗木争夺水分养分。在秋季除草时可结合除草在苗木根际培土，在春季则结合除草可将培土耙平并结合地形坡向作水堰。对成年林则视具体情况而定，有的可不必再行除草工作。对城市内游憩性片林，应行剪草而勿行铲草。

2. 防旱保墒　在干旱季节到来前应行锄土或盖草压土等工作。

3. 修枝去蘖　每2～3年对林中树木进行1次。

4. 预防病虫害

5. 清理防火道

6. 疏伐及补栽

第五节 观花树（花木）

凡具有美丽的花朵或花序，其花形、花色或芳香有观赏价值的乔木、灌木、丛木及藤本植物均称为观花树或花木。

本类在园林中具有巨大作用，应用极广，具有多种用途。有些可作独赏树兼庭荫树，有些可作行道树，有些可作花篱或地被植物用。在配植应用的方式上亦是多种多样的，可以独植、对植、丛植、列植或修剪整形成棚架用树种。本类在园林中不但能独立成景而且可为各种地形及设施物相配合而产生烘托、对比、陪衬等作用，例如植于路旁、坡面、道路转角、坐椅周旁、岩石旁，或与建筑相配作基础种植用，或配植湖边、岛边形成水中倒影。花木又可依其特色布置成各种专类花园，亦可依花色的不同配植成具有各种色调的景区，亦可依开花季节的异同配植成各季花园，又可集各种香花于一堂布置成各种芳香园；总之将观花树种称为园林树木中之宠儿并不为过。

栽培养护上，主要应根据不同种类的习性本着能充分发挥其观赏效果，满足设计意图的要求为原则来进行水、肥管理和修剪整形、越冬、过夏，以及更新复壮、防治病虫害等工作。其具体措施可参考树木各论部分。

第六节　藤木（藤本类）

本类包括各种缠绕性、吸附性、攀援性、钩搭性等茎枝细长难以自行直立的木本植物。本类树木在园林中有多方面的用途。可用于各种形式的棚架供休息或装饰用，可用于建筑及设施的垂直绿化，可攀附灯竿、廊柱，亦可使之攀援于施行过防腐措施的高大枯树上形成独赏树的效果，又可悬垂于屋顶、阳台，还可覆盖地面作地被植物用。在具体应用时，应根据绿化的要求，具体考虑植物的习性及种类来进行选择。

本类植物在养护管理上除水肥管理外，对棚架植物主要着重在诱引枝条使之能均匀分布；对篱垣式整枝的应注意调节各枝的生长势；对吸附及钩搭类植物应注意大风后的整理工作。此外，为了形成特殊的景色亦可利用栽培及整形技术，将粗壮性藤本整成灌木状，亦可将乔木整形成棚架状（在欧洲及日本均有此种作法）。

第七节　植篱及绿雕塑

植篱又称为绿篱或树篱，在园林中主要起分隔空间、范围场地，遮蔽视线，衬托景物，美化环境以及防护作用等。按特点又可分为花篱、果篱、彩叶篱、枝篱、刺篱等；按高矮可分为高篱、中篱、低篱；按形状有整形式及自然式等。植篱的应用，中国早在3000年前即有“折柳樊圃”的记载了，至于“枳棘之篱”更是广见于农村。但是在中国传统的园林中，植篱并未得到发展，而在现代新建的园林中却有嫌应用过多的趋势，往往将游人都赶到园路上去了。

各种植篱有不同的选择条件，但是总的要求是该种树木应有较强的萌芽更新能力和较强的耐荫力，以生长较缓慢、叶片较小的树种为宜。

栽培养护要点为保持篱面完整勿使下枝空秃，注意修剪时期与树种生长发育的关系以及预防病虫蔓延、避免与周围树种病菌有生活史上的联系。

绿雕塑又称为造型树，在园林中具有特殊情趣的景物效果。绿雕塑在中国有悠久历史，但具体年代尚待考证。在欧洲始于古罗马时代，至16世纪早期可谓盛及一时，至1750年后除荷兰外许多国家开始崇尚自然，因而衰退，但至20世纪初在一些地方又有所恢复。

绿雕塑从其形成的手法上来讲，可分为剪景及扎景两大类，前一类通行于世界各国（包括中国），后一类则为中国某些地方的民间传统，流行不广。

绿雕塑多应用于规则式园林中或局部区域。一般言之，由于养护上需工极多故面积均较小。

适于作绿雕塑的树种以常绿针叶树为主及一些阔叶常绿树种，至于落叶树种仅偶有应用。选择的条件同于植篱树种而以生长缓慢者最为适宜。

养护管理要点是水肥适当控制，避免大水大肥，经常注意保持体形完整。

第八节 地被植物

凡能覆盖地面的植物均称地被植物，除草本植物外，木本植物中之矮小丛木、偃伏性或半蔓性的灌木以及藤木均可能用作园林地被植物用。地被植物对改善环境，防止尘土飞扬、保持水土、抑制杂草生长、增加空气湿度、减少地面辐射热、美化环境等方面有良好作用。

选择不同环境地被植物的条件是很不相同的，主要应考虑植物生态习性需能适应环境条件，例如全光、半阴、干旱、潮湿、土壤酸度、土层厚薄等条件。除生态习性外，在园林中尚应注意其耐踩性的强弱以及观赏特性。在大面积应用时尚应注意其在生产上的作用和经济价值。

养护管理上对城市园林中的地被植物可区分为观赏地被区及游憩地被区，对前者应禁止游人进入，对后者则视游人数量及践踏情况可分期开放及封闭养护。平时的养护主要是去除杂草和清除枯枝落叶及适当的水、肥管理工作。至于对风景区中大面积的地被植物则可按群落学原理进行管理和调节。

第九节 地栽及盆栽的桩景树

盆景起源于中国，在一千余年前即供装饰用，其后传入日本。盆景可分为山水盆景及树桩盆景两大类。树桩盆景主要是仿效自然界的古树奇姿经艺术加工而制成。选作树桩盆景的要求是生长缓慢、枝叶细小，耐干旱瘠薄、容易成活而寿命长的树种。树桩盆景主要是栽于盆钵中供室内案头观赏用，而随着需求的发展亦有栽于大木桶或带孔巨缸中陈列于厅堂及庭院。由于园林造景的需要，中、外各国均早有配植于庭园露地，由于养护管理上技术要求较高、费工较多，所以除日本的古典庭园外，未能得到发展，但是今后由于对园林造景艺术的要求愈来愈高，地栽桩景的应用必定有所发展。

养护管理的要点是以抑制栽培与修剪整形的技术来进行管理。

第十节 室内绿化装饰及切花

室内绿化装饰及切花。

随着经济的发展、生活水平的提高，室内绿化工作愈来愈受到重视。室内绿化的目的是美化、观赏，要求创造出诗情画意的自然境界，达到赏心悦目，心旷神怡的效果。至于改善环境条件和生产功能等均无需做为要求去考虑，因为室内完全可用空调、灯光、负离子发生器，甚至氧气筒来创造出良好的气候条件和新鲜空气。

室内绿化植物的选择条件主要是观赏效果好、观赏期长、耐荫性强的种类。一般以常绿性暖热带乔灌木和藤木为主，适当点缀些宿根性观叶草本植物、蕨类植物以及球根花卉。

管理上可依各种树木的习性进行安排；目前存在的主要问题是搞建筑设计的不了解植物，搞园林设计的也常忽略长期养护管理上的问题，因此在配植后往往形成昙花一现好景不长的现象，这种情况尤以北方地区为突出而华南一带则较好。

关于切花问题，国内外的需求量日益增长，过去主要着眼于草花和球根花卉，搞园林的人忽略观花树种中的丰富资源，今后在有条件园林结合生产的经营管理和栽培养护措施中，以及苗圃经营中，应给以适当的重视。适于作切花用的树种应具有水养时易于开放、持续花期长、易于发枝、花枝较长等习性。所谓切花，实际上不限于花、凡具有美丽的叶、枝、果、芽等均可作切花材料。

在栽培管理上，主要注意水肥管理并运用修剪技术使母树发生多数较长的花枝。

第十五章　城市园林绿化树种的调查与规划

第一节　园林树种调查与规划的意义

由于园林绿化建设的飞速发展，有识之士已认识到植树绿化不应仅从物质生产角度来看，而应认识到它对人类生活环境的改善和精神文明建设均有很大作用，而提高一步从战略眼光来看，植树绿化工作是与人类生存条件的质量密切相关的。大到国土规划，小至一个城市的环境规划均必需重视植树绿化问题。

以城市园林绿化工作而言，全国每年种植几千万株树，但保存率尚不能令人满意。很多地区的单位用大量资金盲目地从远地买进不能在本地生长成活的苗木，造成人力、物力、财力各方面的极大浪费，这主要是缺乏对气候土壤分区和各种不同树种生态习性的认识。另外，几乎所有的城市都存在苗木种类贫乏，缺少适合各种类型用途的规格等问题，严重地影响了园林建设的发展和水平的提高。

为解决上述问题，首先应做好当地的树种调查工作，摸清家底，总结出各种树种在生长、管理及绿化应用方面的成功经验和失败的教训。然后，根据本地各种不同类型园林绿地对树种的要求订出规划。苗圃按规划进行育苗、引种和培育各种规格的苗木。如此则该地的园林绿化建设工作必然会获得顺利的发展，取得显著的成绩。

第二节　园林树种的调查

这是通过具体的现状调查，对当地过去和现有树木的种类、生长状况、与生境的关系、绿化效果功能的表现等各方面作综合的考察，是今后规划工作能否做好的基础，所以一定要认真细致以科学的实事求是精神来对待。

一、组织与培训

首先由当地园林主管部门挑选具有相当业务水平、工作认真的技术人员组成调查组。全组人员共同学习树种调查方法和具体要求，分析全市园林类型及生境条件，并各选一个标准点作调查记载的示范，对一些疑难问题进行讨论，统一认识。然后可根据人员数量分成小组分片包干实行调查。每小组内可行分工，进行记录、测量工作，一般3～5人为一组，1人记录，其他人测量数据。

二、调查项目

为了提高效率，应根据需要事先印制调查记录卡片，在野外只填入测量数字及作记号即可完成记录。记录卡的项目及格式见表15-1。在测量记录前，应先由有经验者在该绿地中普

表 15-1 园林树种调查记录卡 年 月 日填

编号： 树种名称： 学名： 科名：
类别：落叶树、常绿树、落叶针叶树、落叶灌木、丛木、藤本、常绿灌木、丛木、藤本
栽植地点： 来源： 树龄： 年生
冠形：椭圆、长椭圆、扁圆、球形、尖塔、开张、伞形、卵形、扇形
干形：通直、稍曲、弯曲 展叶期： 花期：
果期： 落叶期： 生长势：上、中、下、秃顶、干空
其他重要性状：
调查株数： 最大树高： m 最大胸围 cm
最大冠幅：东西南北 m 平均树高 m 平均胸围 cm
栽植方式：片林、丛植、列植、孤植、绿篱、绿墙、山石点景
繁殖方式：实生、扦插、嫁接、萌蘖
栽植要点：
园林用途：行道树、庭荫树、防护树、花木、观果木、色叶木、篱垣、垂直绿化、覆盖地面
生态环境：山麓或山脚、坡地或平地、高处或低处、挖方处或填方处、路旁或沟边、林间或林缘、房前或房后、荒地或熟地、坡坎或塘边、土壤肥厚或中等、瘠薄，林下受压木或部分受压、坡向朝南或朝北、风口或有屏障、精管或粗管、pH 值
适应性：耐寒力：强、中、弱 耐水力：强、中、弱 耐盐碱：强、中、弱
耐旱力：强、中、弱 耐高温力：强、中、弱 耐风沙：强、中、弱
耐瘠薄力：强、中、弱 耐荫性：喜光、半耐荫、耐荫
病虫危害程度：严重、较重、较轻、无
绿化功能：
抗有毒气体能力：二氧化硫强、中、弱；氯气强、中、弱；氟化氢强、中、弱 抗粉尘：强、中、弱
其他功能：
评 价：
标本号 照片号 调查人

遍观察一遍，选出具有代表性的标准树若干株，然后对标准树进行调查记录。必要时可对标准树实行编号作为长期观测对象，但以一般普查为目的时则无需编号了。

三、园林树木调查的总结

在外业调查结束后，应将资料集中，进行分析总结。总结中一般包括下述各项内容：

（一）前言 说明目的、意义、组织情况及参加工作人员、调查的方法步骤等内容。

（二）本市的自然环境情况 包括城市的自然地理位置、地形地貌、海拔、气象、水文、土壤、污染情况及植被情况等。

（三）城市性质及社会经济简况 （可简略介绍）。

（四）本市园林绿化现况 （可根据建设部所规定的绿地类别进行叙述、附近有风景区时也应包括在内）。

（五）树种调查总结表

1. 行道树表 包括树名（附拉丁学名）、配植方式、高度（m）、胸围（cm），冠幅（东西 m×南北 m）、行株距（m）、栽植年代、生长状况（强、中、弱）、主要养护措施及存在问题等栏目。

表 15-2 市园林树种调查统计表

年 月 日

类别：针叶、常绿、落叶

编号	树名	来源（乡土或引进）	调查株数	树龄	树高（m）	胸围（cm）	最大冠幅	生长势			适应性																																配植方式	备注（园林用途）
											耐荫			耐寒			耐高温			耐旱			耐水湿			耐瘠薄			耐盐碱			耐风沙			抗污染				抗病虫					
					平均 最大	平均 最大	东西 m×m 南北 m×m	1	2	3	1	2	3	1	2	3	1	2	3	1	2	3	1	2	3	1	2	3	1	2	3	1	2	3	SO_2	Cl_2	HF	粉尘	1	2	3	4		

注：（1）生长势及各种耐性均分“强”、“中”、“弱”三级即 1、2、3。

（2）病虫害分“严重”、“较重”、“较轻”、“无”四级，即 1、2、3、4。

（3）填表时应按园林用途分类填写。

表 15-3　市园林树种调查统计表（藤灌丛木部分）

年　　月　　日　　　类别：针叶、常绿、落叶

编号	树　种	来源	树龄	调查株数	平均株高（m）	平均基围（cm）	平均冠幅 WEm × m NSm × m	生长势			习　性	备　注
								强	中	弱		

注：（1）生长势为“强”、“中”、“弱”三级，即 1、2、3 。

（2）习性栏可分填耐荫、喜光、耐寒、耐旱、耐淹、耐高温、耐酸碱盐、耐瘠薄、耐风、抗病虫、抗污染等。

（3）对藤木、灌木、丛木应分别填表，勿混合填入一表。

2. 公园中现有树种表　包括园林用途类别树名（附学名）、胸围或干基围（cm）、估计年龄、生长状况（强、中、弱）存在问题及评价等栏目。

3. 本地抗污染（烟、尘、有害气体）树种表　包括树名、高度、胸围、冠幅、估计年龄、生长状况、生境、备注（环保用途及存在问题）等栏目。

4. 城市及近郊的古树名木资源表　包括树名（学名）、高度、胸围、冠幅、估算年龄及根据、生境及地址和备注等栏目。

5. 边缘（在生长分布上的边缘地区）树种表　包括树名、高度、胸围、冠幅、估计年

龄、生长状况、生境、地址和备注（记主要养护措施、存在问题及评价）等栏目。

6. 本地特色树种表 包括树名、高度、胸围、冠幅、年龄、生长状况、生境、备注（特点及存在问题）。

7. 树种调查统计表（表15-2）

8. 树种调查统计表（藤灌丛木部分）（表15-3）

（六）经验教训 本市在园林绿化实践中成功与失败的经验教训和存在问题以及解决办法（有风景区的城市应提出关于风景区树种的调查总结）。

（七）群众意见 当地人民群众及国内外专家们的意见及要求。

（八）参考图书、资料文献

（九）附件

1. 有关的图片

2. 蜡叶标本名单

第三节 园林树种的规划

一个城市或地区的树种规划工作，应当在树种调查结果的基础上进行，没有经过树种调查而作的树种规划往往是主观的，不符合实际的。但是一个好的树种规划，仅仅依据现有树种的调查仍是不够的，还必需充分考虑下述几方面的原则才能制订出比较完善的规划。此外，还应认识到树种规划本身也不是永远一成不变的，随着社会的发展、科学技术的进步以及人们对园林建设要求的提高，使树种规划在一定时期以后要作适当的修正补充，以符合新的要求。

一、符合自然规律，并充分发挥人的主观能动性

规划中必须考虑到该市或地区的各种自然因素如气候、土壤、地理位置、自然和人工植被等因素。在分析自然因素与树种关系时，应注意最适条件和极限条件。在选择规划树种时，不仅应重视当地分布树种，而且应以积极态度发掘引用有把握的新的树种资源，丰富园林绿化建设的形式和内容。

二、符合城市的性质特征

在城市建设规划中，首先要明确城市的性质，例如是政治，文化中心、工业生产中心、海港贸易中心或风景旅游中心等。而以工业为中心的，又可以是以钢铁工业为主或以石油化工为主等不同的性质。好的树种规划，应体现出不同性质城市的特点和要求。

三、重视“适地适树”的原则

从一般的意义上来讲，适地适树是指根据气候、土壤等生境条件来选植能够健壮生长的树种而言。通常的做法是选用“乡土树种”，这样就可以保证树种对本地风土条件的适应性。但是并非所有的乡土树种都是适合作园林绿化用，必须根据园林建设的要求从中进行选择。另外，为了丰富种类，必须从长期生长于本地的外来树种中进行选择，这些引入栽培的

外来树种，大多是因为具有某些优点而被引入的，所以选择经过长期考验的外来树种是不应被忽视的。事实上，各地的实践证明很多适应本地的外来树种常常发挥着巨大作用。

“适地适树”在园林建设中应包括更多的涵意。除了生态方面的内容以外，还应包括符合园林综合功能的内容。因此，既应注意乡土树种，又应注意已成功的外来树种并积极扩大外来树种，在扩大引入外来树种的同时又充分利用乡土树种。实际上，有些规划者忽略了一个事实。就是在城市的建设发展中，众多的建筑之间形成大量的小气候环境，这些小环境为引种更多的树种提供了十分有利的条件。

四、注意特色的表现

当我们在各地考察时，发现郑州市街道绿化的效果很好，行道树用的是悬铃木。但是也发现沿津浦铁路线南下以及沿长江东下，南京、无锡、苏州、上海均是以悬铃木作行道树，号称天堂的杭州主要行道树也是悬铃木，其他如武汉、成都、重庆、广州、昆明也均有悬铃木。总之，以悬铃木作行道树的城市太多了。悬铃木虽有行道树之王的美称，但是若地不分南北、城不论东西都是悬铃木时，就会使人产生单调感。从园林建设的整体来说，应该提倡每个城市有自己的特色才好。即使处于相同的自然地域内的一些城市，虽然其乡土树种相同，引入树种也相似，但在园林绿化面貌上也以各有自己的地方特色为好。

地方特色的表现，通常有两种方式，一是以当地著名、为人们所喜爱的数种树种来表示，另一种是以某些树种的运用手法和方式来表示。在树种规划中，应根据调查结果确定几种在当地生长良好而又为广大市民所喜爱的树种作为表达当地特色的特色树种。例如有刺槐半岛之称的青岛，可将刺槐作为特色树种之一。在北京，可将白皮松作为特色树种之一。在确定该地的特色树种时，一般可从当地的古树、乡土树种和引入树种中，在园林绿地里确实起着良好作用的树种中加以选择，而且应当具有广泛的群众基础。

五、应注意园林建设实践上的要求

在某个市或地区开始进行绿化时，往往一开始时均希望在短期内就可产生效果，所以常常种生长快、易成活的树种。随着时间的进展，就会不满足于最初的想法而要求逐步提高了，因此曾有“先绿化后美化”、“香化、彩化”、“三季有花、四季常青”等口号。因此，在作树种规划时必须考虑到园林实践问题，即应考虑到快长树和缓生树、一般绿化用树种和能起重要作用的主要树种（骨干树种）、以及落叶树与常绿树、乔木、灌木、丛木、藤木以及具有各种抗性和功能的树种，要既照顾到目前又要考虑到长远的需要。

树种规划的目的是为园林建设服务的，必需有科学性和实用性，所以最终应按园林用途进行归类才可完成规划工作。

树种的园林用途，通常可分为下列各类：

①独赏树种，树形优美适于独植的树种。

②行道树种（包括针叶类、阔叶常绿类、落叶类）。

③庭荫树种（包括针叶类、阔叶常绿类、落叶类）。

④防护树种（以各种防护作用而分类列出）。

⑤花木树种（又分为乔木、灌木、丛木、藤木）。

⑥观果树种。

⑦色叶树种（又分为春色类、秋色类、常年色叶类、双色叶类）。

⑧篱垣用树种（包括整形雕塑用树种）。

⑨垂直绿化树种（包括缠绕类、攀附类及覆盖地面类）。

⑩其他类树种（包括净化杀菌类、结合生产类、室内装饰类，以及可能引种成功或近于成功的树种）。

根据该地的树种规划，园林规划部门可按本地的绿地系统规划，估算出总的树种用量，而苗圃则可根据这个估算作出分批分期的育苗、出圃以及引种等计划，当然苗圃的计划也应有一定的弹性范围。总之，有了该地的树种规划后就可使园林建设工作少走弯路，避免浪费，避免盲目性，可以有效地保证园林建设工作的发展和水平的提高。

第二篇　各　　论

园林树木均属于种子植物中的木本植物。我国的树种极为丰富，有8000余种。本书中将讲授我国产的习见园林树种以及部分外国产的著名种类。

第十六章　裸子植物门 GYMNOSPERMAE

乔木、灌木、罕为藤木。叶多为针形、鳞片形、线形、椭圆形、披针形，罕为扇形。花单性，罕两性，胚珠裸露，不为子房所包被。种子有胚乳，胚直生，子叶一至多数。

本门多为高大的乔木，广布于北半球温带至寒带地区以及亚热带的高山地区。全世界共有12科71属约800种；中国有11科41属243种，包括自国外引种栽培的1科8属51种。

在裸子植物中，有很多重要的园林树种，某些还有特殊的经济用途。

[1] 苏铁科 Cycadaceae

乔木，茎干粗短，不分枝或很少分枝。叶有两种：一为互生于主干上呈褐色的鳞片状叶，其外有粗糙绒毛；一为生于茎端呈羽状的营养叶。雌雄异株，各成顶生大头状花序，无花被。种子呈核果状，有肉质外果皮，内有胚乳，子叶2，发芽时不出土。

全世界本科共有10属约200种，分布于热带、亚热带地区；中国有1属14种。

苏铁属 *Cycas* L.

主干柱状。营养叶羽状，羽状裂片（羽片）坚硬革质，中脉显著。花序球状，单生茎顶；雄球花序的小孢子叶呈螺旋状排列，小孢子叶扁平鳞片状或盾状；雌球花序的大孢子叶呈扁平状，全体密被黄褐色绒毛，上部呈羽状分裂，在中下部的两侧各生1个或2~4个裸露的直生胚珠。

本属约17种，分布于亚、澳、非洲及中国南部，中国有14种。园林中习见栽培的有1种。

各种苏铁可作园景树及桩景、盆景等用。干髓含淀粉，可供食用；种子及叶药用。

分种检索表

A_1　叶的羽状裂片（羽片）厚革质，坚硬，宽0.3~0.6cm，边缘显著向背面反卷 ……………………………………………………………………………………………………… (1) 苏铁 *C. revoluta*

A_2 羽片厚革质、革质或薄革质，宽0.6～2.2cm，边缘扁平或微反卷。

B_1 羽片革质，宽0.8～1.5cm，羽状叶上部愈近顶端处羽片愈短窄，尽端处仅长数毫米，大孢子叶边缘刺齿状 ……………………………………………………………………（2）华南苏铁 *C. rumphii*

B_2 羽片薄革质至厚革质，叶之上部羽片不显著短缩，大孢子叶边缘深条裂。

C_1 羽片薄革质，宽1.5～2.2cm，上面叶脉中央无凹槽，叶柄长40～100cm，约为羽状叶全长1/3 ……………………………………………………………………（3）云南苏铁 *C. siamensis*

C_2 羽片厚革质，宽0.6～0.8cm，上面叶脉中央常具一凹槽，叶柄短，仅长15～30cm ……………………………………………………………………（4）篦齿苏铁 *C. pectinata*

（1）苏铁（凤尾蕉、凤尾松、避火蕉、铁树）（图16-1）

***Cycas revoluta* Thunb.**

形态：常绿棕榈状木本植物，茎高达5m。叶羽状，长达0.5～2.4m，厚革质而坚硬，羽片条形，长达18cm，边缘显著反卷；雄球花长圆柱形，小孢子叶木质，密被黄褐色绒毛，背面着生多数药囊；雌球花略呈扁球形，大孢子叶宽卵形，有羽状裂，密被黄褐色绵毛，在下部两侧着生2～4个裸露的直生胚珠。种子卵形而微扁，长2～4cm。花期6～8月，种子10月成熟，熟时红色。

分布：原产中国南部，在福建、台湾、广东各地均有。日本、印度尼西亚及菲律宾亦有分布。

习性：喜暖热湿润气候，不耐寒，在温度低于0℃时即易受害。生长速度缓慢，寿命可达200余年。俗传“铁树60年开一次花”，实则十余年以上的植株在南方每年均可开花。

繁殖栽培：可用播种、分蘖、埋插等法繁殖。播种法为在秋末采种贮藏，于春季稀疏点播。在高温处颇易发芽。培养2～3年后可行移植。分蘖法为自根际割下小蘖芽培养。如蘖芽不易发芽时，可罩一花盆于其上，使不见阳光，则易发叶。待叶发出后，再去除花盆，置荫棚下，以后逐渐使受充分日光。埋插法为将苏铁茎干切成厚约10～15cm的厚片，埋于砂壤中，待4周发生新芽，即另行分栽。用此法时应注意勿浇大水，否则易腐烂。

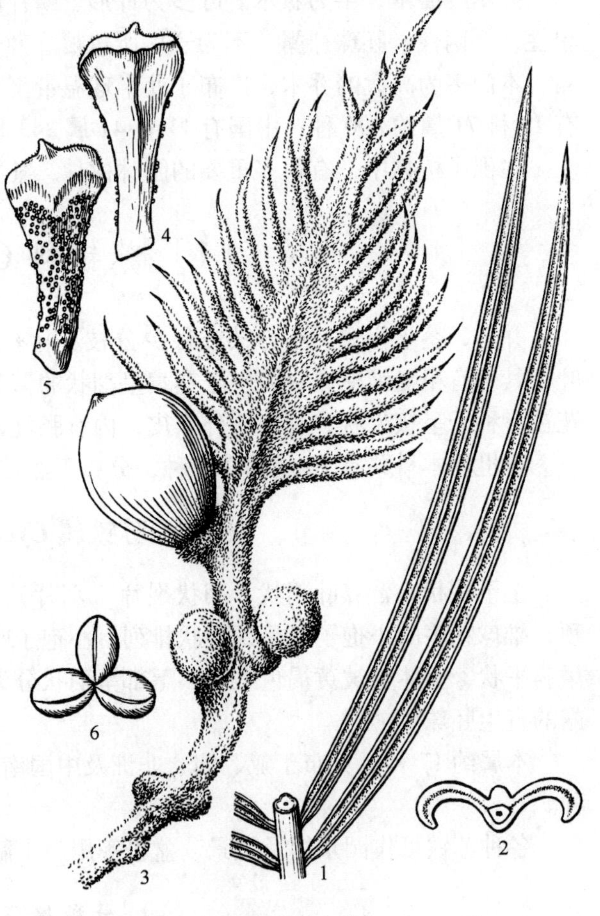

图16-1 苏 铁

1. 叶的一部分 2. 羽状裂片的横切面 3. 大孢子叶及种子 4、5. 小孢子叶的背、腹面 6. 花药

因苏铁性喜暖热，如当地冬季气温较低，易致叶色变黄凋萎，可用稻草将茎叶全体自下向上方扎缚，至春暖解缚后，待新叶萌发时乃将枯叶剪除。盆栽

时忌用黏质土壤，亦忌浇水过多，否则易烂根。一般不需施肥，但如欲使叶色浓绿而有光泽，则可施用油粕饼。移植以在 5 月以后气温较暖时为宜。

观赏特性和园林用途：苏铁体型优美，有反映热带风光的观赏效果，常布置于花坛的中心或盆栽布置于大型会场内供装饰用。

经济用途：苏铁可入药，据传其叶煎水可治咳嗽；种子微有毒，亦可入药，有通经、止咳、疗痢之效，又可食；茎内淀粉可以加工食用（称“西米”）。

（2）华南苏铁（刺叶苏铁）

***Cycas rumphii* Miq.**

高 4 ~ 15m，分枝或不分枝。叶丛呈较直上生长状，羽状叶长 1 ~ 2m；羽片宽条形，长 15 ~ 38cm，宽 0. 5 ~ 1. 5cm，叶缘扁平或微反卷，叶上部之羽片渐短，近顶端处者长仅数毫米，叶柄有刺。春夏开花，大孢子叶边缘细裂而短如刺齿。种子卵形或近球形。

产印度尼西亚、澳大利亚北部、马来西亚至非洲马达加斯加等地；广州、南京、上海有盆栽。

繁殖栽培及园林用途同苏铁。

（3）云南苏铁

***Cycas siamensis* Miq.**

植株较矮小，干茎粗大。羽片薄革质而较宽，宽 1. 5 ~ 2. 2cm，边缘平，基部不下延。

产于我国广西、云南；缅甸、越南、泰国也有分布。

（4）篦齿苏铁

***Cycas pectinata* Griff.**

干茎粗大，高可达 3m，叶长大，可达 1. 5 ~ 2. 2m；羽片厚革质，长达 15 ~ 25cm，宽 0. 6 ~ 0. 8cm，边缘平，两面光亮无毛，叶脉两面隆起，且叶表叶脉中央有 1 凹槽；羽片基部下延；叶柄短，有疏刺。

产于尼泊尔、印度；我国云南、四川、广州有栽培。

［2］银杏科 Ginkgoaceae

本科的形态特征与“种”的描述相同。本科树木为孑遗树种（活化石）；在古生代及中生代很繁盛，至新生代第三纪时渐衰亡，而在新生代第四纪由于冰川期的原因，使中欧及北美等地的本科树木完全绝种。本科现仅存 1 属 1 种，中国有 1000 年以上的古树。

银杏属 *Ginkgo* L.

仅有 1 种遗存，为中国特产之世界著名树种。

银杏（白果树、公孙树）（图 16-2）

***Ginkgo biloba* L.**

形态：落叶大乔木，高达 40m，干部直径达 3m 以上；树冠广卵形，青壮年期树冠圆锥形；树皮灰褐色，深纵裂。主枝斜出，近轮生，枝有长枝、短枝之分。1 年生的长枝呈浅棕黄色，后则变为灰白色，并有细纵裂纹，短枝密被叶痕。叶扇形，有二叉状叶脉，顶端常 2

裂，基部楔形，有长柄；互生于长枝而簇生于短枝上。雌雄异株，球花生于短枝顶端的叶腋或苞腋；雄球花4～6朵，无花被，长圆形，下垂，呈柔荑花序状，雄蕊多数，螺旋状排列，各有花药2；雌球花亦无花被，有长柄，顶端有1～2盘状珠座，每座上有1直生胚珠；花期4～5月，风媒花。种子核果状，椭圆形，径2cm，熟时呈淡黄色或橙黄色，外被白粉；外种皮肉质，有臭味；中种皮白色，骨质；内种皮膜质；胚乳肉质，味甘微苦；子叶2；种子9～10月成熟。

分布：浙江天目山有野生银杏，沈阳以南、广州以北各地均有栽培，而以江南一带较多。宋朝时传入日本，18世纪中叶又由日本传至欧洲，以后再由欧洲传至美洲。

变种、变型及品种：有较高观赏价值的有下列种类：

①黄叶银杏（f. *aurea* Beiss.）叶黄色。

②塔状银杏（f. *fastigiata* Rehd.）大枝的开展度较小，树冠呈尖塔柱形。

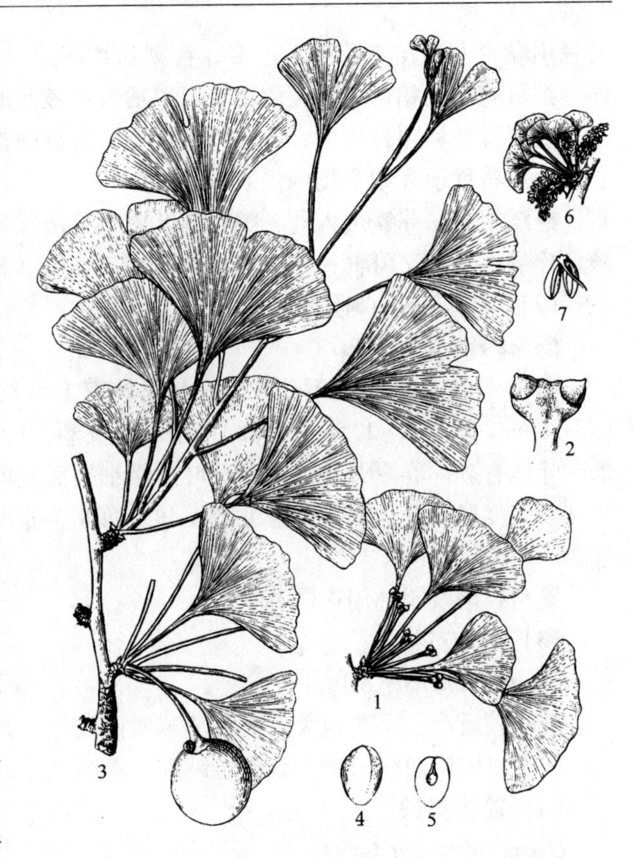

图16-2 银 杏

1. 雌球花枝 2. 雌球花上端 3. 种子和长短枝 4. 去外种皮种子 5. 种仁纵切面 6. 雄球花枝 7. 雄蕊

③‘裂’银杏（‘lacinata’）叶形大而缺刻深。

④‘垂枝’银杏（‘Pendula’）枝下垂。

⑤斑叶银杏（f. *variegata* Carr.）叶有黄斑。

作食品的栽培品种很多，一般根据种子的形状及胚乳的品质而分为3类：

Ⅰ. 佛手银杏类：种仁味美，品质最好；种子呈倒卵形；核（中种皮）长而尖，呈卵形。著名的品种有‘佛指’、‘洞庭王’，还有‘卵果佛手’及‘橄榄佛手’等。

Ⅱ. 马铃银杏类：品质中等，种子介于倒卵形及圆心形之间，顶端突起有小尖；核椭圆形，两端微尖。主要品种有‘大马铃’产于浙江诸暨，及‘黄皮果’产于广西兴安。

Ⅲ. 梅核银杏类：品质较差，种仁有苦味。种子呈圆形或略为心形，顶端微凹；核呈卵形或广椭圆形，稍扁。本类品种树木的抗旱、抗涝性较强，更宜于园林绿化用。主要品种有‘大梅核’（产浙江诸暨），‘桐子果’、‘棉花果’（产广西兴安），‘圆珠’（产江苏洞庭山），及‘龙眼’（产江苏泰兴）。

习性：喜光树种，喜适当湿润而又排水良好的深厚砂质壤土，在酸性土（pH4.5）、石灰性土（pH8.0）中均可生长良好，而以中性或微酸性土最适宜；不耐积水之地，较能耐旱，但在过于干燥处及多石山坡或低湿之地生长不良。耐寒性颇强，能在冬季达-32.9℃低温地区种植成活，但生长不良，在沈阳如种植在街道上在西晒方向常有干皮开裂现象。能适应高温多雨气候，如在厦门、广州等地尚可正常生长。总之对风土之适应性很强，在华北、华中、华东及西南海拔 1000m 以下（云南地区约 1500～2000m）地区均生长良好。

银杏为深根性树种，寿命极长，可达 1000 年以上。例如江苏如皋九华乡有 1000 年以上的雄株，高 30m，胸围 6.96m，冠幅 30～40m。又如北京西郊大觉寺的银杏已有九百余年的历史，树高及冠幅达 18m、胸围达 7.55m，仍生长健壮。在北京最高的银杏为潭柘寺昆卢阁前的“帝王树”（雄株）高 26.5m。银杏生长速度较慢，但受环境因子影响较大。一般言之，在北京地区 7～8 年生的约高 2m，20 年生的高 6～7m；江苏灌云县南云台山人工栽培的，40 年生高 12m，胸径 28.6cm；江苏宝应县水肥管理条件好的，7 年生可高达 7m，胸径 6cm；浙江天目山海拔 500m 处的林木，30 年生的高 10.6m，胸径 15.3cm，50 年生高 16.8m，胸径 21.3cm，90 年生高 20.8m，胸径 32cm。

银杏发育较慢。由种子繁殖的约需 20 年始能开花结果，40 年生始入结实盛期，但结实期极长，近百年的大树大年产量可达 1000kg。嫁接树约用 7 年生实生苗为砧木，10 年结果，60 年生大树株产 100kg 左右。

银杏每年仅生长一次，无抽生副梢的现象，长枝的顶芽及近顶端的数芽每年仍长成粗壮的长枝；在中部的芽长成细长枝或成短枝；在中下部的芽则常成为短枝；短枝的顶芽仍继续形成短枝或顶芽分化成混合芽而生长为结果枝。结果枝在叶腋开花结实。一般言之，各年所长的长枝间易于区别，而短枝由于叶痕密集，故不易区分各年间的界限，但通常寿命可达十余年。

银杏在大树的干基周围易发生成排、成丛的萌蘖，可用以繁殖。

为了美化城市或结合生产，有区别雌雄株的必要，现将其区分特征示之如下，以供参考：

雄　株	雌　株
①主枝与主干间的夹角小；树冠稍瘦，且形成较迟。	①主枝与主干间的夹角较大；树冠宽大，顶端较平，形成较早。
②叶裂刻较深，常超过叶的中部。	②叶裂刻较浅，未达叶的中部。
③秋叶变色期较晚，落叶较迟。	③秋叶变色期及脱落期均较早。
④着生雄花的短枝较长（约 1～4cm）。	④着生雌花的短枝较短（约 1～2cm）。

繁殖栽培：可用播种、扦插、分蘖和嫁接等法繁殖，但以用播种及嫁接法最多。

①实生繁殖法：种子以采用 80～90 年生的母树最好，采后堆于阴处，使外种皮腐软，与内种皮分开，用水冲洗后阴干贮藏。可当年秋播或次年春播，华北多行春播。播前应混砂催芽。每千克种子数为 300～340 粒，发芽率平均 80%～90%，播时可用垅播或畦播法，覆土 3～4cm，约 2～4 周可出土。出苗后应多加管理，在 5 月小苗易患立枯病，应多松土，使土壤空气疏通，并喷射波尔多液，7 月追肥 2～3 次，8 月以后不行追肥、灌水，以免徒长，当年苗可高达 20～25cm，落叶后或次春移植。在江南有于秋冬（11 月）带外种皮播种者，很易发芽。应注意播种圃地勿选低湿处，否则茎基易腐烂。

②分蘖繁殖：本法可提早结实，经 10 年左右即可开花结实，而且成活率极高。分时选

2～3 年生根蘖，于春季 3 月左右切离母株栽之即可。

③嫁接繁殖：为了提高结实和繁殖优良品种，可行嫁接。一般均用枝接法，常用的方法有皮下接、切接、短枝嵌接及劈接等。根据江苏泰兴的皮下接经验，以选 3 年生皮色光泽的枝，并带有 3～4 至 6～7 个短枝的作为接穗最好。

④扦插繁殖：银杏的扦插，一般认为较难成活。根据南京中山植物园的经验，用软材扦插时在 5 月下旬至 6 月中旬选当年生枝条，剪成 10～15cm 长，留 3～4 叶，插入床土中，深及一半，约经 2 个月即可生根，成活率达 95%；若用半成熟枝扦插时，在 8 月采当年生枝条，埋入土中深约 15～20cm，至次年 3 月中旬取出扦插，经 2 个月后检查，成活率达 92%。

银杏甚易移栽成活，在移植或定植时，植株掘起后应将主根略加修剪。以在早春萌芽前移栽为宜。植株间一般可采用 6～8m 的间距。定植后每年于春季发芽前及秋季落叶后施肥 1 次，对生长发育可有良好效果。此外，不需特殊管理，通常无需修剪，只将枝条过密处或生长衰弱枯死处的病老枯枝适当剪除即可。

在苏州的东山洞庭乡，农民对银杏树有快速育苗的好经验。他们的办法是：

①利用萌蘖繁殖苗木：在 1～2 月间，用锋利锄头掘取基部半边带根的萌蘖条，栽于苗圃中进行培养。萌蘖的直径有 1～4cm 的均可移栽，即使无根而略有愈伤组织的，栽后亦可生根成活。

②定植时应浅栽：根据当地经验，定植时切勿深植而应浅栽，这样易于苗木的“发棵”而且不易风倒。如果深植则因不易发棵，反而易为风吹倒。

③每年施大肥 2～3 次：于春、夏季各在树冠外围用环状施肥法施 1 次腐熟的大粪。此外，如能再施 1 次垃圾肥，则效果更好。

除以上 3 点外，每年还需中耕除草 1 次。这样，5 年生胸径可达 7cm 以上。

银杏的病虫害很少，但在南方夏季高温干旱的年份，当年生苗的茎基部易受灼伤从而病菌侵入，在雨后易发生腐烂病。防治的方法是在夏季设荫棚。

观赏特性和园林用途：银杏树姿雄伟壮丽，叶形秀美，寿命既长，又少病虫害，最适宜作庭荫树、行道树或独赏树。

银杏为我国自古以来习用的绿化树种，最常见的配植方式是在寺庙殿前左右对植，故至今在各地寺庙中常可见参天的古银杏。此种近千年的古木是中国的国宝，应特别注意保护。目前为大家所熟知的著名古树有山东莒县春秋时代的银杏，四川灌县青城山中的汉代银杏，江西庐山黄龙寺中传说的晋代银杏，湖南衡山福严寺中传说的唐代银杏。又在四川峨眉山、云南昆明西山及腾冲、浙江的西天目山及温州、安徽肖县的天门寺、陕西省周至县楼观台大庙、泰安灵岩山及青岛的崂山，北京的西山碧云寺以及前述的大觉寺、潭柘寺等处均有古银杏树。而其中最高的当推四川青城山天师洞的古树，1979 年时树高 29. 5m，胸径 2. 5m，冠幅 36m，干基生出多数乳根，系雄株。此外，在日本传说有高达 60m 的古银杏。

银杏用于作街道绿化时，应选择雄株，以免种实污染行人衣物。中国各城市中最早用银杏作行道树的当推丹东市，街景壮丽。尤其在秋季树叶变成一片金黄时极为美观，行人赞不绝口。

在大面积用银杏绿化时，可多种雌株，并将雄株植于上风带，以利于子实的丰收。

经济用途：银杏材质坚密细致、富弹性，易加工，边材心材的区分不明显，不易反翘或开裂，纹理直，有光泽，是供作家具、雕刻、绘图板、建筑、室内装修用的优良木材。种子可供食用，含有丰富营养，但亦因含有氢氰酸不可多食，以免中毒。种仁又可入药，有止咳化痰、补肺、通经、利尿之效；捣烂涂于手脚上有治皮肤皴裂之效。外种皮及叶有毒，有杀虫之效；花有蜜，是良好的蜜源植物。

［3］南洋杉科 Araucariaceae

常绿乔木，大枝轮生。叶螺旋状互生，很少排成假二列状，披针形、针形或鳞形。雌雄异株，罕同株；雄球花圆柱形，单生或簇生叶腋或枝顶，雄蕊多数，螺旋状排列，上部鳞片状，呈卵形或披针形，下缘有花药 4 ~ 20 枚，下部狭窄，花药纵裂，花粉粒无气囊，雄球花单生枝顶，椭圆形或近球形，珠鳞螺旋状排列，每珠鳞有 1 倒生胚珠。球果大，直立，卵圆形或球形；种鳞木质，有 1 粒种子，通常在球果基部及顶端的种鳞内不含种子，球果 2 ~ 3 年成熟；种子扁平。

共 2 属约 40 种，分布于南半球热带及亚热带地区。中国引入 2 属 4 种。

南洋杉属 *Araucaria* Juss.

常绿乔木，枝轮生。叶互生，披针形、鳞形、锥形或卵形。雌雄异株，罕同株；雄球花单生或簇生叶腋，或生枝顶；雌球花单生枝顶，胚珠与珠鳞基部结合。球果大，2 ~ 3 年成熟，熟时种鳞脱落；种鳞先端有向外屈曲之尖头，每种鳞内有一扁平形种子，种子有翅或无翅；子叶 2，罕为 4，出土或不出土。

约 18 种，分布于大洋洲及南美等地。中国引入 3 种。

分种检索表

A_1 叶形小，钻形、鳞形、卵形或三角状；种子先端不肥大，不显露，两侧有翅，发芽时子叶出土。

　B_1 叶卵形或三角状锥形，上下扁或背部有纵棱；球果的苞鳞先端有长尾状尖头，尖头显著向后反曲 ……………………………… （1）南洋杉 *A. cunninghamii*

　B_2 叶四棱状钻形，两侧扁；球果苞鳞先端有三角状尖头，尖头向上弯曲 ……………………………… （2）诺福克南洋杉 *A. heterophylla*

A_2 叶形宽大，卵状披针形；球果苞鳞先端具三角状尖头，尖头向后反曲；种子先端肥大而显露，两侧无翅，发芽时子叶不出土 ……………………………… （3）大叶南洋杉 *A. bidwillii*

（1）南洋杉（图 16-3）

Araucaria cunninghamii Sweet

形态：常绿大乔木，高 60 ~ 70m，胸径达 1m 以上，幼树呈整齐的尖塔形，老树成平顶状。主枝轮生，平展，侧枝亦平展或稍下垂。叶二型：生于侧枝及幼枝上的多呈针状，质软，开展，排列疏松，长 0.7 ~ 1.7cm；生于老枝上的则密聚，卵形或三角状钻形，长 0.6 ~ 1.0cm。雌雄异株。球果卵形，苞鳞刺状且尖头向后强烈弯曲；种子两侧有翅。

分布：原产大洋洲东南沿海地区，如澳大利亚的北部、新南威尔士及昆士兰等州。中国的广州、厦门、云南西双版纳、海南等地均有露地栽培；在其他城市也常用作盆栽观赏。

品种：

①‘银灰’南洋杉‘Glauca’：叶呈银灰色。

②‘垂枝’南洋杉‘Pendula’：枝下垂。

习性：性喜暖热气候而空气湿润处，不耐干燥及寒冷，喜生于肥沃土壤，较耐风。生长迅速，再生能力强，砍伐后易生萌蘖。

繁殖栽培：播种繁殖，但种子发芽率低，最好在播前先将种皮破伤，以促进发芽，否则常会因发芽迟缓而招致腐烂。也可行扦插繁殖，插条应选剪自主轴的或用徒长枝，如选用侧枝作插穗则插活后的苗木体形不易整正。在北方温室内每年可生长一级轮生枝，在夏季时应避免过强的光照，并在温室内经常洒水以保持有较高的空气湿度，在冬季夜间温度以保持在7～16℃为宜。盆土可用3份壤土，1份腐叶土与1份粗砂配成，每年早春时可换盆换土。

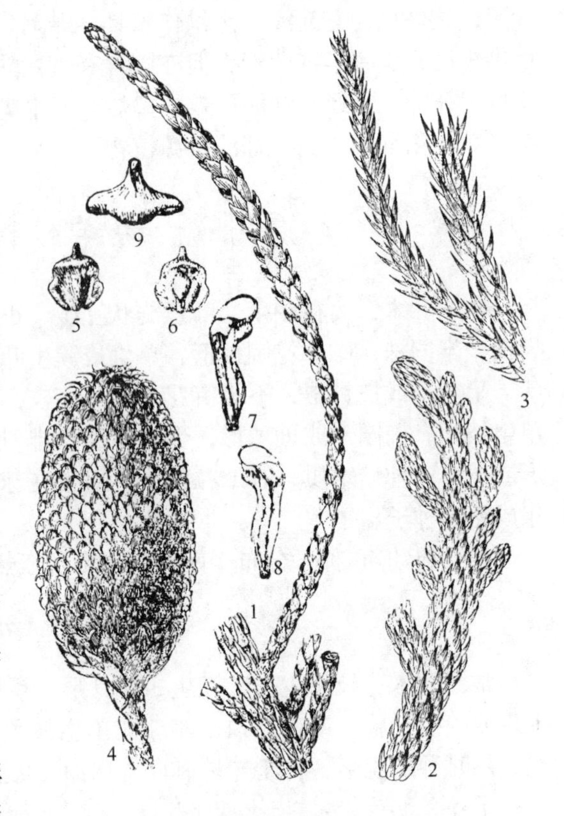

图16-3 南洋杉
1～3. 枝叶 4. 球果 5～9. 苞鳞背、腹、侧面及俯视

观赏特性和园林用途：南洋杉树形高大，姿态优美，与雪松、日本金松、金钱松、巨杉（世界爷）等合称为世界五大公园树。南洋杉最宜独植为园景树或作纪念树，亦可作行道树用。如在厦门万石植物园门外即用南洋杉作行道树，十分壮观。但以选无强风地点为宜，以免树冠偏斜。南洋杉又是珍贵的室内盆栽装饰树种。

经济用途：木材可供建筑及制家具用，树皮可提取松脂。

（2）诺福克南洋杉（异叶南洋杉、南洋杉）

***Araucaria heterophylla* (Salisb.) Franco (A. excelsa R. Br.)**

叶钻形，两侧略扁，长7～18mm，端锐尖。球果近球形，苞鳞的先端向上弯曲。

原产大洋洲诺福克岛。中国已有引入。

（3）大叶南洋杉（披针叶南洋杉）

***Araucaria bidwillii* Hook.**

乔木，高达50m。叶卵状披针形，长18～35mm。果实球形，长20cm多，苞鳞的先端呈三角状突尖向后反曲；种子先端肥大、外露，两侧无翅。

原产大洋洲，中国已引入。

［4］松科 Pinaceae

常绿或落叶乔木，罕灌木，有树脂。叶针状，常2、3或5针成一束，或呈扁平条形，螺旋状排列，假二列状或簇生。雌雄同株或异株；雄球花长卵形或圆柱形，有多数雄蕊，每雄蕊有 2 花药，花粉粒有气囊或无气囊；雌球花呈球果状，有多数呈螺旋状排列之珠鳞，每珠鳞有 2 倒生胚珠，每珠鳞背面有分离的苞鳞。球果有多数脱落或不脱落的木质或纸质种鳞，每种鳞上有 2 粒种子；种子上端常有 1 膜质的翅，罕无翅或近无翅，胚具 2～16 枚子叶。

含 3 亚科 10 属 230 余种，大多分布于北半球。中国有 10 属 117 种及近 30 个变种，其中引入栽培 24 种及 2 变种。

分属检索表

A_1 叶条形或针形，螺旋状着生，不成束。

B_1 叶条形，扁平或具四棱，枝仅一种类型；球果当年成熟 ……………… Ⅰ. 冷杉亚科 Subf. Abietoideae

C_1 球果生于叶腋，直立，成熟后种鳞自宿存中轴上脱落；叶扁平，上面中脉微凹；枝上无叶枕……………………………………………………………………………… 2. 冷杉属 *Abies*

C_2 球果成熟后种鳞宿存。

D_1 球果生枝顶，小枝节间生长均匀，上下等粗，叶在节间着生均匀。

E_1 球果直立，形大；种子（连种翅）几与种鳞等长；叶扁平，上面中脉隆起；雄球花簇生枝顶 ……………………………………………………………………… 1. 油杉属 *Keteleeria*

E_2 球果通常下垂，形较小；种子（连种翅）较种鳞短；叶扁平，上面中脉多向下凹或微凹，罕四棱状条形；雄球花单生叶腋。

F_1 小枝有不明显叶枕；叶扁平，有短柄，上面中脉多下凹或微凹，多仅在下面有气孔线。

G_1 球果较大，苞鳞伸出于种鳞之外，先端 3 裂；叶内具边生树脂道 2 枚；小枝不具或略具叶枕 ……………………………………………………………… 3. 黄杉属 *Pseudotsuga*

G_2 球果较小，苞鳞多不外露，先端不裂或 2 裂；叶内维管束鞘下具树脂道 1 枚；叶枕隆起或略隆起 …………………………………………………………………… 4. 铁杉属 *Tsuga*

F_2 小枝有极显著隆起的叶枕；叶断面呈四棱形或扁平棱状，至少叶之上下两面中脉隆起，无柄，四面或仅上面有气孔线 ……………………………………………………… 6. 云杉属 *Picea*

D_2 球果生叶腋，初直立，后下垂，苞鳞短，不外露；小枝节间的上端生长缓慢而较粗，叶排列紧密而成簇生状，下端则排列疏散；叶扁平条形，上端中脉下凹 ……………… 5. 银杉属 *Cathaya*

B_2 叶在长枝上螺旋状散生，在短枝上簇生，扁平条形或针状，落叶性或常绿性；球果当年或次年成熟 ………………………………………………………………………… Ⅱ. 落叶松亚科 Subf. Laricoideae

C_1 叶扁平条形，柔软，落叶性；球果当年成熟。

D_1 叶形较窄，簇生叶长短相近；雄球花单生于短枝顶端；种鳞革质，成熟后不脱落 ……………………………………………………………………………… 7. 落叶松属 *Larix*

D_2 叶形较宽，簇生叶常长短不齐；雄球花簇生于短枝顶端；种鳞木质，成熟后自中轴脱落 ……………………………………………………………………………… 8. 金钱松属 *Pseudolarix*

C_2 叶针状，坚硬，常绿性；球果次年成熟，种鳞脱落性 ……………………… 9. 雪松属 *Cedrus*

A_2 叶针形，通常 2、3 或 5 针一束，基部为叶鞘（脱落或宿存）所包围，常绿性；球果次年成熟，种鳞宿存，背面上方具鳞盾及鳞脐 ……………………………… Ⅲ. 松亚科 Subf. Pinoideae
……………………………………………………………………………………… 10. 松属 *Pinus*

1. 油杉属 *Keteleeria* Carr.

常绿乔木；树皮纵裂；幼树树冠呈尖塔形，老则变广圆形或平顶状。冬芽无树脂，叶多条形，扁平，在侧枝上排成两列，两面中脉均隆起，上面无气孔线或有，下面有两条气孔带，叶内两端的下侧各有1边生树脂道，幼树的叶先端常锐尖。雌雄同株；雄球花簇生枝端；雌球花单生枝端。球果直立，圆柱形，当年成熟，熟时种鳞张开，种鳞木质，宿存；苞鳞长及种鳞的1/2～3/5，不外露（球果基部的苞鳞则略露出），先端常3裂；种子上端具宽大的厚膜质种翅，翅与种鳞几等长而不易脱落；子叶2～4，发芽时不出土。

本属共12种，均产东亚；除越南产2种外，中国10种，均为特有种，产长江以南温暖山区。

分种检索表

A_1 叶较宽短，长1.2～5.0cm，常较薄，先端有凹缺或略钝，上面无气孔线或先端有少数气孔线。

B_1 1年生枝红褐色或淡粉红色；叶长1.2～3.0cm；种鳞近圆形或略宽圆形，边缘微内曲 …………………………………………………………（1）油杉 *K. fortunei*

B_2 1年生枝淡黄灰色或灰色，罕淡黄色，种鳞广卵形或斜方状卵形，上部边缘外曲 …………………………………………………………（2）铁坚油杉 *K. davidiana*

A_2 叶较窄长，长2.0～6.5cm，较厚，先端常突钝尖，上面从基部至先端常有4～20条气孔线，罕无之 …………………………………………………………（云南油杉 *K. evelyniana*）

（1）油杉（图16-4）

***Keteleeria fortunei*（Murr.）Carr.（*Picea fortunei* Murr.，*Abies fortunei* Murr.）**

形态：乔木，高达30m，胸径1m，树皮粗糙，暗灰色，纵裂；1年生枝红褐色或淡粉色，无毛或有毛，2年生以上褐色，黄褐色或灰褐色。叶条形，在侧枝上排成2列，长1.2～3.0cm，宽2～4mm，先端圆或钝，上面光绿色，无气孔线，下面淡绿色，沿中脉每边有气孔线12～17条。球果圆柱形，成熟时淡褐色或淡栗色，长6～18cm，种鳞近圆形或略宽圆形，边缘微内曲，鳞苞中部稍窄，上部先端3裂，中裂窄长。花期3～4月，当年10～11月种子成熟。

分布：产于浙江南部，福建、广东及广西南部沿海山地海拔400～1200m、气候温暖、雨量充沛的酸性红壤或黄壤地带，多零星散布，罕成纯林，常与常绿阔叶树混生成林。

习性：喜光，好温暖，不耐寒，幼龄树不甚耐荫，生长较快，适生于酸性的红、黄壤地区，在土层深厚、肥湿而光照充足处，每年胸径可增长1cm，30年即可成材。萌芽性弱，主根发达。

繁殖栽培：播种繁殖，育苗较易，较喜光，但又初期不宜光照过强；树长大后耐旱性增强。园林中多用4～7年生大苗定植，苗期应移栽二、三次。萌芽性弱，不能萌芽更新。

观赏特性和园林用途：是我国特有树种，树冠塔形，枝条开展，叶色常青，在我国东南部城市可用作园景树，或在山地风景区用作营造风景林的树种。

经济用途：木材淡黄褐色、有光泽，富树脂，坚实耐用，供建筑、矿柱、家具等用。福芎（R. Fortune）已于1844年将其种子引至英国。

（2）铁坚油杉

***K. davidiana*（Bertr.）Beissn.**

乔木；1年生枝淡黄灰色或灰色，常有毛。顶芽卵圆形，芽端微尖。叶在侧枝上排成2

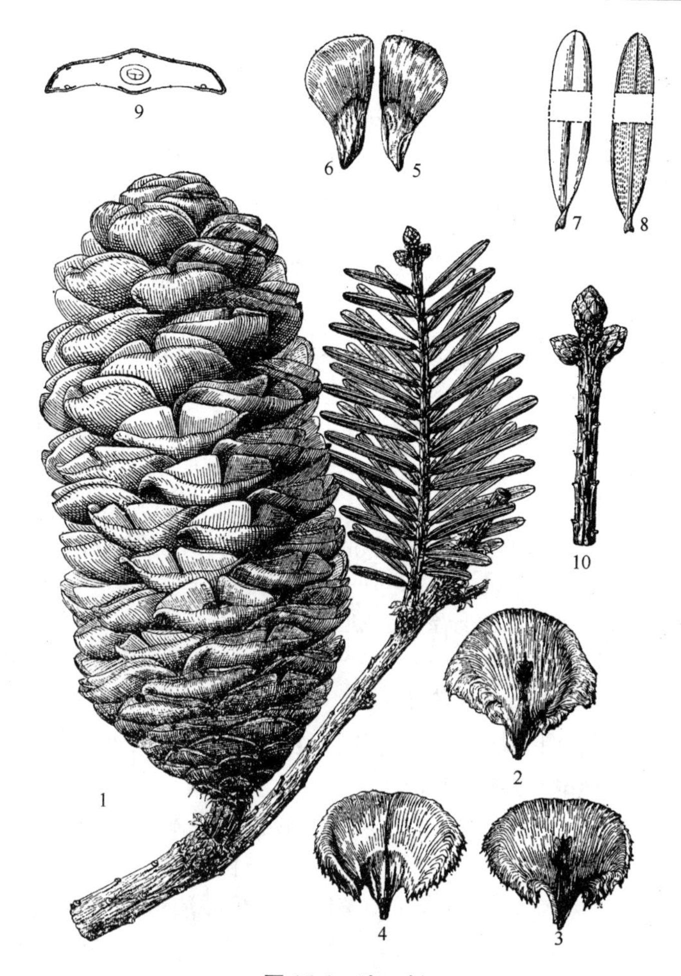

图16-4　油　杉

1. 球果枝　2～4. 种鳞背腹面　5、6. 种子　7～9. 叶上、下面及其横剖　10. 枝和冬芽

列，长2～5cm，叶端钝或微凹，叶两面中脉隆起。球果直立，圆柱形，长8～21cm；种鳞边缘有缺齿，先端反曲，鳞背露出部分无毛或仅有疏毛；苞鳞先端3裂。

分布于陕西南部、四川、湖北西部、贵州北部、湖南、甘肃等地。本种为油杉属中耐寒性最强的种类；于1888年由亨利（A. Henry）引入英国邱园栽培。

2. 冷杉属 *Abies* Mill.

常绿乔木，树干端直，枝条簇生，小枝平滑或有纵凹槽，枝上有圆形叶痕；冬芽具多数芽鳞，芽鳞覆瓦状排列，常具树脂，罕无树脂。叶扁平、条形，叶表中脉多凹下，叶背中脉两侧各有1条白色气孔带，叶内有树脂管2，罕为4。雌雄同株，球花单生于叶腋；雄球花长圆形，下垂，花粉粒有气囊；雌球花长卵状短圆柱形，直立；苞鳞比珠鳞长。球果长卵形或圆柱形，直立，当年成熟；种鳞木质，多数，排列紧密，苞鳞露出或不露出。球果成熟时种子与种鳞、苞鳞同落，仅余中轴；种子卵形或长圆形，有翅；子叶3～12，发芽时出土。

本属约50种，分布于亚、欧、北非、北美及中美高山地带。中国有22种及3变种，分布于东北、华北、西北、西南及浙江、台湾的高山地带。另引入栽培1种。

分种检索表

A_1 叶缘不向下反卷，叶内树脂道多中生，或有其他情况。

B_1 球果的苞鳞上端露出或仅先端尖头露出。

C_1 小枝色较浅，1年生枝淡灰黄色、淡黄褐色或浅灰褐色，无毛，凹槽内有毛或枝密被毛，球果熟时黄褐、灰褐、紫褐或紫黑色。

D_1 1年生枝淡黄褐色或淡灰褐色，密被淡褐色短柔毛；球果较小，长4.5~9.5cm，熟时紫褐或紫黑色 ………………………………………………………………………… (1) 臭冷杉 *A. nephrolepis*

D_2 1年生枝淡灰黄色，凹槽中有细毛或无毛；球果较大，长12~15cm，熟时黄褐或灰褐色 …… ………………………………………………………………………………… (2) 日本冷杉 *A. firma*

C_2 小枝色较深，1年生枝红褐色或微带紫色，无毛，罕凹槽内疏生短毛；球果熟时淡紫、紫黑或红褐色 ………………………………………………………………………… (巴山冷杉 *A. fargesii*)

B_2 球果的苞鳞不露出。

C_1 果枝及营养枝之叶的树脂道中生，果枝之叶的上面近先端或中上部常有2~5条气孔线；种翅较种子为长 ………………………………………………………………………… (3) 杉松 *A. holophylla*

C_2 营养枝上叶的树脂道边生，果枝上者中生或近中生，上面无气孔线；种翅较种子为短…………… ………………………………………………………………………… (秦岭冷杉 *A. chensiensis*)

A_2 叶缘向下反卷，叶内树脂道边生；球果熟时蓝黑色 ……………………………… (4) 冷杉 *A. fabri*

(1) 臭冷杉（白果枞、白果松、华北冷杉、臭松、白松、臭枞）（图16-5）

***Abies nephrolepis*（Trauty.）Maxim.**

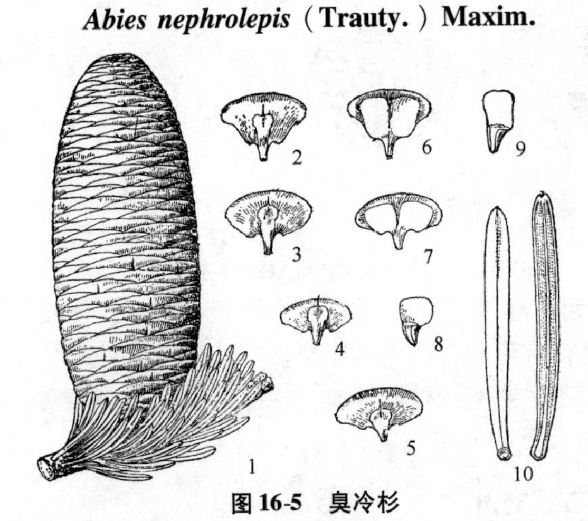

图16-5 臭冷杉

1. 球果枝 2~7. 种鳞背腹面 8、9. 种子 10. 叶的上下面

形态：乔木，高30m，胸径50cm；树冠尖塔形至圆锥形。树皮青灰白色，浅裂或不裂。1年生枝淡黄褐或淡灰褐色，密生褐色短柔毛。冬芽有树脂，叶条形，长1~3cm，宽约1.5mm，上面亮绿色，下面有2条白色气孔带，营养枝上之叶端有凹缺或2裂，果枝上之叶端常尖或有凹缺，上面无气孔线，罕见近先端有2~4条气孔线，叶内有树脂道2，中生。球果卵状圆柱形或圆柱形，长4.5~9.5cm，熟时紫黑色或紫褐色，无柄，花期4~5月。果当年9~10月成熟。

分布：分布于河北省小五台山及东陵六里坪子山（已被伐）和山西、辽宁、吉林及黑龙江东部海拔300~2100m地带。俄罗斯及朝鲜也有分布。

习性：耐荫树种，喜生于冷湿的气候下，喜土壤湿润深厚之处，在中等湿润的地方亦能生长，但在排水不良处生长较差。在自然界中多成混交林，但亦有成小面积纯林的。根系浅，属浅根性树种，生长较缓慢。

繁殖栽培：用播种繁殖。由于种子成熟期只约半个月则鳞片开裂，种子脱落，故需及时采收球果。采果后晾晒约1周则种子裂出，可将鳞片等杂物去除。在寒冷地区可将种子与2

份雪混合埋于露地雪坑中，用这种雪藏法比用混沙埋藏法的效果好。在次春四月时可将种子取出摊晒，待雪融化后用1%硫酸铜溶液浸种半天后用清水洗净备用。播种时可床播或宽垄播。幼苗期可行全光育苗或设荫棚，当年可不间苗而于次年间苗。为了促进根系发达，可对2～3年生苗进行换床移栽。移植应在芽萌动前进行以利成活。

观赏特性及园林用途：树冠尖圆形，宜列植或成片种植。在海拔较高的自然风景区宜与云杉等混交种植。

经济用途：材质较软，可用于建筑、火柴杆、造纸等用；树干可提取松脂。

（2）日本冷杉

***Abies firma* Sieb et Zucc.**

乔木，在原产地高可达50m，胸径约2m。树冠幼时为尖塔形，老树则为广卵状圆锥形。树皮粗糙或裂成鳞片状；1年生枝淡灰黄或暗灰黑色，凹槽中有淡褐色柔毛，或无毛。冬芽有少量树脂；叶条形，在幼树或徒长枝上者长2.5～3.5cm，端成二叉状，在果枝上者长1.5～2.0cm，端钝或微凹。球果圆筒形，熟时黄褐或灰褐色，长12～15cm，径5cm。

原产于日本的本州中南部及四国、九州地方。中国旅大、青岛、庐山、南京、北京及台湾等地有栽培，而以在庐山生长最好。

耐荫性强，幼时喜荫，长大后则喜光。头5年幼苗生长极慢，6～7年略快，至10年生后则生长加速成中等速度，每年可长高约0.5米。本树树形优美，秀丽可观。但对烟害的抗性极弱。寿命不长，达300龄以上者极少。自树冠形状之特点言之，以壮年期最佳。

（3）杉松（辽东冷杉、沙松、杉松、冷杉）（图16-6）

***Abies holophylla* Maxim.**

乔木，高30m，胸径约1m，树冠阔圆锥形，老则为广伞形；树皮灰褐色，内皮赤色；1年生枝淡黄褐色，无毛；冬芽有树脂。叶条形，长2～4cm，宽1.5～2.5mm，端突尖或渐尖，上面深绿色，有光泽，下面有2条白色气孔带，果枝的叶上面顶端亦常有2～5条不很显著的气孔线。球果圆柱形，长6～14cm，熟时呈淡黄褐或淡褐色，近于无柄；苞鳞短，不露出，先端有刺尖头。花期4～5月；果当年10月成熟。

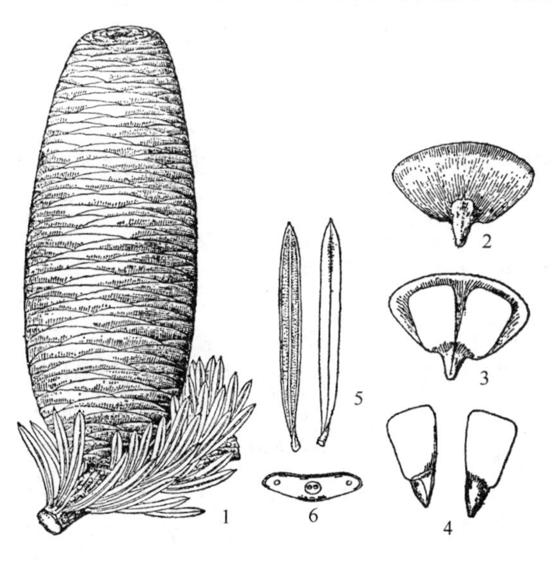

图16-6 杉 松

1. 球果枝 2、3. 种鳞背及侧面
4. 种子 5、6. 叶及其横剖

产于辽宁东部、吉林及黑龙江省，但小兴安岭无之，在长白山区及牡丹江山区为主要树种之一。俄罗斯西伯利亚及朝鲜亦有分布。

荫性树，抗寒能力较强，喜生长于土层肥厚的阴坡，在干燥阳坡极少见。常与红松、臭冷杉、长白鱼鳞云杉、黄花落叶松等针叶树混生，亦可与春榆、山杨、糠椴、硕桦、水曲柳、胡桃楸等阔叶树混生，而极少成纯林。浅根性树种，幼苗期生长缓慢，十余年后始渐变速。

用播种繁殖。在北京引种栽培，表现良好。材质软，但不易腐烂，为良好之木纤维原料。

（4）冷杉

***Abies fabri*（Mast.） Craib**

乔木，高达40m，胸径1m；树冠尖塔形。树皮深灰色，呈不规则薄片状裂纹。1年生枝淡褐黄、淡灰黄或淡褐色，凹槽疏生短毛或无毛。冬芽有树脂，叶长1.5～3.0cm，宽2.0～2.5mm，先端微凹或钝，叶缘反卷或微反卷，下面有2条白色气孔带，叶内树脂道2，边生，球果卵状圆柱形或短圆柱形，熟时暗蓝黑色，略被白粉，长6～11cm，径3.0～4.5cm，有短梗。花期4月下旬至5月，果当年10月成熟。

分布于四川西部高山海拔2000～4000m间。为耐荫性很强的树种，喜冷凉而空气湿润，对寒冷及干燥气候抗性较弱，多生于年平均气温在0～6℃，降水量1500～2000mm处。

喜中性及微酸性土壤。根系浅，生长繁茂，天然林中50年生者高约18m，胸径约30cm。在自然界中可形成纯林或与苦槠、铁杉、七叶槭等混生。

繁殖用播种法。常见之病虫害有冷杉毒蛾、树干小尖红腐病等。

本树冠态优美，宜丛植、群植用，易形成庄严、肃静的气氛。

材质较软，可供板材及造纸等用。冷杉在西南高山、高原及其他地区的亚高山、高山如峨眉、庐山等风景区、城市园林中可以应用。威尔逊（E. H. Wilson）已于1901年将其种子寄至英国。

3. 黄杉属 *Pseudotsuga* Carr.

常绿乔木，树干端直，枝下高较高。小枝具略隆起之叶枕；冬芽卵形或纺锤形，无树脂。叶条形，扁平，排成假二列状，上面中脉凹下，下面有2条白色或灰绿色气孔带；叶内有维管束1及边生树脂道2。雌雄同株，球花单性；雄球花单生叶腋；雌球花单生枝端。球果下垂；种鳞木质，蚌壳状，宿存；苞鳞显著露出，先端3裂，中裂片窄长渐尖；种子连翅较种鳞为短；子叶6～8（～12），发芽时出土。

本属约18种，分布于东亚、北美。中国产5种，分布于自台湾至广西，自两湖至云南、西藏及长江以南山区。另引入栽培2种。

分种检索表

A_1 叶先端有凹缺；球果长在8cm以下，苞鳞露出部分向后反曲。

　B_1 1年生枝淡黄色，球果卵形或椭圆状卵形，近中部最宽，长4.5～8.0cm，种鳞露出部分密被褐色短毛，种翅较种子为长 ………………………………（1）黄杉 *P. sinensis*

　B_2 1年生枝淡黄灰色；球果圆锥状卵形或卵形，基部最宽，长3.5～5.5cm，种鳞露出部分无毛，种翅与种子近等长 ………………………………（华东黄杉 *P. gaussenii*）

A_2 叶先端钝或微尖，无凹缺；球果长约8cm，苞鳞露出部分多直伸 …………（2）北美黄杉 *P. menziesii*

（1）黄杉（图16-7）

Pseudotsuga sinensis Dode

形态：乔木，高达50m，胸径1m。1年生枝淡黄或淡黄灰色，2年生枝灰色，通常主枝无毛，侧枝被灰褐短毛。叶条形，长1.3～3.0cm，先端有凹缺，上面绿色或淡绿，下面有2条白色气孔带。球果卵形或椭圆状卵形，近中部最宽，长4.5～8.0cm；种鳞近扇形或扇状斜方形，两侧有凹缺，露出部分密生褐色短毛；苞鳞露出部分向后反曲；种子三角状卵形，略扁，长约9mm，上面密生褐色短毛，下面具褐色斑纹，种翅较种子为长，子叶6（～7）。花期4月，球果当年10～11月成熟。

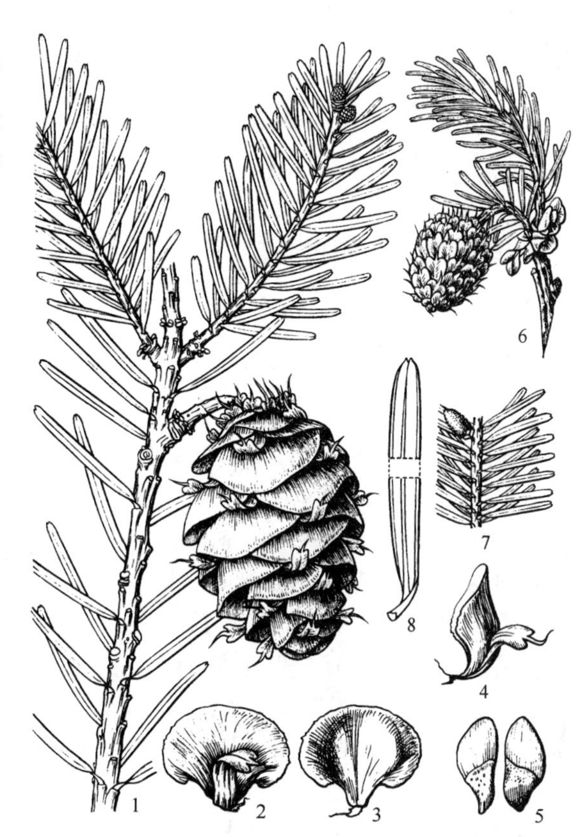

图16-7 黄 杉

1. 球果枝 2～4. 种鳞及苞鳞背、腹面及侧面 5. 种子 6. 雌球花枝 7. 雄球花枝 8. 叶

分布：中国特有树种，在湖北西部、贵州东北部、湖南西北部及四川东南部，生于海拔800～1200m地带；在四川西南、云南中部与东北部、贵州西北部产于海拔1500～2800m处。生于针叶树、阔叶树混交林中。

习性：喜气候温暖、湿润，要求夏季多雨，能耐冬、春干旱。适应性强，生长较快。

繁殖栽培：播种繁殖，然后移苗定植。

观赏特性和园林用途：树姿可观，木材优良，在产区可用作风景林绿化树种。1912年梅芮（Pere Maire）已引种至法国。因其叶呈淡黄绿色，故名黄杉。

（2）北美黄杉（花旗松）

***Pseudotsuga menziesii*（Mirbel）Franco**

乔木，在原产地（美国太平洋沿岸）高达100m，胸径达12m；1年生枝灰黄色（干时红褐色），略被毛；幼树树皮平滑，老树皮厚，鳞状深裂。叶条形，长1.5～3.0cm，先端钝或略尖，无凹缺，上面深绿色，下面色较浅，有灰绿色气孔带2条。球果椭圆状卵形，长约8cm，褐色，有光泽；种鳞斜方形或近菱形，长宽略等或长大于宽；苞鳞直伸，显著露出，中裂窄长渐尖，两侧裂片较宽短，边缘有锯齿。

变种及品种甚多。前者如蓝灰花旗松［var. *glauca*（Beiss.）Franco］，叶上面是蓝粉；后者如‘垂枝’花旗松（‘Pendula’），枝下垂。

树干通直高大，具尖塔形之树冠，壮丽优美，观赏价值很高，是良好的孤植树。在庐山、北京等地引种栽培，在庐山生长不旺，在北京生长良好。

木材具树脂道及树脂细胞，材质坚韧，纹理细致，富有弹性，经久耐用，供建筑、船舶、桥梁、车辆、枕木、家具等用，是北美最重要的材用树种之一。

4. 铁杉属 *Tsuga* Carr.

常绿乔木；树皮深纵裂。小枝细，常下垂，有隆起的叶枕；冬芽球形或卵形，无树脂。叶条形，扁平，排成假二列状，有短柄；上面中脉凹下，多无气孔线，罕有之；下面中脉隆起，每边各有一条灰白或灰绿色气孔带；叶内有树脂道1，位于维管束鞘的下方。球花单性，雌雄同株；雄球花单生叶腋，雌球花单生枝端。球果下垂，较小；苞鳞小，多不露出；种子上端有翅。子叶3~6，发芽时出土。

16种，产东亚、北美。中国有7种1变种，分布于秦岭、长江以南，是珍贵的优良用材树种。

铁杉（图16-8）

***Tsuga chinensis*（Franch.）Pritz.**

形态：乔木，高达50m，胸径1.6m；冠塔形，大枝平展，枝梢下垂；树皮暗深灰色，纵裂，成块状脱落；冬芽卵圆或球形；1年生枝细；淡黄、淡褐黄或淡灰黄色，叶枕凹槽内有短毛。叶条形，长1.2~2.7cm，宽2~3mm，先端有凹缺，多全缘，而幼树叶缘具细锯齿，幼叶下面有白粉，老则脱落，下面中脉无条槽。球果卵形或长卵形，长1.5~2.5cm，种鳞近五边状圆形或近圆形，先端微内曲，鳞背露出部分和边缘无毛而有光泽；苞鳞倒三角状楔形，先端2裂；种子连翅长7~9mm；子叶3~4。花期4月，球果当年10月成熟。

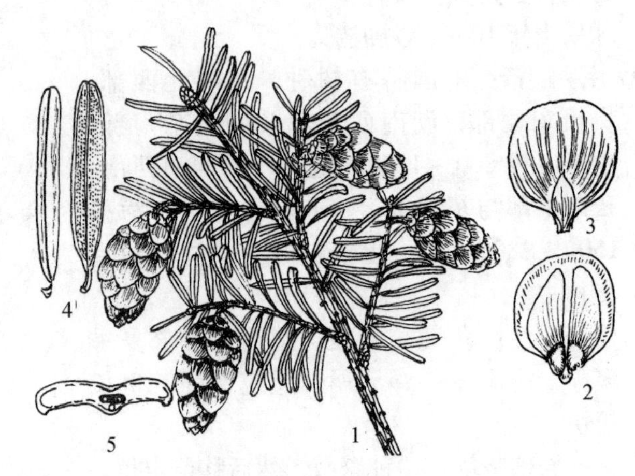

图16-8 铁 杉

1. 球果枝 2. 种鳞腹面 3. 种鳞背面 4. 叶 5. 叶横断面

分布：自甘肃白龙江流域、陕西秦岭至河南西部山区、湖北西部、四川东北部及中西部及贵州梵净山区等海拔1000~3000m之气候温凉湿润，酸性黄壤及黄棕壤地带。

变种：有几个形态与分布均不同的变种，如南方铁杉（浙江铁杉、华东铁杉，var. *tchekiangensis* Cheng et L. K. Fu）。

习性：喜凉润气候、酸性土山地，最适深厚肥沃土。最耐荫；在强度郁闭的林内天然更新良好。抗风雪能力强。

繁殖栽培：播种繁殖。此树幼时树梢即多分枝，当多次剪摘旁枝，而促主干直上。少病虫害，仅老树有心腐病等。

观赏特性和园林用途：铁杉干直冠大，巍然挺拔，枝叶茂密整齐，壮丽可观，可用于营造风景林及作孤植树等用。

经济用途：木材坚实，纹理细致而均匀，抗腐力强，尤耐水湿，可供建筑、飞机、舟车、家具及木纤维工业原料等用。此外，树干可割树脂，树皮可提栲胶；种子可榨油。威尔逊已于1900年将铁杉种子引至英国。

5. 银杉属 *Cathaya* Chun et Kuang

银杉属在形态及亲缘关系上均与黄杉属相近；其主要特征是：常绿乔木；小枝节间的上端生长缓慢，较粗。针叶条形，扁平，上面中脉凹下，较为密集，螺旋状排列，辐射伸展。雌雄同株，雄球花和雌球花分别生于不同龄枝条的叶腋，单生，但多2～3相邻，形成假轮生状，并为数枚短窄、尖顶而上面有细毛的变形叶所承托。球果初直立，后下垂，当年成熟，熟后种鳞宿存；苞鳞短小，三角状卵形，先端尖，不裂，不露出。

是中国的特有属，1958年第1次发表。仅银杉1种，分布于广西北部及四川东南部等山区。

银杉（图16-9）

Cathaya argyrophylla **Chun et Kuang**（***C. nanchuanensis*** **Chun et Kuang**）

形态：乔木，高达20m，胸径40cm以上；树皮暗灰色，老则裂成不规则薄片；大枝平展，小枝节间上端生长缓慢，较粗，或少数侧生小枝因顶芽死亡而成距状；1年生枝黄褐色，密被灰黄色短柔毛，逐渐脱落；叶枕近条形，稍隆起，顶端具近圆形叶痕，冬芽卵形或圆锥状卵形，顶钝，淡黄褐色，无毛。叶螺旋状着生成辐射伸展，在枝节间的上端排列紧密，成簇生状，其下疏散生长，多数长4～6cm，宽2.5～3.0mm，边缘略反卷，下面沿中脉两侧具极显著粉白色气孔带；叶条形，略镰状弯曲或直，端圆，基部渐窄，上面深绿色，被疏柔毛；幼叶上面毛较多，叶缘具睫毛，旋即脱落。雄球花盛开时穗状圆柱形，长5～6cm，生于2～4年生或更老枝之叶腋，基部有苞片承托，多2～3穗邻近而呈假轮生状；雌球花生于新枝下部或基部叶腋，其基部无苞片，长8～10mm。球果熟时暗褐色，卵形，长卵形或长圆形，长3～5cm，下垂；种鳞13～16，蚌壳状，近圆形，不脱落，背面密被略透明的短柔毛；苞鳞长达种鳞1/4～1/3；种子略扁，斜倒卵形，长5～6mm，上端有长10～15mm的翅。

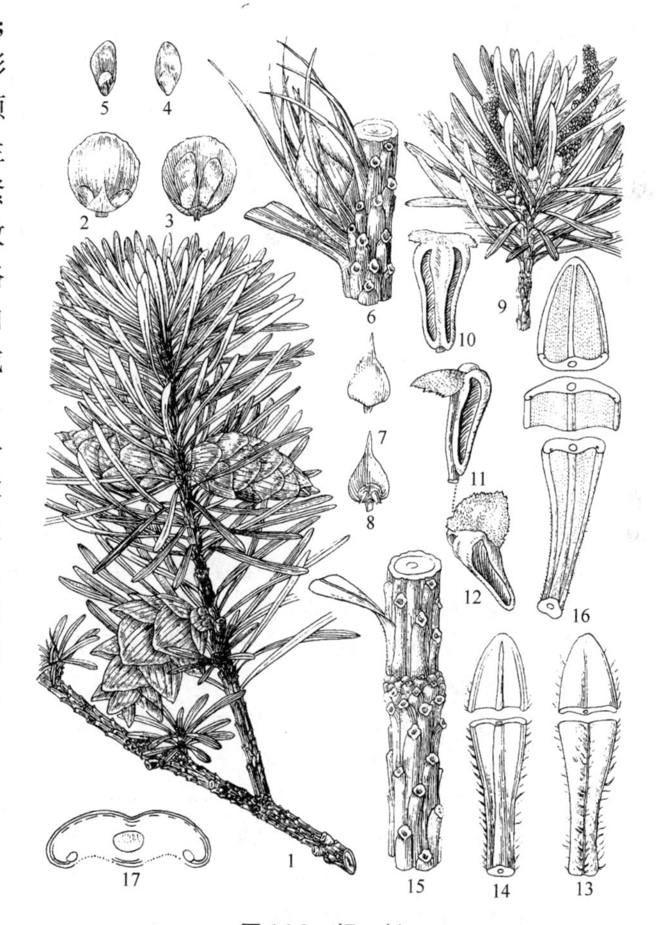

图16-9　银　杉

1. 球果枝　2、3. 种鳞(及苞鳞)背、腹面　4、5. 种子　6. 雌球花枝　7、8. 苞鳞背、腹面，珠鳞及胚珠　9. 雄球花枝　10～12. 雄蕊　13、14. 幼叶　15. 小枝　16、17. 叶及其横切面

分布：中国特产的稀有树种，仅产于广西龙胜海拔1400m的阳坡阔叶

林中和山脊与四川金川、金佛山海拔 1600 ~ 1800m 的山脊地带等地。

习性：喜光树种，喜温暖、湿润气候和排水良好的酸性土壤。

繁殖栽培：播种繁殖。亦可用马尾松苗作砧木行嫁接繁殖。因现存银杉树为数不多，除对原有树木加以保护外，并应大力研究，加速繁殖，总结、提高栽培经验，借以很好保存和推广这一古老稀有树种。

观赏特性和园林用途：树势如苍虬，壮丽可观。对此国产珍奇嘉木，应予成批繁殖，加速培育，植于南方适地的风景区及园林中，以使这种独特的古老树种点缀祖国大好河山，为旅游和园林事业增添光彩。

6. 云杉属 *Picea* Dietr.

常绿乔木，树皮鳞状剥裂；树冠尖塔形或圆锥形；枝条轮生，平展，小枝上有显著的叶枕，各叶枕间由深凹槽隔开，叶枕顶端呈柄状，宿存，在其尖端着生针叶。冬芽卵形或圆锥形，有或无树脂；小枝基部有宿存芽鳞。针叶条形或锥棱状，无柄，生于叶枕上，呈螺旋状排列，上下两面中脉均隆起，棱形叶四面均有气孔线，扁平的条形叶则只叶上面有 2 条气孔线，背面无有。树脂道多为 2，边生，罕缺。雌雄同株，单性；雄球花常单生叶腋，椭圆形，黄色或深红色，下垂；雌球花单生枝顶，绿色或红紫色。球果卵状圆柱形或圆柱形，下垂，当年成熟，种鳞宿存，薄木质或近革质，顶部全缘或有细齿，或呈波状，每种鳞含 2 种子；苞鳞甚小，不露出；种子倒卵圆形或卵圆形，有倒卵形种翅；子叶 4 ~ 9，发芽时出土。

本属约 50 种，分布于北半球，由极圈至暖带的高山均有；中国有 20 种及 5 变种，另引种栽培 2 种，多在东北、华北、西北、西南及台湾等地区的山地，在北方城市及西南山区城市园林中也有应用。

分种检索表

A_1 叶横切面四方形、菱形或近扁平，四面有气孔线，罕下面无气孔线。

B_1 叶四面之气孔线条数相等或几相等，或下面者较上面略少；横切面方形或菱形，多高宽相等或宽大于高。

C_1 1 年生枝少毛，罕无毛，色多较深，有白粉或无白粉；小枝基部宿存芽鳞或多或少向外反曲，或仅先端芽鳞外伸至略反曲。

D_1 1 年生枝有或疏或密之毛，但非腺头毛，罕无毛。

E_1 叶先端尖，罕锐尖。

F_1 冬芽的芽鳞不反卷，或顶端芽鳞略反卷；1 年生枝黄褐或淡橘红褐色。

G_1 1 年生枝或多或少有白粉，球果较大，长 5 ~ 16（多为 8 ~ 10）cm；种鳞露出部分常有纵纹 …………………………………………………………………… （1）云杉 *P. asperata*

G_2 1 年生枝无白粉；球果较小，长 5 ~ 8cm；种鳞露出部分较平滑 ……………………………………………………………………………… （2）红皮云杉 *P. koraiensis*

F_2 冬芽之芽鳞显著反卷；1 年生枝红褐或橘红色 ………………………… （欧洲云杉 *P. abies*）

E_2 叶先端略钝或钝。

F_1 球果熟前绿色；2 年生枝黄褐或褐色，无白粉 ……………………………… （3）白杄 *P. meyeri*

F_2 球果熟前种鳞上部边缘紫红色，背部绿色；2 年生枝粉红色，多被明显或略明显之白粉…

……………………………………………………………………………（青海云杉 *P. crassifolia*）

D_2 1年生枝密生微小腺头短毛，黄或淡褐黄色 ……………………………（新疆云杉 *P. obovata*）

C_2 1年生枝多无毛，色较浅，无白粉；小枝基部宿存芽鳞不反曲，或顶端芽鳞外伸至略反曲。

D_1 冬芽小，长不足5mm，径2～3mm，淡紫褐、淡黄褐或褐色，无光泽；小枝较细，叶枕较短。

E_1 叶较短细，长0.8～1.8cm，宽约1mm，球果较小，长5～8cm，径2.5～4.0cm ……………

………………………………………………………………………………（4）青杆 *P. wilsonii*

E_2 叶较长粗，长1.5～2.5cm，宽约2mm；球果较大，长8～14cm，径5.0～6.5cm ……………

……………………………………………………………………………（5）大果青杆 *P. neoveitchii*

D_2 冬芽大，长5～10mm，径3～6mm，淡红褐或淡黑褐色，有光泽；小枝粗壮，叶枕较长………

………………………………………………………………………………（6）日本云杉 *P. polita*

B_2 叶上面每边气孔线较下面多1倍或更多，下面每边有1～2条，罕无之，或有数条不完整者；横切面菱形或略扁 ……………………………………………………………（丽江云杉 *P. likiangensis*）

A_2 叶横切面扁平，下面无气孔线，上面有两条粉白色气孔带 ………………………………………

…………………………………………………………（7）鱼鳞云杉 *P. jezoensis* var. *microcarpa*

（1）云杉（图16-10）

Picea asperata Mast.

形态：常绿乔木，高45m，胸径约1m，树冠圆锥形。小枝近光滑或疏生至密生短柔毛，1年生枝淡黄，淡褐黄或黄褐色，芽圆锥形，有树脂，上部芽鳞先端不反卷或略反卷，小枝基部宿存芽鳞先端反曲。叶长1～2cm，先端尖，横切面菱形，上面有5～8条气孔线，下面4～6条。球果圆柱状长圆形或圆柱形，成熟前种鳞全为绿色，成熟时呈灰褐或栗褐色，长6～10cm。花期4月，果当年10月成熟。

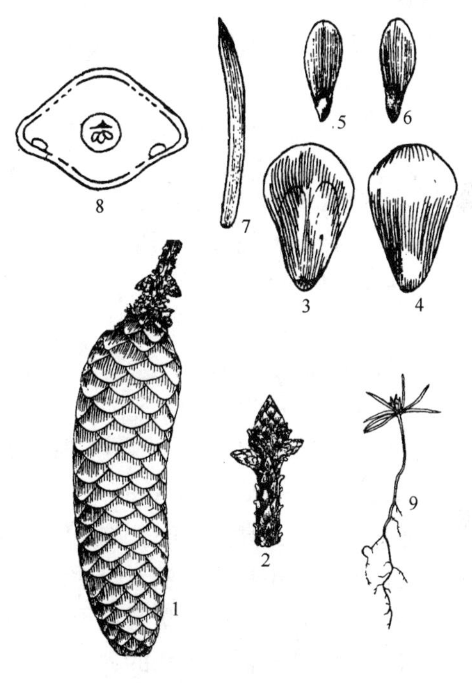

图16-10 云 杉

1. 球果 2. 小枝和芽 3、4. 种鳞背、腹面 5、6. 种子 7、8. 叶及其横剖面 9. 幼苗

分布：产于四川、陕西、甘肃海拔1600～3600m山区。

习性：有一定耐荫性，喜冷凉湿润气候，但对干燥环境有一定抗性。浅根性，要求排水良好，喜微酸性深厚土壤，生长速度较白杄略快，自然林中有50年生高达12m的，人工造林及定植的可生长更快。

繁殖栽培：用种子繁殖，苗期须遮荫。

观赏特性及园林用途：树冠尖塔形，苍翠壮丽，材质优良，生长较快，故在用材林和风景林等方面，都可起重大作用。威尔逊于1910年将本种引至美国阿诺德树木园试种。

栽培品种有‘蓝粉’云杉（‘Glauca’）：叶断面四棱状，具蓝粉，系德国品种。

（2）红皮云杉（红皮臭、虎尾松、高丽云杉、带岭云杉）（图16-11）

***Picea koraiensis* Nakai**

常绿乔木，高达30m以上，胸径80cm；树冠尖塔形，大枝斜伸或平展，小枝上有明显

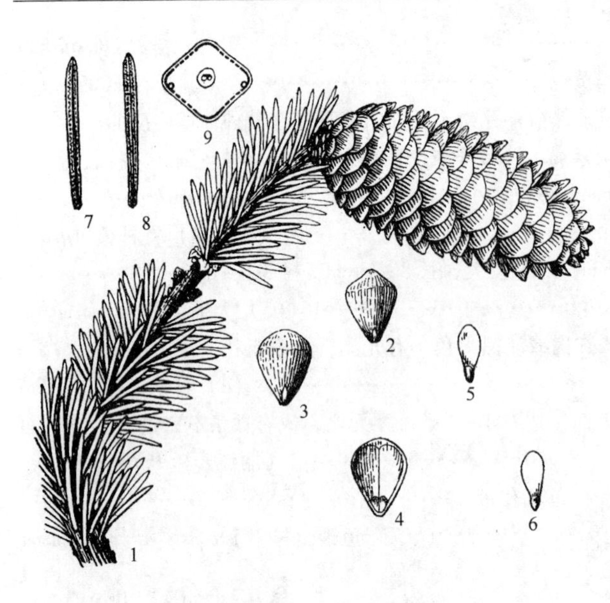

图 16-11 红皮云杉

1. 球果枝 2～4. 种鳞（及苞鳞）背、腹面 5、6. 种子 7～9. 叶及其横剖

的木针状叶枕；1 年生枝淡红褐或淡黄褐色；无毛或几无毛，或有较密短柔毛；芽长圆锥形，小枝基部宿存芽鳞之先端常反曲。叶长 1.2～2.2cm，锥形，先端尖，多辐射伸展，横切面菱形，四面有气孔线。球果卵状圆柱形或圆柱状矩圆形，长 5～8cm，熟后绿黄的褐或褐色；种鳞薄木质，三角状倒卵形，先端圆，露出部分有光泽，常平滑，无明显纵纹；苞鳞极小；种子上端有膜质长翅。

分布于东北小兴安岭、吉林山区海拔 400～1800m 地带，朝鲜及俄罗斯乌苏里地区亦产。

较耐荫，浅根性。适应性较强，在分布区内除沼泽化地带及干燥的阳坡、山脊外，在不同立地条件下均能生长，故北京植物园 1972 年起自东北引种大苗，2 年后即表现良好，1979 年最高年生长量为 67cm，与原产地的树高生长量相近。

本种树姿优美，既耐寒，又耐湿，生长亦较速，比辽东冷杉更适应北京风土，可作为独赏树在北京地区推广。

木材轻软，纹理通直，系建筑、航空、造纸和制造乐器的重要用材，是营造用材林和用于风景区及“四旁”绿化的优良树种。

(3) 白杄（麦氏云杉、毛枝云杉）（图 16-12）

***Picea meyeri* Rehd. et Wils.**

形态：乔木，高约 30m，胸径约 60cm；树冠狭圆锥形。树皮灰色，呈不规则薄鳞状剥落，大枝平展，小枝有密毛、疏毛或无毛，淡黄褐，红褐或褐色，1 年生枝黄褐色，当年枝几无毛。芽多圆锥形或卵状圆锥形，褐色，略有树脂，上部芽鳞先端常向外反曲，基部芽鳞常有脊，小枝基部宿存芽鳞的先端向外反曲或开展。叶四棱状条形，横断面菱形，弯曲，呈有粉状青绿色，端钝，四面有气孔线，叶长 1.3～3.0cm，宽约 2mm，螺旋状排列，球果长圆状圆柱形，初期浓紫色，成熟前种鳞背部绿色而上部边缘紫红色，成熟时则变为有光泽的黄褐色，长 5～9cm，径 2.5～3.5cm；种鳞倒卵形，先端扇形，基部狭，背部有条纹；苞鳞匙形，先端圆而有不明显锯齿；种子倒卵形，黑褐色，长 4～5mm，连翅长 1.2～1.6cm。花期 4～5 月；果 9～10 月成熟。

分布：中国特产树种，是国产云杉中分布较广的种。在山西五台山，河北小五台山、雾灵山，陕西华山等地均有分布。1908 年迈尔（F. E. Meyer）引种至美国阿诺德树木园，日本亦有引入。华北城市如北京等地园林中多见栽培。

习性：耐荫性强，为耐荫树种，性耐寒，喜空气湿润气候，喜生于中性及微酸性土壤，

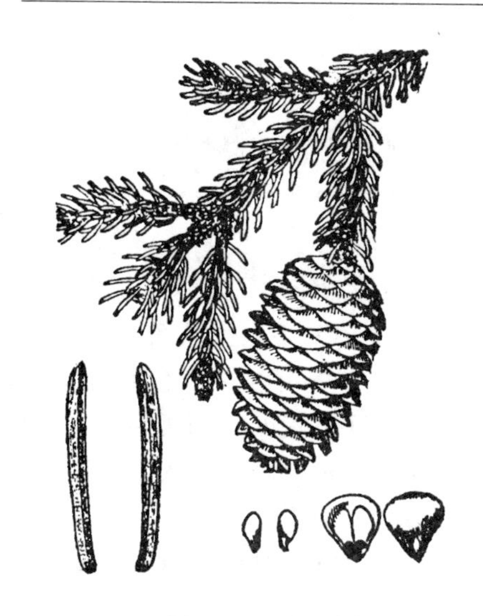

图 16-12　白　杄

但也可生于微碱性土壤中。在自然界中多生长于海拔1500～2100m之阴山坡，常与臭冷杉混交或与桦树、山杨等阔叶落叶树混交。

白杄为浅根性树种，但根系有一定的可塑性，在土层厚而较干处根可生长稍深。其生长速度缓慢，10年生高不盈米，但后期生长渐快，且可长期保持旺盛生长，50年生高约10m。一般10～15年生者可开始结实。

繁殖栽培：用种子繁殖，通常行春播，约经2～3周即带种壳出土，再过4～5日壳脱落。幼苗生长极慢，当年高约7cm。此后每2～3年移植一次，因其枝梢常向北部荫处伸长，故移植时应注意调节方向，以培养完整树冠。由于幼苗期不喜强光，故应设荫棚，又因易受晚霜及旱风之害，故冬季应行保护。白杄不易移植，移栽定植时应仔细操作，注意保护。常见的虫害有小蠹虫、大黑天牛、吉丁虫等。

观赏特性和园林用途：树形端正，枝叶茂密，下枝能长期存在，最适孤植，如丛植时亦能长期保持郁闭，华北城市可较多应用，庐山等南方风景区亦有引种栽培。

经济用途：材质轻软，可供建筑及造纸等用。

（4）青杄（魏氏云杉、细叶云杉）（图 16-13）

***Picea wilsonii* Mast.（*P. mastersii* Mayr）**

乔木，高达50m，胸径1.3m；树冠圆锥形，1年生小枝淡黄绿，淡黄或淡黄灰色，无毛，罕疏生短毛，2、3年生枝淡灰或灰色。芽灰色，无树脂，小枝基部宿存芽鳞紧贴小枝。叶较短，长0.8～1.3(1.8)cm，横断面菱形或扁菱形，各有气孔线4～6条。球果卵状圆柱形或圆柱状长卵形，成熟前绿色，熟时黄褐或淡褐色，长4～8cm，径2.5～4.0cm。花期4月，球果10月成熟。

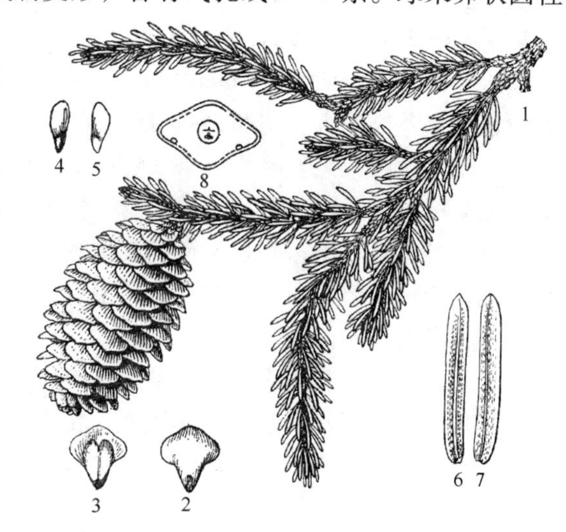

图 16-13　青　杄

1. 球果枝　2、3. 种鳞（及苞鳞）背、腹面　4、5. 种子　6～8. 叶及其横剖

分布于河北小五台山、雾灵山，山西五台山，甘肃中南部，陕西南部，湖北西部，青海东部及四川等地区山地海拔1400～2800m地带。北京、太原、西安等地城市园林中常见栽培。

性强健，适应力强，耐荫性强，耐寒，喜凉爽湿润气候，在500～1000mm降水量地区均可生长，喜排水良好，适当湿润之中性或微酸性土壤，但在微碱性土中亦可生长。在自然界中有纯林，亦常与白杄、白桦、红桦、臭冷杉、山杨等混生。

种子繁殖，生长缓慢，自然界中50年生

高约6～11m，干径8～18cm。

树形整齐，叶较白杆细密，为优美园林观赏树之一。

材质轻软，可供建筑、家具及造纸等用。1901年威尔逊寄种子至英国试种。

(5)大果青杆（图16-14）

Picea neoveitchii **Mast.**

乔木高8～15m，树冠圆锥形，本种过去常被误认为青杆，但有下述区别：1年生小枝较粗，淡黄色或微带褐色，无毛，二、三年生枝灰色或淡黄灰色。芽鳞淡紫褐色，叶两侧扁，横切面纵斜方形（高大于宽），长1.5～2.5cm，宽约2mm，端锐尖。球果较青杆为大，卵状圆柱形，两端尖，长8～14cm，径5.0～6.5cm，成熟前绿色，熟时淡褐色；种鳞亦较青杆宽大。

本种产于湖北西部、陕西南部及甘肃南部的高山，分布较少，宜大力保护原有母树。

(6)日本云杉（虎尾枞）

Picea polita **（Sieb. et Zucc.）Carr.**

原产日本；我国青岛、杭州、北京等地引种栽培，生长一般。

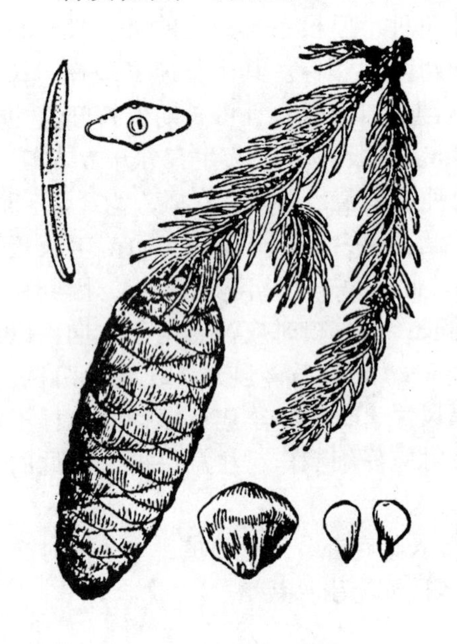

图16-14　大果青杆

(7)鱼鳞云杉（鱼鳞松）

Picea jezoensis **Carr. var.** ***microsperma*** **（Lindl.）Cheng et L. K. Fu**

乔木，高达50m。胸径约1.5m；树冠尖塔形，老时为圆柱形，1年生枝褐色、淡黄褐或淡褐色，无毛或疏生短毛，2～3年生枝微带灰色，冬芽淡褐色，几无树脂或略有树脂。叶扁平，长1～2cm，宽1.5～2.0mm，端钝或尖锐，上面有2条粉白气孔带，下面绿色，有光泽；叶枕突出，长达1.2mm，与小枝近于垂直。果长圆状圆柱形或长卵形，长4～6cm，熟时淡黄褐色或褐色。花期5～6月；果9～10月成熟。

产于黑龙江大兴安岭至小兴安岭南端。俄罗斯东部及日本亦有分布。

耐荫树种，喜冷凉湿润气候，耐寒性强，喜排水性良好的微酸性土壤，不宜在黏土中生长。浅根性，易风倒，生长缓慢，在黑龙江天然林中50年生的高约3m，胸径约3cm，100年生的高20m，但寿命长。在自然界中有纯林，或常与红松、臭冷杉、蒙栎、黄檗等混生。

用播种法繁殖。

园林用途同云杉而更适合寒冷地区应用。

材质致密，不易开裂，可作飞机、枕木、建筑、家具等用。又因其树脂较少而纤维长，故为造纸及人造丝的上等原料。

7. 落叶松属 *Larix* Mill.

落叶乔木，树皮纵裂成较厚的块片；大枝水平开展，枝下高较高，枝叶稀疏，有长枝、短枝之分；冬芽小，近球形，芽鳞先端钝，排列紧密。叶扁平，条形，质柔软，淡绿色，叶表背均有气孔线，生长枝上螺旋状互生，在短枝上呈轮生状。雌雄同株，花单性，球花单生于短枝顶端，雄球花黄色，近球形；雌球花红色或绿紫色，近球形，苞鳞极长。球果形小，近球形、卵形或圆柱形，当年成熟，不脱落；种鳞革质，宿存；苞鳞显露或不显露；种子形小，三角状，有长翅；子叶6~8，发芽时出土。

共18种，分布于北半球寒冷地区。中国产10种1变种，引入栽培2种。

分种检索表

A_1 球果卵形或长卵形；苞鳞比种鳞短，多不外露或微外露，小枝不下垂。

B_1 球果种鳞上部边缘不反曲或略反曲；1年生长枝呈黄、浅黄、淡褐或淡褐黄色，无白粉。

C_1 球果中部的种鳞长大于宽，呈三角状卵形、五角状卵形或卵形。

D_1 1年生长枝较粗，径1.2~2.5mm，短枝径3~4mm；球果熟时上端种鳞略张开或不张开。

E_1 1年生长枝淡褐色或淡褐黄色，短枝顶端有黄褐或淡褐色柔毛；种鳞近五角状卵形，先端平截或微凹，鳞背无毛 ·· (1)华北落叶松 *L. principis-rupprechtii*

E_2 1年生长枝淡黄灰、淡黄或黄色，短枝顶端密被白色长柔毛；种鳞三角状卵形、卵形或近菱形，先端圆，背部密生淡褐色柔毛，罕无毛 ························ (西伯利亚落叶松 *L. sibirica*)

D_2 1年生长枝较细，径约1mm，短枝亦较细，径约2~3mm；球果熟时上端种鳞张开，种鳞五角状卵形，先端平截或微凹，背面无毛 ·· (2)落叶松 *L. gmelini*

C_2 球果中部种鳞长宽近相等，方圆形或方状广卵形；1年生长枝淡红褐或淡褐色，密生或散生长毛或短毛 ·· (3)黄花落叶松 *L. olgensis*

B_2 球果种鳞上部边缘显著反曲；1年生长枝淡黄或淡红褐色，有白粉 ······ (4)日本落叶松 *L. kaempferi*

A_2 球果长圆状圆柱形或圆柱形；苞鳞比种鳞长，显著外露，常直伸；小枝下垂，1年生长枝红褐或淡紫褐色，罕淡黄褐色 ·· (5)红杉 *L. potaninii*

(1)华北落叶松(图16-15)

***Larix principis-rupprechtii* Mayr.**

形态：乔木，高达30m，胸径1m。树冠圆锥形，树皮暗灰褐色，呈不规则鳞状裂开，大枝平展，小枝不下垂或枝梢略垂，1年生长枝淡褐黄或淡褐色，常无或偶有白粉，幼时有毛后脱落，枝较粗，径1.5~2.5mm，二、三年生枝变为灰褐或暗灰褐色，短枝顶端有黄褐或褐色柔毛，径亦较粗，约2~3mm。叶长2~3cm，宽约1cm，窄条形，扁平。球果长卵形或卵圆形，长约2~4cm，径约2cm；种鳞26~45，背面光滑无毛，边缘不反曲，苞鳞短于种鳞，暗紫色；种子灰白色，有褐色斑纹，有长翅；子叶5~7。花期4~5月；果9~10月成熟。

分布：产于河北、山西二省；北京百花山、灵山及河北小五台山海拔2000~2500m，河北围场、承德、雾灵山等海拔1400~1800m，山西省五台山、恒山海拔1800~2800m等高山地带。此外，辽宁、内蒙古、山东、陕西、甘肃、宁夏、新疆等地亦有引种栽培。

习性：强喜光树种，1年生苗能在林下生长，2年生苗即不耐侧方庇荫。性极耐寒，能在年均温-2~-4℃，1月平均气温达-20℃的地区正常生长；在垂直分布上为乔木树种的上限；夏季能忍受35℃的高温，但幼苗易受日灼伤而大量死亡。对土壤的适应性强，喜深厚湿润而排水良好的酸性或中性土壤，但亦能略耐盐碱；亦有一定的耐湿和耐旱力，亦耐瘠薄土地但生长极慢。在雨量为600~900mm地区生长良好。寿命长，可达200年以上；根系发达；生长迅速，在适宜地点，最大的高生长量一年可近2m。一般地区，30年生可高达

16m，平均胸径13cm。

华北落叶松每年很早即发芽生长，直至8月底才停止生长，故其加长生长期是针叶树种中的最长者。具有一定的萌芽更新能力。根系的可塑性强，又具有较强的发生不定根的能力，故有相当强的耐湿能力，能生长于水甸子上。

落叶松在自然林中约在12龄开始结实，有大、小年的结实特性，每隔3~5年可丰产一次。在自然界常与云杉、冷杉混生或成纯林，成纯林的不能长期保持郁闭，一般经四、五十年而渐疏散。在山上多分布于阴坡而直达山顶或山脊，抗风力较强，在风力强处常形成扯旗形树冠，极为壮观。落叶松只有较弱的耐盐碱力，在海潮侵袭处则易枯死。

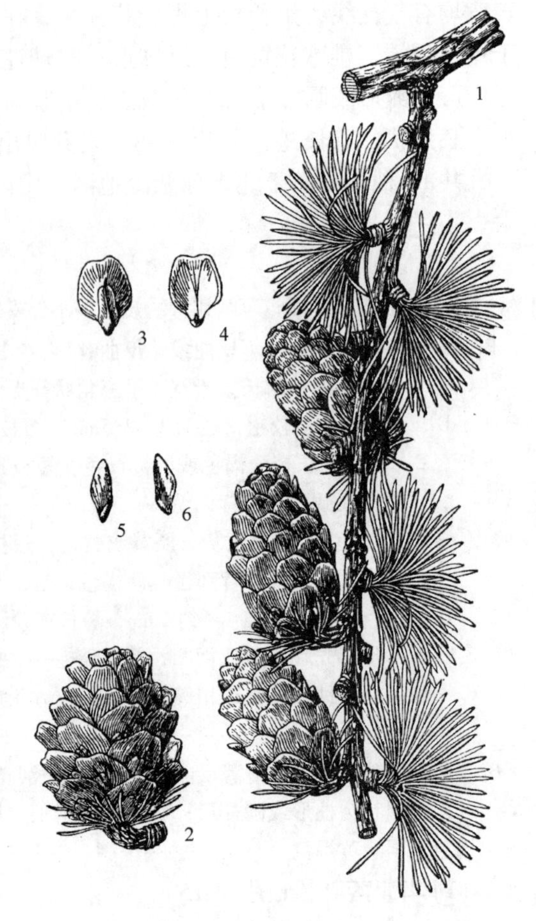

图16-15 华北落叶松

1. 球果枝 2. 球果 3、4. 种鳞及苞鳞背、腹面 5、6. 种子

繁殖栽培：用种子繁殖。于9月采果后经摊晒、脱粒、去翅，即可干藏。每100千克球果可得种子3~4 kg。每千克约20万粒，发芽率约65%~90%。通常多行春播，在气温达10℃，5cm土壤平均地温达8℃时播种，播前可用0.5%硫酸铜溶液浸种8h，再用清水冲洗后即可备用，亦可继续再行温水浸种1~2d行催芽处理后再在高畦上播种。条播时，每亩*播种量约8 kg，播后覆砂土并盖草把（径约4~5cm）以防鸟害。出苗后，如过密可适当间苗。夏季应注意防高温日灼和雨季的排水工作，否则易造成损失。1年生苗有2个生长高峰，即在7月中下旬和8月下旬。

在大面积栽植时，因落叶松易受松毛虫及落叶松尺蠖危害，故不宜与松树混植，最好与阔叶树混植或团丛式混合配植。

观赏特性和园林用途：树冠整齐呈圆锥形，叶轻柔而潇洒，可形成美丽的景区。最适合于较高海拔和较高纬度地区的配置应用。

经济用途：材质坚实耐腐，耐湿，抗压抗弯力强，为建筑、船、桥、坑木及地下、水下工程的良材，亦可作造纸原料。

（2）落叶松（兴安落叶松、意气松）

***Larix gmelini*（Rupr.）Rupr.**

乔木，高达30m，胸径80cm。树冠卵状圆锥形，1年生长、短枝均较细，淡褐黄色，无毛或略有毛，基部有毛；短枝顶端有黄白色长毛。球果卵圆形，果长1.2~3cm，鳞背无毛，

* 1亩=66.7m^2

幼果红紫色变绿色，熟时变黄褐色或紫褐色；苞鳞不外露但果基部苞鳞外露。

分布于东北大、小兴安岭和辽宁。

为强喜光树种，极耐寒、能耐 -51℃的低温；对土壤的适应能力强，能生长于干旱瘠薄的石砾山地及低湿的河谷沼泽地带；抗烟性不如后述的黄花落叶松和樟子松，生长较快，在黑龙江 10 年生高达 6.5m，胸径近 7cm，但 5 年生以前较慢，5 年以后较快，最快期约在 10～15 年之间，此期中每年高生长可达 60～150cm，15 年生以后高生长又逐渐变缓。本种在北京的门头沟矿区曾有引种栽培，生长情况不如华北落叶松及黄花落叶松。

(3) 黄花落叶松（黄花松、长白落叶松、朝鲜落叶松）

***Larix olgensis* Henry**

乔木，高可达 40m，胸径达 1m。树冠尖塔形。1 年生枝淡红褐色或淡褐色，具长毛或短毛。球果卵形或卵圆形，长 1.4～4.5cm；苞鳞不外露。花期 4～5 月；果 8 月中旬成熟。

分布于黑龙江东南部、吉林东部长白山地区以及辽宁省。

性喜光，为强喜光树种，幼苗亦不很耐荫蔽，3、4 年生的苗木在 0.3 郁闭度的林下即生长受抑制。耐严寒，对土壤要求不严，能适应于 pH6～8 的范围，如过酸过碱则生长差。有一定的耐旱、耐水湿能力。

黄花松自然分布区的雨量约在 750～1000mm 之间。在长白山主要分布于海拔 500～1900m 之间。在长白山的西侧，在谷地中湿润的沼泽地带成纯林成长（海拔 750～1100m）；在小丘坡上则常与桦木、榆、椴、水曲柳等阔叶树混生；在海拔 1100m 以上的山坡上则与红松、冷杉、鱼鳞松、白桦等混生。在长白山的北坡则可分布到 1900m，常在背风处形成小面积的纯林。

本种在北京亦有引种栽培。本种的抗 SO_2 能力比落叶松为强，但不如云杉。繁殖栽培及用材同前种。

(4) 日本落叶松

***Larix kaempferi* (Lamb.) Carr.**

乔木，高可达 30m，胸径达 1m，1 年生长枝淡黄或淡红褐色，有白粉。球果广卵形，长 2～3cm；种鳞上部边缘向后反卷。

原产日本，中国已引入栽培，在东北东部北纬 45°以南山区已成为主要的造林树种。在山东青岛崂山、河北的北戴河、河南的鸡公山、江西庐山以及北京、天津、西安等地均有栽培。

本种适应性强、生长快、抗病力强，是绿化中有希望推广的树种。

(5) 红杉（西南落叶松）

***Larix potaninii* Batal.**

乔木，高可达 30m；小枝下垂；1 年生长枝红褐色或淡紫褐色。球果长圆状或圆柱形，长 3～5cm，径 2～3.5cm，熟时呈灰褐色；苞鳞外露。

分布于中国西南部高山，见于甘肃南部、四川、云南等地。

为强喜光树种，耐寒，耐瘠薄和湿地。在垂直分布上比云杉、冷杉林仍高，一般分布在海拔 2700～4300m 处。在分布带的下部常与云杉、松、栎、红桦等混生，而在上部，在海拔 3800m 以上则成为纯林。从红杉林的群落来看，最常见的有红杉—杜鹃、红杉—箭竹、红杉-草类等类型。在自然风景区用红杉幼苗定植后，主要应注意刈除杂草及灌木，避免荫蔽幼苗。红杉的繁殖和用途可参见前述的种类。

8. 金钱松属 *Pseudolarix* Gord.

本属在全世界仅有1种，为中国所特产。

8. 金钱松（图16-16）

Pseudolarix kaempferi **Gord.** ［***Pseudolarix amabilis***（**Nels.**）**Rehd.**］

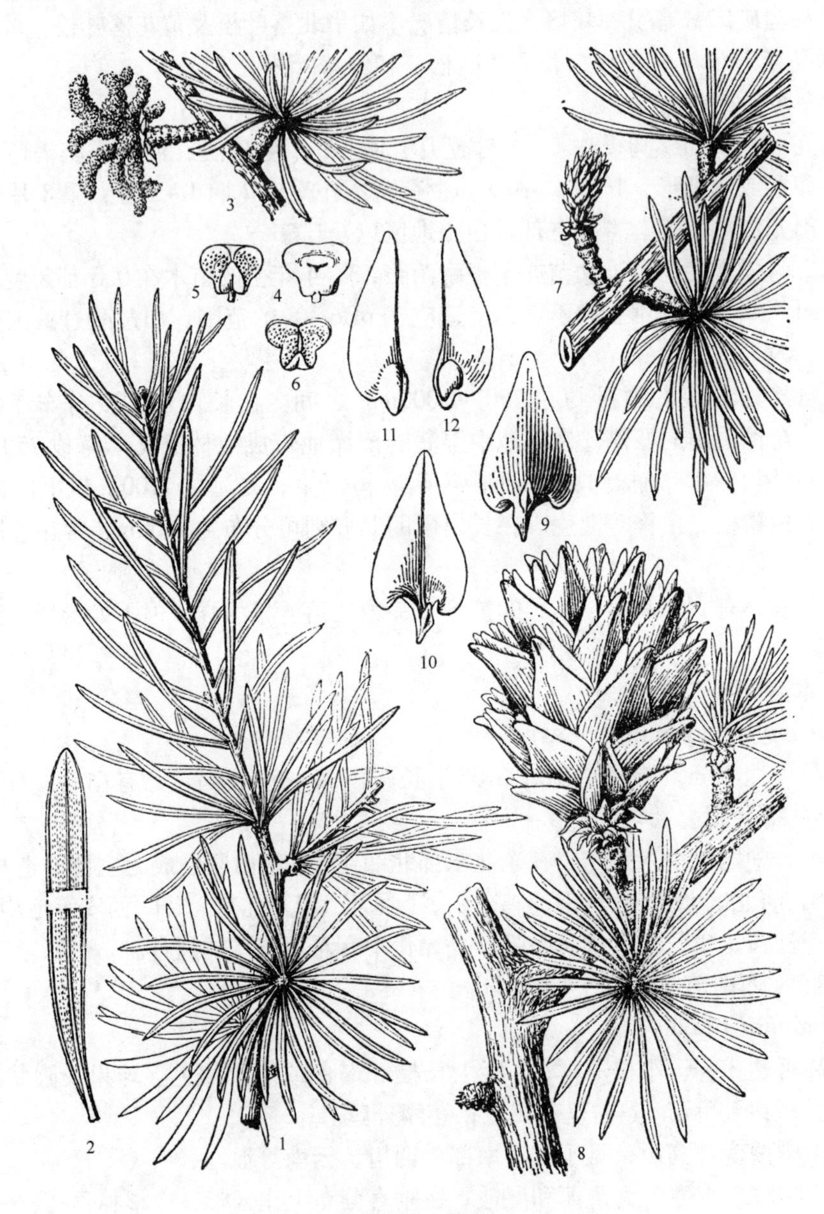

图16-16 金钱松

1. 长、短枝及叶 2. 叶下面 3. 雄球花枝 4～6. 雄蕊 7. 雌球花枝 8. 球果枝 9、10. 种鳞（及苞鳞）背、腹面 11、12. 种子形态：落叶乔木，高达40m，胸径1m。树冠阔圆锥形，树皮赤褐色，呈狭长鳞片状剥离。大枝不规则轮生，平展，1年生长枝黄褐或赤褐色，无毛。冬芽卵形，锐尖，芽鳞先端长尖。叶条形，在长枝上互生，在短枝上15～30枚轮状簇生，叶长2～5.5cm，宽1.5～4mm。雄球花数个簇生于短枝顶部，有柄，黄色花粉有气囊；雌球花单生于短枝顶部，紫红色。球果卵形或倒卵形，长6～7.5cm，径4～5cm，有短柄，当年成熟，淡红褐色；种鳞木质，卵状披针形，基部两侧耳状，熟时脱落；苞鳞小，基部与种鳞相结合，不露出；种子卵形，白色，种翅连同种子几乎与种鳞等长。花期4～5月；果10～11月上旬成熟。子叶4～6，发芽时出土。

分布：产于安徽、江苏、浙江、江西、湖南、湖北、四川等地。在西天目山生于海拔100～1500m处，在庐山生于海拔1000m处。

品种：

①‘垂枝’金钱松‘Annesleyana’：小枝下垂，高约30m。

②‘矮生’金钱松‘Dawsonii’：树形矮化，高约30～60cm。

③‘丛生’金钱松‘Nana’：植株矮而分枝密，高0.3～1m。

习性：性喜光，幼时稍耐荫，喜温凉湿润气候和深厚肥沃、排水良好的而又适当湿润的中性或酸性砂质壤土，不喜石灰质土壤。有相当的耐寒性，能耐－20℃的低温。抗风力强，不耐干旱也不耐积水；生长速度中等偏快，10～30年生期间生长最快，在适宜条件下，每年可加高约1m，此后则渐变缓慢。枝条萌芽力较强。

金钱松属于有真菌共生的树种，菌根多则对生长有利。结实习性是常隔3～5年才丰产1次。

繁殖栽培：用播种法繁殖，发芽率达80%以上。每亩用种约15kg。播前可用40℃温水浸1昼夜。播后最好用菌根土覆土，约半月可出苗，当年苗高约10cm；2年生苗高约30cm。移栽或定植时，为了保护菌根应多带宿土或用菌根土打浆。在大面积绿化时，亦可用直播法。移植或定植树木，应在发芽前进行，否则不易成活。

观赏特性及园林用途：本树为珍贵的观赏树木之一，与南洋杉、雪松、日本金松和巨杉合称为世界五大公园树。金钱松体形高大，树干端直，入秋叶变为金黄色极为美丽。可孤植或丛植。在北京曾有少量种植。在浙江西天目山金钱松常与银杏、柳杉、杉木、枫香、交让木、毛竹等混生能形成美丽的自然景色。

经济用途：木材较耐水湿，可供建筑、船舶等用。根皮可药用，有止痒、杀虫与抗霉菌之效；泡酒后名“土槿皮酊”可外用治癣病。

9. 雪松属 *Cedrus* Trew.

常绿大乔木，冬芽小，卵形；枝有长枝、短枝之分。枝针状，通常三棱形，坚硬，在长枝上螺旋状排列，在短枝上簇生状。球果次年或第3年成熟，直立，甚大；种鳞多数，排列紧密，木质，成熟时与种子同落，仅留宿存中轴；苞鳞小而不露出，种子三角形，有宽翅；子叶6～10，发芽时出土。

共5种，产于喜马拉雅山与小亚细亚、地中海东部及南部和北非山区。中国栽培2～3种。

分种检索表

A_1　大枝顶部与小枝常略下垂，密被毛；叶长 2.5～5cm，横切面常三角形；球果较大，长 7～12cm，径 5～9cm，顶端圆形 ……………………………………………………………………（1）雪松 *C. deodara*

A_2　大枝顶部硬直，小枝多不下垂；叶长 1.5～3.5cm，横切面四方形或近之；球果较小，长 5～10cm，径 4～6cm，顶端平截，常有凹缺：

　B_1　小枝被短毛；叶常短于 2.5cm；球果长 5～7cm ……………………………（2）北非雪松 *C. atlantica*

　B_2　小枝光滑无毛或略有毛；叶长 2.5～3cm；球果长 8～10cm ………………（3）黎巴嫩雪松 *C. libani*

（1）雪松（图 16-17）

***Cedrus deodara*（Roxb）Loud.（*C. libani* Rich. var. *deodara* Hook. f.）**

形态：常绿乔木，高达 50～72m，胸径达 3m；树冠圆锥形。树皮灰褐色，鳞片状裂；大枝不规则轮生，平展；1 年生长枝淡黄褐色，有毛，短枝灰色。叶针状，灰绿色，长 2.5～5cm，宽与厚相等，各面有数条气孔线，在短枝顶端聚生 20～60 枚。雌雄异株，少数同株，雌雄球花异枝；雄球花椭圆状卵形，长 2～3cm；雌球花卵圆形，长约 0.8cm。球果椭圆状卵形，长 7～12cm，径 5～9cm，顶端圆钝，熟时红褐色；种鳞阔扇状倒三角形，背面密被锈色短绒毛；种子三角状，种翅宽大。花期 10～11 月；球果次年 9～10 月成熟。

分布：原产于喜马拉雅山西部自阿富汗至印度海拔1300～3300m 间；中国自 1920 年起引种，现各大城市中多有栽培。青岛、旅大、西安、昆明、北京、郑州、上海、南京等地之雪松均生长良好。

品种：国外习见者有以下种类。

①‘银梢’雪松‘Albospica’：小枝顶梢呈绿白色。

②‘银叶’雪松‘Argentea’：叶较长，银灰蓝色。

③‘金叶’雪松‘Aurea’：树冠塔形，高 3～5m，针叶春季金黄色，入秋变黄绿色，至冬季转为粉绿黄色。

④‘密丛’雪松‘Compacta’：树冠塔形，紧密，高仅数米；枝密集弯曲，小枝下垂。

⑤‘直立’雪松‘Erecta’：是优秀的直立性生长品种，叶色更显银灰色，

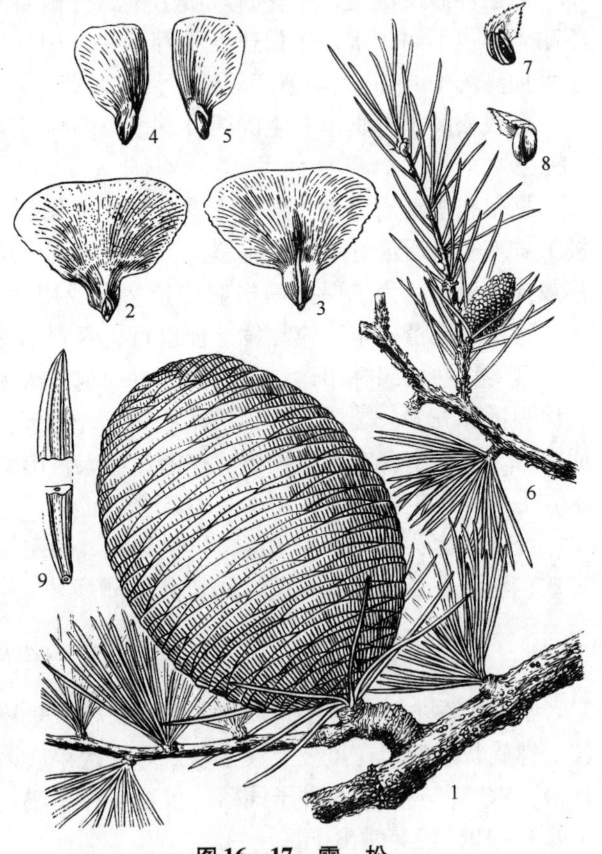

图 16－17　雪　松

1. 球果枝　2、3. 种鳞背、腹面　4、5. 种子　6. 雄球花枝　7、8. 雄蕊　9. 叶

是英国品种。

⑥‘赫瑟’雪松‘Hesse’：极矮生，高仅40cm；植株紧密，是德国品种。

⑦‘垂枝’雪松‘Pendula’：大枝散展而下垂，在定植时应将中央领导枝绑直。

⑧‘粗壮’雪松‘Robusta’：塔形，粗壮，高20m；枝呈不规则地散展，弯曲；小枝粗而曲；叶多数，长5～6～（8）cm，暗灰蓝色。

⑨‘轮枝粉叶’雪松‘Verticillata Glauca’：树冠窄，分枝少而近轮生；小枝粗；叶在长枝上成层，呈显著的粉绿色。

⑩‘魏曼’雪松‘Weisemannii’：塔形，植株紧密，枝密生，弯曲；叶密生，蓝绿色。

在南京地区根据树形和分枝情况可分为3个类型：

Ⅰ. 厚叶雪松：叶短，长2.8～3.1cm，厚而尖；枝平展而开张；小枝略垂或近平展；树冠壮丽，生长较慢，绿化效果好。

Ⅱ. 垂枝长叶雪松：叶最长，平均长3.3～4.2cm；树冠尖塔形，生长较快。

Ⅲ. 翘枝雪松：枝斜上，小枝略垂；叶长3.3～3.8cm；树冠宽塔形，生长最快。

习性：喜光树种，有一定耐荫能力，但最好顶端有充足的光热，否则生长不良；幼苗期耐荫力较强。喜温凉气候，有一定耐寒能力，大苗可耐短期的－25℃低温；1949年前雪松的栽培北界在青岛，后经引种试种，现已能在北京生长良好，但仍以选背风处栽植为佳。耐旱力较强，年降水量达600～1200mm最好。喜土层深厚而排水良好的土壤，能生长于微酸性及微碱性土壤上，亦能生于瘠薄地和黏土地，但忌积水地点。性畏烟，含SO_2气体会使嫩叶迅速枯萎。

雪松为浅根性树种，侧根系大体在土壤40～60cm深处为多。生长速度较快，属速生树种，平均每年高生长达50～80cm，但需视生境及管理条件而异。南京市50年生的雪松高18m，胸径93cm；昆明市20年生雪松高18m，胸径38cm。寿命长，600年生者高达72m，干径达2m。

雪松在喜马拉雅山西部主要分布于海拔1300～3300m地带，其中有成纯林群落，亦有与喜马拉雅松即乔松、西藏冷杉、长叶云杉成混生林的。

繁殖栽培：用播种、扦插及嫁接法繁殖。雪松种子在1949年前由印度进口，以后才有自产的种子。一般言之，30年生以上的雪松才能开花结实，但因雌球花比雄球花晚开花约10d而且雪松约有95%均为雌雄异株，又因园林中大都用孤植方式，故造成因授粉不良而很少结种子。以后青岛、南京、无锡、西安等地均进行人工辅助授粉，在花期每隔2～3d重复授粉1次，共重复二、三次，结果大大提高了结实率。球果于次年10月变棕色时即成熟，可以采下脱粒。每千克种子约8000粒，新鲜种子发芽率达90%。于3～4月播种前，用冷水浸种1～2d，捞出阴干后播种。由于种子难得，故常行条状点播，行距15cm，株距5cm，播后覆土并盖草，约半月后可陆续出土，1月后可出齐。每亩播种量约5kg。土壤应事先消毒；生长季应注意中耕、除草、灌水，并酌施追肥；夏季应搭荫棚，冬季应防寒，当年苗高约20cm。次春移植，注意勿伤主根，否则会影响发育；2年生苗高可达40cm。

扦插繁殖法亦较常用，多年的经验表明成活率的高低与采条母株的年龄和插穗本身的状况关系极大。如自幼年实生母树上采1年生的健壮枝作插穗，则成活率可达100%，如自成年实生树或自扦插而成的多年母株采条，则成活率较低。又插条以嫩而壮者为好，已木质化者成活率就低。扦插时以在早春发芽前行之为好，亦可行雨季扦插，一般选 1 年生枝，切成 15cm 长，将下部叶除掉，插条基部在 α-萘乙酸 500mg/kg 水溶液中浸 5～6s，然后插入基质中。在雨季，则可选当年生粗壮嫩枝作插穗。插后的管理方法，同于一般的软材扦插法。自实生小苗上采取插穗的，插后 1 个多月可开始生根，而自成年树采的插穗，常需 3 个月以上才能开始生根。

此外，亦有用日本黑松作砧木行嫁接繁殖者。

在园林中常用大树进行定植，雪松大树的移植期以在 4～5 月为宜。应带土球进行移植，定植后必须立支架以防被风吹歪。

园中的壮年雪松生长迅速，中央领导枝质地较软，常呈弯垂状，最易被风吹折而破坏树形，故应及时用细竹竿缚直为妥。

雪松树冠下部的大枝、小枝均应保留，使之自然地贴近地面才显整齐美观，万万不可剪除下部枝条，否则从园林观赏角度而言是弄巧成拙的。但作行道树的因下枝过长妨碍车辆行驶，故常剪除下枝而保持一定的枝下高度。

观赏特性及园林用途：雪松树体高大，树形优美，为世界著名的观赏树。印度民间视为圣树，并作为名贵的药用树木。最宜孤植于草坪中央、建筑前庭之中心、广场中心或主要大建筑物的两旁及园门的入口等处。其主干下部的大枝自近地面处平展，长年不枯，能形成繁茂雄伟的树冠，这一特点更是独植树的可贵之点。而当冬季，皎洁的雪片纷积于翠绿色的枝叶上，形成许多高大的银色金字塔，则更为引人入胜。此外，列植于园路的两旁，形成甬道，亦极为壮观。

经济用途：材质致密，坚实耐腐而有芳香，不易翘裂，宜供制家具、造船、建筑、桥梁等用。木材又可蒸制香油，涂抹皮革，有防水浸之效。

（2）北非雪松

***Cedrus atlantica* Manetti.**

常绿乔木，高达 40m。大树顶梢直立；小枝不下垂，被有短毛。叶短于 2.5cm。球果长 5～7cm。

原产非洲西北部阿尔及利亚、摩洛哥境内之阿特拉斯山海拔 1300～2300m 地带。南京有引种栽培。国外育出许多品种。

（3）黎巴嫩雪松

***Cedrus libani* A. Rich.**

常绿乔木，高达 40m。树之顶梢直立，小枝不下垂，光滑无毛或略有毛。叶长 2.5～3cm。球果长 8～10cm。

原产叙利亚之黎巴嫩山，在欧洲各国的公园中多有栽植。

10. 松属 *Pinus* L.

常绿乔木，罕灌木。大枝轮生。冬芽显著，芽鳞多数。叶有两种，一种为原生叶，呈褐色鳞片状，单生于长枝上，除在幼苗期外，退化成苞片；另一种为次生叶，针状，即通常所见之针叶，常 2 针、3 针或 5 针为 1 束，生于苞片的腋内极不发达的短枝顶端，每束针叶基部为 8～12 个芽鳞组成的叶鞘所包围，叶鞘宿存或早落，针叶断面为半圆或三角形，有 1 或

2个维管束。雌雄同株；花单性，雄球花多数，聚生于新梢下部，呈橙色，花粉粒有气囊；雌球花单生或聚生于新梢的近顶端处，授粉后珠鳞闭合。球果2年成熟，即第1年雌球花授粉后，次春始受精而于秋季成熟，球果卵形，熟时开裂；种鳞木质，宿存，上部露出之肥厚部分称为“鳞盾”，在其中央或顶端之疣状凸起称为“鳞脐”，有刺或无刺；种子多有翅；子叶3～18，发芽时顶着籽粒出土。

共100余种，中国产22种10变种，分布几乎遍布全国，又自国外引入16种2变种。

分种检索表

A_1　叶鞘早落，针叶基部鳞叶不下延，叶内具1条维管束；种鳞的鳞脐顶生或背生，种子无翅或有翅 …… Ⅰ. 单维管束松亚属 *Subgen. Strobus*

B_1　种鳞的鳞脐顶生，针叶多5针1束。

C_1　种子无翅或具极短翅。

D_1　球果成熟时种子不脱落；小枝密被褐色毛。

E_1　针叶粗长，长6～12cm；球果大，长9～14cm，直立乔木 …… （1）红松 *P. koraiensis*

E_2　针叶细短，长3～8cm；球果小，长3.0～4.5cm，灌木，常呈伏卧状 …… （2）偃松 *P. pumila*

D_2　球果成熟时种鳞开裂，种子脱落；小枝无毛 …… （3）华山松 *P. armandii*

C_2　种子具结合而生的长翅。

D_1　针叶短，长3.5～5.5cm；球果较小，卵圆形至卵状椭圆形，几无梗，长4.0～7.5cm；种子具宽翅，翅与种子近等长 …… （4）日本五针松 *P. parviflora*

D_2　针叶细长，长7～20cm；球果较大，圆柱形，长8～25cm。

E_1　小枝无毛，微被白粉；针叶下垂，长10～20cm …… （乔松 *P. griffithii*）

E_2　幼枝有毛，后脱落，无白粉；针叶不下垂，长7～14cm …… （5）北美乔松 *P. strobus*

B_2　种鳞的鳞脐背生，种子具有关节的短翅；针叶3针1束，叶内树脂道边生；树皮白色，呈不规则薄片状剥落，鳞脐有刺 …… （6）白皮松 *P. bungeana*

A_2　叶鞘宿存，罕脱落，针叶基部的鳞叶下延，叶内具2条维管束；种鳞的鳞脐背生，种子上部具长翅 …… Ⅱ. 双维管束松亚属 *Subgen. Pinus*

B_1　枝条每年生1轮，1年生小球果生于近枝顶处。

C_1　叶2针1束，罕3针1束。

D_1　叶内树脂道边生，针叶粗或细，较短或较长。

E_1　针叶细软而较短，长5～12cm；1年生枝微被白粉；树干上部树皮红褐色；球果成熟时暗黄褐或淡褐黄色 …… （7）赤松 *P. densiflora*

E_2　针叶粗硬，或细软而较长；1年生枝不被或罕被白粉。

F_1　针叶细软而较长，长12～20cm；1年生枝不被或罕被白粉；球果成熟时栗褐色 …… （8）马尾松 *P. massoniana*

F_2　针叶粗硬；1年生枝不被白粉。

G_1　针叶短，仅长3～9cm；球果长3～6cm，熟时淡褐灰色，熟后开始脱落 …… （9）樟子松 *P. sylvestris* var. *mongolica*

G_2　针叶较长，长10～15cm；球果长4～9cm，熟时淡黄或淡褐黄色，常宿存数年 …… （10）油松 *P. tabulaeformis*

D_2　叶内树脂道中生，针叶较粗短，长5～13cm。

E_1　冬芽深褐色；球果长3～5cm，几无梗 …… （11）黄山松 *P. taiwanensis*

E_2 冬芽银白色；球果长4~6cm，有短梗 ……………………………… (12) 黑松 *P. thunbergii*

C_2 叶3针1束，罕3针、2针兼有。

D_1 冬芽红褐色，无树脂；叶内树脂道约4~5，中生及边生；球果较小，长5~11cm …………… ……………………………………………………………………………… (云南松 *P. yunnanensis*)

D_2 叶内树脂道3~7，内生或中生；球果较大，长8~20cm。

E_1 冬芽银白色，无树脂；针叶长20~45cm，树脂道3~7，多内生；球果长15~20cm ……… ……………………………………………………………………………… (13) 长叶松 *P. palustris*

E_2 冬芽褐色，有树脂；针叶长12~36cm，树脂道5，中生；球果长8~15cm ………………… ……………………………………………………………………………… (14) 西黄松 *P. ponderosa*

B_2 枝条每年生2至数轮；1年生小球果生于小枝侧面。

C_1 叶3针1束，或3针、2针并存，罕2针或4~5针1束，多较长而不扭曲。

D_1 针叶较长，长12~30cm；球果较大，长5~15cm；主干上无不定芽。

E_1 叶3针1束，罕2针1束，长12~25cm，树脂道多2个（罕3~4个），中生；球果熟后种鳞张开迟缓 ……………………………………………………………… (15) 火炬松 *P. taeda*

E_2 叶3针、2针并存或3针1束，罕4~5针或2针1束；球果熟时种鳞张开。

F_1 叶3针、2针并存，长18~30cm，粗硬，树脂道2~9（~11），多内生；球果长6.5~15.0cm；种翅易脱落；苗木新叶深绿色 ……………………………… (16) 湿地松 *P. elliottii*

F_2 叶3针1束，罕2针或4~5针1束，树脂道（2）3~4（~9），内生；球果长5~10（~12）cm；种翅不易脱落（古巴产原变种）或易脱落（洪都拉斯及巴哈马变种）；苗木新叶灰绿色或苍绿色 ……………………………………………………… (加勒比松 *P. caribaea*)

D_2 针叶较短而粗硬，长7~16cm，树脂道多5~8，中生，球果常3~5聚生小枝基部，较小，长5~8cm或稍长，常宿存数年；主干及枝上常有不定芽 ………………………… (刚松 *P. rigida*)

C_2 叶2针1束，叶粗而特短，长2~4cm，常扭曲；球果窄长卵圆形，常内曲，长3~5cm ………… ……………………………………………………………………… (北美短叶松 *P. banksiana*)

(1) 红松（海松、果松、红果松、朝鲜松）（图16-18）

***Pinus koraiensis* Sieb. et Zucc.**

形态：乔木，高达50m，胸径1.0~1.5m；树冠卵状圆锥形。树皮灰褐色，呈不规则长方形裂片，内皮赤褐色。1年生小枝密被黄褐色或红褐色柔毛；冬芽长圆形，赤褐色，略有树脂。针叶5针1束，长6~12cm，在国产的五针松中最为粗硬，直，深绿色，缘有细锯齿，腹面每边有蓝白色气孔线6~8条，背面无之，树脂道3，中生。球果圆锥状长卵形，长9~14cm，熟时黄褐色，有短柄，种鳞菱形，先端钝而反卷，鳞背三角形，有淡棕色条纹，鳞脐顶生，不显著。种子大，倒卵形，无翅，长1.5cm，宽约1.0cm，有暗紫色脐痕。子叶13~16。花期5~6月；果次年9~11月成熟，熟时种鳞不张开或略张开，但种子不脱落。

分布：产于东北辽宁、吉林及黑龙江省，在长白山、完达山、小兴安岭极多，在大兴安岭北部有少量。朝鲜、俄罗斯及日本北部亦有分布。

品种：

①‘斑叶’红松（‘Variegata’）：叶上有黄白斑。嫁接繁殖，砧木用黑松。

②‘温顿’红松（‘Winton’）：灌木，树冠宽大于高，冬芽较大；叶不直而气孔线更显

明。

③ ‘龙爪’红松（‘Tortuosa’）：针叶回旋呈龙爪状，小枝顶端之针叶尤甚。用嫁接法繁殖，以黑松为砧木。

习性：喜光树种，但较耐荫，尤其在幼苗阶段能在0.3的郁闭度条件下生长良好，以后随着树龄的增长而提高喜光性。性喜较凉爽气候，耐寒性强，能耐－50℃左右的低温。喜空气湿润的近海洋性气候，对酷热及干燥的大陆性气候的适应能力较差，故在一定程度上限制了其分布范围。一般言之，其自然分布的北界约在北纬50°，南界约在北纬40°，东达沿海各岛，西界哈尔滨、沈阳、丹东一带。

红松喜生于深厚肥沃、排水良好而又适当湿润的微酸性土壤上，能稍耐干燥瘠薄土地，也能耐轻度的沼泽化土壤，能忍受短期流水的季节性水淹，但在不适宜的环境上则生长不良。

红松在自然界表现为浅根性，水平根系很发达，只有少数长根，故较易风倒。尤其幼树根系较弱，但壮龄树的水平根系很发达；根上均有菌根菌共生。

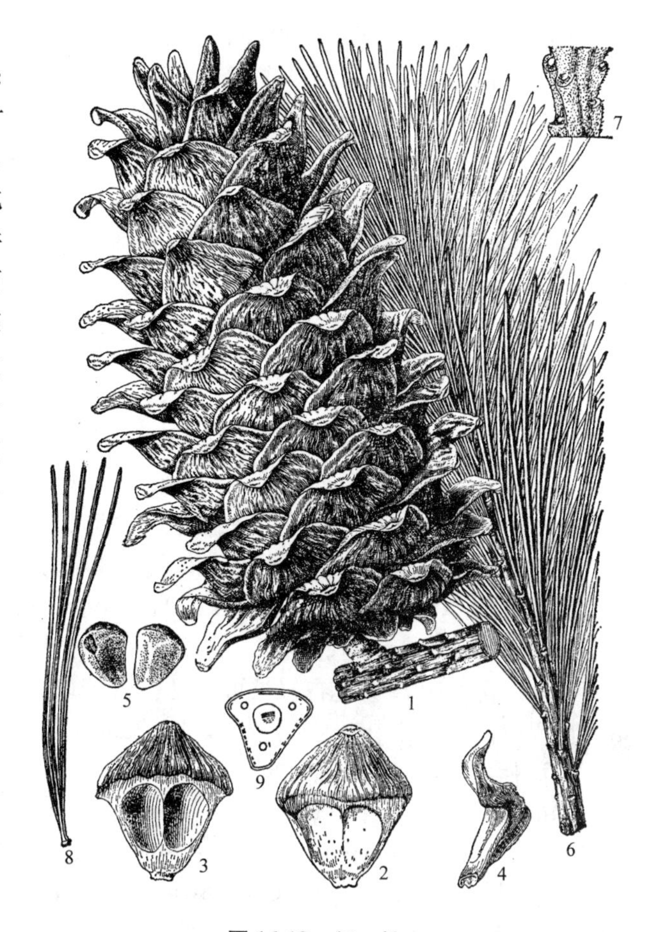

图16-18　红　松

1. 球果枝　2～4. 种鳞背腹侧面　5. 种子　6. 枝叶　7. 小枝一段　8、9. 针叶及其横剖

红松的生长速度中等而偏慢，生于小兴安岭南坡环境条件良好处的30年生红松，平均高度为3.8m，干粗3.1cm，50年生者高8m，粗7cm余。但在气候较温和且雨量充沛（920～1396mm）处人工栽植的红松，则高生长速度较自然林中的快3～4倍，干径的生长速度可快5倍。例如辽宁草河口25年生的人工林，平均高11.6m，干径达16.8cm。

红松个体在一年中的生长规律是：在春季萌芽后就开始加高生长，至初夏平均温度达20℃时则新梢形成顶芽停止生长。针叶在新梢生长减缓后开始伸长，直到8月底始达正常长度的一半而于次年继续伸长。

红松开始结实的年龄因环境不同而异，在天然林中如郁闭度较小而阳光充足时则结实早，否则会晚。在自然林中，一般60～80年开始结实；但人工栽植者，15～20年即可结实。其结实有明显的间歇期，通常每3～4年丰产1次，其余年份则产量很少。成熟后，球果渐脱落，但种子仍存于果内而不散落。每公顷中等林可产种子300～350kg，丰收年则可达500kg以上。

红松在自然界以与其他树混生者为多，但亦有纯林。由于幼苗期较耐荫，所以在天然林中能形成异龄的多世代的红松群体，而且能在群体的中、上层成为优势种。在长白山区海拔500～1600m间常与杉松（辽东冷杉）、臭冷杉（东陵冷杉）、红皮云杉、长白鱼鳞云杉、黄花落叶松、胡桃楸、五角枫、黄檗、白桦、水榆花楸等混生。在小兴安岭地区，在低洼处常与臭冷杉、水曲柳、珍珠梅等混生；在山坡下部潮湿而排水良好处则与椴、硕桦、光叶春榆、榛、溲疏等混交；在阳坡土壤较干燥处则常与硕桦、蒙栎及数种杜鹃花混生。

繁殖与栽培：用种子繁殖，通常每球果含种子80～200粒，每千克约有1780粒；发芽率50%～80%。采后经混砂埋藏者，春播3～4周可发芽；如采后放任干藏者，则春播后当年出土很少，需待次年始能出齐。故通常在播前进行催芽。由于红松幼苗较喜荫，侧方加荫对加速生长有利，故育苗过程中应注意适当密播。一般以每平方米生有2年生苗1000株为准，故播时每平方米可播0.75～1kg。播后覆土2cm，并行遮荫，待出苗约2个月后始拆除。2年生苗高约10cm，可供造林用；园林绿化用者则应继续栽培成较大的苗木，此时可每3年移植1次。因红松春季萌动极早，故移植时应较其他树为早。

红松的病虫害有：西伯利亚松毛虫、松梢螟、松象虫及根褐腐病、幼苗猝倒病等。

观赏特性和园林用途：树形雄伟高大，宜作北方森林风景区材料，或配植于庭园中。

经济用途：木材质软，易于加工，富含松脂，有防腐、耐久等优点。系优良用材树种，可供建筑、家具、车、船、电杆、造纸等用。针叶富含丙种维生素（0.3%），又可作饲料；种子可食，含油达70%左右，又可入药，有祛风、补虚、滋养身体之效。自树干可割取松脂，自伐后之老根株中亦能提炼松节油。在北京郊区及山东山区引种，生长表现尚好。

（2）偃松

***Pinus pumila* (Pall.) Regel**

灌木，高达3～6m，胸径20cm，树干多伏卧状。1年生枝褐色，密被柔毛。叶5针1束，较细短，硬直而微弯，长3～8cm，树脂道多2，边生。球果圆锥状卵形，长3.0～4.5cm，成熟时紫褐色或红褐色；种鳞上部边缘微外曲，果熟时种子不脱落，暗褐色，无翅。花期6～7月，次年9～10月种熟。

产东北长白山海拔1800m以上，小兴安岭1000m以上及大兴安岭600～1000m等土层浅薄、寒冷地带。俄罗斯、朝鲜、日本也有分布。

品种：

①'矮蓝'偃松（'Dwarf Blue'）：矮灌木，冠幅大于树高；叶粉蓝色。德国品种。

②'粉叶'偃松（'Glauca'）：宽阔灌木，生长缓慢；小枝强健；叶灰蓝色。荷兰品种。

性耐寒，耐瘠薄，喜阴湿。在东北之亚高山上与西伯利亚刺柏（矮桧）等混生，形成茂密矮林。

多播种繁殖。对于栽培品种，可嫁接在黑松砧木上。

树干横卧，偃蹇多姿，宜在山坡上、山石间栽种，布置庭园；或行盆栽，整枝成盆景。在北方风景区中，可种于山脊或山顶，对保持水土、美化山容均有积极作用。

此外，木材、树根可提取松节油。种子可食，亦可榨油。

（3）华山松（图16-19）

***Pinus armandii* Franch.**

乔木，高达35m，胸径1m；树冠广圆锥形。小枝平滑无毛，冬芽小，圆柱形，栗褐色。

幼树树皮灰绿色，老则裂成方形厚块片固着树上。叶5针1束，长8～15cm，质柔软，边缘有细锯齿，树脂道多为3，中生或背面2个边生，腹面1个中生，叶鞘早落。球果圆锥状长卵形，长10～20cm，柄长2～5cm，成熟时种鳞张开，种子脱落。种子无翅或近无翅，花期4～5月，球果次年9～10月成熟。

山西、陕西、甘肃、青海、河南、西藏、四川、湖北、云南、贵州、台湾等地均有分布。在自然界大抵生于海拔1000～3000m处，有纯林及混交林。

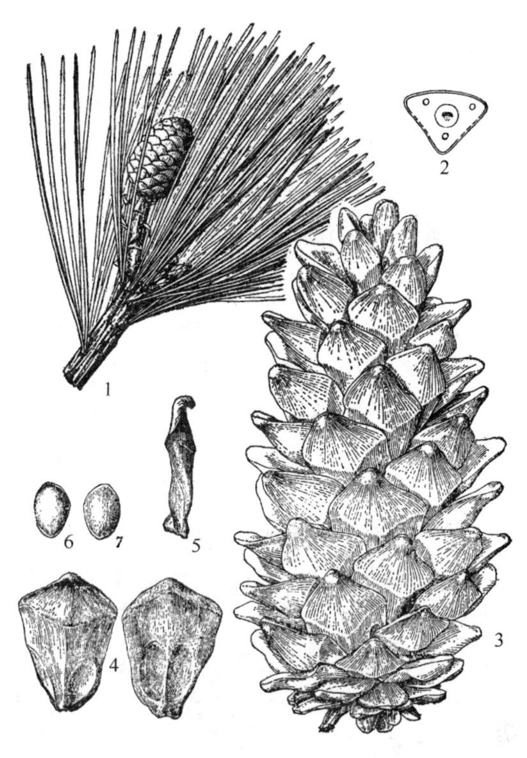

图16-19　华山松

1. 雌球花枝　2. 叶横剖　3. 球果
4、5. 种鳞背、腹侧面　6、7. 种子

喜光树种，但幼苗略喜一定庇荫。喜温和凉爽、湿润气候，自然分布区年平均气温多在15℃以下，年降水量600～1500mm，年平均相对湿度大于70%。耐寒力强，在其分布区北部，甚至可耐－31℃的绝对低温。不耐炎热，在高温季节长的地方生长不良。喜排水良好，能适应多种土壤，最宜深厚、湿润、疏松的中性或微酸性壤土。不耐盐碱土，耐瘠薄能力不如油松、白皮松。生长速度中等而偏快，在北方10年后可超过油松，在南方可与云南松相比。15年生华山松人工林，在云南安宁平均树高8.5m，平均胸径10.1cm，陕西秦岭为4.7m和7.8cm，河南嵩山为4.2m和5.2cm。据1979年底实测，中国科学院北京植物园25年生华山松孤植树树高7.4m，冠幅6.0m，胸径21cm，孤植树开始结实年龄最早为10～12年，林内大部树木在25年生左右始果，30～60年间系结实盛期。根系较浅，主根不明显，多分布在深1.0～1.2m以内，侧根、须根发达，垂直分布于地面下80cm范围之内。对二氧化硫抗性较强，在北方抗性超过油松。

播种繁殖。幼苗稍耐荫，也可在全光下生长。

有松瘤病、松大小蠹、华山松大小蠹、欧洲松叶蜂及鼢鼠等危害。

华山松高大挺拔，针叶苍翠，冠形优美，生长迅速，是优良的庭园绿化树种。华山松在园林中可用作园景树、庭荫树、行道树及林带树，亦可用于丛植、群植，并系高山风景区之优良风景林树种。

华山松亦为重要的用材树种，木材质地轻软，易加工，耐久用，适作建筑、家具、枕木、细木工等用。种子食用，亦可榨油。又系造纸良材；针叶可提芳香油。

（4）日本五针松（五钗松、日本五须松、五针松）

***Pinus parviflora* Sieb. et Zucc.**

乔木，高10～30m，胸径0.6～1.5m；树冠圆锥形。树皮灰黑色，呈不规则鳞片状剥裂，内皮赤褐色。1年生小枝淡褐色，密生淡黄色柔毛。冬芽长椭圆形，黄褐色。叶较细，

5针1束，长3～6cm，内侧两面有白色气孔线，钝头，边缘有细锯齿，树脂道2，边生，在枝上生存3～4年。球果卵圆形或卵状椭圆形，长4.0～7.5cm，径3.0～4.5cm，熟时淡褐色；种鳞长圆状倒卵形；种子倒卵形，长1.0～1.2cm，宽6～8mm，黑褐色而有光泽；种翅三角形，长3～7mm，淡褐色。

分布：原产于日本本洲中部及北海道、九洲、四国等地。中国长江流域部分城市及青岛等地园林中有栽培，各地也常栽为盆景。

有多数观赏价值很高的品种。

①'银尖'五针松'Albo-terminata'：叶先端黄白色。日本品种。

②'短针'五针松'Brevifolia'：直立窄冠形，枝少而短，叶细而硬，密生而极短，长2～3cm。通常多作盆景用。法国品种。

③'矮丛'五针松'Nana'：矮生品种，枝短而少，直立；叶较短、较细，密生。日本品种。

④'龙爪'五针松'Tortuosa'：叶呈螺旋状弯曲。日本品种。

⑤'斑叶'五针松'Variegata'：全株上混生有绿叶及斑叶2种针叶，斑叶中既有仅一部分具黄白斑者，亦有全叶均呈黄白色者。日本品种。

喜光树种，但比赤松及黑松耐荫。喜生于土壤深厚、排水良好适当湿润之处，在阴湿之处生长不良。虽对海风有较强的抗性，但不适于砂地生长。生长速度缓慢。

用种子、嫁接或扦插繁殖。但我国花农均用嫁接法繁殖。种子每千克约8400粒，播法同一般松属植物。嫁接繁殖时，多用切接法，腹接亦可，砧木用3年生黑松实生苗；如用赤松作砧木，则生长不良。用扦插繁殖者，可于3月下旬选剪1年生枝带一小部分老枝，插于半阴无风之处；经常向叶部喷雾，经30d后如叶不凋枯，则可望发根。以后逐渐使受阳光，当年可发新芽。国外一个较成功的办法是于9月上、中旬剪取当年嫩梢，将下部针叶去掉，将芽梢插于泥炭土与河砂的等量混合媒质中，深及一半，然后放入温室，加以遮荫，并注意适当灌水，以后则每日接受一定时间的阳光，经1年后即可发根，成活率可达80%。亦可用嫩梢高接法，促成培养树桩，效果良好。在绿化实践中，应注意五针松是较难移栽成活的树种，必须充分注意操作和养护。

该树为珍贵的树种之一，主要作观赏用，宜与山石配植形成优美的园景。但若任其自然生长则树形较普通，难以充分发挥其美丽针叶的特点，故通常均进行专门的整形工作。亦适作盆景、桩景等用。

(5) 北美乔松（美国白松、美国五针松）

***Pinus strobus* L.**

乔木，高60m；小枝绿褐色，初时有毛，后脱落，无白粉；针叶长7～14cm，不下垂，叶细而柔软，树脂道2，边生于背部。球果长8～12cm，种子有长翅。

原产美国东部；中国在熊岳、旅大、南京、北京、杭州等地均有引种栽培。

北美乔松树冠呈阔圆头状，针叶纤细柔美，观赏价值较高。

(6) 白皮松（虎皮松、白骨松、蛇皮松）（图16-20）

***Pinus bungeana* Zucc.**

形态：乔木，高达30m，胸径1m余；树冠阔圆锥形、卵形或圆头形。树皮淡灰绿色或粉白色，呈不规则鳞片状剥落。1 年生小枝灰绿色，光滑无毛；大枝自近地面处斜出。冬芽卵形，赤褐色。针叶 3 针 1 束，长 5～10cm，边缘有细锯齿，树脂道边生；基部叶鞘早落。雄球花序长约 10cm，鲜黄色；球果圆锥状卵形，长 5～7cm，径约 5cm，成熟时淡黄褐色，近于无柄；鳞背宽阔而隆起，有横脊，鳞脐有刺。种子大，卵形褐色，长 1.2cm，宽 0.7cm，翅长约 0.6cm。子叶 9～11。花期 4～5；果次年 9～11 月成熟。

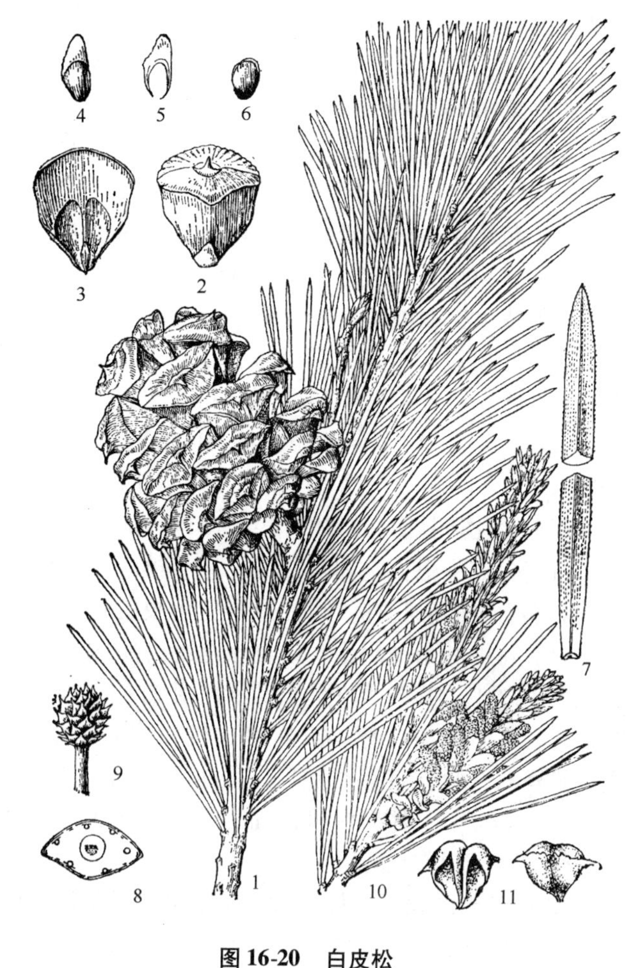

图 16-20　白皮松

1. 球果枝　2、3. 种鳞　4. 种子　5. 种翅　6. 去翅种子　7、8. 针叶及横剖　9. 雌球花　10. 雄球花枝　11. 雄蕊背、腹面

分布：为中国特产，是东亚唯一的三针松；在陕西蓝田有成片纯林，山东、山西、河北、陕西、河南、四川、湖北、甘肃等地均有分布，生于海拔 500～1800m 地带。辽南、北京、曲阜、庐山、南京、苏州、上海、杭州、武汉、衡阳、昆明、西安等地均有栽培。

习性：喜光树种，稍耐荫，幼树略耐半荫，耐寒性不如油松，喜生于排水良好而又适当湿润的土壤上，对土壤要求不严，在中性、酸性及石灰性土壤上均能生长，可生长在 pH8 的土壤上。亦能耐干旱土地，耐干旱能力较油松为强。

白皮松是深根性树种，较抗风，生长速度中等，在初期不如油松，但在后期较油松快，20 年生的高可达 4m。

在华北每年 4 月中旬开始萌动，5 月中旬以后新叶开始伸长，但速度较慢，直至 8 月中旬始结束；5 月中下旬始花，花期约半月；9 月上旬树皮剥落较盛，至 10 月下旬始衰。孤植的白皮松，侧主枝的生长势较强，中央领导干的生长量不大，故形成主干低矮、整齐紧密的宽圆锥形树冠，直到老年期亦能保持较完整的体态。密植的白皮松或施行打枝的则因侧主枝生长少而中央领导干高生长量较多，能形成高大的主干或圆头状树冠。但此时应注意，其干皮较薄，易在向阳面发生日烧病。

白皮松寿命很长，有千余年的古树，陕西西安市长安县黄良乡湖村小学（温国寺旧址）有约 1300 年生古白皮松，高 26.5m，冠 16m，胸径 1.06m。北京北海团城上亦有古松，名“白袍将军”。此外，在常绿针叶树中，白皮松对 SO_2 气体及烟尘均有较强的抗性。据在北京地区的观察，其抗性较油松强。

白皮松在自然界有纯林亦有混交林，例如在秦岭和河南、山西交界的大松岭生有纯林，在山西吕梁山海拔1200～1850m处有与侧柏及栎的混交林。白皮松在华北能生长在平原亦能生长在海拔1800m左右的高山上；在四川、湖北等华西和华中地区，可见于海拔1000～1200m的山区。在白皮松的群体中，它可天然下种成林。

繁殖栽培：用种子繁殖。每百千克松果约可得种子5～8千克，每千克种子7000粒左右。发芽率60%。播前应行浸种催芽，适当早播，可减少立枯病的发生。播种覆土后可盖塑料薄膜或喷土面增温剂。幼苗出土后需注意防鸟、鼠危害，因为松属幼苗是带壳出土，大约20d壳脱落后即可避免鸟类啄食了。当年苗高仅3～4cm，冬初应埋土防寒过冬，次年春应除土灌水，当年可发生多数侧芽；2年生苗高10cm左右，应进行第1次裸根移植，株行距30cm×50cm；4、5年生苗高约30～50cm，可行第2次移植，应带土团，株行距60cm×120cm；10年生苗高可达1m以上，可带土团再移植1次，以培养大苗，供城市园林绿化用。如行荒山绿化造林时，则用2年生苗即可。

白皮松之主根长，侧根稀少，故移植时应少伤根。白皮松对病虫害的抗性较强，较易管理。对主干较高的植株，需注意避免干皮受日灼伤害。

观赏特性和园林用途：白皮松是特产中国的珍贵树种，自古以来即用于配植宫庭、寺院以及名园之中。其树干皮呈斑驳状的乳白色，极为显目，衬以青翠的树冠，可谓独具奇观。宜孤植，亦宜团植成林，或列植成行，或对植堂前。古人曾云："松骨苍，宜高山，宜幽洞，宜怪石一片，宜修竹万竿，宜曲涧粼粼，宜塞烟漠漠。"这可谓真正体会到松类观赏特性的真知灼见。具体对白皮松而言，则张著的《白松》诗句："叶坠银钗细，花飞香粉乾，寺门烟雨里，混作白龙看。"

1846年英国人将本种引入伦敦，现在邱园中有成长的大树。在北京，许多园林、古寺中都种植有白皮松，已成为北京古都园林中的特色树种。

经济用途：材质较脆，但纹理美丽，可供家具及文具用。种子可食。

(7) 赤松（日本赤松）

***Pinus densiflora* Sieb. et Zucc.**

乔木，高达35m，胸径1.5m；树冠圆锥形或扁平伞形。树皮橙红色，呈不规则状薄片剥落。1年生小枝橙黄色，略有白粉。冬芽长圆状卵形，栗褐色。叶2针1束，长5～12cm。1年生小球果种鳞先端的刺向外斜出；球果长圆形，长3～5.5cm，径2.5～4.5cm，有短柄。花期4月，果次年9～10月成熟。

产于黑龙江（鸡西、东宁）、吉林长白山区、山东半岛、辽东半岛及苏北云台山区等地；日本、朝鲜及俄罗斯亦有分布。

品种较多，均适用于园林观赏用：

①'千头'赤松［'伞形'赤松、'多行'松（日本名）］'Umbraculifera'：大灌木，高可达7～8m；树冠呈圆顶伞形，无主干，枝叶茂密，翠绿可爱。原产日本，在南京中山陵等地有栽培，用嫁接法繁殖。

②'球冠'赤松'Globosa'：矮生；树冠半球形；针叶较短。

③'黄叶'赤松'Aurea'：绿色叶中夹有淡金黄色条斑。

④‘龙眼’赤松‘Oculus-draconis’：绿叶上具交错的2个黄色区。

⑤‘垂枝’赤松‘Pendula’：枝下垂或匍匐状。

⑥‘矮生’赤松‘Pumila’：矮生灌木，高及宽均约为4m；枝端小枝呈刷子状；叶鲜绿色。

赤松性喜阳光；比马尾松耐寒；喜酸性或中性排水良好的土壤，在石灰质、砂地及多湿处生长略差。深根性，耐潮风能力比黑松差，故在海岸栽培的多为黑松或黑松与赤松的杂交种。用播种法繁殖。木材可供制家具用。

（8）马尾松（图16-21）

***Pinus massoniana* Lamb.（*P. sinensis* Lamb.）**

形态：乔木，高达45m，胸径1m余；树冠在壮年期呈狭圆锥形，老年期则开张如伞状；干皮红褐色，呈不规则裂片；1年生小枝淡黄褐色，轮生；冬芽圆柱形，端褐色。叶2针1束，罕3针1束，长12～20cm，质软，叶缘有细锯齿；树脂道4～8，边生。球果长卵形，长4～7cm，径2.5～4cm，有短柄，成熟时栗褐色，脱落而不宿存树上，种鳞的鳞背扁平，横脊不很显著，鳞脐不突起，无刺。种子长4～5mm，翅长1.5cm。子叶5～8。花期4月；果次年10～12月成熟。

分布：分布极广，北自河南及山东南部，南至两广、台湾，东自沿海，西至四川中部及贵州，遍布于华中、华南各地。一般在长江下游海拔600～700m以下，中游约1200m以上，上游约1500m以下均有分布。

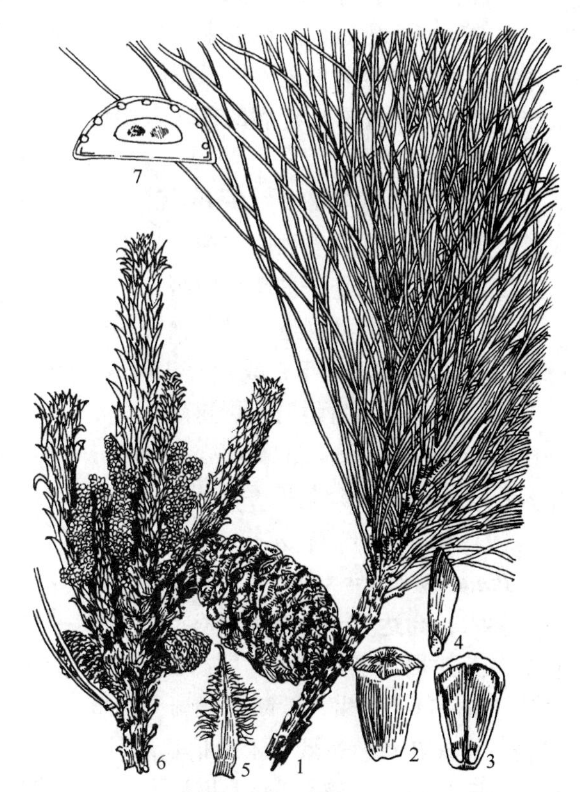

图16-21 马尾松

1. 果枝 2、3. 种鳞背、腹面 4. 种子 5. 原生叶 6. 幼枝及雄球花 7. 叶横剖

自然类型：

①依树皮厚度及皮色而分：在浙江、安徽等省将马尾松分为：

薄皮型：树皮棕黄色；树冠开展，枝叶较疏；树皮薄。

厚皮型：树皮深褐色；树冠窄，枝叶较密；树皮厚。

②依产树脂能力而分：在江苏、浙江等地常将马尾松分为：

高产型：树冠宽、枝稀疏。

低产型：树冠窄、枝较密。

③黄松：是由马尾松与黑松的混植而产生的天然杂交种。其形态介于马尾松与黑松之间，生长势较父、母本为强；主要见于南京地区和皖南。

习性：强喜光树种，幼苗亦不耐荫庇。性喜温暖湿润气候，在年均温13～22℃，年降水量达700mm以上地区才能生长良好。耐寒性差，在－13℃以下时叶端会受冻枯萎。喜酸性黏质壤土，对土壤要求不严，能耐干旱瘠薄土地，在砂土、砾石土及岩缝间均能生长，但因不耐盐碱故在钙质土上生长不良。土壤 pH 值的适应范围约在4.5～6.5间。

马尾松根系深广，主根发达可达5m以下，侧根繁多并有菌根共生，故能生于瘠薄的荒山及砾岩地区，是荒山绿化的先锋树种。但在土层极浅处生长的，干形常弯曲而树冠呈水平伞状；在土层深厚肥沃处生长的，主干通直且速度较快。

马尾松生长速度中等而偏速，一般20年生者，高达10～15m，胸径14cm左右；30年生可达18～25m，40年生可达25～29m，胸径约35cm。一般言之，在30年生以后，高生长变慢而粗生长变快。在幼苗阶段，头3年生长缓慢，每年长20～50cm，至3～5年以后则变速，每年高生长可达50～200cm。马尾松在壮龄以前，侧枝轮生，一般每年生长1轮，但在亚热带气候暖热处可再发生副梢而每年生长2轮甚至3轮。

马尾松实生苗在5～6年时可开始结实，至10年以后逐渐增产，但一般是每隔2～3年丰产1次，在30龄前均属结实盛期，以后则产量下降。寿命约为300年。在自然界可天然下种更新。

繁殖栽培：用种子繁殖。每百千克球果可得种子3kg，每千克种子约80 000粒。发芽率的保持年限较短，当年可达80%～90%，次年降为50%～60%，第3年仅为20%左右。春播前种子应浸种1昼夜，并用0.5%的硫酸铜液浸泡消毒。当年苗可高达15cm，第2年可达30cm。幼苗期应注意防治立枯病。

在大面积绿化时，现在不主张行纯林种植以免病虫危害严重，主张采用混植方式，常见的方式是以马尾松为栎树混植，栎树多为麻栎、栓皮栎、石栎等，或与枫香、黄檀、化香、木荷等混植。但在有松疣病的地区应避免与栎类混植。

主要虫害：

①松毛虫：每年可发生2～4代，能严重危害松林。防治法是避免纯林而多行混交，可应用寄生蜂，或采用喷洒白僵菌、青虫菌、苏云金杆菌等生防方法。

②松干蚧：也是一种严重的害虫。可放养中华草蛉或蒙古光瓢虫。

观赏特性和园林用途：马尾松树形高大雄伟，是江南及华南自然风景区和普遍绿化及造林的重要树种。1829年，威尔斯（W. Wells）曾引入英国。

经济用途：木材耐腐，可供建筑、水下工程、家具、造纸等用。是产松脂的主要树种，马尾松脂是全国总产量的90%。叶可提制挥发油，根可提取松焦油。干枝可供培养贵重的中药茯苓、松蕈等。花粉可入药或供婴儿褓褓中防湿疹保护皮肤用。

(9) 樟子松（海拉尔松、蒙古赤松）（图16-22）

***Pinus sylvestris* L. var. *mongolica* Litv.**

乔木，高达30m，胸径1m；树冠呈阔卵形。1年生枝淡黄褐色，无毛，2～3年枝灰褐色。冬芽淡褐黄至赤褐色，卵状椭圆形，有树脂。叶2针1束，较短硬而扭旋，长4～9cm，树脂道6～11，边生，叶断面呈扁半圆形，两面均有气孔线，边缘有细锯齿。雌雄花同株而异枝，雄球花黄色，聚生于新梢基部；雌球花淡紫红色，有柄，授粉后向下弯曲。球果长卵形，长3～6cm，径2～3cm，果柄下弯。花期5～6月，果次年9～10月成熟。本变种与原种的区别为叶较宽，树脂较少，鳞背特别隆起并向后反曲。

产于黑龙江大兴安岭海拔400～900m山地及海拉尔以西、以南砂丘地区。蒙古亦有分布。

喜光树种，比油松更能耐寒冷及干燥土壤，又能生于砂地及石砾砂地带，在大兴安岭阳坡有纯林。生长速度较快，尤以10～40年生期间高生长最旺。在自然界与之混交的种类视土壤条件而异。如在海拉尔一带砂地上，下木很少，只有耐旱性极强的小叶锦鸡儿等；在山地见有与兴安落叶松或白桦混交者，林中并生有迎红杜鹃等灌木，在4～5月间开花，形成美丽景色。

用种子繁殖。

樟子松是东北地区主要速生用材、防护林和“四旁”绿化的优良树种之一，亦适园林观赏等用。树干通直、材质良好，防风固沙作用显著，适应性强，能耐-40～-50℃低温和严重干旱。新中国成立后发展迅速，在沈阳以北至大兴安岭山区沙丘地带以及东北、西北（如乌鲁木齐等）城市作造林与园林绿化树种，颇有发展前途。

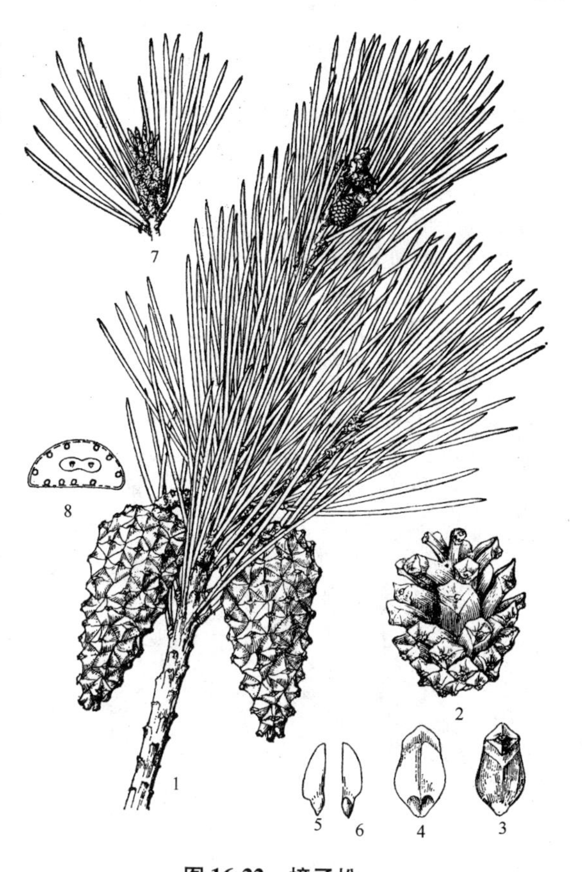

图16-22　樟子松

1. 雌球花及球果枝　2. 球果　3、4. 种鳞背、腹面　5、6. 种子　7. 雄球花枝　8. 叶横剖

（10）油松（短叶马尾松、东北黑松）（图16-23）

***Pinus tabulaeformis* Carr.**

形态：乔木，高达25m，胸径约1m；树冠在壮年期呈塔形或广卵形，在老年期呈盘状或伞形。树皮灰棕色，呈鳞片状开裂，裂缝红褐色。小枝粗壮，无毛，褐黄色；冬芽长圆形，端尖，红棕色，在顶芽旁常轮生有3～5个侧芽。叶2针1束，罕3针1束，长10～15cm，树脂道5～8或更多，边生；叶鞘宿存。雄球花橙黄色，雌球花绿紫色。当年小球果的种鳞顶端有刺，球果卵形，长4～9cm，无柄或有极短柄，可宿存枝上达数年之久；种鳞的鳞背肥厚，横脊显著，鳞脐有刺。种子卵形，长6～8mm，淡褐色，有斑纹；翅长约1cm，黄白色，有褐色条纹。子叶8～12。花期4～5月；果次年10月成熟。

分布：辽宁、吉林、内蒙古、河北、河南、山西、陕西、山东、甘肃、宁夏、青海、四川北部等地。朝鲜亦有分布。

变种：

①黑皮油松 var. *mukdensis* Uyeki：乔木，树皮深灰色，2年生以上小枝灰褐色或深灰色。产于河北承德以东至沈阳、鞍山等地。

②扫帚油松 var. *umbraculifera* Liou et Wang：小乔木，树冠呈扫帚形，主干上部的大枝向上斜伸，树高8～15m；产于辽宁省千山慈祥观附近，宜供观赏用。

习性：强喜光树，但1年生幼苗能在0.4郁闭度的林冠下生长，但随着苗龄的增长而需光性增加，最后成为群体的最上层，如在下层则生长不良。性强健耐寒，能耐-30℃的低

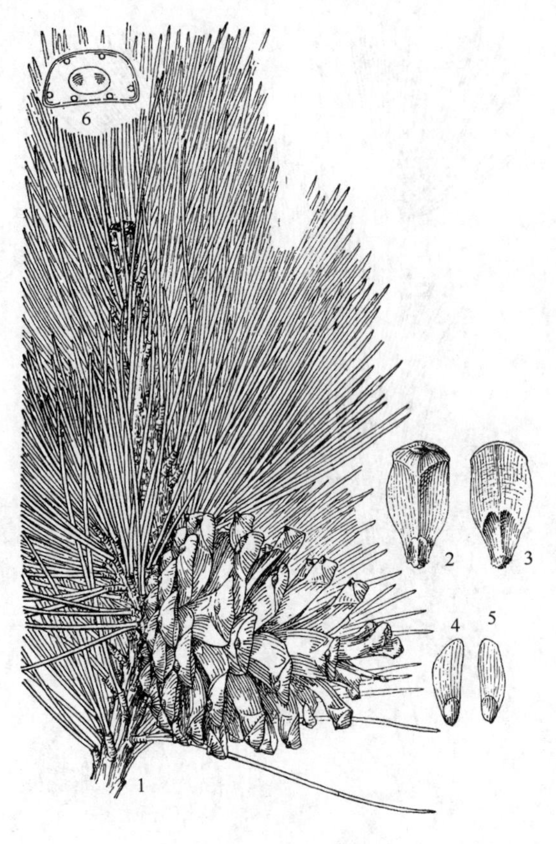

图16-23 油 松

1. 球果枝 2、3. 种鳞背、腹、侧面
4、5. 种子 6. 叶横剖

温，在-40℃以下则会有枝条冻死，例如哈尔滨在遇大寒之年即会发生死枝现象。耐干燥大陆性气候，在年降水量300m处亦能正常生长，但在700mm左右处生长更佳。对土壤要求不严，能耐干旱瘠薄土壤，能生长在山岭陡崖上，只要有裂隙的岩石大都能生长油松，也能生长于砂地上，但在低湿处及黏重土壤上生长不良，易使主枝早封顶，缩短寿命，更不宜栽于季节性积水之处。喜生于中性、微酸性土壤中，不耐盐碱，在pH达7.5以上时即生长不良。

油松在自然界的水平分布情况，大体在北纬33°~41°，东经102°~118°间，即是以华北为分布的中心；其垂直分布情况是在东北南部（辽宁）在海拔500m以下；在华北北部大抵在1500m以下，在南部则在1900m以下。油松的自然群落情况是在海拔1500m以下多与小叶椴、栓皮栎、白蜡、花楸、山杨等混生，在1500m以上多与蒙古栎、辽东栎、白桦等混生。

油松属深根性树种，垂直根系及水平根系均发达，在深厚土层中主根可达4m以上，但在土层瘠薄或平坦的地方，其水平根系吸收根群大抵分布在地表下30~40cm。在吸收根上有菌根菌共生。

油松的寿命很长，在很多名山古刹中均能看到寿达数百年的高龄古树，在泰山上有3株“五大夫”松，北海团城上之“遮荫侯”及潭柘寺、戒台寺均有非常著名的油松古树。如“活动松”牵一枝而动全身，已成为园林中的奇景，可惜在1985年其长枝被锯去。

油松个体在一年中的生长规律是：平均生长速度中等，在幼年期生长缓慢，1~2年生苗高20~30cm，至第3年开始分生侧枝，自第4、5年高生长逐渐加快，每年可增长0.5m左右，至第10年可高2m余。一般言之，在10~30年间生长最速，每年可加高1m左右，但也视生长环境及栽培管理状况而异；干部直径生长的最盛期比高生长的最盛期略迟，大抵在30~50年间。

油松在1年中的生长规律是：1年只发1次芽，但在上半年特别旱而下半年又特殊多雨时，亦可发生副梢。高生长主要在春末夏初最盛。以华北地区而言，约在3月下旬顶芽开始萌动伸长，在4月下旬至5月上旬高生长最快，至5月底则停止加高生长，开始形成顶芽。在5月上旬开始开花，花期约1~2周；花谢后新叶逐渐抽长而以6月最旺盛，至8月乃停止生长。枝条的加粗生长，自5月下旬开始至7月下旬一度停止，至秋季8、9月时又旺盛增粗，直至11月上中旬停止。在10月中旬左右，多年之老叶脱落较盛。去年5月时受过粉的雌球花，由于花粉管生长极慢，故于春始受精，此后球果乃迅速生长，至9月下旬（秋分后）或10月初成熟。根系的生长活动极早，在雨季前的土壤干热时期活动很弱，在8月雨季时活动最盛，到11月后则因温度关系又趋微弱。

关于油松群体的生长状况是：它能形成大面积的纯林。在自然山区中，在中山地带的南、北坡均可生长，如土壤深厚且水分条件良好时，则在阳坡生长可较在阴坡者为佳。在低山区，由于土壤水分因子的关系，一般以生在半阴坡及阴坡者为佳，天然的油松林亦均分布于阴坡，但在风景区如欲进行人工配植种于阳坡时，只要注意初期灌水措施，仍可生长良好。

实生油松至6～7年生时可开花结实，至30～60年时进入结实盛期，盛果期可达百年以上。油松虽是雌雄同株树种，但在雌、雄花数比例上有较大的差异，有的植株偏于雌性，有的偏于雄性。

繁殖栽培：用种子繁殖，每千克种子约2.5万粒，发芽率达90%以上。可保存2～3年。油松可天然飞籽成林。当人工播种繁殖时应注意及时采播以免种子飞散。在华北可行春播、雨季播或秋播。春播、秋播的出苗率约为70%，均比雨季播种为高；可是雨季播及秋播的成苗率均比春播者高，但秋播者易遭鸟兽危害。秋播时宜迟不宜早，以免当年萌动，不利过冬，一般均在11月中下旬土壤结冻前播种，播前种子不必行预措处理。由于秋播者易受鸟兽害，故一般均行春播。春播宜早不宜迟，在3月下旬至4月上旬播种即可，一般均行催芽处理以便出土整齐。方法是用0.5%福尔马林溶液消毒20min后，浸入50～70℃温水中1昼夜，然后取出放在温暖处，保持湿润状态；每天用25℃左右温水淘洗1次，约经3～4d即可萌动，马上播种。如此播后，约经7～10d可出土。此外，亦可在1个月前用层积法催芽。雨季播种可在头伏经透雨后播之，由于当年生长期缩短，故在有灌溉条件处应少用，但可用于缺乏灌溉条件的山区。

油松育苗不忌连作，而且连作会使幼苗生长健壮。幼苗在5～6月时最易得立枯病，可每周喷波尔多液1次，连喷4次。幼苗怕水涝，应注意排水及加强中耕除草等措施。

定植后的油松可粗放管理；欲加速生长，应在5月底前注意灌溉、施肥。移栽时应带土团，并注意勿伤顶芽。

油松的病虫害：

病害主要是幼苗期的立枯病，虫害主要是松毛虫和红蜘蛛的危害。

观赏特性和园林用途：松树树干挺拔苍劲，四季常春，不畏风雪严寒，故象征坚贞不屈、不畏强暴的气质，文学家们常以松树的风格来形容革命志士。松树树冠开展，年龄愈老姿态愈奇，老枝斜展，枝叶婆娑、苍翠欲滴，每当微风吹拂，有如大海波涛之声，俗称“松涛”，有千军万马的气势，能鼓舞振发人们的奋斗精神。由于树冠青翠浓郁，有庄严静肃、雄伟宏博的气氛。由于上述的多种优点，可能早在秦代，即曾用作行道树；在古典园林中作为主要的景物者更复不少，如《洛阳名园记》中载有“松岛”之境，承德避暑山庄中有“万壑松”风景区等。以1株即成一景者亦极多，如北京戒台寺的“卧龙松”等。至于三、五株组成美丽景物者则更多。其他作为配景、背景、框景等用者，尤属屡见不鲜。在园林配植中，除了适于作独植、丛植、纯林群植外，亦宜行混交种植。适于作油松伴生树种的有元宝枫、栎类、桦木、侧柏等。

油松于1862年或更早以前，即被引入欧洲。

经济用途：木材富含松脂，耐腐，适作建筑、家具、枕木、矿柱、电杆、人造纤维等用材。亦可采松脂供工业用。

（11）黄山松（台湾松）

***Pinus taiwanensis* Hayata（*P. hwangshanensis* Hsia）**

乔木，高达30m，胸径达80cm；树冠伞形。1年生小枝淡黄褐色或暗红褐色，无毛。叶2针1束，长5~13cm，树脂道3~7（~9），中生。球果卵形，长3~5cm，径3~4cm，几无梗，可宿存树上数年之久，鳞背稍肥厚隆起，横脊显著，鳞脐有短刺。花期4~5月，果次年10月成熟。子叶6~7枚。

本种为中国特有树种，产于台湾山区海拔750~2800m地带，浙江山区海拔800~1500m处，福建海拔1000~1500m山区，安徽黄山600~1800m处，江西庐山1000m以上地带，湖南衡山海拔1000m地带。

喜光树种，性喜凉爽湿润的高山气候，年均温为7.7~15℃的地区，适应温度范围-22~34℃间，降水量达1500~2000mm处。喜排水良好、土层深厚的酸性黄壤，pH为4.5~5.5。亦耐瘠薄土地，但生长矮小。根系深，有菌根菌共生。生长速度中等而偏慢，10年生者约高5m，40年生者高逾20m。黄山松在长江流域的500m以下的低海拔地区虽也能生长，但生长状况比马尾松差得多。在自然界中的高山中山地带常成纯林。用播种繁殖，每100kg球果可出种子2.5kg，种子千粒重10g，发芽率可达85%。可以天然飞种出苗。实生苗达6年生时即可开花结实。本种可供自然风景区的高、中山地带绿化配植用，例如庐山的汉阳峰一带，树形优美雄伟，极为美观。材质较轻软，强度中等，比马尾松的材质好，可供建筑、家具用，又可采割松脂供工业及医药用。

（12）黑松（白芽松、日本黑松）

***Pinus thunbergii* Parl.**

形态：乔木，高达30~35m，胸径达2m；树冠幼时呈狭圆锥形，老时呈扁平的伞状。树皮灰黑色，枝条开展，老枝略下垂。冬芽圆筒形，银白色。叶2针1束，粗硬，长6~12cm，在枝上可存3年，偶有存5年的，树脂道6~11，中生。雌球花1~3，顶生。球果卵形，长4~6cm，径3~4cm，有短柄；鳞背稍厚，横脊显著，鳞脐微凹，有短刺；种子倒卵形，灰褐色，略有黑斑，长3~7mm，径2.0~3.5mm，种翅长1.5~1.8cm。子叶5~10，通常7~8。花期3~5月，果次年10月成熟。

分布：原产日本及朝鲜。中国山东沿海、辽东半岛、江苏、浙江、安徽等地有栽植。

较著名的品种有：

①'一叶'黑松（连叶松）'Monophylla'：2叶愈合成1叶，或仅叶端分开。

②'金叶'黑松'Aurea'：枝上绿叶与黄叶混生。

③'万代'黑松'Globosa'：近地表处分生多数枝条，形成半球形树冠。

④'旋毛'黑松'Tortuosa'：枝、叶呈螺旋状弯曲。

⑤'篦叶'黑松'Pectinata'：枝、叶全着生小枝一侧。

⑥'白发'黑松'Variegata'：纯黄白色的针叶与有黄白斑的叶混生；树势弱。

⑦'垂枝'黑松'Pendula'：枝下垂。

习性：喜光树种，但比赤松略能耐荫，幼苗期比成年树耐荫。在原产地的自然分布较赤松偏南。性喜温暖湿润的海洋性气候。极耐海潮风和海雾；对土壤要求不严，喜生于干砂质壤土上，比赤松更能耐瘠薄土地，能生长于阳坡的干燥瘠薄土地上，能生长在海滩附近的砂地及 pH 8 的土壤上，但以在排水良好适当湿润富含腐殖质的中性壤土上生长最好，例如在山东栽培的，10 年生可高 7m 余，干粗约 10cm，20 年生可达 12m 余，粗 16cm 余，30 年生高约 16m，40 年生高 18m。过去曾在南京地区试栽，初期生长尚佳，但十余年后即生长不良，10 年生者高仅 3m，粗 7.7cm，20 年生高仅 5.7m，粗 11cm，树冠秃顶。

黑松对病虫害的抗性较强，对松毛虫、松干蚧壳虫的抗力比油松及赤松都强。

黑松在山东栽培的经验是在海拔 700m 以下地区较好。黑松为深根性树种，1 年生苗的主根长达 30cm 以上，5 年生苗的根长达 1.5m 以上。本种的寿命也较长。在根上亦有菌根菌共生。

繁殖栽培：用种子繁殖，每 100kg 球果可得种子约 3kg，每千克种子约 60 000 粒，千粒重约 18g，发芽率为 85%。春播前，种子应消毒和进行催芽。播种床土亦可用 40% 福尔马林的 300 倍液消毒。当年苗高约 10 ~ 15cm。次春移植 1 次，将主根剪留 15cm，第 3 年再移植 1 次，株距 20cm，行距 30cm，每次移植后应施肥，4 年生苗可高 2m 余。

大面积山地绿化时，为了提高成活率，近年来多用 1 ~ 2 年生苗栽植，但在生长季应注意除草。在园林中则常用大苗定植。

黑松若任其自然生长，常难得整齐的树形，故欲得到主干修直的树作庭荫树时，必行整形修剪工作，修剪时期可在 4 ~ 5 月间或秋末。黑松在自然界达百年以上的大树，才有良好的体态可供欣赏。

观赏特性和园林用途：本树为著名的海岸绿化树种，可用作防风、防潮、防沙林带及海滨浴场附近的风景林、行道树或庭荫树。在国外亦有密植成行并修剪成整形式的高篱者，一般多为 7 ~ 8m 高，围绕于建筑或住宅之外，既有美化又有防护作用。

经济用途：木材富松脂，坚韧耐用，可供建筑、薪炭用。黑松又可作嫁接日本五针松及雪松的砧木用。

(13) 长叶松（大王松）

***Pinus palustris* Mill.**

乔木，高达 40m，树冠阔长圆形，小枝橙褐色，冬芽长圆形，银白色。叶 3 针 1 束，暗绿色，长 30 ~ 45cm，叶鞘宿存，丛聚于小枝先端，呈下垂状。树脂道内生。球果几无柄，圆柱形，暗褐色，长 15 ~ 20cm，鳞脐有三角形反曲的短刺。原产于美国东南沿海一带。中国杭州、上海、无锡、福州、南京有引种栽培，生长迅速。性喜暖热湿润的海洋性气候。在美国为重要的用材树种，每年冬季由东南部向北部城市运销大量枝条作室内装饰用，主要观赏其柔美纤长的针叶。用种子繁殖。

(14) 西黄松（美国黄松）

***Pinus ponderosa* Dougl. ex Laws.**

乔木，高达 50 ~ 75m。树冠较窄，呈尖塔形，枝端常下垂；小枝棕褐色，折断时有香气；冬芽长卵形至卵形，有树脂，芽褐色。叶较粗硬，常 3 针 1 束，也偶有 4 ~ 5 针 1 束的，长 14 ~ 28cm。球果无柄，卵状长圆形，浅红褐或黄褐色，长 8 ~ 16cm，常数个簇生。原产美国西部。亦是美国极重要的用材树种。中国已引种，在辽宁熊岳、旅大、南京、鸡公山、北京等地栽培，生长情况尚好。

（15）火炬松

***Pinus taeda* L.**

乔木，高达30m，树冠呈紧密的圆头状，小枝黄褐色，冬芽长圆形，有松脂，淡褐色，芽鳞分离而端反曲。叶3针1束，罕2针1束，叶细而硬，亮绿色，长16~25cm。球果常对称着生，无柄，果长圆形，浅红褐色，长8~14cm，鳞脐小，具反曲刺。

原产美国东南部，亦为重要的用材树种。本树是中国引种驯化成功的外国产松树之一。其树干通直无节，能耐干旱瘠薄土地，适应性较强，对松毛虫有一定的抗性；生长速度较马尾松为快，故为很有发展前途的松树。其推广范围大致是长江流域及其以南的马尾松生长地区。现已知在南京、庐山、马鞍山、富阳、闽侯、武汉、长沙、广州、南宁、资中等地生长良好。南京明孝陵有40多年生的火炬松，树高24m，胸径45cm。四川资中5年生的火炬松平均树高5.5m，平均胸径7.6cm。福建闽侯15年生幼林平均高11.5m，平均胸径27cm。

本种与湿地松较相似，但本种针叶多为3针1束，罕2针1束，树脂道多为2个，中生；而湿地松则为3针与2针1束者并存，树脂道2~9（~11），多内生，可以区别。

（16）湿地松

***Pinus elliottii* Engelm.**

形态：乔木，在原产地高30~36m，胸径90cm，树皮灰褐色，纵裂成大鳞片状剥落；枝每年可生长3~4轮，小枝粗壮；冬芽红褐色，粗壮，圆柱形，先端渐狭，无树脂。针叶2针、3针1束并存，长18~30cm，粗硬，深绿色，有光泽，腹背两面均有气孔线，叶缘具细锯齿，叶鞘长约1.2cm。球果常2~4个聚生，罕单生，圆锥形，长6.5~16.5cm，有梗，种鳞平直或稍反曲，鳞盾肥厚，鳞脐疣状，先端急尖；种子卵圆形，略具3棱，长约6mm，黑色而有灰色斑点，种翅长0.8~3.3cm，易脱落。花期在广州为2月上旬至3月中旬；果次年9月上中旬成熟；子叶7~9枚。

分布：原产美国南部暖热潮湿的低海拔地区（600m以下）。中国山东平邑以南直至海南岛的陵水县，东自台湾，西至成都的广大地区内多处试栽均表现良好。

类型：可分为三型，即粗枝型、细枝型及中间型。细枝型的树冠狭，树干通直而尖削度小，适于造用材林。粗枝型的树冠广阔，适于园林中独植或丛植用。

习性：性喜夏雨冬旱的亚热带气候，但对气温的适应性强，能耐40℃的绝对最高温和-20℃的绝对最低温。在中性以至强酸性红壤丘陵地以及表土50~60cm以下为铁结核层的砂黏土地均生长良好，而在低洼沼泽地边缘生长更佳，故名湿地松。但也较耐旱，在干旱贫瘠低丘陵地能旺盛生长；在海岸排水较差的固沙地亦能生长正常。湿地松的抗风力较强，在11~12级台风袭击下很少受害。

根系能耐海水灌溉，但针叶不能抵抗盐分的侵袭，故在华南海滨，应在迎海风方向种2~3行木麻黄作为屏障，湿地松即可不受咸风危害。

湿地松为强喜光树种，极不耐荫，即使幼苗亦不耐荫。

在原产地，5年生幼树高约3m，9年生幼树开始开花。在广州地区，一般在15年生以前，年平均高生长可达0.8m，胸径生长可达1.2cm；8年生可开花。16年生者在江苏江浦平均高8.4m，平均胸径11.3cm；同龄幼树在广西柳州平均高10.9m，平均胸径16.2cm；即由北向南，其生长速度有增快的现象。

湿地松的根系，在幼龄时就很发达，3 年生幼树的侧根扩展直径达 7 ~ 8m，是消灭茅草荒山的一个优良先锋。

繁殖栽培：用播种繁殖。种子应选自适当类型的优良母株，暴晒 2 ~ 3d 后，去翅净种，再稍日晒，使含水率不高于 12%，置于密封容器中，在室温下可保存半年多。如将种子含水率降至 9%，贮于 5℃以下低温处，则可保存发芽力达数年之久。在播种前，先用福尔马林 1.5% ~2% 溶液浸种消毒 20min，再用清水洗净后，用 55 ~ 60℃温水浸种，令其自然冷却，经 1 昼夜后取出播种。

湿地松还可用扦插法育苗，6 月上旬或 10 月中下旬，从 1 ~ 2 年生苗木上剪取侧枝扦插，成活率可达 80% 以上。

在园林中行独植或丛植时，可用 3 ~ 5 年生大苗，行带土团定植。但在育苗期间应经 1 ~ 3 次移栽。

苗期的病虫害，主要有松苗立枯病、大蟋蟀等。定植后则有松梢螟、日本松叶蜂等危害。松毛虫也吃湿地松的针叶，但更喜吃马尾松叶，故受害较少。

观赏特性和园林用途：湿地松苍劲而速生，适应性强。中国已引种驯化成功达数十年，故在长江以南的园林和自然风景区中作为重要树种应用，是很有发展前途的。

[5] 杉科 Taxodiaceae

常绿或落叶乔木，极少为灌木；树干端直，树皮裂成长条片脱落；大枝轮生或近轮生；树冠尖塔形或圆锥形。叶鳞状、披针形、钻形或条形，多螺旋状互生，很少交叉对生。雌雄同株，单性；雄球花单生、簇生或成圆锥花序状；雄蕊有花药 2 ~ 9；雌球花单生顶端，其珠鳞与苞鳞结合着生或无苞鳞，每珠鳞有直立胚珠 2 ~ 9。球果当年成熟，每种鳞有种子 2 ~ 9；种子有窄翅；子叶 2 ~ 9。

含 10 属 16 种，分布于东亚、北美及大洋洲塔斯马尼亚。中国产 5 属 7 种，引入栽培 4 属 7 种。

分 属 检 索 表

A_1 叶常绿性；无冬季脱落的小枝；种鳞木质或革质。

　B_1 叶由 2 叶合生，两面中央有 1 条纵槽，生于鳞状叶之腋部，着生于不发育的短枝顶端，呈伞状辐射开展；种鳞木质 …………………………………… 1. 金松属 *Sciadopitys*

　B_2 叶单生，在枝上螺旋状散生或小枝上的叶基扭成假 2 列状，罕对生。

　　C_1 种鳞（或苞鳞）扁平、革质。

　　　D_1 叶条状披针形，缘有锯齿；球果较大，卵形，长 2.5 ~ 5.0cm，种鳞小，苞鳞大，苞鳞缘有锯齿 …………………………………… 2. 杉木属 *Cunninghamia*

　　　D_2 叶鳞状钻形或钻形，全缘；球果较小，短圆柱形，长 0.8 ~ 1.2cm，苞鳞退化，种鳞全缘 …… …………………………………… （台湾杉属 *Taiwania*）

　　C_2 种鳞盾形，木质。

　　　D_1 叶钻形；球果近无柄，直立，种鳞上部有 3 ~ 7 裂齿 ……………… 3. 柳杉属 *Cryptomeria*

D_2 叶条形或鳞状钻形；球果有柄，下垂，种鳞无裂齿，顶部有横凹槽。

E_1 叶鳞状钻形，辐射开展；冬芽裸露；有种鳞 25～40，次年成熟 …………………………………………………………………………………………… 4. 巨杉属 *Sequoiadendron*

E_2 条形叶在侧枝上排成 2 列，鳞状叶螺旋状贴生；冬芽有芽鳞；球果有种鳞 15～20，当年成熟 …………………………………………………………………………………………… 5. 北美红杉属 *Sequoia*

A_2 叶脱落性或半常绿性；有冬季脱落的小枝；种鳞木质。

B_1 叶和种鳞均螺旋状着生。

C_1 小枝绿色；着生条形叶的小枝冬季脱落，有鳞叶的小枝不脱落；种子椭圆形，下端有长翅……… …………………………………………………………………………………………… 6. 水松属 *Glyptostrobus*

C_2 小枝淡黄褐色，均条形或钻形，侧生小枝冬季脱落；种子不规则三角形，棱脊上有厚翅………… …………………………………………………………………………………………… 7. 落羽杉属 *Taxodium*

B_2 叶和种鳞均对生；叶条形，排成二列；种子扁平，周围有翅 ………………… 8. 水杉属 *Metasequoia*

1. 金松属 *Sciadopitys* Sieb. et Zucc.

本属只 1 种,原产日本。有的分类学家将本种单列一科,即日本金松科(Sciadcpityaceae)。

金松（伞松、日本金松）（图 16-24）

***Sciadopitys verticillata*（Thunb） Sieb. et Zucc.**

图 16-24　金　松

1. 雄花枝　2. 雌花枝　3. 球果　4. 雄蕊背面　5. 雄蕊正面　6. 心皮及种子

形态：常绿乔木，在原产地高达 40m，胸径 3m；枝近轮生，水平开展，树冠无论幼年或老年期均为整正的尖圆塔形。叶有 2 种：一种形小，膜质，散生于嫩枝上，呈鳞片状，称鳞状叶；另一种聚簇枝梢，呈轮生状，每轮 20～30，呈扁平条状，长 5～16cm，宽 2.5～3.0mm，上面亮绿色，下面有 2 条白色气孔线，上下两面均有沟槽，称完全叶。雌雄同株，雄球花约 30 个聚生枝端，呈圆锥花序状，黄褐色，雌球花长椭圆形，单生枝顶。球果卵状长圆形，长 6～10cm，种鳞木质，阔楔形或扇形，边缘向外反卷，发育的种鳞有 5～9 粒种子，种子扁平，长圆形或椭圆形，有狭翅，共长 1.2cm；子叶 2。

分布：原产日本。中国青岛、庐山、南京、上海、杭州、武汉等地有栽培。

品种：

①‘垂枝’金松‘Pendula’；

②‘彩叶’金松‘Variegata’。

习性：喜光树种，有一定的抗寒能力，在庐山、青岛及华北等地均可露地过冬，喜生于肥沃深厚壤土上，不适于过湿及石灰质土壤，在阳光过程，土地板结，养分不足处生长极差，叶易发黄。日本金松生长缓慢，但达10年生以上可略快，至40年生为生长最速期。本树在原产地海拔600～1200m处有纯林，或与日本花柏、日本扁柏等混生。

繁殖栽培：繁殖可用种子，扦插或分株法，但种子发芽率极低。日本金松移栽成活较易，病虫害也较少。

观赏特性及园林用途：为世界五大公园树之一，是名贵的观赏树种，又是著名的防火树，日本常于防火道旁列植为防火带。

2. 杉木属 *Cunninghamia* R. Br.

常绿乔木，冬芽圆卵形，叶螺旋状互生，披针形或条状披针形，扁平，基部下延，边缘有锯齿。侧枝的叶扭转成二列状，叶上下两面均有气孔线。雌雄同株，单性，雄球花簇生枝顶，长圆锥状；雌球花单生或2～3簇生于枝顶，球形或卵形，苞鳞与珠鳞下部合生，互生，苞鳞大，珠鳞小而顶端3裂，每珠鳞有胚珠3。球果苞鳞革质，缘有不规则细锯齿；种鳞形比种子小，在苞鳞之腹面，端3裂，上部分离，每种鳞有种子3粒；种子扁平，两侧有狭翅；子叶2；发芽时出土。果当年成熟。

本属有2种，为中国特产。

杉木（沙木、沙树、刺杉）（图16-25）

Cunninghamia lanceolata* (Lamb.) Hook.** （C. sinensis* R. Br.**）

形态：乔木，高达30m，胸径2.5～3.0m。树冠幼年期为尖塔形，大树为广圆锥形，树皮褐色，裂成长条片状脱落。叶披针形或条状披针形，常略弯而呈镰状，革质，坚硬，深绿而有光泽，长2～6cm，宽3～5mm，在相当粗的主枝、主干上亦常有反卷状枯叶宿存不落；球果卵圆至圆球形，长2.5～5cm，径2～4cm，熟时苞鳞革质，棕黄色，种子长卵或长圆形，扁平，长6～8mm，暗褐色，两侧有狭翅，每果内约含种子200粒；子叶2，发芽时出土。花期4月，果10月下旬成熟。

分布：分布广，北自淮河以南，南至雷州半岛，东自江苏、浙江、福建沿海，西至青藏高原东南部河谷地区均有分布，在16省地区均有生长，南北约800km，东西宽1000km。垂直分布的上限因风土不同而有差异，如在大别山区为海拔700m以下，福建山区1000m以下，大理2500m以下。

品种：

①'灰叶'杉（深绿叶杉木）'Glauca'：叶色比原种深，两面有明显的白粉，常混生于杉木林中。

②'黄枝'杉（黄杉）'Lanceolata'：嫩枝及新叶黄绿色，有光泽，无白粉，叶片较尖梢硬，生长稍慢，抗旱性强。

③'软叶'杉（柔叶杉木）'Mollifolia'：叶薄而柔软，先端不尖。

习性：喜光树种，喜温暖湿润气候，不耐寒，绝对最低气温以不低于－9℃为宜，但亦可抗－15℃低温。降水量以1800mm以上为佳，但在600mm以上处亦可生长，杉木的耐寒性大于其耐旱力。故对杉木生长和分布起限制作用的主要因素首先是水湿条件，其次才是温度条件。杉木喜肥嫌瘦，畏盐碱土，最喜深厚肥沃排水良好的酸性土壤（pH4.5～6.5），但

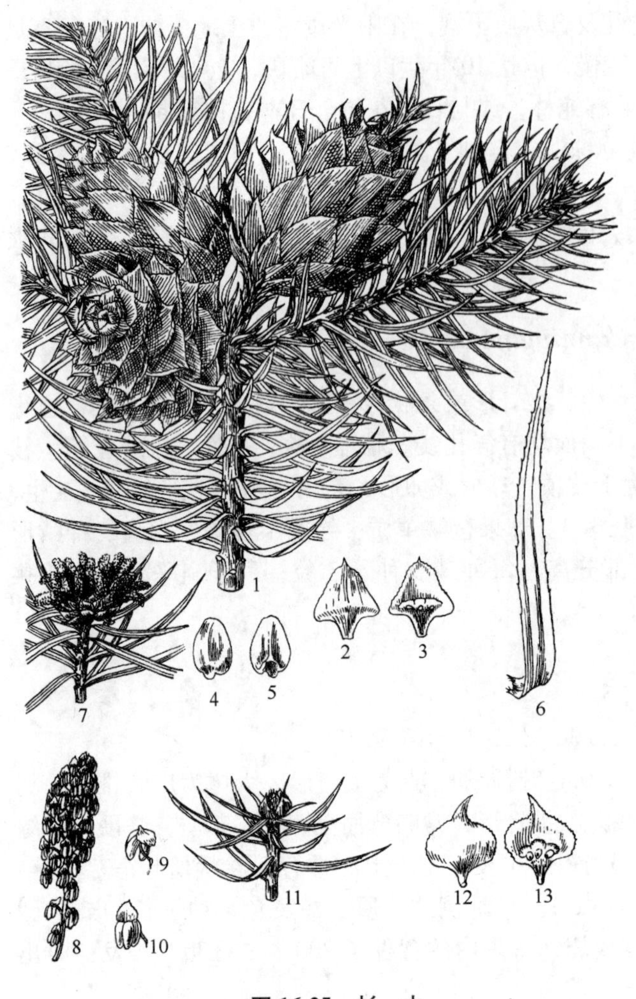

图 16-25　杉　木

1. 球果枝　2、3. 苞鳞及种鳞　4、5. 种子　6. 叶　7、8. 雄球花枝　9、10. 雄蕊　11. 雌球花枝　12、13. 苞鳞及珠鳞、胚珠

亦可在微碱性土壤上生长。杉木为速生树种之一。20 年生者树高约 18.0m，胸径 18.5cm。但视环境而异，最速者 6 年生高达 9m；在土层瘠薄干燥的山脊，则 20 年生高仅 7m。其生长最速的时期，大抵在 4 ~ 14 龄。一般 5 年生的可开始结实，但林中生长的常在 15 ~ 20 龄始结实。寿命可达 500 年以上。杉木根系强大，易生不定根，萌芽更新能力亦强，虽经火烧，亦可重新生出强壮萌蘖；其在生长过程中，表现出很强的干性，各侧主枝在郁闭的情况下，自然整枝良好，下枝会迅速枯死。因此，萌蘖更新者也可长成乔木。

繁殖栽培：多用播种或扦插繁殖。种子可在 10 月从 15 ~ 30 年生的壮龄优良类型或优良单株母树采集，因此等龄期的母树最能丰产。采后干藏，次年春播。每千克种子 12 万 ~ 15 万粒，发芽率 30% ~ 50%，保存期 1 年。春播经 3 ~ 4 周发芽，在夏季炎热干燥时可略行轻度遮荫防旱，但注意勿过荫，否则会影响幼苗的生长发育。此外，在温暖地带亦可行秋播。每亩播种量 7.5 ~ 12.5kg。播前可用 0.5% 过锰酸钾液浸 30min，倒去药液，封盖 1h 后下种，杉苗要求一定的遮荫、较高的空气湿度和土壤水分，但又易患立枯病，故苗圃管理的一切措施，都应从有利于抗病、抗旱和培育壮苗出发。1 年生苗亩产 10 万 ~ 20 万株。当年苗高 20 ~ 30cm，次年及第 3 年均行移植。在大面积造林时，用 1 年生苗成活较好；在园林中则应用大苗。杉木亦可选充实之枝条或萌蘖，切成 40 ~ 50cm 长的插穗，于早春扦插繁殖。亦可分蘖繁殖，成活率可达 95% 以上。此外，近年杉木嫁接技术颇为发展，可于春季切接，春夏秋行方形片状芽接，成活率均可达 90%。

一般杉木栽植后在园林中管理粗放，但为结合木材生产，培育速生丰产林时，则应细致管理。由木材生产的角度言之，无论是实生杉木、扦插杉木或萌芽更新的植株，它们的生长特性可分为 3 个阶段：第 1 阶段为根系生长阶段，特点为根系迅速扩大范围，地上部的生长量相对地下部要慢很多，而只形成很小的树冠。第 1 阶段实生植株约为 3 年，扦插者约 4 年，萌芽更新者约 5 年。第 2 阶段为速生阶段，特点为树冠、树高及干径均连年迅速增大，树冠逐渐互相连接，达到郁闭状态，树冠呈圆锥形，此后则由于过分郁闭而开始有自然整枝现象。本阶段中根系的生长已达到最大范围和深度。本阶段的长短，大抵实生树林为自4年生开始至10年生左右止，扦插繁殖株丛自5年生开始至12年生左右止。第3阶段生长速度较平稳；经过强度的自然整枝，有明显的树冠叶幕层和主干的区分。本阶段中干部材积增加，材质优良，已可砍伐。根据上述生长良材3个阶段的特点，在栽培管理上应注意的事项是：在第1阶段应对土壤进行精细的耕作，实生林可实行林粮间作，对插条林杉与油桐（3年桐）的间作，一般要求每年中耕除草3次。在第2阶段因已郁闭，仅每年中耕除草1次即可。在第三阶段则可行中耕及轻度打枝。关于栽植密度问题，则应视具体条件和要求而定。园林绿化用可较稀，为培育速生用材林时则应合理密植，一般在湖南、贵州一带，每亩株数约在100～150株。

观赏特性和园林用途：杉木主干端直，最适于园林中群植成林丛或列植道旁。1804年及1844年流入英国，在英国南方生长良好，视为珍贵的观赏树。美国、德国、荷兰、波兰、丹麦、日本等国植物园中均有栽培。

经济用途：材质优良，轻软而芬香，耐腐而又不受白蚁蛀食，不翘裂，易加工，最宜供建筑、家具、造船用，为我国南方重要用材树种之一。此外，杉树皮含单宁10%，可制栲胶。

3. 柳杉属 *Cryptomeria* D. Don

常绿乔木，树皮红褐色，裂成长条片脱落；枝近轮生，平展或略斜伸，树冠尖塔形或卵形；冬芽小，叶螺旋状互生，两侧略扁，钻形，有气孔线，叶基下延，雌雄同株，单性：雄球花多数聚于枝梢，密集似短穗状花序，每球花单生叶腋，雄蕊各有花药3～6；雌球花单生枝端，每珠鳞2～5胚珠，苞鳞与珠鳞合生，仅先端分离。球果近球形，种鳞木质，宿存，上部边缘有3～7裂齿，中部或中下部有三角状苞鳞；种子三角状椭圆形，略扁，边缘有窄翅；子叶2～3，发芽时出土。

本属共2种，产于中国及日本。

分种检索表

A_1 叶端内曲；种鳞20左右，苞鳞尖头短，种鳞先端裂齿较短，每种鳞有种子2粒 ………………………………………………………………（1）柳杉 *C. fortunei*

A_2 叶直伸，端多不内曲；种鳞20～30，苞鳞尖头及种鳞先端之裂齿较长，每种鳞有种子2～5粒 ………………………………………………………………（2）日本柳杉 *C. japonica*

（1）柳杉（长叶柳杉、孔雀松、木沙椤树、长叶孔雀松）（图16-26）

***Cryptomeria fortunei* Hooibrenk ex Otto et Dietr.**

形状：乔木，高达40m，胸径达2m余，树冠塔圆锥形，树皮赤棕色，纤维状裂成长条片剥落，大枝斜展或平展，小枝常下垂，绿色。叶长1.0～1.5cm，幼树及萌芽枝之叶长达2.4cm，钻形，微向内曲，先端内曲，四面有气孔线。雄球花黄色，雌球花淡绿色。球果熟时深褐色，径1.5～2.0cm。种鳞约20，苞鳞尖头与种鳞先端之裂齿均较短；每种鳞有种子

图 16-26 柳杉（1～5）、日本柳杉（6～10）
1、6. 球果枝 2、3、7、8. 种鳞背、腹面
4、9. 种子 5、10. 叶

2，花期 4 月，果 10～11 月成熟。

分布：产于浙江天目山、福建南屏三千八百坎及江西庐山等处海拔 1100m 以下地带，浙江、江苏南部、安徽南部、四川、贵州、云南、湖南、湖北、广东、广西及河南郑州等地有栽培，生长良好。

习性：为中等的喜光性树，略耐荫，亦略耐寒，在河南郑州及山东泰安均可生长。在年平均温度为 14～19℃，1 月份平均气温在 0℃以上的地区均可生长。喜空气湿度较高，怕夏季酷热或干旱，在降水量 1000mm 左右处生长良好。喜生长于深厚肥沃的砂质壤土，若在西晒强烈的黏土地则生长极差。喜排水良好，在积水处，根易腐烂。枝条柔韧，能抗雪压及冰挂。柳杉为成根性树种，尤其在青年期以前，大抵根群密集于 30cm 以内的表土层中，在壮年期后根系才较深；一般其水平根的扩展长度比入土深度大十余倍。由于根系不深故抗暴风能力不强。生长速度中等，年平均可长高 50～100cm，一般在 30 龄后则高生长极少，但直径的生长可继续到数百年，故常长成极粗的大树。一般言之，50 年生者，高约 18m，胸径约 35cm。寿命很长，在江南山野中常见数百年的古树，如江西庐山及浙江西天目山之古柳杉已成名景。云南昆明西山筇竹寺有 500 余年的古树，高 30m，胸径 1.53m，冠幅 12m。

柳杉在自然界中，常与杉木、榧树、金钱松等混生。

繁殖栽培：可用播种及扦插法繁殖。母树每年均可结实，但常 2 年丰收一次。每百千克球果，可得种子约 5kg；每千克种子约 25 万粒；千粒重为 4g，发芽率 60% 左右，成苗率为 20%～30%。种子保存量 1 年。在江、浙多行春播，经 3～4 周发芽，出土后不带种壳。夏季设荫棚，冬季设暖棚。当年苗高约 15cm，次春移植。2 年生苗高约 30cm；3 年生苗高约 60cm。

柳杉喜湿润空气，畏干燥，故移植时注意勿使根部受干，在园林中平地初栽后，夏季最好设临时性荫棚，以免枝叶枯黄，待充分复原后再行拆除。

苗期在江南常可能发生赤枯病，即先在下部的叶和小枝上发生褐色斑点，逐渐扩大而使枝叶死亡，逐渐由小枝扩展至主茎形成褐色溃疡状病斑，终至全株死亡，且会传染至全圃。可在发病季节喷洒波尔多液防治，即用 1 份硫酸铜、1 份生石灰、200 份水来配制。

观赏特性和园林用途：柳杉树形圆整而高大，树干粗壮，极为雄伟，最适独植、对植，亦宜丛植或群植。在江南习俗中，自古以来常用作墓道树，亦宜作风景林栽植。

经济用途：材质轻而较松，不翘曲，易加工，可供建筑、造船、家具和细工用；枝、叶、木材碎片可制芳香油；树皮入药，可治疮疥或制栲胶；叶磨粉可作线香。

（2）日本柳杉（图 16-26）

***Cryiomeria joponica*（L. f.）D. Don**

乔木，在原产地高达 45m，胸径达 2m 余。与柳杉之不同点主要是种鳞数多，为 20 ~ 30 枚；苞鳞的尖头和种鳞顶端的齿缺均较长，每种鳞有 3 ~ 5 种子。

原产日本。中国有引入，在南京、上海、扬州、无锡、南通及庐山均有栽培。

园艺品种很多，有呈灌木状的观赏用品种。

4. 巨杉属 *Sequoiadendron* Buchholz

本属只 1 种。

巨杉（世界爷、北美巨杉）

***Sequoiadendron giganteum*（Lindl.）Buchholz（*Sequoia gigantea* Dcne.）**

常绿巨乔木，在原产地高达 100m，胸径达 10m，干基部有垛柱状膨大物；树皮深纵裂，厚 30 ~ 60cm，呈海绵质；树冠圆锥形。冬芽小而裸；小枝初现绿色，后变淡褐色。叶鳞状钻形，螺旋状排列，下部贴生小枝，上部分离部分长 3 ~ 6mm，先端锐尖，两面有气孔线。雌雄同株。球果椭圆形，长 5 ~ 8cm，种鳞盾形，顶部有凹槽，幼时中央有刺尖，发育种鳞有种子 3 ~ 9；种子长圆形，淡褐色，长 3 ~ 6mm，两侧有翅。球果次年成熟。子叶 4（3 ~ 5）。

原产美国加州（California）。

喜光树，生长快，而树龄极长。播种繁殖，但幼苗易生病害。我国杭州等地引种栽培，可作园景树应用，为世界著名树种之一。

5. 北美红杉属 *Sequoia* Endl.

本属只 1 种。

北美红杉（长叶世界爷、红杉、红木杉）

***Sequoia sempeervirens*（Lamb.）Endl.（*Taxodium sempervirens* Lamb.）**

本种为树木中之最高者，高达 110m，胸径达 8m。常绿巨乔木，树皮厚 15 ~ 25cm，赤褐色，枝平展，树冠圆锥形。叶二型，主枝之叶卵状长圆形，长约 6mm；侧枝之叶条形，长 8 ~ 20mm，基部扭成 2 列状，无柄，上面深绿色或亮绿色，下面有粉白色气孔带 2 条，中脉明显，雌雄同株，雄球花单生枝顶或叶腋，有短梗；雌球花生短枝顶端，球果卵状椭圆或卵形，长 2. 0 ~ 2. 5cm，淡红褐色，当年成熟；种鳞木质，盾形，发育种鳞有种子 2 ~ 5；种子淡褐色，长约 1. 5mm，两侧有翅；子叶 2。

产于北美西海岸年平均温度 7 ~ 18℃，降水量在 1000mm 以上，海拔 700 ~ 1000m 之山地。喜空中多湿处，在低湿溪谷处成纯林，在较干处常成混交林。

在上海、杭州、南京等地有少量栽培。可用种子及扦插法繁殖。

作园景树用。亦为世界著名树种。

6. 水松属 *Glyptostrobus* Endl.

本属仅1种，在新生代时欧、亚、美均有分布，在第四纪冰期后，其他地方均已绝迹，现仅存于中国，成为唯一的特产属、种。

水松（图16-27）

***Glyptostrobus pensilis*（Staunt.）Koch（*Taxodium sinensis* Forb.）**

形态：落叶乔木，高8~16m，罕达25m，径可达1.2m；树冠圆锥形。树皮呈扭状长条浅裂，干基部膨大，有膝状呼吸根。枝条稀疏，大枝平伸或斜展，小枝绿色。叶互生，有3种类型：鳞形叶长约2mm，宿存，螺旋状着生主枝上；在1年生短枝及荫生枝上；有条状钻形叶及条形叶，长0.4~3.0cm，常排成2~3列之假羽状，冬季均与小枝同落；雌雄同株，单性花单生枝顶；雄球花圆球形；雌球花卵圆形。球果倒卵形，长2.0~2.5cm，径1.3~1.5cm；种鳞木质，扁平，倒卵形，成熟后渐脱落；种子椭圆形而微扁，褐色，基部有尾状长翅，子叶4~5，发芽时出土。

花期1~2月，果10~11月成熟。

分布：广东、福建、广西、江西、四川、云南等地。长江流域以南公园中有栽培。

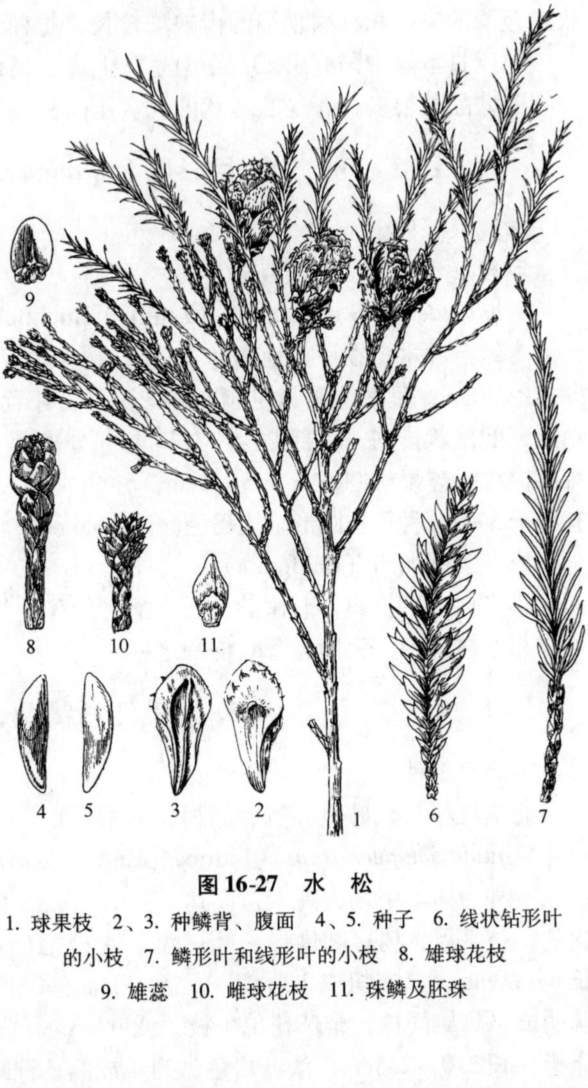

习性：强喜光树种，喜暖热多湿气候，喜多湿土壤，在沼泽地则呼吸根发达，在排水良好土地上则呼吸根不发达，干基也不膨大。性强健，对土壤适应性较强。仅忌盐碱土，最宜富含水分的冲渍土。根系发达。不耐低温。

图16-27 水 松

1. 球果枝 2、3. 种鳞背、腹面 4、5. 种子 6. 线状钻形叶的小枝 7. 鳞形叶和线形叶的小枝 8. 雄球花枝 9. 雄蕊 10. 雌球花枝 11. 珠鳞及胚珠

繁殖栽培：用种子及扦插法繁殖。

观赏特性及园林用途：树形美丽，最宜河边湖畔绿化用，根系强大，可作防风护堤树。1894年英国引入作为庭园珍品及室内盆栽观赏用；美国曾引入作标本树；日本及其他许多国家也有引种。

经济用途：材质轻软，耐水湿，可供桥梁等工程上应用。根部材质轻松，浮力大，广东渔民常作救生圈，亦可作瓶塞等用。球果及树皮均含有单宁，种子可作紫色染料，染丝织品及鱼网等。叶可入药。

7. 落羽杉属（落羽松属）*Taxodium* Rich.

落叶或半常绿性乔木；小枝有 2 种，主枝宿存，侧生小枝冬季脱落；冬芽形小，球形。叶螺旋状排列，基部下延，异型，主枝上的钻形叶斜展，宿存；侧生小枝上的条形叶排成 2 列状，冬季与枝一同脱落。雌雄同株；雄球花多数，集生枝梢；雌球花单生于去年生小枝顶部。球果单生枝顶或近梢部，有短柄，球形或卵圆形，种鳞木质，每种鳞有种子 2；种子不规则三角形，有显著棱脊；子叶 4～9，发芽时出土。

共 3 种，原产北美及墨西哥；中国已引入栽培。

分种检索表

A_1　落叶性。

　B_1　叶条形，扁平，叶基扭转排成羽状 2 列；大枝水平开展（美国东南部原产）…………………………………………………………（1）落羽杉 *T. distichum*

　B_2　叶钻形，在枝上螺旋状伸展，不成 2 列状，大枝向上伸长（美国东南部原产）…………………………………………………………（2）池杉 *T. ascenderis*

A_2　半常绿至常绿性、叶条形，扁平，排列紧密，羽状 2 列（墨西哥及美国西南部原产）…………………………………………………………（墨西哥落羽杉 *T. mucronatum*）

（1）落羽杉（落羽松）（图 16-28）

***Taxodium distichum*（L.）Rich.**

落叶乔木，高达 50m，胸径达 3m 以上，树冠在幼年期呈圆锥形，老树则开展成伞形，树干尖削度大，基部常膨大而有屈膝状之呼吸根；树皮呈长条状剥落；枝条平展，大树的小枝略下垂；1 年生小枝褐色，生叶的侧生小枝排成 2 列。叶条形，长1.0～1.5cm，扁平，先端尖，排成羽状 2 列，上面中脉凹下，淡绿色，秋季凋落前变暗红褐色。球果圆球形或卵圆形，径约2.5cm，熟时淡黄褐色；种子褐色，长 1.2～1.8cm，花期5 月；球果次年 10 月成熟。

图 16-28　落羽杉（1～3）、池杉（4～5）
1. 球果枝　2. 种鳞顶部　3. 种鳞侧面　4. 小枝及叶　5. 小枝与叶的一段

分布：原产美国东南部，其分布区较池杉为广，在北美洲可分布到北纬 40°地带，有一定耐寒力。我国已引入栽培达半个世纪以上，在长江流域及华南大城市的园林中常有栽培，最北界已达河南南部鸡公山一带。

习性：强喜光树种；喜暖热湿润气候，极耐水湿，能生长于浅沼泽中，亦能生长于排水良好的陆地上。在湿地上生长的，树干基部可形成板状根，自水平根系上能向地面上伸出筒状的呼吸根，特称为“膝根”。土壤以湿润而富含腐殖质者最佳。在原产地能形成大片森林。抗风性强。

繁殖栽培：可用播种及扦插法繁殖，种子每千克 5 000 ~ 10 000 粒，发芽率 20% ~ 60%。保存较短，一般为 1 年。播前用温水浸种 4 ~ 5d，每天换水，亦可用 3% 的硫酸铜溶液浸种，可提早发芽，免除病害。每 $100m^2$ 播种量约 13kg 种子。

扦插繁殖时可用硬材插或软材插。硬材插的成活率受采穗母株年龄的影响很大，根据经验自 1 ~ 2 年生苗上所采的插穗成活率可达 90%，而自近 20 年生树上采取者则虽采取各种处理法也很难生根。插穗可在落叶后剪取，剪成 10cm 余的插穗后成小捆砂藏，次春扦插。软材插可自 5 ~ 10 月间进行，在雨季扦插时，经 20 ~ 30d 即可生根。软材插的成活率受母株年龄影响较小。

定植后主要应防止中央领导干成为双干，在扦插苗中尤应注意，见有双主干者应及时疏剪掉弱干而保留强干，疏剪掉纤弱枝及影响主干生长的徒长枝。

观赏特性和园林用途：落羽杉树形整齐美观，近羽毛状的叶丛极为秀丽，入秋，叶变成古铜色，是良好的秋色叶树种。最适水旁配植又有防风护岸之效。落羽杉属与水杉、水松、巨杉、红杉同为孑遗树种。是世界著名的园林树木。在广州、杭州、上海、武汉、南京、庐山、鸡公山以及北京小气候良好处均有栽植。总的效果是在暖热地区低海拔的平原及丘陵地带生长良好，在近千米以上和年降水量在 800mm 以下以及各季最低温在 -20℃ 以下，则生长受阻。

经济用途：木材纹理直，硬度适中，耐腐，可供建筑、家具、电杆、造船等用。木材又耐图蚁蛀蚀；材质虽次于杉木，但比水杉优良。

(2) 池杉（池柏、沼杉、沼落羽松）（图 16-28）

***Taxodium ascendens* Brongn.**

形态：落叶乔木，在原产地高达 25m；树干基部膨大，常有屈膝状的吐吸根，在低湿地生长者“膝根”尤为显著。树皮褐色，纵裂，成长条片脱落；枝向上展，树冠常较窄，呈尖塔形；当年生小枝绿色，细长，常略向下弯垂，2 年生小枝褐红色。叶多钻形，略内曲，常在枝上螺旋状伸展，下部多贴近小枝，基部下延，长 4 ~ 10mm，先端渐尖，上面中脉略隆起，下面有棱脊，每边有气孔线 2 ~ 4。球果圆球形或长圆状球形，有短梗，向下斜垂，熟时褐黄色。长 2 ~ 4cm；种子不规则三角形，略扁，红褐色，长 1.3 ~ 1.8cm，边缘有锐脊。花期 3 ~ 4 月，球果 10 ~ 11 月成熟。

分布：产于美国弗吉尼亚州（Virginia 南部至佛罗里达州）（Floriba）南部，再沿墨西哥湾至亚拉巴马州（Alabama）及路易斯安那州（Iouisisiana）东南部，常于沿海平原的沼泽及低湿地海拔 30m 以下之处见到。我国自本世纪初引至南京、南通及鸡公山等地，后又引至杭州、武汉、庐山、广州等地，现已在许多城市尤其是长江南北水网地区作为重要造树和园林树种。

类型及品种：

武汉栽培的池杉，1973 年及 1975 年经湖北省林业科学研究所及武汉市园林研究所观察研究，将树冠分为 3 种，即：

窄冠型：树冠呈圆柱形或尖塔形，冠幅与冠长之比为0.15～0.25；枝叶稀疏，层次分明，凋落性小枝多直伸。此类型高、径生长都慢。

宽冠型：树冠呈阔圆锥形或伞形，冠幅与冠长之比在0.45以上。树干尖削度大，粗生长快，高生长慢。

中冠形：树冠塔形或尖塔形，枝叶浓密，冠幅与冠长之比为0.25～0.45。干型较好，高、径生长均较快。

池杉的品种，国内外主要有下列几种：

①‘垂枝’池杉（‘Nutans’）：3～4年生枝常平展，1～2年生枝细长柔软，下垂或倾垂，分枝较多；侧生小枝亦分枝多而下垂。武汉等地引种栽培。

②‘锥叶’池杉（‘Zhuiyechisha’）：叶绿色，锥形，散展，螺旋状排列，少数树干下部侧枝或萌发枝之叶常扭成2列状。树皮灰色，皮厚裂深。适在立地条件较好地段营造用材林。

③‘线叶’池杉（‘Xianyechisha’）：叶深绿色，条状披针形，紧贴小枝或稍散展。凋落性小枝细，线状，直伸或弯曲成钩状。枝叶稀疏，树皮灰褐色。抗性强，在土质差、干燥，或易水淹处较能适应，是“四旁”植树和营造防护林、防浪林的较好材料。

④‘羽叶’池杉（‘Yuyechisha’）：叶草绿色，枝叶浓密，凋落性小枝再分枝多；树冠中下部之叶条形而近羽状排列，上部叶多锥形；树冠塔形或尖塔形。树皮深灰色。枝叶常呈团状，密集如云朵，生长快，为适用于城镇园林绿化的优良品种。

习性：喜温暖湿润气候和深厚疏松之酸性、微酸性土。强喜光性，不耐荫，耐涝，又较耐旱。对碱性土颇敏感，pH值达7.2以上时，即可发生叶片黄化现象。枝干富韧性，加之冠形窄，故抗风力颇强。萌芽力强。速生树种，约自3～4龄起至20龄以前，高、粗生长均快。7～9年生树始结实。

繁殖栽培：池杉用播种和扦插繁殖，最好选用优良母树，建立种子园和采穗树园。行播种繁殖的，最好从人工辅助授粉开始，应在5～6d盛花期间重复授粉3～4次。约在10月底起采收球果。用其种子播种，可显著提高发芽率和成苗数。种子千粒重为74～118g，发芽率30%～60%，江南地区冬播最好；春播宜早，先浸种4～5d，每亩约播带壳种子25～30kg。苗期管理，主要是防治地老虎等地下害虫，还须经常灌溉，并及时除草、中耕和薄施、多施追肥。

扦插育苗分硬枝扦插、嫩枝扦插两种。据杭州植物园试验，硬枝扦插采自1～2龄母树者，成活率可达90%。用4年生母树的插条，成活率只有41%。早春扦插，插穗一般长10～12cm，入土深及全穗长2/3。如管理得当，当年苗高70～80cm，高的可达1m左右。嫩枝扦插以初夏或仲秋为宜。仍须选幼龄母树取插穗。杭州用1～2龄截干苗的枝条扦插，成活率78%；8年生幼树之萌发侧枝，扦插成活率仅30%。试验证明，“树龄”与成活率和当年苗木生长量均有关联，树龄50～80d的，成活率可达98%，当年平均苗高60～70cm。如用萘乙酸500mg/kg液剂插前处理插穗基部0.5～1min，还可促进发根。

江南一般在冬季或早春用2年生以上大苗栽植和造林，单行种植株距1.2～1.6m，成片造林可采用2m×2m株行距。适地适树很重要。并应根据立地条件与植树目的选用适当的池杉品种与类型。

抚育管理以干旱季节注意浇水为主，并适当中耕、除草，施肥或间作绿肥作物。池杉病虫害较少，主要有避债虫等，可及时摘除烧毁，或在初龄幼虫期用敌百虫 800~1000 倍液喷射，收效良好。幼林郁闭后，应及时间伐抚育。如武汉东湖二苗圃系 1955 年用 3 年生苗栽植的，株行距 2.5m×2.5m，1964 年间伐并疏移一小片，株行距改成 2.5m×5.0m。至 1974 年调查，间伐的一片平均树高 16m，胸径 22cm，每 $666m^2$ 蓄积 $20.3m^3$；未间伐的平均树高仅 14.1m，胸径 17.5cm，每 $666m^2$ 蓄积 $15.2m^3$，说明间伐的增产效果显著。

观赏特性和园林用途：池杉树形优美，枝叶秀丽婆娑，秋叶棕褐色，是观赏价值很高的园林树种，特适水滨湿地成片栽植，孤植或丛植为园景树，也可构成园林佳景。此树生长快，抗性强，适应地区广，材质优良，加之树冠狭窄，枝叶稀疏，荫蔽面积小，耐水湿，抗风力强，故特适宜在长江流域及珠江三角洲等农田水网地区、水库附近以及"四旁"造林绿化，以供防风、防浪并生产木材等用。

经济用途：池杉材质似水杉，而韧性过之，是建筑、枕木、电杆、家具的用材，适作水桶、蒸笼等用。

8. 水杉属 *Metasequoia* Miki ex Hu et Cheng

本属仅 1 种，有的分类学家单列为一科。在白垩纪及第三纪时，本属约有 10 种广布于东亚、西欧和北美，但在第四纪冰河期后，其他地方之本属植物均已绝种。现仅我国有 1 种，1941 年由干铎教授在湖北利川县发现，1946 年王战教授等采取标本，经胡先骕、郑万钧二教授 1948 年定名后，曾引起世界各国植物学家极大的注意。

水杉（图 16-29）

***Metasequoia glyptostroboides* Hu et Cheng**

形态：落叶乔木，树高达 35m，胸径 2.5m；干基常膨大，幼树树冠尖塔形，老树则为广圆头形。树皮灰褐色；大枝近轮生，小枝对生。叶交互对生，叶基扭转排成 2 列，呈羽状，条形，扁平，长 0.8~3.5cm，冬季与无芽小枝一同脱落。雌雄同株，单性；雄球花单生于枝顶和侧方，排成总状或圆锥花序状；雌球花单生于去年生枝顶或近枝顶。珠鳞 11~14 对，交叉对生，每球鳞有 5~9 胚珠。球果近球形，长 1.8~2.5cm，熟时深褐色，下垂，种子扁平，倒卵形，周有狭翅，子叶 2，发芽时出土。花期 2 月；果当年 11 月成熟。

分布：产于四川石柱县，湖北利川县磨刀溪、水杉坝一带及湖南龙山、桑植等地海拔 750~1500m，气候温和湿润，沿河酸性土沟谷中。40 年来已在国内南北各地及国外 50 个国家引种栽培。

习性：喜光树种，喜温暖湿润气候，要求产地 1 月平均气温在 1℃左右，最低气温 -8℃，7 月份平均气温 24℃左右，年降水量 1500mm。据近年来各地试栽经验来看，具有一定的抗寒性，在北京可露地过冬。喜深厚肥沃的酸性土，但在微碱性土壤上亦可生长良好。水杉要求土层深厚、肥沃，尤喜湿润而排水良好，不耐涝，对土壤干旱也较敏感。故山东群众说："水杉水杉，干旱不长，积水涝煞"。正说明了它的生态习性。水杉生长速度较快，每年增高 1m 左右，在北京 10 年生者高约 8m。据树干解析材料，在原产地树高连年生长最高峰（1.43m）出现在 10~15 年，胸径连年生长最高峰（2.1cm）出现在 20~25 年。而在引种地区，则树高和胸径连年生长最大值出现得更早，其绝对值也更大，从而显示出水杉速生丰产的特点。如在引种地区用水杉成片造林的，南京中山陵园树龄24年时，平均树高22.5m，平均胸径26.8cm，最大胸径39.0cm；湖北潜江县广华寺农场树龄16年时，平均树高11.5m，平均胸径14.5cm，最大胸径18.0cm。单行的或孤植的水杉，则其生长尤为迅速。如安徽滁县琅玡山25年生水杉，树高23m，胸径53cm；昆明黑龙潭昆明植物研究所植物园28年生的树，高19m，胸径64cm。这些数字表明，在一般栽培条件下，水杉可在15~20年成材。如立地条件适宜，栽培措施精细，则其成材期可望缩短至10~15年。如在杭州，一般10年左右即可成材，10年生水杉平均高达10m左右，胸径20cm以上。

图16-29 水 杉

1. 球果枝 2. 球果 3. 种子 4. 雄球花枝 5. 雌球花 6、7. 雄蕊 8. 小枝一节 9. 幼苗

水杉开始结实的年龄较晚，一般10年以上大树始现花蕾，但所结种子多瘪粒。在其原产地，通常25~30年生大树始结实，40~60年大量结实，至100年而不衰。

耐盐碱能力较池杉为强，在含盐量0.2%以下之轻盐碱地可以生长。喜光树种，幼苗则能稍耐避荫。对二氧化硫、氯气、氟化氢等有害气体的抗性较弱。

繁殖栽培：水杉的繁殖，主要有播种和扦插两种方法。由于种源缺乏的关系，常应用扦插较多。水杉种子多瘪粒，30年生以下幼树尤多，故专门行播种繁殖时多由其原产地索取母树种子供繁殖用。水杉种子细小，千粒重1.75~2.28g，每千克有32万~56万粒。发芽率仅8%左右。幼苗细弱，忌旱畏涝，故苗圃要地势平坦，排灌便利，并细致整地。播期在3月中下旬，以宽行距（20~30cm）条播为宜。播量每亩0.8~1.5kg。

扦插分春插、夏插和秋插，而以春插为主。采穗母树以种子起源的多优于扦插起源的，应尽量用播种苗建立采穗圃。从1~3年生实生苗采取的接穗，具有发根期早，插穗率高等优点。故在育苗实践中，应多选用1~3年生实生苗的1年生枝。硬木扦插在江南地区以3月上中旬为宜，最好插前用50mg/kg萘乙酸溶液快浸插穗基部，可有促进生根效果。以往水杉春插后多行遮荫；近年许多生产单位试验全光育苗成功，降低了成本，提高了苗木质量。夏插系嫩枝扦插，5月底、6月初施行，须细致管理，设双层荫棚。秋插在9月间，用半成熟枝进行，当年生根而不发梢，须用单层荫棚。夏插、秋插均可用萘乙酸300~500mg/kg液快浸插穗基部，处理时间3~5s。

选土层深厚、疏松而肥沃的圃地，分栽培育1年生播种苗或春插苗2~3年，可采用70cm×70cm株行距，亦可在原苗圃中按50cm×50cm株行距留床培育部分苗木。这样，前者3年出圃，后者2年出圃，均可用于城市园林绿化。如用以营建风景林，可用2年生苗，初植密度以2m×3m为宜。

水杉苗期主要病虫害为立枯病及蛴螬，定植后有大袋蛾等危害，均当及时防治。

观赏特性及园林用途：水杉树冠呈圆锥形，姿态优美。叶色秀丽，秋叶转棕褐色，均甚美观。宜在园林中丛植、列植或孤植，也可成片林植。水杉生长迅速，是郊区、风景区绿化中的重要树种。

经济用途：水杉木材纹理直，质轻软，易于加工，油漆及胶接性能良好，适制桁条、门窗、楼板、家具及造船等用。其管胞长，纤维素含量高，是良好的造纸用材。

[6] 柏科 Cupressaceae

常绿乔木及直立或匍匐灌木。叶交叉对生或三叶轮生，幼苗时期叶刺状，成长后叶为鳞片状或刺状或同株上兼有两种叶形。雌雄同株或异株；雄球花有雄蕊2~16，每雄蕊有花药2~6；雌球花有珠鳞3~12，珠鳞上有1至数个直生胚珠；苞鳞与珠鳞结合，仅尖端分离；球果种类木质或革质，开裂，或肉质结合而生；种子有翅或无翅；子叶2，罕5~6。

共22属，约150种，分布于全世界；中国产8属29种7变种，另有引入栽培的5属约15种。

分属检索表

A_1 球果的种鳞为木质或革质，熟时开裂。

B_1 种鳞扁平或鳞背隆起但不呈盾形，覆瓦状排列；球果长圆状卵形，当年成熟……………………………Ⅰ. 侧柏亚科 Subf. Thujoideae

C_1 每种鳞内有种子2粒，球果上有种鳞4~6对，中间2~4对有种子；小枝较窄，背面无明显白粉带。

D_1 大侧枝直展或斜展；种鳞较厚；种子无翅……………………1. 侧柏属 *Platycladus*

D_2 大枝平展或微斜状；种鳞较薄；种子有翅……………………2. 崖柏属 *Thuja*

C_2 每种鳞内有种子3~5粒；小枝较阔而扁平；背面有宽大明显的白粉带 …… 3. 罗汉柏属 *Thujopsis*

B_2 种鳞盾状而隆起，鳞片边缘彼此邻接；球果圆球形，次年或当年成熟……………………………Ⅱ. 柏木亚科 Subf. Cupressoideae

C_1 小枝扁平；球果较小，当年冬季成熟，每种鳞内有种子2~3粒，罕为4~5粒……………………………4. 扁柏属 *Chamaecyparis*

C_2 小枝圆筒状或四方形，极少为扁平状；球果较大，次年初交成熟，每种鳞内有种子5至多数……………………………5. 柏木属 *Cupressus*

A_2 球果的种鳞肉质，卵圆或球形，熟时不开裂或仅顶端开裂，每球果有1~12无翅种子……………………………Ⅲ. 桧亚科 Subf. Juniperoideae

B_1 叶单型或二型，鳞叶对生，刺叶3枚轮生，刺叶基部无关节，叶基下延生长；冬芽不显著；球花单生枝顶；果内有种子1~6粒……………………6. 圆柏属（桧属）*Sabina*

B_2 叶全为刺叶，3枚轮生，叶基部有关节，不下延生长；冬芽显著；球花单生叶腋；果内通常有种子3粒……………………7. 刺柏属 *Juniperus*

1. 侧柏属 *Platycladus* Spach

本属仅1种，为中国特产。

侧柏（扁松、扁柏、扁桧、黄柏、香柏）（图16-30）

Platycladus orientalis*（L.）Franco**（Biota orientalis* Endl.，*Thnja orientalis* L.**）

形态：常绿乔木，高达二十多米，胸径1m。幼树树冠尖塔形，老树广圆形；树皮薄，浅褐色，呈薄片状剥离；大枝斜出；小枝直展，扁平，无白粉。叶全为鳞片状。雌雄同株，单性，球花单生小枝顶端；雄球花有6对雄蕊，每雄蕊有花药2～4；雌球花有4对珠鳞，中间的2对珠鳞各有1～2胚珠。球果卵形，长1.5～2.5cm，熟前绿色，肉质，种鳞顶端反曲尖头，成熟后变木质，开裂，红褐色。种子长卵形，无翅或几无翅；子叶2，发芽时出土。花期3～4月；果10～11月成熟。

分布：原产华北、东北，目前全国各地均有栽培，北自吉林经华北，南至广东北部、广西北部，东自沿海，西至四川、云南。朝鲜亦有分布。

品种很多，在国内外较多应用的有：

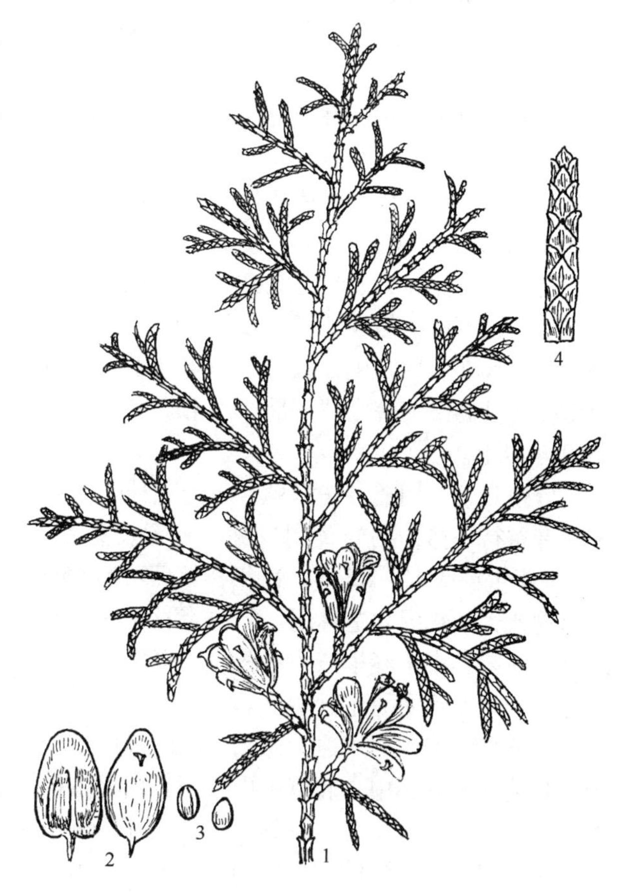

图16-30 侧 柏

1. 球果枝 2. 种鳞背、腹面 3. 种子 4. 小枝一节

①‘千头’柏‘Sieboldii’（子孙柏、凤尾柏、扫帚柏）：丛生灌木，无明显主干，高3～5m，枝密生，树冠呈紧密卵圆形或球形。叶鲜绿色。球果略长圆形；种鳞有锐尖头，被极多白粉。是一稳定品种，播种繁殖时遗传特点稳定。在中国及日本等地久经栽培，长江流域及华北南部多栽作绿篱或园景树以及用于造林用。

②‘金塔’柏（金枝侧柏）‘Beverleyensis’：树冠塔形，叶金黄色。南京、杭州等地有栽培，北京有引种，可在背风向阳处露地过冬，并已开始开花结实。

③‘洒金’千头柏‘Aurea Nana’：矮生密丛，圆形至卵圆，高1.5m。叶淡黄绿色，入冬略转褐绿。杭州等地有栽培。

④‘北京’侧柏‘Pekinensis’：乔木，高15～18m，枝较长，略开展；小枝纤细。叶甚小，两边的叶彼此重叠。球果圆形，径约1cm，通常仅有种鳞8枚。是一个优美品种，福芎于1861年在北京附近发现，并引入英国。

⑤‘金叶’千头柏（金黄球柏）‘Semperaurea’：矮型紧密灌木，树冠近于球形，高达

3m。叶全年呈金黄色。

⑥‘窄冠’侧柏‘Zhaiguancebai’：树冠窄，枝向上伸展或略上伸展。叶光绿色，生长旺盛。江苏徐州有栽培。

习性：喜光，但有一定耐荫力，喜温暖湿润气候，但亦耐多湿，耐旱；较耐寒，在沈阳以南生长良好，能耐 -25℃低温，在哈尔滨市仅能在背风向阳地点行露地保护过冬。侧柏在年降水量为 1638.8mm 的广州以及年降水量仅为 300mm 左右的内蒙古均能生长，故其适应能力很强。喜排水良好而湿润的深厚土壤，但对土壤要求不严格，无论酸性土、中性土或碱性土上均能生长，在土壤瘠薄处和干燥的山岩石路旁亦可见有生长。抗盐性很强，可在含盐 0.2% 的土壤上生长。

侧柏在自然界，于华北大致生于海拔 1500m 以下地区。侧柏的根系发达，虽然在土壤过湿处入土不深，但较油松有较强的耐湿力。生长速度中等而偏慢，但幼年、青年期生长较快，至成年期以后则生长缓慢，20 年生高 6 ~ 7m。侧柏的寿命极长，可达 2000 年以上。在河南登封县嵩阳书院之“二将军”柏，树高 18.2m，胸径 3.8m，冠幅 17.8m，估计树龄达 2500 年以上。

繁殖栽培：用播种法繁殖，每千克种子约 4.5 万粒，发芽率 70% ~ 85%，能保存 2 年。多在春季行条播，约经 2 周发芽。种子发芽后先出针状叶，后出鳞叶，2 年生后则全为鳞叶。1 年生苗高 15 ~ 25cm，次年移植后可达 45cm，3 年生苗可达 60cm 左右即可出圃用于栽作绿篱或大面积绿化造林用。5 ~ 6 年生者高可达 2m 左右。侧柏在幼苗期须根发达，易移植成活。在园林中于春季植为绿篱时，多用带土团的苗，但在雨季造林时可用裸根苗，然而须注意保护根系不受风干日晒。

观赏特性和园林用途：侧柏是我国最广泛应用的园林树种之一，自古以来即常栽植于寺庙、陵墓地和庭园中。北京中山公园有辽代古柏已达千年左右，枝干苍劲，气魄雄伟。一个配植得很成功的例子是北京的天坛，大片的侧柏和桧柏与皇穹宇、祈年殿的汉白玉石台栏杆和青砖石路形成强烈的烘托作用，充分地突出了主体建筑，很好地表达了主题思想。大片柏林形成了肃静清幽的气氛而祈年殿、皇穹宇及天桥等在建筑形式上、色彩上均与柏林互相呼应，出色地表现了“大地与天通灵”的主题。而天坛的地下水位较高，侧柏及圆柏能很好地适应这个环境，因此这是配植上既符合树种习性又能充分发挥观赏特性的优秀实例，而且这种配植在管理方面十分简便。此外，由于侧柏寿命长，树姿美，所以各地多有栽植，因而至今在名山大川常见侧柏古树自成景物。如陕西黄陵县轩辕庙的“轩辕柏”为轩辕庙八景之一，树高达 19m 余，胸径约 2m，推算树龄达 2700 年以上。又如泰山岱庙的汉柏，高约 19m，干周约 5m，传为汉武帝手植。

侧柏成林种植时，从生长的角度而言，以与桧柏、油松、黄栌、臭椿等混交比纯林为佳。但从风景艺术效果而言，以与圆柏混交为佳，如此则能形成较统一而且宛若纯林并优于纯林的艺术效果，在管理上亦有防止病虫蔓延之效。

侧柏在夏季虽碧翠可爱，但缺点是自 11 月至次年 3 月下旬的近 5 个月期间变成土褐色。20 世纪 50 年代南京林学院叶培忠教授在江南曾选出冬季不变色的植株。

经济用途：材质坚韧致密，耐腐，易加工，不翘不裂，可供建筑、桥梁等用。叶磨粉作线香原料，可提制侧柏精供药用。种子榨油可食，亦可入药。枝、叶、根、皮等均可入药。

2. 崖柏属 *Thuja* L.

常绿乔木或灌木，生鳞叶的侧枝呈平展状。雌雄同株，球花生于小枝顶端。球果长圆形或长卵形；种鳞较薄，革质，扁平；种子扁平，椭圆形，两侧有翅；子叶2，发芽时出土。

共约6种，分布于北美洲北部及东亚。中国产2种，自国外引入3种。

分种检索表

A_1 鳞叶先端钝，罕略尖，两侧鳞叶较中间者短，排列紧密。

　B_1 中央鳞叶尖头下方有明显或不明显的腺点；枝叶下面多少具有白粉 ………（朝鲜崖柏 *T. koraiensis*）

　B_2 中央鳞叶无腺点；枝叶下面无白粉 ……………………………………………（崖柏　*T. sutchuanensis*）

A_2 鳞叶先端尖或急尖。

　B_1 鳞叶先端尖或钝尖，两侧鳞叶较中央者稍短或等长，尖头内弯。

　　C_1 中央鳞叶尖头下方有明显腺点……………………………………………（1）香柏 *T. occidentalis*

　　C_2 中央鳞叶尖头下方无腺点 ……………………………………………（2）日本香柏 *T. standishii*

　B_2 鳞叶先端急尖，有长尖头，中央鳞叶尖头下方有时有圆形隆起的透明腺点，或无有；两侧鳞叶较中央者为长，尖头直伸而不内弯……………………………………………（3）北美乔柏 *T. plicata*

（1）香柏（美国侧柏、美国金钟柏）（图16-31）

***Thuja occidentalis* L.**

乔木，高20m，胸径2m；树冠圆锥形，老树有板根。鳞叶有芳香，主枝上的叶有腺体，侧小枝上者无腺体或很小。

原产北美，品种很多；如‘柱形’香柏‘Columna’：树冠柱形，高4～5m；‘卵圆’香柏‘Hoveyi’：卵圆树冠，高1.5m。

喜光树，有一定耐荫力，耐寒，不择土壤，能生长于潮湿的碱性土壤上。生长较慢。用种子繁殖。在美洲广泛用于园林，美国园林界均推崇作绿篱用。1550年引入欧洲，在英、法、德、荷等国庭园中均有栽植。我国早已引入栽培，在庐山等地生长良好，在北京亦可露地过冬。材质良好，耐腐而有芳香，可作家具用。

图16-31　香　柏
1. 幼枝及球果　2. 幼枝上部

（2）日本香柏（金钟柏）

***Thuja standishii* (Gord.) Carr.**

乔木，高达18m；树冠圆锥形，很美观。

原产日本。现在各国多有栽培。我国庐山、青岛、南京、杭州等地均有引种栽培，生长良好，宜作园景树。

(3) 北美乔柏

***Thuja plicata* D. Don**

大乔木，原产北美西部；树冠狭圆锥形。叶亮绿色，风姿优美；品种很多。我国庐山、南京等地有少量植株。

3. 罗汉柏属 *Thujopsis* Sieb. et Zucc.

本属仅1种。

罗汉柏（蜈蚣柏）（图16-32）

***Thujopsis dolabrata* Sieb. et Zucc.**

常绿乔木，高达35m，胸径2m；树冠广圆锥形；大枝平展，不整齐状轮生，枝端常下垂，小枝扁平。叶鳞片状，对生，在侧方的叶略开展，卵状披针形，略弯曲，叶端尖；在中央的叶卵状长圆形，叶端钝；叶表绿色，叶背有较宽而明显的粉白色气孔带，叶长4～7mm。球果近圆形，径1.2～1.5cm，种鳞6～8，木质，扁平，每种鳞有种子3～5粒；种子椭圆形，灰黄色，两边有翅，子叶2。

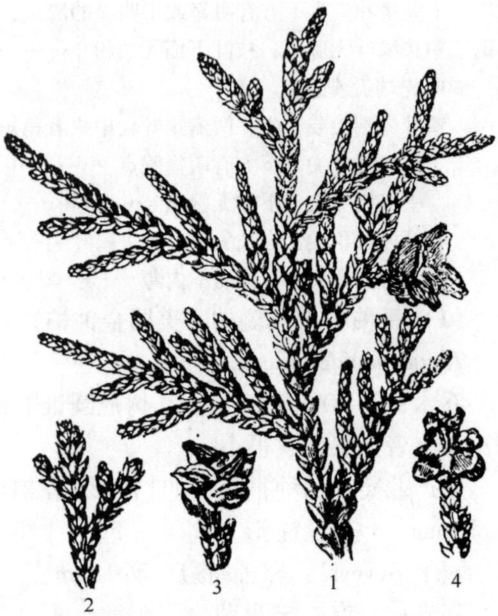

原产日本的本州及九州。我国已引入栽培。

喜光树，喜生于冷凉湿润土地（年平均气温8℃左右处）。幼苗生长极慢，10年生实生苗高。仅60cm左右，此后渐速，而以20年左右生长最速，至老年期则又缓慢。在适宜环境下，在大树下部的枝条与地面接触部分能发出新根，可与母株分离成新植株。

图16-32 罗汉柏

1. 幼枝上之雄球花与球果 2. 幼枝背面 3. 成熟球果 4. 裂开球果

繁殖可用播种、扦插或嫁接法。

本树通常多盆栽供观赏用。亦可栽于园林中作园景树。

［附］**福建柏**（**建柏**）*Fokienia hodginsii*（Dunn）Henry et Thomas

我国主产，仅1属1种，分布于福建、浙江、山西、湖南、广东、贵州、云南、四川等地。常绿乔木，枝、叶似罗汉柏。越南北部亦有野生。但福建柏鳞叶质地较薄，在枝上明显成节，中央之叶露出部分楔形，较两侧者为窄或近等宽；而罗汉柏叶质较厚，不明显成节，中央之叶比两侧者较宽而长。树形美，生长快，材质好，既是优美赏树，又可用以造林。

4. 扁柏属 *Chamaecyparis* Spach

常绿乔木，树皮鳞片状，或有深沟槽；生鳞叶的小枝扁平状，互生，排成一平面。叶对生，鳞片状，背面常有白粉。雌雄同株，球花单生枝顶；雄球花有雄蕊3～4对，每雄蕊有花药3～5；雌球花有3～6对珠鳞，每珠鳞1～5胚珠。球果当年成熟，球形或椭圆形；种鳞盾形，3～6对，背部有苞鳞的小尖头，每种鳞多有2～3粒种子，或1～5粒种子；种子小而扁，两侧有翅；子叶2，发芽时出土。

共5种1变种，分布于北美、日本及我国台湾。我国有1种及1变种，并引入栽培4种。

分种检索表

A_1　小枝下面鳞叶有显著白粉。

　B_1　鳞叶先端锐尖。

　　C_1　球果圆球形，径约6mm ……………………………………………………（1）日本花柏 *C. pisifear*

　　C_2　球果长圆或长圆状卵形，长10～12mm，径6～9mm ……………………………（红桧 *C. formosensis*）

　B_2　鳞叶先端钝，肥厚；球果径8～10mm（引种栽培） ……………………………（2）日本扁柏 *C. obtusa*

A_2　小枝下面鳞叶无或少白粉。

　B_1　鳞叶先端钝尖或略钝，小枝下面之叶略有白粉；雄球花深红色；球果径约8mm，发育种鳞具种子2～4粒（引种栽培） ……………………………………………………（3）美国扁柏 *C. lawsoniana*

　B_2　鳞叶先端锐尖，小枝下面之叶无白粉；雄球花暗褐色；球果径约6mm，发育种鳞具种子1～2（引种栽培）粒 ……………………………………………………………（美国尖叶扁柏 *C. thyoides*）

（1）日本花柏（花柏）（图16-33）

***Chamaecyparis pisifera*（Sieb. et Zucc.）Endl.（*Cupressus pisifera* K. Koch）**

形态：常绿乔木，在原产地高达50m，胸径1m；树冠圆锥形。叶表暗绿色，下面有白色线纹，鳞叶端锐尖，略开展，侧面之前较中间之叶稍长。球果圆球形，径约6mm。种子三角状卵形，两侧有宽翅。

分布：原产日本。中国东部、中部及西南地区城市园林中有栽培。

品种：品种颇多，国外栽培在60个以上，我国习见者有：

①‘线柏’‘Filifera’：常绿灌木或小乔木，小枝细长而下垂，华北多盆栽观赏，江南有露地栽培者。用侧柏作砧木行嫁接法繁殖。

②‘绒柏’‘Squarrosa’：树冠塔形，大枝近平展，小枝不规则着生，非扁平，而呈苔状；小乔木，高5m。叶条状刺形，柔软，长6～8mm，下面有2条白色气孔线。

③‘凤尾’柏‘Plumosa’：小乔木，高5m；小枝羽状。鳞叶较细长，开展，稍呈刺状，但质软，长3～4mm，也偶有呈花柏状枝叶的。枝叶浓密，树姿、叶形俱美。

④‘银斑凤尾’柏‘Plumosa Argentea’：枝端的叶雪白色，余似‘凤尾’柏，杭州等地有栽培。

⑤‘金斑凤尾’柏‘Plumosa Aurea’：幼枝新叶金黄色，余似‘凤尾’柏。

⑥‘黄金花’柏‘Aorea’：树冠尖塔形；鳞叶金黄色，但株里内膛处叶绿色。

⑦‘矮金彩’柏‘Nana Aureovariegata’：极矮，平

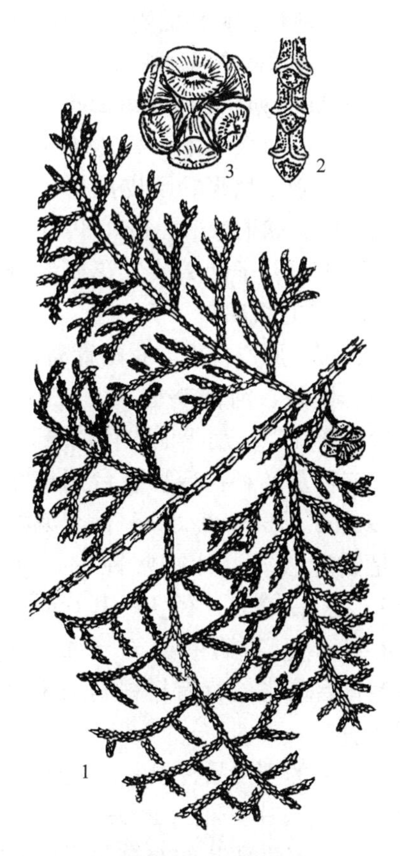

图16-33　日本花柏

1. 枝及球果　2. 幼枝上部　3. 球果

顶而密生灌木，高仅达 50cm，小枝扇形，顶向下弯；叶有金黄条斑，全叶亦带金黄光彩。栽培中性状稳定，系最矮小的松柏之一。

⑧‘金晶线’柏‘Golden Spangle’：树冠尖塔形，紧密，高约 5m；小枝短而弯曲，略呈线状；叶金黄色。荷兰 1900 年选育之芽变品种。

⑨‘金线’柏‘Filifera Aurea’：似‘线柏’，但具金黄色叶，且生长更慢。杭州等地有栽培。

⑩‘卡柏’‘Squarrosa Intermedia’：幼树平头圆球形；叶全呈幼年性状，如‘绒柏’，而 3 叶轮生密着，有白粉。幼株矮生而美观。老株灌丛状，高达 2m；具中央领导枝，有过渡中间型‘凤尾’柏状叶；枝下部叶呈幼年状，如上所述。杭州等地有引种栽培。

习性：对阳光的要求属中性而略耐荫；喜温凉湿润气候；喜湿润土壤，不喜干燥土地。生长速度比日本扁柏快。

繁殖栽培：可用播种及扦插法繁殖，有些品种可用扦插、压条或嫁接法繁殖。大树移植较容易但应带土团或于前 1 ~ 2 年行断根法。移植的适当时期是秋季；如果当地冬季低温达 -10℃以下，则以春季移植为宜。如果在 -5℃左右，则春季或秋季均适于移植。若需施行整形修剪，以在初秋为宜。

观赏特性和园林用途：在园林中可行独植、丛植或作绿篱用。枝叶纤细优美秀丽，特别是许多品种具有独特的姿态，观赏价值很高。日本庭园中常见应用。

(2) 日本扁柏(扁柏、钝叶扁柏)(图 16-34)

Chamaecyparis obtusa **(Sieb. et Zucc.) Endl.**

形态：常绿乔木，高达 40m，干径 1.5m；树冠尖塔形；干皮赤褐色。鳞叶尖端较钝。球果球形，径 0.8 ~ 1cm；种鳞常为 4 对；子叶 2 枚。花期 4 月；球果 10 ~ 11 月成熟。

分布：原产日本。我国青岛、南京、上海、杭州、河南鸡公山、江西庐山、台湾、浙江、云南等地均有栽培。

变种及品种：变种有台湾扁柏 var. *formosana* (Hayata) Rehd.：与原种的区别是鳞叶较薄，叶端常钝尖（而非钝圆）；球果较大，径 1 ~ 1.1cm（而非 0.8 ~ 1cm）；种鳞 4 ~ 5 对（而非 4 对）。是我国台湾省的特有树种和最主要的用材树种。

著名的观赏品种很多，常见的有：

①‘云片’柏（云头柏）‘Breviramea’：着生鳞叶的小枝呈云片状，很别致可爱。

图 16-34　日本扁柏

1. 球果枝　2. 扁平小枝下面　3. 球果　4. 种子

②‘洒金云片’柏‘Breviramea Aurea’：小枝延长而窄，顶端呈金黄色；杭州有栽培。

③‘黄塔’扁柏（黄叶扁柏）‘Crippsii’：树冠阔塔形，枝斜展，小枝宽，云片状，顶端下弯；叶鲜金黄色，树冠内方的叶渐变绿色，枝叶下面黄绿色。抗寒性较弱，是英国品种，庐山有引种栽培。

④‘石南’扁柏‘Ericoides’：系一幼年性状品种。灌木，树冠呈紧密的阔圆锥形或近球形，高达1.5m；叶长3~5mm，较粗，浅亮绿色；多用作盆栽。

⑤‘孔雀’柏‘Filicoides’：灌木，较矮生，生长缓慢；枝长伸而窄，小枝短，扁平而密集，外形如凤尾蕨状；鳞叶小而厚，顶端钝，背具脊，极深亮绿色；为日本品种，1860年左右传至英国。在杭州、上海等地有引种栽培。

⑥‘鹤柏’（乌柏）‘Lycopoides’：矮生，灌木状，或呈圆球形，树高1~2m；枝散展，较细长，小枝不整齐而密集，枝端尤甚，又常压平成鸡冠状；叶呈各形，在新梢上密生，顶部的叶圆柱形或钝头钻形，螺旋状排列，主梢基部者多少呈鳞片状，对生，压贴，广卵形，覆瓦状排列，亮深绿色。日本品种，1861年传至英国。

⑦‘矮生’扁柏‘Nana’：矮生，树冠球形，平顶，高达1m，生长极慢；小枝密生，短而近于水平；叶极小，暗绿色。适于作岩石园、假山园及草坪配植用。

⑧‘垂枝’扁柏‘Pendula’：是一个很壮丽的品种；枝长，下垂，顶端呈绳索状，为日本及捷克品种。

⑨‘金四方’柏（金孔雀柏）‘Tetragona Aurea’：矮生，圆锥形，紧密，生长慢；枝近直展；着生鳞叶的小枝呈辐射状排成云片形，较短，枝梢鳞叶小枝四棱状；鳞叶背部有纵脊，亮金黄色。庐山、昆明等地有栽培。

习性：对阳光要求中等而略耐荫；喜凉爽而温暖湿润气候；在北京只能生于小气候良好地点，在青岛则生长良好；喜生于排水良好的较干山地，在原产地生于海拔1050~1350m的山地，而不见于山腹以下的低湿处。

繁殖栽培：原种、变种用播种法，品种用扦插法繁殖。种子发芽率60%左右，可保存1年。扦插易生根，成活率达60%以上。幼苗期不耐日光直射，需设荫棚。最初4~5年生长缓慢，至6~7年后则生长较快，每年可生长近1m左右。在青岛生长者，11年生可高达3m，30年生者可达10m。在庐山海拔1000m处亦生长良好，30年生纯林高约11m，干径12cm。

观赏特性和园林用途：树形及枝叶均美丽可观，许多品种具有特殊的枝形和树形，故常用于庭园配植用。可作园景树、行道树、树丛、风景林及绿篱用。

经济用途：材质坚韧，耐腐，有芳香，宜供建筑及造纸用。

(3) 美国扁柏（美国花柏、劳森花柏）

***Chamaecyparis lawspniana* (A. Murr.) Parl.**

常绿乔木，高60m；干皮红褐色。枝扁平。叶紧密相连，有腺体，亮绿色或灰白绿色，背面有不显明的气孔线，叶端钝尖。雄球花深红色。球果球形，径8mm，红褐色；种鳞8枚，有反曲突起；通常有2~4种子；种子有宽翅。

原产美国西部；南京、杭州、昆明、庐山等地均有栽培，生长良好。本种在美国约有200个品种，是欧、美园林中常用的树种。

5. 柏木属 *Cupressus* L.

常绿乔木，罕灌木状。小叶圆筒状或近方形，多不排成一个平面。叶鳞形而小，徒长枝上者常呈刺形。雌雄同株，单性；雄球花单生枝顶，每雄蕊有药2~6；雌球花亦单生枝顶，球形，每珠鳞有5至多数胚珠。球果次年夏、秋成熟，球形或近球形；种鳞木质，盾形，每种鳞含5至多数种子；种子微扁，有棱，两侧具窄翅，子叶2~5。

约20种；中国产5种，另引入栽培4种。

分种检索表

A_1 生鳞叶小枝扁而排成一平面，下垂；球果小，径0.8~1.2cm，每种鳞具种子5~6 …… 柏木 *C. funebris*

A_2 生鳞叶小枝圆柱或四棱状，不排成一平面，不下垂或下垂；球果多较大，径1~3cm；每种鳞具种子多数。

B_1 生鳞叶小枝圆柱状，略垂或下垂；球果径1.2~1.6cm，深灰褐色 ……………… （藏柏 *C. torulosa*）

B_2 生鳞叶小枝四棱状，鳞叶兰绿或灰绿色，有蜡质白粉；球果有白粉，种鳞3~5对：

C_1 生鳞叶小枝不下垂，鳞叶先端略钝或稍尖；球果大，径1.6~3.0cm，种鳞4~5对 ……………………………………………………………… （滇柏 *C. duclouxiana*）

C_2 生鳞叶小枝下垂；鳞叶先端尖；球果较小，径1.0~1.5cm，种鳞3~4对 ……………………………………………………………… （墨西哥柏木 *C. lusitanica*）

柏木（垂丝柏）（图16-35）

Cupressus funebris **Endl.**

形态：常绿乔木，高35m，胸径2m；树冠狭圆锥形；干皮淡褐灰色，成长条状剥离；小枝下垂，圆柱形，生叶的小枝扁平。鳞叶端尖，叶背中部有纵腺点。球果次年成熟，形小，径8~12mm，木质；种鳞4对，盾形，有尖头，每种鳞内含5~6粒种子。种子两侧有狭翅；子叶2枚。花期3~5月；球果次年5~6月成熟。

分布：分布很广，浙江、江西、四川、湖北、贵州、湖南、福建、云南、广东、广西、甘肃南部、陕西南部等地均有生长。

习性：柏木为喜光树，能略耐侧方荫蔽。喜暖热湿润气候，不耐寒，是亚热带地区具有代表性的针叶树种，分布区内年均温约为13~19℃。年降水量约在1000mm以上。对土壤适应力强，以在石灰质土上生长最好，也能在微酸性土上生长良好。耐干旱瘠薄，又略耐水湿。在南方自然界的各种石灰质土及钙质紫色土上常成纯林，所以是亚热带针叶树中的钙质土指示植物。在其他土壤上常成混交群落，混交的树种有青冈栎、青栲、枫香、云南樟、麻栎、桤木、楹木、棕榈等。柏木的根系较浅，但侧根十分发达，能沿岩缝伸展。生长较快，20年生高达12m，干径16cm。柏木的天然播种更新能力很强，但幼苗在过于郁闭的条件下生长不良。

繁殖栽培：用种子繁殖。每千克种子约30万粒，千粒重约3.3g，发芽率约65%。苗床土壤pH值以中性或微碱性为佳，因幼苗在酸性土壤中生长不良。播前应行45℃温水浸种一天，然后放入筐中行催芽后再播种。每666m^{2}条播量6~7 kg，当年生苗高达20cm，可产苗10万多株。

图 16-35　柏　木

1. 球果枝　2. 小枝　3. 雄蕊背面　4. 雄蕊腹面　5. 雌球花　6. 球果　7. 种子

柏木树冠较窄，又有耐侧方荫庇的习性，故定植距离可较近。在 30 年生的柏木林中其树冠约为 2m 左右，而 30 年生的孤立树冠宽不足 4m。

柏木寿命长，在西南各地常可见有古柏，如昆明黑龙潭之 1 株柏木，传为宋代所植，称为“宋柏”，1976 年 5 月实测，树高 2.8m，胸径 1.9m，冠幅 17m。成都又有孔明手植柏，森森古木蔚然大观。

观赏特性和园林用途：柏木树冠整齐，能耐侧荫。故最宜群植成林或列植成甬道，形成柏木森森的景色。宜于作公园、建筑前、陵墓、古迹和自然风景区绿化用。1848 年福芎已引入英国。

经济用途：心材大，材质优，具有香气，耐湿抗腐，是良好的建筑、造船、制水桶、细工等用材。球果、枝、叶、根均可入药。果可治风寒感冒、虚弱吐血、胃痛等症；根、枝、叶均可提炼“柏香油”供出口；叶可治烫伤。

6. 圆柏属（桧属）*Sabina* Mill.

常绿乔木或灌木，冬芽不显著。叶二型，鳞形或刺状，或全为刺形，鳞形叶交互对生，刺状叶 3 枚轮生，叶基下延生长。雌雄异株或同株，球花单生短枝顶端；雄球花有对生之雄蕊 4 ~ 8 对；雌球花有珠鳞 4 ~ 8，每珠鳞有胚珠 1 ~ 6。球果常次年成熟，罕第 3 年成熟；种鳞合生，肉质，苞鳞与种鳞合生，仅苞鳞尖端分离，肉质，果熟时不开裂，内含 1 ~ 6 种子；种子无翅；子叶 2 ~ 6。

约 50 种；中国约产 17 种，3 变种。引入栽培 2 种。

分种检索表

A_1　全株皆鳞叶，或鳞叶刺叶兼有，或仅幼株全为鳞叶。

B_1　球果卵形或近球形，罕倒卵形；刺叶三叶交叉轮生或交叉对生，鳞叶背面腺体位于中部、中下部或近基部；多乔木，罕匍匐灌木。

C_1　鳞叶先端钝，腺体在叶背中部，生鳞叶小枝圆柱状或略四棱状；三刺叶交互轮生或交互对生，等长；球果具种子 1 ~ 4 ………………………………………………………………（1）圆柏 *S. chinensis*

C_2　鳞叶先端急尖或渐尖，腺体在叶背中下部或近中部，生鳞叶小枝常四棱状；幼树上刺叶交互对生，不等长；球果有种子 1 ~ 2 …………………………………………………………（北美圆柏 *S. virginiana*）

B_2　球果常呈倒三角状或叉状球形，顶平截，宽圆或分叉状，部分球果卵形或近球形，壮龄树几全为鳞叶，背面腺体位于中部；刺叶仅出现于幼树，交叉对生；匍匐灌木…………（2）砂地柏 *S. vulgaris*

A_2 全株皆刺叶，三叶交叉轮生，小枝上部与下部的叶近等长，罕交叉对生；球果具种子 1，罕 2～3。

B_1 球果具种子 1；多乔木，罕灌木。

C_1 叶背拱圆或具钝脊，沿脊有细纵槽，或中下部有细槽。

D_1 小枝下垂；叶背拱圆，仅中下部有细纵槽，叶长 3～6mm（幼树达 12mm）、近直伸………（醉柏 *S. recurva*）

D_2 小枝不下垂；叶背具钝脊，沿脊有细纵槽，叶长 5～10mm，常斜伸或平展 ……………………………………………………………………………………………………（高山柏 *S. squamata*）

C_2 叶背具明显棱脊；沿脊无纵槽；有叶小枝常呈柱状六棱形，有叶小枝下垂，常较细，乔木………………………………………………………………………………………………（垂枝香柏 *S. pingii*）

B_2 球果具种子 2～3；匍匐灌木……………………………………………………（3）铺地柏 *S. procumbens*

(1) 圆柏（桧柏、刺柏）（图 16-36）

***Sabina chinensis*（L.）Ant.（*Juniperus chinensis* L.）**

形态：乔木，高达 20m，胸径达 3.5m；树冠尖塔形或圆锥形，老树则成广卵形，球形或钟形。树皮灰褐色，呈浅纵条剥离，有时呈扭转状。老枝常扭曲状；小枝直立或斜生，亦有略下垂的。冬芽不显著。叶有两种，鳞叶交互对生，多见于老树或老枝上；刺叶常 3 枚轮生，长 0.6～1.2cm，叶上面微凹；有 2 条白色气孔带。雌雄异株，极少同株；雄球花黄色，有雄蕊 5～7 对，对生；雌球花有珠鳞 6～8，对生或轮生。球果球形，径 6～8mm，次年或第 3 年成熟，熟时暗褐色，被白粉，果有 1～4 粒种子，卵圆形。子叶 2，发芽时出土。花期 4 月下旬，果多次年 10～11 月成熟。

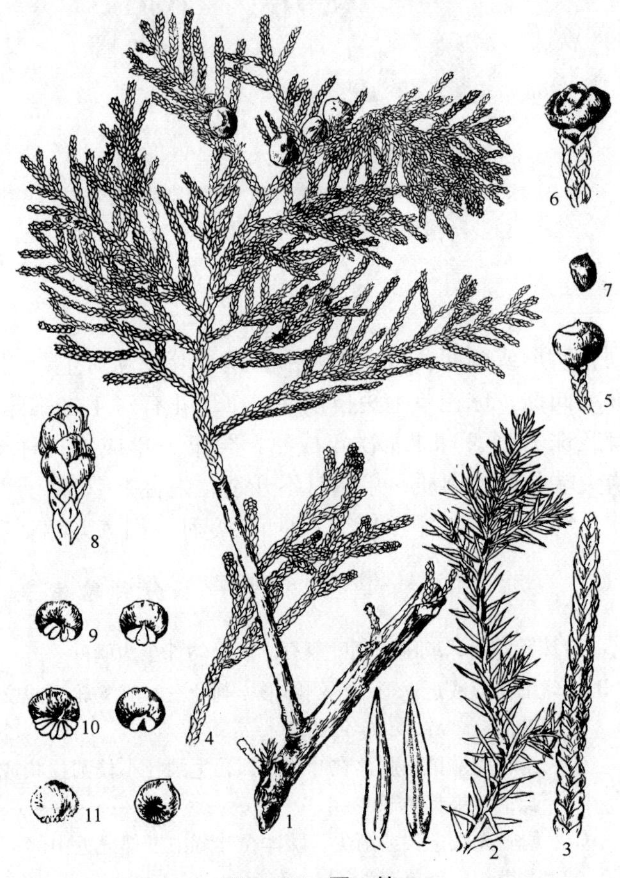

图 16-36 圆 柏

1. 球果枝 2. 刺形叶 3、4. 鳞形叶 5. 球果 6. 球果（开裂） 7. 种子 8. 雄球花 9～11. 雄蕊各面观

分布：原产中国东北南部及华北等地，北自内蒙古及沈阳以南，南至两广北部，东自滨海省份，西至四川、云南均有分布。朝鲜、日本也产。

变种、变型及品种：野生变种、变型和园艺品种极多，现将主要的介绍如下：

Ⅰ. 野生变种、变型有：

① 垂枝圆柏 f. *pendula* (Franch.) Cheng et W. T. Wang 枝长，小枝下垂。原产陕南及甘肃东

南部，北京等地有栽培。

②偃柏 var. *sargentii*（Henry）Cheng et L. K. Fu 本变种与圆柏主要区别在于：系匍匐灌木，小枝上伸成密丛状，树高 0.6～0.8m，冠幅 2.5～3.0m，老树多鳞叶，幼树之叶常针刺状，刺叶通常交叉对生，长 3～6mm，排列较紧密，略斜展。球果带蓝色，果有白粉，种子 3 粒。产于东北张广才岭海拔约 1 400m 处。俄罗斯、日本也有分布。耐寒性甚强，亦耐瘠土，可生于高山及海岸岩石缝中，有固沙、保土之效，可栽供岩石园及盆景观赏，又为良好的地被植物。扦插繁殖。

本变种有栽培变型（品种），如‘密生’偃柏、‘粉羽’偃柏、‘淡绿’偃柏等。

Ⅱ. 桧柏之栽培变型（品种），国内外多达 60 个以上：

①‘金叶’桧（‘Aurea’）：直立窄圆锥形灌木，高 3～5m，枝上伸；小枝具刺叶及鳞叶，刺叶具窄而不显之灰蓝色气孔带，中脉及边缘黄绿色，鳞叶金黄色。

②‘金枝球’柏（‘Aureoglobosa’）：丛生灌木，树冠近球形；多为鳞叶，小枝顶端初叶呈金黄色，上海、杭州、南京、北京等地有栽培。

③‘球柏’（‘Globosa’）：丛生灌木，近球形，枝密生；全为鳞叶，间有刺叶。

④‘龙柏’（‘Kaizuka’）：树形呈圆柱状，小枝略扭曲上伸，小枝密，在枝端成几个等长的密簇状，全为鳞叶，密生，幼叶淡黄绿，后呈翠绿色；球果蓝黑，略有白粉。华北南部及华东各城市常见栽培。用枝插繁殖，或嫁接于侧柏砧木上。

⑤‘金龙’柏（‘Kaizuka Aurea’）：叶全为鳞叶，枝端之叶为金黄色。华东一带城市园林中常有栽培。

⑥‘匍地龙’柏（‘Kaizuca Procumbens’）：无直立主干，植株就地平展。系庐山植物园用龙柏侧枝扦插后育成。

⑦‘鹿角’桧（‘Pfitzeriana’）：丛生灌木，干枝自地面向四周斜展、上伸，风姿优美，适于自然式园林配植等用。

⑧‘羽桧’（‘Plumosa’）：矮生雄株，广阔灌木，树高 1.0～1.5m，主枝常偏于一侧，枝散展；小枝向前伸，枝丛密生，羽状；叶鳞状，密着，暗绿色，在树膛内夹有若干反映幼龄性状的刺叶。

⑨‘塔柏’（‘Pyramidalis’）：树冠圆柱形，枝向上直伸，密生；叶几全为刺形。华北及长江流域有栽培。

习性：喜光但耐荫性很强。耐寒、耐热，对土壤要求不严，能生于酸性、中性及石灰质土壤上，对土壤的干旱及潮湿均有一定的抗性。但以在中性、深厚而排水良好处生长最佳。深根性，侧根也很发达。生长速度中等而较侧柏略慢，25 年生者高 8m 左右。寿命极长，各地可见到千百余年的古树。对多种有害气体有一定抗性，是针叶树中对氯气和氟化氢抗性较强的树种。对二氧化硫的抗性显著胜过油松。能吸收一定数量的硫和汞，阻尘和隔音效果良好。

繁殖栽培：用播种法，发芽率 40%。当年采收之种子，次春播下后常发芽率极低或不发芽，故应在 1 月份将洁净种子浸于 5% 福尔马林液中消毒 25min 后，用冷开水洗净，然后层积于 5℃ 左右环境中约经 100d，则种皮开裂开始萌芽，即可播种，约 2～3 周后发芽。当年苗高数厘米，次春移植，满 2 年者高可达 30cm，3 年生者高约 60cm；即可供作绿篱用。

桧柏也可行软材（6 月播）或硬材（10 月插）扦插法繁殖，河南鄢陵姚家花园于秋末用 50cm 长粗枝行泥浆扦插法，成活率颇高。一些栽培变种大都可用扦插法繁殖，但初期生长极慢；因此为提早成苗出圃，亦常用嫁接法繁殖，砧木用侧柏。桧柏移植时，需注意勿伤损根部土团。

桧柏常见的病害有桧柏梨锈病、桧柏苹果锈病及桧柏石楠锈病等。这些病以桧柏为越冬寄主。对桧柏本身虽伤害不太严重，但对梨、苹果、海棠、石楠等则危害颇巨，故应注意防治，最好避免在苹果、梨园等附近种植。

观赏特性及园林用途：桧柏在庭园中用途极广。性耐修剪又有很强的耐荫性，故作绿篱比侧柏优良，下枝不易枯，冬季颜色不变褐色或黄色，且可植于建筑之北侧阴处。我国古来多配植于庙宇陵墓作墓道树或柏林。其树形优美，青年期呈整齐之圆锥形，老树则干枝扭曲，奇姿古态，堪为独景；在苏州冯异祠有 4 株古桧，由于姿态奇古，而分别得“清”“奇”“古”“怪”之名。山东泰安孔庙大成门内左侧有老桧 1 株，高 10 ~ 12m，干径 0.7m，约为 500 年生；中山公园中有辽代遗物，高逾 10m，干周近 7m，约近千年。山东泰山炳灵殿前有汉武帝手植柏，其左有乾隆题之汉柏碑，生势已弱，干周 4.6m，如果确属武帝时所植，则树龄当在 2000 年以上，可谓国宝，应注意加以保护。英国在 1767 年以前引入试种，1804 年又自广东引入苗木于皇家邱园，现在欧美各国园林中已广为应用。本树为我国自古喜用之园林树种之一，可谓古典民族形式庭园中不可缺少之观赏树，宜与宫殿式建筑相配合。但在配植时应勿与苹果、梨园靠近，以免锈病猖獗。在民间如河南鄢陵、山东菏泽等地尚习于用本种作盘扎整形之材料；又宜作桩景、盆景材料。

经济用途：材质致密，坚硬，桃红色，美观而有芳香，极耐久，故宜供作图板、棺木、铅笔、家具或建筑材料。种子可榨油，或入药。因其生长速度中等而偏慢，故除作观赏外，尚少用于大规模造林者。

（2）砂地柏（新疆圆柏、天山圆柏、双子柏、叉子圆柏）

Sabina vulgaris* Ant.**（J. sabina* L.**）

匍匐性灌木，高不及 1m。刺叶常生于幼树上；鳞叶交互对生，斜方形，先端微钝或急尖，背面中部有明显腺体。多雌雄异株；球果熟时褐色、紫蓝或黑色，多少有白粉；种子 1 ~ 5，多为 2 ~ 3。

产于西北及内蒙古。南欧至中亚蒙古也有分布。北京、西安等地有引种栽培。

耐旱性强，生于石山坡及砂地、林下。可作园林绿化中的护坡、地被及固砂树种用。

（3）铺地柏（爬地柏、矮桧、匍地柏、偃柏）

Sabina procumbens*（Endl.）Iwata et Kusaka**（Juniperus procumbens* Miq.，*J. chinensis* var. *procumbens* Endl.**）

匍匐小灌木，高达 75cm，冠幅逾 2m，贴近地面伏生，叶全为刺叶，3 叶交叉轮生，叶上面有 2 条白色气孔线，下面基部有 2 白色斑点，叶基下延生长，叶长 6 ~ 8mm；球果球形，内含种子 2 ~ 3。原产日本，我国各地园林中常见栽培，亦为习见桩景材料之一。

喜光树，能在干燥的砂地上生长良好，喜石灰质的肥沃土壤，忌低湿地点。用扦插法易繁殖。在园林中可配植于岩石园或草坪角隅，又为缓土坡的良好地被植物，各地亦经常盆栽观赏。日本庭园中在水面上的传统配植技法“流枝”，即用本种造成。有银枝及金枝等变种。

7. 刺柏属 *Juniperus* L.

常绿乔木或灌木；小枝近圆柱状或四棱状；冬芽显著。叶全为刺形，三叶轮生，基部有关节而不下延生长，披针形或近条形，上面平或凹下，有 1～2 条气孔带，下面隆起而具纵脊。雌雄同株或异株，球花单生叶腋；雄蕊约 5 对；雌球花有轮生珠鳞 3，胚珠 3，生珠鳞间。球果浆果状，近球形，2 或 3 年成熟；种子常 3，卵形而具棱脊，有树脂槽，无翅。

约 10 余种，分布于北温带及北寒带；中国产 3 种，另引入栽培 1 种。

分种检索表

A_1 叶上面中脉绿色，两侧各有一条白色气孔带；球果球形或广卵形，熟时淡红褐色；乔木 …………………………………………………… (1) 刺柏 *J. formosana*

A_2 叶上面有一条白色气孔带，无绿色中脉。

　B_1 叶质厚而硬，上面凹下成深槽，在凹槽中之白粉带较绿色边带为窄，横切面成“V”状；球果球形，淡褐黑色，有白粉；乔木或灌木 ………………………… (2) 杜松 *J. rigida*

　B_2 叶质较薄，上面略凹，但不成深槽，长 8～16mm，直而不弯；白粉带常较绿色边带为宽，横切面扁平；球果球形或广卵形，熟时蓝黑色；乔木或直立灌木 ……………… (欧洲刺柏 *J. communis*)

(1) 刺柏（缨络柏、台湾柏、山刺柏、刺松）（图 16-37）

Juniperus formosana* Hayata**（J. taxifolia* Parl**）

常绿乔木，高达 12m，胸径 2.5m；树冠狭圆锥形，小枝下垂，树皮灰褐色，叶全刺形，长 2～3cm，表面略凹，有 2 条白色气孔带或在尖端处合二为一，白色带比绿色部分宽，下面有钝纵脊；叶基不下延。球果球形或卵状球形，径 6～10mm，果顶有 3 条辐状纵纹或略开裂；每果有种子 3，2 年成熟，熟时淡红褐色；种子三角状椭圆形。

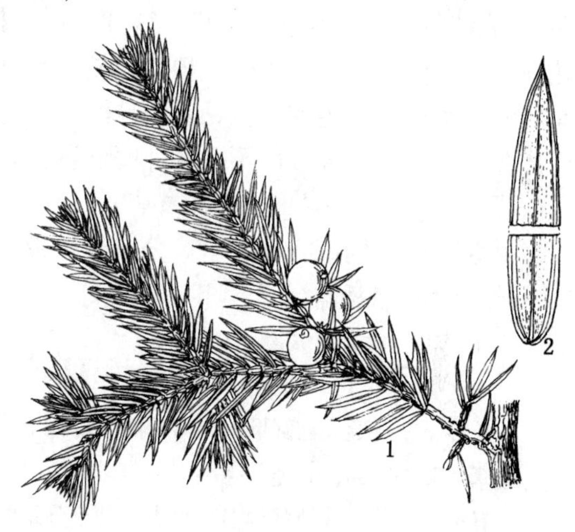

图 16-37　刺　柏

1. 果枝　2. 刺叶

产于台湾、江苏、安徽、浙江、福建、江西、湖北、湖南、陕西、甘肃、青海、四川、贵州、云南、西藏等高山区，常出现于石灰岩上或石灰质土壤中。

性喜光，耐寒性强，在自然界常散见于海拔 1300～3400m 地区，但不成大片森林。用种子或嫁接法繁殖，以侧柏为砧木。

宜在园林中观赏其长而下垂之枝，体形甚是秀丽。

材质致密而有芳香，耐水湿，宜作铅笔、家具、桥柱、木船等。

(2) 杜松

Juniperus rigida* Sieb. et Zucc.**（J. communis* Thunb**，***J. utilis* Koidz.**）

常绿乔木，高达 12m，胸径 1.3m；树冠圆柱形，老则圆头状。大枝直立，小枝下垂。叶全为条状刺形，坚硬，长 1.2～1.7cm，上面有深槽，内有一条狭窄的白色气孔带，叶下有明显纵脊，无腺体。球果球形，径 6～8mm，2 年成熟，熟时淡褐黑或蓝黑色，每果内有 2～4 粒种子。花期 5 月；果次年 10 月成熟。

产于黑龙江、吉林、辽宁海拔 500m 以下之低山区及内蒙古乌拉山之海拔 1400m 地带，以及河北小五台山、华山、山西北部以及两北地区海拔 1400～2200m 之高山。在日本分布于本州中部以南及四国、九州；朝鲜亦产之。

国外有若干变种及品种用于园林，如日本杜松（var. *nipponica*）为匍匐性变种；'线枝'杜松（'Filiformis'）具长线状下垂小枝。

为强喜光树，有一定的耐荫性。性喜冷凉气候，比圆柏的耐寒性要强得多；主根长而侧根发达，对土壤要求不严，能生于酸性土以至海边在干燥的岩缝间或砂砾地均可生长，但以向阳适湿的砂质壤土最佳。

可用播种及扦插法繁殖，播前种子应行预措，每千克约 7 万粒。

在北方园林中可搭配应用。此树对海潮风有相当强的抗性，是良好的海岸庭园树种之一。

本树亦为梨锈病之中间宿主，应避免在果园附近种植。

[7] 罗汉松科（竹柏科）Podocarpaceae

常绿乔木或灌木。叶鳞状、针叶条形、披针形或卵圆形。常雌雄异株，稀同株；雄球花顶生或腋生、单生、簇生或穗状分枝，雄蕊多数，螺旋状互生，每雄蕊有花药 2，花粉粒有气囊；雌球花腋生或顶生，具数珠鳞，顶端或部分珠鳞具 1 倒生胚珠。种子球形或卵形，外皮多为肉质，基部多由不孕性珠鳞和种柄顶端结合发育呈肉质的种托。子叶 2，发芽时出土。

共含 8 属，约 130 种以上。分布于热带、亚热带及南温带地区，多数产于南半球。中国产 2 属 14 种 3 变种。

分属检索表

A_1 叶条形、披针形或椭圆形，罕为鳞片状；种子核果状，完全为肉质假种皮所包被，常着生于肉质或略肥厚的种托上，常有梗 ………………………………………… 罗汉松属 *Podocarpus*

A_2 叶有条形、针状或鳞状等多种形态；种子坚果状，仅下半部或基部为肉质假种皮所包被，苞片不增厚成肉质种托，无梗或有梗 ………………………………………… （陆均松属 *Dacrydium*）

（陆均松属中，含常绿乔木或灌木共约 20 种，中国海南岛有 1 种，其他多分布于南半球。现仅述园林中常用的罗汉松属。）

罗汉松属（竹柏属）*Podocarpus* L′ H′er ex Pers.

常绿乔木，罕灌木。叶互生或对生，条形至卵形，很少为鳞片状。雌雄异株，罕同株；雄球花柔荑状，单生或簇生叶腋；雌球花多 1～2 生于叶腋，亦有少数生于短小枝顶端，有柄。种子球形或卵形，完全为肉质外种皮所包，着生于肉质或非肉质的种托上；种子当年成熟。

共约100种，主要分布于南半球的热带、亚热带地区；中国有13种3变种。

分种检索表

A_1 叶同型；种子生于叶腋，有柄。

B_1 叶有明显中脉，条形或狭披针形，长5～10cm，宽5～10mm，叶端渐尖或突尖，螺旋状互生或近对生，不排列为两列状；种子较小，生于叶腋；种托肥厚而肉质 …………（1）罗汉松 *P. macrophyllus*

B_2 叶无明显中脉，有多数平行脉，卵形或披针状卵形，长5～7cm，宽2～2.5cm，对生或近对生，排成两列状；种子大，亦生于叶腋，但种托不肥厚 ……………………………………………（2）竹柏 *P. nagi*

A_2 叶异型，鳞叶排列紧密，条形叶排成两列；种子生于枝顶，无柄 ……………（3）鸡毛松 *P. imbricauts*

（1）罗汉松（罗汉杉、土杉）（图16-38）

***Podocarpus macrophllus*（Thunb.）D. Don**

形态：常绿乔木，高达20m，胸径达60cm；树冠广卵形；树皮灰色，浅裂，呈薄鳞片状脱落。枝较短而横斜密生。叶条状披针形，长7～12cm，宽7～10mm，叶端尖，两面中脉显著而缺侧脉，叶表暗绿色，有光泽，叶背淡绿或粉绿色，叶螺旋状互生。雄球花3～5簇生叶腋，圆柱形，3～5cm；雌球花单生于叶腋。种子卵形、长约1cm，未熟时绿色，熟时紫色，外被白粉，着生于膨大的种托上；种托肉质，椭圆形，初时为深红色，后变紫色，略有甜味，可食，有柄。子叶2，发芽时出土。花期4～5月；种子8～11月成熟。

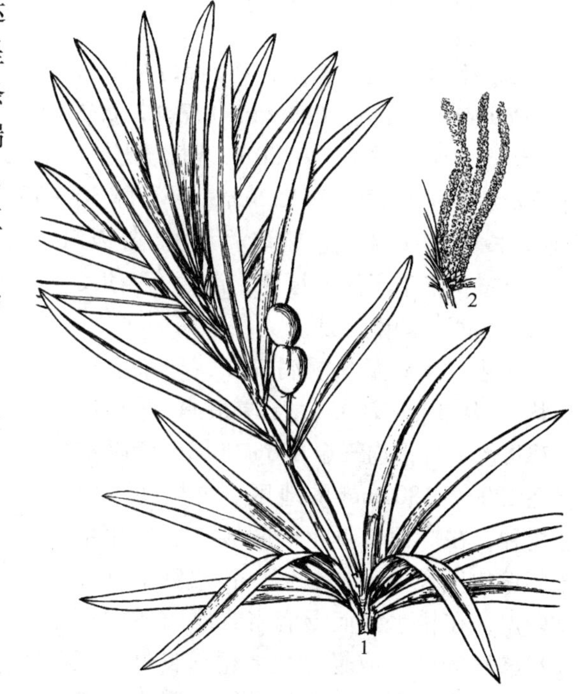

图16-38　罗汉松

1. 种枝　2. 雄球花枝

分布：产于江苏、浙江、福建、安徽、江西、湖南、四川、云南、贵州、广西、广东等地，在长江以南各地均有栽培。日本亦有分布。

变种、变型：

①狭叶罗汉松 var. *angustifolius* Bl.：叶长5～9cm，宽3～6mm，叶端渐狭成长尖头，叶基楔形。产于四川、贵州、江西等地，广东、江苏有栽培。日本亦有分布。

②小罗汉松 var. *maki* Endl.：小乔木或灌木，枝直上着生。叶密生，长2～7cm，较窄，两端略钝圆。原产日本。在我国江南各地园林中常有栽培。朝鲜、日本、印度亦多栽培。

③短叶罗汉松 var. *maki* f. *condensatus* Makino：叶特短小。江、浙有栽培。

习性：较耐荫，为半耐荫树；喜排水良好而湿润的砂质壤土，又耐潮风，在海边也能生长良好。耐寒性较弱，在华北只能盆栽，培养土可用砂和腐质土等量配合。本种抗病虫害能力较强。对多种有毒气体抗性较强。寿命很长。

繁殖栽培：可用播种及扦插法繁殖。种子发芽率 80% ~90%；扦插时以在梅雨季中施行为好，易生根。斑叶品种如‘银斑’，罗汉松‘Argenteus’等，可用切接法繁殖。

定植时，如是壮龄以上的大树，须在梅雨季带土球移植。罗汉松因较耐荫，故下枝繁茂亦很耐修剪。

观赏特性及园林用途：树形优美，绿色的种子下有比其大 10 倍的红色种托，好似许多披着红色袈裟正在打坐参禅的罗汉，故得名。满树上紫红点点，颇富奇趣。宜孤植作庭荫树，或对植、散植于厅、堂之前。罗汉松耐修剪及海岸环境，故特别适宜于海岸边植作美化及防风高篱工厂绿化等用。短叶小罗汉松因叶小枝密，作盆栽或一般绿篱用，很是美观。又据报道鹿不食其叶，故又宜作动物园兽舍绿化用。矮化的及斑叶的品种是作桩景、盆景的极好材料。

经济用途：材质致密，富含油质，能耐水湿且不易受虫害，可供制水桶、建筑及海、河土木工程应用。

（2）竹柏（大叶沙木、猪油木）（图 16-39）

***Podocarpus nagi*（Thunb.）Zoll. et Mor. ex Zoll.**

形态：常绿乔木，高 20m；树冠圆锥形。叶对生，革质，形状与大小很似竹叶，故名，叶长3.5 ~9cm，宽 1.5 ~2.5cm，平行脉 20 ~30，无明显中脉。种子球形，径 1.4cm，子叶 2 枚，种子 10 月成熟，熟时紫黑色，外被白粉；种托不膨大，木质。花期 3 ~5 月。

分布：产于浙江、福建、江西、四川、广东、广西、湖南等地。

习性：性喜温热湿润气候，分布于年平均气温 18 ~26℃，极端最低气温达 -7℃，但 1 月平均气温在 6 ~20℃，年降水量在 1200 ~1800mm 的地区。竹柏为耐荫性树种，在广西曾见生于阴坡的竹柏比生于阳坡的生长速度快数倍。竹柏对土壤要求较严，在排水好而湿润富含腐殖质的深厚呈酸性的砂壤或轻黏壤上生长良好，但在土层浅薄、干旱贫瘠的土地上则生长极差，而在石灰质地区则不见分布。在自然界于富含腐殖质而较湿润的山地下坡、谷旁均生长良好，而在较干旱的台地上生长很慢，在积水处不能生长。有良好的自然更新能力，在竹柏林中和其他阔叶林下常可见到自然播种的幼苗。幼苗初期生长较慢，至 4、5 年后可逐渐变快。一般 10 年生的可高 5m 余，胸径 8 ~10cm。10 年生左右可开始开花结实。

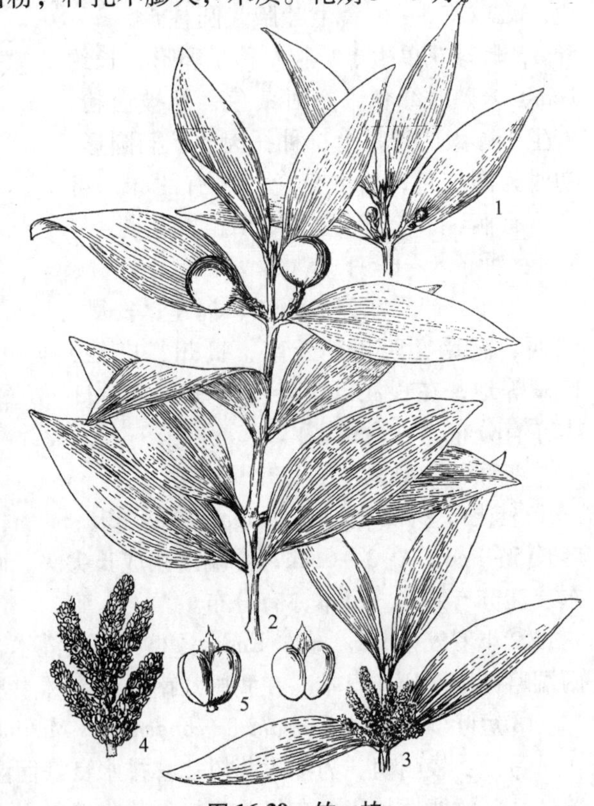

图 16-39　竹　柏

1. 雌球花枝　2. 具种子的枝　3. 雄球花枝　4. 雄球花　5. 雄蕊

繁殖栽培：用播种及扦插法繁殖。种

子千粒重约500g。种子含油多不宜久藏，最好采后即播，发芽率可达90%以上；又应切忌暴晒，在强光下仅晒3d即可完全丧失发芽能力。一般每公顷需种子15 kg，约能产苗2万株。幼苗期应设荫棚，当年苗高可达25cm。

大面积行山地绿化时，可在1、2月未萌芽时，用2年生高约半米左右的苗行裸根栽植。

竹柏不耐修剪。

观赏特性及园林用途：竹柏的枝叶青翠而有光泽，树冠浓郁，树形美观，是南方的良好庭荫树和园林中的行道树，亦是城乡“四旁”绿化用的优秀树种。

经济用途：材质优良，纹理直，不裂，不翘变，可供建筑、家具、乐器、雕刻等用。种子含油率达30%，种仁含油率达50%～55%，油可供食用又可供工业用，是著名的木本油料树种，故广西称其为猪油木，属于不干性油类。

（3）鸡毛松（图16-40）

***Podocarpus imbricatus* Bl.**

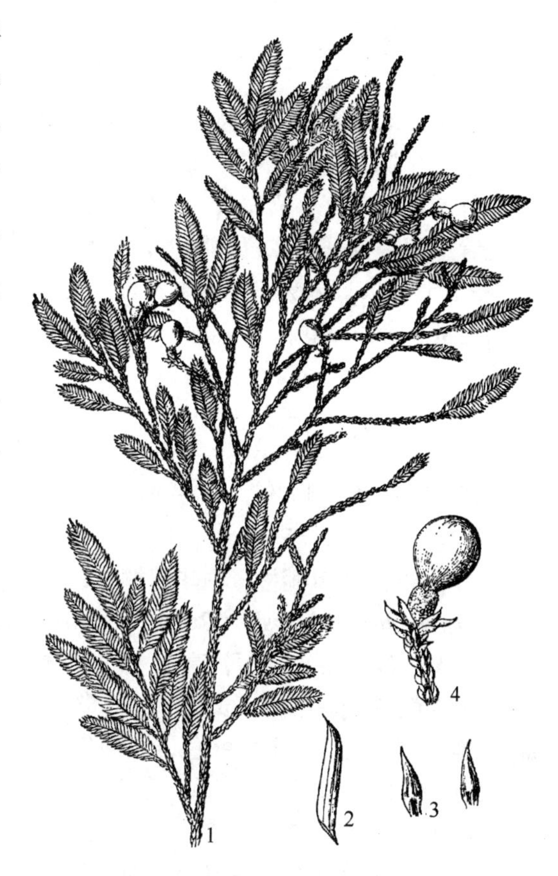

图16-40　鸡毛松

1. 具种子的枝　2. 条形叶　3. 鳞形叶　4. 种子

常绿乔木。叶二型，螺旋状排列；老枝和果枝上的叶呈鳞状，长2～3mm，在幼枝、徒长枝或小枝上部的叶呈扁平条形，排为两列如羽毛状，长6～12mm，宽约1.2mm，两面有气孔线。雄球花单生于枝顶；雌球花单生或成对着生于枝顶，但常只有1个发育。种子卵圆形，长约5mm，熟时套被红色；肉质种托的表面密生乳头状突起，无柄。

分布于广东、海南岛、广西和云南等地。印度尼西亚、菲律宾、越南等国均有分布。

性喜暖热气候，不耐寒。用种子繁殖。枝叶秀丽，可供华南地区园林绿化及造林用。木材可供建筑、造船、家具用。

［8］三尖杉科（粗榧科）Cephalotaxaceae

常绿乔木或灌木，髓心中部具树脂道。叶条形，螺旋状着生而基部扭转，故外形成假两列状排列，叶上面中脉隆起，下面有两条宽气孔带，在横切面上维管束下方有一树脂道。雌雄异株；雄球花腋生，雄蕊通常有3个花药；雌花具长梗，生于苞片的腋部，每花有苞片2～20，各有2胚珠。种子核果状，全为肉质假种皮所包被。子叶2，发芽时出土。

含1属9种，产于东亚。中国为分布中心，共产7种3变种。

三尖杉属（粗榧属）*Cephalotaxus* Sieb. et Zucc.

常绿乔木或灌木；小枝对生，基部有宿存芽鳞。叶呈假两列状，两面中脉隆起，上面有2条宽气孔带，雄花6～11聚为头状花序，单生叶腋，有梗，基部有多数螺旋状排列的苞片，每雄花基部有1苞片及4～16雄蕊，花丝短，每雄蕊各具花药2～4，花粉粒无气囊；雌球花着生于小枝基部之苞片腋内，少有生于枝端者，梗端有数对对生的苞片，每苞片有胚珠2，各生于瓶状的珠鳞中，珠鳞发育成肉质的假种皮。种子核果状，次年成熟，全部为假种皮所包被，卵形或倒卵形，端突尖，基部苞片宿存，外种皮坚硬，内种皮膜质，有胚乳。子叶2。

分种检索表

A_1　灌木或小乔木；叶较短，长2～5cm ……………………………………（1）粗榧 *C. sinensis*

A_2　乔木，叶较长，长5～10（4～13）cm ……………………………………（2）三尖杉 *C. fortunei*

（1）粗榧（粗榧杉、中华粗榧杉、中国粗榧）（图16-41）

***Cephalotaxus sinensis*（Rehd. et Wils.）Li（*C. drupacea* var. *Sinensis* Rehd. et Wils.）**

形态：灌木或小乔木，高达12m；树皮灰色或灰褐色，呈薄片状脱落。叶条形，通常直，很少微弯，端渐尖，长2～5cm，宽约3mm，先端有微急尖或渐尖的短尖头，基部近圆或广楔形，几无柄，上面绿色，下面气孔带白色，较绿色边带约宽3～4倍。4月开花；种子次年10月成熟，2～5个着生于总梗上部，卵圆、近圆或椭圆状卵形。

分布：为我国特有树种，产于江苏南部，浙江、安徽南部、福建、江西、河南、湖北、湖南、陕西南部、四川、甘肃南部、云南东南部、贵州东北部、广西、广东西南部及海南岛等地，多生于海拔600～2200m的花岗岩、砂岩或石灰岩山地。

习性：喜光树，较喜温暖，喜生于富含有机质之壤土内，抗虫害能力很强。生长缓慢，但有较强的萌芽力，耐修剪，但不耐移植。有一定耐寒力，近年在北京引种栽培成功。

繁殖栽培：种子繁殖，层积处理后行春播。发芽保持能力较差。亦可用扦插法繁殖，多于夏季施行扦插，插穗以选主枝梢部最佳。国外常有用欧洲紫杉（*Taxus baccata* L.）作砧木，行嫁接繁殖者。本树性强健，病虫害很少，除对整形配植者适当整剪外，不需特殊管理。但因移植能力较差，故定植施工中应加强养护。

图16-41　粗　榧

1. 具种子的枝　2. 雄球花　3. 雄蕊

观赏特性及园林用途：通常多宜与他树配植，作基础种植用，或在草坪边缘，植于大乔木之下。其园艺品种又宜供作切花装饰材料。

经济用途：种子可榨油，供外科治疮疾用，叶、枝、种子及根可提取多种植物碱，对治疗白血病等有一定疗效。木材坚实，可作工艺品等用。

（2）三尖杉（图 16-42）

Cephalotaxus fortunei **Hook. f.**

常绿乔木，小枝对生，基部有宿存芽鳞。叶在小枝上排列较稀疏，螺旋状着生成两列状，线状披针形，长 4 ~ 13cm，宽 3 ~ 4.5mm，微弯曲，叶端尖，叶基楔形，叶背有 2 条白色气孔线，比绿色边缘宽 3 ~ 5 倍。雄球花 8 ~ 10 聚生成头状，单生于叶腋，径约 1cm，梗长 6 ~ 8mm；每雄球花有 6 ~ 16 雄蕊，基部有 1 苞片；雌球花生于枝基部的苞片腋下，有梗，而稀生于枝端，胚珠常4 ~ 8 个发育成种子。种子椭圆状卵形，长约 2.5cm，成熟时外种皮紫色或紫红色，柄长 1.5 ~ 2cm。

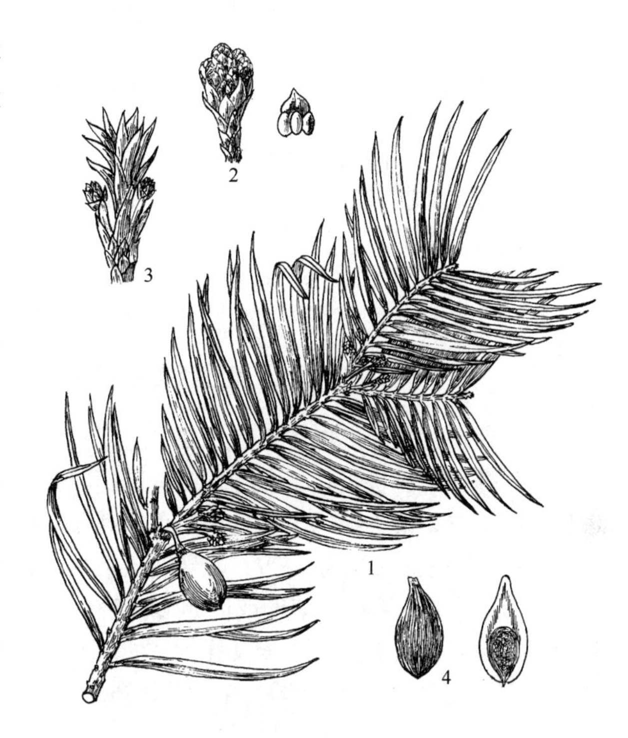

图 16-42　三尖杉

1. 具种子的枝　2. 雄球花枝及雄蕊　3. 雌球花枝　4. 种子及纵剖

分布于安徽南部、浙江、福建、江西、湖南、湖北、陕西、甘肃、四川、云南、贵州、广西和广东北部等地。

性喜温暖湿润气候，耐荫，不耐寒。用种子及扦插法繁殖。可作园林绿化树用。材质富弹性，宜作扁担、农具柄用；种子含油率在 30% 以上，供工业用；亦可入药，有止咳、润肺、消积之效。

［9］红豆杉科（紫杉科）Taxaceae

常绿乔木或灌木。叶条形，少数为条状披针形。雌雄异株，罕同株；雄球花单生或成短穗状花序，生于枝顶，雄蕊多数，每雄蕊有花药 3 ~ 9；雌球花单生叶腋，顶部的苞片着生 1 个直生胚珠。种子于当年或次年成熟，全包或部分包被于杯状或瓶状的肉质假种皮中，有胚乳；子叶 2。

共 5 属 23 种，有 4 属分布于北半球，1 属分布于南半球。中国产 4 属 12 种 1 变种，另有 1 栽培种。

分属检索表

A_1 叶上面有明显中脉；雌球花单生叶腋或苞腋，种子生于杯状或囊状假种皮中，上部或顶端尖头露出。

B_1 叶螺旋状着生，叶内无树脂道；雄球花单生叶腋，不组成穗状球花序，花药辐射排列；雌球花单生叶腋，有短梗或几无梗；种子生于杯状假种皮中，上部露出。

C_1 小枝不规则互生；叶下面有两条淡黄或淡绿色气孔带；种子成熟时肉质假种皮红色………………………………………………………………………………… 1. 红豆杉属 *Taxus*

C_2 小枝近对生或近轮生；叶下面有两条白色气孔带；种子成熟时肉质假种皮白色………………………………………………………………………………… 2. 白豆杉属 *Pseudotaxus*

B_2 叶交叉对生，叶内有树脂道；雄球花多数，组成穗状花序，2~6序集生枝端，花药辐射排列或向外一边排列而有背腹面区别；雌球花生于新枝之苞腋或叶腋，有长梗；种子包于囊状肉质假种皮中，仅顶端尖头露出 ………………………………………… 3. 穗花杉属 *Amentotaxus*

A_2 叶上面中脉多不明显；雄球花单生叶腋，花药向外一边排列而有背腹面区别，雌花成对生于叶腋，无梗；种子全部包于肉质假种皮中 ………………………………………… 4. 榧树属 *Torreya*

1. 红豆杉属（紫杉属）*Taxus* L.

常绿乔木或灌木。树皮红色或红褐色，呈长片状或鳞片状剥落。多枝，侧枝不规则互生。冬芽具有覆瓦状鳞片。叶互生或基部扭转排成假二列状，条形，直或略弯；叶上面中脉隆起，下面有2条灰绿或淡黄、淡灰色气孔带。雌雄异株，球花单生叶腋；雄球花有盾状雄蕊6~14，每雄蕊有花药4~9；雌球花由数枚覆瓦状鳞片组成，最上部有一盘状珠托，着生1胚珠。种子坚核果状，卵形或倒卵形，略有棱，内有胚乳，外种皮坚硬，外为红色肉质杯状假种皮所包被，有短梗，或几无梗；子叶2，发芽时出土。

约11种，分布于北半球，中国产4种1变种。

分种检索表

A_1 叶通常直形，较密着生，呈不规则两列状排列，长1.0~2.5cm，宽2.5~3.0mm；种子有3~4棱脊，种脐三角形或四方形 ………………………………………… (1) 东北红豆杉 *T. cuspidata*

A_2 叶通常镰形，较稀疏，呈两列状排列；种子微有2棱脊，呈稍扁的倒卵形，种脐椭圆形或近圆形 ………………………………………………………………………… (2) 红豆杉 *T. chinensis*

(1) 东北红豆杉（紫杉）（图16-43）

Taxus cuspidata **Sieb. et Zucc.** (***T. baccata*** **L. var. *cuspidata*** **Carr.**)

形态：乔木，高达20m，胸径达1m，树冠阔卵形或倒卵形，雄株树冠较狭而雌株则较开展；树皮赤褐色，呈片状剥裂；大枝近水平伸展，侧枝密生，无毛。芽小而长尖，呈浅绿或褐色，芽鳞较狭，先端锐尖，宿存于小枝基部。叶条形，直或微弯，长1.0~2.5cm，宽2.5~3.0mm，先端常突尖，上面深绿色，有光泽，下面有两条灰绿色气孔带；主枝上的叶呈螺旋状排列，侧枝上者呈不规则而断面近于V形的羽状排列。雄蕊6~14集成头状，各具5~8淡黄花药；雌花胚珠淡红色，卵形；花期5~6月。种子坚果状，卵形或三角状卵形，微扁，有3~4纵棱脊，长约6mm，赤褐色，假种皮浓红色，杯形，9月成熟，11月脱落。

分布：产于吉林及辽宁东部长白山区林中。俄罗斯东部，朝鲜北部及日本北部亦有分布。

品种：

①‘矮丛’紫杉（‘枷罗木’）（‘Nana’）（var. *umbraculifera* Mak.）：半球状密纵灌木，大连等地有栽培。耐寒，耐荫，软材扦插易成活，北京可推广栽培。15 年生树高 1.6m，冠幅 2.0～2.5m。

②‘微型’紫杉（‘Minima’）：高在 15cm 以下。

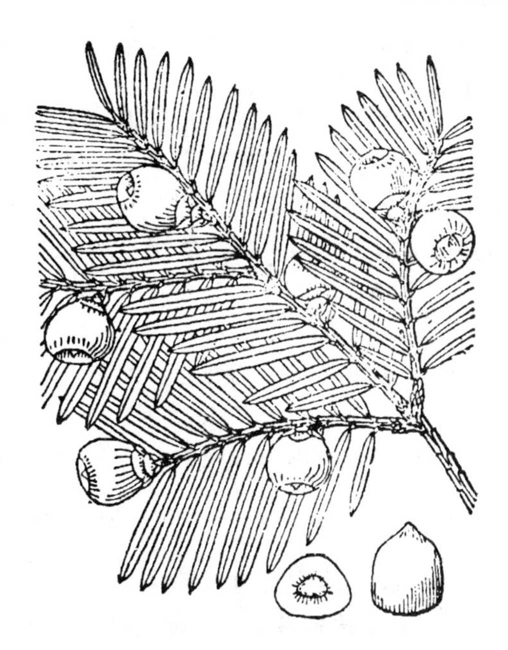

图 16-43　东北红豆杉

习性：耐荫树，生长迟缓，浅根性，侧根发达，喜生于富含有机质之潮润土壤中，性耐寒冷，在空气湿度较高处生长良好。在自然界，如长白山中，见于海拔 500～1000m 地带，常与其他树木混生，未见有成纯林者。可天然飞籽繁衍。本树寿命极长，国外有达千年的古树。

繁殖栽培：种子繁殖，最好采后即播或层积贮藏次春播种，而干藏之种子，常有延迟发芽达 1 年之久者。一般发芽率达 70%，可保藏 3 年。条播、散播均可。幼苗生长极为缓慢，1 年生苗高约 5～15cm，2 年生苗可移植 1 次，由于其须根稀少，故移植时可将直根略剪短，以促须根发生，夏季应行遮荫。此外，亦可用扦插法繁殖。雨季剪切当年生而带一部分去年枝者作插条，长 15～30cm，插于砂壤中，应设荫棚，保持湿润，即可成活。扦插苗的生长特点与实生苗常有不同，通常易生长歪曲，体形不匀整，尤其用侧枝作插条者更为显著，故在以后之栽培管理中，应注意整形修剪工作。

本树在干燥温暖地区移植困难，但在冷凉而空气湿度较大地区则较易移植成活。如在日本，曾将 1 株高 9.0m、干周 4.5m、年龄约千年的老紫杉树移植成活。

观赏特性及园林用途：树形端正，可孤植或群植，又可植为绿篱用，适合于整剪为各种雕塑物式样。由于其生长缓慢，枝叶繁多而不易枯疏，故剪后可较长期保持一定形状。在欧美等国园林中，常应用欧洲紫杉（*Taxus baccafa* L.）整剪为各种雕塑式物像或作整形绿篱用，亦常用作墓树。总之，紫杉既耐寒、常绿，又有极强的耐荫性，所以为高纬度地区园林绿化的良好材料。但现在我国应用者很少，今后可扩大繁殖推广。至于‘矮丛’紫杉等品种，更宜于作高山园、岩石园材料或盆栽装饰用。

经济用途：紫杉木材致密坚硬，材质耐朽，美丽而芳香，不易反翘或开裂，故可供雕刻细工，建筑的室内装修，精美家具及铅笔杆等用。由木材及枝叶中可提取紫杉素，有治疗糖尿病之效。假种皮味甜可食，又据云其叶有毒，种子可榨油。

(2) 红豆杉（观音杉）

***Taxus chinensis*（Pilger）Rehd.**

常绿乔木，高 30m，干径达 1m。叶螺旋状互生，基部扭转为 2 列，条形，略微弯曲，长 1～2.5cm，宽 2～2.5mm，叶缘微反曲，叶端渐尖，叶背有 2 条宽黄绿色或灰绿色气孔带，中脉上密生有细小凸点，叶缘绿带极窄。雌雄异株，雄球花单生于叶腋；雌球花的胚珠单生于花轴上部侧生短轴的顶端，基部有圆盘状假种皮。种子扁卵圆形，有2棱，种脐卵圆形；假种皮杯状，红色。

分布于甘肃南部、陕西南部、湖北西部、四川等地。

在分布区多生于海拔1500～2000m的山地，喜温湿气候。用播种或扦插法繁殖。可供园林绿化用。木材耐腐，可供土木工程用材。种子含油率达60%，可供工业用；种子又可入药，有消积食及驱蛔虫之效。

变种有南方红豆杉（美丽红豆杉）var. *mairei* Cheng et L. K. Fu（*T. speciosa* Florin.）：常绿乔木，高16m。叶略弯如镰状，长2～3.5cm，宽3～4.5mm，叶背有2条较狭的黄绿色气孔带，与原种不同处为叶缘不反卷、叶背绿色边带较宽，中脉带上的凸点较大，呈片状分布，或无凸点，叶长2～3.5cm。种子卵形或倒卵形，微有2纵棱脊。

分布于长江流域以南各地。性喜气候较温暖多雨地方。

2. 白豆杉属 *Pseudotaxus* Cheng

常绿灌木；枝条通常轮生；小枝近对生或近轮生，基部芽鳞宿存。叶条形，螺旋状着生，基部扭转排成2列，直或微弯，先端凸尖，两面中脉隆起，下面有2条白色气孔带。雌雄异株，球花单生叶腋，雌球花最上部鳞被着生1直立胚珠。种子当年成熟；假种皮杯状，肉质，白色。

仅1种，中国特产。

白豆杉（短水松）（图16-44）

***Pseudotaxus chienii*（Cheng）Cheng**

灌木，高达4m。叶条形，长1.5～2.6cm，宽2.5～4.5mm；下面白色气孔带较绿色边带为宽或近等宽。种子卵形，长5～8mm，成熟时肉质杯状，假种皮白色，基部有宿存苞片。花期3月下旬至5月；种子当年10月成熟。

树形优美，四季常青，肉质白色的假种皮，别致可观，可作园景树等用。杭州等地已引种栽培此一特产树种。

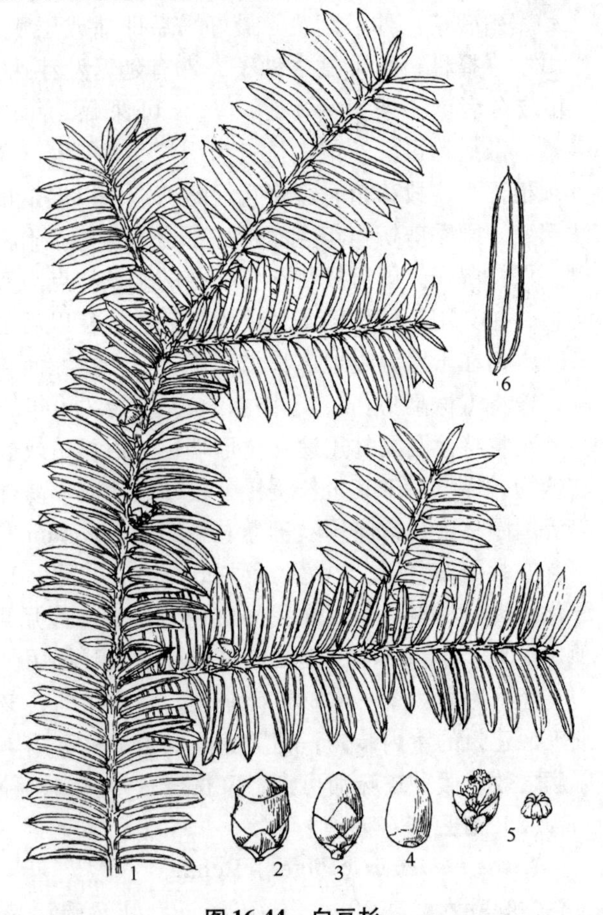

图16-44 白豆杉

1. 种子枝 2. 具假皮种子 3. 具假种皮不育的种子 4. 去假种皮的种子 5. 雄球花及雄蕊 6. 叶下面

3. 穗花杉属 *Amentotaxus* Pilger

常绿小乔木或灌木；小枝对生，基部无宿存芽鳞。叶交叉对生，基部扭转排为2列，厚革质，上面中脉多明显，下面有2条白粉气孔带。雌雄异株，雄球花排成穗状，2～4（1～6）穗集生。种子形大，有长柄，下垂，当年成熟，除顶端尖头露出外，几乎全为鲜红色肉质假种皮所包。

共3种，均产中国，其中1种云南穗花杉（*A. yunnanensis* Li）越南亦有分布。

穗花杉（华西穗花杉）（图16-45）

***Amentotaxus argotaenia*（Hance）Pilger**

常绿灌木或小乔木，高达7m。叶条状披针形，直或略弯镰状，长3～11cm，宽6～11mm，下面白色气孔带与绿色边带等宽或较窄。雄球花多为2穗。种子椭圆形，长2.0～2.5cm。

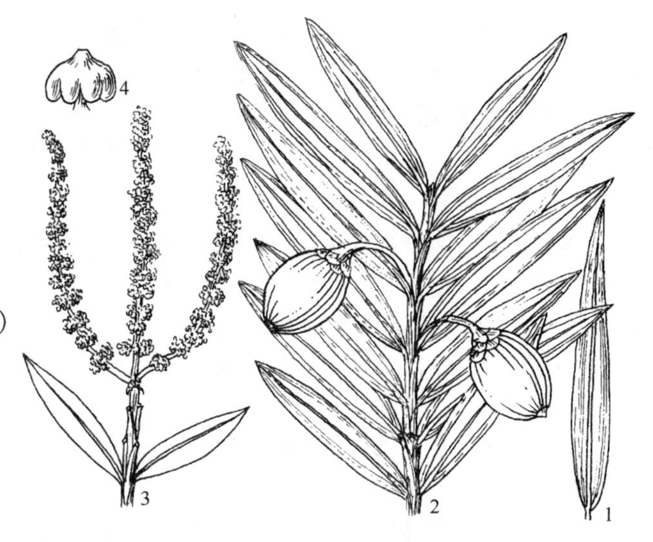

图16-45 穗花杉

1. 叶 2. 种子枝 3. 雄球花枝 4. 雄蕊

产于江西西北部、湖北西部、四川东南部及中部、湖南、西藏东南、甘肃南部及两广等地。为中国特产树种，美丽的常绿红果（假种皮）园景树。

4. 榧树属 *Torreya* Arn.

常绿乔木。树皮纵裂。枝轮生，小枝近对生，基部无宿存芽鳞。冬芽有数枚交互对生的脱落性鳞片。叶螺旋状着生，但扭为2列状，条状披针形；上面中脉不显著，下面有2条狭窄灰白或棕褐色气孔带。雌雄异株，罕同株；雄球花单生叶腋，椭圆形或长圆形，有短柄，基部有重叠的多数苞片，雄蕊排成4～8轮，每轮4枚，每雄蕊有花药3或4；雌球花无柄，成对着生于叶腋，基部有交互对生的苞片两对及外侧有1小苞片共5枚，通常两花中仅有1个发育，每一雌球花有1胚珠，直生于鳞被上，授粉后鳞被长大而包被胚珠，次春完成受精，逐渐长大至次年秋成熟。种子核果状，卵形或长椭圆形，全为肉质假种皮所包被，种皮木质；胚乳皱凹状，胚存于胚乳上部，有子叶2，发芽时不出土。

共7种，中国产4种，日本1种，北美2种。

榧树（本草纲目）（榧、野杉、玉榧）（图16-46）

Torreya grandis* Fort. et Lindl.**（T. nucifera* S. et Z. var. *grandis* Pilg.**）

形态：乔木，高达25m，胸径1m；树皮黄灰色纵裂。大枝轮生，1年生小枝绿色，对生，次年变为黄绿色。叶条形，直而不弯，长1.1～2.5cm，宽2.5～3.5mm，先端凸尖，上面绿色而有光泽，中脉不明显，下面有2条黄白色气孔带。雄球花生于上年生枝之叶腋，雌球花群生于上年生短枝顶部，白色，4～5月开放。种子长圆形，卵形或倒卵形，长2.0～4.5cm，径1.5～2.5cm，成熟时假种皮淡紫褐色，胚乳微皱；种子次年10月左右成熟。发芽时子叶不出土。

分布：产于江苏南部、浙江、福建北部、安徽南部及湖南一带。

品种：'香榧'（'Merrillii'）：嫁接树高达 20m。叶深绿色，质较软；种子长圆状倒卵形，长 2.7～3.2cm，产浙江诸暨等地。

习性：耐荫树，喜温暖湿润气候，不耐寒，喜生于酸性而肥沃深厚土壤，对自然灾害之抗性较强，树冠开张。在浙江西天目山多分布于海拔 400～1000m，常与柳杉、金钱松、连香树、香果树等混生。榧树寿命长而生长慢，实生苗 8～9 年始结实，但盛果期很长，至百龄老树犹能丰产，寿命可达 500 年。由于榧实第 3 年才成熟，所以一树上可见 3 代种实，对预报产量较有利。但采摘时亦较麻烦，须注意避免碰落小果。

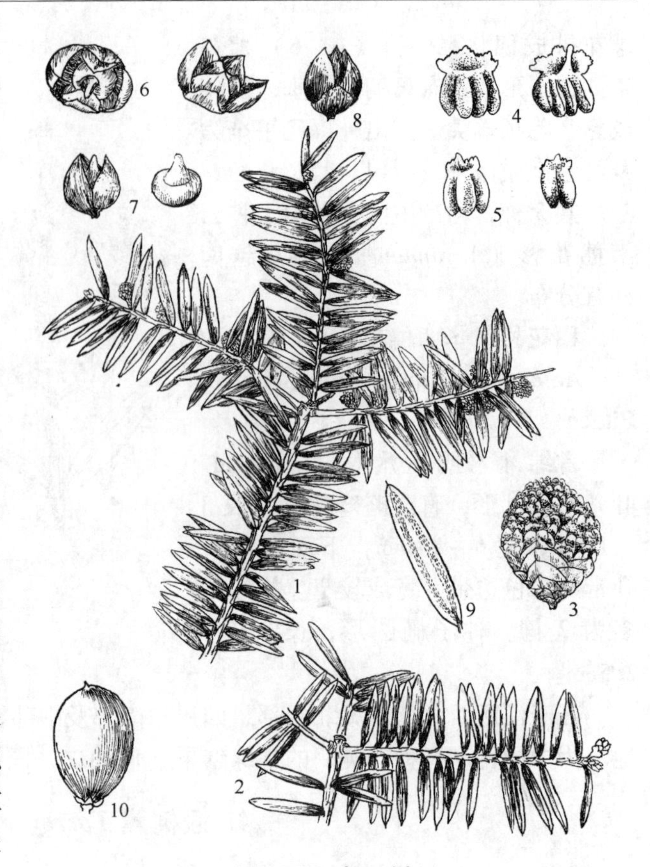

图 16-46　榧　树

1. 雄球花枝　2. 枝叶　3. 雄球花　4、5.　雄蕊　6～8. 雌球花及胚珠　9. 叶　10. 种子

繁殖栽培：因种子富含油分，保存困难，故多采后即播，但亦有层积后春播者。发芽率 50%～60%；若贮藏期间过干则常延迟 1 年出土或丧失发芽力。播时应选种以区别雌雄，大抵圆形者为雌，长形者为雄。通常点播，株距为 5cm，每穴 1～2 粒，春播当年可发芽一部分，另一部分则常为次年出土，故不可急于移植。雌苗则枝多横展，雄苗则分枝狭小而常分枝。一般多粗放栽培，如春秋施肥产量可显著增高。

观赏特性及园林用途：我国特有树种，树冠整齐，枝叶繁密，特适孤植、列植用。耐荫性强，可长期保持树冠外形。在针叶树种中本属植物对烟害的抗性较强，病、虫亦较少，又较能耐湿黏土壤。

榧实味香美，可生食或炒食，亦可榨油，为在园林中结合果实生产之优良树种之一。木材黄白色，致密而富弹力，耐朽、不翘裂，又少虫蠹，故宜供造船及建筑等用。

［附］日本榧树 *T. nucifera*（L.）Sieb. et Zucc.

似榧树，但 2、3 年生枝渐变淡红褐色或微带紫色，叶长 2～3cm，先端具较长刺状尖头，基础微圆或楔形，可资区分。我国自其原产地日本引入，青岛、庐山、沪、杭、宁等地均有栽培。

［10］麻黄科 Ephedraceae

灌木、亚灌木或草本状，茎及枝内有深红色髓心，茎直立或匍匐，多分枝。小枝对生或轮生，绿色，圆筒状，有节。单叶对生，罕轮生，大形或退化为鳞片状呈膜质鞘状，下部合生，上部 2～3 裂。花单性，常雌雄异株或不完全两性；球花近圆球形，具 2～8 对交互对生或轮生的苞片；雌球花仅最上端的 1～3 枚苞片腋部生有雌花，胚珠具 1 层珠被；雄球花每一苞片的腹面生 1 雄花，雄花具 2～8 枚花丝合生成 1～2 束的雄蕊。种子有胚乳。

本科共有 1 属，约 40 种，产于亚、美、南欧及北美等洲热带及温带的干旱地区。中国产 2 种及 4 变种，分布较广，以西北、四川、云南等为中心。

麻黄属 *Ephedra* L.

灌木、亚灌木，直立或蔓生；小枝绿色。叶对生或轮生，基部略连合，常退化为膜质鞘状。花雌雄异株，罕同株，成腋生或顶生花序，雄花具 2～4 裂花被，雄蕊 2～8 连合成柱状，全生于苞片腋内呈长圆形或近球形的穗状花序；雌花 1～3，基部有 2 至多数苞片，各花有一裸露胚珠，外包以壶形花被，其顶端细长状，外观似花柱。种子具革质假种皮，球状至圆柱形，外包膜质或肉质的红色的苞片；子叶 2，发芽时出土。

本属约含 40 种，分布于亚洲西部、中部及欧洲南部、非洲北部及美洲的北部与南部等干旱荒漠地区；中国产 10 余种，供药用或观赏用。

分种检索表

A_1 草本状小灌木，高 20～40cm，无明显的直立木质茎或木质茎横卧地面似根状茎；含 2 种子，罕 1 粒；花序多生枝顶 ………………………………………………………………………… （1）麻黄 *E. sinica*

A_2 直立灌木，高达 1m；含种子 1 粒，罕 2 粒；花序多腋生枝侧 …………… （2）木贼麻黄 *E. equisetina*

（1）麻黄（草麻黄、华麻黄）（图 16-47）

***Ephedra sinica* Stapf**

草本状灌木，高 20～40cm，木质茎短或呈匍匐状；小枝直伸或略曲，节间长多3～4cm，径约 2mm，纵槽常不明显。叶对生，鞘状，裂片锐三角形，先端急尖。雄花穗多呈复穗状，常具总柄；雌花序单生。种子通常 2 粒，包于红色肉质苞片内，不外露，或与肉质苞片等长，三角状卵形或广卵形；黑红或灰褐色，长5～6mm。花期 5～6 月；种子 6～9 月成熟。

图 16-47　麻　黄

产于河北、山西、河南西北部、陕西、内蒙古、辽宁、吉林等地。

强健耐寒，适应性强，在山坡、平原、干燥荒地及草原均有生长，常形成大面积的单纯群体。富含生物碱，是重要药用植物，用于提制麻黄素（碱）。由于茎绿色，故四季常青，可作地被及固砂植物，亦可供园林观赏用。

(2) 木贼麻黄（山麻黄）（图 16-48）

***Ephedra equisetina* Bunge**

直立或斜生小灌木，高达 1m 余，木质茎明显；小枝细，对生或轮生，灰绿色或蓝绿色，径约 1mm；节间短，长约 2cm，纵槽纹不明显。叶膜质鞘状，带红紫色，大部合生，仅端部分离，裂片 2，长约 2mm。花序腋生，雄球花无梗，单生或3～4 集生节上；雌球花常 2 个对生节上，苞片 3 对，最上一对大部合生，雌花 1～2 朵，珠被管长 2mm，弯曲。雌球花熟时，苞片变红色、肉质，呈长卵圆形，长约 7mm；种子圆形，不露出，上部有棱。花期 4～5 月；种子 7～8 月成熟。

产于内蒙古、河北、山西、陕西、四川西部、青海、新疆等地。

性强健耐寒，喜生于干旱的山地及沟岸边，可作干旱地绿化用。所含麻黄素比前述之麻黄为多，亦为药用植物，有镇咳、止喘及发汗等药效。

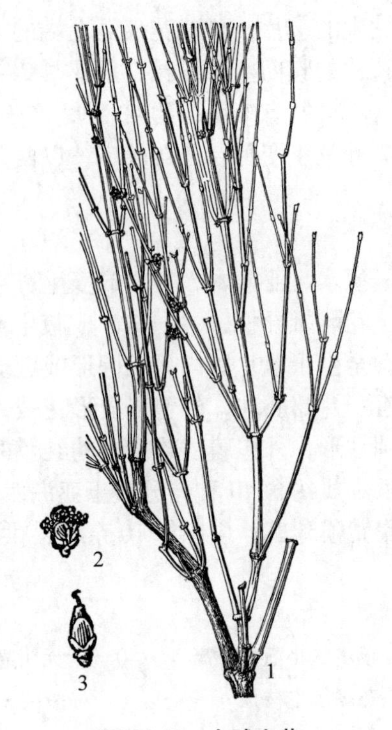

图 16-48 木贼麻黄

1. 雄球花植株 2. 雄球花 3. 雌球花

第十七章　被子植物门 ANGIOSPERMAE

乔木、灌木、藤木或草本。单叶或复叶，网状或平行叶脉。具典型的花，两性或单性，胚珠包藏于由心皮封闭而成的子房中；胚珠发育成种子，子房发育成果实，种子有胚乳或无，子叶2或1。

被子植物全世界约有25万种；中国约产25 000种，其中木本植物8000余种。

被子植物分为双子叶植物和单子叶植物2个纲。

第一节　双子叶植物纲 Dicotyledoneae

多为直根系；茎中维管束环状排列，有形成层，能使茎增粗生长；叶具网状叶脉。花各部每轮通常为4～5基数；胚常具2片子叶。双子叶植物的种类约占被子植物的3/4，其中约有一半的种类是木本植物。

根据花瓣的联合与否，常将双子叶植物纲分为离瓣花亚纲（古生花被亚纲）和合瓣花亚纲（后生花被亚纲）。

Ⅰ. 离瓣花亚纲 Archichlamydeae

离瓣花亚纲又称古生花被亚纲，是较原始的被子植物。花无被、单被或复被，而以花瓣通常分离为其主要特征。

［11］木麻黄科 Casuarinaceae

常绿乔木。小枝纤细，多节，绿色，具棱脊。叶退化成鳞片状，4～12枚轮生，基部合生成鞘状。花单性，雌雄同株或异株，无花被；雌花排成头状花序，生于短枝端，雌蕊由2心皮合成，外被2小苞片，子房上位，1室，2胚珠；雄花具1雄蕊，成顶生纤细的穗状花序，风媒传粉。果序球形，成熟时木质小苞片开裂如蒴果的果瓣，内有具翅小坚果1个。

本科1属，约65种，大部原产于大洋洲；中国南部引入栽培，常见有3种。

木麻黄属 *Casuarina* L.

形态特征与科同。

木麻黄（驳骨松）（图17-1）

***Casuarina equisetifolia* L.**

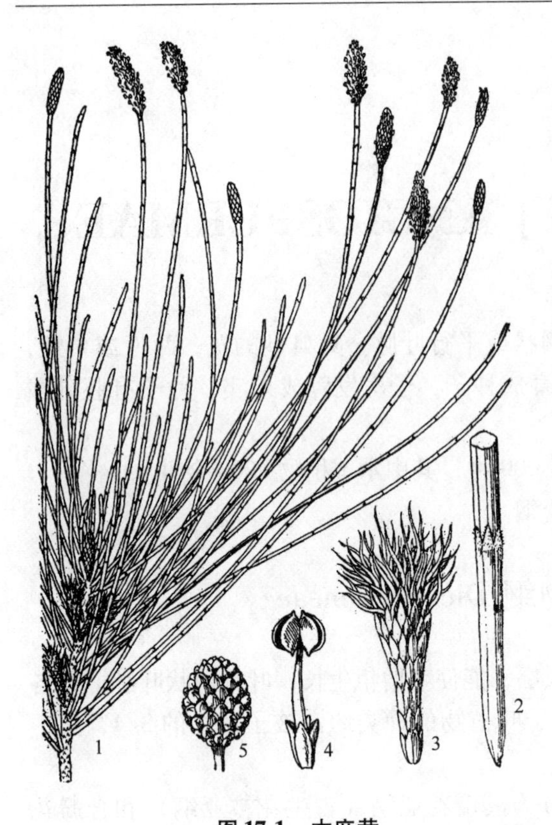

图 17-1　木麻黄

1. 花枝　2. 小枝及鳞叶　3. 雌花序　4. 雄花　5. 果序

常绿乔木，高达 30～40m。树皮暗褐色，狭长条片状脱落。小枝细软下垂，灰绿色，似松针，长 10～27cm，粗 0.6～0.8mm，节间长 4～6mm，每节通常有退化鳞叶 7 枚，节间有棱脊 7 条；部分小枝冬季脱落。花单性同株。果序球形，径 1～1.6cm，木质苞片被柔毛；坚果连翅长 5～7mm。花期 5 月；果熟期 7～8 月。

原产大洋洲及其邻近的太平洋地区；广泛栽培于热带美洲和非洲，中国南部沿海地区有栽培。强喜光性，喜炎热气候，耐干旱、瘠薄，抗盐渍，也耐潮湿，不耐寒。生长快，广东栽培的 15 年生树高达 20m 以上。寿命短，30～50 年即衰老。通常用种子繁殖，也可用半成熟枝扦插。本种是我国华南沿海地区造林最适树种，凡砂地和海滨地区均可栽植，其防风固沙作用良好；在城市及郊区亦可作行道树、防护林或绿篱。木材红褐色，坚实，经处理后耐腐，可供建筑、电杆、枕木等用；树皮含单宁 8.8%～18%，可提制栲胶或染渔网；嫩枝可作家畜饲料。

［12］杨柳科 Salicaceae

落叶乔木或灌木。单叶互生，稀对生，有托叶。花单性异株，成柔荑花序；花无被，单生于苞腋，有腺体或花盘，雄蕊 2 至多数，子房上位，1 室，2 心皮，侧膜胎座，胚珠多数。蒴果 2～4 裂；种子细小，基部有白色丝状长毛，无胚乳。

共 3 属，540 余种，产于温带、亚寒带及亚热带；中国产 3 属约 226 种，遍及全国。本科植物易于种间杂交，故分类较为困难。

分属检索表

A_1　小枝顶芽发达，芽鳞数枚；叶形较宽，叶柄长；花序下垂，风媒传粉 ………………… 1. 杨属 *Populus*

A_2　小枝无顶芽，芽鳞 1 枚；叶形狭长，叶柄短；花序直立，虫媒传粉 …………………… 2. 柳属 *Salix*

1. 杨属 *Populus* L.

乔木。小枝较粗，髓心五角状，有顶芽，芽鳞数枚，常有树脂。花序下垂，苞片多具不规则之缺刻，花盘杯状。

约 40 种，中国约产 25 种，广泛分布于北纬 25°～50°的平原、丘陵及高山。由于生长迅速，适应性强，繁殖容易，各地广泛作行道树、防护林及速生用材树种。

分种检索表

A_1 长枝之叶背面密被白色或灰白色绒毛；芽有柔毛。

B_1 叶不裂，老叶背面毛渐脱落 ……………………（1）毛白杨 *P. tomentosa*

B_2 叶掌状 3～5 裂，老叶背面仍有白毛。

C_1 树冠宽大；树皮灰白色，基部粗糙 ……………………（2）银白杨 *P. alba*

C_2 树冠圆柱形；树皮灰绿色，平滑 ……………………（3）'新疆'杨 *P. alba* 'Pyramidalis'

A_2 叶背无毛或仅有短柔毛，或幼叶背面有稀疏毛；芽无毛。

B_1 叶边缘半透明，叶柄扁形。

C_1 树冠宽大；叶较大，叶缘具睫毛，叶基有时具 2 腺体 ……………………（4）加拿大杨 *P. canadensis*

C_2 树冠圆柱形；叶较小，叶缘无睫毛，叶基无腺体。

D_1 叶宽大于长；树皮粗糙，纵裂，灰褐色 ……………………（5）'钻天'杨 *P. nigra* 'Italica'

D_2 叶长大于宽；树皮光滑，灰白色 ……………………（6）'箭杆'杨 *P. nigra* 'Afghanica'

B_2 叶边缘不透明，叶柄扁或圆柱形。

C_1 叶柄圆柱形。

D_1 小枝有角棱。

E_1 叶菱状倒卵形，长 4～12cm ……………………（7）小叶杨 *P. simonii*

E_2 叶卵形或长卵形，长 12～20cm ……………………（滇杨 *P. yunnanensis*）

D_2 小枝圆或幼时有棱；叶卵形；芽有黏胶 ……………………（8）青杨 *P. cathayana*

C_2 叶柄扁形。

D_1 叶柄端具 2 大腺体，叶卵状三角形，先端长渐尖 ……………………（响叶杨 *P. adenopoda*）

D_2 叶柄端无腺体，叶近圆形，先端短或钝。

E_1 树皮灰白色；叶缘具波状或不规则缺裂 ……………………（9）河北杨 *P. hopeiensis*

E_2 树皮灰绿色；叶缘具波状浅齿 ……………………（山杨 *P. davidiana*）

（1）毛白杨（图 17-2）

***Populus tomentosa* Carr.**

形态：乔木，高达 30～40m，胸径 1.5～2m；树冠卵圆形或卵形。树皮幼时青白色，皮孔菱形；老时树皮纵裂，呈暗灰色。嫩枝灰绿色，密被灰白色绒毛。长枝之叶三角状卵形，先端渐尖，基部心形或截形，缘具缺刻或锯齿，表面光滑或稍有毛，背面密被白绒毛，后渐脱落；叶柄扁平，先端常具腺体。短枝之叶三角状卵圆形，缘具波状缺刻，幼时有毛，后全脱落；叶柄常无腺体。雌株大枝较为平展，花芽小而稀疏；雄株大枝则多斜生，花芽大而密集。花期 3～4 月，叶前开放。蒴果小，三角形，4 月下旬成熟。

分布：中国特产，主要分布于黄河流域，北至辽宁南部，南达江苏、浙江，西至甘肃东部，西南至云南均有之。垂直分布一般在海拔 200～1200m，最高可达 1800m。

习性：喜光，要求凉爽和较湿润气候，年平均气温 11～15.5℃，年降水量 500～800mm，对土壤要求不严，在酸性至碱性土上均能生长，在深厚肥沃、湿润的土壤上生长最好，但在特别干瘠或低洼积水处生长不良。一般在 20 年生之前高生长旺盛，此后则减弱，而加粗生长变快。15 年生树高可达 18m，胸径约 22cm。萌芽性强，易抽生夏梢和秋梢。寿命为杨属中最长者，可达 200 年以上，但用营养繁殖者常至 40 年生左右即开始衰老。抗烟

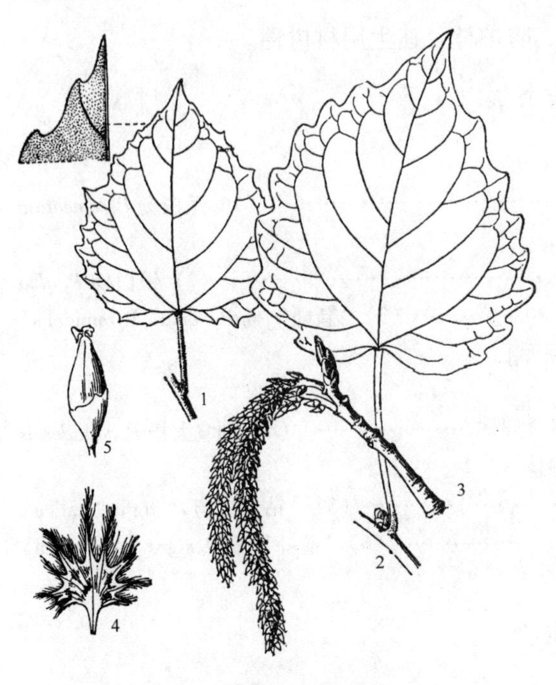

图 17-2　毛白杨

1、2. 叶　3. 雌花序　4. 苞片　5. 雌蕊

尘和抗污染能力强。

繁殖栽培：毛白杨是天然杂种，种子稀少，仅在其分布中心（河南中部、北部和山东西部等地）可采到成熟种子，而且播种后苗木参差不齐，故很少采用播种繁殖。主要采用埋条、扦插、嫁接、留根、分蘖等法繁殖。

①埋条法：北京地区通常采用此法，一般于冬季 11 ~ 12 月间土地封冻前采当年生枝条，长 1 ~ 2m，粗 1 ~ 2cm，除去过嫩而生有花芽之顶部，成捆假植沟中埋藏。次春 3 月下旬至 4 月上旬取出枝条，平埋于深 2 ~ 4cm 之沟中，条的方向要一致，沟距 70cm 左右，覆土厚度与条粗相等，覆土后踏实灌水。出芽期间要保持土壤湿润，防止地表板结，出芽后应及时摘芽间苗。上述埋条法也叫“平埋法”。另有“点埋法”，即把枝条平放于沟内后，每隔 40cm 左右压一段土，土高 8 ~ 10cm，段间露出 2 ~ 3 个芽。这样既可保证埋条不受干害，又利于枝芽萌发抽条，此法对华北春旱地区特别适用。

②扦插法：毛白杨扦插不易生根，一般成活率都低于 50%。近年各地试验扦插繁殖，取得了不少经验，如插前用 0.5% ~ 5% 蔗糖液处理插穗 24h，或浸水 3 ~ 7d（白天泡水，夜间捞起）后再插，成活率可显著提高。此外要求插条粗壮而长（17 ~ 20cm），并尽量选用母条基部段，也很重要。

③嫁接法：在母条缺少的情况下可采用此法，砧木用加拿大杨、合作杨、小叶杨等。切接、腹接、芽接均可，成活率高达 90% 以上。

④留根法：在原来埋条或扦插繁殖的圃地中，待秋季苗木出圃后，进行适当松土、施肥，但要注意别损伤留下的苗根。然后在原来的行间作埂筑床，以便灌水和经常管理。次春，留下的苗根便可陆续长出萌条，经间苗、摘除侧芽等管理，秋季即可成苗出圃或移植。此法一般可连续采用 5 年。

毛白杨在苗圃期间，主要管理工作是及时摘除侧芽，保护顶芽，促其高生长。6 ~ 7 月间最好施肥 1 次。为了培育壮苗，可在当年秋末在近地面处剪去苗株，使次年重新萌发新苗，这样秋后苗木高可达 2.5 ~ 3m，最高可达 4m，而且粗壮通直。为了获得行道树或庭荫树之大苗，需在次年秋末或第 3 年早春移植 1 次，扩大株行距，并注意整枝、修剪等抚育管理工作，这样在第 3 年秋即可出圃定植。

毛白杨的栽植时期在早春或晚秋，宜稍深栽。栽大苗时最好将侧枝从 30 ~ 50cm 处截去，并用草绳卷干。幼树栽后 3 年内生长较慢，要注意水肥管理和病虫害防治。毛白杨常见病虫害有毛白杨锈病、破腹病、根癌病、杨树天社蛾、透翅蛾、潜叶蛾、天牛蚜虫、介壳虫等，要注意及早防治。

观赏特性及园林用途：毛白杨树干灰白、端直，树形高大广阔，颇具雄伟气概，大形深绿色的叶片在微风吹拂时能发出欢快的响声，给人以豪爽之感。在园林绿地中很适宜作行道树及庭荫树。若孤植或丛植于旷地及草坪上，更能显出其特有的风姿。在广场、干道两侧规则式列植，则气势严整壮观。毛白杨也是工厂绿化、“四旁”绿化及防护林、用材林的重要树种。

经济用途：木材轻而细密，淡黄褐色，纹理直，易加工，可供建筑、家具、胶合板、造纸及人造纤维等用。雄花序凋落后收集可供药用。

（2）银白杨（图 17-3）

Populus alba **L.**

形态：乔木，高可达 35m，胸径 2m；树冠广卵形或圆球形。树皮灰白色，光滑，老时纵深裂。幼枝叶及芽密被白色绒毛。长枝之叶广卵形或三角状卵形，常掌状 3～5 浅裂，裂片先端钝尖，缘有粗齿或缺刻，叶基截形或近心形；短枝之叶较小，卵形或椭圆状卵形，缘有不规则波状钝齿；叶柄微扁，无腺体，老叶背面及叶柄密被白色绒毛。蒴果长圆锥形，2 裂。花期 3～4 月；果熟期 4 月（华北）～5 月（新疆）。

图 17-3　银白杨

1. 叶枝　2. 雌花枝　3. 雌花　4. 萌枝

分布：新疆（额尔齐斯河）有野生天然林分布，西北、华北、辽宁南部及西藏等地有栽培。欧洲、北非及亚洲西部、北部也普遍分布。

习性：喜光，不耐庇荫；抗寒性强，在新疆 -40℃ 条件下无冻害；耐干旱，但不耐湿热。适于大陆性气候。能在较贫瘠的沙荒及轻碱地上生长，若在湿润肥沃土壤或地下水较浅之砂地生长尤佳，但在黏重和过于瘠薄的土壤上生长不良。在新疆南部阿克苏地区，20 年生树高 19.2m，胸径 30.5cm；40 年生树高 24.7m，胸径 41cm。在湿热的长江流域及其以南地区生长不良，主干弯曲并常呈灌木状，且易遭病虫危害。深根性，根系发达，根萌蘖力强。正常寿命可达 90 年以上。

繁殖栽培：银白杨可用播种、分蘖、扦插等法繁殖。一般扦插成活率不高，若秋季采条，湿沙贮藏越冬，并于春季插前对插穗进行浸水催根和生长素处理等，可提高成活率。银白杨苗木侧枝多，生长期间应注意及时修枝、摘芽，以提高苗木质量。此外，银白杨可采用插干造林。

观赏特性及园林用途：银白色的叶片和灰白色的树干都与众不同，叶子在微风中飘动有特殊的闪烁效果，高大的树形及卵圆形的树冠亦颇美观。在园林中用作庭荫树、行道树，或于草坪孤植、丛植均甚适宜。同时，由于根系发达、根萌蘖力强，还可用作固沙、保土、护岸固堤及荒沙造林树种。

经济用途：银白杨材质松软，结构细，纹理直，但耐腐性较差，可供建筑、家具、造纸等用。树皮含单宁，可提制栲胶。

(3)‘新疆’杨

***Populus alba* ‘Pyramidalis’(*P. bolleana* Lauche, *P. alba* var. *bolleana* Lauche)**

乔木，高达30m；枝直立向上，形成圆柱形树冠。干皮灰绿色，老时灰白色，光滑，很少开裂。短枝之叶近圆形，有缺刻状粗齿，背面幼时密生白色绒毛，后渐脱落近无毛；长枝之叶边缘缺刻较深或呈掌状深裂，背面被白色绒毛。

新疆杨主要分布在新疆，尤以南疆地区较多，近年中国北方诸省多有引种，生长良好。此外，俄罗斯南部、小亚细亚及欧洲等地也有栽培。喜光，耐干旱，耐盐渍；适应大陆性气候，在高温多雨地区生长不良；耐寒性不如银白杨。生长快，根系较深，萌芽性强，对烟尘有一定的抗性。通常用扦插或埋条法繁殖，扦插比银白杨成活率高。若嫁接在胡杨(*P. euphratica* Oliv.)上，不仅生长良好，还可以扩大栽培范围。新疆杨是优美的风景树、行道树及“四旁”绿化树种，深受新疆人民的喜爱。材质较好，纹理直，结构较细，可供建筑、家具等用。

(4) 加拿大杨(加杨)(图17-4)

***Populus canadensis* Moench**

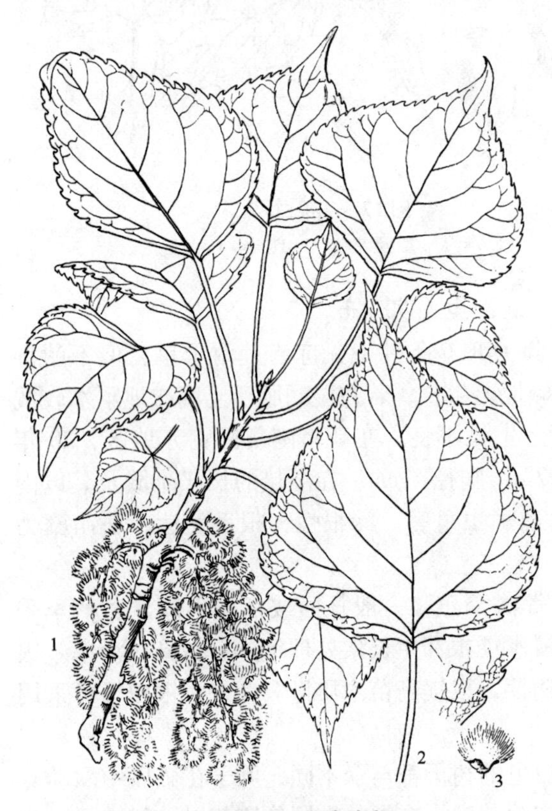

图17-4　加拿大杨

1. 果枝　2. 叶　3. 果

形态：乔木，高达30m，胸径1m；树冠开展呈卵圆形。树皮灰褐色，粗糙，纵裂。小枝在叶柄下具3条棱脊，冬芽先端不贴紧枝条。叶近正三角形，长7~10cm，先端渐尖，基部截形，边缘半透明，具钝齿，两面无毛；叶柄扁平而长，有时顶端具1~2腺体。花期4月，果熟期5月。

分布：本种系美洲黑杨(*P. deltoides* Marsh.)与欧洲黑杨(*P. nigra* L.)之杂交种，现广植于欧、亚、美各洲。19世纪中叶引入我国，各地普遍栽培，而以华北、东北及长江流域最多。

习性：杂种优势明显，生长势和适应性均较强。性喜光，颇耐寒，喜湿润而排水良好之冲积土，对水涝、盐碱和瘠薄土地均有一定耐性，能适应暖热气候。对二氧化硫抗性强，并有吸收能力。生长快，在水肥条件好的地方12年生树高可达20m以上，胸径34.2cm。萌芽力、萌蘖力均较强。寿命较短。

繁殖栽培：本种雄株多，雌株少见。一般都采用扦插繁殖，极易成活。扦插苗当年秋季落叶后掘起，经分级后入沟假植，次春移植，行距 1.2m，株距 0.8 ~ 1m，生长季加强水肥管理并注意及时摘去干上萌蘖，2 ~ 3 年后苗木胸径可达 4 ~ 5cm，即可出圃定植。加拿大杨易受光肩天牛及白杨透翅蛾幼虫危害枝干，刺蛾和潜叶蛾幼虫危害树叶，应注意及时防治。

观赏特性及园林用途：加拿大杨树体高大，树冠宽阔，叶片大而具光泽，夏季绿荫浓密，很适合作行道树、庭荫树及防护林用。同时，也是工矿区绿化及“四旁”绿化的好树种。由于它具有适应性强、生长快等特点，已成为我国华北及江淮平原最常见的绿化树种之一。

经济用途：木材轻软，纹理较细，易加工，可供建筑、造纸、火柴杆、包装箱等用材。

［附］‘沙兰’杨 *Populus* × *euramericana* ‘Sacrau 79’

乔木；树冠卵圆形或圆锥形，枝层明显。树皮灰白或灰褐色，基部浅纵裂，裂纹浅而宽；皮孔菱形，大而显。叶卵状三角形，先端长渐尖，基部宽楔形至近截形，两面绿色；长枝之叶较大，基部具 1 ~ 4 个棒形腺体。3 月底或 4 月初开花；4 月下旬或 5 月初果熟。

本种是无性系，因生长快、适应性强而栽培遍及世界各国。中国于 1954 年从民主德国引入，现在东北、华北、华东、华中及西北各地均有引种。其中以河南、江苏、山东、陕西等地生长最好。繁殖用扦插法。园林用途同加拿大杨，但栽培主要是作速生用材树。木材纤维品质较好，是造纸工业优良用材之一，也可用作家具、包装箱及民用建筑材料。

与‘沙兰’杨相近的种有意大利214 杨，简称‘214 杨’（*P.* × *euramericana*‘I－214’）：大乔木，树冠长卵形。树干略弯曲，树皮灰褐色，浅裂。叶三角形，长略大于宽，基部心形，有 2 ~ 4 个腺点，叶质较厚，深绿色；叶柄扁。原产意大利，是天然杂交种。生长极快，原产地 9 年生植株胸径 1.07m。中国有引种，耐寒性较差，宜在黄河下游至长江中、下游推广。

（5）‘钻天’杨（美杨）

***Populus nigra* L. ‘Italica’（*P. pyramidalis* Roz.）**

乔木，高达 30m；树冠圆柱形。树皮灰褐色，老时纵裂。枝贴近树干直立向上。1 年生枝黄绿色或黄棕色；冬芽长卵形，贴枝，有黏胶。叶扁三角状卵形或菱状卵形，先端突尖，基部广楔形，缘具钝锯齿，无毛；叶柄扁而长，无腺体。花期 4 月；果熟期 5 月。

起源不明，有人认为是黑杨（*P. nigra* L.）的无性系，仅见雄株。广布于欧洲、亚洲及北美洲，我国东北自哈尔滨以南，华北、西北至长江流域均有栽培。喜光，喜湿润土壤，耐寒，耐空气干燥和轻盐碱。不适应南方之湿热气候。生长快，但寿命短，40 年左右即衰老。抗病虫害能力较差，多蛀干害虫，易遭风折，故近年栽培不多。通常用扦插法繁殖。

本种树形圆柱状，丛植于草地或列植堤岸、路边，有高耸挺拔之感，在北方园林中常见，也常作行道树、防护林用。又是杨树育种常用的亲本之一。木材松软，可供火柴杆和造纸等用。

（6）‘箭杆’杨

***Populus nigra* ‘Afghanica’（‘Thevestina’）**

外形与钻天杨相似，枝直立向上形成狭圆柱形树冠。但树皮灰白色，幼时光滑，老则基部稍裂。叶形变化较大，三角状卵形至菱形，基部广楔形至近圆形，先端渐尖至长渐尖。

分布于黄河上、中游一带，陕西、甘肃、山西南部、河南西部等地栽培较多。高加索、巴尔干半岛、小亚细亚、北非等地也有。

喜光，耐寒，抗大气干旱，稍耐盐碱；生长快。扦插繁殖，容易成活。由于材质较好，生长快，树冠窄，根幅小，树形美观，在中国西北地区很受人们喜爱，常作公路行道树、农田防护林及“四旁”绿化树种。

(7) 小叶杨（南京白杨）（图 17-5）

***Populus simonii* Carr.**

形态：乔木，高达 20 余 m，胸径 50cm 以上；树冠广卵形。树干往往不直，树皮灰褐色，老时变粗糙，纵裂。小枝光滑，长枝有显著角棱；冬芽瘦而尖，有黏胶。叶菱状倒卵形、菱状卵圆形，或菱状椭圆形，长 5 ~ 10cm，基部楔形，先端短尖，缘具细钝齿，两面无毛；叶柄短而不扁，常带红色，无腺体。花期 3 ~ 4 月；果熟期 4 ~ 5 月。

图 17-5　小叶杨

1. 雌花枝　2. 果　3. 萌枝

分布：产于中国及朝鲜。在中国分布很广，北至哈尔滨，南达长江流域，西至青海、四川等地。垂直分布华北在海拔 1000m 以下，四川在 2300m 以下。多生于山谷、河旁土壤肥沃、湿润处。

变种：小叶杨常见有以下 2 个观赏品种与变型：

①'塔形'小叶杨'Fastigiata'：枝条近直立向上，形成塔形树冠。产于河北；北京等地有栽培，常作行道树。

②垂枝小叶杨 f. *pendula* Schneid.：侧枝平展，小枝下垂，并在横切面略呈棱角状。产于河北、甘肃、青海、四川、湖北、河南等地。

习性：喜光，耐寒，亦能耐热；喜肥沃湿润土壤，亦能耐干旱、瘠薄和盐碱土壤。生长较快，寿命较短；根系发达，但主根不明显；萌芽力强。

繁殖栽培：繁殖可用播种、扦插、埋条等法。扦插易成活，枝插、干插均可。栽培无特殊要求。常有叶锈病、褐斑病及杨天社蛾、大透翅蛾、黄斑星天牛等病虫危害，应注意及早防治。

观赏特性及园林用途：小叶杨是良好的防风固沙、保持水土、固堤护岸及绿化观赏树种；城郊可选作行道树和防护林。

经济用途：木材轻软，纹理直，结构细，易加工，可供建筑、家具、造纸、火柴杆等用。

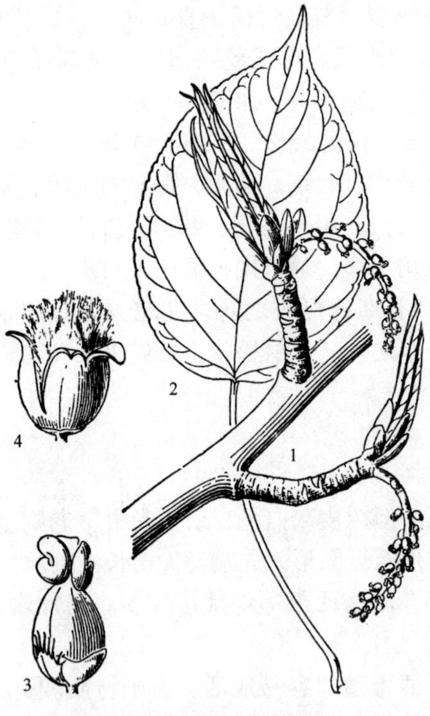

图 17-6　青　杨

1. 雌花枝　2. 叶　3. 雌花　4. 果

(8) 青杨（图 17-6）

***Populus cathayans* Rehd.**

形态：乔木，高达 30m，胸径 1m；树冠卵形。树皮幼时灰绿色，光滑，老时灰白色，浅纵裂。小枝圆柱形，冬芽多黄黏胶。枝叶均无毛。叶卵形或卵状椭圆形，长 5 ~ 10cm，基部圆形或近心形，先端长尖，缘有细锯齿，背面绿白色；叶柄圆而较细长，无腺体。花期3月下旬；果熟期4～5月。

分布：中国特产，分布于东北南部、华北、西北及四川、云南、西藏等省、区。垂直分布华北在1500～2200m以下，四川则在4000m以下；多生于溪边、沟谷及阴坡山麓。

习性：喜光，亦稍耐荫；喜温凉湿润，较耐寒，但在暖地生长不良。对土壤要求不严，在河滩、石砾地、弱碱性土上均能生长，能耐干旱，但不耐水淹，以在深厚、肥沃、湿润而排水良好的土壤上生长最好。根系发达，分布深而广。生长快，在河北承德9年生树高13.5m，胸径24cm。萌芽期早，在北京3月中旬开始萌芽，并迅速展叶。

繁殖栽培：繁殖可用扦插、播种等法。扦插容易生根，成活率高。播种法由于实生苗分离现象明显，生长量较小而参差不齐，故目前不大采用。青杨枝条较软，顶枝易弯，故育苗时宜留竞争枝以保护其生长。由于青杨物候期特早，移栽、定植应在早春解冻时进行。青杨常遭杨树腐烂病危害，应注意及早防治。

观赏特性及园林用途：青杨展叶最早，新叶嫩绿光亮，给人以春光早临之感，加之树冠卵形，干高皮青，倍增清丽。可作行道树、庭荫树、防护林、用材林及固岸护堤或河滩绿化等用。

经济用途：木材较好，纹理直，结构细，易加工，可供家具、建筑及造纸等用。

(9) 河北杨（椴杨）（图17-7）

***Populus* × *hopeiensis* Hu et Chow**

乔木，高达30m；树冠阔圆形。树皮灰白色，光滑。小枝圆柱形；冬芽卵形，疏生短柔毛，无黏胶。叶卵圆形或近圆形，长3～8cm，缘具疏波齿或不规则缺刻，先端钝或短尖，基部圆形或近截形，幼叶背面密被绒毛，后渐脱落；叶柄扁，无腺体。

主要分布华北及西北各地；垂直分布山西在海拔800～1500m，甘肃在1000～2000m。多生于河流两岸、沟谷斜坡及冲积阶地上。

喜光，较耐寒，适生于高寒多风地区；耐干旱，喜湿润，但不耐水淹。生长尚快，萌蘖性强。主根明显，侧根发达，多分布于表土层。扦插不易成活，可用播种、压条、根蘖及嫁接等法繁殖。

图17-7 河北杨

河北杨树皮白色洁净，树冠圆整，枝条细柔平伸甚至稍垂，加之圆形和波缘的活泼叶片，形成清秀柔和的特色。是优美的庭荫树、行道树和风景树，在草坪、岸边孤植、丛植都很合适。在西北黄土高原地区可用作防风固沙造林树种。木材轻软，有弹性，但易成层脱落，不宜锯板，可供家具、农具等用。

2. 柳属 *Salix* L.

落叶乔木或灌木；小枝细，髓近圆形，无顶芽，芽鳞1枚。叶互生，稀对生，通常较狭长，叶柄较短。花序直立，苞片全缘，花无杯状花盘，有腺体；雄蕊1～12，花丝较长。蒴果，2瓣裂；种子细小，基部围有白色长毛。

约500种，主产北半球温带及寒带，南半球极少，大洋洲不产。中国约产200种，遍及全国各地，其中一些是重要城乡绿化树种。本属植物易种间杂交，故分类较复杂而困难。

分种检索表

A_1 乔木。

　B_1 叶狭长，披针形至线状披针形，雄蕊2。

　　C_1 枝条直伸或斜展，黄绿色；叶长5~10cm，叶柄短，2~4mm；子房背腹面各具1腺体……（1）旱柳 *S. matsudana*

　　C_2 小枝细长下垂，黄褐色，叶长8~16cm，叶柄长0.5~1.5cm；子房仅腹面具1腺体 ……（2）垂柳 *S. babylonica*

　B_2 叶较宽大，卵状披针形至长椭圆形，雄蕊3~12。

　　C_1 叶质地较厚，锯齿较钝；雄蕊8~12 ……………………（滇柳 *S. cavaleriei*）

　　C_2 叶质地较薄，锯齿较尖；雄蕊3~5 ……………………（河柳 *S. chaenomeloides*）

A_2 灌木；叶互生，长椭圆形；雄花序粗大，密被白色光泽绢毛 ……………………（3）银芽柳 *S. leucopithecia*

（1）旱柳（柳树、立柳）（图17-8）

***Salix matsudana* Koidz.**

形态：乔木，高达18m，胸径80cm；树冠卵圆形至倒卵形。树皮灰黑色，纵裂。枝条直伸或斜展。叶披针形至狭披针形，长5~10cm，先端长渐尖，基部楔形，缘有细锯齿，背面微被白粉；叶柄短，2~4mm；托叶披针形，早落。雄花序轴有毛，苞片宽卵形；雄蕊2，花丝分离，基部有毛；雌花子房背腹面各具1腺体。花期3~4月；果熟期4~5月。

分布：中国分布甚广，东北、华北、西北及长江流域各地均有，而黄河流域为其分布中心，是我国北方平原地区最常见的乡土树种之一。垂直分布在海拔1500m以下。

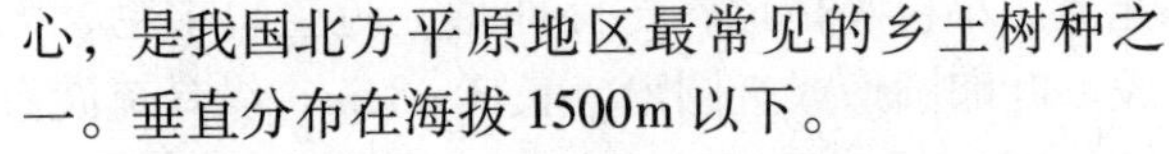

图17-8　旱　柳

1. 雌花枝　2. 雄花枝　3. 雄蕊　4. 雌蕊　5. 果

变种与品种：旱柳常见有下列栽培变种：

①‘馒头’柳‘Umbraculifera’：分枝密，端梢齐整，形成半圆形树冠，状如馒头。北京园林中常见栽培，其观赏效果较原种好。

②‘绦’柳‘Pendula’：枝条细长下垂，华北园林中习见栽培，常被误认为是垂柳。小枝黄色，叶无毛，叶柄长5~8mm，雌花有2腺体。

③‘龙须’柳‘Tortuosa’：枝条扭曲向上，各地时见栽培观赏。生长势较弱，树体较小，易衰老，寿命短。

习性：喜光，不耐庇荫；耐寒性强；喜水湿，亦耐干旱。对土壤要求不严，在干瘠沙地、低湿河滩和弱盐碱地上均能生长，而以肥沃、疏松、潮湿土上最为适宜，在固结、黏重土壤及重盐碱地上生长不良。生长快，8年生树高达13m，胸径25cm。寿命50~70年。萌芽力强；根系发达，主根深，侧根和须根广布于各土层中。固土、抗风力强，不怕沙压。旱柳树皮在受到水浸时，能很快长出新根悬浮于水中，这是它不怕水淹和扦插易活的重要原因。

繁殖栽培：繁殖以扦插为主，播种亦可。柳树扦插极易成活，除一般的枝插外，实践中人们常用大枝埋插以代替大苗，称“插干”或“插柳棍”。扦插在春、秋和雨季均可进行，北方以春季土地解冻后进行为好；南方土地不结冻地区以 12 月至 1 月进行较好。由于长期营养繁殖，柳树 20 年左右便出现心腐、枯梢等衰老现象，故宜提倡种子繁殖。播种在 4 月种子成熟时，随采随播。种子用量每亩 0. 25 ~0. 5kg，在幼苗长出第 1 对真叶时即可进行间苗，苗高 3 ~5cm 时定苗，当年苗高可达 60 ~ 100cm。用作城乡绿化的柳树，最好选用高 2. 5 ~3m，粗 3. 5cm 以上的大苗。因此在苗圃育苗期间要注意培养主干，对插条苗要及时进行除蘖，并适当修剪侧枝，以达到一定的干高。栽植柳树宜在冬季落叶后至次年早春芽未萌动时进行，栽后要充分浇水并立支柱。当树龄较大，出现衰老现象时，可进行平头状重剪更新。柳树主要病虫害有柳锈病、烟煤病、腐心病及天牛、柳木蠹蛾、柳天蛾、柳毒蛾、柳金花虫等，应注意及早防治。

观赏特性及园林用途：柳树历来为我国人民所喜爱，其柔软嫩绿的枝叶，丰满的树冠，还有许多多姿的栽培变种，都给人以亲切优美之感。加之最易成活、生长迅速、发叶早、落叶迟、适应性强等优点，自古以来就成为重要的园林及城乡绿化树种。最宜沿河湖岸边及低湿处、草地上栽植；亦可作行道树、防护林及沙荒造林等用。但由于柳絮繁多、飘扬时间又长，故在精密仪器厂、幼儿园及城市街道等地均以种植雄株为宜。

经济用途：木材白色，轻软，纹理直，但不耐腐，可供建筑、农具、造纸等用；枝条可编筐；花有蜜腺，是早春蜜源树种之一。

（2）垂柳（图 17-9）

***Salix babylonica* L.**

形态：乔木，高达 18m；树冠倒广卵形。小枝细长下垂。叶狭披针形至线状披针形，长 8 ~ 16cm，先端渐长尖，缘有细锯齿，表面绿色，背面蓝灰绿色；叶柄长约 1cm；托叶阔镰形，早落。雄花具 2 雄蕊，2 腺体；雌花子房仅腹面具 1 腺体。花期 3 ~4 月；果熟期4 ~5 月。

分布：主要分布长江流域及其以南各地平原地区，华北、东北亦有栽培。垂直分布在海拔 1300m 以下，是平原水边常见树种。亚洲、欧洲及美洲许多国家都有悠久的栽培历史。

习性：喜光，喜温暖湿润气候及潮湿深厚之酸性及中性土壤。较耐寒，特耐水湿，但亦能生于土层深厚之高燥地区。萌芽力强，根系发达。生长迅速，15 年生树高达 13m，胸径 24cm。寿命较短，30 年后渐趋衰老。

图 17-9　垂　柳

1. 雌花序枝　2. 叶　3. 雄花　4、5. 果

繁殖栽培：繁殖以扦插为主，亦可用种子繁殖。扦插于早春进行，选择生长快、无病虫

害、姿态优美的雄株作为采条母株，剪取2～3年生粗壮枝条，截成15～17cm长作为插穗。株行距20cm×30cm，直播，插后充分浇水，并经常保持土壤湿润，成活率极高。垂柳主要有光肩天牛危害树干，被害严重时易遭风折枯死。此外，还有星天牛、柳毒蛾、柳叶甲等害虫，应注意及时防治。

观赏特性及园林用途：垂柳枝条细长，柔软下垂，随风飘舞，姿态优美潇洒，植于河岸及湖池边最为理想，柔条依依拂水，别有风致，自古即为重要的庭园观赏树。亦可用作行道树、庭荫树、固岸护堤树及平原造林树种。此外，垂柳对有毒气体抗性较强，并能吸收二氧化硫，故也适用于工厂区绿化。

经济用途：木材白色，韧性大，可作小农具、小器具等；枝条可编织篮、筐、箱等器具。枝、叶、花、果及须根均可入药。

(3) 银芽柳（棉花柳）（图17-10）

***Salix leucopithecia* Kimura**

灌木，高约2～3m，分枝稀疏。枝条绿褐色，具红晕，幼时具绢毛，老时脱落。冬芽红紫色，有光泽。叶长椭圆形，长9～15cm，先端尖，基部近圆形，缘具细浅齿，表面微皱，深绿色，背面密被白毛，半革质。雄花序椭圆状圆柱形，长3～6cm，早春叶前开放，初开时芽鳞疏展，包被于花序基部，红色而有光泽，盛开时花序密被银白色绢毛，颇为美观。

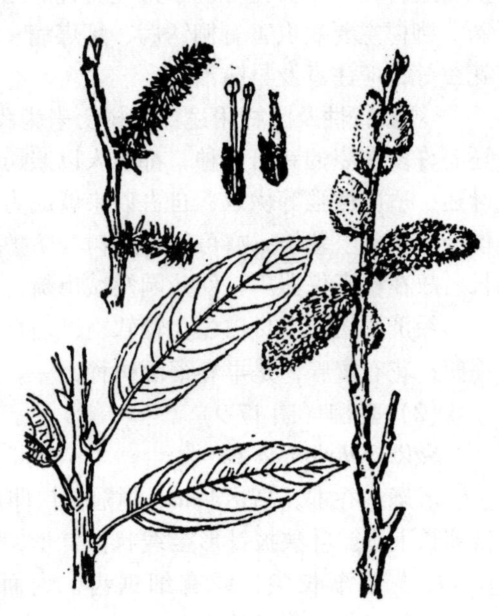

图17-10　银芽柳

原产于日本；中国上海、南京、杭州一带有栽培。

喜光，喜湿润土地，颇耐寒，北京可露地越冬。用扦插法繁殖。栽培后每年需重剪，促使萌发多数长枝条。其花芽萌发成花序时十分美观，供春节前后瓶插观赏。

［13］杨梅科 Myricaceae

常绿或落叶，灌木或乔木。单叶互生，具油腺点，芳香；无托叶。花单性，雌雄同株或异株，柔荑花序，无花被；雄蕊4～8（2～16）；雌蕊由2心皮合成，子房上位，1室，具1直伸胚珠，柱头2。核果，外被蜡质瘤点及油腺点。子叶肥大，出土。

2属，约50种，分布于东亚及北美；中国产杨梅1属，4种。

杨梅属 *Myrica* L.

常绿灌木或乔木。叶脉羽状，叶柄短。花通常雌雄异株，雄花序圆柱形，雌花序卵形或球形。

约50种，分布于温带至亚热带；中国有4种，产西南部至东部。

杨梅(图 17-11)

***Myrica rubra*(Lour.) Sieb. et Zucc.**

形态：常绿乔木，高达 12m，胸径 60cm。树冠整齐，近球形。树皮黄灰黑色，老时浅纵裂。幼枝及叶背有黄色小油腺点。叶倒披针形，长 4～12cm，先端较钝，基部狭楔形，全缘或近端部有浅齿；叶柄长 0.5～1cm。雌雄异株，雄花序紫红色。核果球形，径 1.5～2cm，深红色，也有紫、白等色的，多汁。花期 3～4 月；果熟期 6～7 月。

分布：产长江以南各地，以浙江栽培最多；日本、朝鲜及菲律宾也有分布。

习性：中性树，稍耐荫，不耐烈日直射；喜温暖湿润气候及酸性而排水良好之土壤，中性及微碱性土上也可生长。不耐寒，长江以北不宜栽培。深根性，萌芽性强。对二氧化硫、氯气等有毒气体抗性较强。

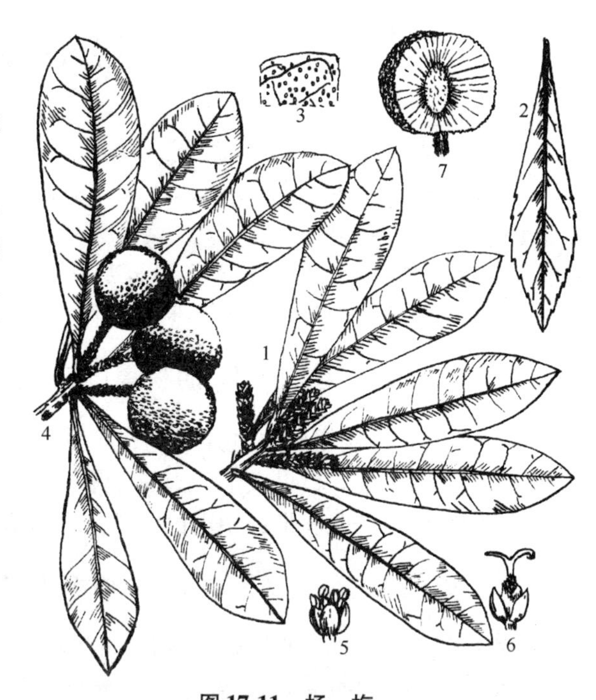

图 17-11　杨　梅

1. 雄花枝　2. 叶　3. 叶下面腺体　4. 果枝　5. 雌蕊　6. 雄蕊　7. 果纵剖面

繁殖栽培：繁殖可用播种、压条及嫁接等法。播种法于 7 月初采种，洗净果肉后随即播种，或把种子低温砂藏层积到次年 3 月播种，每亩播种量约 40kg。幼苗要适当遮荫。压条在 3、4 月间进行，也可采用高压法。以生产果实为目的者需行嫁接法，砧木用2～3 年生的实生苗，在 3 月下旬至 4 月上旬进行切接或皮下接。栽植宜选择低山丘陵北坡，若在阳坡应与其他树间植。同时因是雌雄异株，应适当配植雄株，以利授粉。移栽时间以 3 月中旬至 4 月上旬为宜，并需带土球。

观赏特性及园林用途：杨梅枝繁叶茂，树冠圆整，初夏又有红果累累，十分可爱，是园林绿化结合生产的优良树种。孤植、丛植于草坪、庭院，或列植于路边都很合适；若采用密植方式用来分隔空间或起遮蔽作用也很理想。

经济用途：果味酸甜适中，既可生食，又可加工成杨梅干、酱、蜜饯等，还可酿酒。此外，果实亦可入药，有止渴、生津、助消化等功效。

〔14〕胡桃科 Juglandaceae

落叶乔木，很少常绿或灌木。羽状复叶，互生；无托叶。花单性同株，单被或无被；雄花成柔荑花序；雌蕊由 2 心皮合成，子房下位，1 室，基生 1 胚珠。核果或坚果；种子无胚乳。

8 属，约 50 种，主产北温带，少数分布至亚洲热带。中国产 7 属，25 种，引入 2 种；南北均有分布。

分属检索表

A_1 枝髓片状。
  B_1 鳞芽；肉质核果 …………………………………………………………………………… 1. 胡桃属 *Juglans*
  B_2 裸芽或鳞芽；坚果有翅 ……………………………………………………………………… 2. 枫杨属 *Pterocarya*
A_2 枝髓充实。
  B_1 雄花序下垂；核果，外果皮木质，4 瓣裂 ……………………………………………… 3. 山核桃属 *Carya*
  B_2 雄花序直立；坚果有翅，果序球果状 ………………………………………………… 4. 化香属 *Platycarya*

1. 胡桃属(核桃属) *Juglans* L.

落叶乔木。小枝粗壮，具片状髓；鳞芽。奇数羽状复叶，互生，有香气。雄蕊 8 ~ 40；子房不完全 2 ~ 4 室。核果大形，肉质，果核具不规则皱沟。

共约 16 种，产北温带；中国产 4 种，引入栽培 2 种。

分种检索表

A_1 小枝无毛；小叶全缘或近全缘，背面仅脉腋有簇毛；雌花序具 1 ~ 3 花 ……………… (1)胡桃 *J. regia*
A_2 小枝明显有毛；小叶有锯齿，背面有毛；雌花序具 5 ~ 10 花。
  B_1 幼叶表面有腺毛，沿叶脉有星状毛，老叶表面仅叶脉有星状毛；雄花序长约 10cm …………………
  ……………………………………………………………………………………… (2)胡桃楸 *J. mandshurica*
  B_2 幼叶表面密被星状毛，老叶表面星状毛散生，沿叶脉较密；雄花序长 20 ~ 30cm ……………………
  ……………………………………………………………………………………… (3)野胡桃 *J. cathayensis*

(1)胡桃(核桃)(图 17-12)

***Juglans regia* L.**

形态：落叶乔木，高达 30m，胸径 1m。树冠广卵形至扁球形。树皮灰白色，老时深纵裂。1 年生枝绿色，无毛或近无毛。小叶 5 ~ 9，椭圆形、卵状椭圆形至倒卵形，长 6 ~ 14cm，基部钝圆或偏斜，全缘，幼树及萌芽枝上之叶有锯齿，侧脉常在 15 对以下，表面光滑，背面脉腋有簇毛，幼叶背面有油腺点。雄花为柔荑花序，生于上年生枝侧，花被 6 裂，雄蕊 20；雌花 1 ~ 3(5)朵成顶生穗状花序，花被 4 裂。核果球形，径 4 ~ 5cm，果核近球形，先端钝，有不规则浅刻纹及 2 纵脊。花期 4 ~ 5 月；果 9 ~ 11 月成熟。

分布：原产中国新疆及阿富汗、伊朗一带，传为汉朝张骞带入内地(西晋张华撰《博物志》中有“张骞使西域，还得胡桃种”的记载)。中国有 2000 多年的栽培历史，各地广泛栽培，品种很多。从东北南部到华北、西北、华中、华南及西南均有栽培，而以西北、华北最多。

习性：喜光；喜温暖凉爽气候，耐干冷，不耐湿热。在年平均气温 8 ~ 14℃，极端最低温 -25℃以上，年降水量 400 ~ 1200mm 的气候条件下能正常生长。喜深厚、肥沃、湿润而排水良好的微酸性至微碱性土壤，在瘠薄、盐碱、酸性较强及地下水过高处均生长不良。深根性，有粗大的肉质直根，故怕水淹。生长尚快，5 年生树高 3 ~ 4m，20 年生高约 12m。一般 6 ~ 8 年生开始结果，20 ~ 30 年生达盛果期，经济年龄 80 ~ 120 年。但若生境及栽培条件良好，也可遇见二三百年的大树仍结果繁茂。山西孝义县一株300多年生的胡桃，树冠覆地近半亩，每年还果实累累。

繁殖栽培：胡桃可用播种及嫁接法繁殖。北方多春播，暖地可秋播。春播前应催芽处理，一般在播前层积砂藏30～35d，也可在播前用冷水浸种7～10d，每天换1次水。一般采用点播，穴距10～15cm，覆土约6cm，种子应尖端向侧方，并使纵脊垂直地面，这样幼苗较易出土。当年苗高30～75cm，在北方冬季要壅土防寒。嫁接繁殖可用芽接和枝接法。芽接较易成活，一般在6～7月进行。枝接应在砧木发芽后进行，因砧木在萌芽前伤流量大，嫁接很难愈合成活，而砧木在发芽展叶后伤流量很少，有利愈合。又因胡桃含单宁较多，嫁接时操作要熟练敏捷，尽量缩短切面与空气接触的时间，同时力求切口平滑，否则成活率极低。枝接的方法常采用劈接和插皮舌接法。接穗应从优良母株上选取粗壮而芽饱满的1年生枝条；砧木可用胡桃实生苗、胡桃楸、枫杨等。用枫杨作砧嫁接的胡桃较能耐低湿。

图17-12　胡　桃

1. 雄花枝　2. 雌花枝　3. 果序　4、5. 雄花苞片、花被及雄蕊　6. 雄蕊　7. 雌花　8. 果　9. 果横切面

胡桃虽栽培很广，但在华北以海拔500m以下的低山区果实产量最好，在海拔1000m以上栽培常受冻干梢而影响结果。在长江以南气候暖热多雨地区，枝条容易徒长，结果量也较少。胡桃以生长中庸的结果母枝及结果枝较易坐果。结果枝上因当年消耗养分多，故通常在结果之当年不再形成含雌花之混合芽，次年仅发为营养枝。经过营养积累后再形成混合芽于下一年结果。因此胡桃有所谓“歇枝”的现象。在管理不善时，易产生大小年，故应进行合理的修剪和灌溉、施肥等工作。

由于胡桃具有枝顶混合芽结果的习性，故对结果枝一般不短截，通常仅疏剪过密枝和枯枝，但对某些必要的弱枝可行短剪。由于胡桃树液流动早而且旺，故不在休眠期修剪，以免伤流过多，损伤树势。一般多在采果后至落叶前进行修剪。胡桃树进入成年期后，枝条逐渐下垂，故当初定干切勿过低。当树龄已老，树势衰退时，需行重剪以促其复壮更新。但应注意逐年分批锯去主枝，否则会造成数年不结实的后果。

胡桃一般要求每年施3次肥，秋末施基肥，5月下旬及7月上旬各施1次追肥。

胡桃常见病虫害有胡桃举肢蛾(又名胡桃黑)、木橑尺蠖、云斑天牛、草履介壳虫及黑斑病等，应及时防治。

观赏特性及园林用途：胡桃树冠庞大雄伟，枝叶茂密，绿荫覆地，加之灰白洁净的树干，亦颇宜人，是良好的庭荫树。孤植、丛植于草地或园中隙地都很合适。也可成片、成林栽植于风景疗养区，因其花、果、叶之挥发气味具有杀菌、杀虫的保健功效。由于品种不同，生长特性差异较大，若作行道树用，则应选择干性较强的品种。

经济价值：胡桃是园林结合生产的好树种。胡桃仁含多种维生素、蛋白质和脂肪，是营养丰富的滋补强壮剂，还可作糕点、糖果等原料；其含油量达60%～70%，是优良食用油之一，也可用于制药、油漆等工业。胡桃木材优良，坚韧致密而富弹性，纹理美，有光泽，不翘不裂，耐冲撞，是枪托、航空器材及优良家具用材。有时树干上生有树瘤，坚实而纹理美，是贵重之贴面装饰材料。树皮、叶及果皮均富含单宁，可提制鞣酸。胡桃壳可制活性炭。

(2)胡桃楸(核桃楸)

***Juglans mandshurica* Maxim.**

形态：乔木，高达20m，胸径60cm；树冠广卵形。小枝幼时密被毛。小叶9～17，卵状矩圆形或矩圆形，长6～16cm，缘有细齿，表面幼时有腺毛，后脱落，仅叶脉有星状毛，背面密被星状毛。雌花序具花5～10朵；雄花序长约10cm。核果卵形，顶端尖，有腺毛；果核长卵形，具8条纵脊。花期4～5月；果熟期8～9月。

分布：主产中国东北东部山区海拔300～800m地带，多散生于沟谷两岸及山麓，与其他树组成混交林；华北，内蒙古有少量分布；俄罗斯、朝鲜、日本亦产之。

习性：强喜光，不耐庇荫，耐寒性强。喜湿润、深厚、肥沃而排水良好之土壤，不耐干旱和瘠薄。根系庞大，深根性，能抗风，有萌蘖性。生长速度中等，20年生树高约10m。

繁殖栽培：种子繁殖。适宜于在山区栽植，并与槭类、椴类等耐荫树种混交种植。

观赏特性及园林用途：胡桃楸树干通直，树冠宽卵形，枝叶茂密，可栽作庭荫树。孤植、丛植于草坪，或列植路边均合适。

经济用途：本种为东北地区优良珍贵用材树种；种仁可食或榨油，又为重要滋补中药。此外，在北方地区常作嫁接胡桃之砧木。

(3)野胡桃(野核桃)

***Juglans cathayensis* Dode**

乔木，高达25m。树皮灰褐色，浅纵裂。小枝、叶柄、果实均密被褐色腺毛。小叶15～19，无柄，卵状长椭圆形，长8～15cm，先端渐尖，基部圆形或近心形，缘有细齿(有时全缘)，两面有灰色星状毛，背面尤密。雄花序长20～30cm；雌花序具花5～10朵。核果卵形，先端尖，有腺毛；果核具6～8钝纵脊。花期4～5月；果熟期9～10月。

产陕西、甘肃、安徽、江苏、浙江、湖北、湖南、四川、云南等地；多生于海拔800～2000m的山谷或山坡之土壤肥沃湿润处。

可作南方地区嫁接核桃之砧木。木材坚硬，纹理美观，可制枪托和精致家具。种仁含油34%，可供食用、制皂及润滑剂。树皮及外果皮含单宁，可提制栲胶。

2. 枫杨属 *Pterocarya* Kunth

落叶乔木。枝髓片状；冬芽有柄，裸露或具数脱落鳞片。奇数羽状复叶，小叶有锯齿。

雄花序单生于上年生枝侧，雄花生于苞腋，萼片 1～4，雄蕊 6～18；雌花序单生于新枝顶端，雌花有 1 苞片和 2 小苞片。果序下垂，坚果有由 2 小苞片发育而成之翅。子叶 2 枚，4 裂，出土。

共约 9 种，分布于北温带；中国约产 7 种。

枫杨(图 17-13)

***Pterocarya stenoptera* C. DC.**

形态：乔木，高达 30m，胸径 1m 以上。枝具片状髓；裸芽密被褐色毛，下有叠生无柄潜芽。羽状复叶之叶轴有翼，小叶 9～23，长椭圆形，长 5～10cm，缘有细锯齿，顶生小叶有时不发育。果序下垂，长 20～30cm；坚果近球形，具 2 长圆形或长圆状披针形之果翅，长 2～3cm，斜展。花期 4～5 月；果熟期 8～9 月。

分布：广布于华北、华中、华南和西南各地，在长江流域和淮河流域最为常见；朝鲜亦有分布。

习性：喜光，喜温暖湿润气候，也较耐寒(辽宁可栽培)；耐湿性强，但不宜长期积水。对土壤要求不严，在酸性至微碱性土上均可生长，而以深厚、肥沃、湿润的土壤上生长最好。深根性，主根明显，侧根发达；萌芽力强。枫杨一般初期生长较慢，3～4 年后加快，15～25 年后生长转慢，40～50 年后逐渐停止生长，60 年后开始衰败。在立地条件较好，管理细致的情况下，8 年生树高可达 13m，胸径 16cm。

图 17-13 枫 杨

1. 雄花枝 2. 果枝 3. 冬态枝 4. 雄花 5、6. 苞片及雌花 7. 果

繁殖栽培：种子繁殖，9 月果成熟后采下晒干、去杂后干藏至 11 月播种；春播最好在 1 月先用温水浸种 24h，再掺沙 2 倍堆置背阴处低温处理，至 2 月中旬再将种子移到向阳处加温催芽，经常倒翻，并注意保持湿润，至 3 月下旬或 4 月上旬即可播种。当年苗高可达 1m 左右，秋季落叶后掘起入沟假植，冬季土壤湿度不可过大，以防烂根。次年春季移栽时应适当密植，以防侧枝过旺和主干弯曲，待苗高 3～4m 时再扩大株行距，培养树冠。枫杨发枝力很强，用作行道树及庭荫树者，应注意修去干部侧枝。修剪时间应避开伤流严重的早春季节，一般在树液流动前的冬季或到 5 月展叶后再行修剪。修剪后主干上休眠芽

容易萌发，要及早抹掉。枫杨有丛枝病、天牛、刺蛾、蚧壳虫等危害，要注意及早防治。

观赏特性及园林用途：枫杨树冠宽广，枝叶茂密，生长快，适应性强，在江淮流域多栽为遮荫树及行道树，惟生长季后期不断落叶，清扫麻烦。又因枫杨根系发达、较耐水湿，常作水边护岸固堤及防风林树种。此外，对烟尘和二氧化硫等有毒气体有一定抗性，也适合用作工厂绿化。

经济用途：木材轻软，不易翘裂，但不耐腐朽，可制作箱板、家具、农具、火柴杆等。树皮富含纤维，可制上等绳索。树皮煎水，可治疥癣和皮肤病。叶有毒，可作农药杀虫剂。枫杨苗木可作嫁接胡桃之砧木。

3. 山核桃属 *Carya* Nutt.

落叶乔木。小枝髓心充实；裸芽或鳞芽。奇数羽状复叶，互生，小叶有锯齿。雄花为3出下垂柔荑花序，花腋生于3裂之苞片内，花萼3～6裂，雄蕊3～10；雌花2～10朵成穗状花序，无花萼，子房1室，外有4裂之总苞。核果，外果皮近木质，熟时开裂成4瓣；果核有纵棱脊，子叶不出土。

约21种，产北美及东亚；中国产3种，引入1种。

分种检索表

A_1　裸芽，密被褐黄色腺鳞；小叶5～7，背面密被褐黄色腺鳞；果卵圆形 ……（1）山核桃　*C. cathayensis*

A_2　鳞芽，有毛；小叶11～17，无腺鳞，有毛；果长圆形 …………………（2）薄壳山核桃 *C. illinoensis*

（1）山核桃（图17-14）

***Carya cathayensis* Sarg.**

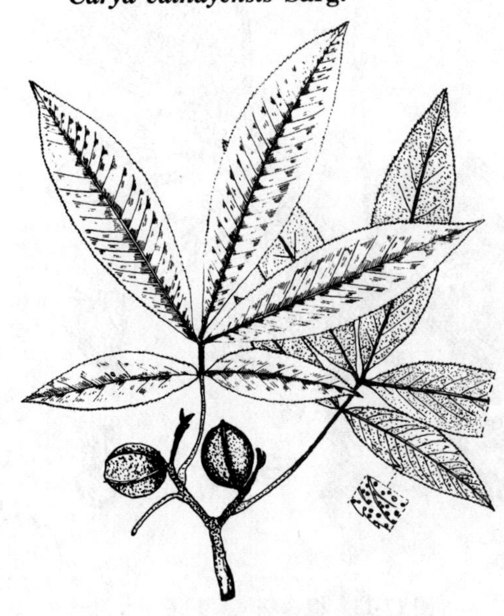

图17-14　山核桃

形态：落叶乔木，高达25～30m，胸径60～70cm；树冠开展，呈扁球形。干皮光滑，灰白色。裸芽、幼枝、叶背及果实均密被褐黄色腺鳞。小叶5～7，长椭圆状倒披针形，长7.5～22cm，锯齿细尖。果卵圆形，核壳较厚。花期4月；果熟期9月。

分布：中国特产，分布于长江以南、南岭以北的广大山区和丘陵。尤其集中分布于浙西北和皖东南一带山区，多生于海拔200～700m的山麓或山谷平地，并常与杉木、马尾松、枫香、榧树、麻栎、油桐、乌桕等混生。

习性：喜光，但较耐侧方庇荫。喜温暖湿润、夏季凉爽、雨量充沛、光照不太强烈的山区环境；不耐寒，尤其开花期不能有晚霜，否则易受冻害。对土壤要求不严，能耐瘠薄，但以深厚、富含有机质及排水良好之砂壤土生长最好。生长较慢，

40 年生树高约 14m，干径 14cm。

繁殖栽培：播种或嫁接繁殖。秋播或春播，幼苗需遮荫。7～8 年生开始结果，11～12 年以后进入盛果期，结果期可保持 100～200 年。嫁接可用化香树为砧木。

经济用途：山核桃为中国南方山区重要木本油料和干果树种。果核炒熟后供食用，味香美；榨油为最好食用油之一。木材坚韧，纹理直，是优良军工、建筑、车辆及农具柄等用材。但本种引种到平原则生长缓慢，且不易结果，故城市绿化应慎用。

(2)薄壳山核桃(长山核桃、美国山核桃)(图 17-15)

***Carya illinoensis* K. Koch(*C. pecan* Engelm. et Graebn.)**

形态：落叶乔木，在原产地高达 45～55m，胸径 2.5m。树冠初为圆锥形，后变长圆形至广卵形。鳞芽被黄色短柔毛。小叶 11～17，为不对称之卵状披针形，常镰状弯曲，长 9～13cm，无腺鳞。果长圆形，较大，核壳较薄。5 月开花；10～11 月果熟。

分布：原产于美国东南部及墨西哥；20 世纪初引入中国，各地常有栽培，但以福建、浙江及江苏南部一带较集中。

习性：喜光，喜温暖湿润气候，最适宜生长于年平均温度 15～20℃，年降水量1000～2000mm 的地区；但也有一定的耐寒性，在北京可露地栽培。在平原、河谷之深厚疏松而富含腐殖质的砂质壤土及冲积土上生长迅速；耐水湿，不耐干燥瘠薄。对土壤酸碱度适应范围较广，pH 4～8 均可，而以 pH 6 最宜。深根性，根萌蘖力强。生长速度中等，30 年生树高约 17m，干径约 60cm。寿命长，原产地个别树能活千年。

繁殖栽培：可用播种、嫁接、分根、扦插等法繁殖。实生树 12～14 年生开始结实，嫁接树 5～6 年生即可结实；20～30 年生进入盛果期，有树达百龄而仍结果的。小苗移栽需注意多留侧根和须根，并及时蘸泥浆防止根系失水而影响成活；大苗移栽需带土球。一般不行整形，在青壮年期下部枝条易结果，故勿过早剪掉。要等树冠上部枝条结实渐多后才可剪除下部枝条。伤口愈合较慢，故剪枝后应涂护伤剂。因雌雄花期有差异，故应混栽不同品种才易结实丰盛。本种在美国南部有许多大的种植园，品种多达 300 个以上，主要是从实生苗中选出的。

观赏特性和园林用途：本种树体高大，枝叶茂密，树姿优美，是很好的城乡绿化树种，在长江中下游地区可栽作行道树、庭荫树或大片造林。又因根系发达、性耐水湿，很适于河流沿岸、湖泊周围及平原地区绿化造林。在园林绿地中孤植、丛植于坡地或草

图 17-15　薄壳山核桃

1. 花枝　2. 果枝　3. 叶下面片断　4、5. 雌花　6. 雄花　7. 裂开的果

坪，亦颇为壮观。

经济用途：果实味美，营养丰富，核仁含油 71%，比花生及一般胡桃为高，质量亦比山核桃好。是优良的木本油料和干果树种。木材坚实、耐久，纹理直，是枪托、飞机、建筑、家具等优良用材。

4. 化香属 *Platycarya* Sieb. et Zucc.

落叶乔木；枝髓充实，鳞芽。奇数羽状复叶，小叶有齿。花无花被，雄花成直立腋生柔荑花序，雌花序球果状，顶生。小坚果有翅，生于苞腋内而成一球果状体。

共 2 种，产中国和日本。

化香(化香树)(图 17-16)

***Platycarya strobilacea* Sieb. et Zucc.**

落叶乔木，高可达 20m，但通常不足 10m。树皮灰色，浅纵裂。小叶 7 ~ 19，卵状长椭圆形，长 5 ~ 14cm，缘有重锯齿，基部歪斜。果序球果状，果苞内生扁平有翅小坚果。花期 5 ~ 6 月；果熟期 10 月。

图 17-16 化 香

1. 花枝 2. 果序 3、4. 苞片及雄蕊 5. 苞片及雌花 6. 果 7. 苞片

主要分布于长江流域及西南各地，是低山丘陵常见树种；日本、朝鲜亦有分布。

喜光，耐干旱瘠薄，为荒山绿化先锋树种。萌芽性强；在酸性土、钙质土上均可生长。果序及树皮富含单宁，为重要栲胶树种。又可作为嫁接胡桃、山核桃和薄壳山核桃之砧木。

〔15〕桦木科 Betulaceae

落叶乔木或灌木。单叶互生；托叶早落。花单性同株；雄花为下垂柔荑花序，1 ~ 3 朵生于苞腋，雄蕊 2 ~ 14；雌花为球果状、穗状或柔荑状，花被萼筒状或无，2 ~ 3 朵生于苞腋，雌蕊由 2 心皮合成，子房下位，2 室，每室有 1 倒生胚珠。坚果有翅或无翅，外具总苞；种子无胚乳。

6 属，约 200 种，主产于北半球温带及较冷地区。6 属在中国均有分布，约 96 种。(一些学者将本科分为桦木科和榛科，参见下面分属检索表。)

分属检索表

A_1 小坚果扁平，具翅，包藏于木质鳞片状果苞内，组成球果状或柔荑状果序；雄花萼片 4 深裂，雄蕊2 ~

4 ……………………………………………………………………………………（桦木科 Betulaceae）

B1 果苞薄，3 裂，脱落；冬芽无柄 ……………………………………………… 1. 桦木属 *Betula*

B2 果苞厚，木质，5 裂，宿存；冬芽常有柄 ………………………………… 2. 赤杨属 *Alnus*

A2 坚果卵形或球形，无翅，包藏于叶状或囊状草质总苞内，组成簇生或穗状果序；雄花无花被，雄蕊 2 ……………………………………………………………………………（榛科 Corylaceae）

B1 果实小而多数，集生成下垂之穗状，总苞叶状……………………………… 3. 鹅耳枥属 *Carpinus*

B2 果实较大，簇生，外被叶状、囊状或刺状总苞 ………………………………… 4. 榛属 *Corylus*

1. 桦木属 *Betula* L.

落叶乔木，稀灌木。树皮多光滑，常多层纸状剥离，皮孔横扁。冬芽无柄，芽鳞多数。雄花有花萼，1～4 齿裂，雄蕊 2，花丝 2 深裂，各具 1 花药；雌花无花被，每 3 朵生于苞腋。小坚果扁，常具膜质翅；果苞革质，3 裂，脱落。

约 100 种，主产北半球；中国产 26 种，主要分布于东北、华北至西南高山地区，是中国主要森林树种之一。树形优美，干皮雅致，欧美庭园中常植为观赏树。

分 种 检 索 表

A1 叶具侧脉 5～8 对。

B1 树皮白色；小枝具腺毛；叶三角状卵形，无毛；果翅宽于坚果 ………………（1）白桦 *B. platyphylla*

B2 树皮灰褐色；小枝光滑或有柔毛；叶多为菱状卵形；坚果宽于果翅………………（黑桦 *B. dahurica*）

A2 叶具侧脉 8～16 对。

B1 树皮橘红色或肉红色，层裂；冬芽通常无毛；果翅与坚果等宽………………（2）红桦 *B. alba-sinensis*

B2 树皮暗灰色，不层裂；冬芽密被细毛；果翅极窄………………………………（坚桦 *B. chinensis*）

（1）白桦（图 17-17）

***Betula platyphylla* Suk.**

形态：落叶乔木，高达 25m，胸径 50cm；树冠卵圆形。树皮白色，纸状分层剥离，皮孔黄色。小枝细，红褐色，无毛，外被白色蜡层。叶三角状卵形或菱状卵形，先端渐尖，基部广楔形，缘有不规则重锯齿，侧脉 5～8 对，背面疏生油腺点，无毛或脉腋有毛。果序单生，下垂，圆柱形。坚果小而扁，两侧具宽翅。花期 5～6 月；8～10 月果熟。

分布：产于东北大、小兴安岭、长白山及华北高山地区；垂直分布在东北海拔 1000m 以下，华北为 1300～2700 m。俄罗斯西伯利亚东部、朝鲜及日本北部亦有分布。

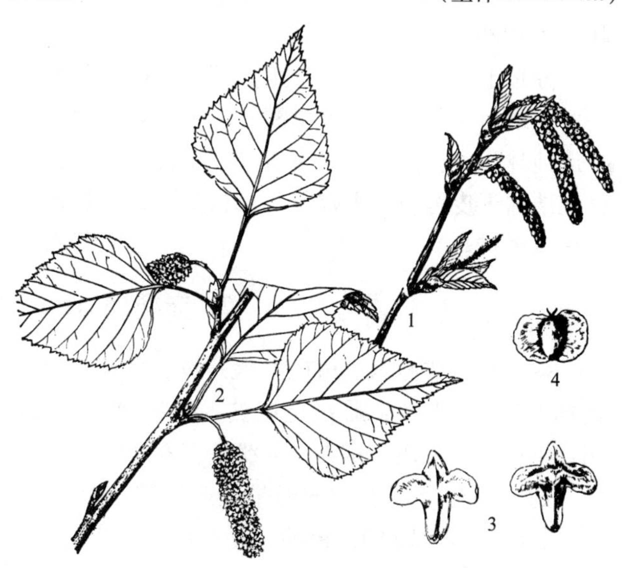

图 17-17 白 桦

1. 花枝 2. 果枝 3. 果苞 4. 小坚果

习性：强喜光，耐严寒，喜酸性土(pH 5~6)，耐瘠薄。适应性强，在沼泽地、干燥阳坡及湿润之阴坡均能生长，但在平原及低海拔地区常生长不良。白桦在东北林区常与红松、落叶松、山杨、蒙古栎、辽东栎等混生，或成纯林。深根性；生长速度中等，30年生树高12m，胸径16cm。寿命较短；萌芽性强，天然更新良好。

繁殖栽培：用播种法繁殖。9月间及时采收种子，风干后装袋内贮藏于室内通风阴凉处。翌年4月播种，播前用2倍于种子的湿沙拌和催芽1周左右；亦可不经处理直接播种。因种子细小，多用床播，播前灌水，覆土3~5mm，床面覆盖塑料薄膜以保温湿，约1周后小苗出土，待苗出齐后即可撤去薄膜，但需设架遮荫。以后要及时浇水和间苗。幼苗生长较慢，7月间施追肥1次。需留圃培养5~6年，干径4~5cm时方可出圃定植。成片栽植时密度不宜过大。

观赏特性和园林用途：白桦枝叶扶疏，姿态优美，尤其是树干修直，洁白雅致，十分引人注目。孤植、丛植于庭园、公园之草坪、池畔、湖滨或列植于道旁均颇美观。若在山地或丘陵坡地成片栽植，可组成美丽的风景林。

经济用途：白桦是中国东北林区主要阔叶树种之一。其木材黄白色，纹理直，结构细，但不耐腐，供制胶合板、矿柱、造纸、火柴杆及建筑等用。树皮可提取桦油，供化妆品香料用，并含单宁11%，可提取栲胶。

(2)红桦(纸皮桦)

***Betula albo-sinensis* Burkill**

落叶乔木，高达30m，胸径1m。树皮橘红色或红褐色，纸状多层剥离。小枝紫褐色，无毛。叶卵形或椭圆状卵形，长5~10cm，先端渐尖，基部广楔形，缘具不规则重锯齿，侧脉9~14对，沿脉常有毛。果穗单生，稀2个并生，短圆柱形，直立。果翅较坚果稍窄，为其1/2~2/3。

分布于河北、山西、甘肃、湖北、四川及云南等地，垂直分布于海拔1000~3500m处。

较耐荫，耐寒冷，喜湿润。多生于高山阴坡及半阴坡，常与冷杉、云杉、山杨等混生或自成纯林。生长尚快，20年生即可成材。繁殖栽培与白桦相似。本种树冠端丽，橘红色而又光洁的干皮可与白桦媲美。木材坚硬，红褐色，结构细致，为细木工、家具、枪托、枕木等优良用材。

2. 赤杨属 *Alnus* B. Ehrh

落叶乔木或灌木。树皮鳞状开裂。冬芽有柄；小枝有棱脊。单叶互生，多具单锯齿。雄花具4深裂之花萼；雌花无花被，每2朵生于苞腋。果序球果状；坚果小而扁，两侧有窄翅；果苞厚，木质，宿存，先端5浅裂。

约30种，产北半球寒温带至亚热带。中国约10种，除西北外各地均有分布。是喜光、速生、湿生(少数耐旱)树种，常有根瘤，能固氮。

分种检索表

A_1 小枝具树脂点；果序2~6个集生；叶狭椭圆形至长椭圆状披针形 ………………… (1)赤杨 *A. japonica*

A_2 小枝无树脂点；果序单生；叶倒卵形至椭圆形 ……………………………… (2)桤木 *A. cremastogyne*

(1)赤杨

***Alnus japonica* Sieb. et Zucc.**

落叶乔木，高达25m，胸径60cm。小枝无毛，具树脂点。叶长椭圆形至长椭圆状披针形，长3～10cm，先端渐尖，基部楔形，缘具细尖单锯齿，背脉隆起并有腺点。果序椭圆形或卵圆形，长1.5～2cm，2～6个集生于一总柄上。花期3月；果熟期7～8月。

产中国东北南部及山东、江苏、安徽等地；日本亦产之。

多生于沟谷及河岸低湿处。喜光，耐水湿。生长快，10年树胸径可达20cm；萌芽性强。繁殖用播种或分蘖法。本种适于低湿地、河岸、湖畔绿化用，能起护岸、固土及改良土壤等作用。木材红褐色，质稍软，可作器材；木炭为无烟火药原料。

(2)桤木(图17-18)

***Alnus cremastogyne* Burkill**

落叶乔木，高达25m，胸径1m。树皮褐色，幼时光滑，老则斑状开裂。小枝较细，无树脂点，幼时被灰白色毛，后渐脱落。叶倒卵形至倒卵状椭圆形，长6～17cm，基部楔形或近圆形，缘疏生细齿。雌、雄花序均单生。果序下垂，果梗长2～8cm；果翅膜质，宽为果之1/2。花期3月；果熟期8～10月。

分布于四川、贵州和陕西等地。多生于河谷山坡及平原水边。

图17-18　桤　木

1. 果枝　2、3. 果苞　4. 雄花序　5. 雄花　6. 小坚果

喜光，喜温湿气候，耐水湿。对土壤的适应性较强，在较干燥的荒山、荒地以及酸性、中性至微碱性土上均能生长，但以深厚、肥沃、湿润的土壤上生长最快。根系发达，生长迅速。播种繁殖，常能飞籽成林。是优良护岸固堤树种及速生用材树种。根具根瘤，可改良土壤。在园中水滨种植，颇具野趣。

3. 鹅耳枥属 *Carpinus* L.

落叶乔木或灌木；单叶互生，叶缘常具细尖重锯齿，羽状脉整齐。雄花无花被，雄蕊3～13枚，花丝2叉，花药有毛。小坚果卵圆形，有纵纹，每2枚着生于叶状果苞基部；果序穗状，下垂；果苞不对称，淡绿色，有锯齿。

约60种，分布于北温带，主产东亚；中国约产30种，广布南北各地，喜生于石灰岩母质发育的土壤上。

鹅耳枥(北鹅耳枥)(图17-19)

***Carpinus turczaninowii* Hance**

落叶小乔木或灌木状，高达5m；树冠紧密而不整齐。树皮灰褐色，浅裂。小枝细，有毛；冬芽红褐色。叶卵形，长3～5cm，先端渐尖，基部圆形或近心形，缘有重锯齿，表面光亮，背面脉腋及叶柄有毛，侧脉8～12对。果穗稀疏，下垂；果苞叶状，偏长卵形，一边全缘，一边有齿；坚果卵圆形，具肋条，疏生油腺点。花期4～5月；果熟期9～10月。

广布于东北南部、华北至西南各地；垂直分布为海拔200～2300m。

稍耐荫，喜生于背阴之山坡及沟谷中，喜肥沃湿润之中性及石灰质土壤，亦能耐干旱瘠薄。种子繁殖或萌蘖更新。移栽容易成活。

本种枝叶茂密，叶形秀丽，果穗奇特，颇为美观，可植于庭园观赏，尤宜制作盆景。木材坚硬致密，可供家具、农具及薪材等用。

图17-19 鹅耳枥

1. 花枝 2. 雌花 3. 雄花 4. 苞片 5. 雄蕊 6、7. 果枝
8、9. 果苞背面 10、11. 果苞腹面 12、13. 小坚果

4. 榛属 *Corylus* L.

落叶灌木或乔木。单叶互生，具不规则之重锯齿或缺裂。雄花无花被，雄蕊4～8枚，花丝2叉，花药有毛；雌花簇生或单生。坚果较大，球形或卵形，部分或全部为叶状、囊状或刺状总苞所包。子叶不出土。

约20种，分布于北温带；中国产7种。

分种检索表

A_1 总苞钟状，坚果外露；叶端常有小浅裂，并呈平截状 ………………………………（1）榛 *C. heterophylla*

A_2 总苞管状或瓶状，坚果藏于其内：

B_1 灌木；叶端突尖，有明显小裂片总苞上部浅裂……………………………………………………（毛榛 *C. mandshurica*）

B_2 乔木；叶端渐尖或短突尖，无小裂片；总苞上部深裂……………………………………………………（2）华榛 *C. chinensis*

（1）榛（榛子、平榛）（图 17-20）

Corylus heterophylla **Fisch. ex Bess.**

灌木或小乔木，高达 7m。树皮灰褐色；有光泽。小枝有腺毛。叶形多变异，圆卵形至倒广卵形，长 4～13cm，先端突尖，近截形或有凹缺及缺裂，基部心形，缘有不规则重锯齿，背面有毛。坚果常 3 枚簇生；总苞钟状，端部 6～9 裂。花期 4～5 月；果熟期 9 月。

分布于中国东北、内蒙古、华北、西北至华西山地；俄罗斯、朝鲜、日本亦有分布。

性喜光，耐寒，耐旱，喜肥沃之酸性土壤，但在钙质土、轻度盐碱土及干燥瘠薄之地亦可生长。多生于向阳山坡及林缘。耐火烧，萌芽力强。繁殖用播种或分蘖法。

本种是北方山区绿化及水土保持的重要树种。种子可食用、榨油及药用。木材坚硬致密，供作手杖、伞柄、农具等用。

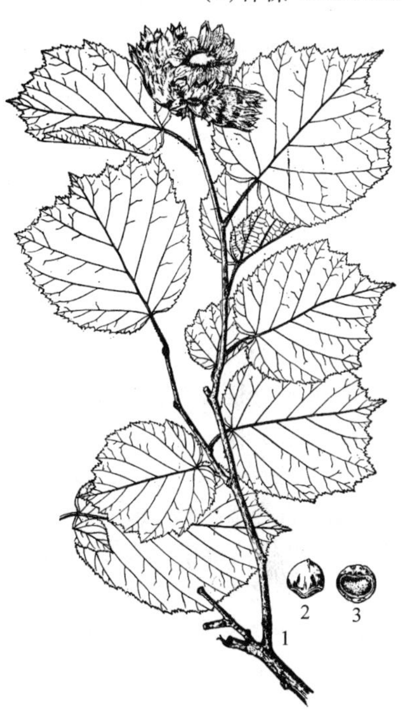

图 17-20 榛

1. 果枝 2. 坚果 3. 坚果底面

（2）华榛（山白果、榛树）（图 17-21）

Corylus chinensis **Franch.**

落叶大乔木，高达 30～40m，胸径 2m。树干端直，大枝横伸，树冠广卵形。幼枝密被毛及腺毛。叶广卵形至卵状椭圆形，长 8～18cm，先端渐尖，基部心形，略偏斜，缘有不规则钝齿，背面脉上密生淡黄色短柔毛。坚果常 3 枚聚生，总苞瓶状，上部深裂。

产云南 、四川、湖北、甘肃等山地。

喜温暖湿润气候及深厚肥沃之中性或酸性土壤。萌蘖性强，大树常于根际萌生小干。用种子、压条或分根法繁殖。

本种是本属最高大的乔木树种，树干通直，高大雄伟，很受欧美人士重视。用于园林中栽植观赏，植于池畔、溪边及草坪、坡地都很合适。木材坚韧，供建筑、家具等用；坚果味美可食。

图 17-21 华 榛

1. 花枝 2. 果枝 3. 坚果

〔16〕山毛榉科（壳斗科）Fagaceae

乔木，稀灌木；落叶或常绿。单叶互生，侧脉羽状；托叶早落。花单性同株，单被花，雄花序多为柔荑状，稀为头状；雌花1~3朵生于总苞中，子房下位，3~6室，每室具2胚珠；总苞在果熟时木质化，并形成盘状、杯状或球状之“壳斗”，外有刺或鳞片。每壳斗具1~3坚果，种子无胚乳，子叶肥大，不出土。

8属，约900种，主产北半球温带、亚热带和热带。中国产6属，约300余种；其中落叶树类主产东北、华北及高山地区；常绿树类产秦岭和淮河以南，在华南、西南地区最盛，是亚热带常绿阔叶林的主要树种。

分属检索表

A_1 雄花序为直立或斜伸之柔荑花序。

 B_1 落叶；枝无顶芽；总苞球状，密被针刺，内含1~3坚果 ………………………… 1. 栗属 *Castanea*

 B_2 常绿；枝具顶芽。

  C_1 总苞球状，稀杯状，内含1~3坚果；叶2列，全缘或有齿 …………………… 2. 栲属 *Castanopsis*

  C_2 总苞盘状或杯状，稀球状，内含1坚果；叶不为2列，通常全缘 …………… 3. 石栎属 *Lithocarpus*

A_2 雄花序为下垂之柔荑花序；总苞杯状或盘状。

 B_1 总苞之鳞片分离，不结合成环状；落叶，稀常绿 ……………………………… 4. 栎属 *Quercus*

 B_2 总苞之鳞片结合成多条环状；常绿 ………………………………… 5. 青冈栎属 *Cyclobalanopsis*

1. 栗属 *Castanea* Mill.

落叶乔木，稀灌木。枝无顶芽，芽鳞2~3。叶2列，缘有芒状锯齿。雄花序为直立或斜伸之柔荑花序；雌花生于雄花序之基部或单独成花序；总苞（壳斗）球形，密被长针刺，熟时开裂，内含1~3大形褐色之坚果。

约12种，分布于北温带；中国产3种。果实富含淀粉和糖类，是优良的干果树种；木材坚实，耐湿、耐腐性强，为优良用材。

分种检索表

A_1 总苞内含1~3坚果，坚果至少一侧扁平；雌花通常生于雄花序基部；小枝至少幼时有毛。

 B_1 总苞较大，径6~8cm；叶柄长1.2~2cm，叶背有灰白色柔毛………………… （1）板栗 *C. molqissima*

 B_2 总苞较小，径3~4cm；叶柄长不足1cm，叶背有鳞片状腺点 …………………… （2）茅栗 *C. sequinii*

A_2 坚果单生于总苞内，卵圆形，先端尖；雌花单独成花序；小枝无毛 ……………… （3）锥栗 *C. henryi*

（1）板栗（栗）（图17-22）

Castanea mollissima* Bl.**（C. bungeana* Bl.**）

形态：乔木，高达20m，胸径1m；树冠扁球形。树皮灰褐色，交错纵深裂，小枝有灰色绒毛；无顶芽。叶椭圆形至椭圆状披针形，长9~18cm，先端渐尖，基部圆形或广楔形，缘齿尖芒状，背面常有灰白色柔毛。雄花序直立；总苞球形，直径6~8cm，密被长针刺，内含1～3坚果。花期5～6月；果熟期9～10月。

分布：中国特产树种，栽培历史悠久。现北自东北南部，南至两广，西达甘肃、四川、云南等地均有栽培，但以华北和长江流域栽培较集中，其中河北省是著名产区。大多分布在丘陵山地的谷地、缓坡和河滩地。垂直分布由平原至海拔2800m。

图17-22 板 栗

1. 果枝 2. 花枝 3. 叶下面一部分示被毛 4. 雄花 5、7. 雄、雌花图式 6. 雌花 8. 果 9. 刺状苞片

习性：喜光树种，光照不足会引起树冠内部小枝衰枯。北方品种较能耐寒(绝对最低气温－30℃)、耐旱；南方品种则喜温暖而不怕炎热，但耐寒、耐旱性较差。板栗对土壤要求不甚严，以土层深厚湿润、排水良好、含有机质多的砂壤或砂质土为最好，喜微酸性或中性土壤，在pH7.5以上的钙质土和盐碱性土上生长不良。在过于黏重、排水不良处亦不宜生长。幼年生长较慢，以后加快，实生苗一般5～7年开始结果，15年左右进入盛果期。深根性树种，根系发达，根萌蘖力强。寿命长，可达200～300年。对有毒气体(二氧化硫、氯气)有较强抵抗力。

繁殖栽培：主要用播种、嫁接法繁殖，分蘖亦可。具体方法如下：

①播种法：在板栗总苞自然开裂时采收，可立即秋播，亦可经混沙层积至次年春播。注意防止种子因自然干燥而丧失发芽力。条播或穴播，行距25cm，株距约10cm。播时使种子横卧，覆土3～5cm，秋播可适当加厚。每亩用种量100～150kg。播后约3～4周出苗，要注意松土、除草和灌水；6、7月间施追肥1次。当年秋后苗高可达40～60cm。次年春季发芽前从苗木根颈处“平茬”，可使主干挺直，根系发达。苗木移栽时要尽量少伤根系，否则缓苗很慢。板栗实生树长势旺盛，树形高大，寿命长，烂干空心现象少，材质优良。但大多数实生树结果晚，果小而产量低。然而经过劳动人民长期的生产实践，已选出了实生繁殖的优良品种，如河南确山县的紫油栗就是一个实生良种，且实生繁殖能保持其优良特性。

②嫁接法：砧木用2～3（5）年生的板栗实生苗，接穗选优良单株的粗壮发育枝或结果母枝，于萌芽前剪取，置窖内湿沙埋藏待用。由于板栗树皮含单宁多，接口不易愈合，嫁接时间应适当推迟，约于4月中下旬待树液流动较旺盛、嫩叶已部分展开时进行，较易成活。嫁接方法可用切接、腹接或插皮接，也可利用潜伏芽进行春季带木质芽接。插皮接目前采用

较普遍，此法增大了砧木和接穗的接合面积，又减小伤口的面积，因此成活率高。另据庐山植物园等单位近几年研究得知板栗嫁接在茅栗上极难成活。过去可能是误把野生板栗当成茅栗，才在不少资料及教材中有茅栗是嫁接板栗的良好砧木的误传，应予纠正。

板栗苗期管理主要是生长季的病虫防治和冬季防寒工作。移栽、定植时应注意少伤根系，植坑要深，但栽植时不宜过深，以根颈平地面为准。以用果为主要目的者，栽植距离以 6m×6m 为宜。为保证果实丰产，需要多施氮肥和钾肥。在花前期（4 月）施用速效肥效果显著；7~8 月间栗果发育最快，又是花芽分化季节，在这时期加强肥水管理对当年及次年产量都有很大影响。板栗在育苗时期就应注意整形修剪，合理配备主侧枝，搭好骨架，为将来丰产奠定基础。结果期的修剪多用疏枝法，而不行短截，以保留花芽。成年树之树皮易开裂，其裂隙常是病虫寄生之场所，往往导致树干腐烂。因此，在修剪的同时，可刮去树干及大枝上的老皮，以保树体健康。

观赏特性及园林用途：板栗树冠圆广，枝茂叶大，在公园草坪及坡地孤植或群植均适宜；亦可用作山区绿化造林和水土保持树种。目前主要作干果生产栽培。板栗在我国已有 2000 多年的栽培历史，各地品种很多。繁殖时应注意选用当地适宜的优良品种。板栗适应性强，栽培管理容易，产量稳定，深受广大群众欢迎，华北地区的群众把板栗叫作“铁杆庄稼”，是绿化结合生产的良好树种。

经济用途：栗果营养丰富，味美可口，富含淀粉和糖，是优良的副食品。尤其是我国北方的板栗具有甜、香、糯的特点，是传统的出口商品。木材坚硬耐磨，纹理直，耐湿，抗腐，但结构较粗，易遭虫蛀；可供桥梁、枕木、舟、车、地板、家具、农具等用。树皮、果苞等可提制栲胶，叶可饲养柞蚕；又是良好的蜜源植物。

中国的板栗品质好，抗病力强，是世界其他几种栗所不及的。目前世界上栽培栗树生产干果的，在南欧主要是欧洲甜栗（*C. sativa*），在北美主要是美国栗（*C. dentata*），在日本是日本栗（*C. crenata*）。

（2）茅栗（毛栗）（图 17-23）

***Castanea sequinii* Dode**

小乔木，常呈灌木状，高有时可达 15m。小枝有灰色绒毛。叶长椭圆形至倒卵状长椭圆形，长 6~14cm，齿端尖锐或短芒状，叶背有鳞片状黄褐色腺点；叶柄长 0.6~1cm。总苞较小，径 3~4cm，内含 2~3 坚果。花期 5 月；果 9~10 月成熟。

图 17-23　茅　栗

1. 花枝　2. 雄花　3. 叶下面放大示腺鳞　4. 壳斗及果　5. 果顶部

主要分布于长江流域及其以南地区，

山野荒坡习见，多呈灌木状。喜温，抗旱，病虫少。果虽小，但仍香甜可食。木材可制家具；树皮可提取栲胶。

（3）锥栗（珍珠栗）（图 17-24）

***Castanea henryi* Rehd. et Wils.**

乔木，高达 30m，胸径 1m。小枝无毛，常紫褐色。叶披针形或卵状长椭圆形，长 8～16cm，先端长渐尖，基部圆形或广楔形，缘具芒状齿，背面略有星状毛或无毛。雌花序单独生于小枝上部。总苞内仅 1 坚果，卵形，先端尖。花期 5 月；果 10 月成熟。

产长江流域各地，南至两广北部。

喜光，喜温暖湿润气候及深厚、肥沃、排水良好的酸性土壤，适于山地生长。播种或嫁接繁殖。本种树干高大端直，木材坚实耐用，果亦供食用。是中国重要的果、材兼用树种。

图 17-24 锥 栗

1. 花枝 2. 果枝 3. 雄花 4. 雌花 5. 坚果

2. 栲属（苦槠属）*Castanopsis* Spach

常绿乔木。枝具顶芽，芽鳞多数。叶 2 列，全缘或有齿，革质。雄花序细长而直立，雄花常 3 朵聚生，萼片 5～6 裂，雄蕊 10～12；雌花子房 3 室，总苞多近球形，稀杯状，外部具刺，稀为瘤状或鳞状。坚果 1～3，第 2 年或当年成熟。

约 130 种，主产亚洲，以东亚的亚热带为分布中心；中国约产 70 种，主要分布于长江以南温暖地区。多数种类是中国南方常绿阔叶林的建群种。

分 种 检 索 表

A_1 叶长 7～14cm，背面有灰白色或浅褐色蜡层……………………………………（1）苦槠 *C. sclerophylla*

A_2 叶较大，长 15～30cm，背面密被红褐色鳞秕，后脱落呈银灰色 …………………（2）钩栗 *C. tibetana*

（1）苦槠（图 17-25）

***Castanopsis sclerophylla*（Lindl.）Schott.**

形态：常绿乔木，高达 20m；树冠圆球形。树皮暗灰色，纵裂。小枝绿色，无毛，常有棱沟。叶长椭圆形，长7～14cm，中上部有齿，背面有灰白色或浅褐色蜡层，革质。雄花序穗状，直立。坚果单生于球状总苞内，总苞外有环列之瘤状苞片；果苞成串生于枝上。花期 5 月；果 10 月成熟。

分布：主产于长江以南各地，多生于海拔 1000m 以下的低山丘陵和村庄附近。是南方常绿阔叶林组成树种之一，亦是本属中分布最北（至陕西南部）的一种。

习性：喜雨量充沛和温暖气候，能耐荫，喜深厚、湿润之中性和酸性土，亦耐干旱和瘠薄。深根性，萌芽性强。生长速度中等偏慢，寿命长。对二氧化硫等有毒气体抗性强。

繁殖栽培：用播种繁殖。10月采种，随即秋播或混沙贮藏至次春（2~3月）播种。条播行距15~20cm，每亩用种约60kg。覆土2~3cm，盖草。幼苗需适当遮荫。1年生苗高20~30cm。苗木主根发达，侧根少，可在次年早春用利铲斜切土中，将主根15~20cm处切断，促使多发侧根。移栽须带土球，宜在2月下旬至3月下旬进行，并剪去部分枝叶，以减少水分蒸腾，保证成活。

观赏特性及园林用途：本种枝叶繁密，树冠圆浑，颇为美观，宜于草坪孤植、丛植，亦可于山麓坡地成片栽植，构成以常绿阔叶树为基调的风景林，或作为花木的背景树。又因抗毒、防尘、隔声及防火性能好，适宜用作工厂绿化及防护林带。

经济用途：木材致密、坚韧、富弹性，可作建筑、桥梁、枕木、家具、体育用具等用材。果含大量淀粉、糖、蛋白质和脂肪，但含单宁较多，味苦，须浸提后才可食用，常制成“苦槠豆腐”食用。果苞可提取栲胶。

图17-25　苦　槠

1. 雌花枝　2. 雄花枝　3. 果枝　4. 雄花　5. 雌花　6. 果

图17-26　钩　栗

1. 果枝　2. 果

（2）钩栗（大叶锥栗）（图17-26）

***Castanopsis tibetana* Hance**

常绿乔木，高达30m，胸径达2m。树皮灰褐色，大片状剥离。叶大而坚硬，长椭圆形，长15~30cm，中部以上有疏齿，表面深绿光亮，背面密被红锈色（幼时紫色）鳞秕，后脱落呈银灰色。5~6月开花；总苞密生粗刺，内具单生坚果，次年9~10月成熟。

广布于长江以南各地。

喜温暖湿润气候，能耐荫，多生于山谷腹地富含腐殖质而排水良好的砂质壤土上。萌芽力强。繁殖栽培方法大致与苦槠相同。本种树冠球形，叶大荫浓，颇为壮观。可用于园林绿地及风景区、厂矿区绿化。木材坚韧，可供建筑、枕木、家具等用。果可生食或炒食。树皮及总苞含单宁，可提取栲胶。

3. 石栎属 *Lithocarpus* Bl.

常绿乔木。叶螺旋状互生，不为 2 列，全缘，稀有齿。雄花序直立；雌花在雄花序之下部，子房下位，3 室，每室 2 胚珠。总苞盘状或杯状，稀球形；内含 1 坚果，次年成熟。

约 300 种，主产东南亚；中国约产 100 种，分布长江以南各地。是常绿阔叶林主要成分之一。

石栎（柯）（图 17-27）

***Lithocarpus glaber*（Thunb.）Nakai**

常绿乔木，高达 20m；树冠半球形。干皮青灰色，不裂；小枝密生灰黄色绒毛。叶长椭圆形，长 8 ~ 12cm，先端尾状尖，基部楔形，全缘或近端部略有钝齿，厚革质，背面有灰白色蜡层，侧脉 6 ~ 10 对，叶脉粗。总苞浅碗状，鳞片三角形；坚果椭圆形，具白粉。花期 8 ~9 月；果次年 9 ~10 月成熟。

图 17-27 石 栎

1. 花枝 2. 雄花及雌花 3. 果枝 4、5. 壳斗 6. 坚果

产中国长江以南各地，常生于海拔 500m 以下山区丘陵。

稍耐荫，喜温暖气候及湿润、深厚土壤，但也较耐干旱和瘠薄。为本属中分布偏北较耐寒的树种。萌芽力强。种子繁殖。本种枝叶茂密，绿荫深浓，宜作庭荫树。在草坪中孤植、丛植、山坡成片栽植，或作其他花木的背景树都很合适。木材坚硬致密，有弹性，可供建筑、农具、车、船等用材。种子富含淀粉，可作饲料或酿酒。

4. 栎属（麻栎属）*Quercus* L.

落叶或常绿乔木，稀灌木。枝有顶芽，芽鳞多数。叶缘有锯齿或波状，稀全缘。雄花序为下垂柔荑花序；坚果单生，总苞盘状或杯状，其鳞片离生，不结合成环状。

共约 350 种，主产北半球温带及亚热带；中国约产 90 种，南北均有分布，多为温带阔叶林的主要成分。木材坚硬耐久，是优良硬木用材。

分种检索表

A_1 叶卵状披针形至长椭圆形，锯齿尖芒状；总苞鳞片粗刺状；果次年成熟。

B_1　叶背密被灰白色毛；小枝无毛，树皮有厚木栓层 ……………………………（1）栓皮栎 *Q. variabilis*

B_2　叶背淡绿色，无毛或略有毛；小枝幼时有毛，树皮坚硬，深纵裂 ……………（2）麻栎 *Q. acutissima*

A_2　叶倒卵形，边缘波状或波状裂，无芒齿；果当年成熟。

B_1　小枝及叶背密被毛，叶无柄或极短；总苞鳞片披针形，显著反卷 ………………（3）槲树 *Q. dentata*

B_2　小枝及叶背无毛或疏生毛，叶显具柄；总苞鳞片细鳞状或小瘤状。

C_1　叶背面有毛。

D_1　小枝密生绒毛；叶柄短，长 3～5mm，被褐黄色绒毛 …………………………（4）白栎 *Q. fabri*

D_2　小枝无毛；叶柄长 1～3cm，无毛，叶端钝或微凹 ……………………………（5）槲栎 *Q. aliena*

C_2　叶背无毛，或仅沿脉有疏毛。

D_1　叶之侧脉 8～15 对，叶柄有毛；总苞鳞片背部呈瘤状突起 ……………（6）蒙古栎 *Q. mongolica*

D_2　叶之侧脉 5～10 对，叶柄无毛；总苞鳞片背部不呈瘤状突起 ………（7）辽东栎 *Q. liaotungensi*

（1）栓皮栎（图 17-28）

***Quercus variabilis* Bl.**

形态：落叶乔木，高达 25m，胸径 1m；树冠广卵形。树皮灰褐色，深纵裂，木栓层特厚。小枝淡褐黄色，无毛；冬芽圆锥形。叶长椭圆形或长椭圆状披针形，长 8～15cm，先端渐尖，基部楔形，缘有芒状锯齿，背面被灰白色星状毛。雄花序生于当年生枝下部，雌花单生或双生于当年生枝叶腋。总苞杯状，鳞片反卷，有毛。坚果卵球形或椭球形。花期 5 月；果次年 9～10 月成熟。

分布：分布广，北自辽宁、河北、山西、陕西、甘肃南部，南到两广，西到云南、贵州、四川，而以鄂西、秦岭、大别山区为其分布中心；朝鲜、日本亦有分布。

习性：喜光，常生于山地阳坡，但幼树以有侧方庇荫为好。对气候、土壤的适应性强。能耐 －20℃ 的低温，在 pH 4～8 的酸性、中性及石灰性土壤中均能生长，亦耐干旱、瘠薄，而以深厚、肥沃、适当湿润而排水良好的壤土和砂质壤土最适宜，不耐积水。幼苗（1～5 年生）地上部分生长缓慢，地下主根则迅速生长，以后枝干生长逐渐加快。在生长季中，由于水分等条件的变化，能有 1～3 次新梢生长。栓皮栎总的生长速度为中等偏慢。北京妙峰山 28 年生树高 9.5m，胸径 12cm；湖南 31 年生树高 19.1m，胸径 26.4cm；广西 15 年生树高 11.3m，胸径 15.1cm。深根性，主根明显，侧根也很发达，成年树根深达 6～7m，故抗旱、抗风力强，但不耐移植。萌

图 17-28　栓皮栎

1. 果枝　2. 雄花枝　3. 叶片断下面示星毛
4. 雄花　5. 果

芽力强，易天然萌芽更新。寿命长。

繁殖栽培：主要用播种法繁殖，分蘖法亦可。9～10月间，当总苞由绿变黄时采收种子。南方宜秋播，在北方为防止蛀虫危害常将种子浸水1周，待虫浸死后再行阴干及沙藏至次年春播。条播行距约20cm，覆土2～3cm，秋播者应适当加厚至4～5cm。每亩用种量150～200kg。小苗主根发达，为促发须根，可在幼苗长出2～3片真叶后，用利铲将其主根在20cm深处切断。以后栽时应尽量多留根系，仅对太长的主根适当进行修剪。适当深栽可提高成活率。为安全起见，对较大规格的苗木最好带土球移栽，并在落叶后至芽萌动前进行。在幼树阶段可适当密植，或与其他树种混交，以造成侧方庇荫的条件，待幼树长大后再进行间伐，使其获得充足的光照。在大面积山区绿化时，可采用直播造林，一般采用穴状簇播。播前整地，穴径约25cm，每穴播5～7粒种子。

观赏特性及园林用途：栓皮栎树干通直，枝条广展，树冠雄伟，浓荫如盖，秋季叶色转为橙褐色，季相变化明显，是良好的绿化观赏树种。孤植、丛植，或与它树混交成林，均甚适宜。因根系发达，适应性强，树皮不易燃烧，又是营造防风林、水源涵养林及防火林的优良树种。

经济用途：木材坚韧耐磨，纹理直，耐水湿，结构略粗，是重要用材，可供建筑、车、船、家具、枕木等用。栓皮可作绝缘、隔热、隔音、瓶塞等原材料。种子含大量淀粉，可提取浆纱或酿酒，其副产品可作饲料。总苞可提取单宁和黑色染料。枝干还是培植银耳、木耳、香菇等的好材料。

(2) 麻栎（图17-29）

***Quercus acutissima* Carr.**

落叶乔木，高达25m，胸径1m。干皮交错深纵裂；小枝黄褐色，初有毛，后脱落。叶长椭圆状披针形，长8～18cm，先端渐尖，基部近圆形，缘有刺芒状锐锯齿，背面绿色，无毛或近无毛。坚果球形；总苞碗状，鳞片木质刺状，反卷。花期5月；果次年10月成熟。

中国分布很广，北自东北南部、华北，南达两广，西至甘肃、四川、云南等地；日本、朝鲜亦产。

喜光，喜湿润气候，耐寒，耐旱；对土壤要求不严，但不耐盐碱土。以深厚、肥沃、湿润而排水良好的中性至微酸性土的山沟、山麓地带

图17-29　麻　栎

1. 果枝　2. 花枝　3. 雄花　4. 雌花序　5. 雌花　6. 壳斗与果

生长最为适宜。深根性，萌芽力强。生长速度中等，福建20年生树高10m，胸径21cm。寿命长达500~600年。播种繁殖或萌芽更新。种子发芽力可保持1年。绿化用途同栓皮栎。为我国著名硬阔叶树优良用材树种。木材坚重，耐久，耐湿，纹理美观，可供建筑、车、船、家具、枕木等用。叶为本属饲养柞蚕最好的一种。枝及朽木是培养香菇、木耳、银耳的好材料。种子含淀粉，可入药、酿酒或作饲料；总苞及树皮含单宁。

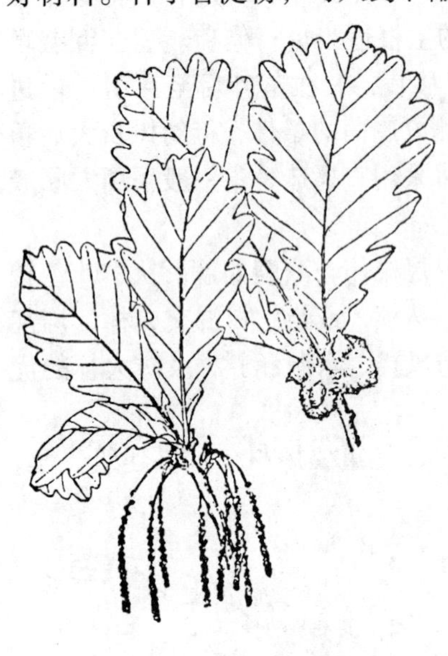

图17-30 槲 树

(3) 槲树（菠萝叶）（图17-30）

***Quercus dentata* Thunb.**

落叶乔木，高达25m，胸径1m；树冠椭圆形。小枝粗壮，有沟棱，密生黄褐色绒毛。叶倒卵形，长15~25cm，先端圆钝，基部耳形或楔形，缘具波状裂片，侧脉8~10对，背面灰绿色，有星状毛；叶柄甚短，长仅2~5mm，密生毛。坚果总苞之鳞片披针形，反曲。花期5月；果10月成熟。

产东北、华北至长江流域；蒙古、日本亦有分布。

喜光，稍耐荫，耐寒，耐旱。抗烟尘及有害气体，耐火力强。深根性，萌芽力强。生长速度中等。播种繁殖。是北方荒山造林树种，园林绿地中亦可栽植观赏，并可用于工矿区绿化。幼叶可饲养柞蚕；木材坚实，供建筑、家具等用；树皮及总苞可提取栲胶；枝干可培养香菇等。

(4) 白栎

***Quercus fabri* Hance**

落叶乔木，高达20m。小枝密生灰色至灰褐色绒毛。叶倒卵形至椭圆状倒卵形，长7~15cm，先端钝或短渐尖，基部楔形至窄圆形，缘有波状粗钝齿，背面灰白色，密被星状毛，网脉明显，侧脉8~12对；叶柄短，仅3~5mm，被褐黄色绒毛。总苞碗状，鳞片形小；坚果长椭球形。花期4月；果10月成熟。

广布于淮河以南、长江流域至华南、西南各地，多生于山坡杂木林中。

喜光，喜温暖气候，耐干旱瘠薄，但在肥沃湿润处生长最好。萌芽力强。播种繁殖。木材坚硬；树枝可培植香菇；种子含淀粉；树皮及总苞含单宁，可提取栲胶。

(5) 槲栎（图17-31）

***Quercus aliena* Bl.**

落叶乔木，高达25m，胸径1m；树冠广卵形。小枝无毛，芽有灰毛。叶倒卵状椭圆形，长10~22cm，先端钝圆，基部耳形或圆形，缘具波状缺刻，侧脉10~14对，背面灰绿色，有星状毛；叶柄长1~3cm。总苞碗状，鳞片短小。花期4~5月；果10月成熟。

产于辽宁、华北、华中、华南及西南各地；垂直分布华北在1000m以下，云南可达2500m。

喜光，稍耐荫，耐寒，耐干旱瘠薄，喜酸性至中性的湿润深厚而排水良好的土壤。是暖温带落叶阔叶林主要树种之一。木材坚硬，供建筑、枕木、家具等用，但干后易裂。幼叶可饲养柞蚕。

其变种锐齿槲栎（var. *acuteserrata* Maxim.）叶缘波状粗齿先端尖锐，叶形较小。产黄河以南各地；朝鲜、日本亦有。常生于海拔700～2500m的山地稍荫湿处。

图17-31 槲 栎
1. 果枝 2. 果 3. 壳斗

（6）蒙古栎（图17-32）

***Quercus mongolica* Fisch.**

落叶乔木，高达30m。小枝粗壮，栗褐色，无毛。叶常集生枝端，倒卵形，长7～20cm，先端钝圆，基部窄或近耳形，缘具深波状缺刻，侧脉8～15对，仅背面脉上有毛；叶柄短，仅2～5mm，疏生绒毛。坚果卵形；总苞浅碗状，鳞片呈瘤状。花期5～6月；果9～10月成熟。

主要分布于东北、内蒙古、华北、西北各地，华中亦有少量分布；朝鲜、日本、蒙古及俄罗斯均产之。垂直分布在大、小兴安岭为海拔200～800m，河北为800～2000m。

喜光，耐寒性强，能抗－50℃低温，喜凉爽气候；耐干旱、瘠薄，喜中性至酸性土壤。通常多生于向阳干燥山坡。生长速度中等偏慢；树皮厚，抗火性强。是北方荒山造林树种之一。木材坚重耐朽，但干后易裂。叶可饲养柞蚕。种子含淀粉，可作饲料。

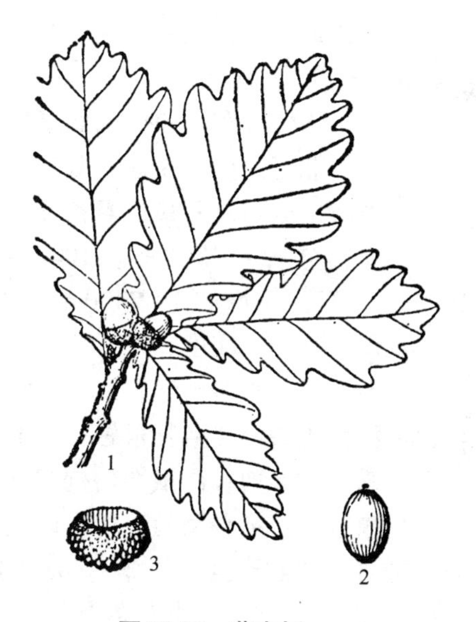

图17-32 蒙古栎
1. 果枝 2. 果 3. 壳斗

（7）辽东栎

***Quercus liaotungensis* Koidz.**

落叶乔木，高达15m，有时呈灌木状。小枝幼时有毛，后渐脱落。叶多集生枝端，长倒卵形，长5～14cm，先端钝圆，基部耳形，缘有波状疏齿，侧脉5～7（10）对，背面无毛或沿脉微有毛；叶柄长2～4mm，无毛。坚果卵形或椭圆形；总苞碗状，鳞片背部不呈瘤状突起。花期5月；果9～10月成熟。

产东北东部及南部至黄河流域各地，西到甘肃、青海、四川。垂直分布在海拔800～2800m地带。

喜光，耐寒，抗旱性特强。用途同蒙古栎。

5. 青冈栎属 *Cyclobalanopsis* Oerst.

常绿乔木。枝有顶芽，侧芽常集生于近端处，芽鳞多数。雄花序下垂；雌花花柱3～6。总苞杯状或盘状，鳞片结合成数条环带。坚果当年或次年成熟。

约100余种，主产亚洲热带和亚热带；中国约产70余种，多分布于秦岭及淮河以南各地，是组成南方常绿阔叶林的主要成分之一。

青冈栎（图17-33）

***Cyclobalanopsis glauca*（Thunb.）Oerst.（*Quercus glauca* Thunb.）**

形态：常绿乔木，高达22m，胸径1m。树皮平滑不裂；小枝青褐色，无棱，幼时有毛，后脱落。叶长椭圆形或倒卵状长椭圆形，长6～13cm，先端渐尖，基部广楔形，边缘上半部有疏齿，中部以下全缘，背面灰绿色，有平伏毛，侧脉8～12对，叶柄长1～2.5cm。总苞单生或2～3个集生，杯状，鳞片结合成5～8条环带。坚果卵形或近球形，无毛。花期4～5月；果10～11月成熟。

图17-33 青冈栎

1. 果枝 2. 雄花枝 3. 雌花枝 4. 雌花 5. 雄花及苞片 6. 雄花被之下面 7. 雄花 8. 苞片 9. 幼苗

分布：主要分布于长江流域及其以南各地，北至河南、陕西及甘肃南部，是本属中分布范围最广且最北的1种。垂直分布一般在海拔1000～1600m以下，云南可达2400m。此外，朝鲜、日本、印度亦产。

习性：喜温暖多雨气候，较耐荫；喜钙质土，常生于石灰岩山地，在排水良好、腐殖质深厚的酸性土壤上亦生长很好。生长速度中等，在四川28年生树高14.95m，胸径25.1cm。萌芽力强，耐修剪；深根性。抗有毒气体能力较强。

繁殖栽培：播种繁殖。10～11月间种子成熟时采收，去总苞后摊放通风处阴干即可播种。亦可混沙贮藏至次年2～3月春播，沙不宜过湿，以防种子霉烂变质。条播行距15～20cm，覆土2～3cm，上盖草保湿。每亩播种量约75kg。出苗后要搭棚遮荫。6～7月间可追施薄肥。当年苗高20～30cm。为促发侧根，可于次年早春用利铲斜插土中，在15～20cm处切断主根。以后苗木移栽时要带土球，栽后充分浇水，并适当删去部分枝叶。大树移栽更需采取“断根缩坨”措施，否则很难成活。

观赏特性及园林用途：本种枝叶茂密，树姿优美，终年常青，是良好的绿化、观赏及造林树种。因性好荫，宜丛植、群植或与其他常绿树混交成林，一般不宜孤植。又因萌芽力强、具有较好的抗有毒气体、隔音和防火能力，可用作绿篱、绿墙、厂矿绿化、防风林、防火林等。

经济用途：木材坚韧，结构细，纹理直，富弹性，易加工，可供建筑、桥梁、车辆、器械、农具柄等用。种子含淀粉，可作饲料或酿酒等；树皮及总苞含单宁，可提取栲胶。

〔17〕榆科 Ulmaceae

落叶乔木或灌木。小枝细，无顶芽。单叶互生，常2列状；托叶早落。花小，单被花，单性或两性；雄蕊4～8，与萼片同数且对生；雌蕊由2心皮合成，子房上位，1～2室，柱头2裂，羽状。翅果、坚果或核果。种子通常无胚乳。

约16属230种，主产北半球温带。中国产8属50余种，广布于全国各地。

分属检索表

A_1 叶羽状脉，侧脉7对以上。
　B_1 花两性；翅果，翅在扁平果核周围；叶缘常为重锯齿 ………… 1. 榆属 *Ulmus*
　B_2 花单性；坚果无翅，小而歪斜；叶缘具整齐之单锯齿 ………… 2. 榉属 *Zelkova*
A_2 叶三出脉，侧脉6对以下。
　B_1 核果球形。
　　C_1 叶基部全缘，常歪斜，侧脉不伸入齿端 ………… 3. 朴属 *Celtis*
　　C_2 叶基部全缘，不歪斜，侧脉直达齿端 ………… 4. 糙叶树属 *Aphananthe*
　B_2 坚果周围有翅；叶之侧脉向上弯，不直达齿端 ………… 5. 青檀属 *Pteroceltis*

1. 榆属 *Ulmus* L.

乔木，稀灌木。芽鳞紫褐色，花芽近球形。叶多为重锯齿，羽状脉。花两性，簇生或成短总状花序。翅果扁平，翅在果核周围，顶端有缺口。

约45种，广布于北半球。中国约25种，南北均产；适应性强，多生于石灰岩山地。广泛用作城乡绿化树种。

分种检索表

A_1 花在早春展叶前开放，生于去年生枝上。
　B_1 果核位于翅果中部或近中部，不接近缺口。
　　C_1 翅果较小，长1～2cm，无毛；小枝无木栓翅；叶具单锯齿 ………… (1) 榆树 *U. pumila*
　　C_2 翅果较大，长2～3.5cm，有毛；小枝有时具木栓翅；叶具重锯齿 …… (2) 大果榆 *U. macrocarpa*
　B_2 果核位于翅果上部或接近缺口 ………… (3) 黑榆 *U. davidiana*
A_2 花在秋季开放，簇生于叶腋，花萼深裂 ………… (4) 榔榆 *U. parvifolia*

(1) 榆树（白榆、家榆）（图17-34）

***Ulmus pumila* L.**

形态：落叶乔木，高达25m，胸径1m；树冠圆球形。树皮暗灰色，纵裂，粗糙。小枝灰色，细长，排成2列状。叶卵状长椭圆形，长2～6cm，先端尖，基部稍歪，缘有不规则之单锯齿。早春叶前开花，簇生于去年生枝上。翅果近圆形，种子位于翅果中部。花期3～

图 17-34 榆 树

1. 花枝 2. 果枝 3. 花 4. 果

4 月；果 4 ~6 月成熟。

分布：产于东北、华北、西北及华东等地区，华北及淮北平原地区栽培尤为普遍；俄罗斯、蒙古及朝鲜亦有分布。

习性：喜光，耐寒，抗旱，能适应干凉气候；喜肥沃、湿润而排水良好的土壤，不耐水湿，但能耐干旱瘠薄和盐碱土。生长较快，30 年生树高 17m，胸径 42cm。寿命可长达百年以上。萌芽力强，耐修剪。主根深，侧根发达，抗风、保土力强。对烟尘及氟化氢等有毒气体的抗性较强。

繁殖栽培：繁殖以播种为主，分蘖亦可。榆树种子易失去发芽力，宜采后即播。北京地区一般在 4 月下旬翅果由绿变黄白色并有少数飞落时采种。播前不必作任何处理。床播或大田播行距约 20cm，覆土 0.5 ~1cm。播种量每亩 5 ~7kg。苗期管理要注意经常修剪侧枝，以促其主干向上生长，并保持树干通直。1 年生苗高 1m 左右，最高可达1.5 ~2m。作为城市绿化用苗需分栽培育 2 ~3 年方可出圃。榆树常见虫害有金花虫、天牛、刺蛾、榆天社蛾、榆毒蛾等，应注意及早防治。

观赏特性及园林用途：榆树树干通直，树形高大，绿荫较浓，适应性强，生长快，是城乡绿化的重要树种，栽作行道树、庭荫树、防护林及“四旁”绿化用无不合适。在干瘠、严寒之地常呈灌木状，有用作绿篱者。又因其老茎残根萌芽力强，可自野外掘取制作盆景。在林业上也是营造防风林、水土保持林和盐碱地造林的主要树种之一。

经济用途：木材纹理直，结构较粗，但很坚韧，可供家具、农具、车辆、建筑等用。幼叶、嫩果可食；树皮磨粉可救荒。果、树皮、叶均可入药。此外，榆树又是重要蜜源树种之一。

(2) 大果榆（黄榆）（图 17-35）

***Ulmus macrocarpa* Hance**

落叶乔木，高达 10m，胸径 30cm；树冠扁球形。小枝淡黄褐色，有时具 2（4）条规则木栓翅，有毛。叶倒卵形，长 5 ~9cm，先端突尖，基部歪斜，缘具不规则重锯齿，质地粗厚。翅果大，径 2.5 ~3.5cm。具黄褐色长毛。花期 3 ~4 月；果 5 ~6 月成熟。

主产中国东北及华北海拔 1800m 以下地区；朝鲜、俄罗斯境内亦有分布。

喜光，抗寒，耐旱，稍耐盐碱，在山麓、阳坡、砂地、平原、石隙间都能生长。深根性，侧根发达；萌蘖性强。生长速度较慢，但在湿润的林区生长尚快。寿命长。可用播种及分株法繁殖。本种每当深秋（10 月中下旬）叶色变为红褐色，点缀山林颇为美观，是北方秋色叶树种之一。材质较榆树好，坚硬，抗腐，花纹美观，可供制家具、车辆等用。

（3）黑榆

***Ulmus davidiana* Planch.**

落叶乔木，高达 15m；树冠开展。树皮褐灰色，纵裂。小枝褐色，幼时有毛，后脱落；2 年生以上小枝有时具木栓翅。叶倒卵形，长 5 ~ 10cm，先端突尖，基部一边楔形，另一边圆形，缘有重锯齿，表面粗糙，背面脉腋有毛，叶柄密被丝状柔毛。花簇生。翅果倒卵形，长 0.9 ~ 1.4cm，疏生毛，种子接近缺口处。花期 3 ~ 4 月；果 5 月上旬成熟。

产辽宁、河北、山西等地，常生于石灰岩山地或谷地。

喜光，耐寒，耐干旱。深根性，萌蘖力强。繁殖、栽培及用途与榆树相似。

其变种春榆（var. *japonica* Nakai）：与黑榆的主要区别点为翅果无毛。产中国东北林区及河北、陕西、甘肃、山东，安徽、江苏等省；朝鲜、俄罗斯、日本亦有分布。

（4）榔榆（图 17-36）

***Ulmus parvifolia* Jacq.**

形态：落叶或半常绿乔木，高达 25m，胸径 1m；树冠扁球形至卵圆形。树皮灰褐色，不规则薄鳞片状剥离。叶较小而质厚，长椭圆形至卵状椭圆形，长 2 ~ 5cm，先端尖，基部歪斜，缘具单锯齿（萌芽枝之叶常有重锯齿）。花簇生叶腋。翅果长椭圆形至卵形，长0.8 ~ 1cm，种子位于翅果中央，无毛。花期 8 ~ 9 月；果 10 ~ 11 月成熟。

分布：主产长江流域及其以南地区，北至山东、河南、山西、陕西等省。垂直分布一般在海拔 500m 以下地区。日本、朝鲜亦产。

习性：喜光，稍耐荫，喜温暖气候，亦能耐 -20℃的短期低温；喜肥沃、湿润土壤，亦有一定的耐干旱瘠薄能力，在酸性、中性和石灰性土壤的山坡、平原及溪边均能生长。生长速度中等，

图 17-35　大果榆

1. 果枝　2. 小枝，示具木栓翅　3、4. 翅果

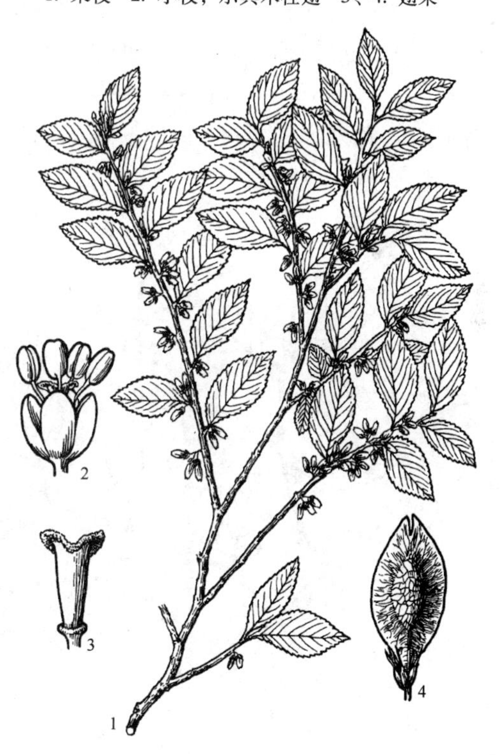

图 17-36　榔　榆

1. 花枝　2. 花　3. 雌蕊　4. 果

寿命较长。深根性，萌芽力强。对二氧化硫等有毒气体及烟尘的抗性较强。

繁殖栽培：用种子繁殖。10～11月间及时采种，随即播之。或干藏至次年春播。一般采用宽幅条播，条距25cm，条幅10cm，每亩用种2～2.5 kg。1年生苗高30～40cm。用作城市绿化的苗木应培育至2～3m以上才可出圃。

观赏特性及园林用途：本种树形优美，姿态潇洒，树皮斑剥，枝叶细密，具有较高的观赏价值。在庭园中孤植、丛植，或与亭榭、山石配植都很合适。栽作庭荫树、行道树或制作成盆景均有良好的观赏效果。因抗性较强，还可选作厂矿区绿化树种。

经济用途：木材坚韧，经久耐用，可作车、船、农具等用材。树皮、根皮、叶均供药用。

2. 榉属 *Zelkova* Spach

落叶乔木。冬芽卵形，先端不贴近小枝。单叶互生，羽状脉，具整齐之单锯齿。花单性同株，雄花簇生于新枝下部，雌花单生或簇生于新枝上部，柱头偏生。坚果小而歪斜，无翅。

共6种，产亚洲各地；中国产4种。木材坚实，树形优美，是优良的用材及绿化、观赏树种。

榉树（大叶榉）（图17-37）

***Zelkova schneideriana* Hand. －Mazz.**

形态：落叶乔木，高达25m；树冠倒卵状伞形。树皮深灰色，不裂，老时薄鳞片状剥落后仍光滑。小枝细，有毛。叶卵状长椭圆形，长2～8cm，先端尖，基部广楔形，锯齿整齐，近桃形，侧脉10～14对，表面粗糙，背面密生淡灰色柔毛。坚果小，径2.5～4mm，歪斜且有皱纹。花期3～4月；果10～11月成熟。

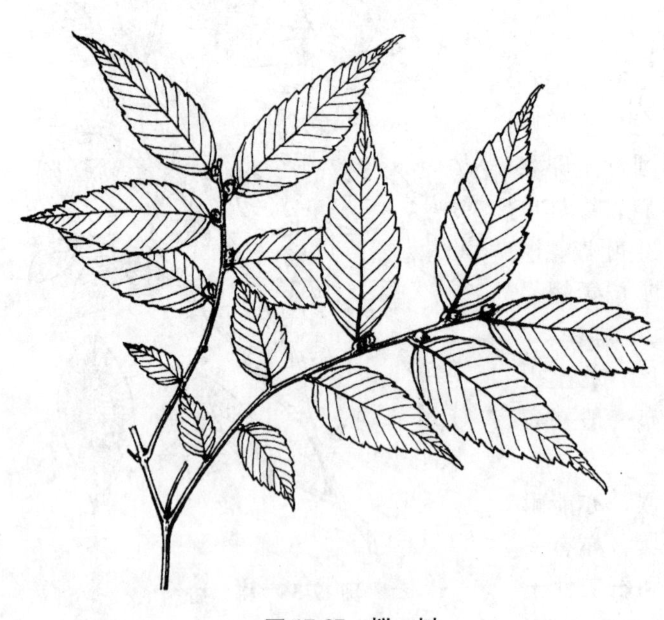

图17-37 榉 树

分布：产淮河及秦岭以南，长江中下游至华南、西南各地。垂直分布多在海拔500m以下之山地及平原，在云南可达海拔1000m。

习性：喜光，喜温暖气候及肥沃湿润土壤，在酸性、中性及石灰性土壤上均可生长。忌积水地，也不耐干瘠。耐烟尘，抗有毒气体；抗病虫害能力较强。深根性，侧根广展，抗风力强。生长速度中等偏慢，尤其是幼年期生长慢，10年生后渐加快。寿命较长。

繁殖栽培：播种繁殖，秋末采果阴干贮藏，次年早春播种，播前用清水浸种1～2d。一般采用条播，条距20～25cm，每亩用种量6～10

kg。当年苗高可达60～80cm。用作城市绿化的苗木应留圃培养5～8年，待干径3cm左右时方可出圃定植。榉树苗木根细长而韧，起苗时应用利铲先将周围根切断方可挖取，以免撕裂根皮。

观赏特性及园林用途：榉树枝细叶美，绿荫浓密，树形雄伟，观赏价值远较一般榆树为高。在园林绿地中孤植、丛植、列植皆宜。在江南园林中尤为习见，三五株点缀于亭台池边饶有风趣。同时也是行道树、宅旁绿化、厂矿区绿化和营造防风林的理想树种。又是制作盆景的好材料。

经济用途：木材坚实，耐水湿，纹理美，赤褐色，有光泽，是贵重木材，可供优良家具及造船、建筑、桥梁等用。茎皮纤维强韧，可作人造棉及制绳索的原料。

3. 朴属 *Celtis* L.

乔木，稀灌木；树皮不裂。冬芽小，卵形，先端贴枝。单叶互生，基部全缘，3主脉，侧脉弧曲向上，不伸入齿端。花杂性同株。核果近球形，果肉味甜。

约70～80种，产北温带至热带；中国产21种，南北各地均有分布。多生长于平原和浅山区，常用作城乡绿化树种。

分种检索表

A_1 小枝无毛或幼时有毛而后脱落。

B_1 叶背沿脉及脉腋疏生毛，先端短尖；果熟时橙红色，果柄与叶柄近等长 ………（1）朴树 *C. sinensis*

B_2 叶两面无毛，先端渐长尖，锯齿浅钝；果熟时紫黑色，果柄长为叶柄长之2倍或更长………………………………………………………………………………………………………（2）小叶朴 *C. bungeana*

A_2 小枝，叶背密被黄褐色绒毛，叶较宽大，长6～14cm ……………………………（3）珊瑚朴 *C. julianae*

（1）朴树（沙朴）（图17-38）

***Celtis sinensis* Y. C. Tang**

形态：落叶乔木，高达20m，胸径1m；树冠扁球形。小枝幼时有毛，后渐脱落。叶卵状椭圆形，长4～8cm，先端短尖，基部不对称，锯齿钝，表面有光泽，背脉隆起并疏生毛。果熟时橙红色，径4～5mm，果柄与叶柄近等长，果核表面有凹点及棱脊。花期4月；果9～10月成熟。

分布：产淮河流域、秦岭以南至华南各地，散生于平原及低山区，村落附近习见。

习性：喜光，稍耐荫，喜温暖气候及肥沃、湿润、深厚之中性黏质壤土，能耐轻盐碱土。深根性，抗风力强。寿命较长，在中心分布区常见200～300年生的老树。抗烟尘及有毒气体。

繁殖栽培：播种繁殖。9、10月间采种，堆放后熟，搓洗去果肉后阴干。秋播或湿沙层积贮藏至次年春播。条行距约25cm，覆土厚约1cm。1年生苗高35～40cm。育苗期间要注意整形修剪，培养通直的树干和树冠。大苗移栽要带土球。

观赏特性及园林用途：本种树形美观，树冠宽广，绿荫浓郁，是城乡绿化的重要树种。最宜用作庭荫树，也可试作行道树。并可选作厂矿区绿化及防风、护堤树种。又是制作盆景的常用树种。

图 17-38 朴 树

1. 花枝 2. 果枝 3. 两性花 4. 雄花 5. 果核 6. 幼苗

经济用途：木材坚硬，纹理直，但较粗糙，供家具、建筑、枕木、砧板、鞋楦等用。茎皮纤维可供造纸及人造棉原料；果核可榨油；树皮及叶入药。

（2）小叶朴（黑弹树）（图 17-39）

***Celtis bungeana* Bl.**

落叶乔木，高达 20m；树冠倒广卵形至扁球形。树皮灰褐色，平滑。小叶通常无毛。叶长卵形，长 4 ~ 8cm，先端渐长尖，锯齿浅钝，两面无毛，或仅幼树及萌芽枝之叶背面沿脉有毛；叶柄长 0.3 ~ 1cm。核果近球形，径 4 ~ 7mm；熟时紫黑色，果核常平滑，果柄长为叶柄长之 2 倍或 2 倍以上。花期 5 ~ 6 月；果 9 ~ 10 月成熟。

产东北南部、华北，经长江流域至西南（四川、云南）、西北（陕西、甘肃）各地。华北一般分布在海拔 1000m 以下的山地沟坡。

喜光，稍耐荫，耐寒；喜深厚、湿润之中性黏质土壤。深根性，萌蘖力强，生长较慢。繁殖用播种法。可作庭荫树及城乡绿化树种。

经济用途：木材白色，纹理直，结构中等，供家具、农具及薪柴等用。根皮入药，可治老年慢性气管炎等症。

图 17-39 小叶朴

（3）珊瑚朴

***Celtis julianae* Schneid.**

落叶乔木，高达 25 ~ 30m，胸径 1m；树冠圆球形。树皮灰色，平滑。小枝、叶背、叶柄均密被黄褐色绒毛。叶较宽大，广卵形、卵状椭圆形或倒卵状椭圆形，长 6 ~ 14cm，先端短尖，基部近圆形，锯齿钝。核果大，径 1 ~ 1.3cm，熟时橙红色，味甜可食。花期 4 月；10 月果熟。

产浙江、安徽、湖北、贵州及陕西南部。

喜光，稍耐荫，喜温暖气候及湿润、肥沃土壤，但亦能耐干旱和瘠薄，在微酸性、中性及石灰性土壤上都能生长。深根性，抗烟尘及有毒气体，少病虫害，较能适应城市环境。生长速度中等偏快，寿命较长。据有关单位调查，杭州西湖山区尚有 300 年以上的古树，高 25.7m，胸径 1.25m，生长势仍很旺盛。播种繁殖，秋播或将种子沙藏至次年春播，1 年生苗高可达 1m 以上。

本种树高干直，冠大荫浓，树姿雄伟，春日枝上生满红褐色花序，状如珊瑚，入秋又有红果，均颇美观。在园林绿地中栽作庭荫树及观赏树，孤植、丛植或列植都很合适。亦可用作厂矿区绿化、街坊绿化及四旁绿化树种。木材坚实，可作器具、家具等用。树皮纤维可制绳索、织袋、造纸和作人造棉原料。

4. 糙叶树属 *Aphananthe* Planch.

乔木或灌木。冬芽卵形，先端尖且贴近小枝。叶基部以上有锯齿，三出脉，侧脉直达齿端。花单性同株，雄花成总状或伞房花序，生于新枝基部；雌花单生于新枝上部叶腋。核果近球形。

共 5 种，产东亚及澳大利亚。中国产 1 种。

糙叶树（图 17-40）

***Aphananthe aspera*（Thunb.）Planch.**

落叶乔木，高达 22m，胸径 1m 余；树冠圆球形。树皮灰棕色，老时浅纵裂（似构树皮而较细）。单叶互生，卵形至椭圆状卵形，长 5～12cm，基部 3 主脉（两侧主脉外又有平行支脉），侧脉直达齿端，两面有平伏硬毛，粗糙。核果近球形，径约 8mm，熟时黑色。花期4～5 月；果 9～10 月成熟。

主产长江流域及其以南地区。

喜光，略耐荫，喜温暖湿润气候及潮湿、肥沃而深厚的酸性土壤。在山区沟谷、溪边及平原地区均能适应。寿命长，山东青岛崂山下清宫有千年老树，名曰“龙头榆”，高约 15m，胸径 1.24m，传为唐代遗物。本种树干挺拔，树冠广展，枝叶茂密，是良好的庭荫树及谷地、溪边绿化树种。木材坚硬，纹理直，结构略细，可作车辆、家具、器具等用。叶面粗糙，干后如同细砂纸，可擦亮金属器皿。树皮坚韧，其纤维供人造棉及造纸原料。

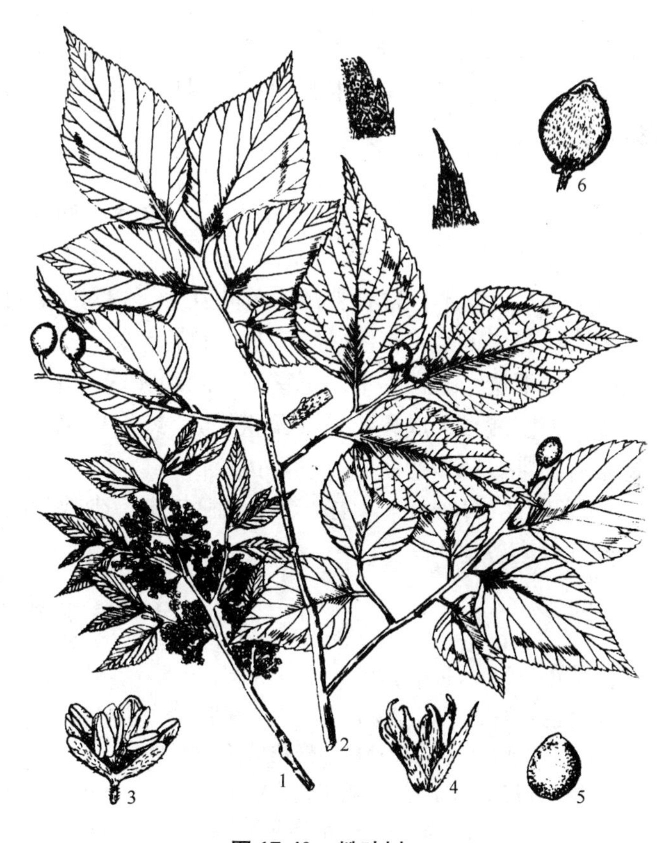

图 17-40 糙叶树

1. 花枝 2. 果枝 3. 雄花 4. 雌花 5、6. 果实

5. 青檀属（翼朴属）*Pteroceltis* Maxim.

本属仅1种，中国特产。

青檀（翼朴）（图17-41）

***Pteroceltis tatarinowii* Maxim.**

落叶乔木，高达20m，胸径1.7m。干皮暗灰色，薄长片状剥落。单叶互生，卵形，长3.5～13cm，基部全缘，3主脉，侧脉不直达齿端，先端长尖或渐尖，基部广楔形或近圆形，背面脉腋有簇毛。花单性同株。小坚果周围有薄翅。花期4月；果8～9月成熟。

主产黄河及长江流域，南达两广及西南。

喜光，稍耐荫，耐干旱瘠薄，常生于石灰岩的低山区及河流溪谷两岸。根系发达，萌芽性强。寿命长。播种繁殖。可作为石灰岩山地绿化造林树种，亦可栽作庭荫树。木材坚硬，纹理直，结构细，可作建筑、家具、车轴及细木工用料。树皮纤维优良，为制造著名的宣纸原料。

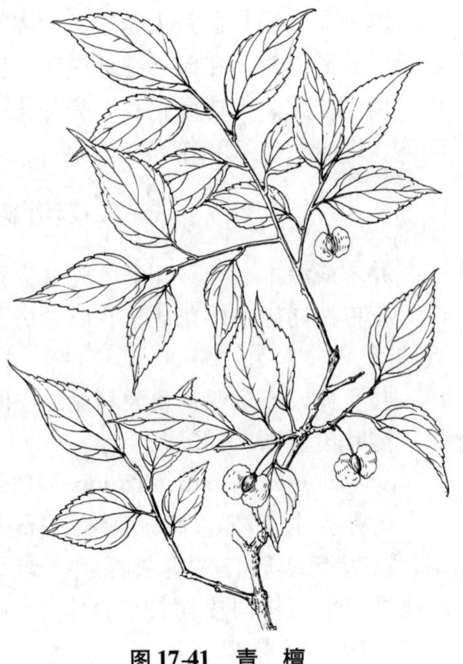

图17-41　青　檀

〔18〕桑科 Moraceae

木本，稀草本；常有乳汁。单叶互生，稀对生，托叶早落。花小，单性同株或异株，常集成头状花序、柔荑花序或隐头花序；花单被，通常4片，雄蕊与花被片同数且对生；子房上位，稀下位，通常1室，每室有1悬垂胚珠，花柱2。小瘦果或核果，每瘦果外包有肉质花被，许多瘦果组成聚花果（桑椹果），或瘦果包藏于肉质花序托内，因此叫隐花果。种子通常有胚乳，胚多弯曲。

约70属，1800种，主产热带和亚热带，少数产温带。中国产17属160余种，主要分布于长江以南各地。

分属检索表

A_1　柔荑花序或头状花序。

　B_1　至少雄花序为柔荑花序；叶缘有锯齿。

　　C_1　雌雄花均成柔荑花序；聚花果圆柱形 ………………………… 1. 桑属 *Morus*

　　C_2　雄花成柔荑花序，雌花成头状花序 ………………………… 2. 构属 *Broussonetia*

　B_2　雌雄花均成头状花序；叶全缘或3裂。

　　C_1　枝有刺；花雌雄异株，雄蕊4 ………………………… 3. 柘属 *Cudrania*

　　C_2　枝无刺；花雌雄同株，雄蕊1 ………………………… 4. 桂木属 *Artocarpus*

A_2　隐头花序；小枝有环状托叶痕 ………………………… 5. 榕属 *Ficus*

1. 桑属 *Morus* L.

落叶乔木或灌木。枝无顶芽，芽鳞3～6。叶互生，有锯齿或缺裂；托叶披针形，早落。花单性，异株或同株，组成柔荑花序。花被4片，雄蕊4枚。小瘦果包藏于肉质花被内，集成圆柱形聚花果（桑椹）。

约12种，主产北温带；中国产9种，各地均有分布。

分种检索表

A_1 叶缘锯齿尖或钝。

　B_1 叶表面近光滑，背面脉腋有毛；花柱极短，柱头2裂 ……………………（1）桑树 *M. alba*

　B_2 叶表面粗糙，背面密被短柔毛；花柱明显，长约4mm，柱头2裂，与花柱等长 ……………………………………（2）鸡桑 *M. australis*

A_2 叶缘锯齿先端刺芒状 ……………………………………（3）蒙桑 *M. mongolica*

（1）桑树（家桑）（图17-42）

***Morus alba* L.**

形态：落叶乔木，高达16m，胸径可达1m以上；树冠倒广卵形。树皮灰褐色；根鲜黄色。叶卵形或卵圆形，长6～15cm，先端尖，基部圆形或心形，锯齿粗钝，幼树之叶有时分裂，表面光滑，有光泽，背面脉腋有簇毛。花雌雄异株，花柱极短或无，柱头2，宿存。聚花果（桑椹）长卵形至圆柱形，熟时紫黑色、红色或近白色，汁多味甜。花期4月；果5～6（7）月成熟。

分布：原产中国中部，现南北各地广泛栽培，尤以长江中下游各地为多。垂直分布一般在海拔1200m以下，西部可达1500m。朝鲜、蒙古、日本、俄罗斯、欧洲及北美亦有栽培，并已归化。

习性：喜光，喜温暖，适应性强，耐寒，耐干旱瘠薄和水湿，在微酸性、中性、石灰质和轻盐碱（含盐0.2%以下）土壤上均能生长。在平原、山坡、砂土、黏土上皆可栽培，但以土层深厚、肥沃、湿润处生长最好。深根性，根系发达；萌芽性强，耐修剪，易更新。生长尚快，12年生树高9m，胸径19cm。抗风力强，对硫化氢、二氧化氮等有毒气体抗性很强。寿命中等，个别树可长达300年。

图17-42　桑　树

1. 雌花枝　2. 雄花枝　3. 叶片　4、5. 雌花及花图式　6、7. 雌花及花图式　8. 幼苗

繁殖栽培：可用播种、扦插、压条、分根、嫁接等法繁殖。

①播种法：5～6月间采取成熟桑椹，

置桶中，拌入草木灰若干，用木棍轻轻捣烂，再用水淘洗，取出种子铺开略行阴干，即可播种。若要次年春播，种子须充分晒干后密封贮藏，置阴凉室内。春播前可先用温水浸种2h，捞出后铺开并盖以湿布，待种子微露幼芽时再播。条播行距25cm，沟宽5cm，每亩用种量0.5 kg左右。覆土以不见种子为度。播后覆草，每天喷水，3~4d便可出苗。以后要及时间苗，进入旺盛生长期后要加强水肥管理。1年生苗可高达60~100cm。

②扦插法：硬枝插北方在3~4月进行，南方可在秋冬进行；嫩枝插在5月下旬进行。

③嫁接法：切接、皮下接、芽接、根接均可，而以在砧木根颈部进行皮下接成活率最高。砧木用桑树实生苗。接穗采自需要繁殖的优良品种。皮下接在3月下旬至4月中旬当树液流动能剥开皮层时进行，接穗在嫁接前10d采取并沙藏，这样能抑制芽萌发，提高成活率。

桑树树形可根据功能要求和品种等培养成高干、中干和低干等形式。以饲蚕为目的栽培，多采用低干杯状整枝，以便于采摘桑叶。在园林绿地及宅旁绿化栽植则采用高干及自然之广卵形树冠为好。移栽在春、秋两季进行，以秋栽为好。为了获得高产优质桑叶，冬季应施足基肥，春、夏要及时追施速效肥。桑树病虫害较多，常见有桑尺蠖、桑天牛、野蚕及萎缩病等，必须及时防治。

观赏特性及园林用途：本种树冠宽阔，枝叶茂密，秋季叶色变黄，颇为美观，且能抗烟尘及有毒气体，适于城市、工矿区及农村四旁绿化。其观赏品种，如‘垂枝’桑（‘Pendula’）和枝条扭曲的‘龙’桑（‘Tortuosa’）等更适于庭园栽培观赏。我国古代人民有在房前屋后栽种桑树和梓树的传统，因此常把“桑梓”代表故土、家乡。

经济用途：主要是营造桑园供采叶饲养家蚕。栽培品种很多，尤以江、浙一带的‘湖桑’和山东等地的‘鲁桑’为最著名，叶大而嫩厚，产叶量高。我国的蚕桑事业历史悠久，已有4000年的历史，生产的丝绸驰名中外。桑树木材黄色，坚硬、有弹性，耐腐，可供家具、雕刻、乐器等用。树皮纤维细柔，可供纺织和造纸原料。桑椹果可生食或酿酒，有滋补肝肾、养血、明目、安神等功效；根皮为利尿、镇咳药；叶有祛风、清热、补中功用；桑枝可治高血压、手足麻木等症。在有些地区主要为生产桑杈而栽培桑树。

（2）鸡桑

***Morus australis* Poir.**

落叶灌木或小乔木。叶卵形，长6~17cm，先端急尖或渐尖，基部截形或近心形，缘具粗齿，有时3~5裂，表面粗糙，背面有毛。雌雄异株，花柱明显，长约4mm，柱头2裂，与花柱等长，宿存。聚花果长1~1.5cm，熟时暗紫色。

主产华北、中南及西南。朝鲜、日本、印度、中印半岛及印度尼西亚亦有分布。常生于石灰岩山地。

茎皮纤维可制优质纸和人造棉。果可生食、酿酒、制醋等。叶亦可饲蚕。

（3）蒙桑（崖桑）

***Morus mongolica*（Bureau）Schneid.**

落叶小乔木或灌木。叶卵形或椭圆状卵形，长8~18cm，常有不规则裂片，锯齿有刺芒状尖头，叶先端尾状尖，基部心形，表面光滑无毛，背面脉腋常有簇毛。雌雄异株，花柱明显，柱头2裂。聚花果圆柱形，熟时红色或近紫黑色。

产东北、内蒙古、华北至华中及西南各地；朝鲜亦有。

多生于向阳山坡及平原、低地。茎皮纤维是优质造纸及纺织原料。根皮入药，有消炎、利尿、镇咳及缓下等功效。果可酿造。其变种山桑（var. *diabolica* Koidz.）叶表面粗糙，背面有柔毛，常为深裂。

2. 构属 *Broussonetia* L'Her. ex Vent.

落叶乔木或灌木，有乳汁。枝无顶芽，侧芽小。单叶互生，有锯齿；托叶早落。雌雄异株，雄花成柔荑花序，稀成头状花序，雄蕊 4；雌花成球形头状花序，花柱线状。聚花果圆球形，熟时橙红色。

共 4 种，产东亚及太平洋岛屿；中国产 3 种，南北均有。茎皮为纤维原料。

构树（楮）（图 17-43）

***Broussonetia papyrifera*（L.）L'Her. ex Vent.**

形态：落叶乔木，高达 16m，胸径 60cm。树皮浅灰色，不易裂。小枝密被丝状刚毛。叶互生，有时近对生，卵形，长 7～20cm，先端渐尖，基部圆形或近心形，缘有锯齿，不裂或有不规则 2～5 裂，两面密生柔毛。聚花果球形，径 2～2.5cm，熟时橙红色。花期 4～5 月；果 8～9 月成熟。

分布：分布很广，北自华北、西北，南到华南、西南各地均有，为各地低山、平原习见树种；日本、越南、印度等国亦有分布。

习性：喜光，适应性强，能耐北方的干冷和南方的湿热气候；耐干旱瘠薄，也能生长在水边；喜钙质土，也可在酸性、中性土上生长。生长较快，萌芽力强；根系较浅，但侧根分布很广。对烟尘及有毒气体抗性很强，少病虫害。

繁殖栽培：繁殖容易，种子多而生活力强，在母树附近常多自生小苗，有时成为一种麻烦问题。采用营养繁殖可有意避免雌株，选择具有优良性状雄株进行埋根、扦插、分蘖、压条等法繁殖。硬枝扦插成活率很低，但在 8 月用嫩枝扦插成活率可达 95% 左右；根插成活率也可达 70% 以上。构树幼苗生长快，移栽容易

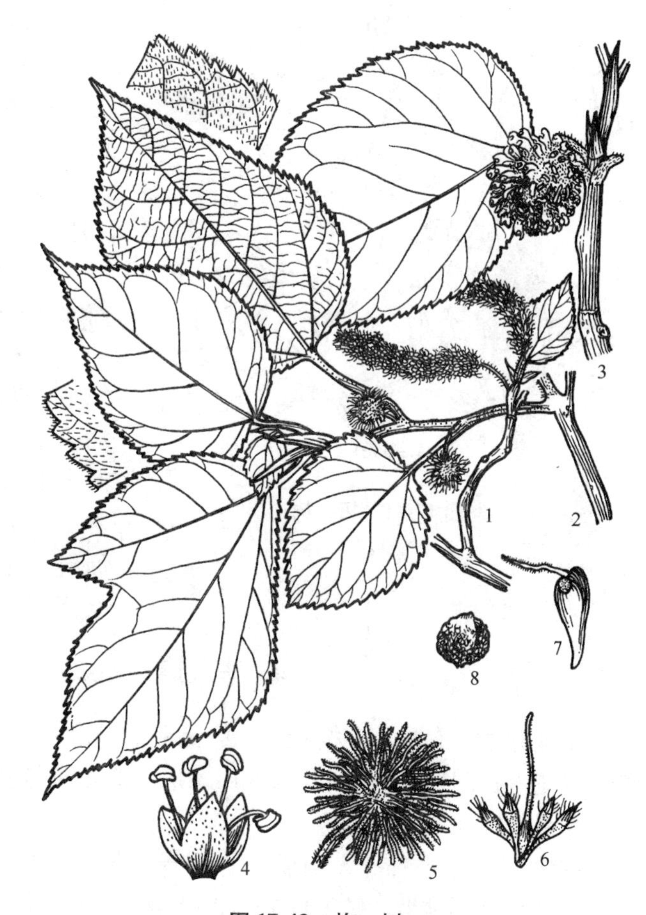

图 17-43 构 树

1. 雄花枝 2. 雌花枝 3. 果序枝 4. 雄花 5、6. 雌花序及雌花 7. 雌蕊 8. 果核

成活。

观赏特性及园林用途：构树外貌虽较粗野，但枝叶茂密且有抗性强、生长快、繁殖容易等许多优点，仍是城乡绿化的重要树种，尤其适合用作工矿区及荒山坡地绿化，亦可选作庭荫树及防护林用。

经济用途：树皮是优质造纸及纺织原料。木材结构中等，纹理斜，质松软，可供器具、家具和薪柴用。树皮浆汁可治癣和神经性皮炎；果为强壮剂；根皮是利尿剂；叶可作猪饲料，亦可入药。

3. 柘属 *Cudrania* Trec.

乔木或灌木，有时攀援状，常具枝刺，有乳汁。单叶互生，全缘或3裂；托叶早落。雌雄异株，雌、雄花均为腋生球形头状花序。聚花果球形，肉质。

图17-44 柘 树

1. 具刺枝 2. 雌花枝 3. 雌花 4. 雌蕊 5. 雄花 6. 果枝

共约10种，中国产8种。

柘树（柘刺、柘桑）（图17-44）

***Cudrania tricuspidata*（Carr.）Bur.**

落叶小乔木，常呈灌木状。树皮灰褐色，薄片状剥落。小枝常有枝刺。叶卵形至倒卵形，长3.5～11cm，全缘，有时3裂。聚花果近球形，径约2.5cm，熟时红色，肉质。花期5月；果9～10月成熟。

主产华东、中南及西南，北至山东、河北南部和陕西；朝鲜、日本亦有分布。

喜光，耐干旱瘠薄，多生于山野路边或石缝中，为喜钙树种。生长慢。繁殖用播种、扦插或分蘖法均可。可作绿篱、刺篱、荒山绿化及水土保持树种。木材黄色坚硬，供器具及细木工等用材。树皮纤维供造纸、纺织及制绳索原料。叶可饲蚕；果可食及酿酒；根皮入药，有清热、凉血、通经络等功效。

4. 桂木属 *Artocarpus* Forst.

常绿乔木，有乳汁。枝有顶芽，无刺。叶互生，羽状脉；托叶形状大小不一。雌雄同株，雄花序长圆形，雄蕊1；雌花序球形，雌花花萼管状，下部陷入花序轴中。聚花果近球形，瘦果外被肉质宿存花萼。

共约60种，分布于东南亚。中国产9种，分布于华南。

木波罗（树波罗、波罗蜜）（图17-45）

***Artocarpus heterophyllus* Lam.**

常绿乔木，高10～15m，有时具板状根。小枝有环状托叶痕。叶椭圆形至倒卵形，长

7～15cm，全缘（幼树之叶有时3裂），两面无毛，背面粗糙，厚革质。雄花序顶生或腋生，圆柱形，长5～8cm，径约2.5cm；雌花序椭球形，生于树干或大枝上。聚花果成熟时黄色，长25～60cm，重可达20 kg，外皮有六角形瘤状突起。花期2～3月；果7～8月成熟。

原产印度和马来西亚，现广植于热带各地；华南有栽培。

本种是热带果树之一，果肉（实为花被）味香甜可食。种子可炒食或煮食；树液和叶供药用，能消肿解毒。在华南地区除作果树栽培外，可栽作庭荫树及行道树。

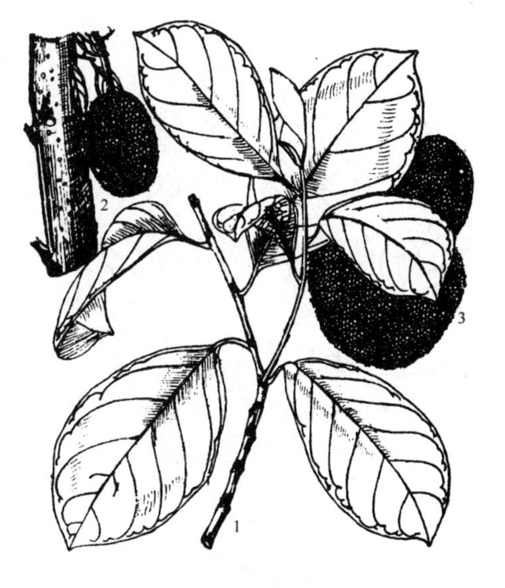

图17-45　木波罗

1. 叶枝　2、3. 聚花果着生状及聚花果

5. 榕属 *Ficus* L.

乔木、灌木或藤本，多为常绿，常具气根。托叶合生，包被顶芽，脱落后在枝上留下环状托叶痕。叶多互生、全缘。雌雄同株，花小，生于中空的肉质花序托内，形成隐头花序。隐花果肉质，内具小瘦果。

1000余种，分布于热带和亚热带。中国约有120种，主产长江以南各地。

分种检索表

A_1　乔木或灌木。

　B_1　叶有锯齿及分裂，叶表面粗糙，隐花果较大，径3～5cm ……………………（1）无花果 *F. carica*

　B_2　叶全缘，不裂，叶面光滑；隐花果较小。

　　C_1　叶较小，长4～8cm，侧脉5～6对；常有下垂气生根 ……………………（2）榕树 *F. microcarpa*

　　C_2　叶较大，长8～30cm，侧脉7对以上。

　　　D_1　叶厚革质，侧脉多数，平行而直伸 ……………………（3）印度胶榕 *F. elastica*

　　　D_2　叶薄革质，侧脉7～10对 ……………………（4）黄葛树 *F. lacor*

A_2　常绿藤木；叶基3主脉，先端圆钝 ……………………（5）薜荔 *F. pumila*

（1）无花果（图17-46）

***Ficus carica* L.**

落叶小乔木，高可达10m，或成灌木状。小枝粗壮。叶广卵形或近圆形，长10～20cm，常3～5掌状裂，边缘波状或成粗齿，表面粗糙，背面有柔毛。隐花果梨形，长5～8cm，绿黄色。

原产地中海沿岸，栽培历史悠久，约在4000年前在叙利亚即有栽培。我国各地有栽培。

喜光，喜温暖湿润气候，不耐寒，冬季在－12℃时小枝受冻，－20～－22℃则地上部分全部冻死。对土壤要求不严，能耐旱，在酸性、中性和石灰性土上均可生长，以肥沃的砂质壤土栽培最宜。根系发达，但分布较浅。生长较快，用营养繁殖（分株、压条、扦插）极易成活，2～3年生树可开始结果，6～7年生进入盛果期，寿命可达百年以上。栽培品种多。

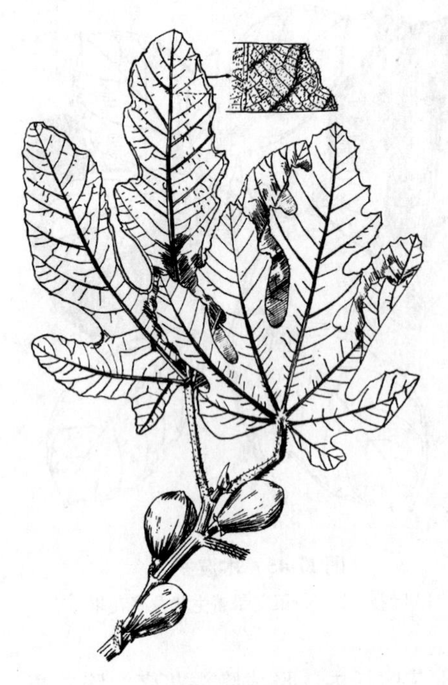

图 17-46 无花果

青岛、长江流域及其以南地区可露地栽培，常植于庭院及公共绿地；华北多盆栽观赏，需在温室越冬。果可生食或制成罐头和果干食用，并有清热、润肠等药效；根、叶亦可入药，治肠炎、腹泻等。本种繁殖栽培容易，是绿化、观赏结合生产的好树种。

(2) 榕树（细叶榕、小叶榕）（图 17-47）

Ficus microcarpa **L. f.**

常绿乔木，枝具下垂须状气生根。叶椭圆形至倒卵形，长 4 ~ 10cm，先端钝尖，基部楔形，全缘或浅波状，羽状脉，侧脉 5 ~ 6 对，革质，无毛。隐花果腋生，近扁球形，径约 8mm。广州花期 5 月；果 7 ~ 9 月成熟。

产华南；印度、越南、缅甸、马来西亚、菲律宾等国亦有分布。

喜暖热多雨气候及酸性土壤。生长快，寿命长。用播种或扦插法繁殖均容易，大枝扦插亦易成活。

本种树冠庞大，枝叶茂密，是华南地区常见的行道树及遮荫树。木材轻软，纹理不匀，易腐朽，供薪炭等用；叶和气根可入药。

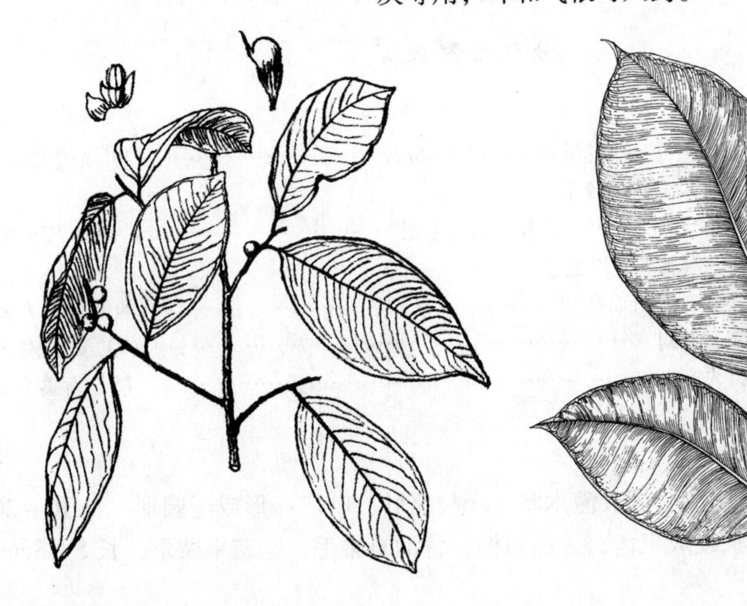

图 17-47 榕 树

图 17-48 印度胶榕

(3) 印度胶榕（印度橡皮树）（图 17-48）

Ficus elastica **Roxb.**

常绿乔木，高达 45m；含乳汁，全体无毛。叶厚革质，有光泽，长椭圆形，长 10 ~ 30cm，全缘，中脉显著，羽状侧脉多而细，且平行直伸；托叶大，淡红色，包被幼芽。

原产印度、缅甸。

喜暖湿气候，不耐寒。扦插、压条均易成活。我国长江流域及北方各大城市多作盆栽观赏，温室越冬。华南暖地可露地栽培，作庭荫树及观赏树。有各种斑叶的观赏品种，颇为美观，更受人们喜爱。乳汁可制硬性橡胶。

（4）黄葛树（黄桷树）（图 17-49）

***Ficus lacor* Buch. -Ham.**

落叶乔木，高 15 ~ 26m，胸径 3 ~ 5m。叶薄革质或坚纸质，长椭圆形或卵状椭圆形，长 8 ~ 16cm，先端短渐尖，基部圆形或近心形，全缘，侧脉 7 ~ 10 对，无毛。隐花果近球形，径 5 ~ 8mm，熟时黄色或红色。

产华南及西南，多生于溪边及疏林中。

树大荫浓，宜栽作庭荫树及行道树。木材轻软，纹理粗，可供器具、家具等用；树皮纤维可制棉絮和纺织。

图 17-49 黄葛树

1. 花枝 2. 叶 3. 花托（聚花果）纵剖面 4. 雌蕊 5. 雄蕊

（5）薜荔（图 17-50）

***Ficus pumila* L.**

常绿藤木，借气根攀援；含乳汁。小枝有褐色绒毛。叶互生，椭圆形，长 4 ~ 10cm，全缘，基部 3 主脉，革质，表面光滑，背面网脉隆起并构成显著小凹眼；同株上常有异形小叶，柄短而基歪。隐花果梨形或倒卵形，径 3 ~ 5cm。

产华东、华中及西南；日本、印度也产。

喜温暖湿润气候，常生于平原、丘陵和山麓。耐荫，耐旱，不耐寒；在酸性、中性土上都能生长。可用播种、扦插和压条等法繁殖。在园林中可用作点缀假山石及绿化墙垣和树干的好材料。果实富含果胶，可制凉粉食用；根、茎、叶、果均可药用，有祛风除湿、活血通络、消肿解毒、补肾、通乳等功效。

图 17-50 薜 荔

〔19〕山龙眼科 Proteaceae

乔木或灌木，稀草本。单叶互生，稀对生或轮生；无托叶。花两性，稀单性；单被花；雄蕊 4，与花萼对生；子房 1 室。蓇葖果或坚果，稀核果；种子扁平，常有翅，无胚乳。

共60属约1200种，主产大洋洲和南非，少数产东亚和南美。中国产2属21种，引入1属1种。

银桦属 *Grevillea* R. Br.

乔木或灌木。花两性，不整齐，子房有柄。蓇葖果。

约200种，主产大洋洲。中国引入栽培1种，是本属在热带、亚热带最普通的栽培种。

银桦（图17-51）

***Grevillea robusta* A. Cunn.**

形态：常绿乔木，在原产地可高达40~50m，胸径1m；树干端直，树冠圆锥形。小枝、芽及叶柄密被锈褐色绒毛。叶互生，长5~20cm，2回羽状深裂，裂片狭长渐尖，边缘反卷，表面深绿色，背面密被银灰色丝状毛。总状花序，花偏于一侧，无花瓣，萼片4，花瓣状，橙黄色。蓇葖果有细长花柱宿存；种子有翅。花期5月；果7~8月成熟。

图17-51 银 桦

1. 果枝 2. 花序及花 3. 雌蕊 4. 雄蕊 5. 果实 6. 种子

分布：原产大洋洲，现热带及亚热带地区多有栽培；我国南部及西南部有栽培。

习性：喜光，喜温暖和较凉爽气候；不耐寒，昆明栽培的银桦在1975年12月寒潮中（绝对最低温 -4.9℃）枝条受到不同程度的冻害，过分炎热的气候也不适宜。对土壤要求不严，喜深厚、肥沃而排水良好的偏酸性（pH 5.5~6.5）砂壤土，在质地黏重、排水不良及偏碱性土壤上生长不良，有一定的耐旱能力。根系发达。生长快，在昆明20年生树高可达20m以上，胸径35cm。对氟化氢及氯气的抗性较强，而对二氧化硫抗性差。

繁殖栽培：播种繁殖，种子成熟后采下即播，发芽率达70%以上，若到次年春播，则发芽率降为25%~30%。1年生苗高30~40cm，3年生苗高2m以上。幼苗期间冬季要注意防寒保护。移植以7~8月雨季为宜，需带土球，并适当疏枝、去叶，以减少水分蒸发，保证成活。

观赏特性及园林用途：银桦树干通直，树冠高大整齐，初夏有橙黄色花序点缀枝头，亦颇美观，宜作城市行道树；在昆明栽培最盛，生长良好。

经济用途：木材淡红色，粗硬，有弹性，纹理美，耐腐朽，易加工，可供建筑、家具、车辆、雕刻等用。

〔20〕紫茉莉科 Nyctaginaceae

草本或木本。单叶对生或互生，全缘；无托叶。花序聚伞状，或簇生；花两性，稀单性；苞片显著，呈萼状；花单被，常花瓣状，钟形、管形或高脚碟形；雄蕊 3～30；子房 1 室，1 胚珠。瘦果；种子有胚乳。

共 30 属，300 余种，主产美洲热带。中国产 1 属 4 种；引入 2 属 4 种，常栽培观赏。

叶子花属 *Bougainvillea* Comm. ex Juss.

藤状灌木，茎多具枝刺。叶互生，有柄。花常 3 朵聚生，为 3 片美丽的叶状大苞片所包围，花总梗连生于苞片中脉上；花被管状，端 5～6 裂，雄蕊 6～8，子房具柄。瘦果具 5 棱。

共 10 余种，主产南美热带及亚热带；中国引入栽培 2 种，为极美丽的观赏植物。

分种检索表

A_1 枝叶无毛或稍有毛；花之苞片暗红色或紫色 ………………………… （1）光叶子花 *B. glabra*

A_2 枝叶密生柔毛；花之苞片鲜红色 ………………………… （2）叶子花 *B. spectabilis*

（1）光叶子花（宝巾、光三角花）（图 17-52）

Bougainvillea glabra **Choisy**

常绿攀援灌木；枝有利刺。枝条常拱形下垂，无毛或稍有柔毛。单叶互生，卵形或卵状椭圆形，长 5～10cm，先端渐尖，基部圆形至广楔形，全缘，表面无毛，背面幼时疏生短柔毛；叶柄长 1～2.5cm。花顶生，常 3 朵簇生，各具 1 枚叶状大苞片，紫红色，椭圆形，长 3～3.5cm；花被管长 1.5～2cm，淡绿色，疏生柔毛，顶端 5 裂。瘦果有 5 棱。

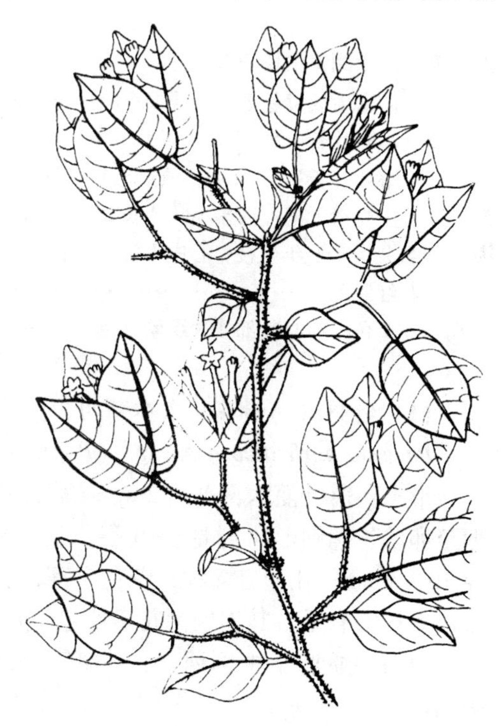

图 17-52　光叶子花

原产巴西；我国各地有栽培。

喜光，喜温暖气候，不耐寒；不择土壤，干湿都可以，但适当干些可以加深花色。生长健壮；扦插容易成活。华南及西南暖地多植于庭园、宅旁，常设立棚架或让其攀援山石、园墙、廊柱而上；花期很长（冬春间开花），极为美丽。长江流域及其以北地区多盆栽观赏，温室越冬，花期在 6～12 月。

（2）叶子花（毛宝巾、三角花、九重葛）

Bougainvillea spectabilis **Willd.**

外形与上种近似，但枝、叶密生柔毛；苞片鲜红色；其变种砖红叶子花（var. *lateritia* Lem.）

之苞片为砖红色。

原产巴西，我国各地有栽培。习性、繁殖、用途等均同光叶子花。

〔21〕毛茛科 Ranunculaceae

草本，稀为木质藤本或灌木。叶互生或对生。花多两性，辐射或两侧对称，单生或成总状、圆锥状花序；雄蕊、雌蕊常多数，离生，螺旋状排列。聚合蓇葖果或聚合瘦果，稀为浆果或蒴果。

本科约48属，2000种，主产于北温带。中国约40属，近600种，各地均有分布。

分属检索表

A_1 宿根草本或灌木；叶互生。花大型，花瓣美丽，萼片5；蓇葖果 ……………………… 1. 芍药属 *Paeonia*

A_2 藤本，少数直立或宿根草本；叶对生。花较小，无花瓣，萼片花瓣状；瘦果 …… 2. 铁线莲属 *Clematis*

1. 芍药属 *Paeonia* L.

宿根草本或落叶灌木。芽大，具芽鳞数枚。叶互生，2回羽状复叶或分裂。花大，单生或数朵，红色、白色或黄色；萼片5，雄蕊多数；心皮2~5，离生。蓇葖果成熟时开裂，具数枚大粒种子。本属约有40种，产于北半球。中国12种，多数均花大而美丽，为著名观花植物，兼作药用（近年多数学者将本属独立为芍药科 Paeoniaceae）。

分种检索表

A_1 花单生于当年生枝顶端。

  B_1 心皮密生淡黄色柔毛；顶端小叶片长2.5~8cm，不裂或分裂。

    C_1 小叶片长4.5~8cm，顶生小叶3裂；花瓣内面基部无紫斑 ………………（1）牡丹 *P. suffruticosa*

    C_2 小叶片长2.5~4cm，顶生小叶不裂；花瓣内面基部有紫斑 …………（2）紫斑牡丹 *P. papaveracea*

  B_2 心皮光滑无毛；顶端小叶片长2.5~4cm，3裂达中部或更深 …………（3）四川牡丹 *P. szechuanica*

A_2 花数朵生于当年生枝；心皮平滑无毛；小叶裂片呈狭披针形。

  B_1 花红紫色 ……………………………………………………………………………（4）野牡丹 *P. delavayi*

  B_2 花黄色，有时基部或边缘紫红色 ………………………………………………（5）黄牡丹 *P. lutea*

（1）牡丹（富贵花、木本芍药、洛阳花）（图17-53）

Paeonia suffruticosa* Andr.** （P. moutan* Sims.**）

形态：落叶灌木，高达2m。枝多而粗壮。叶呈2回羽状复叶，小叶长4.5~8cm，阔卵形至卵状长椭圆形，先端3~5裂，基部全缘，叶背有白粉，平滑无毛。花单生枝顶，大型，径10~30cm；花型有多种；花色丰富，有紫、深红、粉红、黄、白、豆绿等色；雄蕊多数；心皮5枚，有毛，其周围为花盘所包。花期4月下旬至5月；果9月成熟。

分布：原产于中国西部及北部，在秦岭伏牛山、中条山、嵩山均有野生。现各地有栽培。

变种和品种：

图 17-53 牡 丹

①矮牡丹 var. *spontanea* Rehd.：高0.5～1m；叶片纸质，叶背及叶轴有短柔毛，顶端小叶宽椭圆形，长4～5.5cm，3深裂，裂片再浅裂。花白色或浅粉色，单瓣型，直径约11cm。特产于陕西延安一带山坡疏林中。

②寒牡丹 var. *hiberniflora* Makino：叶小。花白色或紫色，小形，直径8～10cm。本变种的习性是极易促成开花；在日本有栽培。

牡丹的品种十分丰富，在1031年欧阳修的《洛阳牡丹记》中已载有40余品种，在以后的《群芳谱》中载有183个品种，现在约有300多个品种。

品种分类：牡丹的品种分类有多种方法，常见的有以下几种：

按花色分类：

白花种：'白玉'、'宋白'、'崑山夜光'等。

黄花种：'姚黄'、'御衣黄'、'大叶黄'等。

粉花种：'大金粉'、'瑶池春'、'粉二乔'等。

红花种：'胡红'、'秦红'、'状元红'等。

紫花种：'魏紫'、'葛巾紫'、'墨魁'等。

绿花种：'豆绿'、'娇容三变'等。

按花期分类：

早花种：'大金粉'、'白玉'、'赵粉'等。

中花种：'蓝田玉'、'二乔'、'掌花案'等。

晚花种：'葛巾紫'、'豆绿'、'崑山夜光'等。

按花型分类：各国有许多分法、繁简不一，但基本上均是按照花瓣层数、雌雄蕊的瓣化程度及花朵外形来分类的，现举一繁简居中的例子如下：

Ⅰ单瓣类：花瓣1～3轮，雌雄蕊无瓣化现象。

a. 单瓣型

Ⅱ复瓣类：花瓣在3轮以上，雌雄蕊无瓣化现象或仅有少数外围的雄蕊瓣化，有明显花心。

a. 荷花型：内外轮花瓣均较宽大。

b. 葵花型：内层花瓣明显变小，花朵全体较荷花型为扁平。

Ⅲ重瓣类：花瓣多轮，雌雄蕊瓣化程度更为进展。

a. 金环型：在内外轮花瓣之间存有一环未瓣化的雄蕊。

b. 楼子型：外轮花瓣宽大而较平展，内轮花瓣狭长紧密而高突，形成一圆球状；全花形似在一个浅碗中托出一个花球状。

c. 绣球型：雌雄蕊大部或全部瓣化，内外轮花瓣之大小区别不大，全花形似一个丰满的花球。

习性：喜温暖而不酷热气候，较耐寒；喜光但忌夏季暴晒，以在弱荫下生长最好，尤其在花期若能适当遮荫可延长花期并且可保持纯正的色泽，例如名品'豆绿'在略荫下可充分显现其品种特色，若植于强光暴晒处则大为逊色失其原貌。但各品种的喜光性略有差异，一般言之，'宋玉'、'崑山夜光'、'胭脂红'等可植于半荫处，而'胡红'、'秦红'、'王红'、'鹤白'、'魏紫'等可植阳光充足处。但对一些喜光品种，在开花期亦以略遮荫为宜。牡丹为深根性的肉质根，喜深厚肥沃、排水良好、略带湿润的砂质壤土，最忌黏土及积水之地；较耐碱，在 pH 为 8 的土壤中能正常生长。牡丹在春季发芽后，新枝生长，至花期枝条停止延长生长。开花延续期 10d 左右。牡丹的花芽是混合芽，在头年 6 ~ 7 月开始分化，至 8 月下旬即已初步完成并继续增大。成年牡丹的顶芽大多是混合芽。混合芽在完全分化形成后即进入休眠状态，需经过一个低温期打破休眠于次春温度升高后始能萌动。但在此休眠期若遇强烈生理刺激也可打破休眠，芽开始萌动。在栽培技术上，常利用牡丹的这种特性而获得"不时之花"。

牡丹在观花灌木类中属于长寿类，但与栽培管理技术的好坏有很大关系；在良好的栽培管理条件下，寿命可达百年以上。

繁殖：可用播种、分株和嫁接法。

①播种法：常用于大量繁殖苗木或培育新品种。多用于单瓣或半重瓣品种中。在 8 月于蓇葖果即将成熟开裂前采下，晒 1 ~ 2d，即可裂开取得种子。种子应马上进行播种，苗床选高燥、肥沃、排水良好的砂质壤土，施行高床或大田条行点播，沟深 4 ~ 6cm 株距约 10cm，覆土厚 2 ~ 3cm。播后压实并覆草，种子发芽率约 50%。由于牡丹种子具有上胚轴休眠习性，故当年只能在土内生根，经过冬季打破休眠后于次年春才出苗。幼苗生长很慢，1 年生苗高约 10cm，带有 1 ~ 2 枚叶片，秋季落叶后茎高仅 1 ~ 2cm，3 ~ 4 年后可移栽，管理好的 5 ~ 6 年生可以开花，管理差的 6 ~ 7 年以上才能开花，而欲肯定花的特性稳定时常需达 8 年生以上。此种特性，我国明代薛凤翔在《亳州牡丹史》中已云"牡丹子生者，二年曰幼，四年曰弱，六年曰壮，八年曰强。"由此亦可见中国古代学者观察事物之认真细致程度了。类似的经验在日本的近代著作中也有记载。

②分株法：适于各种品种，由于牡丹的根部自春暖开始活动后，至 6 ~ 7 月时活动降至低潮，8 月后又逐渐升高而旺盛活动，到冬季来临又逐渐降低，因此分株或移植的时期应在秋季的 9 ~ 10 月上旬；在土壤封冻以前或早春虽也能进行，但往往生长不良或成活率降低。原因是在 9 月牡丹地上部的生长已近停止，制造的养分大部分转移至根部，又由于土温较高，所以有利于根部伤口的愈合并可生长出相当数量的新根，大大提高了抗旱抗寒和吸收养分的能力，为次春的生长打下良好的基础。反之，若施行太晚，则根部伤口来不及愈合，且牡丹地上部的生长又集中在春季 1、2 个月之内，需要大量的养分和水分而根部却无能力供应这种需要，所以在春季或冬季进行分株或移植时效果不佳，甚至造成死亡。另一方面在秋季移植得太早也不适宜，因为根、茎中养分贮藏量不够充分，而由于天气尚热，栽后易引起"秋发"，即冬芽萌动抽出新枝，不但消耗了养分而且降低了抗寒、抗旱能力，对次春的生

长和开花都很不利。分株时，通常将全株挖起后用手掰开或用利刀切割，需使每一新株带有适当的根系和蘖芽，一般每株应有3~5个蘖芽。如有老的茎干，可行短截而只保留基部7~8cm，以促进基部蘖芽发生，但栽植于花台或庭院观赏的则应尽量保留老干和粗根，以保证栽后的健壮生长和正常开花。由于牡丹根为肉质，容易折断，故在挖起后往往先令其阴干1~2d，待根稍变软时再行分劈，但也不应阴干过甚。分劈后之伤口最好涂上硫黄粉等药剂，或略待干燥，以免感染病菌。分株后的植株经5~6年又可再行分株，但为了大量繁殖和提高药材（丹皮）的产量，亦可3~4年分株一次。分株苗与播种苗的生长势有所不同，在分株后的3~10年期间开花最好，此后则逐渐衰老，需加强管理以至采取复壮措施。

③嫁接法：本法比用分株法的繁殖系数要高得多，尤其对一些发枝力弱的名贵品种更有意义。砧木通常用“粗种”牡丹或芍药的肉质根。根砧选粗约2cm、长15~20cm且带有须根的肉质根为好。实践证明用牡丹根作砧繁殖的植株虽初期生长缓慢，但在接穗的基部较易发根、萌蘖较多，有利于以后的分株，且寿命较长。用芍药根作砧木的，虽由于木质化较弱，操作方便，成活率较高，而且初期生长较快，但接穗基部发根较少，萌蘖不多，寿命也较短。此外，为使一株能开出不同类型的花来，可在牡丹茎枝上嫁接。选砧木要求健壮无病虫害，选接穗以用从根颈部萌发的1年生枝条为好。嫁接的时期一般都在牡丹和芍药行分株、移栽和采根作药材时进行，即9~10月上旬。对粗的根砧多用嵌接法，对细根砧宜用劈接法。接后涂泥，并立即栽植。栽植深度以使接穗顶端与地面相平或略高为宜；要特别注意不要碰撞接穗，土要踩实，浇水后再封土10~15cm以保墒、防旱、防风、防冻之害。次春萌芽时（2月下旬~3月上旬）挖松覆土以利新芽出土。

对用牡丹植株作砧木进行嫁接的，可在圃地中进行而不必挖起。方法是先将砧木从地面以上3~4cm处剪断，削平切口后再行嫁接。对行根接的，亦可采用“居接法”，但必须在前1年将粗细适宜并带有蘖芽的砧根栽植于圃地，经过1年的生长后，于嫁接时刨开根际土壤，在根颈以下3cm处切断进行嫁接。此法虽较麻烦，但成活率高、而且生长快，对名贵品种可以采用，而且剪下的根砧顶部栽植后仍可成活长成新植株。根据上海等地的试验，亦可在春季行切接法繁殖。

栽培管理：栽培牡丹最重要的问题是选择和创造适合其生长的环境条件。适当肥沃、深厚而排水良好的壤土或砂质壤土和地下水位较低而略有倾斜的向阳、背风地区栽植牡丹最为理想。株行距一般80~100cm。定植前应先整地和施肥，植穴大小和深度30~50cm，栽植深度以根颈部平于或略低于地面为准。栽后应及时灌水和封土。以后的管理，主要包括以下几方面：

①一般管理：经常保持土壤疏松、不生杂草。山东菏泽的花农在1年中锄地4~8次，早春的一次深达10cm左右，对2年生播种幼苗还常行间深翻（20cm），以增加土壤之通气条件和保水抗旱能力。牡丹的生长和开花都集中在春季，此时对水分和养分的消耗很大，故花期前后的水肥充分供应是很重要的。每次灌水量不宜过大，灌后及时中耕。施肥通常1年3次：秋季落叶后施基肥；早春萌芽后施腐熟之粪肥和饼肥；在花期后再追施1次磷肥和饼肥。

②整形和修剪：由于牡丹植株基部芽远较上部芽萌发力强，尤其在土表以下的根颈处，每年春季都要发长许多蘖芽，生长极快，当年不能开花，却消耗大量养分，故应适时摘除这

种多余的蘖芽，以促进植株顶部花芽的发育。一般在3~4月间，芽已萌发生长至3~6cm时刨开植株根部表土一次摘除之。此外，牡丹在开花以后，其花枝上部并不木质化，也无继续生长之腋芽，故落叶后即行干枯，应于冬、春剪除之。为使树形美观和花大，还应适当进行花枝短剪或疏剪，使每一花枝保留1~2个花芽即可。

③病虫害防治：主要病害有黑斑病、腐朽病、根腐病，以及茎腐病、锈霉病等。

上述病害的防治方法主要是及时挖除病株和剪除患病部分，用火烧毁；或喷洒波尔多液预防，并在栽植前用1%硫酸铜溶液消毒，以及进行园地清扫、更换新土等措施。

虫害有地蚕、天牛幼虫等。

牡丹为世界著名观花灌木，自古以来为了节日观赏乃逐渐发展有促成栽培技术。在此技术发展之前，为了秋冬赏花，有用变种中的寒牡丹来达到此目的的。所谓寒牡丹并非在冬日开花，其正常花期亦是在春季开花，但它具有易于在中秋至晚秋开花的特性。其生长势较原种为弱，叶亦较薄，在自然情况下秋季常有一部分芽萌发伸长而于冬季枯死，因而影响到次春的发育，使次春生长衰弱；花朵的大小及色彩方面也均不及原种花，一般多为白色及暗红色。此变种虽花的观赏价值不如原种，但在促成栽培技术不发达的时代却也受到珍视，主要是它易于在秋冬开花的特性。为了发挥它的特性，栽培上采用的办法是在春季将其花蕾全部摘除，在秋季于10月里将叶片全部摘除，栽于盆内放在阳光充足温暖处培养，则蕾可逐渐膨大而于冬季开花。此后由于促成栽培技术的发展乃不用寒牡丹而用其他观赏价值更高的品种了。

促成的方法是在预定开花日期（如春节）的前2个月将植株挖起，放在室内暖处裸根晾晒2d，使根略变软，然后上盆，浇透水，置于温室内，每天向枝上喷水，保持适当湿润，则在四五天内混合芽就逐渐膨大，此时使室温保持在15~20℃则新枝逐渐伸长，至长出三四枚叶花蕾如拇指大小时，应视生长速度来增减温度和酌定浇水量，勿使形成“叶里藏花”现象。根据经验，当温度较低及浇水较多时，叶子生长速度较快，当温度较高（高于20℃）而减少浇水量时，则花蕾生长较快。当花蕾达正常大小时，可将温度升至28~30℃，室内应适当通气及喷水，至蕾显色时即可转入冷凉处准备展出观赏。牡丹花在温度较低的室内可比在露地种植的花期延长1周左右。

观赏特性和园林用途：牡丹花大且美，香色俱佳故有“国色天香”的美称，更被赏花者评为“花中之王”，而从诗句“倾国姿容别、多开富贵家，临轩一赏后、轻薄万千花”中可见其评价。又有记载如“洛阳之俗大抵好花，春时城中无贵贱（均）插花，虽负担者亦然，花开时士庶竞为遨游，往往于古寺废宅有池台处为市，并张幕席笙歌之声相闻……至花落乃毕”由此可见，当时赏花习俗的盛况。在园林中常作专类花园及供重点美化用。又可植于花台、花池观赏。亦可行自然式孤植或丛植于岩旁、草坪边缘或配植于庭院。此外，亦可盆栽作室内观赏或作切花瓶插用。

经济用途：根皮叫“丹皮”，可供药用。叶可作染料；花可食用或浸酒用。

（2）紫斑牡丹（图17-54）

***Paeonia papaveracea* Andr.**

灌木，高约1~2m。叶为2回羽状复叶，小叶长2.5~4cm，宽2~3cm，不裂或少3裂，叶被沿脉疏生黄色柔毛。花直径约15cm，单瓣型，白色，在瓣基有紫红色斑点；子房密生黄色短毛。

分布：四川北部、陕西南部及甘肃，自生于山野。

（3）四川牡丹（图 17-55）

Paeonia szechuanica **Fang**

形态：灌木，高约1～2m。叶为2回或3回羽状复叶；顶生小叶菱形，常3深裂，裂片有疏齿牙或全缘。花单生于枝顶，直径8～14cm，单瓣型，粉红色或淡紫色；子房光滑无毛。

分布：特产于四川马尔康和金川一带海拔2600～3100m的山坡及河旁。

（4）野牡丹（紫牡丹）

Paeonia delavayi **Franch.**

形态：灌木，高约1m，全体平滑无毛。叶2回羽状深裂，裂片披针形或卵状披针形，基部下延，全缘或有少数锯齿，背面带白色。花常数朵簇生，杯状，径5～6cm，花瓣5～9枚，暗紫色或绒状猩红色，半圆形至阔椭圆形，质坚韧；子房平滑无毛。

分布：产于云南西北部、四川西南部及西藏东南部，见于海拔2300～3700m山地。国外曾用此种与牡丹杂交培育新品种。

（5）黄牡丹

Paeonia lutea **Franch.**

形态：灌木，高约1m。花黄色，有时瓣缘红色或基部有紫斑，花径6.3cm；心皮3～4。

分布：产于云南、四川西南部，见于海拔2500～3500m山地林缘。在国外已用于和牡丹杂交产生许多开金黄色花朵的新品种。

变种：

大花黄牡丹 var. *ludlowii* Stern & Taylor：花较大，径达12.5cm，可孕心皮仅1～2。植株较高，达2.4m；花期较原种约早3周。产于西藏东南部海拔2700～3300m处。1936年流入英国，1953年正式定名，已在欧洲栽培，并用于杂交育种。

图 17-54 紫斑牡丹

1. 花 2. 花瓣 3. 萼片 4. 苞片 5. 2回羽状复叶

图 17-55 四川牡丹

1. 花枝 2. 雄蕊

2. 铁线莲属 *Clematis* L.

多年生草本或木本，攀援或直立。叶对生，单叶或羽状复叶，花常呈聚伞或圆锥花序，稀单生；多为两性花；无花瓣；萼片花瓣状，大而呈各种颜色，4~8 枚；雄蕊多数；心皮多数、离生；瘦果，通常有宿存之羽毛状花柱。

本属约 300 种。广布于北温带，少数产南半球。中国约 110 种，广布于南北各地而以西南部最多。欧美庭园栽培的铁线莲中的主要种类多出自中国。

铁线莲是园林藤本花木中的重要种类之一，枝叶扶苏，花大色艳，具有独特风格。国外已育成多种杂种大花新品种，国内尚少栽培。

分 种 检 索 表

A_1　花单生或簇生。
　B_1　小叶或叶全缘，偶有裂；花单生。
　　C_1　春夏季开花于老枝上，花梗较萼片长。
　　　D_1　夏季开花，花梗上有 2 枚叶状苞片；结果时花柱无羽状毛 ………………（1）铁线莲 *C. florida*
　　　D_2　春季开花，花梗上无苞片；结果时花柱有羽状毛 …………………………（2）转子莲　*C. patens*
　　C_2　夏秋开花于新梢，花梗较萼片短 ………………………………………（杂种铁线莲 *C.* × *jackmanii*）
　B_2　小叶有齿。
　　C_1　花单生，蓝色。
　　　D_1　小叶基部圆形；退化雄蕊长度为萼片之半或更短……………………（3）宽萼铁线莲 *C. platysepala*
　　　D_2　小叶基部楔形至圆形；退化雄蕊长度同于萼片或略短 …………（4）大瓣铁线莲 *C. macropetala*
　　C_2　花簇生，白色或淡红色……………………………………………………………（5）山铁线莲 *C. montana*
A_2　花成腋生或顶生圆锥花序，小叶 3~7 枚，无毛，叶干后绿色…………（6）圆锥铁线莲 *C. paniculata*

（1）铁线莲（图 17-56）

***Clematis florida* Thunb.**

形态：落叶或半常绿藤本，长约 4m。叶常为 2 回三出羽状复叶，小叶卵形或卵状披针形，长 2~5cm，全缘或有少数浅缺刻，叶表暗绿色，叶背疏生短毛或近无毛，网脉明显。花单生于叶腋无花瓣；花梗细长，于近中部处有 2 枚对生的叶状苞片；萼片花瓣状，常 6 枚，乳白色，背有绿色条纹，径 5~8cm；雄蕊暗紫色，无毛；子房有柔毛，花柱上部无毛，结果时不延伸。花期夏季，花白色。

分布：产于广西、广东、湖南、湖北、浙江、江苏、山东等地；日本及欧美多有栽培。

品种：

①‘重瓣’铁线莲‘Plena’：花重瓣；雄蕊为绿白色，外轮萼片较长。

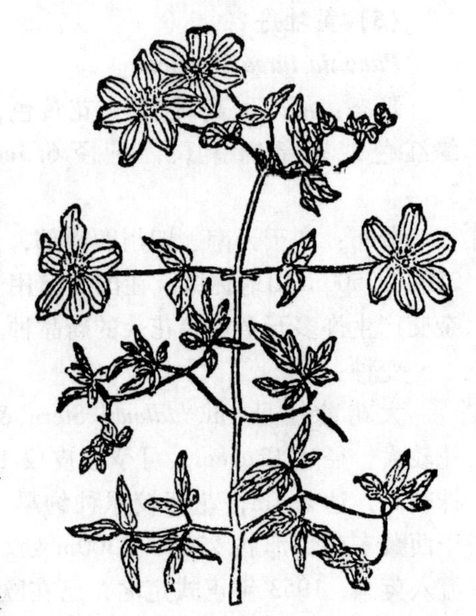

图 17-56　铁线莲

②‘蕊瓣’铁线莲‘Sieboldii’：雄蕊有部分变为紫色花瓣状。

习性：喜光，但侧方庇荫时生长更好。喜肥沃轻松、排水良好的石灰质土壤。耐寒性较差。在华北常盆栽，温室越冬。

繁殖栽培：用播种、压条、分株、扦插及嫁接等法繁殖。播种法仅用于繁殖原种或育种时应用。种子成熟采收后应先层积，然后秋播或春播。压条和分株繁殖，国内普遍采用而以前者为主。于4~5月间将枝蔓压入土内或盆中，入土部分至少应有2个节，深约3cm，封土后砸实并压一砖块，经常保持湿润，1年后即可割离分栽。对于变种或园艺品种，多用扦插或嫁接法繁殖，尤以后者为多。扦插宜于夏季在冷床内进行，插穗基部以在节间切断为好。嫁接时，可用实生苗或当地野生种作砧木，通常在早春于温室内行根接，待成活后再栽于露地。具体方法是预先在露地掘取砧木的根，切成小段后栽于盆中。用割接法将品种接穗接上，用麻皮扎好后放在嫁接匣中使其在高温高湿的条件下加速愈合。成活后放在中温温室中，待室外较暖后可连盆放置在外面，俟植株长大后，如为露地栽植者，即可脱盆定植。

铁线莲不喜移植，不论用何法繁殖的幼苗，均以一次定植为好。若必须移栽，则以秋季9~11月、春季2~4月为宜，需视当地气候而定。铁线莲开花于老枝，故修剪宜轻，一般仅在2~3月疏去过密、瘦弱及姿态不宜之枝蔓。本种之变种及品种一般抗寒性都较差，故在淮河以北地区须选背风向阳处栽植。栽前应挖大坑，多施基肥。因本种喜排水良好，故平时不干不浇水，但在春末夏初开花期间则需浇足水，并施饼肥和猪粪混合所泡制的肥水。因铁线莲是蔓茎缠绕，攀援力不强，故需用铁丝扶持方可攀附墙壁或花架上。

观赏特性及园林用途：本种花大而美是点缀园墙、棚架、围篱及凉亭等垂直绿化的好材料，亦可与假山、岩石相配植或作盆栽观赏。

本种原产中国，但中国在园林中尚少应用而仅有少量盆栽，但在欧美及日本庭园中应用得十分普遍，并育出许多园艺品种。

经济用途：种子含油18%，可供工业用。祛瘀。

(2) 转子莲

***Clematis patens* Morr.**

落叶藤本，长约4m。羽状复叶，小叶3~5枚，卵形至卵状披针形，全缘，叶背脉微有细毛。花单生于侧枝顶端，有一对具长柄之三出叶，花径10~15cm，萼片6~8枚，基部有窄爪；花柱顶端有平贴细毛，下部羽毛状。花白色或莲青至蓝色，4~5月开花。

本种原产中国湖北，日本有分布，1836年传至欧洲。久经栽培观赏。

品种有：

①‘大花’转子莲　‘Grandiflora’：花较大。

②‘蓝花’转子莲　‘Sotandishi’：小叶3枚，形小；花径12~14cm，淡蓝紫色。

③‘多瓣’转子莲　‘Fortunei’：花径8~12cm；萼片多数，形较狭，初开时乳白色，后变淡红色。

此外，尚有多数园艺品种。

转子莲的生长势较弱，其越冬能力和繁殖栽培以及在园林中的用途均同于铁线莲。

（3）宽萼铁线莲

***Clematis platysepala*（Trautv. et Mey.）Hand. -Mazz.**

藤本。叶2回三出羽状复叶，小叶狭或宽卵形，长5.5cm，叶端尖，叶基部圆形，叶缘有粗齿。花单朵，顶生，常自腋芽与叶同时发出，无花瓣；萼片4枚，瓣化，蓝色，狭卵形，长2.5～4cm；退化雄蕊条形，长为萼片一半或更短，有短柔毛，正常雄蕊多数；心皮多数。瘦果长3mm，具有褐色柔毛及4cm长的羽状花柱。

分布于河北、山西、内蒙古、黑龙江等地。

性强健，耐寒、花大而美、值得引入栽培。

（4）大瓣铁线莲（图17-57）

***Clematis macropetala* Ledeb.**

藤本。叶2回三出羽状复叶，小叶狭卵形，长2～5cm，叶端渐尖，叶基楔形至圆形，不裂或3裂，叶缘有锯齿。花单朵，顶生；萼片4枚，瓣化、蓝色，狭卵形，长3～4.6cm；退化雄蕊披针形，长同于萼片或略短，正常雄蕊多数；心皮多数。瘦果具有灰白色柔毛及4.5cm长的羽状花柱。

分布于河北、山西、陕西、甘肃、内蒙古和黑龙江等地。俄罗斯西伯利亚也有分布。

性强健，耐寒，在自然界见于山地草坡或林缘。花大而美，宜于引入园林供观赏用。

图17-57 大瓣铁线莲

（5）山铁线莲（绣球藤、白花木通）（图17-58）

***Clematis montana* Buch. -Ham.**

落叶藤本，长达8m。叶为三出复叶，在短枝上呈簇生状；小叶椭圆形或卵形，长3～7cm，叶缘有缺刻状粗齿，幼时两面脉上平贴有长硬毛，后脱落。花2～5朵簇生，花梗细长；花萼4片，白色，花径2.5～5cm。花期5～6月；果7～8月成熟。

分布于陕西、甘肃、江苏、安徽、江西、湖北、浙江、四川、广西、贵州、云南及西藏南部等地。印度、尼泊尔也有分布。在自然界多见于海拔1600～3800m山地，欧美庭园已广为栽培，品种甚多，而以开玫瑰红至淡红色的红花种（var. *rubens* Ktzre.）最为有名。原种及

图17-58 山铁线莲

小种均性强健，适应性强，生长迅速，故栽培管理上可较粗放。

（6）圆锥铁线莲（黄药子）

***Clematis paniculata* Thunb.**

落叶藤本，长达 10m。叶为羽状复叶，小叶 3～5（7）枚，卵圆形，全缘，长 3.5～6.5cm，叶端钝，叶基圆形或阔楔形，网脉明显。花白色，径 2～3cm，成顶生或腋生聚伞状圆锥花序，总花梗有叶状苞片；萼片 4，长约 1.2cm。瘦果黄色，有柔毛，有长约 4cm 的羽状花柱。花期 9 月；果 10 月成熟。

分布于河南、陕西、江苏、安徽、湖北、浙江、江西、四川、贵州、云南等地；日本、朝鲜也有分布。

本种枝叶秀美，花簇大而有香气，可引入园林供观赏用。根可入药，有凉血、降火、解毒之效。

〔22〕木通科 Lardizabalaceae

藤本，稀灌木。掌状（稀羽状）复叶互生；无托叶。花单性或两性，单生或成总状花序；萼片通常 6，花瓣状，2 轮；花瓣无，常具蜜腺；雄蕊 6；心皮 3 或 6～9（～12），离生，胚珠通常多数。果呈浆果状；种子富含胚乳。

共 8 属；中国有 6 属，约 35 种。

分属检索表

A_1 小叶顶端凹或渐尖；萼片 3 枚 ……………………………… 1. 木通属 *Akebia*

A_2 小叶顶端尖；萼片 6 枚……………………………… 2. 大血藤属 *Sargentodoxa*

1. 木通属 *Akebia* Decne

落叶或半常绿藤本。掌状复叶，互生。花单性同株，腋生总状花序；雌花大，生于花序基部，雄花较小，生于花序上部；萼片 3；雄蕊 6，几无花丝；心皮 3～12。肉质浆果，熟时沿腹缝线开裂，内有数列黑色种子。

约 5 种，中国 3 种，5 变种。

分种检索表

A_1 小叶 5 枚，全缘 ……………………………… （1）木通 *A. quinata*

A_2 小叶 3 枚，波状缘或全缘 ……………………………… （2）三叶木通 *A. trifoliata*

（1）木通（图 17-59）

***Akebia quinata*（Thunb.）Decne.**

形态：落叶藤本，长约 9m，全体无毛。掌状复叶，小叶 5 枚，倒卵形或椭圆形，先端钝或微凹，全缘，花淡紫色，芳香，雌花径 2.5～3cm，雄花径 1.2～1.6cm。果熟时紫色，长椭圆形，长 6～8cm；种子多数。花期 4 月；果 10 月成熟。

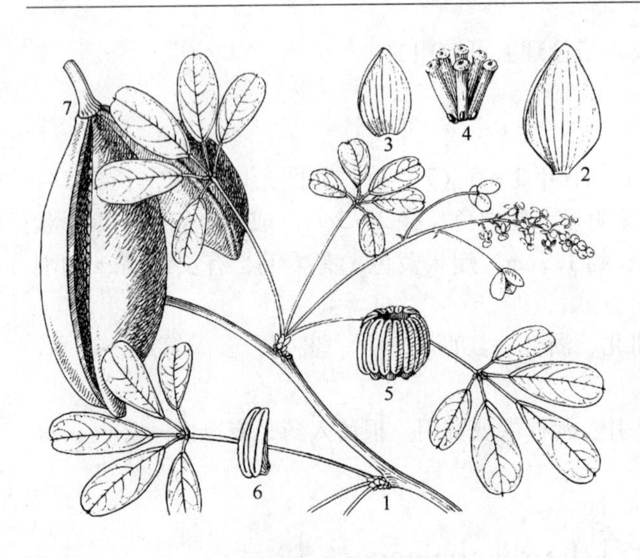

图 17-59　木　通

1. 花枝　2. 外轮萼片　3. 内轮萼片
4. 雌蕊和退化雄蕊　5、6. 雄蕊　7. 果

分布：广布于长江流域、华南及东南沿海各地，北至河南、陕西。朝鲜、日本亦有分布。

习性：稍耐荫，喜温暖气候及湿润而排水良好的土壤，通常见于山坡疏林或水田畦畔。

繁殖栽培：可用播种、压条或分株法繁殖。播种苗开花结实较晚（有晚达12年者），开花期花朵勿受雨淋和暴晒，否则不利其授粉。同株授粉常致早期落果。一旦出现花枝，常于同枝上连年开花，故修剪时应注意保留。

观赏特性及园林用途：本种花、叶秀美可观，作园林篱垣、花架绿化材料，或令其缠绕树木、点缀山石都很合适；亦可作盆栽桩景材料。

经济用途：果实味甜可食，或酿酒。果及藤入药，能解毒利尿，通经除湿，种子含油 20%。

(2) 三叶木通（图 17-60）

***Akebia trifoliata*（Thunb.）Koidg.**

落叶藤本，长达 6m，小叶 3 枚，卵形，缘有波状齿。花较小，雌花褐红色，雄花紫色。果熟时浓紫色。

产于华北至长江流域各地。

习性、繁殖栽培方法及基本用途同木通。果味较木通为佳。

其变种白木通〔var. *australis*（Diels）Rehd.〕小叶全缘，质地较厚，分布及用途均与原种相似。

图 17-60　三叶木通

1. 花枝　2. 雄花　3. 雄蕊　4. 雌蕊　5. 果枝

2. 大血藤属 *Sargentodoxa* Rehd. et Wils.

落叶藤本；叶互生，三出掌状复叶。本属仅 1 种。有的植物分类学家将本属另立为大血藤科。

大血藤（红藤、血藤、大活血）（图 17-61）

***Sargentodoxa cuneata*（Oliv.）Rehd. et Wils.**

落叶藤本，长 3 ~ 4m。叶互生，三出掌状复叶；叶柄长 5 ~ 10cm，无托叶；顶生小叶菱状倒卵形，两侧小叶斜卵形，全缘。花排成总状，下垂，腋生，有木质苞片，花黄色，有香气，单性，雌雄异株。萼片及花瓣均为 6 枚。果为由多数浆果组成的聚合果，肉质，有柄，生于球形花托上，种子 1 粒，黑色。花期 5 ~ 7 月，果 9 ~ 10 月成熟。

分布于河南、安徽、江苏、浙江、江西、湖南、湖北、四川、广西、云南东南部。

在自然界常生于海拔较高的阳坡疏林中，可引入园林作荫棚树种。

根及茎可供药用，有强筋壮骨、活血通经之效，主治阑尾炎、关节炎、跌打损伤等症。茎可煮水供杀蚜虫用，亦可作造纸原料。

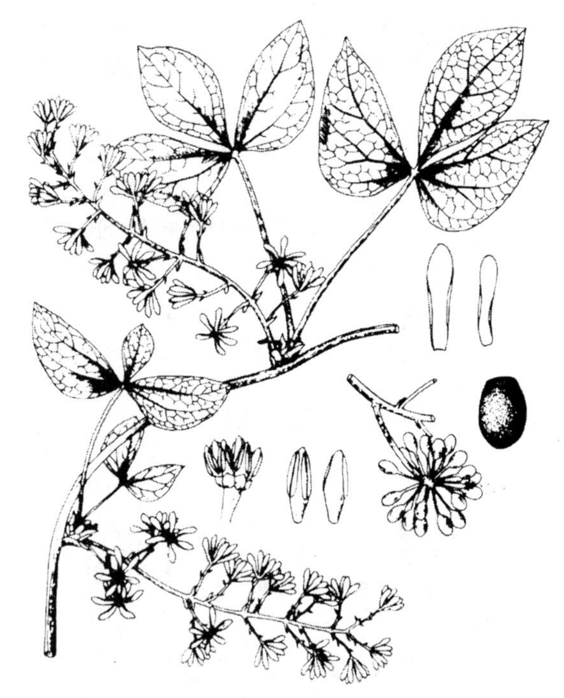

图 17-61　大血藤

〔23〕小檗科 Berberidaceae

灌木或多年生草本。单叶或复叶，互生，稀对生或基生。花两性，整齐，单生或成总状，聚伞或圆锥花序；花萼花瓣相似，2 至多轮，每轮 3 枚，花瓣常具蜜腺；雄蕊与花瓣同数并与其对生，稀为其 2 倍，花药瓣裂或纵裂；子房上位，心皮 1（稀数个），1 室，胚珠少数至多数。浆果或蒴果。种子富含胚乳。

本科共 12 属约 650 种；中国 11 属 200 种，各地均有分布，其中可供庭园观赏的种类很多。

分属检索表

A_1　单叶；枝干节部具针刺 …………………………………… 1. 小檗属 *Berberis*

A_2　羽状复叶；枝无刺。

B_1　1 回羽状复叶，小叶缘有刺齿 ………………………… 2. 十大功劳属 *Mahonia*

B_2　2 ~ 3 回羽状复叶，小叶全缘 ………………………… 3. 南天竹属 *Nandina*

1. 小檗属 *Berberis* L.

落叶或常绿灌木，稀小乔木。枝常具针状刺。单叶，在短枝上簇生，在幼枝上互生。花黄色，单生、簇生，或成总状、伞形及圆锥花序；萼片（6 ~ 9），花瓣 6，雄蕊 6，胚珠 1 至多数。浆果红色或黑色。

本属约500种，广布于亚、欧、美、非洲。中国约有200种，多分布于西部及西南部。本属各种根皮和茎皮中含有小檗碱，可制黄连素；多数种类可供植于庭园观赏。

分种检索表

A_1 叶全缘。

B_1 花1~5朵成簇生状伞形花序；叶小，倒卵形或匙形，长0.5~2cm …………（1）小檗 *B. thunbergii*

B_2 花5~10朵略成总状花序或近伞形花序，叶长圆状菱形，长3.5~10cm ………………………………………………………………（庐山小檗 *B. virgetorum*）

B_3 花4~15朵，总状花序，有时近伞形；叶狭倒披针形，长1.5~4.5cm ……（2）细叶小檗 *B. poiretii*

A_2 叶缘有齿。

B_1 叶缘有刺毛状细锯齿；花瓣先端微凹 ………………………………（3）阿穆尔小檗 *B. amurensis*

B_2 叶缘有刺状锯齿；花瓣先端不凹 ………………………………………………（4）刺檗 *B. vulgaris*

（1）小檗（日本小檗）（图17-62）

***Berberis thunbergii* DC.**

形态：落叶灌木，高2~3m。小枝常通红褐色，有沟槽；刺通常不分叉。叶倒卵形或匙形，长0.5~2cm，先端钝，基部急狭，全缘，表面暗绿色，背面灰绿色。花浅黄色，1~5朵成簇生状伞形花序。浆果椭圆形，长约1cm，熟时亮红色。花期5月；果9月成熟。

分布：原产日本及中国，各大城市有栽培。

习性：喜光，稍耐荫，耐寒，对土壤要求不严，而以在肥沃而排水良好之沙质壤土上生长最好。萌芽力强，耐修剪。

繁殖栽培：主要用播种繁殖，春播或秋播均可。扦插多用半成熟枝条于7~9月进行，采用踵状插成活率较高。此外，亦可用压条法繁殖。定植时应进行强度修剪，以促使其多发枝丛，生长旺盛。

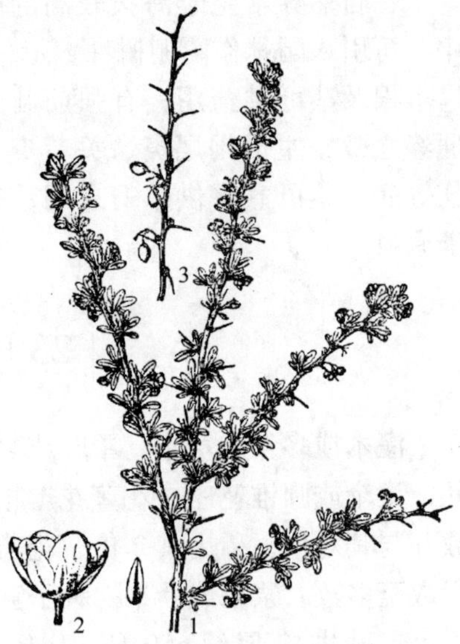

图17-62 小 檗

1. 花枝 2. 花 3. 枝刺

观赏特性及园林用途：本种枝细密而有刺、春季开小黄花，入秋则叶色变红，果熟后亦红艳美丽，是良好的观果、观叶和刺篱材料。常见变型紫叶小檗（f. *atropurpurea* Rehd.）平时叶深紫色，观赏价值更高。1942年在荷兰育成矮紫小檗（cv. Atropurpurea Nana）株高仅60cm。此外，亦可盆栽观赏或剪取果枝瓶插供室内装饰用。惟其植株为小麦锈病之中间寄主，栽培时要注意。

经济用途：根、茎、叶均可入药。根、茎的木质部中含多种生物碱，其小檗碱可制黄连素，有杀菌消炎之效；茎皮可作黄色染料。

（2）细叶小檗（波氏小檗）

***Berberis poiretii* Schneid.**

落叶灌木，高达2m。小枝细而有沟槽，紫褐色；刺通常不分叉而较短小。叶倒披针形，长2~4.5cm，先端尖，基部楔形，通常全缘，表面亮绿色，背面灰绿色，花黄色，8~15

朵成下垂之总状花序，果卵状椭圆形，长约 1cm，亮红色。

产辽宁、吉林、内蒙古、河北、山西等地。俄罗斯、蒙古、朝鲜亦有。多生于山坡路旁或溪边。耐寒、耐旱。

可于北方庭园栽培观果。根和茎可提制黄连素。

(3) 阿穆尔小檗（黄芦木）（图 17-63）

***Berberis amurensis* Rupr.**

落叶灌木，高达 3m。小枝有沟槽，灰黄色；刺常为 3 叉，长 1～2cm。叶椭圆形或倒卵形，长 5～10cm，先端急尖或圆钝，基部渐狭，缘有刺毛状细锯齿，背面网脉明显，有时具白粉。花淡黄色，10～25 朵排成下垂的总状花序。果椭圆形，长约 1cm，亮红色，常被白粉。

产东北及华北各地。俄罗斯、朝鲜、日本亦有分布。多生于山地林缘、溪边或灌丛中。耐寒性强。宜植于庭园观果。

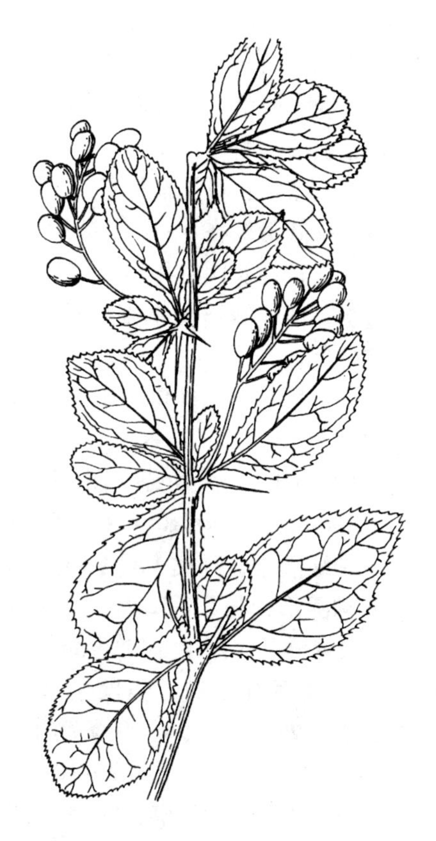

图 17-63　阿穆尔小檗

(4) 刺檗

***Berberis vulgaris* L.**

落叶灌木，高达 2.5m。小枝较粗，有沟槽，幼时黄色或黄红色，次年变灰色；刺 3 叉，长 1～2cm。叶椭圆状倒卵形，先端钝，基部渐狭长成叶柄，叶缘有刺状锯齿，花黄色，成下垂之总状花序。果椭圆形，长 0.8～1.2cm，红色或紫色，味酸。

分布甚广，亚洲温带至欧洲及北美均有之；我国河北、山东、甘肃等地有分布。国外观赏品种很多，中国较常见的为‘紫叶’刺檗（‘Atropurpurea’），其叶终年深紫色。

2. 十大功劳属 *Mahonia* Nutt.

常绿灌木。奇数羽状复叶，互生，小叶缘具刺齿。花黄色，总状花序数条簇生；萼片 9，3 轮；花瓣 6，2 轮；雄蕊 6；胚珠少数。浆果暗蓝色，外被白粉。

本属约 100 种，产亚洲和美洲；中国约 40 种。

分 种 检 索 表

A_1　小叶 5～9 枚，狭披针形，缘有刺齿 6～13 对……………………………………………（1）十大功劳 *M. fortneiv*

A_2　小叶 7～15 枚，卵形或卵状椭圆形，缘有刺齿 2～5 对　………………（2）阔叶十大功劳 *M. bealeiv*

(1) 十大功劳属（狭叶十大功劳）（图 17-64）

***Mahonia fortunei*（Lindl.）Fedde**

形态：常绿灌木，高达 2m，全体无毛。小叶 5～9 枚，狭披针形，长 8～12cm，革质而有光泽，缘有刺齿 6～13 对，小叶均无叶柄，花黄色，总状花序 4～8 条簇生。浆果近球形，蓝黑色，被白粉。

分布：四川、湖北、浙江等地。

习性：耐荫，喜温暖气候及肥沃、湿润、排水良好之土壤，耐寒性不强。

繁殖栽培：可用播种、枝插、根插及分株等法繁殖。移栽最好在4~5月或10月进行。

观赏特性及园林用途：常植于庭院、林缘及草地边缘，或作绿篱及基础种植。华北常盆栽观赏，温室越冬。

经济用途：全株供药用。有清凉、解毒、强壮之效。

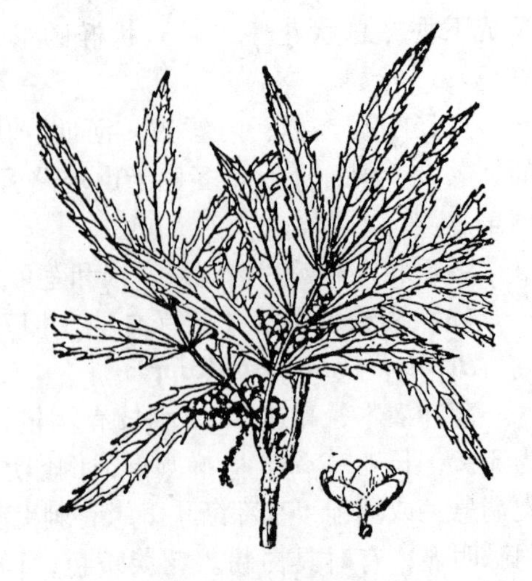

图 17-64 十大功劳

(2) 阔叶十大功劳（图 17-65）

***Mahonia bealei*（Fort.）Carr.**

常绿灌木，高达4m。小叶9~15枚，卵形至卵状椭圆形，长5~12cm，叶缘反卷，每边有大刺齿2~5个，侧生小叶基部歪斜，表面绿色有光泽，背面有白粉，坚硬革质。花黄色，有香气，总状花序直立，6~9条簇生。浆果卵形，蓝黑色；花期4~5月；果9~10月成熟。

产于陕西、河南、安徽、浙江、江西、福建、湖北、四川、贵州、广东等地；多生于山坡及灌丛中。性强健，耐荫，喜温暖气候。华东、中南各地园林中常见栽培观赏；华北盆栽较多。全株入药。能清热解毒、消肿、止泻、治肺结核等。

图 17-65 阔叶十大功劳

3. 南天竹属 *Nandina* Thunb.

本属仅1种，产于中国及日本。

南天竹（图 17-66）

***Nandina domestica* Thunb.**

常绿灌木，高达2m，丛生而少分枝。2~3回羽状复叶，互生，中轴有关节，小叶椭圆状披针形，长3~10cm，先端渐尖，基部楔形，全缘，两面无毛。花小而白色，成顶生圆锥花序，花期5~7月。浆果球形，鲜红色，果9~10月成熟。

变种：白果南天竹 f. *alba*（Clarke）Rehd.：果白色。

分布：原产中国及日本。江苏、浙江、安徽、江西、湖北、四川、陕西、河北、山东等地均有分布。现国内外庭园广泛栽培。

习性：喜半荫，最好能上午见光、中午和下午有庇荫；但在强光下亦能生长，惟叶色常发红。喜温暖气候及肥沃、湿润而排水良好之土壤，耐寒性不强，对水分要求不严。生长较慢。

繁殖栽培：可用播种、扦插、分株等法。秋季果熟后采下即播，或层积沙藏至次春3月播种，播后一般要3个月才能出苗，幼苗需设棚遮荫。幼苗生长缓慢，第1年高3~6cm；3~4年后高约50cm，始能开花结果。扦插用1~2年生枝顶部，长15~20cm，于3月上旬或至7~8月间雨季进行均可；分株多于春季3月芽萌动时结合移栽或换盆时进行，秋季也可。

观赏特性及园林用途：南天竹茎干丛生，枝叶扶疏，秋冬叶色变红，更有累累红果，经久不落，实为赏叶观果佳品。长江流域及其以南地区可露地栽培，宜丛植于庭院房前，草地边缘或园路转角处。北方寒地多盆栽观赏。又可剪取枝叶和果序瓶插，供室内装饰用。

经济用途：根、叶、果均可药用。果为镇咳药，根、叶能强筋活络、消炎解毒。

图17-66　南天竹

〔24〕木兰科 Magnoliaceae

乔木或灌木，稀藤本，常绿或落叶。单叶互生，全缘，稀浅裂或有齿；托叶有或无。花两性或单性，单生或数朵成花序；萼片3，稀4，常为花瓣状；花瓣6或更多，稀缺乏；雄蕊多数，螺旋状排列，稀为4枚；心皮多数，离生，螺旋状排列，稀轮列；蓇葖果、蒴果或浆果，稀为带翅坚果。

本科共12属，215种；产亚洲和北美的温带至热带。中国约10属80种（近年多数学者把本科分为木兰科、五味子科、八角科及水青树科）。

分属检索表

A_1　有托叶；花两性，心皮多数生于长轴上；乔木或灌木 ……………………（木兰科 Magnoliaceae）
　B_1　叶全缘；聚合蓇葖果。
　　C_1　花顶生、雌蕊群无柄。
　　　D_1　每心皮具2胚珠 …………………………………… 1. 木兰属 *Magnolia*
　　　D_2　每心皮具4以上胚珠 ………………………………… 2. 木莲属 *Manglietia*
　　C_2　花腋生，雌蕊群显具柄 ……………………………………… 3. 含笑属 *Michelia*
　B_2　叶有裂片；聚合带翅坚果 …………………………………… 4. 鹅掌楸属 *Liriodendron*
A_2　无托叶；花两性或单性。
　B_1　藤本；花单性，浆果 ………………………………………（五味子科 Schizandraceae）
　　C_1　心皮成熟时穗状排列 ………………………………………… 5. 北五味子属 *Schizandra*
　　C_2　心皮成熟时头状排列 ………………………………………… 6. 南五味子属 *Kadsura*
　B_2　直立木本；花两性；果为开裂的蓇葖果或蒴果。
　　C_1　常绿小乔木或灌木；羽状叶脉，花瓣多数 ……………………（八角亚科 Illiciaceae）

…………………………………………………………………………………… 7. 八角属 *Illicium*

C_2 落叶乔木；5～7掌状叶脉，无花瓣 …………………………………（水青树科 Tetracentraceae）

……………………………………………………………………………（水青树属 *Tetracentron*）

1. 木兰属 *Magnolia* L.

乔木或灌木，落叶或常绿。单叶互生，全缘，稀叶端2裂；托叶与叶柄相连并包裹嫩芽，脱落后在枝上留下环状托叶痕。花两性，常大而美丽，单生枝顶，萼片3，常花瓣状，花瓣6～12，雄蕊、雌蕊均多数，螺旋状着生于伸长之花托上。蓇葖果聚合成球果状，各具1～2种子。种子有红色假种皮，成熟时悬挂于丝状种柄上。

本属约有90种；中国约30种。花大而美丽，芳香，多数为观赏树种。

分种检索表

A_1 花开于叶前；冬芽有2枚芽鳞状托叶。

B_1 萼片3，绿色，披针形，长约为花瓣1/3；花瓣6，紫色 …………………………（1）木兰 *M. liliflora*

B_2 萼片与花瓣相似，共9片，纯白色 ………………………………………………（2）玉兰 *M. denudata*

B_3 萼片3，花瓣状，其长度为花瓣之半或近等长，或绿色披针形；花瓣6，外面略呈玫瑰红色，内面白色 ……………………………………………………………………（3）二乔玉兰 *M.* ×*soulangeana*

A_2 花于叶后开放；冬芽有1枚芽鳞状托叶。

B_1 落叶性。

C_1 叶较大，长15cm以上，侧脉20～30对。

D_1 叶端圆钝 ……………………………………………………………………（4）厚朴 *M. officinalis*

D_2 叶端凹入成二浅裂状 ……………………………………（5）凹叶厚朴 *M. officinalis* spp. *biloba*

C_2 叶较小，长6～12cm，侧脉6～8对 ………………………………………………（6）天女花 *M. sieboldii*

B_2 常绿性。

C_1 叶背粉白色，托叶痕延至叶柄顶部 ……………………………………………（山玉兰 *M. delavayi*）

C_2 叶背密被锈褐色绒毛，叶柄上无托叶痕 ……………………………………（7）广玉兰 *M. grandiflorb*

（1）木兰（紫玉兰、辛夷、木笔）（图17-67）

***Magnolia liliflora* Desr.**

形态：落叶大灌木，高3～5m。大枝近直伸，小枝紫褐色，无毛。叶椭圆形或倒卵状长椭圆形，长10～18cm，先端渐尖，基部楔形，背面脉上有毛。花大，花瓣6，外面紫色，内面近白色；萼片3，黄绿色，披针形，长约为花瓣1/3，早落，果柄无毛，花3～4月，叶前开放；果9～10月成熟。

分布：原产中国中部，现除严寒地区外都有栽培。

习性：喜光，不耐严寒，北京地区需在小气候条件较好处才能露地栽培。喜肥沃、湿润而排水良好之土壤，在过于干燥及碱土、黏土上生长不良。根肉质，怕积水。

繁殖栽培：通常用分株、压条法繁殖，扦插成活率较低。通常不行短剪，以免剪除花芽，必要时可适当疏剪。

观赏特性及园林用途：木兰栽培历史较久，为庭园珍贵花木之一。花蕾形大如笔头，故有“木笔”之称。为我国人民所喜爱的传统花木，在古代已传入朝鲜及日本，现被上海人民选作市花。1790 年传入欧洲。宜配植于庭院室前，或丛植于草地边缘。

经济用途：花可提制芳香浸膏；花蕾入药，有散风寒、止痛、通窍、清脑之功效；树皮可治腰痛、头痛等症。此外，本树可作玉兰、二乔玉兰等之砧木。

(2) 玉兰（白玉兰、望春花、木花树）（图 17-68）

***Magnolia denudata* Desr.**

形态：落叶乔木，高达 15m。树冠卵形或近球形。幼枝及芽均有毛。叶倒卵状长椭圆形，长 10 ~ 15cm，先端突尖而短钝，基部广楔形或近圆形，幼时背面有毛。花大，径 12 ~ 15cm，纯白色，芳香，花萼、花瓣相似，共 9 片。花 3 ~ 4 月，叶前开放，花期 8 ~ 10d；果 9 ~ 10 月成熟。

分布：原产中国中部山野中；现国内外庭园常见栽培。

习性：喜光，稍耐荫，颇耐寒，北京地区于背风向阳处能露地越冬。喜肥沃适当湿润而排水良好的弱酸性土壤（pH 5 ~6），但亦能生长于碱性土（pH 7 ~ 8）中。根肉质，畏水淹。生长速度较慢，在北京地区每年伸长不过 30cm。在北京于 4 月初萌动，4 月中旬开花，花期约 10d，花谢后展叶，至 5 月初可形成叶幕。至 10 月中下旬开始落叶，11 月初落净。在长江流域于 3 月开花，在广州则 2 月即可开花。

繁殖栽培：可用播种、扦插、压条及嫁接等法繁殖。

①播种法：由于外种皮含油质易霉坏，不宜久藏，故以采后即播为佳，或除去外种皮后行沙藏于次春播种。幼苗喜略遮荫，在北方于冬季需壅土防寒。

②扦插法：可在夏季用软材扦插法，约经 2 个月生根，成活率不高。在国外多用踵状插并加底温措施以促进生根；一般之硬材插很难生根。

图 17-67 木 兰

1. 花枝 2. 果枝 3. 雌蕊群 4. 雌雄蕊群 5. 雄蕊

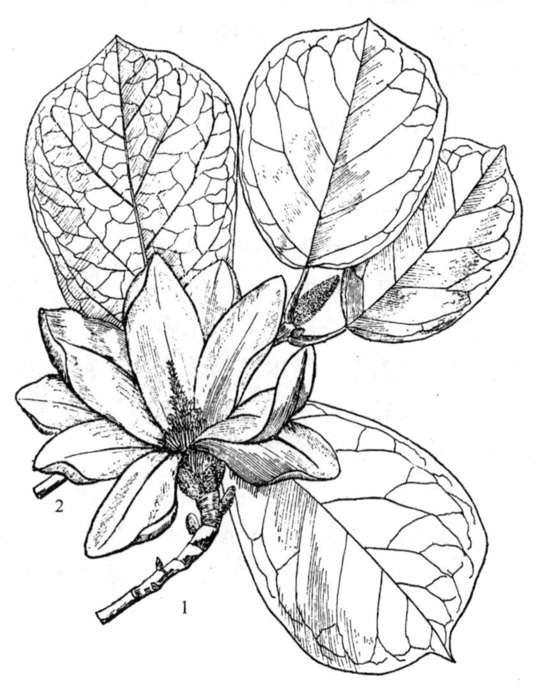

图 17-68 玉 兰

1. 花枝 2. 枝叶

③嫁接法：通常用木兰作砧木。山东菏泽花农多在立秋后（8 月上中旬）用方块芽接法。河南鄢陵县花农多在秋分前后（9 月下旬）行切接，接后培土将接穗全部覆盖，至次春温暖后始除去。如在早春进行则很难成活。靠接法较切接法的成活率高，但生长势不如切接者旺盛，可在 4 ~ 7 月行之，而以 4 月为佳，约经 50d 可与母株切离，但以时间较长为可靠。在日本常以日本辛夷（*M. kobus* DC.）作砧木，在 3 月行靠接，成活后，先仅切离一半，再经过一个时期的生长后始全部与母株切离。此外在国外也常有用日本辛夷作根砧行嫁接繁殖的。

④压条法：母株培养成低矮灌木者可在春季就地压条，经 1 ~ 2 年后始可与母株分离。在南方气候潮湿处亦可采用高压法。

成活的苗木在苗圃培养 4 ~ 5 年后即可出圃。玉兰不耐移植，在北方更不宜在晚秋或冬季移植。一般以在春季开花前或花谢而刚展叶时进行为佳；秋季则以仲秋为宜，过迟则根系伤口愈合缓慢。移栽时应带土团，并适当疏芽或剪叶，以免蒸腾过盛，剪叶时应留叶柄以便保护幼芽。对已定植的玉兰，欲使其花大香浓，应当在开花前及开花后施以速效液肥，并在秋季落叶后施基肥。因玉兰的愈伤能力差，故一般多不行修剪，如必需修剪时，应在花谢而叶芽开始伸展时进行。此外，玉兰尚易于进行促成栽培供观赏。

观赏特性及园林用途：玉兰花大、洁白而芳香，是我国著名的早春花木，因为开花时无叶，故有“木花树”之称。最宜列植堂前，点缀中庭。民间传统的宅院配植中讲究“玉棠春富贵”，其意为吉祥如意、富有和权势。所谓玉即玉兰、棠即海棠、春即迎春、富为牡丹、贵乃桂花。玉兰盛开之际有“莹洁清丽，恍疑冰雪”之赞。如配植于纪念性建筑之前则有“玉洁冰清”象征着品格的高尚和具有崇高理想脱却世俗之意。如丛植于草坪或针叶树丛之前，则能形成春光明媚的景境，给人以青春、喜悦和充满生气的感染力。此外玉兰亦可用于室内瓶插观赏。

经济用途：花瓣质厚而清香，可裹面油煎食用，又可糖渍，香甜可口。种子可榨油，树皮可入药，木材可供制小器具或雕刻用。

(3) 二乔玉兰（朱砂玉兰）

***Magnolia* × *soulangeana* (Lindl.) Soul. -Bod.**

落叶小乔木或灌木，高 7 ~ 9m。叶倒卵形至卵状长椭圆形，花大、呈钟状，内面白色，外面淡紫，有芳香，花萼似花瓣，但长仅达其半，亦有呈小形而绿色者。叶前开花，花期与玉兰相若。为玉兰与木兰的杂交种。在国内外庭园中普遍栽培，而有较多的变种与品种。

①‘大花’二乔玉兰‘Lennei’：灌木，高 2.5m；花外侧紫色或鲜红，内侧淡红色，比原种开花早，栽培较多。

②‘美丽’二乔玉兰‘Speciosa’：花瓣外面白色，但有紫色条纹，花形较小。

③塔形二乔玉兰 var. *niemetzii* Hort.：树冠柱状。

各种二乔玉兰均较玉兰、木兰更为耐寒、耐旱，移植难。

（4）厚朴〔重皮（《广雅》），赤朴（《名医别录》），烈朴（《日华本草》），淡伯（《新本草纲目》），厚皮树〕（图 17-69）

***Magnolia officinalis* Rehd. et Wils.**

形态：落叶乔木，高 15～20m。树皮紫褐色；新枝有绢状毛，次年脱落变光滑且呈黄灰色。冬芽大，长 4～5cm，有黄褐色绒毛。叶簇生于枝端，倒卵状椭圆形，叶大，长 30～45cm，宽 9～20cm，叶表光滑，叶背初时有毛，后有白粉，网状脉上密生有毛，侧脉 20～30 对，叶柄粗，托叶痕达叶柄中部以上。花顶生白色，有芳香，径 14～20cm，萼片与花瓣共 9～12 枚或更多。聚合果圆柱形，其上的小蓇葖果全部发育，且先端有鸟咀状尖头。花期 5 月，先叶后花；果 9 月下旬成熟。

分布：分布于长江流域和陕西、甘肃南部。

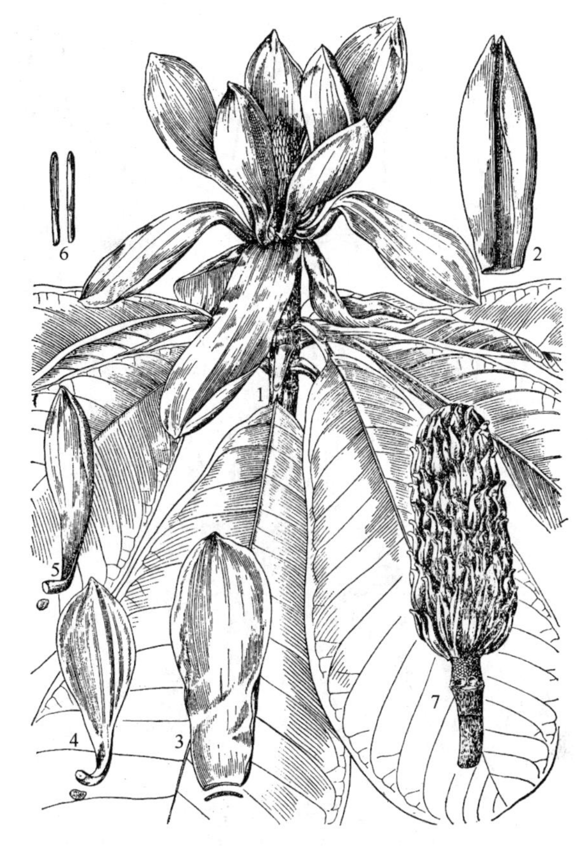

图 17-69 厚 朴

1. 花枝 2. 花芽苞片 3～5. 三轮花被片 6. 雄蕊 7. 聚合果

习性：性喜光，但能耐侧方庇荫，喜生于空气湿润气候温和之处，不耐严寒酷暑，在多雨及干旱处均不适宜，喜湿润而排水良好的酸性土壤。生长速度中等偏速，15 年生高约 10m，胸径 17cm。

繁殖栽培：可用播种法繁殖，发芽率 70%～80%，每千克种子约 3000 粒。播前将干藏之聚合果内种子取出，浸水 1 周，播后约经 45d 可出土；当年苗高 30cm，次年移植，2 年生苗高 1m，在气候适宜处每年可长高 1m 左右。实生苗约经 15 年乃开始结实。此外，亦可用分蘖法繁殖。

观赏特性及园林用途：厚朴叶大荫浓，可作庭荫树栽培。

经济用途：树皮为著名中药；能温中理气、燥湿散满，治腹胀等症；花的功用与皮同，但效力较弱。芽为妇科药。种子可榨油，供制皂；树皮亦含芳香油。木材轻软、致密、不翘不裂，供细木工、乐器等用。

（5）凹叶厚朴（图 17-70）

***Magnolia officinalis* spp. *biloba*（Rehd. et Wils.）（Cheng）Law**

落叶乔木，高达 15m。树皮较厚朴为薄，色亦较浅。叶因节间短而常集生枝端，革质，狭倒卵形，长 15～30cm，顶端呈 2 钝圆浅裂片（但幼苗时叶端不凹），叶背灰绿色；叶柄上有白色毛。花叶同放，白色，有芳香。聚合果，圆柱状卵形；蓇葖木质。

分布于安徽、江西、浙江、湖南、福建。

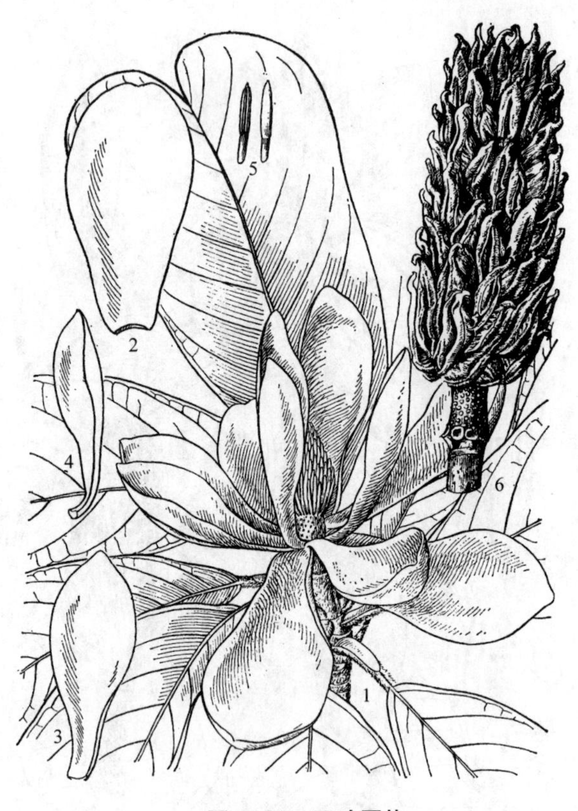

图 17-70 凹叶厚朴

1. 花枝 2~4. 三轮花被片 5. 雄蕊 6. 聚合果

喜生于温凉、湿润、酸性、肥沃而排水良好的砂质土壤上。皮及花可入药。主治胸腹胀满、吐泻等症。

(6) 天女花（小花木兰、玉兰香、玉莲、孟兰花）（图 17-71）

Magnolia parviflora **Sieb. & Zucc.**（***M. sieboldii*** **Koch**，**M.** ***oyama*** **Hort.**）

落叶小乔木，高 10m。枝细长无毛，小枝及芽有柔毛。叶宽椭圆形或倒卵状长圆形，长 6~15cm，端钝圆，有尖头，叶基阔楔形，叶背有白粉；侧脉 6~8 对；叶柄幼时有丝状毛。花单生，在新枝上与叶对生，径 7~10cm，花瓣白色，6 枚，有芳香，花萼淡粉红色，3 枚，反卷，花柄细长，4~8cm。聚合果长 5~7cm。花期 6 月；果 9 月成熟。

分布于辽宁凤凰山及草河口区北大硇子山及安徽的黄山，海拔 1600~1800m 处，常与毛鹅耳枥、椴等混生。朝鲜、日本亦有分布。

性喜凉爽湿润气候和肥沃湿润土壤。可用播种、扦插、嫁接及分株繁殖，幼苗期间需行遮荫。天女花花柄颇长，盛开时随风飘荡、芬芳扑鼻，有若天女散花，故名。

在山野间与他树混生或成纯林，能形成引人入胜，极其美丽的自然景色。

除供观赏外，木材可作农具柄及细工原料，花苞香而味苦，可入药。主治伤风头痛。

图 17-71 天女花

1. 花枝 2. 聚合果

(7) 广玉兰（洋玉兰、大花玉兰、荷花玉兰）（图 17-72）

Magnolia grandiflora **L.**

形态：常绿乔木，高 30m。树冠阔圆锥形。芽及小枝有锈色柔毛。叶倒卵状长椭圆形，长 12~20cm，革质，叶端钝，叶基楔形，叶表有光泽，叶背有铁锈色短柔毛，有时具灰毛，叶缘稍稍微波状；叶柄粗，长约 2cm。花杯形，白色，极大，径达 20~25cm，有芳香，花瓣通常 6 枚，少有达 9~12 枚的；萼片花瓣状，3 枚；花丝紫色。聚合果圆柱状卵形，密被锈色毛，长7～10cm；种子红色。花期5～8月；果10月成熟。

变种：披针叶广玉兰 var. *lanceolata* Ait.：叶长椭圆状披针形，叶缘不成波状，叶背锈色浅淡，毛较少。耐寒性略强。

分布：原产北美东部，中国长江流域至珠江流域的园林中常见栽培。

习性：喜阳光，亦颇耐荫，可谓弱耐荫树种。喜温暖湿润气候，亦有一定的耐寒力，能经受短期的－19℃低温而叶部无显著损害，但在长期的－12℃低温下，则叶会受冻害。喜肥沃润湿而排水良好的土壤，不耐干燥及石灰质土，在土壤干燥处则生长变慢且叶易变黄，在排水不良的黏性土和碱性土上也生长不良，总之以肥沃湿润，富含腐殖质的砂壤土生长最佳。本树对各种自然灾害均有较强的抵抗力，亦能抗烟尘，适用于城市园林。根系深大，故颇抗风，但花朵巨大且富肉质，故花朵最不耐风害。广玉兰生长速度中等，但幼年生长缓慢，达10年生后可逐渐加速，每年可加高0.5m以上。

图17-72　广玉兰

1. 花枝　2. 聚合果　3. 种子

繁殖栽培：可用播种繁殖，发芽容易，发芽率80%～90%，但发芽保存能力低，故宜采后即播或层积沙藏。此外亦可用扦插、压条、嫁接等法繁殖。切接可于春季进行，砧木通常均用木兰，但近年来杭州曾用天目木兰（*M. amoena* Cheng.）作砧木获得优异的成绩，成活率达98%；亦可用木兰根接。在国外常用日本辛夷（*M. kobus* DC.）为砧木。广玉兰移植较难，通常在4月下旬至5月进行，或于9月进行，移时应适当摘叶并行卷干措施。作切花栽培者，可用多主枝的整形方式。一般言之，它几乎很少受病虫害侵袭。

观赏特性及园林用途：本种叶厚而有光泽，花大而香，树姿雄伟壮丽，为珍贵的树种之一；其聚合果成熟后，蓇葖开裂露出鲜红色的种子也颇美观。最宜单植在宽广开旷的草坪上或配植成观花的树丛。由于其树冠庞大，花开于枝顶，故在配植上不宜植于狭小的庭院内，否则不能充分发挥其观赏效果。

经济用途：其材质致密坚实，可作装饰物运动器具及箱柜等；其叶可入药，主治高血压；自花、叶、嫩梢又可提取挥发油。本种亦为室内装饰插瓶和提炼香精的良好材料。

2. 木莲属 *Manglietia* Bl.

常绿乔木。花顶生，花被片常9枚，排成3轮；雄蕊多数；雌蕊群无柄，心皮多数，螺旋状排列于一延长的花托上，每心皮有胚珠4或更多。聚合果近球状；蓇葖成熟时木质，顶端有喙，背裂为2瓣。

30余种，中国约20种。分布于亚洲亚热带及热带。

木莲（图17-73）

***Manglietia fordiana* (Hemsl.) Oliv.**

常绿乔木，高20m。嫩枝有褐色绢毛，皮孔及环状纹显著。叶厚革质，长椭圆状披针形，长8~17cm，端尖，基楔形，叶背灰绿色或有白粉；叶柄红褐色。花白色，单生于枝顶，聚合果卵形，长4~5cm；蓇葖肉质，深红色，成熟后木质，紫色，表面有疣点。

分布于长江以南地区。喜酸性土壤。本种为常绿阔叶林中常见的树种，可供园林绿化用；材可制板及细工用；树皮、果实可入药，治便闭及干咳。

图17-73 木 莲

1. 花枝 2~4. 三轮花被片 5. 雄蕊 6. 雌、雄蕊群 7. 聚合果

3. 含笑属（白兰花属）*Michelia* L.

常绿乔木或灌木，枝上有环状托叶痕；叶柄与托叶分离。花两性，单生叶腋，芳香；萼片花瓣状，花被6~9枚，排为2~3轮；雄蕊群与雌蕊群间有间隔，每雌蕊有2枚以上胚珠。聚合果中有部分蓇葖不发育，自背部开裂；种子2至数粒，红色或褐色。

约60种、产于亚洲热带至亚热带，中国约35种。

分种检索表

A_1 叶较大，薄革质。

B_1 叶柄上之托叶痕仅及叶柄长的1/3~1/4；花白色；叶缘平展或呈微波状 ……… （1）白兰花 *M. alba*

B_2 叶柄上之托叶痕长达叶柄2/3以上；花淡酪黄色；叶缘显著呈波状 ………… （2）黄兰 *M. champaca*

A_2 叶较小，革质。

B_1 灌木，1年生枝密生锈色绒毛；叶背浅绿色，中脉上有黄褐色毛；托叶痕长达叶柄顶端……………………………………………………………………………………… （3）含笑 *M. figo*

B_2 乔木，1年生枝无毛；叶背有白粉；托叶痕圆形不上至叶柄 ……………… （4）深山含笑 *M. maudiae*

（1）白兰花［缅桂、白兰、白玉兰（广东）、旃簸迦（台湾）］（图17-74）

***Michelia alba* DC.**

形态：乔木，高17m，胸径40cm；干皮灰色。新枝及芽有浅白色绢毛，1年生枝无毛。叶薄革质，长圆状椭圆形或椭圆状披针形，长10~25cm，宽4~10cm，两端均渐狭；叶表背均无毛或背面脉上有疏毛；叶柄长1.5~3cm；托叶痕仅达叶柄中部以下。花白色，极芳香，长3~4cm，花瓣披针形，约为10枚以上，通常多不结实，在热带地方果成熟时随着花托的延伸而形成疏生的穗状聚合果；蓇葖革质。花期4月下旬至9月下旬开放不绝。

分布：原产于印度尼西亚、爪哇。中国华南各地多有栽培，在长江流域及华北有盆栽。

习性：喜阳光充分、暖热多湿气候及肥沃富含腐殖质而排水良好的微酸性砂质壤土。不耐寒，根肉质，怕积水。

繁殖栽培：可用扦插、压条或以木兰为砧木用靠接法繁殖。时期以5～8月为佳。接口以长些为好，一般长约5cm。接后约50d可完全愈合，即可与母株切断分离。有经验的花农常在切口下留10～15cm长的白兰枝条，在换盆时将此部分枝条埋入盆土中，以便日后又可于条上生出不定根来，有利于植株的旺盛生长。盆栽白兰冬季需放在阳光充足的室内过冬。一般认为它原产热带、亚热带地方，故均放在高温温室过冬，但根据经验，其效果并不很好，不如放在10℃左右之低温温室，只要不使落叶，则来年生长开花均更为旺盛，而且可以节约冬季的能源。这在大规模的生产栽培时值得特别注意。

图17-74　白兰花

1. 花枝　2. 叶下面示柔毛　3. 雄蕊　4. 雌蕊群　5. 心皮及子房纵剖　6. 花瓣

观赏特性及园林用途：本种为著名香花树种，在华南多作庭荫树及行道树用，是芳香类花园的良好树种。花朵常作襟花佩戴，极受欢迎。

经济用途：材质优良，供制家具用；花又可供熏制茶叶和提取香精用。

（2）黄兰（黄缅兰、黄玉兰）

***Michelia champaca* L.**

常绿乔木，高10m。叶长10～20cm，宽4～9cm；叶缘呈波形；托叶痕达叶柄中部以上。花单生叶腋，酪黄色，极芳香，花被片15～20。

分布在云南南部和西南部；在长江流域及华北有少量盆栽。

习性与白兰相似，但生长势不如白兰强，尤其在盆栽时的管理要求比白兰为精细些，因而其数量不如白兰多。亦为著名的芳香花木；木材可供造船用。

（3）含笑（含笑梅、山节子）（图17-75）

***Michelia figo*（Lour.）Spreng.（*M. fuscata* Blume）**

形态：灌木或小乔木，高2～5m。分枝紧密，小枝有锈褐色茸毛。叶革质，倒卵状椭圆形，长4～10cm，宽2～4cm；叶柄极短，长仅4mm，密被粗毛。花直立，淡黄色而瓣缘常晕紫，香味似香蕉味，花径2～3cm。蓇葖果卵圆形，先端呈鸟咀状，外有疣点。花期3～4月。

图17-75　含　笑

分布：原产华南山坡杂木林中。现在从华南至长江流域各地均有栽培。

习性：喜弱荫，不耐暴晒和干燥，否则叶易变黄，喜暖热多湿气候及酸性土壤，不耐石灰质土壤。有一定耐寒力，在 -13℃左右之低温下虽然会掉落叶子，但却不会冻死。

繁殖栽培：可用播种、分株、压条和扦插法繁殖。

观赏特性及园林用途：本种亦为著名芳香花木，适于在小游园、花园、公园或街道上成丛种植，可配植于草坪边缘或稀疏林丛之下。使游人在休息之中常得芳香气味的享受。古人曾有诗谈到它的芳香："秋来二笑再芬芳，紫笑何如白笑强，只有此花偷不得，无人知处忽然香"。除供观赏外，花亦可熏茶用。

(4) 深山含笑（图17-76）

***Michelia maudiae* Dunn**

常绿乔木，高20m，全株无毛。叶宽椭圆形，长7～18cm，宽4～8cm；叶表深绿色，叶背有白粉，中脉隆起，网脉明显。花大，直径10～12cm，白色、芳香，花被9片。聚合果，长7～15cm。

分布于浙江、福建、湖南、广东、广西、贵州，是常绿阔叶林中习见树种。现在园林中尚少有应用。花可供观赏及药用，亦可提取芳香油。

图17-76　深山含笑

1. 果枝　2. 花枝

4. 鹅掌楸属 *Liriodendron* L.

落叶乔木。冬芽外被2芽鳞状托叶。叶马褂形，叶端平截或微凹，两侧各具1～2裂；托叶痕不延至叶柄。花两性，单生枝顶；萼片3；花瓣6；雄蕊心皮多数，覆瓦状排列于纺锤状花托上，胚珠2。聚合果纺锤形，由具翅小坚果组成。

本属在新生代有10余种，广布于北半球，第四纪冰期后大部灭绝，现仅存2种；中国1种，北美1种。

分种检索表

A_1　叶两侧通常1裂，向中部凹入较深；老叶背面有乳头状白粉点；花丝长约0.5cm ………………………………………………………………………………………………（1）鹅掌楸 *L. chinense*

A_2　叶两侧各有1~2（3）裂，不向中部凹入；老叶背面无白粉；花丝长1~1.2cm ………………………………………………………………………………（2）美国鹅掌楸 *L. tulipifera*

（1）鹅掌楸（马褂木）（图17-77）

***Liriodendron chinense*（Hemsl.）Sarg.（*L. tulipifera* var. *chinense* Hemsl.）**

形态：乔木，高40m，胸径1m以上，树冠圆锥状。1年生枝灰色或灰褐色。叶马褂形，长12~15cm，各边1裂，向中腰部缩入，老叶背部有白色乳状突点。花黄绿色，外面绿色较多而内方黄色较多；花瓣长3~4cm，花丝短，约0.5cm。聚合果，长7~9cm，翅状小坚果，先端钝或钝尖。花期5~6月；果10月成熟。

分布：浙江、江苏、安徽、江西、湖南、湖北、四川、贵州、广西、云南等地；越南北部也有。

习性：自然分布于长江以南各地山区，大体在海拔500~1700m与各种阔叶落叶或阔叶常绿树混生。性喜光，及温和湿润气候，有一定的耐寒性，可经受-15℃低温而完全不受伤害。在北京地区小气候良好的条件下可露地过冬。喜深厚肥沃、适湿而排水良好的酸性或微酸性土壤（pH 4.5~6.5），在干旱土地上生长不良，亦忌低湿水涝。生长速度快，在长江流域适宜地点1年生苗可达40cm，10~15年可开花结实，20年生者高达20m，胸径约30cm。本树种对空气中的二氧化硫气体有中等的抗性。

繁殖栽培：多用种子繁殖，但发芽率较低，为10%~20%。据经验，在孤植树上采种者发芽率更低，只有0~6%，而在群植的树上采种者，可达20%~35%。发芽率低的原因主要是受精不良，因为在花未开放时雌蕊已成熟，待开放后已过熟，故若行人工授粉则可提高种子发芽率达70%以上。在10月份，果实呈褐色时即可采收，先在室内阴干1周，然后在阳光下晒裂，清整种子后行干藏。但最好是采后即播，每千克种子9000~12 000粒。春播于高床上，覆盖稻草防干，经20余日可出土，幼苗期最好适当遮荫。当年苗高可达30cm多，3年生苗高1.5m。

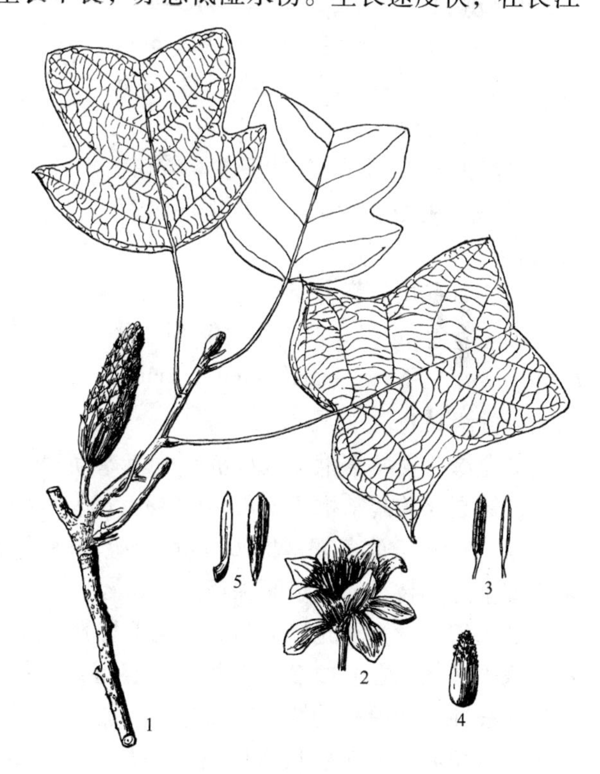

图17-77　鹅掌楸

1. 果枝　2. 花　3. 雄蕊　4. 雌蕊群　5. 具翅小坚果

扦插繁殖：暖地可于落叶后秋插，较寒冷地区可行春季扦插，以1~2年生枝条做插穗行硬材扦插，成活率可达80%以上。亦可行软材扦插及压条法繁殖。

本树不耐移植，故移栽后应加强养护。一般不行修剪，如需轻度修剪时应在晚夏，暖地可在初冬。本树具有一定的萌芽力，可行萌芽更新。

病虫害：主要有日烧病，还有卷叶蛾、樗蚕及大袋蛾为害。

观赏特性及园林用途：树形端正，叶形奇特，是优美的庭荫树和行道树种。花淡黄绿色，美而不艳，最宜植于园林中的安静休息区的草坪上。秋叶呈黄色，很美丽。可独栽或群植，在江南自然风景区中可与木荷、山核桃、板栗等行混交林式种植。

经济用途：木材淡红色，材质细致，软而轻，不易干裂或变形，可供建筑、家具及细工用。叶及树皮可入药。主治风湿症。

(2) 北美鹅掌楸（美国鹅掌楸）（图17-78）

***Liriodendron tulipifera* L.**

大乔木，高达60m，径3m。树冠广圆锥形。干皮光滑，小枝褐色或紫褐色。叶鹅掌形，长7～12cm，两侧各有1～2裂，偶有3～4裂者，裂凹浅平，不向叶中部束入，老叶背无白粉。花瓣长4～5cm，浅黄绿色，在内方近基部有显著的佛焰状橙黄色斑；花丝比前种长，为1～12cm。聚合果，长6～8cm翅状小坚果之先端尖或突尖。花期5～6月；果10月成熟。

原产北美，世界各国多植为园林树。青岛、南京、上海、杭州等地有栽培。

图17-78 北美鹅掌楸

国外尚有几个著名变种：

①‘金边’北美鹅掌楸 *L. tulipifera.* ‘Aureo-marginatum’ Schwerin.：叶缘黄色。

②全缘北美鹅掌楸 *L. tulipifera.* f. *integrifolium* Kirchn.：叶全缘无裂，叶基圆形。

③钝裂北美鹅掌楸 *L. tulipifera.* var. *obtusilobum* Michx.：叶基部各边为一圆裂。

④‘帚状’北美鹅掌楸 *L. tulipifera.* ‘Fastigiatum’（*L. tulipifera. pyramidale* Lav.）：树具密生向上之小枝，形成窄而尖塔形的树冠。

北美鹅掌楸为喜光树，耐寒性比前种强，成年树能耐短期－25～－30℃的严寒，但幼年期耐寒性较弱，在－12℃时会枯梢。喜湿润而排水良好的土壤，在干旱或过湿处均生长不良。生长速度比前种为快，寿命亦长，能达500年左右，对病虫的抗性极强。根系深大，但在地下水位高处或在生长后期直根系死亡后则成浅根系树。枝条较易风折。繁殖可用播种法，最好采后即播，否则发芽力易迅速降低。实生苗约12年可开花。本树花朵较前种美丽，树形更高大，为著名的荫道树，每当秋季叶变金黄色，是秋色树种之一。木材可供建筑、家具用；树皮味苦，可作防腐剂及强壮剂，有驱虫、解热之效。

5. 北五味子属 *Schisandra*（Schizandra）Michx.

落叶或常绿藤本。芽有数枚覆瓦状鳞片。雌雄异株。花数朵腋生于当年嫩枝；萼片及花瓣不易区分，共7～12枚；雄蕊5～15，略连合；心皮多数，在花内呈密覆瓦状排列，各发育成浆果而排列于伸长之花托上，形成下垂的穗状。

本属共约25种，产于亚洲东南部及美国东南部，中国约有19种。

五味子（北五味子）（图17-79）

***Schisandra chinensis*（Turcz.）Baill.**

形态：落叶藤本，长达8m，树皮褐色；小枝无毛，稍有棱。叶互生，倒卵形或椭圆形，长5～10cm，先端急尖或渐尖，基部楔形，叶缘疏生细齿，叶表有光泽，叶背淡绿色，叶柄及叶脉常带红色；网脉在叶表下凹，在叶背凸起。花单性异株，乳白或带粉红色，芳香，径约1.5cm；雄蕊5枚。浆果球形，熟时深红色，聚合成下垂之穗状。花期5～6月；果8～9月成熟。

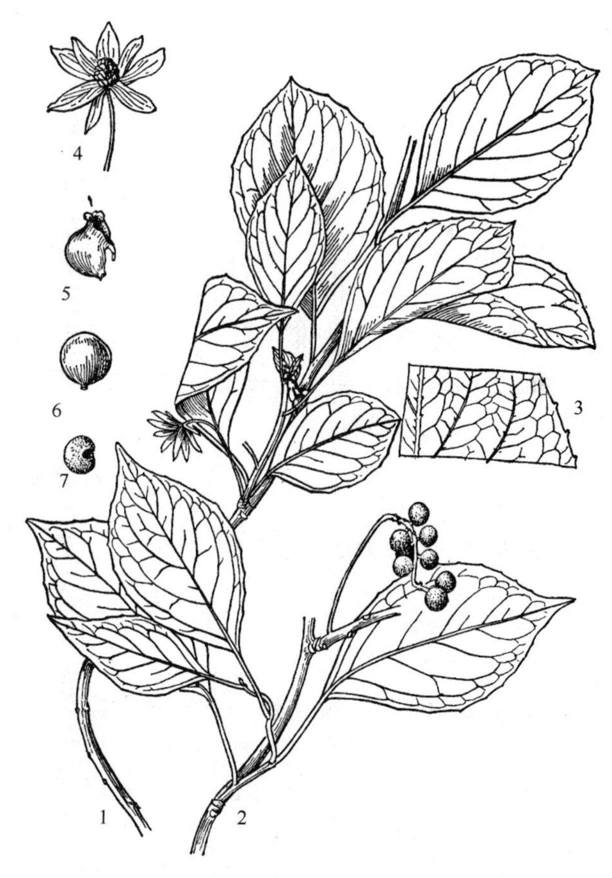

图17-79 五味子

1. 花枝 2. 果枝 3. 叶下面放大 4. 雌花 5. 心皮 6. 小浆果 7. 种子

分布：产中国东北、华北及湖北、湖南、江西、四川等地；朝鲜、日本、俄罗斯亦有分布。

习性：喜光、耐半荫，耐寒性强，喜适当湿润而排水良好的土壤，在自然界常缠绕他树而生，多生于山之阴坡。

繁殖栽培：用播种、压条或扦插法繁殖，颇易生根。

观赏特性及园林用途：因果实成串，鲜红而美丽，故可作庭园观果树种，亦可盆栽供观赏。

经济用途：果肉甘酸，种子辛苦而略有咸味，五味俱全故名“五味子”。果实入药，治肺虚喘咳、泄痢、盗汗等。

6. 南五味子属 *Kadsura* Kaempf.

常绿或半常绿藤本。叶全缘或有齿；无托叶。花单性异株或同株，单生叶腋，有长柄；雄蕊多数，离生或集为头状；心皮多数，集为头状。聚合浆果，近球形。

约24种，分布于亚热带至热带。中国产8种。

南五味子（红木香、紫金藤）

***Kadsura longipedunculata* Fin. et Gagn.**

形态：常绿藤本，长达4m，全体无毛。叶薄革质椭圆形或倒卵状长椭圆形，长5～10cm，先端渐尖，基部楔形；叶缘有疏浅齿。雌雄异株，花淡黄色，芳香，径约1.5cm，花被片8～17枚，花梗细长。浆果深红色至暗蓝色，聚合成球状，径2.5～3.5cm。

分布：华中、华南及西南部均产，常见于山野灌木林中。

习性：喜温暖湿润气候，不耐寒。

繁殖栽培：用播种或扦插繁殖，成活率高。

观赏特性及园林用途：可作垂直绿化或地被材料，或与岩石配植或植为篱垣，有很好的观果效果。

经济用途：根、茎、叶、果均入药。有行气活血、消肿敛肺之效，又可提取芳香油。

7. 八角属 *Illicium* L.

常绿小乔木或灌木，全株无毛。叶互生或聚生于小枝梢部。花两性，单生或2～3朵聚生叶腋，花被片多数，数轮，外层者最小，常有腺体；雄蕊4至多数；心皮5～21，排成1轮，分离，含胚珠1枚。果由数个至10余个单轮排列的蓇葖组成星状，蓇葖木质。

本属约40余种，分布于东南亚和北美。中国约20余种，产华东及西南部。有的分类学家将本属另立为八角科。

分种检索表

A_1 聚合果之蓇葖8～9枚。

B_1 乔木 ………………………………………………………………… （1）八角 *I. verum*

B_2 灌木 ………………………………………………………………… （红茴香 *I. henryi*）

A_2 聚合果之蓇葖10～14枚。

B_1 灌木或小乔；蓇葖10～13，顶端有长而弯曲的尖头 ………………………… （2）莽草 *I. lanceolatum*

B_2 小乔；蓇葖12～14 …………………………………………… （厚皮香八角 *I. ternstraemioides*）

（1）八角（大茴香、八角茴香）（图17-80）

***Illicium verum* Hook. f.**

形态：常绿乔木，高14～20m，树冠圆锥形；树皮灰色至红褐色，有不规则裂纹；枝密而平展。叶互生、革质，椭圆状倒卵形，长5～11cm，宽1.5～4cm，叶表有光泽和透明油点，叶背疏生柔毛。花单生叶腋，花被片7～12，粉红色至深红色；雄蕊11～20；心皮8～9，离生，轮状排列。聚合果，径3.5cm，红褐色，蓇葖顶端钝或钝尖而稍反曲。

分布：华南及西南等暖热润湿地方。

习性：喜冬暖夏凉的亚热带山区气候，成年树能忍耐－4℃的低温，但幼苗在－3℃时就会受冻害。大体上以在年均温为20～23℃，1月份平均气温在8～15℃的地区均能生长良好。有相当的耐荫能力，喜生于雨量充沛，空气湿度较高的地点；对土壤要求深厚肥沃、排水良好的酸性砂质壤土，不耐碱性土壤，在干燥瘠薄的地点生长不良。在自然风景区中以选中山或低山地区为宜。因为枝较脆，易风折，应避开风口地带。在大群配植时可与木荷、枫香、银杏、铁杉、建柏等适当混交。

八角在达8龄后可形成较完整的树冠，并开花结实，在条件好的地点盛花盛果期可达60～70年以上，条件差的地点20～30年。八角每年可开花2次，第1次花期在2～3月，果熟于8～9月，第2次花期在8～9月，果在次年3～4月成熟；以第1次的开花结果量最多，果实也硕大，第2次的花果量仅为春花的1/10～2/10而已，且果实瘦小。

图17-80 八 角

1. 花果枝 2. 雄蕊 3. 雌蕊群 4. 雌、雄蕊群 5. 蓇葖果 6. 种子

此外，因为八角树干的皮较薄，易受日灼，故应选择坡向或在配植以及栽培管理上加以注意。

繁殖栽培：行播种繁殖。在果实成熟开裂前采下，经风干开裂后取出种子。因种子含油，久藏易降低发芽率，故以采后即播为宜，如必需贮藏则可用沙藏法或将种子浸水使湿后拌以洁净的细黄泥，使成豆粒大小的颗粒而后窖藏。在晚霜过后播种，播后在苗床上盖草，发芽率约60%以上。幼苗期应搭荫棚以免灼伤。1年生苗高约40cm。

园林用苗可以培养成主干较高的乔木，亦可培养成灌木型，视需要而定。而在大面积结合生产的栽植中，如果为了多采果实则以用乔木型为宜，如为采叶供制油为目的者则以用灌木型为宜。大规模移植、定植时以在雨季为佳。

观赏特性及园林用途：八角树形整齐呈圆锥形，叶丛紧密，亮绿革质，是美丽的观赏树兼经济树种。适于整形式及自然式配植，亦可用截干法培育为适于疏林中的下木材料。可作庭荫树及高篱用。

经济用途：叶、果皮、种子均含有芳香油称为茴香油或八角油，是著名的调味香料和医药原料，为食品工业和化妆品的重要原料，是出口物资之一。果实即“大料”是千家万户不可缺少的调料，有健胃、止咳之效，又可治消化不良、神经衰弱和疥癣。木材质地细致而轻软，有香味，无虫蛀，可供家具用。

（2）莽草（山木蟹、大茴）（图17-81）

Illicium lanceolatum **A. C. Smith**

常绿灌木或小乔木，高3～10m；树皮灰褐色。单叶互生或偶有聚生于节部，倒披针形或披针形，长6～15cm，宽2～4.5cm，叶端渐尖或短尾状。花单生或2～3朵簇生叶腋；花

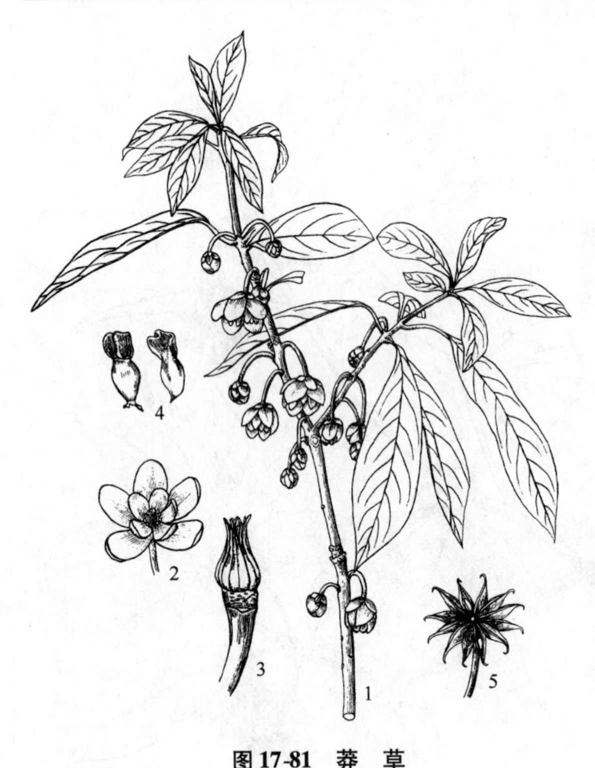

图 17-81 莽 草

1. 花枝 2. 花 3. 雌蕊群 4. 雄蕊 5. 聚合果

被片 10～15 枚；心皮 10～13。聚合果蓇葖 10～13，顶端有长而弯曲的尖头。

分布于长江下游、中游及以南各地。常生于林中。叶和果均含芳香油但根有毒；根可入药，有活血祛瘀及杀虫效果；种子有剧毒，万勿作八角的代用品，否则会毒死人。

〔25〕蜡梅科 Calycanthaceae

落叶或常绿灌木。单叶对生，全缘，羽状脉，无托叶。花两性，单生，芳香，花被片多数，无萼片与花瓣之分，螺旋状排列；雄蕊 5～30，心皮离生多数，着生于杯状花托内；胚珠 1～2。花托发育为坛状果托，小瘦果着生其中。种子无胚乳，子叶旋卷。

本科共 2 属，7 种，产于东亚和北美。中国 2 属 4 种。

分属检索表

A_1 花直径约 2.5cm；雄蕊 5～6；冬芽有鳞片 ………………………………………… 蜡梅属 *Chimonanthus*

A_2 花直径 5～7cm；雄蕊多数；冬芽为叶柄基部所包围 ……………………… （夏蜡梅属 *Calycanthus*）

蜡梅属 *Chimonanthus* Lindl.

灌木；鳞芽。叶前开花；雄蕊 5～6。果托坛状。

本属共 3 种，中国特产。

蜡梅（黄梅花、香梅）（图 17-82）

***Chimonanthus praecox*（L.）Link.（*C. fragrans* Lindl.，*Meralia praecox* Rehd. et Wils.）**

形态：落叶丛生灌木，在暖地叶半常绿，高达 3m。小枝近方形。叶半革质，椭圆状卵形至卵状披针形，长 7～15cm，叶端渐尖，叶基圆形或广楔形，叶表有硬毛，叶背光滑。花单生，径约 2.5cm；花被外轮蜡黄色，中轮有紫色条纹，有浓香。果托坛状；小瘦果种子状，栗褐色，有光泽。花期 12～3 月，远在叶前开放；果 8 月成熟。

分布：产于湖北、陕西等地，现各地有栽培。河南省鄢陵县姚家花园为蜡梅苗木生产之传统中心。

变种：

①狗牙蜡梅（狗蝇梅）var. *intermedius* Mak.：叶比原种狭长而尖。花较小，花瓣长尖，

中心花瓣呈紫色，香气弱。

②罄口蜡梅 var. *grandiflora* Mak.：叶较宽大，长达 20cm。花亦较大，径 3～3.5cm，外轮花被片淡黄色，内轮花被片有浓红紫色边缘和条纹。

③素心蜡梅 var. *concolor* Mak.：内外轮花被片均为纯黄色，香味浓。

④小花蜡梅 var. *parviflorus* Turrill：花小，径约 0.9cm，外轮花被片黄白色，内轮有浓红紫色条纹，栽培较少。

此外，尚有不少变种及栽培品种，如‘吊金钟’、‘黄脑壳’、‘早黄’等。它们在花色、着花密度、花期、香气及生长习性等方面各有特点。

图 17-82　蜡　梅

1. 花枝　2. 果枝　3. 花纵面　4. 花图式　5. 去花瓣的花　6. 雄蕊　7. 聚合果　8. 果

习性：喜光亦略耐荫，较耐寒，在北京小气候良好处可露地过冬。耐干旱，忌水湿，花农有“旱不死的蜡梅”的经验，但仍以湿润土壤为好，最宜选深厚肥沃排水良好的砂质壤土，如植于黏性土及碱土上均生长不良。蜡梅的生长势强、发枝力强、修剪不当则常易发出徒长枝，宜在栽培上注意控制徒长以促进花芽的分化。蜡梅花期长且开花早，故应植于背风向阳地点。寿命长，可达百年，50～60 年生者高达 3m，干径 15cm。

繁殖栽培：主要用嫁接法繁殖。砧木可用实生苗或狗蝇梅。切接可在 3 月当芽刚萌动时进行，接穗选 1 年生粗壮枝条，砧木选粗 1～1.5cm 者为宜。靠接在春夏两季均可进行，而以 5 月最宜。此外软材扦插及压条法亦可采用，但生根困难，成活率低。砧木的繁殖可用播种及分株法。播种多于 8～9 月间采种后即播，亦可干藏至次年春播。播前用温水浸种，覆土 4～5cm。幼苗当年高 10～15cm，5～6 年生者才能作砧木用，故不如分株法快和方便。分株在 3～4 月进行，为了操作方便并使砧木积蓄更多养分，最好提前在冬季于距地面约 20cm 处剪除全部枝条。

为了延长嫁接时期，可以将母树上准备作接穗的芽抹掉，约经 1 周左右又可发出新芽，待新芽长到黄米粒大小时即可采作接穗。

为了促进分枝并获得良好的树形，在嫁接成活后，应及时摘顶。花谢后亦应及时进行修剪，每枝留 15～20cm 即可，同时将已谢的花朵摘除，以免因结实消耗养分。

移栽可在秋后或春季带土球移植；当叶芽长大已萌发后即不宜移栽。露地栽培时，每年在冬季或早春施肥 1 次即可；雨季应注意排水，过干时可适当浇水。

为了冬季室内观花，可预先带土球挖出后上盆，干时只浇清水，不需加底肥和浇液肥，待花谢后再栽回地上，可免盆栽管理之烦。

蜡梅在园艺造型上可整成屏扇形、龙游形以及单干式、多干式等各种形式。整形的方法是在春天芽萌动时动刀整理树干使其形成基本骨架，到6月时，用手扭拧新枝使成一定形姿。民间传统的蜡梅桩景有“疙瘩梅”、“悬枝梅”均为著名的整形法。

观赏特性及园林用途：蜡梅花开于寒月早春，花黄如蜡，清香四溢，为冬季观赏佳品。配植于室前、墙隅均极适宜；作为盆花、桩景和瓶花亦独具特色。我国传统上喜用天竺与蜡梅相搭配，可谓色、香、形三者相得益彰，极得造化之妙。

经济用途：花可提取香精，花烘制后为名贵药材，有解暑生津之效；采花浸生油中，称“蜡梅油”可敷治水火烫伤；茎、根亦可作镇咳止喘药。

〔26〕樟科 Lauraceae

乔木或灌木，具油细胞，有香气。单叶互生，稀对生或簇生，全缘，稀有裂；无托叶。花小，两性或单性，成伞形、总状或圆锥花序；花各部多为3基数，花被片常为6，2轮；雄蕊3~4轮，每轮3，第4轮雄蕊通常退化，花药瓣裂；单雌蕊，子房上位，1室，1胚珠。核果或浆果；种子无胚乳。

约45属，近2000种，主产东南亚和巴西。中国约产20属，近400种，多分布于长江流域及其以南地区。多为优良用材或特种经济树种。

分属检索表

A_1 圆锥花序，花两性；叶常绿。
  B_1 花被片脱落；叶三出脉或羽状脉；果生于肥厚果托上 ………………………… 1. 樟属 *Cinnamomum*
  B_2 花被片宿存；叶为羽状脉，花柄不增粗。
    C_1 花被裂片薄而长，向外开展或反曲 ………………………… 2. 润楠属 *Machilus*
    C_2 花被裂片厚而短，直立或紧抱果实基部 ………………………… 3. 楠木属 *Phoebe*
A_2 伞形花序或总状花序；叶常绿或落叶。
  B_1 花药4室，总状花序；落叶性 ………………………… 4. 檫木属 *Sassafras*
  B_2 花药2室，伞形花序，花雌雄异株。
    C_1 花被片6，发育雄蕊9；常绿或落叶 ………………………… 5. 山胡椒属 *Lindera*
    C_2 花被片4，发育雄蕊常为12；常绿 ………………………… 6. 月桂属 *Laurus*

1. 樟属 *Cinnamomum* Bl.

常绿乔木或灌木；叶互生，稀对生，全缘，三出脉、离基三出脉或羽状脉，脉腋常有腺体。圆锥花序，花两性，稀单性，花被裂片早落。浆果状核果，基部有厚萼筒形成之盘状果托。

约250种，中国约产50种。

分种检索表

A_1 脉腋有腺体，叶互生。
  B_1 叶离基三出脉，叶背灰绿色，无毛，薄革质 ………………………… (1) 樟树 *C. camphora*
  B_2 叶脉羽状或偶为离基三出脉，叶背苍白色，密被平伏毛，革质 ……… (2) 云南樟 *C. glanduliferum*

A_2 脉腋无腺体，明显三主脉；叶互生或近对生。

B_1 小枝无毛；三主脉在叶表面隆起 ………………………………………………（3）浙江樟 *C. chekiangense*

B_2 小枝密被毛，三主脉在叶表面凹下 …………………………………………………（4）肉桂 *C. cassia*

（1）樟树（香樟）（图 17-83）

***Cinnamomum camphora*（L.）Presl**

形态：常绿乔木，一般高 20～30m，最高可达 50m，胸径 4～5m；树冠广卵形。树皮灰褐色，纵裂。叶互生，卵状椭圆形，长 5～8cm，薄革质，离基三出脉，脉腋有腺体，全缘，两面无毛，背面灰绿色。圆锥花序腋生于新枝；花被淡黄绿色，6 裂。核果球形，径约 6mm，熟时紫黑色，果托盘状。花期 5 月；果 9～11 月成熟。

分布：樟树分布大体以长江为北界，南至两广及西南，尤以江西、浙江、福建、台湾等东南沿海地区为最多。垂直分布可达海拔 1000m。在自然界多见于低山、丘陵及村庄附近。朝鲜、日本亦产之。其他各国常有引种栽培。

习性：喜光，稍耐荫；喜温暖湿润气候，耐寒性不强，在 -18℃低温下幼枝受冻害。对土壤要求不严，而以深厚、肥沃、湿润的微酸性黏质土最好，较耐水湿，但不耐干旱、瘠薄和盐碱土。主根发达，深根性，能抗风。但在地下水位高的平原生长扎根浅，易遭风害，且多早衰。萌芽力强，耐修剪。生长速度中等偏慢，幼年较快，中年后转慢。10 年生树高约 6m，50 年生树高约 15m。寿命长可达千年以上。有一定抗海潮风、耐烟尘和有毒气体能力，并能吸收多种有毒气体，较能适应城市环境。

繁殖栽培：主要用播种繁殖，也可用软材扦插及分栽根蘖等法繁殖。10～11 月果实成熟后及时采种，用水浸泡 2～3d，搓去果肉，再拌草木灰脱脂 12～24h，然后洗净种子，晾干后混沙贮藏，至次年春季（2 月底至 3 月上旬）条播。行距 20～25cm，每亩播种量10～13kg。播前若再用温水（50℃）间歇浸种 3～4d，可提前 10d 左右发芽，而且出苗整齐。一般发芽率在 80% 左右。1 年生苗高 30～50cm，幼苗喜荫怕冻，冬季要敷草或培土防寒。因樟树主根深而侧根少，故育苗时要注意培育侧根。在苗圃中一般要经过 2 次移植。小苗移植时剪去主根一段，只留 10～15cm 长即可。大苗移植时要注意少伤根，带土

图 17-83 樟 树

1. 花枝 2、3. 花及花纵剖 4. 第一、二轮雄蕊 5. 第三轮雄蕊 6. 退化雄蕊 7、8. 果及果纵剖 9. 果核及种子

球，并适当疏去1/3枝叶。大树移栽时更应重剪树冠（疏剪枝叶1/2左右），带大土球，且用草绳卷干保湿，充分灌水和喷洒枝叶，方可保证成活。移植时间以在芽刚开始萌发时为佳。栽植时注意不要过深，以平原地际位置为准。

观赏特性及园林用途：本种枝叶茂密，冠大荫浓，树姿雄伟，是城市绿化的优良树种，广泛用作庭荫树、行道树、防护林及风景林。配植于池畔、水边、山坡、平地无不相宜。若孤植于空旷地，让树冠充分发展，浓荫覆地，效果更佳。在草地中丛植、群植或作背景树都很合适。樟树的吸毒、抗毒性能较强，故也可选作厂矿区绿化树种。

经济价值：樟树是一种极有经济价值的树种。木材致密优美，易加工，耐水湿，有香气，抗虫蛀，供建筑、造船、家具、箱柜、雕刻、乐器等用。全树各部均可提制樟脑及樟油，广泛用于化工、医药、香料等方面，是我国重要出口物资。总之，樟树是经济价值极高的城市绿化树种。

（2）云南樟（臭樟）

***Cinnamomum glanduliferum*（Wall.）Nees**

常绿小乔木，高5~10m。叶互生，革质，椭圆形至长椭圆形，长6~15cm，全缘，羽状脉或偶有离基三出脉，脉腋有腺体，表面绿色有光泽，背面苍白色，密被平伏毛。腋生圆锥花序，花黄色。果球形，径约1cm；果托膨大，边缘波状。花期4~5月；果9~10月成熟。

产中国西南部；垂直分布一般在600~2500m。印度、缅甸、尼泊尔亦产。

喜光，幼树稍耐荫，喜温暖湿润气候；对土壤要求不严，但以湿润而排水良好之土壤生长最好。生长较快，萌芽性强。用播种繁殖，亦可萌蘖更新。用途基本与樟树相同。

（3）浙江樟（浙江天竺桂）

***Cinnamomum chekiangense* Nakai（*C. japonicum* Sieb. var. *chekiangense* M. P. Tang et Yao）**

常绿乔木，高10~16m；树冠卵状圆锥形。树皮淡灰褐色，光滑不裂，有芳香及辛辣味。小枝无毛，或幼时稍有细疏毛。叶互生或近对生，长椭圆状广披针形，长5~12cm，离基三主脉近于平行并在表面隆起，脉腋无腺体，背面有白粉及细毛。5月开黄绿色小花；果10~11月成熟，蓝黑色。

产浙江、安徽南部、湖南、江西等地，多生于海拔600m以下较荫湿的山谷杂木林中。

中性树种，幼年期耐荫；喜温暖湿润气候及排水良好之微酸性土壤；中性土壤及平原地区也能适应，但不能积水。繁殖用播种法。秋季采种，堆放后熟，泡水搓去果肉，洗净晾干，沙藏至次年春播。移栽在3月中下旬进行，带土球，适当疏剪枝叶。

本种树干端直，树冠整齐，叶茂荫浓，气势雄伟，在园林绿地中孤植、丛植、列植均相宜。且对二氧化硫抗性强，隔音、防尘效果好，可选作厂矿区绿化及防护林带树种。木材坚实，耐水湿，可供建筑、桥梁、车辆、家具等用材；树皮供药用及食品香料用；枝、叶、果可蒸制芳香油。

（4）肉桂（图17-84）

***Cinnamomum cassia* Presl**

常绿乔木；小枝四棱形，密被灰色绒毛，后渐脱落。叶互生或近对生，厚革质，长椭圆形，长8～20cm，三主脉近于平行，在表面凹下，脉腋无腺体。圆锥花序腋生或近枝端着生，花白色。果椭球形，长约1cm，熟时黑紫色；果托浅碗状，边缘浅齿状。花期5月；果11～12月成熟。

产于福建、广东、广西及云南等地；广西东南桂平附近为主要产区，多为人工林；野生树分布在海拔500m以下的常绿林中。越南、老挝、印度及印度尼西亚等国亦有分布。

成年树喜光，稍耐荫，幼树忌强光；喜暖热多雨气候，怕霜冻；喜湿润、肥沃的酸性（pH4.5～5.5）土壤。生长较缓慢；深根性，抗风力强。萌芽性强；病虫害少。用播种法繁殖。种子发芽率在90%以上，但保存期较短，应采后即播。幼苗需要遮荫。移植时期以发芽前为宜。

图17-84　肉　桂

本种树形整齐、美观，在华南地区可栽作庭园绿化树种。但主要是作为特种经济树种栽培。6～7年生树可开始剥取树皮，即"桂皮"，是食用香料和药材，有驱风健胃、活血祛瘀、散寒止痛等功效。嫩枝即"桂枝"，能发汗驱风，通经脉。叶、枝、碎皮及果均可提取"桂油"，既是香料，又可药用。

2. 润楠属 *Machilus* Nees

常绿乔木，稀落叶或灌木状。顶芽大，有多数覆瓦状鳞片。叶互生，全缘，羽状脉。花两性，成腋生圆锥花序；花被片薄而长，宿存并开展或反曲。浆果状核果，果柄顶端不肥大。

共约100种，产于东南亚及东亚之热带和亚热带。中国产68种，分布于西南、中南至台湾省，多属优良用材树种。

红楠（图17-85）

***Machilus thunbergii* Sieb. et Zucc.**

常绿乔木，高达20m，胸径1m。树皮幼时灰白色，平滑，后渐变淡棕灰色。小枝无毛。叶革质，长椭圆状倒卵形至椭圆形，长5～10cm，全缘，先端突钝尖，基部楔形，两面无毛，背面有白粉，侧脉7～10对；叶柄长1～2.5cm。果球形，径约1cm，熟时蓝黑色。花期4月；果9～10月成熟。

产于山东（崂山）、江苏（宜兴）、浙江、安徽南部、江西、福建、台湾、湖南、广东、广西等地；朝鲜、日本及越南北部亦有分布。

喜温暖湿润气候，稍耐荫，有一定的耐寒能力，是楠木类中最耐寒者。喜肥沃湿润之中

图 17-85　红　楠
1. 花枝　2. 果枝　3、4. 花及展开　5～7. 雄蕊

性或微酸性土壤，但也能在石隙和瘠薄地生长。在自然界多生于低山阴坡湿润处，常与山毛榉科及樟科其他树种混生。有较强的耐盐性及抗海潮风能力。生长尚快，在环境适宜处 10 年生树高可达 10m，胸径逾 10cm。寿命长达 600 年以上。用播种和分株法繁殖。

本种在中国东南沿海低山地区可作用材、绿化及防风林树种。上海、杭州等城市有栽培。木材可供建筑、造船、家具等用；叶可提制芳香油；种子可榨油，供制肥皂及润滑用。

3. 楠木属 *Phoebe* Nees

常绿乔木或灌木。叶互生，羽状脉，全缘。花两性或杂性，圆锥花序；花被片 6，短而厚，宿存，直立或紧抱果实基部。果卵形或椭球形。

共约 80 种，中国约有 30 种；多为珍贵用材树种。

分种检索表

A_1　小枝有柔毛；叶椭圆形至长椭圆形，长 7～11cm，背面密被柔毛…………………（1）楠木 *P. zhennan*

A_2　小枝密生锈色绒毛；叶倒卵状椭圆形，长 8～22cm，背面网脉甚隆起并密被锈色绒毛……………………………………………………………………………（2）紫楠 *P. sheareri*

（1）楠木（桢楠）

***Phoebe zhennan* S. Lee et F. N. Wei**

常绿乔木，高达 30m，胸径 1.5m。树干通直；小枝有柔毛。叶椭圆形至长椭圆形，少为披针形或倒披针形，长 7～11cm，宽 2.5～4cm，先端渐尖，基部楔形，背面密被柔毛，侧脉每边 8～13 条，横脉及小脉在背面不明显；叶柄长 1.2～2cm。花序长 7.5～12cm。果卵形或椭球形，径 6～7mm。花期 4～5 月；果 9～10 月成熟。

产贵州东北部、西部及四川盆地西部；多见于海拔 1000m 以下之阔叶林中。

中性树种，幼时耐荫性较强，喜温暖湿润气候及肥沃、湿润而排水良好之中性或微酸性土壤。生长速度缓慢，寿命长。深根性，有较强的萌蘖力。播种繁殖，种子成熟后宜随即播种，若次年春播则需沙藏越冬。1 年生苗高约 30cm。楠木愈伤速度较慢，故一般不行剪枝，以免引起病害。

本种树干高大端直，树冠雄伟，宜作庭荫树及风景树用，在产区园林及寺庙中常见栽培。木材坚硬致密，淡黄褐色，有香气，纹理直，不翘不裂，耐腐朽，是珍贵的建筑及高级家具用材。

（2）紫楠（图 17-86）

***Phoebe sheareri*（Hemsl.）Gamble**

常绿乔木，高达 20m，胸径 50cm。树皮灰褐色；小枝密生锈色绒毛。叶倒卵状椭圆形，革质，长 8～22cm，先端突短尖或突渐尖，基部楔形，背面网脉甚隆起并密被锈色绒毛；叶柄长 1～2cm。聚伞状圆锥花序，腋生。果卵状椭球形，宿存花被片较大，果熟时蓝黑色，种皮有黑斑。花期 5～6 月；果 10～11 月成熟。

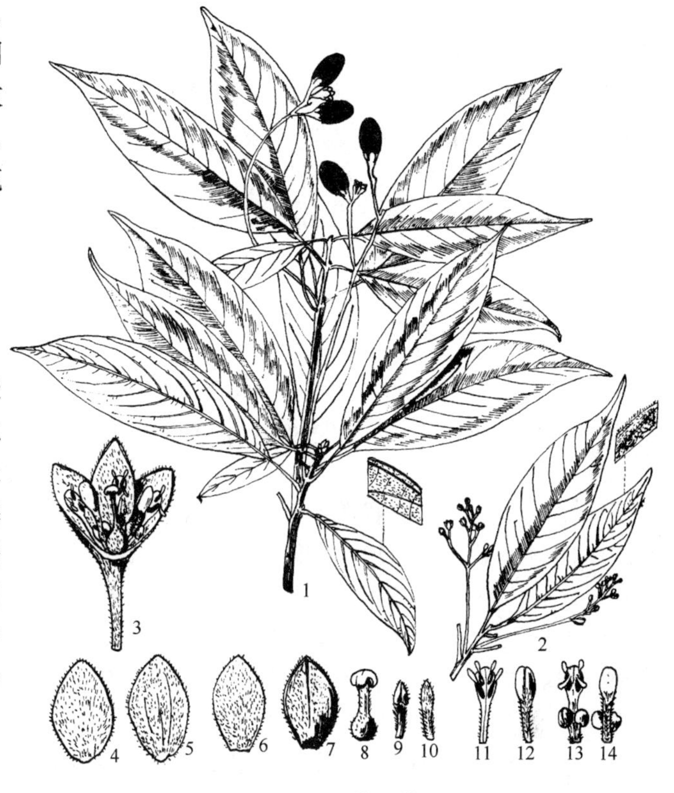

图 17-86　紫　楠

1. 果枝　2. 花枝　3. 花展开　4～7. 花被片　8. 雌蕊　9、10. 退化雄蕊　11～14. 雄蕊

广泛分布于长江流域及其以南和西南各地，多生于海拔 1000m 以下的荫湿山谷和杂木林中；中南半岛亦有分布。

耐荫树种，喜温暖湿润气候及深厚、肥沃、湿润而排水良好之微酸性及中性土壤；有一定的耐寒能力，南京、上海等地能正常生长。深根性，萌芽性强；生长较慢。可用播种及扦插法繁殖。11 月采种，堆置后熟，把果皮搓洗掉，再拌草木灰搓揉去种皮的油脂，宜稍晾干后播种。否则也要及早混沙贮藏越冬，次年春播。幼苗需搭棚遮荫。移栽在 3 月进行，带土球。紫楠侧枝不宜多修，以防树干日灼开裂。

紫楠树形端正美观，叶大荫浓，宜作庭荫树及绿化、风景树。在草坪孤植、丛植，或在大型建筑物前后配植，显得雄伟壮观。紫楠还有较好的防风、防火效能，可栽作防护林带。木材坚硬、耐腐，是建筑、造船、家具等良材。根、枝、叶均可提炼芳香油，供医药或工业用；种子可榨油，供制皂和作润滑油。

4. 檫木属 *Sassafras* Trew

落叶乔木。叶互生，全缘或 3 裂。花两性或杂性，花序总状或短圆锥状；能育雄蕊 9，花药通常为 4 室。核果近球形；果柄顶端肥大，肉质，橙红色。

共 3 种。美国产 1 种；中国产 2 种。

檫木（檫树）（图 17-87）

***Sassafras tzumu*（Hemsl.）Hemsl.**

形态：落叶乔木，高达 35m，胸径 2.5m；树冠广卵形或椭球形。树皮幼时绿色不裂，老时深灰色，不规则纵裂。小枝绿色，无毛。叶多集生枝端，卵形，长 8～20cm，全缘或常 3 裂，背面有白粉。花黄色，有香气。果熟时蓝黑色，外被白粉；果柄红色。花期 2～3 月，叶前开放；果 7～8 月成熟。

分布：长江流域至华南及西南均有分布；垂直分布在东部多为海拔 800m 以下，西部可达 1500m。

习性：喜光，不耐庇荫；喜温暖湿润气候及深厚而排水良好之酸性土壤，多生于山谷、山脚及缓坡之红壤或黄壤上；在陡坡土层浅薄处亦能生长，但水湿低洼处不能生长。深根性，萌芽力强。生长快，20 年生树高可达 20m，30 年生以后速度渐慢。

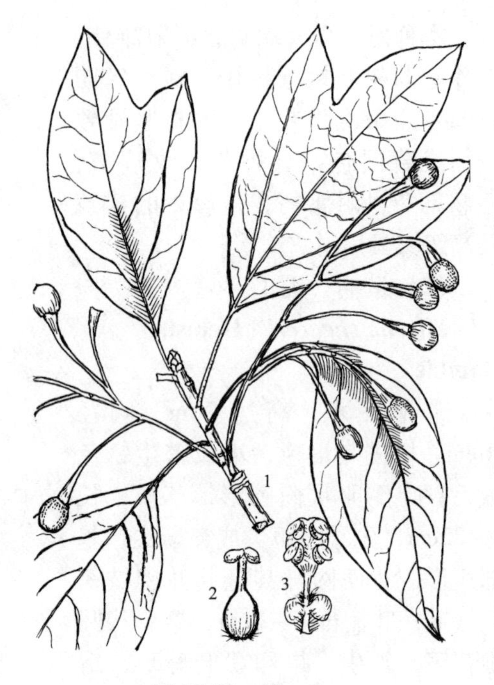

图 17-87　檫　木

1. 果枝　2. 雌蕊　3. 雄蕊

繁殖栽培：可用播种、分株法繁殖，也可萌芽更新。一般多在 7、8 月间果实由红变蓝黑色时采收，过晚果易散落或被鸟食。采回后摊放室内，待果肉烂熟时浸水并搓去果肉，再把种子用草木灰搓揉脱脂，洗净阴干。可随即播种，也可混沙层积至次年春天（3 月下旬）播种。一般采用条播，条距 25cm，覆土厚 1～1.5cm。发芽率 80% 左右。每亩播种量 2～3kg。播前可用 50℃的温水浸种。1 年生苗高 70～80cm。檫木萌动期早，移栽宜早不宜迟。作为城市绿化的苗木，高应在 3m 以上，移栽要带土球，栽后并用草绳卷干，以保证成活。

观赏特性及园林用途：檫木树干通直，叶片宽大而奇特，每当深秋叶变红黄色，春天又有小黄花开于叶前，颇为秀丽，是良好的城乡绿化树种。也是中国南方红壤及黄壤山区主要速生用材造林树种。

经济用途：材质坚硬，耐湿，不受虫蛀，供建筑、造船、桥梁及家具等用。树皮可提制栲胶；根可入药；种子榨油，供制皂及润滑油用。

5. 山胡椒属 *Lindera* Thunb.

落叶或常绿，乔木或灌木。叶互生，全缘，稀 3 裂。花单性异株，有时杂性，花序伞形或簇生状，具 4 枚脱落性总苞；能育雄蕊常为 9，花药 2 室，花被片 6。浆果状核果球形，果托盘状。

约 100 种，主产亚洲及北美之热带和亚热带。中国约产 50 种，主要分布于长江以南各地。

香叶树（香果树，香油果）（图 17-88）

***Lindera communis* Hemsl.**

常绿小乔木或灌木，一般高4~10m，最高可达25m。叶革质，椭圆形或卵状长椭圆形，长6~8cm，全缘，羽状脉，表面有光泽，背面常有毛。果近球形，径8~10mm，熟时深红色。花期3~4月；果9~10月成熟。

产华中、华南及西南各地；多生于丘陵和山地下部疏林中。

耐荫，适应性较强，喜温暖气候及湿润之酸性土壤。萌芽力强，耐修剪。生长速度中等偏快。用播种法繁殖，种子不耐贮藏，宜采后即播。

本种绿叶红果，均颇美观，可栽作园林绿化树种。材质轻，结构细，供家具、细木工等用。叶、果可提制芳香油；种仁含油50%以上，榨油供食用或工业用。

图 17-88 香叶树

1. 果枝 2. 叶 3. 花 4、5. 雄蕊 6. 退化雄蕊 7. 雌蕊

6. 月桂属 *Laurus* L.

常绿小乔木。叶互生，羽状脉。花雌雄异株或两性，伞形花序呈球形，具4枚总苞片；花被片4，发育雄蕊常为12，花药2室。果卵球形，有宿存花被筒。

共2种，产大西洋加拿利群岛、马德拉岛及地中海沿岸地区。我国引入栽培1种。

月桂（图17-89）

***Laurus nobilis* L.**

常绿小乔木，高可达12m；树冠卵形。小枝绿色。叶长椭圆形至广披针形，长4~10cm，先端渐尖，基部楔形，全缘，常呈波状，表面暗绿色，有光泽，背面淡绿色，革质，揉碎有醇香；叶柄带紫色。花小，黄色，成聚伞状花序簇生于叶腋，4月开放。核果椭圆形，9~10月成熟，黑色或暗紫色。

原产于地中海一带；我国浙江、江苏、福建、台湾、四川、云南等地有引种栽培。上海、南京一带常见栽作庭园绿化树种。

喜光，稍耐荫；喜温暖湿润气候及疏松肥沃的土壤，对土壤酸碱度要求不严，在酸性、中性及微碱性土上均能适应；耐干旱，并有一定耐寒

图 17-89 月 桂

1. 雄花枝 2、3. 伞形花序在苞片展开前后 4. 雄花纵剖 5、6. 雄蕊 7. 雌花纵剖

能力，短期 -8℃低温不受冻害。萌芽力强。繁殖可用扦插、播种等法。扦插可于 3 月中下旬采去年生枝插，亦可在 6、7 月间用软枝插，均以带踵插为好。播种法于 9 月采种，不需处理，带果皮阴干后沙藏，次年春播。小苗移栽要多留宿土，大苗需带土球，在 3 月中旬至 4 月上旬进行。

本种树形圆整，枝叶茂密，四季常青，春天又有黄花缀满枝间，颇为美丽，是良好的庭园绿化树种。孤植、丛植于草坪，列植于路旁、墙边，或对植于门旁都很合适。叶有芳香，用作罐头调味剂。种子可榨油；树皮、叶、果实均可入药。

〔27〕虎耳草科 Saxifragaceae

草本、灌木或小乔木。叶互生或对生，单叶，稀复叶；通常无托叶。花两性，稀单性，整齐，稀不整齐；萼片 4~5，花瓣 4~5；雄蕊与花瓣同数并与其互生，或为其倍数；心皮 2~5，全部或部分合生，稀离生；子房上位至下位，中轴胎座或侧膜胎座，1~2 室，稀 5 室；胚珠多数。蒴果或浆果；种子小，有翅，具胚乳。

共 80 属，约 1500 种；中国产 27 属，约 400 种。（近年多数学者把本科再分为虎耳草科、八仙花科和茶藨子科，有人甚至又进一步从八仙花科中再分出一个山梅花科。参见下表）

分属检索表

A_1 草本 ……………………………………（虎耳草科 Saxifrageaceae）
A_2 木本。
  B_1 叶对生；蒴果。
    C_1 花同型，均发育 ……………………………………（山梅花科 Philadelphaceae）
      D_1 萼片、花瓣均为 4，雄蕊多数；植物体通常无星状毛 ……………… 1. 山梅花属 *Philadelphus*
      D_2 萼片、花瓣均为 5，雄蕊 10；植物体有星状毛 ……………………… 2. 溲疏属 *Deutzia*
    C_2 花二型，可育花小，不育花大，并常位于花序边缘 ……………………… 3. 八仙花属 *Hydrangea*
（八仙花科 Hydrangeaceae）
  B_2 叶互生；浆果 ……………………………………………………… 4. 茶藨子属 *Ribes*
（茶藨子科 Grossulariaceae）

1. 山梅花属 *Philadelphus* L.

落叶灌木。枝具白髓；茎皮通常剥落。单叶对生，基部 3~5 主脉，全缘或有齿；无托叶。花白色，常成总状花序，或聚伞状，稀为圆锥状；萼片、花瓣各 4，雄蕊 20~40；子房下位或半下位，4 室。蒴果，4 瓣裂。种子细小而多。

约 100 种，产于北温带；中国约产 15 种，多为美丽芳香之观赏花木。

分种检索表

A_1 萼外面无毛；叶背无毛或仅近基部处有毛。
  B_1 叶通常两面均无毛，或幼叶背面脉腋有毛；叶柄常带紫色，花淡黄白色 ………………………

……………………………………………………………………………………………（1）太平花 *P. pekinensis*

B_2 叶背脉腋有毛，有时脉上有毛；花雪白 ………………………………（2）西洋山梅花 *P. coronarius*

A_2 萼外面有毛；叶背密生灰色柔毛，脉上特多；花柱基部无毛 ………………（3）山梅花 *P. incanus*

（1）太平花（京山梅花）（图 17-90）

***Philadelphus pekinensis* Rupr.**

形态：丛生灌木，高达 2m。树皮栗褐色，薄片状剥落，小枝光滑无毛，常带紫褐色。叶卵状椭圆形，长3～6cm，基部广楔形或近圆形，三主脉，先端渐尖，缘疏生小齿，通常两面无毛，或有时背面脉腋有簇毛；叶柄带紫色。花 5～9 朵成总状花序，花乳黄色，径 2～3cm，微有香气，萼外面无毛，里面沿边有短毛。蒴果陀螺形。花期 6 月；9～10 月果熟。

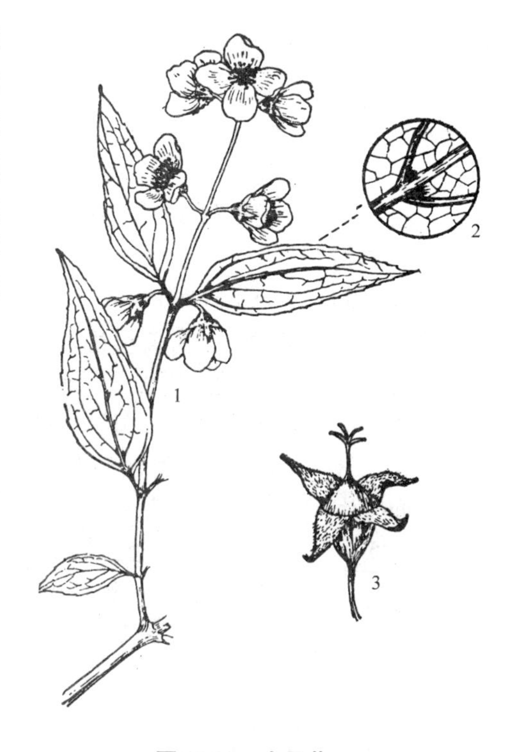

图 17-90　太平花

1. 花枝　2. 叶下面放大示脉腋簇生毛　3. 果

分布：产中国北部及西部，北京山地有野生；朝鲜亦有分布。各地庭园常有栽培。

变种：

①毛太平花（var. *brachybotrys* Koehne）：又称宝仙，小枝及叶两面均有硬毛，叶柄通常绿色，花序通常具 5 朵花，短而密集，产陕西华山。

②毛萼太平花（var. *dascalyx* Rehd.）：花托及萼片外有斜展毛，产山西及河南西部。

习性：喜光，耐寒，多生于肥沃、湿润之山谷或溪沟两侧排水良好处，亦能生长在向阳的干瘠土地上，不耐积水。

繁殖栽培：可用播种、分株、压条、扦插等法繁殖。扦插可用硬材或软材，而以 5 月下旬至 6 月上旬用软材插最易生根，需在保有相当湿度的荫棚下、冷床或扦插箱内进行。硬材插以及压条、分株都在春季芽萌动前进行。播种法于 10 月采果，日晒开裂后，筛出种子密封贮藏，至次年 3 月播种。因种子细小，一般采用盆播或箱播，覆土以不见种子为度，务需保持湿润和遮荫，灌水最好用盆浸法，数日即可发芽。苗高 10cm 左右即可分苗，移入荫棚下苗床培育。实生苗 3～4 年生即可开花，营养繁殖苗可提早开花。太平花宜栽植于向阳而排水良好之处。春季发芽前施以适量腐熟堆肥，可促使开花茂盛。花谢后如不留种，应及时将花序剪除，以节省养料。修剪时应注意保留新枝，仅剪除枯枝、病枝或过密枝。

观赏特性及园林用途：本种枝叶茂密，花乳黄而有清香，多朵聚集，花期较久，颇为美丽。宜丛植于草地、林缘、园路拐角和建筑物前，亦可作自然式花篱或大型花坛之中心栽植材料。在古典园林中于假山石旁点缀，尤为得体。太平花在我国栽培历史很久，宋仁宗时始植于宫庭，据传宋仁宗赐名“太平瑞圣花”，流传至今。北京故宫御花园中所植太平花，相传为明代遗物。

(2) 西洋山梅花

***Philadelphus coronarius* L.**

丛生灌木，高达3m。树皮栗褐色，片状剥落；小枝光滑无毛，或幼时疏生有毛。叶卵形至卵状长椭圆形，长4~8cm，缘具疏齿，除背面脉腋有毛外均近光滑无毛。花乳白色，较大，径2.5~3.5cm，芳香，5~7朵成总状花序；花梗、花萼通常均光滑无毛。花期5~6月。

原产南欧及小亚细亚一带。变种及栽培品种颇多，如'金叶'('Aureus')、'斑叶'('Variegatus')、小叶(var. *pumilus* West.)及'重瓣'('Deutziflorus')等。上海、杭州、南京一带庭园习见栽培。

习性、栽培及用途与太平花相近，但生长较为旺盛，花朵较大，且色香均胜过太平花。

(3) 山梅花(图17-91)

***Philadelphus incanus* Koehne**

灌木，高达3~5m。树皮褐色，薄片状剥落；小枝幼时密生柔毛，后渐脱落。叶卵形至卵状长椭圆形，长3~6(10)cm，缘具细尖齿，表面疏生短毛，背面密生柔毛，脉上毛尤多。花白色，径2.5~3cm，无香，萼外有柔毛，花柱无毛；5~7(11)朵成总状花序。花期(5)6~7月；果8~9月成熟。

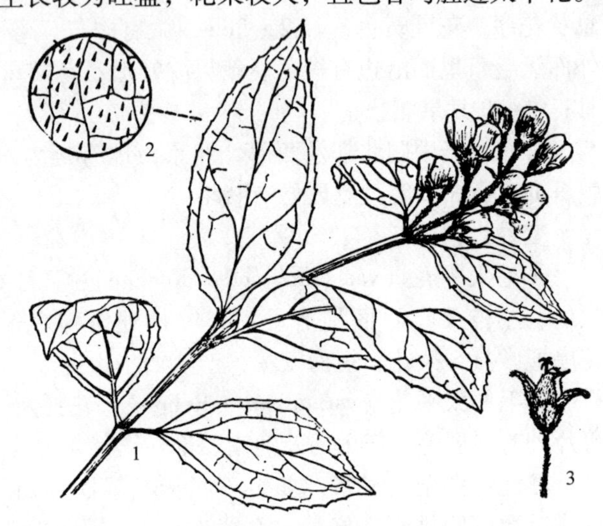

图17-91 山梅花

1. 花枝 2. 叶下面放大 3. 果

产陕西南部、甘肃南部、四川东部、湖北西部及河南等地，常生于海拔1000~1700m山地灌丛中。

喜光，较耐寒，耐旱，怕水湿，不择土壤，生长快。可用播种、分株、扦插等法繁殖。性强健，管理粗放。适时剪除枯老枝可强壮树势，开花更好。本种花朵洁白如雪，虽无香气，但花期长，经久不谢。可作庭园及风景区绿化观赏材料，宜成丛、成片栽植于草地、山坡及林缘，若与建筑、山石等配植也很合适。其变种牯岭山梅花(var. *sargentiana* Koehne)，高2~3m，小枝紫褐色；叶卵状椭圆形至椭圆状披针形，缘具疏齿；花白色。产江西庐山牯岭附近。

2. 溲疏属 *Deutzia* Thunb.

落叶灌木，稀常绿；通常有星状毛。小枝中空。单叶对生，有锯齿；无托叶。圆锥或聚伞花序；萼片、花瓣各为5，雄蕊10，很少更多，花丝顶端常有2尖齿；子房下位，花柱3~5，离生。蒴果3~5瓣裂，具多数细小种子。

约100种，分布于北温带。中国约有50种，各地均有分布，而以西部最多。许多种可栽作庭园观赏花木。

分种检索表

A_1　花瓣在芽内镊合状。

　B_1　圆锥花序 ………………………………………………………………（1）溲疏 *D. scabra*

　B_2　花 1～3 朵聚伞状 ……………………………………………………（2）大花溲疏 *D. grandiflora*

A_2　花瓣在芽内覆瓦状，伞房花序 …………………………………………（3）小花溲疏 *D. parviflora*

（1）溲疏（图 17-92）

***Deutzia scabra* Thunb.**

形态：灌木，高达 2.5m。树皮薄片状剥落。小枝红褐色，幼时有星状柔毛。叶长卵状椭圆形，长 3～8cm，叶缘有不显小刺尖状齿，两面有星状毛，粗糙。花白色，或外面略带粉红色，花柱 3，稀为 5，萼裂片短于筒部；直立圆锥花序，长 5～12cm。蒴果近球形，顶端截形，长约 5mm。花期 5～6 月；果10～11 月成熟。

分布：产我国长江流域各地（浙江、江西、安徽南部、江苏、湖南、湖北、四川、贵州）；日本亦有分布。

品种：

①‘白花重瓣’溲疏（‘Candidissima’）：花重瓣，纯白色。

②‘紫花重瓣’溲疏（‘Flore Pleno’）：花重瓣，外面带玫瑰紫色。

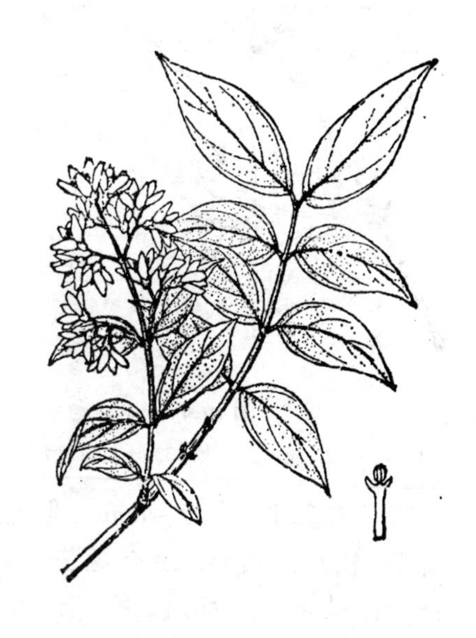

图 17-92　溲　疏

习性：喜光，稍耐荫；喜温暖气候，也有一定的耐寒力，在北京小气候良好处能露地生长，但每年枝梢干枯；喜富含腐殖质的微酸性和中性土壤。在自然界多生于山谷溪边、山坡灌丛中或林缘。性强健，萌芽力强，耐修剪。

繁殖栽培：可用扦插、播种、压条、分株等法繁殖。扦插极易成活，6、7 月间用软材插，半月即可生根；也可在春季萌芽前用硬材插，成活率均可达 90%。播种于 10～11 月采种，晒干脱粒后密封干藏，次年春播。撒播或条播，条距 12～15cm，每亩用种量约 0.25kg。覆土以不见种子为度，播后盖草，待幼苗出土后揭草搭棚遮荫。幼苗生长缓慢，1 年生苗高约 20cm，需留圃培养 3～4 年方可出圃定植。溲疏在园林中可粗放管理。因小枝寿命较短。故经数年后应将植株重剪更新，这样可以促使生长旺盛而开花多。

观赏特性及园林用途：溲疏夏季开白花，繁密而素静，其重瓣变种更加美丽。国内外庭园久经栽培。宜丛植于草坪、林缘及山坡，也可作花篱及岩石园种植材料。花枝可供瓶插观赏。

经济用途：木材坚硬，不易腐朽；叶、根可供药用。

（2）大花溲疏（图 17-93）

***Deutzia grandiflora* Bunge**

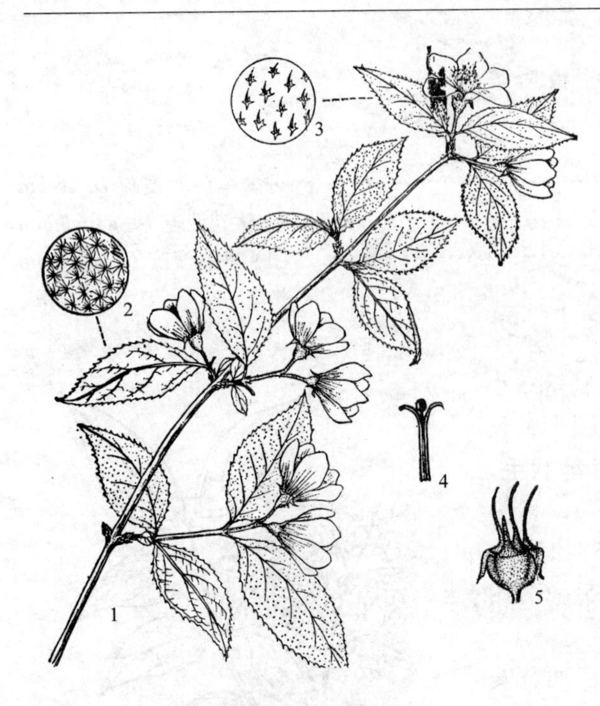

图 17-93 大花溲疏

1. 花枝 2. 叶下面放大 3. 叶上面放大 4. 雄蕊 5. 果

灌木，高达 2m。树皮通常灰褐色。叶卵形，长 2.5 ~ 5cm，先端急尖或短渐尖，基部圆形，缘有小齿，表面散生星状毛，背面密被白色星状毛。花白色，较大，径 2.5 ~ 3cm，1 ~ 3 朵聚伞状；雄蕊 10，花丝端部两侧具勾状齿牙；花柱 3，长于雄蕊；萼片线状披针形，比花托长。花期 4 月中下旬；果 6 月成熟。

产于湖北、山东、河北、陕西、内蒙古、辽宁等地；朝鲜亦有分布。

多生于丘陵或低山山坡灌丛中。喜光，稍耐荫，耐寒，耐旱，对土壤要求不严。可用播种、分株等法繁殖。本种花朵大而开花早，颇为美丽，宜植于庭园观赏；也可作山坡地水土保持树种。

(3) 小花溲疏（图 17-94）

***Deutzia parviflora* Bunge**

灌木，高达 2m。小枝疏生星状毛。叶卵形至狭卵形，长 3 ~ 8cm，先端短渐尖，基部广楔形或圆形，缘有短芒状尖齿，两面疏生星状毛。花白色，较小，径约 1.2cm，萼裂片稍短于筒部，花丝顶端无齿牙，花柱 3，短于雄蕊；花序伞房状，具花多数。花期 5 ~ 6 月。

主产我国华北及东北；朝鲜、俄罗斯亦有分布。多生于山地林缘及灌丛中。

性喜光，稍耐荫，耐寒性强。花虽小而繁密，且正值初夏少花季节，宜植于庭园观赏。

3. 八仙花属（绣球花属）*Hydrangea* L.

落叶灌木，稀攀援状。树皮片状剥落；小枝通常具白色或黄棕色髓心。单叶对生，常有齿，稀有裂；无托叶。花两性，成顶生聚伞或圆锥花序，花序边缘具大形不育花；不育花具 3 ~ 5 花瓣状萼片；可育花萼片、花瓣各为 4 ~ 5，雄蕊 8 ~ 20，通常为 10；子房下位或半下位，花柱 2 ~ 5，较短。蒴果；

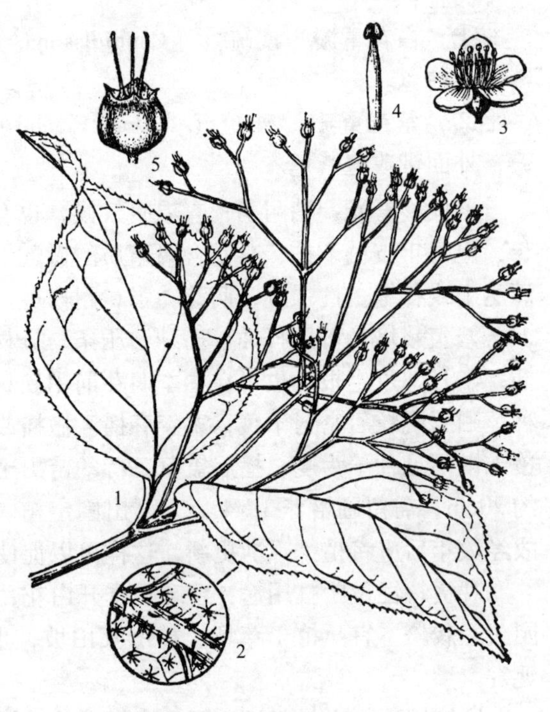

图 17-94 小花溲疏

1. 果枝 2. 叶下面放大示单毛及星状毛
3. 花 4. 雄蕊 5. 果

种子多而细小。

约 85 种，产东亚及南北美洲；中国约产 45 种，主要分布西部和西南部。

分种检索表

A_1 直立灌木。

B_1 伞房花序，扁平或半球形。

C_1 叶近光滑无毛；可育花蓝色或水红色 ……………………………… （1）八仙花 *H. macrophylla*

C_2 叶背密生柔毛；可育花白色 ……………………………… （2）东陵八仙花 *H. bretschneideri*

B_2 圆锥花序 ……………………………… （3）圆锥八仙花 *H. paniculata*

A_2 藤木或蔓性灌木，常具气根 ……………………………… （4）蔓性八仙花 *H. anomala*

（1）八仙花（绣球花）（图 17-95）

***Hydrangea macrophylla*（Thunb.）Seringe**

形态：灌木，高达 3～4m。小枝粗壮，无毛，皮孔明显。叶对生，大而有光泽，倒卵形至椭圆形，长 7～15（20）cm，缘有粗锯齿，两面无毛或仅背脉有毛。顶生伞房花序近球形，径可达 20cm；几乎全部为不育花，扩大之萼片 4，卵圆形，全缘，粉红色、蓝色或白色，极美丽。花期 6～7 月。

分布：产中国及日本，中国湖北、四川、浙江、江西、广东、云南等地都有分布。各地庭园习见栽培。

变种及品种：栽培变种及品种很多，其中栽培最多的是其品种'紫阳花'（'Otaksa'），植株较矮，高约 1.5m，叶质较厚，花序中全为不育性花，状如绣球，极为美丽，是盆栽佳品。另有变种银边八仙花（var. *maculata* Wils.），叶具白边，亦属常见，多作盆栽观赏。

图 17-95 八仙花

习性：喜荫，喜温暖气候，耐寒性不强，华北地区只能盆栽，于温室越冬。喜湿润、富含腐殖质而排水良好之酸性土壤。性颇健壮，少病虫害。

繁殖栽培：可用扦插、压条、分株等法繁殖。初夏用嫩枝插很易生根。压条春季或夏季均可进行。八仙花为肉质根，盆栽时不宜浇水过多，以防烂根。雨季时要防盆内积水，冬季只维持土壤有 3 成湿即可。由于每年开花都在新枝顶端，一般在花后进行短剪，以促生新枝，待新枝长出 8～10cm 时，行第 2 次短剪，使侧芽充实，以利于次年长出花枝。八仙花之花色因土壤酸碱度的变化而变化，一般在 pH 4～6 时为蓝色，pH 在 7 以上则为红色。如培养得当，花期可由 7、8 月直至下霜时节。

观赏特性及园林用途：本种花球大而美丽，且有许多园艺品种，耐荫性较强，是极好的观赏花木。在暖地可配植于林下、路缘、棚架边及建筑物之北面。盆栽八仙花则常作室内布置用，是窗台绿化和家庭养花的好材料。

（2）东陵八仙花（柏氏八仙花）

***Hydrangea bretschneideri* Dippel**

灌木，高达3m。树皮薄片状剥裂；小枝较细，幼时有毛。叶椭圆形或倒卵状椭圆形，长8~12cm，先端尖，基部楔形，缘有锯齿，背面密生灰色卷曲长毛；叶柄常带红色。伞房花序，径10~15cm，其边缘有不育花，先白色，后变浅粉紫色；可育花白色，子房半下位。蒴果具宿存萼。花期6~7月；果8~9月成熟。

分布于黄河流域（河北、山西、陕西、甘肃、四川）各地之海拔较高处，多生于山区林缘或灌丛中，在河北东陵之山地颇为普遍。

喜光，稍耐荫，耐寒，喜湿润而排水良好之土壤。可用扦插、压条、分株、播种等法繁殖。开花时颇为美丽，可作庭园、公园或风景区绿化观赏材料，最宜成丛栽植。木材致密坚硬，可作农具柄等用。

（3）圆锥八仙花（水亚木）（图17-96）

***Hydrangea paniculata* Sieb.**

灌木或小乔木，高可达8m。小枝粗壮，略方形，有短柔毛。叶对生，有时上部3叶轮生，椭圆形或卵状椭圆形，长5~10cm，先端渐尖，基部圆形或广楔形，缘有内曲之细锯齿，表面幼时有毛，背面有刚毛及短柔毛，脉上尤多。圆锥花序，长10~20cm；不育花具4萼片，全缘，白色，后变淡紫色；可育花白色，芳香。花期8~9月。

产福建、浙江、江西、安徽、湖南、湖北、广东、广西、贵州、云南等地；日本亦有分布。多生于溪边或较湿处，耐寒性不强。宜栽于庭园观赏，国外栽培颇多。全株含黏液，可作糊料。根可制烟斗，为著名土特产原料。

其栽培品种‘圆锥’绣球（‘Grandiflora’），圆锥花序全部或大部为大形不育花组成，长达30~40cm，且开花持久，常于庭园栽培观赏。

图17-96 圆锥八仙花

1. 花枝 2. 两性花 3. 果

（4）蔓性八仙花（盖冠八仙花）

***Hydrangea anomala* D. Don**

落叶藤木，气根攀援，长可达20m。小枝无毛。叶卵形至椭圆形，长8~12cm，先端尖，基部圆形或广楔形，缘有细尖齿，两面无毛或背面脉上及脉腋有毛；叶柄长达4~5cm。伞房式聚伞花序顶生。不育花缺或仅有少数，萼缘通常有齿；可育花之花瓣连合成一冠盖，整个脱落，雄蕊10，花柱2。花期4~6月；果7~8月成熟。

产安徽、湖北、湖南、浙江、台湾、广西、四川、贵州、云南、西藏等地。多生于山谷、溪边或林下较荫湿处。可试植于园墙或假山边，令其攀援而上，以点缀园景。叶可作清热抗疟药；树内皮可作收敛剂。

4. 茶藨子属 *Ribes* L.

落叶灌木，稀常绿。枝无刺或有刺。单叶互生或簇生，常掌状裂，具长柄；无托叶。花两性或单性异株，总状花序或簇生，稀单生；花4~5基数，花萼管状，4~5裂，花瓣小或无；雄蕊与萼片同数且与其对生，子房下位，1室，胚珠多数，花柱2。浆果球形，常有宿存之花萼；种子多数，有胚乳。

约200种，分布于北温带和南美洲；中国约产45种，产西南、西北至东北。其中有些供观赏用，有些果可食用。

分种检索表

A_1 枝及果无刺。

B_1 总状花序，具多花，花两性 ……………………（1）东北茶藨子 *R. mandshuricum*

B_2 花簇生，单性异株……………………（华茶藨子 *R. fasciculatum* var. *chinense*）

A_2 枝及果有刺；花1~2朵腋生，萼筒钟形 ……………………（2）刺果茶藨子 *R. burejense*

（1）东北茶藨子（图17-97）

***Ribes mandshuricum*（Maxim.）Kom.**

落叶灌木，高2m。枝皮褐色，剥裂。叶掌状3裂，长5~10cm，先端尖，基部心形，缘有尖齿，表面散生细毛，背面密生白色绒毛。总状花序长2.5~10(20)cm，初直立，后下垂，花多至40朵；花绿黄色，萼裂片5，反卷，花瓣短小，花托短。浆果球形，径7~9mm，红色。花期5~6月；果7~8月成熟。

产东北及河北、山西、河南、陕西、甘肃等地；朝鲜、俄罗斯亦有分布。多生于山坡或山谷林下。

喜光，稍耐荫，耐寒性强，怕热。可用播种、分株、压条等法繁殖。夏秋红果颇为美丽，宜在北方自然风景区或森林公园中配植，饶有野趣；亦可植于庭园观赏。果味酸，可生食，或制果酱、酿酒。

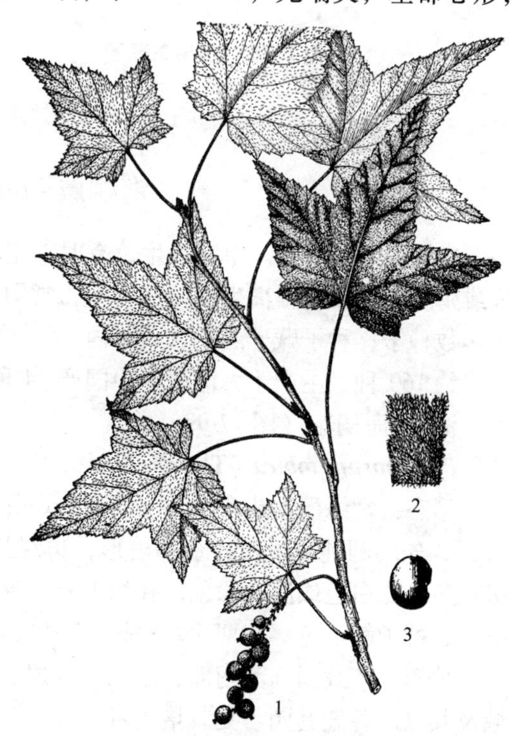

图17-97 东北茶藨子

1. 果枝 2. 叶下面部分放大 3. 种子

(2)刺果茶藨子(刺梨)(图17-98)

***Ribes burejense* Fr. Schmidt.**

落叶灌木，高1m左右。小枝灰黄色，密生刺，在叶基集生之刺长0.5~1cm。叶近圆形，掌状3~5裂，长1.5~4cm，基部心形或截形，缘有圆齿，两面有毛；叶柄疏生腺毛。花1~2

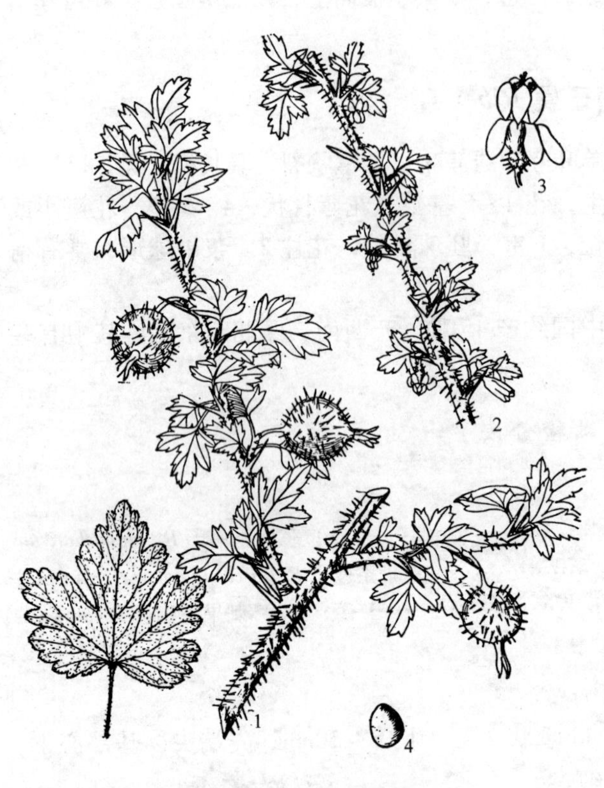

图 17-98 刺果茶藨子

1. 果枝 2. 花枝 3. 花 4. 种子

朵腋生，较大，红褐色，花萼、花瓣各为5，子房有刺和毛。浆果绿色，径1～1.5cm，具黄褐色长刺和宿存萼片。花期5～6月；果7～8月成熟。

产中国东北及河北、山西、陕西等地；朝鲜、俄罗斯及蒙古亦有分布。常生于山地林中或溪流旁。

喜光，极耐寒，喜排水良好而适当湿润之肥沃土壤。可用播种、分株等法繁殖。在北方庭园中可植为刺篱。果可食。

〔28〕海桐科 Pittosporaceae

乔木或灌木。单叶互生；无托叶。花两性，整齐，萼片、花瓣、雄蕊均为5；雌蕊由2或3～5心皮合生而成，子房上位，花柱单一。蒴果，或浆果状；种子通常多数，生于黏质的果肉中。

约9属，200余种，广布于东半球的热带和亚热带地区；中国产1属，约34种。

海桐属 *Pittosporum* Banks

常绿灌木或乔木。单叶互生，有时轮生状，全缘或具波状齿。花较小，单生或成顶生圆锥或伞房花序；花瓣离生或基部合生，常向外反卷；子房通常为不完全的2室。蒴果，具2至多数种子；种子藏于红色黏质瓤内。

约160种，主产于大洋洲；中国产34种。

海桐(海桐花)(图17-99)

***Pittosporum tobira* (Thunb.) Ait.**

形态：常绿灌木或小乔木，高2～6m；树冠圆球形。叶革质，倒卵状椭圆形，长5～12cm，先端圆钝或微凹，基部楔形，边缘反卷，全缘，无毛，表面深绿而有光泽。顶生伞房花序，花白色或淡黄绿色，径约1cm，芳香。蒴果卵球形，长1～1.5cm，有棱角，熟时3瓣裂；种子鲜红色。花期5月；果10月成熟。

分布：产我国江苏南部、浙江、福建、台湾、广东等地；朝鲜、日本亦有分布。长江流域及其以南各地庭园习见栽培观赏。

品种：'银边'海桐('Variegatum')：叶之边缘有白斑。

习性：喜光，略耐荫；喜温暖湿润气候及肥沃湿润土壤，耐寒性不强，华北地区不能露地越冬。对土壤要求不严，黏土、砂土及轻盐碱土均能适应。萌芽力强，耐修剪。抗海潮风及二氧化硫等有毒气体能力较强。

繁殖栽培：可用播种法繁殖，扦插也易成活。10～11 月采收开裂蒴果，因种子外有黏汁，要用草木灰拌搓脱粒，随即播种，或洗净后阴干沙藏，至次年 2～3 月播种。一般采用条播，行距约 20cm，覆土厚约 1cm，上盖草。春播约 2 个月后出苗，要及时揭草和搭棚遮荫。1 年生苗高约 15cm，冬季要撒乱草防寒；2 年生苗高 30cm 以上，要 4～5 年生方可出圃定植。若要培养成海桐球，应自小去其顶，并注意整形。移植一般在春季 3 月间进行，也可在秋季 10 月前后进行，均需带土球。海桐栽培容易，不需要特别管理。惟易遭介壳虫危害，要注意及早防治。

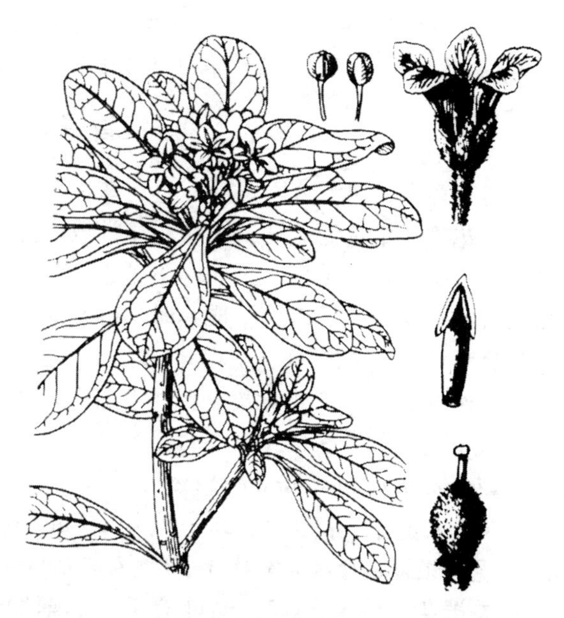

图 17-99　海　桐

观赏特性及园林用途：海桐枝叶茂密，树冠球形，下枝覆地；叶色浓绿而有光泽，经冬不凋；初夏花朵清丽芳香，入秋果熟开裂时露出红色种子，也颇美观，是南方城市及庭园习见之绿化观赏树种。通常用作房屋基础种植及绿篱材料，孤植、丛植于草坪边缘、林缘或对植于门旁、列植路边也很合适。因有抗海潮风及有毒气体能力，故又为海岸防潮林、防风林及厂矿区绿化树种，并宜作城市隔噪声和防火林带之下木。华北多行盆栽观赏，低温温室越冬。

经济用途：木材可作器具；其叶可代矾染色，故有“山矾”之别名。

〔29〕金缕梅科 Hamamelidaceae

乔木或灌木。单叶互生，稀对生；常有托叶。花较小，单性或两性，成头状、穗状或总状花序；萼片、花瓣、雄蕊通常均为 4～5，有时无花瓣；雌蕊由 2 心皮合成，子房通常下位或半下位，2 室，花柱 2，分离，中轴胎座。蒴果木质，2(4)裂。

约 27 属，140 种，主产东亚之亚热带；中国产 17 属，约 76 种。

分属检索表

A_1　花无花冠。

　B_1　落叶性，掌状叶脉，叶有分裂；头状花序 ………………………………… 1. 枫香属 *Liguidambar*

　B_2　常绿性，羽状叶脉，叶不分裂；总状花序 ………………………………… 2. 蚊母树属 *Distylium*

A_2　花有花冠；羽状叶脉。

　B_1　花簇生或呈头状花序；花瓣 4，长条形。

　　C_1　叶较大，长 7～14cm；萼裂显著，花药 2 室，药隔不突出 ……………… 3. 金缕梅属 *Hamamelis*

C_2　叶较小，长不足6cm；萼裂不显，花药4室，药隔突出呈尖头状 ……… 4. 檵木属 *Loropetalum*

B_2　总状花序；花瓣5，较宽而有爪；蒴果端钝，无皮孔 ………………………… 5. 蜡瓣花属 *Corylopsis*

1. 枫香属 *Liquidambar* L.

落叶乔木，树液芳香。叶互生，掌状3～5(7)裂，缘有齿；托叶线形，早落。花单性同株，无花瓣；雄花无花被，头状花序常数个排成总状，花间有小鳞片混生；雌花常有数枚刺状萼片，头状花序单生，子房半下位，2室，每室具数胚珠。果序球形，由木质蒴果集成，每果有宿存花柱，针刺状，成熟时顶端开裂，果内有1～2粒具翅发育种子，其余为无翅的不发育种子。

共约6种，产于北美及亚洲；中国产2种。

枫香(枫树)(图17-100)

***Liquidamba formosana* Hance**

形态：乔木，高可达40m，胸径1.5m；树冠广卵形或略扁平。树皮灰色，浅纵裂，老时不规则深裂。叶常为掌状3裂(萌芽枝的叶常为5～7裂)，长6～12cm，基部心形或截形，裂片先端尖，缘有锯齿；幼叶有毛，后渐脱落。果序较大，径3～4cm，宿存花柱长达1.5cm；刺状萼片宿存。花期3～4月；果10月成熟。

分布：产中国长江流域及其以南地区，西至四川、贵州，南至广东，东到台湾；日本亦有分布。垂直分布一般在海拔1000～1500m以下之丘陵及平原。

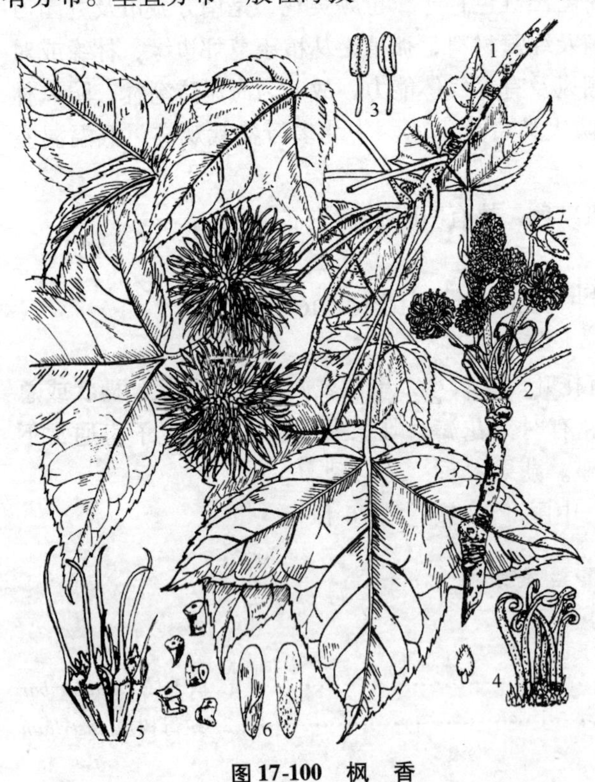

图17-100　枫　香

1. 果枝　2. 花枝　3. 雄蕊　4. 雌蕊花柱及假雄蕊　5. 果序一部分　6. 种子

变种：

① 短萼枫香(var. *brevicalycina* Cheng et P. C. Huang)：蒴果之宿存花柱粗短，长不足1cm，刺状萼片也短，产江苏。

②光叶枫香(var. *monticola* Rehd. et Wils.)：幼枝及叶均无毛，叶基截形或圆形，产湖北西部、四川东部一带。

习性：喜光，幼树稍耐荫，喜温暖湿润气候及深厚湿润土壤，也能耐干旱瘠薄，但较不耐水湿。在自然界多生于山谷、山麓，常与山毛榉科、榆科及樟科树种混生。萌蘖性强，可天然更新。深根性，主根粗长，抗风力强。幼年生长较慢，壮年后生长转快。对二氧化硫、氯气等有较强抗性。

繁殖栽培：主要用播种繁殖，扦插亦可。10月当果变青褐色时即采收，过晚种子易散落。果实采回摊开暴晒，筛出种子干藏，至次年春季2、3月间播种。播前用清水浸种，一般采用宽幅条播，行距25cm，每亩播种量1～1.5kg。筛土覆盖，以不见种子为度。播后盖草，约3周后可出苗，发芽率约50%。幼苗怕烈日晒，应搭稀疏荫棚遮光。1年生苗木高30～40cm。枫香直根较深，在育苗期间要多移几次，促生须根，移栽大苗时最好采用预先断根措施，否则不易成功。移栽时间在秋季落叶后或春季萌芽前。

观赏特性及园林用途：枫香树高干直，树冠宽阔，气势雄伟，深秋叶色红艳，美丽壮观，是南方著名的秋色叶树种。在我国南方低山、丘陵地区营造风景林很合适。亦可在园林中栽作庭荫树，或于草地孤植、丛植，或于山坡、池畔与其他树木混植。倘与常绿树丛配合种植，秋季红绿相衬，会显得格外美丽。陆游即有"数树丹枫映苍桧"的诗句。又因枫香具有较强的耐火性和对有毒气体的抗性，可用于厂矿区绿化。但因不耐修剪，大树移植又较困难，故一般不宜用作行道树。

经济用途：枫香之根、叶、果均可入药，有祛风除湿，通经活络之效，叶为止血良药。树脂可作苏合香之代用品，药用有解毒止痛、止血生肌之效，又可作香料之定香剂。木材轻软，结构细，易加工，但易翘裂，水湿易腐，若保持干燥则颇耐久，有"搁起万年枫"之说，可作建筑及器具等材料。

2. 蚊母树属 *Distylium* Sieb. et Zucc.

常绿乔木或灌木。单叶互生，全缘，稀有齿，羽状脉；托叶早落。花单性或杂性，成腋生总状花序，花小而无花瓣，萼片1～5，或无，雄蕊2～8；子房上位，2室，花柱2，自基部离生。蒴果木质，每室具1种子。

共8种，中国产4种。

蚊母树(图17-101)

***Distylium racemosum* Sieb. et Zucc.**

形态：常绿乔木，高可达25m，栽培时常呈灌木状；树冠开展，呈球形。小枝略呈"之"字形曲折，嫩枝端具星状鳞毛；顶芽歪桃形，暗褐色。叶倒卵状长椭圆形，长3～7cm，先端钝或稍圆，全缘，厚革质，光滑无毛，侧脉5～6对，在表面不显著，在背面略隆起。总状花序长约2cm，花药红色。蒴果卵形，长约1cm，密生星状毛，顶端有2宿存花柱。花期4月；果9月成熟。

图17-101　蚊母树

分布：产中国广东、福建、台湾、浙江等地，多生于海拔100～300m之丘陵地带；日本亦有分布。长江流域城市园林中常有栽培。

习性：喜光，稍耐荫，喜温暖湿润气候，耐寒性不强，对土壤要求不严，酸性、中性土壤均能适应，而以排水良好而肥沃、湿润土壤为最好。萌芽、发枝力强，耐修剪。对烟尘及多种有毒气体抗性很强，能适应城市环境。

繁殖栽培：可用播种和扦插法繁殖。播种在9

月采收果实，日晒脱粒，净种后干藏，至次年2～3月播种，发芽率70%～80%。扦插在3月用硬枝踵状插，也可在梅雨季用嫩枝踵状插。移植在10月中旬至11月下旬，或2月下旬至4月上旬进行，需带土球。栽后适当疏去枝叶，可保证成活。蚊母树一般病虫害较少，但若种在潮湿阴暗和不透风处，易遭介壳虫危害。

观赏特性及园林用途：蚊母树枝叶密集，树形整齐，叶色浓绿，经冬不凋，春日开细小红花也颇美丽，加之抗性强、防尘及隔音效果好，是理想的城市及工矿区绿化及观赏树种。植于路旁、庭前草坪上及大树下都很合适；成丛、成片栽植作为分隔空间或作为其他花木之背景效果亦佳。若修剪成球形，宜于门旁对植或作基础种植材料。亦可栽作绿篱和防护林带。

经济用途：木材坚硬致密，可供建筑、家具及雕刻等用；树皮含单宁，可提制栲胶。

3. 金缕梅属 *Hamamelis* L.

落叶灌木或小乔木；有星状毛。裸芽，有柄。叶互生，有波状齿；托叶大而早落。花两性，数朵簇生于叶腋；花瓣4，长条形，花萼4裂；雄蕊4，有短花丝，与鳞片状退化雄蕊互生，花药2室，药隔不突出；花柱短，分离。蒴果2瓣裂，每瓣又2浅裂，花萼宿存。

约6～8种，产于北美和东亚；中国产2种。本属树种多于早春开花，颇为美丽，且秋叶常变黄色或红色，故常植为庭园观赏树。

金缕梅(图17-102)

***Hamamelis mollis* Oliv.**

形态：落叶灌木或小乔木，高可达9m。幼枝密生星状绒毛；裸芽有柄。叶倒卵圆形，长8～15cm，先端急尖，基部歪心形，缘有波状齿，表面略粗糙，背面密生绒毛。花瓣4片，狭长如带，长1.5～2cm，淡黄色，基部带红色，芳香；萼背有锈色绒毛。蒴果卵球形，长约1.2cm。2～3月叶前开花；果10月成熟。

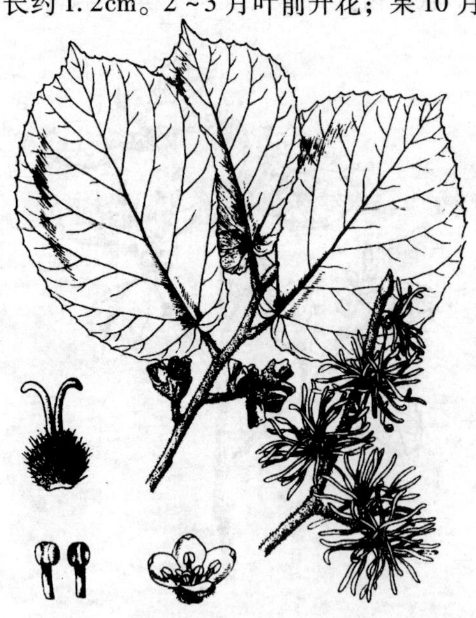

图17-102 金缕梅

分布：产安徽、浙江、江西、湖北、湖南、广西等地，多生于山地次生林中。

习性：喜光，耐半荫，喜温暖湿润气候，但畏炎热，有一定耐寒力；对土壤要求不严，在酸性、中性土以及山坡、平原均能适应，而以排水良好之湿润而富含腐殖质的土壤最好。

繁殖栽培：主要用播种繁殖，也可用压条和嫁接法繁殖。在10月采种，暴晒脱粒，净种后随即播种，或干藏至次年1月条播，但最迟不逾2月，若迟至3月播种，往往隔年才能发芽。幼苗出土后要搭棚遮荫。压条在秋季进行，次春即可割离母株。嫁接于2～4月进行，可用野生树之根作砧木进行根接；其优良品种可接在实生苗上。移栽应在10～11月进行，这样不致影响早春开花。大树移栽只要带土球，不难成活。

观赏特性及园林用途：本种花形奇特，具有芳香，早春先叶开放，黄色细长花瓣宛如金缕，缀满枝头，十分惹人喜爱。国内外庭园常有栽培，并有一些好品种出现，是著名观赏花木之一。在庭院角隅、池边、溪畔、山石间及树丛外缘配植都很合适。此外，花枝可作切花瓶插材料。如欲催花，则于12月至次年1月间将枝条剪下瓶插于20℃左右温室中，经10～20d即可开花。

4. 檵木属 *Loropetalum* R. Br.

常绿灌木或小乔木，有锈色星状毛。叶互生，较小，全缘。花两性，头状花序顶生；萼筒与子房愈合，有不显之4裂片；花瓣4，带状线形；雄蕊4，药隔伸出如刺状；子房半下位。蒴果木质，熟时2瓣裂，每瓣又2浅裂，具2黑色有光泽的种子。

约4种，分布于东亚之亚热带地区；中国有3种。

檵木(檵花)(图17-103)

***Loropetalum chinense* (R. Br.) Oliv.**

常绿灌木或小乔木，高4～9(12)m。小枝、嫩叶及花萼均有锈色星状短柔毛。叶卵形或椭圆形，长2～5cm，基部歪圆形，先端锐尖，全缘，背面密生星状柔毛。花瓣带状线形，浅黄白色，长1～2cm，苞片线形；花3～8朵簇生于小枝端。蒴果褐色，近卵形，长约1cm，有星状毛。花期5月；果8月成熟。

图17-103 檵 木

产长江中下游及其以南、北回归线以北地区；印度北部亦有分布。多生于山野及丘陵灌丛中。耐半荫，喜温暖气候及酸性土壤，适应性较强。可用播种或嫁接法(可嫁接在金缕梅属植物上)繁殖。

本种花繁密而显著，初夏开花如覆雪，颇为美丽。丛植于草地、林缘或与石山相配合都很合适，亦可用作风景林之下木。其变种红檵木(var. *rubrum* Yieh)叶暗紫，花亦紫红色，更宜植于庭园观赏。檵木之根、叶、花、果均可药用，能解热、止血、通经活络；木材坚实耐用；枝叶可提制栲胶。

5. 蜡瓣花属 *Corylopsis* Sieb. et Zucc.

落叶灌木；单叶互生，有锯齿；具托叶。花两性，先叶开放，黄色，成下垂之总状花序，基部有数枚大形鞘状苞片；花瓣5，宽而有爪；雄蕊5，子房半上位。蒴果木质，2或4瓣裂，内有2黑色种子。

约30种，主产东亚；中国有20种，产西南部至东南部。

蜡瓣花(中华蜡瓣花)(图 17-104)

***Corylopsis sinensis* Hemsl.**

形态：落叶灌木或小乔木，高 2～5m。小枝密被短柔毛。叶倒卵形至倒卵状椭圆形，长 5～9cm，先端短尖或稍钝，基部歪心形，缘具锐尖齿，背面有星状毛，侧脉 7～9 对。花黄色，芳香，10～18 朵成下垂之总状花序，长 3～5cm。蒴果卵球形，有毛，熟时 2 或 4 裂，弹出光亮黑色种子。花期 3 月，叶前开放；果 9～10 月成熟。

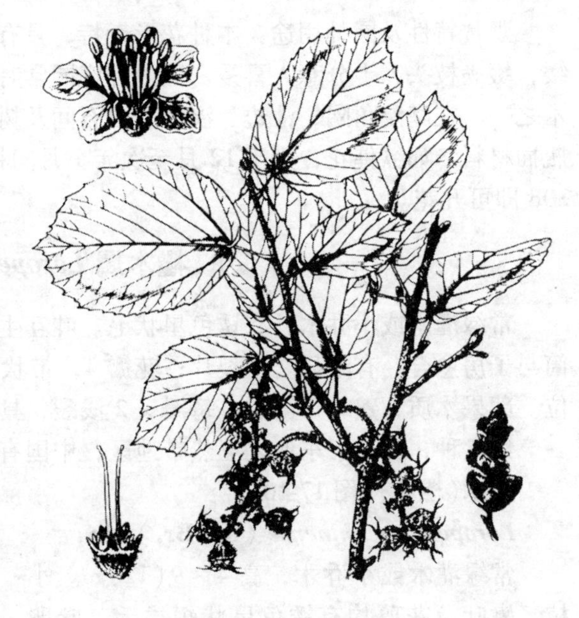

图 17-104 蜡瓣花

分布：产长江流域及其以南各地山地；垂直分布一般在海拔 1200～1800m。多生于坡谷灌木丛中。

习性：喜光，耐半荫，喜温暖湿润气候及肥沃、湿润而排水良好之酸性土壤，性颇强健，有一定耐寒能力，但忌干燥土壤。引种平原栽培，能正常生长发育。

繁殖栽培：繁殖可用播种、硬枝扦插、压条、分株等法。播种于 9、10 月间蒴果成熟时适当提前采收果实，因一旦开裂种子会散失。采后加罩暴晒脱粒，净种后秋播，或密藏至次年春播。春播前用温水浸种可避免隔年发芽现象。移植在落叶后萌芽前进行，大苗最好带土球，并于栽后重剪，以保证成活。

观赏特性及园林用途：本种花期早而芳香，早春枝上黄花成串下垂，滑泽如涂蜡，甚为秀丽。丛植于草地、林缘、路边，或作基础种植，或点缀于假山、岩石间，均颇具雅趣。

〔30〕杜仲科 Eucommiaceae

落叶乔木；树体各部均具胶质。单叶互生，羽状脉，有锯齿；无托叶。花单性异株，无花被，簇生或单生；雄蕊 4～10；雌蕊由 2 心皮合成，子房上位，1 室。翅果，含 1 种子。

本科仅 1 属 1 种，中国特产。

杜仲属 *Eucommia* Oliv.

本属仅杜仲 1 种，特征同科。

杜仲(图 17-105)

***Eucommia ulmoides* Oliv.**

形态：落叶乔木，高达 20m，胸径 1m；树冠圆球形。小枝光滑，无顶芽，具片状髓。叶椭圆状卵形，长 7～14cm，先端渐尖，基部圆形或广楔形，缘有锯齿，老叶表面网脉下陷，皱纹状。翅果狭长椭圆形，扁平，长约 3.5cm，顶端 2 裂。本种枝、叶、果及树皮断裂后均有白色弹性丝相连，为其识别要点。花期 4 月，叶前开放或与叶同放；果 10～11 月成熟。

分布：原产中国中部及西部，四川、贵州、湖北为集中产区；垂直分布可达海拔1300～1500m。我国栽培历史甚久，公元396年传入欧洲。

习性：喜光，不耐庇荫；喜温暖湿润气候及肥沃、湿润、深厚而排水良好之土壤。自然分布于年平均气温13～17℃及年降水量1000mm左右的地区。但杜仲适应性较强，有相当强的耐寒力(能耐－20℃的低温)，在北京地区露地栽培不成问题；在酸性、中性及微碱性土上均能正常生长，并有一定的耐盐碱性。但在过湿、过干或过于贫瘠的土上生长不良。根系较浅而侧根发达，萌蘖性强。生长速度中等，幼时生长较快，1年生苗高可达1m。

图17-105 杜 仲

1. 雄花枝 2. 雄花 3. 果枝 4. 种子 5. 幼苗

繁殖栽培：主要用播种法繁殖，扦插、压条及分蘖或根插也可。播种法在秋季果熟后及时采收，阴干去杂后装入麻袋或筐内，置通风处贮藏，次年早春2、3月间播种。播前用45℃温水浸种2～3d。一般采用条播，行距20～25cm，覆土厚1～1.5cm，播后盖草。约15～20d可出苗。每亩播种量约6kg。幼苗期间要适当遮荫。扦插多于初夏用嫩枝插，成活率可达80%；硬枝插不易生根。压条在春季树液开始流动时进行，不到1个月即可生根，当年秋季可与母株分离。在北方为了保护苗木越冬，可在早秋(9月)进行截梢，以促其枝条木质化。移栽在落叶后至萌芽前进行，要施基肥。杜仲吸肥能力很强，如每年适当施肥1～2次，则可加速其生长。大苗移栽要带土球。因其萌蘖性强，应及时剪除萌蘖枝及树干基部的侧芽。

观赏特性及园林用途：杜仲树干端直，枝叶茂密，树形整齐优美，是良好的庭荫树及行道树。也可作一般的绿化造林树种。

经济用途：杜仲是重要的特用经济树种。树体各部分，包括枝、叶、果、树皮、根皮均可提炼优质硬橡胶(即杜仲胶)，它具有良好绝缘、绝热及抗酸碱腐蚀性能，是电气绝缘及海底电缆的优质原料。树皮为重要中药材，能补肝肾、强筋骨，治腰膝痛、高血压等症。木材坚实细致，有光泽，不翘不裂，不遭虫蛀，可供建筑、家具、农具等用材。种子可榨油。

〔31〕悬铃木科 Platanaceae

落叶乔木，树干皮呈片状剥落。单叶互生，掌状分裂，叶柄下芽；有托叶，早落。花单性，雌雄同株，花密集成球形头状花序，下垂；萼片3~8，花瓣与萼片同数；雄花有3 ~8雄蕊，花丝近于无，药隔顶部扩大呈盾形，雌花有3~8分离心皮，花柱伸长，子房上位，1室，有1~2胚珠。聚合果呈球形，小坚果有棱角，基部有褐色长毛，内有种子1粒。

本科仅1属，约6~7种，分布于北温带和亚热带地区；中国引入栽培3种。

悬铃木属 *Platanus* L.

属的形态特征同于科。

分种检索表

A_1 球果3~6个一串，有刺毛；叶5~7深裂至中部或更深 ………………………… (1)法桐 *P. orientalis*

A_2 球果常单生，无刺毛；叶3~5浅裂，中部裂片的宽度大于长度………………… (2)美桐 *P. occidentalis*

A_3 球果常2个一串，亦偶有单生的，有刺毛；叶3~5裂，中部裂片的长度与宽度近于相等 …………
……………………………………………………………………………………… (3)英桐 *P. acerifolia*

(1)法桐(三球悬铃木、法国梧桐、净土树、鸠摩罗什树、祛汗树)(图17-106)

***Platanus orientalis* L.**

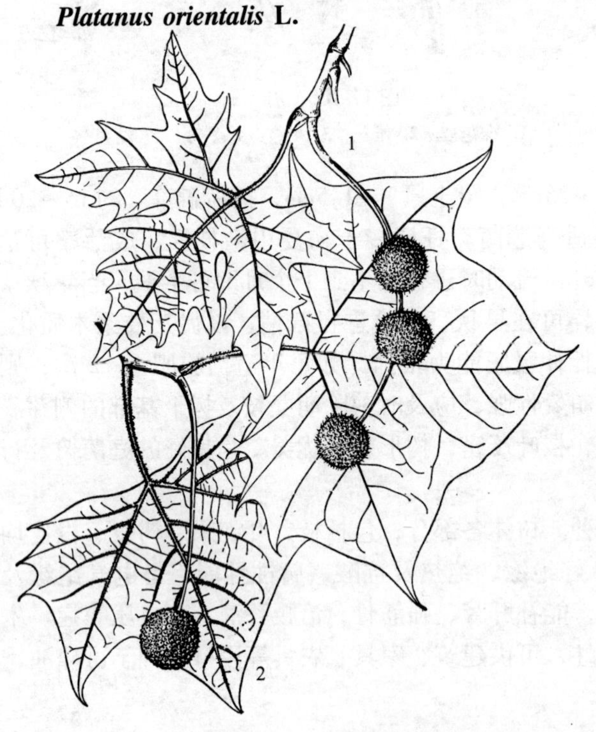

图17-106 法桐、美桐

1. 法桐 2. 美桐

大乔木，高20~30m，树冠阔钟形；干皮灰褐绿色至灰白色，呈薄片状剥落。幼枝、幼叶密生褐色星状毛。叶掌状5~7裂，深裂达中部，裂片长大于宽，叶基阔楔形或截形，叶缘有齿牙，掌状脉；托叶圆领状。花序头状，黄绿色。多数坚果聚合呈球形，3~6球成一串，宿存花柱长，呈刺毛状，果柄长而下垂。花期4~5月；果9~10月成熟。

原产欧洲；印度、小亚细亚亦有分布；中国有栽培。

变种有楔叶法桐 var. *cuneata* Loud.，叶片2~5裂。品种有'掌叶'法桐'Digitata'，叶5深裂。

喜阳光充足、喜温暖湿润气候，略耐寒，于北京需植于背风向阳处才能生长良好。较能耐湿及耐干。生长迅速，寿命长。我国陕西省鄠县鸠摩罗什庙昔有古树，传为晋代时由印度僧人鸠摩罗什带入中国，曾生长至干径 3m 余，但现已枯死无存。繁殖可用播种及扦插法；萌芽力强，耐修剪，对城市环境耐性强，是世界著名的优良庭荫树和行道树种。果煮水饮服后有发汗作用。

(2) 美桐(一球悬铃木、美国梧桐)(图 17-106)

***Platanus occidentalis* L.**

大乔木，高 40 ~ 50m；树冠圆形或卵圆形。叶 3 ~ 5 浅裂，宽度大于长度，裂片呈广三角形。球果多数单生，但亦偶有 2 球一串的，宿存的花柱短，故球面较平滑；小坚果之间无突伸毛。

原产北美东南部，中国有少量栽培。耐寒力比法桐稍差。

变种有光叶美桐(var. *glabrata* Sarg.)：叶背无毛，叶形较小，深裂，叶基截形。

(3) 英桐(悬铃木、二球悬铃木、英国梧桐)(图 17-107)

***Platanus acerifolia* Willd.**

形态：本种是前二种的杂交种(*P. orientalis* × *P. occidentalis*)。树高 35m，胸高干径 4m；枝条开展，幼枝密生褐色绒毛；干皮呈片状剥落。叶裂形状似美桐，叶片广卵形至三角状广卵形，宽 12 ~ 25cm，3 ~ 5 裂，裂片三角形、卵形或宽三角形，叶裂深度约达全叶的 1/3，叶柄长 3 ~ 10cm。球果通常为 2 球 1 串，亦偶有单球或 3 球的，果径约 2.5cm，有由宿存花柱形成的刺毛。花期 4 ~ 5 月；果 9 ~ 10 月成熟。

分布：世界各国多有栽培；中国各地栽培的也以本种为多。

品种：

①'银斑'英桐'Argento Variegata'：叶有白斑。

②'金斑'英桐'Kelseyana'：叶有黄色斑。

图 17-107 英 桐

1. 果枝 2. 果 3. 雄蕊 4. 雌花及离心皮雌蕊 5. 种子萌生幼根 6. 子叶出土 7 ~ 9. 幼苗

③'塔型'英桐'Pyramidalis'：树冠呈狭圆锥形，叶通常 3 裂，长度常大于宽度，叶基圆形。

习性：喜光树，喜温暖气候，有一定抗寒力，在北京可露地栽植，但 4 年生以内的苗木应适当防寒，否则易枯梢。在东北大连市生长良好，在沈阳市只能植于建筑群中之避风向阳的小环境。对土壤的适应能力极强，能耐干旱、瘠薄，无论酸性或碱性土、垃圾地、工场内的砂质地或富含石灰地、潮湿的沼泽地等均能生长。

萌芽性强，很耐重剪；抗烟性强，对二氧化硫及氯气等有毒气体有较强的抗性。本种是 3 种悬铃木中对不良环境因子抗性最强的一种。生长迅速，是速生树种之一。

繁殖栽培：可用播种及扦插法繁殖。

①播种法：采球后，去掉外边的绒毛，将净种干藏至次年春播。播前宜用冷水浸种，播后约20d可出苗。出苗率20%～30%。当年苗可高达1m左右。在北京地区，幼苗在冬季应埋土防寒，即将幼苗顺行压倒地面，上面覆土。每球所含坚果数目约1600余粒(法桐及美桐的坚果数600余粒)。

②扦插法：于初冬或次年早春采条；冬季所剪的插条应行埋藏，于次年3～4月间行硬木扦插，成活率可达90%以上。江南温暖潮湿地带尚可用插干法，可以提早出圃期。

在栽植作行道树或庭荫树时，可用4年生苗，在北方于定植后的头一二年应行裹干、涂白或包枝等防寒措施。本树易移植成活。

在某些地区易生蚧壳虫，可在春季用5%的石硫合剂喷洒，在树木生长期时，浓度可降至0.5%。1984年著者在法国访问时，巴黎市园林专家谈及法桐的枯萎病相当严重，不少大树已死亡，现仍无有效的防治方法，目前此病正在蔓延中，但在英国却未见此病，可能是有海隔离的缘故。中国栽植英桐、法桐的面积很广，宜经常注意具有毁灭性的病害问题。

观赏特性和园林用途：树形雄伟端正，叶大荫浓，树冠广阔，干皮光洁，繁殖容易，生长迅速，具有极强的抗烟、抗尘能力，对城市环境的适应能力极强，故世界各国广为应用，有“行道树之王”的美称。但是在实际应用上应注意，由于其幼枝幼叶上具有大量星状毛，如吸入呼吸道会引起肺炎，故应勿用或少用于幼儿园为宜。在进行行道树的夏季修剪时，应戴风镜、口罩、耳塞以免进入口、眼、鼻、耳内。前几年南京市的园林工人曾患红眼病，故宜注意劳动保护措施。

在选择树种时应结合具体情况考虑到星状毛多少的问题。上述3种树中，以法桐毛最少，英桐的毛量中等，美桐毛量最多，但是美桐有个无毛变种。目前有人正在培育无毛品种。

在街道绿化时，若以树干颜色而言，则法桐皮色最白，老皮易落；英桐干皮虽亦易落，但皮色较暗；美桐的皮色介于二者之间，而皮不易剥落。根据经验，知扦插苗的干皮颜色效果较实生苗的为优良；这些知识，在绿化实践选择苗木方面，尤其是街道绿化时很重要。

经济用途：本属3种悬铃木的木材在干后均易反翘，材质轻软易腐烂，燃烧时火力亦弱，不适于供薪炭用，故一般本树均仅供观赏绿化用。

〔32〕蔷薇科 Rosaceae

草本或木本，有刺或无刺。单叶或复叶，多互生；通常有托叶。花两性，整齐，单生或排成伞房、圆锥花序；花萼基部多少与花托愈合成碟状或坛状萼管，萼片和花瓣常5枚；雄蕊多数(常为5之倍数)，着生于花托(或萼管)的边缘；心皮1至多数，离生或合生，子房上位，有时与花托合生成子房下位。蓇葖果、瘦果、核果或梨果。种子一般无胚乳，子叶出土。

本科有4亚科，约120属，3300余种；广布于世界各地，尤以北温带较多。包括许多著名的花木及果树，是园艺上特别重要的一科。中国约48属，1056种。

分亚科检索表

A_1 果为开裂之蓇葖果或蒴果；单叶或复叶，通常无托叶……………………… Ⅰ. 绣线菊亚科 Spiraeoideae

A_2 果不开裂；叶有托叶。

B_1 子房下位，萼筒与花托在果时变成肉质之梨果，有时浆果状 ………………… Ⅱ. 梨亚科 Pomoideae

B_2 子房上位。

C_1 心皮通常多数，生于膨大之花托上，聚合瘦果或小核果(若仅 1～2 心皮，则不为核果状)；萼宿存；常为复叶 ……………………………………………………………… Ⅲ. 蔷薇亚科 Ro soideae

C_2 心皮常为 1，稀 2 或 5；核果；萼常脱落；单叶 ……………………………… Ⅳ. 梅亚科 Prunoideae

各亚科分属检索表

Ⅰ. 绣线菊亚科 Spiraeoideae

A_1 蓇葖果；种子无翅；花径不超过 2cm。

B_1 单叶。

C_1 蓇葖果不胀大，仅沿腹线开裂 …………………………………………… 1. 绣线菊属 *Spiraea*

C_2 蓇葖果胀大，沿腹背两缝线开裂 ……………………………………… 2. 风箱果属 *Physocarpus*

B_2 羽状复叶，有托叶 ………………………………………………………………… 3. 珍珠梅属 *Sorbaria*

A_2 蒴果，种子有翅；花径约 4cm；单叶，无托叶 ……………………………… 4. 白鹃梅属 *Exochorda*

Ⅱ. 梨亚科 Pomoideae

A_1 心皮成熟时为坚硬骨质，果具 1～5 小硬核。

B_1 枝无刺；叶常全缘 ……………………………………………………………… 5. 栒子属 *Cotoneaster*

B_2 枝常有刺；叶常有齿或裂。

C_1 常绿灌木；叶具钝齿或全缘；心皮 5，各具成熟胚珠 2 …………………… 6. 火棘属 *Pyracantha*

C_2 落叶小乔木；叶具锯齿并常分裂；心皮 1～5，各具成熟胚珠 1 …………… 7. 山楂属 *Crataegus*

A_2 心皮成熟时具革质或纸质壁，梨果 1～5 室。

B_1 复伞房花序或圆锥花序。

C_1 心皮完全合生，圆锥花序；梨果内含 1 至少数大型种子，常绿 …………… 8. 枇杷属 *Eriobotrya*

C_2 心皮部分离生，伞房花序或伞房状圆锥花序。

D_1 花梗及花序无瘤状物；落叶 ……………………………………………… 9. 花楸属 *Sorbus*

D_2 花梗及花序常具瘤状物；叶多常绿 ……………………………………… 10. 石楠属 *Photinia*

B_2 伞形或总形花序，有时花单生。

C_1 各心皮内含 4 至多数种子。

D_1 花柱基部合生；叶有齿，枝条有刺 ………………………………… 11. 木瓜属 *Chaenomeles*

D_2 花柱分离；叶全缘；枝条无刺 …………………………………………… 12. 榅桲属 *Cydonia*

C_2 各心皮内含 1～2 种子。

D_1 叶凋落，伞房花序。

E_1 花柱基部合生；果无石细胞 …………………………………………… 13. 苹果属 *Malus*

E_2 花柱基部离生；果有多数石细胞 ……………………………………… 14. 梨属 *Pyrus*

D_2 叶常绿，总状花序或圆锥花序 …………………………………… (石斑木属 *Rhaphiolepis*)

Ⅲ. 蔷薇亚科 Rosoideae

A_1 有刺灌木或藤本；羽状复叶；瘦果多数，生于坛状花托内 ………………………… 15. 蔷薇属 *Rosa*

A_2 无刺落叶灌木；瘦果着生扁平或微凹花托基部。

B_1　单叶，托叶不与叶柄连合。

C_1　叶互生；花黄色，5基数，无副萼；心皮5~8，各含1胚珠 ……………………… 16. 棣棠属 *Kerria*

C_2　叶对生；花白色，4基数，有副萼；心皮4，各含2胚珠 ……………………… 17. 鸡麻属 *Rhodotypos*

B_2　羽状复叶；托叶常与叶柄连合，瘦果着生于球形花托上 ……………………… 18. 金露梅属 *Dasiphora*

Ⅳ. 梅亚科 Prunoideae

A_1　乔木或灌木，无刺；枝条髓部坚实，花柱顶生，胚珠下垂 ……………………… 19. 梅属 *Prunus*

A_2　灌木，常有刺；枝条髓部呈薄片状；花柱侧生，胚珠直立 ……………………… （扁核木属 *Prinsepia*）

1. 绣线菊属 *Spiraea* L.

落叶灌木。单叶互生，缘有齿或裂；无托叶。花小，成伞形、伞形总状、复伞房或圆锥花序；心皮5，离生。蓇葖果；种子细小，无翅。本属约100种，广布于北温带。中国50余种。多数种类具美丽的花朵及细致的叶片，可栽于庭园观赏。

分种检索表

A_1　伞形或总状花序，花白色。

B_1　伞形花序，无总梗，有极小的叶状苞位于花序基部。

C_1　叶椭圆形至卵形，背面常有毛 ……………………… (1)笑靥花 *S. prunifolia*

C_2　叶线状披针形，光滑无毛 ……………………… (2)珍珠花 *S. thunbergii*

B_2　伞形总状花序，着生于多叶的小枝上。

C_1　叶端尖，菱状长圆形至披针形，羽状脉 ……………………… (3)麻叶绣线菊 *S. cantoniensis*

C_2　叶端钝，3出脉或羽状脉。

D_1　叶近圆形，通常3裂，基脉3~5出 ……………………… (4)三桠绣线菊 *S. trilobata*

D_2　叶菱状卵形至倒卵形，羽状脉 ……………………… (5)补氏绣线菊 *S. blumei*

A_2　复伞房花序或圆锥花序，花粉红至红色。

B_1　复伞房花序 ……………………… (6)粉花绣线菊 *S. japonica*

B_2　圆锥花序 ……………………… (7)绣线菊 *S. salicifolia*

(1)笑靥花（李叶绣线菊）（图17-108）

***Spiraea prunifolia* Sieb. et Zucc.**

形态：落叶灌木，高达3m；枝细长而有角棱，微生短柔毛或近于光滑。叶小，椭圆形至椭圆状长圆形，长2.5~5.0cm，先端尖，缘有小齿，叶背光滑或有细短柔毛；花序伞形，无总梗，具3~6花，基部具少数叶状苞；花白色，重瓣，径约1cm；花梗细长。花期4~5月。

分布：产于台湾、山东、安徽、陕西、江苏、浙江、江西、湖北、湖南、四川、贵州、福建、广东等地。朝鲜及日本亦有分布。

变种：单瓣笑靥花 var. *sipliciflora* Nakai：花单瓣，径约6mm。极少栽培。

习性：生长健壮，喜阳光和温暖湿润土壤，尚耐寒。

繁殖栽培：早春可行播种繁殖，夏季可用当年生的新梢进行软枝扦插，晚秋可进行分株或梗枝扦插（寒地可改为早春）。此花生长健壮，因此不需精细管理，一般为了次年开花繁茂，可在头年秋季或初冬施腐熟厩肥。花后宜疏剪老枝、密枝。

观赏特性及园林用途：晚春翠叶、白花，繁密似雪；秋叶橙黄色，亦燦然可观。可丛植于池畔、山坡、路旁、崖边。普通多作基础种植用，或在草坪角隅应用。

(2)珍珠花(雪柳、喷雪花、珍珠绣线菊)(图 17-109)

***Spiraea thunbergii* Sieb.**

高达 1.5m。小枝幼时有柔毛。叶腺状披针形，长 2～4cm。两面光滑无毛；花序伞形，无总梗，具 3～5 朵花，白色，径约 8mm；花梗细长。花期 4 月下旬(北京)。

原产于中国及日本。主要分布于浙江、江西、云南等地。

性强健，喜阳光，好温暖，宜润湿而排水良好土壤。

分株、硬枝扦插及播种繁殖均可。易栽培，管理一般。

本种叶形似柳，花白如雪，故又称“雪柳”。通常多丛植草坪角隅或作基础种植，亦可作切花用。

图 17-108　笑靥花

图 17-109　珍珠花
1. 花枝　2. 花

图 17-110　麻叶绣线菊

(3)麻叶绣线菊(石棒子、麻叶绣球)(图 17-110)

***Spiraea cantoniensis* Lour.**

高达1.5m，枝细长，拱形，平滑无毛。叶菱状长椭圆形至菱状披针形，长3~5cm，有深切裂锯齿，两面光滑，表面暗绿色，背面青蓝色，基部楔形。6月开白花，花序伞形总状，光滑。

品种及杂交种：'重瓣'麻叶绣线菊 *S. cantoniensis* 'Flore Pleno'('Lanceata')：叶披针形，花重瓣。

'杂种'绣线菊 S. ×*vanhouttei* Zabel：是麻叶绣线菊与三桠绣线菊的杂交种，较似前种，叶菱状卵形，长2~3.5cm，叶背青蓝色，5~6月开花；各地常有栽培。

原产福建、广东、江苏、浙江、云南、河南；日本亦有。

繁殖栽培及用途与笑靥花近似。

(4)三桠绣线菊(团叶绣球、三裂绣线菊、三桠绣球)

***Spiraea trilobata* L.**

高达1.5m。平滑无毛。叶近圆形，长1.5~3.0cm，基部圆形，有时近心脏形，有深切裂，圆形，通常3裂，具掌状脉，背面淡蓝绿色。伞房花序，多数白花密集。花期5~6月。

原产西伯利亚至俄罗斯的土耳其斯坦一带及我国北部河北、山东、河南、陕西、云南等地。

此种性稍耐荫，在北京附近山区阴坡，半阴坡岩石隙缝间野生甚多。性健壮，生长迅速。

通常行播种分株或扦插繁殖。

常栽供庭园观赏之用，可植于岩石园尤为适宜。

(5)补氏绣线菊(珍珠绣球、珍珠梅)(图 17-111)

***Spiraea blumei* Don.（*S. obtusa*, Nakai）**

高达1.5m。枝伸展，光滑。叶卵形至菱状卵形，先端钝，长2~4cm，基部楔形或广楔形，有深裂钝齿或具3~5不显明的裂片，背面灰蓝绿色。花序较小，伞形，花白色，杂性，花期5月。

原产中国、日本、朝鲜等。我国主要分布于长江流域(江西、湖北、四川)，但秦岭北坡及辽宁亦有野生。

性强健、耐寒、耐旱、喜阳、耐碱、怕涝、喜湿润肥沃的砂质壤土。

2~4月可进行压条、分株、播种，管理简单。

本种姿态优美，花洁白、秀丽，若与深绿的树丛为背景尤为醒目。也可栽在岩石园、山坡、小路两旁，或植于水边和作基础栽植。

图 17-111 补氏绣线菊

(6)粉花绣线菊(日本绣线菊)(图 17-112)

***Spiraea japonica* L. f.**

高可达 1.5m；枝光滑，或幼时具细毛，叶卵形至卵状长椭圆形，长 2～8cm，先端尖，叶缘有缺刻状重锯齿，叶背灰蓝色，脉上常有短柔毛；花淡粉红至深粉红色，偶有白色者，簇聚于有短柔毛的复伞房花序上；雄蕊较花瓣为长，花期 6～7 月。

原产日本；我国华东有栽培。

品种及杂种甚多，主要有'光叶'粉花绣线菊(' Fortunei')，植株较原种为高。叶长椭圆状披针形，长 5～10cm，先端渐尖，边缘重锯齿，尖锐而齿尖硬化并内曲，表面有皱纹，背面带白霜，无毛。花粉红色。

产江西、湖北、贵州等地，庐山有大量野生。

性强健，喜光，亦略耐荫，抗寒、耐旱。

花色娇艳，花朵繁多，可在花坛、花境、草坪及园路角隅等处构成夏日佳景，亦可作基础种植之用。

图 17-112 粉花绣线菊

1. 花枝 2. 花 3. 花纵剖面 4. 雄蕊

(7)绣线菊(柳叶绣线菊)

***Spiraea salicifolia* L.**

丛生灌木，高 1～2m。叶长椭圆形至披针形，长4～8cm，两面无毛。花粉红色，顶生圆锥花序。

分布于东北、内蒙古、河北；朝鲜、日本、俄罗斯也有分布。多生于海拔 200～900m 的河流沿岸、草原及山谷；是蜜源植物。

2. 风箱果属 *Physocarpus* Maxim.

落叶灌木，树皮成纵向剥裂；芽小，有 5 褐色鳞片。叶互生，具柄，通常 3 裂，叶基 3 出脉；叶缘有锯齿。花呈顶生伞形总状花序；花托杯形；萼片 5，镊合状；花瓣开展，近圆形较萼片略长，白色，稀粉色；雄蕊 20～40；雌蕊 1～5，基部连合。蓇葖果通常膨大，熟时沿腹背两缝线裂开；种子 2～5，带黄色。

约 14 种，13 种产于北美，1 种产于东南亚。

风箱果(图 17-113)

***Physocarpus amurensis* (Maxim.) Maxim.**

灌木，高约 3m。叶互生，广卵形，长 3.5～5.5cm，宽 3.5cm，叶端尖，叶基心形，稀截形，3～5 浅裂，叶缘有复锯齿，叶背脉有毛。花伞形总状花序，梗长约 1～2cm，密被星

图 17-113　风箱果

1. 花枝　2. 花纵剖　3. 果

状绒毛花白色，径约 1cm；萼筒杯状。蓇葖果膨大，熟时沿背腹两线开裂。花期 6 月。

分布于黑龙江、河北。朝鲜、俄罗斯亦有分布。

本种树形开展，在鲜绿色叶丛上面呈现出团团白色的花序，花虽然不美丽但却显得十分朴素淡雅，而在晚夏时膨大的果实又呈红色，故可供园林观赏用。在自然界，常丛生于山沟及树林边缘，故亦宜丛植于自然风景区中。性强健、耐寒，喜生于湿润而排水良好土壤，一般不需精细的栽培管理。通常用播种繁殖。种子亦可榨油用。

3. 珍珠梅属 *Sorbaria* A. Br.

落叶灌木；小枝圆筒形；芽卵圆形，叶互生，奇数羽状复叶，具托叶；小叶边缘有锯齿；花小、白色，成顶生的大圆锥花序。萼片 5 枚，反卷；花瓣 5 枚，卵圆形至圆形，雄蕊 20 ~ 50 枚，与花瓣等长或长过之；心皮 5 枚，与萼片对生，基部相连；蓇葖果沿腹缝线开裂。种子数枚。

本属约 7 种，原产于东亚，中国有 5 种；多数为林下灌木，少数种类已广泛栽培作观赏用。

分 种 检 索 表

A_1　雄蕊 20，短于或等于花瓣长度 ………………………………………… (1)珍珠梅 *S. kirilowii*

A_2　雄蕊 40 ~ 50，长于花瓣 ………………………………………… (2)东北珍珠梅 *S. sorbifolia*

(1)珍珠梅(吉氏珍珠梅)(图 17-114)

***Sorbaria kirilowii*(Reqel)Maxim.**

灌木，高 2 ~ 3m。小叶 13 ~ 21 枚，卵状披针形，长 4 ~ 7cm，重锯齿，无毛。花小，白色；雄蕊 20 枚，与花瓣等长或稍短。花期 6 ~ 8 月。

分布：河北、山西、山东、河南、陕西、甘肃、内蒙古。

习性：喜光又耐荫，耐寒，性强健，不择土壤。萌蘖性强、耐修剪。生长迅速。

繁殖栽培：可播种、扦插及分株繁殖。

观赏特性及园林用途：花、叶清丽，花期极长且正值夏季少花季节，故园林中多喜应用。

(2)东北珍珠梅(图 17-114)

***Sorbaria sorbifolia* A. Br.**

形态：直立落叶灌木，高达 2m。小叶 13 ~ 23 枚，披针形或卵状披针形，长 5 ~ 10cm，

图 17-114　珍珠梅(1～2)、东北珍珠梅(3～6)
1. 果序　2. 花纵剖　3. 花枝　4. 花纵剖　5. 果　6. 种子

重锯齿，叶背光滑。圆锥花序长 10～25cm，花小，白色，雄蕊 40～50 枚，长约为花瓣长度的 2 倍；蓇葖果、光滑，顶具下弯花柱。花期 6 月中旬至 7 月上旬最盛，但仍可陆续开至 10 月中旬,全部花期共长达 131d(北京)。

分布：原产亚洲北部，由乌拉尔至日本均有之。我国黑龙江、吉林、辽宁及内蒙古有分布。北京及华北等地多栽培。

习性：性强健，喜光，耐寒，也耐荫，对土壤要求不严，但喜肥厚湿润土，生长迅速。花期长，萌蘖性强，耐修剪。

繁殖栽培：以分株、扦插为主，成活率高，生长快。种子小，可盆播。但一般少采用。

观赏特性及园林用途：绿叶白花，观花观叶均很美丽；通常成丛栽植在草坪边缘或水边、房前、路旁，亦可单行栽成自然式绿篱，又是适合庭园背荫处种植的重要观赏花木之一。

4. 白鹃梅属 *Exochorda* Lindl.

落叶灌木。单叶互生，全缘或有齿；托叶无或小而早落。花白色，颇大，成顶生总状花序；花萼、花瓣各 5；雄蕊 15～30；心皮 5，合生。蒴果具 5 棱，熟时 5 瓣裂，每瓣具 1～2 粒有翅种子。

本属有 5 种，产于亚洲中部至东部。中国产 3 种。

白鹃梅（茧子花、金瓜果）（图 17-115）

***Exochorda racemosa*（Lindl.）Rehd.**

灌木，高达 3～5m，全株无毛。叶椭圆形或倒卵状椭圆形，长 3.5～6.5cm，全缘或上部有疏齿，先端钝或具短尖，背面粉蓝色。花白色，径约 4cm，6～10 朵成总状花序；花萼浅钟状，裂片宽三角形，花瓣倒卵形，基部有短爪；雄蕊 15～20，3～4 枚一束，着生于花盘边缘，并与花瓣对生。蒴果倒卵形。花期 4～5 月；果 9 月成熟。

产江苏、浙江、江西、湖南、湖北等地。

性强健，喜光，耐半荫；喜肥沃、深厚土壤；耐寒性颇强，在北京可露地越冬。常用播种及嫩枝扦插法繁殖。栽培管理比较简单。

图 17-115　白鹃梅
1. 花枝　2. 花纵剖　3. 果序

本种春日开花，满树雪白，是美丽的观赏树种。宜作基础栽植，或于草地边缘、林缘路边丛植。

5. 栒子属 *Cotoneaster*（B. Ehrh）Medik

灌木，无刺。单叶互生，全缘；托叶多针形，早落。花两性，成伞房花序，稀单生；雄蕊通常20；花柱2~5、离生，子房下位。小梨果红色或黑色，内含2~5小核，具宿存萼片。本属约90余种，分布于亚、欧及北非之温带。我国约60种。西南为分布中心。多数可作庭园观赏灌木。种子播种后1~3年发芽。

分种检索表

A_1 花瓣直立而小，倒卵形，粉红色。

  B_1 茎匍匐；花1~2朵；果红色。

    C_1 茎平铺地面，不规则分枝；叶缘常呈波状 …………（1）匍匐栒子 *C. adpressus*

    C_2 枝水平开张，成规则2列状分枝；叶缘不呈波状 …………（2）平枝栒子 *C. horizontalis*

  B_2 茎直立；花2~5朵；果黑色 …………（3）灰栒子 *C. acutifolius*

A_2 花瓣开展，近圆形，白色；果红色。

  B_1 落叶直立灌木；伞房花序具多花 …………（4）水栒子 *C. multiflorus*

  B_2 常绿匍匐灌木；花1~3朵 …………（5）小叶栒子 *C. microphyllus*

（1）匍匐栒子（图17-116）

***Cotoneaster adpressus* Bois**

落叶匍匐灌木，茎不规则分枝，平铺地面。小枝红褐色至暗褐色，幼时有粗状毛，后脱落。叶广卵形至倒卵形，长5~15mm，先端常圆钝，基部广楔形，全缘而常波状，表面暗绿色，背面幼时疏生短柔毛。花1~2朵，粉红色，径约7~8mm，近无梗；花瓣倒卵形，直立。果近球形，鲜红色，径6~7mm，常有2小核。花期6月；果熟期9月。

分布：产陕西、甘肃、青海、湖北、四川、贵州、云南等地。印度、缅甸、尼泊尔也有。多生于海拔1900~4000m的山坡杂木林中。

习性：性强健，尚耐寒，喜排水良好之壤土，可在石灰质土

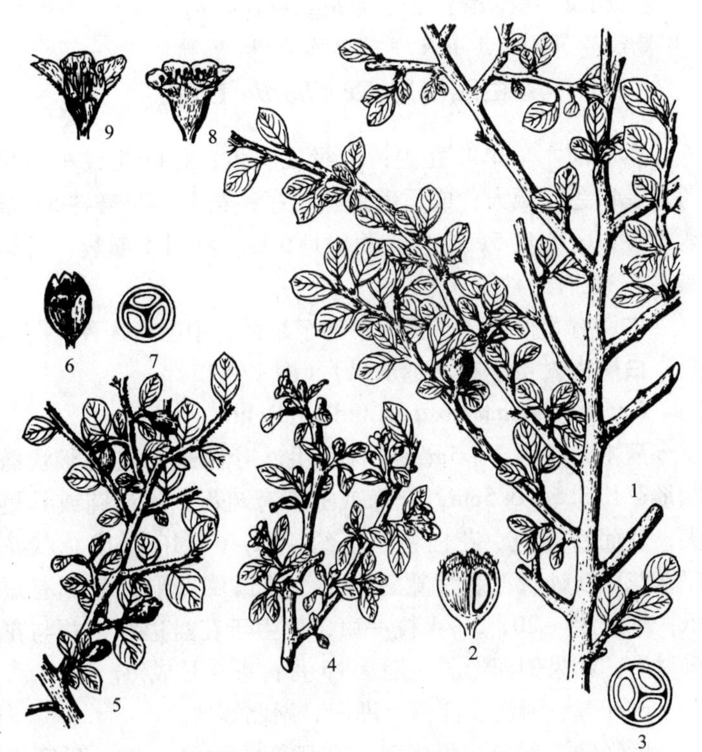

图17-116 匍匐栒子（1~3）、平枝栒子（4~9）

1. 果枝 2. 果纵剖 3. 果横剖 4. 花枝 5. 果枝 6. 果纵剖 7. 果横剖 8. 花 9. 花纵剖

壤中生长。

繁殖栽培：繁殖以扦插及播种为主，也可秋季压条。扦插以夏季在冷床中进行为好；播种则秋播较好，春播须先层积处理，但发芽率均不高。无须特别管理，在必要时可疏剪过密之枝。

观赏特性及园林用途：本种为良好的岩石园种植材料，入秋红果累累，平卧岩壁，极为美观。

（2）平枝栒子（铺地蜈蚣）（图 17-116）

Cotoneaster horizontalis **Decne.**

落叶或半常绿匍匐灌木；枝水平开张成整齐 2 列，宛如蜈蚣。叶近圆形至倒卵形，长 5～14mm，先端急尖，基部广楔形，表面暗绿色，无毛，背面疏生平贴细毛。花 1～2 朵，粉红色，径 5～7mm，近无梗；花瓣直立，倒卵形。果近球形，径 4～6mm，鲜红色，常有 3 小核。5～6 月开花；果 9～10 月成熟。

产陕西、甘肃、湖北、湖南、四川、贵州、云南等地。多生于海拔 2000～3500m 的灌木丛中。

繁殖栽培同前种。

本种较匍匐栒子略小而结实较多，最宜作基础种植材料，红果平铺墙壁，经冬至春不落，甚为夺目；也可植于斜坡及岩石园中。此外，根或全株可药用。

（3）灰栒子（图 17-117）

Cotoneaster acutifolia **Turcz.**

落叶灌木，高 3～4m。枝细长开展，棕褐色，幼时有长柔毛。叶卵形至卵状椭圆形，长 3～6cm，先端急尖或渐尖，基部广楔形，表面浓绿色，背面淡绿色，疏生柔毛，后渐脱落。花浅粉红色，径 7～8mm，花瓣直立，花萼有短柔毛；2～5 朵成聚伞花序，有毛。果椭圆形，长约 1cm，黑色，有 2～3 小核。花期 5～6 月；果熟期 9～10 月。

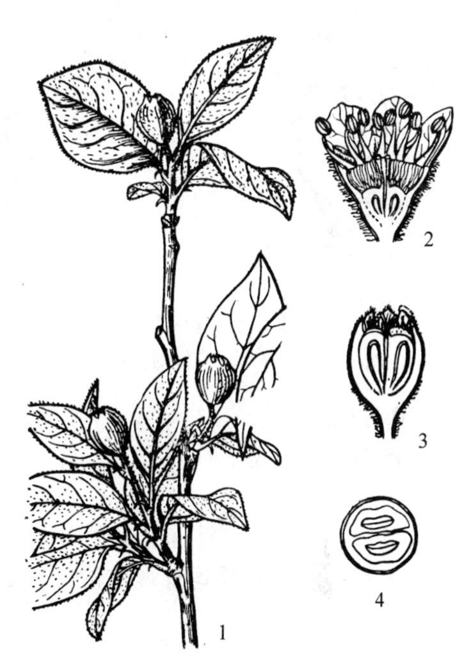

图 17-117　灰栒子

1. 果枝　2. 花纵剖　3. 果纵剖　4. 果横剖

产内蒙古、河北、山西、河南、陕西、甘肃、青海、湖北、四川、贵州、云南等地。生于海拔 1400～3700m 的山坡或山沟丛林中。

性强健，耐寒、耐旱。

宜于草坪边缘或树坛内丛植。

（4）水栒子（多花栒子）（图 17-118）

Cotoneaster multiflorus **Bunge**

落叶灌木，高 2～4m。小枝细长拱形，幼时有毛，后变光滑，紫色。叶卵形，长 2～5cm，先端常圆钝，基部广楔形或近圆形，幼时背面有柔毛，后变光滑，无毛。花白色，径 1～1.2cm，花瓣开展，近圆形，花萼无毛；6～21 朵成聚伞花序，无毛。果近球形或倒卵

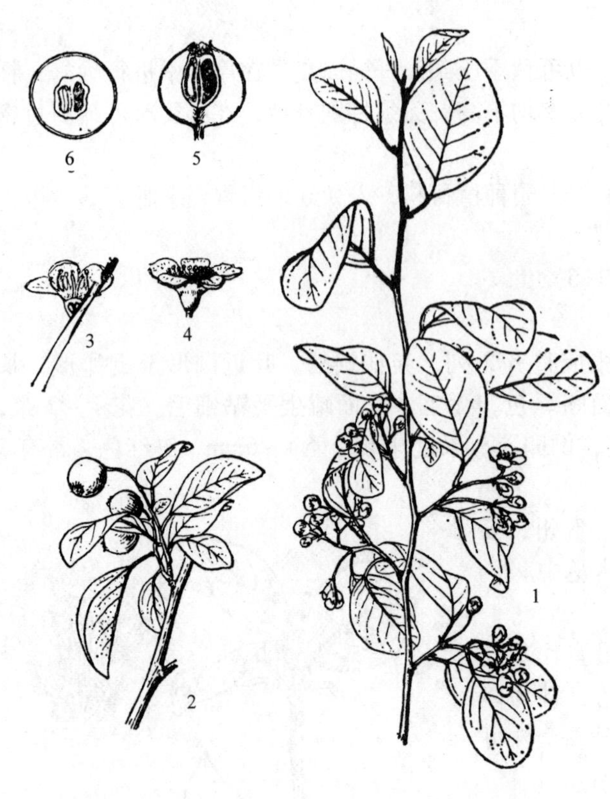

图 17-118 水栒子

1. 花枝 2. 果枝 3. 花纵剖 4. 花 5. 果纵剖 6. 果横剖

形，径约 8mm，红色，具 1 ~ 2 核。花期 5 月；果熟期 9 月。

广布于东北、华北、西北和西南；亚洲西部和中部其他地区也有。生于海拔 1200 ~ 3000m 的沟谷或山坡杂木林中。

性强健。耐寒，喜光而稍耐荫，对土壤要求不严，极耐干旱和瘠薄；耐修剪。

本种花果繁多而美丽，宜丛植于草坪边缘及园路转角处观赏。

（5）小叶栒子

***Cotoneaster microphyllus* Wall.**

常绿矮生灌木；高达 1m，枝开展。叶倒卵形至倒卵状椭圆形，长 4 ~ 10mm，先端常圆钝，基部广楔形，表面有光泽，背面有灰白色短柔毛。花白色，径约 1cm，花瓣开展，近圆形，萼外有毛；通常单生，偶有 2 ~ 3 朵聚生。果球形，红色，径 5 ~ 6mm，常有 2 小核，5 ~ 6 月开花；果 9 ~ 10 月成熟。

产四川、云南、西藏等地。印度、缅甸也有。生于海拔 2500 ~ 4100m 的多石山坡地灌丛中。

性强健，耐寒，耐旱，既可在岩石中生长，又可在海滨生长，且耐荫。一般不行修剪。

本种姿状及花果均有观赏价值，是岩石园的良好种植材料。

6. 火棘属 *Pyracantha* Roem.

常绿灌木；枝常有棘刺。单叶互生，有短柄；托叶小，早落。花白色，小而多，成复伞房花序；雄蕊 20；心皮 5，腹面离生，背面有 1/2 连于萼筒。梨果形小，红色或橘红色，内含 5 小硬核。

本属有 10 种，分布于亚洲东部至欧洲南部；中国 7 种，主要分布于西南地区。

分 种 检 索 表

A_1 花萼及叶背无毛或近无毛；叶缘有细齿。

　B_1 叶倒卵形至倒卵状长椭圆形，先端常圆钝或微凹 ······························ （1）火棘 *P. fortuneana*

　B_2 叶长椭圆形至倒披针形，先端尖而常有小刺 ······························ （2）细圆齿火棘 *P. crenulata*

A_2 花萼及叶背密被灰色绒毛；叶狭长而全缘 ······························ （3）窄叶火棘 *P. angustifolia*

(1) **火棘**(火把果)(图17-119)

***Pyracantha fortuneana* (Maxim) Li (*P. crenato-serrata* Rehd.)**

形态：常绿灌木，高约3m。枝拱形下垂，幼时有锈色短柔毛，短侧枝常成刺状。叶倒卵形至倒卵状长椭圆形，长1.5~6cm，先端圆钝微凹，有时有短尖头，基部楔形，缘有圆钝锯齿，齿尖内弯，近基部全缘，两面无毛。花白色。径约1cm，成复伞房花序。果近球形，红色，径约5mm。花期5月；果熟期9~10月。

图17-119 火 棘

分布：产陕西、江苏、浙江、福建、湖北、湖南、广西、四川、云南、贵州等地。生于海拔500~2800m的山地灌丛中或河沟。

习性：喜光，不耐寒，要求土壤排水良好。

繁殖栽培：一般采用播种繁殖，秋季采种后即播；也可在晚夏进行软枝扦插。移植时尽量少伤根系，或带土团。定植后要适当重剪，成活后不需精细管理。

观赏特性及园林用途：本种枝叶茂盛，初夏白花繁密，入秋果红如火，且留存枝头甚久，美丽可爱。在庭园中常作绿篱及基础种植材料，也可丛植或孤植于草地边缘或园路转角处。果枝还是瓶插的好材料，红果可经久不落。

经济用途：果可酿酒或磨粉代食。

(2) 细圆齿火棘

***Pyracantha crenulata* Roem.**

常绿灌木，高可达5m。幼枝叶柄有锈色毛。叶长椭圆形至倒披针形，长2~7cm，先端尖而常有小刺头，缘具细圆锯齿，两面无毛，叶面光亮。花白色，径6~9mm，成复伞房花序。果橘红色，径6~8mm。花期5~6月；果熟期9~10月。

产陕西、江苏、湖北、湖南、广东、广西、贵州、四川、云南等地。印度、不丹、尼泊尔也有。生于海拔750~2400m的山坡丛 林或草地中。

习性、繁殖、栽培及用途大致与火棘相同。

(3) 窄叶火棘

***Pyracantha angustifolia* Schneid.**

常绿灌木，高达4m。叶狭长椭圆形至狭倒披针形，长1.5~5cm，全缘或端具不显小齿，背面有灰白绒毛、花白色，径约8mm，花序伞房状，密生褐绒毛。果橘红色或砖红色。花期5~6月；果熟期9~10月。

产中国西南部及中部。

用途同火棘。

7. 山楂属 *Crataegus* L.

落叶小乔木或灌木，通常有枝刺。叶互生，有齿或裂；托叶较大。花白色，少有红色；成顶生伞房花序。萼片、花瓣各5，雄蕊5 ~25，心皮1 ~5。果实梨果状，内含1 ~5 骨质小核。

本属约1000 种，广泛分布于北半球温带，尤以北美东部为多；中国约17 种。

山楂（图 17-120）

***Crataegus pinnatifida* Bunge**

落叶小乔木，高达6m。叶三角状卵形至菱状卵形，长5 ~ 12cm，羽状5 ~9 裂，裂缘有不规则尖锐锯齿，两面沿脉疏生短柔毛，叶柄细，长2 ~6cm；托叶大而有齿。花白色，径约1. 8cm，雄蕊20；伞房花序有长柔毛。果近球形或梨形，径约1. 5cm，红色，有白色皮孔。花期5 ~6 月；果10 月成熟。

产于东北、华北等地；朝鲜及俄罗斯西伯利亚地区也有。生于海拔100 ~1500m 的山坡林边或灌丛中。

性喜光，稍耐荫，耐寒，耐干燥、贫瘠土壤，但以在湿润而排水良好之砂质壤土生长最好。根系发达，萌蘖性强。

繁殖可用播种和分株法，播前必需沙藏层积处理。

变种：山里红（var. *major* N. E. Br.）：又名大山楂，树形较原种大而健壮；叶较大而厚，羽状3 ~5 浅裂；果较大，径约2. 5cm，深红色。在东北南部、华北，南至江苏一带普遍作为果树栽培。树性强健，结果多，产量稳定，山区、平地均可栽培。繁殖以嫁接为主，砧木用普通的山楂。

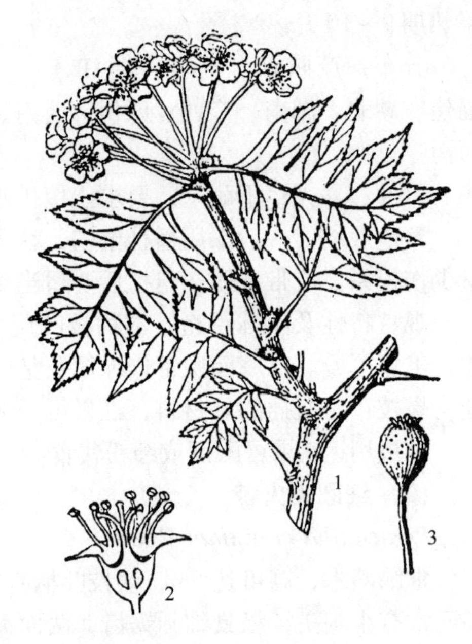

图 17-120 山 楂

1. 花枝 2. 花纵剖面 3. 果

原种及其变种均树冠整齐，花繁叶茂，果实鲜红可爱，是观花、观果和园林结合生产的良好绿化树种。可作庭荫树和园路树。原种还可作绿篱栽培。果实酸甜，除生食外，可制糖葫芦、山楂酱、山楂糕等食品；干制后入药，有健胃、消积化滞、舒气散淤之效。

8. 枇杷属 *Eriobotrya* Lindl.

常绿小乔木或灌木。单叶互生，具短柄或近无柄，缘有齿，羽状侧脉直达齿尖。花白色，成顶生圆锥花序；花萼5 裂，宿存；花瓣5，具爪；雄蕊20；心皮合生，子房下位，2 ~5 室，每室具2 胚珠。梨果含1 至数大粒种子。

本属共30 余种，主要产亚洲温带及亚热带；我国产13 种，华中、华南、华西均有分布。

枇杷（图 17-121）

***Eriobotrya japonica*（Thunb.）Lindl.**

形态：常绿小乔木，高可达 10m。小枝、叶背及花序均密被锈色绒毛。叶粗大革质，常为倒披针状椭圆形，长 12～30cm，先端尖，基部楔形，锯齿粗钝，侧脉 11～21 对，表面多皱而有光泽。花白色，芳香，10～12 月开花，次年初夏果熟。果近球形或梨形，黄色或橙黄色，径 2～5cm。

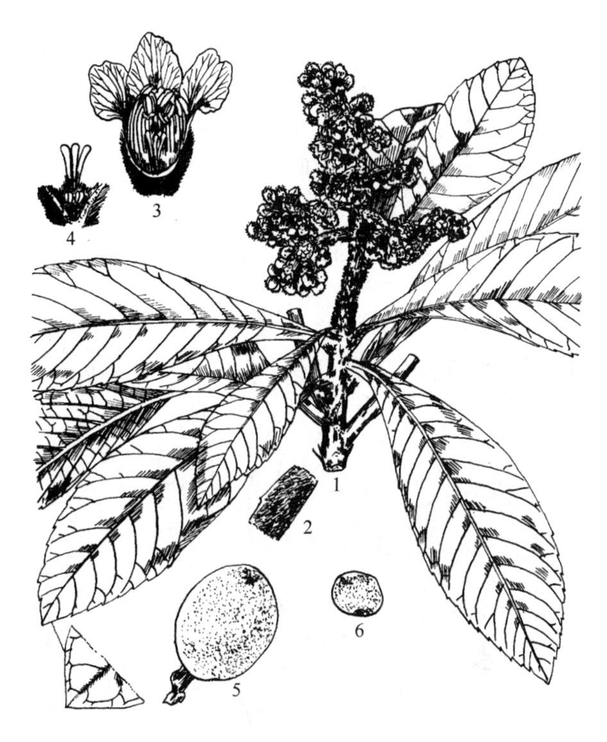

图 17-121 枇 杷

1. 花枝 2. 叶片断的下面 3. 花纵剖 4. 花纵剖示雌蕊 5. 果 6. 种子

分布：原产于中国，四川、湖北有野生；南方各地多作果树栽培。浙江塘栖、湖南洞庭及福建莆田都是枇杷的有名产地。越南、缅甸、印度、印度尼西亚、日本也有栽培。

习性：喜光，稍耐荫，喜温暖气候及肥沃湿润而排水良好之土壤，不耐寒。生长缓慢，寿命较长；一年能发 3 次新梢。嫁接苗 4～5 年生开始结果，15 年左右进入盛果期，40 年后产量减少。

繁殖栽培：枇杷繁殖以播种、嫁接为主，扦插、压条也可。优良品种多用嫁接繁殖，砧木用枇杷实生苗或石楠、榅桲苗。播种一般在秋季进行，第 3 年春季进行枝接，接活后当年秋季或次年春季可以移栽。栽植要选向阳避风处，因为枇杷是冬季开花，如果开花时受了冻害，就会影响结果。栽植的株行距为 4～5m。移栽时要带土球，栽后宜疏去部分枝叶，并注意及时灌水。霉雨季节要注意排水防涝。枇杷树冠整齐，层性明显，一般不必在修剪上下功夫，只需将其不适当的枝条稍作调整即可。切不可随意剪去枝条顶端，因为它开花结果都在枝条顶端。为了使其结果良好，要在秋后开花前施 1 次人粪尿或动物粪肥。

观赏特性及园林用途：枇杷树形整齐美观，叶大荫浓，常绿而有光泽，冬日白花盛开，初夏黄果累累，南方暖地多于庭园内栽植，是园林结合生产的好树种。

经济用途：果味鲜美，酸甜适口，上市早，除生食外，还可酿酒或制成罐头。叶晒干去毛后，可供药用。有化痰止咳、和胃降气等效。花为良好的蜜源。木材红棕色，可作木梳、手杖等用。

9. 花楸属 *Sorbus* L.

落叶乔木或灌木。叶互生，有托叶，单叶或奇数羽状复叶，有锯齿。花白色，罕为粉红色，成顶生复伞房花序；雄蕊 15～20，心皮 2～5，各含 2 胚珠，花柱离生或基部连合。果实为2~5室的梨果，形小，子房壁成软骨质，每室有1~2种子。

本属有80余种，广布于北半球温带；中国约60种。

分种检索表

A_1 奇数羽状复叶，小叶长椭圆形，花萼宿存 ………………………………（1）百华花楸 *S. pohuashanensis*

A_2 单叶，卵形至椭圆状卵形；花萼早落 ………………………………（2）水榆花楸 *S. alnifolia*

（1）百华花楸（花楸树、臭山槐）（图17-122）

***Sorbus pohuashanensis*（Hance）Hedl.**

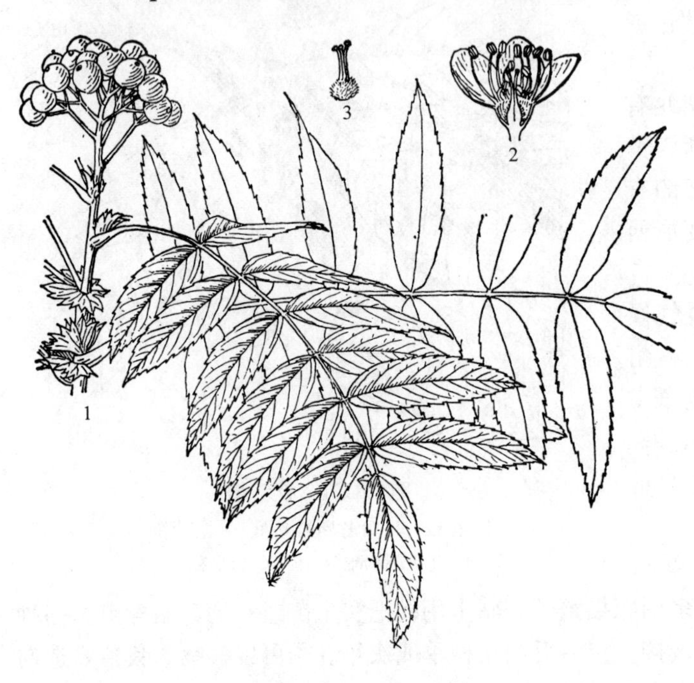

图17-122 百华花楸

1. 果枝 2. 花纵剖面 3. 子房

形态：小乔木，高达8m。小枝及芽均具绒毛，托叶大，近卵形，有齿缺；奇数羽状复叶，小叶11~15枚，长椭圆形至长椭圆状披针形，长3~8cm，先端尖，通常中部以上有锯齿，背面灰绿色，常有柔毛。花序伞房状，具绒毛；花白色，径6~8mm。果红色，近球形，径6~8mm。花期5月；果熟期10月。

分布：产于东北、华北至甘肃一带。生于海拔900~2500m山坡或山谷杂木林中。

习性：喜湿润之酸性或微酸性土壤，较耐荫。

繁殖栽培：播种繁殖，种子采后须先沙藏层积，春天播种。

观赏特性及园林用途：本种花叶美丽，入秋红果累累，是优美的庭园风景树。风景林中配植若干，可使山林增色。

经济用途：果实可酿酒，制果酱、果醋等，含多种维生素，并作药用。

（2）水榆花楸（水榆、千筋树）（图17-123）

***Sorbus aloifolia*（Sieb. et Zucc.）K. Koch**

乔木，高达20m。树皮光滑，灰色；小枝有灰白色皮孔，光滑或稍有毛。单叶卵形至椭圆状卵形，长5~10cm，先端锐尖，基部圆形，缘有不整齐尖锐重锯齿，两面无毛或稍有短柔毛。复伞房花序，有花6~25朵；花白色，径1~1.5cm，花柱常为2。果椭球形或卵形，径7~10mm，红色或黄色，不具斑点、花期5月；果熟期11月。

图17-123 水榆花楸

1. 花枝 2. 果

产长江流域、黄河流域及东北南部。朝鲜、日本也有。生于海拔 500 ~ 2300m 的山坡、山沟、山顶混交林或灌木丛中。

本种树形高大，树冠圆锥形，秋天叶先变黄后转红，又硕果累累，颇为美观，可作园林风景树栽植。

果可食用或酿酒。

10. 石楠属 *Photinia* Lindl.

落叶或常绿，灌木或乔木。单叶，有短柄，边缘常有锯齿，有托叶。花小而白色，成伞房或圆锥花序；萼片 5，宿存；花瓣 5，圆形；雄蕊约为 20；花柱 2，罕 3 ~ 5，至少基部合生；子房 2 ~ 4 室，近半上位。梨果，含 1 ~ 4 粒种子，顶端圆且洼。

本属 60 余种，主产亚洲东部及南部；中国产 40 余种，多分布于温暖的南方。

分种检索表

A_1 叶柄短，长 0.5 ~ 1.5cm；叶片较小；树干、枝条上有刺 ……………… (1) 椤木石楠 *Ph. davidsoniae*

A_2 叶柄长，长 2 ~ 4cm；叶片较大；干、枝上无刺 …………………………………… (2) 石楠 *Ph. serrulata*

(1) 椤木石楠（椤木）（图 17-124）

***Photinia davidsoniae* Rehd. et Wils.**

常绿乔木，高 6 ~ 15m，幼枝棕色，贴生短毛，后呈紫褐色，最后呈灰色无毛。树干及枝条上有刺。叶革质，长圆形至倒卵状披针形，长 5 ~ 15cm，宽 2 ~ 5cm，叶端渐尖而有短尖头，叶基楔形，叶缘有带腺的细锯齿；叶柄长 0.8 ~ 1.5cm。花多而密，呈顶生复伞房花序；花序梗、花柄均贴生短柔毛；花白色，径 1 ~ 1.2cm。梨果，黄红色，径 7 ~ 10mm。花期 5 月；果 9 ~ 10 月成熟。

分布于华中、华南、西南各地。花、叶均美，可作刺篱用。

(2) 石楠 *Photinia serrulata* Lindl.（图 17-125）

常绿小乔木，高达 12m。全体几无毛。叶长椭圆形至倒卵状长椭圆形，长 8 ~ 20cm，先端尖，基部圆形或广楔形，缘有细尖锯齿，革质有光泽，幼叶带红色。花白色，径 6 ~ 8mm，成顶生复伞房花序。果球形，径 5 ~ 6mm，红色。花期 5 ~ 7 月；果熟期 10 月。

产中国中部及南部；印度尼西亚也有。生

图 17-124 椤木石楠

1. 花枝 2. 花 3. 花纵剖面 4. 果枝

图 17-125　石　楠

1. 花枝　2. 花　3. 花去雄蕊示雌蕊

于1000～2500m 的杂木林中。

喜光，稍耐荫；喜温暖，尚耐寒，能耐短期的－15℃低温，在西安可露地越冬；喜排水良好的肥沃壤土，也耐干旱瘠薄，能生长在石缝中，不耐水湿。生长较慢。

繁殖以播种为主，种子进行层积，次年春天播种。也可在7～9月进行踵状扦插或于秋季进行压条繁殖。一般无需修剪，也不必特殊管理。

本种树冠圆形，枝叶浓密，早春嫩叶鲜红，秋冬又有红果，是美丽的观赏树种。园林中孤植、丛植及基础栽植都甚为合适，尤宜配植于整形式园林中。

木材坚硬致密，可作器具柄、车轮等；种子可榨油供制肥皂等，叶和根供药用，有强壮、利尿、解热、镇痛之效。此外，石楠可作枇杷的砧木，用石楠嫁接的枇杷寿命长，耐瘠薄土壤，生长强壮。

11. 木瓜属 *Chaenomeles* Lindl.

落叶或半常绿灌木或小乔木，有时具枝刺。单叶互生，缘有锯齿；托叶大。花单生或簇生；萼片5，花瓣5，雄蕊20或更多；花柱5，基部合生；子房下位，5室，各含多数胚珠。果为具多数褐色种子的大形梨果。

本属共5种，中国4种，日本1种。

分种检索表

A_1　枝有刺；花簇生；萼片全缘，直立；托叶大。

　B_1　小枝平滑，2年生枝无疣状突起。

　　C_1　叶卵形至椭圆形，幼时背面无毛或稍有毛，锯齿尖锐 ………………… (1) 贴梗海棠 *C. speciosa*

　　C_2　叶长椭圆形至披针形，幼时背面密被褐色绒毛，锯齿刺芒状 …… (2) 木瓜海棠 *C. cathayensis*

　B_2　小枝粗糙，2年生枝有疣状突起；叶倒卵形至匙形，背面无毛，锯齿圆钝 ………………………… (3) 日本贴梗海棠 *C. japonica*

A_2　枝无刺；花单生；萼片有细齿；反折；托叶小 ……………………………… (4) 木瓜 *C. sinensis*

(1) 贴梗海棠（铁角海棠、贴梗木瓜、皱皮木瓜）（图 17-126）

Chaenomeles speciosa **(Sweet) Nakai C. lagenaria Koidz.**

形态：落叶灌木，高达2m，枝开展，无毛，有刺。叶卵形至椭圆形，长3～8cm，先端尖，基部楔形，缘有尖锐锯齿，齿尖开展，表面无毛，有光泽，背面无毛或脉上稍有毛；托叶大，肾形或半圆形，缘有尖锐重锯齿。花 3～5 朵簇生于 2 年生老枝上，朱红、粉红或白色，径约3～5cm；萼筒钟状，无毛，萼片直立；花柱基部无毛或稍有毛；花梗粗短或近于无梗。果卵形至球形，径 4～6cm，黄色或黄绿色，芳香，萼片脱落，花期 3～4 月，先叶开放；果熟期 9～10 月。

分布：产于我国陕西、甘肃、四川、贵州、云南、广东等地，缅甸也有。

习性：喜光，有一定耐寒能力，北京小气候良好处可露地越冬；对土壤要求不严，但喜排水良好的肥厚壤土，不宜在低洼积水处栽植。

图 17-126　贴梗海棠

1. 花枝　2. 叶、托叶

繁殖栽培：主要用分株、扦插和压条法繁殖；播种也可，但很少采用。分株在秋季或早春将母株掘起分割，每株 2～3 个枝干，栽后 3 年又可再行分株。一般在秋季分株后假植，以促使伤口愈合，次年春天定植。硬枝扦插与分株时期相同；在生长季中进行嫩枝扦插，较易生根。压条也在春、秋两季进行，约一个多月即可生根，至秋后或次春可分割移栽。管理比较简单，一般在开花后剪去上年枝条的顶部，只留 30cm 左右，以促使分枝，增加明年开花数量。如要催花，可在 9～10 月间掘取合适植株上盆，入冬后移入温室，温度不要过高，经常在枝上喷水，这样在元旦前后即可开花。催花后待天气转暖再回栽露地，经 1、2 年充分恢复后才可再行催花。

观赏特性及园林用途：本种早春叶前开花，簇生枝间，鲜艳美丽，且有重瓣及半重瓣品种，秋天又有黄色、芳香的硕果，是一种很好的观花、观果灌木。宜于草坪、庭院或花坛内丛植或孤植，又可作为绿篱及基础种植材料，同时还是盆栽和切花的好材料。

经济用途：果供药用，是制木瓜酒的主要原料，能疏经活络，镇痛消肿，治风湿性关节痛。

（2）木瓜海棠（木桃、毛叶木瓜）

Chaenomeles cathayensis*（Hemsl.）Schneid.**　（C. lagenaria* var. *cathayensis* Rehd.**；***C. lagenaria* var. *wilsonii* Rehd.**）

落叶灌木至小乔木，高 2～6m。枝直立，具短枝刺。叶长椭圆形至披针形，长 5～11cm，缘具芒状细尖锯齿，表面深绿且有光泽，背面幼时密被褐色绒毛，后渐脱落，叶质较厚。花淡红色或近白色，花柱基部有毛；2～3 朵簇生于 2 年生枝上，花梗粗短或近无梗。果卵形至长卵形，长 8～12cm，黄色有红晕，芳香。花期 3～4 月，先叶开放；果熟期 9～10 月。

产于陕西、甘肃、江西、湖北、湖南、四川、云南、贵州、广西等地。

各地栽培观赏。耐寒力不及木瓜和贴梗海棠。果入药，可作木瓜之代用品。

(3) 日本贴梗海棠（倭海棠）

***Chaenomeles japonica* Lindl.**

落叶矮灌木，通常高不及1m。枝开展有刺；小枝粗糙，幼时具绒毛，紫红色，2年生枝有疣状突起，黑褐色。叶广卵形至倒卵形或匙形，长3~5cm，先端钝或短急尖，缘具圆钝锯齿，两面无毛。花3~5朵簇生，砖红色；果近球形，径3~4cm，黄色。

原产日本；中国各地庭园习见栽培，有白花、斑叶和平卧变种。

(4) 木瓜（图17-127）

***Chaenomeles sinensis*（Thouin）Koehne**

落叶小乔木，高达5~10m。干皮成薄皮状剥落；枝无刺，但短小枝常成棘状；小枝幼时有毛。叶卵状椭圆形，长5~8cm，先端急尖，缘具芒状锐齿，幼时背面有毛，后脱落，革质，叶柄有腺齿。花单生叶腋，粉红色，径2.5~3cm。果椭圆形，长10~15cm，暗黄色，木质，有香气。花期4~5月，叶后开放；果熟期8~10月。

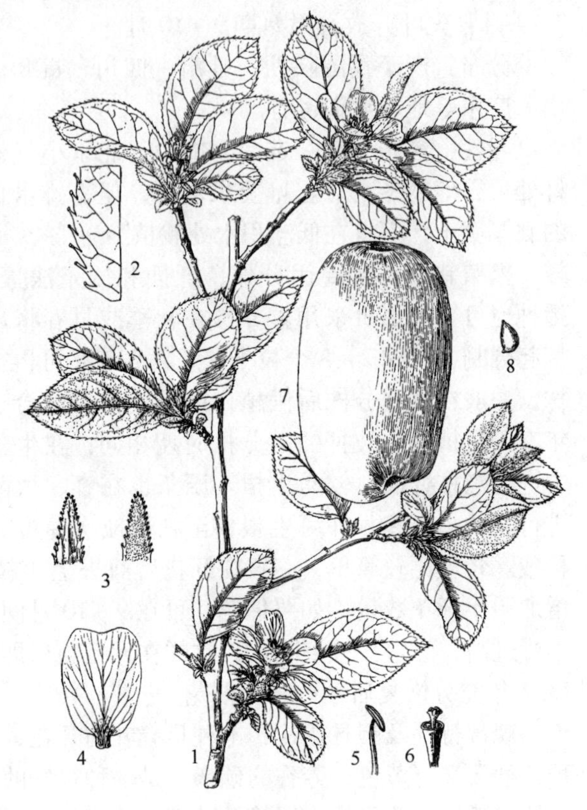

图17-127 木 瓜

1. 花枝 2. 叶缘放大 3. 萼片 4. 花瓣 5. 雄蕊 6. 雌蕊 7. 果实 8. 种子

产于山东、陕西、安徽、江苏、浙江、江西、湖北、广东、广西等地。

喜光，喜温暖，但有一定的耐寒性，北京在良好小气候条件下可露地越冬；要求土壤排水良好，不耐盐碱和低湿地。

可用播种及嫁接法繁殖，砧木一般用海棠果。生长较慢，10年左右才能开花。一般不作修剪，只除去病枝和枯枝即可。

本种花美果香，常植于庭园观赏。

果实味涩，水煮或糖渍后可食用，入药有解酒、去痰、顺气、止痢之效。又因果有色有香，也常供室内陈列观赏。木材坚硬，可作床柱等用。

12. 榅桲属 *Cydonia* Mill.

落叶灌木或小乔木；芽小，有柔毛，有数枚芽鳞。叶有柄，全缘；有托叶。花白色或淡粉色。梨果。

本属含1种。产土耳其及伊朗，中国有栽培。

榅桲（木梨）（图17-128）

***Cydonia oblonga* Mill.**

灌木或小乔木，高达8m。树皮黑色，小枝稍扭转，幼枝有绒毛。叶阔卵形至长圆形，

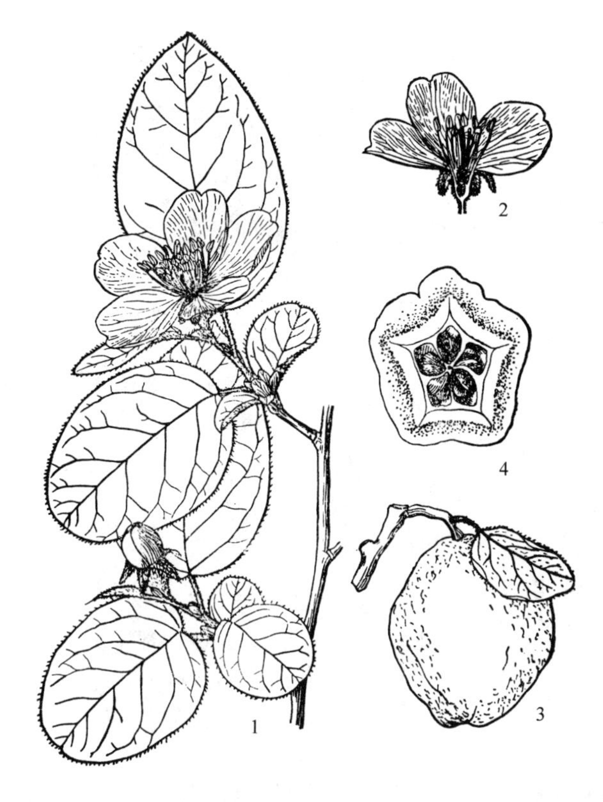

图 17-128 榅 桲

1. 花枝 2. 花纵剖 3. 果 4. 果横剖

长 5～10cm，叶端尖，叶基圆或亚心脏形，全缘，叶表老时无毛，叶背密生绒毛；叶柄长 1～2cm，有绒毛；具托叶。花与叶同时开放，单生于枝端，径 4～6cm，白色或淡粉红色；萼片 5，全缘，反卷有毛；花瓣 5，倒卵形；雄蕊 20；花柱 5，离生，基有柔毛；子房下位，5 室，每室含多数胚珠。梨果黄色，有香气。花期 5 月；果 10 月成熟。

原产于伊朗，中国西北各地有栽培。

本种可作苹果及梨的砧木，可用播种及根插法繁殖。果味甜酸而有香气，可生食或蜜饯，又可入药，主治肠虚水泻，种子含黏液，有止咳之效。

13. 苹果属 *Malus* Mill.

落叶乔木或灌木。叶有锯齿或缺裂，有托叶。花白色、粉红色至紫红色，成伞形总状花序；雄蕊 15～50，花药通常黄色；子房下位，3～5 室，花柱 2～5，基部合生。梨果，无或稍有石细胞。

本属约 35 种，广泛分布于北半球温带；中国 23 种。多数为重要果树及砧木或观赏树种。

分种检索表

A_1 萼片宿存（西府海棠间或脱落）。

B_1 萼片较萼筒长，先端尖。

C_1 叶缘锯齿圆钝；果扁球形或球形，先端常隆起，萼洼下陷，果柄粗短 ……… (1) 苹果 *M. pumila*

C_2 叶缘锯齿尖锐；果卵圆形，先端渐狭不隆起，萼洼微突，果梗细长。

D_1 果较大，径 4～5cm，黄色或红果，宿存萼片无毛 ………………………… (2) 花红 *M. asiatica*

D_2 果较小，径 2～2.5cm，红色，宿存萼片有毛 ………………………… (3) 海棠果 *M. prunifolia*

B_2 萼片较萼筒短或等长。

C_1 叶基部广楔形或近圆形，叶柄长 1～2.5cm；果黄色，基部无凹陷 ……… (4) 海棠花 *M. spectabilis*

C_2 叶基渐狭，叶柄长 2～2.5cm；果红色，基部有凹陷 ……………… (5) 西府海棠 *M. micromalus*

A_2 萼片脱落。

B_1 萼片长于萼筒，狭披针形；花白色，花柱 5，罕为 4 ……………………… (6) 山荆子 *M. baccata*

B_2 萼片短于萼筒或等长，三角状卵形；花白色或粉红色。

C_1 萼片先端尖；花柱 4～5 ………………………………………………… (7) 垂丝海棠 *M. halliana*

C_2 萼片先端圆钝；花柱 3，罕 4 ……………………………………… (湖北海棠 *M. hupehensis*)

(1) 苹果（图 17-129）

***Malus pumila* Mill.**

形态：乔木，高达 15m。小枝幼时密生绒毛，后变光滑，紫褐色。叶椭圆形至卵形，长 4.5～10cm，先端尖，缘有圆钝锯齿，幼时两面有毛，后表面光滑，暗绿色。花白色带红晕，径 3～4cm，花梗与萼均具灰白绒毛，萼片长尖，宿存，雄蕊 20，花柱 5。果为略扁之球形，径 5cm 以上，两端均凹陷，端部常有棱脊。花期 4～5 月；7～11 月果熟。

图 17-129 苹 果

1. 花枝 2. 去二花瓣，示花柱基部合生 3. 去花瓣之花纵剖面 4. 果

分布：原产欧洲东南部，小亚细亚及南高加索一带，在欧洲久经栽培，培育成许多品种。1870 年前后始传入我国烟台，近年在东北南部及华北、西北各地广泛栽培，以辽宁、山东、河北栽培最多，江苏、浙江、湖北、四川、贵州、云南也有栽培。主要品种有：'国光'、'青香蕉'、'金帅'、'元帅'、'红玉'、'红星'、'金冠'、'倭锦'、'祝'等。

习性：苹果为温带果树，要求比较冷凉和干燥的气候，喜阳光充足，以肥沃深厚而排水良好的土壤为最好，不耐瘠薄。一般定植后 3～5 年开始结果，树龄可达百余年。

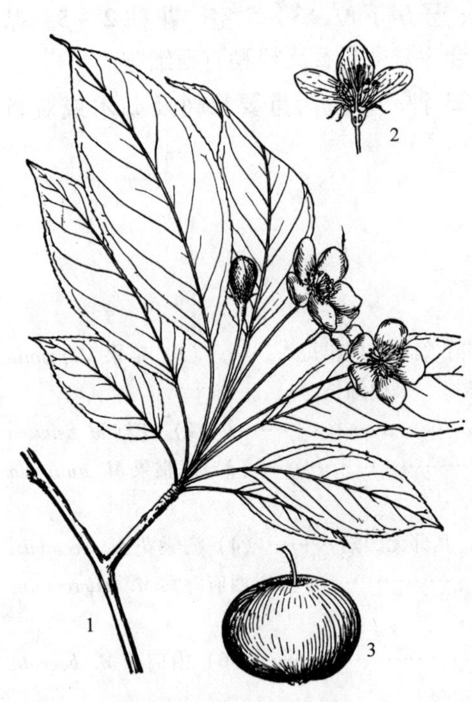

图 17-130 花 红

1. 花枝 2. 花纵剖面 3. 果

繁殖栽培：嫁接繁殖，砧木用山荆子或海棠果。定植深度一般要使接口高出地面少许，埋得太深易得根腐病。苹果作果园经营时，栽培管理要求比较精细，还要考虑品种和授粉树的配置；每个品种的管理技术均有所不同，各有其严格的整形修剪、水肥管理和病虫害防治等措施，这样才能获得优质高产。在园林中结合生产栽培时，宜选用适应性较强、病虫害较少的品种。

观赏特性及园林用途：开花时节颇为可观；果熟季节，累累果实，色彩鲜艳，深受广大群众所喜爱。

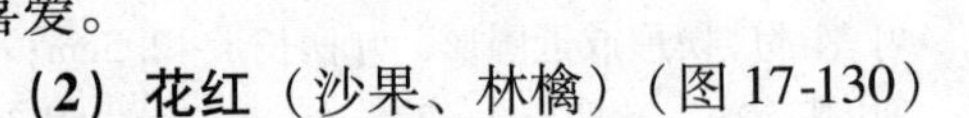

(2) 花红（沙果、林檎）（图 17-130）

***Malus asiatica* Nakai**

小乔木，高 4～6m。小枝粗壮，幼时密被绒毛；老枝暗紫色，无毛。叶椭圆形至卵形，长 5～11cm，先端尖，基部圆形或广楔形，缘有细锐锯齿，背面密被短柔毛。花粉红色，径 3～

4cm，花柱常为4。果卵形或近球形，径4～5cm，黄色或带红色，具隆起宿存萼。

原产东亚，中国北部及西南部有分布。长期作为果树栽培，品种很多。

喜光，耐寒，耐干旱，要求土壤排水良好。管栽较粗放。

繁殖以实生苗为砧木进行嫁接，分株也可。

果除鲜食外，还可加工制成果干、果丹皮或酿酒。

（3）海棠果（楸子）（图17-131）

***Malus prunifolia*（Willd.）Borkh.**

小乔木，高3～10m；小枝幼时有毛。叶长卵形或椭圆形，长5～9cm，先端尖，基部广楔形，缘有细锐锯齿，叶柄长1～5cm。花白色或稍带红色，单瓣，径约3cm，萼片比萼筒长而尖，宿存。果近球形，红色，径2～2.5cm。

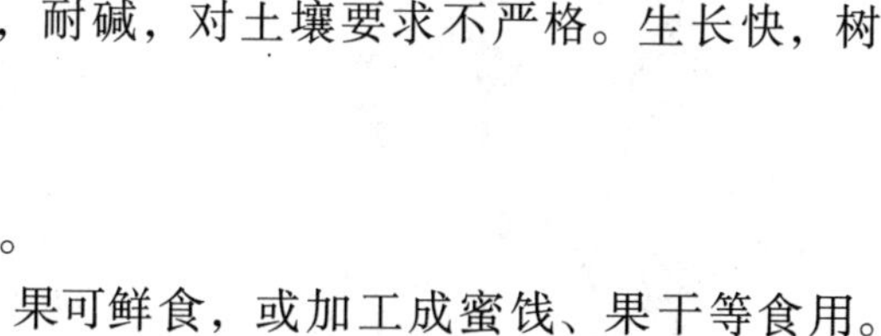

图17-131　海棠果

主产华北，东北南部、内蒙古及西北也有。

适应性强，喜光，抗寒、抗旱，也能耐湿，耐碱，对土壤要求不严格。生长快，树龄长。

播种或嫁接繁殖，砧木用山荆子。

本种花、果均甚美丽，是优良庭园绿化树种。

果可鲜食，或加工成蜜饯、果干等食用。此外，是苹果的优良耐寒、耐湿砧木。

（4）海棠花（海棠、西府海棠）（图17-132）

***Malus spectabilis* Borkh.**

小乔木，树形峭立，高可达8m。小枝红褐色，幼时疏生柔毛，叶椭圆形至长椭圆形，长5～8cm，先端短锐尖，基部广楔形至圆形，缘具紧贴细锯齿，背面幼时有柔毛。花在蕾时甚红艳，开放后呈淡粉红色，径4～5cm，单瓣或重瓣；萼片较萼筒短或等长，三角状卵形，宿存；花梗长2～3cm。果近球形，黄色，径约2cm，基部不凹陷，果味苦。花期4～5月；果熟期9月。

图17-132　海棠花

1. 花枝　2. 果枝

原产中国，是久经栽培的著名观赏树种，华北、华东尤为常见。

喜光，耐寒，耐干旱，忌水湿。在北方干燥地带生长良好。

品种：

①‘重瓣粉’海棠（‘西府’海棠）‘Riversii'：叶较宽而大；花重瓣，较大，粉红色。为北京庭园常见之观赏佳品。

②'重瓣白'海棠'Albi-plena'：花白色，重瓣。

繁殖栽培：可用播种、压条、分株和嫁接等法繁殖。实生苗约需7~8年生才能开花，且多不能保持原来特性，故一般多用营养繁殖法嫁接，以山荆子或海棠果为砧木，芽接或枝接均可。压条、分株多于春季进行。定植后每年秋季可在根际培一些塘泥或肥土。春季进行1次修剪，将枯弱枝条剪去。春旱时进行1~2次灌水。对病虫害要注意及时防治，在早春喷射石硫合剂可防治腐烂病等。在桧柏较多之处，易发生赤星病，宜在出叶后喷几次波尔多液进行预防。

本种春天开花，美丽可爱，为我国的著名观赏花木。植于门旁、庭院、亭廊周围、草地、林缘都很合适；也可作盆栽及切花材料。

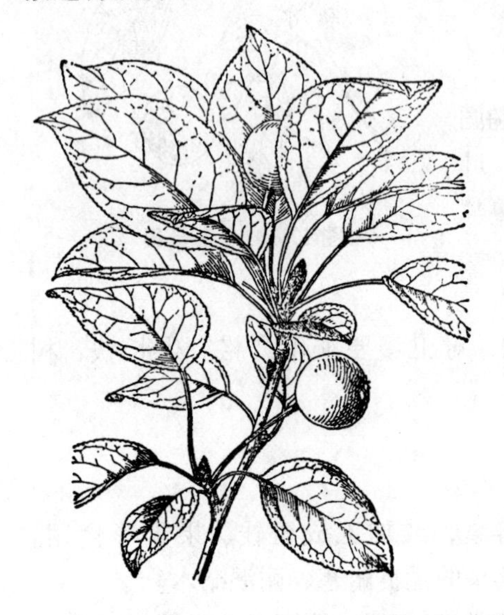

图17-133 西府海棠

(5) 西府海棠（小果海棠）（图17-133）

***Malus micromalus* Mak**

小乔木，树态峭立；为山荆子与海棠花之杂交种。小枝紫褐色或暗褐色，幼时有短柔毛。叶长椭圆形，长5~10cm，先端渐尖，基部广楔形，锯齿尖细，背面幼时有毛，叶质硬实，表面有光泽；叶柄细长，2~3cm。花淡红色，径约4cm，花柱5，花梗及花萼均具柔毛，萼片短，有时脱落。果红色，径1~1.5cm，萼洼梗洼均下陷。花期4月；果熟期8~9月。

原产中国北部，各地有栽培。

本种春天开花粉红美丽，秋季红果缀满枝头；果味甜而带酸，可鲜食及加工成蜜饯，因此是良好的庭园观赏树兼果用树种。此外，在华北可作苹果及花红的砧木，生长良好，比山荆子抗旱力强。

(6) 山荆子（山定子）（图17-134）

***Malus baccata* Borkh.**

乔木，高达10~14m。小枝细而无毛，暗褐色。叶卵状椭圆形，长3~8cm，先端锐尖，基部楔形至圆形，锯齿细尖，背面疏生柔毛或光滑；叶柄细长；2~5cm。花白色，径3~3.5cm，花柱5或4；萼片狭披针形，长于筒部，无毛；花梗细，长1.5~4cm。果近球形，径8~10mm，红色或黄色，光亮；萼片脱落。花期4月下旬；果熟期9月。

产于我国华北、东北及内蒙古，朝鲜、蒙古、俄罗斯也有。生于海拔50~1500m的山坡杂木林中及山谷灌丛中。

性强健，耐寒、耐旱力均强，但抗涝力较弱；深根性。

繁殖可用播种、扦插及压条等法。

图17-134 山荆子

1. 花枝 2. 果纵剖 3. 果横剖

本种春天白花满树，秋季红果累累，经久不凋，甚为美观，可栽作庭园观赏树。

果可酿酒，又因生长健壮、耐寒力强、繁殖容易，我国东北、华北各地多用作苹果、花红、海棠花等的砧木；在欧美多作杂交亲本用于耐寒苹果的育种。

（7）垂丝海棠（图 17-135）

***Malus halliana*（Voss.）Koehne**

小乔木，高 5m，树冠疏散。枝开展，幼时紫色。叶卵形至长卵形，长 3.5 ~ 8cm，基部楔形，锯齿细钝或近全缘，质较厚实，表面有光泽；叶柄及中肋常带紫红色。花 4 ~ 7 朵簇生于小枝端，鲜玫瑰红色，径 3 ~ 3.5cm，花柱 4 ~ 5，花萼紫色，萼片比萼筒短而端钝；花梗细长下垂，紫色；花序中常有 1 ~ 2 两朵花无雌蕊。果倒卵形，径 6 ~ 8mm，紫色。花期 4 月，果熟期 9 ~ 10 月。

产于江苏、浙江、安徽、陕西、四川、云南等地，各地广泛栽培。

喜温暖湿润气候，耐寒性不强，北京在良好的小气候条件下勉强能露地栽植。

繁殖多用湖北海棠为砧木进行嫁接。

本种花繁色艳，朵朵下垂，是著名的庭园观赏花木。在江南庭园中尤为常见；在北方常盆栽观赏。

变种有重瓣垂丝海棠（var. *parkmanii* Rehd.）和白花垂丝海棠（var. *spontanea* Rehd.）等。

图 17-135　垂丝海棠

1. 花枝　2. 果枝

14. 梨属 *Pyrus* L.

落叶或半常绿乔木，罕为灌木；有时具枝刺。单叶互生，常有锯齿，罕具裂，在芽内呈席卷状，具叶柄及托叶。花先叶开放或与叶同放，成伞形总状花序；花白色，罕粉红色；花瓣具爪，近圆形，雄蕊 20 ~ 30，花药常红色；花柱 2 ~ 5，离生；子房下位，2 ~5 室，每室具 2 胚珠。梨果显具皮孔，果肉多汁，富石细胞，子房壁软骨质。种子黑色或黑褐色。

本属约 25 种，产欧亚及北非温带；中国产 14 种。配植时宜远离圆柏。许多种为重要果树。

分种检索表

A_1　叶缘锯齿尖锐或刺芒状。

　B_1　锯齿刺芒状；花柱 4 ~ 5；果较大，径 2cm 以上。

　　C_1　花萼脱落；花柱无毛。

　　　D_1　果黄白色；叶基广楔形 ……………………（1）白梨 *P. bretschneideri*

　　　D_2　果褐色；叶基圆形或近心形 ……………………（2）沙梨 *P. pyrifolia*

　　C_2　花萼宿存；花柱 5，基部有毛；果黄色 ……………………（3）秋子梨 *p. ussuriensis*

　B_2　锯齿尖锐；花柱 2 ~ 3；果小，径约 1cm ……………………（4）杜梨 *P. betulaefolia*

A_2　叶缘锯齿钝或细钝。

B_1 锯齿细钝；果黄绿色，瓢形，径约5cm，花萼宿存；花柱常为5 …………（5）西洋梨 *P. communis*

B_2 锯齿钝；果褐色，径约1cm，花萼脱落，花柱2或3 ……………………………（6）豆梨 *P. calleryana*

（1）白梨（图17-136）

***Pyrus bretschneideri* Rehd.**

形态：落叶乔木，高5～8m。小枝粗壮，幼时有柔毛。叶卵形或卵状椭圆形，长5～11cm，基部广楔形或近圆形，有刺芒状尖锯齿，齿端微向内曲，幼时两面有绒毛，后变光滑；叶柄长2.5～7cm。花白色，径2～3.5cm；花柱5，罕为4，无毛；花梗长1.5～7cm。果卵形或近球形，黄色或黄白色，有细密斑点，果肉软，花萼脱落。花期4月；果熟期8～9月。

分布：原产于中国北部，河北、河南、山东、山西、陕西、甘肃、青海等地皆有分布。栽培遍及华北、东北南部、西北及江苏北部、四川等地。

习性：性喜干燥冷凉，抗寒力较强，但次于秋子梨；喜光；对土壤要求不严，以深厚、疏松、地下水位较低的肥沃砂质壤土为最好，开花期中忌寒冷和阴雨。

繁殖栽培：繁殖多用杜梨为砧木进行嫁接。栽培管理与苹果相似，但较为容易。优良品种很多，形成北方梨（或白梨）系统。著名的如河北的‘鸭梨’、‘象牙梨’，辽宁绥中的‘秋白梨’，山东莱阳的‘慈梨’，兰州的‘冬果梨’等。

观赏特性及园林用途：春天开花，满树雪白，树姿也美，因此在园林中是观赏结合生产的好树种。

经济用途：果除鲜食外，还可制梨酒、梨干、梨膏、罐头等。

（2）沙梨（图17-137）

***Pyrus pyrifolia*（Burm. f.）Nakai**

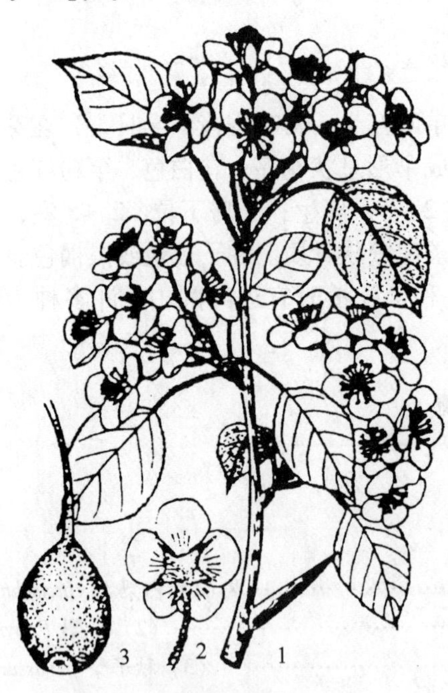

图17-136 白 梨

1. 花枝 2. 花 3. 果

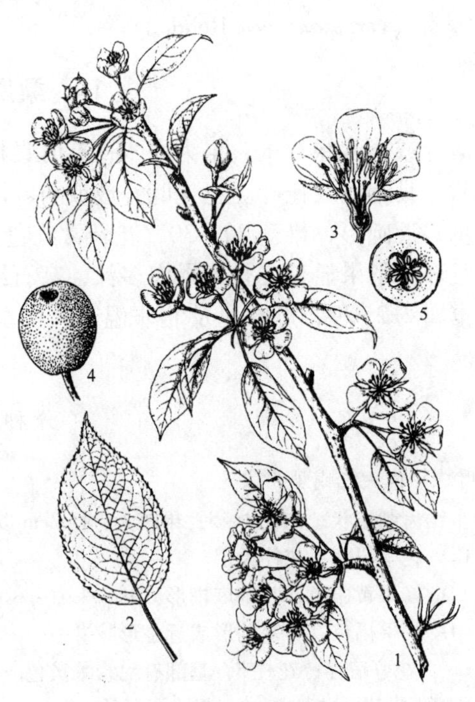

图17-137 沙 梨

1. 花枝 2. 叶 3. 花 4. 果 5. 果横断面

落叶乔木，高达 7 ~ 15m。小枝光滑，或幼时有绒毛，1 ~2 年生枝紫褐色或暗褐色。叶卵状椭圆形，长 7 ~ 12cm，先端长尖，基部圆形或近心形，缘具刺毛状锐齿，有时齿端微向内曲，光滑或幼时有毛；叶柄长 3 ~ 4.5cm。花白色，径 2.5 ~ 3.5cm，花柱无毛；花梗长 3.5 ~ 5cm。果近球形，浅褐色，果肉较脆；花萼脱落。花期 4 月；果熟期 8 月。

主产于长江流域，华南、西南也有。

喜温暖多雨气候，耐寒力较差。

繁殖多以豆梨为砧木进行嫁接。优良品种很多，形成南方梨（或沙梨）系统。

果除食用外，并有消暑、健胃、收敛、止咳等功效。

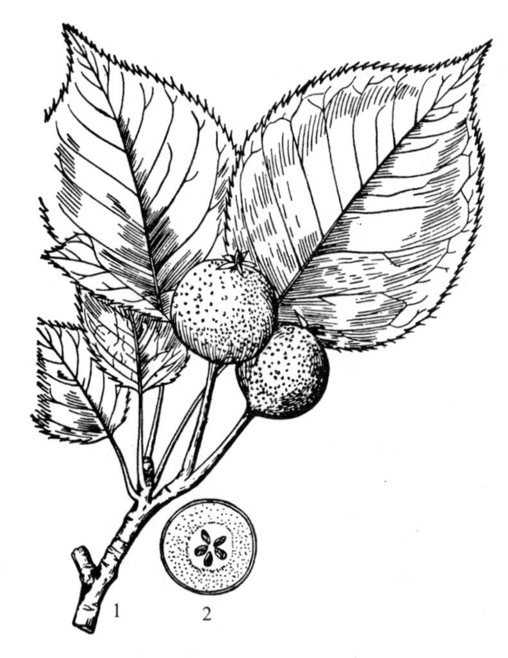

图 17-138 秋子梨

1. 果枝 2. 果横断面

（3）秋子梨（花盖梨）（图 17-138）

***Pyrus vssuriensis* Maxim.**

落叶乔木，高达 15m，树冠宽广。小枝粗壮，老时灰褐色，光滑无毛。叶卵形至广卵形，长5 ~ 10cm，先端锐尖，基部圆形或近心形，缘具长刺芒状尖锯齿；叶柄长 2 ~ 5cm。花白色，径 3 ~3.5cm，花柱基部有毛；花梗长 1 ~2cm。果近球形，黄色或黄绿色，萼宿存，果柄短（1 ~2cm）。花期 4 ~5 月；果熟期 8 ~ 10 月。

产于东北、内蒙古、华北、西北各地，朝鲜也有。多生于山麓、河谷或林缘。

喜光，稍耐荫；抗寒力很强，能耐 -37℃的低温；耐干旱、瘠薄和碱土。深根性，生长较慢，抗病力较强。

野生种用播种繁殖，可作梨的抗寒砧木，木材可供雕刻用。栽培种嫁接繁殖，品种较多，形成秋子梨系统。常见品种有京白梨、鸭广梨、子母梨、香水梨、沙果梨等。

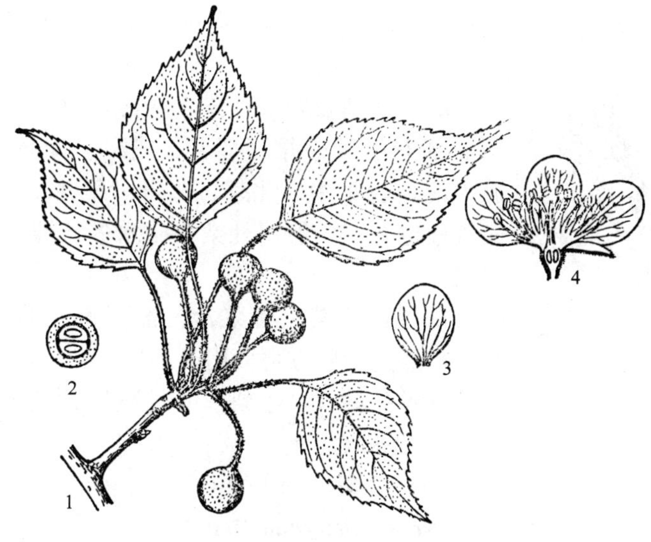

图 17-139 杜 梨

1. 果枝 2. 果横剖 3. 花总剖 4. 花纵剖

（4）杜梨（棠梨）（图 17-139）

***Pyrus betulaefolia* Bunge**

落叶乔木，高达 10m。小枝常棘刺状，幼时密生灰白色绒毛。叶菱状卵形或长卵形，长 4 ~ 8cm，缘有粗尖齿，幼叶两面具灰白绒毛，老则仅背面有毛。花白色，径 1.5 ~ 2cm，花柱 2 ~ 3，花梗长

2～2.5cm。果实小，近球形，径约1cm，褐色；萼片脱落。花期4月下旬～5月上旬；果熟期8～9月。

主产中国北部，长江流域也有；辽宁南部、河北、山西、河南、陕西、甘肃、安徽、江西、湖北均有分布。生于海拔50～1800m的平原或山坡。

喜光，稍耐荫，耐寒，极耐干旱、瘠薄及碱土、深根性，抗病虫害力强，生长较慢。

繁殖以播种为主，压条、分株也可。

本种为北方栽培梨的良好砧木，结果期早，寿命很长，在盐碱、干旱地区尤为适宜；又是华北、西北防护林及沙荒造林树种。

春季白花美丽，也常植于庭园观赏。

木材致密，可作各种细木工用料。

（5）西洋梨（图17-140）

***Pyrus communis* L.**

图17-140 西洋梨

1. 果枝 2. 花枝

落叶乔木，树冠阔圆锥状，高达15m；枝近直立，有时具刺。叶卵形至椭圆形，长5～8cm，锯齿细钝；叶柄细，长1.5～5cm。花白色，径约3cm；花梗长1.5～3cm，果常为梨形，渐向梗处渐细，黄绿色，萼宿存。花期4月；果熟期7～9月。

原产欧洲及亚洲西部，久经栽培。中国北部有引种栽培，烟台、威海、青岛、旅大等地较集中，北京、郑州、开封、西安等地也有。一般用杜梨作砧木进行嫁接繁殖。

果芳香味美，富浆汁，惟不耐贮藏，且多需经过后熟方可食用。

常见品种有‘巴梨’、‘茄梨’，‘三季梨’、‘白来发’等。

（6）豆梨（图17-141）

***Pyrus calleryana* Dcne.**

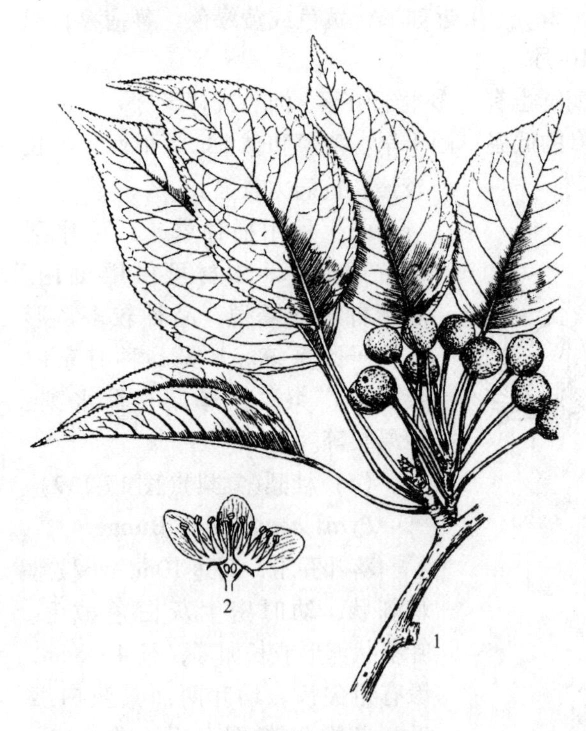

图17-141 豆 梨

1. 果枝 2. 花纵剖

落叶乔木，高5～8m。小枝褐色，幼时有绒毛，后变光滑。叶广卵形至椭圆形，长 4 ~ 8cm，缘具细钝锯齿，通常两面无毛。花白色，径 2 ~ 2.5cm；花柱 2，罕为 3；雄蕊 20；花梗长 1.5 ~ 3cm，无毛。果近球形，黑褐色，有斑点，径 1 ~ 2cm，萼片脱落。花期 4 月；果熟期 8 ~ 9 月。

主产于长江流域，山东、河南、江苏、浙江、江西、安徽、湖南、湖北、福建、广东、广西均有分布。多生于海拔 80 ~ 1800m 的山坡、平原或山谷杂木林中。

喜温暖潮湿气候，不耐寒；抗病力强。常作南方栽培梨之砧木。

15. 蔷薇属 *Rosa* L.

落叶或常绿灌木，茎直立或攀援，通常有皮刺。叶互生，奇数羽状复叶，具托叶，罕为单叶而无托叶。花单生成伞房花序，生于新梢顶端；萼片及花瓣各 5，罕为 4；雄蕊多数，生于蕊筒的口部；雌蕊通常多数，包藏于壶状花托内。花托老熟即变为肉质之浆果状假果，特称蔷薇果，内含少数或多数骨质瘦果。

本属约 150 种，主产于北半球温带及亚热带；中国 60 余种。

分种检索表

A_1　托叶至少有一半与叶柄合生，宿存；多为直立灌木。

B_1　花柱伸出花托口外甚长。

C_1　花柱合成柱状，约与雄蕊等长。

D_1　托叶边缘蓖齿状，刺常生在托叶下；叶表面绿色，无光泽 …………（1）野蔷薇 *R. multiflora*

D_2　托叶全缘或有细齿；刺散生；叶表面暗绿色，有光泽 ………（2）光叶蔷薇 *R. wichuraiana*

C_2　花柱离生或半离生，长约为雄蕊之半。

D_1　花香或微香；萼片通常羽裂。

E_1　生长季中连续开花。

F_1　花较大，径多在 5cm 以上。

G_1　植株较矮，枝纤弱；花梗细而常下垂；花多紫红或粉红，径约 5cm，淡香；叶较小而薄 ……………………………………………………………（3）月季花 *R. chinensis*

G_2　植株较高，枝粗壮；花梗粗而直立；花具各色，径 5 ~ 10cm，香味中至浓；叶多较大而厚 ………………………………………………（4）杂种香水月季（Hybrid Tea Rose）

F_2　花较小，径多在 5cm 以下，多朵排成圆锥状聚伞花序，香味淡 ……………………………………………………………………（5）杂种小花月季（Hybrid Polyantha Rose）

E_2　生长季中开 1 ~ 2 季花，多为紫、粉或白色；植株健壮，叶大 ……………………………………………………………………（6）杂种长春月季（Hybrid Perpetual Rose）

D_2　花极香，径 5 ~ 10cm；萼片常全缘 ………………………（7）香水月季 *R. odorata*（Tea Rose）

B_2　花柱短，聚成头状，不或稍伸出花托口外。

C_1　花序聚伞状，若单生花梗上必有苞片；茎多直刺及刺毛；小叶厚而表面皱 ……………………………………………………………………………………（8）玫瑰 *R. rugosa*

C_2　花常单生，无苞片。

D_1　小叶 3 ~ 5；花常为粉红或深红色。

E_1　刺等长；叶缘为单锯齿，无腺齿 ……………………………………（9）突厥蔷薇 *R. damascena*

E_2　刺甚不等长；叶缘为具腺之重锯齿 ……………………………………（10）法国蔷薇 *R. gallica*

D_2 小叶5~9或更多；花黄色。

E_1 叶缘具单锯齿，无腺。

F_1 小枝无刺毛；小叶近圆形，端钝或微凹，有毛 ………………（11）黄刺玫 *R. xanthina*

F_2 小枝至少基部有刺毛；小叶常椭圆形，端钝或略尖，光滑 ……（12）黄蔷薇 *R. hugonis*

E_2 叶缘具重锯齿，齿尖及叶背均有腺 ………………………………（13）报春刺玫 *R. primula*

A_2 托叶离生或近离生，早落；常绿攀援灌木，几无刺；花小，成多花伞形花序，白色或淡黄色，浓香 ………………………………………………………………………………（14）木香 *R. banksiae*

（1）野蔷薇（图17-142）

***Rosa multiflora* Thunb.**

形态：落叶灌木；茎长，偃伏或攀援，托叶下有刺。小叶5~9（~11），倒卵形至椭圆形，长1.5~3cm，缘有齿，两面有毛；托叶明显，边缘篦齿状。花多朵成密集圆锥状伞房花序，白色或略带粉晕，芳香，径约2cm，萼片有毛，花后反折。果近球形，径约6mm，褐红色。花期5~6月，果熟期10~11月。

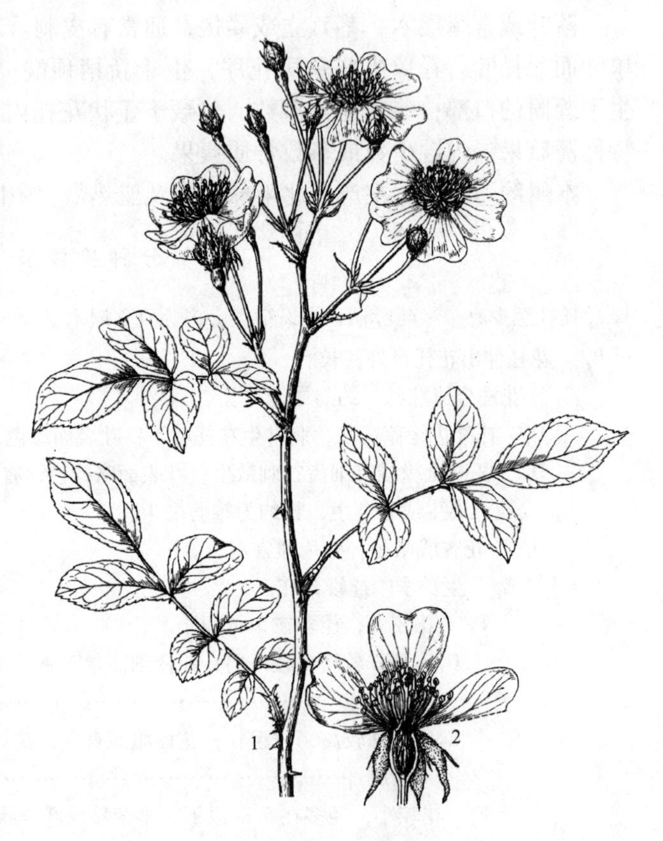

图17-142 野蔷薇
1. 花枝 2. 花纵剖面

分布：产华北、华东、华中、华南及西南；朝鲜、日本也有。

习性：性强健，喜光，耐寒，对土壤要求不严，在黏重土中也可正常生长。

繁殖栽培：繁殖用播种、扦插、分根均易成活。

观赏特性及园林用途：在园林中最宜植为花篱，坡地丛栽也颇有野趣，且有助于水土保持。原种作各类月季、蔷薇的砧木时亲和力很强，故国内外普遍应用。

常见栽培变种、变型有：

①粉团蔷薇（var. *cathyensis* Rehd. et Wils.）：小叶较大，通常5~7；花较大，径3~4cm，单瓣，粉红至玫瑰红色，数朵或多朵成平顶之伞房花序。

②荷花蔷薇（f. *carnea* Thory）：花重瓣，粉红色，多朵成簇，甚美丽。

③七姊妹（f. *platyphyll* Thary）：叶较大；花重瓣，深红色，常6~7朵成扁伞房花序。

④‘白玉棠’：枝上刺较少；小叶倒广卵形；花白色，重瓣，多朵簇生，有淡香。北京常见。

以上变种与变型还有不同品种和品系，有色有香，丰富多采，广泛栽植于园林，多作花柱、花门、花篱、花架以及基础种植、斜坡悬垂材料，也可盆栽或切花观赏。栽培管理粗放，必要时略行疏剪或轻度短剪。一些品种易罹白粉病，可用石灰硫黄合剂防治。

(2) 光叶蔷薇

***Rosa wichuraiana* Crep.**

半常绿灌木，有细长平卧之枝，散生硬钩刺。小叶 7～9，广卵形至倒卵形，长 1～2.5cm，表面暗绿，两面无毛，有光泽；托叶全缘或有腺齿。花白色，单瓣，芳香，径 4～5cm，花柱合生，有柔毛；萼片内侧密生白毛；数朵成圆锥状伞房花序。果卵圆形，径约 6mm，紫红色。花期 7～9 月。

产于山东、江苏、广东、广西、台湾等地。日本、朝鲜也有。是地面覆盖和杂交育种的好材料。本种 1893 年传入美国，后与杂种香水月季等杂交，育成若干杂种光叶蔷薇品种（Hybrid wichuraianas）为藤本，叶近常绿而有光泽，花大，多为单瓣，有各种色彩，能连续开花，而抗性特强。如“花旗藤”（American Pillar）就是光叶蔷薇与 *R. setigera* Michx. 的杂交种，开玫瑰粉色而具白心之大型单瓣花。

生长健壮，在北京可露地越冬。

扦插易活，也可用野蔷薇或‘白玉棠’为砧木进行嫁接。

枝条粗壮而长，花大而繁茂，是布置花架、花门、花柱的好材料。

(3) 月季花（图 17-143）

***Rosa chinensis* Jacq.**

形态：常绿或半常绿直立灌木，通常具钩状皮刺。小叶 3～5，广卵至卵状椭圆形，长 2.5～6cm，先端尖，缘有锐锯齿，两面无毛，表面有光泽；叶柄和叶轴散生皮刺和短腺毛，托叶大部附生在叶柄上，边缘有具腺纤毛，花常数朵簇生，罕单生，径约 5cm，深红、粉红至近白色，微香；萼片常羽裂，缘有腺毛；花梗多细长，有腺毛。果卵形至球形，长 1.5～2cm，红色。花期 4 月下旬～10 月；果熟期 9～11 月。

图 17-143　月季花

分布：原产湖北、四川、云南、湖南、江苏、广东等地，现各地普遍栽培，其中尤以原种及月月红为多。原种及多数变种早在 18 世纪末、19 世纪初传至国外，成为近代月季杂交育种的重要原始材料。

变种和变型：

①月月红（var. *semperflorens* Koehne）：茎较纤细，常带紫红晕，有刺或近无刺。小叶较薄，常带紫晕。花多单生，紫色至深粉红色，花梗细长而常下垂。品种有大红月季、铁把红等。

②小月季（var. *minima* Voss）：植株矮小，多分枝，高一般不过 25cm；叶小而狭；花也较小，径约 3cm，玫瑰红色，单瓣或重瓣。宜作盆景材料。

栽培品种不多，但在小花月季矮化育种中起着重要作用。

③绿月季（var. *viridiflora* Dipp）：花淡绿色，花瓣呈带锯齿之狭绿叶状。

④变色月季（f. *mutabilis* Rehd）：花单瓣，初开时硫黄色，继变橙色、红色，最后呈暗红色，径 4.5～6cm。

附：现在庭园中和盆栽的月季品种已达万余品种，其血统极为复杂。为使读者了解其大体上的来源系统起见，兹列图如下（图 17-144）：

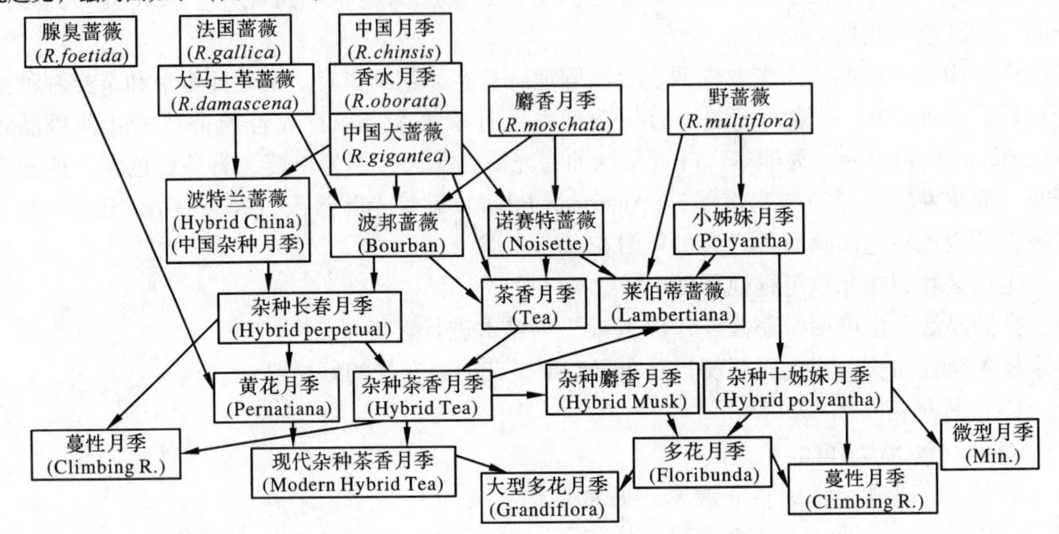

图 17-144　现代月季系统发展图

习性：月季对环境适应性颇强，我国南北各地均有栽培，北京在小气候条件良好处可露地越冬；对土壤要求不严，但以富含有机质、排水良好而微酸性（pH 6～6.5）土壤最好。喜光，但过于强烈的阳光照射又对花蕾发育不利，花瓣易焦枯。喜温暖，一般气温在 22～25℃最为适宜，夏季的高温对开花不利。因此月季虽能在生长季中开花不绝，但以春、秋两季开花最多最好。

月季多用扦插或嫁接法繁殖。硬枝、嫩枝扦插均易成活，一般在春、秋两季进行。嫁接采用枝接、芽接、根接均可，砧木用野蔷薇、白玉棠、刺玫等。此外还可采用分株及播种法繁殖。栽培管理比较简单，新栽植株要重剪，以后每年初冬也要根据当地气候情况适当重剪。一般老枝仅留 2～4 芽，弱枝、枯枝、病枝及过密枝则齐基剪除，这样来年就可发枝粗壮，形成丰满株形。淮河流域及其以南地区可以安全越冬，不必封土；华北地区须在初冬先灌冬水，重剪后封土保护越冬。但在小气候良好处或希望长成较高植株时，可不重剪和封土，而采用适当包草、基部培土的方法越冬。月季在生长季中发芽开花多次，消耗养料较多，因此要注意多施肥。一般入冬施 1 次基肥，生长季施 2～3 次追肥，平时浇水也可掺施少量液肥。这样既可助长发育，使叶茂花大，又可增强对病虫害的抵抗力。月季主要易受白粉病危害，宜选通风、日照良好、地势高燥处栽种，并注意经常的养护管理等。如已发生白粉病，应及早剪除病枝，集中烧毁。

月季花色艳丽，花期长，是园林布置的好材料。宜作花坛、花境及基础栽植用，在草坪、园路角隅、庭院、假山等处配植也很合适，又可作盆栽及切花用。

花、叶及根均可药用，有活血祛淤、拔毒消肿之效。

（4）杂种香水月季（Hybrid Tea Rose）

杂种香水月季是近代月季中最主要的一类，其直接来源是以香水月季与杂种长春月季杂交而成。其形态特点主要是花蕾多卵尖而秀美，花大而色、形丰富，且具芳香，花梗多、长而坚韧，又在生长季中开花不绝。大多为灌木，也有少数为藤本；落叶性或半常绿性。

杂种香水月季自1867年首次出现后，经过不断选育和反复杂交，至今成为最受欢迎，品种最多的一个类别。全世界品种多达5000种以上，包括大量极为美丽而切合各类园林应用需要的优良品种。我国上海、南京、杭州、常州、北京、天津等地栽培较集中，品种曾达300种以上。其中属于普纳月季（Pernetiana Rose）者，系1900年培育成的杂种香水月季一个支系。其来源是将波斯黄蔷薇（*R. foetia* var. *persiana*）与一种紫红杂种长春月季杂交而得‘苏来娥’（‘Soleild Or’），然后再用它与杂种香水月季杂交而成普纳月季。其特点为生长势特强，多坚刺；叶常厚而有光泽；花色丰富而艳丽，有金黄、火红、古铜、橙黄、粉红等色。普纳月季一度甚为流行，名种有‘和平’（‘Peace’）、‘塔里斯曼’（‘Talisman’）等。但到20世纪30年代以后它就在多次与杂种香水月季的杂交中被吸收融化了，然而它那丰富而明亮的色彩也渗入到所有现代月季中去了。现将不同色系之杂种香水月季的代表性品种列举如下：

白色：‘天晴’（‘White Killerney’）、‘波雪夫人’（‘Madame Jules Bouch’e’）；

粉色：‘贵妃醉酒’（‘Radiance’）、‘蝴蝶夫人’（‘Madame Butterfly’）；

红色：‘良辰’（‘Better Times’）、‘国色天香’（‘Gruss an Teplitz’）、“藤墨红”（‘Climbing Crimson Glory’）；

橙黄：‘金背大红’（‘Condesa de Sastago’）、‘金黎明’（‘Golden Dawn’）、“藤和平”（‘Climbing Peace’）。

杂种香水月季栽培遍及全世界，除严寒、酷暑之地均有之。国内则在北京以南地区可露地栽培，在京、津一带可选小气候良好处栽种，采取堆土等防寒措施越冬。

习性与月季花相似，但生长势更强而较嗜肥，其中攀援性品种抗寒性较弱。

繁殖栽培也与月季花相似，但优良品种常不易扦插成活，故更多用嫁接法繁殖。在灌水、施肥、修剪和病虫害防治等方面要求更精细些。如施肥，以每周施用稀薄人粪尿为好，自早春发芽起至土地冻结前2个月为止；在春季及花前5～6周施肥量可稍增。多次开花性品种应在花后及时将花枝留3～4个芽短剪，促使抽新枝继续开花。新栽植的植株必须强度修剪，可留3～5个主枝各留2～4芽短剪。以后每年冬季或早春均须进行重剪1次。老枝经几年开花后，须以新枝更新之。蔓性品种，如“藤墨红”等修剪宜较轻，各枝可留10～12芽，如芽留太少，势将影响开花。寒地月季越冬仍以全埋土中为妥，可结合修剪、灌冻水等在初冬进行。病虫害除白粉病外，还要注意及时防治黑斑病、蚜虫及红蜘蛛等。

观赏特性及园林用途均似月季花，而在花境、花坛、专类花园（月季园）、庭园、机关、学校方面应用更广。

（5）杂种小花月季（Hybrid Polyantha Rose）

小花月季是1909年开创的一类新型月季，主要系由矮月季、野蔷薇、粉团蔷薇、七姊妹、波邦蔷薇（*R. borboniana* Desp.）是月季花与突厥蔷薇之自然杂交种、杂种香水月季等反复杂交而成。其主要特点是：植株低矮，分枝细密，花多而较小，排成大花丛，连续开花。品种很多，包括多种艳丽之花色与奇特之花型。著名品种有‘爱莎普生’（‘Else Poulsen’）、‘多来先’（‘Donald Prior’）、‘小古铜’（‘Margo Koster’）等。

杂种小花月季适应性较强，尤其是有较强之耐寒性，故在世界各地普遍栽培，尤以北欧及北美较多。在北京可露地越冬，不必堆土防寒。

扦插容易成活，管理比较简单。在长江流域夏季不断开花，耐热性也较强。

由于植株较矮，生长季又连续开大量之花，故特适合布置花境、花坛、月季园，又是盆栽和切花的好材料。

（6）杂种长春月季（Hybrid Perpetual Rose）

此系来源十分复杂的一类月季，是近代月季之先驱者。其育种过程大致如下：月季花与突厥蔷薇杂交得波邦蔷薇，再与法国蔷薇等杂交而得杂种波邦（Hybrid Bourbon），后者复与月季花及其变种杂交，终于1837年在巴黎附近育成两个杂种长春月季的早期品种。以后又育成更多的品种，并广泛应用于欧洲及北美园林中，直到19世纪末才让位给后起之秀——杂种香水月季。

杂种长春月季的主要特点是：植株高大，生长旺盛，枝条粗壮而多直立，也有带蔓性者，小叶多为5枚，常呈暗绿色而无光泽，大而较厚。花蕾肥大而不秀美，开放后形大，复瓣或重瓣，以紫、红、粉、白色为多。基本上以春季一次开大量花为主，在其余季节里仅开少量零星的花，或秋季有一次较多量的花。

品种曾经很多，但由于它毕竟花色有限和不能四季连续多次开花等缺点，目前园林应用已不多。常见有白花品种如‘德国白’（‘Frau Karl Druschki’）、粉花品种如‘阳台梦’（‘Paul Neyron’）红花品种如‘贾克将军’（‘General Jacqueminot’）等、它们的繁殖栽培及园林用途等均基本与杂种香水月季相同。

（7）香水月季（Tea Rose）

***Rosa odorata* Sweet**

常绿或半常绿灌木；枝条长，多少具攀援性，有散生钩状皮刺。小叶5～7，常为卵状椭圆形，长3～7cm，先端尖，基部近圆形，缘有锐锯齿，两面无毛，表面有光泽；叶柄和叶轴均疏生钩刺和短腺毛；新叶及嫩梢常带古铜色晕。花蕾秀美，花梗细长，单生或2～3朵聚生，有粉红、浅黄、橙黄、白等色，径5～8cm或更大，芳香浓烈。果近球形，红色。

香水月季原产于中国西南部，久经栽培，1810年传入欧洲后，培育成很多品种，统称“Tea Rose”（原指花具有压碎的新鲜茶叶之香味），19世纪至20世纪初在欧洲及北美温暖地区栽培很普遍。有若干品种目前仍在栽培，如‘西王殿’、‘千里香’及北京栽培之‘平头白’、‘黄月季’、‘疏枝醉酒’等。

变种和变型：

①淡黄香水月季（f. *ochroleuca* Rehd.）：花重瓣，淡黄色。

②橙黄香水月季（var. *pseudoindica* Rehd.）：花重瓣，肉红黄色，外面带红晕，径7～10cm。

③大花香水月季（var. *gigantea* Rehd. et Wils.）：植株粗壮高大，枝长而蔓性，有时长达10m。花乳白至淡黄色，有时水红，单瓣，径10～15cm；花梗、花托均平滑无毛。产于我

国云南，缅甸也有。

④粉红香水月季（f. *erubescens* Rehd. et Wils.）：花较小，淡红色，产云南。

习性似月季花而较娇弱，喜水、肥，怕热、畏寒。新梢自春至秋不断生长，只须有20℃以上的温度，即可次第着蕾开花。

繁殖多用嫁接法。管理要求较为精细，夏季要注意通风，冬季要注意防寒。

香水月季具有花蕾秀美、花形优雅、色香俱上及连续开花等优良性状。在近代月季杂交育种中起过重大作用。但由于它秉性娇弱，尤其是不耐寒成了它发展的主要障碍，到20世纪初在欧美月季舞台上就逐渐让位给其较耐寒的子孙——杂种香水月季了。

(8) 玫瑰（图 17-145）

***Rosa rugosa* Thunb.**

形态：落叶直立丛生灌木，高达2m；茎枝灰褐色，密生刚毛与倒刺。小叶5~9，椭圆形至椭圆状倒卵形，长2~5cm，缘有钝齿，质厚；表面亮绿色，多皱，无毛，背面有柔毛及刺毛；托叶大部附着于叶柄上。花单生或数朵聚生，常为紫色，芳香，径6~8cm。果扁球形，径2~2.5cm，砖红色，具宿存萼片。花期5~6月，7~8月零星开放，果9~10月成熟。

分布：原产中国北部，现各地有栽培，以山东、江苏、浙江、广东为多，山东平阴、北京妙峰山涧沟、河南商水县周口镇以及浙江吴兴等地都是著名的产地。

图 17-145 玫 瑰

变种：

①紫玫瑰（var. *typica* Reg.）：花玫瑰紫色。

②红玫瑰（var. *rosea* Rehd.）：花玫瑰红色。

③白玫瑰（var. *alba* W. Robins.）：花白色。

④重瓣紫玫瑰（var. *plena* Reg.）：花玫瑰紫色，重瓣，香气馥郁，品质优良，多不结实或种子瘦小。各地栽培最广。

⑤重瓣白玫瑰（var. *albo-plena* Rehd.）：花白色，重瓣。

此外，还有一类杂种玫瑰（Hybrid Rugosa），包括玫瑰与杂种长春月季、法国蔷薇、野蔷薇及小花月季之杂交种，内容相当丰富，抗性也较强。是玫瑰的有名产地。各地生态类型与品种，在形态、产量、品质等方面皆有相当差异。

习性：玫瑰生长健壮，适应性很强，耐寒、耐旱，对土壤要求不严，在微碱性土上也能生长。喜阳光充足、凉爽而通风及排水良好之处，在肥沃的中性或微酸性轻壤土中生长和开花最好。在荫处生长不良，开花稀少。不耐积水，遇涝则下部叶片黄落，甚至全株死亡。萌蘖力很强，生长迅速；根系一般分布在15～50cm，但垂直根有深达400cm者。盛花期在4～5月，只有4～5d，以后显著下降，至6月上中旬而谢败，以后仅有零星开花，至8～9月停止。

繁殖栽培：玫瑰繁殖方法较多，一般以分株、扦插为主。分株多于春、秋进行，每隔2～4年分1次，视植株生长势而定。扦插用硬枝、嫩枝均可，南方气候温暖、潮湿，均可在露地进行，前者于3月选2年生枝行泥浆插，后者于7～8月选当年生枝在荫棚下苗床中扦插，一般成活率在80%以上。北方多行嫩枝插，在冷床中进行，经常使玻璃框下的空间保持高湿状态，也可保证大部成活。此外，还可用嫁接和埋条法繁殖。嫁接可用野蔷薇或七姊妹等为砧木，芽接、枝接、根接均可。埋条法宜于华北干旱地区采用，自落叶至次春萌发前均可行之，而以较早为好。

玫瑰栽植以秋季为好。在北方春季化冻后最好结合培土施1次人粪尿；秋季落叶后施1次厩肥，初冬灌1次冻水。平时在干旱时特别是在春旱严重时也应浇水，这样能收显著增产之效果。8年以上的株丛逐年衰老，可于秋季平地之际剪去老枝，促其更新。玫瑰病虫害不多，主要有锈病、天鹅绒金龟子等，须及早防治。

观赏特性及园林用途：玫瑰色艳花香，适应性强，最宜作花篱、花境、花坛及坡地栽植。

经济用途：玫瑰花可作香料和提取芳香油，用于食品工业；花蕾及根入药，有理气、活血、收敛等效。因此还是园林结合生产的好材料，特别适合在山地风景区结合水土保持大量栽种。

(9) 突厥蔷薇（香水玫瑰、大马士革蔷薇）

Rosa damascena **Mill.**

直立强健灌木，高达2m；茎通常有多数粗壮钩刺，有时杂以腺状刺毛。小叶通常5，表面光滑，背面密被短柔毛。花6～12朵排成伞房花序，粉白至红色，单瓣或复瓣，夏、秋开花。

可能原产小亚细亚，在保加利亚、土耳其等地广为栽培，供观赏及提炼芳香油用。也是近代月季品种的亲本之一。近年引入之香水玫瑰1至4号，即为东欧之著名品种。在北京栽培尚耐寒，繁殖栽培与玫瑰相似。

(10) 法国蔷薇

Rosa gallica **L.**

小灌木，高1～1.5m；具钩刺、刺毛和腺毛。小叶通常5，有时3，椭圆形，长2.5～5cm，缘有钝的重锯齿，叶厚而皱，背面有短柔毛；托叶显著，有腺齿。花单生或2～4朵簇生，淡红或深红色，径5～7.5cm；萼片多裂，缘有腺，脱落性。果近球形至梨形，暗红色。

原产欧洲及西亚，久经栽培，供观赏用，法国并用以蒸馏香精。也是近代月季品种的亲本之一。园艺品种很多，有重瓣、复瓣及红瓣白彩条等。繁殖栽培均似玫瑰。

图 17-146　黄刺玫

1. 花枝　2. 小叶

（11）黄刺玫（图 17-146）

***Rosa xanthina* Lindl.**

落叶丛生灌木，高 1 ~ 3m；小枝褐色，有硬直皮刺，无刺毛。小叶 7 ~ 13，广卵形至近圆形，长 0.8 ~ 1.5cm，先端钝或微凹，缘有钝锯齿，背面幼时微有柔毛，但无腺。花单生，黄色，重瓣或单瓣，径约 4.5 ~ 5cm。果近球形，红褐色，径约 1cm。花期 4 月下旬至 5 月中旬。

产于东北、华北至西北；朝鲜也有。

性强健，喜光，耐寒、耐旱，耐瘠薄；少病虫害。

繁殖多用分株、压条及扦插法。选日照充分和排水良好处栽植，管理简单。

春天开金黄色花朵，而且花期较长，实为北方园林春景添色不少。宜于草坪、林缘、路边丛植，也可作绿篱及基础种植。

图 17-147　黄蔷薇

1. 花枝　2. 果枝　3. 小叶
4. 果纵剖

（12）黄蔷薇（图 17-147）

***Rosa hugonis* Hemsl.**

落叶灌木，高达 2.5m；枝拱形，有直而扁平之刺，并常有刺毛混生。小叶 5 ~ 13，卵状椭圆形至倒卵形，长 0.8 ~ 2cm，先端微尖或圆钝，基部圆形，缘具锐齿，两面无毛，花单生，淡黄色，微香，径约 5cm，单瓣。果扁球形，径 1 ~ 1.5cm，红褐色，具宿存萼片。花期 4 ~ 5 月；果熟期 7 月。

原产陕西、甘肃、四川等地。传至国外后广泛应用于园林，多依篱栅或墙垣种植，春季开花繁密，为单瓣黄色蔷薇中最受欢迎的种类之一。秋季扦插易活，也可用分株及播种法繁殖。

（13）报春刺玫

***Rosa primula* Boulenger**

落叶直立灌木，高达 2m。小枝细，有多数宽大而扁平之直刺。叶有异味，幼时或雨后尤显；小叶 9 ~ 15，椭圆形至倒卵形，长 0.6 ~ 2cm，边缘有细尖而齿端具腺的重锯齿，两面无毛，背面有腺点。花单生，淡黄至黄白色，径 3 ~ 5cm。果近球形，暗红色，径约 1cm，萼片宿存而反曲。花期 4 ~ 5 月；果熟期 6 ~ 7 月。

产华北、西北。土耳其也有分布。

繁殖栽培及园林用途均与黄刺玫相似。

（14）木香

***Rosa banksiae* Ait.**

常绿攀援灌木，高达6m，枝细长绿色，光滑而少刺。小叶3～5，罕7，卵状长椭圆形至披针形，长2.5～5cm，先端尖或钝，缘有细锐齿，表面暗绿而有光泽，背面中肋常微有柔毛；托叶线形，与叶柄离生，早落。花常为白色，径约2.5cm，芳香；萼片全缘，花梗细长，光滑；3～15朵排成伞形花序。果近球形，红色，径3～4mm，萼片脱落。花期4～5月，北京花期为5月上中旬。

原产中国西南部，现各地园林中多有栽培。

变种、变型：

①重瓣白木香（var. *albo-plena* Rehd.）：花白色，重瓣，香味浓烈；常为3小叶，久经栽培，应用最广。

②重瓣黄木香（var. *lutea* Lindl.）：花淡黄色，重瓣，香味甚淡；常为5小叶；较少栽培。

③单瓣黄木香（f. *lutescens* Voss）：花黄色，单瓣，罕见。

此外，还有金樱木香（*R. fortuneana* Lindl.），可能是木香与金樱子（*R. laevigata* Michx.）的杂交种，藤本，小叶3～5，有光泽；花单生，大形，重瓣，白色，香味极淡，花梗有刚毛。

性喜阳光，耐寒性不强，北京须选背风向阳处栽植。

繁殖多用压条或嫁接法；扦插虽可，但较难成活。木香生长迅速，管理简单，开花繁茂而芳香，花后略行修剪即可。

在我国长江流域各地普遍栽作棚架、花篱材料；在北方也常盆栽并编扎成“拍子”形等。

16. 棣棠属 *Kerria* DC.

灌木；单叶互生，重锯齿，有托叶；花单生，黄色，两性；萼片5，短小而全缘；花瓣5，雄蕊多数；心皮5～8。瘦果干而小。

本属仅1种，产于中国及日本。

棣棠（图17-148）

***Kerria japonica*（L.）DC.**

落叶丛生无刺灌木，高1.5～2m；小枝绿色，光滑，有棱。叶卵形至卵状椭圆形，长4～8cm，先端长尖，基部楔形或近圆形，缘有尖锐重锯齿，背面略有短柔毛。花金黄色，径3～4.5cm，单生于侧枝顶端；瘦果黑褐色，生于盘状花托上，萼片宿存。花期4月下旬至5月底。

图17-148 棣 棠

1. 花枝 2. 果

产河南、湖北、湖南、江西、浙江、江苏、四川、云南、广东等地。日本也有。

其变种重瓣棣棠（var. *pleniflora* Witte）观赏价值更高，并可作切花材料，在园林、庭园中栽培更普遍。此外，尚有若干斑叶、彩枝等变种，较为罕见。

性喜温暖、半荫而略湿之地。在野生状态多在山涧、岩石旁、灌丛中或乔木林下生长。南方庭园中栽培较多，华北其他城市须选背风向阳或建筑物前栽种。

繁殖多用分株法，于晚秋或早春进行。也可用硬枝或嫩枝分别于早春、晚夏扦插。若要大量繁殖原种，则可采用播种法。栽培管理比较简单。因花芽是在新梢上形成，故宜隔二三年剪除老枝1次，以促使发新枝，多开花。

棣棠花、叶、枝俱美，丛植于篱边、墙际、水畔、坡地、林缘及草坪边缘，或栽作花径、花篱、或与假山配植，都很合适。

17. 鸡麻属 *Rhodotypos* Sieb. et Zucc.

灌木；单叶对生，缘具重锯齿，有托叶；花单生，白色。萼片4，卵形，有锯齿，基具4互生付萼。花瓣4，近圆形，雄蕊多数，心皮通常4；核果熟时干燥，黑色，外绕大宿存萼。

本属仅1种，产于中国及日本。

鸡麻（图17-149）

***Rhodotypos scandens*（Thunb.）Mak.**

落叶灌木，高2～3m。枝开展，紫褐色，无毛。叶卵形至卵状椭圆形，长4～8cm，端锐尖，基圆形，缘具尖锐重锯齿，表面皱，背面至少幼时有柔毛；叶柄长3～5mm。花纯白色，径3～5cm，单生新枝顶端。核果4，倒卵形，长约8mm，亮黑色。花期4～5月。

产于辽宁、山东、河南、陕西．甘肃、安徽、江苏、浙江、湖北等地；日本也有。生于海拔800m以上山坡疏林下。

繁殖多用分株法。

一般栽培于庭园观赏。

果及根可药用，治血虚肾亏。

图17-149 鸡 麻

1. 花枝 2. 花

18. 金露梅属 *Dasiphora*

落叶小灌木。复叶，托叶连于叶柄并成鞘状。花单生或顶生聚伞花序；萼片5，基具5互生苞片；花瓣5圆形；雄蕊10～30；雌蕊多，生于一较低的圆锥形花托上，后各变为干瘦果；花柱脱落。

共数十种。广布于北温带及亚寒带。

本属过去曾与草本植物合称为 *Potentilla* L.（委陵菜或翻白草属），现在将木本与草本分开。

分种检索表

A_1 较高，1.5m，小叶3~7枚，通常5枚 …………………………………………………… （1）金露梅 *D. fruticosa*

A_2 低矮，15~80cm，小叶5~9枚 ………………………………………………………… （2）小叶金老梅 *D. parvifolia*

（1）金露梅（金老梅、金蜡梅）（图17-150）

***Dasiphora fruticosa*（L.）Rydb.**

落叶灌木，高达1.5m，树皮纵向剥落，分枝多，幼枝有丝状毛。羽状复叶，小叶3~7，通常5枚，长椭圆形至线状长圆形，长1~2.5cm，宽3~6mm，全缘，两面微有毛，叶柄短；托叶膜质。花单生或数朵成伞房状，花黄色，罕白色，径2~3cm；副萼片披针形，萼片卵形；花瓣圆形；瘦果密生长柔毛。花期7~8月。

原种产于中国北部及西部，如河北、山东、山西、河南、四川、西藏、陕西、甘肃、云南等地。

变种：

银老梅（达乌里金老梅）var. *davurica* Ser.（*Potentilla davurica* Nestl.）：灌木，高1m。小叶长1cm，叶表疏生丝状毛；托叶褐色，具膜质缘，顶具丛毛。花单生，白色；萼广卵形；副萼小，倒卵形，苞常椭圆形。产于陕西、甘肃、青海。西伯利亚、日本亦有分布。

图17-150 金露梅

性强健，耐寒，耐干旱，常分布于高山；植株紧密，花色鲜丽，为良好的观花树种，可配植于高山园或岩石园。用种子繁殖，栽培粗放。此外尚有许多变种，可供栽培。

（2）小叶金露梅（小叶金老梅）（图17-151）

***Dasiphora parvifolia*（Fisch.）Juz.**

矮小灌木，高15~80cm，小枝微弯曲，灰色或褐色，幼枝有灰白色毛。小叶5~9，倒卵形或椭圆形，长6~12mm，宽2~6mm，叶缘反卷，叶背深绿色，叶背密生灰白色丝状柔毛，叶轴有长柔毛；托叶膜质，鞘状。花单生或数朵排成伞房状。花黄色，较小，径1~2cm。瘦果密生长毛。

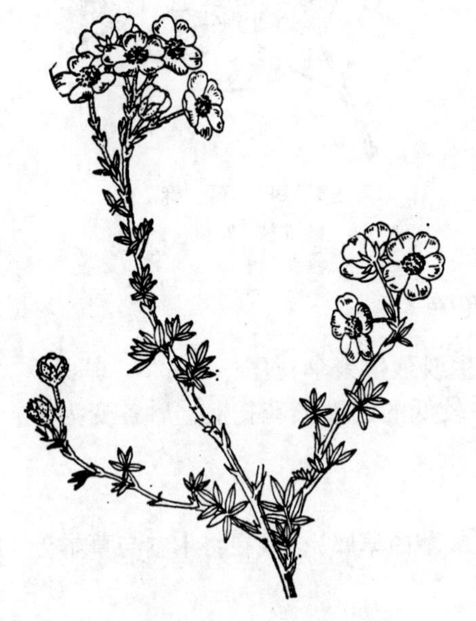

图17-151 小叶金露梅

分布于江西、甘肃、青海、新疆、内蒙古等地。西伯利亚及蒙古也有。极耐寒耐旱，常生于山岩石缝中。繁殖法及用途同金露梅。

19. 梅属（樱属）*Prunus* L.

乔木或灌木，多落叶，罕常绿。单叶互生，有锯齿，罕全缘；叶柄或叶片基部有时有腺体，托叶小，早落。花两性，常为白色、粉红或红色，萼片、花瓣各5；雄蕊多数，周位生；雌蕊1，子房上位，具伸长花柱及2胚珠，核果，通常含1种子。

本属近200种，主产北温带；中国约有140种。其中有许多种类为栽培果树，并大多数种类为庭园观赏树木，赏其开于叶前或叶后之美丽花朵。

分种检索表

A_1 果实外面有沟槽。

　B_1 腋芽单生，顶芽缺；叶在芽中席卷状。

　　C_1 子房和果实无毛，花具较长花梗。

　　　D_1 花常3朵簇生，白色；叶绿色 …………………… (1) 李 *P. salicina*

　　　D_2 花常单生，粉红色；叶紫红色 …………………… (2)'紫叶'李 *P. ceracifera* 'Atropurpurea'

　　C_2 子房和果实被短毛；花多无梗。

　　　D_1 小枝红褐色；果肉离核，核不具点穴 …………………… (3) 杏 *P. armeniaca*

　　　D_2 小枝绿色；果肉粘核，核具蜂窝状点穴 …………………… (4) 梅 *P. mume*

　B_2 腋芽3，具顶芽；叶在芽中对折状。

　　C_1 乔木或小乔木；叶缘为单锯齿。

　　　D_1 萼筒有短柔毛；叶片中部或中部以上最宽，叶柄具腺体 …………………… (5) 桃 *P. persica*

　　　D_2 萼筒无毛；叶片近基部最宽，叶柄常无腺体 …………………… (6) 山桃 *P. davidiana*

　　C_2 灌木、叶缘为重锯齿，叶端常3裂状 …………………… (7) 榆叶梅 *P. triloba*

A_2 果实外面无沟槽；具顶芽；叶在芽中对折状。

　B_1 花单生或少数成短总状花序，苞片常显著。

　　C_1 腋芽3；灌木。

　　　D_1 花近无梗，花萼筒状；小枝及叶背密被绒毛 …………………… (8) 毛樱桃 *P. tomentosa*

　　　D_2 花具中长梗，花萼钟状。

　　　　E_1 叶卵形至卵状披针形，先端渐尖，基部圆形，锯齿重尖 …………………… (9) 郁李 *P. japonica*

　　　　E_2 叶卵状长椭圆形至椭圆状披针形，先端急尖，基部广楔形，锯齿细钝 …………………… (10) 麦李 *P. glandulosa*

　　C_2 腋芽单生；乔木或小乔木。

　　　D_1 苞片小而脱落；叶缘重锯齿尖，具腺而无芒；花白色，果红色 …………………… (11) 樱桃 *P. pseudocerasus*

　　　D_2 苞片大而常宿存；叶缘具芒状重锯齿。

　　　　E_1 花先开，后生叶；花梗及萼均有毛。

　　　　　F_1 花萼筒状，下部不膨大 …………………… (12) 东京樱花 *P. yedoensis*

　　　　　F_2 花萼下部膨大 …………………… (13) 日本早樱 *P. subhirtella*

　　　　E_2 花与叶同时开放；花梗及萼均无毛。

　　　　　F_1 花无香气；叶缘齿无芒或有短芒。

G_1 花色浓红、红，花形较大；萼、苞、花梗等均有黏液；缘齿无芒 ……………………………………………………………………………… (14) 大山樱 *P. sargentii*

G_2 花色淡红或白色，花形较小；花梗无毛；缘齿有短芒 ……… (15) 樱花 *P. serrulata*

F_2 花有香气；叶缘齿端有长芒 ……………………………… (16) 日本晚樱 *P. lannesiana*

B_2 花 10 朵以上，排成长总状花序，花序总梗具叶 ……………………………… (17) 稠李 *P. padus*

(1) 李（图 17-152）

***Prunus salicina* Lindl.**

形态：乔木高达 12m。叶多呈倒卵状椭圆形，长 6 ~ 10cm，叶端突渐尖，叶基楔形，叶缘有细钝重锯齿，叶背脉腋有簇毛；叶柄长 1 ~ 1.5cm，近端处有 2 ~ 3 腺体。花白色，径 1.5 ~ 2cm，常 3 朵簇生；花梗长 1 ~ 1.5cm，无毛；萼筒钟状，无毛，裂片有细齿。果卵球形，径 4 ~ 7cm，黄绿色至紫色，无毛，外被蜡粉。花期 3 ~ 4 月；果熟期 7 月。

分布：东北、华北、华东、华中均有分布。

习性：喜光，也能耐半荫。耐寒，能耐 -35℃的低温，喜肥沃湿润之黏质壤土，在酸性土、钙质土中均能生长，不耐干旱和瘠薄，也不宜在长期积水处栽种。浅根性吸收根主要分布在 20 ~ 40cm 深处，但根系水平发展较广。幼龄期生长迅速，一般 3 ~ 4 年即可进入结果期；寿命可达 40 年左右。

图 17-152 李

1. 果枝 2. 花枝 3. 花纵剖面 4. 果核

繁殖栽培：繁殖多用嫁接、分株、播种等法。嫁接可用桃、梅、山桃、杏及李之实生苗作砧木。在福建亦有用当年春梢在 11 月行扦插者，以幼树的春植较易生根。一般可将李树整为自然开心形。因为萌芽力很强，对 1 年生枝条可适当短剪。李树主要由花束状枝结果，修剪时要注意保留。此外，多数品种都有自花不孕的特性，故应配植授粉树。其他肥水管理及病虫害防治等大致与梅、桃相似。

观赏特性及园林用途：我国栽培李树已达三千多年。李树花色白而丰盛繁茂，花的观赏效果极佳，故有"艳如桃李"之句。果又丰产，故《尔雅》载"李，木之多子者，故从子"，所以又是自古以来普遍栽培的果树之一。在庭院、宅旁、村旁或风景区栽植都很合适。

经济用途：除鲜果供食用外，核仁可榨油、药用，根、叶，花、树胶也可药用。

（2）‘紫叶’李（‘红叶’李）

***Prunus cerasifera* Ehrh.‘Atropurpurea’Jacq.**

落叶小乔木，高达 8m；小枝光滑。叶卵形至倒卵形，长 3～4.5cm，端尖，基圆形，重锯齿尖细，紫红色，背面中脉基部有柔毛。花淡粉红色，径约 2.5cm，常单生，花梗长 1.5～2cm。果球形，暗酒红色。花期 4～5 月间。亚洲西南部乃樱李（*P. cerasifera*）的故乡。红叶李是其观赏变型。

性喜温暖湿润气候。

繁殖可以桃、李、梅或山桃为砧木进行嫁接。北京在背风向阳之小气候良好处可露地越冬。

此树整个生长季叶都为紫红色，宜于建筑物前及园路旁或草坪角隅处栽植，惟须慎选背景之色泽，方可充分衬托出它的色彩美。

（3）杏（图 17-153）

***Prunus armeniaca* L.**

形态：落叶乔木，高达 10m，树冠圆整。小枝红褐色或褐色。叶广卵形或圆卵形，长 5～10cm，先端短锐尖，基部圆形或近心形，锯齿细钝，两面无毛或背面脉腋有簇毛；叶柄多带红色，长 2～3cm。花单生，先叶开放，白色至淡粉红色，径约 2.5cm；萼鲜绛红色。果球形，径 2.5～3cm，黄色而常一边带红晕，表面有细柔毛；核略扁而平滑。花期 3～4 月；果熟期 6 月。

分布：在东北、华北、西北、西南及长江中下游各地均有分布。

变种、变型和品种：

①垂枝杏（var. *pendula* Jaeq）：枝条下垂，供观赏用。

②斑叶杏（f. *variegata* Schneid.）叶有斑纹，观叶及观花用。

杏树优良品种很多，如“兰州大接杏”，1980 年生大树株产 200～350kg，果实最大者达 200g 以上。此外，尚有“仁用杏”与“鲜食用杏”之分。

习性：喜光，耐寒能耐 -40℃ 的低温，也能耐高温，耐旱，对土壤要求不严，可在轻盐碱地上栽种。极不耐涝，也不喜空气湿度过高。春季寒潮侵袭也会对开花结实产生不利的影响。杏树最宜在土层深厚、排水良好的砂壤土或砾砂壤土中生长。杏是核果类果树中寿命较长的 1 种，在适宜条件下可活二三百年以上。实生苗 3～4 年即开花结果。杏树树冠大，盛果期长、兰州安宁堡 1 株

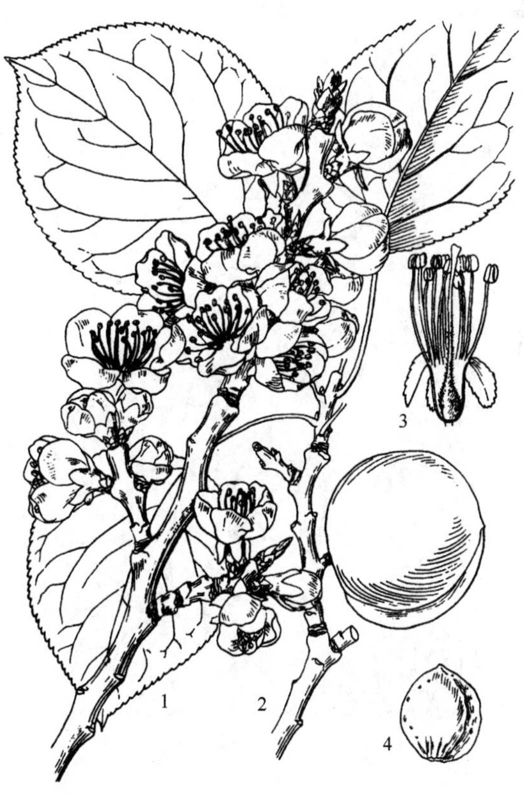

图 17-153　杏

1. 花枝　2. 果枝　3. 花纵剖面　4. 果核

100 多年生之“金妈妈杏”，高约 10m，冠幅 12m，1956 年株产 600kg 多。杏根系发达，既深且广。但萌芽力及发枝力皆较桃树等为弱，故不宜过分重剪，一般多采用自然形整枝。

繁殖栽培：繁殖用播种、嫁接均可。嫁接一般用山杏作砧木。杏树生长强健，管理简单。仁用杏一般不用灌溉，鲜食种则应在开花前及时灌水，方可丰产。病虫害主要有天幕毛虫等危害叶片；杏实象鼻虫食嫩芽及花蕾，并产卵危害果实；杏仁蜂蛀食杏果，杏疔病使嫩梢、叶、花、果畸形等，应及时注意防治。

观赏特性及园林用途：杏树为我国原产，栽培历史达 2500 年以上。早春开花，繁茂美观，北方栽植尤多，故有“南梅、北杏”之称。除在庭院少量种植外，宜群植、林植于山坡、水畔。张仲素《春游曲》云：“万树江边杏，新开一夜风；满园深浅色，尽在绿坡中。”又有“十里杏花村”的说法，这都是杏树构成佳景的例子。此外，杏树又宜作大面积沙荒及荒山造林树种。

经济用途：果供食用；杏仁及杏仁油均入药，有润肺、止咳、平喘、滑肠之效。木材结构致密，花纹美丽，可作工艺美术用材。

（4）梅（图 17-154）

***Prunus mume* Sieb. et Zucc.**

形态：落叶乔木，高达 10m。树干褐紫色，有纵驳纹；小枝细而无毛，多为绿色。叶广卵形至卵形，长 4～10cm，先端渐长尖或尾尖，基部广楔形或近圆形，锯齿细尖，多仅叶背脉上有毛。花 1～2 朵，具短梗，淡粉或白色，有芳香，在冬季或早春叶前开放。果球形，绿黄色，密被细毛，径 2～3cm，核面有凹点甚多，果肉黏核，味酸。果熟期 5～6 月。

图 17-154　梅

1. 花枝　2. 花纵剖面　3. 果枝　4. 果纵剖面

分布：野生于西南山区，曾在四川省汶川海拔 1300～2500cm、丹巴海拔 1900～2000m、会理海拔 1900m、湖北省宜昌海拔 300～1000m、广西兴安县以及西藏波密海拔 2100m 等地山区沟谷中均曾发现野梅。栽培的梅树在黄河以南地区可露地安全过冬，经杂交选育的梅花在北京露地栽培已初步成功。华北以北则只见盆栽；日本、朝鲜亦有栽培，在欧、美则少见栽培。在日本，有的植物学家认为日本有原产的野生梅，有的植物学家则持怀疑态度。

变种、变型和品种：过去记载的变种、变型甚多，但与品种分类未加联系。近年陈俊愉教授对中国的梅花品种，根据品种的演进顺序发表了如下的分类新系统；兹简要介绍如下：

A. 真梅系：包括以下 3 类。

I. 直枝梅类：为梅花的典型变种，枝条直上斜伸。

①江梅型（Single-Flowered Form）：花呈碟形；单瓣；呈纯白、水红、桃红、肉红等色；萼多为绛紫色或在绿底上洒绛紫晕。属于本型者有‘单粉’、‘江梅’、‘寒红梅’等品种。

②宫粉型(Pink Double Form)：花呈碟或碗形；复瓣或重瓣；粉红至大红色；萼绛紫色。本型中共有‘小宫粉’、‘大羽’、‘矫枝’、‘桃红台阁’等品种。本型品种的生长势均较旺盛。

③玉蝶（Albo-plena Form）：花碟形，复瓣或重瓣；花白色；萼绛紫或在绛紫中略现绿底。本型中共有‘紫蒂白’、‘徽州檀香’、‘素白台阁’、‘三轮玉蝶’等品种。

④洒金型（Versicolor Form）：花碟形；单瓣或复瓣；在一树上能开出粉红及白色的两种花朵以及若干具斑点、条纹的二色花；萼绛紫色；绿枝上或具有金黄色条纹斑。本型中共有‘单瓣跳枝’、‘复瓣跳枝’等品种。

⑤绿萼型（Green calyx Form）：花碟形，单瓣或复瓣，罕复瓣，花白色，萼绿色；小枝青绿无紫晕。本型共有‘小绿萼’、‘飞绿萼’、‘金钱绿萼’等品种。

⑥朱砂型（Cinnabar Purple Form）：花碟形；单瓣、复瓣或重瓣；花呈紫红色；萼绛紫色；枝内新生木质部，呈淡紫金色。本型中共有‘粉红朱砂’、‘白须朱砂’、‘乌羽玉’、‘铁骨红’等品种。本型的各品种均较难繁殖，耐寒性也稍差。

⑦黄香型（Flavescens Form）：花较小而繁密，复瓣至重瓣，花色微黄，别具一种芳香。例如新发现的‘黄香梅’。

Ⅱ. 垂枝梅类（var. pendula Sieb.）：枝条下垂，开花时花朵向下。本类包含4型。

①单粉垂枝型（Simplex pendant Form）：花碟形；单瓣；白或粉红色。本型中有‘单粉照水’等品种。

②残雪垂枝型（Albiflora pendant Form）：花碟形；复瓣；白色；萼多为绛紫色。例如‘残雪’等品种。

③白碧垂枝型（Viridiflora pendant Form）：花碟形；单瓣或复瓣，白色；萼绿色。本型中有‘双碧垂枝’等品种。

④骨红垂枝型（Atropurpurea pendant Form）：花碟形，单瓣；深紫红色；萼绛紫色。本型中仅有‘骨红垂枝’1个品种。

Ⅲ. 龙游梅类（‘Tortuosa’）：枝条自然扭曲、花碟形；复瓣，白色。本类仅有‘龙游’一个品种。玉蝶龙游型：如‘龙游’等品种。

B. 杏梅系：仅1类。

Ⅳ. 杏梅类（var. *bungo* Mak.）：枝、叶均似山杏或杏。花呈杏花形；多为复瓣；水红色；瓣爪细长；花托肿大；几乎无香味。本类中有单瓣杏梅型、丰后型、送春型等品种。这些品种应是梅与杏或山杏的天然杂交种，抗寒性均较强。

C. 樱李梅系：仅1类。

V. 樱李梅类：

美人梅型：如‘美人’等品种。

习性：喜阳光，性喜温暖而略潮湿的气候，有一定耐寒力，在北京须种植于背风向阳的小气候良好处。对土壤要求不严格，较耐瘠薄土壤，亦能在轻碱性土中正常生长。根据江南经验，栽植在砾质黏土及砾质壤土等下层土质紧密的土壤上，梅之枝条充实，开花结实繁盛，而生长在轻松的砂壤或砂质土上的枝条常不够充实。梅树最怕积水之地，要求排水良好地点，因其最易烂根致死，又忌在风口处栽植。

梅的寿命很长，可达数百年至千年左右。如浙江天台山国清寺有1株隋梅，至今已1300余年。梅的发育较快，实生苗在3~4年生即可开花，7~8年后花果渐盛。嫁接苗如培养得法，1~2年即可开花。梅树的生长势在最初的40~50年内最旺，以后渐趋缓慢。梅花可在长花枝、中花枝、短花枝及花束状枝上着生花芽，每处1~3朵，至于在何种花枝上着生最多及其开花的繁茂程度则视品种习性及栽培管理条件而定。

繁殖栽培：最常用的是嫁接法，其次为扦插、压条法，最少用的是播种法。嫁接时可用桃、山桃、杏、山杏及梅的实生苗等作砧木。桃及山桃易得种子，作砧木行嫁接也易成活，故目前普遍采用，但缺点是成活后寿命短，易罹病虫害，故实际上不如后三者作砧木为佳。至于在嫁接方法上，则因地区及目的而常有差异。例如北京因天旱风大，所以多在“处暑”及“白露”期间行方块芽接。如用盾形芽接，必须不带木质部或将木质部削得很薄方易成活。若在北方进行枝接，则培木灌水等均需注意方可保证一定的成活率。在江南多于春季发芽前行切接、腹接，或在“秋分”前后行腹接。在苏州，为了制作梅桩，多用果梅的老根行靠接法。在江南地区行盾形芽接梅花时，木质部虽带得较厚亦不难成活，这是南北气候不同所造成的结果，扦插繁殖法多在江南地区于秋冬间施行，方法是将1年生的充实枝条切成10~20cm长，采用泥浆扦插法，不必遮荫，对宫粉型等品种可获80%以上的成活率。压条繁殖法多在早春施行。播种繁殖法则以秋播为好，如必须行春播时，应在秋季用湿沙层积种子。

梅花露地栽培时，整形方式以造成美观而不呆板的自然开心形为原则。修剪的方法是以疏剪为主；短截则以轻剪为宜，如过分重剪会影响下季花芽的形成。一般在花前疏剪病枝、枯枝及徒长枝等，而在花后适当进行全面地整理树形，必要时也行部分短剪。

梅花的施肥、灌水均以春季开花前后为主，直至5、6月花芽将形成之前则应适当控制水分、增施肥料以促进花芽分化。

在北京露地种梅，须选背风向阳地点，否则易在冬春间旱风期抽条而死。在北方栽植的梅树，于冬前尚须灌冻水，而这个措施在江南是不必要的。

梅花盆栽管理法：在北方多将梅花行盆栽培养以赏其花。盆土用培养土，以蹄片作基肥。在生长期应特别注意盆梅的浇水量，为了使枝条上能多开花，故应掌握一个原则即是不使生长过旺以免消耗大量养分于营养生长上，另外，即控制生长使之不再发生副梢，以利养分积累有助于花芽的形成。故于春季可按一般盆栽法管理，至夏初则行“扣水”法，即控制浇水量，使叶片略卷，顶芽逐渐枯尖。掌握这个原理则可开花较多。至秋末落叶后可将盆梅移于冷窖中，直至12月初再移于阳光充足的室内，室温保持在7~10℃，每周浇水1次，则至春节前即可开花。其花期的迟早可用室温来调节，但温度不应骤升，亦不应过高，一般以在20℃以下为宜。待花蕾已露红或半开时，应降低室温，这样可延长花的观赏期。至花凋落后则行修剪及换盆措施以备再用。

观赏特性及园林用途：梅为中国传统的果树和名花，栽培历史长达2500年以上。由于它具有古朴的树姿，素雅的花色，秀丽的花态，恬淡的清香，和丰盛的果实，所以自古以来就为广大人民所喜爱，为历代著名文人所讴歌。梅花在江南，吐红于冬末，开花于早春，虽残雪犹存却已报来春光，象征着不畏风刀雪剑的困难环境而永葆青春的乐观主义精神。但是因时代的不同，人们对它的体会、理解也有不同。在封建社会时代，常被称为“清客”，誉为君子或隐士，故有“疏影横斜”、“暗香浮动”、“茅舍竹篱短、梅花吐未齐，晚来溪径侧、雪压小桥低”等句。此外，更有“梅妻鹤子”的传说，大抵均带有离世却俗，孤高自赏或愁怅孤寂的情调。但在民间亦有欢乐、生气勃勃的场面，如苏州邓尉的香雪海，每当梅林盛开之际香闻数十里，可谓盛极一时，正是“江都车马满斜晖、争赴城南未掩扉，要识梅花无尽藏、人人襟袖带香归”。

在配植上，梅花最宜植于庭院、草坪、低山丘陵，可孤植、丛植及群植。传统的用法常是以松、竹、梅为“岁寒三友”而配植成景色的。梅树又可盆栽观赏或加以整剪做成各式桩景。或作切花瓶插供室内装饰用。

经济用途：果实除可鲜食外，主要供加工制成各种食品，如陈皮梅、梅干、乌梅、糖渍梅、梅膏、梅醋等。材质坚韧富弹性，可供雕刻、算珠及各种细工用。果又可入药，有收敛止痢、解热镇咳及驱虫之效。根及花亦有解毒活血之效。

（5）桃（图 17-155）

***Prunus persica*（L.）Batsch**

形态：落叶小乔木，高达 8m，小枝红褐色或褐绿色，无毛；芽密被灰色绒毛。叶椭圆状披针形，长 7～15cm，先端渐尖，基部阔楔形，缘有细锯齿，两面无毛或背面脉腋有毛；叶柄长 1～1.5cm，有腺体。花单生，径约 3cm，粉红色，近无柄，萼外被毛。果近球形，径 5～7cm，表面密被绒毛。花期 3～4 月，先叶开放；果 6～9 月成熟。

分布：原产中国，在华北、华中、西南等地山区仍有野生桃树。

变种、变型和品种：桃树栽培历史悠久，长达 3000 年以上，我国桃的品种约 1000 个。根据果实品质及花、叶观赏价值而分为食用桃与观赏桃两大类。兹将我国主要栽培变种、变型与代表性品种简介于下：

Ⅰ. 食用桃——常见有以下变种与变型：

①油桃（var. *nectarina* Maxim）：果实成熟时光滑无毛，形较小，叶片锯齿较尖锐。如新疆的‘黄李光’桃、甘肃的‘紫胭’桃等。

图 17-155 桃

1. 果枝 2. 花枝 3. 花纵剖面 4. 果核

②蟠桃（var. *compressa* Bean）：果实扁平，两端均凹入，核小而不规则。品种以江、浙一带为多，华北略有栽培。

③粘核桃（f. *scleropersica* Voss）：果肉黏核，品种甚多，如北方的‘肥城佛’桃，南方的‘上海水蜜’等。

④离核桃（f. *aganopersica* Voss）：果肉与核分离。如北方的‘青州蜜’桃，南方的‘红心离核’等。

其他还有黄肉桃、冬桃等。

Ⅱ. 观赏桃——常见有以下变型：

①白桃（f. *alba* Schneid.）：花白色；单瓣。

②白碧桃（f. *albo—plena* Schneid.）：花白色，复瓣或重瓣。

③碧桃（f. *duplex* Rehd.）：花淡红，重瓣。

④绛桃（f. *camelliaeflora* Dipp.）：花深红色，复瓣。

⑤红碧桃（f. *rubro－plena* Schneid.）：花红色，复瓣，萼片常为10。

⑥复瓣碧桃（f. *dianthiflora* Dipp.）：花淡红色，复瓣。

⑦绯桃（f. *magnifica* Schneid.）：花鲜红色，重瓣。

⑧洒金碧桃（f. *versicolor* Voss）：花复瓣或近重瓣，白色或粉红色，同一株上花有二色，或同朵花上有二色，乃至同一花瓣上有粉、白二色。

⑨紫叶桃（f. *atropurpurea* Schneid.）：叶为紫红色；花为单瓣或重瓣，淡红色。

⑩垂枝桃（f. *pendula* Dipp.）：枝下垂。

⑪寿星桃（f. *densa* Mak.）：树形矮小紧密，节间短；花多重瓣。有‘红花寿星’桃、‘白花寿星’桃等品种。

⑫塔型桃（f. *pyramidalis* Dipp）：树形呈窄塔状：较为罕见。

习性：喜光，耐旱，喜肥沃而排水良好土壤，不耐水湿，如水泡3～5d，轻则落叶，重则死亡。碱性土及黏重土均不适宜。喜夏季高温，有一定的耐寒力，除酷寒地区外均可栽培。在北京可露地越冬，但仍以背风向阳之处为宜。开花时节怕晚霜，忌大风。根系较浅，寿命一般只有30～50年。桃树进入花果期的年龄很早，一般定植后1～3年就开始开花结果，4～8年达花果盛期。生长势与发枝力皆较梅强，但不宜持久，约自15～20龄起即逐渐衰老。大多数品种以长果枝为开花结果之主要部位，但亦有少数品种多在中、短果枝上着生花果。花芽分化一般在7～8月间。自交结实率很高，异花授粉能提高产量和品质。

繁殖栽培：繁殖以嫁接为主，各地多用切接或盾状芽接。砧木北方多用山桃，南方多用毛桃；如用杏砧寿命长而病虫少，惟起初生长略慢。寿星桃可作其他桃的矮化砧；郁李也有矮化性，但常需用李作中间砧。此外，还可用播种、压条法繁殖，扦插一般不用。桃树作为果园经营时，要注意早、中、晚熟品种和授粉树的搭配，株行距3～5m；修剪可较重，多行杯状整形，且需较多施肥、灌水等管理措施。观赏品种的栽培可稀可密，视品种习性及配景要求而定；修剪宜轻，且以疏剪为主，多整成自然开心形；施肥、灌水多在冬、春施行。桃树栽植，南方多秋植，北方多春植；要施足基肥，灌足定根水。雨季要注意排水。病虫害有蚜虫、浮尘子、红蜘蛛、桃缩叶病、桃腐病等，应及早防治。

观赏特性及园林用途：桃花烂漫芳菲，妩媚可爱，不论食用种、观赏种，盛开时节皆

"桃之夭夭，灼灼其华"，加之品种繁多，着花繁密，栽培简易，故南北园林皆多应用。园林中食用桃可在风景区大片栽种或在园林中游人少到处辟专园种植。观赏种则山坡、水畔、石旁、墙际、庭院、草坪边俱宜，惟须注意选阳光充足处，且注意与背景之间的色彩衬托关系。此外，碧桃尚宜盆栽、催花、切花或作桩景等用。我国园林中习惯以桃、柳间植水滨，以形成"桃红柳绿"之景色。但要注意避免柳树遮了桃树的阳光，同时也要将桃植于较高燥处，方能生长良好，故以适当加大株距或将桃向外移种为妥。

经济用途：食用桃为著名果品，鲜食味美多汁，亦可加工成罐头、桃脯、桃酱、桃干等食用。桃仁为镇咳祛痰药，花能利尿泻下，枝、叶、根亦可药用。木材坚实致密，可作工艺用材。

图 17-156 山 桃

1. 花枝 2. 花纵剖 3. 花瓣 4. 果枝 5. 果核

(6)山桃(图 17-156)

***Prunus davidiana* (Carr.) Franch**

落叶小乔木,高达 10m;树皮紫褐色而有光泽。小枝细而无毛,多直立或斜伸。叶狭卵状披针形,长 6 ~ 10cm,先端长渐尖,基部广楔形,锯齿细尖,两面无毛;叶柄长 1 ~ 2cm,罕具腺体。花单生,淡粉红色,花萼无毛。果球形,径约 3cm,果肉薄而干燥,离核,不堪食。花期 3 ~ 4 月,先叶开放;果 7 月成熟。

主要分布于黄河流域各地，西南也有。多生于向阳的石灰岩山地。

耐寒、耐旱。用播种法繁殖。在北方多用作梅、杏、李、樱的砧木。

本种花期早，花时美丽可观，并有曲枝、白花、柱形等变异类型。园林中宜成片植于山坡并以苍松翠柏为背景，方可充分显示其娇艳之美。在庭院、草坪、水际、林缘、建筑物前零星栽植也很合适。

木材坚重，可供细木工用；核仁可榨油。

(7) 榆叶梅（图 17-157）

***Prunus triloba* Lindl.**

落叶灌木，高 3 ~ 5m；小枝细，无毛或幼时稍有柔毛。叶椭圆形至倒卵形，长 3 ~ 5cm，先端尖或有时 3 浅裂，基部阔楔形，缘具粗重锯齿，两面多少有毛。花 1 ~ 2 朵，粉红色，径 2 ~ 3cm；萼筒钟状，萼片卵形，有齿，核果球形，径 1 ~ 1.5cm，红色。花期 4 月，先叶或与叶同放；果 7 月成熟。

原产中国北部，黑龙江、河北、山西、山东、江苏、浙江等地均有分布，华北、东北庭

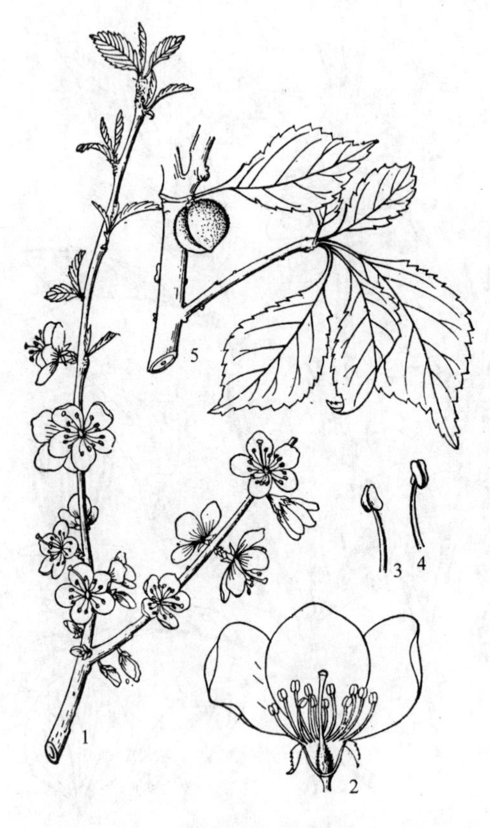

图 17-157　榆叶梅

1. 花枝　2. 花纵剖　3、4. 雄蕊　5. 果枝

园多有栽培。

变种、变型有：

①鸾枝（var. *atropurpurea* Hort）：小枝紫红色；花 1 ~ 2 朵，罕 3 朵，单瓣或重瓣，紫红色，萼片5 ~ 10；雄蕊 25 ~ 35，北京多栽培，尤以重瓣者为多。

②单瓣榆叶梅（f. *normalis* Rehd.）：花单瓣，萼瓣各 5，近野生种，少栽培。

③复瓣榆叶梅（f. *multiplex* Rehd.）：花复瓣，粉红色；萼片多为 10，有时 5；花瓣 10 或更多。

④重瓣榆叶梅（f. *plena* Dipp）：花大，径达 3cm 或更大，深粉红色，雌蕊 1 ~ 3，萼片通常 10，花瓣很多，花梗与花萼皆带红晕。花朵密集艳丽，观赏价值很高，北京常见栽培。

榆叶梅品种极为丰富，据初步调查，北京即有 40 余个品种，且有花瓣多达 100 枚以上者，还有长梗等类型。

性喜光，耐寒，耐旱，对轻碱土也能适应，不耐水涝。

繁殖用嫁接或播种法，砧木用山桃、杏或榆叶梅实生苗，芽接或枝接均可。为了养成乔木状单干观赏树，可用方块芽接法在山桃干上高接。栽植宜在早春进行，花后应短剪。榆叶梅栽培管理简易。

北方园林中最宜大量应用，以反映春光明媚、花团锦簇的欣欣向荣景象。在园林或庭院中最好以苍松翠柏作背景丛植，或与连翘配植。此外，还可作盆栽、切花或催花材料。

（8）毛樱桃（山豆子）（图 17-158）

***Prunus tomentosa* Thunb.**

落叶灌木，高 2 ~ 3m；幼枝密生绒毛。叶倒卵形至椭圆状卵形，长 5 ~ 7cm，先端尖，锯齿常不整齐，表面皱，有柔毛，背面密生绒毛。花白色或略带粉色，径 1.5 ~ 2cm，无梗或近无梗；萼红色，有毛。核果近球形，径约 1cm，红色，稍有毛。花期 4 月，稍先叶开放；果 6 月成熟。

主产华北，东北、西南也有；日本有分布。

性喜光，耐寒，耐干旱、瘠薄及轻碱土。

播种或分株繁殖。

北方常栽于庭院观赏；果可食。

（9）郁李（图 17-159）

***Prunus japonica* Thunb.**

落叶灌木，高达 1.5m。枝细密，冬芽 3 枚，并生。叶卵形至卵状椭圆形，长 4 ~ 7cm，

图 17-158 毛樱桃

1. 花枝 2. 花纵剖 3. 雄蕊 4. 果枝 5. 果核

图 17-159 郁 李

1. 长枝 2. 花枝 3. 果枝 4. 花纵剖 5. 果

先端长尾状，基部圆形，缘有锐重锯齿，无毛或仅背脉有短柔毛；叶柄长 2 ~ 3mm。花粉红或近白色，径 1. 5 ~ 2cm，花梗长 5 ~ 10mm，春天与叶同放。果似球形，径约 1cm，深红色。

产于华北、华中至华南；日本、朝鲜也有分布。常见有以下 2 变种：

①北郁李（var. *engleri* Koehne）：叶基心形，背脉有短硬毛；花梗长 7 ~ 13mm；果径1 ~ 1. 5cm。产于东北各地，庭园栽培观赏。

②重瓣郁李（var. *Kerii* Koehne）：叶背无毛，花半重瓣，花梗短，仅 3。产于东南诸地，又名南郁李，观赏价值较高，常作盆栽及切花材料。

性喜光，耐寒又耐干旱。通常用分株或播种法繁殖。对重瓣品种可用毛桃或山桃作砧木，用嫁接法繁殖。

郁李花朵繁茂，在庭园中多丛植赏花用。其果实可生食，核仁可供药用，有健胃润肠、利水消肿之效。

(10) 麦李（图 17-160）

***Prunus glandulosa* Thumb.**

落叶灌木，高达 2m。叶卵状长椭圆形至椭圆状披针形，长 5 ~ 8cm，先端急尖而常圆钝，基部广楔形，缘有细钝齿，两面无毛或背面中肋疏生柔毛；叶柄长 4 ~ 6mm。花粉红或近白色，径约 2cm，花梗长约 1cm。果近球形，径 1 ~ 1. 5cm，红色。花期 4 月，先叶开放或与叶同放。

图 17-160 麦 李
1. 花枝 2. 花纵剖 3. 果枝 4. 果核

产中国中部及北部；日本也有分布。

主要变型有：

①重瓣粉红麦李（f. *sinensis* Koehne）：花重瓣，粉红色，花梗长 1～1.6cm；叶披针形至长圆状披针形。有‘小桃红’、‘小桃粉’等品种。

②重瓣白麦李（f. *albo-plena* Koehne）：花重瓣，白色；品种有‘小桃白’。

麦李，尤其是重瓣品种春天开花时满株灿烂，甚为美观，各地庭园常见栽培观赏。宜于草坪、路边、假山旁及林缘丛栽，也可作基础种植、盆栽或催花、切花材料。

麦李有一定耐寒性，北京可露地栽培过冬。常用分株或嫁接法繁殖，砧木用山桃。

（11）樱桃（图 17-161）

***Prunus pseudocerasus* Lindl.**

落叶小乔木，高可达 8m。叶卵形至卵状椭圆形，长 7～12cm，先端锐尖，基部圆形，缘有大小不等重锯齿，齿尖有腺，上面无毛或微有毛，背面疏生柔毛。花白色，径约 1.5～2.5cm，萼筒有毛；3～6 朵簇生成总状花序。果近球形，径 1～1.5cm，红色。花期 4 月，先叶开放；果 5～6 月成熟。

河北、陕西，甘肃、山东、山西、江苏、江西、贵州、广西等地均有分布。

喜日照充足，温暖而略湿润之气候及肥沃而排水良好之砂壤土，有一定的耐寒与耐旱力，华北栽培较普遍。萌蘖力强，生长迅速。

繁殖可用分株、扦插及压条等法；栽培管理简单。

果实味甜，可生食或制罐头。

花先叶开放，也颇可观，是园林中观赏及果实兼用树种。

（12）东京樱花（日本樱花、江户樱花）

***Prunus yedoensis* Matsum.**

落叶乔木，高可达 16m。树皮暗褐色，平滑；小枝幼时有毛。叶卵状椭圆形至倒卵形，长 5～12cm，叶端急渐尖，叶基圆形至广楔形，叶缘有细尖重锯齿，叶背脉上及叶柄有柔毛。花白色至淡粉红色，径 2～3cm，常为单瓣，微香；萼筒管状，有毛；花梗长约 2cm，有短柔毛；3～6 朵排成短总状花序。核果，近球形，径约 1cm，黑色。花期 4 月，叶前或与叶同时开放。

原产日本。中国多有栽培，尤以华北及长江流域各城市为多。

对于本种的来源，有人主张是园艺上的栽培种，亦有人认为在朝鲜济州岛上有野生的原种。

变种：①翠绿东京樱花 var. *Nikaii* Honda（*P. Nikaii* Koidz.）：乔木，嫩枝无毛。叶卵状椭圆形，长 4.5～12cm，叶背脉上和叶柄有毛；叶与花均似原种，但新叶、花柄、萼均为绿色，花为纯白色，而且花期要比原种早开半月。

②垂枝东京樱花 f. *perpendens* Wilson：小枝长而下垂。

此外尚有光萼、粉萼、重瓣等变种。

图 17-161 樱 桃

1. 果枝 2. 果核 3. 花枝

东京樱花性喜光、较耐寒，在北京能露地越冬。生长较快但树龄较短；盛花期在 20～30 龄，至 50～60 龄则进入衰老期。用嫁接法繁殖，砧木可用樱桃、山樱花（*Prunus serrulata* var. *spontanea* Wils.）、尾叶樱（*P. dielsiana* Schneid.）及桃、杏等实生苗。栽培管理较简单。本种春天开花时满树灿烂，很美观，但花期很短，仅能保持 1 周左右即谢尽；宜于山坡、庭院、建筑物前及园路旁栽植。

（13）日本早樱

***Prunus subhirtella* Miq.（*P. pendula* var. *ascendens* Rehd. not Mak.）**

小乔木，高 5m，枝斜上生长，较细，树姿优美。干皮呈细密横纹状，老树皮则纵裂；新枝有伏毛。叶倒卵形至椭圆形，长 3～8cm，宽 2～4cm，叶端呈短尾状尖头，叶基楔形，叶缘有毛锯齿，齿端有小腺体，叶片基部有黄白色腺体，叶脉有 6～9（11）对；新叶绿色有伏毛，叶的两面特别是背脉上有显著伏毛；叶柄有伏毛；托叶披针形。花 2～5 朵排成无总梗的伞形花序；红或淡红色，径 2～2.5cm，花蕾红色；鳞苞 3～4 枚，暗褐色，卵形，脱落或宿存；萼下部稍膨大，卵形，有少数白色细毛或无毛，萼筒壶形；花瓣圆形，5 枚，瓣端凹头，长 1～1.5cm；雄蕊 20～30，花柱无毛或基部有少数粗毛；花梗长 0.5～2cm，有斜生毛，梗基为苞片所包被。果广椭圆形，熟时紫黑色。

原产日本，但迄今未找到野生种，只在日本关西地区常见栽培。

主要变种和品种：

①十月樱 var. *autumnalis* Makino（*P. autumnalis* Koehne）：花重瓣，每年开花两季，一季是在春 4 月开出繁茂的花朵，另一季是从 10 月开，直到冬季，但冬季的花形较小，花梗短，花色淡红或白色，径 1.5～2cm。

②垂枝早樱 var. *pendula* Tanaka（*P. taiwaniana* Hayata；*P. pendula* Max.）：大乔木，高达 20m，干径达 1m 以上；枝横出，小枝垂直下垂。叶狭椭圆形，端尖，叶基楔形，叶缘锯齿尖锐，叶长 7～9cm，叶背主脉及叶柄均有短毛。花先于叶开放，白色或淡红色，径 1.7cm，1～4 朵排成花序，花梗有毛；萼带红色，花柱基部有毛。果球形，熟时黑红色。花期 3 月；果 6 月成熟。

不少学者认为垂枝早樱并非野生的变种，而是从下述的密枝早樱中人工培育出的园艺品种。在园艺上又有'大垂枝早樱'，'小垂枝早樱'、'重瓣垂枝樱'、'单瓣垂枝樱'、'红垂枝樱'、'白垂枝樱'等品种。

③密枝早樱（拟）var. *pendula* Tanaka f. *ascendens* ohwi（*P. microlepis* Koehne）：乔木，高 15m，小枝细而密生。叶长椭圆形至狭倒卵形，叶端尾状长尖，叶缘锯齿尖锐，侧脉10～14 对，叶长 5～9cm，叶片、叶柄均有毛，有一对腺体。花 1～4 朵，径 1.5～2cm，白色或红色；花柄长而带红色；萼及花柱的下半部有毛（注：原种早樱则无毛），萼筒筒状或漏斗状，略膨大，有毛，带红褐色；花瓣 5 枚，半开，圆形，端凹。果球形，径 1cm。产于日本的本州、四国、九州的山地；中国及朝鲜也有分布。

④密花早樱 f. *aggregata*（Miyos.）Nemoto：3～5 花密集着生，初开时淡红色，后变白色，径 2.5cm。

⑤薄红早樱 f. *albo-rubescens*（Miyos.）Nemoto：花白色，瓣端呈淡红色。

日本早樱的花期比一般樱花早，故称为早樱，在暖地于 3 月下旬开放，在日本东京是 4 月上中旬开花，花朵很繁盛，呈淡红色，很是美观，在日本一些地方作行道树用。本种的种子在 1894 年引入美国，在 1895 年引入英国。

（14）大山樱

***Prunus sargentii* Rehd.（*P. serrulata* Lindl. var. *sachalinensis* Makino）**

形态：乔木，高 12～20m；干皮栗褐色；枝暗紫褐色，斜上方伸展；小枝粗而无毛。叶互生，椭圆形至卵状椭圆形或倒卵状椭圆形；叶长 6～14cm，宽 4～9cm，叶端急锐尖，叶基圆形或浅心形，质厚，叶缘锯齿粗大呈斜三角形，叶表浓绿色无毛或有散毛，叶背略呈粉白色，无毛；叶柄常呈紫红色，无毛，上部有 1 对红色腺体。花 2～4 朵，呈伞形花序，总梗极短而近于无总梗；花红色，径 3～4.5cm，无芳香；萼筒呈筒状或略呈倒圆锥状，无毛，萼片全缘；花瓣开时平展，卵圆形；花梗无毛，花先于叶或与叶同时开放。果球形，径 1.1～1.3cm，7 月成熟，熟时紫黑色。本种的特点是在新叶、萼、花梗、苞片、芽鳞等各部均有黏性；由本种所育成的园艺品种中亦具有此特征。

分布：原产日本北海道；朝鲜有分布。中国引入栽培。

变种：

①晓樱 var. *compta*（Koidz.）Hara：花白色，与新叶同放。产于日本北海道及本州北部。

②毛樱 var. *pubescens* Tatewaki：在叶柄、花梗及叶背脉上均有毛。产于北海道及本州的

北部及中部。

③初雪樱 f. *albida*（Miyos.）：红芽；花略白色，径4.2cm；花梗短。

④栀子樱 f. *angustipetala*（Miyos.）：淡红芽；花淡红色，径3.8cm，花瓣狭。

⑤大花樱（拟）（布袋樱〔日名〕f. *grandiflora*（Miyos.）：褐芽；花淡红色，径4.3cm，花梗很长。

⑥野中樱 f. *microflora*（Miyos.）：红褐芽；花红色，径约4cm。

⑦红梅樱 f. *macropetala*（Miyos.）：红褐芽；花淡红色，径2.3cm。其中花径较大的品种为"锦樱"。

⑧常盘樱 f. *multipes*（Miyos.）：红褐芽；花淡红色，径3cm，2～5花略呈伞房状。

⑨明星樱 f. *radiata*（Miyos.）：黄褐芽；花纯白色，径3.5cm。

⑩团扇樱 f. *umbellata*（Miyos.）：红芽；花淡红色，径3.5cm。

习性及繁殖栽培：大山樱原产北海道，当地属海洋性气候，年降水量1500mm左右，冬季寒冷湿润，积雪较厚；土壤呈微酸性。大山樱在樱花类中属于抗寒性强而生长旺盛的种类。

1972年秋日本国民赠送给我国1000株大山樱树苗，在北京栽植了900株。1973年11月日本北海道又赠送给沈阳市大山樱388株。经过几年的精心养护管理，成活率75%～94%。从引种的栽培技术来看，大山樱在北京可能遇到的问题是碱性的水及土壤问题，在沈阳可能遇到的问题是冬季低温冻害问题。到1979年时，调查结果表明大山樱在两地生长良好，基本上解决了上述问题。现在将两地的栽培管理经验介绍于下：

北京市是在1972年10月28日从日本用飞机运来已落叶的3年生大山樱，苗高1.5～1.8m，茎根际直径1～1.5cm，根系长30～45cm；根系曾经过水洗然后用湿苔藓围缚后放在有通气孔的塑料袋里。次日进行假植，假植沟为南北向，深30cm，宽2.5m，长12m，沟两侧培土30cm，沟上搭三角形窝棚。苗木直立假植，仅根部埋入土内。在解冻前棚内保持0～－5℃气温，相对湿度70%左右，地温在0℃左右。苗木越冬良好，无过量失水和提前萌动的情况。在1973年3月10日至22日栽植于紫竹院、日坛、玉渊潭、陶然亭、天坛等公园以及北京植物园、西南郊苗圃等8处。在定植点全部换土，每穴换入灵山地区的微酸性土壤约0.15m^3，并对植穴内土壤施行酸化处理（每立方米土壤加施22g硫磺粉）。此外，每穴内又施入一定量的腐熟堆肥或鸡粪等有机肥料。植穴的直径为60cm，深50cm。栽后灌透水，隔3～4d灌第2、第3次水，此后每7～10d灌水一次，直至雨季为止。天气过干时向植株喷水，对叶片萎蔫的则搭荫棚、设风障。当年成活率达99%。1973年冬在每株北侧设风障，在根际80cm半径范围内铺10cm厚的马粪或树叶，上面再压2cm厚土壤。此后，1975年北京植物园、日坛公园除灌冻水外，未再采取其他防寒措施，结果也未发现有冻害现象。根据几年来的管理，他们的经验是：

①土质方面：大山樱的根系特别怕积水，凡在砂砾中混有黏土块或者虽然用了微酸性的灵山土，但因其本身质地黏重而又未加入砂土、有机肥行充分混合的地点，根系均因排水不良而腐烂或者生长停滞、不易发生新根。所以定植地点一定要选排水和透气性良好的砂性土质才好。

②关于土壤酸度方面：幼苗在pH 7以上的碱性土中生长会受些影响，但从紫竹院的情

况来看，新根已长至呈碱性的砂土中而且生长良好，故知它能逐渐适应 pH 7 ~8 的砂壤。

③大山樱是浅根性树木，所以栽植时覆土勿过厚，一般不超过 20cm 为佳，否则不利根系伸长。

④抗寒性方面：在北京可不设风障而安全过冬。

⑤对肥分要求：要求不高，在砂壤中能生长良好。

⑥修剪方面：日本的经验是大山樱不能修剪，但在北京曾经适当修剪，并未发现伤口有溃烂现象。

⑦药害方面：敌敌畏对大山樱会产生严重药害；马拉硫磷有轻度药害；以使用鱼藤精、波尔多液、石硫合剂、杀虫脒等较安全。

沈阳市是在 1973 年 11 月运入苗木，经假植后于 1974 年 4 月 12 日定植。为 3 年生苗木，高 1.5m 左右。定植前对植株喷洒波尔多液，又用 200 倍硫酸铜溶液浸 10min，再用清水洗过。定植坑直径 80cm，深 60cm。坑内行客土，用富含腐殖质的林地土并混以定植点的土壤，pH5.8 ~6，客土中并加入稀释的硫酸亚铁水溶液。植后充分灌水。平日每天早晚喷水 2 次。在 7 月上旬和下旬，分别浇 2 次矾肥水（矾肥水的配制方法是用豆饼 30kg、硫酸亚铁 1.5kg、水 150kg）。在落叶后，于 11 月初喷 1 次石硫合剂，在 12 月初将树干缠绕牛皮纸，外围秫秸后又涂上泥巴；在地面上盖 10cm 厚的树叶，上面再压 1 层土，周围设立风障。结果成活率达 90% 以上。1975 年冬又行 1 次防寒措施，方法同前。以后仅每年设风障，不再包干或覆土。在 1979 年检查时，见有些枯枝和干梢现象，开花很稀疏，观花效果差，但每年夏季均绿叶成荫，生长尚佳。

（15）樱花（山樱桃）（图 17-162）

Prunus serrulata* Lindl.**（P. pseudocerasus* Hort. not Lindl.**；***Cerasus serrulata* Don.**）

形态：乔木，高 15 ~25m，直径达 1m。树皮暗栗褐色，光滑；小枝无毛或有短柔毛，赤褐色。冬芽在枝端丛生数个或单生；芽鳞密生，黑褐色，有光泽。叶卵形至卵状椭圆形，长 6 ~12cm，叶端尾状，叶缘具尖锐重或单锯齿，齿端短刺芒状，叶表浓绿色，有光泽，叶背色稍淡，两面无毛；幼叶淡绿褐色；叶柄长 1.5 ~3cm，无毛或有软毛，常有 2 ~4 腺体，罕 1。花白色或淡红色，很少为黄绿色，径 2.5 ~4cm，无香味；苞片呈篦形至圆形，大小不等，边缘有带腺的软毛；萼筒钟状，无毛，萼裂片有细锯齿，裂片卵形或披针形，呈水平展开；花瓣倒卵状圆形或倒卵状椭圆形，先端有缺凹；雄蕊多数；花柱平滑；常 3 ~5 朵排成短伞房总状花序。核果球形，径 6 ~8mm，先红而后变紫褐色，稍有涩味，但可食。花期 4 月，与叶同时开放；果 7 月成熟。

图 17-162 樱 花

1. 花枝 2. 果枝 3. 花纵剖

分布：产于长江流域，东北南部也有。朝鲜、日本均有分布。

变种：变种及变型很多，常见的有下述几种。

①重瓣白樱花 f. *albo-plena* Schneid.：花白色、重瓣。在华南有悠久的栽培历史。约一百多年前即被引种于欧、美。

②红白樱花 f. *albo-rosea* Wils.：花重瓣，花蕾淡红色，开后变白色，有2叶状心皮。

③垂枝樱花 f. *pendula* Bean.：枝开展而下垂；花粉红色，瓣数多达50以上，花萼有时为10片。

④重瓣红樱花 f. *rosea* Wils.：花粉红色，极重瓣。

⑤瑰丽樱花 f. *superba* Wils.：花甚大，淡红色，重瓣，有长梗。

⑥毛樱花 var. *pubescens* Wils.：与下列的山樱花相似，但叶两面、叶柄、花梗及萼均多少有毛；花瓣长1.2～1.6cm。产于长江流域、黄河下游；朝鲜、日本亦有分布。

⑦山樱花 var. *spontanea* Wils.：花单瓣，形较小，径约2cm，白色或粉红色，花梗及萼均无毛，2～3朵排成总状花序。亦产于长江流域；朝鲜、日本亦有分布。

习性：樱花喜阳光，喜深厚肥沃而排水良好的土壤；对烟尘、有害气体及海潮风的抵抗力均较弱。有一定耐寒能力，但栽培品种在北京仍需选小气候良好处种植。根系较浅。栽培简易，繁殖方法与东京樱花相似。

（16）日本晚樱（图17-163）

***Prunus lannesiana* Wils.（*P. donarium* Sieb.；*P. serrulata* var. *lann esiana* Rehd.）**

乔木，高达10m。干皮淡灰色，较粗糙；小枝较粗壮而开展，无毛。叶常为倒卵形，长5～15cm，宽3～8cm，叶端渐尖，呈长尾状，叶缘锯齿单一或重锯齿，齿端有长芒，叶背淡绿色，无毛；叶柄上部有1对腺体，叶柄长1～2.5cm；新叶无毛，略带红褐色。花形大而芳香，单瓣或重瓣，常下垂，粉红或近白色；1～5朵排成伞房花序，小苞片叶状，无毛；花之总梗短，长2～4cm，有时无总梗，花梗长1.5～2cm，均无毛；萼筒短，无毛；花瓣端凹形；花期长，4月中下旬开放，果卵形，熟时黑色，有光泽。

图17-163　日本晚樱

1. 花枝　2. 叶背面

分布：原产日本，在伊豆半岛有野生，日本庭园中常见栽培；中国引入栽培。

变种及变型：日本晚樱的原始种是单瓣花，但变种及栽培品种的花多为重瓣花；栽培种的花期较原始种更迟。晚樱有许多变种及品种，现择重要的种类述之：

①白花晚樱 var. *albida* Wils.：花单瓣、白色，数十年前已引种于南京。

②绯红晚樱 var. *hatazakura* Wils.：花半重瓣，白色而染有绯红色，很美丽，数十年前已引入南京。

③大岛晚樱（拟）var. *speciosa*（Koidz.）

Makino：叶缘为重锯齿；新叶绿色；花梗淡绿色。花形大，径 3～4cm，白色或偶带微红色，通常有芳香。果实形大，广椭圆形，无苦味，可食。1909 年曾输入美国。原产于伊豆大岛。在原产地的花期为 3 月上中旬，在东京则迟至 4 月中旬，比原种的花期略早。本变种生长迅速、健壮，适于海滨栽培，又具有极强的耐煤烟能力，故是个值得引入并发展的树种，是滨海城市及矿山城市绿化用的极好观花树种。

重要的园艺品种：由于它具有上述的重要价值，故有必要较详细地介绍一些重要的品种。日本晚樱按照其日本名字"里樱"的原意来看，本是与山野间的野生种相反，是在乡里间栽植的"家"樱的意思。它的园艺品种有百余种，在品种分类上一般是首先按花色分为白花、红花(包括粉红及浓红色)、绿花(包括带浅黄绿色的种类)等三大类；再按幼叶的颜色分为绿芽、黄芽、褐芽、红芽等，分为四群作为第二级；又依花型分为单瓣、复瓣、重瓣，以及小花种、大花种等分成系或种，作为第三级；此外，又按各品种的特殊特征分为直生性、菊花型、有毛类等作为其他类别来描述。现在将一些著名的品种介绍如下：

Ⅰ. 白花类

A. 绿芽群

a. 单瓣型

①大岛之樱 f. *stellata*(Makino)：5 个花瓣互相分离。本品种名是指生长于伊豆大岛泉津村的老树而言。

②虎尾樱 f. *caudata*(Miyos.)Nemoto：在长枝的上部成丛的着生短花序，有如尾状；花白色或粉红色，花径 4cm。红色花的品种叫'红虎尾'，白色花的称为'白虎尾'。这是晚樱中的珍品。

③满月 f. *mangetsu* Nemnto：花径 5. 5cm；花瓣圆形，有 1～2 旗瓣；有芳香。

④千里香 f. *senriko*(Koidz.)Wilson：褐绿芽；花白色而带浅红，径 4. 5cm；花瓣 5～8 枚，圆形而呈波状，很美观；有芳香；易结实。

b. 重瓣型

⑤雨宿 f. *amayadori*(Koidz.)Wils. ：花序下垂；花梗粗；花径 4cm；花瓣排为 3～4 层。

⑥万里香 f. *excelsa*(Miyos.)Wils. ：花色纯白；径 4cm；有芳香；重瓣，瓣约 15 枚，但也有单瓣的，瓣宽广；花朵数很多。

⑦晓樱 f. *megalantha*(Miyos.)Nemoto：褐绿芽；花白色带淡红；花大，径达 6. 5cm；瓣 10～12 枚，圆形，偶有旗瓣；花梗细长。

B. 黄芽群

⑧大芝山 f. *osibayama*(Koidz.)Wilson：花白色带浅红，径 4. 8cm；瓣 5～10 枚，平展，常有旗瓣。

C. 褐芽群

a. 单瓣型

⑨明月 f. *sancta*(Miyos.)：花白色，瓣边带浅红色，径约 4cm。

⑩鹫尾 f. *wasinowo*(Koidz.)Wilson：花径 5cm；瓣 5～6，有旗瓣，皱瓣，花梗短。

b. 重瓣型

⑪大提灯 f. *ojochin*(Wils.)：花白色或带浅红色，径 5cm；瓣 5～12 枚，圆形，皱瓣；花

序长。

⑫真樱（白花真樱）f. *multiplex*（Miyos.）Hara：浅褐色芽；花径约 4.5cm；瓣 12～15 枚，有旗瓣。本品种是三倍体植物，树形直立，小枝多，生长旺盛，易发根，所以长期以来一直作砧木用。其中花色淡红的称为红花真樱。

⑬牡丹樱 f. *Moutan*（Miyos.）Wilson：浅褐色芽；花白色而带浅红；径 5cm，瓣约 15 枚，有旗瓣；花梗粗而短。有芳香，很美丽。

D. 红芽群

⑭四季樱（拟）（白子不断樱）f. *Fudanzakura*（Koidz.）Wilson：浅红芽；花单瓣，白色，径 3～3.5cm；在一年中可陆续不断开花；春、秋季的花花柄长，呈伞房花序，冬季的花花柄极短，冬季亦有叶，在发新叶时结实，是稀有的珍贵品种。在日本伊势地方的白子观音自古以来即著名。

Ⅱ. 红花类

A. 绿芽群

⑮日暮 f. *amabilis*（Miyos.）Wilson：黄绿芽；花心白色，外部红色，径 4.5cm；瓣约 20 枚左右，圆形，花朵繁密，有芳香。

⑯福禄寿 f. *contorta*（Miyos.）Wilson：花浅红色，径 5cm 余；瓣 20 枚，厚而屈曲。花朵常聚生于小枝顶部。

⑰松月 f. *superba*（Miyos.）Hara：树形伞状；花先浅红后变近白色，径 5cm；瓣约 30 枚；雌蕊亦瓣化为 2 枚花瓣；花梗细长；花下垂。

B. 褐芽群

⑱金龙樱 f. *Kinryu*（Miyos.）Hara：红褐色芽；花浅红色，径 4～5cm，单瓣或重瓣型，重瓣型的有花瓣 10 枚，有旗瓣。

⑲一叶 f. *Hisakura*（Koehne）Hara：花初时淡红色，后近白色，径 4.5cm；瓣约 25 枚，花心有 1 枚瓣化雌蕊伸出，故得此名。花很美，在日本东京附近栽植很多。

⑳杨贵妃 f. *mollis*（Miyos.）Hara：淡褐色芽；花淡红色，外部较浓，径 5cm；瓣约 20 枚；花密集着生。过去日本在上野公园慈眼堂附近有 1 株古树。

㉑涡樱 f. *spiralis*（Miyos.）Hara：花浅红色，径 3cm；瓣约 30 枚，略呈螺旋状排列；花期较晚。

C. 红芽群

㉒紫樱 f. *purpurea*（Miyos.）Nemoto：花紫红色，径 3.5cm；单瓣型，亦有瓣 5～9 枚的重瓣种，称为重瓣紫樱。

㉓麒麟 f. *kirin*（Koidz.）Hara：花浓红色，径 4.5cm；瓣约 30 枚；花心有瓣化雌蕊与下述之关山相似，但树形不同，在枝的各部生有不规则的疣状物。

㉔关山 f. *sekiyama*（Koidz.）Hara：花浓红色，径 6cm；瓣约 30 枚，由花心伸出 2 枚瓣化雌蕊；花梗粗且长；小枝多而向上弯曲。本品种是樱花中最美的品种之一，在日本首都东京附近栽植很多。

Ⅲ. 绿花类

㉕郁金（黄樱）f. *grandiflora*（Wagner）Wilson：褐芽，有单瓣和重瓣之分，而以重瓣的为

多，花浅黄绿色，瓣约 15 枚，质稍硬，最外方的花瓣背部带淡红色，径 4crn 余，常有旗瓣。对其中花色最浅的又另列为一品种，称为‘浅黄’。

㉖御衣黄 f. *Gioiko*(Koidz.) Wilson：褐色芽；花径 4cm；瓣约 15 枚，质稍硬，色淡黄与淡绿相交，有红色纵纹。花期迟而下垂；花似郁金而略小，且黄色纹较浓绿纹为多。

Ⅳ. 其他类

A. 直生类

㉗笤帚樱(天河、天之川) f. *erecta*(Miyos.) Wils.：枝直立，花梗亦向上，花瓣及雌雄蕊亦均斜向上着生。幼叶浅褐色；花浅红色，径约 4.5cm；瓣约 15 枚；有芳香。

㉘七夕 subf. *albida*(Nemoto)：笤帚樱中开白色花的称‘七夕’，有芳香。

B. 菊花型类：花瓣数极多，花型似重瓣的菊花状；花期迟，一般在 5 月上旬左右开放。

㉙白菊樱 f. *capitata*(Miyos.) Nemoto：绿芽；花白色，径 4.5cm；萼片 12 枚；花瓣约 150 枚，花心有由 100 左右个淡黄色小鳞片形成的小花冠，往往在花心中央有 2 枚绿色的小叶；花柄长 6～7cm。

㉚菊樱 f. *chrysanthemoides*(Miyos)：绿芽；花红色，或深或浅，径 4cm；萼片 10 枚；花瓣 200 枚左右，花心由 100 余淡黄色小鳞片组成，通常在中央有 2 枚绿色小叶。

㉛小菊樱 f. *singularis*(Miyos.) Nemoto：淡红芽；花白色或淡红色，径 3.7cm；萼片 6 枚；花瓣约 50 枚；雄蕊约 60 枚；无雌蕊；蕾浓红色；花托漏斗状。

㉜垂枝菊樱(菊枝垂) f. *pleno-pendula*(Miyos.) Hara.：枝条下垂；绿芽；花红色，径 3cm；花瓣约 50 枚；雄蕊少数；心皮 1 枚；在日本东北地区常可见到。

C. 有毛类

㉝早花樱 f. *praecox*(Miyos.) Nemoto：褐绿芽；花白色，瓣缘带红色，径 3.5cm；花梗短且散生有毛；花期长，由秋天开始开至冬季，甚至开到 4 月上旬，但冬季时期花朵少；花梗特别短。

㉞薄墨 f. *nigrescens*(Miyos.) Nemoto：绿芽；花白色，径 4.5cm，单瓣；花梗上有长毛。

由以上列举的种类来看，可知晚樱的花型颇富变化，观赏价值极高，尤其重瓣品种开花时朵朵下垂，向着游人，真可谓芳香扑鼻、艳丽多姿；在日本，一般习称为‘八重樱’或‘牡丹樱’。于 1870 年曾输入法国，于 1912 年输入于美国，现在华盛顿湖畔的樱花即为日本晚樱。

日本晚樱发育较快，树龄较短，花期较晚但花期的延续时间在各种樱花中却属最长的种类。由于重瓣品种不能结实，故多用嫁接法繁殖。

樱花类的繁殖栽培：

樱花类可用播种、扦插、嫁接、分蘖等法繁殖。

①播种法：山樱和日本早樱易结实，可采集熟果，洗去果肉后与湿润沙子混合贮藏，但沙不可过湿，以免种子霉烂，亦不可过干，否则种子易失去发芽力。春季播种较易出苗，发芽率可达 80%。3 年生苗可高达 2m。此外，在樱花林或大树下常可见到自然播种苗，可移植于苗圃内进行培养。

据日本的经验，日本晚樱通常不结实，但偶尔也有结实的，用这种种子播种所产生的后代常发生变异，例如单瓣型种类可产生重瓣型的后代，垂枝型的母树可产生直生型的后代。

所以在培育新品种时可利用播种法，然后进行选择，再用无性繁殖法繁殖。又东京樱花亦常用播种法繁殖而且后代的变异性比其他樱花类较小。此外，大岛樱、日本早樱等亦均常用播种法繁殖。

②扦插法：除某些品种外，各种樱花如果用一般的扦插法均不易生根，即使生根，成活率也很低。所以必须在扦插前进行埋藏处理才能有良好的效果。处理的方法中最简单易行的是在1月份选平直的枝条切成30cm长，30～50枝缚成1束，顶端向上，立埋入地中，深度以不见顶端为度，至3月见切口处生满愈伤组织后即可挖出，将先端略剪短，再插于插床上就易生根了。山樱(*Prunus jamasakura* Siebold ex Koidzumi)、日本早樱、日本晚樱等都常用此法扦插，而以日本晚樱中的一个叫‘真樱’的品种用得最普遍，因其成活率高而且生长十分迅速，所以日本花农传统上一直用它扦插作砧木用。插活后至次年即可高达1m，作砧木切接时上部剪下的枝条仍可作插穗用。此外，山樱亦有用扦插法繁殖的。在我国长江流域一带，花农常用‘青肤樱’作插穗，成活率亦较高。

③嫁接法：砧木以用前述的真樱为好，如果用实生的山樱作砧木，需达3年生才能用，如用真樱扦插则次年即可用。通常用切接法，可地接亦可室内掘接。在晚夏或初秋时亦可行芽接。现在将接穗与砧木亲合较好的种类介绍于下：

东京樱花以用真樱或山樱做砧木最好；山樱的各品种以用山樱做砧木为好；大岛樱以用真樱作砧木为好；日本晚樱的各品种以用真樱或大岛樱作砧木为好；日本早樱的各种品种以及垂枝樱以用早樱的实生苗作砧木为好。

④分蘖法：樱花类中有的种类会自根颈附近发生多数萌蘖，可与母株分离移于苗圃中培养。分割后应对母株的伤口实行消毒以免病菌侵入。分割时应注意母株是否为自根树还是嫁接树。

关于定植后的栽培管理法，可按一般的树木管理法处理。在日本的经验是樱花类不耐修剪，日本花农有谚语意谓不剪梅花是笨人，修剪樱花亦笨人。但是在我国尚未发现有何严重影响，然而在修剪较粗的枝条后，仍以涂抹防腐剂为好。

樱花类的病虫害：

①樱花天狗巢病：病症为自受害部位发出多数短而细的枝条似鸟巢状，在这些枝条上均不能开花或仅有少数花朵，枝上的叶数多而形小，每年在受害部增加畸形枝条，在5～6月时，被害枝条上的叶呈暗褐色并萎凋脱落，同时生有灰白色的孢子随风传染于周围的枝条。病菌是真菌 *Taphrina cerasi*(Fuck.)Sadebeck.，防治法是剪除受害枝条，烧除有病的枝及叶，在发芽前喷石硫合剂或8∶8的波尔多液，在发芽后即4月份再喷1次，可收到良好效果。

②樱花穿孔性褐斑病：在5～6月时发生。叶上出现紫褐色小点，后渐扩大成圆形，病斑部位干燥收缩后成为小孔。病原菌是 *Mycosphaerella cerasella* Adh.，防治法是摘除病叶并烧掉，在发芽前喷8∶8的波尔多液，或在发叶后喷500倍的代森锌液。

③樱花叶枯病：夏季叶上发生黄绿色的圆形斑点，后变褐色，散生黑色小粒点，病叶枯死但并不脱落。病原真菌是 *Gnomonia erythrostoma*(Pers.)，防治法是摘除并烧焚病叶；发芽前喷波尔多液。

④樱花菌核病：此病发生于叶及幼果。先是叶上发生不定形的褐色病斑，以后扩展至全叶面并产生灰色粉末。幼果在落花后不久即发病，在表面生褐色斑，后渐扩大，同时果实干

缩，表面产生灰白色的小块。与本病相似的尚有只在成熟果实上发病的“熟果菌核病”(*Sclerotinia laxa* Adh. ex Ruhl.)和灰星病(*Sclerotinia frutigena* Schrot.)。菌核病的病原真菌是 *Sclerotinia kusanoi* P. Henn.。防治法是烧除病叶、病果，在开花前及花后喷洒 6:6 的波尔多液。

⑤樱花癌肿病：病患处呈暗褐色或黑褐色，凹陷，常分泌树脂，通常形成癌肿，但亦因树势和发病部位等而不产生癌肿的。病原真菌是 *Valsa japoicae* Miyabe et Hemmi。防治法是消除被害部并烧掉，或消除病害部后用 0.05% ~0.1% 升汞水消毒再涂抹石灰乳；或在发芽前喷 8:8 的波尔多液或波美 5°的石灰硫黄合剂；或喷 500 倍的甲醛托布津。

⑥小透翅蛾(*Conopia hector* Butler)：幼虫蛀食樱花及桃花的干皮内侧，成虫身体呈蓝黑色，腹部第四、五环节黑色，前翅的外缘黑色。每年发生 1 次，幼虫在皮下过冬，故自早春就可危害，至 8 ~9 月时羽化。卵产于树皮间隙或干皮的伤口处。防治法是在枝干上涂抹石灰涂剂，以防产卵；在春季见干枝上有孔向外流胶或有虫粪时，可用锄头敲打以压死内部的幼虫或用小刀削开干皮捕杀幼虫并涂焦油于伤口。

⑦梅毛虫(*Malacosoma neustria testacea* Motschulsky)：每年发生 1 次，以卵越冬，3 月孵化，幼虫吐丝如天幕状，在丝巢中群居，夜间出来危害芽及叶子，长大后则离巢分散活动。5 月左右作茧化蛹，5 月下旬至 6 月中旬羽化产卵。防治法是冬季采集卵块或在幼虫群居期将虫巢一并烧掉。

⑧介壳虫(*Sasakiaspis pentagona* Targioni-Tozzetti)：除樱花外亦危害梨、苹果、杏、梅等树。雌介壳圆形，背面稍隆起，呈白色乃至灰白色，直径约 0.2mm，雄的介壳亦为白色，长形，长约 0.1cm。防治法是在冬季洒布机械油乳剂或在春季发芽前喷石灰硫磺合剂。

⑨其他：在 4 月下旬可见金龟子、金花虫、桑刺尺蠖，可捕杀或喷 800 ~1000 倍的 25% 鱼藤精或 600 倍的 223 乳剂。5 月初捕杀蒙古灰象甲。6 月上旬对小灰象甲喷 400 倍 223 乳剂；6 月中旬对蚜虫喷 500 ~800 倍鱼藤精。7 月中旬治红蜘蛛可用 0.2° ~0.3°石硫合剂，或 1200 倍乐果或 500 倍杀虫脒。8 月上旬对刺蛾喷 800 ~1000 倍鱼藤精或 1000 倍杀虫脒。

樱花类的观赏特性和园林用途：我国自古以来即栽植樱花，但记载很少，故不如桃、李、杏、梅、梨、海棠等之享有盛名。但从白居易诗：“小园新种红樱树、闲绕花枝便当游。”及古诗：“樱桃千万枝、照耀如雪天，王孙宴其下、隔水疑神仙。”“山樱抱石荫松枝、比并余花发更迟，赖有春风嫌寂寞，吹香度水报人知。”等句中亦可见其观赏价值了。因此，如果梅花是以清雅著称，桃花是以浓艳取胜，则樱花类既有梅之幽香又有桃之艳丽，品种更多达数百种，所以实应给以应有的重视加以大力发展。在日本则定为国花，每当樱花盛开之时，全国欢度樱花节，扶老携幼，红男绿女在樱花林下载歌载舞，呈现一片举国欢乐、喜庆而富于朝气的场面。

在配植上应注意发挥各种不同种类的观赏特点。一般言之，樱花以群植为佳，最宜行集团状群植，在各集团之间配植常绿树作衬托，这样做不但能充分发挥樱花的观赏效果而且有利于病虫害的防治。在庭园中有点景时，最好用不同数量的植株，成组地配植，而且应有背景树。山樱适合配植于大的自然风景区内，尤其在山区，可依不同海拔高度、小气候环境行集团式配植，这样还可延长观花期，丰富景物的趣味。东京樱花由于具有华丽的风采，故以用于城市公园中为佳。日本早樱及垂枝樱等可依树形而与庭园建筑相配，垂枝樱亦宜植于池旁岩侧。日本晚樱中之花大而芳香的品种以及四季开花的四季樱等均宜植于庭园建筑物旁或行孤植；至于晚樱中的大岛樱则是滨海城市及工矿城市中的良好材料。

定植的地点应选阳光充足之处；由于樱花类都是浅根性树种，所以应选土壤肥沃和避风之处；最适宜的地形是有缓坡而低处有湖池的地点。

(17)稠李(橉木、稠梨)(图 17-164)

***Prunus padus* L.**

落叶乔木，高达 15m。小枝紫褐色；嫩枝有毛或无毛。叶卵状长椭圆形至倒卵形，长6～14cm，叶端突渐尖，叶基圆形或近心形，叶缘有细锐锯齿，叶表深绿色，叶背灰绿色，无毛或仅背面脉腋有丛毛；叶柄长 1～1.5cm，无毛，近端部常有 2 腺体。花小，白色，径 1～1.5cm，芳香，花瓣长为雄蕊 2 倍以上；数朵排成下垂之总状花序，基部有叶。果近球形，径 6～8mm，黑色，有光泽；核有明显皱纹。花期 4 月，与叶同时开放；果 9 月成熟。

图 17-164 稠 李

1. 花枝 2. 果枝 3. 花 4. 果
5. 叶基部放大似腺点

分布于东北、内蒙古、河北、河南、山西、陕西、甘肃等地。欧洲、亚洲西北部、朝鲜、日本也有分布。

性喜光、尚耐荫，耐寒性较强，喜湿润土壤，在河岸砂壤土上生长良好。用播种法繁殖。花序长而美丽，秋叶变黄红色，果成熟时亮黑色，是一种耐寒性较强的观赏树。木材优良；叶可入药，有镇咳之效；花有蜜，是蜜源树种。

〔33〕豆科 Leguminosae

乔木、灌木或草本。多为复叶，罕单叶，常互生；有托叶。花序总状、穗状或头状；花多两性，萼、瓣各5，多为两侧对称的蝶形花或假蝶形花，少数为辐射对称；雄蕊 10，常成 2 体，罕为多数，而全部离生或成单体；单心皮，子房上位，胚珠 1 至多数。荚果，种子多无胚乳；子叶肥大。

约 550 属，13 000 余种，分布于全世界；中国产 120 属，1200 余种。通常分为 3 亚科，但有的分类学家将亚科提为科。

亚 科 检 索 表

A_1 花辐射对称 ………………………………………………………… Ⅰ. 含羞草亚科 Mimosoideae

A_2 花左右对称。

  B_1 花冠不为蝶形，在上方的 1 枚花瓣位于最内方 ……………………………… Ⅱ. 云实亚科 Caesalpinioideae

  B_2 花冠蝶形，在上方的 1 枚花瓣位于最外方 ………………………………… Ⅲ. 蝶形花亚科 Papilionoideae

Ⅰ. 含羞草亚科 Mimosoideae：花小，辐射对称，花瓣镊合状排列，中下部常合生；雄蕊 5 至多数，花丝长；多成头状花序。通常为2回羽状复叶。

Ⅱ. 云实亚科 Caesalpinioideae：花大，略左右对称；花瓣5，最上方1枚位于最内方；雄蕊通常10枚而全部离生。1~2回羽状复叶或为单小叶。

Ⅲ. 蝶形花亚科 Papilionoideae：花蝶形，左右对称；花瓣5，极不相似，最上1枚位于最外方；雄蕊通常10，且多连合成2体或单体。

分属检索表

A_1　花整齐，花瓣辐射对称；雄蕊多数，常为10枚以上(含羞草亚科)。

　B_1　花丝略合生；荚果扁平而直，不开裂；2回羽状复叶 ………… 1. 合欢属 *Albizzia*

　B_2　花丝离生；叶为2回羽状复叶，或退化为1叶柄 ………… 2. 金合欢属 *Acacia*

A_2　花不整齐，花瓣复瓦状排列；雄蕊常10。

　B_1　花冠不为蝶形，各瓣多少不相似，最上方1枚位于最内方(云实亚科)。

　　C_1　单叶，或分裂成2小叶。

　　　D_1 单叶，全缘；花冠假蝶形 ………… 3. 紫荆属 *Cercis*

　　　D_2　叶2裂或沿中脉分为2小叶状；花瓣稍不等但不呈蝶形 ………… 4. 羊蹄甲属 *Bauhinia*

　　C_2　偶数羽状复叶。

　　　D_1　2回羽状复叶或1~2回羽状复叶。

　　　　E_1　植株无刺；花两性，大而显著，近于整齐；2回羽状复叶 ………… 5. 凤凰木属 *Delonix*

　　　　E_2　植株具分枝硬刺；花小，杂性；1~2回羽状复叶 ………… 6. 皂荚属 *Gleditsia*

　　　　E_3　植株有刺；花显著，两性；2回羽状复叶 ………… 7. 云实属 *Gaesalpinia*

　　　D_2　1回偶数羽状复叶；雄蕊10或5枚；花药顶端孔裂 ………… 8. 决明属 *Cassia*

　B_2　花冠蝶形，最上方1枚花瓣位于最外方(蝶形花亚科)。

　　C_1　雄蕊10枚合生成1或2组。

　　　D_1　荚果含2种子以上者，不在种子间裂为节荚。

　　　　E_1　小叶互生 ………… 9. 黄檀属 *Dalbergia*

　　　　E_2　小叶对生。

　　　　　F_1　叶为掌状复叶，小叶3枚，罕1枚；雄蕊单体 ………… 10. 金雀儿属 *Cytisus*

　　　　　F_2　叶为羽状复叶或掌状复叶；雄蕊合生成单体或分为2组。

　　　　　　G_1　小叶3枚；花为总状花序。

　　　　　　　H_1　乔木或直立灌木、有刺；旗瓣比翼瓣及龙骨瓣为大 ………… 11. 刺桐属 *Erythrina*

　　　　　　　H_2　藤本，无刺；各花瓣长度相等 ………… 12. 葛属 *Pueraria*

　　　　　　G_2　小叶4至多数。

　　　　　　　H_1　植株贴生有丁字形毛茸；药隔顶端有腺体 ………… 13. 木蓝属 *Indigofera*

　　　　　　　H_2　植株不贴生丁字形毛茸；药隔顶端无附属物。

　　　　　　　　I_1　叶片上有小透明点；荚果含1种子，不开裂 ………… 14. 紫穗槐属 *Amorpha*

　　　　　　　　I_2　叶片上无透明点；荚果含2至多枚种子，开裂。

　　　　　　　　　J_1　藤本；花萼5裂(3长2短) ………… 15. 紫藤属 *Wisteria*

　　　　　　　　　J_2　直立木本。

　　　　　　　　　　K_1　荚果扁平；乔木 ………… 16. 刺槐属 *Robinia*

　　　　　　　　　　K_2　荚果不扁平。

　　　　　　　　　　　L_1　荚果膨大或肿胀 ………… 17. 膀胱豆属 *Colutea*

　　　　　　　　　　　L_2　荚果圆筒形 ………… 18. 锦鸡儿属 *Caragana*

D_2 荚果在含2种子以上时，在种子间紧缩或横裂为数节或仅1节含1种子。

E_1 叶为单身复叶(即退化为单叶)；枝条及花梗先端均硬化为单刺，无小托叶 ………………………………………………………………………………… 19. 骆驼刺属 *Alhagi*

E_2 叶为3小叶。

F_1 苞片宿存性，其腋间常具2花；花柄无关节 ……………………………… 20. 胡枝子属 *Lespedeza*

F_2 苞片常为脱落性，其腋间仅具1花；花柄在花萼下具关节 ………… 21. 杭子梢属 *Campylotropis*

C_2 雄蕊10枚，离生或仅基部合生。

D_1 乔木，羽状复叶；萼具5齿。

E_1 荚果扁平，不在种子间紧缩成念珠状。

F_1 热带、亚热带树种；花瓣有柄；种皮朱红色 ……………………… 22. 红豆树属 *Ormosia*

F_2 温带或寒带树种；花瓣无柄

G_1 芽单生，具芽鳞，不为叶柄基部覆盖；小叶对生或近对生；花序直立 ………………………………………………………………………… 23. 马鞍树属 *Maackia*

G_2 芽叠生，不具芽鳞，为叶柄基部所覆盖；小叶互生；花序直立或下垂 ……………………………………………………………………………（香槐属 *Cladrastis*）

E_2 荚果圆筒状，在种子间紧缩为念珠状 ……………………………………… 24. 槐属 *Sophora*

D_2 灌木，3出掌状复叶；萼具5裂片 ………………………………… 25. 沙冬青属 *Ammopiptanthus*

1. 合欢属 *Albizzia* Durazz.

落叶乔木或灌木。2回羽状重复叶，互生，叶总柄下有腺体；羽片及小叶均对生；全缘，近无柄；中脉常偏于一边。头状或穗状花序，花序柄细长；萼筒状，端5裂；花冠小，5裂，深达中部以上；雄蕊多数，花丝细长，基部合生。荚果呈带状，成熟后宿存枝梢，通常不开裂。

本属约50种，产亚洲、非洲及大洋洲之热带和亚热带。中国产13种。

分种检索表

A_1 花有柄。

B_1 羽片4~12对；小叶10~30对；花粉色……………………………………… (1)合欢 *A. julibrissin*

B_2 羽片2~3对；小叶5~14对；花白色 ………………………………………… (2)山合欢 *A. kalkora*

B_3 羽片2~4对；小叶4~8对；花绿黄色 ……………………………………(3)大叶合欢 *A. lebbeck*

A_2 花无柄。

B_1 小叶的中脉紧靠上边缘；头状花序 ……………………………………………… (4)楹树 *A. chinensis*

B_2 小叶的中脉偏于上边缘；穗状花序 ……………………………………………(5)南洋楹 *A. falcata*

(1)合欢(绒花树、合昏、夜合花、洗手粉)(图17-165)

Albizzia julibrissin* Durazz.** (A. mollis* Boir.**；***Acacia julibrissin* Willd.**)

形态：乔木，高达16m，树冠扁圆形，常呈伞状。树皮褐灰色，主枝较低。叶为2回偶数羽状复叶，羽片4~12对，各有小叶10~30对；小叶镰刀状长圆形，长6~12mm，宽1~4mm，中脉明显偏于一边，叶背中脉处有毛。花序头状，多数，细长之总柄排成伞房状，腋生或顶生；萼及花瓣均黄绿色；雄蕊多数，长25~40mm，如绒缨状。荚果扁条形，长9~17cm。花期6~7月；果9~10月成熟；花丝粉红色。

产亚洲及非洲。分布于自黄河流域至珠江流域之广大地区。

习性：性喜光，但树干皮薄畏暴晒，否则易开裂。耐寒性略差，在华北宜选平原或低山区之小气候较好处栽植。对土壤要求不严，能耐干旱、瘠薄，但不耐水涝。生长迅速，枝条开展，树冠常偏斜，分枝点较低。

繁殖栽培：主要用播种法繁殖，3～4 月播种。播种前 10d，用 80℃ 热水浸种，次日换水 1 次，第 3d 捞出，混以等量的湿沙，堆于温暖背风处，厚约 30cm，上盖稻草、麻袋等以保湿润。经 7～8d 的堆积，发芽率可提高到 70%～80%。苗床应选不致遭水淹之处，条播每亩播种量 4～5kg，行距 60cm，播后 3～5 天即可出苗。在良好的培育条件下，当年苗高可达 1.5～2m。合欢幼苗主干常易倾斜而分枝过低，为使主干通直，分枝点适当，育苗期间可合理密植或与高杆作物间作，并注意及时剪除侧枝和扶直其主干。对生长较弱的苗可在次年春季发芽前齐地面截干，促使发出粗壮通直的主干。1～2 年生苗，在华北北部需防寒过冬，3～4 年生苗可以出圃。定植后应注意对腐朽病的防治，该病多由断枝处或伤口侵入，引起树皮流胶或表面十分粗糙。定植后加强管理，5～6 年生苗可开始开花。

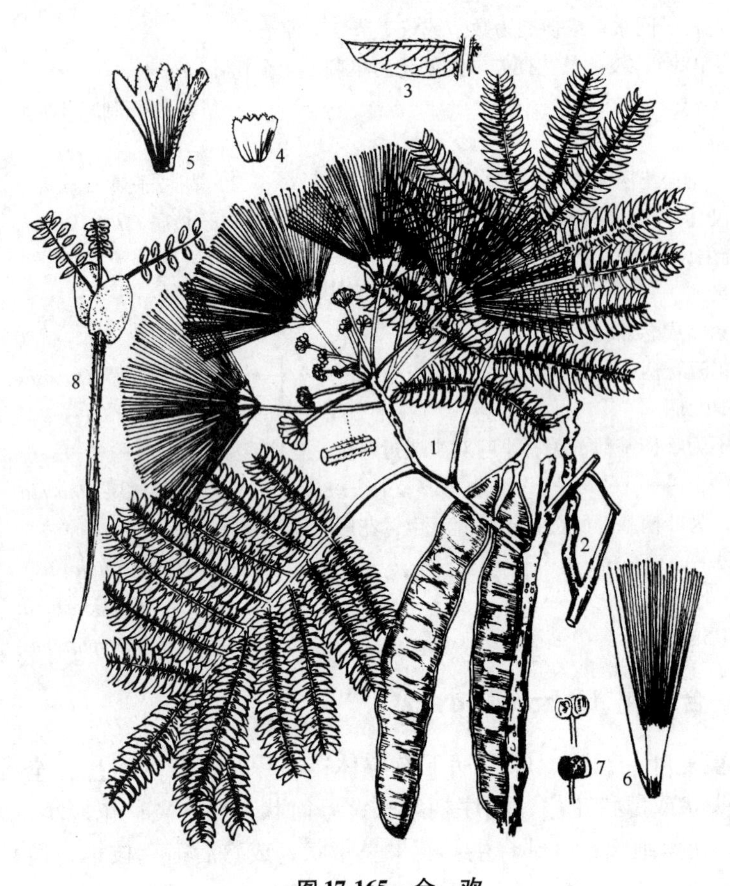

图 17-165　合　欢

1. 花枝　2. 果枝　3. 小叶放大　4. 花萼展开　5. 花冠展开　6. 雄蕊及雌蕊　7. 雄蕊　8. 幼苗

观赏特性及园林用途：合欢树姿优美，叶形雅致，盛夏绒花满树，有色有香，能形成轻柔舒畅的气氛，宜作庭荫树、行道树，植于林缘、房前、草坪、山坡等地。树皮及花入药，能安神、活血、止痛。嫩叶可食，老叶浸水可洗衣。木材纹理通直，质地细密，经久耐用可供制造家具、农具、车船用。

(2) 山合欢（山槐、白合欢）（图 17-166）

Albizzia kalkora **(Roxb.) Prain.**

乔木，高 4～15m。羽片 2～3 对；小叶 5～14 对，长 1.5～4.5cm，宽 1～1.8cm，两面密生短柔毛。头状花序多数排成顶生的伞房状或 2～3 个侧生于叶腋。花有花梗，花丝白色。荚果深棕色，长 7～17cm，阔 1.5～3cm，疏生短毛。

图 17-166 大叶合欢

1. 花枝 2. 花 3. 果

分布于华北、华东、华南、西南等地区；东南亚地区也有。可作行道树及植于山林风景区。树皮含单宁，纤维可制纸，花入药有镇静安眠之效；根及茎皮入药有补气活血之效；种子可榨油。

(3) 大叶合欢(阔荚合欢、缅甸合欢)

***Albizzia lebbeck*(L) Benth.**

大乔木，高 8 ~ 12m。叶柄近基部有大腺体 1 枚，羽片 2 ~ 4 对，最下一对的总轴上有或无腺体；小叶 4 ~ 8 对，长 2.5 ~ 4cm，宽 9 ~ 17mm，叶端圆或微浅凹。头状花序 2 ~ 4 个成腋生伞房状，总花梗长 5 ~ 10cm；小花有柄；花丝黄绿色。荚果长 10 ~ 25cm，宽 2 ~ 5cm，黄褐色，无毛。花期 7 月。

原产热带亚洲及非洲，中国之华南地区有栽培。

本种为广州公园中的主要树种之一，可作庭荫树及行道树。能耐短期霜雪，耐干旱，生长迅速；花色白而芳香，是游人良好的纳凉地点。叶可作饲料，材质硬而耐腐，可供车、船、建筑、家具等用材。树皮含单宁；果有毒。

(4) 楹树(图 17-167)

***Albizzia chinensis*(Osbeck) Merr.**

落叶大乔木，高达 20m，小枝有灰黄色柔毛。叶柄基部及总轴上有腺体；羽片 6 ~ 18 对；小叶 20 ~ 40 对，小叶长 6 ~ 8mm，宽约 2mm，叶背粉绿色；托叶膜质，心形，长达 2.5cm，早落。头状花序 3 ~ 6 个排成圆锥状，顶生或腋生；雄蕊绿白色，长 2.5cm。荚果长 10 ~ 15cm，宽约 2cm。花期 5 月。

原产热带及亚热带。福建、广东、湖南、广西、云南、台湾等地均有栽培。

生长迅速，树冠宽广，为良好的庭荫树及行道树。广州公园中常有栽植。材质软而有光泽，耐腐力较弱；树皮含单宁。

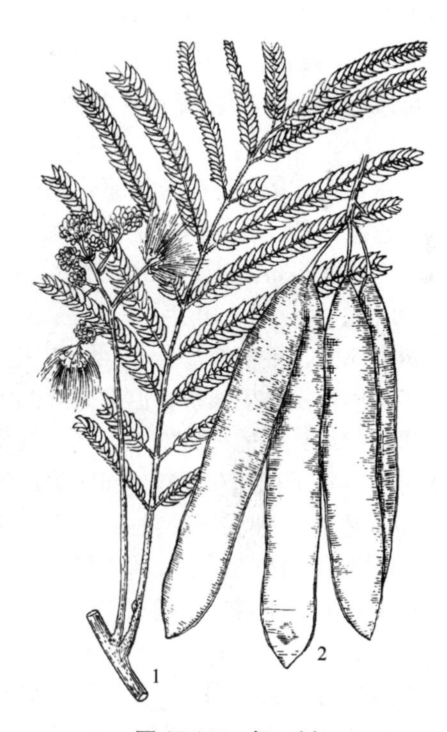

图 17-167 楹 树

1. 花枝 2. 果序及果

(5) 南洋楹(仁人木)(图 17-168)

Albizzia falcata **(L.) Baker ex Merr.**

形态：常绿乔木，高达 45m。叶柄近基部及总轴中部有腺体；羽片 11 ~ 20 对，上部的常对生，下部的有时互生；小叶 18 ~ 20 对，菱状矩圆形，中脉直，基部有 3 小脉；托叶锥形，早落。花无柄，排成腋生的穗状花序或由数个穗状花序再排成圆锥花序。花淡白色。荚果长 10 ~ 13cm。花期 4 ~ 5 月；种子 7 ~ 9 月成熟。

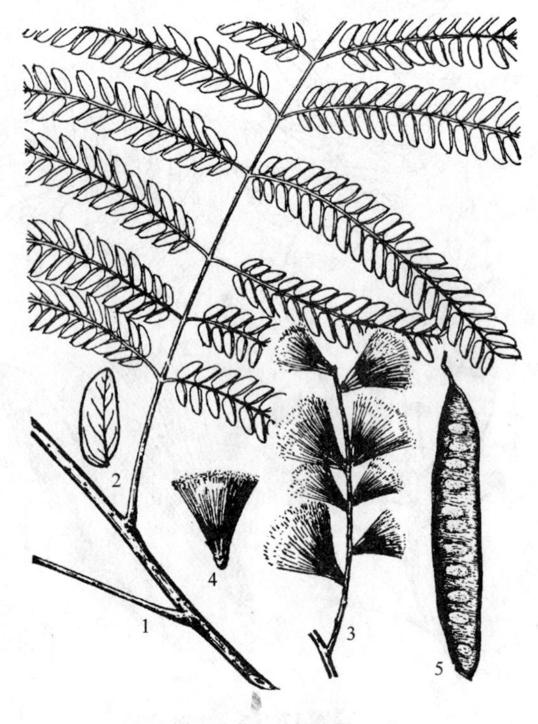

图 17-168　南洋楹

1. 枝叶　2. 小叶　3. 花序　4. 花　5. 果

分布：原产南洋群岛，现在各国热带、亚热带地区均有栽培。中国已引入近半个世纪，在福建、广东、广西等地均有栽培。

习性：是热带树种，喜高温多湿气候，其天然分布区的年平均气温为 25 ~ 27℃，年降水量 2000 ~ 3000mm 的赤道静风带。根据其在中国栽植的情况看，在年均温 20 ~ 28℃，极端最低温 2 ~ (-2℃)、年降水量 1500 ~ 2000mm 的区域内均能生长良好。对土壤要求不严，在适湿而排水良好的红壤及砂质壤土上均能生长良好。在黏土、低洼积水或干旱瘠薄处生长不良。pH5 ~ 6 为宜。本树为强喜光树种，不耐荫。抗风力弱，在 7 级风下枝条即可折断，9 ~ 10 级风下会拔倒。树皮薄，抗火焚能力很弱。

本树在适宜条件下生长极速，例如在南洋，6 年生即高达 25m，10 年生达 35m，是世界著名的速生树种。在我国的生长情况也很好，例如在海南岛，其胸径的年生长量达 8cm 以上，在广州达 6cm 以上，在厦门达 5cm 以上。生长速度比桉树、木麻黄快 2 ~ 3 倍，比杉木快 6 ~ 8 倍。在广州，10 年生时树高达 25.6m，年生长量为 2.56m，属生长旺盛期，15 年生时，树高 30m，年生长量 1m，至 20 年生时树高 32.6m，年平均生长量仅 0.2m，即进入衰老期了。南洋楹虽生长快，但寿命短，约为 25 年。

繁殖栽培：用播种法繁殖。当荚果变黑开裂时即已成熟，荚虽开但种子并不落出。采后搓出种子，每千克约 6 万粒，可干藏。播前如只用冷水浸种，发芽率极低，不足 10%；有效的经验是用 3 ~ 4 倍于种量的 80℃热水浸种，除去外种皮的黏液，待水变冷后再换冷水浸 1 昼夜则播后的发芽率可达 80% 以上，且出芽整齐。南洋楹的根有根瘤菌，其生长迅速与其根系的发达和有丰富的根瘤有关，故在苗期应当接种根瘤菌以利生长。一般言之，1 年生苗可高达 2m 以上。应注意修剪下枝，以免主干过矮。

观赏特性及园林用途：是优美的庭荫树和行道树。树冠广阔，雄伟壮观，最适孤植草坪上或对植于大门、入口两侧，或列植于宽广的街道上。

经济用途：材质轻，富韧性，不易挠曲，材中含有毒素故抗虫喰蛀。适于作家具、箱板、农具用。又因富含纤维故可供制人造丝及纸张用。树干可作培养白木耳的优良段木。

2. 金合欢属 *Acacia* Willd.

乔木、灌木或藤本。具托叶刺或皮刺，罕无刺。偶数2回羽状重复叶，互生，或退化为叶状柄。花序头状或圆柱形穗状，花黄色或白色；花瓣离生或基部合生；雄蕊多数，花丝分离，或于基部合生。荚果开或不开裂。

约500种，全部产于热带和亚热带，尤以大洋洲及非洲为多。中国产10种。

分种检索表

A_1 无刺乔木，叶退化为1个扁平的叶状柄 ………………………………（1）台湾相思 *A. confusa*

A_2 有刺灌木，枝上无针刺而只有托叶刺 ………………………………（2）金合欢 *A. farnesiana*

（1）台湾相思（相思树、相思子、台湾柳）（图17-169）

***A. confusa* Merr.**

形态：常绿乔木，高6～15m；小枝无刺，无毛。幼苗具羽状复叶，长大后小叶退化，仅存1叶状柄，狭披针形，长6～10cm，具3～5平行脉，革质，全缘。头状花序1～3个腋生，径约1cm；花黄色，微香。荚果扁带状，长5～10cm，种子间略缢缩。花期4～6月；果7～8月成熟。

分布：产台湾省，在福建、广东、广西、云南等地均有栽培。

习性：性强健，喜暖热气候，在北纬26°左右以南年平均温度18～26℃区域均可栽培。能耐瘠薄土壤，在砂质土及黏质土壤上均可生长。喜酸性土，在石灰质土上生长不良。耐干旱又耐短期水淹。极喜光，不耐荫，为强喜光树种。根深而枝条韧性强，能耐12级台风而无倒折现象。生长迅速，萌芽力强，能耐多次砍伐。由于根系发达且具根瘤，故为良好的水土保持树种。本树属速生树种，定植后的头3、4年每年生长量约0.7m，此后则逐渐加快，年生长量可达1m左右。

图17-169 台湾相思

1. 花枝 2. 花 3. 果 4. 种子 5. 幼苗

繁殖栽培：用种子繁殖。在8月左右荚果成熟而未开裂时采集，取出种子后可充分晾晒，拌以石灰或草木灰加以干藏。每千克种子3万～4万粒。发芽率可达80%以上。播种前用80℃热水浸种约1min，再入凉水浸泡1昼夜后播种。每亩条播需5～6kg种子。1年生苗可高达70cm。

台湾相思主干略乏通直且分枝很多，故应注

意整形修枝以养成通直的主干。

虫害：有金龟子、蝼蛄、吹绵介壳虫等为害，对后者可用大红瓢虫进行生防；对蝼蛄可用毒饵杀死；对金龟子可喷500倍的50%马拉松乳剂。

观赏特性及园林用途：本树生长迅速，抗逆性强，适作荒山绿化的先锋树。又可作防风林带，水土保持及防火林带用。在华南亦常作公路两旁的行道树，颇具特色。

经济用途：材质坚韧有弹性，不易折断，不易挠曲，可供制造车、船、家具用。树皮含单宁23%～25%，可作栲胶原料。花含芳香油。枝之燃烧力强，可供作薪炭用。

(2) 金合欢（莿毬花、鸭皂树、牛角花）（图17-170）

***Acacia farnesiana* (L.) Willd.**

灌木，多枝，有刺，高2～4m，枝略呈左右曲折状；托叶刺长6～12mm。羽片4～8对，小叶10～20对，细狭长圆形，长2～6mm，宽1～1.5mm。头状花序腋生，单生或2～3个簇生，球形，径1cm，花黄色，极芳香；花序梗长1～3cm。荚果圆筒形，膨胀，长4～10cm，直径1～1.5cm，直或弯曲。花期10月。

分布于浙江、福建、广东、广西、四川、云南、台湾等广大地区。

在园林中可作刺篱用；花可提香精；荚及根可作黑色染料，又可入药，有收敛、清热之效；茎上流出的树脂可供艺术及药用，其品质优于阿拉伯树胶。材质坚硬，可制贵重器具。

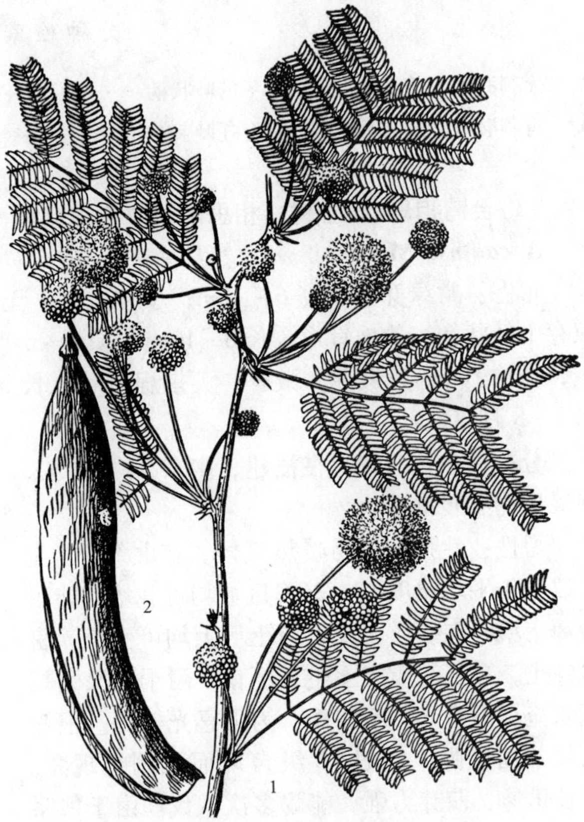

图17-170　金合欢

1. 花枝　2. 果

3. 紫荆属 *Cercis* L.

落叶乔木或灌木。芽叠生。单叶互生，全缘；叶脉掌状。花萼5齿裂，红色；花冠假蝶形，上部1瓣较小，下部2瓣较大；雄蕊10，花丝分离。荚果扁带形；种子扁形。

10余种，产北美、东亚及南欧；中国有7种。皆为美丽的观赏植物。

分种检索表

A_1　花4～10朵簇生于老枝上 ……………………………… (1)紫荆 *C. chinensis*

A_2　花排成下垂的总状花序 ……………………………… (2)垂丝紫荆 *C. racemosa*

(1)紫荆(满条红)(图 17-171)

***Cercis chinensis* Bunge**

形态：乔木，高达 15m，胸径 50cm，但在栽培情况下多呈灌木状。叶近圆形，长 6 ~ 14cm，叶端急尖，叶基心形，全缘，两面无毛。花紫红色，4 ~ 10 朵簇生于老枝上。荚果长 5 ~ 14cm，沿腹缝线有窄翅。花期 4 月，叶前开放；果 10 月成熟。

变型：白花紫荆 f. *alba* P. S. Hsu：花纯白色。

分布：湖北西部、辽宁南部、河北、陕西、河南、甘肃、广东、云南、四川等地。

习性：性喜光，有一定耐寒性，于北京需植于背风向阳地点。喜肥沃、排水良好土壤，不耐淹。萌蘖性强，耐修剪。

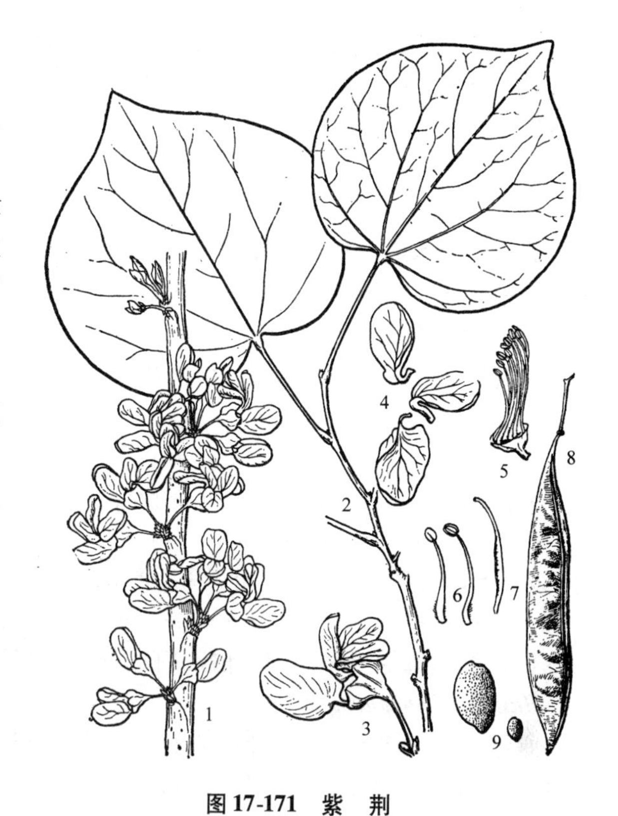

图 17-171 紫 荆

1. 花枝 2. 叶枝 3. 花 4. 花瓣 5. 雄蕊及雌蕊 6. 雄蕊 7. 雌蕊 8. 果 9. 种子

繁殖栽培：用播种、分株、扦插、压条等法，而以播种为主。播前将种子进行 80d 左右的层积处理；春播后出芽很快。亦可在播前用温水浸种 1 昼夜，播后约 1 个月可出芽。在华北 1 年生幼苗应覆土防寒过冬，次年冬仍需适当保护。实生苗一般 3 年后可以开花。移栽一般在春季芽未萌动前或秋季落叶后，需适当带土球，以保证成活。

观赏特性及园林用途：早春叶前开花，无论枝、干布满紫花，艳丽可爱。叶片心形，圆整而有光泽，光影相互掩映，颇为动人。宜丛植庭院、建筑物前及草坪边缘。因开花时，叶尚未发出，故宜与常绿之松柏配植为前景或植于浅色的物体前面，如白粉墙之前或岩石旁。

经济用途：树皮及花梗可入药，有解毒消肿之效；种子可制农药，有驱杀害虫之效。木材纹理直，结构细，可供家具、建筑等用。

图 17-172 垂丝紫荆

(2) 垂丝紫荆(图 17-172)

***Gercis racemosa* Oliver**

乔木，高 12m。叶阔卵形，长 5 ~ 14cm，宽 4. 5 ~ 9cm，叶端突尖，叶基截形或心形，叶表无毛，叶背疏生短毛或近无毛，叶柄长 2 ~ 3cm。花排为下垂之总状花序，序长 2. 5 ~ 10cm；先花后叶或同时开放；总梗长 1 ~ 2cm；萼杯形，歪斜，最下方 1 裂片显著突出；花冠玫瑰红色，旗瓣具深红色斑点。荚果长6～12cm，含种子2～4粒。

分布于湖北、四川、贵州、云南等地。花很美丽可供观赏。树皮多纤维，可代麻用或制人造棉。

4. 羊蹄甲属 *Bauhinia* L.

乔木、灌木或藤本。单叶互生，顶端常2深裂或裂为2小叶。花单生或排为伞房、总状、圆锥花序；萼全缘呈佛焰苞状或2～5齿裂；花瓣5，稍不相等；雄蕊10或退化为5或3，罕1，花丝分离。

本属约250种，产于热带；中国栽培约6种。

分种检索表

A_1 发育雄蕊3～4；秋末冬初开花；叶裂达全长之1/3～1/2，端稍尖，叶基钝圆 ……………………………………………… (1) 紫羊蹄甲 *B. purpurea*

A_2 发育雄蕊5；春末夏初开花；叶裂片为全长之1/4～1/2，裂片顶端浑圆，叶基圆或心形 ……………………………………………… (2) 羊蹄甲 *B. variegata*

(1) 紫羊蹄甲（羊蹄甲、白紫荆）（图17-173）

***Bauhinia purpurea* L.**

常绿乔木，高4～8m。叶近革质，广椭圆形至近圆形，长5～12cm，端2裂，裂片为全长的1/3～1/2，裂片端钝或略尖，有掌状脉9～13条，两面无毛。伞房花序顶生；花玫瑰红色，有时白色，花萼裂为几乎相等的2裂片；花瓣倒披针形，宽不足1cm；发育雄蕊3～4。荚果扁条形，长15～30cm，略弯曲。花期10月。

分布于福建、广东、广西、云南等地。马来半岛、南洋一带均有栽培。

树冠开展，枝椏低垂，花大而美丽，秋冬时开放，叶片形如牛羊的蹄甲，是个很有特色的树种。可用播种及扦插法繁殖。在广州及其他华南城市常作行道树及庭园风景树用。树皮含单宁；嫩叶治咳嗽；花芽经盐渍可充蔬菜食用。材质坚重，有光泽，可作细工、农具。

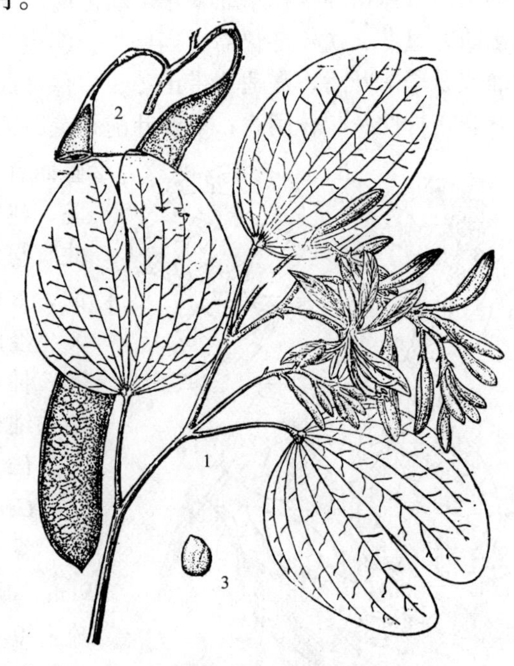

图17-173 紫羊蹄甲
1. 花枝 2. 果 3. 种子

(2) 羊蹄甲（洋紫荆、红花紫荆）（图17-174）

***Eauhinia variegata* L.**

半常绿乔木，高5～8m。叶革质较厚，圆形至广卵形，宽大于长，长7～10cm，叶基圆形至心形，叶端2裂，裂片为全长的1/3～1/4，裂片端浑圆，叶基有掌状脉11～15条。花大而显著，约7朵排成伞房状总状花序；花粉红色，有紫色条纹，芳香；花萼裂成佛焰苞状，先端具5小齿；花瓣倒广披针形至倒卵形，宽2cm以上；发育雄蕊5枚。荚果扁条形，长15~25cm。花期6月。

变种有白花洋紫荆 var. *candida* Buch.-Ham.，花白色。

分布于福建、广东、广西、云南等地。越南、印度均有分布。

本种在广州园林中为习见观赏树木。树皮含单宁可作鞣料及入药，有强壮及杀肠虫之效；根入药主治消化不良；花有缓泻作用。

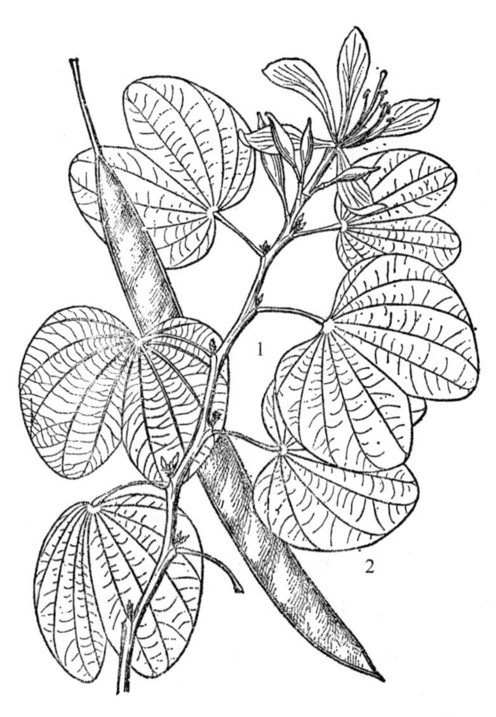

图17-174 羊蹄甲

1. 花枝 2. 果

5. 凤凰木属 *Delonix* Raf.

大乔木。2回偶数羽状重复叶，小叶形小，多数。花大而显著，成伞房总状花序；萼5深裂，镊合状排列；花瓣5，圆形，具长爪；雄蕊10，花丝分离；子房无柄，胚珠多数。荚果大，扁带形，木质。

约3种，产热带非洲；华南引入1种。

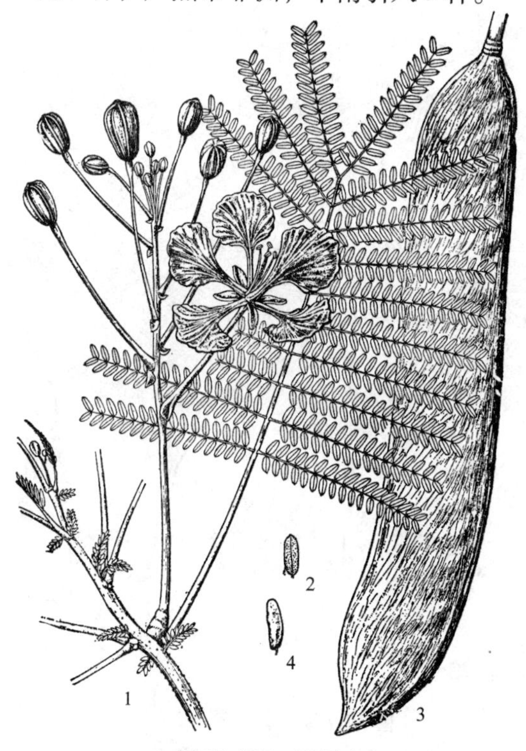

图17-175 凤凰木

1. 花枝 2. 小叶 3. 果 4. 种子

凤凰木（图17-175）

***Delonix regia*（Bojer）Raf.**

落叶乔木，高达20m，树冠开展如伞状。复叶具羽状10~24对，对生；小叶20~40对，对生，近矩圆形，长5~8mm，宽2~3mm，先端钝圆，基部歪斜，表面中脉凹下，侧脉不显，两面均有毛。花萼绿色；花冠鲜红色，上部的花瓣有黄色条纹。荚果木质，长达50cm，花期5~8月。

原产马达加斯加岛及热带非洲，现广植于热带各地；台湾，福建南部、广东、广西、云南均有栽培。

性喜光，不耐寒，生长迅速，根系发达。耐烟尘性差。用播种法繁殖；移植易活。本树树冠宽阔，叶形如鸟羽，有轻柔之感，花大而色艳，初夏开放，满树如火，与绿叶相映更为美丽。在华南各市多栽作庭荫树及行道树。材质轻软而松，黄白色。

6. 皂荚属 *Gleditsia* L.

落叶乔木，罕为灌木。树皮糙而不裂；干及枝上常具分歧之枝刺。枝无顶芽，侧芽叠生。1 回或兼有 2 回羽状复叶，互生。花杂性，近整齐，萼、瓣各为 3~5；雄蕊 6~10。荚果长带状或较小；种子具角质胚乳。

约 13 种，产亚洲、美洲及热带非洲。中国产 10 种，分布很广。

分种检索表

A_1　枝刺圆柱形；荚果直，不扭曲；1 回羽状复叶 ……………………………………（1）皂荚 *G. sinensis*

A_2　枝刺扁；荚果扭曲；萌芽枝常有 2 回羽状复叶 ……………………………………（2）山皂荚 *G. japonica*

（1）皂荚（皂角）（图 17-176）

Gleditsia sinensis **Lam.**

形态：乔木、高达 15~30m，树冠扁球形。枝刺圆而有分歧。1 回羽状复叶，小叶 6~14 枚，卵形至卵状长椭圆形，长 3~8cm，叶端钝而具短尖头，叶缘有细钝锯齿，叶背网脉明显。总状花序腋生；萼、瓣各为 4。荚果较肥厚，直而不扭转，长 12~30cm，黑棕色，被白粉。花期 5~6 月；果 10 月成熟。

分布：极广，自中国北部至南部以及西南均有分布。多生于平原、山谷及丘陵地区。但在温暖地区可分布在海拔 1600m 处。

习性：性喜光而稍耐荫，喜温暖湿润气候及深厚肥沃适当湿润土壤，但对土壤要求不严，在石灰质及盐碱性土壤甚至黏土或砂土上均能正常生长。生长速度较慢但寿命较长，可达六七百年。属深根性树种。播种后经 7~8 年可开花结果。结实期长达数百年。

繁殖栽培：用播种法繁殖。种子保藏期可达 4 年。1kg 种子约 2200 粒。因种皮厚，发芽慢且不整齐，故在播种前应行预措。即在播前 1 个多月进行浸种，每隔 4~5 日换水 1 次，待种子充分吸水种皮变软时与湿沙层积，待种衣开裂后播种。当年生苗可高达 0.5m 以上。幼苗培养期间应注意修枝，使长成通直之主干。对 1 年生小苗，在华北北部于

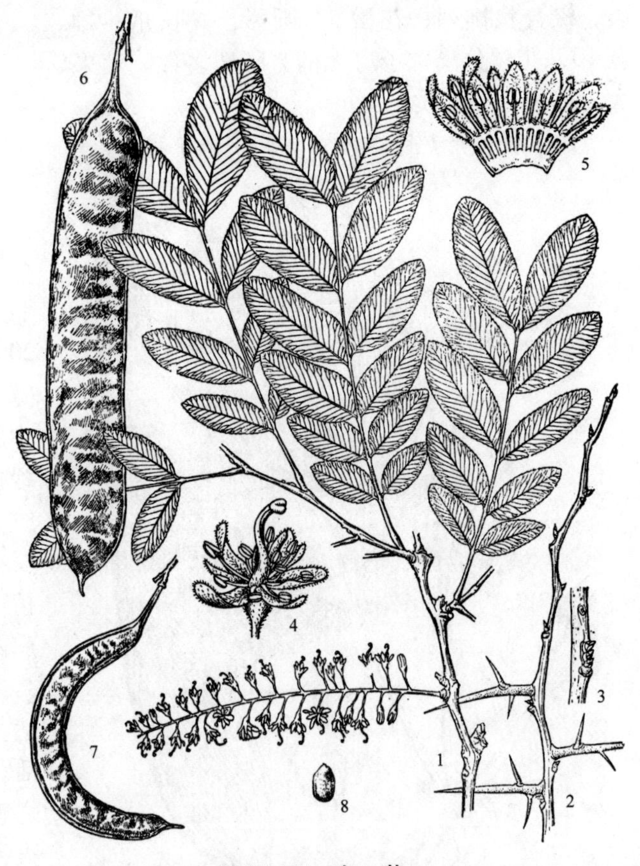

图 17-176　皂　荚

1. 花枝　2. 小枝及枝部　3. 小枝示叠生芽
4、5. 花及其纵剖　6. 果　7. 果（猪牙儿）　8. 种子

冬季应培土防寒。

观赏特性及园林用途：树冠广宽，叶密荫浓，宜作庭荫树及“四旁”绿化或造林用。

经济用途：果荚富含胰皂质，故可煎汁代替肥皂用；种子榨油，作滑润剂及制肥皂，种子又有治癣及通便秘之效；皂刺入药，有活血及治疮癣作用；荚果可祛痰、利尿；叶，荚煮水可杀红蜘蛛。木材坚硬不易加工，但耐腐耐磨，可作桩柱及车辆用，但材易裂故采伐后可先泡水中 1 年至半年，然后再阴干就不易裂了。又枝条燃烧时火力较强且易燃，可作薪柴。

（2）山皂荚（日本皂荚）

Gleditsia japonica* Miq.**（G. horrida* Mak.**）

乔木，高达 20 ~ 25m，枝刺扁，小枝淡紫色。1 回偶数羽状复叶，小叶 6 ~ 10 对，卵形至卵状披针形，长 2 ~ 6. 5cm，疏生钝锯齿或近全缘；萌芽枝上常为 2 回羽状重复叶。花杂性异株，穗状花序，花柄极短。荚果薄而扭曲或为镰刀状，长 18 ~ 30cm。花期 5 ~ 7 月；果 10 ~ 11 月成熟。

产于辽宁、河北、山东、江苏、安徽、陕西等地。朝鲜及日本亦有分布。

性喜光，多生于山地林缘或沟谷旁，在酸性土及石灰质土壤上均可生长良好。繁殖栽培及用途等与皂荚相同。在苏北沿海的轻盐碱土上可以用来营造海防林，亦可截干使其萌生成灌木状作刺篱用。

7. 云实属（苏木属）*Caesalpinia* L.

落叶乔木或灌木，有时为藤本，有刺或无刺。叶为 2 回偶数羽状复叶。总状或圆锥状花序，腋生或顶生；花两性，不整齐；花萼 5 齿，基部合生，最下方 1 齿突出，最外方者最大；花瓣 5，有爪，最上之 1 瓣最小；雄蕊 10，分离，花丝基部有腺体或毛；子房近于无柄或无柄，有少数胚珠。荚果长圆形，革质或木质，扁平或肿胀，光滑或有刺或毛，开裂或不裂。

约 60 种，分布于热带、亚热带地区，中国有 14 种。

分种检索表

A_1 直立灌木，枝有疏刺；伞房花序 …………………… （1）洋金凤 *C. pulcherrima*

A_2 藤本灌木，枝密生钩刺；总状花序 …………………… （2）云实 *C. sepiaria*

（1）洋金凤（金凤花、红紫）（图 17-177）

***Caesalpinia pulcherrima*（L.）Sm.**

直立灌木，无毛，高达 3m，枝有疏刺。叶 2 回羽状重复叶，羽片 4 ~ 8 对，长 6 ~ 12cm，小叶 7 ~ 11 对，近无柄，倒卵形至倒披针状长圆形，长 1 ~ 2cm，宽 0. 5 ~ 1cm。花橙色或黄色，有长柄，成顶生或腋生疏散的伞房花序；花瓣长 1 ~ 2. 5cm，圆形，具皱纹，有柄；花丝、花柱均红色，长而突出。荚果长 5 ~ 9cm，宽约 1. 5cm，扁平，无毛。花期 8 月。

原产热带，中国华南庭园中偶有栽培。花极美丽，可供观赏。

（2）云实（牛王刺）（图 17-178）

***Caesalpinia sepiaria* Roxb.**

攀援灌木，密生倒钩状刺。叶为 2 回羽状重复叶，羽片 3 ~ 10 对，小叶 6 ~ 12 对，长椭

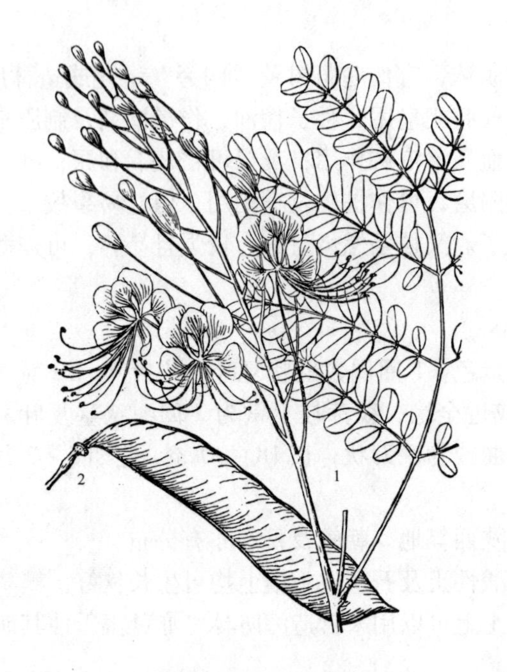

图 17-177　洋金凤

1. 花枝　2. 果

图 17-178　云　实

圆形，叶表绿色，叶背有白粉。花黄色，排成顶生总状花序；雄蕊略长于花冠。荚果长圆形，木质，长 6 ~ 12cm，宽 2.3 ~ 3cm，荚顶有短尖，沿腹缝线有宽 3 ~ 4mm 的窄翅；种子 6 ~ 9 粒。花期 5 月；果 8 ~ 10 月成熟。

产于长江以南各地，见于平原、河旁及丘陵。性强健、萌生力强，是暖地的良好刺篱树种。荚及枝含单宁；种子可榨油；根、茎、果均入药，有祛寒、发表、活血通经、解毒杀虫之效。

8. 决明属 *Cassia* L.

乔木、灌木或草本。偶数羽状复叶，叶轴上在 2 小叶之间或叶柄上常有腺体。圆锥花序顶生，总状花序腋生，偶有 1 至多花簇生叶腋；花黄色；萼片 5，萼筒短；花瓣 3 ~5，后方 1 花瓣位于最内方；雄蕊 10，常有 3 ~ 5 个退化，药顶孔开裂；子房无或有柄，含多数胚珠。荚果形状多种，开裂或不开裂，常在种子间有间隔膜；种子有胚乳。

约 400 种，主要分布于热带；中国产 13 种。

分种检索表

A_1　小叶先端锐尖；果长圆柱形…………………………（1）腊肠树 *C. fistula*

A_2　小叶先端钝或钝而有小尖头；果实扁形。

　B_1　叶柄和总轴无腺体；花序长 40cm …………………………（2）铁刀木 *C. siamea*

　B_2　叶柄和总轴有腺体；花序长 8 ~ 12cm …………………………（3）黄槐 *C. surattensis*

(1)腊肠树(阿勃勒、牛角树)(图 17-179)

***Cassia fistula* L.**

乔木，高达 15m。偶数羽状复叶，叶柄及总轴上无腺体；小叶 4～8 对，卵形至椭圆形，长 6～15cm，宽 3.5～8cm。总状花序疏散，下垂，长达 30cm 以上；花淡黄色，径约 4cm。荚果圆柱形，长 30～60cm，径约 2cm，黑褐色，有 3 槽纹，不开裂，种子间有横隔膜。花期 6 月。

原产于印度、斯里兰卡及缅甸；中国华南有栽培。

性喜暖热多湿气候。初夏开花时，满树长串状金黄色花朵，极为美观，可供庭园观赏用。果瓤、树皮、根均可入药，有通便之效；荚果含单宁，树皮可作红色染料。材质极坚硬而沉重，耐腐力强，但不易加工，可作桩柱、车辆、桥梁及农具用。

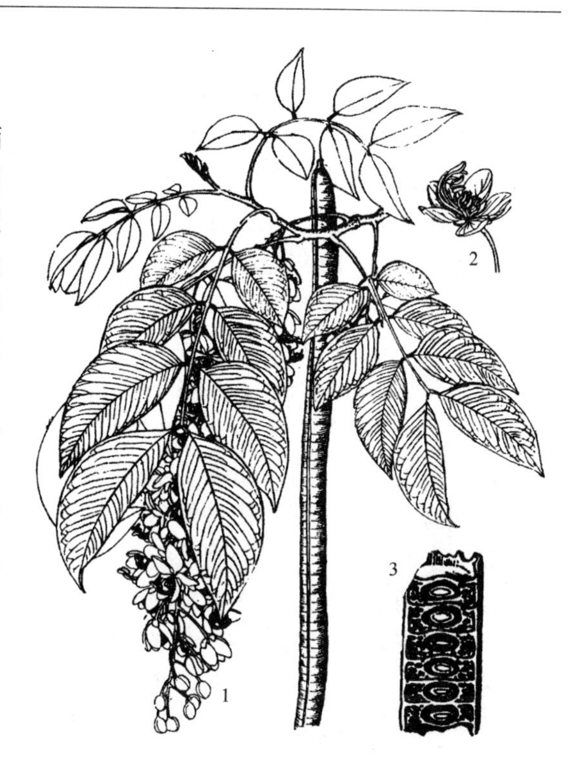

图 17-179　腊肠树

1. 花枝　2. 花　3. 荚果剖开

图 17-180　铁刀木(1～3)、黄槐(4～7)

1、4. 花枝　2、7. 雄蕊　3. 荚果　5. 花瓣　6. 种子

(2)铁刀木(黑心树)(图 17-180)

***Cassia siamea* L.**

形态：常绿乔木，高 5～12m，树皮灰色，较光滑。偶数羽状复叶，叶长 25～30cm，叶柄和总轴无腺体；小叶 6～10 对，近革质，椭圆形至长圆形，长 4～7cm，宽 1.5～2cm，花序之腋生者呈伞房状的总状花序，顶生者则呈圆锥状花序，序长达 40cm；序轴密生黄色柔毛；苞片线形，坚硬。花瓣 5，长卵形，黄色，长 12mm。荚果扁条形，长 15～30cm，宽 1cm，微弯，内含种子 10～20 粒。花期 7～12 月；果 1～4 月成熟。

分布：原产印度、马来西亚、缅甸、泰国一带。中国华南、西南有栽培。

习性：喜暖热气候，在年平均温度19.5～24℃，极端低温在 0℃ 以上地区均能正常生长，但在有霜冻害地区不能正常生长。而从园林绿化角度来看则可放宽尺度，即使不能正常长成乔木但能成活长成灌木亦是有一定利用价值的。例如在云南思矛，年均温为17.5℃，积温6390℃，最冷月气温11.1℃，极端低温－3.4℃，在此等气候下，铁刀木成为落叶灌木状。

性喜光照充足，也有一定耐荫能力。对土壤要求不严，在红壤、黄壤及干燥瘠薄地点均能生长，但以适润肥沃的石灰质及中性土壤为最佳。忌积水。性强健，能抗烟、抗风，极少病虫害。萌芽力极强，根系强大，生长速度视生长条件而异；一般言之，1年生高2～3m；5年可达7～8m；10年高7～13m，径约20cm；15年高10～14m，径约30cm；20年高18m，径37cm；50年生者高达20m，胸径约1m。平均年生长量，高0.6～1.5m，胸径可增粗约2cm。发育较速，实生苗3～5年可开花。

繁殖栽培：用播种法。3～4月时自强壮母株采种，经充分翻晒后，干藏于通风良好处可保藏5～6年以上。种子的千粒重约27g。发芽率30%～50%。播种前用70℃热水浸种，自然冷却后泡2d，然后取出盖以湿麻袋，待种子略裂时播种。在大面积绿化山坡时，亦可不浸种而直接播种，每亩用种约3kg。

铁刀木幼时树干不易通直故最好密植以使干形较直。或经一次自地面的截干使之重新萌生壮条。注意修枝以辅助主干的培养。

此外，在以绿化结合薪柴林为目的时，可以株行距各1m进行绿化植树。每年注意除草，4～5年，树高达5m以上，胸径达6cm时即可采伐。一般在冬季生长缓慢时采伐，留干高约0.5m使再发萌蘖，以后每隔3～4年采伐1次，视生长状况留好萌蘖条。在云南傣族的习惯是对3年生的实生苗将树高的1/2～1/3以下的侧枝剪除以培育主干，待主干高5m左右时行头状作业剪除树冠以促主干加粗，而干顶长出萌芽条可供以后作柴用。约经10年则主干已够建筑用材的要求，则采伐后使之萌芽更新实行矮林作业而供薪柴用。这是边远地区能源缺乏的少数民族的经验，既绿化又解决生活实际问题，这也是少数民族重视绿化植树的传统。

观赏特性和园林用途：是美丽的庭荫和观花树种，同时又有很高的利用价值，是在热带亚热带地区进行普遍绿化的良好树种，宜作行道树和防护林用。

经济用途：材质坚硬，心材呈紫金色，耐湿耐腐，不受白蚁虫蛀之害，是建筑及高级家具用材。木材易燃而火力强，是良好的薪炭用材。

(3)黄槐(粉叶决明)(图17-180)

Cassia surattensis* Burm. f.** (C. glauca* Lam.**).

灌木或小乔木，高4～7m，偶数羽状复叶，叶柄及最下部2～3对小叶间的叶轴上有2～3枚棒状腺体，小叶7～9对，长椭圆形至卵形，长2～5cm，宽1～1.5cm，叶端圆而微凹，叶基圆形而常偏歪，叶背粉绿色，有短毛；托叶线形，早落。花排为伞房状的总状花序，生于枝条上部的叶腋，长5～8cm；花鲜黄色，花瓣长约2cm；雄蕊10，全发育。荚果条形，扁平，长7～10cm，宽约1cm，有柄。花期全年不绝。

原产印度、斯里兰卡、马来群岛及大洋洲。中国南部有栽培。为美丽的观花树种。

9. 黄檀属 *Dalbergia* L.

乔木、灌木或藤本。奇数羽状复叶或仅1小叶；小叶互生，全缘，无小托叶。圆锥花序，花小，白色或黄白色；萼钟状，5齿裂；雄蕊10或9，单体或2体，罕多体。荚果短带状，基部渐窄成短柄状，不开裂；种子 1 或 2 ~ 3。

共约 120 种，分布于热带至亚热带；中国约产 30 种。

黄檀（白檀、不知春）（图 17-181）

***Dalbergia hupeana* Hance**

落叶乔木，高达 20m。树皮呈窄条状剥落。小叶 7 ~ 11，卵状长椭圆形至长圆形，长 3 ~ 6cm，叶端钝而微凹，叶基圆形。花序顶生或生在小枝上部叶腋；花黄白色，雄蕊 2 体(5 +5)。荚果扁平，长圆形，长 3 ~ 7cm；种子 1 ~ 3 粒。

分布广，由秦岭、淮河以南至华南、西南等区均有野生。

性喜光，耐干旱、瘠薄，在酸性、中性及石灰质土上均能生长。生长较慢。用种子繁殖。为荒山荒地绿化的先锋树种。木材淡黄或淡黄褐色，材质坚重致密，富韧性，供车轴、滑轮、农具柄及军工用材。

图 17-181　黄　檀

1. 花枝　2. 果枝　3. 花　4. 花瓣　5. 雄蕊及雌蕊

10. 金雀儿属(金雀花属)*Cytisus* L.

灌木罕为小乔木。叶原为 3 小叶但常退化成 1 小叶。花蝶形，成腋生或顶生的头状或总状花序，黄色、白色或紫色；雄蕊单体；花柱弯曲。荚果扁平、开裂；种子数粒，于种子基部具垫状附属体。

本属约 50 种，主要产于欧洲南部及中部；中国约栽培 1 种。

金雀花

***Cytisus scoparius* Link.**

直立灌木，高可达 3m；枝细长，幼时具柔毛。小叶 1 ~ 3，倒卵形至倒披针形，长 8 ~ 15cm，疏具薄柔毛，上部的叶常退化成 1 小叶。花 1 ~ 2，鲜黄花，旗瓣圆形，径 2cm。荚果狭长圆形，长 3. 5 ~ 5cm，缘有长毛。

产欧洲中部及南部，为美丽的花木，欧洲庭园中极为常见。

11. 刺桐属 *Erythrina* L.

乔木或灌木，很少草本，茎、叶常有刺。叶互生，小叶 3 枚；小托叶为腺状体。花大，红色，2 ~ 3 朵成束，排为总状花序；萼偏斜，佛焰状，最后分裂至基部，或成钟形，2 唇状；花瓣不等大，旗瓣宽阔或窄，翼瓣小或缺；雄蕊1束或2束，上面的1枚花丝离生，其他的花丝至中部合生；子房具柄，胚珠多数；花柱内弯，无毛。荚果线形，肿胀，种子间收缩为念珠状。

约30种以上，分布于热带、亚热带地区。

分种检索表

A_1　萼截头形，钟状；花盛开时旗瓣与翼瓣及龙骨瓣近平行 ……………………（1）龙牙花 *E. corallodendron*

A_2　萼佛焰形，萼口偏斜，由背开裂至基部；花盛开时旗瓣与翼瓣及龙骨瓣成直角 ………………………………………………………………………………………（2）刺桐 *E. variegata* var. *orientalis*

（1）龙牙花（珊瑚树）（图17-182）

***Erythrina corallodendron* L.**

小乔木，高3～5m，干有粗刺。小叶3枚，长5～10cm，阔斜方状卵形，叶端尖刀状，叶基阔楔形至近截头形，无毛；有时柄上及中脉上有刺。总状花序腋生，短或长达30cm以上；花深红色，具短柄，2～3朵聚生，长4～6cm，狭而近于闭合；萼管阔而截头形，下面有短尖齿，长8～10mm；旗瓣狭，常将龙骨瓣包围，翼瓣短，略长于萼，龙骨瓣比翼瓣略长；雄蕊比旗瓣略短。荚果长约10cm，端有喙，种子间收缩；种子深红色，通常有黑斑。花期6月。

原产热带美洲。华南庭园中有种植，北京有盆栽。

性喜暖热气候，用种子及扦插法繁殖，插条很易生根。叶鲜绿，花绯红，很美丽。

图17-182　龙牙花

1. 花枝　2. 花序　3～5. 花瓣　6. 雄蕊　7. 雌蕊　8. 柱头

（2）刺桐

***Erythrrna variegata* var. *orientalis*（L.）Merr.（*E. indica* L.）**

大乔木，高达20m，干皮灰色，有圆锥形刺。叶大，长20～30cm，柄长10～15cm，通常无刺；小叶3枚，阔卵形至斜方状卵形，顶端1枚宽大于长，长10～15cm，小托叶变为宿存腺体。总状花序长约15cm；萼佛焰状，长约2～3cm，萼口偏斜，一边开裂；花冠大红色，旗瓣长5～6cm，翼瓣与龙骨瓣近相等，短于萼。荚果厚，长15～30cm，念珠状；种子暗红色。花期3月。

华南有栽培。可供“四旁”绿化用。树皮富纤维可制绳索又可入药，有退热之效；叶可作止呕、驱虫药，亦可作饲料用。

12. 葛属 *Pueraria* DC.

藤本。叶为3出羽状复叶；具托叶。总状花序腋生，有延长具节的总花梗，多花簇生于节上；萼钟状，裂片不等，上2齿连合；花蓝色或紫色；雄蕊有时为单体或2体。荚果线形，扁平，缝线两侧无纵肋；种子多数。

约15种，分布于日本、马来西亚、印度；中国产12种。

葛藤(野葛、葛根)(图17-183)

Pueraria lobata* (Willd.) Ohwi**〔P. thunbergiana* (Sieb. et Zucc.) Benth.; *P. pseudo-hirsuta* Tang et *Wang***〕

藤本，全株有黄色长硬毛。块根厚大。小叶3，顶生小叶菱状卵形，长5.5~19cm，宽4.5~18cm，端渐尖，全缘，有时浅裂，叶背有粉霜；侧生小叶偏斜，深裂；托叶盾形。总状花序腋生；萼钟形，萼齿5，下面1齿较长，两面有黄毛；花冠紫红色，长约1.5cm，翼瓣的耳长大于阔。荚果线形，长5~10cm，扁平，密生长硬黄毛。花及果期8~11月。

分布极广，除新疆、西藏外几遍全国。朝鲜，日本也有。常见于山坡及疏林中。

图17-183 葛 藤

1. 花枝 2. 花萼、雄蕊及雌蕊 3. 花瓣 4. 果枝 5. 块根

葛藤性强健，不择土壤，生长迅速、蔓延力强，枝叶稠密，是良好的水土保持地被植物。在自然风景区中可多行利用。落叶有改善地力之效。茎富含纤维可织成葛布或造纸用；块根可制葛粉，供食用及糊用；根切成片晒干称为葛根可入药；花名葛花也可入药，有解热透疹、生津止渴、解毒、止泻、醒酒之效；种子可榨油，故可谓全身是宝。可用播种或压条法繁殖。

13. 木蓝属(马棘属)*Indigofera* L.

落叶灌木、亚灌木或草本，罕乔木，全体有单毛或丁字毛。叶为奇数羽状复叶，罕为单叶或3小叶；小叶对生，罕互生，有短柄，全缘；托叶小，针状，基部着生在叶柄上。总状或穗状花序腋生，花淡红色至紫色，罕白色、黄色或绿色；苞片脱落；花萼钟形，端5齿裂；花冠易落，旗瓣圆至长圆形，翼瓣卵圆形，略与龙骨瓣相连，龙骨瓣有爪，爪上有1矩；雄蕊为9与1的两体，药隔顶端常有腺体或成1簇短毛；子房近于无柄或无柄，花柱内弯，柱头扫帚状。荚果线状、圆筒状或球形，常肿胀；种子数粒，罕1或2粒。

约400种，广布于热带和温带。中国产120种，分布很广。

花木蓝（吉氏木蓝、山绿豆、山扫帚）（图17-184）

***Indigofera kirilowii* Maxim. ex Palibin**

灌木，高约1m。枝条有白色丁字毛。小叶7～11，阔卵形至椭圆形，长1.5～3cm，宽1～2cm，两面有白色丁字毛。总状花序腋生，与叶近等长(12cm)；花淡红色；萼杯形，5裂；花冠长1.5cm。荚果圆柱形，长3.5～7cm，棕褐色、无毛。花期5、6月；果8月成熟。

分布于东北、华北、华东。朝鲜、日本也有。常见于山坡疏林中。叶羽状而花大，花序长10cm多，很美丽，可作地被观赏，日本有栽培。播种繁殖。

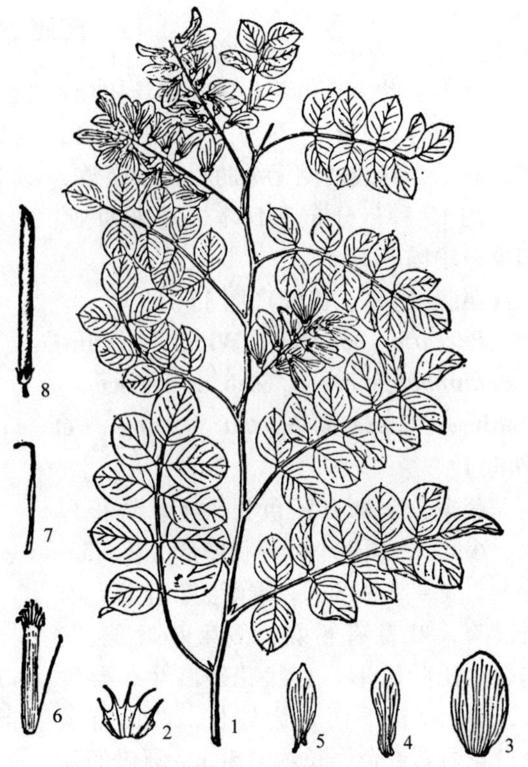

图17-184　花木蓝

1. 花枝　2. 花萼　3. 旗瓣　4. 翼瓣　5. 龙骨瓣　6. 雄蕊　7. 雌蕊　8. 果

14. 紫穗槐属 *Amorpha* L.

落叶灌木。奇数羽状复叶，互生，小叶对生或近对生。总状花序顶生，直立；萼钟状，5齿裂，具油腺点；旗瓣包被雄蕊，翼瓣及龙骨瓣均退化；雄蕊10，花丝基部合生。荚果小，微弯曲，具油腺点，不开裂，内含1粒种子。

图17-185　紫穗槐

1. 花枝　2. 果枝　3. 花　4. 雄蕊　5. 花瓣　6. 果

约15种，产北美，中国引入栽培1种。

紫穗槐（棉槐）（图17-185）

***Amorpha fruticosa* L.**

形态：丛生灌木，高1～4m，枝条直伸，青灰色，幼时有毛；芽常2个叠生。小叶11～25，长椭圆形，长2～4cm，具透明油腺点，幼叶密被毛，老叶毛稀疏；托叶小。花小，蓝紫色，花药黄色，成顶生密总状花序。荚果短镰形，长7～9mm，密被隆起油腺点。花期5～6月；果9～10月成熟。

原产北美。中国东北中部以南，华北、西北，南至长江流域均有栽培，现在西南高原地带也在试栽中。

习性：喜干冷气候，在年均温 10～16℃，年降水量 500～700mm 的华北地区生长最好。耐寒性强，在最低温达 -40℃以下，1 月平均温达 -25.6℃的地区也能生长。耐干旱能力也很强，能在降水量 200mm 左右处生长，在腾格里沙漠边缘，蒸发量比降水量大 15 倍，沙面绝对最高温度达 74℃地区也能生长。能耐一定程度的水淹，虽浸水 1 个月也不会死亡。对光线要求充足，据调查，在郁闭度达 0.7 以上的刺槐林中不能生长，但在郁闭度达 0.85 的白皮松林下可生长只不过极少开花结实。对土壤要求不严，但以砂质壤土较好，能耐盐碱，在土壤含盐量达 0.3%～0.5%下也能生长。紫穗槐生长迅速，萌芽力强，侧根发达，植株自地表平茬后，新枝当年可高达 2m 左右；强壮的株丛可萌生 2～30 干条。可割条十几年至 20 年。

繁殖栽培：可用播种、扦插法及分株法繁殖。在 9～10 月采果荚后，翻晒数天，风选后干藏。千粒重 10.5g，每千克约 9 万粒。发芽率可达 80%。在播种前，应碾破荚皮，这样可比未碾者早发芽约 1 周。或者播前用 70℃温水浸泡，应随倒随搅拌种子，2d 后将水倒除，将种子放筐中，盖上湿麻袋，每天翻动 1～2 次并洒些温水保持湿润，数日后种子膨大并大多数开裂时即可条播。行距 20cm 时，每亩用种量 2～3kg。当年生苗可高约 1m。用扦插法繁殖时，可选 1 年生条，粗 1～1.5cm 的作插条，插前浸水 2～3d 可有利于提早生根。分株法在欲迅速得大苗时可利用。

紫穗槐性强健，栽后注意除草，不需特殊管理，如新植者生势弱可平茬 1 次并施基肥。其须根多分布在土下 25～50cm 处，但直根可深达 3m。

进行绿化栽植时，通常均将主干剪除而行栽根法种植，成活率极高。

观赏特性及园林用途：枝叶繁密，又为蜜源植物，常植作绿篱用。根部有根疣可改良土壤，枝叶对烟尘有较强的抗性故又可用作水土保持，被覆地面和工业区绿化用，常作防护林带的下木用。又常作荒山、荒地、盐碱地、低湿地、砂地、河岸，坡地的绿化用。

经济用途：叶为良好的绿肥，花为蜜源，种子可榨油及提取香精和维生素 E，枝条可编筐、篓和作造纸材料。

15. 紫藤属 *Wistaria* Nutt.

落叶藤本。奇数羽状复叶，互生；小叶互生，具小托叶。花序总状下垂，花蓝紫色或白色；萼钟形，5 齿裂；花冠蝶形，旗瓣大而反卷，翼瓣镰状，基具耳垂，龙骨瓣端钝；雄蕊 2 体（9+1）。荚果扁而长，具数种子，种子间常略紧缩。

共约 9 种，产东亚及北美东部；中国约有 3 种。

分种检索表

A_1 小叶 7～13；花序长不足 30cm。

B_1 成熟小叶背面几无毛或疏生毛；总状花序长 15～20cm ………………（1）紫藤 *Wisteria sinensis*

B_2 成熟小叶背面密生丝状细毛；总状花序长达 30cm ………………（丝毛紫藤 *W. villosa*）

A_2 小叶 13～19；花序长 30～50cm ………………（2）多花紫藤 *W. floribunda*

（1）紫藤（藤萝）（图 17-186）

***Wistaria sinensis* Sweet**

形态：藤本，茎枝为左旋性。小叶 7～13，通常 11，卵状长圆形至卵状披针形，长

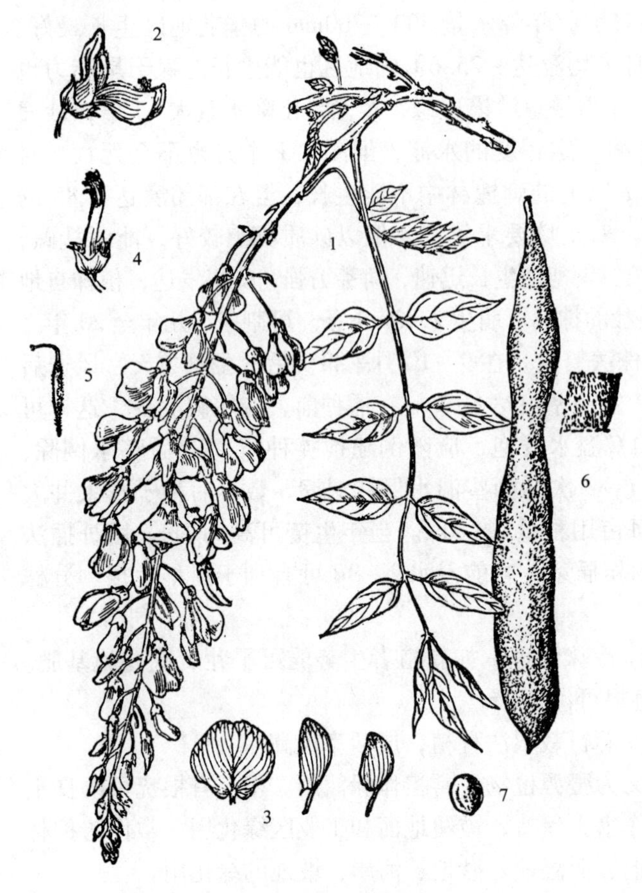

图 17-186　紫　藤

1. 花枝　2. 花　3. 花瓣　4. 花萼及雄蕊　5. 雌蕊　6. 果　7. 种子

4.5～11cm，宽 2～5cm，叶基阔楔形，幼叶密生平贴白色细毛，成长后无毛。总状花序长 15～25cm，花蓝紫色，长约 2.5～4cm，小花柄长 1～2cm。荚果长 10～25cm，表面密生黄色绒毛；种子扁圆形。花期 4 月。

原产中国，辽宁、内蒙古、河北、河南、江西、山东、江苏、浙江、湖北、湖南、陕西、甘肃、四川、广东等地均有栽培。国外亦有栽培。

变种：银藤 var. *alba* Lindl.：花白色，耐寒性较差。

习性：喜光，略耐荫；较耐寒，但在北方仍以植于避风向阳之处为好；喜深厚肥沃而排水良好的土壤，但亦有一定的耐干旱、瘠薄和水湿的能力。主根深、侧根少，不耐移植；生长快，寿命长，苏州有文征明手植藤，仍年年开花。对城市环境的适应性较强。花穗多发自去年生短侧枝或长枝的腋芽及顶芽。

繁殖栽培：可用播种、分株、压条、扦插（包括根插）、嫁接等法繁殖。定植时对较大的植株需先设立棚架，并将粗大枝条均匀地绑缚于架上，使其沿架攀援；对于较小植株，于成活后枝条长到一定高度时再搭架。由于紫藤枝粗叶茂，重量大，所用棚架材料必须坚实耐久。平时管理简便，于休眠期间适当剪除过密枝及细弱枝，以利开花，并调节生长。紫藤亦可不作棚架植物而利用整形修剪方法培养成大灌木状。盆栽时，应注意加强修剪和摘心，控制植株勿使生长过大。整枝可以采用多分枝的灌木状或悬崖式。每年新枝长出 14～17cm 长时，摘心 1 次；花后还可重剪 1 次。

观赏特性和园林用途：紫藤枝叶茂密，庇荫效果强，春天先叶开花，穗大而美，有芳香，是优良的棚架、门廊、枯树及山面绿化材料。制成盆景或盆栽可供室内装饰。

经济用途：嫩叶及花可食用，花加糖烙饼为藤萝饼，是北京土产之一。茎皮及花尚可入药，有解毒、驱虫、止吐泻之效。花尚可提取芳香油。种子含金雀花碱，入药。

（2）多花紫藤（日本紫藤）

***Wisteria floribunda* DC.**

藤本，茎枝较细为右旋性。小叶 13～19，卵形、卵状长椭圆形或披针形，叶端渐尖，叶基圆形，叶两面微有毛。花紫色，长约 1.5cm，小花柄细长，长 2～2.5cm；总状花序长

30～50cm，多发自去年生长枝的腋芽。荚果大而扁平，密生细毛；种子扁圆形。花期 5 月上旬。

原产日本。华北、华中有栽培。

本种花与叶同时开放，故以观花效果而言不如紫藤，但荫蔽力比紫藤大。

16. 刺槐属 *Robinia* L.

落叶乔木或灌木。叶柄下芽，无芽鳞。奇数羽状复叶互生，小叶全缘，对生或近对生；托叶变为刺。总状花穗腋生，下垂；雄蕊 2 体（9＋1）。荚果带状，开裂。

共约 20 种，产北美及墨西哥，中国引入 2 种。

分种检索表

A_1 乔木，茎，枝无毛；花白色 ……………………（1）刺槐 *R. pseudoacacia*

A_2 灌木，茎，枝密生硬刺毛；花粉红色或紫红色 ……………………（2）毛刺槐 *R. hispida*

（1）刺槐（洋槐）（图 17-187）

Robinia pseudoacacia **L.**

形态：乔木，高 10～25m；树冠椭圆状倒卵形。树皮灰褐色，纵裂；枝条具托叶刺；冬芽小，奇数羽状复叶，小叶 7～19，椭圆形至卵状长圆形，长 2～5cm，叶端钝或微凹，有小尖头。花蝶形，白色，芳香，成腋生总状花序。荚果扁平，长 4～10cm；种子肾形，黑色。花期 5 月；果 10～11 月成熟。

分布：原产北美，现欧、亚各国广泛栽培。19 世纪末先在中国青岛引种，后渐扩大栽培，目前已遍布全国各地，尤以黄、淮流域最常见，多植于平原及低山丘陵。

变种、变型：

①无刺槐 f. *inermis*（Mirb.）Rehd：树冠开扩，树形帚状，高 3～10m，枝条硬挺而无托叶刺。中国在青岛首先发现，用作庭荫树和行道树。用扦插法繁殖。

②球槐（伞槐、球冠无刺槐）f. *umbraculifera*（DC.）Rehd.：树冠呈球状至卵圆形，分枝细密，近于无

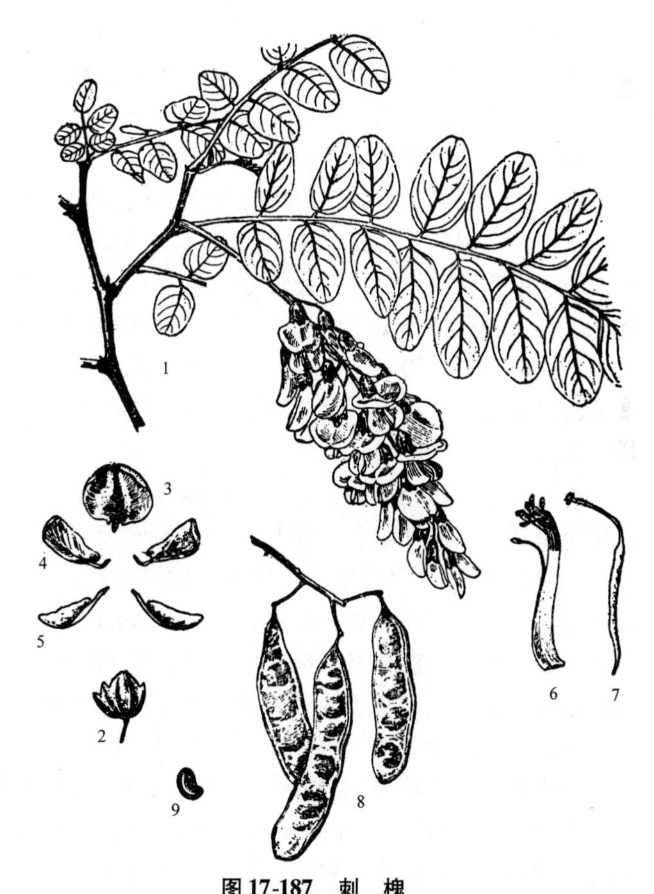

图 17-187 刺 槐

1. 花枝 2. 花萼 3. 旗瓣 4. 翼瓣 5. 龙骨瓣 6. 雄蕊 7. 雌蕊 8. 果 9. 种子

刺或刺极小而软。小乔木；不开花或开花极少，基本不结实。在青岛及武汉多作行道树用；用插枝或根插法繁殖。

③粉花刺槐：花略晕粉色。

④其他：中国在山东省选出以下类型，已用于绿化的有：细皮刺槐、疣皮刺槐以及箭杆刺槐等。

习性：为强喜光树种，不耐荫庇，幼苗也不耐荫。喜较干燥而凉爽气候，在年均温8~14℃、年降水量500~900mm地带生长最好，可生长成高大通直的乔木而且生长速度很快，尤以空气湿度较大的沿海地区生长更佳；在年均温14℃以上、年降水量在900mm以上地区，生长速度虽快但树干易弯曲，主干低矮；在年均温5~7℃、年降水量400~500mm地区，也能长成乔木，但幼苗在1~3年生枝条常受冻害；而在年均温5℃以下、年降水量400mm以下地区，其地上部会年年受冻死亡，每年重新萌发新枝，故不能长成乔木只能呈灌木状，也不能正常开花结实，只在小气候好的地点而且在人工管理照料下才能长成乔木。刺槐较耐干旱瘠薄，但在土层浅的大旱之年也会旱死，而以在适湿地生长最快。能在石灰性土、酸性土、中性土以及轻度盐碱土上正常生长，但以肥沃、湿润、排水良好的冲积砂质壤土上生长最佳。在土壤水分过多处易烂根和发生紫纹羽病，常致全株死亡。地下水位过高易引起烂根和枯梢现象，地下水位浅于0.5m的地方不宜种植；畏积水之处。

刺槐为浅根性树种，在种植时需选择适当地点，常见北京植于高于地面2~3m的公路路肩上，结果在雨后遇大风时有倒伏，不数年死亡殆尽，但植在平地成丛种植者却安然无恙。刺槐枝条的抗风能力亦较弱，据报道，7~8级的风力下即有风折现象。雨后遇大风易引起倾斜偏冠，风倒或折干现象，故以不植于风口处为佳。

刺槐为浅根性，侧根发达，10年生树之侧根系可扩展至20m，但多分布于20~30cm深的表土层中。萌蘖性强，寿命较短，自水平根系上可生出萌蘖，故在良好环境下可自然增加密度。截干的萌蘖条1年可高2~3m，8~10年即可成材，30~50年后逐渐衰老。

刺槐春季发芽极晚，杨柳已绿叶成荫后开始发芽，大体是在日均温达7~8℃时，树液才流动而芽萌动。秋季气温降到3~4℃开始落叶。它属于速生树种，高生长最快的时期大体在3~9年生之间。

繁殖栽培：可用播种、分蘖、根插等法而以播种为主。可8~9月时自10~20年生健壮母树上采种。采后经晒干、碾压脱粒、风选后进行干藏。每千克约4.6万粒，发芽率可达89%。一般在3、4月行条播。因种子皮厚而硬，且硬粒种子多达15%~20%，故播前应行催芽处理。通常将种子放入缸中，约达缸深的1/3，然后倒入80℃热水，搅拌1~2min后逐渐加入冷水，使水温降到39~40℃，捞除浮在水面的空粒种子，浸泡1~2d后捞出过筛，将已浸拌的种子放入箩筐内，盖上湿布，放在较温暖处，并每天用温水淘洗1次，3~5d即可开始发芽，将种子取出阴凉3~4h即可播种。亦可在雨季后期播种。此外，也可在秋季层积，于次春播种。播种地宜选便于灌溉和排水良好的肥沃砂壤土。为防止立枯病危害，刺槐不宜连作。条播行距为50~60cm，覆土1cm左右。播前先灌足底水或适当提早播种期以便充分利用早春土壤的良好墒情，这样可以在幼苗出土前不灌水，免土壤板结影响出苗。幼苗生长迅速，出苗后应及时间苗和松土、除草。定苗后要及时进行除蘖及修剪，以促使树干和树冠的形成。对生长不良的，可在冬季进行平茬，使其另生萌条以培养壮直的主干。大苗定植后，应设立支柱，以防雨季风倒或造成根部摇动。生长季中，应注意防治虫害。

行插根繁殖时，可选粗 0.5 ~ 2.0cm 的根，剪成 15 ~ 20cm 长进行扦插，插后盖以塑料薄膜可提高成苗率。

根据河北省秦皇岛市海滨林场的经验，混交种植比纯林的生长为佳。例如 8 年生的刺槐与小青杨的混交林中，刺槐平均高 9m，胸径 7.6cm，而紧邻的刺槐纯林，平均仅高 5.5m，胸径 4.4cm，即混交状态下的刺槐比在纯林中的高出 63.6%，胸径大 72.7%，而且虫害少。又根据山东的经验，知道在土层深厚的低山丘陵和平原地区，刺槐可与杨、白榆、臭椿、苦楝、旱柳、紫穗槐等混植；在土石山地可与臭椿、麻栎、侧柏等混植。又据河南省洛阳地区林科所的调查，刺槐可与油松、华山松、毛白杨、小叶杨、箭杆杨、榆树等混交，在高生长上比纯刺槐林中的树要大 110%。

在刺槐纯林中，当树冠郁闭后，会出现低矮细弱树迅速衰枯现象，在栽培管理上可予伐除。

病虫害：

①紫纹羽病：此病是因病菌自土壤侵入根部，先是发芽迟、弱树叶变小变黄，终至使根部腐烂而树易风倒或枯死。防治法是在 7 月底至 8 月中旬将病株周围表土挖出以露出树根为度，然后撒入石灰粉、草木灰或喷石灰乳（小树约用石灰 0.5kg，大树用 0.5 ~ 1kg），然后覆土。

②种子害虫：大多是幼虫蛀食种子，可在害虫产卵期放养赤眼蜂灭卵；在幼虫期喷 40% 乐果乳剂或 50% 二溴磷乳剂 1000 倍液；以及在冬季将树上荚果全部打下烧毁以消灭荚内过冬的幼虫。

观赏特性和园林用途：刺槐树冠高大，叶色鲜绿，每当开花季节绿白相映非常素雅而且芳香宜人，故可作庭荫树及行道树。因其抗性强、生长迅速，故又是工矿区绿化及荒山荒地绿化的先锋树种。又是良好的蜜源植物，养蜂者每年都集中采收几次槐花蜜。根部有根瘤有提高地力之效。

经济用途：木材坚实而有弹性，纹理直、耐湿、耐腐，但易挠曲开裂，顺纹抗压强度每平方厘米高达 700kg，除麻栎外比习见的阔叶树均高（如榆、槐、椿、桦、苦楝），故很适于作坑木、支柱、桩木用。其抗冲击强度高于麻栎，故适用于桥梁、车辆、工具把柄等用。又因质硬耐磨而适于作滑雪板、木橇，地板等用；因耐腐而适于水工、造船、海带养殖等用材。其枝桠及根易燃烧，火力强、发烟少、燃时长，故为头等薪炭材。花可浸膏用作调香原料。树皮富纤维及单宁，可作造纸、编织及提炼栲胶原料。种子含油量达 12% ~ 13.9%，可榨油供制皂业和油漆业原料。

（2）毛刺槐（江南槐）

***Robinia hispida* L.**

灌木，高达 2m。茎、小枝、花梗均有红色刺毛；托叶不变为刺状。小叶 7 ~ 13，广椭圆形至近圆形，长 2 ~ 3.5cm，叶端钝而有小尖头。花粉红或紫红色，长 2.5cm，2 ~ 7 朵成稀疏之总状花序。荚果长 5 ~ 8cm，具腺状刺毛。

原产北美；中国东北南部及华北园林中常有栽培。性喜光、耐寒，喜排水良好土壤。在北京最好植于避风处，否则枝梢上部易干枯。通常以刺槐作砧木行嫁接繁殖。本种花大色美，宜于庭院、草坪边缘、园路旁丛植或孤植观赏，也可作基础种植用。高接者能形成小乔木状，可供园内小路作行道树用。

17. 膀胱豆属 *Colutea*

落叶灌木，无刺或略具刺。叶奇数羽状复叶；托叶小。总状花序；萼钟状，有5不等形齿或上面2齿较短；旗瓣花爪上具2隆起，龙骨瓣爪部一部连生，雄蕊上面离生；花柱内弯，在后方具纵列须毛。荚果，稍扁，膨胀，不裂。

约10种，分布于南欧及喜马拉雅西部。有1种在园林中有栽培。

鱼鳔槐

***Colutea arborescens* L.**

灌木，高达4m，小枝幼时有毛。小叶9~13枚，椭圆形，长1.5~3cm，端凹，有突尖，叶背有柔毛。总状花序具3~8花，旗瓣向后反卷，有红条纹，翼瓣与龙骨瓣等长。荚果扁囊状，有宿存花柱。花鲜黄色，4~5月间开花。

原产北非及南欧。性强健、花鲜黄色，可丛植于园林供观赏用。

18. 锦鸡儿属 *Caragana* Lam.

落叶灌木，偶数羽状复叶，在长枝上互生，短枝上簇生，叶轴端呈刺状。花黄色，稀白色或粉红色，单生或簇生；萼呈筒状或钟状；花冠蝶形，雄蕊2体（9+1）。荚果细圆筒形或稍扁，有种子数粒。

约60种，产亚洲东部及中部；中国约产50种，主要分布于黄河流域。

分种检索表

A_1 小叶常为2~4枚。

　B_1 小叶2对，2对叶之间距大 ……………………………… （1）锦鸡儿 *C. sinica*

　B_2 小叶4枚紧密簇生呈掌状排列 ……………………………… （2）金雀儿 *C. rosea*

A_2 小叶8~18枚。

　B_1 小叶8~12枚，长1~2.5cm ……………………………… （3）树锦鸡儿 *C. arborescens*

　B_2 小叶12~18枚，长3~8mm ……………………………… （4）小叶锦鸡儿 *C. microphylla*

（1）锦鸡儿（图17-188）

***Caragana sinica* Rehd.（*C. chamlagu* Lam.）**

灌木，高达1.5m。枝细长，开展，有角棱。托叶针刺状。小叶4枚，成远离的2对，倒卵形，长1~3.5cm，叶端圆而微凹。花单性，红黄色，长2.5~3cm，花梗长约1cm，中部有关节。荚果长3~3.5cm。花期4~5月。

主要产于中国北部及中部，西南也有分布。日本园林中有栽培。

性喜光，耐寒，适应性强，不择土壤又能耐干旱瘠薄，能生于岩石缝隙中。可用播种法繁殖，最好采后即播，如经干藏，次春播种前应行浸种催芽；亦可用分株、压条、根插法繁殖。本种叶色鲜绿，花亦美丽，在园林中可植于岩石旁、小路边，或作绿篱用，亦可作盆景材料。又是良好的蜜源植物及水土保持植物。花和根皮供药用，能祛风活络、除湿利尿、化

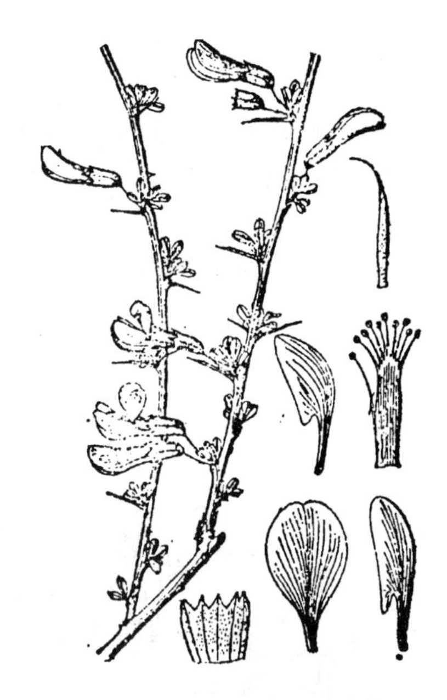

图 17-188　锦鸡儿

图 17-189　金雀儿

1. 花枝　2. 果　3～5. 花瓣　6. 花萼及雄蕊　7. 雌蕊

痰止咳。

（2）金雀儿（红花锦鸡儿）（图 17-189）

Caragana rosea **Turcz.**

灌木，高达 1m，枝直生。小叶 2 对簇生，长圆状倒卵形，长 1～2.5cm；托叶有细刺。花总梗单生，中部有关节；花冠黄色，龙骨瓣玫瑰红色，谢后变红色，花冠长约 2cm。荚果筒状，长约 6cm。

产于中国河北、山东、江苏、浙江、甘肃、陕西等地。俄罗斯西伯利亚亦有分布。

性喜光、很耐寒、耐旱燥瘠薄土地。可用播种法繁殖；本种易生吸枝可自行繁衍成片。可供观赏及作山野地被水土保持植物。

（3）树锦鸡儿（图 17-190）

Caragana arborescens **Lam.**

灌木或小乔木，高达 6m；枝具托叶刺，幼枝有毛。小叶 8～12 枚，倒卵形至椭圆状长圆形，长 1～2.5cm，叶端钝圆，有小突尖，幼时表、背有毛。花 1～4 朵簇生，黄色，花冠长 1.5～2cm；萼具短齿。荚果长 3.5～5cm。花期 5 月，果熟期 7 月。

产于中国东北及山东、河北、陕西。俄罗斯西伯利亚亦有分布。

性喜光、强健、耐寒。用种子繁殖。可作绿篱用，亦为水土保持材料。

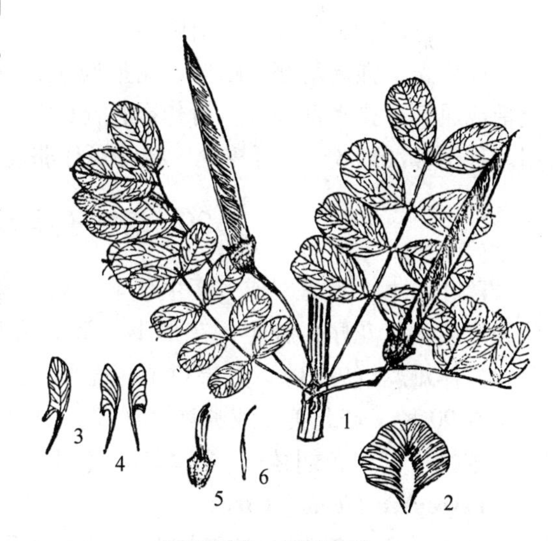

图 17-190　树锦鸡儿

1. 果枝　2～4. 花瓣　5. 花萼及雄蕊　6. 雌蕊

(4) 小叶锦鸡儿

***Caragana microphylla* Lam.**

灌木，高达3m，枝斜生，幼枝有丝毛。小叶12～18枚，卵形至倒卵形，长3～8mm，叶端圆或微凹。花1～2朵，黄色，长约2cm，花梗长1.5～2.5cm；萼疏生柔毛。荚果长2.5～4cm。花期5～6月，果8月成熟。

产于山东、河北、山西、陕西及东北等地。俄罗斯西伯利亚及日本亦有分布。

性喜光、强健、耐寒、喜生于通气良好的砂地。用种子繁殖，为良好的防风、固定流砂植物。

19. 骆驼刺属 *Alhagi* Desv.

落叶灌木，具刺。单叶。花排成腋生总状花序；萼钟形，有5齿，近等形；旗瓣倒卵形、翼瓣弯曲、龙骨瓣钝端内曲，三者近等长；上部雄蕊离生；花柱细长，内曲，柱形小。荚果念珠状，线形，不分节。

约3种，产欧、亚二洲。中国西北产1种。

骆驼刺（图17-191）

Alhagi pseudalhagi* Desv.** （A. camelorum* Fisch.**）

小灌木，高0.6～1.3m。枝光滑；刺密生，长1.2～2.5cm。叶单生，着生于枝或刺的基部，长椭圆形或宽倒卵形，长0.5～2cm，宽0.4～1.5cm，叶端圆或微凹，叶基楔形，硬革质，表背两面贴生短柔毛。花序总状，腋生，总花梗刺状，具1～6花；花红紫色，长约8mm。荚果直或略弯曲，长2.5cm，内含种子1～5粒，熟时不开裂。

分布于内蒙古、甘肃、新疆。

性喜光、强健耐寒、耐旱、耐瘠薄土，喜生于沙漠地带或通气、排水良好处。可作砂性土地区绿篱、刺篱用。种子含油约8%，可榨油，枝叶可作骆驼食用牧草。

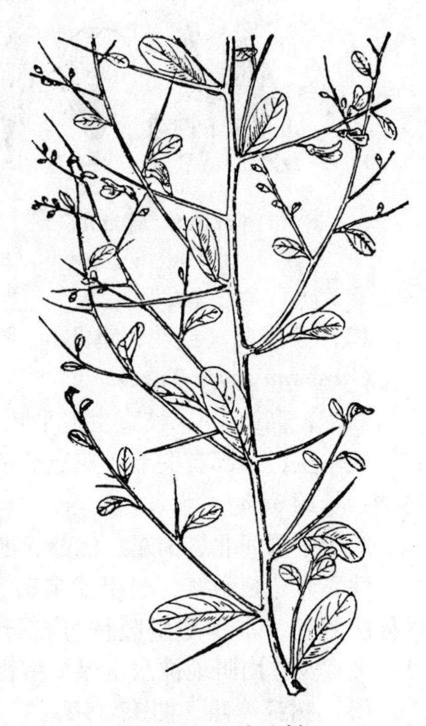

图17-191 骆驼刺

20. 胡枝子属 *Lespedeza* Michx.

落叶灌木、半灌木或多年生草本。羽状复叶具3小叶，全缘；托叶宿存，无小托叶。总状花序或头状花序，腋生；花形小，常2朵并生于一宿存苞片内；花冠有或无，花梗无关节，二体雄蕊（9+1）。荚果短小，扁平，含1粒种子，不开裂。

约90种，产北美、亚洲和大洋洲。中国产65种，分布极广。

胡枝子（二色胡枝子、随军茶）（图17-192）

***Lespedeza bicolor* Turcz.**

灌木，高达3m，分枝细长而多，常拱垂，有棱脊，微有平伏毛。小叶卵形至卵状椭圆形或倒卵形，长3～6cm，叶端钝圆或微凹，有小尖头，叶基圆形；叶表疏生平伏毛，叶背灰绿色，毛略密。总状花序腋生；花紫色，花萼密被灰白色平伏毛，萼齿不长于萼筒。荚果斜卵形，长6～8mm，有柔毛。花期8月；果9～10月成熟。

产东北、内蒙古及河北、山西、陕西、河南等地。朝鲜、俄罗斯、日本亦有分布。

性喜光亦稍耐荫，强健耐寒、耐旱，耐瘠薄土壤，但喜肥沃土壤和湿润气候。在自然界多生于平原及低山区。生长迅速，耐刈割，萌芽性强，根系发达。叶鲜绿，花呈玫瑰粉紫色而繁多，可植于自然式园林中供观赏用，又可作水土保持和改良土壤的地被植物用。嫩枝叶可作饲料、绿肥；枝条可编筐、薪柴；茎皮可制纤维，嫩叶可代茶用；根可入药，有清热解毒作用，可治疮疖，蛇咬等症。

图 17-192　胡枝子

1. 花枝　2. 花　3～5. 花瓣　6. 花萼　7. 雌蕊　8. 雄蕊　9. 果

21. 杭子梢属 *Campylotropis* Bge.

落叶灌木，羽状复叶3小叶。花排成腋生总状花序再集成圆锥状；花梗细长，单生于脱落或宿存之苞内，在花萼下有关节；萼钟形，5裂，有2裂连合；龙骨瓣弯曲，具喙状端。

约60种，产欧、亚二洲。中国产40余种。

图 17-193　杭子梢

1. 花枝　2. 花　3. 花萼　4～6. 花瓣　7. 花萼、雄蕊及雌蕊　8. 雌蕊　9. 果

杭子梢（图 17-193）

***Campylotropis macrocarpa* Rehd.**

灌木，高达2m；小枝幼时有丝毛。小叶椭圆形至长圆形，长3～6.5cm，叶端钝或微凹，叶表无毛，叶背有淡黄色柔毛；叶柄长1.5～3.5cm；托叶线形。花紫色，长约1cm，排成腋生密集总状花序；苞脱落性，花梗在萼下有关节。荚果椭圆形，长1.2～1.5cm，有明显网脉。花期5～6月。

分布于中国北部及中部以至西南部，如辽宁、河北、山西、陕西、甘肃、河南、江苏、浙江、安徽、四川、湖北、云南等地。

性强健，喜光亦略耐荫，花序美丽，可供园林观赏以及作水土保持或牧草用。

22. 红豆树属 *Ormosia* Jacks.

乔木。叶为单叶或奇数羽状复叶，常为革质。花为顶生或腋生总状花序或圆锥花序；萼钟形，5裂；花冠略高出于花萼；花瓣5枚，有爪；雄蕊10～5枚，全分离，长短不一，开花时略突出于花冠；子房无柄。荚果革质、木质或肉质，两瓣裂，中无间隔，缝线上无狭翅；种子1至数粒，种皮多呈鲜红色，亦有呈暗红色或间有黑褐色的。

约60种以上，主产于热带、亚热带；中国产26种。

分种检索表

A_1 荚为木质，具隔膜，每荚有种子1～2粒 ………………………………………… (1) 红豆树 *O. hosiei*

A_2 荚为革质，不具隔膜，每荚有种子1粒 ………………………………… (2) 软荚红豆 *O. semicastrata*

(1) 红豆树（何氏红豆、鄂西红豆树）（图17-194）

***Ormosia hosiei* Hemsl. et Wils.**

形态：常绿乔木，高达20m，树皮光滑，灰色。叶奇数羽状复叶，长15～20cm，小叶7～9枚，长卵形至长椭圆状卵形，叶端尖，叶表无毛。圆锥花序顶生或腋生；萼钟状，密生黄棕色毛；花白色或淡红色，芳香。荚果木质，扁平，圆形或椭圆形，长4～6.5cm，宽2.5～4cm，端尖，含种子1～2粒；种子扁圆形，鲜红色而有光泽。花期4月。

图17-194 红豆树

1. 果枝 2. 花枝 3. 花瓣 4. 雄、雌蕊 5. 荚果 6. 种子

分布：陕西、江苏、湖北、广西、四川、浙江、福建等地。

习性：喜光，但幼树耐荫，喜肥沃适湿土壤，如植于肥沃而干旱的土壤亦不能正常生长。本树的干性较弱，易分枝，且侧枝均较粗壮，枝下高在2～5m，如在生长条件差的地点，常在1m左右即行分枝。树冠多为伞形，生长速度中等。寿命长，萌芽力较强。根系发达，主要分布在15cm至1.2m深的土层中。

繁殖栽培：用播种繁殖，每千克约1000粒，播前应用40℃温水浸种2～3d，播后约月余可发芽，如不浸种则常需1

年以上始发芽。当年苗高可达0.5m。管理上应注意培育主干，不使过早分枝。

观赏特性和园林用途：本树为珍贵用材树种；其树冠呈伞状开展，故在园林中可植为片林或作园中行道树用；种子可作装饰品用。

经济用途：木纹坚硬、有光泽，花纹美丽，是高级的建筑内部装饰、工艺雕刻用材和家具用材，制出的成品胜于红木和紫檀。选材时将外部淡黄褐色的边材削去不用，只用暗赤褐色的心材。除种子作装饰外，种皮可作止吐血剂。

(2) 软荚红豆（相思子、红豆）

***Ormosia semicastrata* Hance.**

乔木，高达12m；小枝疏生黄色柔毛。羽状复叶之小叶3～9枚，革质，长椭圆形，长4～14cm，宽2～6cm。圆锥花序腋生，总花梗、花梗、序轴均密生黄柔毛；花萼钟状，密生棕色毛；花瓣白色。荚果革质，小而呈圆形，长1.5～2cm；种子1粒，鲜红色、扁圆形。花期5月。

分布于江西、福建、广西、广东等地。

性喜暖热气候。种子红色可供装饰用，或制纪念品用。唐代著名诗人王维有《红豆诗》，即“红豆生南国，春来发几枝；愿君多采撷，此物最相思。”用本树布置园林一隅，游人拾几粒红豆，亦别具情趣。事实上还有不少具美丽种子的树木，例如海红豆（孔雀豆）(*Adenanthera pavonina*) 的种子亦极美，常用作制佛教徒的念珠用。

23. 马鞍树属 *Maackia* Rupr. et Maxim.

落叶乔木或灌木。鳞芽单生。奇数羽状复叶，互生，无托叶。总状花序顶生，萼筒钟状，4～5浅齿；花冠蝶形，旗瓣倒卵形，翼瓣斜长椭圆形，龙骨瓣稍弯曲，背部略合生；雄蕊10，离生，但基部联合。荚果扁平，长椭圆形至线形；种子1～5粒。

约11种，产于亚洲东北部；中国产7种。

槐槐（图17-195）

***Maackia amurensis* Rupr. et Maxim.**

乔木，高达13m。鳞芽不为叶柄基部覆盖。奇数羽状复叶，小叶7～11枚，对生，卵状椭圆形，长3.5～8cm，宽2～5cm，叶端突尖，叶基阔楔形。复总状花序，长9～15cm，花冠白色，长约8mm。荚果扁平，长椭圆形，长3～7cm，宽1cm，沿腹缝线有宽1mm的狭翅。

分布于东北、内蒙古、河北、山东等地。朝鲜也有分布。

性喜光，耐寒，喜肥沃而排水良好土壤。用种子繁殖。树冠整齐，适作园林中的庭荫树和行道树。

图17-195 槐 槐

24. 槐属 *Sophora* L.

乔木或灌木，稀为草本。冬芽小，芽鳞不显。奇数羽状复叶，互生，小叶对生，全缘；托叶小。总状或圆锥花序，顶生；花蝶形，萼5齿裂；雄蕊10，离生或仅基部合生。荚果于种子之间缢缩成串珠状，不开裂。

约30种，分布于亚洲及北美的温带、亚热带。中国产15种。

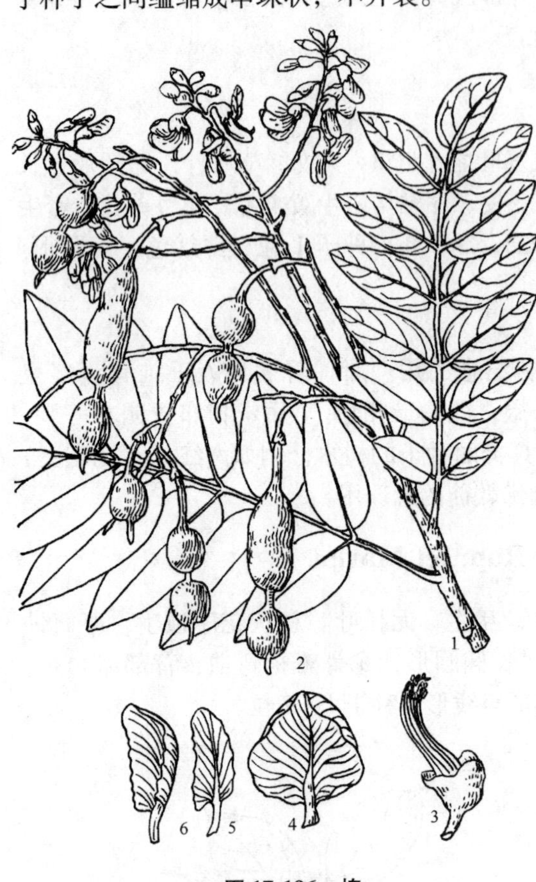

图17-196 槐

1. 果枝 2. 果序 3. 雄蕊 4~6. 花瓣

槐（国槐）（图17-196）

***Sophora japonica* L.**

形态：乔木，高达25m，胸径1.5m；树冠圆形；干皮暗灰色，小枝绿色，皮孔明显；芽被青紫色毛。小叶7~17枚，卵形至卵状披针形，长2.5~5cm，叶端尖，叶基圆形至广楔形，叶背有白粉及柔毛。花浅黄绿色，排成圆锥花序。荚果串珠状，肉质，长2~8cm，熟后不开裂，也不脱落。花期7~8月；果10月成熟。

分布：原产中国北部，北自辽宁，南至广东、台湾，东至山东，西至甘肃、四川、云南均有栽植。

变种：①龙爪槐 var. *pendula* Loud.：小枝弯曲下垂，树冠呈伞状，园林中多有栽植。

②紫花槐 var. *pubescens* Bosse.：小叶15~17枚，叶背有蓝灰色丝状短柔毛；花的翼瓣和龙骨瓣常带紫色，花期最迟。

③五叶槐（蝴蝶槐）var. *oligophylla* Franch.：小叶3~5簇生，顶生小叶常3裂，侧生小叶下部常有大裂片，叶背有毛。

习性：喜光，略耐荫，喜干冷气候，但在高温多湿的华南也能生长；喜深厚、排水良好的砂质壤土，但在石灰性、酸性及轻盐碱土上均可正常生长；在干燥、贫瘠的山地及低洼积水处生长不良。耐烟尘，能适应城市街道环境，对二氧化硫、氯气、氯化氢气均有较强的抗性。

生长速度中等，根系发达，为深根性树种，萌芽力强，寿命极长，在北京各园林中500年以上的古槐数量相当多。

繁殖栽培：一般用播种法繁殖。10月果熟后采种，用水浸泡后搓去果肉，出种率约20%，每千克约6800粒。可秋播。亦可将荚果晾干或脱粒后干藏或混沙层积至次年春播。干藏的，在播前20~25d用80~90℃热水搅拌浸种4~6h后捞出掺沙2倍堆积催芽，其间翻拌1~2次，待种子有1/3~1/4开裂后即可播种。按70cm行距行条播时，每亩需种子

10kg。定苗时株距 10 ~ 15cm，每亩可产苗 1 万 ~2 万株。由于槐树主干不易通直，为了培育良好的主干，可以在次年春将 1 年生苗掘起按 40cm × 60cm 的株行距重新栽植，勤养护，多施肥，使生成强大根系，秋季落叶后在土面处截去主干并施堆肥越冬；第 3 年春注意水肥管理、除草及去掉多余的萌蘖，只留 1 生长势旺盛的萌蘖作为主干进行培养，对侧枝生长过强者应行摘心以促进主干一直向上生长；入秋后停止施肥灌水，促使主干充分木质化以利安全越冬。当年苗可高达 2 ~2.5m。第 4 年则将苗木按株行距 1m 距离进行移植，注意按当地要求培育主干至一定高度（作行道树用的，要求主干高 2.5 ~2.8m），并选留适当的 3 个侧枝作主枝以培养树冠。第 5 年主要培养树冠，则当年末，主干粗度可达 3cm 以上，树冠已圆整，即可出圃或继续培养成较大植株，亦可用作嫁接龙爪槐的砧木用。

龙爪槐为中国庭园中常用的特色树种，传统上多用枝接法，后改为用方块芽接法。接穗以休眠芽为好，在 4 月下旬至 5 月中旬自龙爪槐的去年生枝上采取休眠芽作接穗，接于槐树的 1 ~2 年新枝上；此外亦可在 7 月上、中旬用当年的新生芽行芽接。

五叶槐的种子具有一定的簇生叶遗传性，可自实生苗中选出培育。

槐树性强健，具有很强的萌芽力，即使很粗的主枝锯除后，仍能迅速从粗枝干上萌生不定芽而形成树冠。大树移植时只要进行重剪树冠，均易移栽成活。

病虫害：槐树的病虫害不多，均较易防治。主要有苗木腐烂病、槐尺蠖等。

观赏特性和园林用途：槐树树冠宽广枝叶繁茂，寿命长而又耐城市环境，因而是良好的行道树和庭荫树。由于耐烟毒能力强，又是厂矿区的良好绿化树种。花富蜜汁，是夏季的重要蜜源树种。龙爪槐是中国庭园绿化中的传统树种之一，富于民族特色的情调，常成对的用于配植门前或庭院中，又宜植于建筑前或草坪边缘。五叶槐，叶形奇特，宛若千万支绿蝶栖止于树上，堪称奇观，但宜独植而不宜多植。

经济价值：木材坚韧、稍硬，耐水湿，富弹性，可供建筑、车辆、家具、造船、农具、雕刻等用。依材质及色泽的特点，有白槐、青槐、黑槐 3 种，以白槐的材质最好，北京地区所植槐树均属此类，特点为树皮平滑而颜色淡；青槐的材质中等，材色淡绿；黑槐的材质较差，其外部特征为干皮深裂而色发黑暗，材色亦暗。花蕾、果实、树皮、枝叶均可入药。树皮及根有清泻之效，花蕾可作黄色染料。

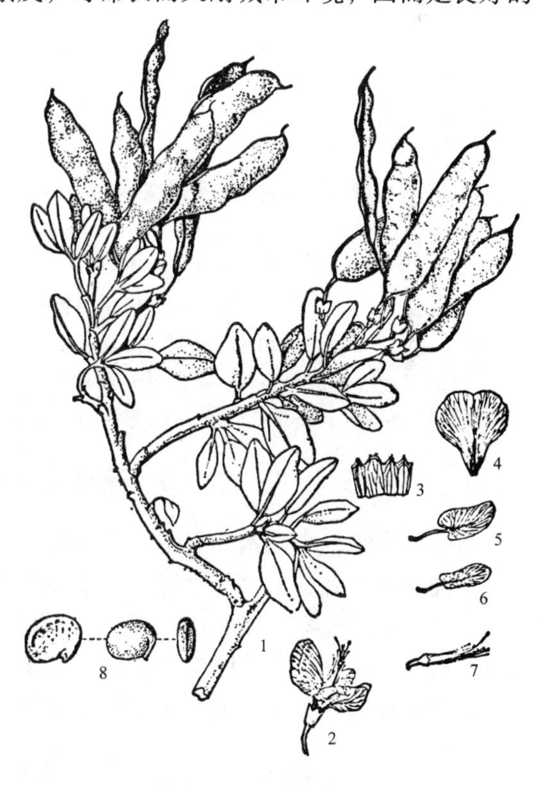

图 17-197　沙冬青

1. 果枝　2. 花　3. 花萼　4. 旗瓣　5. 翼瓣　6. 龙骨瓣　7. 雄蕊及雌蕊　8. 种子

25. 沙冬青属 *Ammopiptanthus*

属的性状见沙冬青。

沙冬青(图 17-197)

***Ammopiptanthus mongolicus*（Maxim.）Cheng f.**

常绿灌木，小枝密生平贴短柔毛。叶掌状，3 出复叶，稀单叶；托叶小与叶柄连合而抱茎；叶柄长 5 ~ 10mm，密生银白色毛；小叶菱状椭圆形，长 2 ~ 4cm，宽 0.6 ~ 2cm，叶表背密生银白色绒毛。总状花序顶生，花黄色；苞片卵形，有白毛；萼筒状，有毛。荚果扁平，长椭圆形，含种子 2 ~ 5 粒。

分布：内蒙古、甘肃。蒙古、俄罗斯亦有分布。

性喜光、耐寒、耐旱、畏水湿，喜生于通气及排水良好的砂地。为绿化砂丘的良好材料，亦可供作盆栽观赏用；移植时忌浇水，用种子繁殖。

〔34〕芸香科 Rutaceae

乔木或灌木，罕为草本，具挥发性芳香油。叶多互生，少对生，单叶或复叶，常有透明油腺点；无托叶。花两性，稀单性，常整齐，单生或成聚伞花序、圆锥花序；萼4 ~ 5 裂，花瓣 4 ~ 5；雄蕊常与花瓣同数或为其倍数，着生于花盘基部，花丝分离或基部合生；子房上位，心皮 2 ~ 15，分离或合生。柑果、蒴果、蓇葖果、核果或翅果。

本科共约 150 属，1700 种，产热带和亚热带，少数产温带；我国产 28 属，约 150 种。

分 属 检 索 表

A_1 奇数羽状复叶。
  B_1 叶互生。
    C_1 枝有皮刺；小叶对生；蓇葖果 …………………………………………………… 1. 花椒属 *Zanthoxylum*
    C_2 枝无皮刺，小叶互生；果肉质 ……………………………………………………… 2. 九里香 *Murraya*
  B_2 叶对生；枝无刺，具叶柄下芽；核果 ……………………………………………… 3. 黄檗属 *Phellodendron*
A_2 3 小叶复叶，落叶性；茎枝有刺；柑果密被短柔毛 ……………………………………… 4. 枳属 *Poncirus*
A_3 单身复叶，常绿性；柑果极少被毛。
  B_1 子房 8 ~ 15 室，每室 4 ~ 12 胚珠；果较大 …………………………………………… 5. 柑橘属 *Citrus*
  B_2 子房 2 ~ 6 室，每室 2 胚珠；果较小 ………………………………………………… 6. 金柑属 *Fortunella*

1. 花椒属 *Zanthoxylum* L.

落叶或常绿，小乔木或灌木，稀为藤本；茎枝具皮刺。奇数羽状复叶或 3 小叶，互生，有透明油腺点，有锯齿，稀全缘。花小，单性异株或杂性，聚伞花序、圆锥花序或簇生；萼 3 ~ 5(~ 8)裂，花瓣 3 ~ 5(~ 8)，稀无花瓣；雄蕊 3 ~ 5(~ 8)；子房上位，1 ~ 5 心皮，离生或基部合生，各具 2 并生胚珠；聚合蓇葖果 1 ~ 5，外被油腺点，种子 1，黑色而有光泽。

约 250 种，广布于热带、亚热带，温带较少；中国约产 45 种，主产黄河流域以南。

分 种 检 索 表

A_1 总叶柄及叶轴无翅或有狭翅，小叶 5 ~ 11，椭圆形，背脉基部有褐色毛 …………… 花椒 *Z. bungeanum*
A_2 总叶柄及叶轴有宽翅；小叶 3 ~ 7，椭圆状披针形 ……………………………… （竹叶椒 *Z. simulans*）

花椒(图 17-198)

***Zanthoxylum bungeanum* Maxim.**
(***Z. simulans* Hance**)

形态：落叶灌木或小乔木，高 3 ~ 8m。枝具宽扁而尖锐皮刺。小叶 5 ~ 9(~11),卵形至卵状椭圆形，长 1.5 ~ 5cm，先端尖，基部近圆形或广楔形，锯齿细钝，齿缝处有大透明油腺点，表面无刺毛，背面中脉基部两侧常簇生褐色长柔毛；叶轴具窄翅。聚伞状圆锥花序顶生；花单性，花被片 4 ~ 8，1 轮；子房无柄。蓇葖果球形，红色或紫红色，密生疣状腺体。花期 3 ~ 5 月；果 7 ~ 10 月成熟。

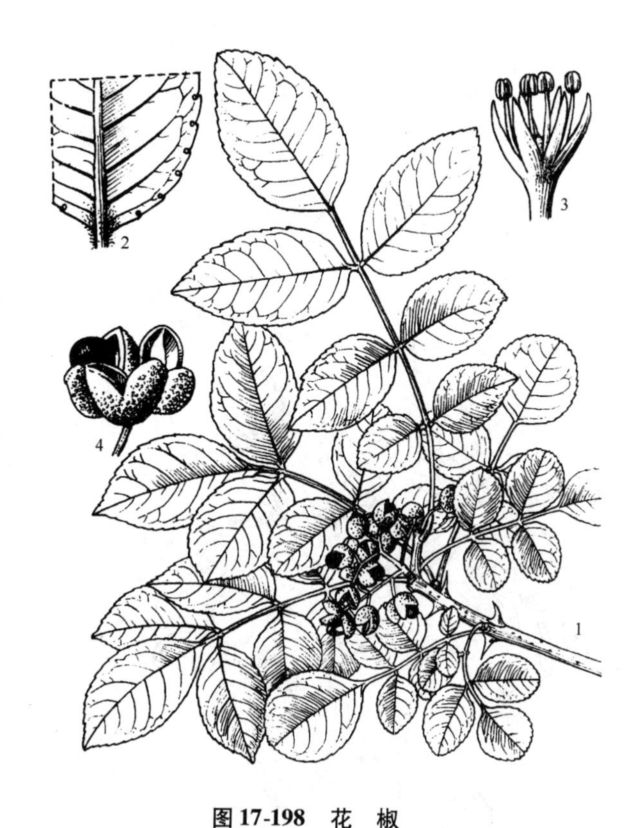

图 17-198 花 椒
1. 果枝 2. 小叶放大示叶缘的腺点 3. 花 4. 果及种子

分布：原产我国北部及中部；今北起辽南，南达两广，西至云南、贵州、四川、甘肃均有栽培，尤以黄河中下游为主要产区。

习性：喜光，喜较温暖气候及肥沃湿润而排水良好的壤土。不耐严寒，大树约在 -25℃ 低温时冻死，小苗在 -18℃时受冻害。对土壤要求不严，在酸性、中性及钙质土上均能生长，但在过分干旱瘠薄、冲刷严重处生长不良。生长较慢，1 年生苗高 25 ~ 30cm。萌蘖性强，树干也能萌发新枝。寿命颇长，生长良好者可达百年以上。隐芽寿命长故耐强修剪。最不耐涝，短期积水即死亡。

繁殖栽培：繁殖用播种、扦插和分株均可，而以播种为主。在果开裂前采种，不宜暴晒，阴干脱粒后干藏或层积贮藏，贮藏期要注意防潮和避免种子出油。播种可在秋季或早春进行。春播干藏种子应于 1 个月前用温水浸种 4 ~ 5d 后层积处理。每亩播种量 7 ~ 10kg，播后 10d 左右出苗，发芽率 70% 左右。栽植在北方最好选避风向阳处。管理简单，无特殊要求。一般 3 ~ 5 年生开始结果，10 年后进入盛果期，每株可产果 5 ~ 10kg。在生势衰弱时(一般 30 年后)可砍伐更新。主要虫害有花椒叶甲虫、尺蠖、天牛、蚜虫等，应注意及时防治。

观赏特性及园林用途：可植为绿篱用。

经济用途：花椒为北方著名香料及油料树种。果皮、种子为调味香料，并可入药；种子榨油供食用及制肥皂、油漆等。木材坚实，可作手杖、擂木、器具等。是荒山、荒滩造林、“四旁”绿化及庭园栽植结合经济生产的良好树种。因枝干多刺，耐修剪，也是刺篱的好材料。

2. 九里香属 *Murraya* Linn.

灌木或小乔木，无刺。奇数羽状复叶，小叶互生，有柄。花排为腋生或顶生的聚伞花序；萼小，5深裂；雄蕊10枚，生于伸长花盘的周围子房2~5室，每室具1~2胚珠。果肉质，有种子1~2粒。

约5种，产亚洲热带地区及马来西亚。

图17-199 九里香

九里香(千里香)(图17-199)

Murraya paniculata*(L.) Jack.** (M. exotica* L.**)

灌木或小乔木，高3~8m，小枝无毛，嫩枝略有毛。奇数羽状复叶；小叶3~9，互生，小叶形变异大，由卵形至倒卵形至菱形，长2~7cm，宽1~3cm，全缘。聚伞花序短，腋生或顶生，花大而少，白色，极芳香，长1.2~1.5cm，径达4cm；萼极小，5片，宿存；花瓣5，有透明腺点。果肉质，红色长8~12mm，内含种子1~2粒。花期秋季。

分布于亚洲热带及亚热带，中国之南部及西南部山野间有野生，多生于疏林下，性喜暖热气候，喜光亦较耐荫耐旱，可用种子及扦插法繁殖。园林中可植为植篱或盆栽欣赏其芳香。材质坚硬细致可供雕刻。全株均可入药，有活血散瘀，消肿止痛，止疮痒，杀疥之效。

3. 黄檗属 *Phellodendron* Rupr.

落叶乔木；树皮木栓层发达。芽为叶柄下芽。奇数羽状复叶对生、小叶常有锯齿，对生。花小，单性，异株，圆锥花序顶生；萼片和花瓣各5~8；雄蕊5~6；子房5室，各具1胚珠。核果浆果状，具5核，每核含1种子。

约9种，产于东亚，中国产3种。

黄檗(黄波罗、黄柏)(图17-200)

***Phellodendron amurense* Rupr.**

形态：乔木，高达22m，树冠广阔，枝开展。树皮厚浅灰色，木栓质发达，网状深纵裂，内皮鲜黄色。2年生小枝淡柑黄色或淡黄色，无毛。小叶5~13，卵状椭圆形至卵状披针形，长5~12cm，叶端长尖，叶基稍不对称，叶缘有细钝锯齿，齿间有透明油点，叶表光滑，叶背中脉基部有毛。花小，黄绿色，各部均为5数。核果球形，黑色，径约1cm，有特殊香气。花期5~6月；果10月成熟，果由绿变黄再变黑色即成熟。

分布：产于中国东北小兴安岭南坡、长白山区及河北省北部；朝鲜、俄罗斯、日本亦有

图 17-200　黄　檗

1. 果枝　2. 果横剖　3. 种子　4. 茎内皮

分布。

习性：性喜光，不耐荫，故树冠宽广而稀疏；耐寒，但 5 年生以下幼树之枝梢有时会有枯梢现象。喜适当湿润、排水良好的中性或微酸性壤土，在黏土及瘠薄土地上生长不良。据调查在辽宁省新宾县生长之 19 年生黄檗，生长在土层厚达 60cm 以上、水分含量较好的山坡下部，平均树高达 7.8m、胸径 10.2cm；生长在山坡中部土层厚度为 30～40cm、水分状况中等的地点，平均树高 5m，胸径 5.5cm；而生长在山坡上部，土厚约 25cm，水分条件较差处，平均树高仅达 3.5m，胸径 4cm，故本树为对水、肥较敏感的树种，是喜肥喜湿性树种。在自然界常生于山间、河谷、溪流附近，或混生于杂木林中。

深根性，主根发达，抗风力强。萌生能力亦很强，砍伐后易于萌芽更新，当年萌条可高达 1～2m。根部受伤后易受刺激而萌出多数根蘖。黄檗的生长速度中等。寿命可达 300 年。

繁殖栽培：多用播种法繁殖。果实成熟后仍能存留于树上较长时间。采果后可浸于缸中使果肉腐烂，洗出种子，然后阴干贮藏至次年播种。亦可采后即播。春播前 1 个月应混湿沙层积以促进发芽。种子发芽率约为 85%。每千克种子约 6.5 万粒，每亩播种量 4～5kg。当苗高 5～6cm 时进行间苗，株距约 3cm，苗高逾 10cm 时行第 2 次间苗，株距约 5～6cm，以后注意中耕除草、浇水及防治蚜虫，则当年苗高可达 35cm 左右。每亩可产 1.5 万～2 万株。除播种繁殖外，亦可利用根蘖行分株繁殖。

定植后的栽培管理是注意修枝及除去根蘖。

病虫害：有霉污病和黄檗凤蝶。

观赏特性及园林用途：树冠宽阔，秋季叶变黄色，很美丽，故可植为庭荫树或成片栽植。在自然风景区中可与红松、兴安落叶松、花曲柳等混交。其自然分布区大抵在北纬 52°至北纬 39°之间，在此区的北部其垂直分布可达海拔 900m，在南部可达海拔 1500m 的较高山地。在这个范围内只要土壤不过于瘠薄干旱即可生长良好。

经济用途：木材坚实而有弹性，纹理十分美丽而有光泽，耐水、耐腐，不变形，加工容易，是制造高级家具、飞机、造船、建筑及胶合板的良材。树皮即中药黄柏，有清热泻火、燥湿解毒之药；树皮之木栓可作软木塞、救生圈及隔热、防震材料。内皮可做黄色染料。种仁含油 7.7% 可榨油供工业用；叶可提取芳香油；根亦可入药。本树又是良好蜜源植物。

4. 枳属 *Poncirus* Raf.

落叶灌木或小乔木，具枝刺。叶为 3 小叶，具油点，叶柄有箭叶。花白色，单生叶腋，叶前开放；萼片、花瓣各 5；雄蕊 8 至多数，离生；子房 6 ~ 8 室。柑果密被短柔毛。

本属仅 1 种，产中国。

枸橘(枳)(图 17-201)

***Poncirus trifoliata*(L.) Raf.**

形态：灌木或小乔木，高达 7m。小枝绿色，稍扁而有棱角，枝刺粗长而基部略扁。小叶 3，叶缘有波状浅齿，近革质；顶生小叶大，倒卵形，长 2.5 ~ 6cm，叶端钝或微凹，叶基楔形；侧生小叶较小，基稍歪斜。花白色，径 3.5 ~ 5cm；雌蕊绿色，有毛。果球形，径 3 ~ 5cm，黄绿色，有芳香。花期 4 月，叶前开放；果 10 月成熟。

分布：原产中国中部，在黄河流域以南地区多有栽培。

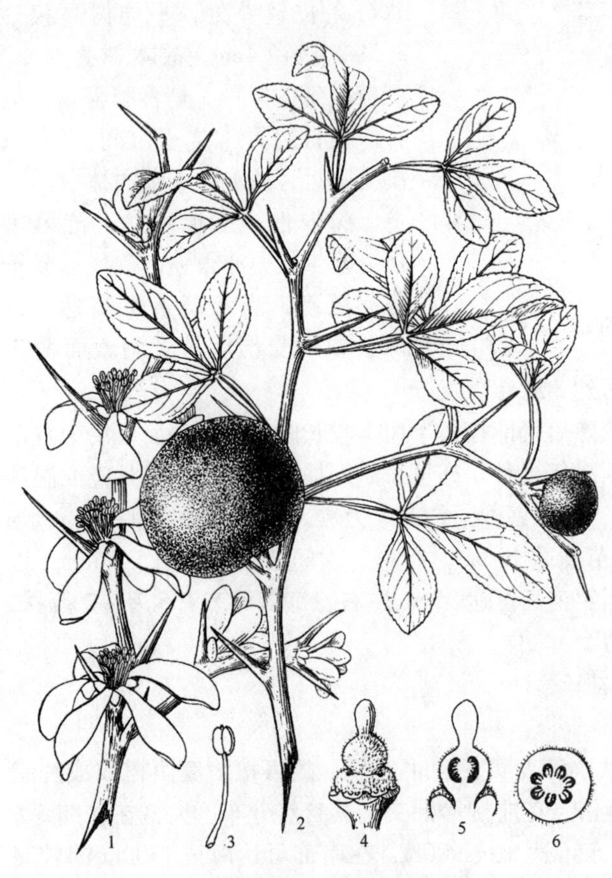

图 17-201　枸　橘

1. 花枝　2. 果枝　3. 雄蕊　4. 雌蕊　5. 雌蕊纵剖　6. 子房横剖

习性：性喜光、喜温暖湿润气候，较耐寒，能耐 -20 ~ -28℃ 的低温，于北京在小气候良好处可露地栽培。喜微酸性土壤，不耐碱。生长速度中等。发枝力强，耐修剪。主根浅、须根多。

繁殖栽培：用播种或扦插法繁殖。因种子干藏时易失去发芽力，故多连同果肉一起贮藏或埋藏，次春播前再取出种子即刻播下。一般采用条播，当年苗高可达 30cm 左右。扦插时，多在雨季用半成熟枝作抽穗。

移植苗木时，宜于晚春，在芽开始萌动时进行，若过早，过迟均会降低成活率。

观赏特性和园林用途：枸橘枝条绿色而多刺，春季叶前开花，秋季黄果累累十分美丽；在园林中多栽作绿篱或屏障树用，由于耐修剪，故可整形为各式篱垣及洞门形状，既有范围园地的功能又有观花赏果的观赏效果，是良好的观赏树木之一。

经济用途：果可入药，有破气消积之效。种子榨油可供制肥皂及作润滑油用。又常作柑橘类的耐寒砧木用。

5. 柑橘属 *Citrus* L.

常绿乔木或灌木，常具刺。叶互生，原为复叶，但退化成单叶状(称为单身复叶)，革质，具油腺点；叶柄常有翼。花常两性，单生或簇生叶腋，偶有排成聚伞或圆锥花序者；花白色或淡红色，常为5数；雄蕊15或更多，成数束；子房无毛，8~15室，每室4~12胚珠。柑果较大，无毛，稀有毛。

约20种，产东南亚；中国约产10种。

分种检索表

A_1 单叶，无翼叶，叶柄顶端无关节 …………（1）枸橼 *C. medica*

A_2 单身复叶，有宽或狭但长度不及叶身一半的翼叶；叶柄顶端有关节。

　B_1 叶柄多少有翼；花芽白色。

　　C_1 小枝有毛；叶柄翼宽大；果极大，径在10cm以上，果皮平滑 …………（2）柚 *C. grandis*

　　C_2 小枝无毛；果中等大小；果皮较粗糙。

　　　D_1 叶柄翼大；果味酸 …………（3）酸橙 *C. aurantium*

　　　D_2 叶柄翼狭或近于无。

　　　　E_1 叶柄翼狭；果皮不易剥离，果心充实 …………（4）甜橙 *C. sinense*

　　　　E_2 叶柄近无翼；果皮易剥离，果心中空 …………（5）柑橘 *C. reticulata*

　　　　E_3 叶柄翼极狭；果小，仅2~2.5cm …………（6）金橘 *C. microcarpa*

　B_2 叶柄只有狭边缘，无翼，花芽外面带紫色；果极酸 …………（7）黎檬 *C. limonia*

(1) 枸橼(香圆)(图17-202)

***Citrus medica* L.**

常绿小乔木或灌木；枝有短刺。叶长椭圆形，长8~15cm，叶端钝或短尖，叶缘有钝齿，油点显著；叶柄短，无翼，柄端无关节。花单生或成总状花序；花白色，外面淡紫色。果近球形，长10~25cm，顶端有1乳头状突起，柠檬黄色，果皮粗厚而芳香。

产于中国长江以南地区；印度、缅甸至地中海地区也有分布。在中国南方于露地栽培，在北方则行温室盆栽。

变种有佛手 var. *sarcodactylus* Swingle：叶长圆形，长约10cm，叶端钝，叶面粗糙，油点极显著。果实先端裂如指状，或开展伸张或拳曲如拳，富芳香。

性喜光喜温暖气候。喜肥沃适湿而排水良好土壤。1年中可开花数次。盆栽观赏时如欲保证坐果，可在开花时保留花序中大而花心带绿色的花朵，而将花序上其余的花摘除。繁殖可用扦插及嫁接法，

图17-202 枸橼

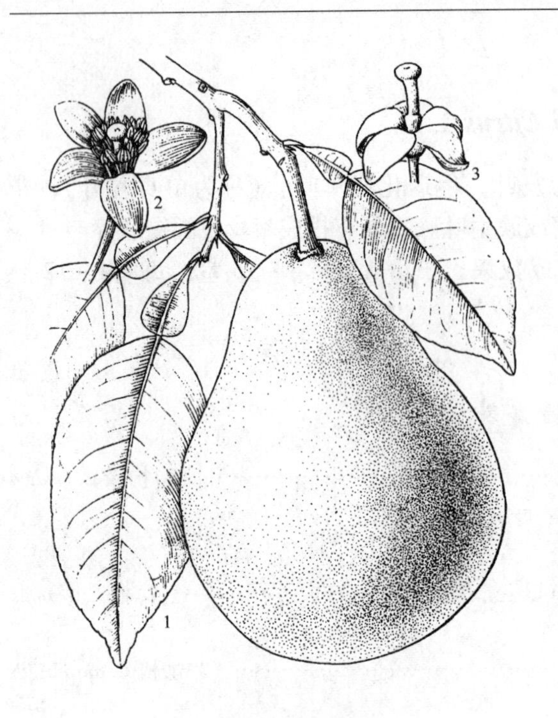

图 17-203　柚

1. 果枝　2. 花　3. 花去雄蕊

砧木可用原种。过冬时注意勿使落叶则有利于次年坐果。枸橼及佛手均为著名的观果树种，但果实酸苦不堪生食，可入药或作蜜饯。果、叶、花均可泡茶、泡酒，有舒筋活血的功效。

(2)柚(图 17-203)

***Citrus grandis*(L.)Osbeck**

常绿小乔木，高 5～10m。小枝有毛，刺较大。叶卵状椭圆形，长 6～17cm，叶缘有钝齿；叶柄具宽大倒心形之翼。花两性，白色，单生或簇生叶腋。果极大，球形、扁球形或梨形，径 15～25cm，果皮平滑，淡黄色。春季开花，果 9～10 月成熟。

原产印度，中国南部地区有较久的栽培。

品种：

①文旦：果呈扁圆形，纵横径为 13.6cm ×16.4cm，酸味略强，10 月上旬成熟。树势中等，枝条较长而开展。产于福建、台湾等地。

②沙田柚：果呈倒卵形似巴梨状，味甜美，肉色白，产于广西容县沙田，是很著各的品种。

③四季柚：树形小，叶片厚，每年可开花 4 次，结实 3 次。果呈倒卵圆形，纵径 16.4cm、横径 12.6cm，果肉软，甜酸合宜而多汁，11 月成熟；产于浙江平阳。

柚喜暖热湿润气候及深厚、肥沃而排水良好的中性或微酸性砂质壤土或黏质壤土，但在过分酸性及黏土地区生长不良。繁殖可用播种、嫁接、扦插、空中压条等法。为亚热带重要果树之一；成熟期一般较早，又耐贮藏。果实可鲜食，果皮可作蜜饯，硕大的果实且有很强的观赏价值。根、叶、果皮均可入药，有消食化痰、理气散结之效；种子榨油供制皂、润滑及食用。木材坚实致密，为优良的家具用材。

(3)酸橙

***Citrus aurantium* L.**

常绿小乔木，枝三棱状，有长刺，无毛。叶卵状椭圆形，长 5～10cm，宽 2.5～5cm，全缘或微波状齿，叶柄有狭长或倒心形宽翼。花 1 至数朵簇生于当年新枝顶端或叶腋。花白色，有芳香；雄蕊约 25 枚，花丝基部部分愈合。果近球形，径约 7～8cm，果皮粗糙。

产于长江以南各地。印度、日本、越南、缅甸也有分布。

变种：代代 *Citrus aurantium* var. *amara* Engl.：叶卵状椭圆形，长 7.5～10cm，叶柄翼宽。花白色而极香，单生或簇生。果呈扁球形，径 7～8cm，当年冬季变橙黄色，至次年夏又变绿色，能数年不落，在华北及长江下游各城市常行温室盆栽观赏。为有名的香花，常用于熏茶；果味酸不堪食。通常用枸橼作砧木行嫁接或用扦插法繁殖。

(4)甜橙(广柑)(图 17-204)

Citrus sinensis **(L.) Osbeck**

常绿小乔木；小枝无毛，枝刺短或无。叶椭圆形至卵形，长 6～10cm，全缘或有不显著钝齿；叶柄具狭翼，宽 2～5mm，柄端有关节。花白色，1 至数朵簇生叶腋。果近球形，径 5～10cm，橙黄色，果皮不易剥离，果瓣 10，果心充实。花期 5 月；果 11 月至次年 2 月成熟。

分布于长江流域以南各地。印度、缅甸、越南等国均有栽培。

品种：

①冰糖柑：果味极甜，圆球形，径 5～6cm，10 月中下旬成熟。产于四川江津。

②新会橙：果实球形，果皮光滑，果味甜而有清香，产于广东新会。

③脐橙：果呈尖卵圆形，果顶有明显突出的脐。味甜，11 月上旬成熟。产于湖南衡山、新化、黔阳、辰溪一带。此为中国产的脐橙非为美国产的华盛顿脐橙。

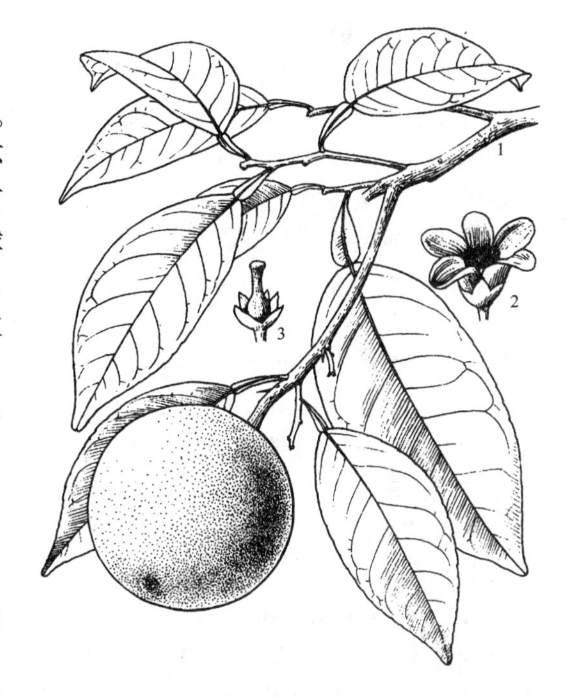

图 17-204 甜 橙

1. 果枝 2. 花 3. 花去雄蕊

④血橙：果呈圆形，径 7cm，果肉淡紫红色。产于湖南靖县。

甜橙性喜温暖湿润气候及深厚肥沃的微酸性或中性砂质壤土。不耐寒，要求年平均气温在 17℃以上。是中国南方著名果树之一。果实富含维生素 C；果皮入药；种子含油 30%左右。

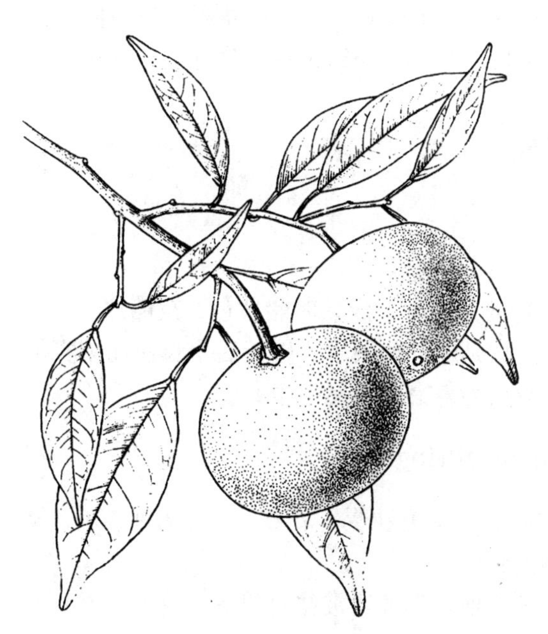

图 17-205 柑 橘

(5)柑橘(图 17-205)

Citrus reticulata **Blanco**

常绿小乔木或灌木，高约 3m。小枝较细弱，无毛，通常有刺。叶长卵状披针形，长 4～8cm，叶端渐尖而钝，叶基楔形，全缘或有细钝齿；叶柄近无翼。花黄白色，单生或簇生叶腋。果扁球形，径 5～7cm，橙黄色或橙红色；果皮薄易剥离。春季开花，10～12 月果熟。

原产中国，广布于长江以南各地。

品种：

①南丰蜜橘：果形小，径约 4cm，无核或少核，味甜而芳香，主产于江西南丰。

②卢柑(潮州蜜橘)：果形大，扁圆形，皮厚，果面粗糙，品质最佳。产于广东、福建、云南、台湾、湖南、四川、江西、浙江等地。

③温州蜜柑(温州蜜橘)：果扁圆形，橙黄色，甜而多汁，种子少。主产于浙江温州。

④蕉柑(招柑)：果圆或扁圆，果皮略粗糙，汁多，味极甜。主产于广东，福建、台湾。

柑橘性喜温暖湿润气候，耐寒性较柚、酸橙、甜橙稍强，可在江苏南部栽培而生长良好。用播种和嫁接法繁殖，是中国著名果树之一。柑橘在果树园艺上又常分为两大类，一为柑类，指果较大，直径在5cm以上，果皮较粗糙而稍厚，剥皮稍难。另一为橘类，指果较小，直径常小于5cm，果皮薄而平滑，剥皮容易的种类。

柑橘四季常青，枝叶茂密，树姿整齐，春季满树盛开香花，秋冬黄果累累，黄绿色彩相间极为美丽，除专门作果园经营外，也宜于供庭园，绿地及风景区栽植，既有观赏效果，又获经济收益。在美国南部的大柑橘园中，常辟出一部分区域供游赏用，收入极多。柑橘之果皮晒干后可入药，即中药之陈皮，有理气化痰、和胃之效；核仁及叶也有活血散结、消肿效；种子可榨油用。

(6)金橘

***Citrus microcarpa* Bge.**

常绿灌木或乔木，高至2m左右，枝多刺。叶长圆状椭圆形，长3~8cm，叶端微凹，叶缘具波状钝齿；叶柄具狭翼。花单生或成对生于叶腋，白色，较小。果扁圆形，径2~2.5cm，深橘黄色，酸而多汁。皮薄而易剥。

产于广东、浙江等省，各地均常行盆栽观赏；菲律宾、美国、日本亦有栽培。通常用枸橼作砧木用嫁接法繁殖。

(7)黎檬

***Citrus limonia* Osbeck**

常绿灌木或小乔木；枝具硬刺。叶较小，椭圆形，叶柄端有关节，有狭翼。花瓣内面白色，背面淡紫色。果近球形，果顶有不发达的乳头状突起，直径约5cm，黄色至朱红色，果皮薄而易剥。果味极酸。

原产亚洲，中国南部有栽培，华北常盆栽观赏。

品种：

①白黎檬：果熟时呈淡黄绿色。

②红黎檬：果熟时呈朱红色。

③香黎檬(北京柠檬)：是黎檬与柑橘属中某种的杂交种，成熟时赭黄色，皮略厚。

黎檬主根较深，但侧根系分布浅而吸肥力强，故是良好的砧木，嫁接后生长快而结实早且可丰产，耐湿性强，宜植于潮湿之砂壤上，但缺点为寿命短且易生根蘖。

6. 金柑属 *Fortunella* Swingle

灌木或小乔木，枝圆形，无枝或偶有刺。单叶，叶柄有狭翼。花瓣5，罕为4或6，雄蕊18~20或成不规则束。果实小，肉瓤3~6，罕为7。

共4种；中国原产，分布于浙江、福建、广东等地，现各地常盆栽观赏。

金枣(罗浮)

***Fortunella margarita* Swingle**

常绿灌木，高可达3m，通常无刺。叶长椭圆状披针形，两端渐尖，长4~9cm，叶全缘但近叶端处有不明显浅齿；叶柄具极狭翼。花1~3朵腋生，白色，花瓣5，子房5室。果倒卵形，长约3cm，熟时橙黄色；果皮肉质。

分布于华南，现各地有盆栽。

性较强健，对旱、病的抗性均较强；亦耐瘠薄土，易开花结实，故常用作盆栽观赏果实。果皮厚而肉质，可连皮生食，略甜而带酸味，有爽口开胃之效。可扦插或以枸橼的扦插苗作砧木行嫁接繁殖。市面上最常见的品种为羊奶橘。

〔35〕苦木科 Simarubaceae

乔木或灌木，树皮有苦味。羽状复叶，稀为单叶，互生，罕对生。花单性或杂性，整齐，通常形小，排成圆锥或穗状花序；萼3~5裂；花瓣3~5，罕缺如；雄蕊常与花瓣同数或为其2倍；子房上位，常为明显花盘所围绕；心皮2~5，分离或合生，每心皮常具1胚珠。核果、蒴果或翅果。

共30属，200种。主产于热带、亚热带，少数产于温带。中国产4属，10种。

分属检索表

A_1 小叶13~41枚；花序顶生；果为翅果 ………… 臭椿属 *Ailanthus*

A_2 小叶7~15枚；花序腋生；果为核果 ………… (黄楝树属 *Picrasma*)

臭椿属(樗属)*Ailanthus* Desf.

落叶乔木，小枝粗壮，芽鳞2~4。奇数羽状复叶互生，小叶基部每边常具1~4缺齿，缺齿先端有腺体。花小，杂性或单性异株，顶生圆锥花序；花萼5裂，花瓣5~6，雄蕊10，花盘10裂；子房2~6深裂。翅果条状矩圆形，中部具1扁形种子。

约10种，产亚洲及大洋洲；中国产6种，温带至亚热带。

臭椿(樗)(图17-206)

***Ailanthus altissima* Swingle**

形态：落叶乔木，高达30m；树皮较光滑。小枝粗壮，缺顶芽；叶痕大而倒卵形，内具9维管束痕。奇数羽状复叶，小叶13~25，卵状披针形，长4~15cm，先端渐长尖，基部具1~2对腺齿，中上部全缘；背面稍有白粉，无毛或沿中脉有毛。花杂性异株，成顶生圆锥花序。翅果长3~5cm，熟时淡褐黄色或淡红褐色。花期4~5月；果9~10月成熟。

分布：东北南部、华北、西北至长江流域各地均有分布。朝鲜、日本也有。

品种：

①黑椿(黑皮臭椿)：树皮黑灰色，厚而粗糙，生长速度较慢但适应性较强；材质较差。

②白椿(白皮臭椿)：树皮灰白色，薄而较平滑，生长较迅速，适应性较弱。

③无味臭椿：叶片基部缺刻处虽有腺点，但臭味极轻或近于无味；本品种极少见。

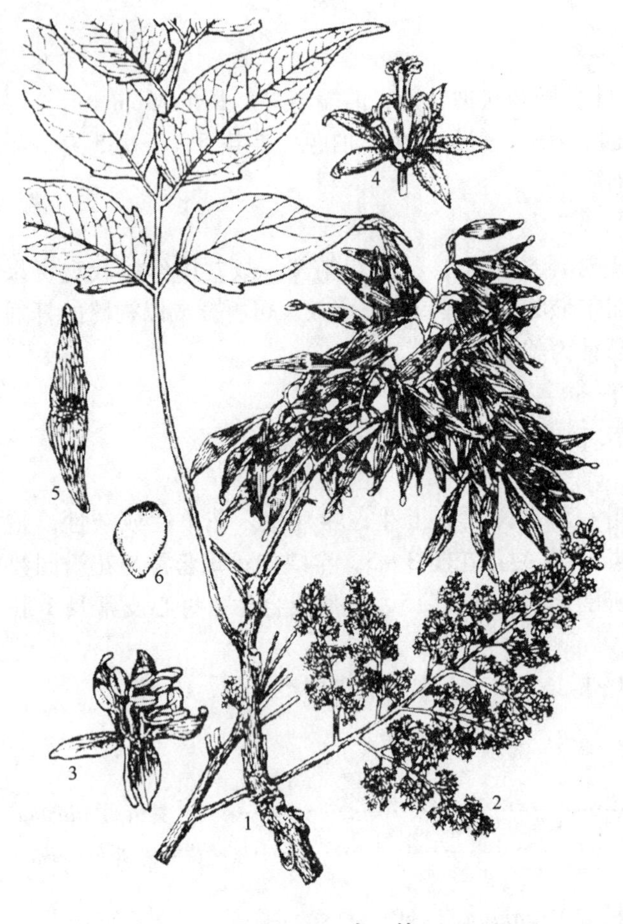

图 17-206　臭　椿

1. 果枝　2. 花序　3. 雄花　4. 雌花　5. 果　6. 种子

习性：喜光，适应性强，分布广，为北纬 22°～43°，垂直分布在华北可到海拔 1500m，在西北可到海拔 1800m。很耐干旱、瘠薄，但不耐水湿，长期积水会烂根致死。能耐中度盐碱土，在土壤含盐量达 0.3% 情况下，幼树可生长良好，在含盐量达 0.6% 处亦可成活生长。对微酸性、中性和石灰质土壤都能适应，喜排水良好的砂壤土。有一定的耐寒能力，在西北能耐 -35℃ 的绝对最低温度。对烟尘和二氧化硫抗性较强。根系发达，为深根性树种，萌蘖性强，生长较快，前 10 年每年可增高约 0.7m，20 年后则渐慢，在河北一带 10 年生者高近 10m，胸径 15cm，2 年生者高约 13m、胸径 24cm。

繁殖栽培：一般用播种繁殖。当翅果成熟时连小枝一起剪下，晒干去杂后干藏，发芽力可保持 2 年。播前用 40℃温水浸种 1 昼夜，可提前 5～6d 发芽。播种量每亩 5～8kg，条播行距 25～40cm，覆土 1～1.5cm，发芽率可达 85%。种子发芽适宜温度为 9～15℃，一般在 3 月上旬至 4 月下旬进行播种。1 年生苗高达 60～100cm，地际直径 0.5～1.5cm。此外，还可用分蘖及根插繁殖。作为行道树用的大苗，要求主干通直而分枝点高。一般可在育苗的次年春进行平茬，以后要及时摘除侧芽，使主干不断延伸，到达定干高度后再让发侧枝养成树冠。春季移栽要待苗木上部壮芽膨大呈球状时进行，并要适当深栽。

观赏特性和园林用途：臭椿的树干通直而高大，树冠圆整如半球状，颇为壮观。叶大荫浓，秋季红果满树，虽叶及开花时有微臭但并不严重，故仍是一种很好的观赏树和庭荫树。在印度、英国，法国，德国、意大利、美国等国常作行道树用，颇受赞赏而称为天堂树。中国用作行道树的则不多见，但在北京民居四合院中则多见。因它具有较强的抗烟能力，所以是工矿区绿化的良好树种。又因它适应性强、萌蘖力强，故为山地造林的先锋树种，也是盐碱地的水土保持和土壤改良用树种。

经济用途：木材轻韧有弹性，硬度适中，不易翘裂，易加工，纹理直，有光泽，在干燥的空气中较为坚实耐久，可制农具、家具、建筑等。木材的纤维较长，故为造纸的上等材料。种子可榨油，出油率可达 25%；根皮可入药，用以杀蛔虫、治痢、去疮毒。叶可养樗蚕，用樗蚕丝所织之绸称为椿网或小茧绸，坚固耐久，颇为适用，但较不易染色是其缺点。

〔36〕楝科 Meliaceae

乔木或灌木，稀为草本。叶互生，稀对生，羽状复叶，很少单叶。花整齐，两性，稀单性，多为圆锥状聚伞花序；花萼4～5(3～7)裂，花瓣与萼裂片同数，分离或基部合生；雄蕊常为花瓣数之2倍，花丝常合生成筒状；子房上位，通常2～5室，每室2胚珠，稀1或多数；具花盘。蒴果、核果或浆果；种子有翅或无翅。

共约47属，870余种，产热带和亚热带，少数产温带。中国产15属，约50种，多分布于长江以南各地。大部为优良速生用材及绿化树种，世界著名的桃花心木(*Swietenia* spp.)即属本科。

分 属 检 索 表

A_1 2～3回奇数羽状复叶；花丝合生成筒状；核果 ………………………………………… 1. 楝属 *Melia*

A_2 1回羽状复叶或3小叶复叶。

B_1 蒴果，5裂，种子有翅；花丝分离，偶数或奇数羽状复叶 ………………………… 2. 香椿属 *Toona*

B_2 浆果，种子无翅；花丝合生成坛状；奇数羽状复叶或3小叶复叶 …………… 3. 米仔兰属 *Aglaia*

1. 楝属 *Melia* L.

乔木；小枝具明显而大的叶痕和皮孔。2～3回奇数羽状复叶互生，小叶全缘或有齿裂。花两性，成腋生复聚伞花序；花萼5～6裂，花瓣5～6，离生；雄蕊为花瓣数之2倍，花丝合生成筒状，顶端有10～12齿裂，花药着生于裂片间内侧；子房3～6室，每室2胚珠。核果；种子无翅。

共约20种，主产东南亚及大洋洲；中国产3种，分布于东南至西南部。

分 种 检 索 表

A_1 小叶有锯齿或裂；核果径1～1.5cm，熟时黄色 ………………………………………… 楝 *M. azedarach*

A_2 小叶全缘或有不明显之疏齿；核果径约2.5cm，果熟时黄色或栗褐色 ………… (川楝 *M. toosendan*)

楝(苦楝、楝树)(图17-207)

***Melia azedarach* L.**

形态：落叶乔木，高15～20m；枝条广展，树冠近于平顶。树皮暗褐色，浅纵裂。小枝粗壮，皮孔多而明显，幼枝有星状毛。2～3回奇数羽状复叶，小叶卵形至卵状长椭圆形，长3～8cm，先端渐尖，基部楔形或圆形，缘有锯齿或裂。花淡紫色，长约1cm，有香味；成圆锥状复聚伞花序，长25～30cm。核果近球形，径1～1.5cm，熟时黄色，宿存树枝，经冬不落。花期4～5月；果10～11月成熟。

分布：产于华北南部至华南，西至甘肃、四川、云南均有分布；印度、巴基斯坦及缅甸等国亦产。多生于低山及平原。

习性：喜光，不耐庇荫；喜温暖湿润气候，耐寒力不强，华北地区幼树易遭冻害。对土壤要求不严，在酸性、中性、钙质土及盐碱土中均可生长。稍耐干旱，瘠薄，也能生于水

图 17-207 楝

1. 花枝 2. 花蕾 3、4. 花及花展开 5. 果序及果 6、7. 果核及果核横切面

边；但以在深厚、肥沃、湿润处生长最好。萌芽力强，抗风。生长快，在条件合适处，10 年生树干径可达 30cm 以上。寿命短，30 ~ 40 年即衰老。对二氧化硫抗性较强，但对氯气抗性较弱。

繁殖栽培：繁殖多用播种法，分蘖法也可。11 月采种，浸水沤烂后捣去果肉，洗净阴干后贮藏在阴凉干燥处。在暖地冬播或春播均可，播前用水浸种 2 ~ 3d 可使出苗整齐。楝树每一果核内有 4 ~ 6 粒种子，出苗后成簇生状，苗高5 ~ 10cm 时间苗，每簇留 1 株壮苗即可。7 ~ 9 月是旺盛生长期，可追肥 2 ~ 3 次。当年苗可达 1 ~ 1.5m。苗木根系不甚发达，移栽时不宜对根部修剪过度。移栽以春季萌芽前随起随栽为宜，秋冬移栽易发生枯梢现象。楝树往往分枝低矮，影响主干高度和木材使用价值，采用“斩梢接干法”能收到良好效果。其做法是连续两三年在早春萌芽前用利刀斩梢 1/3 ~ 1/2，切口务求平滑，呈马耳形，并在生长季中及时摘去侧芽，仅留近切口处 1 个壮芽作主干培养，这样可促使主干生长高而直。其他栽培管理简单，病虫害较少。

观赏特性及园林用途：楝树是华北南部至华南、西南低山、平原地区，特别是江南地区的重要“四旁”绿化及速生用材树种。树形优美，叶形秀丽，春夏之交开淡紫色花朵，颇为美丽，且有淡香，加之耐烟尘、抗二氧化硫，因此也是良好的城市及工矿区绿化树种，宜作庭荫树及行道树。在草坪孤植、丛植，或配植于池边、路旁、坡地都很合适。

经济用途：木材轻软，纹理直，易加工，可供家具、建筑、乐器等用。树皮、叶和果实均可入药，有驱虫、止痛等功效；种子可榨油，供制油漆、润滑油等。

2. 香椿属 *Toona* Roem.

落叶乔木。偶数或奇数羽状复叶。花小，两性，白色或黄绿色，复聚伞花序；萼裂片、花瓣、雄蕊各为 5，花丝分离；子房 5 室，每室 8 ~ 10 胚珠。蒴果 5 裂，中轴粗，具多数带翅种子。

共约 15 种，产亚洲及澳大利亚；中国产 4 种，分布于华北至西南。

分种检索表

A_1 小叶全缘或有不明显钝锯齿；子房和花盘均无毛；蒴果长 1.5～2.5cm，种子上端有膜质长翅 ……………… (1)香椿 *T. sinensis*

A_2 小叶全缘；子房和花盘有毛；蒴果长 2.5～3.5cm，种子两端有翅 ……………… (2)红椿 *T. sureni*

(1)香椿(图 17-208)

Toona sinensis **(A. Juss.) Roem.**

(*Cedrela sinensis* A. Juss.)

形态：落叶乔木，高达 25m。树皮暗褐色，条片状剥落。小枝粗壮；叶痕大，扁圆形，内有 5 维管束痕。偶数(稀奇数)羽状复叶，有香气，小叶 10～20，长椭圆形至广披针形，长 8～15cm，先端渐长尖，基部不对称，全缘或具不明显钝锯齿。花白色，有香气，子房、花盘均无毛。蒴果长椭球形，长 1.5～2.5cm，5 瓣裂；种子一端有膜质长翅。花期 5～6 月；果 9～10 月成熟。

图 17-208 香 椿

1. 花枝 2. 果序及果 3、4. 花及去花瓣示雄蕊和雌蕊 5. 种子

分布：原产中国中部，现辽宁南部、华北至东南和西南各地均有栽培。

习性：喜光，不耐庇荫；适生于深厚、肥沃、湿润之砂质壤土，在中性、酸性及钙质土上均生长良好，也能耐轻盐渍，较耐水湿，有一定的耐寒力。深根性，萌芽、萌蘖力均强；生长速度中等偏快。对有毒气体抗性较强。

繁殖栽培：繁殖主要用播种法，分蘖、扦插、埋根也可。秋季种子成熟后要及时采收，否则蒴果开裂后种子极易飞散。果采回后日晒脱粒，去杂干藏。次年春天条播，行距约 25cm，每亩播种量 3～4kg。播前用温水浸种能提早发芽，出苗整齐。幼苗苗床既要保持湿润，又要注意排水良好，否则易发生根腐病。1 年生苗高约 80～120cm。在华北地区幼苗易受冻害，需适当采取防寒措施。香椿根蘖性强，利用起苗时剪下的粗根，截成 10～15cm 长进行埋插，很易成苗，若管理得当，生长比实生苗快。香椿移栽在春季萌芽前进行，栽后要注意及时摘除萌条。其他栽培管理都较粗放，若能勤施肥、灌水，则对其生长有明显的促进作用。

观赏特性及园林用途：香椿为我国人民熟知和喜爱的特产树种，栽培历史悠久。是华北、华中与西南的低山、丘陵及平原地区的重要用材及“四旁”绿化树种。枝叶茂密，树干耸直，树冠庞大，嫩叶红艳，是良好的庭荫树及行道树。在庭前、院落、草坪、斜坡、水畔均可配植。

经济用途：木材红褐色，坚重而富弹性，有光泽，纹理直，结构细，不翘不裂而耐水湿，是家具、建筑、造船等优质用材，有“中国桃花心木”之美称。其嫩芽、嫩叶可作蔬菜食用，别具风味；种子榨油，可供食用或制肥皂、油漆；根皮及果均有药效，能收敛止血、祛湿止痛。

(2)红椿(图 17-209)

***Toona sureni* (Bl.) Merr.**

落叶或半常绿乔木，高可达35m。与香椿的主要区别点是本种小叶全缘，子房和花盘有毛，种子两端有翅，蒴果长2.5~3.5cm。

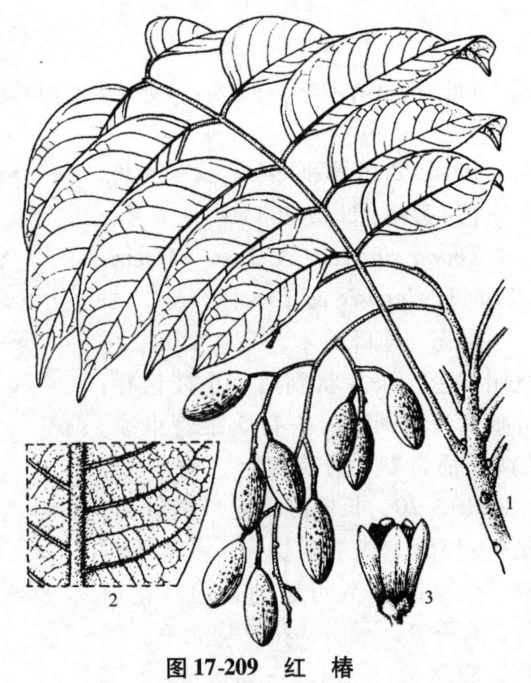

图 17-209 红 椿

1. 果枝 2. 叶下面片断 3. 花

产于广东、广西、贵州、云南等地。

喜光，也能耐半荫，喜暖热气候，耐寒性不如香椿，对土壤条件要求较高，适生于深厚、肥沃、湿润而排水良好之酸性土壤。生长迅速，在广州16年生树高16m，胸径43cm；福州引种11年生树最高可达16.7m。繁殖用播种、埋根法，也可在原圃地留根育苗。栽植以春季为宜，栽时对苗木根、枝作适当修剪，以利成活。

本种树体高大，树干通直，树冠开展，生长迅速，材质优良，是我国南方重要速生用材树种。也可用作庭荫树及行道树。

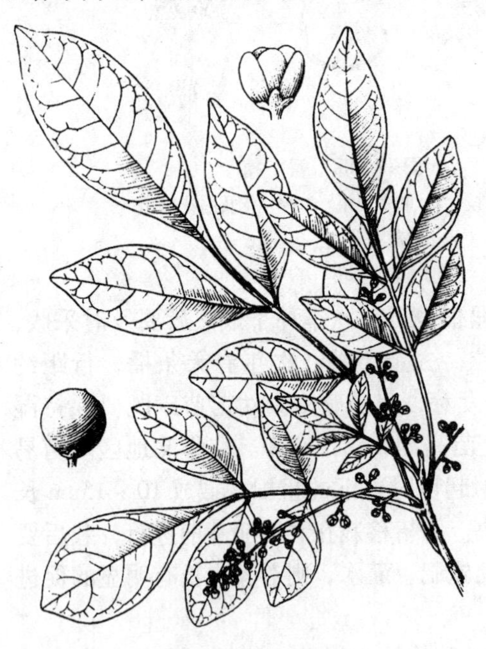
图 17-210 米仔兰

3. 米仔兰属 *Aglaia* Lour.

乔木或灌木；各部常被盾状小鳞片。羽状复叶或3小叶复叶，互生；小叶对生，全缘。花小，近球形，杂性异株，成圆锥花序；雄蕊5，花丝合生成坛状；子房1~3(5)室，每室1~2胚珠，无花柱。浆果，内具种子1~2，常具肉质假种皮。

200余种，主产印度、马来西亚和大洋洲；中国约产10种，分布于华南。

米仔兰(树兰、米兰)(图 17-210)

***Aglaia odorata* Lour.**

常绿灌木或小乔木，多分枝，高4~7m；树冠圆球形。顶芽、小枝先端常被褐色星形盾状鳞。羽状复叶，叶轴有窄翅，小叶3~5，倒卵形至长椭圆形，长2~7cm，先端钝，基部楔形，全缘。花黄色，径约2~3mm，极芳香，成腋生圆锥花序，长5~10cm。浆果卵形或近球形，长约1.2cm，无毛。夏秋开花。

原产东南亚，现广植于世界热带及亚热带地区。华南庭园习见栽培观赏，也有野生；长江流域及其以北各大城市常盆栽观赏，温室越冬。

喜光，略耐荫，喜暖怕冷，喜深厚肥沃土壤，不耐旱。可用嫩枝扦插、高压等法繁殖。米仔兰是深受群众喜爱的花木，枝叶繁密常青，花香馥郁，花期特长。除布置庭园及室内观赏外，花可用以熏茶和提炼香精。木材黄色，致密，可供雕刻、家具等用。

〔37〕大戟科 Euphorbiaceae

乔木、灌木或草本；多数含乳汁。单叶，稀3小叶复叶，常互生；有托叶。花单性，通常小而整齐，成聚伞，伞房、总状或圆锥花序；常为单被花，萼状，有时无被或萼、瓣俱存；雄蕊1至多数；子房上位，常由3心皮合成，多3室，每室有胚珠1~2，中轴胎座。蒴果，少数为浆果或核果；种子具胚乳。

约300属，8000余种，广布于世界各地；中国有60余属，370余种，主产长江流域以南各地。

分属检索表

A_1 三出复叶，木本。

  B_1 小叶有锯齿；总状或圆锥花序；果实浆果状………………………… 1. 重阳木属 *Bischofia*

  B_2 小叶全缘；腋生圆锥花序；蒴果 ……………………………………………（橡胶树属 *Hevea*）

A_2 单叶；木本。

  B_1 核果；花大，有花瓣及萼片；叶为掌状脉 ………………………………… 2. 油桐属 *Aleurites*

  B_2 蒴果；花小，无花瓣。

    C_1 植株全体无毛；叶全缘；雌雄同株，雄花花萼2~3裂，雄蕊2~3 …………… 3. 乌桕属 *Sapium*

    C_2 植株全体有毛；叶常有粗齿；雄花有多数雄蕊。

      D_1 植物体有星状毛；雄蕊多数 ……………………………………………（野桐属 *Mallotus*）

      D_2 植物体有细柔毛，无星状毛；雄蕊6~8 ………………………………… 4. 山麻杆属 *Alchornea*

1. 重阳木属 *Bischofia* Bl.

乔木。3小叶复叶，互生，小叶有锯齿。花小，单性异株，成腋生圆锥花序；花萼5~6裂，无花瓣，雄蕊5，子房2~4室，每室2胚珠。浆果球形。

本属共2种，产亚洲及大洋洲之热带及亚热带。2种中国均产。

分种检索表

A_1 落叶乔木；小叶有细钝齿（每厘米4~5个）；总状花序；果径5~7mm，熟时红褐色 ……（1）重阳木 *B. polycarpa*

A_2 常绿或半常绿乔木；小叶有粗钝齿（每厘米2~3个）；圆锥花序；果径8~15mm，熟时蓝黑色 ………（2）秋枫 *B. javanica*

图 17-211 重阳木

1. 果枝 2. 雄花枝 3. 雄花 4. 雌花枝 5. 雌花 6. 子房横剖面

(1)重阳木(图 17-211)

Bischofia polycarpa (**Lévl.**) **Airy-Shaw** (***B. racemosa*** **Cheng et C. D. Chu**)

形态：落叶乔木，高达 15m。树皮褐色，纵裂。小叶卵形至椭圆状卵形，长 5～11cm，先端突尖或突渐尖，基部圆形或近心形，缘有细钝齿(每厘米 4～5 个)，两面光滑无毛。花小，绿色，成总状花序。浆果球形，径 5～7mm，熟时红褐色。花期 4～5 月；果 9～11 月成熟。

分布：产秦岭、淮河流域以南至两广北部，在长江中下游平原习见。

习性：喜光，稍耐荫；喜温暖气候，耐寒力弱；对土壤要求不严，在湿润、肥沃土壤中生长最好，能耐水湿。根系发达，抗风力强；生长较快。对二氧化硫有一定抗性。

繁殖栽培：繁殖多用播种法。果熟后采收，用水浸泡后搓烂果皮，淘出种子，晾干后装袋于室内贮藏或拌沙贮藏。次年早春 2～3 月条播，行距约 20cm，每亩播种量 2～2.5kg。覆土厚约 0.5cm，上盖草。播后 20～30d 幼苗出土，发芽率 40%～80%。1 年生苗高约 50cm，最高可达 1m 以上。苗木主干下部易生侧枝，要及时剪去，使其在一定的高度分枝。移栽要掌握在芽萌动时带土球进行，这样成活率高。重阳木常见有吉丁虫危害树干，红蜡介壳虫、皮虫及刺蛾等危害枝叶，要注意及早防治。

观赏特性及园林用途：本种枝叶茂密，树姿优美，早春嫩叶鲜绿光亮，入秋叶色转红，颇为美观。宜作庭荫树及行道树，也可作堤岸绿化树种。在草坪、湖畔、溪边丛植点缀也很合适，可以造成壮丽的秋景。

经济用途：木材红褐色，坚重，耐水湿，可供建筑、桥梁、枕木、器具等用。种子可榨油，供工业用。

(2)秋枫

Bischofia javanica **Bl.**

常绿或半常绿乔木，高达 40m，胸径 1m。树皮褐红色，光滑。小叶卵形或长椭圆形，长 7～15cm，先端渐尖，基部楔形，缘具粗钝锯齿(每厘米 2～3 个)。圆锥花序。果球形，较大，径 8～15mm，熟时蓝黑色。花期 3～4 月；果 9～10 月成熟。

产中国秦岭、淮河流域以南各地，直至越南、印度、印度尼西亚及澳大利亚等地。

喜光，耐水湿，耐寒性不如重阳木，生长快。用途同重阳木。

2. 油桐属 *Aleurites* Forst.

乔木。单叶互生，全缘或3～5掌状裂；叶基部具2腺体。花单性，同株或异株，顶生圆锥状聚伞花序；花萼2～3裂，花瓣5，雄蕊8～20，子房2～5室。核果大，种子富油质。

共5种，产亚洲南部及太平洋诸岛。中国产2种，引入1种，分布于长江以南各地。

分种检索表

A_1 落叶乔木，小枝无毛；花大而美丽，子房3～5室。

B_1 叶全缘或3浅裂，叶基腺体无柄；果皮平滑；花雌雄同株…………………………… (1)油桐 *A. fordii*

B_2 叶全缘或3～5裂，叶基腺体具柄；果皮有皱纹；花多雌雄异株 ……………… (2)木油桐 *A. montana*

A_2 常绿乔木；小枝幼时被灰褐色星状毛；花小，长6～8mm，子房2～3室 ……… (3)石栗 *A. moluccana*

(1)油桐(桐油树、三年桐)(图17-212)

***Aleurites fordii* Hemsl.**

形态：落叶乔木，高达12m；树冠扁球形。树皮灰褐色；小枝粗壮，无毛。叶卵形，长7～18cm，全缘，有时3浅裂；叶基具2紫红色扁平无柄腺体。雌雄同株；花大，径约3cm，花瓣白色，基部有淡红褐色条斑。果实近球形，径4～6cm，先端尖，表面平滑；种子3～5粒。花期3～4月，稍先于叶开放；果10月成熟。

图17-212 油 桐

1. 花枝 2. 叶 3. 雄花部分 4. 去花瓣之雌花 5. 果 6. 种子

分布：产长江流域及其以南地区，而以四川东部、湖南西部、湖北西南部为集中产区；越南亦有分布。垂直分布一般在海拔1000m以下之低山丘陵地区，西南部可达2000m。

习性：喜光，在充分光照的阳坡才能开花结果良好，阴坡或山谷生长的油桐虽也能树高枝茂，但结果甚少。喜温暖湿润气候，不耐寒，其栽培区之北缘基本以秦岭和淮河为界；年降水量要求在750mm以上，尤其在开花后到果实长大期间(5～7月)要求较多的雨量。喜土壤深厚、肥沃而排水良好，不耐水湿和干瘠；在微酸性、中性及微碱性土上均能生长。生长较快，但寿命较短。一般3～4年生树开始结果，6～30年生为盛果期，30年后逐渐衰老，但在立地条件和管理良好的情况下，寿命可达100年以上。油桐对二氧化硫污染极为敏感，可作大气中二氧化硫污染的监测植物。

繁殖栽培：繁殖用播种法，秋季果熟后采收，集中堆沤15~20d，待果皮软化后剥取种子，洗净阴干后混沙贮藏或干藏。一般次年2~3月进行条播，条距20~30cm，株距约10cm，每亩用种量50~60kg，覆土3~4cm。干藏种子在播前可用温水浸种催芽。播后约30d幼苗可出土，当年苗高1m左右。油桐移栽不易成活，生产上多采用直播造林。幼苗期间应加强抚育管理，否则会"三年不管荒死桐"。

观赏特性及用途：油桐是我国重要特产经济树种，已有千年以上的栽培历史。种子榨油，即为桐油，是优质干性油，用以涂舟、车、器物及油布等，有耐水、耐热、耐碱、防腐、绝缘等性能，也是调配洋漆和制人造橡胶、塑料、油墨等的重要原料。又是我国传统的出口物资，我国桐油产量占世界的70%。此外，油桐树冠圆整，叶大荫浓，花大而美丽，故也可植为庭荫树及行道树，是园林结合生产的树种之一。

(2)木油桐(千年桐)(图17-213)

***Aleurites montana*(Lour.) Wils.**

落叶乔木，高达15m以上。树皮褐色，大枝近轮生；小枝无毛，有明显皮孔。叶广卵圆形，长8~20cm，先端渐尖，全缘或3裂，在裂缺底部常有腺体；叶片基部心形，并具2有柄腺体。花大，白色，多为雌雄异株。核果卵圆形，有三条明显纵棱和网状皱纹。花期4~5月；果10月成熟。

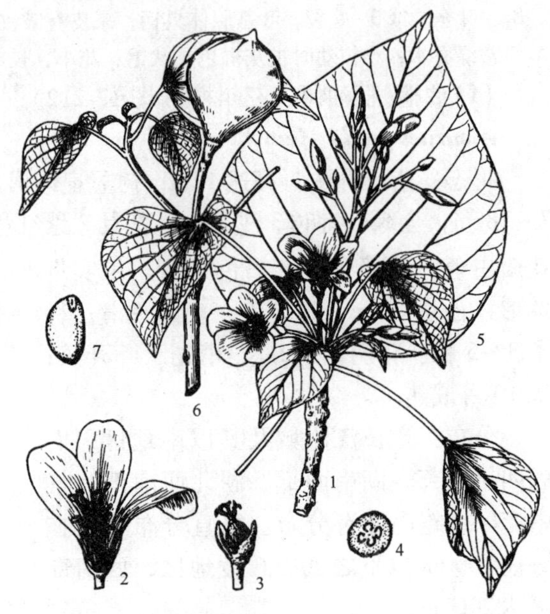

图17-213　木油桐

1. 花枝　2. 雄花纵剖，示雄蕊　3. 雌花去花瓣，示雌蕊　4. 子房横剖　5. 叶　6. 果枝　7. 种子

产中国东南至西南部。

喜光，不耐荫蔽；喜暖热多雨气候，耐寒性比油桐差，抗病性强，生长快，寿命比油桐长。播种繁殖，优良品种用嫁接繁殖。种子榨油，用途同桐油，但质量不如桐油。因有寿命长、抗病性强等特点，也常作嫁接油桐之砧木。园林用途同油桐。

(3)石栗

***Aleurites maluccana*(L.) Willd.**

常绿乔木；高达18m。幼枝，花序及叶均被浅褐色星状毛。叶互生，卵形，长10~20cm，全缘或3~5浅裂，表面有光泽，基部有两浅红色小腺体。花小，长6~8mm，白色，成圆锥花序，雌雄同株。核果肉质，卵形，长5~6cm，外被星状毛。春夏间开花；果10~11月成熟。

原产马来西亚，现广植于热带各地。

喜光，喜暖热气候，不耐寒；深根性，生长快。华南有栽培，多作行道树及庭荫树。种子可榨油，供照明及工业用；木材灰白色，质轻软，可作家具等。

3. 乌桕属 *Sapium* P. Br.

乔木或灌木，常含白色有毒乳液，全体无毛。单叶互生，羽状脉，通常全缘；叶柄端具2腺体。花单性同株，总状复花序常顶生，雄花通常3朵成小聚伞花序，生于花序上部，雌花1至数朵生于花序下部；萼片2~3裂，无花瓣，雄蕊2~3，子房3室，每室1胚珠，无花盘。蒴果3裂，稀浆果状。

共约120种，主产热带；中国约产10种。

乌桕(图17-214)

***Sapium sebiferum* Roxb.**

形态：落叶乔木，高达15m；树冠圆球形。树皮暗灰色，浅纵裂；小枝纤细。叶互生，纸质，菱状广卵形，长5~9cm，先端尾状，基部广楔形，全缘，两面均光滑无毛；叶柄细长，顶端有2腺体。花序穗状，顶生，长6~12cm，花小，黄绿色。蒴果3棱状球形，径约1.5cm，熟时黑色，3裂，果皮脱落；种子黑色，外被白蜡，固着于中轴上，经冬不落。花期5~7月；果10~11月成熟。

分布：在中国分布很广，主产长江流域及珠江流域，浙江、湖北、四川等地栽培较集中。日本、印度亦有分布。垂直分布一般多在海拔1000m以下，在云南可达2000m左右。

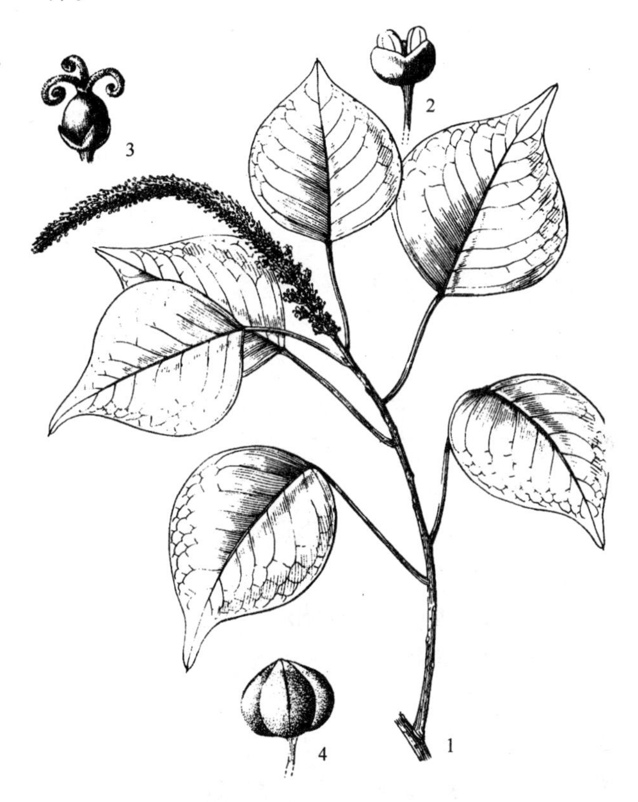

图17-214 乌 桕

1. 花枝 2. 雄花 3. 雌花 4. 果

习性：喜光，喜温暖气候及深厚肥沃而水分丰富的土壤。较油桐稍耐寒，并有一定的耐旱、耐水湿及抗风能力。多生于田边、溪畔，并能耐间歇性水淹，也能在江南山区当风处栽种。对土壤适应范围较广，无论砂壤、黏壤、砾质壤土均能生长，对酸性土、钙土及含盐在0.25%以下的盐碱地均能适应。但过于干燥和瘠薄地不宜栽种。乌桕一年能发几次梢，但秋梢常易枯干。主根发达，抗风力强；生长速度中等偏快，寿命较长。一般4~5年生树开始结果，10年后进入盛果期，60~70年后逐渐衰老，在良好的立地条件下可生长到百年以上。乌桕能抗火烧，并对二氧化硫及氯化氢抗性强。

繁殖栽培：繁殖一般用播种法，优良品种用嫁接法。秋季当果壳呈黑褐色时采收，暴晒脱粒后干藏。次年早春播种，暖地也可当年冬播。播前将种子浸入草木灰水中，搓洗脱蜡后洗净。一般采用条播，条距25cm，每亩播种量约10kg。发芽率70%~80%。春播25~30d幼苗出土，当年苗高60~100cm。嫁接繁殖用乌桕优良品种的母树树冠中上部1~2年生健壮枝作接穗，1～2 年生实生苗作砧木，在长江流域多于 3 月底至 4 月初进行枝接。此外，也可用埋根法繁殖。乌桕树干不易长直，主要是侧枝生长强于顶枝。为了促使顶枝生长，在育苗过程中可采用适当密植、剪除侧芽以及增施肥料等栽培措施。这样就可以获得直干的苗木供园林绿化之用。乌桕移栽宜在萌芽前春暖时进行，如果苗木较大，最好带土球移栽。栽后2、3 年内要注意抚育管理工作。虫害主要有樗蚕、刺蛾、大蓑蛾等幼虫吃树叶和嫩枝，要注意及时防治。

观赏特性及园林用途：乌桕树冠整齐，叶形秀丽，入秋叶色红艳可爱，不亚丹枫。植于水边、池畔、坡谷、草坪都很合适。若与亭廊、花墙、山石等相配，也甚协调。冬日白色的乌桕子挂满枝头，经久不凋，也颇美观，古人就有“偶看桕树梢头白，疑是江梅小着花”的诗句。乌桕在园林绿化中可栽作护堤树、庭荫树及行道树。

经济用途：乌桕是我国南方重要的工业油料树种。种子外被之蜡质称“桕蜡”，可提制“皮油”，供制高级香皂、蜡纸、蜡烛等；种仁榨取的油称“桕油”或“青油”，供油漆、油墨等用。此外，木材坚韧致密，不翘不裂，可作车辆、家具和雕刻等用材；根皮及叶可入药；花期长，是良好的蜜源植物。

4. 山麻杆属 *Alchornea* Sw.

乔木或灌木，常有细柔毛。单叶互生，全缘或有齿，基部有 2 或更多腺体。花小，单性同株或异株，无花瓣，组成总状、穗状或圆锥花序；雄花雄蕊 6～8 或更多。蒴果分裂成2～3 个分果瓣，中轴宿存。

共约 70 种，主产热带地区；中国有 6 种，广布于中部至南部。

山麻杆(图 17-215)

Alchornea davidii **Franch.**

落叶丛生灌木，高 1～2m。茎直而少分枝，常紫红色，有绒毛。叶圆形至广卵形，长7～17cm，缘有锯齿，先端急尖或钝圆，基部心形，3 主脉，表面绿色，疏生短毛，背面紫色，密生绒毛。花雌雄同株，雄花密生，成短穗状花序，萼 4 裂，雄蕊 8，花丝分离；雌花疏生，成总状花序，位于雌花序的下面，萼 4 裂，子房 3 室，花柱 3，细长。蒴果扁球形，密生短柔毛；种子球形。花期 4～5(6)月；果7～8 月成熟。

产长江流域及陕西，常生于山野阳坡灌丛中。

喜光，稍耐荫；喜温暖湿润气候，不耐寒；对土壤要求不严，在微酸性及中性土壤均能生长。萌蘖性强。一般采用分株繁殖，扦插、播种也可进行。分株在秋末落叶后或早春萌芽前进行；扦插选粗壮之1 年生枝在 2～3 月进行。山麻杆是观嫩叶树种，对其茎杆要进行定期更新。

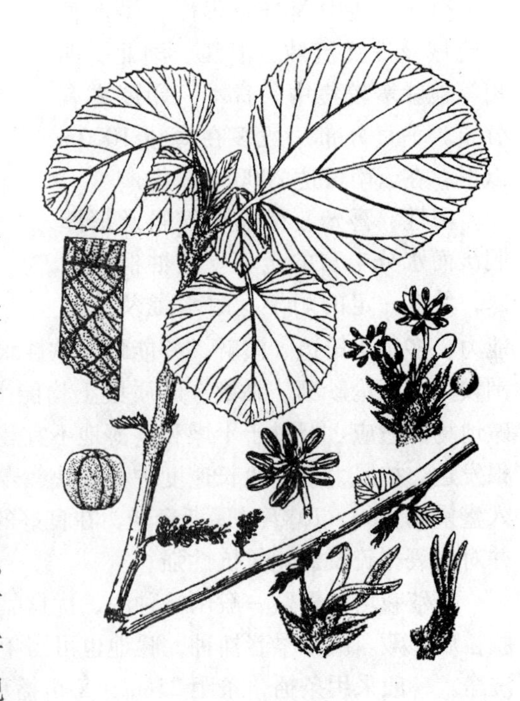

图 17-215　山麻杆

山麻杆早春嫩叶及新枝均紫红色，十分醒目美观，平时叶也常带紫红褐色，是园林中常见的观叶树种之一。丛植于庭前、路边、草坪或山石旁，均为适宜。茎皮纤维可供造纸或纺织用，种子榨油，可供工业用。

〔38〕黄杨科 Buxaceae

常绿灌木或小乔木。单叶，对生或互生；无托叶。花单性，整齐，萼片4~12或无，无花瓣，雄蕊4或更多；子房上位，常3室，每室1~2胚珠。蒴果或核果；种子具胚乳。

共6属，约40余种，分布于温带和亚热带；中国产3属18种，分布于西南至东南部。

黄杨属 *Buxus* L.

常绿灌木或小乔木，多分枝。单叶对生，羽状脉，全缘，革质，有光泽。花单性同株，无花瓣，簇生叶腋或枝端，通常花簇中顶生1雌花，其余为雄花；雄花萼片、雄蕊各4；雌花萼片4~6，子房3室；花柱3，粗而短。蒴果，花柱宿存，室背开裂成3瓣，每室含2黑色光亮种子。

共约30种，中国约有12种。

分种检索表

A_1 叶椭圆形至卵状长椭圆形，中部或中下部最宽；小枝密集 …………………… (1)锦熟黄杨 *B. sempervirens*

A_2 叶倒卵形、倒卵状椭圆形至广卵形，通常中部以上最宽；枝叶较疏散 ……………… (2)黄杨 *B. sinica*

A_3 叶狭长，倒披针形至倒卵状长椭圆形……………………………………… (3)雀舌黄杨 *B. bodinieri*

(1)锦熟黄杨(图17-216)

***Buxus sempervirens* L.**

形态：常绿灌木或小乔木，高可达6m，最高9m。小枝密集，四棱形，具柔毛。叶椭圆形至卵状长椭圆形，最宽部在中部或中部以下，长1.5~3(4)cm，先端钝或微凹，全缘，表面深绿色，有光泽，背面绿白色；叶柄很短，有毛。花簇生叶腋，淡绿色，花药黄色。蒴果三脚鼎状，熟时黄褐色。花期4月；果7月成熟。

分布：原产南欧、北非及西亚；华北园林中有栽培。

习性：较耐荫，阳光不宜过于强烈；喜温暖湿润气候及深厚、肥沃及排水良好的土壤，能耐干旱，不耐水湿，较耐寒，在北京可露地栽培。生长很慢，耐修剪。

繁殖栽培：可用播种和扦插繁殖。7月果变黄褐色时，不必等开裂即可采收，阴干去壳后即可播种，或沙藏至10月秋播，也可到次年春天3月播种，干藏种子易失去发芽力。

图17-216 锦熟黄杨

幼苗怕晒，需设棚遮荫，并撒以草木灰或喷洒波尔多液预防立枯病。幼苗在较寒冷处要埋土越冬。2年后移植1次，5～6年生苗高约60cm，10年生苗可大量出圃用于城市绿化。扦插容易生根，上海、南京一带常于梅雨季扦插，成活率可达90%以上。移植需在春季芽萌动时带土球进行。

观赏特性及园林用途：本种枝叶茂密而浓绿，经冬不凋，又耐修剪，观赏价值甚高。宜于庭园作绿篱及花坛边缘种植，也可在草坪孤植、丛植及路边列植、点缀山石，或作盆栽、盆景用于室内绿化。锦熟黄杨在欧洲园林中应用十分普遍，并有金边、斑叶、金尖、垂枝、长叶等栽培变种。

(2)黄杨(图17-217)

Buxus sinica **(Rehd. et Wils.) Cheng** **(*B. microphylla* Sieb. et Zucc. var. *sinica* Rehd. et Wils.)**

图17-217　黄　杨

常绿灌木或小乔木，高达7m。枝叶较疏散，小枝及冬芽外鳞均有短柔毛。叶倒卵形、倒卵状椭圆形至广卵形，长2～3.5cm，先端圆或微凹，基部楔形，叶柄及叶背中脉基部有毛。花簇生叶腋或枝端，黄绿色。花期4月；果7月成熟。

产中国中部，久经栽培。

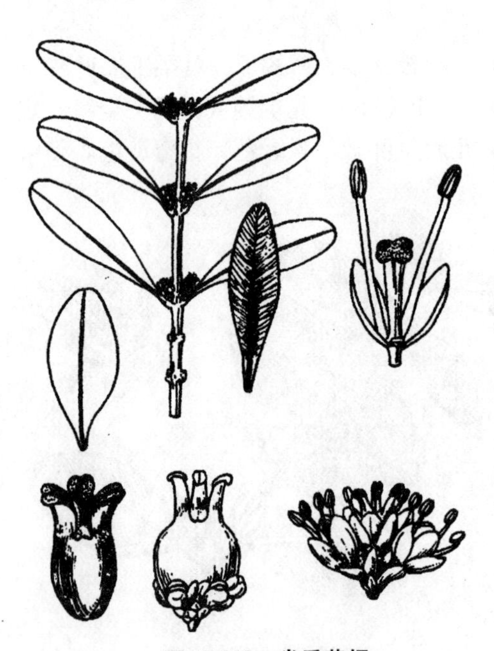

图17-218　雀舌黄杨

喜半荫，在无庇荫处生长叶常发黄；喜温暖湿润气候及肥沃的中性及微酸性土，耐寒性不如锦熟黄杨。生长缓慢，耐修剪。对多种有毒气体抗性强。繁殖用播种或扦插法。黄杨枝叶虽较疏散，但青翠可爱，在华北南部、长江流域及其以南地区广泛植于庭园观赏。在草坪、庭前孤植、丛植，或于路旁列植、点缀山石都很合适，也可用作绿篱及基础种植材料。木材坚实致密，黄色，供雕刻及梳、篦等细木工用料。根、枝、叶供药用。

(3)雀舌黄杨(细叶黄杨)(图17-218)

Buxus bodinieri **Lévl.**

常绿小灌木，高通常不及1m。分枝多而密集。叶较狭长，倒披针形或倒卵状长椭圆形，长2～4cm，先端钝圆或微凹，革质，有光泽，两面中肋及侧脉均明显隆起；叶柄极短。花小，黄绿色，呈密集短穗状花序，其顶部生一雌花，其余为雄花。蒴果卵圆形，顶端具3宿存之角状花柱，熟时紫黄色。花期4月；果7月成熟。

产于华南。

喜光，亦耐荫，喜温暖湿润气候，常生于湿润而腐殖质丰富的溪谷岩间；耐寒性不强。浅根性，萌蘖力强；生长极慢。繁殖以扦插为主，也可压条和播种。硬枝扦插在3月芽萌动以前进行，以基部带踵插效果较好。软枝扦插6月中下旬至9月上旬均可进行，而以梅雨季扦插成活率最高。

本种植株低矮，枝叶茂密，且耐修剪，是优良的矮绿篱材料，最适宜布置模纹图案及花坛边缘。若任其自然生长，则适宜点缀草地、山石，或与落叶花木配植。也可盆栽，或制成盆景观赏。

〔39〕漆树科 Anarcardiaceae

乔木或灌木。叶互生，多为羽状复叶，稀单叶；无托叶。花小，单性异株、杂性同株或两性，整齐，常为圆锥花序；萼3～5(7)深裂；花瓣常与萼片同数，稀无花瓣；雄蕊5～10或更多；子房上位，通常1室，稀2～6室，每室1倒生胚珠。核果或坚果；种子多无胚乳，胚弯曲。

约66属，500余种，主要分布热带、亚热带，少数在温带；中国约产16属34种，另引种栽培2属4种。

分属检索表

A_1 羽状复叶。

  B_1 无花瓣；常为偶数羽状复叶 ………………………… 1. 黄连木属 *Pistacia*

  B_2 有花瓣；奇数羽状复叶。

    C_1 植物体有乳液；核果小，径不及7mm，扁球形；子房1室 ………… 2. 漆树属 *Rhus*

    C_2 植物体无乳液；核果大，径约1.5cm，椭球形；子房5室 ………… 3. 南酸枣属 *Choerospondias*

A_2 单叶，全缘。

  B_1 落叶灌木或小乔木；叶倒卵形至卵形；果序上有多数不育花之伸长花梗，并被长柔毛；核果小，长3～4mm ………………………… 4. 黄栌属 *Cotinus*

  B_2 常绿乔木；叶长椭圆形至披针形；果序上无不育花之伸长花梗；核果大，长6～20cm ………………………… (杧果属 *Mangifera*)

1. 黄连木属 *Pistacia* L.

乔木或灌木。偶数羽状复叶，稀3小叶或单叶，互生，小叶对生，全缘。花单性异株，圆锥或总状花序腋生；无花瓣，雄蕊3～5，子房1室，花柱3裂。核果近球形；种子扁。

共20种，产地中海地区、亚洲和北美南部；中国产2种，引入栽培1种(阿月浑子)。

黄连木(楷木)(图17-219)

***Pistacia chinensis* Bunge**

形态：落叶乔木，高达30m，胸径2m，树冠近圆球形；树皮薄片状剥落。通常为偶数羽状复叶，小叶 10～14，披针形或卵状披针形，长 5～9cm，先端渐尖，基部偏斜，全缘。雌雄异株，圆锥花序，雄花序淡绿色，雌花序紫红色。核果径约 6mm，初为黄白色，后变红色至蓝紫色，若红而不紫多为空粒。花期 3～4 月，先叶开放；果 9～11 月成熟。

分布：中国分布很广，北自黄河流域，南至两广及西南各地均有；常散生于低山丘陵及平原。

习性：喜光，幼时稍耐荫；喜温暖，畏严寒；耐干旱瘠薄，对土壤要求不严，微酸性、中性和微碱性的砂质、黏质土均能适应，而以在肥沃，湿润而排水良好的石灰岩山地生长最好。深根性，主根发达，抗风力强；萌芽力强。生长较慢，寿命可长达 300 年以上。对二氧化硫、氯化氢和煤烟的抗性较强。

图 17-219　黄连木

1. 果枝　2. 雄花　3. 雌花　4. 果

繁殖栽培：繁殖常用播种法，扦插和分蘖法亦可。秋季果实成熟时采收，注意只有蓝紫色果实才有饱满种子(红色果实多为空粒)。采回后用草木灰水浸泡数日，揉去果肉，除净浮粒，晾干后即可播种，或沙藏至次年 2～3 月间播种。条播行距约 30cm，播幅约 5cm，覆土 2cm 左右。每亩播种量约 10kg。幼苗易受冻害的北方地区，要进行越冬假植，次春再行移栽。栽植后应注意保护树形，一般不加修剪。

观赏特性及园林用途：黄连木树冠浑圆，枝叶繁茂而秀丽，早春嫩叶红色，入秋叶又变成深红或橙黄色，红色的雌花序也极美观。宜作庭荫树、行道树及山林风景树，也常作“四旁”绿化及低山区造林树种。在园林中植于草坪、坡地、山谷或于山石、亭阁之旁配植无不相宜。若要构成大片秋色红叶林，可与槭类、枫香等混植，效果更好。

经济用途：木材坚韧致密，黄色，耐腐，易加工，可供建筑、家具、雕刻等用。种子榨油供食用或工业用；嫩叶有香味，可制代茶或腌制作蔬食。叶、树皮可供药用或作土农药等。

2. 漆树属 *Rhus* L.

乔木或灌木，多数种类体内含乳液。叶互生，通常为奇数羽状复叶；无托叶。花单性异株或杂性同株，圆锥花序；花萼 5 裂，宿存；花瓣 5，雄蕊 5；子房上位，1 室，1 胚珠，花柱 3。核果小，果肉蜡质，种子扁球形。

共约150种，产亚热带及暖温带；中国产13种，自北美引入栽培1种(火炬树)。

分种检索表

A_1 花序顶生，果序直立；小叶有锯齿。

　B_1 叶轴有狭翅，小叶7~13 ……………………………………………… (1)盐肤木 *R. chinensis*

　B_2 叶轴无翅，小叶11~31 ……………………………………………… (2)火炬树 *R. typhina*

A_2 花序腋生，果序下垂；小叶全缘。

　B_1 小叶长7~15cm，宽8~7cm，侧脉8~16对 ………………………… (3)漆树 *R. verniciflua*

　B_2 小叶长4~10cm，宽2~3cm，侧脉18~25对 ……………………… (4)野漆树 *R. sylvestris*

(1)盐肤木(图17-220)

***Rhus chinensis* Mill.**

形态：落叶小乔木，高达8~10m。枝开展，树冠圆球形。小枝有毛，冬芽被叶痕所包围。奇数羽状复叶，叶轴有狭翅，小叶7~13，卵状椭圆形，长6~14cm，边缘有粗钝锯齿，背面密被灰褐色柔毛，近无柄。圆锥花序顶生，密生柔毛；花小，乳白色。核果扁球形，径约5mm，橘红色，密被毛。花期7~8月；果10~11月成熟。

分布：中国分布很广，北自东北南部、黄河流域，南达两广、海南，西至甘肃南部、四川中部和云南；垂直分布通常在海拔1000m以下，西部最高可达1600m。朝鲜、日本、越南及马来西亚亦有分布。

图17-220　盐肤木

1. 花枝　2. 叶下面片断　3. 五倍子着生复叶轴上　4. 五倍子折开　5、6. 雄花及退化雌蕊　7、8. 雌花及雌蕊　9. 果

习性：喜光，喜温暖湿润气候，也能耐寒冷和干旱；不择土壤，在酸性、中性及石灰性土壤以及瘠薄干燥的砂砾地上都能生长，但不耐水湿。深根性，萌蘖性很强；生长快，寿命较短。是荒山瘠地常见树种。

繁殖栽培：繁殖可用播种、分蘖、扦插等法。因果皮厚而有蜡质，种子需经处理才能发芽整齐。一般秋季采种后，在冷凉处混沙贮藏至次春3月，用80℃热水浸种并搅拌约半小时，经1昼夜后捞出，与2倍的沙混合后堆置在马粪上，催芽约2周，待种子有30%发芽时再播。当年苗高可达1m，4~5年生苗高3m左右时即可出圃定植。育苗期间要注意排水，否则易致烂根。

观赏特性及园林用途：盐肤木秋叶变为鲜红，果实成熟时也呈橘红色，颇为美观。可植于园林绿地观赏或用来点缀山林风景。

经济用途：盐肤木是我国重要的经济树种，其嫩叶上受一种蚜虫（五倍子虫）寄生刺激后，局部组织膨大增生而成虫瘿，此即五倍子，内含单宁量高达45%~77%，主要供药用，也是染料、鞣革、塑胶等工业原料。树皮也含单宁；种子榨油，供制肥皂及润滑油用；根入药，有消炎、利尿等功效。

(2)火炬树(鹿角漆)

***Rhus typhina* L.**

形态：落叶小乔木，高达8m左右。分枝少，小枝粗壮，密生长绒毛。羽状复叶，小叶19~23(11~31)，长椭圆状披针形，长5~13cm，缘有锯齿，先端长渐尖，背面有白粉，叶轴无翅。雌雄异株，顶生圆锥花序，密生有毛。核果深红色，密生绒毛，密集成火炬形。花期6~7月；果8~9月成熟。

分布：原产北美洲，现欧洲、亚洲及大洋洲许多国家都有栽培。中国自1959年引入栽培，目前已推广到华北、西北等许多地区市栽培。

习性：喜光，适应性强，抗寒，抗旱，耐盐碱。根系发达，萌蘖力特强。生长快，但寿命短，约15年后开始衰老。

繁殖栽培：通常用播种繁殖，种子在播前用90℃热水浸烫，除去蜡质，再催芽，可使出苗整齐。此外，也可用分蘖或埋根法繁殖。管理得当，1年生苗可高达1m以上，即可用于造林或绿化种植。火炬树寿命虽短，但自然根蘖更新非常容易，只需稍加抚育，就可恢复林相。

观赏特性及园林用途：本种因雌花序和果序均红色且形似火炬而得名，即使在冬季落叶后，在雌株树上仍可见到满树“火炬”，颇为奇特。秋季叶色红艳或橙黄，是著名的秋色叶树种。宜植于园林观赏，或用以点缀山林秋色。近年在华北、西北山地用于推广作水土保持及固沙树种。

经济用途：木材黄色而具绿色花纹，可作细木工及装饰用料；树皮内层可作止血药；种子可榨油。

(3)漆树(图17-221)

***Rhus verniciflua* Stokes**

形态：落叶乔木，高达20m，胸径80cm。树皮初呈灰白色，较光滑，老则浅纵裂。枝内有乳白色漆液。羽状复叶，小叶7~15，卵形至卵状长椭圆形，长7~15cm，宽3~7cm，全缘，侧脉8~16对，背面脉上有毛。腋生圆锥花序疏散而下垂，长15~25cm；花小，淡黄绿色。核果扁肾形，淡黄色，光滑。花期5~6月；果10月成熟。

分布：原产中国中部，以湖北、湖南、四川、贵州、陕西等地最多；现各地都有栽培，北自辽宁、河北，南达两广、云南。垂直分布一般在海拔600~1700m，秦岭、巴山林区可达2000m。

习性：喜光，不耐庇荫；喜温暖湿润气候及深厚肥沃而排水良好之土壤，在酸性、中性

图 17-221 漆 树

1. 花枝 2. 果枝 3、4. 雄花及花萼 5、6. 雌花及雌蕊

及钙质土上均能生长。不耐干风和严寒，以向阳、避风的山坡、山谷处生长为好。不耐水湿，土壤过于黏重特别是土内有不透水层时，容易烂根，甚至造成死亡。在适生地区，生长尚快，15 年生树高约 8m，胸径 40cm。通常 5 ~ 8 年生，胸径达 15cm 时即可采割漆液。约 40 年后生长逐渐衰退，一般能活七八十年以上，少数寿命可超过百年。萌芽力较强，树木衰老后可萌芽更新。侧根发达，主根不明显。

繁殖栽培：繁殖主要用播种法，根插也可。因果核外皮蜡质而坚硬，不易吸水发芽，播前需经脱蜡和催芽处理。一般先用草木灰水浸种 4 ~ 6h，充分搓揉脱蜡后，再用 60℃温水浸种 6 ~ 8h，然后捞出混沙 2 倍，堆积室内催芽，待有 5% 的种子裂开露芽时即可播种。一般在早春条播，条距 50cm，播前要灌足底水，覆土厚 2 ~ 3cm。每亩播种量 15 ~ 20kg。对优良品种的漆树可用嫁接繁殖，一般在生长期树皮可顺利剥离时采用丁字形芽接效果较好。

经济用途：漆树是中国主要采漆树种，已有两千余年的栽培历史。割取的乳液即是生漆，是优良的涂料和防腐剂，易结膜干燥，耐高温，可用以涂饰海底电缆、机器、车船、建筑、家具及工艺品等。种子可榨油；果皮可取蜡；木材可作家具及装饰品用材。此外，秋天叶色变红，也很美丽，但漆液有刺激性，有些人会产生皮肤过敏反应，故园林中宜慎用。

(4) 野漆树(图 17-222)

Rhus sylvestris **Sieb. et Zucc.**

落叶乔木，高达 10m。嫩枝及冬芽具棕黄色短柔毛。羽状复叶，小叶7 ~ 13，卵状长椭圆形至卵状披针形，长 4 ~ 10cm，宽 2 ~ 3cm，侧脉 18 ~ 25 对，全缘，表面多少有毛，背面密生黄色短柔毛。腋生圆锥花

图 17-222 野漆树

1. 果枝 2. 花 3. 果

序，密生棕黄色柔毛；花小，杂性，黄色。核果偏斜扁圆形，宽约 8mm，光滑无毛。花期 5～6 月；果 9～10 月成熟。

产长江中下游各地；朝鲜、日本也有分布。多生于海拔 1000m 以下的山野阳坡林中。

性喜光，喜温暖，不耐寒；耐干旱、瘠薄的砾质土，忌水湿。萌蘖性极强，故多用分蘖法繁殖；也可播种繁殖。栽植应选高燥向阳之处，不需精细管理，病虫害极少。

本种入秋叶色深红，鲜艳可爱，可在园林及风景区种植，以增添秋天景色。江西庐山秋日之红叶，野漆树占重要地位。种子榨油可制肥皂及油墨等。

3. 南酸枣属 *Choerospondias* Burtt et Hill

乔木。奇数羽状复叶，互生；小叶对生或近对生，全缘。花杂性异株，花序腋生；单性花组成圆锥花序，两性花则组成总状花序，萼 5 裂，花瓣 5，雄蕊 10，子房 5 室。核果椭圆状卵形，核端有 5 个大小相等之小孔。

仅 1 种，产中国南部及印度。

南酸枣（酸枣）（图 17-223）

***Choerospondias axillaris*（Roxb.）Burtt et Hill**

图 17-223　南酸枣

1. 果枝　2. 雄花枝　3. 雄花　4. 两性花花枝　5. 两性花　6. 果核

形态：落叶乔木，高达 30m，胸径 1m。树干端直，树皮灰褐色，浅纵裂，老则条片状剥落。小叶 7～15，卵状披针形，长 8～14cm，先端长尖，基部稍歪斜，全缘，或萌芽枝上叶有锯齿，背面脉腋有簇毛。核果成熟时黄色，长 2～3cm。花期 4 月；果 8～10 月成熟。

分布：产华南及西南，浙江南部、安徽南部、江西、湖北、湖南、四川、贵州、云南及两广均有分布；印度也产。是亚热带低山、丘陵及平原习见树种。

习性：喜光，稍耐荫；喜温暖湿润气候，不耐寒；喜土层深厚、排水良好之酸性及中性土壤，不耐水淹和盐碱。浅根性，侧根粗大平展；萌芽力强。生长快，15 年生树高可达 15m，胸径 25cm 以上。对二氧化硫、氯气抗性强。

繁殖栽培：通常用播种繁殖。秋季果熟时采收，堆沤十余天后洗去果肉，晾干拌沙贮藏，次年春播种。播前用 50℃ 温水浸种 1～2d 催芽。若当年秋播，可省去贮藏手续，且可提早出苗。一般采用条播，条距约 30cm，每亩播种量 40～50kg。

播时注意种子有孔的一端朝上。当年苗木可达 1.5m 左右。移植宜于 3 月上中旬随起随栽。

观赏特性及园林用途：本种树干端直，冠大荫浓，是良好的庭荫树及行道树种。孤植或丛植于草坪、坡地、水畔，或与其他树种混交成林都很合适，并可用于厂矿区绿化。

经济用途：木材纹理直，花纹美，易加工，可供建筑、车厢、家具等用。是我国南方有发展前途的速生用材树种之一。此外，果肉酸甜可食，并可酿酒；树皮、根皮和果均供药用，有消炎解毒、止痛、收敛、止血等功效；树皮及叶还可提制栲胶。

4. 黄栌属 *Cotinus* Adans.

落叶灌木或小乔木。单叶互生，全缘。花杂性或单性异株，成顶生圆锥花序；萼片、花瓣、雄蕊各为5，子房1室，1胚珠，具3偏于一侧之花柱。果序上有许多羽毛状不育花之伸长花梗；核果歪斜。

共约 3 种，中国产 2 种。

黄栌

***Cotinus coggygria* Scop.**

形态：落叶灌木或小乔木，高达 5 ~ 8m。树冠圆形；树皮暗灰褐色。小枝紫褐色，被蜡粉。单叶互生，通常倒卵形，长 3 ~ 8cm，先端圆或微凹，全缘，无毛或仅背面脉上有短柔毛，侧脉顶端常 2 叉状；叶柄细长，1 ~ 4cm。花小，杂性，黄绿色；成顶生圆锥花序。果序长 5 ~ 20cm，有多数不育花的紫绿色羽毛状细长花梗宿存；核果肾形；径 3 ~ 4mm。花期 4 ~ 5 月；果 6 ~ 7 月成熟。

分布：产中国西南、华北和浙江；南欧、叙利亚、伊朗、巴基斯坦及印度北部亦产。多生于海拔 500 ~ 1500m 之向阳山林中。

变种：

①毛黄栌（var. *pubescens* Engl.）：小枝有短柔毛，叶近圆形，两面脉上密生灰白色绢状短柔毛（图 17-224）。

②垂枝黄栌（var. *pendula* Dipp.）：枝条下垂，树冠伞形。

③紫叶黄栌（var. *purpurens* Rehd.）：叶紫色，花序有暗紫色毛。

习性：喜光，也耐半荫；耐寒，耐干旱瘠薄和碱性土壤，但不耐水湿。以深厚、肥沃而排水良好之砂质壤土生长最好。生长快；根系发达。萌蘖性强，砍伐后易形成次生林。对二氧化硫有较强抗性，对氯化物抗性较差。

繁殖栽培：繁殖以播种为主，压

图 17－224　毛黄栌

条、根插、分株也可进行。种子成熟早，6～7月即可采收，采回沙藏于沟内，至8～9月间播种；如不沙藏，则在播种前浸种2d，捞出后晾干即可播种。播前灌足底水，覆土1.5～2cm。每亩播种量约12.5kg。在北方，苗床需覆草或落叶防寒越冬，春暖后撤去覆草，约于3月底可出苗。也可将种子沙藏越冬，至次年春播。幼苗生长迅速，当年苗高可达1m左右，3年后即可出圃定植。黄栌苗木须根较少，移栽时应对枝进行强修剪，以保持树势平衡。栽培粗放，不需精细管理。夏秋季雨水多时，易生霉病，可用波尔多液或0.4°的石灰硫磺合剂喷布防治。

观赏特性及园林用途：黄栌叶子秋季变红，鲜艳夺目，著名的北京香山红叶即为本种。每当深秋，层林尽染，游人云集。初夏花后有淡紫色羽毛状的伸长花梗宿存树梢很久，成片栽植时，远望宛如万缕罗纱缭绕林间，故英名有“烟树”（Smoke-tree）之称。在园林中宜丛植于草坪、土丘或山坡，亦可混植于其他树群尤其是常绿树群中，能为园林增添秋色。此外，可在郊区山地，水库周围营造大面积的风景林，或作为荒山造林先锋树种。

经济用途：木材可提制黄色染料，并可作家具及雕刻用材等；树皮及叶可提制栲胶；枝叶入药，能消炎、清湿热。

〔40〕冬青科 Aquifoliaceae

乔木或灌木，多为常绿。单叶，通常互生；托叶小而早落，或无托叶。花小，整齐，无花盘，单性或杂性异株，成腋生聚伞、伞形花序，或簇生，稀单生。萼3～6裂，常宿存；花瓣4～5，雄蕊与花瓣同数且互生；子房上位，3至多室，每室具1～2胚珠。核果，具3～18核。

共3属，400余种，广泛分布于温暖地区，而以中南美为分布中心；中国产1属，约118种，多分布于长江以南各地。

冬青属 *Ilex* L.

乔木或灌木，多为常绿性。单叶互生，通常有锯齿或刺状齿，稀全缘；托叶小，早落。花单性异株，稀杂性，成腋生聚伞、伞形或圆锥花序，稀单生；萼裂片、花瓣、雄蕊常为4，花瓣基部合生。核果球形，通常具4核；萼宿存。

约400种，中国产118种。有不少种类适于庭园栽植，观叶或观果用。为了促进结果良好，应在雌株附近配植雄株。

分种检索表

A_1　叶有锯齿或刺齿，或在同一株上有全缘叶。

　B_1　叶缘有尖硬大刺齿2～3对 ……………………………（1）枸骨 *I. cornuta*

　B_2　叶缘有锯齿，但非大刺齿。

　　C_1　叶薄革质，干后呈红褐色……………………………（2）冬青 *I. chinensis*

　　C_2　叶厚革质，干后非红褐色。

　　　D_1　叶小，长1～2.5cm，背面有腺点 ……………………（3）钝齿冬青 *I. crenata*

D_2 叶大，长 8～20cm，背面无腺点 …………………………………………（大叶冬青 *I. latifolia*）

A_2 叶全缘；小枝有棱，幼枝及叶柄常带紫黑色……………………………………（铁冬青 *I. rotunda*）

（1）枸骨（鸟不宿、猫儿刺）（图 17-225）

***Ilex cornuta* Lindl.**

形态：常绿灌木或小乔木，高 3～4m，最高可达 10m 以上。树皮灰白色，平滑不裂；枝开展而密生。叶硬革质，矩圆形，长 4～8cm，宽 2～4cm，顶端扩大并有 3 枚大尖硬刺齿，中央 1 枚向背面弯，基部两侧各有 1～2 枚大刺齿，表面深绿而有光泽，背面淡绿色；叶有时全缘，基部圆形，这样的叶往往长在大树的树冠上部。花小，黄绿色，簇生于 2 年生枝叶腋。核果球形，鲜红色，径 8～10mm，具 4 核。花期 4～5 月；果 9～10（11）月成熟。

图 17-225 枸 骨

1. 花枝 2. 果枝 3～5. 花及花展开 6. 花萼

分布：产我国长江中下游各地，多生于山坡谷地灌木丛中；现各地庭园常有栽培。朝鲜亦有分布。

变种：偶见无刺枸骨（var. *fortunei* S. Y. Hu）和‘黄果枸骨’（‘Luteocarpa’）。前者叶缘无刺齿，后者果暗黄色。

习性：喜光，稍耐荫；喜温暖气候及肥沃、湿润而排水良好之微酸性土壤，耐寒性不强；颇能适应城市环境，对有害气体有较强抗性。生长缓慢；萌蘖力强，耐修剪。

繁殖栽培：可用播种和扦插等法繁殖。秋季（10～11 月）果熟后采收，堆放后熟，待果肉软化后捣烂，淘出种子阴干。因枸骨种子有隔年发芽习性，故生产上常采用低温湿沙层积至次年秋后条播，第 3 年春幼苗出土。扦插一般多在梅雨季用软枝带踵插。移栽可在春秋两季进行，而以春季较好。移时须带土球。因枸骨须根稀少，操作时要特别防止散球，同时要剪去部分枝叶，以减少蒸腾，否则难以成活。枸骨常有红蜡蚧危害枝干，要注意及时防治。

观赏特性及园林用途：枸骨枝叶稠密，叶形奇特，深绿光亮，入秋红果累累，经冬不凋，鲜艳美丽，是良好的观叶、观果树种。宜作基础种植及岩石园材料，也可孤植于花坛中心、对植于前庭、路口，或丛植于草坪边缘。同时又是很好的绿篱（兼有果篱、刺篱的效果）及盆栽材料，选其老桩制作盆景亦饶有风趣。果枝可供瓶插，经久不凋。

经济用途：枝、叶、树皮及果是滋补强壮药；种子榨油可制肥皂。

（2）冬青（图 17-226）

Ilex chinensis* Sims**（I. purpurea* Hassk.**）

形态：常绿乔木，高达 13m；枝叶密生，树形整齐。树皮灰青色，平滑。叶薄革质，长

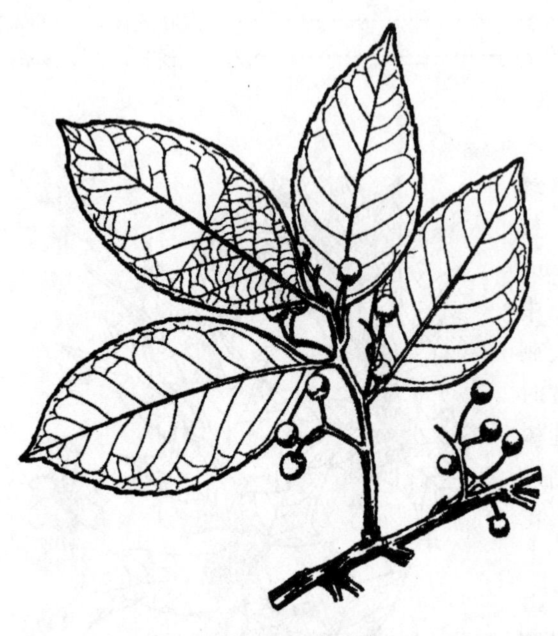

图 17-226　冬　青

椭圆形至披针形，长 5 ~ 11cm，先端渐尖，基部楔形，缘疏生浅齿，表面深绿而有光泽，叶柄常为淡紫红色；叶干后呈红褐色。雌雄异株，聚伞花序着生于当年生嫩枝叶腋；花瓣紫红色或淡紫色。果实深红色，椭球形，长 8 ~ 12mm，具4 ~ 5 分核。花期 5 ~ 6 月；果 9 ~ 10（11）月成熟。

分布：产长江流域及其以南各地，常生于山坡杂木林中；日本亦有分布。

习性：喜光，稍耐荫；喜温暖湿润气候及肥沃之酸性土壤，较耐潮湿，不耐寒。萌芽力强，耐修剪；生长较慢。深根性，抗风力强；对二氧化硫及烟尘有一定抗性。

繁殖栽培：常用播种法繁殖，但种子有隔年发芽习性，且不易打破休眠。为节省用地，可低温湿沙层积 1 年后再播。扦插繁殖也可，但生根较慢。栽植注意事项与枸骨相同。对病虫害抵抗力较强。

观赏特性及园林用途：本种枝叶茂密，四季长青，入秋又有累累红果，经冬不落，十分美观。宜作园景树及绿篱植物栽培，也可盆栽或制作盆景观赏。

经济用途：木材坚韧致密，可作细木工用料。种子及树皮可供药用，为强壮剂；叶有清热解毒作用，可治气管炎等症。

（3）钝齿冬青（波缘冬青）（图 17-227）

***Ilex crenata* Thunb.**

常绿灌木或小乔木，高 5m。多分枝，小枝有灰色细毛。叶较小，厚革质，椭圆形至长倒卵形，长 1 ~ 2.5cm，先端钝，缘有浅钝齿，背面有腺点。花小，白色；雄花 3 ~ 7 朵成聚伞花序生于当年生枝叶腋，雌花单生。果球形，熟时黑色。花期 5 ~ 6 月；果 10 月成熟。

产日本及中国广东、福建、山东等地。江南庭园中有栽培，供观赏，或作盆景材料。其变种龟甲冬青（var. *convexa* Makino）叶面凸起，俗称豆瓣冬青，偶见栽作盆景材料。

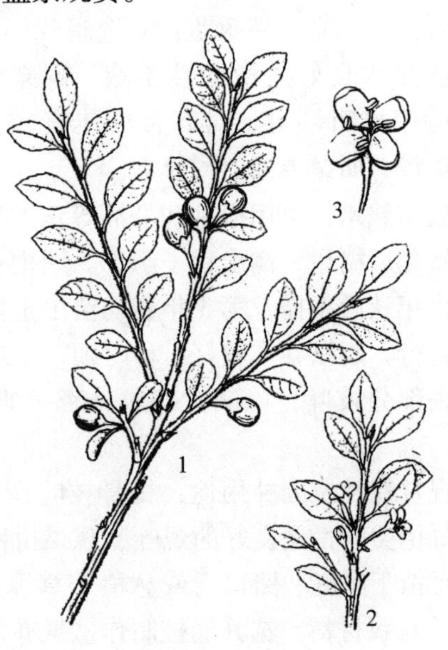

图 17-227　钝齿冬青

1. 果枝　2. 雌花枝　3. 雄花

〔41〕卫矛科 Celastraceae

乔木、灌木或藤木。单叶，对生或互生，羽状脉；托叶小而早落或无。花整齐，两性，有时单性，多为聚伞花序；花部通常4~5数；萼小，宿存；常具发达之花盘；雄蕊与花瓣同数具互生；子房上位，2~5室，每室1~2胚珠；花柱短或缺。常为蒴果，或浆果、核果、翅果；种子常具假种皮。

约40属，430种，广布于热带、亚热带及温带各地。中国产12属，200余种，全国都有分布。

分属检索表

A_1　叶对生；蒴果4~5室……………………………………………………………… 1. 卫矛属 *Euonymus*

A_2　叶互生；蒴果3室；藤木 ……………………………………………………… 2. 南蛇藤属 *Celastrus*

1. 卫矛属 *Euonymus* L.

乔木或灌木，稀为藤木。叶对生，极少互生或轮生。花通常两性，成腋生聚伞或复聚伞花序；花各部4~5数，花丝短，雄蕊着生于肉质花盘边缘，子房藏于花盘内。蒴果瓣裂，有角棱或翅，每室具1~2种子；种子具橘红色肉质假种皮。

共约200种，中国约有120种。

分种检索表

A_1　常绿或半常绿性。

　B_1　常绿灌木、小乔木或藤木；花序排列紧密。

　　C_1　直立灌木或小乔木；小枝近四棱形，无细根及小瘤状突起 ……………（1）大叶黄杨 *E. japonicus*

　　C_2　低矮匍匐或攀援灌木；小枝近圆形，枝上常有细根及小瘤状突起 …………（2）扶芳藤 *E. jortunei*

　B_2　半常绿直立或蔓性灌木；花序疏散排列 ………………………………（3）胶东卫矛 *E. kiautschovicus*

A_2　落叶性。

　B_1　灌木，小枝常具2~4行木栓质阔翅；叶近无柄 ………………………………………（4）卫矛 *E. alatus*

　B_2　小乔木，小枝无木栓质阔翅；叶柄长1.5~3cm ……………………………（5）丝棉木 *E. bungeanus*

（1）大叶黄杨（正木）（图17-228）

***Euonymus japonicus* Thunb.**

形态：常绿灌木或小乔木，高可达8m。小枝绿色，稍四棱形。叶革质而有光泽，椭圆形至倒卵形，长3~6cm，先端尖或钝，基部广楔形，缘有细钝齿，两面无毛；叶柄长6~12mm。花绿白色，4数，5~12朵成密集聚伞花序，腋生枝条端部。蒴果近球形，径8~10mm，淡粉红色，熟时4瓣裂；假种皮橘红色。花期5~6月；果9~10月成熟。

分布：原产日本南部；中国南北各地均有栽培，长江流域各城市尤多。

变种：栽培变种很多，常见有以下几种：

①‘金边’大叶黄杨‘Ovatus Aureus’：叶缘金黄色。

②‘金心’大叶黄杨‘Aureus’：叶中脉附近金黄色，有时叶柄及枝端也变为黄色。

③‘银边’大叶黄杨‘Albo-marginatus’：叶缘有窄白条边。

④‘银斑’大叶黄杨‘Latifolius Albo-marginatus’：叶阔椭圆形，银边甚宽。

⑤‘斑叶’大叶黄杨‘Duc d'Anjou’：叶较大，深绿色，有灰色和黄色斑。

习性：喜光，但也能耐荫，喜温暖湿润的海洋性气候及肥沃湿润土壤，也能耐干旱瘠薄，耐寒性不强，温度低达－17℃左右即受冻害，黄河以南地区可露地种植。极耐修剪整形；生长较慢，寿命长。对各种有毒气体及烟尘有很强的抗性。

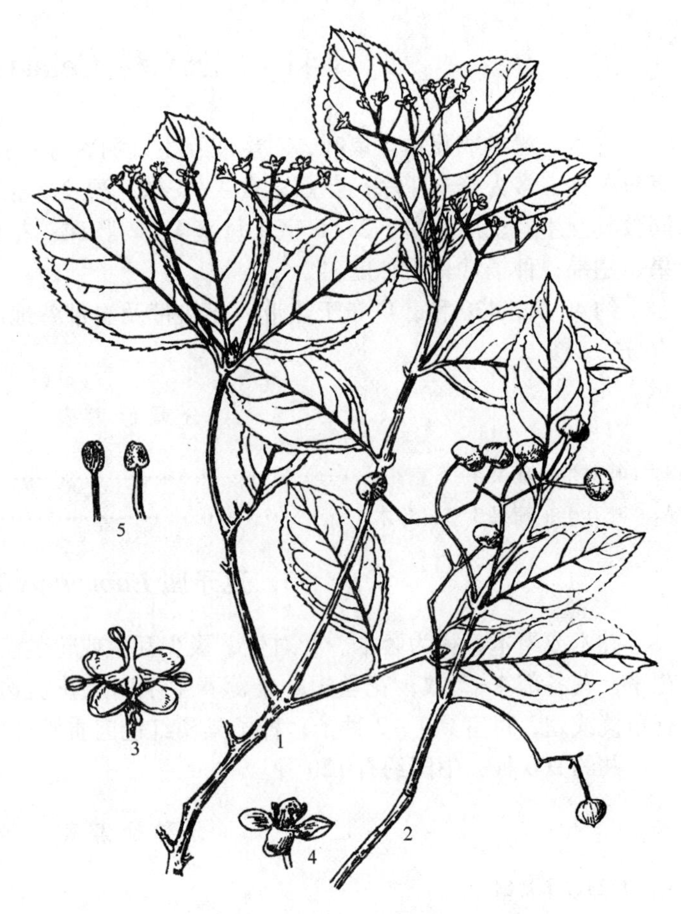

图 17-228 大叶黄杨

1. 花枝 2. 果枝 3、4. 花 5. 雄蕊

繁殖栽培：繁殖主要用扦插法，嫁接、压条和播种法也可。硬枝插在春、秋两季进行，软枝插在夏季进行。上海、南京一带常在梅雨季节用当年生枝带踵扦插，3～4 周后即可生根，成活率可达 90%以上。园艺变种的繁殖，可用丝棉木作砧木于春季进行靠接。压条宜选用 2 年生或更老的枝条进行，1 年后可与母株分离。至于播种法，则较少采用。移植宜在 3～4 月进行，小苗可裸根移，大苗需带土球。大叶黄杨适应性强，栽后一般不需要特殊管理。按绿化上需要修剪成形的绿篱或单株，每年要在春、夏两季各进行 1 次修剪，去除过密及过长枝。

观赏特性及园林用途：本种枝叶茂密，四季长青，叶色亮绿，且有许多花叶、斑叶变种，是美丽的观叶树种。园林中常用作绿篱及背景种植材料，亦可丛植草地边缘或列植于园路两旁；若加以修剪成型，更适合用于规则式对称配植。在上海、杭州一带常将其修剪成圆球形或半球形，用于花坛中心或对植于门旁。同时，亦是基础种植、街道绿化和工厂绿化的好材料。其花叶、斑叶变种更宜盆栽，用于室内绿化及会场装饰等。

（2）扶芳藤（图 17-229）

***Euonymus fortunei*（Turcz.）Hand -Mazz.**

形态：常绿藤木，茎匍匐或攀援，长可达 10m。枝密生小瘤状突起，并能随处生多数细根。叶革质，长卵形至椭圆状倒卵形，长 2～7cm，缘有钝齿，基部广楔形，表面通常浓绿色，背面脉显著；叶柄长约 5mm。聚伞花序分枝端有多数短梗花组成的球状小聚伞；花绿

图 17-229　扶芳藤

白色，径约 4mm，花部 4 数。蒴果近球形，径约 1cm，黄红色，稍有 4 凹线；种子有橘红色假种皮。花期 6～7 月；果 10 月成熟。

分布：产陕西、山西、河南、山东、安徽、江苏、浙江、江西、湖北、湖南、广西、云南等地；朝鲜、日本也有分布。多生于林缘和村庄附近，攀树、爬墙或匍匐石上。

变种：变种颇多，常见有爬行卫矛 var. *radicans* Rehd.：叶较小而厚，背面叶脉不如原种明显。此外，园艺品种'花叶'爬行卫矛'Gracilis'：叶有白色、黄色或粉红色边缘，偶见盆栽观赏。

习性：性耐荫，喜温暖，耐寒性不强，对土壤要求不严，能耐干旱、瘠薄。

繁殖栽培：用扦插繁殖极易成活，播种、压条也可进行。栽培管理较粗放，若要控制其枝条过长生长，可于 6 月或 9 月进行适当修剪。

观赏特性及园林用途：本种叶色油绿光亮，入秋红艳可爱，又有较强之攀援能力，在园林中用以掩覆墙面、坛缘、山石或攀援于老树、花格之上，均极优美。也可盆栽观赏，将其修剪成悬崖式、圆头形等，用作室内绿化颇为雅致。

（3）胶东卫矛（图 17-230）

***Euonymus kiautshovicus* Loes.**

直立或蔓性半常绿灌木，高 3～8m；基部枝条匍地并生根。叶薄革质，椭圆形至倒卵形，长 5～8cm，先端渐尖或钝，基部楔形，缘有锯齿；叶柄长达 1cm。花浅绿色，径约 1cm，花梗较长，成疏散之二歧聚伞花序（多具 13 朵花）。蒴果扁球形，粉红色，径约 1cm，4 纵裂，有浅沟。花期 8～9 月，果 10 月成熟。

产山东、江苏、安徽、江西，湖北等地；常生于山谷林中岩石旁。

习性及用途与扶芳藤相似。

图 17-230　胶东卫矛

（4）卫矛（鬼箭羽）（图 17-231）

***Euonymus alatus*（Thunb.）Sieb.**

形态：落叶灌木，高达 3m。小枝具 2～4 条木栓质阔翅。叶对生，倒卵状长椭圆形，长 3～5cm，先端尖，基部楔形，缘具细锯齿，两面无毛；叶柄极短。花黄绿

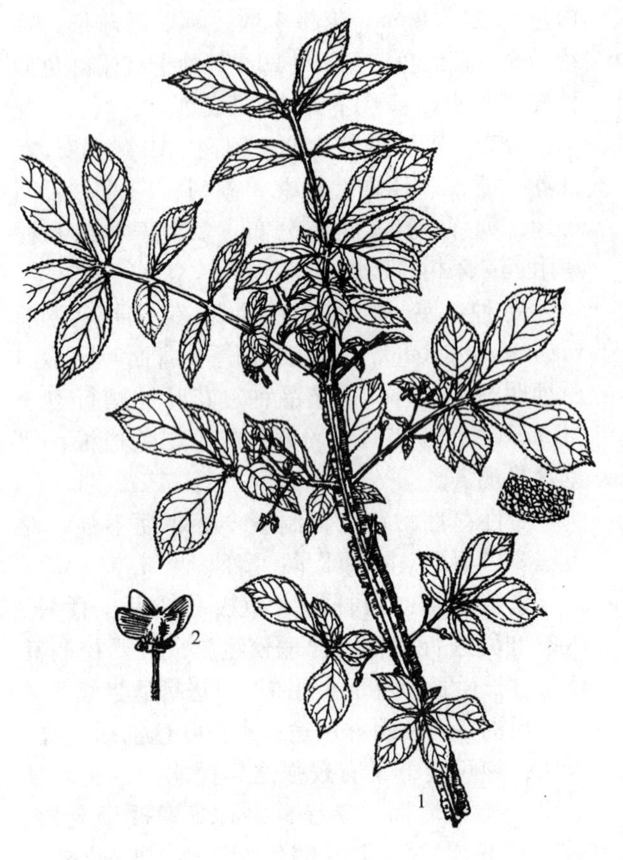

图17-231 卫 矛

1. 花枝 2. 果

色，径约6mm，常3朵成一具短梗之聚伞花序。蒴果4深裂，有时仅1～3心皮发育成分离之裂瓣，棕紫色；种子褐色，有橘红色假种皮。花期5～6月，果9～10月成熟。

分布：长江中下游、华北各地及吉林均有分布；朝鲜、日本亦产。

变种：毛脉卫矛 var. *pubescens* Maxim. 叶多为倒卵形，背面脉上有短毛；分布于华北及东北。

习性；喜光，也稍耐荫；对气候和土壤适应性强，能耐干旱、瘠薄和寒冷，在中性、酸性及石灰性土上均能生长。萌芽力强，耐修剪，对二氧化硫有较强抗性。

繁殖栽培：繁殖以播种为主，扦插、分株也可。秋天采种后，日晒脱粒，用草木灰搓去假种皮，洗净阴干，再混沙层积贮藏。次年春天条播，行距20cm，覆土约1cm，再盖草保湿。幼苗出土后要适当遮荫。当年苗高约30cm，次年分栽后再培育3～4年即可出圃定植。扦插一般在6、7月间选半成熟枝带踵扦插。移栽要在落叶后、发芽前进行。小苗可裸根移，大苗若带宿土移则更易成活。

观赏特性及园林用途：本种枝翅奇特，早春初发嫩叶及秋叶均为紫红色，十分艳丽，在落叶后又有紫色小果悬垂枝间，颇为美观，是优良的观叶赏果树种。园林中孤植或丛植于草坪、斜坡、水边，或于山石间、亭廊边配植均甚合适。同时，也是绿篱、盆栽及制作盆景的好材料。

经济用途：枝上的木栓翅为活血破瘀药；种子榨油可供工业用。

(5) 丝棉木（白杜、明开夜合）（图17-232）

***Euonymus bungeanus* Maxim.**

形态：落叶小乔木，高达6～8m；树冠圆形或卵圆形。小枝细长，绿色，无毛。叶对生，卵形至卵状椭圆形，长5～10cm，先端急长尖，基部近圆形，缘有细锯齿，叶柄细长2～3.5cm。花淡绿色，径约7mm，花部4数，3～7朵成聚伞花序。蒴果粉红色，径约1cm，4深裂；种子具橘红色假种皮。花期5月；果10月成熟。

分布：产中国北部、中部及东部，辽宁、河北，河南、山东、山西、甘肃、安徽、江苏、浙江、福建、江西、湖北、四川均有分布。

习性：喜光，稍耐荫；耐寒，对土壤要求不严，耐干旱，也耐水湿，而以肥沃、湿润而

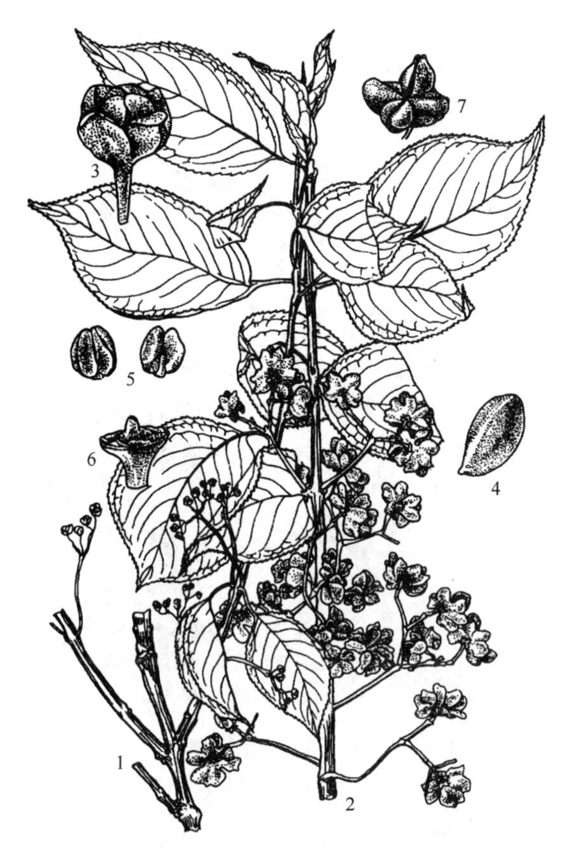

图 17-232　丝棉木

1. 花枝　2. 果枝　3. 花蕾　4. 花瓣
5. 雄蕊　6. 雌蕊及花盘　7. 果

排水良好之土壤生长最好。根系深而发达，能抗风；根蘖萌发力强，生长速度中等偏慢。对二氧化硫的抗性中等。

繁殖栽培：繁殖可用播种、分株及硬枝扦插等法。秋天果熟时采收，日晒待果皮开裂后收集种子并晾干，收藏至次年 1 月初将种子用 30℃温水浸种 24h，然后混沙堆置背阴处，上覆湿润草帘防干。3 月中土地解冻后将种子倒至背风向阳处，并适当补充水分催芽，4 月初即可播种。一般采用条播，覆土厚约 1cm。当年苗高可达 1m 以上。栽培管理较粗放。

观赏特性及园林用途：本种枝叶秀丽，粉红色蒴果悬挂枝上甚久，亦颇可观，是良好的园林绿化及观赏树种。宜植于林缘、草坪、路旁、湖边及溪畔，也可用作防护林及工厂绿化树种。

经济用途：树皮及根皮均含硬橡胶；种子可榨油，供工业用。木材白色，细致，可供雕刻等细木工用。

2. 南蛇藤属 *Celastrus* L.

藤木。单叶互生，有锯齿。花小，杂性异株，成总状、复总状或聚伞花序；花部 5 数，内生花盘杯状。蒴果近球形，通常黄色，3 瓣裂，每瓣有种子 1 ~ 2，具肉质红色假种皮。

共约 50 种，分布于热带和亚热带，中国约产 30 种，全国都有分布，以西南最多。

南蛇藤（图 17-233）

***Celastrus orbiculatus* Thunb.**

形态：落叶藤木，长达 12m。小枝圆，髓心充实白色，皮孔大而隆起。叶近圆形或椭圆状倒卵形，长4 ~ 10cm，先端突短尖或钝尖，基部广楔形或近圆形，缘有钝齿。短总状花序腋生，或在枝端成圆锥状花序与叶对生。蒴果近球形，鲜黄色，径 0. 8 ~ 1cm；种子白色，外包肉质红色假种皮。花期 5 月；果 9 ~ 10 月成熟。

分布：东北、华北、华东、西北、西南及华中均有分布，朝鲜、日本也产。垂直分布可达海拔 1500m，常生于山地沟谷及林缘灌木丛中。

习性：适应性强，喜光，也耐半荫，耐寒冷，在土壤肥沃而排水良好及气候湿润处生长良好。

繁殖栽培：通常用播种法繁殖，种子出苗率可达 95% 以上；扦插、压条也可进行。栽培管理粗放。

观赏特性及园林用途：本种入秋后叶色变红；鲜黄色的果实开裂后露出鲜红色的假种皮也颇美观。在园林绿地中应用颇具野趣，宜植于湖畔、溪边、坡地、林缘及假山、石隙等处，也可作为棚架绿化及地被植物材料。此外，果枝可作瓶插材料。

经济用途：根、茎、叶、果均可入药，有活血行气、消肿解毒等功效；茎皮可制优质纤维；种子含油高达50%，可榨油供工业用。

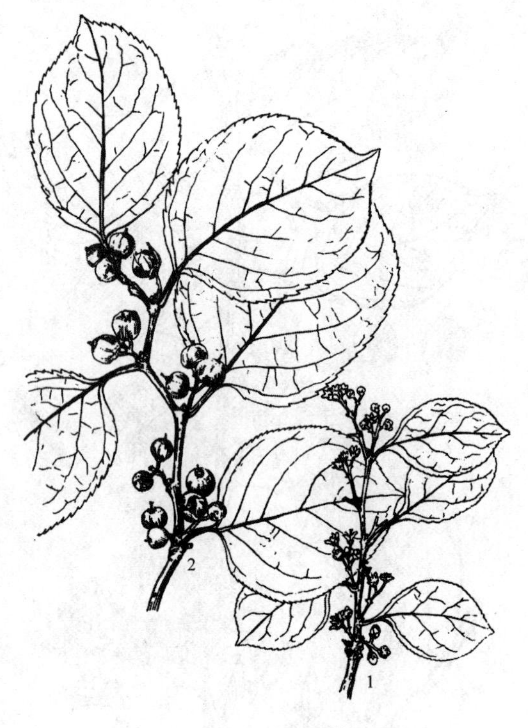

图 17-233　南蛇藤

1. 花枝　2. 果枝

〔42〕槭树科 Aceraceae

乔木或灌木。叶对生，单叶或复叶；无托叶。花单性、杂性或两性，小而整齐，萼片4～5，花瓣4～5或无，雄蕊4～10，雌蕊由2心皮合成，子房上位，扁平，2室，2裂，每室2胚珠。翅果，两侧或周围有翅，成熟时由中间分裂，每裂瓣有1种子；种子无胚乳。

2属，200余种，主产北半球温带地区；中国产2属，140余种。

槭树属 *Acer* L.

乔木或灌木，落叶或常绿。叶对生，单叶掌状裂或不裂，或奇数羽状复叶，稀掌状复叶。雄花与两性花同株，或雌雄异株；萼片5，花瓣5，稀无花瓣，成总状、圆锥状或伞房状花序；花盘环状或无花盘。果实两侧具长翅，成熟时由中间分裂为二，各具1果翅和1种子。

共200余种；中国产140余种。

分种检索表

A_1　单叶。

　B_1　叶凋落，掌状裂。

　　C_1　叶裂片全缘，或疏生浅齿。

　　　D_1　叶掌状5～7裂，裂片全缘。

　　　　E_1　叶5～7裂，基部常截形，稀心形；果翅等于或略长于果核…………（1）元宝枫 *A. truncatum*

　　　　E_2　叶常5裂，基部常心形，有时截形；果翅长为果核之2倍或2倍以上…………………………………………………………………………………………（2）五角枫 *A. mono*

　　　D_2　叶掌状3裂，裂片全缘或略有浅齿；两果翅近于平行………………（3）三角枫 *A. buergerianum*

　　C_2　叶裂片具单锯齿或重锯齿。

　　　D_1　叶常3裂（中裂片特大）或不显5裂，有时不裂，缘有重锯齿；两果翅近于平行　…………

…………………………………………………………………………………（4）茶条槭 *A. ginnala*

D_2　叶掌状 5 ~ 11 裂。

E_1　叶 5 ~ 7 深裂；叶柄、花梗及子房均光滑无毛 ……………………………（5）鸡爪槭 *A. palmatum*

E_2　叶 7 ~ 11 裂；叶柄、花梗及子房至少幼时有毛；花较大，紫红色；果翅展开成钝角 …………
…………………………………………………………………………………（6）日本槭 *A. japonicum*

B_1　叶常绿或半常绿，不分裂，全缘。

C_1　小枝、叶柄和叶背有黄色绒毛 ……………………………………（樟叶槭 *A. cinnamomifolium*）

C_2　小枝，叶柄和叶背均光滑无毛 ……………………………………………（飞蛾槭 *A. oblongum*）

A_2　羽状复叶，小叶 3 ~ 7；小枝无毛，有白粉 ……………………………（7）复叶槭 *A. negundo*

（1）元宝枫（平基槭）（图 17-234）

Acer truncatum **Bunge**

形态：落叶小乔木，高达 10 ~ 13m；树冠伞形或倒广卵形。干皮灰黄色，浅纵裂；小枝浅土黄色，光滑无毛。叶掌状 5 裂，长 5 ~ 10cm，有时中裂片又 3 裂，裂片先端渐尖，叶基通常截形，两面无毛；叶柄细长，长 3 ~ 5cm。花黄绿色，径约 1cm，成顶生伞房花序。翅果扁平，两翅展开约成直角，翅较宽，其长度等于或略长于果核。花期 4 月，叶前或稍前于叶开放；果 10 月成熟。

图 17-234　元宝枫

分布：主产黄河中、下游各地，东北南部及江苏北部、安徽南部也有分布。多生于海拔 800m 以下的低山丘陵和平地，在山西南部可高达 1500m。

习性：弱喜光，耐半荫，喜生于阴坡及山谷，喜温凉气候及肥沃、湿润而排水良好之土壤，在酸性、中性及钙质土上均能生长，有一定的耐旱力，但不耐涝，土壤太湿易烂根。萌蘖性强，深根性，有抗风雪能力。在适宜环境中，幼树生长尚快，后渐变慢。能耐烟尘及有害气体，对城市环境适应性强。

繁殖栽培：主要用播种法繁殖，秋天当翅果由绿变黄褐色时即可采收。晒干后风选净种，每千克种子 6000 ~ 8000 粒。种子干藏越冬，次年春天播前用 40 ~ 50℃ 温水浸 2h，捞出洗净后用粗沙 2 倍掺拌均匀，堆置室内催芽，其上用湿润草帘覆盖，每隔 2 ~ 3d 翻倒 1 次，约 15d 待种子有 1/3 开始发芽时即可播种。一般采用大田垅播，垅距为 60 ~ 70cm，垅上开沟，覆土厚 1 ~ 2cm，每亩播种量 10 ~ 15kg。幼苗易遭象鼻虫、刺蛾幼虫和蚜虫等危害，要注意及时防治。幼苗出土后 3 周即可间苗，雨季要注意排涝。1 年生苗木高可达 1m 左右。在北京地区因冬季干冷，枝梢易受冻伤，需在秋季落叶后把苗木挖起入假植沟越冬。春季移栽后要注意主干的培养，及时修去侧枝，使主干达到要求高度后再培养树冠，一般要 4 ~ 5 年生苗才可出圃定植。此外，为了保持某些单株秋季红叶的特性，可采用软枝扦插繁殖。硬枝扦插生根较难。

观赏特性及园林用途：本种冠大荫浓，树姿优美，叶形秀丽，嫩叶红色，秋季叶又变成橙黄色或红色，是北方重要之秋色叶树种。华北各地广泛栽作庭荫树和行道树，在堤岸、湖边、草地及建筑附近配植皆甚雅致；也可在荒山造林或营造风景林中作伴生树种。春天叶前满树开黄绿色花朵，颇为美观，且是良好的蜜源植物。

经济用途：木材坚硬细致，纹理美，有光泽，是优良的建筑、家具及雕刻用材。种子榨油可供食用及工业用。

(2) 五角枫（色木）（图 17-235）

***Acer mono* Maxim.**

形态：落叶乔木，高可达 20m。叶常掌状 5 裂，长 4～9cm，基部常为心形，裂片卵状三角形，全缘，两面无毛或仅背面脉腋有簇毛，网状脉两面明显隆起。花杂性，黄绿色，多朵成顶生伞房花序。果核扁平或微隆起，果翅展开成钝角，长约为果核之 2 倍。花期 4 月；果9～10 月成熟。

分布：广布于东北、华北及长江流域各地；俄罗斯西伯利亚东部、蒙古、朝鲜和日本也有分布。是我国槭树科中分布最广的 1 种。多生于海拔 800～1500m 的山坡或山谷疏林中，在西部可高达海拔 2600～3000m 之高地。

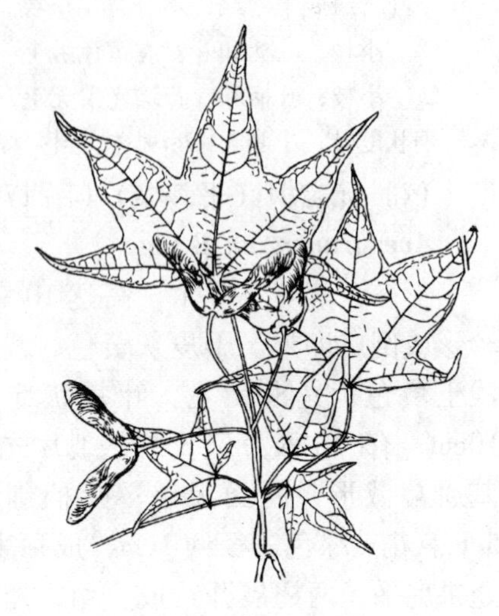

图 17-235 五角枫

习性：弱喜光，稍耐荫；喜温凉湿润气候，过于干冷及高温处均不见分布。对土壤要求不严，在中性、酸性及石灰性土上均能生长，但以土层深厚、肥沃及湿润之地生长最好。自然界多生长于阴坡山谷及溪沟两边。生长速度中等，深根性，很少有病虫害。

繁殖栽培：主要用种子繁殖，方法同元宝枫。

观赏特性及园林用途：本种树形优美，叶、果秀丽，入秋叶色变为红色或黄色，宜作山地及庭园绿化树种，与其他秋色叶树种或常绿树配植，彼此衬托掩映，可增加秋景色彩之美。也可用作庭荫树、行道树或防护林。

经济用途：木材坚韧细致，可供家具及细木工用；种子可榨油。

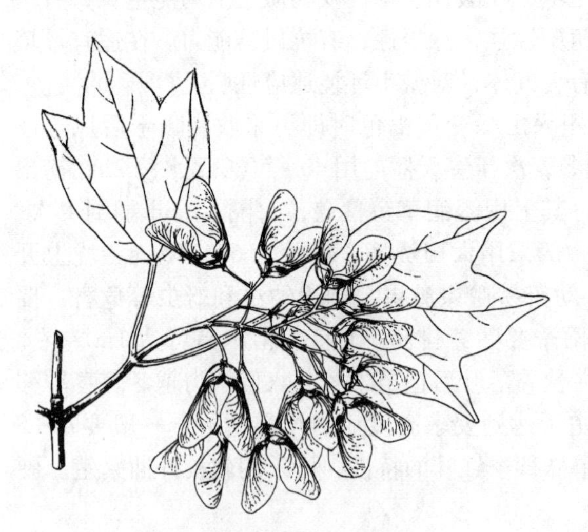

图 17-236 三角枫

(3) 三角枫（图 17-236）

***Acer buergerianum* Miq.**

形态：落叶乔木，一般高 5～10m，稀可达 20m。树皮暗褐色，薄条片状剥落。小枝细，幼时有短柔毛，后变无毛，稍有白粉。叶常 3 浅裂，有时不裂，长 4～10cm，基部圆形或广楔形，3 主脉，裂片全缘，或上部疏生浅齿，背面有白粉，幼时有毛。花杂性，黄绿色，子房密生长柔毛；顶生伞房花序，有短柔毛。果核部分两面凸起，两果翅张开成锐角或近于平行。花期 4 月；果 9 月成熟。

分布：主产长江中下游各地，北到山东，南至广东、台湾均有分布；日本也产。垂直分布一般在海拔 1000m 以下之山地及平原，多生于山谷及溪沟两旁。

习性：弱喜光，稍耐荫；喜温暖湿润气候及酸性、中性土壤，较耐水湿；有一定耐寒能力，在北京可露地越冬。在适生地区生长尚快，寿命约 100 年。萌芽力强，耐修剪；根系发达，根萌性强。

繁殖栽培：播种繁殖，秋季采种，去翅干藏，至次年春天在播种前 2 周浸种、混沙催芽后播种，也可当年秋播。一般采用条播，条距 25cm，覆土厚 1.5 ~ 2cm。每亩播种量 3 ~ 4kg。幼苗出土后要适当遮荫，当年苗高约 60cm。三角枫根系发达，裸根移栽不难成活，但大树移栽要带土球。

观赏特性及园林用途：本种枝叶茂密，夏季浓荫覆地，入秋叶色变为暗红，颇为美观，宜作庭荫树、行道树及护岸树栽植。在湖岸、溪边、谷地、草坪配植，或点缀于亭廊、山石间都很合适。其老桩常制成盆景，主干扭曲隆起，颇为奇特。此外，江南一带有栽作绿篱者，年久后枝条彼此连接密合，也别具风味。

经济用途：木材坚实，在干燥处保存期长久，可供器具、家具及细木工用。

(4) 茶条槭（图 17-237）

***Acer ginnala* Maxim.**

形态：落叶小乔木，高 6 ~ 10m。树皮灰色，粗糙。叶卵状椭圆形，长6 ~ 10cm，通常 3 裂，中裂特大，有时不裂或具不明显之羽状 5 浅裂，基部圆形或近心形，缘有不整齐重锯齿，表面通常无毛，背面脉上及脉腋有长柔毛。花杂性，子房密生长柔毛；伞房花序圆锥状，顶生。果核两面突起，果翅张开成锐角或近于平行，紫红色。花期 5 ~ 6 月；果 9 月成熟。

分布：产东北、内蒙古、华北及长江中下游各地；日本也产。多生于海拔 500m 以下之山地。

习性：弱喜光，耐半荫，在烈日下树皮易受灼害；耐寒，也喜温暖；喜深厚而排水良好之砂质壤土。萌蘖性强，深根性，抗风雪；耐烟尘，较能适应城市环境。

繁殖栽培：繁殖用播种法，种子在秋季采收干藏，次年春季播前用 60℃温水浸种 1 昼夜，捞出后混湿沙堆置室内催芽，待有部分种子发芽时再播。幼苗怕涝，也怕春季旱风，要注意防护。生长速度中等，当年苗高 60 ~ 70cm，4 年生苗高达 3 ~ 4m 时可出圃定植。

图 17-237　茶条槭

观赏特性及园林用途：本种树干直而洁净，花有清香，夏季果翅红色美丽，秋叶又很易变成鲜红色，故宜植于庭园观赏，尤其适合作为秋色叶树种点缀园林及山景，也可栽作行道树及庭荫树。

经济用途：嫩叶可代茶，并有明目之功效；种子榨油可供制肥皂等用，木材可作细木工用。

(5) 鸡爪槭（图 17-238）

***Acer palmatum* Thunb.**

形态：落叶小乔木，高可达 8 ~ 13m。树冠伞形；树皮平滑，灰褐色。枝开张，小枝细长，光滑。叶掌状 5 ~ 9 深裂，径 5 ~ 10cm，基部心形，裂片卵状长椭圆形至披针形，先端锐尖，缘有重锯齿，背面脉腋有白簇毛。花杂性，紫色，径 6 ~ 8mm，萼背有白色长柔毛；伞房花序顶生，无毛。翅果无毛，两翅展开成钝角。花期 5 月；果 10 月成熟。

图 17-238　鸡爪槭

分布：产中国、日本和朝鲜；中国分布于长江流域各地，山东、河南、浙江也有。多生于海拔 1200m 以下山地、丘陵之林缘或疏林中。

变种：本种世界各国园林中早已引种栽培，变种和品种甚多，常见有以下数种：

①小叶鸡爪槭 var. *thunbergii* Pax：叶较小，径约 4cm，掌状 7 深裂，裂片狭窄，缘有尖锐重锯齿，先端长尖，翅果短小。产日本及中国山东、江苏、浙江、福建、江西、湖南等地。

②‘细叶’鸡爪槭‘Dissectum’：俗称‘羽毛枫’，叶掌状深裂几达基部，裂片狭长又羽状细裂；树冠开展而枝略下垂，通常树体较矮小。我国华东各城市庭园中广泛栽培观赏。

③‘红细叶’鸡爪槭‘Dissectum Ornatum’：株态、叶形同细叶鸡爪槭，惟叶色常年红色或紫红色。俗称‘红羽毛枫’，常植于庭园或盆栽观赏。

④‘紫红’鸡爪槭‘Atropurpureum’：俗称‘红枫’，叶常年红色或紫红色，株态、叶形同鸡爪槭。

⑤‘线裂’鸡爪槭‘Linearilobum’：叶掌状深裂几达基部，裂片线形，缘有疏齿或近全缘。有叶色终年绿色者，也有终年紫红色者。

此外，还有金叶、花叶、白斑叶等园艺变种。

习性：弱喜光，耐半荫，在阳光直射处孤植夏季易遭日灼之害；喜温暖湿润气候及肥沃、湿润而排水良好之土壤，耐寒性不强，北京需小气候良好条件下并加以保护才能越冬；酸性、中性及石灰质土均能适应。生长速度中等偏慢。

繁殖栽培：一般原种用播种法繁殖，而园艺变种常用嫁接法繁殖。秋天果熟后采收，晾晒去翅后即可秋播，也可沙藏至次年春播。条播行距 15～20cm，覆土厚约 1cm。亩播种量 4～5kg。幼苗怕晒，需适当遮荫。当年苗高 30～50cm。移栽要在落叶休眠期进行，小苗可露根移，但大苗要带土球移。嫁接可用切接、靠接及芽接等法，砧木一般常用 3～4 年生之鸡爪槭实生苗。切接在春天 3～4 月砧木芽膨大时进行，砧木最好在离地面 50～80cm 处截断进行高接，这样当年能抽梢长达 50cm 以上。靠接虽较麻烦，但易保证成活。芽接根据南京经验，时间以 5、6 月间或 9 月中、下旬为宜。5、6 月间正是砧木生长旺盛期，接口易于愈合，春天发的短枝上的芽适合芽接；而夏季萌发的长枝上的芽适合在 9 月中、下旬接于小砧木上。秋季芽接应适当提高嫁接部位，多留茎叶，能提高成活率。鸡爪槭定植后，春夏间宜施 2～3 次速效肥，夏季保持土壤适当湿润，入秋后土壤以偏干为宜。

观赏特性及园林用途：鸡爪槭树姿婆娑，叶形秀丽，且有多种园艺品种，有些常年红色，有些平时为绿色，但入秋叶色变红，色艳如花，均为珍贵的观叶树种。植于草坪、土丘、溪边、池畔，或于墙隅、亭廊、山石间点缀，均十分得体，若以常绿树或白粉墙作背景衬托，尤感美丽多姿。制成盆景或盆栽用于室内美化也极雅致。

经济用途：枝、叶可药用，能清热解毒、行气止痛，治关节酸痛、腹痛等症。木材可供车轮及细木工用材。

（6）日本槭（舞扇槭）（图 17-239）

***Acer japonicum* Thunb.**

落叶小乔木；幼枝、叶柄、花梗及幼果均被灰白色柔毛。叶较大，长 8～14cm，掌状 7～11 裂，基部心形，裂片长卵形，边缘有重锯齿，幼时有丝状毛，不久即脱落，仅背面脉上有残留。花较大，紫红色，径约 1～1.5cm，萼片大而花瓣状，子房密生柔毛；雄花与两性花同株，成顶生下垂伞房花序。果核扁平或略突起，两果翅长而展开成钝角或几成水平。花期 4～5 月，与叶同放；果 9～10 月成熟。

原产日本；中国华东一些城市有栽培。

弱喜光，耐半荫，耐寒性不强。生长较慢。通常用播种或扦插法繁殖。

本种春天开花，花朵大而紫红色，花梗细长，累累下垂，颇为美观；树态也优美，入秋叶色又变为深红，是极优美的庭园观赏树种。除用于庭园布置外，特别适合作盆栽、盆景及与假山石配植。其栽培品种‘乌头叶’日本槭‘Aconitifolium’：又名‘羽扇槭’，在我国各地较为常见，其叶深裂达基部，裂片基部狭楔形，上部缺刻状羽裂。

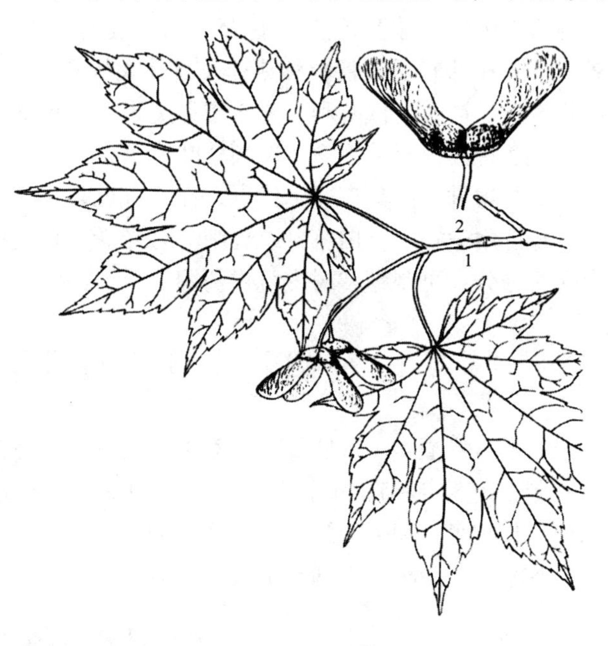

图 17-239　日本槭

1. 果枝　2. 翅果

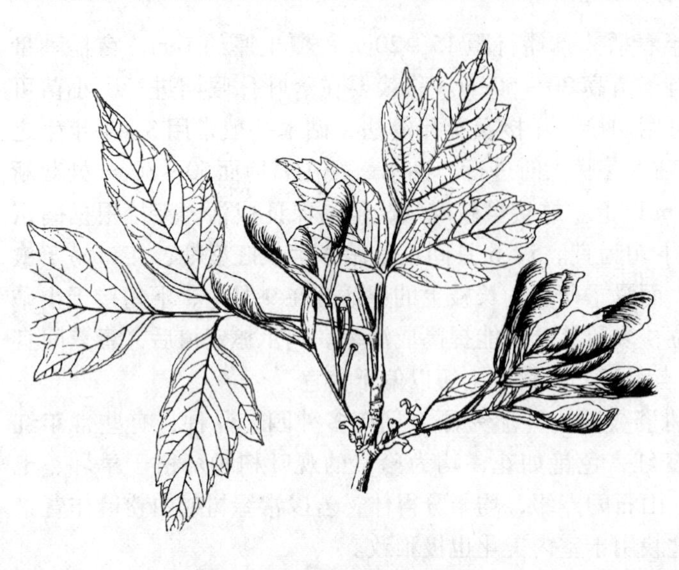

图 17-240 复叶槭

(7) 复叶槭（梣叶槭、羽叶槭）（图 17-240）

***Acer negundo* L.**

形态：落叶乔木，高达 20m；树冠圆球形。小枝粗壮，绿色，有时带紫红色，无毛。有白粉。奇数羽状复叶对生，小叶 3～5，稀 7～9，卵形或长椭圆状披针形，缘有不规则缺刻；顶生小叶常 3 浅裂，其叶柄甚长于侧生小叶之柄；叶背沿脉或脉腋有毛。花单性异株，黄绿色，无花瓣及花盘；雄花有长梗，成下垂簇生状；雌花为下垂总状花序。果翅狭长，展开成锐角。花期 3～4 月，叶前开放；果 8～9 月成熟。

分布：原产北美东南部；中国东北、华北，内蒙古、新疆及华东一带都有引种。

习性：喜光，喜冷凉气候，耐干冷，喜深厚、肥沃、湿润土壤，稍耐水湿。在中国东北地区生长良好，华北尚可生长，但在湿热的长江下游却生长不良，且多遭病虫危害。生长较快，寿命较短。抗烟尘能力强。

繁殖栽培：主要用种子繁殖，扦插、分蘖也可。秋季采种，干藏至次年春播，播前 2 周浸种后拌湿沙催芽。条播行距 25cm，覆土厚约 2cm，每亩播种量 5～6kg。当年苗高 60～80cm。中、小苗可用裸根移栽，大苗或大树移栽要带土球。一般都在冬季或早春移栽，对恢复生长、增强抗性有利。复叶槭易遭天牛幼虫蛀食树干，要注意及早防治。

观赏特性及园林用途：本种枝叶茂密，入秋叶色金黄，颇为美观，宜作庭荫树、行道树及防护林树种。因具有速生优点，在北方也常用作“四旁”绿化树种。

经济用途：木材白色，纹理细，有光泽，在气候干燥地区可作家具及细木工用材；树液中含有糖分，可制糖；树皮可供药用。

［43］七叶树科 Hippocastanaceae

乔木，稀灌木。掌状复叶，对生；无托叶。花杂性同株，不整齐，成顶生圆锥花序；萼 4～5 裂，花瓣 4～5，雄蕊 5～9；雌蕊由 3 心皮合成，子房上位，3 室，每室 2 胚珠，花柱细长，具花盘。蒴果 3 裂；种子大，无胚乳。

2 属，30 余种；中国产 1 属，约 10 种。

七叶树属 *Aesculus* L.

落叶乔木，稀灌木。掌状复叶具长柄，小叶 5～9，有锯齿。圆锥花序直立而多花；花萼钟状或管状，花瓣具爪。

约30种，产北美、东南亚及欧洲东南部；中国约产10种，引入栽培2种。

分种检索表

A_1 小叶显具叶柄；蒴果平滑 ……………………………………………… （1）七叶树 *A. chinensis*

A_2 小叶无柄或近无柄；蒴果有刺或有疣状凸起。

B_1 小叶背面绿色；蒴果近球形，有刺 ………………………………… （2）欧洲七叶树 *A. hippocastanum*

B_2 小叶背面略有白粉；蒴果阔倒卵圆形，有疣状凸起 ………………… （3）日本七叶树 *A. turbinata*

（1）七叶树（梭椤树）（图 17-241）

***Aesculus chinensis* Bunge**

形态：落叶乔木，高达25m。树皮灰褐色，片状剥落。小枝粗壮，栗褐色，光滑无毛；冬芽大，具树脂。小叶5~7，倒卵状长椭圆形至长椭圆状倒披针形，长8~16cm，先端渐尖，基部楔形，缘具细锯齿，侧脉13~17对，仅背面脉上疏生柔毛，小叶柄长5~17mm。花小，花瓣4，不等大，白色，上面2瓣常有橘红色或黄色斑纹，雄蕊通常7；成直立密集圆锥花序，近圆柱形，长20~25cm。蒴果球形或倒卵形，径3~4cm，黄褐色，粗糙，无刺，也无尖头，内含1或2粒种子，形如板栗，种脐大，占种子1/2以上。花期5月；果9~10月成熟。

图 17-241 七叶树

1. 花枝 2. 两性花 3. 雄花 4. 果 5. 果纵剖，示种子

分布：中国黄河流域及东部各地均有栽培，仅秦岭有野生；自然分布在海拔700m以下之山地。

习性：喜光，稍耐荫；喜温暖气候，也能耐寒；喜深厚、肥沃、湿润而排水良好之土壤。深根性，萌芽力不强；生长速度中等偏慢，寿命长。

繁殖栽培：繁殖主要用播种法，扦插、高压也可。种子不耐贮藏，受干易失去发芽力，故不宜久藏。一般在种子成熟后及时采下，随即播种。如不得已，可带果皮拌湿沙或泥炭在阴凉处贮藏至次年春播，在贮藏过程中要经常检查，以防霉烂和受干。因种子粒大（每千克为10~15粒），多用点播，株行距15cm×20cm，播种时要注意种脐侧向，覆土厚3~4cm。幼苗出土能力弱，覆土不宜过厚，出苗前切勿灌水，以免表土板结。幼苗怕晒，需适当遮荫。在北方冬季需对幼苗采取用稻草包干等防寒措施。春季在温床内根插，容易成活；也可在夏季用软枝在沙箱内扦插。高压宜在春季4月中旬进行，并进行环状剥皮处理，秋季发根，入冬即可剪下培养。七叶树生长较慢，实生苗当年高50~80cm，6~7年生高约3m，

10～15 年生高才 4～5m。七叶树主根深而侧根少，不耐移栽，在苗圃培养期间要尽量减少移栽次数。为保证绿化定植成活率高，栽植需带土球，栽植坑要挖得深些，多施基肥。栽后还要用草绳卷干，以防树皮受日灼之害。在栽植过程中，注意切勿损伤主枝，以免破坏树形。移栽时间应在深秋落叶后至次春发芽前进行。平时管理，注意旱时浇水，适当施肥，可促使植株生长旺盛。因树皮薄，易受日灼，故在深秋及早春要在树干上刷白。常有天牛、吉丁虫等幼虫蛀食树干，应注意及时防治。

观赏特性及园林用途：本种树干耸直，树冠开阔，姿态雄伟，叶大而形美，遮荫效果好，初夏又有白花开放，蔚然可观，是世界著名的观赏树种之一，最宜栽作庭荫树及行道树用。中国许多古刹名寺，如杭州灵隐寺、北京大觉寺、卧佛寺、潭柘寺等处都有大树。在建筑前对植、路边列植，或孤植、丛植于草坪、山坡都很合适。为防止树干遭受日灼之害，可与其他树种配植。

经济用途：七叶树种子可入药，有理气解郁之效，榨油可供制肥皂等。木材细致、轻软，不耐腐朽，可供小工艺品及家具等用材。

（2）欧洲七叶树

***Aesculus hippocastanum* L.**

落叶乔木，通常高 25～30m，最高可达 35～40m。小枝幼时有棕色长柔毛，后脱落；冬芽卵圆形，有丰富树脂。小叶 5～7，无柄，倒卵状长椭圆形至倒卵形，长 10～25cm，基部楔形，先端短急尖，边缘有不整齐重锯齿，背面绿色，幼时有褐色绒毛，后仅近基部脉腋留有簇毛。花较大，径约 2cm，花瓣 4 或 5，白色，基部有红、黄色斑；成顶生圆锥花序，长 20～30cm，基部直径约 10cm。蒴果近球形，径约 6cm，褐色，果皮有刺。花期5～6 月；果 9 月成熟。

原产希腊北部和阿尔巴尼亚山区。上海、青岛、北京等地有引种栽培。

喜光，稍耐荫，耐寒，喜深厚、肥沃而排水良好之土壤。繁殖主要用播种法，一些园艺变种可用芽接繁殖。本种树体高大雄伟，树冠广阔，绿荫浓密，花序美丽，在欧、美各国广泛栽作行道树及庭园观赏树，并有许多园艺变种。木材良好，可制各种家具。

（3）日本七叶树（图 17-242）

***Aesculus turbinata* Bl.**

落叶乔木，高达 30m，胸径 2m。小枝淡绿色，幼时有短柔毛；冬芽卵形，有丰富的树脂。小叶无柄，5～7 枚，倒卵状长椭圆形，长 20～35cm，先端短急尖，基部楔形，缘有不整齐重锯齿，背面略有白粉，脉腋有褐色簇毛。花较小，径约

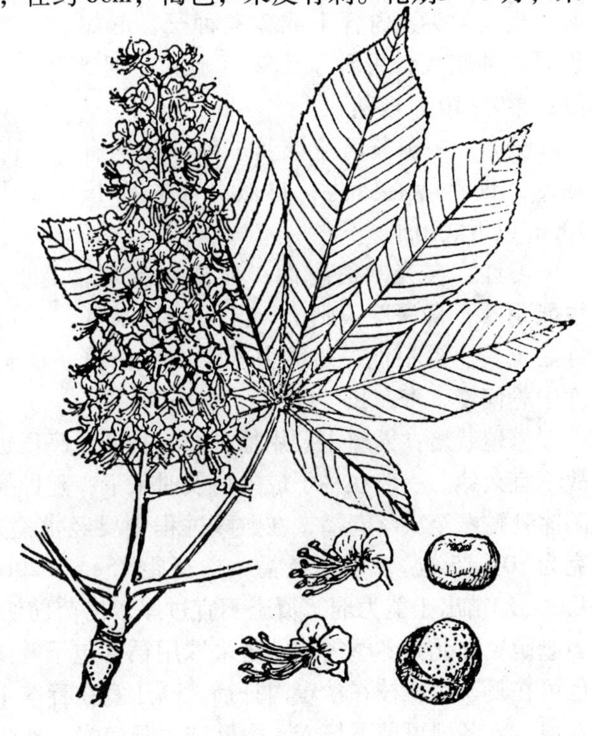

图 17-242　日本七叶树

1.5cm，花瓣4或5，白色或淡黄色，有红斑；直立顶生圆锥花序，长15~25（45）cm。蒴果近洋梨形，径约5cm，顶端常突起，深棕色，有疣状突起。花期5~6月；果9月成熟。

原产日本；上海、青岛等地有引种栽培。

性强健，耐寒，喜光，不耐旱。播种繁殖。本种冠大荫浓，树姿雄伟，花序美丽，宜作行道树及庭荫树。木材细密，可作器具及建筑用材。

〔44〕无患子科 Sapindaceae

乔木或灌木，稀为草质藤本。叶常互生，羽状复叶，稀掌状复叶或单叶；多不具托叶。花单性或杂性，整齐或不整齐，成圆锥、总状或伞房花序；萼4~5裂；花瓣4~5，有时无；雄蕊8~10，花丝常有毛；子房上位，多为3室，每室具1~2或更多胚珠；中轴胎座。蒴果、核果、坚果、浆果或翅果。

约150属，2000种，产热带、亚热带，少数产温带；中国产25属，56种，主产长江以南各地。

分属检索表

A_1 蒴果；奇数羽状复叶。
  B_1 果皮膜质而膨胀；1~2回奇数羽状复叶 …… 1. 栾树属 *Koelreuteria*
  B_2 果皮木质；1回奇数羽状复叶 …… 2. 文冠果属 *Xanthoceras*
A_2 核果；偶数羽状复叶，小叶全缘。
  B_1 果皮肉质，种子无假种皮 …… 3. 无患子属 *Sapindus*
  B_2 果皮革质或脆壳质；种子有假种皮，并彼此分离。
    C_1 有花瓣；果皮平滑，黄褐色 …… 4. 龙眼属 *Dimocarpus*
    C_2 无花瓣；果皮具瘤状小凸起，绿色或红色 …… 5. 荔枝属 *Litchi*

1. 栾树属 *Koelreuteria* Laxm.

落叶乔木。芽鳞2枚。1或2回奇数羽状复叶，互生，小叶有齿或全缘。花杂性，不整齐，萼5深裂；花瓣5或4，鲜黄色，披针形，基部具2反转附属物；成大形圆锥花序，通常顶生。蒴果具膜质果皮，膨大如膀胱状，成熟时3瓣开裂；种子球形，黑色。

共约4种，中国产3种。

分种检索表

A_1 1回羽状复叶，或因部分小叶深裂而成不完全的2回羽状复叶，小叶具粗齿或缺裂 …… （1）栾树 *K. paniculata*
A_2 2回羽状复叶，小叶全缘或有较细锯齿。
  B_1 小叶全缘，偶有疏钝齿 …… （2）全缘叶栾树 *K. integrifolia*
  B_2 小叶有锯齿 …… （3）复羽叶栾树 *K. bipinnata*

（1）**栾树**（图 17-243）

***Koelreuteria paniculata* Laxm.**

形态：落叶乔木，高达 15m；树冠近圆球形。树皮灰褐色，细纵裂；小枝稍有棱，无顶芽，皮孔明显。奇数羽状复叶，有时部分小叶深裂而为不完全的 2 回羽状复叶，长达 40cm；小叶 7～15，卵形或卵状椭圆形，缘有不规则粗齿，近基部常有深裂片，背面沿脉有毛。花小，金黄色；顶生圆锥花序宽而疏散。蒴果三角状卵形，长 4～5cm。顶端尖，成熟时红褐色或橘红色。花期 6～7 月；果 9～10 月成熟。

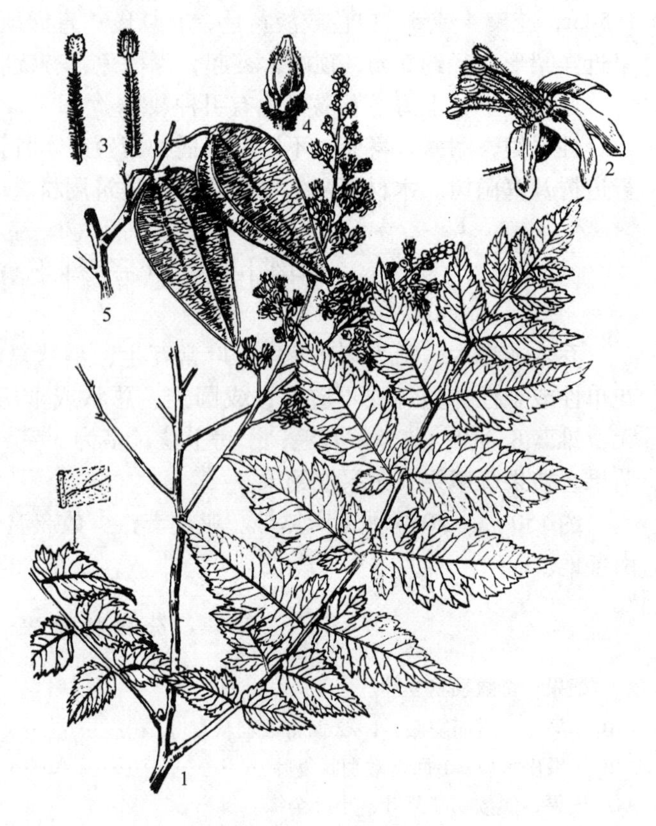

图 17-243 栾 树

1. 花枝 2. 花 3. 雄蕊 4. 雌蕊 5. 果序片断及果

分布：产中国北部及中部，北自东北南部，南到长江流域及福建，西到甘肃东南部及四川中部均有分布，而以华北较为常见；日本、朝鲜亦产。多分布于海拔 1500m 以下的低山及平原，最高可达海拔 2600m。

习性：喜光，耐半荫；耐寒，耐干旱、瘠薄，喜生于石灰质土壤，也能耐盐渍及短期水涝。深根性，萌蘖力强；生长速度中等，幼树生长较慢，以后渐快。有较强的抗烟尘能力。

繁殖栽培：繁殖以播种为主，分蘖、根插也可。秋季果熟时采收，及时晾晒去壳净种。因种皮坚硬不易透水，如不经处理次年春播，常不发芽或发芽率很低。故最好当年秋季播种，经过一冬后第二年春天发芽整齐。也可用湿沙层积埋藏越冬春播。一般采用垅播，垅距 60～70cm。因种子出苗率低（约为 20%），故用种量要大，一般每 10m^2 用种 0.5～1kg。幼苗长到 5～10cm 高时要间苗，约每 10m^2 留苗 120 株。秋季苗木落叶后即可掘起入沟假植，次年春季分栽。由于栾树树干往往不易长直，栽后可采用平茬养干的方法养直苗干。苗木在苗圃中一般要经 2～3 次移植，每次移植时适当剪短主根及粗侧根，这样可以促进多发须根，使出圃定植后容易成活。栾树适应性强，病虫害少，对干旱、水湿及风雪都有一定的抵抗能力，故栽培管理较为简单。

观赏特性及园林用途：本种树形端正，枝叶茂密而秀丽，春季嫩叶多为红色，入秋叶色变黄；夏季开花，满树金黄，十分美丽，是理想的绿化、观赏树种。宜作庭荫树、行道树及园景树，也可用作防护林、水土保持及荒山绿化树种。

经济用途：木材较脆，易加工，可作板料、器具等。叶可提制栲胶；花可作黄色染料；种子可榨油，供制肥皂及润滑油。

（2）全缘叶栾树（黄山栾树、山膀胱）

Koelreuteria integrifolia* Merr.**（K. bipinnata* var. *integrifolia* T. Chen**）

落叶乔木，高达17～20m，胸径1m；树冠广卵形。树皮暗灰色，片状剥落；小枝暗棕色，密生皮孔。2回羽状复叶，长30～40cm，小叶7～11，长椭圆状卵形，长4～10cm，先端渐尖，基部圆形或广楔形，全缘，或偶有锯齿，两面无毛或背脉有毛。花黄色，成顶生圆锥花序。蒴果椭球形，长4～5cm，顶端钝而有短尖。花期8～9月；果10～11月成熟。

产江苏南部、浙江、安徽、江西、湖南、广东、广西等地。多生于丘陵、山麓及谷地。

喜光，幼年期耐荫；喜温暖湿润气候，耐寒性差；对土壤要求不严，微酸性、中性土上均能生长。深根性，不耐修剪。繁殖以播种为主，分根育苗也可。播种方法同栾树。本种枝叶茂密，冠大荫浓，初秋开花，金黄夺目，不久就有淡红色灯笼似的果实挂满树梢，十分美丽。宜作庭荫树、行道树及园景树栽植，也可用于居民区、工厂区及农村“四旁”绿化。木材坚重，可供建筑等用。根、花可供药用；种子可榨油，供工业用。

（3）复羽叶栾树（图17-244）

***Koelreuteria bipinnata* Franch.**

落叶乔木，高达20m以上。2回羽状复叶，羽片5～10对，每羽片具小叶5～15，卵状披针形或椭圆状卵形，长4～8cm，先端渐尖，基部圆形，缘有锯齿。花黄色，顶生圆锥花序，长20～30cm。蒴果卵形，长约4cm，红色。花期7～9月，果9～10月成熟。

图17-244 复羽叶栾树

1. 花枝 2. 花 3. 果序及果 4. 种子

产中国中南及西南部，多生于海拔300～1900m的干旱山地疏林中，在云南高原常见。夏日有黄花，秋日有红果，宜作庭荫树、园景树及行道树栽培。

2. 文冠果属 *Xanthoceras* Bunge

本属仅1种，中国特产。

文冠果（文官果）（图17-245）

***Xanthoceras sorbifolia* Bunge**

形态：落叶小乔木或灌木，高达8m；常见多为3～5m，并丛生状。树皮灰褐色，粗糙条裂；小枝幼时紫褐色，有毛，后脱落。奇数羽状复叶，互生；小叶9～19，对生或近对生，长椭圆形至披针形，长3～5cm，先端尖，基部楔形，缘有锯齿，表面光滑，背面疏生

图 17-245　文冠果

1. 花枝　2. 雄花　3. 萼片　4. 雄花去花被，示雄蕊及花盘　5. 发育雄蕊　6. 花盘碎片及角状体　7. 果　8. 种子

星状柔毛。花杂性，整齐，径约 2cm，萼片 5；花瓣 5，白色，基部有由黄变红之斑晕；花盘 5 裂，裂片背面各有一橙黄色角状附属物；雄蕊 8；子房 3 室，每室 7~8 胚珠。蒴果椭球形，径 4~6cm，具木质厚壁，室背 3 瓣裂。种子球形，径约 1cm，暗褐色。花期 4~5 月；果 8~9 月成熟。

分布：原产中国北部，河北、山东、山西、陕西、河南、甘肃、辽宁及内蒙古等地均有分布；在黄土高原丘陵沟壑地区由低山至海拔 1500m 地带常可见到。

习性：喜光，也耐半荫；耐严寒和干旱，不耐涝；对土壤要求不严，在沙荒、石砾地、黏土及轻盐碱土上均能生长，但以深厚、肥沃、湿润而通气良好的土壤生长最好。深根性，主根发达，萌蘖力强。生长尚快，3~4 年生即可开花结果。

繁殖栽培：主要用播种法繁殖，分株、压条和根插也可。一般在秋季果熟后采收，取出种子即播，也可用湿沙层积贮藏越冬，次年早春播种。因幼苗怕水涝，一般采用高垅播，行距约 60cm，覆土厚 2cm，稍加镇压，然后灌 1 次透水。种子发芽率 80%~90%。幼苗期要稍加遮荫，雨季要注意排涝，防止倒伏。在抚育期间要适当多施追肥，以克服间歇封顶现象。幼苗生长较慢，1 年生苗高 30~50cm。2~3 年生苗即要注意修剪，以养成良好的树形。4~5 年生苗可出圃定植。文冠果根系愈伤能力较差，损伤后易造成烂根，影响成活，故移植时必须充分注意。本种病虫害较少，栽培管理比较简单。一般在土地上冻前进行冬灌，以利早春保墒。在花谢后适当灌水可以减少落果。但雨季要注意排水，防止烂根。花后对过密枝、斜乱枝及枯枝要加以适当修剪。

观赏特性及园林用途：本种花序大而花朵密，春天白花满树，且有秀丽光洁的绿叶相衬，更显美观，花期可持续约 20d，并有紫花品种。是优良的观赏兼重要木本油料树种。在园林中配植于草坪、路边、山坡、假山旁或建筑物前都很合适。也适于山地、水库周围风景区大面积绿化造林，能起到绿化、护坡固土作用。

经济用途：种仁含油 50% ~70%，油质好，可供食用和医药、化工用；种子嫩时白色，甜香可食，味如莲子。木材坚实致密，褐色，纹理美，可制家具、器具等。花为蜜源；嫩叶可代茶。

3. 无患子属 *Sapindus* L.

乔木或灌木。偶数羽状复叶，互生，小叶全缘。花小，杂性，圆锥花序；萼片、花瓣各为4 ~5；雄蕊8 ~10；子房3室，每室具1胚珠，通常仅1室发育成核果。果球形，中果皮肉质，内果皮革质；种子黑色，无假种皮。

约15种；中国产4种，分布于长江流域及其以南地区。

无患子（皮皂子）（图 17-246）

Sapindus mukurossi **Gaertn.**

形态：落叶或半常绿乔木，高达20 ~25m。枝开展，成广卵形或扁球形树冠。树皮灰白色，平滑不裂；小枝无毛，芽两个叠生。羽状复叶互生，小叶8 ~14，互生或近对生，卵状披针形或卵状长椭圆形，长7 ~15cm，先端尖，基部不对称，全缘，薄革质，无毛。花黄白色或带淡紫色，成顶生多花圆锥花序。核果近球形，径1.5 ~2cm，熟时黄色或橙黄色；种子球形，黑色，坚硬。花期5 ~6月；果9 ~10月成熟。

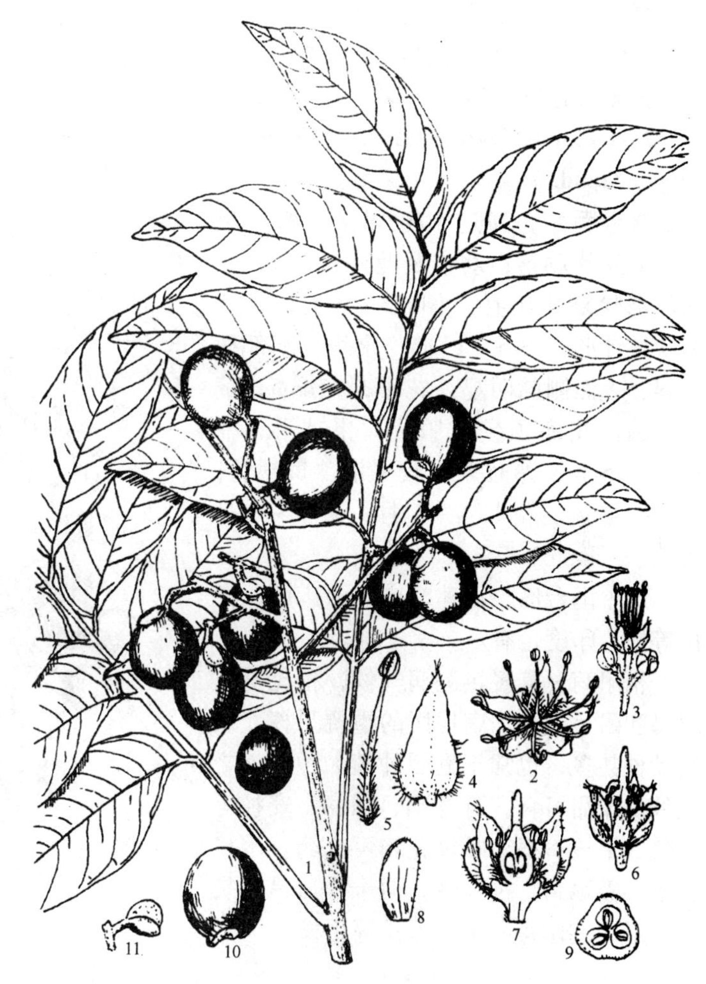

图 17-246　无患子

1. 果枝　2、3. 雄花（有退化雌蕊）　4. 花瓣　5. 雄蕊　6、7. 雌花及其纵剖面（有退化雄蕊）　8. 萼片　9. 子房横切面　10. 果　11. 种子

分布：产长江流域及其以南各地；越南、老挝、印度、日本亦产。为低山、丘陵及石灰岩山地习见树种，垂直分布在西南可高达2000m左右。

习性；喜光，稍耐荫；喜温暖湿润气候，耐寒性不强，对土壤要求不严，在酸性、中性、微碱性及钙质土上均能生长，而以土层深厚、肥沃而排水良好之地生长最好。深根性，抗风力强，萌芽力弱，不耐修剪。生长尚快，寿命长。对二氧化硫抗性较强。

繁殖栽培：用播种法繁殖，秋季果熟时采收，水浸沤烂后搓去果肉，洗净种子后阴干，湿沙层积越冬，春天3、4月间播种。条播行距25cm，覆土厚约2.5cm。每亩播种量50～60kg，种子发芽率65%～70%。播后约30～40d发芽出土。当年苗高约40cm。移栽在春季芽萌动前进行，小苗带些宿土，大苗须带土球。

观赏特性及园林用途：本种树形高大，树冠广展，绿荫稠密，秋叶金黄，颇为美观。宜作庭荫树及行道树。孤植、丛植在草坪、路旁或建筑物附近都很合适。若与其他秋色叶树种及常绿树种配植，更可为园林秋景增色。

经济用途：果肉含皂素，可代肥皂使用；根及果入药；种子榨油可作润滑油用。木材黄白色，较脆硬，可供农具、家具、木梳、箱板等用。

4. 龙眼属 *Dimocarpus* Lour.

乔木;偶数羽状复叶,互生。花通常有花瓣。果球形,黄褐色,果皮幼时具瘤状突起,老则近于平滑;种子具白色、肉质、半透明、多汁之假种皮。

共约20种，产亚洲热带；中国产4种。

龙眼（桂圆）（图17-247）

Dimocarpus lonsan* Lour.**（Euphoria longan* Stend.**）

常绿乔木，高达10m以上。树皮粗糙，薄片状剥落；幼枝及花序被星状毛。偶数羽状复叶互生，小叶3～6对，长椭圆状披针形，长6～17cm，全缘，基部稍歪斜，表面侧脉明显。花小，花瓣5，黄色；圆锥花序顶生或腋生。果球形，径1.2～2.5cm，熟时果皮较平滑，黄褐色；种子黑褐色。花期4～5月；果7～8月成熟。

产中国台湾、福建、广东、广西、四川等地；印度也有。

稍耐荫；喜暖热湿润气候，稍比荔枝耐寒和耐旱。是华南地区的重要果树，栽培品种甚多，也常于庭园种植。种子外之假种皮味甜可食，有健脑、强身、安神等功效。果核、根、叶及花均可入药。木材坚重，极耐腐，抗虫蛀，但干燥后易开裂和变形，宜作舟、车、器具等用材。

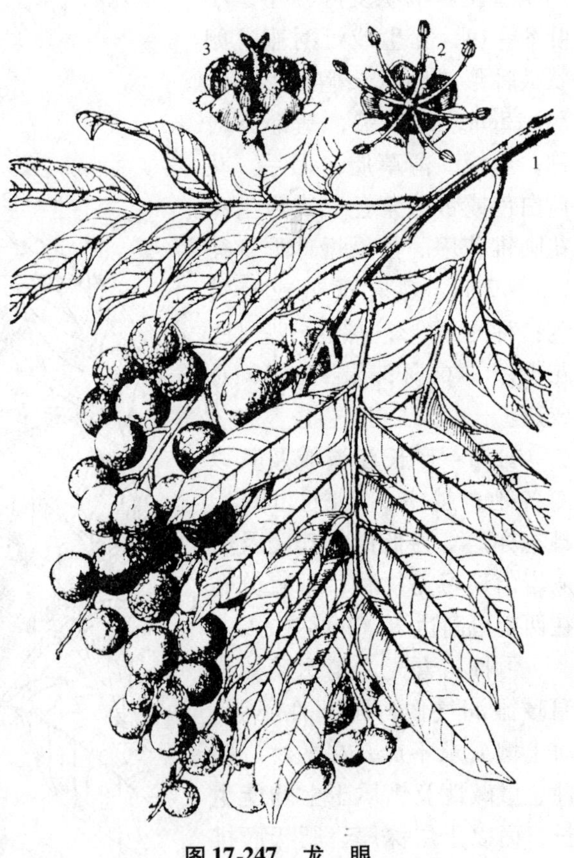

图17-247　龙　眼

1. 果枝　2. 雄花　3. 雌花

5. 荔枝属 *Litchi* Sonn.

乔木；偶数羽状复叶，互生。花无花瓣。果熟时常为红色，果皮具明显的瘤状突起；种子具白色、肉质、半透明、多汁的假种皮。

共2种，1种产菲律宾，1种产中国，为热带著名果树。

荔枝（图17-248）

***Litchi chinensis* Sonn.**

常绿乔木，野生树高可达30m，胸径1m。树皮灰褐色；不裂。偶数羽状复叶互生，小叶2～4对，长椭圆状披针形，长6～12cm，全缘，表面侧脉不甚明显，中脉在叶面凹下，背面粉绿色。花小，无花瓣；成顶生圆锥花序。果球形或卵形，熟时红色，果皮有显著突起小瘤体；种子棕褐色。花期3～4月；果5～8月成熟。

产华南，福建、广东、广西及云南东南部均有分布，四川、台湾有栽培。

喜光，喜暖热湿润气候及富含腐殖质之深厚、酸性土壤，怕霜冻。是华南重要果树，品种很多，果除鲜食外可制成果干或罐头，每年有大宗出口。因树冠广阔，枝叶茂密，也常于庭园种植。木材坚重，经久耐用，是名贵用材，供造舟、车、家具等。根及果核可供药用，治疝气、胃痛等症。

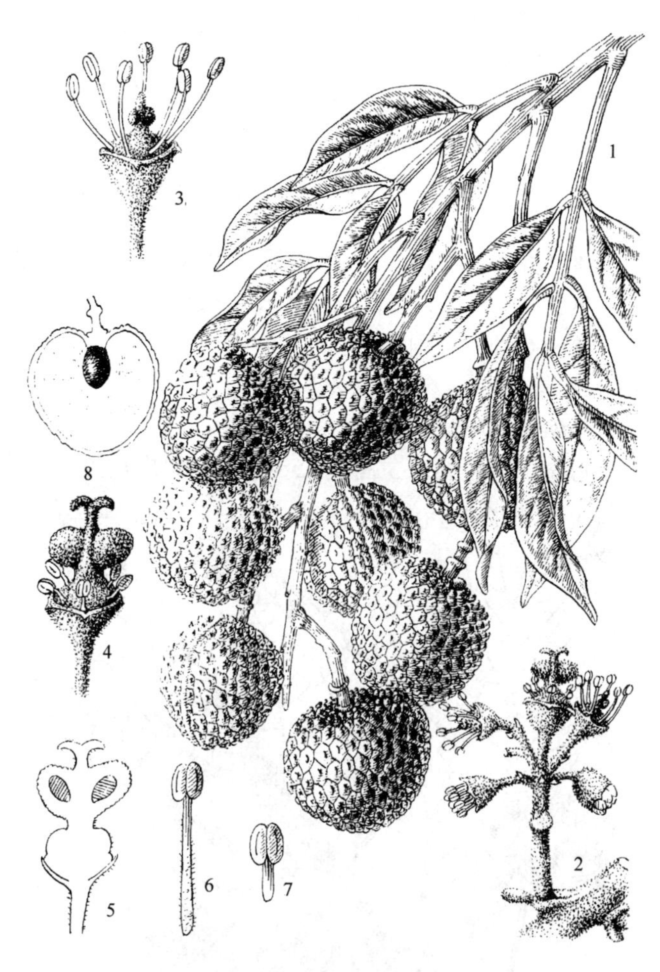

图17-248 荔 枝

1. 果枝 2. 花序一部 3. 雄花 4. 雌花 5. 雌蕊及花盘纵剖 6. 发育雄蕊 7. 不育雄蕊 8. 果纵剖

〔45〕鼠李科 Rhamnaceae

乔木或灌木，稀藤木或草本；常有枝刺或托叶刺。单叶互生，稀对生；有托叶。花小，整齐，两性或杂性，成腋生聚伞、圆锥花序，或簇生；萼4～5裂，裂片镊合状排列；花瓣4～5或无；雄蕊4～5，与花瓣对生，常为内卷之花瓣所包被；具内生花盘，子房上位或埋藏于花盘，2～4室，每室1胚珠。核果、蒴果或翅状坚果。

约50属，600种，广布于温带至热带各地；中国产14属，129种。

分属检索表

A_1 花序轴在果期变为肉质并扭曲，叶基3主脉 …………………………………… 1. 枳椇属 *Hovenia*

A_2 花序轴在果期不为肉质和扭曲。

B_1 叶基3主脉，常有托叶刺；果肉质，具1核 …………………………………… 2. 枣属 *Zizyphus*

B_2 叶为羽状脉，无托叶刺。

C_1 直立灌木或小乔木；花有柄，核果具2～4核 …………………………………… 3. 鼠李属 *Rhamnu*

C_2 攀援灌木；花无柄或近无柄；叶缘有齿 …………………………………… 4. 雀梅藤属 *Sager etia*

1. 枳椇属 *Hovenia* Thunb.

落叶乔木。单叶互生，基部3出脉。花小，两性，聚伞花序；花萼5裂；花瓣5，有爪；雄蕊5；子房3室，花柱3裂。核果，有3种子；果序分枝肥厚肉质并扭曲。

共约6种，中国均产。

枳椇（拐枣）（图17-249）

***Hovenia dulcis* Thunb.**

形态：落叶乔木，高达15～25m。树皮灰黑色，深纵裂；小枝红褐色。叶广卵形至卵状椭圆形，长8～16cm，先端短渐尖，基部近圆形，缘有粗钝锯齿，基部3出脉，背面无毛或仅脉上有毛；叶柄长3～5cm。聚伞花序常顶生，二歧分枝常不对称。果梗肥大肉质，经霜后味甜可食（俗称鸡爪梨）。花期6月；果9～10月成熟。

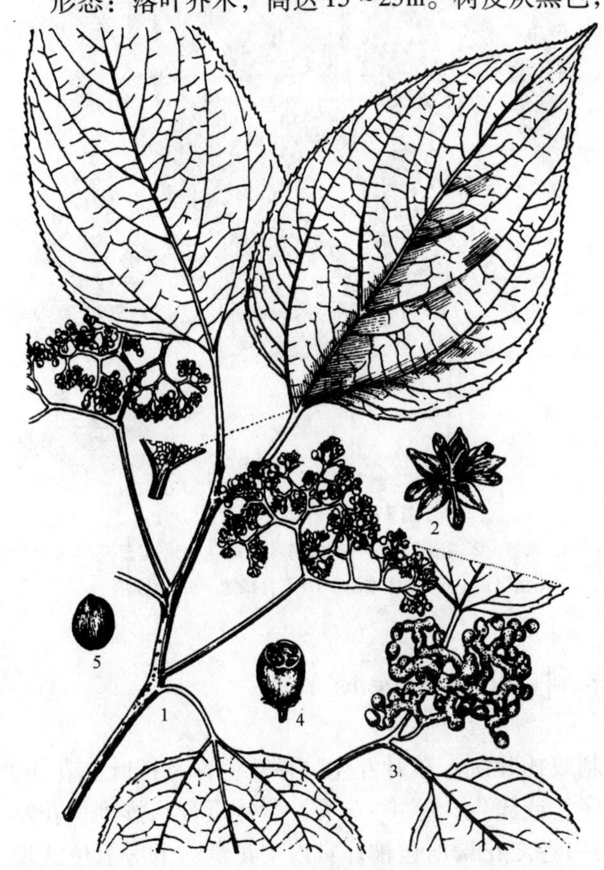

图17-249 枳 椇

1. 花枝 2. 果枝 3. 花 4. 果横剖面 5. 种子

分布：华北南部至长江流域及其以南地区普遍分布，西至陕西、四川、云南；日本也产。多生于阳光充足的沟边、路旁或山谷中。

习性：喜光，有一定的耐寒能力；对土壤要求不严，在土层深厚、湿润而排水良好处生长快，能成大材。深根性，萌芽力强。

繁殖栽培：主要用播种繁殖，也可扦插、分蘖繁殖。10月果熟后采收，除去果梗后晒干碾碎果壳，筛出种子，沙藏越冬，春天条播。条距20～25cm，覆土厚约1cm。每亩播种量约5kg。1年生苗高可达50～80cm。用于城市绿化的苗木需要移栽培育 3 ~4 年方可出圃。栽植在秋季落叶后或春季发芽前进行。

观赏特性及园林用途：本种树态优美，叶大荫浓，生长快，适应性强，是良好的庭荫树、行道树及农村“四旁”绿化树种。

经济用途：木材硬度适中，纹理美观，可作建筑、家具、车、船及工艺美术用材。果序梗肥大肉质，富含糖分，可生食和酿酒。果实为清凉、利尿药；树皮、木汁及叶也可供药用。

2. 枣属 *Zizyphus* Mill.

灌木或乔木。单叶互生，具短柄，叶基 3 或 5 出脉；托叶常变为刺。花小，两性，成腋生短聚伞花序；花部 5 数，子房上位，埋藏于花盘内，花柱 2 裂。核果，具 1 核，1 ~3 室，每室 1 种子。

共约 40 种，广布于温带至热带；中国产 10 余种。

枣树（图 17-250）

***Zizyphus jujuba* Mill.**

形态：落叶乔木，高达 10m。树皮灰褐色，条裂。枝有长枝、短枝和脱落性小枝 3 种：长枝呈“之”字形曲折，红褐色，光滑，有托叶刺或不明显；短枝俗称枣股，在 2 年生以上的长枝上互生，脱落性小枝为纤细的无芽枝，颇似羽状复叶之叶轴，簇生于短枝上，在冬季与叶俱落。叶卵形至卵状长椭圆形，长 3 ~7cm，先端钝尖，缘有细钝齿，基部 3 出脉，两面无毛。花小，黄绿色。核果卵形至矩圆形，长 2 ~5cm，熟后暗红色，果核坚硬，两端尖。花期 5 ~6 月；果 8 ~9 月成熟。

图 17-250 枣 树

1. 花枝 2. 果枝 3. 具刺的小枝 4. 花 5. 果核 6. 种子

分布：在中国分布很广，自东北南部至华南、西南，西北到新疆均有，而以黄河中下游、华北平原栽培最普遍。伊朗、俄罗斯中亚地区、蒙古、日本也有。

变种及品种：

①‘龙’枣‘Tortuosa’：又名‘龙爪’枣，枝及叶柄均卷曲，果小质差，生长缓慢。时见植于庭园观赏。常以酸枣为砧木行嫁接繁殖。

②酸枣 var. *spinosa* Hu：又名棘，常成灌木状，但也可长成高达 10m 多的大树。托叶刺明显，一长一短，长者直伸，短者向后钩曲。叶较小，长 2 ~3.5cm。核果小，近球形，味

酸，果核两端钝。我国自东北南部至长江流域习见，多生长于向阳或干燥山坡、山谷、丘陵、平原或路旁。性喜光，耐寒，耐干旱、瘠薄。常用作嫁接枣树之砧木；也可栽作刺篱。种仁即中药“酸枣仁”，有镇静安神之功效。

习性：强喜光，对气候、土壤适应性较强。喜干冷气候及中性或微碱性的砂壤土，耐干旱、瘠薄，对酸性、盐碱土及低湿地都有一定的忍耐性。黄河流域的冲积平原是枣树的适生地区，在南方湿热气候下虽能生长，但果实品质较差。根系发达，深而广，根萌蘖力强；能抗风沙。开始结实年龄早，嫁接苗当年可结果，分蘖苗 4 ~5 年可结果。寿命长达 200 ~ 300 年。春天发芽晚。

繁殖栽培：主要用分蘖或根插法繁殖，嫁接也可，砧木可用酸枣或枣树实生苗。枣树栽培管理粗放。每年早春可修剪 1 次，把内膛枝、病虫枝、过密枝及徒长枝剪除，使树冠内部通风透光良好。在北方，早春发芽前结合施肥灌水 1 次，在开花前后及果实增大期间也要适当施肥灌水，但果实快成熟时不宜灌水，雨水过多易造成裂果。

观赏特性及园林用途：枣树是我国栽培最早的果树，已有 3000 余年的栽培历史，品种很多。由于结果早，寿命长，产量稳定，农民称之为“铁杆庄稼”。是园林结合生产的良好树种，可栽作庭荫树及园路树。

经济用途：果实富含维生素 C、蛋白质和各种糖类，可生食和干制加工成多种食品，也可入药，畅销国内外。木材坚重，纹理细致，耐磨，是雕刻、家具及细木工的优良用材。花期长，是优良的蜜源树种。

3. 鼠李属 *Rhamnus* L.

灌木或小乔木；枝端常具刺。单叶互生或近对生，羽状脉，通常有锯齿；托叶小，早落。花小，绿色或黄白色，两性或单性异株，簇生或为伞形、聚伞、总状花序；萼裂、花瓣、雄蕊各为 4 ~5，有时无花瓣；子房上位，2 ~4 室。核果浆果状，具 2 ~4 核，每核 1 种子，种子有沟。

共约 160 种，主产北温带；中国约产 60 种，遍布全国。

分种检索表

A_1 叶较大，长 4 ~10cm，狭椭圆形至长卵形，表面有光泽，背面灰绿色；叶柄长为叶片长 1/4 ~1/2 ……………………………………………………………………………（1）鼠李 *R. davurica*

A_2 叶较小，长 1.5 ~4cm。

B_1 小枝及叶有柔毛；叶柄及花梗较短 ………………………………（圆叶鼠李 *R. globosa*）

B_2 小枝及叶光滑或近光滑；叶柄及花梗较长 ……………………（2）小叶鼠李 *R. parvifolia*

(1) 鼠李（大绿）（图 17-251）

***Rhamnus davurica* Pall.**

落叶灌木或小乔木，高可达 10m。树皮灰褐色；小枝较粗壮，无毛。叶近对生，倒卵状长椭圆形至卵状椭圆形，长 4 ~ 10cm，先端锐尖，基部楔形，缘有细圆齿，侧脉 4 ~5 对；叶柄长 6 ~25mm。花黄绿色，3 ~5 朵簇生叶腋。果实球形，径约 6mm，熟时紫黑色；种子 2，卵形，背面有沟。

产东北、内蒙古及华北；朝鲜、蒙古、俄罗斯也有。多生于山坡、沟旁或杂木林中。

适应性强，耐寒，耐荫，耐干旱、瘠薄。播种繁殖。无需精细管理。

本种枝密叶繁，入秋有累累黑果，可植于庭园观赏。木材坚实致密，可作家具、车辆及雕刻等用材。种子可榨油供润滑用；果肉可入药；树皮及果可作黄色染料。

图 17-251 鼠 李

(2) 小叶鼠李（琉璃枝）

***Rhamnus parvifolia* Bunge**

落叶灌木，高达 2m。小枝光滑，顶端成针刺。叶近对生，椭圆状卵形至倒卵形，长 1.5 ~3.5cm，先端圆或急尖，基部楔形，缘有细钝齿，两面无毛，侧脉常 3 对。花单性，聚伞花序。果球形，径 3 ~4mm，熟时黑色。花期 5 ~6 月；果 8 ~9 月成熟。

产辽宁、内蒙古、河北、山西、山东、甘肃等地；朝鲜、蒙古和俄罗斯也有。多生于向阳山坡或多岩石处。可作水土保持及防沙树种。

4. 雀梅藤属 *Sageretia* Brongn.

有刺或无刺攀援灌木。单叶对生或近对生，羽状脉，缘有细齿；托叶小，早落。花小，无柄或近无柄，萼裂、花瓣、雄蕊各 5；子房埋在花盘内，2 ~3 室；穗状花序或排成圆锥花序。核果。

约 35 种，中国约产 14 种。

雀梅藤（对节刺、雀梅）

***Sageretia thea*（Osbeck）Johnst.**

落叶攀援灌木；小枝灰色或灰褐色，密生短柔毛，有刺状短枝。叶近对生，卵形或卵状椭圆形，长 1 ~3（4）cm，宽 0.8 ~1.5cm，先端有小尖头，基部近圆形至心形，缘有细锯齿，表面无毛，背面稍有毛，或两面有柔毛，后脱落。穗状圆锥花序密生短柔毛；花小，绿白色，无柄。核果近球形，熟时紫黑色。花期 9 ~10 月；次年 4 ~5 月果熟。

产长江流域及其以南地区，多生于山坡、路旁。

喜光，稍耐荫；喜温暖湿润气候，耐寒性不强。耐修剪。各地常作盆景材料，也可作绿篱。嫩叶可代茶；果实酸甜可食。

〔46〕葡萄科 Vitaceae

藤本，常具与叶对生之卷须，稀直立灌木或小乔木。单叶或复叶，互生；有托叶。花小，两性或杂性；成聚伞、伞房或圆锥花序，常与叶对生；花萼 4 ~5 浅裂；花瓣 4 ~5，镊合状排列，分离或基部合生，有时顶端连接成帽状并早脱落；雄蕊与花瓣同数并对生；子房上位，2～6室，每室2胚珠。浆果。

共12属，约700种，分布于热带至温带；中国产7属，100余种，南北均有分布。

分属检索表

A_1 花瓣在顶部连接成帽状脱落；花序圆锥状；茎无皮孔，老则条状剥裂，髓褐色 ……… 1. 葡萄属 *Vitis*

A_2 花瓣分离，花时开展；花序通常聚伞状；茎有皮孔，不剥裂，髓白色。

B_1 卷须顶端不扩大；花盘杯形，与子房离生 ……………………………… 2. 蛇葡萄属 *Ampelopsis*

B_2 卷须顶端常扩大成吸盘；花盘不明显或无 ……………………………… 3. 爬山虎属 *Parthenocissus*

1. 葡萄属 *Vitis* L.

落叶藤木，卷须与叶对生；茎无皮孔，枝髓褐色。单叶，稀为掌状复叶，缘有齿。花杂性异株，稀同株；圆锥花序与叶对生；花部5数，萼小而明显；花瓣顶部黏合成帽状，开花时整体脱落；花盘具5蜜腺；子房2室。浆果含2～4种子。约70种；中国约30种，南北均有分布。

葡萄（图17-252）

***Vitis vinifera* L.**

形态：落叶藤木，长达30m。茎皮红褐色，老时条状剥落；小枝光滑，或幼时有柔毛；卷须间歇性与叶对生。叶互生，近圆形，长7～15cm，3～5掌状裂，基部心形，缘具粗齿，两面无毛或背面稍有短柔毛；叶柄长4～8cm。花小，黄绿色；圆锥花序大而长。浆果椭球形或圆球形，熟时黄绿色或紫红色，有白粉。花期5～6月；果8～91月成熟。

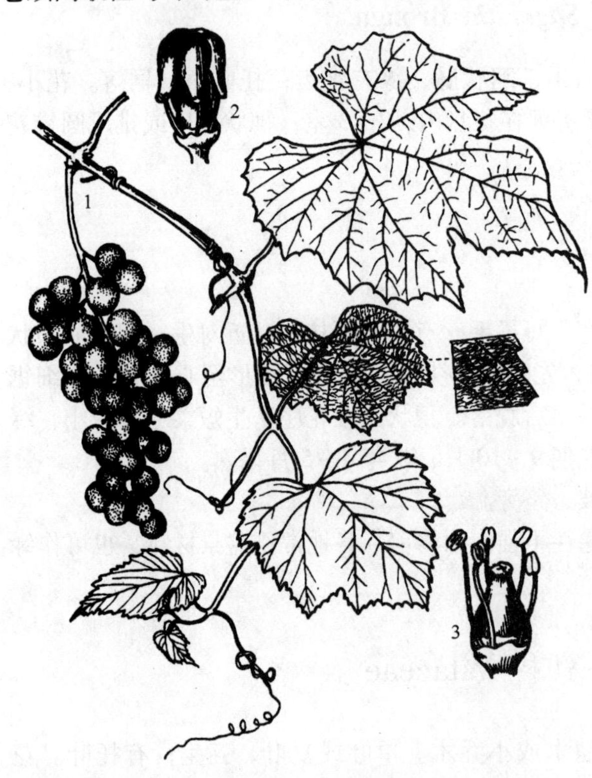

图17-252 葡 萄

1. 果枝 2. 花 3. 花去花冠示雄蕊及雌蕊

分布：原产亚洲西部；中国在2000多年前就自新疆引入内地栽培。现辽宁中部以南各地均有栽培，但以长江以北栽培较多。

习性：葡萄品种很多，对环境条件的要求和适应能力随品种而异。但总的来说是性喜光，喜干燥及夏季高温的大陆性气候；冬季需要一定低温，但严寒时又必须埋土防寒。以土层深厚、排水良好而湿度适中的微酸性至微碱性砂质或砾质壤土生长最好。耐干旱，怕涝，如降雨过多、空气潮湿，则易罹病害，且易引起徒长、授粉不良、落果或裂果等不良现象。深根性，主根可深入土层2～3m。生长快，结果早。一般栽后

2～3年开始结果，4～5年后进入盛果期。寿命较长。

繁殖栽培：繁殖可用扦插、压条、嫁接或播种等法。扦插、压条都较易成活；嫁接在某些特选之砧木上，往往可以增强抗病、抗寒能力及生长势。葡萄作为果园栽培，管理精细，整枝严格，分棚架式、篱壁式、棚篱式等；修剪更随品种特性不同而有差异。近年利用副梢结果，使之一年多次结果，可提高产量。其他栽培措施，如缚蔓、摘心、摘须、疏花、疏果、土壤管理、施肥、病虫害防治、埋土越冬等都有严格要求，可参阅有关果树栽培书籍。

观赏特性及园林用途：葡萄是很好的园林棚架植物，既可观赏、遮荫，又可结合果实生产。庭院、公园、疗养院及居民区均可栽植，但最好选用栽培管理较粗放的品种。

经济用途：果实多汁，营养丰富，富含糖分和多种维生素，除生食外，还可酿酒及制葡萄干、汁、粉等。种子可榨油；根、叶及茎蔓可入药，有安胎、止呕之效。

2. 蛇葡萄属（白蔹属）*Ampelopsis* Michx.

落叶藤木，借卷须攀援，枝具皮孔及白髓。叶互生，单叶或复叶，具长柄。花小，两性，聚伞花序具长梗，与叶对生或顶生；花部常为5数，花萼全缘，花瓣离生并开展，雄蕊短，子房2室，花柱细长。浆果，具1～4种子。

共约60种，产北美洲及亚洲；中国产9种。

分种检索表

A_1 单叶，常3浅裂，背面绿色；果成熟时鲜蓝色 ······························ （1）蛇葡萄 *A. brevipedunculata*

A_2 掌状复叶或单叶掌状全裂。

　B_1 小叶羽状分裂；果熟时橙红色 ·· （2）乌头叶蛇葡萄 *A. aconitifolia*

　B_2 小叶裂成羽状复叶状，叶轴有宽翅；果熟时蓝色或白色 ························ （3）白蔹 *A. japonica*

（1）蛇葡萄（蛇白蔹）（图17-253）

***Ampelopsis brevipedunculata*（Maxim.）Trautv.**

落叶藤木；幼枝有柔毛，卷须分叉。单叶，纸质，广卵形，长6～12cm，基部心形，通常3浅裂，偶为5浅裂或不裂，缘有粗齿，表面深绿色，背面稍淡并有柔毛。聚伞花序与叶对生，梗上有柔毛；花黄绿色。浆果近球形，径6～8mm，成熟时鲜蓝色。花期5～6月；果8～9月成熟。

产亚洲东部及北部，中国自东北经河北、山东到长江流域、华南均有分布。多生于山坡、路旁或林缘。

性强健耐寒，在园林绿地及风景区可用作棚架绿化材料，颇具野趣。果可酿酒；根、茎入药，有清热解毒、消肿祛湿之功效。

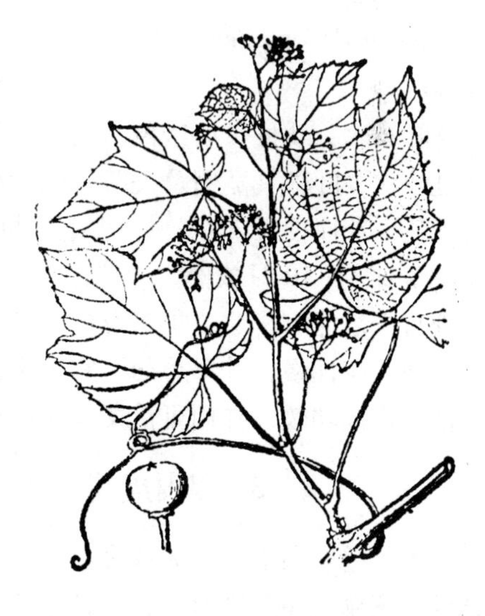

图17-253　蛇葡萄

(2) 乌头叶蛇葡萄（图 17-254）

***Ampelopsis aconitifolia* Bunge**

落叶藤木；枝较细而光滑，卷须分叉。掌状复叶（有时一部分叶为掌状全裂之单叶），具长柄，小叶常为5，披针形或菱状披针形，长4～9cm，常羽状裂，中央小叶羽裂深达中脉，裂片边缘具少数粗齿，无毛或背脉幼时有毛。聚伞花序与叶对生，无毛；花黄绿色。浆果近球形，径约6mm，熟时橙红色。花期6、7月间；果9～10月成熟。

主产中国北部，河北、山西、山东、河南、陕西、甘肃及内蒙古均有分布。

本种是优美轻巧的棚荫材料。

其变种掌裂蛇葡萄（var. *globra* Diels），叶掌状3～5全裂，中裂片菱形，两侧裂片斜卵形，缘有粗齿或浅裂，通常无毛。分布于华北、华东及东南各省，常生于山坡灌丛或旷野草丛中。也可用作棚架绿化材料。

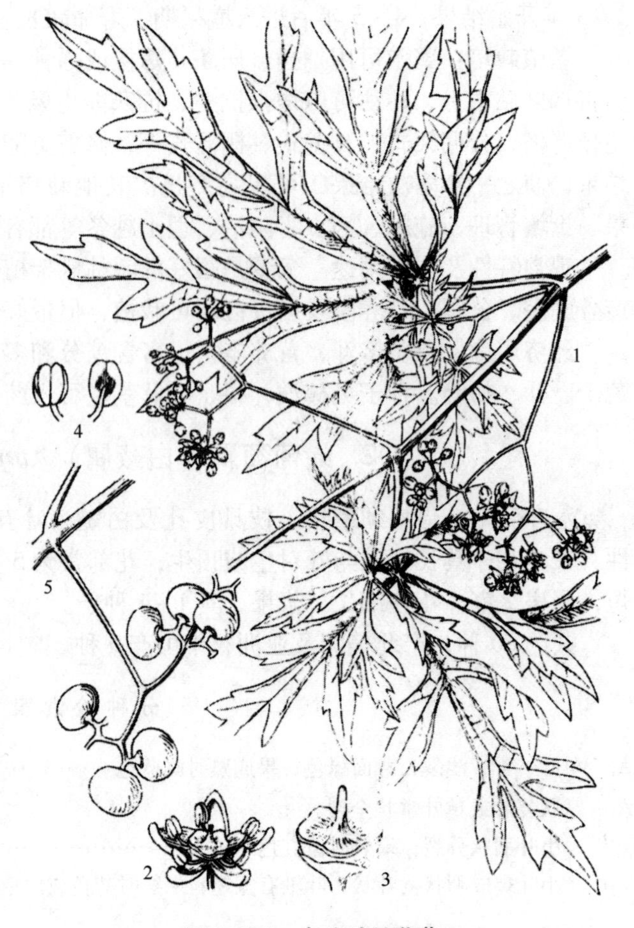

图 17-254　乌头叶蛇葡萄

1. 花枝　2. 花　3. 花萼、花盘及雌蕊　4. 花药　5. 果枝

(3) 白蔹

***Ampelopsis japonica*（Thunb.）Makino**

落叶藤木；幼枝带淡紫色，无毛。掌状复叶（或掌状全裂），小叶3～5，中间小叶又成羽状复叶状，叶轴具宽翅及关节，两侧小叶羽状裂，基部小叶常不裂而形小，叶两面无毛。花黄绿色，花序梗长3～8cm，无毛。果实球形或肾形，径约6mm，熟时蓝色或白色。花期5～6月；果9～10月成熟。

分布于东北、华北、华东及中南各地。多生于山坡林下或草丛中。

本种适应性强，叶形秀丽，宜植于庭园作小型棚荫材料。全株及块根均入药，有清热解毒、消肿止痛功效；外用可治烫伤及冻疮等。

3. 爬山虎属（地锦属）*Parthenocissus* Planch.

藤木；卷须顶端常扩大成吸盘。叶互生，掌状复叶或单叶而常有裂，具长柄。花两性，稀杂性，聚伞花序与叶对生；花部常5数，花盘不明显或无，花瓣离生，子房2室，每室2胚珠。浆果，内含1～4种子。

共约15种，产北美洲及亚洲；中国约9种。

分种检索表

A_1 单叶，通常3裂，或深裂成3小叶……………………………………………（1）爬山虎 *P. tricuspidata*

A_2 掌状复叶，小叶5 ………………………………………………………………（2）美国地锦 *P. quinquefolia*

（1）爬山虎（地锦、爬墙虎）（图17-255）

***Parthenocissus tricuspidata*（Sieb. et Zucc.）Planch.**

形态：落叶藤木；卷须短而多分枝。叶广卵形，长8～18cm，通常3裂，基部心形，缘有粗齿，表面无毛，背面脉上常有柔毛；幼苗期叶常较小，多不分裂；下部枝的叶有分裂成3小叶者。聚伞花序通常生于短枝顶端两叶之间，花淡黄绿色。浆果球形，径6～8mm，熟时蓝黑色，有白粉。花期6月；果10月成熟。

分布：中国分布很广，北起吉林，南到广东均有；日本也产。

习性：喜荫，耐寒，对土壤及气候适应能力很强；生长快。对氯气抗性强。常攀附于岩壁、墙垣和树干上。

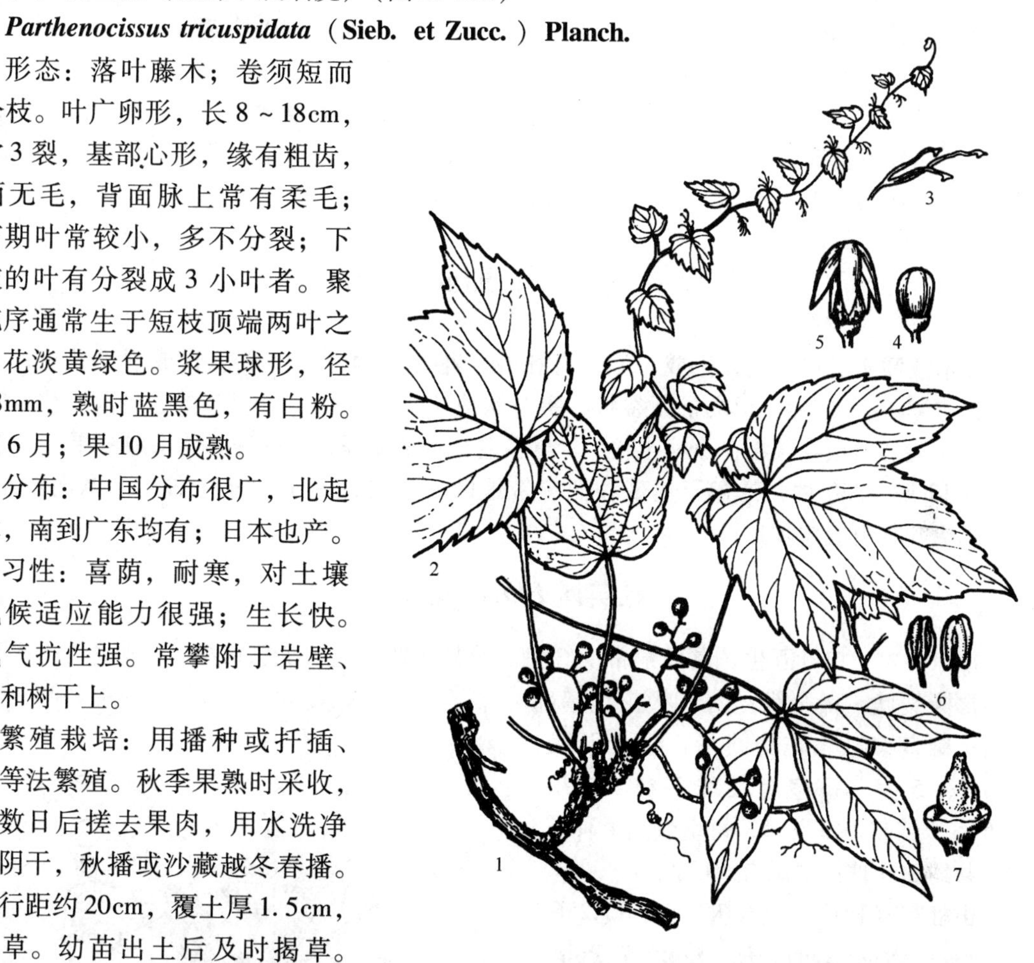

图17-255 爬山虎

1. 果枝 2. 深裂的叶 3. 吸盘 4、5. 花 6. 雄蕊 7. 雌蕊

繁殖栽培：用播种或扦插、压条等法繁殖。秋季果熟时采收，堆放数日后搓去果肉，用水洗净种子阴干，秋播或沙藏越冬春播。条播行距约20cm，覆土厚1.5cm，上盖草。幼苗出土后及时揭草。扦插在春、夏均可进行，春季3月用硬枝插，夏季用半成熟枝插，成活率可达90%以上。移栽要在落叶后、发芽前进行，可适当剪去过长藤蔓，以利操作，最好带宿土。

观赏特性及园林用途：本种是一种优美的攀援植物，能借助吸盘爬上墙壁或山石，枝繁叶茂，层层密布，入秋叶色变红，格外美观。常用作垂直绿化建筑物的墙壁、围墙、假山、老树干等，短期内能收到良好的绿化、美化效果。夏季对墙面的降温效果显著。

经济用途：根、茎入药，能破瘀血、消肿毒。

(2) 美国地锦(五叶地锦、美国爬山虎)

***Parthenocissus quinquefolia* Planch.**

落叶藤木;幼枝带紫红色。卷须与叶对生,5~12分枝,顶端吸盘大。掌状复叶,具长柄,小叶5,质较厚,卵状长椭圆形至倒长卵形,长4~10cm,先端尖,基部楔形,缘具大齿,表面暗绿色,背面稍具白粉并有毛。聚伞花序集成圆锥状。浆果近球形,径约6mm,成熟时蓝黑色,稍带白粉,具1~3种子。花期7~8月;果9~10月成熟。

原产美国东部;中国有栽培。

喜温暖气候,也有一定耐寒能力;耐荫。生长势旺盛,但攀援力较差,在北方常被大风刮下。通常用扦插繁殖,播种、压条也可。本种秋季叶色红艳,甚为美观,常用作垂直绿化建筑墙面、山石及老树干等,也可用作地面覆盖材料。

〔47〕杜英科 Elaeocarpaceae

乔木或灌木。单叶,互生或对生;有托叶。花通常两性,常成总状或圆锥花序;萼片4~5;花瓣4~5或无,顶端常撕裂状,镊合状或覆瓦状排列;雄蕊多数,分离,生于花盘上,花药线形,顶孔开裂;子房上位,2至多室,每室2至多数胚珠。蒴果或核果。

约12属,350种,分布于热带和亚热带地区:中国有3属,50余种,产西南至东部,为常绿阔叶林组成树种。

杜英属 *Elaeocarpus* L.

常绿乔木。单叶互生,落叶前常变红色。花常两性,成腋生总状花序;萼片5;花瓣5,顶端常撕裂状,稀全缘,由环状花盘基部长出;雄蕊多数,花药线形,顶孔开裂;子房2~5室,每室有胚珠多粒。核果,3~5室,或仅1室发育,每室仅具1种子。

共约200种;中国有30种。

山杜英(杜英、胆八树)(图17-256)

***Elaeocarpus sylvestris* (Lour.) Poir.**

形态:常绿乔木,一般高10~20m,最高可达26m,胸径80cm;树冠卵球形。树皮深褐色,平滑不裂;小枝红褐色,幼时疏生短柔毛,后光滑。叶薄革质,倒卵状长椭圆形,长4~12cm,基部楔形,缘有浅钝齿,脉腋有时具腺体,叶柄长0.5~1.2cm;绿叶中常存有少量鲜红的老叶。腋生总状花序,长2~6cm;花下垂,花瓣白色,细裂如丝;雄蕊多数;子房有绒毛。核果椭球形,长1~1.6cm,熟时暗紫色。

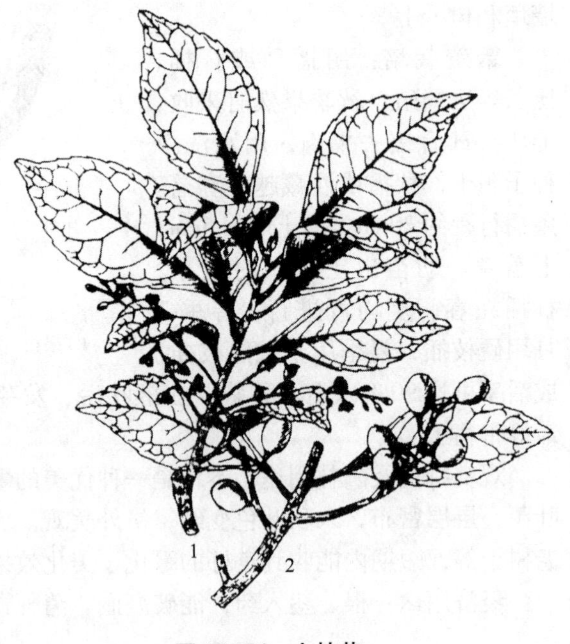

图17-256 山杜英
1. 花枝 2. 果枝

花期 6 ~ 8 月；果 10 ~ 12 月成熟。

分布：产中国南部，浙江、江西、福建、台湾、湖南、广东、广西及贵州南部均有分布。多生于海拔 1000m 以下之山地杂木林中。

习性：稍耐荫，喜温暖湿润气候，耐寒性不强；适生于酸性之黄壤和红黄壤山区，若在平原栽植，必须排水良好。根系发达；萌芽力强，耐修剪；生长速度中等偏快。对二氧化硫抗性强。

繁殖栽培：播种或扦插繁殖。秋季果成熟时采收，堆放待果肉软化后，搓揉淘洗得净种子，捞出阴干后随即播种，或湿沙层积至次年春播。条播行距约 20cm，覆土厚约 2cm，再盖草保湿。当年苗高可达 50cm 以上，在杭州等地冬季需搭棚或覆草防寒。次年春季分栽 1 次，扩大株行距培养。移栽时间在秋初或晚春进行为好，小苗带宿土，大苗带土球，移栽后结合整形适当疏去部分枝叶。

观赏特性及园林用途：本种枝叶茂密，树冠圆整，霜后部分叶变红色，红绿相间，颇为美丽。宜于草坪、坡地、林缘、庭前、路口丛植，也可栽作其他花木的背景树，或列植成绿墙起隐蔽遮挡及隔声作用。因对二氧化硫抗性强，可选作工矿区绿化和防护林带树种。

经济用途：木材暗棕红色，坚实细致，可供建筑、家具及细木工等用材。树皮纤维可造纸；树皮可提取栲胶；根皮供药用，有散瘀消肿之功效。

〔48〕椴树科 Tiliaceae

乔木或灌木，稀草本；常具星状毛。髓心、皮层具黏液细胞；树皮富含纤维。单叶互生；托叶小而早落。花通常两性，整齐；聚伞花序，或由小聚伞花序组成圆锥状花序；萼片 3 ~ 5，镊合状排列；花瓣 5 或无；雄蕊 10 或更多，花丝基部常合生成 5 束或 10 束，花药 2 室，纵裂；子房上位，2 ~ 10 室，每室具 1 至数胚珠，中轴胎座。蒴果、核果、坚果或浆果。

约 60 属，400 种，广布于热带、亚热带，少数产温带；中国 9 属，约 80 余种，南北都有分布，主产长江以南各地。

分属检索表

A_1 花无花盘，花瓣基部无腺体；花序梗有贴生大形舌状苞片；叶柄长 ························ 1. 椴树属 *Tilia*

A_2 花盘发达，花瓣基部有腺体；花序梗上无贴生苞片；叶柄短；核果 ················ 2. 扁担杆属 *Grewia*

1. 椴树属 *Tilia* L.

落叶乔木。单叶互生，有长柄，叶基常不对称。聚伞花序下垂，总梗约有其长度一半与舌状苞片合生；花小，黄白色，有香气，萼片、花瓣各 5；有时具花瓣状退化雄蕊并与花瓣对生，雄蕊多数，分离或成 5 束，花丝常在顶端分叉；子房 5 室，每室 2 胚珠，花柱 5 裂。坚果状核果，或浆果状，有 1 ~ 3 种子。

共约 50 种，主产北温带；中国约有 35 种，南北均有分布。

分种检索表

A_1 叶背密被灰白色星状绒毛；小枝有星状毛；叶缘锯齿有芒状尖头 ……………（1）糠椴 *T. mandshurica*

A_2 叶背无毛，或仅脉腋有毛。

B_1 幼枝无毛；叶有时3浅裂，缘有粗锯齿。

C_1 树皮红褐色；叶基部常为截形或广楔形，稀近心形；花有退化雄蕊………（2）蒙椴 *T. mongolica*

C_2 树皮灰色；叶基部常为心形；花无退化雄蕊 ……………………………………………（紫椴 *T. amurensis*）

B_2 幼枝有柔毛，后脱落；叶不裂，缘有细锯齿，背面苍绿色 ……………………（心叶椴 *T. cordata*）

（1）糠椴（大叶椴、辽椴）（图 17－257）

***Tilia mandshurica* Rupr. et Maxim.**

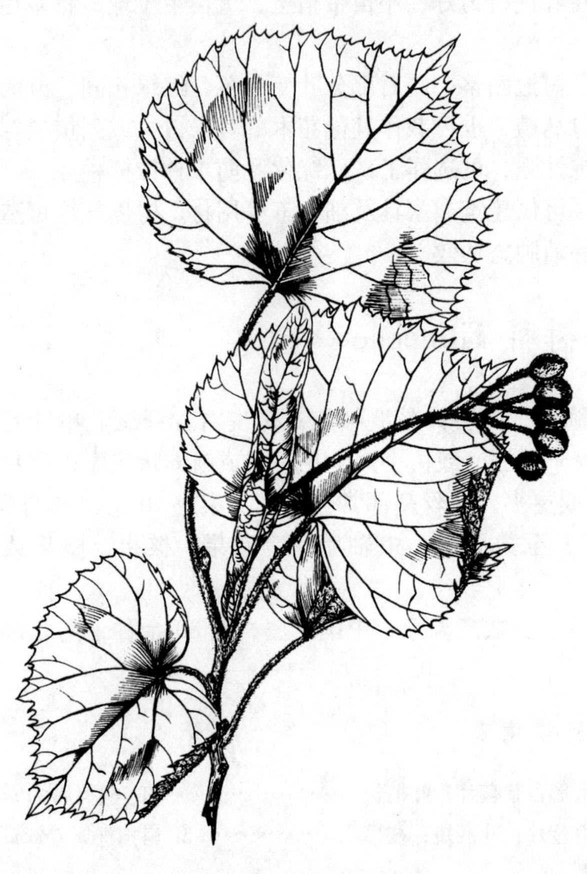

图 17-257 糠 椴

形态：落叶乔木，高达20m，干径50cm；树冠广卵形至扁球形。干皮暗灰色，老时浅纵裂。1年生枝黄绿色，密生灰白色星状毛；2年生枝紫褐色，无毛。叶广卵形，长7～15cm，先端短尖，基部歪心形或斜截形，叶缘锯齿粗而有突出尖头，表面有光泽，近无毛；背面密生灰色星状毛，脉腋无簇毛；叶柄长4～8cm，有毛。花黄色，7～12朵成下垂聚伞花序，苞片倒披针形。果近球形，径7～9mm，密被黄褐色星状毛，有不明显5纵脊。花期7～8月；果9～10月成熟。本种有棱果、卵果、瘤果等变种。

分布：产于东北、内蒙古及河北、山东等地；朝鲜、俄罗斯远东亦有分布。在东北小兴安岭及长白山林区海拔200～500m落叶阔叶混交林中习见。

习性：喜光，也相当耐荫；耐寒性强，喜冷凉湿润气候及深厚、肥沃而湿润之土壤，在微酸性、中性和石灰性土壤上均生长良好，但在干瘠、盐渍化或沼泽化土壤上生长不良。适宜于山沟、山坡或平原生长。生长速度中等偏快，寿命长达200年以上。深根性，萌蘖性强；不耐烟尘。

繁殖栽培：多用播种法繁殖，分株、压条也可。种子有很长的后熟性，采收后需沙藏1年（甚至长达410d）度过后熟期后始可播种。在种子沙藏的1年多时间内要保持一定湿度，并需每隔1～1.5月倒翻1次，使种子经历“低温—高温—低温—回暖”的变温阶段，到第3年3月中旬前后有20%左右种子发芽时再播。幼苗畏日灼，需进行适当遮荫。也可将其与豆类间作，既可起到遮荫效果，又能节省设架费用，还能增加土壤肥力。幼苗主干易弯，而萌蘖力强，故需加强修剪养干工作。4 ~5 年生苗高达 2m 左右即可出圃定植；若要较大规格的苗木，则要留圃培养 7 ~8 年。定植后应注意及时剪除根蘖，并逐步提高主干高度。常见病虫害有吉丁虫及鳞翅目昆虫的幼虫危害，老树易生腐朽病，均应及时防治。

观赏特性及园林用途：本种树冠整齐，枝叶茂密，遮荫效果良好，花黄色而芳香，是北方优良的庭荫树及行道树种，但目前城市绿地及园林中应用尚少。

经济用途：木材较轻软，易加工，不翘不裂，可作胶合板、家具、铅笔杆、造纸等用。树皮纤维可代麻用；花供药用，有发汗、解热等功效。花内含蜜，是良好的蜜源植物。

（2）蒙椴（小叶椴）（图 17-258）

***Tilia mongolica* Maxim.**

落叶小乔木，高 6 ~10m，树皮红褐色；小枝光滑无毛。叶广卵形至三角状卵形，长3 ~6（10）cm，缘具不整齐粗锯齿，有时 3 浅裂，先端突渐尖或近尾尖，基部截形或广楔形，有时心形，仅背面脉腋有簇毛，侧脉4 ~5 对；叶柄细，长 1. 5 ~3. 5cm。花6 ~12 朵排成聚伞花序；苞片狭矩圆形，长 2 ~5cm，具柄；花黄色，雄蕊多数，有 5 退化雄蕊。坚果倒卵形，长 5 ~7mm，外被黄色绒毛。花期 7 月；果 9 月成熟。

图 17-258　蒙　椴

1. 果枝　2. 花

主产华北，东北及内蒙古也有。在北方山区落叶阔叶混交林中习见。

习性及繁殖栽培均似糠椴，惟因树形较矮，只宜在公园、庭园及风景区栽植，不宜作大街的行道树。

2. 扁担杆属 *Grewia* L.

落叶乔木或灌木，有星状毛。冬芽小，有狭长芽鳞。单叶互生，基脉 3 ~5 条；托叶小。花单生或成聚伞花序；花萼显著，花瓣基部有腺体，雄蕊多数，全育；子房 5 室，每室 2 至多数胚珠。核果，2 ~4 裂，1 ~4 核；种子有丰富胚乳。

共约 150 种；中国约产 30 种，主产长江以南各地。

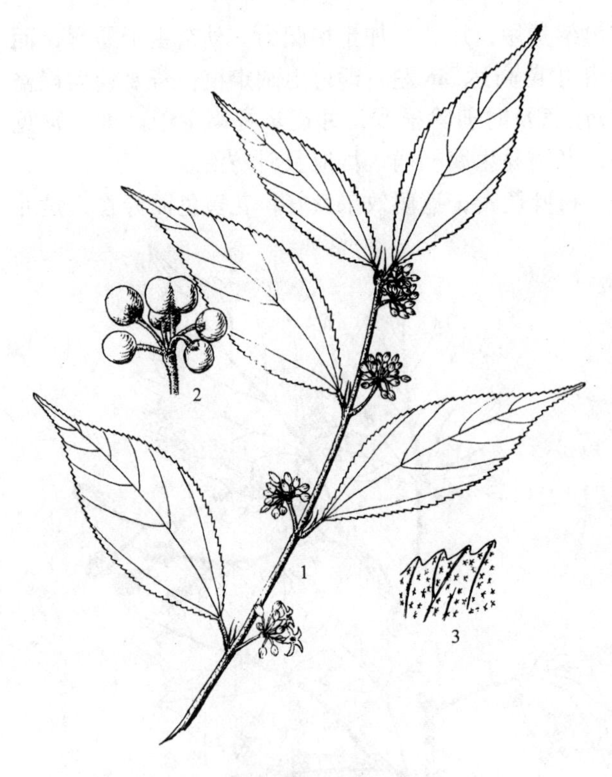

图 17-259 扁担木

1. 花枝 2. 果序 3. 叶局部放大，示星状毛

扁担杆（图 17-259）

***Grewia biloba* G. Don**

落叶灌木，高达 3m；小枝有星状毛。叶狭菱状卵形，长 4～10cm，先端尖，基部 3 出脉，广楔形至近圆形，缘有细重锯齿，表面几无毛，背面疏生星状毛。花序与叶对生；花淡黄绿色，径不足 1cm。果橙黄至橙红色，径约 1cm，无毛，2 裂，每裂有 2 核。花期 6～7 月；果 9～10 月成熟。

主产长江流域及其以南各地。

变种扁担木（var. *parviflora* Hand.-Mazz.）叶较宽大，两面均有星状短柔毛，背面毛更密；花较大，径约 2cm。主产我国北部，华东、西南也有。

原种及其变种性强健，喜光，也略耐荫；耐瘠薄，不择土壤，常自生于平原、丘陵或低山灌丛中。用播种或分株法繁殖。果实橙红美丽，且宿存枝头达数月之久，是良好的观果树种，宜于庭园丛植、篱植，或与山石配植，颇具野趣；果枝可作瓶插材料。枝叶供药用，可治小儿疳积等症；茎皮纤维可作人造棉等原料。

〔49〕锦葵科 Malvaceae

草本、灌木或乔木。单叶，互生，常为掌状脉及掌状裂；有托叶。花两性，形大，单生或成蝎尾状聚伞花序；萼 5 裂，常具副萼；花瓣 5，在芽内旋转状；雄蕊多数，花丝合生成筒状，花药 1 室，花粉有刺；子房上位，2 至多室，中轴胎座。蒴果，室背开裂或分裂为数果瓣。种子多具油质胚乳。

约 50 属，1000 种，广布于温带至热带各地；中国约有 16 属，50 余种。

木槿属 *Hibiscus* L.

草本或灌木，稀为乔木。花大，常单生叶腋；花萼 5 裂，宿存，副萼较小；花瓣 5，基部与雄蕊筒合生；子房 5 室，花柱顶端 5 裂。蒴果室背 5 裂；种子无毛或有毛。

共约 200 种；中国 20 余种，大多栽培观赏用。

分种检索表

A_1 总苞状副萼离生。

B_1　花瓣不分裂，副萼长达 5mm 以上。

C_1　叶卵形或菱状卵形，不裂或端部 3 浅裂。

D_1　叶菱状卵形，端部常 3 浅裂；蒴果密生星状绒毛 …………………………… (1) 木槿 *H. syriacus*

D_2　叶卵形，不裂；蒴果无毛 ………………………………………………………… (2) 扶桑 *H. rosa-sinensis*

C_2　叶卵状心形，掌状 3～5 (7) 裂，密被星状毛和短柔毛………………………… (3) 木芙蓉 *H. mutabilis*

B_2　花瓣细裂如流苏状，副萼长不过 2mm ………………………………………… (4) 吊灯花 *H. schizopetalus*

A_2　总苞状副萼基部合生，上部 9～10 齿裂；叶广卵形；花黄色 …………………… (5) 黄槿 *H. tiliaceus*

(1) 木槿 (图 17-260)

***Hibiscus syriacus* L.**

形态：落叶灌木或小乔木，高3～4 (6) m。小枝幼时密被绒毛，后渐脱落。叶菱状卵形，长3～6cm，基部楔形，端部常 3 裂，边缘有钝齿，仅背面脉上稍有毛；叶柄长 0.5～2.5cm。花单生叶腋，径 5～8cm，单瓣或重瓣，有淡紫、红、白等色。蒴果卵圆形，径约 1.5cm，密生星状绒毛。花期 6～9 月；果 9～11 月成熟。

分布：原产东亚，中国自东北南部至华南各地均有栽培，尤以长江流域为多。

习性：喜光，耐半荫；喜温暖湿润气候，也颇耐寒；适应性强，耐干旱及瘠薄土壤，但不耐积水。萌蘖性强，耐修剪。对二氧化硫、氯气等抗性较强。

图 17-260　木　槿

1. 花枝　2. 花纵剖　3. 星状毛

繁殖栽培：可用播种、扦插、压条等法繁殖。而以扦插为主。硬枝插、软枝插均易生根。近年北京园林局苗圃为加速育苗，采用纸钵插。纸钵用两层报纸卷成筒状，高约 15cm，直径约 4cm。钵内装由园土、草灰和积肥混合的培养土。于 3 月中旬采 1 年生枝作插条，为促使生根可用 500mg/L 吲哚丁酸蘸插条下部后再插。插好后，将纸钵在背风向阳之苗床中排列整齐。灌透水后床上覆罩塑料棚。利用日光增温，夜晚用草帘保温，约经 20d 即可生根。4 月底或 5 月初即可将钵苗移栽露地培养，当年苗木可高达 1m。木槿在北京地区小苗阶段冬季要采取保护措施，否则易遭冻害，但在小气候较好处 2 年生以上的苗木即可不必防寒。为培养丛生状苗木，可在次年春季截干，促其基部分枝，这样 2 年生苗即可养成理想树形，供园林绿化栽植之用。本种栽培容易，可粗放管理。

观赏特性及园林用途：木槿夏秋开花，花期长而花朵大，且有许多不同花色、花型的变种和品种，是优良的园林观花树种。常作围篱及基础种植材料，也宜丛植于草坪、路边或林缘。因具有较强抗性，故也是工厂绿化的好树种。

经济用途：茎皮纤维可作造纸原料；全株各部可入药，有清热、凉血、利尿等功效。

(2) 扶桑（朱槿）（图17-261）

***Hibiscus rosa-sinensis* L.**

大灌木，高可达6m，一般温室栽培者高约1m。叶广卵形至长卵形，长4～9cm，先端尖，缘有粗齿，基部近圆形且全缘，两面无毛或背面沿脉有疏毛，表面有光泽。花冠通常鲜红色，径6～10cm；雄蕊柱和花柱长，伸出花冠外；花梗长3～5cm，近顶端有关节。蒴果卵球形，径约2.5cm，顶端有短喙。夏秋开花。

图17-261 扶 桑

原产中国南部，福建、台湾、广东、广西、云南、四川等地区均有分布；现温带至热带地区均有栽培。

喜光，喜温暖湿润气候，不耐寒，华南多露地栽培，长江流域及其以北地区需温室越冬。喜肥沃湿润而排水良好土壤。繁殖通常用扦插法。扶桑为美丽的观赏花木，花大色艳，花期长，除红色外，还有粉红、橙黄、黄、粉边红心及白色等不同品种；除单瓣外，还有重瓣品种。盆栽扶桑是布置节日公园、花坛、宾馆、会场及家庭养花的最好花木之一。根、叶、花均可入药，有清热利水、解毒消肿之功效。

图17-262 木芙蓉

1. 花枝 2. 果 3. 种子

(3) 木芙蓉（芙蓉花）（图17－262）

***Hibiscus mutabilis* L.**

形态：落叶灌木或小乔木，高2～5m；茎具星状毛及短柔毛。叶广卵形，宽7～15cm，掌状3～5（7）裂，基部心形，缘有浅钝齿，两面均有星状毛。花大，径约8cm，单生枝端叶腋；花冠通常为淡红色，后变深红色；花梗长5～8cm，近顶端有关节。蒴果扁球形，径约2.5cm，有黄色刚毛及绵毛，果瓣5；种子肾形，有长毛。花期9～10月；果10～11月成熟。

分布：原产中国，黄河流域至华南均有栽培，尤以四川成都一带为盛，故成都有“蓉城”之称。

变种及品种：木芙蓉除最常见的单瓣桃红色花外，还有大红重瓣、白重瓣、半白半桃红重瓣以及清晨开白花，中午转桃红，傍晚变深红的‘醉’芙蓉等品种。传闻还有不可多得的开黄花的‘黄’芙蓉。

习性：喜光，稍耐荫；喜肥沃、湿润而排水良好之中性或微酸性砂质壤土；喜温暖气候，不耐寒，在长江流域及其以北地区露地栽培时，冬季地上部分常冻死，但次年春季能从根部萌发新条，秋季能正常开花。生长较快，萌蘖性强。对二氧化硫抗性特强，对氯气、氯化氢也有一定抗性。

繁殖栽培：常用扦插和压条法繁殖，分株、播种也可进行。长江流域及其以北地区在秋季落叶后结合修剪选取粗壮当年生枝条，剪成长 15cm 左右的扦条，分级捆扎沙藏越冬，次年春季取出扦插，株行距为 8cm × 25cm，插前应先打孔，以免伤皮。当年苗高可达 1m 以上，秋季把扦插苗挖起假植越冬，翌春即可用于绿化栽植，秋季便可开花。压条多于初秋进行，约 1 个月后即可与母株切离。分株在春季进行，先在基部以上 10cm 处截干，然后分株栽植。木芙蓉栽培养护简易，移植栽种成活率高。因性畏寒，在长江流域及其以北地区应选择背风向阳处栽植，每年入冬前将地上部全部剪去，并适当壅土防寒，春暖后扒开壅土，即会自根部抽发新枝，这样能使秋季开花整齐。在华南暖地则可作小乔木栽培。

观赏特性及园林用途：木芙蓉秋季开花，花大而美丽，其花色、花型随品种不同有丰富变化，是一种很好的观花树种。由于性喜近水，种在池旁水畔最为适宜。花开时水影花光，互相掩映，自觉潇洒有致，因此有“照水芙蓉”之称。《长物志》云：“芙蓉宜植池岸，临水为佳”。《花镜》云：“芙蓉丽而开，宜寒江秋沼”。苏东坡也有“溪边野芙蓉，花水相媚好。”的诗句。此外，植于庭院、坡地、路边、林缘及建筑前，或栽作花篱，都很合适。在寒冷的北方也可盆栽观赏。

经济用途：茎皮纤维洁白柔韧，可供纺织、制绳、造纸等用；花、叶及根皮入药，有清热凉血、消肿解毒之效。

(4) 吊灯花（拱手花篮）（图 17-263）

Hibiscus schizopetalus **(Mast.) Hook. f.**

灌木，高 1 ~ 4m，枝细长拱垂，光滑无毛。叶椭圆形或卵状椭圆形，长 4 ~ 7cm，先端尖，基部广楔形，缘有粗齿，两面无毛。花单朵腋生，花梗细长，中部有关节；花大而下垂，径 5 ~ 7cm；花瓣红色，深细裂成流苏状，向上反卷；雄蕊柱长而突出；副萼极小，长 1 ~ 2mm。

原产非洲热带；华南庭园有栽培。很不耐寒，长江流域及其以北各城市常温室盆栽观赏。几乎全年开花，是极美丽的观赏植物。通常用扦插繁殖。

图 17-263　吊灯花

(5) 黄槿

***Hibiscus tiliaceus* L.**

常绿小乔木，高4~7m。叶广卵形，长7~15cm，基部心形，全缘或偶有不显之3~5浅裂，表面深绿而光滑，背面灰白色并密生星状绒毛，革质。花黄色，径约8~10cm；总苞状副萼基部合生，上部9~10齿裂，宿存。蒴果卵形，长约1.5cm，被柔毛，5瓣裂。花期6~8月。

产华南；日本、印度、马来西亚及大洋洲也产。多生于海边，生长快，深根性，抗风力强。可用作华南海岸防沙、防风及防潮树种；在广州等城市也有作行道树的。木材致密，色泽美丽，耐朽力强，可供建筑、家具及造船等用；树皮纤维可制绳索。

〔50〕木棉科 Bombacaceae

落叶乔木，茎枝常具皮刺。单叶或掌状复叶，互生；托叶早落。花两性，大而美丽，单生或成圆锥花序；具副萼，萼（3~）5裂，镊合状排列；花瓣5，覆瓦状排列；雄蕊5至多数，花丝合生成筒状或分离，花药1室，花粉平滑；子房上位，2~5室，每室2至多数胚珠。蒴果，果皮内壁有长毛，开裂或不裂。

共20属，约150种，主产美洲热带；中国产1属2种，引入2属2种。

木棉属 *Gossampinus* Buch. -Ham.

乔木。掌状复叶，小叶全缘，无毛。花单生。先叶开放；花萼杯状，不规则分裂；雄蕊5体；花药肾形，多数；子房5室。蒴果木质，室间5裂；胚乳薄，子叶折叠。

约6种，产亚洲；中国产1种。

木棉（攀枝花）（图17-264）

***Gossampinus malabarica*（DC.）Merr.**

形态：落叶大乔木，高达40m。树干粗大端直，大枝轮生，平展；幼树树干及枝条具圆锥形皮刺。掌状复叶互生，小叶5~7，卵状长椭圆形，长7~17cm，先端近尾尖，基部楔形，全缘，无毛，小叶柄长1.5~3.5cm。花红色，径约10cm，簇生枝端；花萼厚，杯状，长3~4.5cm，常5浅裂；花瓣5；雄蕊多数，合生成短管，排成3轮，最外轮集生为5束。蒴果长椭球形，长10~15cm，木质，5瓣裂，内有棉毛；种子倒卵形，光滑。花期2~3月，先叶开放；果6~7月成熟。

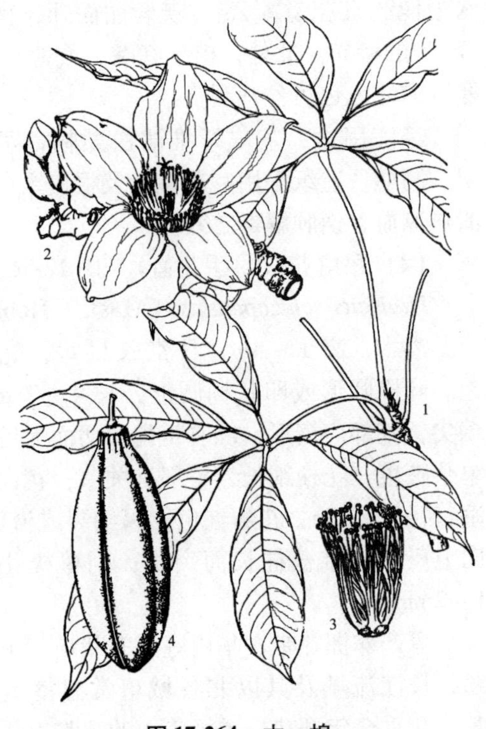

图17-264 木 棉

1. 叶枝 2. 花蕾及花 3. 雄蕊束 4. 果

分布：产亚洲南部至大洋洲；云南、贵州、广西、广东等地南部均有分布。多生于干热河谷或低山丘陵次生林中，也常散生于村边路旁，开花时是最美丽、最显著树种之一。

习性：喜光，喜暖热气候，很不耐寒，较耐干旱。深根性，萌芽性强，生长迅速。树皮厚，耐火烧。

繁殖栽培：可用播种、分蘖、扦插等法繁殖。蒴果成熟后爆裂，种子易随棉絮飞散。故要在果开裂前采收，置阳光下晒裂，在处理棉絮纤维时拣出种子。种子贮藏时间不宜过长，一般在当年雨季播种。

观赏特性及园林用途：本种树形高大雄伟，树冠整齐，多呈伞形，早春先叶开花，如火如荼，十分红艳美丽。在华南各城市常栽作行道树、庭荫树及庭园观赏树。杨万里有“即是南中春色别，满城都是木棉花。”的诗句。木棉是广州的市花，也是华南干热地区重要造林树种。

经济用途：木材轻软，耐水湿，可供炊具、木桶、板料等用。果内棉毛可作垫褥、枕芯、救生圈等填充材料；花、根、皮入药，有祛湿之效。

〔51〕梧桐科 Sterculiaceae

乔木或灌木，稀为藤本或草本。通常为单叶互生；托叶早落。花两性或单性，通常整齐，常成聚伞或圆锥花序，花萼3 ~5 裂，花瓣5 或缺；雄蕊5 至多数，排成2 轮，外轮常退化，花丝合生成筒状或柱状；子房上位，由5（2 ~10）个合生或离生心皮组成，中轴胎座。多为蒴果或蓇葖果。

约68 属，1100 种，主产热带地区；中国有19 属82 种，多分布于华南至西南山区。

梧桐属 *Firmiana* Mars.

落叶乔木。叶掌状分裂，互生。圆锥花序顶生；花单性同株，花萼5 深裂，无花瓣；雄蕊10 ~ 15，合生成筒状；雌蕊5 心皮，基部离生，花柱合生；子房有柄，基部具退化雄蕊。蓇葖果成熟前沿腹缝线开裂；种子球形，3 ~ 4 枚着生于果皮边缘。

共约10 余种，产亚洲；中国产3 种。

梧桐（青桐）（图17-265）

***Firmiana simplex*（L.）W. F. Wight**

形态：落叶乔木，高15 ~ 20m；树冠卵圆形。树干端直，树皮灰绿色，通常不裂；侧枝每年阶状轮生；小枝粗壮，翠绿色。叶3 ~ 5 掌状裂，叶长15 ~ 20cm，基部心形，裂片全缘，先端渐尖，表面光滑，背面有星状毛；叶柄约与叶片等长。花萼裂片条形，长约1cm，淡黄绿色，开展或反卷，外面密被淡黄色短柔毛。花后心皮分离成5 蓇葖果，远在成熟前即开裂呈舟形；种子棕黄色，大如豌豆，表面皱缩，着生于果皮边缘。花期6 ~ 7 月；果9 ~ 10 月成熟。

分布：原产中国及日本；华北至华南、西南各地区广泛栽培。

习性：喜光，喜温暖湿润气候，耐寒性不强，在北京栽培幼枝常因干冻而枯死；喜肥沃、湿润、深厚而排水良好的土壤，在酸性、中性及钙质土上均能生长，但不宜在积水洼地或盐碱地栽种，又不耐草荒。积水易烂根，受涝5d 即可致死。通常在平原、丘陵、山沟及

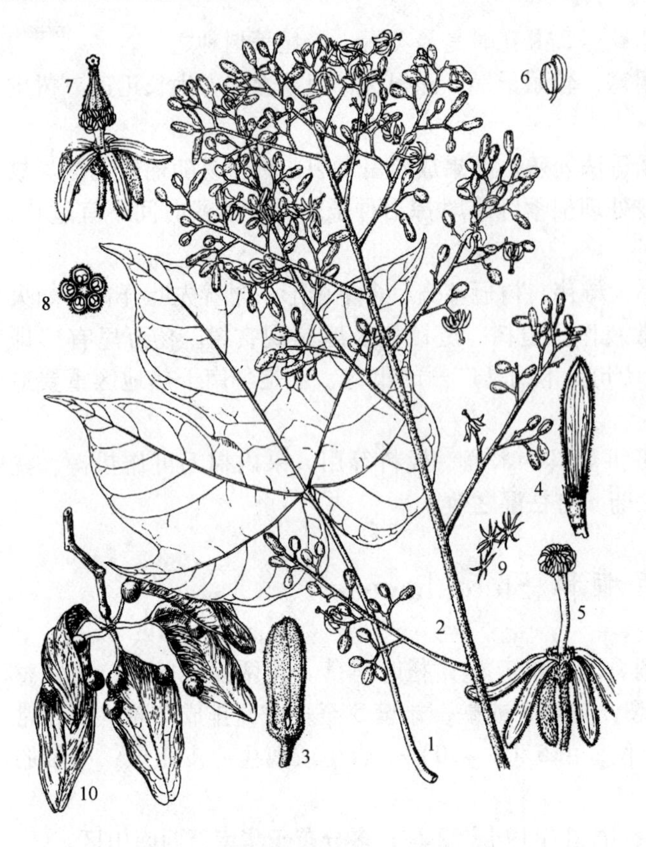

图 17-265　梧　桐

1. 叶　2. 花枝　3. 花蕾　4. 萼片　5. 雄花　6. 雄蕊　7. 雌花　8. 子房横切面　9. 星状毛　10. 蓇葖果及种子

山谷生长较好。深根性，直根粗壮；萌芽力弱，一般不宜修剪。生长尚快，寿命较长，能活百年以上。发叶较晚，而秋天落叶早。对多种有毒气体都有较强抗性。

繁殖栽培：通常用播种法繁殖，扦插、分根也可。秋季果熟时采收，晒干脱粒后当年秋播，也可干藏或沙藏至次年春播。条播行距 25cm，覆土厚约 1.5cm，每亩播种量约 15kg。沙藏种子发芽较整齐；干藏种子常发芽不齐，故在播前最好先用温水浸种催芽处理。1 年生苗高可达 50cm 以上，次年春季分栽培养，3 年生苗木即可出圃定植。梧桐栽培容易，管理简单，一般不需要特殊修剪。病虫害常有梧桐木虱、霜天蛾、刺蛾等食叶害虫，要注意及早防治。在北方，冬季对幼树要包草防寒。如条件许可，每年入冬前和早春各施肥、灌水 1 次。

观赏特性及园林用途：梧桐树干端直，树皮光滑绿色，叶大而形美，绿荫浓密，洁净可爱。《群芳谱》云：“梧桐皮青如翠，叶缺如花，妍雅华净，赏心悦目，人家斋阁多种之。”可见梧桐很早就被植为庭园观赏树。我国长江流域各地栽培尤多，取其枝叶繁茂，夏日可得浓荫。入秋则叶凋落最早，故有“梧桐一叶落，天下尽知秋”之说。适于草坪、庭院、宅前、坡地、湖畔孤植或丛植；在园林中与棕榈、修竹、芭蕉等配植尤感和调，且颇具我国民族风味。梧桐也可栽作行道树及居民区、工厂区绿化树种。

经济用途：木材轻韧，纹理美观，可供乐器、箱盒、家具等用材。种子可炒食及榨油；叶、花、根及种子等均可入药，有清热解毒、祛湿健脾等效。

〔52〕猕猴桃科 Actinidiaceae

乔木或灌木，常为攀援性。单叶互生，有齿或全缘。花两性，有时杂性或单性异株，常成腋生聚伞或圆锥花序；萼片、花瓣常为 5，覆瓦状排列；雄蕊多数或少至 10，离生或基部合生；子房由 1 至多数心皮组成，合生；花柱与心皮同数，离生或合生。浆果或蒴果。

本科共 13 属，约 300 种，主产热带，大洋洲为多。

猕猴桃属 *Actinidia* Lindl.

落叶藤本；冬芽甚小，包被于膨大之叶柄内。叶互生，具长柄，缘有齿或偶为全缘。托叶小而早落，或无托叶。花杂性或单性异株，单生或成腋生聚伞花序；雄蕊多数，背着药；子房上位，多室；花柱多数为放射状。浆果；种子多而细小，有胚乳，胚较大。

约56种；中国产约55种，主产黄河流域以南地区。

分种检索表

A_1　小枝及叶背有毛……………………………………………………………………（1）猕猴桃 *A. chinensis*

A_2　小枝及叶背无毛或仅背脉有毛。

　B_1　小枝髓部片状，褐色；叶无斑；花药暗紫色……………………………………（2）猕猴梨 *A. arguta*

　B_2　小枝髓部充实，白色；部分叶有白色或黄色斑；花药黄色　…………………（3）木天蓼 *A. polygama*

（1）猕猴桃（中华猕猴桃）（图17-266）

***Actinidia chinensis* Planch.**

形态：落叶缠绕藤本。小枝幼时密生灰棕色柔毛，老时渐脱落；髓大，白色，片状。叶纸质，圆形，卵圆形或倒卵形，长5～17cm，顶端突尖、微凹或平截，缘有刺毛状细齿，表面仅脉上有疏毛，背面密生灰棕色星状绒毛。花乳白色，后变黄色，径3.5～5cm。浆果椭球形或卵形，长3～5cm，有棕色绒毛，黄褐绿色。花期6月；果熟期8～10月。

分布：广布于长江流域及其以南各地区，北至陕西、河南等地亦有分布。

习性：喜阳光，略耐荫；喜温暖气候，也有一定耐寒能力，喜深厚肥沃湿润而排水良好的土壤。在自然界常生于山地林内或灌丛中，垂直分布可达海拔1850m。据1984年末的报道，在江西省靖安县发现了大面积成片的野生猕猴桃林，小的片林达几十亩，大的片林达2000多亩，每亩有单株23～31株。

繁殖栽培：通常用播种法繁殖。将成熟的浆果捣烂，在水中用细筛淘洗，取出种子后阴干保存。播种前与湿砂混合装入盆内，保持温度在2～8℃，经沙藏50d后即可播种。在北京地区，以4月上旬播种为宜。幼苗在冬季应行埋土防寒。定植时应设棚架以资攀援，有利通风透光，增加产量。

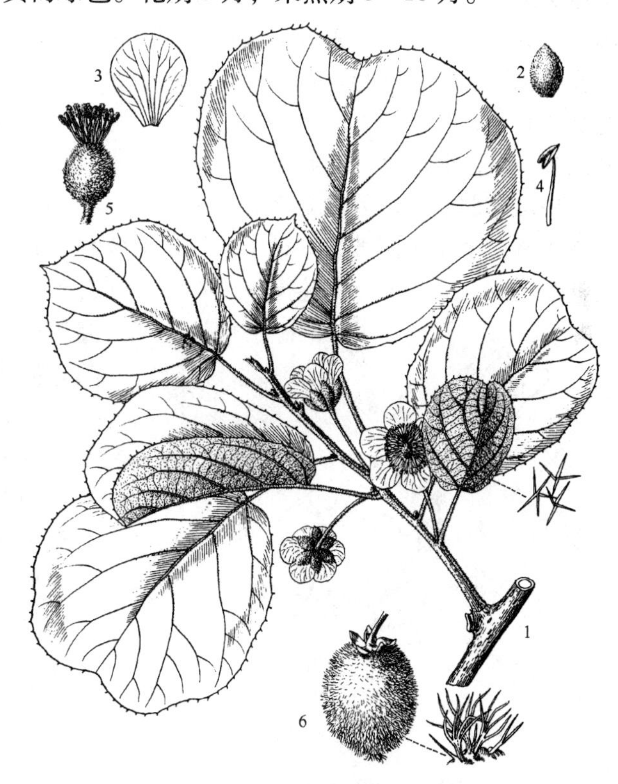

图17-266　猕猴桃

1. 花枝　2. 花萼　3. 花瓣　4. 雄蕊　5. 雌蕊　6. 果

此外亦可用扦插法繁殖。

由于猕猴桃果实的维生素C含量极

高，营养丰富，故在国际市场上很受欢迎。过去斯里兰卡自中国引入后，经过努力栽培经营，每年可获数千万美元的收入。目前我国也开始重视了这个资源，组织了全国性的协作研究，已知在全国24个省市区均有分布，蕴藏量达1.5亿kg。现已建立了4个种质资源材料圃，并选育出比外国品质更佳的无毛的中华猕猴桃品系。又在陕西、河南、江西、四川、湖南、安徽、福建、浙江等地建立了生产基地。

观赏特性和园林用途：花大，美丽而又有芳香，是良好的棚架材料，既可观赏又可有经济收益，最适合在自然式公园中配植应用。

经济用途：果实含多种糖类和维生素，可生食或加工制成果汁、果酱、果脯、罐头、果酒、果晶等饮料和食品。其果汁对致癌物质亚硝吗啉的阻断率高达98.5%，故有益于身体保健作用。根、藤、叶均可入药，有清热利水，散淤止血之效。茎皮及髓含胶质，可作造纸胶料。花可供提取香料用。

图17-267 猕猴梨

（2）猕猴梨（软枣猕猴桃、软枣子）（图17-267）

***Actinidia arguta*（Sieb. et Zucc.）Planch.**

大藤本，长可达30m以上。小枝通常无毛，有时幼枝有灰白色疏柔毛；髓褐色，片状。叶卵圆形至椭圆形，长6～13cm，端突尖或短尾状，叶基圆形或近心形，叶缘有锐齿，仅背面脉腋有毛，叶柄及叶脉干后常带黑色。花白色，径约1.5～2cm，花药暗紫色，3～6朵成腋生聚伞花序。果椭圆形，径约2.5cm，绿黄色，无毛。

中国东北、西北及长江流域均有分布，朝鲜、日本也有。多生于阴坡杂木林中或生于山坡水分充足的灌丛中，垂直分布高达海拔1900m。可用播种、分根、分蘖等法繁殖。宜植于园林中作棚架植物。果味甜香可食，富含营养及维生素，并有强壮、解热、收敛等药效。

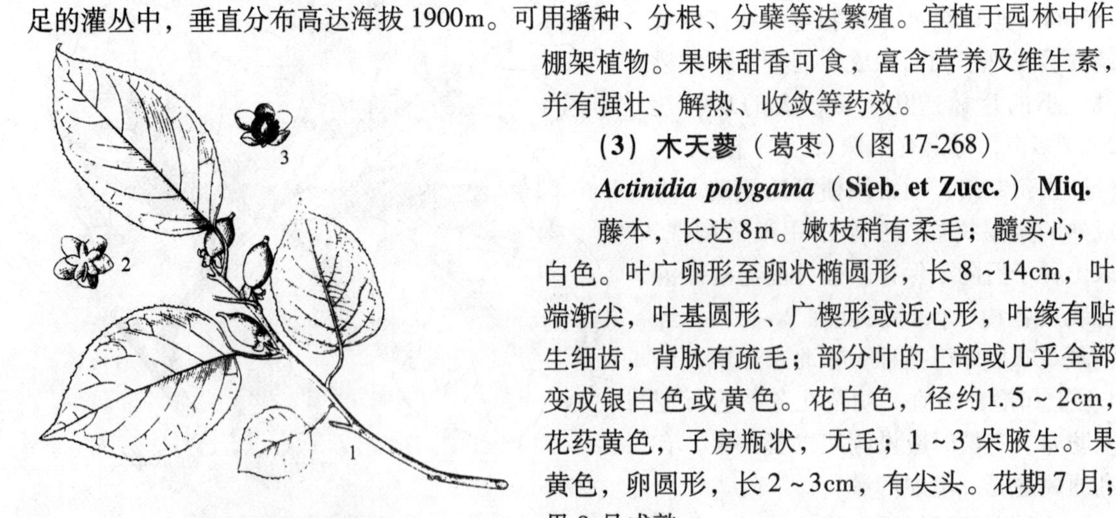

图17-268 木天蓼

1. 果枝 2、3. 雌花

（3）木天蓼（葛枣）（图17-268）

***Actinidia polygama*（Sieb. et Zucc.）Miq.**

藤本，长达8m。嫩枝稍有柔毛；髓实心，白色。叶广卵形至卵状椭圆形，长8～14cm，叶端渐尖，叶基圆形、广楔形或近心形，叶缘有贴生细齿，背脉有疏毛；部分叶的上部或几乎全部变成银白色或黄色。花白色，径约1.5～2cm，花药黄色，子房瓶状，无毛；1～3朵腋生。果黄色，卵圆形，长2～3cm，有尖头。花期7月；果9月成熟。

产于中国东北、西北及山东、湖北、四川、

云南等地。朝鲜、俄罗斯、日本也有分布。生于山地林中，耐寒性强，垂直分布可达海拔3200m。用播种法繁殖。由于部分叶呈银白色而可供观赏，故可植于园林之中攀附树木或山坡岩石；或作棚架植物。果亦可生食或作药用。

〔53〕山茶科 Theaceae

乔木或灌木，多为常绿。单叶互生，羽状脉；无托叶。花常为两性，多单生叶腋，稀形成花序；萼片5~7，常宿存；花瓣5，稀4或更多；雄蕊多数，有时基部合生或成束；子房上位，2~10室，每室2至多数胚珠，中轴胎座。蒴果，室背开裂，浆果或核果状而不开裂。

本科约20属，250余种，产热带至亚热带；中国产15属，190种，主产长江流域以南。

分属检索表

A_1 蒴果，开裂。

　B_1 种子大，无翅；芽鳞多数……1. 山茶属 *Camellia*

　B_2 种子小而扁，边缘有翅；芽鳞少数……2. 木荷属 *Schima*

A_2 果浆果状，不开裂；芽鳞多数；叶之侧脉不明显……3. 厚皮香属 *Ternstroemia*

1. 山茶属 *Camellia* L.

常绿小乔木或灌木。芽鳞多数。叶有锯齿，具短柄。花两性单生叶腋；萼片大小不等；雄蕊多数，2轮，外轮花丝连合，着生于花瓣基部，内轮花丝分离；子房上位，3~5室，每室有4~6悬垂胚珠。蒴果，室背开裂，种子1至多数，形大，无翅。

约220种；中国产190余种，分布于南部及西南部。

分种检索表

A_1 花不为黄色。

　B_1 花较大，无梗或近无梗，萼片脱落。

　　C_1 花径6~19cm；全株无毛。

　　　D_1 叶表面有光泽，网脉不显著……（1）山茶 *C. japonica*

　　　D_2 叶表面无光泽，网脉显著……（2）滇山茶 *C. reticulata*

　　C_2 花径4~6.5cm；芽鳞、叶柄、子房、果皮均有毛。

　　　D_1 芽鳞表面有粗长毛；叶卵状椭圆形……（3）油茶 *C. oleifera*

　　　D_2 芽鳞表面有倒生柔毛；叶椭圆形至长椭圆状卵形……（4）茶梅 *C. sasangua*

　B_2 花小，具下弯花梗；萼片宿存……（5）茶 *C. sinensis*

A_2 花黄色……（6）金花茶 *C. chrysantha*

（1）山茶（曼陀罗树、晚山茶、耐冬、川茶、海石榴）（图17-269）

***Camellia japonica* L.**

形态：常绿灌木或小乔木，高达10~15m。叶卵形、倒卵形或椭圆形，长5~11cm，叶端短钝渐尖，叶基楔形，叶缘有细齿，叶表有光泽。花单生或对生于枝顶或叶腋，大红色，径6～12cm，无梗，花瓣5～7，但亦有重瓣的，花瓣近圆形，顶端微凹；萼密被短毛，边缘膜质；花丝及子房均无毛。蒴果近球形，径2～3cm，无宿存花萼；种子椭圆形。花期2～4月，果秋季成熟。

分布：产于中国和日本。中国中部及南方各地露地多有栽培，北部则行温室盆栽。

变种及品种：品种已达3000以上，常见的变种有：

①白山茶 var. *alba* Lodd.：花白色。

②白洋茶 var. *alba-plena* Lodd.：花白色；重瓣，6～10轮，外瓣大、内瓣小，呈规则的覆瓦状排列。

③红山茶 var. *anemoniflora* Curtis：花红色，花型似秋牡丹，有5枚大花瓣，雄蕊有变成狭小花瓣者。

④紫山茶 var. *lilifolia* Mak.：花紫色；叶呈狭披针形，有似百合的叶形。

⑤玫瑰山茶 var. *magnoliaeflora* Hort.：花玫瑰色，近于重瓣。

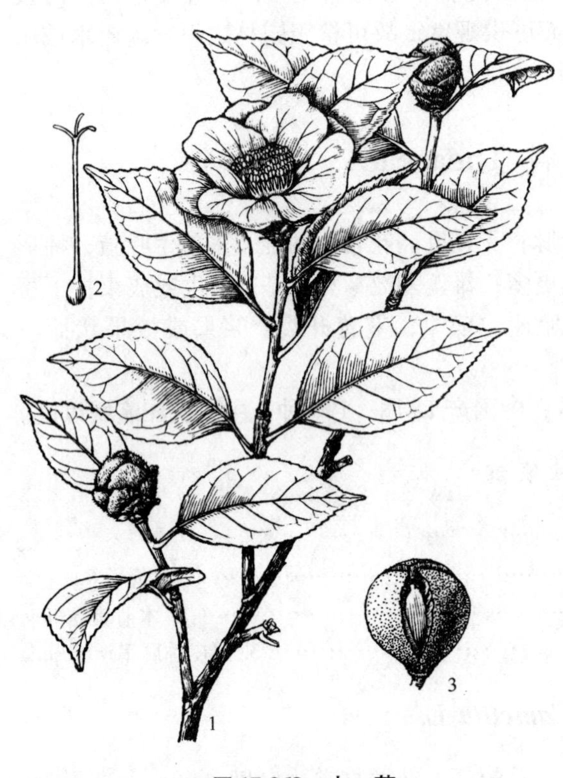

图17-269 山 茶

1. 花枝 2. 雌蕊 3. 开裂的蒴果

⑥重瓣花山茶 var. *polypetala* Mak.：花白色而有红纹，重瓣；枝密生，叶圆形；扦插易生根。

⑦金鱼茶（鱼尾山茶）var. *spontanea forma trifida* Mak.：花红色，单瓣或半重瓣；叶端3裂如鱼尾状，又常有斑纹，为观赏珍品，可扦插繁殖。

⑧朱顶红 var. *chutinghung* Yu：花型似红山茶，但呈朱红色，雄蕊仅余2～3枚。

⑨鱼血红 var. *yuxiehung* Yu：花色深红，花形整齐，花瓣覆瓦状排列，有时外轮的1～2瓣带白斑。

⑩什样锦 var. *shiyangchin* Yu：花色粉红，常有白色或红色的条纹与斑点，花形整齐，花瓣呈覆瓦状排列。

习性：喜半阴，最好为侧方庇荫。喜温暖湿润气候，酷热及严寒均不适宜。一般在气温达29℃以上时则生长停止，若达35℃时则叶子会有焦灼现象，如时期较长则会引起嫩枝死亡。山茶也有一定的耐寒力，在青岛及西安小气候良好处均可露地过冬，青岛崂山寺庙中有古山茶名“耐冬”已经受过多次极端最低气候的考验。一般言之，山茶可耐－10℃的低温而无冻害；气温若缓慢逐渐降温则不易受害或受害亦很轻微，例如青岛的极端最低气温曾达－16.4℃，但青岛公园中仍露地植有山茶花。但如温度骤降或冬季有较大的干风则易使叶、嫩枝及花蕾受害。此外地栽的比盆栽的耐寒力为强，盆栽的当气温降至－3℃或盆土结冰时，植株就会死亡。各品种茶花的习性略有差别，但总的说来，最适宜生长温度为20～25℃。

在2℃时即可开始开花，如果温度一直保持在较低的情况下花期可延长，如果温度上升至22℃则花朵会全部迅速凋落，故温度变幅以保持在10～20℃之间为宜，单朵花的花期可长达2周以上，全株花期可达2～4个月之久。叶芽一般在7℃以上开始缓慢萌动，在15～18℃萌发较快，在20～25℃新梢生长较速，至30℃则新梢停止生长。

山茶喜肥沃湿润、排水良好的微酸性土壤（pH 5～6.5），不耐碱性土；因山茶根为肉质根，如土壤黏重积水则易腐烂变黑而落叶甚至全株死亡。空气的相对湿度以在50%～80%之间为宜；若温度高、光线强而又空气干燥时，叶片易得日灼病。山茶对海潮风有一定的抗性。

繁殖栽培：可用播种、压条、扦插、嫁接等法繁殖。

①播种繁殖：多在繁殖培育砧木时应用，因为在短期内即能获得多量苗木。种子成熟后最好采下即播，否则应沙藏。但因种子富含油脂故也不耐久藏。覆土厚2～3cm，经4～6周可陆续发芽。幼苗期间应适当遮荫，但于早、晚应使见阳光。1年生苗高可达10cm多。至次年春季进行移植1次，继续培养。

②扦插繁殖：对园艺品种中易生根者多用此法。欲提高成活率，必须有健壮富含营养的插穗，故首先必须对母株施秋季基肥，控制花蕾数目，避免因开花过多而消耗大量养分。至次年6月下旬至7月间选当年已停止生长呈半成熟状态之新梢作插穗。插穗以粗3～4mm，顶端带2叶片者为佳，留长8～12cm，自节下1.5cm处剪下，应随剪随插。插床应设于半荫处，床土应既能保持湿润又能排水良好。床上最好设双层荫棚，侧面也挂帘以免日光斜晒和防风吹。插穗株行距可用6cm×12cm距离。插后应注意保持基质的适当湿润和空气中有较高的相对湿度。约经1个月可产生愈伤组织，此后早、晚可通气略见阳光，再经约1个月即可生根。生根后可除去1层荫棚，逐渐增加光照以使苗木充实硬化并有利于根系的发展。此外，在插穗缺少时有用单芽扦插的，即插穗为仅带有1片叶1个芽，长度只有1.5～2cm；但用此法成活后生长缓慢。又有用1～2年生枝条行土团插者；在湖南尚有用较大的枝条行割插法繁殖者。

③嫁接繁殖法：对一些不易生根的品种，多采用靠接法，通常在5～6月（立夏～芒种）期间进行。砧木用实生苗或扦插苗。此外亦有在春季行切接者，但成活率较低。

在长江以南，在扦插的当年冬季应设霜棚（暖棚）防寒，次年晚霜后再拆除改为荫棚。

山茶移植以在春季3～4月中旬为好，不论苗木大小均应带土球。移植后正值新芽生长时期，应注意保持土壤湿润。

欲使山茶花繁叶茂，应在秋末施基肥，在生长期间可结合浇水施追肥，但在开花期间不必施肥。山茶不喜浓肥，尤其对弱苗不宜一次多量施肥。

园林中露地栽植的以及盆栽的山茶均应注意树形的培养和维护。但山茶花不宜行强度修剪，仅每年剪除病虫枝、老弱、枯枝及过密枝并及时摘除砧芽。修剪时期多在花谢后进行。

由于山茶易生花蕾，为了保持植株健壮，常将弱株或弱枝上的花蕾摘除一部分，一般每个枝条留3个花蕾即可。但对健壮的大树则不必如此，可在花朵近凋谢时摘除以减少养分的消耗。

在华北、东北、西北等寒冷地区，山茶均行温室盆栽。栽培上的关键问题在于保持盆土的酸度，由于水为碱性故盆土渐变碱性而致树木死亡。养护的办法是经10d、半月浇1次

"矾肥水"，并注意勿使盆土积水过湿。再有一点应注意的是日照问题，山茶虽喜半荫但不喜顶部遮荫，而以侧面遮蔽阳光为宜，故不宜终年置于荫棚之下，否则亦会生长不良。传统的经验是掌握"湿而冷则晒，干而热则荫"的原则。

主要病虫害有蚜虫、红蜘蛛、黑霉病、炭疽病等。对蚜虫可用2000倍的乐果液防治，对炭疽病等可用500～800倍的托布津防治。

观赏特性和园林用途：山茶是中国传统的名花。叶色翠绿而有光泽，四季长青，花朵大，花色美，品种繁多，从11月即可开始观赏早花品种，而晚花品种至次年3月始盛开，故观赏期长达5个多月。其开花期正值其他花较少的季节，故更为珍贵。茶花不但为中国所热爱，在欧美及日本亦极受珍视，常用于庭园及室内装饰。

经济用途：木材可供细工用；种子含油45%以上，榨油可食用；花及根均可入药，性凉，有清热、敛血之效，可治吐血、血崩、白带等症。

(2) 滇山茶（云南山茶花）（图17-270）

***Camellia reticulata* Lindl.**

形态：常绿小乔木至大灌木，高可达15m。树皮灰褐色，小枝无毛，棕褐色。叶椭圆状卵形至卵状披针形，长7～12cm，宽2～5cm，锯齿细尖，叶表深绿而无光泽，网状脉显著，叶背淡绿色。花2～3朵，直生于叶腋，无花柄，形大，径8～19cm，花色自淡红至深紫，花瓣15～20，内瓣倒卵形，外瓣阔倒卵形或圆形，叶缘常波状；萼片形大，内方数枚呈花瓣状；子房密生柔毛。蒴果扁球形，无宿存萼片，木质，熟时茶褐色，内含种子1～3粒。花期极长，在原产地早花种自12月下旬开始，晚花种能开到4月上旬。

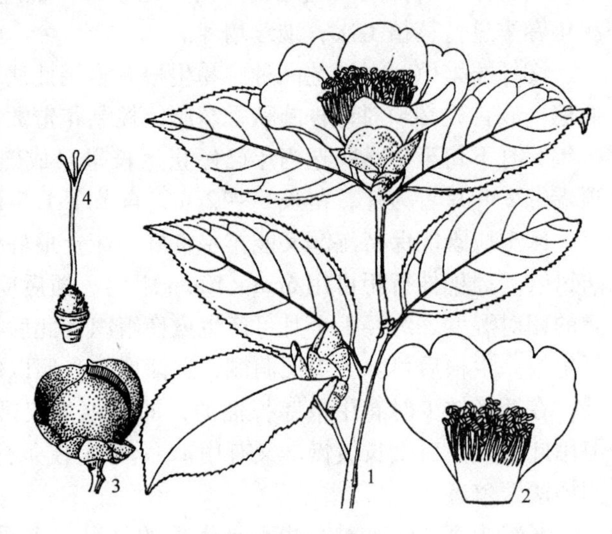

图17-270 滇山茶

1. 花枝 2. 花瓣连生雄蕊 3. 果 4、雌蕊

分布：原产中国云南，在江苏、浙江、广东等地均有栽培，在北方各地有少量盆栽。

变种和品种：红花油茶 *C.reticulata* f. *simplex* Sealy：是既有观赏价值又有很高经济价值的种类。据古籍记载，有72个品种，现在云南约有百余个品种。在园艺上对品种分类有以下几种方法：

A. 按花型分：

①单瓣型：花瓣仅为1层。

②复瓣型（半重瓣型）：花瓣2～3层。

③蔷薇型：花瓣6～10层，外方者大，愈向内方者愈小，全花呈整齐的覆瓦状排列；雄蕊少，几乎全变为花瓣状。

④秋牡丹型：外层花瓣宽平，内层为由雄蕊变成的细小而呈密簇状的花瓣。

⑤攒心花型：雄蕊分为3～5～7组，散生于细碎的内层花瓣中，因此形成3心、5心和

7 心等品种。

B. 按花色分：

①桃红色：如‘大桃红’等。

②银红色：如‘大银红’等。

③艳红色：如‘大理茶’等。

④白色微带红晕：如‘童子面’等。

⑤红白相间：如‘大玛瑙’等。

C. 按花期分：

①早花种：11 月下旬开始开放。

②中花种：1 月上旬开始开放。

③晚花种：2 月中下旬开始开放。

D. 按花瓣特征分：

①曲瓣种：花瓣弯曲起伏，呈不规则状排列。

②平瓣种：花瓣平坦，排列整齐。

习性：喜温暖湿润气候，最宜在夏季不过热，冬季不严寒的高山地区生长。在自然界常生于疏林间。抗寒性比山茶为弱。其主要原产地的年均温度为 12.6～16.6℃，绝对最高气温为 30.5～35.6℃，绝对最低气温为 -7.1℃。1 月份平均气温约在 8.3～11℃。总的来讲是既无严寒又无酷暑的地区。根据各地引种的经验，如果气温较长期地降至 0℃则花蕾会受冻而逐渐枯落，但枝条抗寒力较强，可经受 -12℃的低温而不死亡。

滇山茶对光照的要求是喜半阴环境但不宜在顶部遮荫而以侧方庇荫为佳。幼年期更喜较荫蔽的环境，但成年期对光照的要求提高，如过分荫蔽会妨碍生长及开花。所以在盆栽管理上要求掌握“雨季晒，旱热荫”的管理原则。对土壤水分以要求适当湿润、注意勿积水为原则；空气中相对湿度以 60%～80% 为适宜。对土壤的酸碱性反应比山茶更为敏感，以 pH5～5.5 最为适宜，在 pH3～6 的范围内均可正常生长，但在碱性土中则会死亡。滇山茶原产地的土壤是红色砂质壤土，理化性质均较好，但根据外地的引种经验，以用栽培兰花的山泥最佳，如无山泥，可用酸性的红壤或黄壤混合以腐殖质或用富含腐殖质的砂质壤土。

滇山茶生长缓慢但寿命极长，现在在云南各地的古寺庙及花园中多有遗存，其著名者如云南安宁县关庄清泰庵中的两株‘狮子头’（九心十八瓣）高 7m，干基粗达 37cm，据云树龄达 600 多年。在安宁县街城隍庙中的一株‘狮子头’高 10m、胸径 55cm、干基径达 60cm，其年龄当更老。又如晋宁县盘龙寺中的‘松子鳞’为元代（1347 年）所植，高 10m，干径 52cm。此外，如‘早桃红’、‘大蝶翅’、‘麻叶桃红’、‘紫袍’、‘大理茶’等品种均有数百年以上的古树。

繁殖栽培：

①种子繁殖法：多用于培育新品种或培养砧木用。由于山茶属于异花授粉植物，故用播种法可获得具有新性状的幼苗供选择培育用。茶子在 9～10 月陆续成熟，最好采后即播或进行湿砂埋藏（注意温度勿超过 14℃否则易于发芽或霉烂），如干藏则种子失水后即会失去发芽力。种子秋播后约月余可萌发生根，但胚芽需待次春温度回升后才能出土。当年苗高可达十余厘米。由于滇山茶为深根性，在幼苗期垂直的主根发达而侧根极少，故最好对当年生苗

即行断根移植以促使发生侧根以利以后苗木的移植成活。幼苗期应注意设荫棚遮荫。实生苗经4~7年才能开花。

②靠接法：在云南当地习惯用靠接法；砧木多用3~5年生的白洋茶扦插苗。靠接时间以立夏至芒种间（5~6月）为宜，约经4个月愈合牢固后即可与母株分离并移植在大盆中。在成活后的第1年如见发生花芽，应当全部摘除以免消耗养分，砧芽也应随时除去。

此外滇山茶也可在1~2月或6~9月行劈接，在7~9月行芽接，或在5~7月行扦插法繁殖；但是一般言之成活率均不高。

滇山茶在露地定植后，在最初的1~2月内应注意浇水，待根系恢复后则可不必常浇，仅于施肥后或天气过旱时再浇。

盆栽的应注意盆土的排水、施肥、浇水等工作。在花盆内的底部孔口上可先叠2~3片凸形碎盆片以免碎土漏出，然后填入鸽蛋大小的干塘泥块及基肥至盆内约1/3处；放入植株并使土团的原来土面略低于盆口，填入混有肥料的蚕豆至黄豆大小的小泥块，墩紧后再填入细土至盆口下方。基肥可用猪蹄壳或牛羊角碎片，注意勿使基肥直接与根系接触。在暖热季节每日早晚各浇1次水，冬季则数日浇1次。由于滇山茶的适应能力和生长势均较山茶为弱，故管理上应更加仔细才能获得良好结果。

观赏特性和园林用途：滇山茶是中国的特产，在全世界享有盛名。由于生长在西南边陲交通不便，故唐代以前少有记载，至宋代乃逐渐为文人所吟咏赞赏。国外自中国引入滇茶最早的国家当推日本，1673~1681年即清代的康熙年间。英国在1812~1831年曾自中国引入大批花木，以后又曾多次派专人前来中国采集；1909~1932年曾派福瑞斯特(G. Forrest)在云南采集大量滇茶种子引入英国培育。美国及澳大利亚在1948~1949年也引入十余个品种。

滇茶的特色为叶常绿不凋，花极美艳，大者过于牡丹，而且花朵繁密如锦，可谓一树万苞，妍丽可爱，每年花开时，如火烧云霞，形成一片花海。由于历代劳动人民的辛勤劳动，培育出许多优秀的品种，极大的丰富了园林景色。在云南昆明、大理、腾冲等地几乎到处可见。明代邓渼曾称滇茶有十德，即滇茶之美有十绝：一、花美：艳而不妖，二、寿长：虽经二、三百年而仍生气蓬勃如新栽；三、气魄大：干高四、五丈粗可合抱；四、肤雅：肤纹苍润黯若古云、气樽罍；五、姿美：枝条黝斜，状若尘尾龙形；六、根奇：蟠根兽攫，轮囷离奇，可凭而几，可借而枕；七、叶茂：丰叶如幄，森沉蒙茂；八、性坚：性耐霜雪，四时常青；九、颜荣：花期久长，次第开放，近二三月，每朵花期亦历旬余，十、宜赏：水养瓶中十余日颜色不变，半吐者亦能开。由于滇山茶有上述许多优点，故自古以来，久已用于布置庭园。如《滇云纪胜》一书中曾载："山茶花在会城者以沐氏西园为最，西园有名簇锦，茶花四面簇之，凡数十树，树可二丈，花簇其上，数以万计，紫者、朱者、红者、红白兼者，映目如锦，落英铺地，如坐锦茵，……及登太华则山茶数十树罗殿前，树愈高花愈繁，……。"由此可知古时它常被列植在屋侧堂前。因其性喜半荫，故在园林中最宜与庭荫树互相配植，例如植于茶室、凉棚旁的供休息的林荫下，以及花架与亭旁等处。

值得注意的是红花油茶（又名腾冲油茶），自然分布在云南西部海拔1500~2500m处，分布的中心是在海拔1600m以上的腾冲县，当地的年均温为14.7℃，绝对最高气温为30.5℃，绝对最低气温为-4.2℃，年降水量约为1400mm；如行人工栽培可栽至海拔3000m地带仍能生长良好，但如栽在海拔1500m以下地区，则因气候炎热而生长极差，易枯梢、开花结果少且小。由于本种的观赏价值和经济价值极高，故宜在滇西滇中较高海拔地带的自然风景区中大量应用。在营造风景林时可在10月下旬至次年1月采用直播种子方法即可，亦可用1年生小苗直接定植经过8~10年的培育即可开花结实。由于红花油茶树形高大，高可达10m，树冠圆整呈伞形，在其疏密有致的配植中应适当留出不同大小的空间，并于林缘或疏林下配植以灌木性的品种如‘童子面’、‘小桂叶’、‘恨天高’等，这样就会形成独具特色的专类风景区。

经济用途：种子可榨油供食用，亦可入药，有滋补身体治虚弱之效；尤其红花油茶的种子含油率达31%以上，茶油不会增加人体的胆固醇，最宜患高血压病人食用。花可入药，有收敛之效。

(3) 油茶（茶子树、白花茶）（图17-271）

***Camellia oleifera* Abel.**

形态：小乔木或灌木，高达7~8m。冬芽鳞片有黄色长毛，嫩枝略有毛。叶卵状椭圆形，长3.5~9cm，叶缘有锯齿；叶柄长4~7mm，有毛。花白色，径3~6cm，1~3朵腋生或顶生，无花梗；萼片多数，脱落；花瓣5~7，顶端2裂；雄蕊多数，外轮花丝仅基部合生；子房密生白色丝状绒毛。蒴果径约2~3cm，果瓣厚木质，2~3裂；种子1~3粒，黑褐色，有棱角。花期10~12月；果次年9~10月成熟。

分布：主要分布于长江流域及其以南各地。大抵北界为河南南部，南界可达海南岛，即北纬18°21′~34°34′之间。

品种：品种很多，主要有‘大籽’油茶、‘小籽’油茶等。

图17-271 油 茶

1. 花枝 2. 萼片渐变为花瓣 3. 花瓣 4. 花瓣连生雄蕊 5. 雌蕊及子房纵切面 6. 果及种子

习性：喜温暖湿润气候，要求年平均温度在14~21℃，1月平均温度不低于0℃，年降水量在1000mm以上地区。性喜光，幼年期较耐荫。对土壤要求不严，较耐瘠薄土壤，但以深厚、排水良好的砂质土壤为最宜。喜酸性土，pH4.5~6均能生长良好，不耐盐碱土。在自然界多生长于500~800m山区及丘陵地带，在安徽黄山可生于海拔900m处，在贵州多生于2000m以下，在云南中部则多生于海拔1700~2000m。

油茶属深根性树种，主根发达，常深达1.5m以下，各侧根均为扩散型，没有明显的水平须根密集层。生长缓慢，但萌蘖性较强，易于对老树之更新修剪。油茶寿命亦较长，盛果期可达80年，至百年以后始逐渐衰老，但土壤气候条件优良处，虽超过百龄，仍可开花繁茂。

繁殖栽培：可用播种及扦插法繁殖。

①播种法：可在11月行冬播，亦可沙藏种子于次年3月行春播。播前应浸种4、5d。行苗床条播，行距20cm，每亩需种子100kg。此外，在大面积的自然风景区也可用直播造林绿化的方法。播时每穴可播种子3粒，应使粒间留有距离以利间苗或移植。穴中最好滴杀虫剂或桐油渣脚数滴以防鼠害。由于油茶幼芽顶土能力弱，故一个好经验是将油茶子与油桐子同播在一穴中，子间距离20～25cm，由于油桐苗顶土力强故有助于油茶芽的出土。从管理和经济方面来看，油桐生长快可作为标志树，又可作为油茶幼苗的荫蔽树；油桐结实早、衰老快，可经济上早有收益，待衰老伐除后正好是油茶的开始开花结果时期，而且油桐根系浅，油茶根系深，二者互不干扰。

②扦插法：油茶扦插易生根，在南方各地可在春季2～3月，选1年生枝作插穗或在夏季5～6月选当年生的半木质化新梢作插穗。穗长5cm，带1片叶，粗约2.5mm，插前可浸50mg/L的2，4-D或100mg/L的α-萘乙酸液6h。此外尚可用带有成熟叶片的单芽进行扦插繁殖。扦插苗视生长情况，约经3～4年可开始开花。

油茶定植后，为保持树冠均整有利于丰产，可在采果后至春梢萌发前进行修剪，因此时营养物质多累积在根部，又因为这时湿度小、气温低，可减少病菌侵入伤口的机会。油茶有春梢、夏梢和秋梢，因为绝大部分花芽是在春梢上分化的，而且是在枝顶开花结果，故除了为培养树形外，一般的修剪原则是以疏删为主而避免短剪。

油茶的定植距离除按风景区的设计要求栽植外，为了提高产量，一般每亩栽植株数约为60～80之间，即平均为3m左右的株距。在管理上应注意锄草和施肥、修剪等工作。在植株衰老后可实行萌芽更新法使之复壮，萌芽条约经3～4年即可开花结实。

观赏特性和园林用途：叶常绿，花色纯白，能形成素淡恬静的气氛，可在园林中丛植或作花篱用；在大面积的风景区中还可结合风致与生产进行栽培；又为防火带的优良树种。

经济用途：种子含油率达25%～33.5%，种仁含油率可高达52.5%，是重要的木本油料树种。茶油色清而有香味，可供食用、调制罐头食品、制人造黄油以及供工业及医药用，是国际市场上受欢迎的物资。茶子饼可作肥料且有防虫害的效果。果壳可制活性碳、糠醛、栲胶。木材坚实可作农具柄。花有蜜为蜜源植物。

(4) 茶梅

***Gamellia sasangua* Thunb.**

小乔木或灌木，高3～13m，分枝稀疏，嫩枝有粗毛。芽鳞表面有倒生柔毛。叶椭圆形至长卵形，长4～8cm，叶端短锐尖，叶缘有齿，叶表有光泽，脉上略有毛。花白色，径3.5～7cm，略有芳香，无柄；子房密被白色毛。蒴果直径2.5～3cm，略有毛，无宿存花萼，内有种子3粒。花期11月至次年1月。

产于长江以南地区。日本有分布。

变种及品种达百余种，大都为白花，红花者较少。

性强健，喜光，也稍耐荫，但以在阳光充足处花朵更为繁茂。喜温暖气候及富含腐殖质而排水良好的酸性土壤。有一定抗旱性。可用播种、扦插、嫁接等法繁殖。茶梅可作基础种植及常绿篱垣材料，开花时为花篱、落花后又为常绿绿篱，故很受欢迎。亦可盆栽观赏。种子可榨油。

（5）茶（图 17-272）

Camellia sinensis* （L.） O. Ktze.** （C. thea* Link.；*Thea sinensis* L.**）

图 17-272 茶

1. 果枝 2. 花萼及花瓣 3. 花瓣连雄蕊 4. 雌蕊 5. 果 6. 种子

灌木或乔木，高可达 15m，但通常呈丛生灌木状。叶革质，长椭圆形，长 4 ~ 8cm，叶端渐尖或微凹，基部楔形，叶缘有锯齿，叶脉明显，有时背面稍有毛；叶柄长 2 ~ 5mm。花白色，径 2.5 ~ 3cm，芳香，1 ~ 4 朵腋生；花梗长 6 ~ 10mm，下弯；萼片 5 ~ 7，宿存；花瓣 5 ~ 9。蒴果扁球形，径约 2.5cm，熟时 3 裂；种子棕褐色。花期 10 月；果至次年 10 月末成熟。

原产中国，北自山东南至海南岛均有栽培，而以浙江、湖南、安徽、四川、台湾为主要产区。日本、印度、尼泊尔、斯里兰卡、非洲均有引种栽培。

习性：喜温暖湿润气候，大抵在年均温为 15 ~ 25℃的地区，但亦能耐 -6℃以及短期的 -16℃以下的低温，在气温超过 35℃时就会出现灼伤现象；年降水量以达 1000mm 以上为宜。性喜光，略耐荫。喜酸性土壤，pH 4 ~ 6.5 为宜；喜深厚肥沃排水良好的土壤。在盐碱土上不能生长。

茶为深根性树种，主根可深达 4m。越冬的芽在春季萌发形成新梢后，经过短时期的停止又会发生第 2 次生长，再经短期休止又可发生第 3 次或第 4 次生长。在短期休止期内，根部却在旺盛生长，即根系与地上部芽梢的生长成互相交替现象。如进行人工采芽叶则可促进芽的萌发次数，即顶芽被采后可由腋芽萌发新梢。

茶能从 6 ~ 11 月不断地进行花芽分化，故从 9 ~ 12 月可不断地开花；又由于果实需经 1 年多才能成熟，故在茶树上可见到花果相会的现象。

茶树生长慢但寿命长可达百年，如管理良好则可采茶数十年（一般专业茶园可采 30 余年）。茶树的萌芽更新复壮能力很强，对老株施行重剪，很易自根颈处发出茁壮的新枝而重新形成树冠达到复壮的目的。

繁殖栽培：可用播种、扦插等法进行繁殖。播种可在冬或春季进行，在南方以冬播为好，发芽率较高。每亩用种子约 60kg。扦插法可在 3 ~ 10 月间进行，以夏季扦插最易成活，现在多采用带 1 片叶子的单芽扦插法。插后注意喷雾和遮荫，约 1 个月可发根。

茶树的定植可在春或秋季进行，一般以秋季最佳。可每穴栽 2 ~ 4 株。在培养灌木型茶树时，一般需经3次整形修剪，第1次在树高40cm时，于春季可在距地20cm高处齐剪，第2次是在次年于前次剪口上方高20cm处平剪；第3次是在下年春在2次剪口上方留15cm平剪即形成树冠的骨架了。以后注意秋末冬初施基肥，春季发芽后在冬季采叶前施追肥即可生长良好。在采叶时应注意要及时以免芽叶变老影响茶叶质量，同时注意应留1~2片真叶以维持树势。

观赏特性和园林用途：茶花色白而芳香，在园林中可作绿篱用既有观赏价值又有经济收入。绿篱的整剪形式不必拘泥一格，可以随地形环境而异其形，创造出与环境更为调合的形式。

经济用途：茶叶是中国的特用经济树种，对国民经济及日常生活有很大影响，在国际贸易上也占相当的比重。采下的鲜叶用不同的加工方法可制成不同种类的茶叶；不发酵的是绿茶，全发酵的是红茶，半发酵的是乌龙茶、黑茶。绿茶又可熏制成各种花茶。喝茶有助于消化，能降血压、增强血管壁、提神、增强心脏、减少肌肉疲劳、杀菌消炎、增强抗病力及预防和治疗辐射损伤以及增加多种维生素等好处。茶籽可榨油；根可入药，治肝炎、心脏病及扁桃体炎等症。

（6）金花茶（图17-273）

***Camellia chrysantha*（Hu）Tuyama**

常绿小乔木，高2~5m；干皮灰白色，平滑。叶长椭圆形至宽披针形，长11~17cm，宽2.5~5cm，叶端尖尾状，叶基楔形，叶表侧脉显著下凹。花黄色至金黄色，花径7~8cm，1~3朵腋生；花梗长1~1.5cm；苞片革质，5枚，呈黄绿色，宿存；花瓣10~12枚，较厚；雄蕊多数；花柱3~4枚，分离达基部。蒴果扁圆形，端凹，横径6~8cm，纵径4~5cm，无毛。花期11月至次年3月。

产于广西东兴县、邕宁县。

变种：

①大叶金花茶 var. *macrophylla* S. L. Mo et S. L. Huang：常绿灌木，高2~4m；干皮黄褐色。叶椭圆形，长16~25cm，叶端急尖尾状，叶基圆形，叶缘微向背部反卷且具硬质小锯齿。花纯黄色，径达7cm，单生叶腋；花梗长0.5cm；花瓣7~8枚。蒴果扁球形或三角状扁球形，径4~5.5cm，紫红色花期3月至次年1月。产于广西十万大山中。

②小果金花茶 var. *microcarpa* S. L. Mo et S. Z. Huang：常绿灌木，高2~3m；干皮黄至灰褐色。长椭圆形至倒卵状椭圆形，长

图17-273　金花茶

1. 花枝　2. 果

10～15cm，宽4～6cm，叶端急尖或尾尖，叶基楔形。花淡黄色，径2.5～3cm，单生或2～3朵腋生；花梗长0.4cm；苞片5～6枚；萼片4～5枚；花瓣8～9枚；雄蕊多数；花柱3～4枚离生。蒴扁球形至三角状扁球形，径1.5～2.5cm。花期10～11月。产于广西邕宁县。

金花茶性喜暖湿气候，喜排水良好的酸性土壤及花荫条件下，故在自然界生长于暖热地带低海拔（75～350m）的山谷溪沟旁常绿阔叶林下。可用播种、扦插及嫁接法繁殖，在栽培管理上应较山茶、滇山茶更加仔细。由于山茶类为世界著名花木，各国园艺界竞相争夺国际市场，发掘种质资源以培育出更多更美的品种。过去的园艺育种家们对茶花有3个理想目标，即提高抗寒性，使花具有芳香及创造出黄色的品种。头2个目标早已实现，但第3个目标却数十年来一直无法实现，已成为全世界园艺育种家们梦寐以求的仙境，但自从中国1965年发表金花茶以来，实现第3个目标的理想已不再是幻想了，相信不久的将来中国的金黄色茶花品种一定会以惊人的面貌出现在国际花卉市场上。

关于具有黄色因子的茶花类，除了金花茶外，值得引种栽培研究的尚有凹脉金花茶 *Camellia impressinervis* Chang et Liang，显脉金花茶 *C. euphlebia* Merr.，东兴金花茶 *C. tunghinensis* Chang 及薄叶金花茶 *C. chrysanthoides* Chang 等种类，均产于广西。

2. 木荷属 *Schima* Reinw. ex Bl.

常绿乔木。芽鳞少数，小枝皮孔显著。单叶互生，全缘或有钝齿。花两性，单生于叶腋，具长柄；萼片5，宿存；花瓣5，白色；雄蕊多数，花丝附生于花瓣基部；子房5室，每室具2～6胚珠。蒴果球形，木质，5裂；种子肾形，扁平，边缘有翅。

共30种；中国有19种，主产于南部及西南部。

木荷（荷树）（图17-274）

***Schima superba* Gardn. et Champ**

形态：常绿乔木，高20～30m；树冠广卵形；树皮褐色，纵裂；嫩枝带紫色，略有毛。叶革质，卵状长椭圆形至矩圆形，长6～15cm，叶端渐尖或短尖，叶基楔形，锯齿钝，叶背绿色无毛。花白色，芳香，径约3cm，单生于枝顶叶腋或成短总状。蒴果球形，径1.5～2cm。花期5月；果9～11月成熟。

分布：安徽、浙江、福建、江西、湖南、四川、广东、贵州、台湾等地均有分布。

图17-274 木 荷

1. 花枝 2. 花瓣连生雄蕊 3. 雌蕊 4. 果 5. 种子

习性：喜暖热湿润气候，生长地区大抵年均温为16～22℃，1月份平均温度高于4℃。但能耐短期的－10℃低温，年降水量为1200～2000mm。性喜光但幼树能耐荫；对土壤的适应性强，能耐干旱瘠薄土地，但在深厚、肥沃的酸性砂质土壤上生长最快，30年可达20m高，胸径25cm。深根性，生长速度中等；寿命长可达200年以上。

多生于海拔150～1500m的山谷、林地，常与马尾松、青冈栎、麻栎、苦槠、樟树、油茶等混生。在与马尾松混生时，群落的发展结果是马尾松的优势将为木荷所代替；在与其他常绿耐荫性树种混生时，木荷将成为上层树。这些结果的产生是与木荷的生长发育习性有关的。因为木荷结实多，种子轻而具翅，易于散播各处，幼苗耐荫，对土壤适应性强，能在荒山及林中天然飞种成林，成年树又较高大，喜光，故常成为群落的上层树种。

繁殖栽培：用播种法繁殖，在蒴果开裂前及时采集，经过晒果，风选，取得种子后可干藏；种子发芽率约40%。春季2月上旬，选排水良好圃地进行条播，在排水不良处幼苗生长极为不良。播后约半月可出土，当年苗高可达40cm。用幼苗行大面积种植时应剪除1/2叶片并将根部沾泥浆。对大树养护时应注意剪除根际萌蘖。

观赏特性和园林用途：树冠浓荫，花有芳香，可作庭荫树及风景林。由于叶片为厚革质，耐火烧，萌芽力又强，故可植作防火带树种。若与松树混植，尚有防止松毛虫蔓延之效。

经济用途：是珍贵的木材之一，材质稍重，结构均匀细致，加工容易，较耐腐，充分干燥后不易变形，最适于制造纱绽、纱管；又为细工之上等用材。也可供建筑、家具、车船及制胶合板用。树皮及树叶可提取单宁供制革等工业用。

3. 厚皮香属 *Ternstroemia* Mutis ex L. f.

常绿乔木或灌木。叶常簇生于枝顶，全缘，侧脉不明显。花两性，单生叶腋；萼片5，宿存；花瓣5；雄蕊多数，成1～2轮排列，花丝连合，花药底着；子房2～4室，每室胚珠2或多数；花柱1。果为浆果状；种子扁，2～4粒。

共150种，中国有20种，主产于南部及西南部。

厚皮香（图17-275）

***Ternstroemia gymnanthera*（Wight et Arn.）Sprague**

小乔木或灌木，高3～8m。叶革质，倒卵状椭圆形，长5～10cm，叶端钝尖，叶基渐窄而下延，叶表中脉显著下凹，侧脉不明显。花淡黄色，径约2cm。果球形，径约1.5cm，花柱及萼片均宿存。花期7～

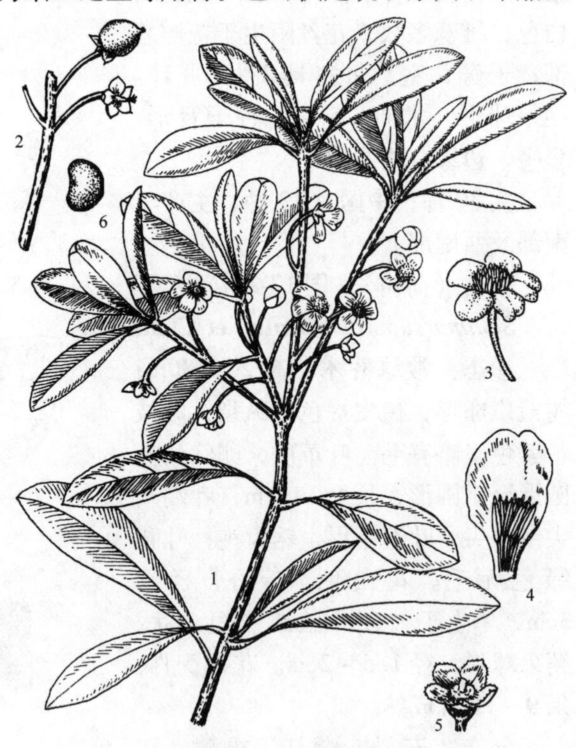

图17-275 厚皮香

1. 花枝 2. 花果枝 3. 花 4. 花瓣连生雄蕊 5. 花萼及雌蕊 6. 种子

8 月。

分布于湖北、湖南、贵州、云南、广西、福建、广东、台湾等地。日本、柬埔寨、印度也有分布。

性喜温热湿润气候，不耐寒；喜光也较耐荫；在自然界多生于海拔 700 ~ 3500m 的酸性土山坡及林地。由于植株树冠整齐，叶青绿可爱故可丛植庭园观赏用。种子可榨油供工业上制润滑油及肥皂用；树皮可提栲胶。

〔54〕藤黄科 Guttiferae

草本、灌木或乔木；具树脂道或油腺。单叶，通常对生，全缘，无托叶。花两性或单性，整齐，通常为聚伞花序；萼片、花瓣通常 2 ~ 6，雄蕊通常多数，基部多合生成数束；子房上位，1 ~ 15 室，每室 1 至多数胚珠；柱头与心皮同数。果实为蒴果、核果或浆果；种子无胚乳。

本科约 45 属，1000 余种；中国约 6 属，64 种。

金丝桃属 *Hypericum* L.

多年生草本或灌木。单叶对生，有时轮生，无柄或具短柄，全缘，有透明或黑色腺点。花常黄色，成聚伞花序或单生；萼片 5，斜形，旋转状；雄蕊通常多数，分离或成3 ~ 5 束；子房 1 ~ 5 室，有 3 ~ 5 侧膜胎座；花柱 3 ~5，分离或连合。蒴果室间开裂，罕为浆果状；种子圆筒形，无翅。

约 300 种；中国约 50 种。

分种检索表

A_1 花丝长于花瓣；花柱连合，仅端 5 裂 ……………………………… （1）金丝桃 *H. chinense*

A_2 花丝短于花瓣；花柱 5 枚，离生 ……………………………… （2）金丝梅 *H. patulum*

（1）金丝桃（图 17-276）

***Hypericum chinense* L.**

常绿、半常绿或落叶灌木，高 0.6 ~ 1m。小枝圆柱形，红褐色，光滑无毛。叶无柄，长椭圆形，长4 ~ 8crn，先端钝，基部渐狭而稍抱茎，表面绿色，背面粉绿色。花鲜黄色，径 3 ~ 5cm，单生或 3 ~ 7 朵成聚伞花序；萼片 5，卵状矩圆形，顶端微钝；花瓣 5，宽倒卵形；雄蕊多数，5 束，较花瓣长；花柱细长，顶端 5 裂。蒴果卵圆形。花期 6 ~ 7 月；果熟期 8 ~ 9 月。

河北、河南、陕西、江苏、浙江、台湾、福建、江西、湖北、四川、广东等地均有分布。日本也有。

性喜光，略耐荫，喜生于湿润的河谷或半阴坡地砂壤土上；耐寒性不强。

可用播种、分株及扦插等法繁殖。实生苗第 2 年即可开花。扦插多于夏秋用嫩枝插于沙床中。北方多行盆栽，结合换盆可行分株；露地宜选大建筑物前避风向阳处栽植，冬季宜在根际培土防寒。花谢后宜剪去花头及过老枝条进行更新。

本种花叶秀丽，是南方庭园中常见的观赏花木。可植于庭院内、假山旁及路边、草坪等处。华北多行盆栽观赏，也可作为切花材料。果及根可入药，果可治百日咳，根有祛风湿、止咳、治腰痛之效。

(2) 金丝梅（图 17-277）

***Hypericum patulum* Thunb.**

半常绿或常绿灌木。小枝拱曲，有两棱，红色或暗褐色。叶卵状长椭圆形或广披针形，顶端通常圆钝或尖，基部渐狭或圆形，有极短叶柄，表面绿色，背面淡粉绿色，散布油点。花金黄色，径4～5cm，雄蕊5束，较花瓣短；花柱5，离生。蒴果卵形，有宿存萼。花期4～8月；果熟期6～10月。

图 17-277 金丝梅
1. 花枝 2. 果序

图 17-276 金丝桃
1. 花枝 2. 果序

产陕西、四川、云南、贵州、江西、湖南、湖北、安徽、江苏、浙江、福建等地。

性喜光，有一定的耐寒能力，喜湿润土壤，但不可积水，在轻壤土上生长良好。在自然界多生于山坡、山谷林下或灌丛中。萌芽力强。

多用分株法繁殖，播种、扦插也可。

园林用途同金丝桃。根可入药，有舒筋、活血、催乳、利尿之效。

〔55〕柽柳科 Tamaricaceae

落叶小乔木、灌木或草本。小枝纤细。叶小，多为鳞形，互生；无托叶。花小，两性；整齐，萼片、花瓣各4～5，覆瓦状排列；雄蕊与花瓣同数或为其2倍，或多数而成数群；有花盘，子房上位，心皮2～5合生，1室，侧膜或基底胎座，有多数上升胚珠。蒴果3～5裂；种子有毛。

本科共4属，约100种；中国3属，28种。

分属检索表

A_1 雄蕊 4 ~ 5 与花瓣同数、等长，花丝分离；雌蕊有短花柱 3 ~ 4 条；种子顶端的芒柱自基部被柔毛…………………………………………………………………………………… 1. 柽柳属 *Tamarix*

A_2 雄蕊 10，比花瓣数多 1 倍，不等长，花丝基部合生；雌蕊无花柱；种子顶端的芒柱仅上半部有毛，下半部无毛 ……………………………………………………………………… 2. 水柏枝属 *Myricaria*

1. 柽柳属 *Tamarix* L.

小乔木或灌木。叶鳞形，先端尖，无芽小枝秋季常与叶具落。总状花序，或再集生为圆锥状复花序；萼片、花瓣各 4 ~5；雄蕊 4 ~5，罕 8 ~12，花丝分离，较花瓣长；花盘有缺裂，花柱 2 ~5。蒴果 3 ~5 裂；种子小，多数，端具无柄的簇生毛，无胚乳。

本属共 75 种；中国约 16 种，全国均有分布，而以北方为多。

分种检索表

A_1 春季开花后于夏季或秋季又可再行开花；春季为单个之总状花序侧生于去年生的木质化枝条上；夏、秋季为大圆锥花序顶生于当年生枝上；花盘 10 裂（5 深裂，5 浅裂） ………………………… （1）柽柳 *T. chinensis*

A_2 仅春季开花，总状花序侧生于去年生枝上，花盘 5 裂（裂端或微凹） …………… （2）桧柽柳 *T. juniperina*

A_3 仅夏季或秋季开花，总状花序集生成稀疏的圆锥花序，生于当年枝顶；花盘 5 裂 ……………………………………… （3）红柳 *T. ramosissima*

图 17-278 柽 柳

1 ~7. 春季花：1. 花枝 2. 萼片 3. 花瓣 4. 苞片 5. 花 6. 雄蕊和雌蕊 7. 花枝之叶 8 ~10. 夏季花：8. 花枝 9. 花盘 10. 花药

（1）柽柳（三春柳、西湖柳、观音柳）（图 17-278）

***Tamarix chinensis* Lour.**

形态：灌木或小乔木，高 5 ~ 7m。树皮红褐色；枝细长而常下垂，带紫色。叶卵状披针形，长 1 ~ 3mm，叶端尖，叶背有隆起的脊。总状花序侧生于去年生枝上者春季开花，和总状花序集成顶生大圆锥花序者夏、秋开花；花粉红色，苞片条状钻形，萼片、花瓣及雄蕊各为5；花盘10裂（5深5浅），罕为5裂；柱头3，棍棒状。蒴果3裂，长3.5mm。主要在夏秋开花；果10月成熟。

原产中国，分布极广，自华北至长江中下游各地，南达华南及西南地区。

习性：性喜光，耐寒、耐热、耐烈日暴晒，耐干又耐水湿，抗风又耐盐碱土，能在含盐量达1%的重盐碱地上生长。深根性，根系发达，萌芽力强，耐修剪和刈割；生长较速。

繁殖栽培：可用播种、扦插、分株、压条等法繁殖，通常多用扦插法。如用播种法时，应注意及时采收种子，经干藏后次春播种。每平方米播10g带果壳的种子，3~4d可出土，当年苗高可达50~80cm。扦插法是选1年生粗约1cm的萌条，剪成20cm长作插穗。成活率很高。秋插者应在上端封埋土堆过冬，次春再扒开；春插者可在土面露出1/5~1/4。成活后当年可高达1m以上。

柽柳在定植后不需特殊管理，在园林中栽植者可适当整形修剪以培育和保持优美的树形。在大面积栽植为采条或防风固沙用者，应注意保护芽条健壮生长，适当疏剪细弱冗枝，冬季适当培土根际。

观赏特性和园林用途：姿态婆娑、枝叶纤秀，花期很长，可作篱垣用。又是优秀的防风固沙植物；也是良好的改良盐碱土树种，在盐碱地上种柽柳后可有效地降低土壤的含盐量。亦可植于水边供观赏。

经济用途：萌条有弹性和韧性，不易折断，可供编织副业用；嫩枝及叶可入药，有解表、利尿、祛风湿之效；树皮含鞣质，可制栲胶用。

(2) 桧柽柳（华北柽柳）

***Tamarix juniperina* Bunge**

灌木或小乔木，高5m；树皮红色；枝条细长、暗紫色；叶长椭圆状披针形，长1.5~1.8mm。总状花序，长3~6cm，侧生于前1年的枝条上，苞片线状披针形；花粉红色，萼片5；花瓣5，宿存；雄蕊5；花盘5裂，顶端圆或微凹。蒴果圆锥形3裂；种子顶端刺尖状，有白色长毛。花期5月。

分布于东北、华北、华东、西北甘肃、西南云南等地。

习性、繁殖栽培及用途同于柽柳。

(3) 红柳（多枝柽柳、西河柳）

***Tamarix ramosissima* Ledeb.**

灌木或小乔木，高可达6m；分枝多，枝细长，红棕色。叶披针形至卵形至三角状心形，长2~5mm。总状花序，长3~8cm，密生于当年生枝上形成顶生的大圆锥花序；苞片卵状披针形，花淡红、紫红或白色；萼片5；花瓣5，宿存；雄蕊5；花盘5裂；花柱3。蒴果三角状圆锥形，果形大，长3~4mm，超出花萼3~4倍。花期长，由夏至秋一直开放。

分布于东北、华北、西北、内蒙古、新疆，尤以沙漠地区为普遍。

红柳较柽柳更为耐酷干热及严寒，可耐吐鲁番盆地47.6℃的高温及-40℃的低温。根系深达十余米。抗砂埋性很强，易生不定根，易萌发不定芽。寿命可长达百年以上。繁殖法与用途同于柽柳。

2. 水柏枝属 *Myricaria* Desv.

灌木；雄蕊10枚，不等长；花瓣5枚。

中国产 10 种。分布于河北、河南、山西、内蒙古、陕西、甘肃、宁夏、青海、新疆、湖北、四川、云南、西藏等地。

宽叶水柏枝（心叶水柏枝）（图 17-279）

***Myricaria platyphylla* Maxim.**

灌木，高达 2m，分枝多，枝条下部棕色上部淡绿色。叶大而疏生，卵形或心形，长7 ~ 12mm，宽 3 ~ 8mm，叶基不抱茎。总状花序侧生于去年枝上及顶生于当年枝上；花粉红色。蒴果圆锥形，长 10mm。种子顶端具芒，芒周有白色长毛。

分布于内蒙古、陕西北部、宁夏北部、新疆等地。生于河滩水边砂石地上。性喜光、喜湿润地、耐寒性略逊于柽柳。可供园林中沼泽、湖边配植用。

图 17-279　宽叶水柏枝

1. 花枝　2. 叶　3. 花　4. 花瓣　5. 萼片　6. 苞片　7. 雄蕊和雌蕊　8. 种子

〔56〕瑞香科 Thymelaeaceae

灌木或乔木，稀草本。单叶对生或互生，全缘，叶柄短；无托叶。花两性，稀单性，整齐，成头状、伞形、穗状或总状花序；萼筒花冠状，4 ~ 5 裂，花瓣通常缺或被鳞片所代替；雄蕊 2 ~ 10，花丝短或无，花药着生于花被筒内壁；子房上位，1 室，稀 2 室，胚珠 1，柱头头状或盘状。坚果或核果，稀浆果。

本科约 42 属，460 种，广布于温带至热带；中国产 9 属，约 90 种。

分属检索表

A_1　花序头状或短总状；花柱甚短，柱头大，头状 ······························· 1. 瑞香属 *Daphne*

A_2　花序头状；花柱甚长，柱头长而线形······························· 2. 结香属 *Edgeworthia*

1. 瑞香属 *Daphne* L.

灌木；冬芽小。叶互生，稀对生，全缘，具短柄。花两性，芳香，排成短总状花序或簇生成头状；通常具总苞，萼筒花冠状，钟形或筒形，端 4 ~ 5 裂；无花冠，雄蕊 8 ~10，成二轮着生于萼筒内壁；柱头头状，花柱短。核果革质或肉质，内含 1 种子。

共约 95 种；中国 35 种，主要产于西南及西北部。

分种检索表

A_1 叶互生，常绿性；顶生头状花序 ……………………………………………………（1）瑞香 *D. odora*

A_2 叶对生，落叶性；花簇生枝侧，叶前开花………………………………………………（2）芫花 *D. genkwa*

（1）瑞香（图17-280）

Daphne odora **Thunb.**

常绿灌木，高1.5～2m。枝细长，光滑无毛。叶互生，长椭圆形至倒披针形，长5～8cm，先端钝或短尖，基部狭楔形，全缘，无毛，质较厚，表面深绿有光泽；叶柄短。花被白色或染淡红紫色，端4裂，外面无毛，径约1.5cm，甚芳香；成顶生具总梗的头状花序。核果肉质，圆球形，红色。花期3～4月。

分布：原产中国长江流域，江西、湖北、浙江、湖南、四川等地均有分布；宋代即有栽培记载。

图17-280 瑞 香

1. 花枝 2. 花 3. 花纵剖

变种：

①白花瑞香 var. *leucantha* Makino.：花纯白色。

②金边瑞香 var. *marginata* Thunb.：叶缘金黄色，花极香，北京曾有盆栽。

③水香 var. *rosacea* Mak.：花被裂片的内方白色，背方略带粉红色。

④毛瑞香：var. *atrocaulis* Rehd.：高0.5～1m，枝深紫色；花被外侧被灰黄色绢状毛。

习性：性喜荫，忌日光暴晒；耐寒性差，北方盆栽，冬季需在室内越冬。喜排水良好的酸性土壤。

繁殖栽培：通常用压条和扦插法繁殖。压条一条在3～4月进行；扦插多在春季用硬枝插，在7、8月间用嫩枝插，在梅雨季扦插易生根。应选半荫半阳、表土深厚而排水良好处栽植，春、秋两季都可进行。栽时施以堆肥，但施肥量不宜过多，忌用人粪尿。一般在6～7月可施1～2次追肥，每年冬季适当施基肥。

观赏特性及园林用途：瑞香为著名花木，早春开花，芳香而且常绿。于林下、路缘丛植或与假山、岩石配植都很合适。北方多于温室盆栽观赏。

经济用途：根可入药，有活血、散瘀、止疼之效；花可提取芳香油；皮部纤维可造纸。

（2）芫花

Daphne genkwa **Sieb. et Zucc.**

落叶灌木，高达1m。枝细长直立，幼时密被淡黄色绢状毛。叶对生，或偶为互生，长椭圆形，长3～4cm，端尖，基部楔形，全缘，背面脉上有绢状毛。花先叶开放，花被淡紫色，长1.5～2cm，端4裂，外面有绢状毛，3～7朵簇生枝侧，无香气。核果肉质，白色。

花期3月；果熟期5~6月。

中国长江流域及山东、河南、陕西等地均有分布。常野生于路旁及山坡林间。

性喜光，不耐庇荫，耐寒性较强。

常用分株法繁殖。

本种春天叶前开花，颇似紫丁香，宜植于庭园观赏。

茎皮纤维为优质纸和人造棉的原料，花蕾为祛痰、利尿药；根有活血消肿、解毒等效。

2. 结香属 *Edgeworthia* Meisn.

落叶灌木；枝疏生而粗壮。单叶互生，全缘，常集生于枝端。头状花序在枝端腋生，先于叶或与叶同时开放；花被筒状，端4裂，开展；雄蕊8，2层；花盘环状有裂；子房1室，具长柔毛，花柱长，柱头长而线形。核果干燥，包于花被基部，果皮革质。

共4种，全产中国。

结香（图17-281）

***Edgeworthia chrysantha* Lindl.**

落叶灌木，高1~2m。枝通常三叉状，棕红色。叶长椭圆形至倒披针形，长6~15cm，先端急尖，基部楔形并下延，表面疏生柔毛，背面被长硬毛；具短柄。花黄色，芳香，花被筒长瓶状，长约1.5cm，外被绢状长柔毛。核果卵形。花期3~4月，先叶开放。

北自河南、陕西，南至长江流域以南各地均有分布。

性喜半荫，喜温暖湿润气候及肥沃而排水良好的砂质壤土。耐寒性不强，过干和积水处都不相宜。

落叶后至发芽前可行分株繁殖，2~3月或6~7月均可行扦插繁殖。栽培管理简易。多栽于庭园观赏，水边、石间栽种尤为适宜；北方多盆栽观赏。枝条柔软，弯之可打结而不断，常整成各种形状。

茎皮可造纸及人造棉；全株入药，能舒筋接骨、消肿止痛。

图17-281 结 香

1. 花蕾枝 2. 花枝 3. 花展开及雄蕊 4. 雄蕊 5. 雌蕊

〔57〕胡颓子科 Elaeagnaceae

木本，常被盾状鳞或星状毛。单叶互生，稀对生，全缘；无托叶。花两性或单性，单生或成总状、穗状花序；花萼4裂，稀2或6裂，无花瓣，雄蕊4或8，子房上位，1室1胚珠，基底胎座。坚果，外被肉质花被筒所包呈核果状。

本科共 3 属，50 余种；分布于北半球温带至亚热带。

中国产 2 属，42 种。

分 属 检 索 表

A_1　花两性或杂性，单生或 2 ~ 4 朵簇生；花萼 4 裂；果实常为长椭圆形 ………… （1）胡颓子属 *Elaeagnus*

A_2　花单性，多雌雄异株，成短总状花序；花萼 2 裂；果实球形 …………………… （2）沙棘属 *Hippophae*

1. 胡颓子属 *Elaeagnus* L.

落叶或常绿，灌木或乔木，常具枝刺，被黄褐色或银白色盾状鳞。叶互生，具短柄。花两性或杂性，单生或簇生叶腋，花被筒长，端 4 裂，雄蕊 4，花丝极短；具蜜腺，虫媒传粉。果常为长椭圆形，内具有条纹的核。

约 50 种；中国产 40 种。

分 种 检 索 表

A_1　落叶性；春季开花。

　B_1　小枝及叶仅具银白色鳞片；果黄色 ……………………………………………… （1）沙枣 *E. angustifolia*

　B_2　小枝及叶兼有银白色和褐色鳞片；果红色或橙红色。

　　C_1　枝有刺；果卵圆形，长 5 ~ 7mm ……………………………………………… （2）秋胡颓子 *E. umbellata*

　　C_2　枝无刺；果长倒卵形至椭圆形，长 15 ~ 45mm；果梗下垂 ……………… （3）木半夏 *E. multiflora*

A_2　叶常绿；秋季开花；小枝褐色，有刺；叶背面银白色，被褐色鳞片 ………… （4）胡颓子 *E. pungens*

（1）沙枣（桂香柳、银柳）（图 17-282）

***Elaeagnus angustifolia* L.**

形态：落叶灌木或小乔木，高 5 ~ 10m。幼枝银白色，老枝栗褐色，有时具刺。叶椭圆状披针形至狭披针形，长 4 ~ 8cm，先端尖或钝，基部广楔形，两面均有银白色鳞片，背面更密；叶柄长 5 ~ 8mm。花 1 ~ 3 朵生于小枝下部叶腋，花被筒钟状，外面银白色，里面黄色，芳香，花柄甚短。果椭圆形，径约 1cm，熟时黄色，果肉粉质。花期 6 月前后；果 9 ~ 10 月成熟。

分布：产于东北、华北及西北；地中海沿岸地区、俄罗斯、印度也有。

品种：主要的优良品种如下。

①‘牛奶头大’沙枣（‘马奶头大’沙枣）：果长椭圆形，红褐色至黄褐色，长 2 ~ 3cm，果两端有 8 条皱褶，味甜而略带酸味，可鲜食，果厚、核细长。产于新疆喀什、和田及甘肃河西。

②‘大白’沙枣：果圆卵形，乳白色，长 2cm，味甜美，最宜生食，可入药，治咳嗽及夜尿症。产于新疆及甘肃张掖。

③‘八卦’沙枣：果卵圆形，黄棕红色，果表有易脱落之鳞毛，并有皱褶 8 条，果长 1.5cm。果味涩而粘，不宜生食，宜蒸熟食或加工作糕点及酿酒用。树形高大，生长健壮，耐旱性最强。主产甘肃河西、金塔。

④‘羊奶头’沙枣：果长椭圆形，棕黄色或棕红色，味甜。产于新疆各地和甘肃河西走廊；树性强健，耐旱性强。

习性：性喜光，耐寒性强、耐干旱也耐水湿又耐盐碱（在耐盐性方面主要能耐硫酸盐，而对氯化物盐土则抗性较差些）、耐瘠薄，能生长在荒漠、半沙漠和草原上。

根系发达，以水平根系为主，根上具有固氮的根瘤菌，喜疏松的土壤，不喜透气不良的黏重土壤。生长迅速，5 年生苗可高达6m，10 年生者近10m，10 余年后生长渐缓。通常 4 年生开始结果，10 年后可丰产；寿命可达60～80 年。

繁殖栽培：用播种繁殖。果实于秋 10 月成熟后采下晒干，经碾压脱去果肉后获得种子。可直接秋播或干藏至次春播种。种子发芽保存年限长，新鲜者发芽率达 90%以上，经过五六年干藏的仍可达 60%以上。春播前应行浸种催芽，亦可秋播但不必催芽。每亩播 40kg；当年苗高可达 30cm 以上。此外，沙枣亦可用扦插法繁殖。

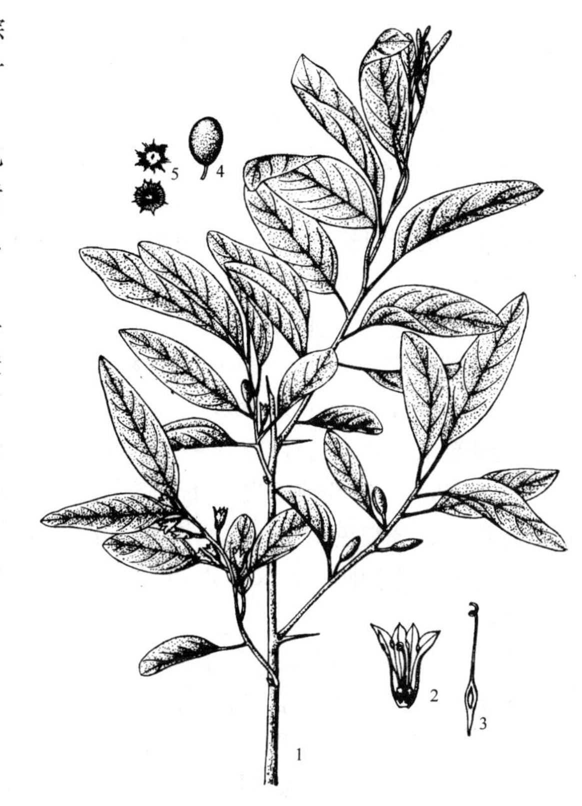

图 17-282 沙 枣

1. 花枝 2. 花纵剖 3. 雌蕊纵剖 4. 果 5. 鳞片

观赏特性和园林用途：沙枣叶形似柳而色灰绿，叶背有银白色光泽，是个颇有特色的树种。由于具有多种抗性，最宜作盐碱和沙荒地区的绿化用，宜植为防护林。西北地区亦常用作行道树。

经济用途：果可生食或加工成果酱、或酿酒；叶含蛋白质，可作饲料。花香而有蜜，是良好的蜜源植物，花又可供提香精用。树汁可制树胶，作阿拉伯胶的代用品。木材质地坚韧，纹理美观可供家具、建筑用。其花、果、枝、叶、树皮均可入药，可治慢性支气管炎、神经衰弱、消化不良、白带等症。

（2）秋胡颓子（牛奶子、甜枣）

***Elaeagus umbellata* Thunb.**

灌木，高 4m，常具刺。幼枝密被银白色鳞片。叶卵状椭圆形至长椭圆形，长 3～5cm，叶表幼时有银白色鳞片，叶背银白色杂有褐色鳞片。花黄白色，有香气，花被筒部较裂片长，2～7 朵成伞形花序腋生。果近球形，径 5～7mm，红色或橙红色。花 4～5 月开；果9～10 月成熟。

分布于华北至长江流域各地。朝鲜、日本、印度亦有。

性喜光略耐荫。在自然界常生于山地向阳疏林或灌丛中。多行播种繁殖。可作绿篱及防护林之下木用。果可食，亦可入药或加工酿酒用。

(3) 木半夏

***Elaeagnus multiflora* Thunb.**

灌木，高3m，常无刺。枝密被褐色鳞片。叶椭圆形至倒卵状长椭圆形，长3~7cm，宽2~4cm，叶端尖，叶基阔楔形，幼叶表有银色鳞片，后脱落，叶背银白色杂有褐色鳞片。花黄白色，1~3朵腋生，萼筒与裂片等长或稍长。果实椭圆形至长倒卵形，密被锈色鳞片，熟时红色；果梗细长达3cm。花期4~5月；果6月成熟。

分布于河北、河南、山东、江苏、安徽、浙江、江西等地。

习性及用途近于前种。

(4) 胡颓子

***Elaeagnus pungens* Thunb.**

常绿灌木，高4m；树冠开展，具棘刺。小枝锈褐色，被鳞片。叶革质，椭圆形或长圆形，长5~7cm，叶端钝或尖，叶基圆形，叶缘微波状，叶表初时有鳞片后变绿色而有光泽，叶背银白色，被褐色鳞片；叶柄长5~8mm。花银白色，下垂，芳香，萼筒较裂片长，1~3朵簇生叶腋。果椭圆形，长1.2~1.5cm，被锈色鳞片，熟时红色。花期10~11月；果次年5月成熟。

分布于长江以南各地。日本也有。

性喜光，耐半荫；喜温暖气候，不耐寒。对土壤适应性强，耐干旱又耐水湿。可播种或扦插繁殖。不需特殊管理。对有害气体的抗性强。可植于庭园观赏，并有金边、银边、金心等观叶变种。果可食及酿酒用；果、根及叶均可入药，有收敛、止泻、镇咳、解毒等效用。

2. 沙棘属 *Hippophae* L.

落叶灌木或乔木，具枝刺，幼嫩部分有银白色或锈色盾状鳞或星状毛。叶互生，狭窄，具短柄。花单性异株，排成短总状或柔荑花序，腋生；雄花无柄，雌花有短柄；花被筒短，2裂，雄蕊4；风媒传粉。果实球形。

共3种，中国产2种。

沙棘（醋柳、酸刺）（图17-283）

***Hippophae rhamnoides* L.**

形态：灌木或小乔木，高可达10m；枝有刺。叶互生或近对生，线形或线状披针形，长2~6cm，叶端尖或钝，叶基狭楔形，叶背密被银白色鳞片；叶柄极短。花小，淡黄色，先叶开放。果球形或卵形，长6~8mm，熟时橘黄色或橘红色；种子1，骨质。花期3~4月；果9~10月成熟。

产于欧洲及亚洲西部和中部。中国的华北、西北及西南均有分布。

习性：喜光，能耐严寒，耐干旱和贫瘠土壤，耐酷热，耐盐碱。能在pH9.5和含盐量达1.1%的地方生长。喜透气性良好的土壤，在黏重土壤上生长不良，能在沙丘流沙上生长。

根系发达但主根浅；根系主要分布在土下40cm左右处，但可延伸很远；有根瘤菌共生，固氮能力大于豆科植物。

萌蘖性极强，生长迅速，耐修剪，又能迅速的扩展植丛。沙棘在自然界的垂直分布，在华北可达海拔1500m，在西南如四川大渡河上游可达2800米地带；在干燥的河谷砾石块间常形成沙棘纯林，在黄河沿岸的丘陵地区也多有所见。

繁殖栽培：可用播种、扦插、压条及分蘖等法繁殖。沙棘在4年生植株上即开始结果；果实可在枝上长期存留不脱落，故极易采得。一般的方法是将果枝采下后，压破果实，用水淘净即可获得种子。春播前，先对种子进行催芽，即用50℃温水浸1~2d后行混沙层积，待床土面下5cm处温度达10℃时和种子有一半裂口时即可播种。每亩用种约5 kg。

扦插时多用硬材插法，以2~3年生枝条较1年生枝易于生根，插穗长20cm即可。成活率可达90%以上。

沙棘性强健，定植后无需特殊管理。对生长差的可平茬重剪促其发生新枝达到复壮目的。

观赏特性和园林用途：沙棘枝叶繁茂而有刺，宜作刺篱、果篱用。又是极好的防风固沙，保持水土和改良土壤树种，可作防护林带材料。又是干旱风沙地区进行绿化的先锋树种。

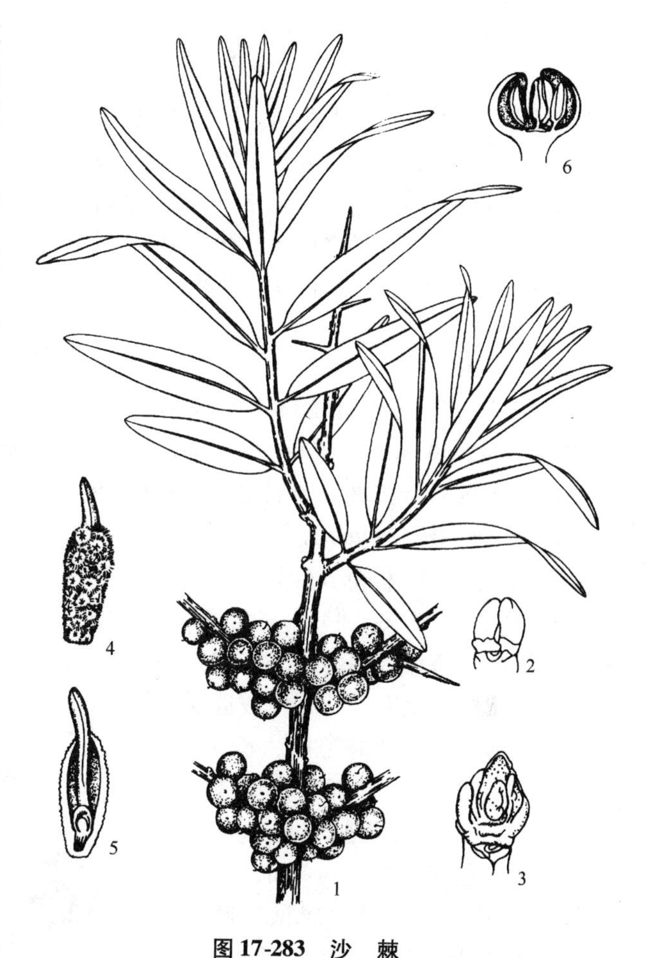

图17-283 沙 棘

1. 果枝 2. 冬芽 3. 花芽 4. 雌花 5. 雌花纵剖 6. 雄花

经济用途：果味酸，富含维生素，可供生食或加工酿酒、制醋、制果酱。果亦可入药，有活血、补肺之效，可治肺病、胃溃疡、月经不调、风湿、斑疹和皮肤病，又可提制黄色染料。种子含油率18.8%，可榨油供食用。叶、树皮、果又含单宁可制鞣料。叶、嫩枝可制取黑色染料及作饲料。花含蜜源，又可提取香精油。木材坚硬可作小农具和工艺品；枝可作薪炭用。果枝亦可插瓶供室内观赏用。

〔58〕千屈菜科 Lythraceae

草本或木本。单叶对生，全缘，有托叶。花两性，整齐或两侧对称，成总状、圆锥、或聚伞花序；萼4~8（~16）裂，裂片间常有附属体，萼筒常有棱脊，宿存；花瓣与萼片同数或无；雄蕊4至多数，生于萼筒上，花丝在芽内内折；子房上位，2~6室，中轴胎座。蒴果；种子多数，无胚乳。

本科约24属，500种，主产热带，南美最多；中国9属，约30种。

紫薇属 *Lagerstroemia* L.

常绿或落叶，灌木或乔木。冬芽端尖，具2芽鳞。叶对生或在小枝上部互生，叶柄短；托叶小而早落。花两性，整齐，成圆锥花序；花梗具脱落性苞片；萼陀螺状或半球形，具6（5~8）裂片；花瓣5~8，通常6，有长爪，瓣边皱波状；雄蕊多数，花丝长；子房3~6室，柱头头状。蒴果室背开裂；种子顶端有翅。

本属共55种；中国16种，多数产长江以南。

分种检索表

A_1 叶较小，长3~7cm；花径3~4cm，萼筒无纵棱 ……………………………………（1）紫薇 *L. indica*

A_2 叶较大，长10~25cm；花径5~7.5cm，萼筒有12条纵棱 …………………（2）大花紫薇 *L. speciosa*

（1）紫薇（痒痒树、百日红）（图17-284）

***Lagerstroemia indica* L.**

形态：落叶灌木或小乔木，高可达7m。树冠不整齐，枝干多扭曲；树皮淡褐色，薄片状剥落后干特别光滑。小枝四棱，无毛。叶对生或近对生，椭圆形至倒卵状椭圆形，长3~7cm，先端尖或钝，基部广楔形或圆形，全缘，无毛或背脉有毛，具短柄。花鲜淡红色，径3~4cm，花瓣6；萼外光滑，无纵棱；成顶生圆锥花序。蒴果近球形，径约1.2cm，6瓣裂，基部有宿存花萼。花期6~9月；果10~11月成熟。

分布：产亚洲南部及大洋洲北部。中国华东、华中、华南及西南均有分布，各地普遍栽培。

变种：

①银薇 var. *alba* Nichols.：花白色或微带淡堇色；叶色淡绿。

②翠薇 var. *rubra* Lav.：花紫堇色；叶色暗绿。

习性：喜光，稍耐荫；喜温暖气候，耐寒性不强，北京需良好小气候条件方能露地越冬；喜肥沃、湿润而排水良好的石灰性土壤，耐旱，怕涝。萌蘖性强，生长较慢，寿命长。

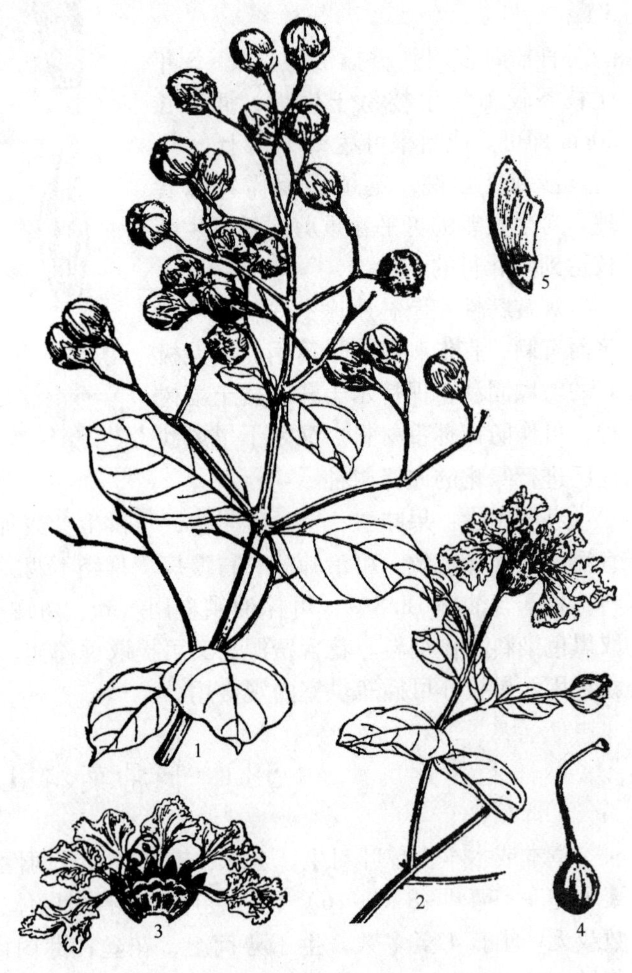

图17-284 紫 薇

1. 果枝 2. 花枝 3. 花 4. 雌蕊 5. 种子

繁殖栽培：可用分蘖、扦插及播种等法繁殖，播种可得大量健壮而整齐之苗木，秋末采收种子，至次年2～3月条播，幼苗宜稍遮荫，在北方幼苗要防寒越冬。实生苗生长健壮者当年即可开花，但开花对苗木生长有影响，故应及时摘除花蕾。在北方宜选背风向阳处栽植，早春对枯枝进行修剪，幼树冬季要包草防寒。盆栽紫薇宜在花后修剪，勿使结果，以积蓄养分，有利下年开花。

观赏特性和园林用途：紫薇树姿优美、树干光滑洁净，花色艳丽；开花时正当夏秋少花季节，花期极长，由6月可开至9月，故有“百日红”之称，又有“盛夏绿遮眼，此花红满堂”的赞语。过去有“好花不常开”的悲观论调，此花却一反常规，色丽而花穗繁茂，如火如荼，令人振奋精神、青春常在，故有“谁道花无红百日，此树常放半年华”的诗句，这是乐观主义者的赞歌了。最适宜种在庭院及建筑前，也宜栽在池畔、路边及草坪上。在昆明的金殿有明朝栽植的古树，高7m，干径粗约1m。在美国有的作为小型行道树用。又可盆栽观赏及作椿景用。

（2）大花紫薇

***Lagerstroemia speciosa* Pers.**

常绿乔木，高达20m。叶革质，具短柄，椭圆形至卵状长椭圆形，长10～25cm，先端钝或短渐尖。花大，径5～7.5cm，初开时淡红色，后变紫色，萼筒有12条纵棱；花瓣6，有短爪；雄蕊130～300；成大顶生圆锥花序。蒴果球形，长约2.5cm。

产华南，印度及澳大利亚。喜暖热气候，很不耐寒。

是一种美丽的庭园观赏树木。

木材坚硬，耐朽力强，色红而亮，是家具、建筑、舟车、桥梁等优质用材。

〔59〕石榴科 Punicaceae

灌木或小乔木。小枝先端常成刺尖；芽小，具2芽鳞。单叶对生，全缘，无托叶。花两性，整齐，1～5朵集生枝顶；萼筒肉质而有色彩，端5～8裂，宿存；花瓣5～7；雄蕊多数，花药2室，背着；子房下位。浆果，外果皮革质；种子多数，外种皮肉质多汁，内种皮木质。

本科共1属2种，产地中海地区至亚洲中部；中国自古引入1种。

石榴属 *Punica* L.

形态特征与科同。

石榴（安石榴、海榴）（图17-285）

***Punica granatum* L.**

形态：落叶灌木或小乔木，高5～7m。树冠常不整齐；小枝有角棱，无毛，端常成刺状。叶倒卵状长椭圆形，长2～8cm，无毛而有光泽，在长枝上对生，在短枝上簇生。花朱红色，径约3cm；花萼钟形，紫红色，质厚。浆果近球形，径6～8cm，古铜黄色或古铜红色，具宿存花萼；种子多数，有肉质外种皮。花期5～6（～7）月，果9～10月成熟。

分布：原产伊朗和阿富汗；汉代张骞通西域时引入我国，黄河流域及其以南地区均有栽

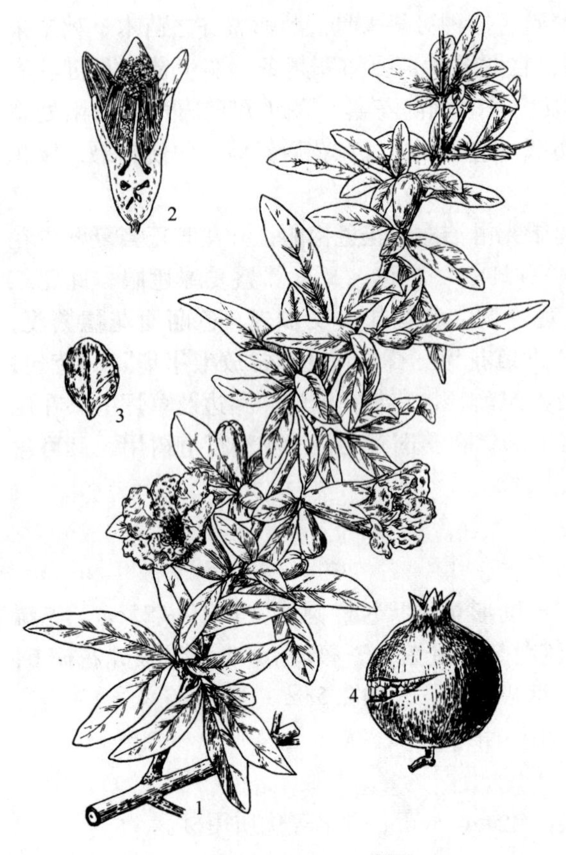

图 17-285　石　榴

1. 花枝　2. 花纵剖面　3. 花瓣　4. 果

培，已有2000余年的栽培历史。

变种：

①白石榴 var. *albescens* DC.：花白色，单瓣。

②黄石榴 var. *flavescens* Sweet：花黄色。

③玛瑙石榴 var. *legrellei* Vanh.：花重瓣，红色，有黄白色条纹。

④重瓣白石榴 var. *multiplex* Sweet：花白色，重瓣。

⑤月季石榴 var. *nana* Pers：植株矮小，枝条细密而上升，叶、花皆小，重瓣或单瓣，花期长，5～7月陆续开花不绝，故又称四季石榴。

⑥墨石榴 var. *nigra* Hort.：枝细柔，叶狭小；花也小，多单瓣；果熟时呈紫黑色，果皮薄；外种皮味酸不堪食。

⑦重瓣红石榴 var. *pleniflora* Hayne：花红色，重瓣。

除上述观赏变种外，尚有许多优良食用品种。

习性：喜光，喜温暖气候，有一定耐寒能力，在北京地区可于背风向阳处露地栽植，但经－20℃左右之低温则枝干冻死；喜肥沃湿润而排水良好之石灰质土壤，但可适应于pH4.5～8.2的范围，有一定的耐旱能力，在平地和山坡均可生长。生长速度中等，寿命较长，可达200年以上。石榴在气候温暖的江南一带，1年有2～3次生长，春梢开花结实率最高；夏梢和秋梢在营养条件较好时也可着花，而使石榴之花期大为延长。但由于生长季的限制，致使夏、秋梢花朵的结实率极低，因此在花谢后应及时摘除，以节约养分。生长停止早而发育壮实的春梢及夏梢常形成结果母枝，一般均不太长，次年由其顶芽或近顶端的腋芽抽生新梢（即结果枝），在新梢上着生1～5朵花，其中顶生的1花最易结果。因此修剪时切不可短截结果母枝。

繁殖栽培：可用播种、扦插、压条、分株等法繁殖。

①播种法：将果实贮藏至次年3～4月时再取出播种；也可将吃时吐出的种子洗净后阴干，用沙层积贮藏到春天播种。

②扦插法：用本法很易成活；在早春发芽前约1个月时可用硬木插法；或者在夏季剪截20～30cm长的半成熟枝行扦插；又可在秋季8～9月时将当年生枝条带一部分老枝剪下插于室内。

③压条法：在培养桩景时可用粗枝压条法进行繁殖，亦易生根。

④分株法：一般的花农，在传统上多用此法，即选优良品种植株的根蘖苗进行分栽。

实生苗约需 5～10 年才能开花结实，用扦插繁殖者约经 4 年可开花结实，用压条法及分株法繁殖的 3 年即可开花结实。

石榴为喜肥树种，为使花、果丰盛，应在秋末冬初施基肥，夏季 6～7 月施追肥，如要专门培养硕大果实，可适当疏果。石榴开花时最怕阴雨连绵，因花瓣易腐烂，故盆栽者应注意防雨。

在整形修剪上，一般多采用开心的自然杯状整枝，即在幼苗定植后，留约 1m 高剪去主干，留 3～4 新梢作主枝，其余新梢均剪除，两主枝间高低距离约 20cm 即可。对当年生长过旺的新梢应行摘心使之生长充实，至冬季将各主枝剪去全长的 1/3～1/2。次年在各主枝先端留延长枝，并在主枝下部留 1～2 新梢作副主枝，其余的则作侧枝处理，对过密的枝条应行疏剪。此外应随时注意将干、根上的萌蘖剪除。如此约 2～3 年即形成树冠骨架并开始开花结果。以后即可任其自然生长，不必施行精细的修剪，仅注意使树冠逐年适当扩大，除去萌蘖、徒长枝、过密枝及衰老、枯枝。石榴的隐芽萌发力极强，一经重剪很易受刺激发成长枝，故衰老枝干的更新较为容易。石榴具对生芽，故在避免发枝过密时，可将成对的枝剪去一方而保留另一方，用此法来调整和控制树形，效果很好。石榴树如管理良好可连续结果达七八十年。

观赏特性和园林用途：石榴树姿优美，叶碧绿而有光泽，花色艳丽如火而花期极长，又正值花少的夏季，所以更加引人注目，古人曾有“春花落尽海榴开，阶前栏外遍植栽，红艳满枝染夜月，晚风轻送暗香来”的诗句。最宜成丛配植于茶室、露天舞池、剧场及游廊外或民族形式建筑所形成的庭院中。又可大量配植于自然风景区，如南京燕子矶附近即依山屏水，随着山路的曲折而形成石榴丛林，每当花开时游人络绎不绝；在秋季则果实变红黄色，点点朱金悬于碧枝之间，衬着青山绿水，真是一片大好景色。石榴又宜盆栽观赏，老北京的传统有于四合院中摆荷花缸和石榴树的配植手法。亦宜作成各种桩景和供瓶养插花观赏。

经济用途：果可生食，有甜、酸、酸甜等品种，维生素 C 的含量比苹果、梨均高出 1～2 倍，又富含钙质及磷质。又可入药，有润燥和收敛之效。果皮内富含单宁，可作工业原料，又可入药有止泻痢之效；根可除绦虫；叶煮水可洗眼。

〔60〕珙桐科（蓝果树科）Nyssaceae

落叶乔木。单叶互生，羽状脉，无托叶。花单性或杂性，成伞状或头状花序；萼小；花瓣常为 5，有时更多或无；雄蕊为花瓣数的 2 倍，子房下位，1（6～10）室，每室 1 下垂胚珠。核果或坚果。

本科共 3 属 12 种；中国 3 属 8 种。

分属检索表

A_1 叶有锯齿；花序有白色大形苞片，无花瓣；核果 ………… 1. 珙桐属 *Davidia*

A_2 叶全缘（或仅幼树之叶有锯齿）；花序无叶状苞片，花瓣小。

　B_1 雄花序头状；坚果 ………… 2. 喜树属 *Camptotheca*

　B_2 雄花序伞形；核果 ………… （蓝果树属 *Nyssa*）

1. 珙桐属 *Davidia* Baill.

本属仅1种，中国特产。

珙桐（鸽子树）（图17-286）

***Davidia involucrata* Baill.**

形态：落叶乔木，高20m。树冠呈圆锥形；树皮深灰褐色，呈不规则薄片状脱落。单叶互生，广卵形，长7～16cm，先端渐长尖，基部心形，缘有粗尖锯齿，背面密生绒毛；叶柄长4～5cm。花杂性同株，由多数雄花和1朵两性花组成顶生头状花序，花序下有2片大形白色苞片，苞片卵状椭圆形，长8～15cm，中上部有疏浅齿，常下垂，花后脱落。花瓣退化或无，雄蕊1～7，子房6～10室。核果椭球形，长3～4cm，紫绿色，锈色皮孔显著，内含3～5核。花期4～5月；果10月成熟。

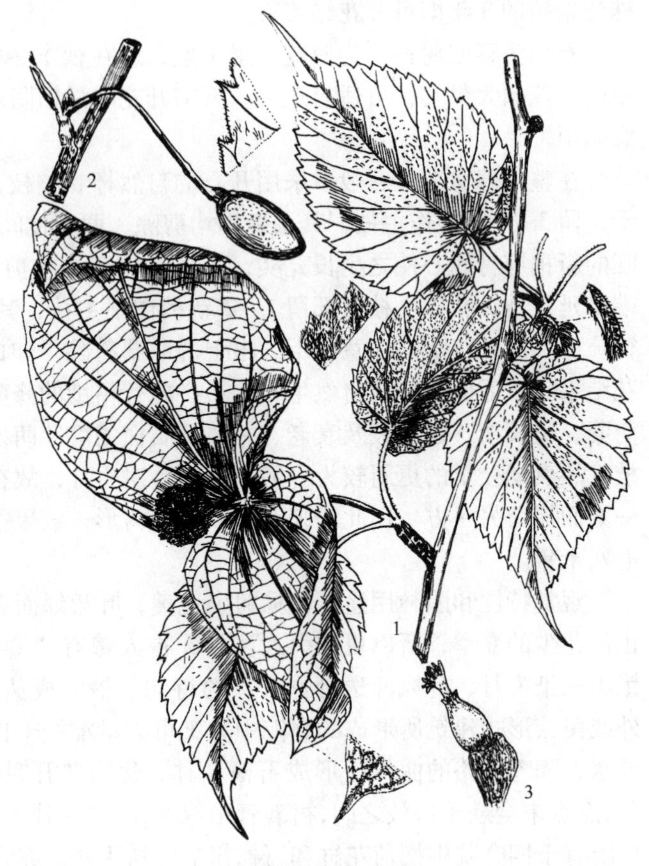

图17-286 珙 桐

1. 花枝 2. 果 3. 花

分布：产湖北西部、四川、贵州及云南北部，生海拔1300～2500m山地林中。

变种：光叶珙桐 var. *vilmorimiana* Hemsl. 叶仅背面脉上及脉腋有毛，其余无毛。

习性：喜半荫和温凉湿润气候，以空中湿度较高处为佳。略耐寒；喜深厚、肥沃、湿润而排水良好的酸性或中性土壤，忌碱性和干燥土壤。不耐炎热和阳光暴晒。在自然界常为木荷、连香树、槭等混生。

繁殖栽培：用种子繁殖，在播前应将果肉除去，并行催芽处理，否则常需至第2年才能发芽。幼苗期应设荫棚否则易受日灼之害。本种早已引入欧洲，在西欧及北欧均生长良好，开花繁盛。但国内引种常因夏季炎热等等原因而至今尚无露地人工栽培的成功经验。目前杭州、武汉、昆明、北京等地均限于盆栽。

观赏特性及园林用途：珙桐为世界著名的珍贵观赏树，树形高大端整，开花时白色的苞片远观似许多白色的鸽子栖栖树端，蔚为奇观，故有“鸽子树”之称。宜植于温暖地带的较高海拔地区的庭院、山坡、休疗养所、宾馆、展览馆前作庭荫树，并有象征和平的含义。

2. 喜树属 *Camptotheca* Decne.

本属仅1种；为中国所特产。

喜树（旱莲、千丈树）（图 17-287）

***Camptotheca acuminata* Decne**

落叶乔木，高达 25 ~ 30m。单叶互生，椭圆形至长卵形，长 8 ~ 20cm，先端突渐尖，基部广楔形，全缘（萌蘖枝及幼树枝之叶常疏生锯齿）或微呈波状，羽状脉弧形而在表面下凹，表面亮绿色，背面淡绿色，疏生短柔毛，脉上尤密。叶柄长 1.5 ~ 3cm，常带红色。花单性同株，头状花序具长柄，雌花序顶生，雄花序腋生；花萼 5 裂，花瓣 5，淡绿色；雄蕊 10，子房 1 室。坚果香蕉形，有窄翅，长 2 ~ 2.5cm，集生成球形。花期 7 月；果 10 ~ 11 月成熟。

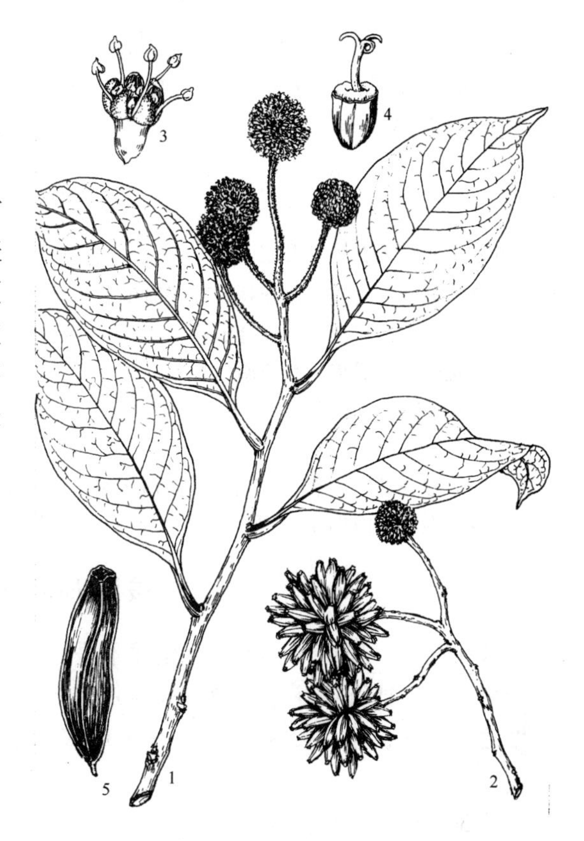

图 17-287　喜　树

1. 花枝　2. 果枝与果序　3. 花　4. 雌蕊　5. 果

分布：四川、安徽、江苏、河南、江西、福建、湖北、湖南、云南、贵州、广西、广东等长江以南各地及部分长江以北地区均有分布和栽培；垂直分布在 1000m 以下。

习性：性喜光，稍耐荫；喜温暖湿润气候，不耐寒，大抵在年均温为 13 ~ 17℃、年降水量在 1000mm 以上的地区。喜深厚肥沃湿润土壤，较耐水湿，不耐干旱瘠薄土地，在酸性、中性及弱碱性土上均能生长。一般以在地下水位较高的河滩、湖池堤岸或渠道旁生长最佳。

萌芽力强，在前 10 年生长迅速，以后则变缓慢。在良好条件处，7 年生可高 11m，14 年生高 23m。抗病虫能力强，但耐烟性弱。

繁殖栽培：用种子繁殖。种子熟后应在 2 周内及时采集以免散落，阴干后可干藏或混砂贮藏。每千克约 3 万粒，千粒重 33g。每亩播种量 4kg。春播后，当年苗高可达 1m 左右。大面积绿化时可用截干栽根法。定植后的管理主要是培养通直的主干，于春季注意抹除蘖芽。在风景区中可与栾树、榆树、臭椿、水杉等混植，因幼树较耐荫，故可天然更新。

观赏特性和园林用途：主干通直，树冠宽展，叶荫浓郁，是良好的“四旁”绿化树种。

经济用途：材质轻软，易挠裂，可供造纸、板料、火柴杆、家具及包装用材。果实、根、叶、皮含喜树碱，可供药用，有清热、杀虫、治各种癌症和白血病之效。

［61］桃金娘科 Myrtaceae

常绿乔木或灌木；具芳香油。单叶，对生或互生，全缘，具透明油腺点，无托叶。花两性、整齐，单生或集生成花序；萼 4 ~ 5 裂，花瓣 4 ~ 5；雄蕊多数，分离或成簇与花瓣对生，花丝细长；子房下位，1 ~ 10 室，每室 1 至多数胚珠，中轴胎座，花柱 1。浆果，蒴果、稀核果或坚果；种子多有棱，无胚乳。

本科约75属3000种，浆果类主产热带美洲，蒴果类主产大洋洲；中国8属约65种，引入约6属50余种。

分 属 检 索 表

A_1　叶互生；蒴果在顶端开裂。

B_1　萼片与花瓣均连合成花盖，开花时横裂脱落 ………………………………… 1. 桉属 *Eucalyptus*

B_2　萼片与花瓣分离，不连合成花盖；花无柄，呈穗状花序。

C_1　雄蕊合生成束，与花瓣对生，白色 ………………………………………… 2. 白千层属 *Melaleuca*

C_2　雄蕊分离，红色 ………………………………………………………………… 3. 红千层属 *Callistemon*

A_2　叶对生，浆果。

B_1　花萼在花蕾时不裂，开花后不规则深裂，子房4~5室；种子多数 ……………… 4. 番石榴 *Psidium*

B_2　花萼在花蕾时即4~5裂，花瓣4~5；子房2室；果具1种子 ………………… 5. 蒲桃属 *Syzygium*

1. 桉属 *Eucalyptus* L′H′er

常绿乔木，稀灌木。叶常互生而下垂，全缘，羽状侧脉在近叶缘处连成边脉。花单生或成伞形、伞房或圆锥花序，腋生；萼片与花瓣连合成一帽状花盖，开花时花盖横裂脱落；雄蕊多数，分离；子房3~6室，每室具多数胚珠。蒴果顶端3~6裂；种子多数，细小，有棱。

约300种，产于大洋洲。

分 种 检 索 表

A_1　树皮薄，光滑，皮呈条状或片状脱落，树干基部偶有斑块状宿存之树皮。

B_1　单伞形花序腋生；帽状体长或短；蒴果圆锥形或钟形，稀为壶形；有时为单花。

C_1　花大，无梗或极短柄，常单生或有时2~3朵聚生于叶腋；花蕾表面有小瘤，被白粉 ……………………………………………………………………………… (1) 蓝桉 *E. globulus*

C_2　花小，有梗，多朵成伞形序，花蕾表面平滑；花蕾8mm；花梗长约2mm；果缘不突出，果瓣突出，小枝圆形 ……………………………………………………… (2) 直杆蓝桉 *E. maidenii*

B_2　圆锥花序顶生或腋生；帽状体比萼管短蒴果壶形；树干灰蓝色；枝叶有浓郁的柠檬气味 ……………………………………………………………………………… (3) 柠檬桉 *E. citriodora*

A_2　树皮厚，宿存而粗糙；单伞形花序；蒴果大，长约1~1.5cm，宽大于1cm，呈卵状壶形；萼管无棱 ……………………………………………………………………………… (4) 大叶桉 *E. robusta*

(1) 蓝桉（灰杨柳、有加利）（图17-288）

***Eucalyptus globulus* Labill**

形态：常绿乔木；干多扭转，树皮薄片状剥落。叶蓝绿色，异型：萌芽枝及幼苗的叶对生，卵状矩圆形，长3~10cm，基部心形，有白粉，无叶柄；大树之叶互生，镰状披针形，长12~30cm，叶柄长2~4cm。花单生叶腋，径达4cm，近无柄；萼筒具4纵脊，被白粉；花盖较萼筒短。蒴果倒圆锥形，径2~2.5cm。在昆明4~5月及10~11月开花，夏季至冬季果熟。

分布：原产澳大利亚；中国西南部及南部有栽培，主要见于云南、广东、广西及川西。

喜温暖气候，但不耐湿热，故在广州、柳州因过湿、过热而生长不良；主要分布在北纬 23°20′~26°57′的地区而以云南为最多，主要在海拔 1200~2400m 的地带。耐寒性不强，仅能耐暂短时间的 -7℃左右的低温，如果在 -5℃下经 2~3d 就会产生不同程度的冻害，轻者小枝枯死，重者会全株枯死。蓝桉性极喜光，稍有遮荫即可影响生长速度。喜肥沃湿润的酸性土，不耐钙质土壤。生长极速，在昆明于良好环境下，1 年苗高可达1.5~2m，2 年生高达 6m，3 年生高达 9m，10 年生高约 20m，20 年生高约 30m，以后生长渐慢。6 年生者可开始开花结实，15 年生以后进入盛果期。蓝桉的萌芽力极强而且萌发树的主干较实生者为通直。

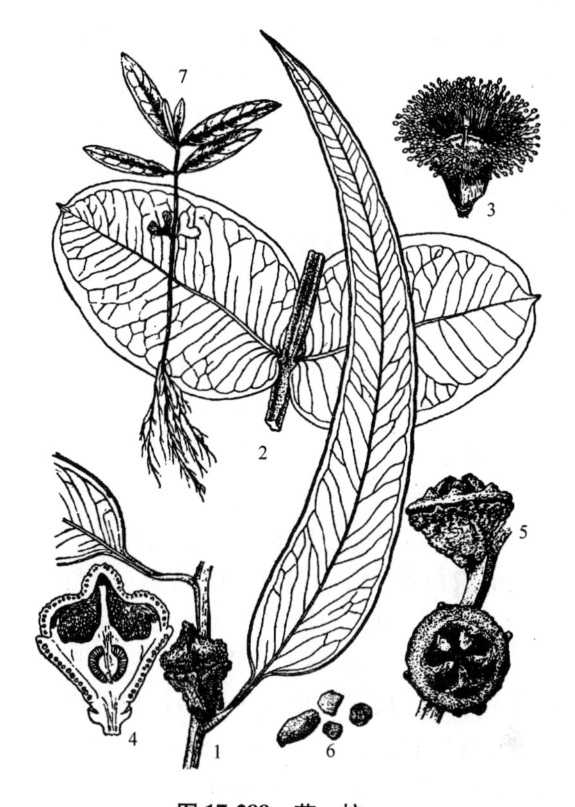

图 17-288　蓝　桉

1. 花枝　2. 幼树的对生叶　3、4. 花及纵剖面　5. 果　6. 种子　7. 幼苗

繁殖栽培：繁殖用播种法，于 11~12 月采种，次年春播，也可在 7~8 月采种而当年播种。每 100kg 果可获种子 1.5kg，千粒重为 2.8g，种子发芽率达 90% 以上。播后 1 周余可出土，当小苗长至 10cm 时即应移栽。在大面积绿化时可用高 30~40cm 的小苗于连雨天裸根栽植，亦易成活。在园林中则通常均用大苗定植。

蓝桉是在 19 世纪末（1896~1900）中国最早引入的桉树种类，因为生长极速而受群众欢迎，是“四旁”绿化的良好树种，但缺点是树干扭曲不够通直。材质不甚耐久，可制绝缘器材；叶和小枝可提取芳香油；叶及精油可入药，有消炎杀菌、健胃、祛痰、驱风及收敛之效。

（2）直干蓝桉（直干桉）

***Eucalyptus maidenii* F. V. M.**

常绿乔木，高达 40m 以上，树干通直，树皮灰褐色，呈块状脱落而新皮呈灰白色，故新老皮在干上呈显著的斑块。新枝四棱形，有白粉，2 年生枝圆形。叶有二形，幼苗及萌芽枝上的叶对生，卵状椭圆形，两面有白粉，无叶柄；大树之叶互生，镰状披针形，叶柄长 2~2.5cm。伞形花序，花 6~7 朵，花梗短厚。蒴果小，径约 0.8~1cm，杯形。

1947 年引入四川，后又引至云南、广东、广西、浙江等地栽培。

性喜温凉湿润气候，宜于生长地区的年均温为 15~20℃间，年降水量 850~1000mm，绝对最低温为 -2.4℃（短暂最低温能达 -7.3℃）。深根性，对土壤要求不严，能在酸性及石灰质土上生长。生长迅速，在良好环境下2年生可高9m余，3年生高16m余，10年生可高达23m，胸径32cm，在昆明植物研究所植物园内的22年生直干蓝桉高达40m，胸径68cm，但在环境差的地点则生长速度大为降低，例如生长在干燥黏重土地处的3年生树，高仅5m。实生苗3~4年可开花，6~7年可结实。萌芽更新能力强。用播种繁殖。每100kg蒴果可得种子1.4kg，每1kg种子约65万粒，种子千粒重1.5g，发芽率90%。本种生长速度快而干通直，故最宜作“四旁”绿化用，现在群众多以本种替换蓝桉。材质细致，耐腐，心材可抗白蚁，宜作建筑、桥梁、造船、码头、造纸用。花为蜜源植物；叶可提炼桉油。

（3）柠檬桉（图17-289）

***Eucalyptus citriodora* Hook. f.**

形态：常绿大乔木，高40m，胸径1.2m；树皮每年呈片状剥落，故干皮光滑呈灰白色或淡红灰色。叶二形，在幼苗及萌蘖枝上的叶呈卵状披针形，叶柄在叶片基部盾状着生，叶及幼枝密被棕红色腺毛；大树之叶窄披针形至披针形或稍呈镰状弯曲，长10~25cm，无毛，具强烈柠檬香气；叶柄长1.5~2cm。花径1.5~2cm，3~5朵成伞形花序后再排成圆锥花序；花盖半球形，顶端具小尖头；萼筒较花盖长2倍。蒴果壶形或坛状，长约1.2cm，果瓣深藏。花期12月至次年5月及7~8月（广东）。

分布：原产大洋洲；在福建、广东、广西、云南、台湾、四川等地区均有栽培。

习性：极端喜光树，不耐荫庇，故侧枝易自然死亡而形成高耸的主干。喜暖热湿润气候及深厚、肥沃、适当湿润土壤；不耐寒，易受霜害。在中国的栽培区为北纬19°~25°，东经105°~120°，多生于海拔400m以下的地点。较耐干旱，在原产地的降水量仅630mm，而在上述的中国栽培区内降水量达1100~1600mm，故生长很好。对土壤要求不严。根系深；生长迅速。

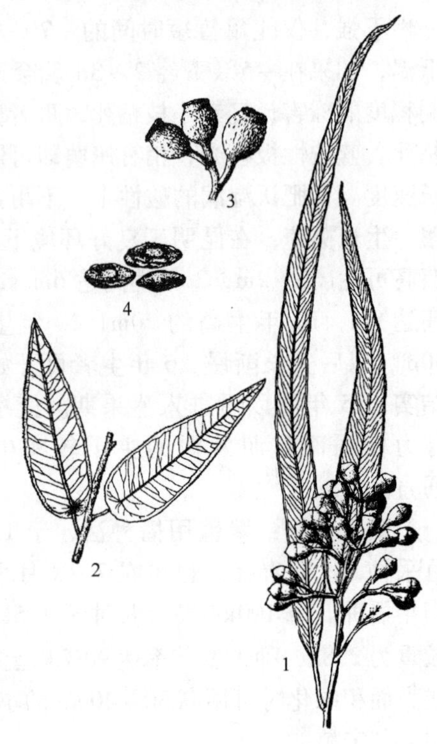

图17-289　柠檬桉

1. 花枝　2. 叶柄盾状着生　3. 果序一部分及果　4. 种子放大

繁殖栽培：用播种或扦插法繁殖。每100kg蒴果可得种子3~4kg，每千克种子约21万粒，种子千粒重约4.7g，种子发芽率约80%。移栽时要注意保护根系和强修剪，栽后应勤灌溉，否则成活率不高。大面积绿化时，宜用10cm以下的带土小苗，用裸根苗成活率低。

观赏特性及园林用途：树形高耸，树干洁净，呈灰白色，非常优美秀丽，枝叶有芳香，是优秀的庭园观赏树和行道树。在住宅区不宜种植过多，否则香味过浓也会使人不太舒适。

经济用途：是优秀的速生用材树种，材质坚重、韧性大、易加工，可供车辆、桥梁、枕木等用；枝叶可提取芳香油；精油可供药用，有消炎止痛，驱风及杀菌效用。

（4）大叶桉

***Eucalyptus robusta* Smith**

常绿乔木，高25~30m；树干挺直，树皮暗褐色，粗糙纵裂，宿存而不剥落。小枝淡红色，略下垂。叶革质，卵状长椭圆形至广披针形，长 8 ~ 18cm，宽 3 ~ 7.5cm，叶端渐尖或长尖，叶基圆形；侧脉多而细，与中脉近成直角；叶柄长 1 ~ 2cm。花 4 ~ 12 朵，成伞形花序，总梗粗而扁，花径 1.5 ~ 2cm。蒴果碗状，径 0.8 ~ 1cm。花期 4 ~ 5 月和 8 ~ 9 月，花后约经 3 个月果成熟。

原产大洋洲沿海地区；四川、浙江、湖南南部、江西南部、浙江、福建、广东、广西、贵州西南部、陕西南部等地均有栽培。

性喜充足阳光，喜温暖而湿润气候，能耐 -5℃左右的低温，能引种至北纬 33°的温暖地区。喜肥沃湿润的酸性及中性土壤（pH5 ~ 7.2），但在碱性土（pH7.5 ~ 8.5）处也能较差地生长。在浅薄、干瘠及石砾地生长不良；极耐水湿，在沼泽重黏土处亦能生长，在中国曾有大树淹在约半米深水中达 9 个月而仍生长的记录。生长迅速，在 5 ~ 10 年阶段生长最快。在良好环境下，8 年生者可高 20m，胸径达 28cm。25 ~ 30 年后生长渐慢。寿命长，萌芽力强。用种子繁殖，每 1kg 蒴果可出种子 5kg 左右，每 1kg 种子约 30 万粒，种子千粒重约 0.33g，发芽率 60% ~85%。干藏种子可保存 2 年。播种期在华南以早春、秋末、冬初为好。大面积绿化时可用小苗裸根栽植。也可用扦插法繁殖。本树之缺点为树干易招白蚁危害。

本种树冠庞大，生长迅速，根系深，抗风倒，但因枝脆易风折，可用于沿海地区低湿处的防风林。因开花不整齐，花期长达数月，是良好的蜜源植物。材质坚硬致密，强度大，耐湿，耐腐朽，可供电杆、桥梁等用。叶及小枝可提取芳香油，作香精及防腐剂用；叶供药用，有解热、驱风、止痛等效用。

2. 白千层属 *Melaleuca* L.

常绿乔木或灌木。叶互生，稀对生，具 1 ~ 7 条平行纵脉。花无柄，集生于小枝下部，呈头状或穗状，花枝顶能继续生长枝叶。萼筒钟形，5 裂；花瓣 5；雄蕊多数，基部连合成 5 束并与花瓣对生；子房有毛，3 ~ 5 室。蒴果，顶端 3 ~ 5 裂；种子小而多。

本属 120 种以上，产大洋洲，中国引入 2 种。

白千层（图 17-290）

***Melaleuca leucadendra* L.**

乔木；树皮灰白色，厚而疏松，多层纸状剥落。叶互生，狭长椭圆形或披针形，长 5 ~ 10cm，有纵脉 3 ~ 7 条，先端尖，基部狭楔形。花丝长而白色，多花密集成穗状花序，形如试管刷。果碗形，径 3 ~ 5mm。花期 1 ~ 2 月。

原产澳大利亚。福建、台湾、广东、广西等地南部有栽培。

喜光，喜暖热气候，很不耐寒；喜生于土层肥厚潮湿之地，也能生于较干燥的砂地。生长快。

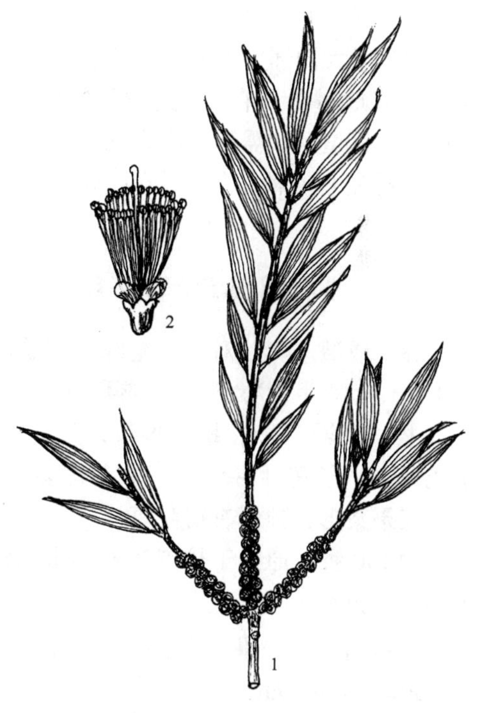

图 17-290 白千层
1. 果枝 2. 花

播种繁殖。

本种树皮白色，树形优美，华南城市常植为行道树及庭园观赏树，又可选作造林及“四旁”绿化树种。

叶可提芳香油，供日用卫生品和香料用，医药上为兴奋、防腐和祛痰剂；木材结构细，纹理直，供家具等用。

3. 红千层属 *Callistemon* R. Br.

灌木或小乔木。叶散生，圆柱形、线形或披针形。头状花序或穗状花序，生于枝之近顶端，后枝顶仍继续生长成为带叶的嫩枝；萼管卵形或钟形，基部与子房合生，裂片5，后脱落；花无柄，花瓣5枚，圆形，脱落；雄蕊多数，分离或基部合生，比花瓣长；子房3～4室，每室含多数胚珠。蒴果包于萼管内，顶开裂。

约30种，产于大洋洲。中国引入约2种。

红千层（图17-291）

***Callistemon rigidus* R. Br**

常绿灌木，高2～3m，叶互生，条形，长3～8cm，宽2～5mm，硬而无毛，有透明腺点，中脉显著，无柄。穗状花序长约10cm，似瓶刷状；花红色，无梗，花瓣5；雄蕊多数，红色，长2.5cm。蒴果直径7mm，半球形，顶端平。

原产于大洋洲。性喜暖热气候，华南、西南可露地过冬，在华北多行盆栽观赏。本树不易移植，如需移植应在幼苗期进行，大苗则易死亡。种子繁殖。可丛植庭园或作瓶花观赏。

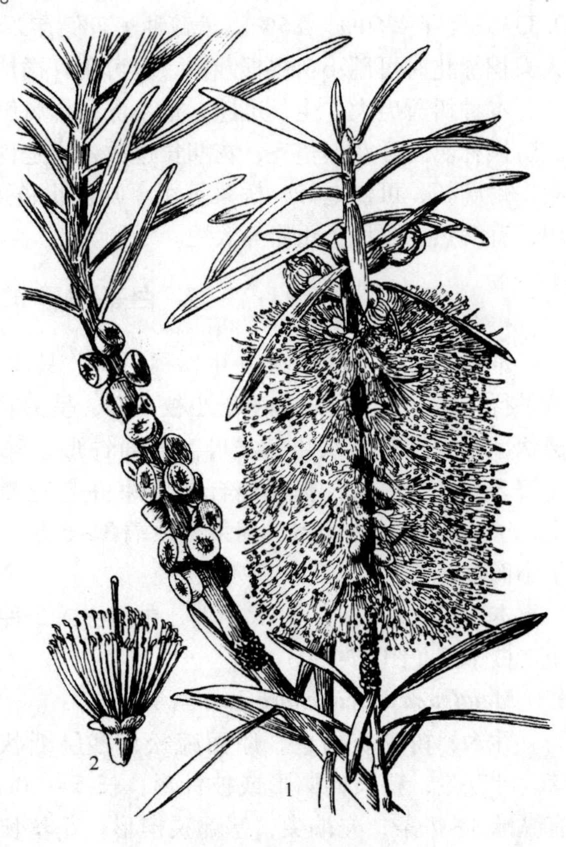

图17-291　红千层

1. 花枝及果枝　2. 花

4. 番石榴属 *Psidium* L.

乔木或灌木。叶对生，全缘，羽状脉。花1～3朵腋生；萼筒钟形或梨形，裂片4～5枚；花瓣4～5；雄蕊多数，分离，生于花盘上；子房4～5室，每室含多数胚珠。浆果梨形，顶端有宿存萼片。

约150种，原产于热带和亚热带美洲；中国引入数种。

番石榴（鸡矢果、拔子）（图17-292）

***Psidium guajava* L.**

常绿灌木或小乔木，高2～10m，树皮呈片状剥落；嫩枝四棱形，老枝变圆。叶对生，全缘，革质，长椭圆形至卵形，长7～13cm，宽4～6cm，叶背密生柔毛；羽状脉显著，在叶

图 17-292 番石榴

1. 花枝 2. 果

表凹入在叶背凸出。花白色、芳香，径2.5～3.5cm，单生或2～3朵共同生于长1～2.5cm的柄上；萼绿色，裂片4～5；花瓣4～5，比萼片长；雄蕊多数；子房下位，3室。浆果球形、卵形或梨形，长4～8cm。花每年常开2次，第1次在4～5月开放，第2次在8～9月开放；果于花后经2～2.5个月成熟。

原产美洲；广东、广西、福建、江西、台湾等地有少量栽培，但山野间常有由鸟、兽传播的野生树。

品种：在栽培上有早熟及晚熟的约10个品种。其中以台湾‘东砼番石榴’、‘十月番石榴’、‘四季番石榴’等品质最佳。

喜暖热气候，不耐寒，在－1℃时幼树即会受冻害，在－4℃时，大树地上部会冻死，但有较强的萌芽力，故自地下部仍可萌蘖而更新。对土壤要求不严，在砂土、黏土、瘠薄地上均能生长；较耐旱耐湿。根系发达但分布较浅，主要密集于土面下10～50cm处，故遇强风易风倒，但与杂草的竞争力强，根系所到之处杂草极少。枝条每年能发生2～3次副梢。花多开在枝条基部上方的第3～4对叶腋间，故修剪时多采取短剪方式。繁殖多用播种法，应采后即播，2～3周发芽。亦可用扦插、压条法繁殖。番石榴性强健，即使不加管理亦可坐果，如注意栽培管理则产量会成十倍的增长。在园林中可成丛散植，更宜在华南地区的自然风景区中配植，既可绿化又可生产果实。番石榴果可鲜食，富含维生素，果实供应期长达3～4个月，早熟品种在6月成熟，正是果类缺少的时期；除鲜食外尚可加工制成果酱、果冻、果汁等。

5. 蒲桃属 *Syzygium* Gaertn.

常绿乔木或灌木。叶对生，革质，羽状脉。花排成圆锥花序、伞房花序，顶生或腋生；萼筒顶有4～5齿；花瓣4～(5)，略合生而整体脱落，罕离生而单片脱落；雄蕊多数，离生；子房2室，每室含数胚珠。果为核果状的浆果，顶有萼痕，种子常为1粒。

共含数百种，主要分布于亚洲热带，有数种产于非洲和大洋洲；中国约产50种。

图 17-293 蒲 桃

1. 花枝 2. 果

蒲桃（图17-293）

Syzygium jambos*（L.）Alston**（Eugenia jambos***

L.）

常绿乔木，高10m。树冠球形，单叶，对生，叶革质，长椭圆状披针形，长10～20cm，宽2.5～5cm，叶端渐尖，叶基楔形，叶背侧脉明显，在叶缘处连合。伞房花序顶生，花缘白色，径4～5cm；萼倒圆锥形，4裂片；雄蕊多数，比花瓣长。果球形或卵形，径2.5～4cm，淡黄绿色，内有种子1～2粒。花期夏季。

原产于马来群岛及中印半岛；海南、广东、福建、广西、台湾、云南等地有栽培。

蒲桃性喜暖热气候属于热带树种。喜深厚肥沃土壤，但亦能生长于砂地，喜生于水边。用种子繁殖。树冠丰满浓郁，花叶果均可观赏，可作庭荫树和固堤、防风树用。果肉味甜香可食或加工作蜜饯。

[62] 五加科 Araliaceae

乔木、灌木或草本，或藤本；通常具刺。单叶或复叶，互生、对生或轮生；有托叶，常附着于叶柄而成鞘状，有时不显或无。花小，两性，有时单性或杂性，整齐，成伞形、头状或穗状花序，或再集成各式大型花序；萼不显，花瓣5～10，雄蕊与花瓣同数，或为其2倍数，或多数；子房下位，1～15室，每室1胚珠。浆果或核果，形小，通常具纵脊；种子形扁，有胚乳。

本科约60属，800种，产热带至温带；中国20属，135种。

分属检索表

A_1 单叶，常有掌状裂。
  B_1 常绿藤本，借气根攀援 ………… 1. 常春藤属 *Hedera*
  B_2 直立乔木或灌木。
    C_1 茎枝具宽扁皮刺；叶掌状5（～7）裂；落叶乔木 ………… 2. 刺楸属 *Kalopanax*
    C_2 茎枝无刺；叶掌状7～12裂；常绿灌木或小乔木。
      D_1 花部5数；叶无托叶 ………… 3. 八角金盘属 *Fatsia*
      D_2 花部4数；叶有托叶 ………… （通脱木属 *Tetrapanax*）
A_2 复叶。
  B_1 羽状复叶。
    C_1 枝有刺，灌木 ………… （楤木属 *Aralia*）
    C_2 枝无刺，乔木 ………… 4. 幌伞枫属 *Heteropanax*
  B_2 掌状复叶。
    C_1 枝及叶柄常有刺；子房2～5室 ………… 5. 五加属 *Acanthopanax*
    C_2 无刺；子房5～8室 ………… 6. 鹅掌柴属 *Schefflera*

1. 常春藤属 *Hedera* L.

常绿攀援灌木，具气根。单叶互生，全缘或浅裂，有柄。花两性，单生或总状伞形花序，顶生；花萼全缘或5裂，花瓣5，雄蕊与花瓣同数，子房5室，花柱连合成一短柱体。浆果状核果，含3～5种子。

约 5 种，中国野生 1 变种，引入 1 种。

分种检索表

A_1 幼枝之柔毛为鳞片状；叶常较小，全缘或 3 裂 ……………………（1）常春藤 *H. nepalensis* var. *sinensis*

A_2 幼枝之柔毛星状；叶常较大，3 ~ 5 裂 ……………………………………………………（2）洋常春藤 *H. helix*

（1）常春藤（中华常春藤）（图 17-294）

***Hedera nepalensis* K. Koch var. *sinensis*（Tobl.）Rehd.**

常绿藤本，长可达 20 ~ 30m。茎借气生根攀援；嫩枝上柔毛鳞片状。营养枝上的叶为三角状卵形，全缘或 3 裂；花果枝上的叶椭圆状卵形或卵状披针形，全缘，叶柄细长。伞形花序单生或 2 ~ 7 顶生；花淡绿白色，芳香。果球形，径约 1cm，熟时红色或黄色。花期 8 ~ 9 月。

分布于华中、华南、西南及甘、陕等地。

性极耐荫，有一定耐寒性；对土壤和水分要求不严，但以中性或酸性土壤为好。

通常用扦插或压条法繁殖，极易生根。栽培管理简易。

图 17-294 常春藤

1. 花枝 2. 叶枝 3 ~ 6. 叶 7. 鳞片 8. 花 9. 子房横剖 10. 果

在庭园中可用以攀援假山、岩石，或在建筑阴面作垂直绿化材料。在华北宜选小气候良好的稍荫环境栽植。也可盆栽供室内绿化观赏用，令其攀附或悬垂均甚雅致。

茎叶和果实可入药，能祛风活血、消肿，治关节酸痛和痈肿疮毒等。

（2）洋常春藤

***Hedera helix* L.**

常绿藤本；借气生根攀援。幼枝上柔毛星状。营养枝上的叶 3 ~ 5 浅裂；花果枝上的叶无裂而为卵状菱形。果球形，径约 6mm，熟时黑色。

原产欧洲至高加索。国内盆栽甚普遍，并有斑叶金边、银边等观赏变种，是室内及窗台绿化的好材料。也可植于庭园作垂直绿化及荫处地被植物。

习性及繁殖、栽培等均与常春藤相似。

2. 刺楸属 *Kalopanax* Miq.

落叶乔木；枝粗壮，具宽扁皮刺。单叶互生，掌状裂，缘常有齿，具长柄。花两性，具细长花梗，成伞形花序后再集成短总状花序；花部5数，花瓣镊合状，花盘凸出。核果含2种子；种子具坚实胚乳。

1种，产东亚。

刺楸（图17-295）

***Kalopanax septemlobus*（Thunb.）Koidz.**

乔木，高达30m。树皮深纵裂；枝具粗皮刺。叶掌状5（~7）裂，径10~25cm或更大，裂片三角状卵形或卵状长椭圆形，先端尖，缘有齿；叶柄较叶片长。复花序顶生；花小而白色。果近球形，径约5cm，熟时蓝黑色，端有细长宿存花柱。花期7~8月，果熟期9~10月。

我国从东北经华北、长江流域至华南、西南均有分布；朝鲜、日本及俄罗斯之远东也有。在四川、云南垂直分布可达1200~2500m。

喜光，对气候适应性较强，喜土层深厚湿润的酸性土或中性土，多生于山地疏林中。生长快。

用播种及根插法繁殖。

图17-295 刺 楸

1. 果枝 2. 花枝 3. 花 4. 果 5. 果横切面 6. 枝上的刺

本种叶大干直，树形颇为壮观，并富野趣，宜自然风景区绿化时应用，也可在园林作孤植树及庭荫树栽植。又是低山区重要造林树种。

木材坚实，纹理细致而有光泽，耐磨，供建筑、枕木、桥梁、车舟、家具等用。根皮及枝入药，有清热祛痰、收敛镇痛之效。

3. 八角金盘属 *Fatsia* Dcne. et Planch.

常绿灌木或小乔木。叶大，掌状5~9裂，叶柄基部膨大；无托叶。花两性或杂性，伞形花序再集成大顶生圆锥花序；花部5数，花盘宽圆锥形。果近球形，黑色，肉质；种子扁平，胚乳坚实。

本属2种，1种产日本，1种产中国台湾。

八角金盘（图17-296）

***Fatsia japonica* Dcne. et Planch.**

常绿灌木，高4~5m，常数干丛生。叶掌状7~9裂，径20~40cm，基部心形或截形，裂片卵状长椭圆形，缘有齿；表面有光泽；叶柄长10~30cm。花小，白色。果实径约8mm。

图 17-296　八角金盘

夏秋间开花，次年 5 月果熟。

原产日本；中国南方庭园中有栽培。

性喜荫，喜温暖湿润气候，不耐干旱，耐寒性不强，在上海须选小气候良好处方能露地越冬。

常用扦插法繁殖，扦插时间 2～3 月或梅雨季均可，要注意遮荫和保持土壤湿润，成活率较高。移栽须带土球，时间以春季为宜。

本种叶大光亮而常绿，是良好的观叶树种，对有害气体具有较强抗性。是江南暖地公园、庭院、街道及工厂绿地的适宜种植材料。北方常盆栽，供室内绿化观赏。

4. 幌伞枫属 *Heteropanax* Seem.

乔木或灌木，无刺。羽状或多回羽状复叶，极大；小叶全缘；托叶不明显。花杂性，在花序顶部的为两性花，在花序侧面的为雄性花；由数伞形花序排成大圆锥花丛；萼近全缘；花瓣 5，镊合状排列；雄蕊 5；子房 2 室；花柱 2，分离。果扁形，宽大于长，内有种子 2 粒。

约 3 种，分布于印度尼西亚、印度、缅甸；中国产 1 种。

幌伞枫（图 17-297）

***Heteropanax fragrans*（Roxb.）Seem.**

乔木，高 8～20m，无刺。叶长大，长可达 1m，3 回羽状复叶，近无毛；叶柄长 15～30cm；小叶对生，纸质，椭圆形，长 6～12cm，宽 3～6cm，无毛。多数小伞形花序排成约 40cm 长的大圆锥花丛，密被褐色星状毛。果扁形，径约 7mm，长 3～5mm。花期秋冬季。

产于印度、缅甸和我国南部及西南部。性喜暖热湿润气候，树冠圆整，形如罗伞，很是美观，可供作庭荫树及行道树。用种子繁殖。材质轻软。根及树皮可入药，治疮毒。

图 17-297　幌伞枫

1. 复叶一节　2. 果序　3. 花　4. 花（去花瓣）　5. 花瓣　6. 果

5. 五加属 *Acanthopanax* Miq.

小乔木或灌木，常有刺。掌状复叶。花两性或杂性，排成顶生伞形花序，单生或数序聚生，或排成大圆锥花丛；萼缘有5齿；花瓣5枚，罕4枚，镊合状排列；雄蕊与花瓣同数；子房2～5室；花柱2～5，分离至合生。果侧向扁压状或近球形。

约30种，主要产于亚洲东部。

五加（五加皮、细柱五加）（图17-298）

***Acanthopanax gracilistylus* W. W. Smith**

灌木，高2～5m，有时蔓生状；枝无刺或在叶柄基部有刺。掌状复叶在长枝上互生，在短枝上簇生；小叶5，很少3～4，中央一小叶最大，倒卵形至倒卵状披针形，长3～6cm，宽1.5～3.5cm，叶缘有锯齿，两面无毛，或叶脉有稀刺毛。伞形花序单生于叶腋或短枝的顶端，很少有2伞形序生于一序梗上者；花瓣5，黄绿色；花柱2或3，分离至基部。果近于圆球形，熟时紫黑色；内含种子2粒。花期5月；果10月成熟。

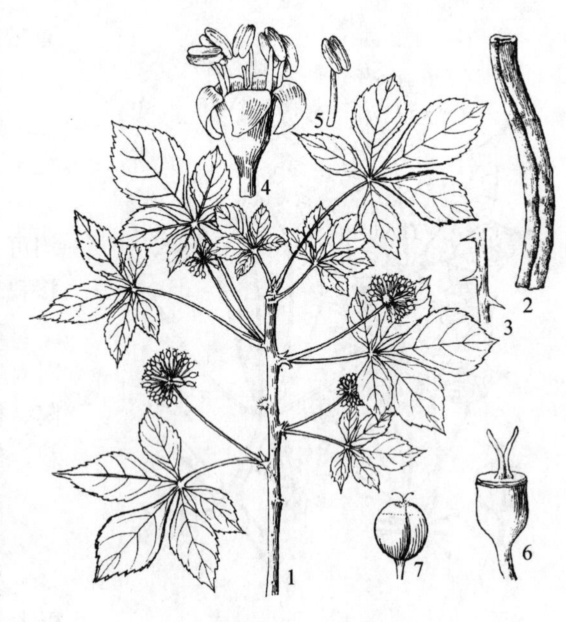

图17-298　五　加

1. 花枝　2. 树皮　3. 小枝具刺　4. 花　5. 雄蕊　6. 雌蕊　7. 果

分布于华东、华中、华南及西南。

性强健，适应性强，在自然界常生于林缘及路旁。可丛植园林赏其掌状复叶及植丛。用种子繁殖。根皮含挥发油、维生素A及B_1、亚麻仁油酸、棕榈酸等，可泡酒制成五加皮酒，有祛风湿、强筋骨的药效。

6. 鹅掌柴属 *Schefflera* J. R. & G. Forster

常绿乔木或灌木，有时为藤本，无刺。叶为掌状复叶；托叶为叶柄合生。花排成伞形花序、总状花序或头状花序，又这些花序常聚成大型圆锥花丛；萼全缘或有5齿；花瓣5～7枚，镊合状排列；雄蕊为花瓣同数；子房5～7室；花柱合生。果近球状；种子5～7粒。

约400种，主要产于热带及亚热带地区。中国约产37种，广布于长江以南。

鹅掌柴（鸭脚木）（图17-299）

***Schefflera octophylla*（Lour.）Harms.**

常绿乔木或灌木；掌状复叶，小叶6～9枚，革质，长卵圆形或椭圆形，长7～17cm，宽3～6cm；叶柄长8～2 5cm；小叶柄长1.5～5cm。花白色，有芳香，排成伞形花序又复结成顶生长25cm的大圆锥花丛；萼5～6裂；花瓣5

图17-299　鹅掌柴

1. 果枝　2. 复叶　3. 果

枚，肉质，长 2 ~ 3mm；花柱极短。果球形，径 3 ~ 4cm。花期在冬季。

分布于台湾、广东、福建等地，在中国东南部地区常见生长。

性喜暖热湿润气候，为华南习见植物。生长快，用种子繁殖。植株紧密，树冠整齐优美可供观赏用，或作园林中的掩蔽树种用。材质轻软致密，纹理直，可供火柴工业及一些手工业作原料。根皮可泡酒，性温，有祛风之效，又可外敷治跌打损伤用。

［63］山茱萸科 Cornaceae

乔木或灌木，稀草本。单叶对生，稀互生，通常全缘，多无托叶。花两性，稀单性，排成聚伞、伞形、伞房、头状或圆锥花序；花萼 4 ~ 5 裂或不裂，上位，有时无；花瓣 4 ~ 5，雄蕊常与花瓣同数并互生；子房下位，通常 2 室。多为核果，少数为浆果；种子含胚乳。

本科约 14 属，160 余种，主产于北半球；中国产 5 属 40 种。

分属检索表

A_1　花两性；果为核果。

　B_1　花序下无总苞片；核果通常近圆球形 ………………………… 1. 梾木属 *Cornus*

　B_2　花序下有 4 枚总苞片；核果不为球形。

　　C_1　头状花序；总苞片大，白色，花瓣状；核果状果实椭圆形或卵形 … 2. 四照花属 *Dendrobenthamia*

　　C_2　伞形花序；总苞片小，黄绿色，鳞片状；核果长椭圆形 ………… 3. 山茱萸属 *Macrocarpium*

A_2　花单性，雌雄异株；果为浆果状核果 ………………………… 4. 桃叶珊瑚属 *Aucuba*

1. 梾木属 *Cornus* L.

乔木、灌木，稀草本，多为落叶性。单叶对生，稀互生，全缘，常具 2 叉贴生柔毛；有叶柄。花小，两性，排成顶生聚伞花序，花序下无叶状总苞；花部 4 数；子房下位 2 室。果为核果，具 1 ~ 2 核。

本属共百余种，中国产 28 种，分布于东北、华南及西南，主产于西南。

分种检索表

A_1　叶互生；核的顶端有近四方的孔穴 ………………………… （1）灯台树 *C. controversa*

A_2　叶对生；核的顶端无孔穴。

　B_1　灌木；花柱圆柱形 ………………………… （2）红瑞木 *C. alba*

　B_2　乔木；花柱成棍棒形 ………………………… （3）毛梾 *C. walteri*

（1）灯台树（瑞木）（图 17-300）

***Cornus controversa* Hemsl.**

落叶乔木，高 15 ~ 20m。树皮暗灰色，老时浅纵裂；枝紫红色，无毛。叶互生，常集生枝梢，卵状椭圆形至广椭圆形，长 6 ~ 13cm，叶端突渐尖，叶基圆形，侧脉6 ~ 8 对，叶表深绿，叶背灰绿色疏生贴伏短柔毛；叶柄长 2 ~ 6.5cm。伞房状聚伞花序顶生；花小，白色。核果球形，径 6 ~ 7mm，熟时由紫红色变紫黑色。花期 5 ~ 6 月；果 9 ~ 10 月成熟。

主产于长江流域及西南各地，北达东北南部，南至两广及台湾；朝鲜、日本也有分布。

图 17-300　灯台树
1. 果枝　2. 花　3. 果

常生于海拔 500～1600m 的山坡杂木林中及溪谷旁。性喜阳光，稍耐荫；喜温暖湿润气候，有一定耐寒性，在华北北部不宜植于当风处，否则会枯枝；喜肥沃湿润而排水良好土壤。多用播种繁殖，也可扦插繁殖。灯台树树形整齐，大侧枝呈层状生长宛若灯台，形成美丽的圆锥状树冠；宜独植于庭园草坪观赏，也可植为庭荫树及行道树。木材黄白色，供建筑、雕刻、文具等用；种子可榨油，供制皂及润滑油用；树皮含鞣质。

(2) 红瑞木（图 17-301）

***Cornus alba* L.**

落叶灌木，高可达 3m。枝血红色，无毛，初时常被白粉；髓大而白色。叶对生，卵形或椭圆形，长4～9cm，叶端尖，叶基圆形或广楔形，全缘，侧脉 5～6 对，叶表暗绿色，叶背粉绿色，两面均疏生贴生柔毛。花小，黄白色，排成顶生的伞房状聚伞花序。核果斜卵圆形，成熟时白色或稍带蓝色。花期5～6月；果8～9月成熟。

分布于东北、内蒙古及河北、陕西、山东等地。朝鲜、俄罗斯也有分布。

性喜光，强健耐寒，喜略湿润土壤。可用播种、扦插、分株等法繁殖。播种用的种子应先层积处理，以克服隔年发芽现象。插条以秋末采取沙藏越冬后早春扦插较好。移植后应行重剪，栽后初期应勤浇水。以后每年应适当修剪以保持良好树形及枝条繁茂。

红瑞木的枝条终年鲜红色，秋叶也为鲜红色，均美丽可观。此外尚有银边、黄边等变种。最宜丛植于庭园草坪、建筑物前或常绿树间，又可栽作自然式绿篱，赏其红枝与白果。如与棣棠、梧桐等绿枝树种配植，在冬季衬以白雪，可相映成趣，色彩更为显著。此外，红瑞木根系发达，又耐潮湿，植于河边、湖畔、堤岸上，可有护岸固土的效果。种子含油约 30%，可供工业

图 17-301　红瑞木
1. 果枝　2. 花　3. 果

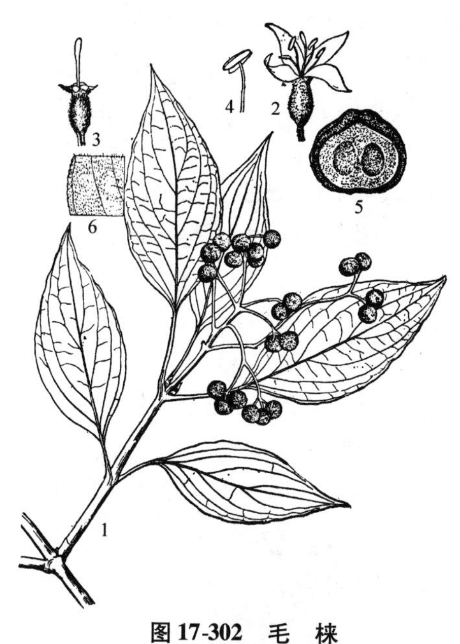

图 17-302 毛 梾

1. 果枝 2. 花 3. 花（去花瓣及雄蕊） 4. 雌蕊 5. 果纵剖 6. 叶下面，示毛

用及食用。

(3) 毛梾（车梁木、小六谷）（图 17-302）

Cornus walteri **Wanger.**

落叶乔木，高达 12m，树皮暗灰色，常纵裂成长条。叶对生，卵形至椭圆形，长 4～10cm，叶端渐尖，叶基广楔形，侧脉 4～5 对，叶表有贴伏柔毛，叶背毛更密；叶柄长 1～3cm。伞房状聚伞花序顶生，径 5～8cm；花白色，径 1.2cm。核果近球形，径约 6mm，熟时黑色。花期 5～6 月；果 9～10 月成熟。

分布于山东、河北、河南、江苏、安徽、浙江、湖北、湖南、山西、陕西、甘肃、贵州、四川、云南等地。

性喜阳光、耐旱、耐寒，能耐 -23℃ 的低温，在自然界常散生于向阳山坡及岩石缝间。在北京可露地栽培。用种子繁殖，4～6 年生可开花结实。栽培管理简单。本种枝叶茂密、白花可赏，也可栽作行道树用。木材坚重，供作车辆、家具等用；种子含油 30%～35%，榨油供食用和作精密机械如钟表等的润滑油；树皮及叶可提栲胶。花为蜜源植物。

2. 四照花属 *Dendrobenthamia* Hutch.

灌木至小乔木。花两性，排成头状花序，序下有大总苞片。核果椭圆形或卵形。

中国产 15 种，主产于长江以南。

四照花（图 17-303）

Dendrobenthamia japonica **(DC.) Fang var.** ***chinensis*** **(Osborn) Fang (*****Cornus Kousa*** **Hance var.** ***chinensis*** **Osborn)**

图 17-303 四照花

1. 果枝 2. 果序 3. 花

落叶灌木至小乔木，高可达 9m。小枝细、绿色，后变褐色，光滑。叶对生，卵状椭圆形或卵形，长 6～12cm，叶端渐尖，叶基圆形或广楔形，侧脉 3～4（～5）对，弧形弯曲；叶表疏生白柔毛；叶背粉绿色，有白柔毛并在脉腋簇生黄色或白色毛。头状花序近球形；序基有 4 枚白色花瓣状总苞片，椭圆状卵形，长 5～6cm；花萼 4 裂，花瓣 4，雄蕊 4，子房 2 室。核果聚为球形的聚合果，成熟后变紫红色。花期 5～6 月；果 9～10 月成熟。

产于长江流域及河南、陕西、甘肃。性喜光，稍耐荫，喜温暖湿润气候，有一定耐寒力，常生于海拔

800～1600m 的林中及山谷溪流旁。在北京小气候良好处可露地过冬，并能正常开花，喜湿润而排水良好的砂质土壤。常用分蘖及扦插法繁殖；也可用种子繁殖，但因为大多是硬粒种子，播后 2 年始能发芽，故应行种子处理。处理的要点是将种子浸泡后碾除油皮，再加沙碾去蜡皮，然后沙藏。在播前 20 余日再用温水浸泡催芽。

本种树形整齐，初夏开花，白色总苞覆盖满树，是一种美丽的庭园观花树种。配植时可用常绿树为背景而丛植于草坪、路边、林缘、池畔，能使人产生明丽清新之感。果实有甜味可生食及酿酒用。

3. 山茱萸属 *Macrocarpium* Nakai

灌木至小乔木。单叶，对生，全缘。花序下有 4 总苞片；花排成伞形花序。核果。

中国产 2 种。

山茱萸（图 17-304）

***Macrocarpium officinale*（S. et Z.）Nakai（*Cornus officinalis* S. et Z.）**

落叶灌木或小乔木；老枝黑褐色，嫩枝绿色。叶对生，卵状椭圆形，长 5～12cm，宽约 7.5cm，叶端渐尖，叶基浑圆或楔形，叶两面有毛，侧脉 6～8 对；脉腋有黄褐色簇毛，叶柄长约 1cm。伞形花序腋生；序下有 4 小总苞片，卵圆形，褐色；花萼 4 裂，裂片宽三角形；花瓣 4，卵形，黄色；花盘环状。核果椭圆形，熟时红色。花期 5～6 月；果 8～10 月成熟。

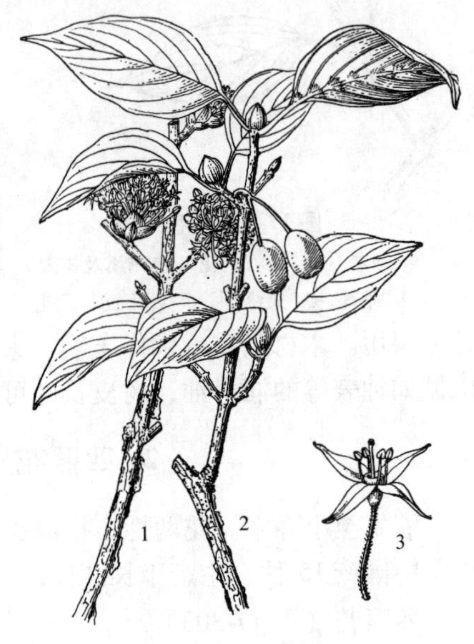

图 17-304 山茱萸
1. 花枝 2. 果枝 3. 花

产于山东、山西、河南、陕西，甘肃、浙江、安徽、湖南等地，江苏、四川等地有栽培。

性喜温暖气候，在自然界多生于山沟、溪旁；喜适湿而排水良好处。果可入药，有健胃、补肾、收敛强壮之效，可治腰痛症。适于在自然风景区中成丛种植。

4. 桃叶珊瑚属 *Aucuba* Thunb.

常绿灌木。单叶对生，有齿或全缘。花单性异株，排成顶生圆锥花序；花萼小，4 裂；花瓣 4 片，镊合状；雄花具 4 雄蕊及一大花盘；雌花子房下位，1 室，1 胚珠。浆果状核果，内含 1 粒种子。

约 12 种；中国产 10 种，分布于长江以南。

分种检索表

A_1 小枝有毛；叶长椭圆形至倒卵状披针形……………………………………（1）桃叶珊瑚 *A. chinensis*

A_2 小枝无毛；叶椭圆状卵形至椭圆状披针形……………………………………（2）东瀛珊瑚 *A. japonica*

（1）桃叶珊瑚（图 17-305）

***Aucuba chinensis* Benth.**

常绿灌木。小枝被柔毛，老枝具白色皮孔。叶薄革质，长椭圆形至倒卵状披针形，长 10 ~ 20cm，叶端具尾尖，叶基楔形，全缘或中上部有疏齿，叶被有硬毛；叶柄长约 3cm。花紫色，排成总状圆锥花序，长 13 ~ 15cm。果为浆果状核果，熟时深红色。

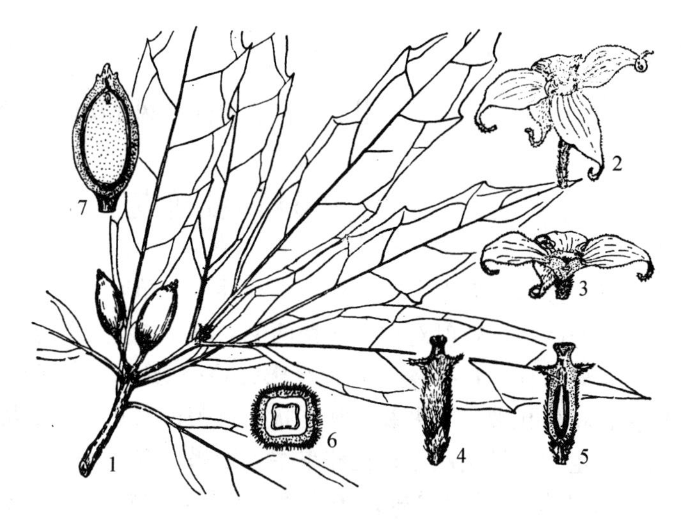

图 17-305　桃叶珊瑚

1. 果枝　2. 雄花　3. 雄花纵剖　4. 雌花　5. 雌花纵剖　6. 子房横剖　7. 果纵剖

分布于湖北、四川、云南、广西、广东、台湾等地，常生于海拔 1000m 左右山地，在四川、云南可高达 2000m。性耐荫喜温暖湿润气候及肥沃湿润而排水良好土壤，不耐寒。用扦插法繁殖，通常在梅雨季选 2 年生枝插于有遮荫的插床，约经 1 个月左右可生根。移栽宜在春季，并需带土团。栽培管理无特殊要求。本种为良好的耐荫观叶、观果树种，宜于配植在林下及荫处。又可盆栽供室内观赏。

（2）东瀛珊瑚（青木）

***Aucuba japonica* Thunb.**

常绿灌木，高达 5m。小枝绿色，粗壮，无毛。叶革质，椭圆状卵形至椭圆状披针形，长 8 ~ 20cm，叶端尖而钝头，叶基阔楔形，叶缘疏生粗齿，叶两面有光泽；叶柄长 1 ~ 5cm。花小，紫色；圆锥花序密生刚毛。果鲜红色。花期 4 月；果 12 月成熟。

产于台湾；日本也有分布。现各地均有盆栽或地栽。园艺品种很多，有金斑种、银斑种、柳叶种及黄色果实而带红彩种等。通常最常见的为洒金东瀛珊瑚 f. *variegata*（D′Omb.）Rehd.，其叶面有许多黄色斑点。

本种也性喜温暖气候，能耐半荫，喜湿润空气。耐修剪，生势强，病虫害极少，对烟害的抗性很强，所以是良好的城市绿化树种，最宜作林下配植用。可用播种繁殖，于 3 月下旬采后即播很易发芽。4 年生苗可出圃定植于园林。亦可行扦插法繁殖。在华北多见盆栽供室内布置厅堂、会场用。

Ⅱ. 合瓣花亚纲 Metachlamydeae

[64] 杜鹃花科 Ericaceae

常绿或落叶灌木，罕为小乔木或乔木。单叶互生，罕对生或轮生；全缘，罕有锯齿；无托叶。花两性，辐射对称，或稍两侧对称，单生或簇生，常排成总状、穗状、伞形或圆锥花序；花萼宿存，4~5裂；花冠合瓣，4~5裂，罕离瓣；雄蕊为花冠裂片之2倍，罕同数或较多，花药孔裂，罕纵裂，常尾状或具芒；具花盘；子房上位，数室，每室胚珠多数，罕单生，着生于中轴胎座上；花柱单生。蒴果，罕浆果或核果。种子细小。

约75属，1350余种，多分布于寒带、温带及热带的高山上。中国产20属，约800种。

分属检索表

A_1 子房上位，果为蒴果。

B_1 蒴果室间开裂；花大，花冠钟形、漏斗状或管状，裂片稍两侧对称……… 1. 杜鹃花属 *Rhododendron*

B_2 蒴果室背开裂；花小，花冠钟形、坛状或卵状圆筒形，裂片辐射对称。

C_1 花药有芒；蒴果缝线不加厚。

D_1 花药顶部的芒直立或上升；花冠钟形；花排成顶生伞形或伞房状花序，多下垂；落叶罕半常绿灌木或小乔木，叶、枝轮生；果柄常弯向上方 ……………………………… 2. 吊钟花属 *Enkianthus*

D_2 花药背面的芒反折向下弯；花冠卵状坛形，5浅裂；花排成顶生的多花圆锥花序；常绿灌木或小乔木，叶及枝互生；果柄直立 ……………………………………………………… 3. 马醉木属 *Pieris*

C_2 花药无芒（有时花丝近顶处有2距）；蒴果缝线明显加厚（有1浅白色宽纵线条）；花排成腋生总状花序 ………………………………………………………………………… 4. 南烛属 *Lyonia*

A_2 子房下位；果为浆果；花冠坛状；雄蕊内藏不抱花柱 ………………………… 5. 越橘属 *Vaccinium*

1. 杜鹃花属 *Rhododendron* L.

常绿或落叶灌木，罕小乔木。叶互生，全缘，罕为毛状小锯齿。花常多朵组成顶生伞形花序式的总状花序，偶有单生或簇生；萼片小而5深裂，罕6~10裂，花后不断增大；花冠钟形、漏斗状或管状，裂片与萼片同数；雄蕊5~10枚，罕更多，花药背着，顶孔开裂；花盘厚。子房上位，5~10室或更多，每室具多数胚珠。蒴果。

约800种，中国产600余种，分布于全国，尤以四川、云南的种类最多，是杜鹃花属的世界分布中心。

本属植物花大色美，是世界著名的观赏植物，又有治疗气管炎哮喘和强心的药效。

分种检索表

A_1 落叶灌木或半常绿灌木。

B_1 落叶灌木。

C_1 雄蕊10枚。

D_1 叶散生；花 2～6 朵簇生枝顶；子房及蒴果有糙伏毛鳞片。

E_1 枝有褐色扁平糙伏毛；叶、子房、蒴果均被糙伏毛；花 2～6 朵簇生枝顶，蔷薇色、鲜红色、深红色 …………………………………………………………………………（1）杜鹃花 *R. simsii*

E_2 枝疏生鳞片；叶、子房、蒴果均有鳞片；花 2～5 朵簇生枝顶，淡红紫色 …………………………………………………………………………………（2）蓝荆子 *R. mucronulatum*

D_2 叶常 3 枚轮生枝顶（俗称三叶杜鹃）；花通常双生枝顶，罕 3 朵；子房及蒴果均密生长柔毛 …………………………………………………………………………（3）满山红 *R. mariesii*

C_2 雄蕊 5 枚；花金黄色，常多朵成顶生伞形总状花序；叶矩圆形，长 6～12cm，叶缘有睫毛 ………………………………………………………………………………（4）羊踯躅 *R. molle*

B_2 半常绿灌木；花 1～3 朵顶生，纯白色；花梗密生柔毛、刚毛及腺毛；幼枝密生灰色柔毛、腺毛；叶两面有毛 ……………………………………………………（5）白花杜鹃 *R. mucronatum*

A_2 常绿灌木或小乔木。

B_1 雄蕊 5 枚。

C_1 花单生于枝顶叶腋，花冠盘状，白色或淡紫色，有粉红色斑点；叶卵形，全缘，端有明显凸尖头 …………………………………………………………………………（6）马银花 *R. ovatum*

C_2 花 2～3 朵与新梢发自顶芽，花冠漏斗状，橙红至亮红色，有浓红色斑；叶椭圆形，缘有睫毛，端钝 …………………………………………………………………………（7）石岩 *R. obtusum*

B_2 雄蕊 10 枚或更多。

C_1 雄蕊 10 枚。

D_1 花顶生枝端。

E_1 花顶生呈密总状花序，径 1cm，乳白色；叶厚革质，倒披针形；幼枝有疏鳞片 …………………………………………………………………………（8）照山白 *R. micranthum*

E_2 花顶生伞形花序，花 10～20 朵，径 4～5cm，深红色；叶厚革质 …（9）马缨杜鹃 *R. delavayi*

E_3 花 1～3 朵顶生枝端，径 6cm，蔷薇紫色，有深紫色斑点；叶纸质；幼枝密生淡棕色扁平伏毛 …………………………………………………………………………（10）锦绣杜鹃 *R. pulchrum*

D_2 花腋生，单生枝顶叶腋，花梗下有苞片多枚；花堇粉色，有黄绿色斑点；叶革质，小枝无毛 …………………………………………………………………………（鹿角杜鹃 *R. latoucheae*）

C_2 雄蕊 14～16 枚；花排成疏松的顶生伞形总状花序；叶厚革质。

D_1 雄蕊 14 枚；花 6～12 朵，粉红色；幼枝绿色，粗壮 …………………（11）云锦杜鹃 *R. fortunei*

D_2 雄蕊 16 枚；花 20～25 朵，蔷薇色带紫色；幼枝有灰白色毛 ……（12）大树杜鹃 *R. giganteum*

关于杜鹃花属各种类的习性、繁殖栽培、园林用途等，将在后文统一介绍。现先分述下列常见种类的形态、分布及变种。

（1）杜鹃花（映山红、照山红、野山红）（图 17-306）

Rhododendron simsii **Planch.（*R. indicum* var. *simsii* Maxin.；*Azalea indica* Sims. not L.；*R. indicum* var. *formosana* Hayata）**

形态：落叶灌木，高可达 3m；分枝多，枝细而直，有亮棕色或褐色扁平糙伏毛。叶纸质，卵状椭圆形或椭圆状披针形，长 3～5cm，叶表之糙伏毛较稀，叶背者较密。花 2～6 朵簇生枝端，蔷薇色、鲜红色或深红色，有紫斑；雄蕊 10 枚，花药紫色；萼片小，有毛；子房密被伏毛。蒴果密被糙伏毛、卵形。花期 4～6 月；果 10 月成熟。

分布：广布于长江流域及珠江流域各地，东至台湾，西至四川、云南。

变种：

①白花杜鹃 var. *eriocarpum* Hort.：花白色或浅粉红色。

②紫斑杜鹃 var. *mesembrinum* Rehd.：花较小，白色而有紫色斑点。

③彩纹杜鹃 var. *vittatum* Wils.：花有白色或紫色条纹。

本种在长江流域多生于丘陵山坡上，在云南常见于海拔1000～2600m山坡上。杜鹃花的栽培历史很久，故园艺品种极多，较耐热，不耐寒，在华北地区多行盆栽。

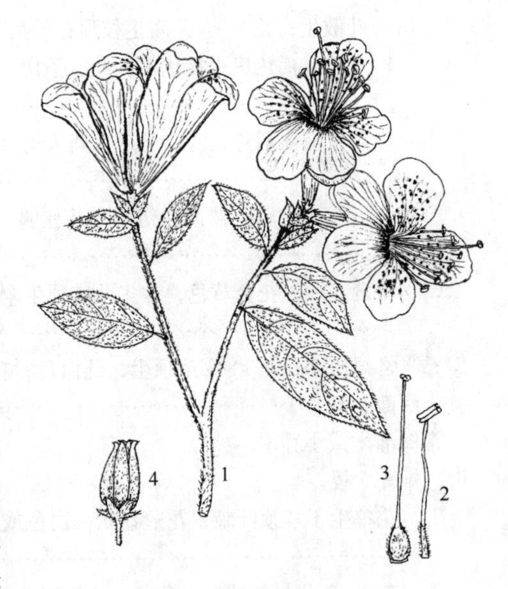

图 17-306 杜鹃花

1. 花枝 2. 雄蕊 3. 雌蕊 4. 果

值得一提的是在上个世纪初期欧洲栽培的杜鹃花品种，无论是常绿的或半常绿的均是日本所产的东亚杜鹃，又叫‘皋月杜鹃’或‘仙客’或‘谢豹花’（*R. indicum* Sweet）系统；东亚杜鹃是常绿至半常绿灌木，花紫红色，上部花瓣有紫斑，花期6～8月，是本属各种中开花最迟的种类。这个系统的品种均难于进行催花栽培，但是中国产的杜鹃花 *R. simsii* 则很易催花；所以在1850年罗伯特·福穹（Robert Fortune）将本种引入欧洲，作为杂交育种的新种质。正由于本种血统的加入，使欧洲的品种大放异彩，由于当时工作的中心是在比利时的根特市，故欧洲园艺界习称为‘比利时杜鹃’，以后，许多国家每年都向比利时定购供圣诞节催花用的杜鹃。

（2）蓝荆子（迎红杜鹃、迎山红）（图17-307）

***Rhododendron mucronulatum* Turcz.**

形态：落叶灌木，高1.5m左右，分枝多，小枝细长，疏生鳞片。叶长椭圆状披针形，长3～8cm，疏生鳞片。花淡红紫色，径3～4cm，2～5朵簇生枝顶，先叶开放；花芽鳞在花期宿存；雄蕊10。蒴果圆柱形，长1.3cm，褐色，有密鳞片。花期4～5月；果6月成熟。

分布：产东北、华北、山东、江苏北部。朝鲜，日本、俄罗斯也有。

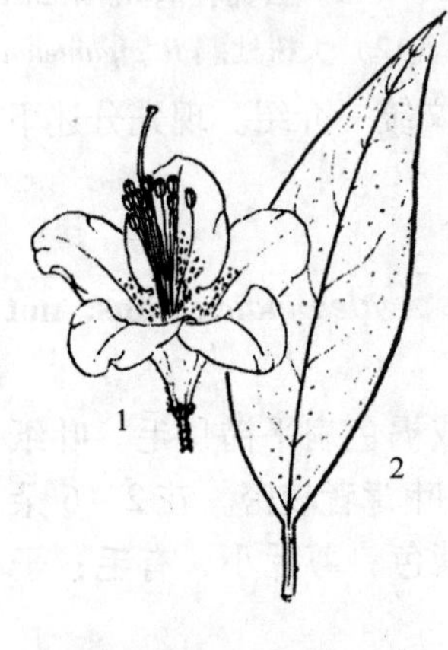

图 17-307 蓝荆子

1. 花 2. 叶

变种：有数变种，我国产的有一变种，即毛叶蓝荆子（毛叶迎红杜鹃）var. *ciliatum* Nakai：叶表疏生粗毛。产于东北南部，分布较原种为多；开花期也略早于原种。

蓝荆子性喜光，耐寒，喜空气湿润和排水良好地点。

本种具有早花习性，可作催花用，在欧洲很受重视。在北京郊区山上有野生。美国于1883年自北京将种子引入阿诺德树木园，现已推广普遍栽培。又朝鲜人民有过3月3日即“重三”节的风俗，这时正值本花盛开，乃采本花与糯米粉做成团子，用香油煎食；男女老少相携去郊外春游，特称为“花游节”，是个很喜庆富有生气的节日。

蓝荆子花亦可生食，略有酸味。在园林中可为迎春相配植，紫、黄相映，能加强表现出春光明媚的欢悦气氛。

本种全株可入药，主治急慢性支气管炎、感冒、咳嗽等症，效果显著。

（3）满山红（山石榴、石郎头）（图 17-308）

Rhododendron mariesii **Hemsl. et Wils.**

形态：落叶乔木，高 1～2m，枝轮生，幼枝有黄褐色毛，后变光滑。叶厚纸质，常 3 枚轮生枝顶，故又叫三叶杜鹃，卵圆形，长 4～8cm，端急尖，基圆钝、花通常成双生枝顶（少有 3 朵），花冠蔷薇紫色，上侧裂片有红紫色点；花梗直立，有硬毛；花萼小，有棕色伏毛；雄蕊 10。子房密生棕色长柔毛。蒴果圆柱形，被密毛。花期 4 月，果熟 8 月。

分布：产长江下游，南达福建、台湾。

（4）羊踯躅（闹羊花、黄杜鹃、六轴子）

Rhododendron molle **G. Don.**

形态：落叶灌木，高 1.4m。分枝稀疏，幼时有短柔毛和刚毛。叶纸质，长椭圆形或椭圆状倒披针形，长 6～12cm，端钝，有小突尖，缘有睫毛，叶表背均有毛。顶生伞形总状花序可多达 9 朵，花金黄色，径 5～6cm；雄蕊 5，与花冠等长。子房有柔毛。蒴果圆柱形，长达 2.5cm。花期 4～5 月；果 7 月成熟。

分布：广布于长江流域各地，南达广东、福建。在自然界多生于海拔 200～2000m 的山坡上。

本种全株有剧毒，人畜食之会死亡；叶、花捣烂外敷可治皮肤癣病，对蚜虫、螟虫、飞虱等有触杀作用。

图 17-308　满山红

（5）白花杜鹃（毛白杜鹃、白杜鹃）

Rhododendron mucronatum **G. Don.**

形态：半常绿灌木，高 1～2m。分枝密，小枝有密而开展的灰柔毛及黏质腺毛。叶长椭圆形，长 3～6cm，叶背有黏质腺毛。花白色，芳香，1～3 朵簇生枝端，径约 5cm；花梗及花萼上都混生有腺毛；雄蕊 10 枚；花芽鳞片黏质。蒴果长卵形，长 1cm。花期 4～5 月。品种很多，有大朵、重瓣及玫瑰色等变种。

分布：产湖北。杭州园林中大片露地栽植，各地盆栽观赏很多。

（6）马银花（图 17-309）

Rhododendron ovatum **（Lindl）Planch.**

形态：常绿灌木，高达 4m，枝叶光滑无毛。叶革质，卵形，端急尖或钝，有明显的凸尖头，基部圆形。花单一，出自枝顶叶腋间，花浅紫色，有粉红色斑点，花冠深裂近基部；花梗有短柄腺体和白粉；花萼小，在短萼筒外面有白粉和腺体；雄蕊 5 枚。子房有短刚毛。蒴果长 0.8cm，宽卵形。花期 5 月。

分布：广布于华东各地。

图 17-309 马银花

1. 花枝 2. 花萼及雌蕊

（7）石岩（山岩、锦光花）

***Rhododendron obtusum*（Lindl.）Planch.**

形态：常绿或半常绿（在寒冷地区）灌木，高1～3m，有时呈平卧状，分枝多，幼枝上密生褐色毛。春叶椭圆形，端钝，基楔形，缘有睫毛，叶柄有毛，叶表、背均有毛而以中腺为多；秋叶狭长倒卵形或椭圆状披针形，质厚而有光泽，长1～（2.5）cm，宽0.6cm。花2～3朵与新梢发自顶芽，花冠橙红至亮红色，上瓣有浓红色斑，漏斗形，径2.5～4cm；雄蕊5枚，药黄色；萼片小，卵形，淡绿色，有细毛。蒴果卵形，长0.6～0.7cm。花期5月。

变种和品种：本种原为日本育成的栽培杂交种，故无野生者，有多数变种和大量的园艺品种。著名的变种有：

①石榴杜鹃（山牡丹）var. *kaempferi*（Planch）Wils. 花暗红色，重瓣性极高，上海、杭州有露地栽培。

②矮红杜鹃（f. *amoenum* Komastu），花朵顶生，紫红色有2层花瓣，正瓣有浓紫色斑，花丝淡紫色。叶小。

③久留米杜鹃（var. *sakamotoi* Koniatsu）：为日本久留米地方所栽的杜鹃总称，品种繁多，按其叶形、花色及花型进行分类，不下数百种。

（8）照山白（照白杜鹃、铁石茶、白镜子）（图 17-310）

***Rhododendron micranthum* Turcz**

形态：常绿灌木，高1～2m。小枝细，具短毛及腺鳞。叶厚革质，倒披针形，长3～4cm，两面有腺鳞，背面更多，边缘略反卷。花小，白色，径约1cm，呈顶生密总状花序，雄蕊10。蒴果矩圆形，长达0.8cm。花期5～6月。

分布：产东北、华北、甘肃、四川、山东、湖北。

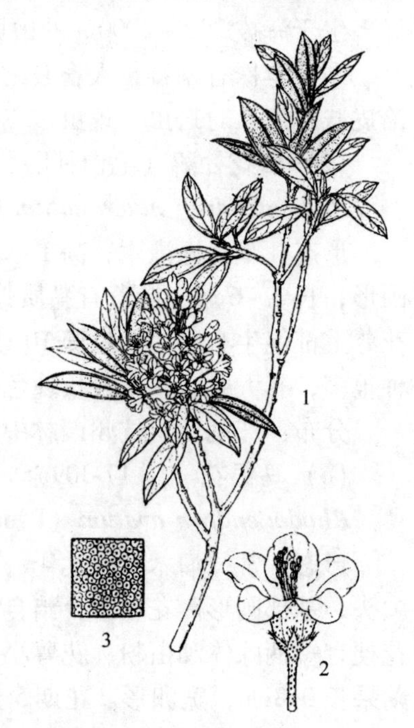

图 17-310 照山白

1. 花枝 2. 花 3. 叶下面鳞片放大

（9）马缨杜鹃（马缨花、马鼻缨）（图 17-311）

***Rhododendron delavayi* Fr.**

形态：常绿灌木至小乔木，高2～12m；树皮呈不规则状剥落。叶革质，簇生枝顶，长圆状披针形，长6～15cm，宽1.5～4cm，叶表深绿色，叶背密被灰白色至淡棕色薄毡毛，中脉和侧脉在叶表凹下，在叶背凸起。花10～20朵排成顶生伞形花序，苞片厚，椭圆形，花梗长约1cm，有毛；花萼小，5裂；花冠钟状、深红色，长4～5cm，肉质，基部有5蜜腺囊；雄蕊10，无毛；子房密被褐色绒毛。蒴果圆柱形，长1.5～2cm。花期2～5月；果10～11月成熟。

分布于贵州、云南，多生于海拔1200～2900m的山坡，成群丛生或散生于松、栎林下。缅甸也有分布。

图17-311　马缨杜鹃　　图17-312　锦绣杜鹃

（10）锦绣杜鹃（鲜艳杜鹃）（图17-312）

***Rhododendron pulchrum* Sweet.**

形态：常绿灌木，高1～2m；分枝稀疏，嫩枝有褐色毛。春叶纸质，狭长倒卵形或椭圆形，长1～2cm，幼叶表背有褐色短毛，成长叶表面变光滑；秋叶革质，形大而多毛，长3～6cm，宽2～4cm。花1～3朵发于顶芽，花冠浅蔷薇紫色，径4.5～7cm，有紫斑，裂片5；雄蕊10，长短不一或等长，均较花冠略短，花丝下部有毛；子房有褐色毛；花萼大，长1～1.5cm，5裂，有褐色毛；花梗长6～12mm，密生棕色毛。蒴果长卵圆形，长1cm，呈星状开裂，萼片宿存。花期5月。

本种据说产于中国，但未见有野生者；品种较多，上海市及欧洲、日本多有栽培。当最低气温在－8℃时则成落叶性灌木，在温暖处则成为常绿性。

（11）云锦杜鹃（天目杜鹃）（图17-313）

***Rhododendron fortunei* Lindl.**

形态：常绿灌木，高3～4m。枝粗壮，浅绿色，无毛。叶厚革质，簇生枝顶，长椭圆形，长10～20cm，叶端圆尖，叶基圆形或近心形，全缘，叶背略有白粉。花大而芳香，浅粉红色，6～12朵排成顶生伞形总状花序，花冠7裂；花梗长2～3cm，有蜜腺体；花萼小，有腺体，雄蕊14枚；子房10室。蒴果长圆形，长2～3cm，粗1～1.5cm。花期5月。

分布于浙江、江西、安徽、湖南等地。

(12）大树杜鹃

***Rhododendron giganteum* Forr. ex Tagg**

形态：常绿大乔木，高达25m，胸径37cm，干皮呈片状剥落。叶厚革质，长圆形或倒披针形，长12～37cm，宽4～12cm，叶端钝，叶基阔楔形，叶表无毛，叶背密被浅棕黄色毡毛，后逐渐脱落；叶柄长2～4cm，上面略有沟。花20～24朵排成顶生伞形花序，序长20～25cm，总梗长4～8cm；花冠钟形，径5～8cm，水红色，裂片8，有8蜜腺体；雄蕊16枚，不等长；子房16室，密被有毛；花萼小，8齿裂。蒴果长圆柱形，长4cm，有褐色毛。花期2～3月；果10月成熟。

产于云南西南部腾冲县高黎贡山西坡海拔2200～2400m的常绿阔叶林中，与樟科、木兰科、山茶科、金缕梅科等混生而为上层树种。

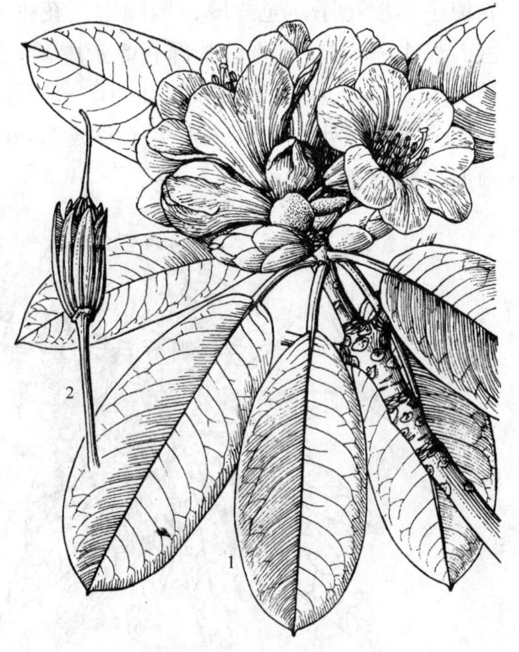

图17-313 云锦杜鹃

1. 花枝 2. 果

杜鹃属植物的习性：杜鹃花属的种类虽多，但在自然界大抵均分布于山区，分布于平原者较少。在山区中随着种类的不同，其垂直分布的界限是很明显的，笔者在野外采集调查中，常见高差仅二十余米，种类群落则完全不同。这主要是由于不同种类间对生态因子的要求和适应能力不同所致。但杜鹃花属各种类的共同要求是喜酸性土，忌碱性和黏质土壤。喜光和凉爽湿润气候，惧烈日暴晒，在烈日下嫩叶易灼伤枯死，但亦视种类和不同地区而异；一般言之，落叶类和半常绿类杜鹃中原产南方的种类，虽有较高的耐热性，但多畏烈日而喜半荫环境，如杜鹃花、石岩、锦绣杜鹃、白杜鹃、满山红、羊踯躅等；而一些原产北方或高山区的种类如蓝荆子、照山白等则喜充足阳光和夏季较凉爽的气候，耐热性较差；而一些常绿性的高山杜鹃则均喜空气湿度高的环境条件，其中原产于高海拔地区者，多喜全日照条件，产于低海拔地区者，多需半荫条件。

关于杜鹃类耐荫程度问题，根据在杭州植物园和上海的观察，种植在阔叶常绿树紫楠林和密植的槭林下的白杜鹃和锦绣杜鹃，由于树荫过于浓郁而生长极弱奄奄待毙。但在臭椿、马尾松、黄山栾等枝下高较高而株距大的疏林下栽植的白杜鹃和锦绣杜鹃则生长开花繁茂。通过对光合补偿点的测定，知白杜鹃的补偿点为1400lx。根据林内外光照程度而言，当林内照度为全光照的1/10～1/15时，杜鹃类生长衰弱，不能开花；为全光照的1/4时，可少量开花；为全光照的2/3时，可大量开花。

我国的各种杜鹃按其分布及生态习性大体可分为下述几类：

①北方耐寒类：主要分布于东北、西北及华北北部。多生于山林中或山脊上。冬季有的为雪所覆盖，有的则挺立于寒风中，均极耐寒，有的在早春冰雪未尽时即可见花。其中落叶类有大字杜鹃（*R. schlippenbachii*），迎红杜鹃（*R. mucronulatum*）；半常绿的有兴安杜鹃（*R. dauricum*）；常绿的有照山白（*R. micrathum*）、小叶杜鹃（*R. parvifolium*）、头花杜鹃

（*R. captatum*）及牛皮茶（*R. chrysanthum*）等。

②温暖地带低山丘陵、中山地区类：主要分布于中纬度的温暖地带，耐热性较强，亦较耐旱，多生于丘陵、山坡疏林中，如杜鹃花、满山红、羊踯躅、白杜鹃、马银花。

③亚热带山地、高原杜鹃类：主要分布于我国西南部较低纬度地区。根据冯国楣先生等人的调查可分为5型：附生灌木型、山地季雨林乔（灌）木型、旱生灌木型、高山湿生灌木型及高山垫状灌木型。

品种：现在世界各国园林界所栽培的杜鹃品种已达数千种，在中国通常栽培的也达数百种。但细致的考察这些品种后，可以发现主要是属于前述3个类别中的第2类，而属于第1及第3类者颇少。这样看来，杜鹃的发展潜力是极大的。

在欧美及日本等国，在园艺界习惯上将杜鹃分为两大类，即落叶杜鹃类（Azalea）及常绿杜鹃类（Eurhododendron）。在中国对后一类栽培较少，但是我国的资源却非常多，许多优美的种类早已在欧洲庭园中大量应用、栽培了，而在我们国家里却仍然弃之荒山而未充分利用，这种情况亟待园林工作者努力扭转。目前我国在栽培上习惯地将盆栽的杜鹃按花期及来源分为春鹃、夏鹃、春夏鹃及西洋鹃等类。春鹃均为展叶前开花，花期大多在4月左右；夏鹃在发叶以后始开花，花期在5月下旬至6月上旬开花；春夏鹃则从春至夏开花不绝，花期最长，几乎全是春鹃和夏鹃的杂交种；西洋鹃是泛指从欧洲引入的品种。

杜鹃品种按花的形状可分为筒形、漏斗形、喇叭形、碗形、瓮形、钟形、碟形、辐射形、叠花形等。按照花冠裂片及花蕊瓣化程度可分为单瓣型、半重瓣型、重瓣型及套瓣型（即叠花形）。按照花冠裂片可分为平瓣、波瓣、皱瓣。按照花径可分为小花、中花、大花、巨花等型；其小者直径仅几毫米，其巨者达10cm以上。

目前国内栽培杜鹃以丹东市最著名，此外无锡、上海、成都、昆明、重庆亦均有特色，尤其昆明地处野生高山常绿杜鹃王国之中，将来必大有发展前途。

现将一些较有名的品种名称略举数例于下：‘白牡丹’、‘富贵集’、‘红珊瑚’、‘紫凤朝阳’、‘五宝珠’、‘王冠’、‘仙女舞’、‘锦凤’、‘凤鸣锦’、‘醉杨妃’、‘四海波’、‘晓山’等。

繁殖栽培：杜鹃类可用播种、扦插、压条及嫁接等法繁殖。

①播种法：现今大量的园艺品种多为经杂交而育成，故掌握播种法十分必要。杜鹃杂交容易，为提高结实率可行人工辅助授粉。常绿杜鹃类最好随采随播，落叶杜鹃可将种子贮存至次年再行春播。杜鹃花属的种子均很细小，但保存能力相当强。由于种子细小，故多用盆播。在浅盆内先填入1/3碎瓦片和木炭屑以利排水，然后放入1层碎苔藓或落叶以免细土下漏，再放入经过蒸汽消毒的泥炭土或养兰花用的山泥，或用筛过的细腐叶土混加细砂土，略加压平后即可播种。播前，用盆浸法浸湿盆土，播种时宁稀勿密，播后略筛1层细砂，或不覆土而盖上1层玻璃并覆以报纸，避日光直射。保持10～20℃，经2～3周即可发芽。此后逐渐去掉报纸及玻璃，但仍勿使受日光直射，并注意适当通风，待长出三片叶时，可移入小盆培养，当年苗可高达3cm。在此期间万勿施肥，否则易枯死。次年苗高6～10cm，第3年高20cm左右，第4年即可开花。

根据国内外的经验，播前如在土面薄薄地盖上1层剪碎的新鲜的或干枯的苔藓（厚0.5～1cm）则效果更佳。播种后可不必再覆盖苔藓，但如在气候干燥处则以盖上玻璃保持较高湿度为好，但应注意每天进行通气。在幼苗期应注意喷雾工作，每日喷 1 ~ 2 次雾。移幼苗时需注意勿使叶片与土面接触，勿沾上泥点，否则易致腐烂。

②扦插法：用此法繁殖能早日获得大苗，但优良品种成活率较低，通常栽培的久留米杜鹃类多用此法。方法是选当年已成熟的新梢自基部扭下者最好。如用去年的枝则难于生根。插穗以选节间短者为好，基部用刀削平滑，长 3 ~ 5cm。插时仅留顶端 3 ~ 5 叶，并视情况再将叶片剪去一半。插后保持空气湿度及 25 ~ 30℃的室温，注意遮荫，1 个月后即可生根。第 2 年上盆，第 3 年开花。此外，亦可于春季行软材扦插，1 ~ 2 个月后可生根。又有用苔球插法者，即先用苔藓包于枝条基部成 2cm 左右的小球，然后埋于湿沙中，待略见生根乃除去苔球而植入腐殖土或山泥中。又有在盆插后，于盆外罩以塑料袋以提高空气湿度，成活率可提高。

③嫁接法：由于杜鹃枝条脆硬，故多用靠接。落叶性杜鹃可在 3 ~ 4 月进行，常绿性杜鹃可在落花后进行。接后 1 年即可分离。砧木选用易于插活且枝条粗壮的品种，如毛白杜鹃等较好。

④压条法：不易扦插成活者可用本法。杜鹃枝脆，故常用壅土压法，入土部分应行刻伤，一般约半年可生根。

⑤分株法：丛生的大株可行分株。

杜鹃类是典型的酸性土植物，故无论露地种植或盆栽均应特别注意土质，最忌碱性及黏质土，土壤反应以 pH4.5 ~ 6.5 为佳，但亦视种类而有变化。盆栽时，可用腐殖质土、苔屑、山泥等以 2∶1∶7 的比例混合应用。盆栽管理上需注意排水、浇水、喷雾等工作，施肥时应注意宜淡不宜浓，因为杜鹃根极纤细，施浓肥易烂根。东北及江南的水多为中性及微酸性，可以正常浇用，华北地区的水多呈微碱性，故应适时施浇矾肥水。矾肥水是用3 kg黑矾（硫酸亚铁）、猪粪 20kg、油柏饼 5 kg 加水 200kg 配成，约经 1 个月腐熟后即可稀释浇用。江、浙一带又常用鱼腥水作肥料。开花后的生长发枝期要求氮肥适当增多。在夏季酷暑期应适当遮荫；暴雨前应放倒盆或雨后立即将盆中积水倾出。

杜鹃类的催花要求，因种类而有不同。以杜鹃花（*R. simsii*）而言，用 40 ~ 50d 的短日照处理是有良好的促进花芽形成的效果，此期间的适温则因品种而异。又矮壮素及丁酰肼等均有促进花芽形成的作用。在入秋后，植株的芽已进入休眠，休眠期的长短和深度则依品种而有不同；为了打破芽的休眠，必需经受一个低温期，这个低温的范围大抵为 5 ~ 10℃，有些品种在 15℃左右下也能打破休眠。此外，用 1000 ~ 1500mg/L 的赤霉素亦可打破休眠。此后，在 16 ~ 20℃的温度下即可促进开花，如在 25℃时则开花速度虽可加快但不如在 20℃以下时的花色鲜艳和花朵丰硕。

观赏特性和园林用途：杜鹃是我国的传统名花，早在公元 492 年即南北朝时陶弘景在《本草经集注》中就曾记载过羊踯躅；至于描述其在自然界中景色的诗词则历代著名诗人多有吟咏，至清代（公元 1688 年陈淏子的《花镜》中更详述）杜鹃花的习性和栽培方法。古人诗中对杜鹃花的描述常带忧伤的情调如“杜鹃啼血”“征人泪”，这是与诗人当时的国情及其处境有关，正是与“莫怪行人频怅望、杜鹃不是故乡花”有关了。实际上，杜鹃花开时满山遍野灿烂夺目是个令人欢乐惊叹的景色，诗句“何须名花看春风、一路山花不负侬，日日锦江呈锦样，清溪倒照映山红”却道出山花烂漫的意境。杜鹃类最宜成丛配植于林下、溪旁、池畔、岩边、缓坡、陡壁形成自然美，又宜在庭院或与园林建筑相配植，如洞门前、阶石旁、粉墙前。又如设计成杜鹃专类园一定会形成令人流连忘返的景境。此外，可盆栽或加以整形修剪，培养成各式桩景，一定会使人叹为观止。沈阳市曾用大株进行多品种嫁接获得各地的赞赏。

经济用途：杜鹃花属植物除有极高的观赏价值外，许多种类的叶可提出香精油，如密枝杜鹃、百里香杜鹃；有的花可提香精，如烈香杜鹃、百合杜鹃；有的花朵可作蔬菜吃，如大白杜鹃、兰荆子；有的可入药治咳嗽和支气管炎，如满山红；有的可制杀虫及外敷剂，如羊踯躅；而多数种类的树皮和叶均可提炼栲胶。

2. 吊钟花属 *Enkianthus* Lour.

落叶灌木，罕常绿灌木或小乔木。枝轮生。叶互生、有柄、全缘或有锯齿，常聚生小枝顶端。花排成顶生而下垂的伞形花序或总状花序；萼小、5裂，宿存；花冠钟状或壶状，短5裂；雄蕊10枚，花丝在中部以上膨大，扁平，花药纵裂，顶端有芒；子房上位，5室。蒴果5棱，室背开裂，有1至数颗具棱的大种子。

约16种，分布于中国、日本、印度、越南。中国产7种，分布于中部及南部。

分种检索表

A_1 叶纸质，长3～6cm；5～6月开花，排成伞形总状序 ……………………………… （1）灯笼花 *E. chinensis*

A_2 叶革质，长5～10cm；1～2月开花，排成伞形序 ………………………… （2）吊钟花 *E. quinqueflorus*

（1）灯笼花（图17-314）

Enkiathus chinensis **Franch.**

落叶灌木至小乔木，高达10m。枝无毛，嫩枝灰绿色，老枝灰色。叶长圆形至长椭圆形，长3～6cm；端钝尖，叶基圆楔形或楔形，纸质，叶缘有圆钝细齿，无毛或近无毛。花多数，下垂，排成伞形总状花序；花梗细长，长2.5～4cm，无毛；萼片三角形，渐尖；花冠宽钟状，长、宽各约1cm，肉红色。蒴果圆卵形，长约4.5mm，果柄顶端向上弯曲。花期5～6月。

产于长江以南各地，浙江、福建、安徽、广东、广西、四川、云南均有分布。

性喜温暖气候有一定耐寒力，喜湿润而排水良好土壤，以富含腐殖质的砂质壤土最宜。喜生于半荫地点。定植后不需修剪。用种子繁殖时，可于早春播于畦床或阳畦中；又可在7月行嫩枝插或于春、秋行硬枝插。本种花朵小巧玲珑衬以绿叶颇为秀丽，至秋叶红如火极为艳丽，适于盆栽观赏及在自然风景区中配植应用，如在黄山秋季即可见到本种的观赏价值，但现今在中国园林中尚少应用，亟待引种繁殖加以推广。

图17-314 灯笼花

1. 果枝 2. 雄蕊 3. 果

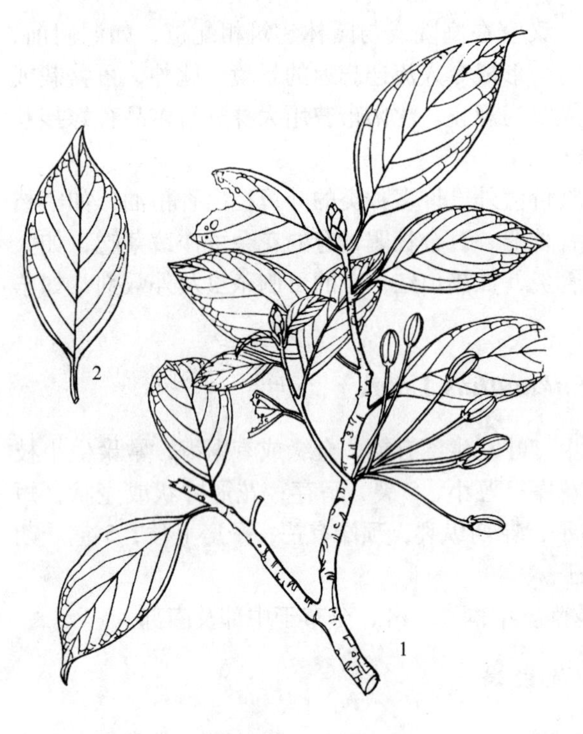

图 17-315 吊钟花

1. 果枝 2. 叶

(2) 吊钟花（铃儿花）（图 17-315）

***Enkianthus quinqeuflorus* Lour.**

落叶或半常绿灌木。叶亮革质，二面网脉均显著隆起，长 5 ~ 10cm，叶缘反卷。花通常 5 ~ 8 朵排成伞形花序，粉红色或红色。蒴果椭圆形，长 8 ~ 12mm，有棱角，果柄直立不弯曲。花期 1 ~ 2 月。

分布于广西、广东、云南等地，常生于低山丘陵灌木群丛之中。

性喜暖热湿润气候；性强健、萌芽力强，花美丽而花期正值春节佳期，故广州、香港一带多作瓶花装饰用，亦可盆栽观赏。现场圃中有少量栽培。

3. 马醉木属 *Pieris* D. Don.

常绿灌木或小乔木。叶互生，很少对生，无柄，有锯齿，罕全缘。顶生圆锥花序，罕小总状花序；萼片分离；花冠壶状，有 5 个短裂片；雄蕊 10 枚，内藏，花药在背面有一对下弯的芒。蒴果近球形，室背开裂为 5 个果瓣。种子小，多数，锯屑状。

共约 8 种，分布于北美、东亚和喜马拉雅山区；中国有 6 种，产东部至西南部。

马醉木（梫木）

***Pieris polita* W. W. Sm. et J. F. Jeff.**

常绿灌木，高达 3.5m。叶簇生枝顶，革质，披针形至倒披针形，长 7 ~ 12cm，直立；花冠坛状，白色，长 7 ~ 8mm，口部裂片短而直立；雄蕊 10；花柱长等于花冠。蒴果球形。

广布于福建、浙江、江西、安徽等地。

性喜温暖气候和半荫地点，喜生于富含腐殖质，排水良好的砂质壤土。移植期宜于在 9 ~ 10 月或在 4 月末至 5 月。当枝条过密时可于花后疏剪；通常则短剪过长之枝以保持树形即可。繁殖可于夏末秋初用扦插法，或于秋季用压条法；亦可于早春播种于湿的砂腐殖土中。本种可供观赏。叶有毒可煎汁作农业杀虫药。

4. 南烛属 *Lyonia* Nutt.

常绿或落叶灌木，罕为小乔木。叶互生，全缘或齿缘。花簇生叶腋，或排成总状或圆锥花序；花萼 4 ~ 5 裂，裂片镊合状排列；花冠坛状，5 浅裂；雄蕊 10，罕 8 或 16，花药无芒状附属物，花盘 8 ~ 10 裂；子房 4 ~ 5 室，每室有多数胚珠。蒴果近球形或卵形；种子小，锯屑状。

约 30 种，分布于东亚和北美；中国约产 9 种，分布于长江以南各地。

南烛（椭叶南烛、乌饭草）（图 17-316）

***Lyonia ovalifolia*（Wall.）Drude**

落叶灌木至小乔木。叶卵形至卵状椭圆形，长 5～10cm，宽 2～3.5cm，叶端短渐尖，叶基圆形，全缘，叶背脉上稍有毛。总状花序顶生，长 3～8cm，序基有数小叶；花梗长 3～4mm，偏于下方；萼裂片长三角形，长约 2mm；花冠白色、坛状，略有毛；子房有毛。蒴果扁球形，径约 4mm。花期 6 月；果 10 月成熟。

分布于安徽、浙江、江西、湖北、湖南、四川、福建、广西、广东、贵州、云南、西藏、台湾等地。不丹、尼泊尔、锡金也有分布。

性喜温暖湿润气候，喜湿润富含腐殖质的壤土。种植期宜在 11 月至早春 3 月间。不需修剪。用播种及扦插法繁殖。可供园林或盆栽观赏。叶及枝均有毒，但南方民间传说用嫩枝及叶捣碎渍汁作饭，称为“乌饭”，久食之有强筋益气之功；又可枝、叶入药，有止泄和强壮滋养的效果。有 2 变种与原种很相似，即：

图 17-316　南　烛

1. 花枝　2. 花纵剖　3. 雄蕊　4. 果

①檫木（小果南烛、白心木）var. *elliptica*（Sieb. et Zucc.）Hand.-Mazz.：落叶灌木或小乔木，高可达 7m。叶卵状椭圆形，长 5～10cm，宽 2～3.5cm，叶端渐尖或短尖。蒴果较原种为小，径约 3mm。

②狭叶南烛 var. *lanceolata*（Wall.）Hand.-Mazz：叶比原种狭长，为椭圆状披针形至长圆状披针形，长 8～12cm，宽 2.5～3cm，蒴果为原种大小相同。

5. 越橘属（乌饭树属）*Vaccinium* L.

落叶或常绿灌木，很少为小乔木。叶互生，全缘或有齿。花顶生或腋生，排成总状花序，有时单生，苞片宿存或脱落；花萼 4～5 浅裂或不明显；花冠圆筒形或坛形，4～5 浅裂；雄蕊 8～10，花药有或无芒状附属物，顶端伸长成管状，顶端孔裂；子房下位，4～10 室，每室有数颗胚珠。浆果球形，顶端有宿存萼齿。

约 300 种以上，分布于亚洲、美洲、欧洲和非洲；中国约产 65 种，南、北各地均有分布。

分种检索表

A_1 产于北方，匍匐性半灌木，高约 10cm，叶端微凹，叶背有腺点 ……………………（1）越橘 *V. vitis-idaea*

A_2 产于长江以南各省，灌木，高 1～3m，叶端短尖，叶背中脉略有刺毛 ……（2）乌饭树 *V. bracteatum*

(1) 越橘（红豆、牙疙瘩）

***Vaccinium vitis-idaea* L.**

常绿匍匐性矮小灌木，有长的匍匐性地下茎，地上茎高十余厘米，直立，略有白毛。叶革质，椭圆形或倒卵形，长1～2cm，宽约1cm，叶端圆，常微凹，叶基楔形，叶缘有睫毛，上部有微波状齿，叶背浅绿色有腺体，叶柄短。花2～8朵排成总状序，生于去年生的枝端；小苞片2，脱落性，总梗和花梗均密生毛；萼钟状，4裂；花冠钟状，白色或粉红色，径0.5cm，4裂；雄蕊8，花丝有毛，花药无距；子房下位。浆果球形，径约7mm，红色。

分布于东北、内蒙古、新疆。蒙古、俄罗斯、北欧、北美也有分布。

性耐寒、喜生湿润富有机质的酸性土中，在自然界常见于亚寒带针叶林中。花、果及秋叶均美，可供观赏。移植期在4月末，可用播种、分割地下茎或扦插繁殖；扦插时最好有低温设施；亦可用压条法繁殖。叶可代茶饮用，又可入药作尿道消毒剂；浆果可食用。

(2) 乌饭树（乌米饭、西烛叶）（图17-317）

***Vaccinium bracteatum* Thunb.**

常绿灌木，高1～3m，分枝多，嫩枝有柔毛。叶革质，卵形，至椭圆形，长2.5～6cm，宽1～2.5cm，叶端短尖，叶基楔形，叶缘有尖硬细齿，叶背中脉略有硬毛。总状花序腋生，有短毛；苞片披针形，长约1cm，宿存；萼钟状，5浅裂，有毛；花冠白色，筒状卵形，有毛，花药无芒状附属物。浆果球形，径约0.5cm，熟时紫黑色，略被白粉。花期6～7月；果10～11月成熟。

广布于长江以南各地直至海南与台湾。朝鲜、日本、越南、泰国等国亦有分布。

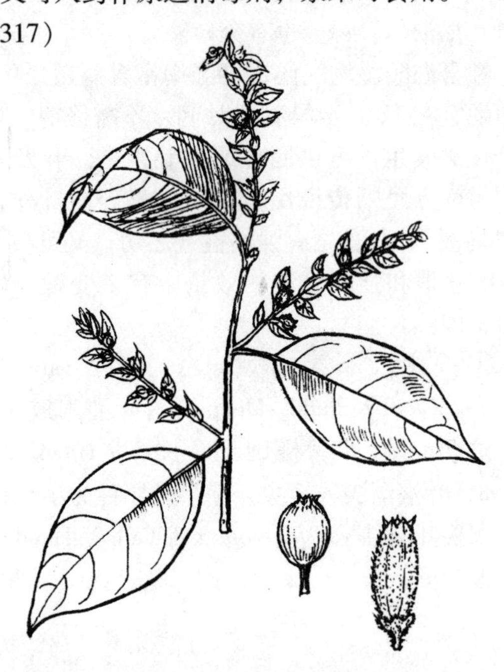

图17-317　乌饭树

性喜温暖气候及酸性土地，是酸性土指示植物。可作南方自然风景区的地被植物。可用播种及扦插法繁殖。果实味甜可生食；叶及果可入药，治心肾虚弱、支气管炎及鼻衄；根亦可入药，有消肿、止痛之效。江南农民有用嫩叶捣汁染米作乌饭食用的，故称“乌饭树”。

[65] 紫金牛科 Myrsinaceae

乔木或灌木，罕藤本。单叶，互生，罕对生，波状缘或锯齿状，通常有腺点，无托叶。花两性或单性，辐射对称，排成圆锥花序或伞形花序，腋生或顶生；常有腺点；萼4～5裂，通常宿存；花冠通常合生，偶有离瓣的，4～5裂；雄蕊4～5，与花冠裂片对生，分离或合生，着生于花冠筒上；子房上位或半下位，1室，胚珠多数生于特立中央胎座上；花柱和柱头单生。核果或浆果，罕为蒴果。

约 30 属，1000 余种，分布于热带及亚热带地区；中国产 6 属约 100 种。

紫金牛属 *Ardisia* Sw.

小乔木、灌木或亚灌木。叶通常互生，间有对生或轮生的。花两性，为腋生或顶生的总状花序、伞形花序或圆锥花序；萼通常 5 裂，罕 4 裂；花冠通常 5 深裂，裂片扩展或外翻，旋转排列；雄蕊与花冠裂片同数，着生于花冠筒基部，花丝极短；子房上位，花柱线形，胚珠 3～12 颗或更多。浆果球形，种子 1 颗。

分种检索表

A_1　植株高 30～150cm；叶椭圆状披针形或倒披针形，长 6～13cm，叶缘有波状圆齿………………………………………………………………（1）朱砂根 *A. crenata*

A_2　植株高 10～30cm；叶狭椭圆形至宽椭圆形，长 4～7cm；叶缘有尖锯齿………（2）紫金牛 *A. japonica*

（1）朱砂根（红铜盘、大罗伞）（图 17-318）

***Ardisia crenata* Sims.**

常绿灌木，高 30～150cm，匍匐根状茎肥壮。根断面有小红点，故称朱砂根。茎直立，无毛。单叶，纸质，互生，有柄，椭圆状披针形至倒披针形，长 6～13cm，叶端钝尖，叶基楔形，叶缘有皱波状圆齿，齿间有黑色腺点，叶两面有突起、稀疏的大腺点，侧脉 10～20 余对。花序伞形或聚伞状；总花梗细长；花小，淡紫白色，有深色腺点；花萼 5 裂，花冠 5 裂，裂片披针状卵形，急尖，有黑腺点；雄蕊短于花冠裂片，5 枚，花丝短，花药箭形长大；子房上位，1 室。核果球形，直径 6～7mm，熟时红色，具斑点，有宿存花萼和细长花柱。花期5～6 月；果 7～10 月成熟。

图 17-318　朱砂根

产于陕西、长江流域各地及福建、广西、广东、云南、台湾等地。

性喜温暖潮湿气候，忌干旱，较耐荫，喜生于肥沃、疏松、富含腐殖质的砂质壤土上。在自然界常见于山地的常绿阔叶林中或溪边荫润的灌木丛中。

用种子繁殖。种子应混砂贮藏，在北方至次春 3 月取出播种。用条播或撒播，注意遮荫，约 2 周可出苗。在南方亦可采后即播。本种主要观赏其鲜红的果实。全株均可入药，有清热降火、祛痰止咳、活血去瘀、消肿解毒之效。

（2）紫金牛（矮地茶、千年矮、平地木、四叶茶、野枇杷叶）（图 17-319）

***Ardisia japonica*（Hornsted）Bl.**

常绿小灌木，高 10～30cm；根状茎长而横走，暗红色，下面生根，上出地上茎；茎直

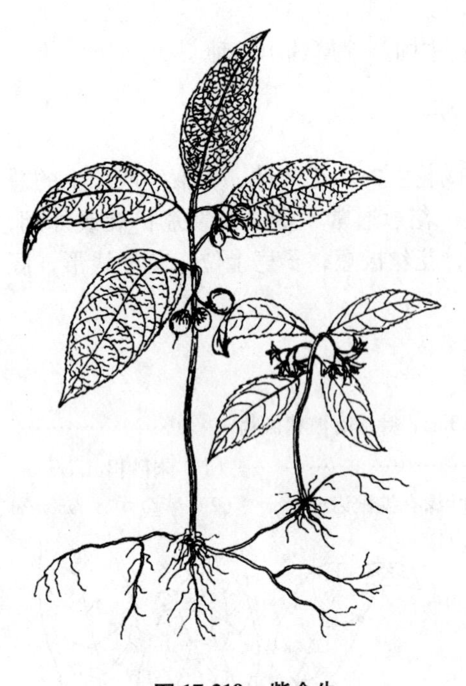

图 17-319 紫金牛

立，不分枝，表面紫褐色，具短腺毛，幼嫩时毛密而显。叶常成对或 3～4（～7）枚集生茎顶，坚纸质，椭圆形，长 4～7cm，叶端急尖，叶基楔形或圆形，叶缘有尖锯齿，两面有腺点，侧脉 5～6 对，叶背中脉处有微柔毛。短总状花序近伞形，通常 2～6 朵，腋生或顶生；萼片 5；花冠青白色，径 1cm，先端 5 裂，裂片卵形，有红色腺点；雄蕊 5，着生于花冠喉部，花丝短；子房上位。核果球形，熟时红色，有宿存花萼和花柱，径5～6mm，有黑色腺点。花期 4、5 月；果期6～11 月。

分布广，东起江苏、浙江，西至四川、贵州、云南，南达福建、广西、广东均有分布。

性喜温暖潮湿气候，多生于林下、溪谷旁之荫湿处。由于果实丰多、鲜红可爱且经久不落，故可作林下地被或盆栽观赏，亦可与岩石相配作小盆景用。用播种或扦插法繁殖。全株均可入药，有活血散瘀、解毒、舒筋活络的效用，主治气管炎、肺炎等症。

[66] 山榄科 Sapotaceae

乔木或灌木，有乳汁，幼嫩部常具锈色毛。单叶互生，革质，全缘，无托叶。花两性，辐射对称，单生、簇生叶腋内或着生于茎及老枝的节上；萼 4～8 裂；花冠管短，裂片 1～2 轮排列，与萼片同数或多 1 倍，常有全缘或撕裂成裂片状的附属体；雄蕊着生于花冠管上或在花冠裂片上，与花冠裂片对生，或多数并排成 2～3 轮，药室纵裂；子房上位，1～14 室，每室有胚株 1 颗；花柱单生。浆果，罕为蒴果。

共 40 属，600 余种，广布于全世界热带和亚热带地区。中国产 6 属，15 种，分布于东南和西南部。

铁线子属 *Manilkara* Adans.

乔木或灌木。叶革质或近革质，互生；侧脉甚密。花多朵簇生于叶腋内；萼片 6，2 列花冠裂片 6，每一裂片的背部有 2 枚等大的花瓣状附属体；雄蕊 6 枚，着生于花冠裂片基部或冠管的喉部，退化雄蕊 6 枚，花瓣状，卵形，与花冠裂片互生；子房 6～14 室，每室有胚珠 1 颗。浆果；种子扁压形。

约 70 种，分布于热带；中国产 2 种。

人心果（图 17-320）

***Manilkara zapota*（L.）Van Royen（*Achras zapota* L.）**

常绿乔木，高 6～20m，枝褐色，有明显叶痕。叶革质，长圆形至卵状椭圆形，长 6～

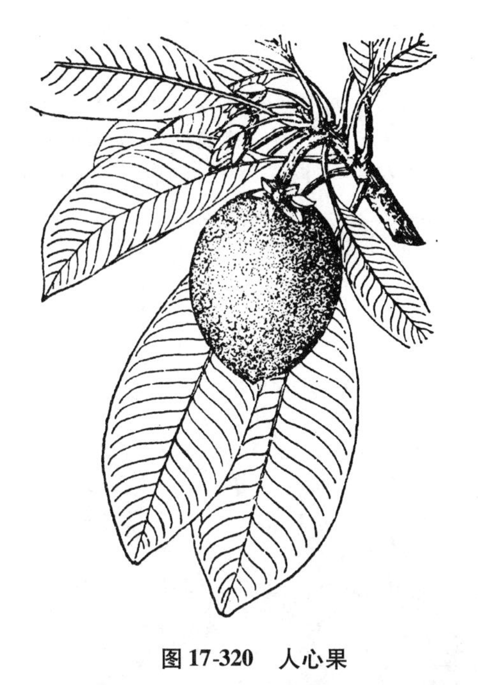

图 17-320 人心果

19cm；叶端急尖、钝或罕有微缺；叶基楔形，全缘或呈波状，亮绿色；叶背之叶脉明显，侧脉多而平行；叶柄长约 2cm。花腋生，长约 1cm，花梗长约 2cm 或更长，常被黄褐色绒毛；花萼裂片卵形，长约 6mm，外被锈色短柔毛；花冠白色，长约 6mm，冠管短，裂片卵形，叶端有不规则齿缺；子房圆锥形，密被黄褐色绒毛。浆果椭圆形、卵形或球形，褐色，长 4～8cm，果肉黄褐色；种子黑色。花期夏季；果 9 月成熟。

原产热带美洲；我国在海南、广州、南宁、西双版纳等地有栽培。

性喜暖热湿润气候；树形整齐；果实可生食，味美可口，又可制成饮料。树干流出的乳汁是制口香胶糖的原料。树皮内含有植物碱 Sapotine 可治热症。本种宜作庭荫树是良好的结合生产的热带园林树种。

[67]柿树科 Ebenaceae

乔木或灌木。单叶互生，罕对生，全缘，无托叶。花单性异株或杂性，辐射对称，单生或排成聚伞花序，腋生；萼 3～7 裂，宿存；花冠 3～7 裂；雄花具退化雌蕊，雄蕊为花冠裂片的 2～4 倍，罕同数，生于花冠管的基部，花丝短，花药 2 室，药隔显著，纵裂；雌花有退化雄蕊 4～8；子房上位，2～16 室，花柱 2～8 枚，分离或基部合生，每室 1～2 胚珠。浆果多肉质；种子具硬质胚乳；子叶大，叶状，种脐小。

共 6 属，450 种，主要分布于热带和亚热带地区；中国产 1(2)属，约 41 种。

柿树属 *Diospyros* L.

落叶或常绿乔木或灌木；无顶芽，芽鳞 2～3。叶互生。花单性异株，罕杂性；雄花为聚伞花序，雄蕊 4～16，子房不发育；雌花常单生叶腋，退化雄蕊 1～16 枚，花柱 2～6；花的基数为 4～5；萼常 4 深裂，绿色；花冠壶形或钟形，白色，4～5 裂，罕 3～7 裂，子房 4～12 室。浆果肉质，基部有增大的宿萼；种子扁压状。

约 200 种，分布热带至温带；中国产 40 种。

分种检索表

A_1 无枝刺；叶椭圆形、长圆形或卵形；萼片宿存，先端钝圆；枝有毛。

B_1 叶表面无毛或近无毛。

C_1 幼枝、叶背有褐黄色毛；冬芽先端钝；果大，橙红色或橙黄色，径 3.5～7cm …………（1）柿树 *D. kaki*

C_2 幼枝、叶背有灰色毛；冬芽先端尖；果小，蓝黑色，径 1.2～1.8cm …………………（2）君迁子 *D. lotus*

B_2 叶表背二面有灰色或灰黄色毛;果径4cm ………………………………………… (3)油柿 *D. oleifera*

A_2 有枝刺;叶菱状倒卵形、倒披针形;萼片宿存,先端渐尖。

B_1 落叶灌木;叶卵形、菱形至倒卵形,最宽处在叶片中部以上,长4~5.5cm,宽2~4cm ………………………………………………………………………………………… (老鸦柿 *D. rhombifolia*)

B_2 半常绿或常绿灌木;叶倒披针形或长椭圆形,最宽处在叶片上部,长3~6.5cm … (4)瓶兰 *D. armata*

(1) 柿树(朱果、猴枣)(图17-321)

***Diospyros kaki* Thunb.**

形态：落叶乔木，高达15m；树皮暗灰色，呈长方形小块状裂纹。冬芽先端钝。小枝密生褐色或棕色柔毛，后渐脱落。叶椭圆形、阔椭圆形或倒卵形，长6~18cm，近革质；叶端渐尖，叶基阔楔形或近圆形，叶表深绿色有光泽，叶背淡绿色。雌雄异株或同株，花四基数，花冠钟状，黄白色，4裂，有毛；雄花3朵排成小聚伞花序；雌花单生叶腋；花萼4深裂，花后增大；雌花有退化雄蕊8枚，子房8室，花柱自基部分离，子房上位。浆果卵圆形或扁球形，直径2.5~8cm，橙黄色或鲜黄色，宿存萼卵圆形，先端钝圆。花期5~6月；果9~10月成熟。

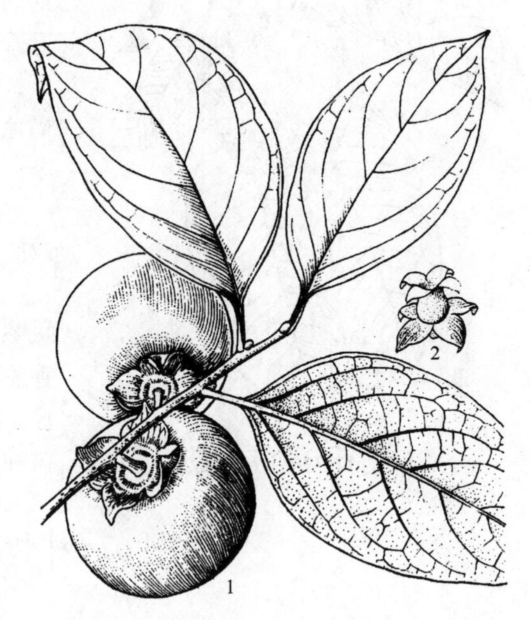

图17-321 柿 树

1. 果枝 2. 花

分布：原产中国，分布极广，北自河北长城以南，西北至陕西、甘肃南部，南至东南沿海、两广及台湾，西南至四川、贵州、云南均有分布。

品种：我国有二三百个品种。从分布上来看，可分为南、北二型。南型类的品种耐寒力弱，喜温暖气候，不耐干旱；果实较小，皮厚，色深，多呈红色。北型类品种则较耐寒，耐干旱；果实较大，皮厚，多呈橙黄色。现将主要品种简述如下：

①磨盘柿（盖柿）：果形扁圆，体大，近基部有环状凹痕，脱涩后甜而多汁，品质极佳。树势强健耐寒，寿长而丰产。分布于冀、鲁、陕等地。

②高桩柿：果的纵横径相近，亦有环状凹痕，果形较小，果肉较紧实，品质上等。树势强健耐寒，丰产。多见于华北低山区及园林中。

③镜面柿：果圆形，萼洼深，果橘红色，汁多而甜，品质极佳，宜生食及制柿饼。树势强，树冠开展。主产于山东菏泽。著名的曹州“耿饼”主要是用本品种的果实制成。

④尖柿：果实呈圆锥形，呈橙红色，果顶尖形，果汁浓而味甜。树势强健，寿长而丰产，每株产量达500~1000kg，抗逆性强，不易落果。主产于陕西富平县。著名的“合儿柿饼”即本品种果实制成。

⑤鸡心黄：果呈圆锥形，果顶钝尖，橙黄色，甜而多汁。树性强健，寿长，丰产。果实脱涩后果肉硬实而不软，是著名品种之一。主产于陕西省三原县。

⑥华南牛心柿：果呈心脏形，橙红色，略具白色蜡粉，汁多味甜，品质上等。主产于广东省番禺县及广西阳朔、临桂一带。为良好的生食品种。

⑦斯文柿：果椭圆形，果顶圆形，橙红色，味甜而芳香，不必经脱涩即可生食。主产于广东番禺。

习性：性强健，南自广东北至华北北部均有栽培，大抵北界在北纬40°的长城以南地区。凡属年平均温度在9℃，绝对低温在-20℃以上的地区均能生长，生长季节4~11月的平均气温在17℃左右，成熟期平均温度在18~19℃时则果实品质即可佳良。其垂直分布，因纬度而异，在河北省即北纬36°~40°间可生长于海拔100~850m间，在北京东北密云县则多生长在200~250m间，在陕西沔县即北纬33°~40°间多生长在海拔1600m以下地区，而在四川安宁河流域即北纬27°~28°间，柿可分布到海拔2800m高。

柿喜温暖湿润气候，也耐干旱，生长期的年降水量应在500mm以上，如盛夏时久旱不雨则会引起落果，但在夏秋季果实正在发育时期如果雨水过多则会使枝叶徒长，有碍花芽形成，也不利果实生长。在5、6月开花时如多雨，则有碍授粉，会影响产量。在幼果期如阴雨连绵，日照不足，则会引起生理落果。

柿树为喜光树，虽也略耐荫，但在阳光充足处果实多而品质好，在光照时数少的谷地则树木向高发展而结果少。

柿为深根性树种，主根可深达3~4m，根系强大，吸水、肥的能力强，故不择土壤，在山地、平原、微酸、微碱性的土壤上均能生长；也很能耐潮湿土地，但以土层深厚肥沃、排水良好而富含腐殖质的中性壤土或黏质壤土最为理想。

柿树的生长特点是在春季开始萌芽期较迟而秋季结束生长期又较早。萌芽后35d左右即开花，花期20d左右。落花后，子房开始膨大，经130~150d果实成熟，成熟期一般在8~11月，在10月下旬落叶进入休眠。

柿的花芽是混合芽，着生于春梢顶端以及顶芽以下的1~2芽位处；春季混合芽先抽新梢，于新梢的第3~7节的叶腋着生花蕾。一般以顶端芽的结实能力最强。1个结果枝可结果2~4个，其多少视品种不同而异。在结果枝（即新梢）基部的花蕾一般均发育不良，不易结果。

柿树的潜伏芽寿命很长，更新与成枝能力很强，而且更新枝结果快，坐果牢。

柿树枝条顶部的侧芽饱满，萌发成枝能力较强，如果放任生长则枝条密生，会变细弱或有的变成扫帚状；这样不仅当年不结果，再过1年也不会结果，因此必须疏剪掉枝条上的细弱的枝，以保证壮枝结果良好。

柿树寿命很长，一般在嫁接后4~6年开始结果，15年后达盛果期。柿树不但结果早而且结果年限长，100年生的大树仍能丰产，300年生的老树仍可结果。

柿树对氟化氢有较强的抗性。

繁殖栽培：用嫁接法繁殖，砧木在北方及西南地区多用君迁子，在江南多用油柿、老鸦柿及野柿 *D. kaki* var. *silvestris* Mak.。枝接时期应在树液刚开始流动时为好，北京地区以在清明后（4月中旬）为宜，在广东则在2月初为宜；芽接应在生长缓慢时期，因为树液流动愈盛则所含单宁物质愈易氧化凝固而妨碍愈合，而幼树一年中有2个生长周期，即第1个生长周期在6月中停止，第2个生长周期在9月中停止，在停止时其树液流动最缓，所以芽接适期就在5月下旬至6月上旬以及在8月下旬至9月上旬。在河北省群众的经验是在开花期行芽接，成活率最高，而整个芽接期是从枝上出现花蕾起直到果实长至胡桃大小的一段期间均可行芽接。方法以用方块芽接法较好。

定植期可在深秋或春季，株距以6～8m为宜，但在园林中不受此限。定植后应在休眠期施基肥，在萌芽期、果实发育期和花芽分化期施追肥，并适当灌溉，避免干旱，因为柿树的落果现象较严重，适当灌溉可减少落果，提高产量。

柿树的结果枝是发自结果母枝的顶芽及其下附近的一二个芽，故在早春修剪时，多行疏剪而不行短剪。在国外有一种作法，即是在修剪时，对较粗壮之枝欲行疏剪时，先于头1年行环状剥皮，在次年结实采收后才疏剪掉。修剪时尚应将病虫枝、枯枝或细弱的小冗枝剪除。

在园林配植中应注意对有核的品种应适当配植授粉树以提高坐果率，对单性结实特性强的则无此问题，但在繁殖选接穗母树时，则需注意其单性结实能力的大小问题。

主要病虫害：角斑病、圆斑病和柿蒂虫。

观赏特性和园林用途：柿树为我国原产，栽培历史悠久；在《诗经·豳风》及3000年前的《尔雅》中均有记载。树形优美；叶大，呈浓绿色而有光泽，在秋季又变红色，是良好的庭荫树。在9月中旬以后，果实渐变橙黄或橙红色，累累佳实悬于绿荫丛中，极为美观，而因果实不易脱落，虽至11月落叶以后仍能悬于树上故观赏期极长，观赏价值很高，是极好的园林结合生产树种，既适宜于城市园林又适于山区自然风景点中配植应用。

经济用途：材质坚韧，不翘不裂，耐腐，可制家具、农具及细工用。果实的营养价值较高，有“木本粮食”之称。有降血压、治胃病、醒酒的作用。除少数品种外，一般均需脱涩后始能生食，如脱涩不良而空腹多食时由于含单宁过多而产生结石造成肠梗塞的急发症。脱涩的方法有多种，常用的方法是将涩柿用50℃温水浸泡24h（应保温），或浸于10%的石灰乳中3～4d则既脱涩、果肉又甜脆，亦可用75%的酒精与涩柿同时密封于容器中，经5～6d即可脱涩变甜软。柿果除生食外，又可加工制成柿酒、柿醋、柿饼等。在制柿饼的过程中又可产生柿霜，甜甘可口并有治喉痛、口疮的效果。

（2）君迁子（黑枣、软枣、红兰枣）（图17-322）

***Diospyros lotus* L.**

落叶乔木，高达20m；树皮灰色，呈方块状深裂；幼枝被灰色毛；冬芽先端尖。叶长椭圆形、长椭圆状卵形，长6～13cm；叶端渐尖，叶基楔形或圆形，叶表光滑，叶背灰绿色，有灰色毛。花淡橙色或绿白色。果球形或圆卵形，径1.2～1.8cm，幼时橙色，熟时变蓝黑色，外被白粉；宿存萼的先端钝圆形。花期4～5月；果9～10月成熟。

图17-322 君迁子

分布区域同于柿树。

性强健、喜光、耐半荫；耐寒及耐旱性比柿树强；很耐湿。喜肥沃深厚土壤，但对瘠薄土、中等碱土及石灰质土地也有一定的忍耐力。寿命长；根系发达但较浅；生长较迅速。对二氧化硫的抗性强。

用播种法繁殖。将成熟的果实晒干或堆放待腐烂后取出种子，可混砂贮藏或阴干后干藏；至次春播种；播前应浸种 1 ~ 2d，待种子膨胀再播。当年较粗的苗即可作柿树的砧木行芽接，或在次年的春季行枝接、在夏季行芽接。

君迁子树干挺直，树冠圆整，适应性强，可供园林绿化用。果实脱涩后可食用，亦可干制或酿酒、制醋；种子可入药。嫩枝的涩汁可作漆料。木材坚重，纹理细致美丽，耐水湿又耐磨损，可作家具、文具以及纺织工业上的木梭线轴用。自树皮、树枝可提取栲胶。

（3）油柿

***Diospyrus oleifera* Cheng.**

落叶乔木，高达 14m；树皮暗灰色或褐灰色，裂成大块薄片剥落，内皮白色。壮龄期树皮灰褐色，不开裂。幼枝密生绒毛，初时白色后变浅棕色。叶较薄，长圆形至长圆状倒卵形，长 7 ~ 16cm，两面密生棕色绒毛，叶端渐尖，叶基圆形或阔楔形；叶柄长约 1cm。雄花序有 3 ~ 5 花。果扁球形或卵圆形，径 4 ~ 7cm，有 4 纵槽，幼果密生毛，近熟时毛变少并有粘液渗出故称油柿。花期 9 月；果 10 ~ 11 月成熟。

主要分布于安徽南部、江苏、浙江、江西、福建等地，苏州洞庭山、南京、无锡等地多有栽培。

本种适应性强，较耐水湿，但不如君迁子耐寒，通常做南方柿树的砧木。暗灰色树皮与剥落后的白色内皮相间颇有一定的观赏价值，可作庭荫树及行道树。果实皮厚味甜，可食，果虽小但产量高，可供观赏及植于动物园作饲料。未成熟的果实可提取柿漆供油伞、油布、染渔网等用。

（4）瓶兰

***Diospyros armata* Hemsl.**

半常绿或常绿灌木，高 2 ~ 4m；枝有刺。叶倒披针形至长椭圆形，长 3 ~ 6.5cm，叶端钝，叶基楔形，最宽处在叶片上部。雄花为聚伞花序；花冠乳白色，壶形，芳香。果近球形，径约 2cm，熟时黄色，果柄长约 1cm，有刚毛；宿存萼片略宽。

分布于浙江、湖北。

本种较耐荫，可生于稀疏的林下和林缘。在上海及杭州园林中有栽培，赏其香花及果实；又可盆栽或作树桩盆景用。

［68］山矾科 Symplocaceae

常绿或落叶，灌木或乔木。叶为单叶，互生，无托叶。花辐射对称，两性，稀杂性，排成穗状花序、总状花序、圆锥花序、团伞花序或有时单生；花萼 5 裂，常宿存；花冠裂片 3 ~ 11，通常 5 片，裂至近基部或中部；雄蕊常为多数，排成 1 ~ 4 列，花丝分离或基部合生成束，着生于花冠上；子房下位或半下位，2 ~ 5 室，花柱单一，纤细，柱头小，头状或 3 裂。浆果状核果，果顶具宿萼，通常基部具宿存的苞片和小苞片。

仅 1 属，约 300 种，广布于亚洲，大洋洲和美洲的热带或亚热带。中国产 130 余种，分布于南部和西南部。

山矾属 *Symplocos* Jacq.

形态特征同科。

分种检索表

A_1 落叶灌木或小乔木；叶纸质；圆锥花序生于新枝顶端或叶腋 ……………………（1）白檀 *S. panicutata*

A_2 常绿乔木；叶厚革质；团伞花序着生于二年生枝上 ……………………………（老鼠矢 *S. stellaris*）

白檀（图 17-323）

***Symplocos paniculata*（Thunb.）Miq.**

落叶灌木或小乔木。嫩枝、叶两面、叶柄和花序均被柔毛。叶椭圆形或倒卵形，长 3～11cm，端急尖或渐尖，基部楔形，边缘有细尖锯齿，纸质。圆锥花序，长 4～8cm，花均有长柄；花萼裂片有睫毛；花冠白色，芳香，5 深裂，筒极短；雄蕊约 30 枚，花丝基部合生成五体雄蕊；子房无毛。核果卵形，蓝黑色。花期 5 月。

分布于东北、华北至江南各地。

本种开花繁茂，满树白花，观赏效果较好，但目前园林中不见应用，可引种栽植于园林观赏。

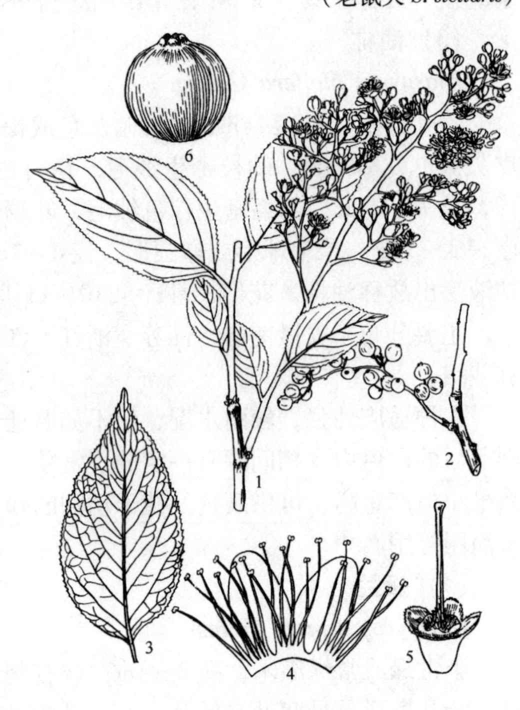

图 17-323 白 檀

1. 花枝 2. 果序 3. 叶 4. 花冠和雄蕊展开 5. 雌蕊 6. 果

[69] 野茉莉科（安息香科）Styracaceae

乔木或灌木，植物体通常具星状毛或鳞片。单叶互生，无托叶。花辐射对称，两性，稀杂性，总状花序或圆锥花序，有时呈聚伞状排列，很少单生；花萼钟状或管状，4～5 裂，宿存；花冠 4～5（～8）裂，基部常合生；雄蕊为花冠裂片的 2 倍，稀同数，花丝常合生成筒；子房上位、半下位或下位，3～5 室。核果或蒴果。

共 12 属约 130 种，多分布于美洲和亚洲的热带和亚热带地区。中国有 9 属，约 60 种，大部分产于长江以南地区。

分属检索表

A_1 果为不规则 8 瓣裂，宿存萼与果分离；子房上位 ………………………… 1. 野茉莉属 *Styrax*

A_2 果不裂，宿存萼与果不分离；子房下位或半下位。

　B_1 伞房状圆锥花序；果有翅 ……………………………………… 2. 白辛树属 *Pterostyrax*

　B_2 聚伞花序；果平滑无翅 ……………………………………（秤锤树属 *Sinojackia*）

1. 野茉莉属 *Styrax* L.

灌木或乔木。叶全缘或稍有锯齿，被星状毛，叶柄较短。花排成腋生或顶生的总状或圆锥花序；萼钟状，微5裂，宿存；花冠5深裂；雄蕊10枚，花丝基部合生；子房上位。核果球形或椭圆形。

图 17-324 野茉莉

1. 花枝 2. 花

约100种，分布于亚洲、北美洲及欧洲的热带或亚热带地区。中国约30种，主产长江以南各地。大部供观赏用。

野茉莉（安息香）（图 17-324）

***Styrax japonica* Sieb. et Zucc.**

落叶小乔木，高达10m；树皮灰褐色或黑色。小枝细长，嫩枝及叶有星状毛，后脱落。叶椭圆形或倒卵状椭圆形，长4～10cm，端微突尖或渐尖，基楔形，缘有浅齿，两面无毛，仅背面脉腋有簇生星状毛。花单生叶腋或2～4朵成总状花序，下垂；花萼钟状，无毛；花冠白色，5深裂；雄蕊10，等长。核果近球形。花期6～7月。

本种是本属中在国内分布最广的一种，自秦岭和黄河以南，东起山东，西至云南东北部，南达台湾、广东。朝鲜、日本、菲律宾也有。

喜光，耐贫瘠土壤；生长快。

野茉莉花、果下垂，白色花朵掩映于绿叶中，饶有风趣，宜作庭园栽植观赏，也可作行道树。

2. 白辛树属 *Pterostyrax* Sieb. et Zucc.

落叶乔木或灌木。叶缘有锯齿。伞房状圆锥花序生于侧枝顶端；花萼5齿裂，两面均被绒毛；花瓣5，离生或基部稍合生；雄蕊10，5长5短，花丝下部合生或近于分离；子房近下位。核果，果皮干硬，具棱或窄翅。

约4种，为亚洲东部特有植物。中国有3种，分布于长江流域以南各地。

小叶白辛树（图 17-325）

***Pterostyrax corymbosa* Sieb. et Zucc.**

灌木至小乔木，高10m。幼枝被灰色星状毛。

图 17-325 小叶白辛树

叶椭圆形至宽卵形或宽倒卵形，长6~12cm，缘有细锯齿，疏生星状短毛。圆锥花序着生于分枝的一侧，长8~12cm，被星状毛；花梗极短，顶具一关节；花冠白色，裂片5；雄蕊10，5长5短。果倒卵形，具4~5狭翅，顶端喙状，密生星状短毛。花期5月。

分布于华东及湖南、广东等地；日本也有。上海、南京等地有栽培。

小叶白辛树花白色、美丽、芳香，可栽于庭园观赏。目前应用不多，应广泛引入园林栽植。

[70] 木犀科 Oleaceae

灌木或乔木，稀藤本。叶对生，稀互生，单叶、三小叶或羽状复叶；无托叶。花两性，稀单性，辐射对称，组成圆锥、总状或聚伞花序，有时簇生或单生；花萼通常4裂，稀无萼；花冠合瓣，呈管状、漏斗状或高脚碟状，先端4~6（~9）裂，稀分离或无花瓣；雄蕊通常2枚，着生于花冠筒上；子房上位，2心皮，2室。果为核果、蒴果、浆果或翅果。

约29属600余种，广布温带、亚热带及热带地区。中国有12属200种左右，南北各地都有分布。不少种类为观赏树，有些种具特用经济价值，也有些种是优质用材树。

分属检索表

A_1 果为翅果或蒴果。

  B_1 果为翅果。

    C_1 翅在果周围；花序间有叶；叶为单叶 ………… 1. 雪柳属 *Fontanesia*

    C_2 翅在果实顶端伸长；花序间无叶或有叶状小苞片；叶为复叶 ………… 2. 白蜡树属 *Fraxinus*

  B_2 果为蒴果。

    C_1 花黄色，花冠裂片长于花冠筒；枝中空或具片状髓 ………… 3. 连翘属 *Forsythia*

    C_2 花紫色、红色、白色，花冠裂片短于花冠筒；枝实心 ………… 4. 丁香属 *Syringa*

A_2 果为核果或浆果。

  B_1 果为核果。

    C_1 花冠裂片4~6，线形，仅在基部合生 ………… 5. 流苏树属 *Chionanthus*

    C_2 花冠裂片4，短，有长短不等的花冠筒。

      D_1 花为顶生圆锥花序或总状花序 ………… 6. 女贞属 *Ligustrum*

      D_2 花为腋生圆锥花序或簇生。

        E_1 花冠裂片覆瓦状排列 ………… 7. 木犀属 *Osmanthus*

        E_2 花冠裂片镊合状排列 ………… 8. 木犀榄属 *Olea*

  B_2 果为浆果 ………… 9. 茉莉属 *Jasminum*

1. 雪柳属 *Fontanesia* Labill.

落叶灌木或小乔木，小枝四棱形。单叶对生，全缘或具细锯齿。花两性，圆锥花序间具叶；花萼小，4裂；花瓣4，分离，仅基部合生；雄蕊花丝较花瓣长。翅果。

共2种；中国产1种。

雪柳（图 17-326）

***Fontanesia fortunei* Carr.**

灌木，高可达5m，树皮灰黄色。小枝细长，四棱形。叶披针形或卵状披针形，长 3 ~ 12cm，端渐尖，基楔形，全缘；叶柄短。花绿白色，微香。翅果扁平，倒卵形。花期5 ~6 月。

分布于我国中部至东部，尤以江苏、浙江一带最为普遍，辽宁、广东也有栽培。

性喜光，而稍耐荫；喜温暖，也较耐寒；喜肥沃、排水良好之土壤。

播种、扦插繁殖。

雪柳枝条稠密柔软，叶细如柳，晚春白花满树，宛如积雪，颇为美观。可丛植于庭园观赏；群植于森林公园，效果甚佳；散植于溪谷沟边，更显潇洒自然。目前多栽培作自然式绿篱或防风林之下木，以及作隔尘林带等用。也是良好的蜜源植物。

图 17-326　雪　柳

2. 白蜡树属 *Fraxinus* L.

落叶乔木，稀灌木；冬芽褐色或黑色。奇数羽状复叶，对生；小叶常具齿。花小，杂性或单性，雌雄异株，组成圆锥花序；萼小，4 裂或缺；花冠缺或存在，通常深裂，裂片 2 ~ 4。翅果，翅在果顶伸长；种子单生，扁平，长圆形。

约 70 种，主要分布于温带地区；中国产 20 余种，各地均有分布。

分 种 检 索 表

A_1　花序生于当年生枝顶及叶腋，叶后开放…………………………………………………（1）白蜡树 *F. chinensis*

A_2　花序生于 2 年生枝侧，先叶开放。

　B_1　小叶 7 ~ 13，无小叶柄，小叶基部密生黄褐色绒毛　………………………（2）水曲柳 *F. mandshurica*

　B_2　小叶 3 ~ 7 ~（9），多少具小叶柄，小叶基部不生黄褐色毛。

　　C_1　小叶通常 7 枚，卵状长椭圆形至披针形，长 8 ~ 14cm；翅果长 3 ~ 6cm　……………………………… ………………………………………………………………………（3）洋白蜡 *F. pennsylvanica*

　　C_2　小叶 3 ~ 7，通常 5 枚，椭圆形至卵形，长 3 ~ 8cm；翅果长 2 ~ 3cm　……（4）绒毛白蜡 *F. velutina*

（1）白蜡树（梣、青榔木、白荆树）（图 17-327）

***Fraxinus chinensis* Roxb.**

形态：落叶乔木，高达 15m，树冠卵圆形，树皮黄褐色。小枝光滑无毛。小叶 5 ~ 9 枚，通常 7 枚，卵圆形或卵状椭圆形，长 3 ~ 10cm，先端渐尖，基部狭，不对称，缘有齿及波状齿，表面无毛，背面沿脉有短柔毛。圆锥花序侧生或顶生于当年生枝上，大而疏松；花萼钟状；无花瓣。翅果倒披针形，长 3 ~ 4cm。花期 3 ~ 5 月；果 10 月成熟。

分布：北自我国东北中南部，经黄河流域、长江流域，南达广东、广西，东南至福建，

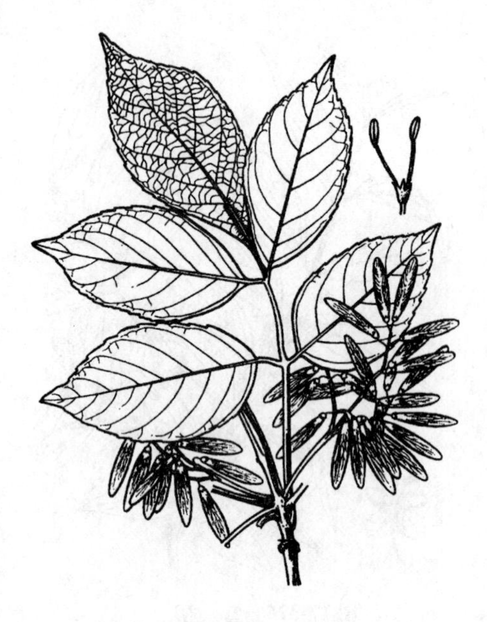

图 17-327 白蜡树

西至甘肃均有分布，在川西可达海拔 3100m。朝鲜、越南也有分布。

变种：大叶白蜡树 var. *rhynchophylla* (Hance) Hemsl. 又名花曲柳，小叶通常 5 枚，宽卵形或倒卵形，顶生小叶特宽大，锯齿钝粗或近全缘。

习性：喜光，稍耐荫；喜温暖湿润气候，颇耐寒；喜湿耐涝，也耐干旱；对土壤要求不严，碱性、中性、酸性土壤上均能生长；抗烟尘，对二氧化硫、氯气、氟化氢有较强抗性。

萌芽、萌蘖力均强，耐修剪；生长较快，寿命较长，可达 200 年以上。

繁殖栽培：播种或扦插繁殖。

①播种繁殖：翅果 10 月成熟，剪取果枝，晒干去翅后即可秋播，或混干沙贮藏，次春 3 月春播，播前用温水浸泡 24h，或用冷水泡 4 ~ 5d，也可混以湿沙室内催芽。条播播种量每亩 3kg，播后加强管理，当年苗高 30 ~ 40cm。

②扦插繁殖：于 2 ~ 3 月份芽膨大时，剪取粗细一致的健壮枝条，随采随插，插后管理得好，经 1 月左右即可生根发芽，此后要经常抹去下部的萌芽，以保证顶芽正常生长。

幼苗移后生长缓慢，不宜每年移植，4 ~ 5 年可出圃，定植后养护应注意，初期不宜留枝过高，也不宜再去下枝，以免徒长，上重下轻，易遭风折或使主干弯曲。

观赏特性及园林用途：白蜡树形体端正，树干通直，枝叶繁茂而鲜绿，秋叶橙黄，是优良的行道树和遮荫树；其又耐水湿，抗烟尘，可用于湖岸绿化和工矿区绿化。

经济用途：材质优良，枝可编筐，枝、叶放养白蜡虫，制取白蜡，是我国重要的经济树种之一。

(2) 水曲柳（满洲白蜡）

***Fraxinus mandshurica* Rupr.**

落叶乔木，高达 30m，树干通直，树皮灰褐色，浅纵裂。小枝略呈四棱形。小叶 7 ~ 13 枚，无柄，叶轴具狭翅，叶椭圆状披针形或卵状披针形，长 8 ~ 16cm，锯齿细尖，端长渐尖，基部连叶轴处密生黄褐色绒毛。圆锥花序侧生于去年生小枝上；花单性异株，无花被。翅果扭曲，矩圆状披针形。花期 5 ~ 6 月；果 10 月成熟。

分布于东北、华北，以小兴安岭为最多。朝鲜、日本、俄罗斯也有。

喜光，幼时稍能耐荫；耐 -40℃的严寒；喜潮湿但不耐水涝；喜肥，稍耐盐碱，在土壤 pH8.4，含盐量 0.1% ~ 0.15% 的盐碱地上也能生长。主根浅、侧根发达，萌蘖性强，生长较快，寿命较长。

用播种、扦插、萌蘖等法繁殖。种子休眠期长，春季播种育苗要经过高温催芽处理，不然隔年才能发芽出苗。

园林用途同白蜡树；其材质好，是经济价值高的优良用材树种。

（3）洋白蜡（毛白蜡）

***Fraxinus pennsylvanica* Marsh.**

落叶乔木，高 20m，树皮灰褐色，纵裂。小叶通常 7 枚，卵状长椭圆形至披针形，长 8～14cm，先端渐尖，基部阔楔形，缘具钝锯齿或近全缘。圆锥花序生于去年生小枝；花单性异株，无花瓣。果翅披针形，下延至果实之基部。

原产加拿大东南边境至美国东部。我国东北、西北、华北至长江下游以北多有引种栽培。

喜光；耐寒；耐水湿，也稍耐干旱；对土壤要求不严；对城市环境适应性强。生长快，根浅，发叶晚而落叶早。

播种繁殖。

本种树干通直，枝叶繁茂，叶色深绿而有光泽，秋叶金黄，是城市绿化的优良树种，常植作行道树及防护林树种，也可用作湖岸绿化及工矿区绿化。

（4）绒毛白蜡（津白蜡）

***Fraxinus velutina* Torr.**

落叶乔木，高 18m；树冠伞形，树皮灰褐色，浅纵裂。幼枝、冬芽上均生绒毛。小叶 3～7 枚，通常 5 枚，顶生小叶较大，狭卵形，长 3～8cm，先端尖，基宽楔形，叶缘有锯齿，下面有绒毛。圆锥花序生于 2 年生枝上；花萼 4～5 齿裂；无花瓣。翅果长圆形，长 2～3cm。花期 4 月；果 10 月成熟。

原产北美。20 世纪初济南开始引种，新中国成立后，黄河中、下游及长江下游均有引种，以天津栽培最多，近年来，内蒙古南部、辽宁南部也有引种。垂直分布在海拔 1500m 以下。

喜光；在年平均温度 12℃，1 月平均温度 4℃，极端最高温度 40℃，极端最低温度 -18℃，全年无霜期 238d 的条件下，均能种植生长；耐水涝，在连续水泡 30d 的情况下，生长正常；不择土壤，耐盐碱，在含盐量 0.3%～0.5% 的土壤上均能生长；抗有害气体能力强，在二氧化硫污染或石灰粉尘沾黏树冠枝叶的情况下也没有严重影响其生长。抗病虫害能力强。

播种繁殖。天津市通常采用大田式条播育苗。秋播于 11 月下旬至 12 月上旬，采种后即播。夏播于 4 月下旬，种子用 40～50℃ 温水浸泡 24h 后，置于室内催芽，室温保持 25℃，每天用温水冲洗一二次，种子裂嘴即播。

本种枝繁叶茂，树体高大，对城市环境适应性强，具有耐盐碱、抗涝、抗有害气体和抗病虫害的特点，是城市绿化的优良树种，尤其对土壤含盐量较高的沿海城市更为适用。目前已成为天津、连云港等城市的重要绿化树种之一。

3. 连翘属 *Forsythia* Vahl

落叶灌木。枝髓部中空或呈薄片状。叶对生，单叶或少有羽状 3 出复叶，有锯齿或全缘。花 1～3（5）朵生于叶腋，先叶开放；萼 4 深裂；花冠黄色，深 4 裂，裂片长于钟状筒部；雄蕊 2；子房 2 室，柱头 2 裂。蒴果卵圆形；种子有狭翅。

共 7 种，分布于欧洲至日本；中国有 4 种，产西北至东北和东部。

分种检索表

A_1 枝节间中空；叶卵形，常有3裂或呈羽状三出复叶 ………………………… (1) 连翘 *F. suspensa*

A_2 枝节间具片状髓；叶椭圆状披针形或卵形。

　B_1 叶常为单叶，椭圆状披针形；枝直立 ………………………… (2) 金钟花 *F. viridissima*

　B_2 叶有时呈三出；枝直立或拱形；为杂交种 ………………………… (3) 金钟连翘 *F. intermedia*

(1) 连翘（黄寿丹、黄花杆）（图17-328）

***Forsythia suspensa*（Thunb.）Vahl**

形态：落叶灌木，高可达3m。干丛生，直立；枝开展，拱形下垂；小枝黄褐色，稍四棱，皮孔明显，髓中空。单叶或有时为3小叶，对生，卵形、宽卵形或椭圆状卵形，长3～10cm，无毛，端锐尖，基圆形至宽楔形，缘有粗锯齿。花先叶开放，通常单生，稀3朵腋生；花萼裂片4，矩圆形；花冠黄色，裂片4，倒卵状椭圆形；雄蕊2；雌蕊长于或短于雄蕊。蒴果卵圆形，表面散生疣点。花期4～5月。

变种：

①垂枝连翘 var. *sieboldii* Zabel：枝较细而下垂，通常可匍匐地面，而在枝梢生根；花冠裂片较宽，扁平，微开展。

图17-328 连翘与金钟花

1、4. 果枝 2、5. 花枝 3、6. 花冠展开，示雄蕊

②三叶连翘 var. *fortunei* Rehd.：叶通常为3小叶或3裂；花冠裂片窄，常扭曲。

分布：产我国北部、中部及东北各地；现各地有栽培。

习性：喜光，有一定程度的耐荫性；耐寒；耐干旱瘠薄，怕涝；不择土壤；抗病虫害能力强。

连翘有两种花，一种花的雌蕊长于雄蕊，另一种花的雄蕊长于雌蕊，两种花不在同一植株上生长，连翘有自花授粉不亲合的现象，而且不与同一类型的花受精。

繁殖栽培：用扦插、压条、分株、播种繁殖，以扦插为主。硬枝或嫩枝扦插均可，于节处剪下，插后易于生根。

花后修剪，去枯弱枝，其他无需特殊管理。

观赏特性及园林用途：连翘枝条拱形开展，早春花先叶开放，满枝金黄，艳丽可爱，是北方常见优良的早春观花灌木，宜丛植于草坪、角隅、岩石假山下，路缘、转角处，阶前、篱下及作基础种植，或作花篱等用；以常绿树作背景，与榆叶梅、绣线菊等配植，更能显出金黄夺目之色彩；大面积群植于向阳坡地、森林公园，则效果也佳；其根系发达，有护堤岸之作用。

经济用途：种子可入药。

(2) 金钟花（图 17-328）

***Forsythia viridissima* Lindl.**

落叶灌木，枝直立，小枝黄绿色，呈四棱形，髓薄片状。单叶对生，椭圆状矩圆形，长 3.5~11cm，先端尖，中部以上有粗锯齿。花先叶开放，1~3 朵腋生，深黄色。蒴果卵圆状。

分布我国中部、西南，北方都有栽培。

习性、繁殖、应用同连翘。

(3) 金钟连翘

***Forsythia intermedia* Zabel**

连翘和金钟花的杂交种，性状介于两者之间。枝拱形，髓成片状。叶长椭圆形至卵状披针形，有时 3 深裂或成 3 小叶。花黄色深浅不一。有多数园艺变种。

4. 丁香属 *Syringa* L.

落叶灌木或小乔木，枝为假二叉分枝，顶芽常缺。叶对生，单叶，稀为羽状复叶；全缘，稀羽状深裂。花两性，组成顶生或侧生圆锥花序；萼钟状，4 裂，宿存；花冠漏斗状，具深浅不等 4 裂片；雄蕊 2。蒴果长圆形，种子有翅。

约 30 种，分布于亚洲和欧洲；中国产 20 余种，自西南至东北各地都有。

分种检索表

A_1 花冠筒甚长于萼；药柄短，全部或一部分为花冠所包。

B_1 花序发自顶芽，基部有叶。

C_1 花冠筒漏斗状，筒中部以上渐宽，裂片稍直立。

D_1 圆锥花序直立，花淡蓝紫色 …………………………………………（1）辽东丁香 *S. wolfii*

D_2 圆锥花序下垂，花外粉红，内白…………………………………………（2）垂丝丁香 *S. reflexa*

C_2 花冠筒圆筒形或近之，裂片张开 …………………………………………（3）红丁香 *S. villosa*

B_2 花序发自侧芽，顶芽不发育。

C_1 叶背被毛，至少基部具毛；花冠径 6~7mm；果具疣点。

D_1 花冠长在 1cm 以内；叶小，阔卵形，表面有毛，背面毛更多或仅基部有毛，长 1~4cm；果端尖 ……………………………………………………………（4）小叶丁香 *S. microphylla*

D_2 花冠长 1~1.5cm；叶表面光滑，背面仅基部或沿脉有毛，长 3~7cm；果端多钝。

E_1 叶脉 3~5 对，叶基突狭，叶片长 3~7cm；花冠淡紫色或紫色 ……（5）毛叶丁香 *S. pubescens*

E_2 叶脉 2~3 对，叶基楔形，叶片长 2~4cm；花冠深蓝紫色 ………………（6）蓝丁香 *S. meyeri*

C_2 叶背光滑或微有毛；花冠径约 12mm；果多无疣点。

D_1 叶广卵形或卵形，基截形或亚心脏形。

E_1 叶广卵形，常宽过于长，基亚心脏形 ……………………………………（7）紫丁香 *S. oblats*

E_2 叶卵形或广卵形，基亚心脏形至广楔形 …………………………………（8）欧洲丁香 *S. vulgaria*

D_2 叶长圆状卵形至长圆状披针形，基楔形，全缘或有时有裂。

E_1 叶较小，2～4cm，植株上叶深裂或多少有裂。

F_1 叶多全缘，偶有3裂或羽状裂……………………………………………（9）波斯丁香 *S. persica*

F_2 叶大部或全部羽状深裂 …………………………………………………（10）裂叶丁香 *S. laciniata*

E_2 叶较大，5～7cm，全缘 ………………………………………………（11）什锦丁香 *S. chinensis*

A_2 花冠筒部不长或稍长于萼；花药生于细长花丝之上 ……（12）暴马丁香 *S. reticulata* var. *mandshurica*

（1）辽东丁香

***Syringa wolfii* Schneid.**

直立灌木，植株较粗壮；叶较大，椭圆形至卵状长椭圆形，长10～15cm，叶面网脉下凹，背面及叶缘有毛。圆锥花序大而长，达12～30cm，由顶芽发出；花冠淡蓝紫色，裂片内曲；花药远生于筒口部以内。蒴果先端钝，光滑。花期5～6月。

主产东北，华北也有分布。

喜半荫、冷凉、湿润的环境，常野生于山谷、林缘。

辽东丁香花色明亮大方，芳香，花期较晚，与多种其他丁香配植成专类园，可延长观赏效果。唯其香气过浓，用量不宜太多。

（2）垂丝丁香

***Syringa reflexa* Schneid.**

灌木，高达4m。叶卵状椭圆形至长椭圆状披针形，有时为椭圆状倒卵形，端渐尖，基楔形，表面无毛，背有绒毛，沿脉更多。圆锥花序狭圆筒状，下垂，长10～18cm；花冠外面红，内白色；药生于筒内或稍突出。果长椭圆形，端钝或微凸，光滑或疏生瘤状突起。

产湖北高山。性喜湿润凉爽之环境。

垂丝丁香为丁香中极美丽的一种，但香气不著；因生于高山，平地不宜栽种，可作杂交育种之原始材料。

（3）红丁香

***Syringa villosa* Vahl.**

灌木，高达3m。叶椭圆形至长圆形，长5～18cm，端尖，基楔形，背面有白粉，沿中脉有柔毛。圆锥花序顶生，密集，长8～20cm；花紫红色至近白色，芳香，花冠裂片开展且端钝；花药在近筒口部。蒴果先端稍尖或钝。花期5月。

产我国北部，生高山灌丛及山坡砾石地。播种或嫁接繁殖。应用同紫丁香。

（4）小叶丁香（四季丁香、绣球丁香）

***Syringa microphylla* Diels.**

灌木。幼枝具绒毛。叶卵形至椭圆状卵形，长1～4cm，两面及缘具毛，老时仅背脉有柔毛。花序紧密；花细小，淡紫红色。蒴果小，先端稍弯，有瘤状突起。花期春、秋两季。

产我国中部及北部。用播种、压条、嫁接繁殖。应用同紫丁香。

（5）毛叶丁香（巧玲花、雀舌花）

***Syringa pubescens* Turcz.**

小灌木，高1～3m。幼枝无毛。叶圆卵形至卵形，长3～7cm，背面沿脉具柔毛。花序较紧密，长5～12cm；花冠紫色或淡紫色，花冠筒细长，盛开时长1～1.5cm；花药着生于筒中部略靠上。蒴果长 8～14mm，有瘤状突起。

产我国北部。繁殖栽培、应用同紫丁香。

（6）蓝丁香（南丁香、细管丁香）

***Syringa meyeri* Schneid.**

小灌木，枝叶密生，幼枝带紫色，具短柔毛。叶椭圆状卵形，长 2～4cm，侧脉 2～3 对，自基部达顶端，末端合生，叶柄微紫色。花序紧密；花萼暗紫色；花冠蓝紫色，筒细长；花药带紫色。蒴果有瘤状突起。花期 5 月。

产华北。繁殖、应用同紫丁香。

（7）紫丁香（华北紫丁香、丁香）（图 17-329）

***Syringa oblata* Lindl.**

形态：灌木或小乔木，高可达 4m；枝条粗壮无毛。叶广卵形，通常宽度大于长度，宽 5～10cm，端锐尖，基心形或截形，全缘，两面无毛。圆锥花序长 6～15cm；花萼钟状，有 4 齿；花冠堇紫色，端 4 裂开展；花药生于花冠筒中部或中上部。蒴果长圆形，顶端尖，平滑。花期 4 月。

分布：吉林、辽宁、内蒙古、河北、山东、陕西、甘肃、四川。朝鲜也有。生海拔300～2600m 山地或山沟。

变种：

①白丁香 var. *alba* Rehd.：花白色；叶较小，背面微有柔毛。

②紫萼丁香 var. *giraldii* Rehd.：花序轴和花萼紫蓝色；叶先端狭尖，背面微有柔毛。

③佛手丁香 var. *plena* Hort.：花白色，重瓣。

习性：喜光，稍耐荫，阴地能生长，但花量少或无花；耐寒性较强；耐干旱，忌低湿；喜湿润、肥沃、排水良好的土壤。

图 17-329　紫丁香

1. 果枝　2. 花冠开展

繁殖栽培：播种、扦插、嫁接、分株、压条繁殖。播种苗不易保持原有性状，但常有新的花色出现；种子须经层积，次春播种。夏季用嫩枝扦插，成活率很高。嫁接为主要繁殖方法，华北以小叶女贞作砧木，行靠接、枝接、芽接均可；华东偏南地区，实生苗生长不良，高接于女贞上使其适应。

紫丁香树势较强健，幼苗时须注意浇水，成年植株无需特殊管理，剪除枯弱枝、病枝及根蘖，以利调节树势及通风透光即可。

观赏特性及园林用途：紫丁香枝叶茂密，花美而香，是我国北方各地园林中应用最普遍的花木之一。广泛栽植于庭园、机关、厂矿、居民区等地。常丛植于建筑前、茶室凉亭周围；散植于园路两旁、草坪之中；与其他种类丁香配植成专类园，形成美丽、清雅、芳香，青枝绿叶，花开不绝的景区，效果极佳；也可盆栽、促成栽培、切花等用。

经济用途：种子入药，花提制芳香油，嫩叶代茶。

(8) 欧洲丁香（欧丁香、洋丁香）

***Syringa vulgaris* L.**

灌木或小乔木，高达7m。叶卵形、广卵形，基部截形或阔卵形。花序长10~20cm，花冠淡紫色；花药着生于花冠筒喉部稍下。蒴果先端急尖。花期4~5月。

原产欧洲，我国北京、青岛、南京、上海等城市有栽培。有纯白、淡蓝、堇紫、重瓣等多种园艺变种。

(9) 波斯丁香

***Syringa ×persica* L.（*S. afghanica ×S. lanciniata*）**

灌木，高达2m。小枝细长无毛。叶椭圆形至披针形，长2~4cm，全缘，偶有3裂或羽裂，叶柄具狭翅。圆锥花序疏散；花冠淡紫色，筒细长。通常不结果，花期5月。

产我国西北部。伊朗、阿富汗也有。

变种白花波斯丁香 var. *alba* West.：花白色。

园林应用同紫丁香。

(10) 裂叶丁香（矮丁香）

***Syringa laciniata* Mill.**

本种与波斯丁香近似，主要区别点是：叶大部或全部羽状深裂；并能结果。花期5月。

产我国西北部。北京有栽培。

园林应用同紫丁香。

(11) 什锦丁香（华丁香）

***Syringa chinensis* Willd.（*S. persica ×S. vulgaris*；*S. rothomagensis*）**

灌木，高达5m。枝细长拱形，无毛。叶卵状披针形，长5~7cm，端锐尖，基楔形，光滑无毛。花序大而疏散，长8~15cm；花冠淡紫红色。

有白、粉、堇紫、重瓣等园艺变种。

园林应用同紫丁香。

(12) 暴马丁香（暴马子、阿穆尔丁香）

***Syringa reticulata* (Bl.) Hara var. *mandshurica* (Maxim.) Hara (*S. amurensis* Rupr.)**

灌木至小乔木，高可达8m。枝上皮孔显著，小枝较细。叶卵形至卵圆形，长5~10cm，端尖，基通常圆形或截形，背面侧脉隆起。花序大而疏散，长10~15cm；花冠白色，筒短；花丝细长，雄蕊几乎为花冠裂片2倍长。蒴果矩圆形，先端钝。花期5月底至6月。

分布于东北、华北、西北东部。朝鲜、日本、俄罗斯也有。

喜光；喜潮湿土壤。一般用播种繁殖。可作其他丁香的乔化砧。

暴马丁香花期较晚，在丁香专类园中，可起到延长花期作用。花可提取芳香油，也是蜜源植物。

5. 流苏树属 *Chionanthus* L.

落叶灌木或乔木。单叶，对生，全缘。花两性或单性，排成疏散的圆锥花序；花萼4

裂；花冠白色，4 深裂，裂片狭窄；雄蕊 2；子房 2 室。核果肉质，卵圆形，种子 1 枚。

共 2 种，东亚、北美各产 1 种；中国有 1 种，产西南、东南至北部地区。

流苏树（茶叶树、乌金子）（图 17-330）

***Chionanthus retusus* Lindl. et Paxt.**

灌木或乔木，高可达 20m；树干灰色，大枝皮常纸状剥裂，开展，小枝初时有毛。叶卵形至倒卵状椭圆形，长 3 ~ 10cm，端钝圆或微凹，全缘或有时有小齿，叶柄基部带紫色。花白色，4 裂片狭长，长 1 ~ 2cm，花冠筒极短。核果卵圆形，长 1 ~ 1. 5cm。花期 4 ~ 5 月。

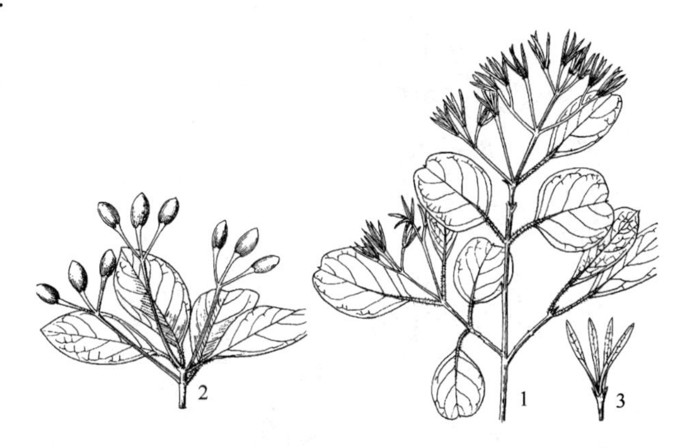

图 17-330 流苏树

1. 花枝 2. 果枝 3. 花

产河北、山东、山西、河南、甘肃及陕西，南至云南、福建、广东、台湾等地。日本、朝鲜也有。生海拔 200 ~ 3300m 间的河边和山坡。

喜光；耐寒；抗旱；花期怕干旱风。生长较慢。北京植物园于 1959 年从河北省易县引种栽培，1980 年已长至 7m，开花结实，生长良好，成为向北京推荐的园林树种之一。

播种、扦插、嫁接繁殖。因种子种皮坚厚，必须沙藏层积 120d 以上。嫁接繁殖，以白蜡属树木作砧木，颇易成活。

流苏树花密优美、花形奇特、秀丽可爱，花期可达 20d 左右，是优美的观赏树种；栽植于安静休息区，或以常绿树衬托列植，都十分相宜。嫩叶代茶。

6. 女贞属 *Ligustrum* L.

落叶或常绿，灌木或乔木。单叶，对生，全缘。花两性，顶生圆锥花序；花小，白色，花萼钟状，4 裂；花冠筒长或短，裂片 4；雄蕊 2，着生于花冠筒上。核果浆果状，黑色或蓝黑色。

约 50 种，主产于东亚及澳大利亚，欧洲及北美产 1 种；中国产 30 余种，多分布于长江以南及西南。

分种检索表

A_1 小枝和花轴无毛 ……………………………… （1）女贞 *L. lucidum*

A_2 小枝和花轴有柔毛或短粗毛。

　B_1 花冠筒较花冠裂片稍短或近等长。

　　C_1 常绿；小枝疏生短柔毛 ……………………… （2）日本女贞 *L. japonicum*

　　C_2 落叶或半常绿；小枝密生短柔毛。

　　　D_1 花具花梗；叶背中脉有毛 ……………………… （3）小蜡 *L. sinense*

　　　D_2 花无梗；叶背无毛 ……………………… （4）小叶女贞 *L. quihoui*

　B_2 花冠筒较花冠裂片长 2 ~ 3 倍 ……………………… （5）水蜡树 *L. obtusifolium*

图 17-331　女　贞

1. 花枝　2. 果枝　3. 花　4. 花冠展开示雄蕊　5. 雌蕊　6. 种子

(1) 女贞（冬青、蜡树）（图 17-331）

Ligustrum lucidum **Ait.**

形态：常绿乔木，高达10m；树皮灰色，平滑。枝开展，无毛，具皮孔。叶革质，宽卵形至卵状披针形，长 6 ~ 12cm，顶端尖，基部圆形或阔楔形，全缘，无毛。圆锥花序顶生，长 10 ~ 20cm；花白色，几无柄，花冠裂片与花冠筒近等长。核果长圆形，蓝黑色。花期 6 ~ 7 月。

分布：产长江流域及以南各地。甘肃南部及华北南部多有栽培。

习性：喜光，稍耐荫；喜温暖，不耐寒；喜湿润，不耐干旱；适生于微酸性至微碱性的湿润土壤，不耐瘠薄；对二氧化硫、氯气、氟化氢等有毒气体有较强的抗性。

生长快，萌芽力强，耐修剪。

繁殖栽培：播种、扦插繁殖。9 月果熟后采下，晒干，除去果皮贮藏。次春 3 月底至 4 月初，用热水浸种，涝出后湿放，经4 ~ 5d 后即可播种。春、秋插条都可，但以春插者成活率较高。

观赏特性及园林用途：女贞枝叶清秀，终年常绿，夏日满树白花，又适应城市气候环境，是长江流域常见的绿化树种；常栽于庭园观赏，广泛栽植于街坊、宅院，或作园路树，或修剪作绿篱用；对多种有毒气体抗性较强，可作为工矿区的抗污染树种。

经济用途：果、树皮、根、叶入药；木材可为细木工用材。

(2) 日本女贞

Ligustrum japonicum **Thunb.**

常绿灌木，高 3 ~ 6m。小枝幼时具短粗毛，皮孔明显。叶革质，平展，卵形或卵状椭圆形，长 4 ~ 8cm，端短锐尖或稍钝，中脉及叶缘常带红色。花序顶生；花白色，花冠裂片略短于花冠筒。核果椭圆形，黑色。花期 6 ~ 7 月。

原产日本。我国长江流域以南地区有栽培。耐寒力较女贞为强；对二氧化硫及氯气的抗性也强。

变种有圆叶日本女贞 var. *rotundifolium* Nichols.：叶卵形，硬而厚，先端圆钝，叶缘反卷，表面暗绿而富光泽。上海、青岛等地庭园有栽培。

日本女贞株形圆整，四季常青，常栽植于庭园中观赏。

(3) 小蜡（图 17-332）

Ligustrum sinense **Lour.**

半常绿灌木或小乔木，高 2 ~ 7m；小枝密生短柔毛。叶薄革质，椭圆形，长 3 ~ 5cm，端锐尖或钝，基阔楔形或圆形，背面沿中脉有短柔毛。圆锥花序长4～10cm，花轴有短柔毛；花白色，芳香，花梗细而明显，花冠裂片长于筒部；雄蕊超出花冠裂片。核果近圆形。花期4～5月。

分布于长江以南各地。

喜光，稍耐荫；较耐寒，北京小气候良好地区能露地栽植；抗二氧化硫等多种有毒气体。耐修剪。播种、扦插繁殖。

本种有多个变种，常植于庭园观赏，丛植林缘、池边、石旁都可；规则式园林中常可修剪成长、方、圆等几何形体；也常栽植于工矿区；其干老根古，虬曲多姿，宜作树桩盆景；江南常作绿篱应用。

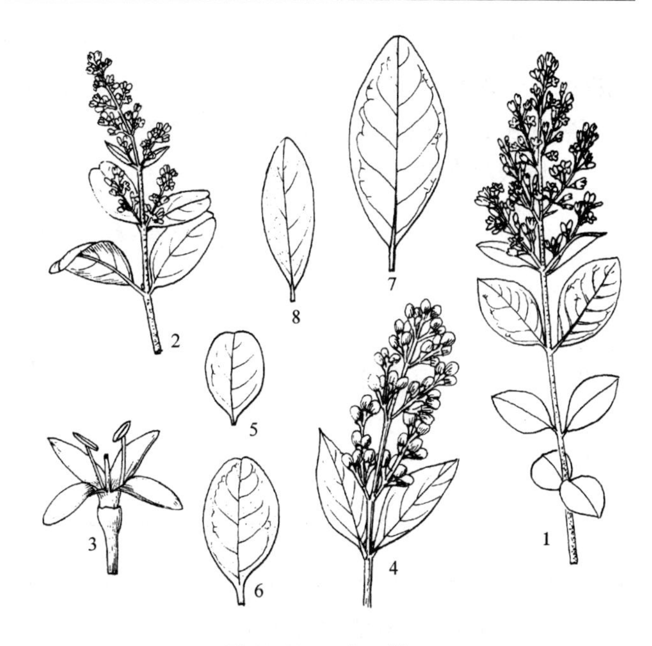

图17-332　小　蜡

1、2. 花枝　3. 花　4. 果枝　5～8. 叶形变异

（4）小叶女贞

Ligustrum quihoui **Carr.**

落叶或半常绿灌木，高2～3m。枝条铺散，小枝具短柔毛。叶薄革质，椭圆形至倒卵状长圆形，长1.5～5cm；无毛，顶端钝，基部楔形，全缘，边缘略向外反卷；叶柄有短柔毛。圆锥花序长7～21cm；花白色，芳香，无梗，花冠裂片与筒部等长；花药超出花冠裂片。核果宽椭圆形，紫黑色。花期7～8月。

产中国中部、东部和西南部。

喜光，稍耐荫；较耐寒，北京可露地栽植；对二氧化硫、氯气、氟化氢、氯化氢、二氧化碳等有毒气体抗性均强。性强健，萌枝力强，叶再生能力强，耐修剪。

播种、扦插繁殖。

园林中主要作绿篱栽植；其枝叶紧密、圆整，庭园中常栽植观赏；抗多种有毒气体，是优良的抗污染树种。

图17-333　水蜡树

1. 花枝　2. 花　3. 果　4. 果枝

（5）水蜡树（图17-333）

Ligustrum obtusifolium **Sieb. et Zucc.**

落叶灌木，高达3m。幼枝有短柔毛。叶纸质，长椭圆形，3～7.5cm，端锐尖或钝，基部楔形，背面有短柔毛，沿中脉较密。顶生圆锥花序短而常下垂，长2.5～3cm；花冠筒比花冠裂片长2～3倍；花药和花冠裂片近等长。核果宽椭圆形，黑色。花期7月。

产华东及华中。性较耐寒，北京可露地栽植。繁殖及园林应用同小叶女贞。

7. 木犀属 *Osmanthus* Lour.

常绿，灌木或小乔木。冬芽具2芽鳞。单叶对生，全缘或有锯齿，具短柄。花两性或单性或杂性，在叶腋簇生或成短的总状花序；花萼4齿裂；花冠筒短，裂片4，覆瓦状排列；雄蕊2，很少4；子房2室。核果。

约40种，分布于亚洲东南部及北美洲；中国约25种，产长江流域以南各地，西南、台湾均有。

分种检索表

A_1　叶顶端急尖或渐尖，全缘或上半部疏生细锯齿 ······ （1）桂花 *O. fragrans*

A_2　叶顶端呈刺状，缘有显著的针刺状牙齿 ······ （2）柊树 *O. heterophylltus*

（1）桂花（木犀、岩桂）（图17-334）

***Osmanthus fragrans*（Thunb.）Lour.**

形态：常绿灌木至小乔木，高可达12m；树皮灰色，不裂。芽叠生。叶长椭圆形，长5～12cm，端尖，基楔形，全缘或上半部有细锯齿。花簇生叶腋或聚伞状；花小，黄白色，浓香。核果椭圆形，紫黑色。花期9～10月。

变种：

①丹桂 var. *aurantiacus* Makino：花橘红色或橙黄色。

②金桂 var. *thunbergii* Makino：花黄色至深黄色。

③银桂 var. *latifolius* Makino：花近白色。

④四季桂 var. *semperflorens* Hort.：花白色或黄色，花期5～9月，可连续开花数次。

分布：原产我国西南部，现广泛栽培于长江流域各地，华北多行盆栽。

习性：喜光，稍耐荫；喜温暖和通风良好的环境，不耐寒；喜湿润排水良好的砂质壤土，忌涝地、碱地和黏重土壤；对二氧化硫、氯气等有中等抵抗力。

每年春、秋两季各发芽1次。春季萌

图17-334　桂　花

1. 花枝　2. 果枝

发的芽，生长势旺，容易分枝；秋季萌发的芽，只在当年生长旺盛的新枝顶端上，萌发后一般不分杈，只能向上延长，即所谓副梢。花芽多于当年6～8月间形成，有二次开花习性。

繁殖栽培：多用嫁接繁殖，压条、扦插也可。嫁接可用小叶女贞、女贞、小叶白蜡等作砧木。小叶女贞栽培广泛，接后成活率高，生长快，但寿命短；小叶白蜡根系较弱，稍受损伤，就会引起死亡。高压法在春季芽萌动前进行，选2～3年生枝，环割后包以苔藓等保湿材料进行。扦插在生长季用软枝插，5～6月，取插穗12cm长，留上部5～6片叶，用50mg/L萘乙酸浸泡8～10h，气温保持25～27℃，有一定湿度，60d即可生根。

桂花有二次萌芽，二次开花的习性，耗肥量大，宜于11～12月份冬季施以基肥，使次春枝叶繁茂，有利花芽分化；7月夏季，二次枝未发前，进行追肥，则有利于二次枝萌发，使秋季花大茂密。

观赏特性及园林用途：桂花树干端直，树冠圆整，四季常青，花期正值仲秋，香飘数里，是我国人民喜爱的传统园林花木。于庭前对植两株，即“两桂当庭”，是传统的配植手法；园林中常将桂花植于道路两侧，假山、草坪、院落等地多有栽植；如大面积栽植，形成“桂花山”、“桂花岭”，秋末浓香四溢，香飘十里，也是极好的景观；与秋色叶树种同植，有色有香，是点缀秋景的极好树种；淮河以北地区桶栽、盆栽，布置会场、大门。

经济用途：花可作香料，又是食品加工业的重要原料，亦可入药。

（2）柊树（刺桂）

***Osmanthus heterophyllus*（G. Don）P. S. Green.**

常绿灌木或小乔木，高1～6m。幼枝有短柔毛。叶硬革质，卵形至长椭圆形，长3～6cm，顶端尖刺状，基部楔形，边缘每边有1～4对刺状牙齿，很少全缘。花簇生叶腋，芳香，白色。核果卵形，蓝黑色。花期6～7月。

产中国台湾及日本。我国南方城市有栽植。为庭园绿化观赏树种，有金边、银斑、黄斑等园艺变种。

8. 木犀榄属（油橄榄属）*Olea* L.

常绿灌木或小乔木。单叶对生，全缘或有疏齿。花两性或单性，腋生圆锥花序或簇生叶腋；花萼短，4齿裂；花冠短，4深裂，有时无花冠；雄蕊2；子房2室。核果。

约40种，分布热带及温带地区；中国有13种，分布西南部至南部；引入栽培1种。

油橄榄（齐墩果）（图17-335）

***Olea europaea* L.**

形态：小乔木，高达10m。树皮粗糙，老时深纵裂，常生有树瘤。小枝四棱形。叶近革质，披针形或长椭圆形，长2～5cm，顶端稍钝而有小凸尖，全缘，边略反卷，表面深绿，背面密被银白色皮屑状鳞片，中脉在两面隆起，侧脉不甚明显。圆锥花序长2～6cm；花两性；花萼钟状；花冠白色，芳香，裂片长于筒部；雄蕊花丝短；子房近圆形。核果椭圆状至近球形，黑色光亮。花期4～5月；果10～12月成熟。

分布：原产地中海区域，欧洲南部及美国南部广为栽培。我国引种栽植在长江流域及南至两广等15个省、自治区、直辖市，以湖北、四川、云南、贵州及陕西等地为最多。

习性：油橄榄是地中海型的亚热带树种，生于冬季温暖湿润、夏季干燥炎热，年降水量

图 17-335　油橄榄

1. 果枝　2. 花冠展开

500～750mm 的气候条件。喜光；在年平均气温 14～20℃，冬季最低月平均气温 0℃以上的气候条件生长良好，有的品种能耐短时间 -16℃的低温而不致受冻；最宜土层深厚、排水良好、pH 6～7.5 的砂壤土，稍耐干旱，对盐分有较强的抵抗力，不耐积水。

无主根，侧根发达。1 年内枝条可抽梢 2～3 次。发枝力强，一般情况下，腋芽均可形成侧枝，潜伏芽和不定芽在一定条件下也可抽生枝条。寿命长，结实年龄可达400 年之久。

繁殖栽培：在生产上多用嫁接、扦插、压条等方法。

嫁接的砧木多用本砧的2 年生实生苗，春季2～4 月，秋季8～9 月，采用髓心形成层对接、单芽对接、贴皮芽接等方法，成活率都很高。

扦插是当前育苗中主要繁殖方法。硬枝插于10～11 月进行，第2 年春季生根移植，成活率高；嫩枝插则在夏季进行，管理需细致。用生长刺激素处理插穗对促进生根有显著作用，常用的生长刺激素为萘乙酸、吲哚乙酸和吲哚丁酸，一般用浓度 50～200mg/L，处理 12～24h。

压条繁殖主要用高压法，在树液流动后的 3～6 月份进行。

油橄榄 1 年抽梢 3 次，需要水分肥料很多，每年施肥至少 3 次，整形修剪主要在冬季进行疏枝、短截，夏季进行抹芽、掐梢、摘心，以调节枝条的生长。

观赏特性和园林用途：油橄榄常绿，枝繁茂，叶双色，花芳香，可丛植于草坪、墙隅，在小庭院中栽植也很适宜，成片栽植结合生产。

经济用途：油橄榄是一种高产、适应性强的木本油料树种，橄榄油是一种优质食用油，在医药、工业上也有广泛的用途；果实还可盐渍、糖渍或制成蜜饯。

9. 茉莉属 *Jasminum* L.

落叶或常绿，直立或攀援状灌木。奇数羽状复叶或单叶，对生，稀互生，全缘。花两性，顶生或腋生的聚伞、伞房花序，稀单生；花冠高脚碟状，4～9 裂；雄蕊 2，生花冠筒内。浆果。

约300 种，分布于东半球的热带和亚热带地区；中国44 种，广布于西南至东部、南部，北部及西北部有少量种类。

分种检索表

A_1　单叶 ………………………………………………………………（1）茉莉 *J. sambac*

A_2　奇数羽状复叶或 3 小叶。

　B_1　叶对生。

C_1　3 小叶，花黄色。

D_1　落叶；花径 2～2.5cm，花单生于去年生枝的叶腋，花冠裂片较筒部为短 ……………………………………………………………………………（2）迎春 *J. nudiflorum*

D_2　常绿；花径 3～4cm，花单生于具总苞状单叶之小枝端，花冠裂片较筒部为长 ……………………………………………………………………………（3）云南黄馨 *J. mesnyi*

C_2　小叶 5～7 枚，花白色 ……………………………………（4）素方花 *J. officinale*

B_2　叶互生。

C_1　落叶至半常绿；小叶常为 3；花萼裂片线形，与萼筒近等长 ……………（5）探春 *J. floridum*

C_2　常绿；小叶常为 5；花萼裂片三角形，为萼筒长度的 1/3～1/4 ……（浓香黄馨 *J. odoratissimum*）

（1）茉莉（茉莉花）（图 17-336）

***Jasminum sambac*（L.）Aiton**

形态：常绿灌木，枝细长呈藤木状。高 0.5～3m。幼枝有短柔毛。单叶对生，薄纸质，椭圆形或宽卵形，长 3～8cm，端急尖或钝圆，基圆形，全缘，仅背面脉腋有簇毛。聚伞花序，通常有花 3 朵，有时多朵；花萼裂片 8～9，线形；花冠白色，浓香，常见栽培有重瓣类型。花后常不结实。花期 5～11 月，以 7～8 月开花最盛。

分布：原产印度、伊朗、阿拉伯。我国多在广东、福建及长江流域江苏、湖南、湖北、四川栽培。

习性：喜光稍耐荫，夏季高温潮湿，光照强，则开花最多、最香，若光照不足，则叶大，节细，花小；喜温暖气候，不耐寒，经不起低温冷冻，在 0℃或轻微霜冻时叶受害，月平均温 9.9℃时，叶大部分脱落，－3℃时枝条冻害，25～35℃是最适生长温度；生长期要有充足的水分和潮湿的气候，空气相对湿度以 80%～90% 为好，不耐干旱，但也怕渍涝，在缺水或空气湿度不高的情况下，新枝不萌发，而积水则落叶；喜肥，以肥沃、疏松的砂壤及壤土为宜，pH5.5～7.0。

繁殖栽培：扦插、压条、分株均可。扦插只要气温在 20℃以上，任何时候都可进行，20 多天即可生根。压条在 5～6 月间进行，压后 10 余天生根，40 多天自母株切离，当年开花。

北方盆栽茉莉，容易产生叶子发黄的问题，轻者叶萎黄而生长不良，开花不好；重者则逐渐衰弱死去。主要原因不外乎盆土持续潮湿而烂根，或盆土、用水偏碱，或营养不良等。针对上述原因，采取严格节制浇水，或施用稀矾肥水，或换盆施肥等法即可使叶色正常。栽培中有时还出现枝叶生长很好，但就是不开花或开少量花的情况，这往往是由于阳光不足或氮肥太多所致，只要多见阳光，合理施肥即可花叶繁茂。

图 17-336　茉　莉

1. 花枝　2. 花

观赏特性及园林用途：茉莉株形玲珑，枝

叶繁茂，叶色如翡翠，花朵似玉铃，且花多期长，香气清雅而持久，浓郁而不浊，可谓花树中之珍品。华南、西双版纳露地栽培，可作树丛、树群之下木，也有作花篱植于路旁，效果极好。长江流域及以北地区多盆栽观赏。花朵常作襟花佩带，也作花篮、花圈装饰用。

经济用途：花朵可薰制茉莉花茶和提制茉莉花油。

(2) 迎春（图 17-337）

***Jasminum nudiflorum* Lindl.**

形态：落叶灌木，高 0.4 ~ 5m。枝细长拱形，绿色，有四棱。叶对生，小叶 3，卵形至长圆状卵形，长 1 ~ 3cm，端急尖，缘有短睫毛，表面有基部突起的短刺毛。花单生，先叶开放，苞片小；花萼裂片 5 ~ 6；花冠黄色；直径 2 ~ 2.5cm，裂片 6，约为花冠筒长度的 1/2。通常不结果。花期 2 ~ 4 月。

分布：产我国北部、西北、西南各地。

习性：性喜光，稍耐荫；较耐寒，北京可露地栽培；喜湿润，也耐干旱，怕涝；对土壤要求不严，耐碱，除洼地外均可栽植。根部萌发力很强，枝端着地部分也极易生根。

繁殖栽培：栽培的迎春很少结果，繁殖多用扦插、压条、分株法。只要注意浇水，很易成活。其枝端着地易生根，在雨水多的季节，最好能用棍棒挑动着地的枝条几次，不让它接触湿土生根，影响株丛整齐。为得到独干直立树形，可用竹竿扶持幼树，使其直立向上生长，并摘去基部的芽，待长到所需高度时，摘去顶芽，使形成下垂之拱形树冠。

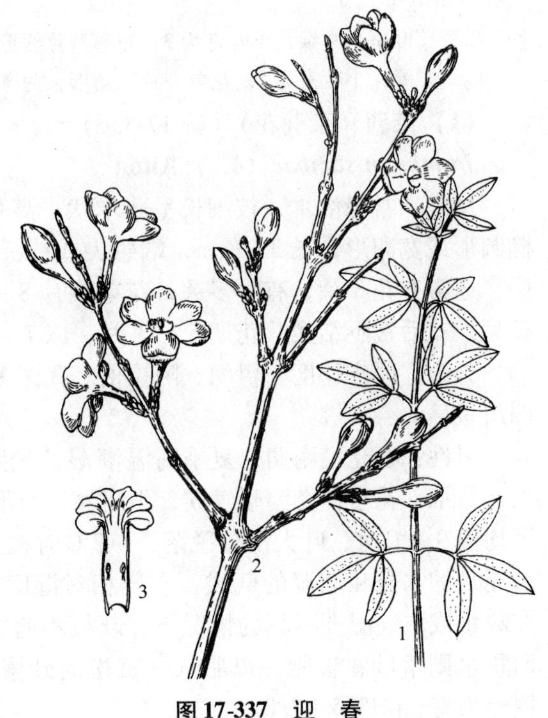

图 17-337 迎 春

1. 花枝 2. 枝条 3. 花纵剖

观赏特性及园林用途：迎春植株铺散，枝条鲜绿，不论强光及背阴处都能生长，冬季绿枝婆娑，早春黄花可爱，对我国冬季漫长的北方地区，装点冬春之景意义很大，各处园林和庭园都有栽培。其开花极早，南方可与蜡梅、山茶、水仙同植一处，构成新春佳景；与银芽柳、山桃同植，早报春光；种植于碧水萦回的柳树池畔，增添波光倒影，为山水生色；或栽植于路旁、山坡及窗下墙边；或作花篱密植；或作开花地被、或植于岩石园内，观赏效果极好。将山野多年生老树桩移入盆中，做成盆景；或编枝条成各种形状，盆栽于室内观赏；也可作切花插瓶。

经济用途：花、叶、嫩枝均可入药。

(3) 云南黄馨（南迎春）

***Jasminum mesnyi* Hance**

常绿灌木，高可达 3m；树形圆整。枝细长拱形，柔软下垂，绿色，有四棱。叶对生，小叶 3，纸质，叶面光滑。花单生于具总苞状单叶之小枝端；萼片叶状，披针形；花冠黄色，径3.5～4cm，裂片6或稍多，成半重瓣，较花冠筒为长。花期4月，延续时间长。

原产云南，南方庭园中颇常见。耐寒性不强，北方常温室盆栽。繁殖方法同迎春。

云南黄馨枝条细长拱形，四季长青，春季黄花绿叶相衬，艳丽可爱，最宜植于水边驳岸，细枝拱形下垂水面，倒影清晰，还可遮蔽驳岸平直呆板等不足之处；植于路缘、坡地及石隙等处均极优美；温室盆栽常编扎成各种形状观赏。

（4）素方花

***Jasminum officinale* L.**

常绿缠绕藤木。枝绿色，细长，具四棱，无毛。叶对生，羽状复叶，小叶常5～7，椭圆状卵形，长1～3cm，无毛。聚伞花序顶生，有花2～10朵；花萼5深裂，裂片线形；花冠白色或外红内白，筒长5～16mm，裂片长约8mm，芳香。浆果椭圆形。

产我国西南部。伊朗也有。不耐寒。

变型有素馨花 f. *affine* Rehd.：花较大，花冠筒长1.5～2cm，裂片长约1.3cm。

素方花株态轻盈，枝叶秀丽，四季长青，秋日白花绿叶，是理想的庭园观赏植物。可作棚架、门廊、枯树等绿化材料。可在华南、西南大量栽培应用。

（5）探春（迎夏）

***Jasminum floridum* Bunge**

半常绿灌木，高1～3m。枝直立或平展，幼枝绿色，光滑有棱。叶互生，小叶常为3，偶有5或单叶，卵状长圆形，长1～3.5cm，端渐尖，边缘反卷，无毛。聚伞花序顶生，多花；花萼裂片5，线形，与萼筒等长；花冠黄色，裂片5，卵形，长约为花冠筒长度的1/2。浆果近圆形。花期5～6月。

产中国北部及西部，江浙一带也有栽培。

性较耐寒，华北地区露地栽培，冬季稍加保护即可越冬。繁殖、园林用途同迎春。

［71］马钱科 Loganiaceae

灌木、乔木或藤木，稀草本。单叶对生，少有互生或轮生，托叶退化。花两性，整齐，通常成聚伞花序或圆锥花序，有时为穗状花序或单生；花萼4～5裂；花冠合瓣，4～5裂；雄蕊与花冠裂片同数并与之互生；子房上位，通常2室。蒴果、浆果或核果。

约35属600种，分布于全球热带和温带。中国有9属约60种。

醉鱼草属 *Buddleja* L.

灌木或乔木，稀草本。植物体被腺状、星状或鳞片状绒毛。叶对生，稀互生，托叶在叶柄间连生，或常退化成一线痕。花常组成圆锥状、穗状聚伞花序或簇生；萼钟状，4裂；花冠管状或漏斗状，4裂；雄蕊4；子房2室。蒴果，2瓣裂；种子多数。

约100种，分布于热带和亚热带；中国约45种，产西北、西南和东部。属中有些种类有芳香美丽的花，供庭园观赏；有些可毒鱼；有些可供药用。

分种检索表

A_1　叶对生；花序侧生或顶生于当年生枝上。

B_1 小枝圆柱形；叶狭披针形；花白色，花冠筒长 2～4mm ························ （1）驳骨丹 *B. asiatica*

B_2 小枝四棱形；叶卵状至卵状披针形；花淡紫、紫色至白色，花冠筒长 7～20mm。

C_1 小枝略具四棱；花序圆锥状；雄蕊着生于花冠筒中部。

D_1 叶大，长 5～20cm，表面无毛，背面密被白色星状绒毛；花淡紫色，由多数小聚伞花序集成穗状的圆锥花枝 ························ （2）大叶醉鱼草 *B. davidii*

D_2 叶小，长 5～10cm，表面被细星状毛，背面密被灰白色至黄色星状绒毛；花淡紫至白色，组成顶生聚伞圆锥花序 ························ （密蒙花 *B. officinalis*）

C_2 小枝四棱；花序穗状，扭向一侧；雄蕊着生于花冠筒下部 ························ （3）醉鱼草 *B. lindleyana*

A_2 叶互生；花簇生于去年生枝上 ························ （互叶醉鱼草 *B. alternifolia*）

（1）驳骨丹（白花醉鱼草）（图 17-338）

***Buddleja asiatica* Lour.**

直立灌木，高 2～6m。小枝圆柱形，幼时被白色或浅黄色绒毛。单叶对生，有短柄，披针形或狭披针形，长 5～12cm，端渐尖，基楔形，全缘或有细锯齿，表面绿色无毛，背面有白色或浅黄色绒毛。总状或圆锥花序顶生或腋生，长 5～20cm，被绒毛；花萼 4 深裂，被毛；花冠白色，芳香，花冠筒长 2～4mm，外面有毛，裂片 4；雄蕊 4，着生于花冠筒中部。蒴果卵形，长 3～5mm。花期 10 月至次年 2 月。

分布于中国西南、中部及东南部。宜植于庭园观赏，也可作冬季插花材料。

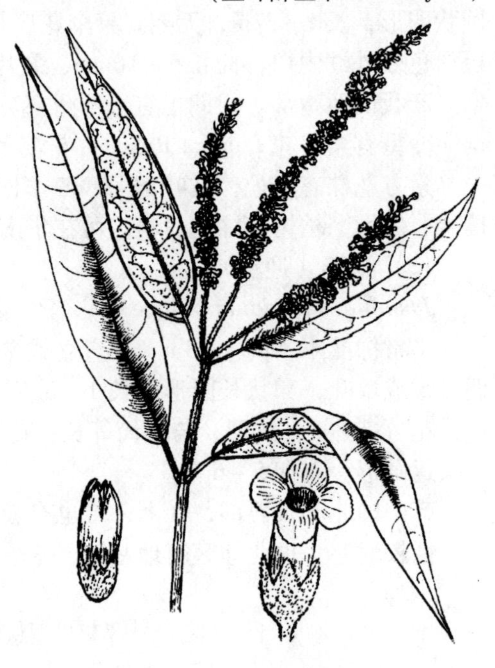

图 17-338 驳骨丹

（2）大叶醉鱼草（图 17-339）

***Buddleja davidii* Franch.**

灌木，高达 5m。小枝略呈四棱形，开展，幼时密被白色星状毛。单叶对生，卵状披针形至披针形，长 5～20cm，端渐尖，基圆楔形，边缘疏生细锯齿，表面无毛，背面密被白色星状绒毛。多数小聚伞花序集成穗状圆锥花枝；花萼 4 裂，密被星状绒毛；花冠淡紫色，芳香，长约 1cm，花冠筒细而直，长约 0.7～1cm，口部橙黄色，端 4 裂，外面生星状绒毛及腺毛；雄蕊 4，着生于花冠筒中部。蒴果长圆形，长 6～8mm。花期 6～9 月。

变种有：

①紫花醉鱼草 var. *veitchiana* Rehd.：植株强健，密生大形穗状花序，花红紫色而具鲜橙色的花心，花期较早。

②绛花醉鱼草 var. *magnifica* Rehd. et Wils.：花较大，深绛紫色，花冠筒口部深橙色，裂片边缘反卷，密生穗状花序。

③大花醉鱼草 var. *superba* Rehd. et Wils.：与绛花醉鱼草相似，唯花冠裂片不反卷，圆锥花丛较大。

④垂花醉鱼草 var. *wilsonii* Rehd. et Wils.：植株较高，枝条呈拱形。叶长而狭。穗状花序稀疏而下垂，有时长达 70cm；花冠较小，红紫色，裂片边缘稍反卷。

主产于长江流域一带，西南、西北等地也有。生于丘陵、沟边、灌丛中。多分株或扦插繁殖。习性、应用均似醉鱼草，其抗寒性较强，可在北京露地越冬，又因花序较大，花色丰富，又有香气，故在园林应用中更受欢迎。植株有毒，应用时应注意。枝、叶、根皮入药外用，也可作农药。

（3）醉鱼草（闹鱼花）

***Buddlegja lindleyana* Fort.**

灌木，高 2m。小枝具四棱而稍有翅，幼时有微细的棕黄色星状毛。单叶对生，卵形至卵状披针形，长 5～10cm，端尖或渐尖，基楔形，全缘或疏生波状牙齿。花序穗状，顶生，扭向一侧，长 7～20cm；花萼 4 裂，密生细鳞毛；花冠紫色，稍弯曲，筒长 1.5～2cm，密生细鳞毛，筒内面白紫色；雄蕊 4，着生花冠筒下部。蒴果长圆形，被鳞片。花期 6～8 月。

图 17-339 大叶醉鱼草

产长江以南各地。性强健，喜温暖湿润的气候及肥沃而排水良好的土壤，不耐水湿。繁殖用分蘖、压条、扦插、播种均可。

醉鱼草叶茂花繁，花开于夏季少花季节，常栽培于庭园中观赏，可在路旁、墙隅及草坪边缘等处丛植。花、叶可药用，有毒，尤其对鱼类，不宜栽植于鱼池边。

［72］夹竹桃科 Apocynaceae

乔木，灌木或藤本，也有多年生草本；植物体具乳汁或水液；无刺，稀有刺。单叶对生或轮生，稀互生；全缘，稀具细齿；无托叶。花两性，辐射对称，单生或聚伞花序；花萼常 5 裂，基部内面常有腺体；花冠 5 裂稀 4 裂，常覆瓦状排列，喉部常有副花冠或鳞片或膜质或毛状附属物；雄蕊 5，着生在花冠筒上或花冠喉部，内藏或伸出，花丝分离，花药长圆形或箭头状；通常有花盘；子房上位，稀半下位。果为浆果、核果、蒴果或蓇葖果；种子常一端被毛或有膜质翅。

约 250 属 2000 余种，分布于全世界热带、亚热带地区，少数在温带地区。中国产 46 属 176 种 33 变种，主要分布于长江以南各地及沿海岛屿，少数分布于北部及西北部。

本科植物一般有毒，尤以种子和乳汁毒性最烈，又含有多种类型的生物碱，为重要的药物原料，农业上用于杀虫防治。有些植物含有胶乳，为野生橡胶植物。还有优良的纤维植物，是纺织、造纸及国防工业重要原料。更有很多植物具有美丽的花朵，是园林绿化的优良观赏树木。

分属检索表

A_1 叶对生或轮生。
  B_1 叶对生；藤木 ………………………………………… 1. 络石属 *Trachelospermum*
  B_2 叶轮生，兼或对生；灌木或乔木
    C_1 蒴果；花盘厚，肉质环状 ………………………………… 2. 黄蝉属 *Allemanda*
    C_2 蓇葖果；无花盘。
      D_1 大灌木；花冠筒喉部具5枚阔鳞片状副花冠，裂片在芽内右旋，花药附着生于柱头上；果圆柱形 ………………………………………… 3. 夹竹桃属 *Nerium*
      D_2 乔木；花冠筒喉部被柔毛，裂片在芽内左旋，花药与柱头分离；果条形 ……… 4. 盆架树属 *Winchia*
A_2 叶互生
  B_1 枝肥厚肉质；花冠筒喉部无鳞片；蓇葖果 ……………………… 5. 鸡蛋花属 *Plumeria*
  B_2 枝不为肉质；花冠筒喉部具被毛的鳞片5枚；核果 ……………… 6. 黄花夹竹桃属 *Thevetia*

1. 络石属 *Trachelospermum* Lem.

常绿攀援藤木。全枝具白色乳汁。单叶对生，具短柄。花白色，成顶生或腋生的聚伞花序；花萼5裂，内面基部具5~10枚腺体；花冠高脚碟状，裂片5，右旋；雄蕊5枚，着生于花冠筒内面中部以上，花丝短，花药围绕柱头四周；花盘环状。蓇葖果双生，长圆柱形；种子顶端有种毛。

约30种，分布于亚洲热带和亚热带地区，稀温带地区。中国产10种，6变种，分布几遍全国。

络石（万字茉莉、白花藤、石龙藤）（图17-340）

***Trachelospermum jasminoides*（Lindl.）Lem.**

形态：常绿藤木，长达10m。茎赤褐色，幼枝有黄色柔毛，常有气根。叶椭圆形或卵状披针形，长2~10cm，全缘，表面无毛，背面有柔毛。聚伞花序；花萼5深裂，花后反卷；花冠白色，芳香，花冠筒中部以上扩大，喉部有毛，5裂片开展并右旋，形如风车。蓇葖果。花期4~5月。

分布：主产长江流域，在我国分布极广，江苏、浙江、江西、湖北、四川、陕西、山东、河北、福建、广东、台湾等地。朝鲜、日本也有。

图17-340 络 石

1. 花枝 2. 花蕾 3. 花 4. 花冠筒展开，示雄蕊 5. 花萼展开，示腺体和雄蕊 6. 蓇葖果 7. 种子

变种：石血 var. *heterophyllum* Tsiang：

异形叶，通常狭披针形，分布地区同络石。

栽培品种：‘变色’络石‘Variegatum’：叶圆形，杂色，有绿色和白色，以后变成淡红色。我国广东南部有栽培。

习性：喜光，耐荫；喜温暖湿润气候，耐寒性不强；对土壤要求不严，且抗干旱；也抗海潮风。萌蘖性尚强。

繁殖栽培：扦插与压条繁殖均易生根。花多生于1年生枝上，对老枝进行适当的更新修剪，可促生新枝，开花繁密。

观赏特性及园林用途：络石叶色浓绿，四季常青，花白繁茂，且具芳香，长江流域及华南等暖地，多植于枯树、假山、墙垣之旁，令其攀援而上，均颇优美自然；其耐荫性较强，故宜作林下或常绿孤立树下的常青地被；华北地区常温室盆栽观赏。

经济用途：根、茎、叶、果实供药用。乳汁有毒，对心脏有毒害作用，设计应用时应注意。

2. 黄蝉属 *Allemanda* L.

直立或藤状灌木。叶轮生兼或对生，叶腋内常有腺体。花大，生于枝的顶端，组成总状花序式的聚伞花序；花萼5深裂；花冠漏斗状，下部圆筒形，上部扩大而为钟状，裂片5，左旋；副花冠退化成流苏状被缘毛的鳞片或只有毛，着生在花冠筒的喉部；雄蕊着生于花冠筒喉内，花丝极短，花药与柱头分离；花盘厚，肉质环状；子房1室。蒴果卵圆形，有刺，开裂成2瓣；种子多数。

约15种，原产南美洲，现广植于世界热带及亚热带地区。中国引入2种，栽培于南方各省区。

分种检索表

A_1　直立灌木；花冠筒长不超过2cm，基部膨大 ………………………… (1) 黄蝉 *A. neriifolia*

A_2　藤状灌木；花冠筒长3~4cm，基部圆筒状 ………………… (2) 软枝黄蝉 *A. cathartica*

(1) 黄蝉（图17-341）

***Allemanda neriifolia* Hook.**

直立灌木，高1~2m，具乳汁；枝条灰白色，叶3~5枚轮生，椭圆形或倒卵状长圆形，长6~12cm，先端渐尖或急尖，基部楔形，全缘，除叶背中脉和侧脉被短柔毛外，其余无毛。花序顶生，花梗被秕糠状小柔毛；花冠橙黄色，长4~6cm，内面具红褐色条纹，花冠筒长不超过2cm，基部膨大，裂片左旋。蒴果球形，具长刺。花期5~8月。

图17-341　黄　蝉
1. 花枝　2. 蒴果

原产巴西。我国南方各地有栽培。

黄蝉花大而美丽，叶深绿而光亮，南方暖地常植于庭园观赏。植株乳汁有毒，应用时应注意。

（2）软枝黄蝉

***Allemanda cathartica* L.**

藤状灌木，长达4m；枝条软，弯垂，具白色乳汁。叶3~4枚轮生，有时对生，长椭圆形至倒披针形，长10~15cm，无毛或仅在叶背脉上有疏微毛。花冠橙黄色，大型，长7~11cm，内面具红褐色脉纹，花冠筒基部不膨大。蒴果球形，具长刺。花期春夏两季。

变种：大花软枝黄蝉 var. *hendensonii* Bail.：叶椭圆形、卵圆形或倒卵形。花序着花4~5朵；花冠比原种大，长10~14cm，直径9~14cm，喉部具5个发亮的斑点。花期春夏两季为盛，有时秋季也能开花。

栽培于广东、广西、福建、台湾等地庭园中，供观赏用。全株有毒。

3. 夹竹桃属 *Nerium* L.

常绿灌木。枝条灰绿色，含水液。叶轮生，稀对生，具柄，革质，全缘，羽状脉，侧脉密生而平行。顶生聚伞花序；花萼5裂，基部内面有腺体；花冠漏斗状，5裂，裂片右旋，花冠筒喉部有5枚阔鳞片状副花冠，每片顶端撕裂；雄蕊5，着生于花冠筒中部以上，花丝短，花药附着在柱头周围，基部具耳，顶端渐尖，延长成丝状，被长柔毛；无花盘；子房由2枚离生心皮组成。蓇葖果2枚；离生；种子具白色绵毛。

约4种，分布于地中海沿岸及亚洲热带、亚热带地区。我国引入栽培2种，多分布于长江流域以南各地。

夹竹桃（柳叶桃、红花夹竹桃）（图17-342）

***Nerium indicum* Mill.**

形态：常绿直立大灌木，高达5m，含水液。嫩枝具棱，被微毛，老时脱落。叶3~4枚轮生，枝条下部为对生，窄披针形，长11~15cm，顶端急尖，基部楔形，叶缘反卷，叶面深绿色，无毛，叶背浅绿色。花序顶生；花冠深红色或粉红色，单瓣5枚，喉部具5片撕裂状副花冠，有时重瓣15~18枚，组成3轮，每裂片基部具长圆形而顶端撕裂的鳞片。蓇葖果细长。花期6~10月。

分布：原产于伊朗、印度、尼泊尔，现广植于世界热带地区。我国长江以南各地区广为栽植，北方各省栽培需在温室越冬。

品种：‘白花’夹竹桃‘Paihua’：花白色。

图17-342 夹竹桃
1. 花枝 2. 花 3. 果

习性：喜光；喜温暖湿润气候，不耐寒；耐旱力强；抗烟尘及有毒气体能力强；对土壤适应性强，碱性土上也能正常生长。

性强健，管理粗放，萌蘖性强，病虫害少，生命力强。

繁殖栽培：繁殖以压条法为主，也可用扦插法，水插尤易生根。

压条于雨季进行，把近地表的枝条割伤表皮压入土中，约经2个月后生根，即可与母株分离。水插法生长季中都可进行，剪取30～40cm长枝条，在下端用小刀劈开4～6cm，插入盛水玻璃杯中，春、秋季温度适宜，约2～3周就能长根，夏季浸泡由于气温较高，水易变质，隔2天换清水1次。

观赏特性及园林用途：夹竹桃植株姿态潇洒，花色艳丽，兼有桃竹之胜，自初夏开花，经秋乃止，有特殊香气，其又适应城市自然条件，是城市绿化的极好树种，常植于公园、庭院、街头、绿地等处；枝叶繁茂、四季常青，也是极好的背景树种；性强健、耐烟尘、抗污染，是工矿区等生长条件较差地区绿化的好树种。植株有毒，可入药，应用时应注意。

4. 盆架树属 *Winchia* A. DC.

常绿乔木，具乳汁。枝轮生。叶轮生兼有对生；侧脉纤细而密生，几平行。聚伞花序顶生，着花多朵；花萼5裂，短。花冠高脚碟状，花冠筒中部膨大，喉部被柔毛，裂片5，左旋；雄蕊与柱头分离，着生于花冠筒中部；无花盘；子房2室。蓇葖果2枚合生；种子两端被缘毛。

共2种，分布于印度、缅甸、越南、印度尼西亚等地；中国产1种，分布于云南及海南。

盆架树（面盆架树）（图17-343）

***Winchia calophylla* A. DC.**

常绿乔木，高达25m。树皮淡黄色至深黄色，具纵裂条纹。大枝分层轮生；小枝绿色。叶3～4片轮生，间有对生，长圆状椭圆形，长7～20cm，薄革质，叶面亮绿色，两面无毛，全缘而内卷。聚伞花序长约5cm；花冠白色。蓇葖果合生。花期4～7月。

产云南及海南。生于热带和亚热带山地常绿林中或山谷热带雨林中，常成群体生长，垂直分布可至1100m。

性喜暖热气候，有一定的抗风和耐污染能力。

盆架树树形美观，叶色亮绿，又有一定的抗风能力，是华南城市绿化的好树种，常植于公园观赏或作行道树用。

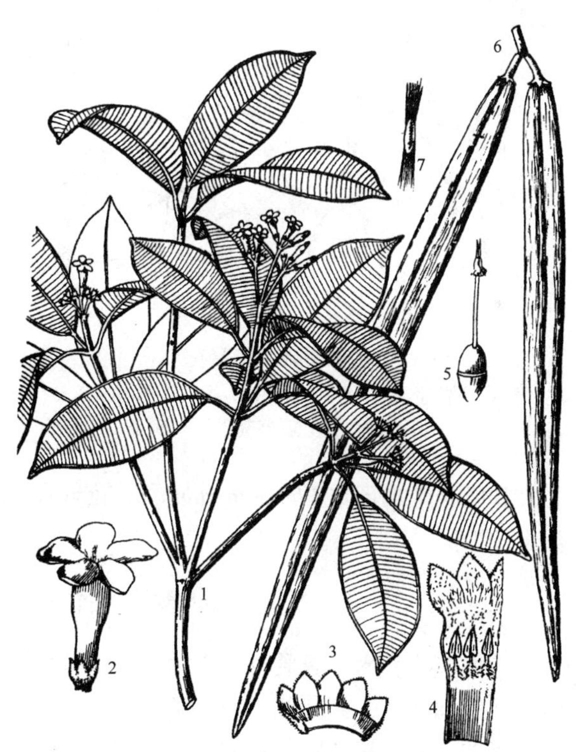

图17-343 盆架树

1. 花枝 2. 花 3. 花萼展开 4. 花冠展开示雄蕊 5. 雌蕊 6. 果 7. 种子

5. 鸡蛋花属 *Plumeria* L.

小乔木，枝条粗壮、肉质，具乳汁，落叶后具有明显的叶痕。叶互生，大形，具长叶柄，侧脉先端在叶缘连成边脉。聚伞花序顶生；花萼小，5 深裂；花冠漏斗状，花冠筒圆筒形，喉部无鳞片，裂片 5，左旋；雄蕊着生于花冠筒的基部，花丝短；无花盘；子房由 2 枚离生心皮组成。蓇葖果 2，叉开，长圆形或线形；种子具翅。

约 7 种，原产于美洲热带地区，现广植于亚洲热带及亚热带地区。我国华南、西南南部引种栽培 1 种及 1 栽培变种。

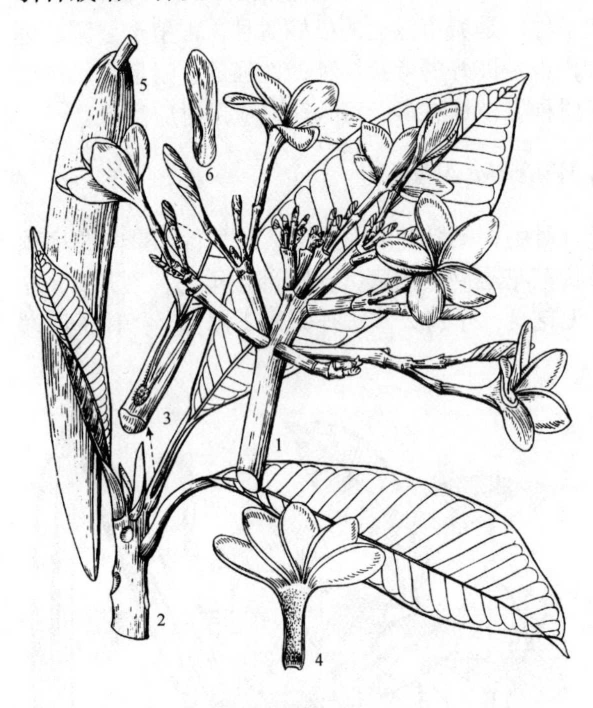

图 17-344 鸡蛋花

1. 花序 2. 叶枝 3. 叶柄，示柄槽上的腺体 4. 花冠展开 5. 蓇葖果 6. 种子

'鸡蛋花'（缅栀子、蛋黄花、大季花）（图 17-344）

***Plumeria rubra* L. 'Acutifolia'**

落叶小乔木，高 5～8m，全株无毛。枝粗壮肉质。叶互生，常聚集于枝端，长圆状倒披针形或长椭圆形，长 20～40cm，顶端短渐尖，基部狭楔形，全缘。聚伞花序顶生；花萼裂片小，不张开而压紧花冠筒；花冠外面白色而略带淡红色斑纹，内面黄色，芳香。蓇葖果双生。花期 5～10 月。

原产墨西哥。我国广东、广西、云南、福建等地区有栽培，长江流域及其以北地区常温室盆栽。

性喜光，喜湿热气候；耐干旱，喜生于石灰岩山地。扦插或压条繁殖，极易成活。

鸡蛋花树形美观，叶大深绿，花色素雅而具芳香，常植于庭园中观赏。花可提炼芳香油或熏茶。花、树皮药用。

其原种红鸡蛋花 *Plumeria rubra* L. 花冠深红色，花期 3～9 月。我国华南也有栽培，但数量较少。

6. 黄花夹竹桃属 *Thevetia* L.

灌木或小乔木，具乳汁。叶互生。聚伞花序顶生或腋生，花萼 5 深裂，内面基部具腺体；花冠漏斗状，裂片阔，花冠筒短，喉部具被毛的鳞片 5 枚；雄蕊 5，着生于花冠筒的喉部；无花盘；子房 2 室。核果。

约 15 种，产于热带非洲和热带美洲，现全世界热带及亚热带地区均有栽培。我国栽培 2 种，1 栽培变种。

黄花夹竹桃（酒杯花）（图 17-345）

***Thevetia peruviana*（Pers.）K. Schum.**

常绿灌木或小乔木，高 5m，全株无毛；树皮棕褐色，皮孔明显。枝柔软，小枝下垂。叶互生，线形或线状披针形，长 10～15cm，两端长尖，全缘，光亮，革质，中脉下陷，侧脉不明显。聚伞花序顶生；花大，黄色，具香味。核果扁三角状球形。花期 5～12 月。

栽培品种‘红酒杯花’　‘Aurantiaca’：花冠红色。

原产美洲热带地区。我国华南各地区均有栽培，长江流域及以北地区常温室盆栽。不耐寒，喜干热气候；耐旱力强。

图 17-345　黄花夹竹桃

1. 花枝　2. 果

黄花夹竹桃枝软下垂，叶绿光亮，花大鲜黄，而且花期长，几乎全年有花，是一种美丽的观赏花木，常植于庭园观赏。全株有毒，可提制药物。种子坚硬，长圆形，可作镶嵌物。

［73］萝藦科 Asclepiadaceae

多年生草本、直立或攀援灌木，具乳汁。叶对生或轮生，全缘，无托叶。聚伞花序通常伞形，有时成伞房状或总状，腋生或顶生；花两性，整齐；花萼筒短，裂片 5；花冠辐状、坛状，稀高脚碟状，5 裂；常具副花冠，为 5 枚离生或基部合生的裂片或鳞片所组成，有时 2 轮；雄蕊 5，与雌蕊粘生成中心柱，称合蕊柱，花药合生，贴生于柱头基部的膨大处，每花药有花粉块 2 或 4；子房上位，为 2 个离生心皮所组成。蓇葖果双生或一个不发育；种子多数，顶端具白绢质种毛。

约 180 属 2200 种，分布于热带、亚热带，少数于温带地区。中国产 44 属 245 种，分布于西南及东南部为多，少数在西北与东北各地。

本科植物通常有毒，乳汁及根部毒性大，又含有多种生物碱和苷类，是重要的药物原料；有些种类的纤维很好；有些种类供观赏。

杠柳属 *Periploca* L.

藤状灌木，光滑，除花外全体无毛。叶对生。聚伞花序疏松；花冠辐状，花冠筒短，裂片 5，通常被柔毛；副花冠杯状，5～10 裂，着生在花冠的基部；花丝短，花药顶端合生。蓇葖果 2，长圆柱状。

约 12 种，产亚洲东部、欧洲南部和非洲热带地区。中国产 4 种，分布于东北、华北及西南、西北等地区。

杠柳（北五加皮、香加皮、羊奶条）（图 17-346）

***Periploca sepium* Bunge**

落叶蔓性灌木，具乳汁，除花外，全株无毛。茎皮灰褐色，小枝有细条纹，具皮孔。叶卵状长圆形，长5～9cm，顶端渐尖，基部楔形，侧脉多数。聚伞花序腋生；花冠紫红色，辐状、裂片反折，中间加厚呈纺锤形，内面被长柔毛，外面无毛；副花冠10裂，其中5裂延伸丝状被短柔毛；雄蕊着生在副花冠内面，并与其合生。蓇葖果2，圆柱状，长7～12cm。花期5～6月。

分布于东北、华北、西北、华东及西南等地。生于平原及低山丘的林缘、沟坡、河边砂质地或地埂等处。

杠柳茎叶光滑无毛，花紫红，具有一定的观赏效果。宜作污地遮掩树种。

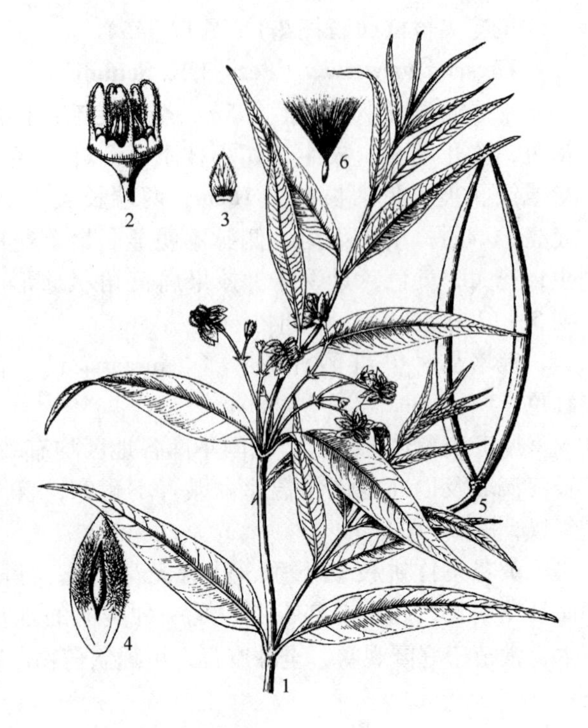

图17-346 杠 柳

1. 花枝 2. 花除去花冠，示副花冠和花药 3. 花萼裂片 4. 花冠裂片内面，种间加厚和毛被 5. 蓇葖果 6. 种子

［74］紫草科 Boraginaceae

乔木、灌木或草本。单叶互生，有时茎下部的叶对生，通常全缘，无托叶。花两性，辐射对称，通常为顶生、2岐分枝、蝎尾状聚伞花序，或有时为穗状、伞房或圆锥花序；花萼近全缘或5齿裂；花冠辐状，漏斗状或钟状，常5裂；雄蕊5，与花冠裂片互生，生花冠上；子房上位，由2心皮组成。果常为4小坚果或核果。

约100属2000种，分布于温带和热带地区。中国约46属200种，全国均有分布，以西部为多。

厚壳树属 *Ehretia* L.

灌木或乔木。叶互生，全缘或有锯齿。花小，白色，排列成伞房花序或圆锥花序；花萼5浅裂；花冠筒短，5裂，裂片扩展或外弯；雄蕊5；花柱顶生，2裂，柱头头状。核果圆球形。

共50种，多数产于非洲和亚洲的热带地区；中国有11种，分布于西南、中南及华东等地。

分种检索表

A_1 叶表疏生平伏粗毛，叶背仅脉腋有毛；果较小，径约4mm ………………………… 厚壳树 *E. thyrsiflora*

A_2 叶表密被平伏刚毛，叶背密被粗毛；果大，径约1.5cm ……………………… （粗糠树 *E. dicksonii*）

厚壳树（图17-347）

***Ehretia thyrsiflora*（Sieb. et Zucc.）Nakai**

落叶乔木，高 3 ~ 15m；树皮灰黑色，有不规则的纵裂。小枝光滑，皮孔明显。叶倒卵形至椭圆形，长 7 ~ 16cm，端突钝尖，基部阔楔形至圆形，边缘有细锯齿，表面疏生平伏粗毛，背面仅脉腋有毛。圆锥花序顶生或腋生；花冠白色，芳香。核果球形，径约 4mm，初为红色，后变暗灰色。花期4 ~ 5 月。

产华东、华中及西南各地。越南、日本、朝鲜也产。

喜湿润深厚土壤。

播种繁殖。

厚壳树树形整齐，叶大荫浓，花密白色而芳香，宜作遮荫树栽培。

图 17-347　厚壳树

1. 花枝　2. 果枝　3. 花　4. 花冠纵剖　5. 花萼及雌蕊　6. 雄蕊

[75] 马鞭草科 Verbenaceae

灌木或乔木，有时为藤本，少数为草本。单叶或掌状复叶，少羽状复叶；对生，很少轮生或互生；无托叶。花序顶生或腋生，多数为聚伞、总状、穗状、伞房状聚伞或圆锥花序；花两性，两侧对称，很少为辐射对称；花萼宿存，杯状、钟状或筒状，常 4 ~ 5 裂；花冠筒圆柱形，花冠裂片二唇形或略不相等的 4 ~ 5 裂，很少多裂；雄蕊 4，少有 2 或 5 ~ 6，着生于花冠筒的上部或基部；子房上位，通常由 2 心皮组成，4 室，少有 2 ~10 室。果为核果、蒴果或浆果状核果，核单一或可分为 2 或 4。

约 80 属，3000 余种，主要分布于热带、亚热带地区，少数延至温带；中国现有 21 属，175 种，各地均有分布，主产地为长江以南各地。

本科有很多种类具有重要的经济用途，有贵重的木材，能作药材的种类尤多；有些种类是水土保持的材料，不少种类可供观赏。

分属检索表

A_1　总状、穗状或短缩近头状花序。

　B_1　茎具倒钩状皮刺；花序穗状或近头状；果成熟后仅基部为花萼所包围 ………… 1. 马缨丹属 *Lantana*

　B_2　茎有刺或无刺，刺不为倒钩状；花序总状；果成熟后完全被扩大的花萼所包围 … 2. 假连翘属 *Duranta*

A_2　聚伞花序，或由聚伞花序组成其他各式花序。

　B_1　花萼在结果时增大，常有各种美丽的颜色。

　　C_1　花萼由基部向上扩展成漏斗状，端近全缘；花冠筒弯曲 …………………… 3. 冬红属 *Holmskioldia*

C_2 花萼钟状、杯状，端平截或具钝齿、深裂；花冠筒不弯曲 ………………… 4. 赪桐属 *Clerodendrum*

B_2 花萼在结果时不显著增大，绿色。

C_1 掌状复叶（单叶蔓荆例外）；小枝四方形 ……………………………………… 5. 牡荆属 *Vitex*

C_2 单叶；小枝不为四方形。

D_1 核果；花萼、花冠顶端4裂 ……………………………………………… 6. 紫珠属 *Callicarpa*

D_2 蒴果；花萼、花冠顶端均5裂 …………………………………………… 7. 莸属 *Caryopteris*

1. 马缨丹属 *Lantana* L.

直立或半藤状灌木，有强烈气味。茎四方形，有或无皮刺。单叶对生，缘有圆钝齿，表面多皱。花密集成头状，顶生或腋生，具总梗；苞片长于花萼；花萼小，膜质；花冠筒细长，顶端4～5裂；雄蕊4，着生于花冠筒中部，内藏；子房2室，花柱短，柱头歪斜近头状。核果球形。

约150种，主产热带美洲；中国引种栽培2种。

马缨丹（五色梅）（图17-348）

***Lantana camara* L.**

灌木，高1～2m，有时藤状，长达4m。茎枝均呈四方形，有短柔毛，通常有短而倒钩状刺。单叶对生，卵形至卵状长圆形，长3～9cm，端渐尖，基圆形，两面有糙毛，揉烂后有强烈的气味。头状花序腋生；花冠黄色、橙黄色、粉红色至深红色。果圆球形，熟时紫黑色。全年开花，北京盆栽花期7～8月。

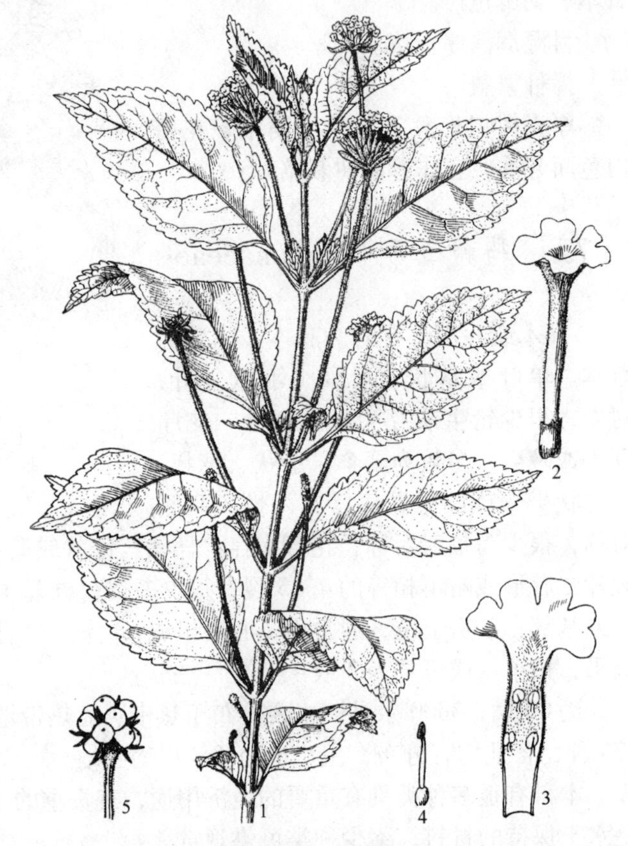

图17-348 马缨丹

1. 花果枝 2. 花 3. 花冠展开，示雄蕊 4. 雄蕊 5. 果序

原产美洲热带地区。在我国海南、台湾、广东、广西、福建等地已归化为野生状态，常生于海拔80～1500m的海边沙滩和空旷地。性喜温暖湿润、向阳，在南方各地均可露地栽植，华东、华北仅作盆栽，冬季移入室内越冬。播种、扦插繁殖。

马缨丹花美丽，南方各地庭园栽培观赏，也可集中栽植作开花地被；北方盆栽观赏。根、叶、花均作药用。

2. 假连翘属 *Duranta* L.

灌木。枝有刺或无刺。单叶对生或轮生，全缘或有锯齿。花序总状、穗状或圆锥状，顶生或腋生；苞片小；花萼顶端有5齿，宿存，结果时增大；花冠顶端5裂；雄蕊4，内藏，

2长2短；子房8室，花柱短，柱头为稍偏斜的头状。核果肉质，几乎完全包藏在增大宿存的花萼内。

约36种，分布于热带美洲地区；中国引种栽培1种。

假连翘（图17-349）

***Duranta repens* L.**

灌木，高约1.5～3m。枝常拱形下垂，具皮刺，幼枝具柔毛。叶对生，少有轮生，卵形或卵状椭圆形，长2～6.5cm，全缘或中部以上有锯齿。总状花序顶生或腋生；花冠蓝色或淡蓝紫色。核果球形，无毛，有光泽，熟时红黄色，有增大花萼包围。花果期5～10月。

原产热带美洲。中国南方各地均有栽培，且有归化为野生状态。

假连翘花美丽，且花期长，是很好的花篱植物，也能绿化坡地；华东常见盆栽观赏。花叶、果实均可入药。

图17-349　假连翘

1. 花枝及中部叶枝　2. 果，外包宿萼　3. 果　4. 花　5. 花冠展开，示雄蕊

3. 冬红属 *Holmskioldia* Retz.

灌木。小枝被毛。叶对生，全缘或有锯齿。聚伞花序腋生或聚生枝顶；花萼膜质，由基部向上扩大成漏斗状，近全缘，有颜色；花冠筒弯曲，端5浅裂；雄蕊4，2长2短，与花柱同伸出花冠外；子房稍压扁，4室。核果倒卵形，4裂几达基部，包藏于扩大的萼内。

约3种，分布于印度、马达加斯加和热带非洲。中国引种栽培。

冬红

***Holmskioldia sanguinea* Retz.**

常绿灌木，高3～7m。小枝四棱形，被毛。叶膜质，卵形或宽卵形，长5～10cm，缘有锯齿，两面均有稀疏毛及腺点。聚伞花序常2～6个再组成圆锥状；花萼朱红色或橙红色；花冠朱红色，筒长2～2.5cm，有腺点。果实倒卵形，长约6mm。花期冬末春初。

原产喜马拉雅。广东、广西、台湾等地有栽培。

冬红花美丽，开花于冬末春初少花季节，故名冬红，常栽培观赏，为广州习见的观花灌木。

4. 赪桐属 *Clerodendrum* L.

落叶或半常绿，灌木或小乔木，少为攀援状藤木或草本。单叶对生或轮生，全缘或具锯齿。聚伞花序或由聚伞花序组成的伞房状或圆锥状花序，顶生或腋生；苞片宿存或早落；花萼钟状、杯状，有色泽，宿存，花后多少增大；花冠筒通常细长，顶端有5等形或不等形的裂片；雄蕊4，伸出花冠外；子房4室。浆果状核果，包于宿存增大的花萼内。

约400种，分布于热带和亚热带，少数分布温带；中国有34种6变种，大多分布在西南、华南地区。

分种检索表

A_1 柔弱藤木；聚伞花序通常腋生；花萼裂片白色 ……………………………（龙吐珠 *C. thomsonae*）

A_2 直立灌木；聚伞花序常组成伞房状、圆锥状、通常顶生；花萼裂片非白色。

　B_1 聚伞花序组成大型的顶生圆锥花序；花萼、花冠均为鲜红色 ………………（1）赪桐 *C. japonicum*

　B_2 聚伞花序组成伞房花序；花萼、花冠不为鲜红色。

　　C_1 花序顶生，成密集的伞房状；花萼小，钟状，萼齿三角形 ………………（臭牡丹 *C. bungei*）

　　C_2 花序顶生或腋生，组成疏松的伞房状；花萼大，5裂几达基部 ……（2）海州常山 *C. trichotomum*

（1）赪桐

***Clerodendrum japonicum* (Thunb.) Sweet**

灌木，高达4m。小枝有绒毛。叶卵圆形，长10～35cm，端尖，基心形，缘有细齿，表面疏生伏毛，背面密具锈黄色腺体。聚伞花序组成大型的顶生圆锥花序，长15～34cm；花萼大红色，5深裂；花冠鲜红色，筒部细长，顶端5裂并开展；雄蕊长达花冠筒的3倍，与雌蕊花柱均突出于花冠外。果近球形，蓝黑色；宿萼增大，初包被果实，后向外反折呈星状。花果期5～11月。

原产长江以南各地。印度、马来西亚、日本等地也有分布。

赪桐全花鲜红，花果期长，是极好的观赏花木，华南、上海、南京等地庭园有栽培，华北多于温室盆栽观赏。根、叶、花均供药用。

图17-350 海州常山

1. 花枝 2. 花

（2）海州常山（臭梧桐）（图17-350）

***Clerodendrum trichotomum* Thunb.**

灌木或小乔木，高达8m。幼枝、叶柄、花序轴等多少有黄褐色柔毛。叶阔卵形至三角状卵形，长5～16cm，端渐尖，基多截形，全缘或有波状齿，全面疏生短柔毛或近无毛。伞房状聚伞花序顶生或腋生，长 8～18cm；花萼紫红色，5 裂几达基部；花冠白色或带粉红色，筒细长，顶端 5 裂；花丝与花柱同伸出花冠外。核果近球形，包藏于增大的宿萼内，成熟时呈蓝紫色。花果期 6～11 月。

产华北、华东、中南、西南各地。朝鲜、日本、菲律宾也有分布。

喜光，稍耐荫；有一定耐寒性，北京在小气候条件好的地方能露地越冬。

海州常山花果美丽，是良好的观赏花木，花时白色花冠后衬紫红花萼，果时增大的紫红宿存萼托以蓝紫色亮果，实是美丽，且其花果期长，是布置园林景色的极好材料，水边栽植也很适宜。根、茎、叶、花均入药。

5. 牡荆属 *Vitex* L.

灌木或小乔木。小枝通常四棱形。叶对生，掌状复叶，小叶 3～8，稀单叶。聚伞花序，或以聚伞花序组成圆锥状或伞房状；花萼钟状或管状，顶端平截或有 5 小齿，有时略为二唇形，宿存；花冠二唇形，上唇 2 裂，下唇 3 裂；雄蕊 4；子房 4 室。核果，外面包有宿存的花萼。

约 250 种，主要分布于热带和温带地区；中国有 14 种，7 变种，3 变型，主产长江以南，少数种类分布于西南和华北等地。

黄荆（五指枫）（图 17-351）

***Vitex negundo* L.**

落叶灌木或小乔木，高可达 5m。小枝四棱形，密生灰白色绒毛。掌状复叶，小叶 5，间有 3 枚，卵状长椭圆形至披针形，全缘或疏生浅齿，背面密生灰白色细绒毛。圆锥状聚伞花序顶生，长 10～27cm；花萼钟状，顶端 5 裂齿；花冠淡紫色，外面有绒毛，端 5 裂，二唇形。核果球形，黑色。花期 4～6 月。

主产长江以南各地，分布遍全国。

常见变种有：

① 牡 荆 var. *cannabifolia* Hand.-Mazz.：小叶边缘有多数锯齿，表面绿色，背面淡绿色，无毛或稍有毛。分布华东各地及华北、中南以至西南各地。

②荆条 var. *heterophylla* Rehd.：小叶边缘有缺刻状锯齿、浅裂以至深裂。我国东北、华北、西北、华东及西南各地均有分布。

喜光，耐干旱瘠薄土壤，适应性强，常生于山坡路旁、石隙林边。播种、分株繁殖均可，栽培简易，无需特殊管理。

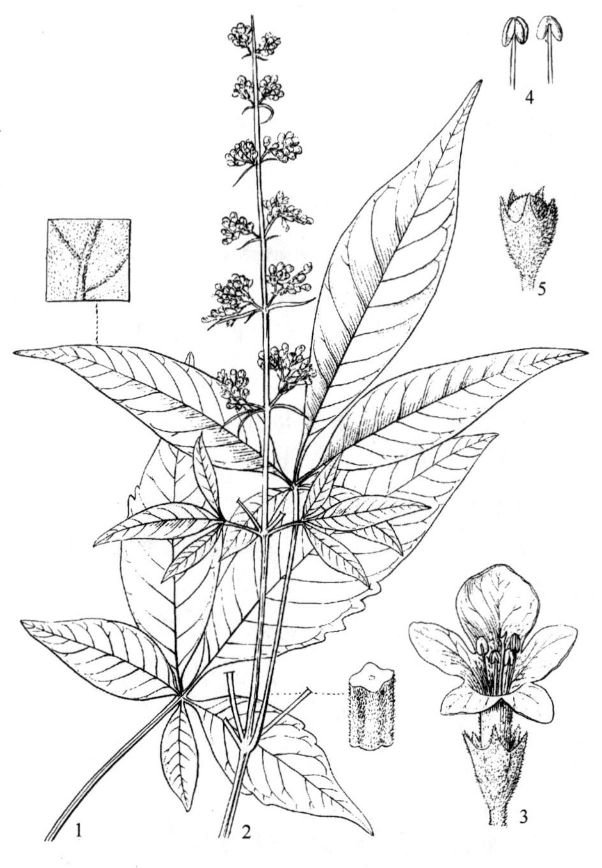

图 17-351 黄 荆

1. 复叶 2. 花枝 3. 花 4. 雄蕊 5. 宿萼包果

黄荆，尤其是荆条，叶秀丽、花清雅，是装点风景区的极好材料，植于山坡、路旁，增添无限生机；也是树桩盆景的优良材料。枝、叶、种子入药，花含蜜汁，是极好的蜜源植物，枝编筐。

6. 紫珠属 *Callicarpa* L.

灌木，稀乔木或藤本。嫩枝有星状毛或粗糠状短柔毛。叶对生，偶有3叶轮生，边缘有锯齿，稀为全缘。聚伞花序腋生；花小，整齐；花萼杯状或钟状，顶端4齿裂至截头状，宿存，果时不增大；花冠4裂；雄蕊4，花丝伸出花冠筒外或与花冠筒近等长；子房4室。核果浆果状，球形。

190余种，主要分布于热带和亚热带，亚洲和大洋洲。中国约46种，主产长江以南，少数种可延伸到华北至东北、西北的边缘。

分种检索表

A_1　叶长3~7cm，缘中部以上具钝锯齿，叶柄长3~5mm；总花梗为叶柄长度3~4倍；药室纵裂 ……… ……………………………………………………（1）小紫珠 *C. dichotoma*

A_2　叶长7~15cm，缘由基部起具细锯齿，叶柄长5~10mm；总花梗与叶柄等长或短于叶柄；花药顶端孔裂 ……………………………………………（2）紫珠 *C. japonica*

（1）小紫珠

***Callicarpa dichotoma*（Lour.）K. Koch**

多分枝直立灌木，高1~2m。小枝纤细，带紫红色，略具星状毛。叶倒卵形或披针形，长3~7cm，顶端急尖，基楔形，边缘仅上半部疏生锯齿，表面稍粗糙，背面无毛，密生细小黄色腺点，叶柄长2~5mm。聚伞花序在叶腋的上方着生；花萼杯状；花冠紫红色。果实球形，蓝紫色。花期5~6月；果期7~11月。

产中国东部及中南部，华北可露地栽培。性喜光，喜肥沃湿润土壤。扦插或播种繁殖。

小紫珠植株矮小，入秋紫果累累，色美而有光泽，状如玛瑙，为庭园中美丽的观果灌木，植于草坪边缘、假山旁、常绿树前效果均佳；用于基础栽植也极适宜；果枝常作切花。根、叶入药。

图 17-352　紫　珠

1. 花枝　2. 花　3. 花冠展开，示雄蕊　4. 雄蕊

（2）紫珠（日本紫珠）（图 17-352）

***Callicarpa japonica* Thunb.**

灌木，高约2m。小枝幼时有绒毛，很

快变光滑。叶倒卵形至椭圆形，长 7～15cm，端急尖或长尾尖，基部楔形，两面通常无毛，缘自基部起有细锯齿，叶柄长约 5～10mm。聚伞花序；花萼杯状；花冠白色或淡紫色。果球形，紫色。花期 6～7 月，果期8～10 月。

产东北南部、华北、华东、华中等地。日本、朝鲜也有分布。

习性、园林用途同小紫珠。

7. 莸属 *Caryopteris* Bunge

直立或披散灌木，少有草本。单叶对生，全缘或有锯齿，通常具黄色腺点。聚伞花序，常再组成伞房状或圆锥状，少单花腋生；萼钟状，常 5 裂，宿存；花冠 5 裂，二唇形；雄蕊 4，伸出花冠筒外；子房不完全 4 室。蒴果。

约 15 种，分布于亚洲东部和中部，尤以我国最多，已知有 13 种 2 变种 1 变型。

兰香草（莸）（图 17-353）

***Caryopteris incana*（Thunb.）Miq.**

小灌木，高 1～2m，全株具灰色绒毛。枝圆柱形。叶卵状披针形，长 3～6cm，端钝或尖，基部楔形或近圆形，边缘有粗齿，两面具黄色腺点，背面更明显。聚伞花序紧密，腋生于枝上部；花萼钟状，5 深裂；花冠淡紫色或淡蓝色，二唇裂，下唇中裂片较大，边缘流苏状。蒴果倒卵状球形。花果期 6～10 月。

产华东及中南各地，北京有栽培。

兰香草花色淡雅，花开于夏秋少花季节，是点缀秋夏景色的好材料，植于草坪边缘、假山旁、水边、路旁，都很适宜。目前园林应用较少，可推广应用。全株入药。

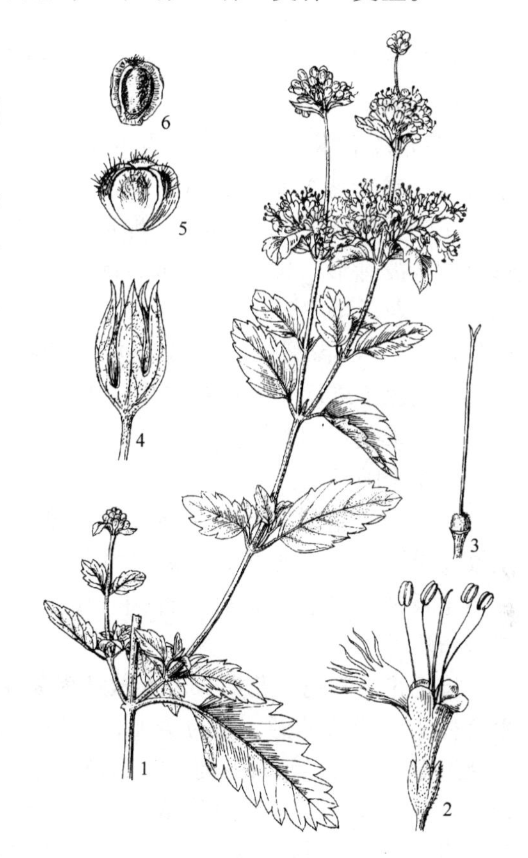

图 17-353 兰香草

1. 花枝 2. 花 3. 雌蕊 4. 宿萼包果 5. 果 6. 果瓣具翅

〔76〕茄科 Solanaceae

草本、灌木或小乔木，有时为藤本。单叶互生，稀羽状复叶，全缘、齿裂或羽状分裂；无托叶。花两性，辐射对称或稍两侧对称，排成各式聚伞花序，有时单生或簇生；花萼 5 裂或截形，结果时常扩大而宿存；花冠钟状、漏斗状或辐射状，先端 5 裂；雄蕊与花冠裂片同数而互生；子房上位，通常 2 室；中轴胎座。浆果或蒴果。

约 80 属 3000 种，广泛分布于世界温带及热带地区，美洲热带种类最为丰富。中国产 24 属 105 种 35 变种，各地都有分布。

枸杞属 *Lycium* L.

落叶或常绿灌木，通常有棘刺。单叶互生或簇生，全缘，具柄或近于无柄。花有梗，单生于叶腋或簇生于短枝上；花萼钟状，3～5裂，花后不甚增大，宿存；花冠漏斗状，5裂，稀4裂；雄蕊5，稀4；子房2室。浆果，长圆形。

约100种，分布于温带；中国产7种3变种，主要分布于西北和北部。

分种检索表

A_1 叶卵形、卵状菱形至卵状披针形；花萼常3中裂或4～5齿裂；花冠筒短于或近等于花冠裂片，裂片边缘有缘毛；种子较大，约3mm ………………………………………………………… (1) 枸杞 *L. chinense*

A_2 叶披针形、长椭圆状披针形；花萼常2中裂；花冠筒明显长于花冠裂片，裂片边缘无缘毛；种子较小，约2mm ……………………………………………………………………… (2) 宁夏枸杞 *L. barbarum*

(1) 枸杞（枸杞菜、枸杞头）（图17-354）

***Lycium chinense* Mill.**

多分枝灌木，高1m，栽培可达2m多。枝细长，常弯曲下垂，有纵条棱，具针状棘刺。单叶互生或2～4枚簇生，卵形、卵状菱形至卵状披针形，长1.5～5cm，端急尖，基部楔形。花单生或2～4朵簇生叶腋；花萼常3中裂或4～5齿裂；花冠漏斗状，淡紫色，花冠筒稍短于或近等于花冠裂片。浆果红色、卵状。花果期6～11月。

广布全国各地。

性强健，稍耐荫；喜温暖，较耐寒；对土壤要求不严，耐干旱、耐碱性都很强，忌黏质土及低湿条件。播种、扦插、压条、分株繁殖均可。

枸杞花朵紫色，花期长，入秋红果累累，缀满枝头，状若珊瑚，颇为美丽，是庭园秋季观果灌木。可供池畔、河岸、山坡、径旁、悬崖石隙以及林下、井边栽植；根干虬曲多姿的老株常作树桩盆景，雅致美观。果实、根皮均入药，嫩叶可作蔬菜食用。

图17-354 枸 杞

1. 花枝 2. 果枝 3. 花冠展开 4. 栽培品种的果

(2) 宁夏枸杞

***Lycium barbarum* L.**

灌木，高1～2m。分枝细密，开展而略斜升或弓曲，有纵棱，具棘刺。叶互生或簇生，披针形或长椭圆状披针形，长2～3cm。花1～6朵簇生于叶腋；花萼钟状，通常2中裂；花冠漏斗状，紫堇色，花冠筒明显长于花冠裂片。浆果红色。花果期5~10月。

产中国西北部、北部；现在中部、南部不少地区也引种栽培。喜光，喜水肥，耐寒，耐旱，耐盐碱、沙荒。

繁殖、园林应用同枸杞，还可作砂地造林、水土保持树种。

〔77〕玄参科 Scorophulariaceae

草本、灌木或少有乔木。单叶对生，少互生、轮生；无托叶。花序总状、穗状或聚伞状，再组成圆锥花序；花两性，两侧对称；花萼4~5裂，宿存；花冠4~5裂，裂片多少不等或作二唇形；雄蕊通常4枚，2长2短；子房上位，通常2室，胚珠多数，中轴胎座，花柱单一，柱头头状或2裂。蒴果，少有浆果状；种子细小，多数。

约200属，3000种，广布全球各地。中国约产56属，600余种，南北各地均有分布，以西南部尤多。本科大部分为草本植物，木本泡桐属各种为重要的速生用材树种，也是优良的绿化树种。

泡桐属 *Paulownia* Sieb. et Zucc.

落叶乔木，树冠圆锥形；枝对生，常无顶芽，通常假二叉分枝，小枝粗壮，髓腔大。单叶对生，大而有长柄，生长旺盛的新枝上有时3枚轮生，全缘、波状或3~5浅裂。花3~5朵成聚伞花序，由多数聚伞花序排成顶生圆锥花序；萼钟状，5裂；花冠大，唇形，紫色或白色，内面常有深紫色斑点；雄蕊4，2长2短；子房2室，柱头2裂。蒴果，果皮木质化或较薄；种子小而多，扁平，两侧具半透明膜质翅。

共7种，均产中国，除黑龙江、内蒙古、新疆北部、西藏等地区外，分布及栽培几乎遍布全国。越南、老挝北部、朝鲜、日本也产。

分种检索表

A_1 花冠鲜紫或蓝紫色；花萼裂至中部或过中部；叶表被长毛，背面密被白柔毛 ………………………………………………………………………… (1) 毛泡桐 *P. tomentosa*

A_2 花冠乳白色至微带淡紫色；花萼浅裂约为萼的1/4~1/3；叶表无毛，背面疏被白柔毛 ………………………………………………………………………… (2) 泡桐 *P. fortunei*

(1) 毛泡桐（紫花泡桐、绒毛泡桐、桐）（图17-355）

***Paulownia tomentosa*（Thunb.）Steud.**

形态：乔木，高15m；树冠宽大圆形，树干耸直，树皮褐灰色；小枝有明显皮孔，幼时常具黏质短腺毛。叶阔卵形或卵形，长20~29cm，宽15~28cm，先端渐尖或锐尖，基部心形，全缘或3~5裂，表面被长柔毛、腺毛及分枝毛，背面密被具长柄的白色树枝状毛。花蕾近圆形，密被黄色毛；花萼浅钟形，裂至中部或过中部，外面绒毛不脱落；花冠漏斗状钟形，鲜紫色或蓝紫色，长5~7cm。蒴果卵圆形，长3~4cm，宿萼不反卷。花期4~5月；果8~9月成熟。

分布：辽宁南部、河北、河南、山东、江苏、安徽、湖北、江西等地通常栽培；西部地

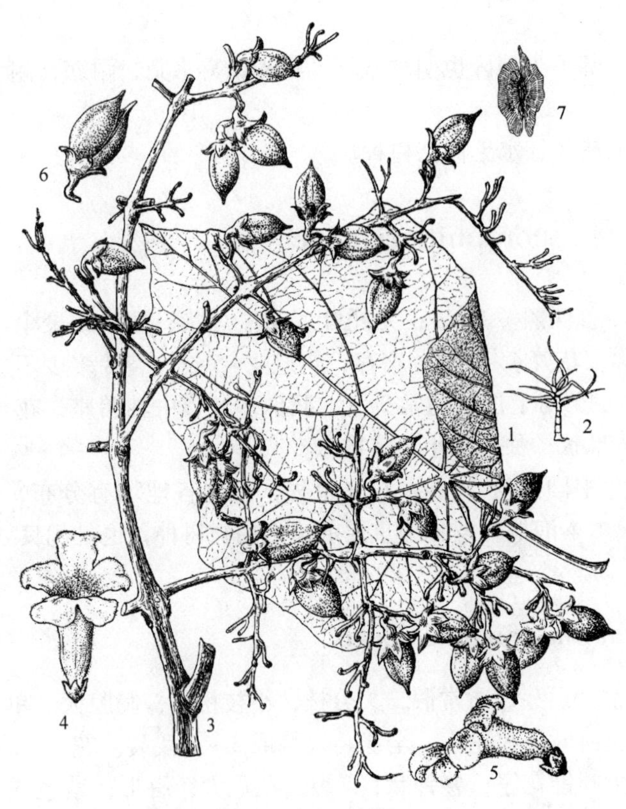

图 17-355　毛泡桐

1. 叶　2. 叶下面毛　3. 果序枝　4、5. 花　6. 种子　7. 果

区有野生，海拔可达 1800m。日本、朝鲜、欧洲和北美洲也有引种栽培。

习性：强喜光树种，不耐庇荫。对温度的适应范围较宽，但气温在 38℃以上生长受阻，极端最低温度 -20 ~ -25℃时易受冻害，日平均温度 24 ~ 29℃时为生长的最适宜温度。根系近肉质，怕积水而较耐干旱。在土壤深厚，肥沃、湿润、疏松的条件下，才能充分发挥其速生的特性；土壤 pH 值以6 ~ 7.5 为好，不耐盐碱，喜肥。对二氧化硫、氯气、氟化氢、硝酸雾的抗性均强。

生长迅速，管理得好，5 ~ 6 年即可成材。根系发达，分布较深。典型的假二叉分枝，自然接枝性较弱。树皮薄，损伤后很难愈合，并易受冻害和日灼；枝条受伤不易愈合，修枝要适当。自花不孕或同株异花不孕，而授以同种异株或不同种的花粉，则结果累累。

繁殖栽培：通常用埋根、播种、埋干、留根等方法，生产上普遍采用埋根育苗。为更多更快地繁育优良单株或无性系，有目的地培育一些新的良种，采用组织培养的方法也是可行的。

由于长期的无性繁殖，植株出现退化现象，不少植株易得丛株病等病害，应在无性繁殖几代后进行一代种子繁殖，从中挑选和培养优良单株，才能保持优良树种的特性。

观赏特性及园林用途：毛泡桐树干端直，树冠宽大，叶大荫浓，花大而美，宜作行道树、庭荫树；也是重要的速生用材树种，“四旁”绿化，结合生产的优良树种。

经济用途：材质好，用途广，经济价值高，为胶合板、箱板、乐器、模型等之良材，也是我国外贸物资之一。叶、花、种子均可入药，又是良好的饲料和肥料。

(2) 泡桐（白花泡桐）

***Paulownia fortunei*（Seem.）Hemsl.**

乔木，高达 27m，树冠宽卵形或圆形，树皮灰褐色。小枝粗壮，初有毛，后渐脱落。叶卵形，长 10 ~ 25cm，宽 6 ~ 15cm，先端渐尖，全缘，稀浅裂，基部心形，表面无毛，背面被白色星状绒毛。花蕾倒卵状椭圆形；花萼倒圆锥状钟形，浅裂约为萼的 1/4 ~ 1/3，毛脱落；花冠漏斗状，乳白色至微带紫色，内具紫色斑点及黄色条纹。蒴果椭圆形，长 6 ~ 11cm。花期 3 ~ 4 月；果 9 ~ 10 月成熟。

主产长江流域以南各地，东起江苏、浙江、台湾，西南至四川、云南，南至广东、广西；东部在海拔 120～240m，西南至 2000m。山东、河南及陕西均有引种栽培。越南、老挝也有。

喜温暖气候，耐寒性稍差，尤其幼苗期很易受冻害；喜光稍耐荫；对粘重瘠薄的土壤适应性较其他种强。顶芽死后常自然接枝成合轴分枝状，甚至少数植株顶芽不死成总状分枝状，故主干通直，干形好，生长快，是本属中对丛枝病抗性最强的种。

繁殖、用途均与毛泡桐相似。

〔78〕紫葳科 Bignoniaceae

落叶或常绿，乔木、灌木、藤木或草本。单叶或复叶，对生稀互生，无托叶。花两性，多少两侧对称；聚伞、总状或圆锥花序，顶生或腋生；花萼管状，截平或齿裂；花冠钟状至漏斗状，4～5裂，常呈二唇形；雄蕊与裂片同数而互生，通常4枚发育，有时2枚；有花盘；子房上位，2室或1室。蒴果，少数为浆果状；种子扁平，常有翅或毛。

约120属650种，多分布于热带、亚热带地区，少数分布于温带；中国连引入栽培的共22属49种，南北各地均有分布。其中大部供观赏用，有些木材很有用。

分属检索表

A_1 乔木或灌木。

B_1 单叶；发育雄蕊2枚；蒴果细长圆柱形 ………… 1. 梓树属 *Catalpa*

B_2 羽状复叶；发育雄蕊4枚；蒴果卵形或近球形 ………… 2. 蓝花楹属 *Jacaranda*

A_2 藤木或半藤状灌木。

B_1 植株有卷须，卷须3裂；小叶2～3枚 ………… 3. 炮仗藤属 *Pyrostegia*

B_2 植株无卷须，小叶3枚或更多。

C_1 常绿半藤状灌木；雄蕊伸出花冠筒之外 ………… 4. 硬骨凌霄属 *Tecomaria*

C_2 落叶藤木；雄蕊内藏 ………… 5. 凌霄属 *Campsis*

1. 梓树属 *Catalpa* L.

落叶乔木，无顶芽。单叶对生或3枚轮生，全缘或有缺裂，基出脉3～5，叶背脉腋常具腺斑。花大，呈顶生总状花序或圆锥花序；花萼不整齐，深裂或2唇形分裂；花冠钟状唇形；发育雄蕊2，内藏，着生于下唇；子房2室。蒴果细长；种子多数，两端具长毛。

约13种，产亚洲东部以及美洲；中国产4种，从北美引入3种，主要分布于长江、黄河流域。

分种检索表

A_1 花淡黄色，长约2cm；叶通常具3～5浅裂 ………… (1) 梓树 *C. ovata*

A_2 花白色或浅粉色，长2cm以上；叶通常不裂。

B_1 叶长达15cm，背面光滑；总状花序呈伞房状排列；花萼裂片顶端2尖裂；花浅粉色 ………… (2) 楸树 *C. bungei*

B_2 叶长达30cm，背面有柔毛；圆锥花序；花萼顶端不裂；花白色 ………… (3) 黄金树 *C. speciosa*

(1) 梓树（图 17-356）

***Catalpa ovata* D. Don**

乔木，高 10～20m；树冠开展，树皮灰褐色、纵裂。叶广卵形或近圆形，长 10～30cm，通常 3～5 浅裂，有毛，背面基部脉腋有紫斑。圆锥花序顶生，长 10～20cm；花萼绿色或紫色；花冠淡黄色，长约 2cm，内面有黄色条纹及紫色斑纹。蒴果细长如筷，长 20～30cm；种子具毛。花期 5 月。

分布很广，东北、华北，南至华南北部，以黄河中下游为分布中心。

喜光，稍耐荫；适生于温带地区，颇耐寒，在暖热气候下生长不良；喜深厚、肥沃、湿润土壤，不耐干旱瘠薄，能耐轻盐碱土；对氯气、二氧化硫和烟尘的抗性均强。

播种繁殖于 11 月采种干藏，次春 4 月条播，发芽率约 40%。也可用扦插和分蘖繁殖。

梓树树冠宽大，可作行道树、庭荫树及村旁、宅旁绿化材料。古人在房前屋后种植桑树、梓树，"桑梓"即意故乡。材质轻软，可供家具、乐器、棺木等用。

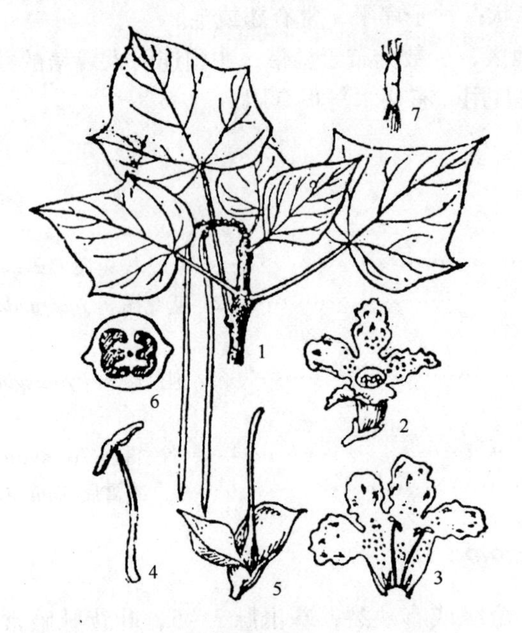

图 17-356 梓 树

1. 果枝 2. 花 3. 花冠展开，示雄蕊 4. 发育雄蕊 5. 雌蕊及花萼 6. 子房横剖面 7. 种子

图 17-357 楸 树

1. 花枝 2. 果 3. 种子

(2) 楸树（金丝楸）（图 17-357）

***Catalpa bungei* C. A. Mey**

形态：落叶乔木，高可达 30m；树干耸直，主枝开阔伸展，多弯曲，呈倒卵形树冠；树皮灰褐色，浅细纵裂，老年树干上具瘤状突起；小枝灰绿色。叶三角状卵形，长 6～16cm，顶端尾尖，全缘，有时近基部有 3～5 对尖齿，两面无毛，背面脉腋有紫色腺斑。总状花序伞房状排列，顶生；萼片顶端 2 尖裂；花冠浅粉色，长 2～3.5cm，内面有紫红色斑点。蒴果长 25～50cm；种子扁平，具长毛。花期 4～5 月。

分布：主产黄河流域和长江流域，北京、河北、内蒙古、安徽、浙江等地也有分布。

习性：喜光，幼苗耐庇荫，以后需较多的光照；喜温暖湿润气候，不耐严寒，适生于年平均气温10～15℃，年降水量700～1200mm的环境条件，不耐干旱和水湿；喜深厚、湿润、肥沃、疏松的中性土、微酸性土及钙质土，在含盐量0.1%的轻度盐碱土上能正常生长；对二氧化硫及氯气有抗性，吸滞灰尘、粉尘能力较高。主根明显，粗壮，侧根深入土中40cm以下；根蘖和萌芽力都很强；其为异花（或异株）授粉植物，单株或同一无性系种植在一起，因自花不孕，往往开花而不结实。

繁殖栽培：播种、分蘖、埋根、嫁接均可。10月采种，日晒开裂，取出种子干藏，翌年3月条播，发芽率40%～50%；埋根育苗在3月中下旬进行，选1～2cm粗的根，截成长15cm，斜埋床上，即可成活。

观赏特性及园林用途：楸树树姿挺拔，干直荫浓，花紫白相间，艳丽悦目，宜作庭荫树及行道树；孤植于草坪中也极适宜；与建筑配植更能显示古朴、苍劲之树势；山石岩际，假山石旁点缀一二，使与山石谐调，亦甚可观。

(3) 黄金树

***Catalpa speciosa* Ward.**

乔木，高15m，树冠开展，树皮灰色，厚鳞片状开裂。叶宽卵形至卵状椭圆形，长15～30cm，端长渐尖，基截形或心形，全缘或偶有1～2浅裂，背面被白色柔毛，基部脉腋具绿色腺斑。圆锥花序顶生，长约15cm；花冠白色，内有黄色条纹及紫褐色斑点。蒴果粗如手指。花期5月。

原产美国中部及东部，1911年引入上海，目前各地城市都有栽培，生长不如前2种好。强喜光树，耐寒性较差，喜深厚肥沃、疏松土壤。播种繁殖。

黄金树株形优美，各地园林多植作庭荫树及行道树。

2. 蓝花楹属 *Jacaranda* Juss.

落叶乔木或灌木，叶对生，2回羽状复叶，稀1回，小叶小，多数，全缘或有齿缺。圆锥花序顶生或腋生；花萼小，平截或5齿裂；花冠筒直或弯曲，裂片5，稍二唇形；发育雄蕊4，2长2短；花盘厚，垫状；子房2室。蒴果卵形或近球形，种子扁平、有翅。

约50种，产热带美洲；中国引入栽培的有2种。

蓝花楹（图17-358）

***Jacaranda acutifolia* Humb. et Bonpl.**

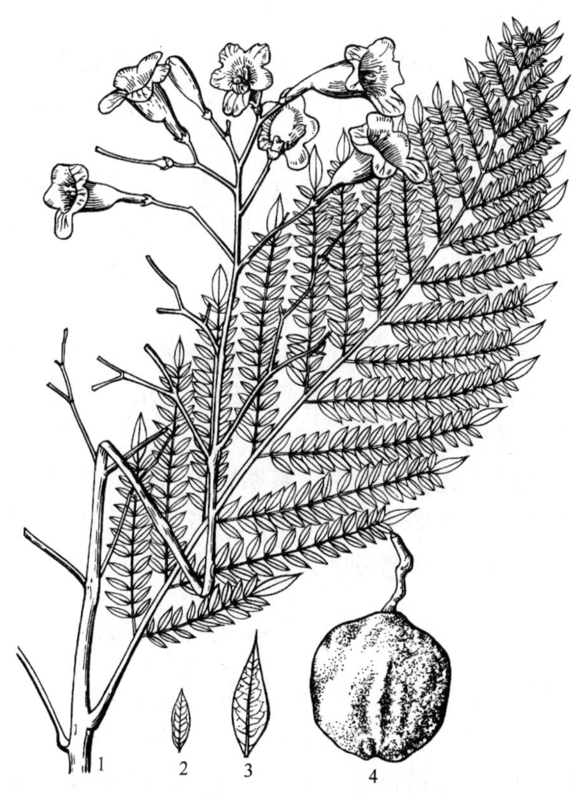

图17-358 蓝花楹

1. 花枝 2. 侧生小叶 3. 顶生小叶 4. 果

乔木，高15m。2回羽状复叶，羽片通常在16对以上，每一羽片有小叶14～24对；小叶狭长圆形或长圆状菱形，长6～12mm，端急尖，全缘，略被微柔毛。圆锥花序顶生，长20cm；花萼顶端5齿裂；花冠蓝色，花冠筒细长，下部微弯，上部膨大。蒴果木质，卵球形；种子小、有翅。花期春末至初秋。

原产巴西。中国两广、云南南部引入栽培。

喜光，喜暖热多湿气候，不耐寒。

蓝花楹绿荫如伞，叶纤细似羽，蓝花朵朵，秀丽清雅，又花开于夏季少花季节，是美丽的庭园观赏树，华南城市常栽作行道树及庭荫树；草坪上丛植数株，格外适宜。

3. 炮仗藤属 *Pyrostegia* Presl.

常绿藤木，通常以卷须攀援。指状复叶对生，有小叶3枚，其中1枚常变为线形、3叉的卷须。顶生聚伞花序，有时呈总状或圆锥花序状；萼钟状或管状，端截平或有齿；花冠管状，弯曲；发育雄蕊4枚，伸出；花盘环状或杯状；子房线形，2室。蒴果长线形；种子有翅。

约5种，产南美；中国引入栽培1种。

炮仗花（图17-359）

***Pyrostegia ignea* Presl.**

常绿藤木。茎粗壮，有棱，小枝有纵槽纹。复叶有小叶3枚，顶生小叶变成线形、3叉的卷须，叶卵状至卵状长椭圆形，长5～10cm，全缘，表面无毛，背面有穴状腺体。圆锥状聚伞花序，下垂；花萼钟状，端5齿裂；花冠橙红色，筒状，端5裂，稍呈二唇形，裂片端钝，外反卷，有明显白色、被绒毛的边；发育雄蕊4，2枚自筒部伸出，2枚达花冠裂片基部。花期初春。

原产巴西，现全世界温暖地区常见栽培；我国海南、华南、云南南部、厦门等地有栽培。喜温暖湿润气候，不耐寒。

炮仗花花橙红茂密，累累成串，状如炮仗，且花期较长，是美丽的观赏藤木，多植于建筑物旁或棚架上，遮荫、观赏都极适宜。

图17-359　炮仗花

4. 硬骨凌霄属 *Tecomaria* Spach

常绿，半藤状或近直立灌木。枝柔弱，常平卧地上。奇数羽状复叶对生，小叶有锯齿。顶生圆锥或总状花序；萼钟状，5齿裂；花冠漏斗状，稍弯曲，端5裂，二唇形；雄蕊伸出花冠筒外；花盘杯状；子房2室。蒴果线形，压扁。

2种，产非洲；中国引入栽培1种。

硬骨凌霄（南非凌霄）（图 17-360）

***Tecomaria capensis*（Thunb.）Spach**

常绿半藤状灌木。枝绿褐色，常有小痂状突起。羽状复叶对生，小叶 7 ~ 9 枚，卵形至阔椭圆形，长 1 ~ 2.5cm，缘有不甚规则的锯齿。顶生总状花序；花冠长漏斗形，弯曲、橙红色，有深红色纵纹；雄蕊伸出。蒴果扁线形。花期 6 ~ 9 月。

原产南非好望角。我国华南有露地栽培，长江流域及华北多盆栽。

硬骨凌霄枝平卧铺地，花橙红鲜艳，且花期长，是秋季观花的极好材料，常植于庭园观赏。

图 17-360 硬骨凌霄

5. 凌霄属 *Campsis* Lour.

落叶藤木，借气根攀援。奇数羽状复叶对生，小叶有齿。顶生聚伞或圆锥花序；花萼钟状，革质，具不等的 5 齿裂；花冠漏斗状钟形，在萼以上扩大，5 裂，稍呈二唇形；雄蕊 4，2 长 2 短，内藏；子房 2 室，基部具大型花盘。蒴果长，种子多数，具翅。

共 2 种，1 产北美，1 产中国和日本。

分 种 检 索 表

A_1 小叶 7 ~ 9，两面无毛，叶缘疏生 7 ~ 8 齿；花萼裂至中部；花较大，径约 5 ~ 7cm ………………………………………………（1）凌霄 *C. grandiflora*

A_2 小叶 9 ~ 13，叶背脉上有柔毛，叶缘疏生 4 ~ 5 齿；花萼裂较浅，约 1/3；花较小，径约 4cm ………………………………………………（2）美国凌霄 *C. radicans*

（1）凌霄（紫葳、女葳花）（图 17-361）

***Campsis grandiflora*（Thunb.）Loisel.**

形态：藤木，长达 10m；树皮灰褐色，呈细条状纵裂；小枝紫褐色。小叶 7 ~ 9，卵形至卵状披针形，长 3 ~ 7cm，端长尖，基部不对称，缘疏生 7 ~ 8 锯齿，两面光滑无毛。疏松顶生聚伞状圆锥花序；花萼 5 裂至中部；花冠唇状漏斗形，鲜红色或橘红色。蒴果长如荚，顶端钝。花期 6 ~ 8 月。

分布：原产中国中部、东部，各地有栽培。日本也产。

习性：喜光而稍耐荫，幼苗宜稍庇荫；喜温暖湿润，耐寒性较差，北京幼苗越冬需加保护；耐旱忌积水；喜微酸性、中性土壤。萌蘖力、萌芽力均强。

繁殖栽培：播种、扦插、埋根、压条、分蘖均可。通常以扦插和埋根育苗。扦插于春季 3 月下旬至 4 月上旬的硬枝插或 6 月至 7 月的软枝插，都易成活；埋根于落叶期进行，选根截成长 3 ~ 5cm，直埋法即可。

观赏特性及园林用途：凌霄干枝虬曲多姿，翠叶团团如盖，花大色艳，花期甚长，为庭园中棚架、花门之良好绿化材料；用以攀援墙垣、枯树、石壁，均极适宜；点缀于假山间隙，繁花艳彩，更觉动人；经修剪、整枝等栽培措施，可成灌木状栽培观赏；管理粗放、适应性强，是理想的城市垂直绿化材料。凌霄花粉有毒，须加注意，茎、叶、花均入药。

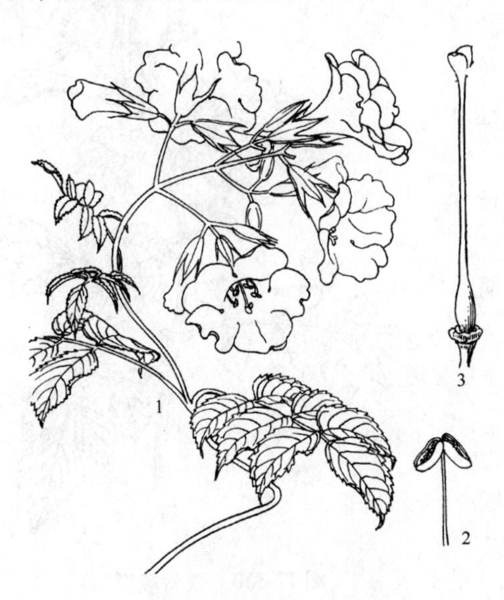

图 17-361 凌 霄

1. 花枝 2. 雄蕊 3. 花盘和雌蕊

图 17-362 美国凌霄

（2）美国凌霄（图 17-362）

Campsis radicans **（L.）Seem.**

藤木，长达 10m 以上。小叶 9～13，椭圆形至卵状长圆形，长 3～6cm，叶轴及叶背均生短柔毛，缘疏生 4～5 粗锯齿。花数朵集生成短圆锥花序；萼片裂较浅，深约 1/3；花冠筒状漏斗形，较凌霄为小，径约 4cm，通常外面橘红色，裂片鲜红色。蒴果筒状长圆形，先端尖。花期 6～8 月。

原产北美。我国各地引入栽培。

喜光，也稍耐荫；耐寒力较强，北京能露地越冬；耐干旱，也耐水湿；对土壤不苛求，能生长在偏碱的土壤上，又耐盐，在土壤含盐量为 0.31% 时也正常生长。深根性，萌蘖力、萌芽力均强，适应性强。

繁殖及用途同凌霄。

〔79〕茜草科 Rubiaceae

乔木、灌木或草本，有时为藤本。单叶对生，有时为轮生，全缘，稀具锯齿；托叶位于叶柄间或叶柄内，有时同普通叶一样，宿存或脱落。花两性，稀单性，常辐射对称，单生或成各式花序，多聚伞花序；萼筒与子房合生，端全缘或有齿裂，有时其中 1 裂片扩大而成叶状；花冠筒状或漏斗状，裂片 4～6(～10)；雄蕊着生于花冠筒上，与裂片同数而互生；花盘极小或肿胀；子房下位，1 至多室，通常 2 室，每室有胚珠 1 至多颗。蒴果、浆果或核果。

约500属6000种，主产热带和亚热带地区，少数分布于温带或北极地带；中国产71属477种，大部产西南部至东南部，西北部和北部极少。

本科有些种类可入药，有些可植为观赏树，有世界著名饮料咖啡，也有速生快长树团花，有些种类在林中习见。

分属检索表

A_1 花萼裂片相等或不相等，花序中有些花的萼裂片中，有1枚扩大成具柄的叶状体。

B_1 灌木或亚灌木；浆果……（玉叶金花属 *Mussaenda*）

B_2 乔木；大型蒴果……（香果树属 *Emmenopterys*）

A_2 花萼裂片正常，无1枚扩大成叶状体。

B_1 子房每室有胚珠2至多数……1. 栀子属 *Gardenia*

B_2 子房每室有胚珠1。

C_1 花由聚伞花序再组成伞房花序式；浆果……2. 龙船花属 *Ixora*

C_2 花单生或簇生；球形小核果……3. 六月雪属 *Serissa*

1. 栀子属 *Gardenia* Ellis

灌木，稀小乔木。叶对生或3枚轮生；托叶膜质、鞘状，生于叶柄内侧。花单生，很少排成伞房花序；萼筒卵形或倒圆锥形，有棱；花冠高脚碟状或筒状，5～11裂，裂片广展，芽时旋转排列；雄蕊5～11，着生于花冠喉部，内藏；花盘环状或圆锥状；子房1室，胚珠多数。浆果革质或肉质，常有棱。

约250种，分布于热带和亚热带地区；中国产4种，分布于西南至东部。

栀子（黄栀子、山栀）（图17-363）

***Gardenia jasminoides* Ellis**

形态：常绿灌木，高1～3m。干灰色，小枝绿色，有垢状毛。叶长椭圆形，长6～12cm，端渐尖，基部宽楔形，全缘，无毛，革质而有光泽。花单生枝端或叶腋；花萼5～7裂，裂片线形；花冠高脚碟状，端常6裂，白色，浓香；花丝短，花药线形。果卵形，具6纵棱，顶端有宿存萼片。花期6～8月。

变型、变种：

①大花栀子 f. *grandiflora* Makino：叶较大，花大而重瓣，径7～10cm，园林中应用更为普遍。

②水栀子 var. *radicana* Makino：又名雀舌栀子，植株较小，枝常平展匍地，叶小而狭长，花也较小。

分布：产长江流域，我国中部及中南部都有分布。

图17-363 栀 子

1. 果枝 2. 花 3. 花纵剖面

习性：喜光也能耐荫，在蔽荫条件下叶色浓绿，但开花稍差；喜温暖湿润气候，耐热也稍耐寒（-3℃）；喜肥沃、排水良好、酸性的轻黏壤土，也耐干旱瘠薄，但植株易衰老；抗二氧化硫能力较强。萌蘖力、萌芽力均强，耐修剪更新。

繁殖栽培：繁殖以扦插、压条为主。

栀子的枝条很容易生出根来，南方暖地常于3~10月，北方则常5~6月间扦插，剪取健壮成熟枝条，插于沙床上，只要经常保持湿润，极易生根成活。水插法远胜于土插，成活率接近100%，4~7月进行，剪下插穗仅保留顶端的两个叶片和顶芽，插在盛有清水的容器中，经常换水，以免切口腐烂，3周后即开始生根。压条繁殖于4月份气温已经升高，树液开始流动时进行，在成年树上选2~3年生、健壮的枝条压条，约经1个月即生根，可从下部切离母株，带土定植。

栀子是叶肥花大的常绿灌木，主干宜少不宜多，其萌芽力强，如任其自然，往往枝叶交错重叠，瘦弱紊乱，失去观赏价值，因而，适时整修是一项不可忽视的工作。栀子于4月份孕蕾形成花芽，所以4、5月间除剪去个别冗杂的枝叶外，一般应重在保蕾；6月开花，应及时剪除残花，促使抽生新梢，新梢长至2、3节时，进行第1次摘心，并适当抹去部分腋芽；8月份对二荐枝进行摘心，培养树冠，就能得到有优美树形的植株。栀子要求土壤pH 5~6的酸性土中生长良好，在北方土壤呈中性或碱性的土中，应适期浇灌矾肥水或叶面喷洒硫酸亚铁溶液。

观赏特性及园林用途：栀子叶色亮绿，四季常青，花大洁白，芳香馥郁，又有一定耐荫和抗有毒气体的能力，故为良好的绿化、美化、香化的材料，可成片丛植或配置于林缘、庭前、院隅、路旁，植作花篱也极适宜，作阳台绿化、盆花、切花或盆景都十分相宜，也可用于街道和厂矿绿化。

经济用途：花含挥发油，可提制浸膏，作调香剂；果实可作黄色染料；根、花、种子入药。

2. 龙船花属 *Ixora* L.

灌木至小乔木。叶对生，稀3叶轮生；托叶在叶柄间，基部常合生成鞘，顶部延长或芒尖。花为顶生聚伞花序，再组成伞房花序，常具苞片和小苞片；花萼卵形，4（~5）裂，宿存；花冠高脚碟状，4（~5）裂，裂片短于筒部；雄蕊与花冠裂片同数，着生于花冠喉部，花丝极短或无；花盘肉质；子房下位，2室，每室具胚珠1颗。浆果球形。

约400种，主产热带亚洲和非洲，少数产美洲；中国约11种，产西南部至东部，南部最盛。

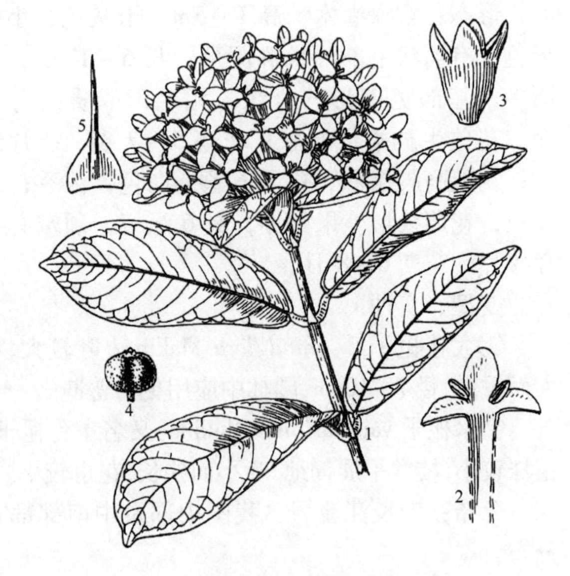

图17-364　龙船花

1. 花枝　2. 花冠展开，示雄蕊　3. 花萼　4. 果　5. 托叶

龙船花（图17-364）

***Ixora chinensis* Lam.**

灌木，高0.5~2m。单叶对生，椭圆状披针形或倒卵状长椭圆形，长6~13cm，端钝尖或钝，基楔形或浑圆，全缘。顶生伞房状聚伞花序，花序分枝红色；花冠红色或橙红色，高脚碟状，筒细长，裂片4，先端浑圆。浆果近球形，熟时黑红色。几乎全年开花。

原产亚洲热带，我国华南有野生。其花红色而美丽，花期极长，是庭园理想的观赏花木，常植于园中观赏。

3. 六月雪属 *Serissa* Comm.

小灌木，枝叶及花揉碎有臭味。叶对生，小，近无柄；托叶宿存。花腋生或顶生，单生或簇生；萼筒倒圆锥形，4～6裂，宿存；花冠白色，漏斗状，4～6裂，喉部有毛；雄蕊4～6，着生于花冠筒上；花盘大；子房2室，每室具1胚珠。核果球形。

共3种，分布于中国、日本及印度。

六月雪（白马骨、满天星）（图17-365）

***Serissa foetida* Comm.**

常绿或半常绿矮小灌木，高不及1m，丛生，分枝繁多，嫩枝有微毛。单叶对生或簇生于短枝，长椭圆形，长7～15mm，端有小突尖，基部渐狭，全缘，两面叶脉、叶缘及叶柄上均有白色毛。花单生或数朵簇生；花冠白色或淡粉紫色。核果小，球形。花期5～6月。

产我国东南部和中部各地。

常见变种有：

①金边六月雪 var. *aureo-marginata* Hort.：叶缘金黄色。

②重瓣六月雪 var. *pleniflora* Nakai：花重瓣，白色。

③荫木 var. *crassiramea* Makino：较原种矮小，叶质厚，层层密集；花单瓣，白色带紫晕。

④重瓣荫木 var. *crassiramea* f. *plena* Makino et Nemoto：枝叶似荫木，花重瓣。

图17-365　六月雪

性喜荫湿，喜温暖气候，在向阳而干燥处栽培，生长不良，对土壤要求不严，中性、微酸性土均能适应，喜肥。萌芽力、萌蘖力均强，耐修剪。扦插、分株繁殖均可。

六月雪树形纤巧，枝叶扶疏，夏日盛花，宛如白雪满树，玲珑清雅，适宜作花坛境界、花篱和下木；庭园路边及步道两侧作花径配植，极为别致；交错栽植在山石、岩际，也极适宜；也是制作盆景的上好材料。全株入药。

〔80〕忍冬科 Caprifoliaceae

灌木，稀为小乔木或草本。单叶，很少羽状复叶，对生；通常无托叶。花两性，聚伞花序或再组成各式花序，也有数朵簇生或单花；花萼筒与子房合生，顶端5～4裂；花冠管状或轮状，5～4裂，有时二唇形；雄蕊与花冠裂片同数且与裂片互生；子房下位，1～5室，每室有胚珠1至多颗。浆果、核果或蒴果。

约18属500余种，主要分布于北半球温带地区，尤以亚洲东部和美洲东北部为多。中国12属，300余种，广布南北方各地。很多种类供观赏用，有些可入药。

分属检索表

A_1 开裂的蒴果……………………………………………………………………………… 1. 锦带花属 *Weigela*

A_2 浆果或核果。

B_1 具1种子的瘦果状核果。

C_1 果两个合生（有时1个不发育），外面密生刺刚毛 ……………………………… 2. 猬实属 *Kolkwitzia*

C_2 果分离，外面无刺刚毛，但冠以宿存、翅状萼裂片 ……………………………… 3. 六道木属 *Abelia*

B_2 浆果或浆果状核果。

C_1 浆果；花成对着生于叶腋或轮生枝顶，花冠二唇形 ……………………………… 4. 忍冬属 *Lonicera*

C_2 浆果状核果；伞房状或圆锥状聚伞花序，花冠辐射对称。

D_1 叶为奇数羽状复叶…………………………………………………………………… 5. 接骨木属 *Sambucus*

D_2 叶为单叶 ………………………………………………………………………………… 6. 荚蒾属 *Viburnum*

1. 锦带花属 *Weigela* Thunb.

落叶灌木，髓心坚实，冬芽有数片尖锐的芽鳞。单叶对生，有锯齿；无托叶。花较大，排成腋生或顶生聚伞花序或簇生，很少单生；萼片5裂；花冠白色、粉红色、深红色、紫红色，管状钟形或漏斗状，两侧对称，顶端5裂，裂片短于花冠筒；雄蕊5，短于花冠；子房2室，伸长，每室有胚珠多数。蒴果长椭圆形，有喙，开裂为2果瓣；种子多数，常有翅。

约12种，产亚洲东部；中国6种，产中部、东南部至东北部。

分种检索表

A_1 花萼裂片披针形，中部以下连合；柱头2裂，种子几无翅 ……………………… （1）锦带花 *W. florida*

A_2 花萼裂片线形，裂至基部；柱头头状；种子有翅 ………………………………… （2）海仙花 *W. coraeensis*

（1）锦带花（五色海棠）（图17-366）

***Weigela florida*（Bunge）A. DC.（*Diervilla florida* Sieb. et Zucc.）**

形态：灌木，高达3m。枝条开展，小枝细弱，幼时具2列柔毛。叶椭圆形或卵状椭圆形，长5~10cm，端锐尖，基部圆形至楔形，缘有锯齿，表面脉上有毛，背面尤密。花1~4朵成聚伞花序；萼片5裂，披针形，下半部连合；花冠漏斗状钟形，玫瑰红色，裂片5。蒴果柱形；种子无翅。花期4~5（~6）月。

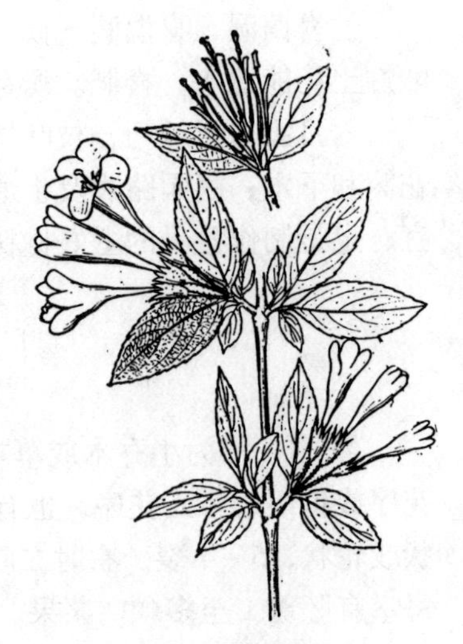

图17-366 锦带花

分布：原产华北、东北及华东北部。

变型：

①白花锦带花 f. *alba* Rehd.：花近白色。

②四季锦带花：生长期开花不断。

习性：喜光；耐寒；对土壤要求不严，能耐瘠薄土壤，但以深厚、湿润而腐殖质丰富的壤土生长最好，怕水涝；对氯化氢抗性较强。萌芽力、萌蘖力强，生长迅速。

繁殖栽培：常用扦插、分株、压条法繁殖，为选育新品种可采用播种繁殖。休眠枝扦插在春季2~3月露地进行；半熟枝扦插于6~7月在荫棚地进行，成活率都很高。种子细小而不易采集，除为了选育新品种及大量育苗外，一般不常用播种法，10月果熟后迅速采收，脱粒、取净后密藏，至次春4月撒播。

栽培容易，生长迅速，病虫害少，花开于1~2年生枝上，故在早春修剪时，只需剪去枯枝或老弱枝条，每隔2~3年行1次更新修剪，将3年生以上老枝剪去，以促进新枝生长。花后如及时摘除残花序，增进美观，并能促进枝条生长。早春发芽前施1次腐熟堆肥，则可年年开花茂盛。

观赏特性及园林用途：锦带花枝叶繁茂，花色艳丽，花期长达两月之久，是华北地区春季主要花灌木之一。适于庭园角隅、湖畔群植；也可在树丛、林缘作花篱、花丛配植；点缀于假山、坡地，也甚适宜。

（2）海仙花（图17-367）

***Weigela coraeensis* Thunb.**

灌木，高可达5m。小枝粗壮，无毛或近无毛。叶阔椭圆形或倒卵形，长8~12cm，顶端尾状，基部阔楔形，边缘具钝锯齿，表面深绿，背面淡绿，脉间稍有毛。花数朵组成聚伞花序，腋生；萼片线状披针形，裂达基部；花冠漏斗状钟形，初时白色、黄白色或淡玫瑰红色，后变为深红色。蒴果柱形；种子有翅。花期5~6月。

产华东一带。朝鲜、日本也有。

喜光，稍耐荫；耐寒性不如锦带花，北京仍能露地越冬；喜湿润肥沃土壤。

图17-367 海仙花

海仙花枝叶较粗大，着花较少，色也浅淡，故观赏价值不及锦带花。江浙一带栽培较普遍。

2. 猬实属 *Kolkwitzia* Graebn.

灌木，冬芽具数对被柔毛外鳞。叶对生，具短柄。顶生伞房状聚伞花序；萼片5裂，外面密生长刚毛；花冠钟状，5裂；雄蕊4；子房椭圆状，顶端渐狭。果为两个合生（有时1个不发育）、外被刺毛、具1种子的瘦果状核果。

仅1种，为中国特产。

猬实（图17-368）

***Kolkwitzia amabilis* Graebn.**

落叶灌木，高达3m；干皮薄片状剥裂；小枝幼时疏生柔毛。叶卵形至卵状椭圆形，长3~7cm，端渐尖，基部圆形，缘疏生浅齿或近全缘，两面疏生柔毛。伞房状聚伞花序生侧枝顶端，花序中小花梗具2花，2花的萼筒下部合生，萼筒外部生耸起长柔毛，在子房以上缢缩似颈，裂片5；花冠钟状，粉红色至紫色，裂片5，其中2片稍宽而短；雄蕊4，2长2短，内藏。果2个合生，有时其中1个不发育，外面有刺刚毛，冠以宿存的萼裂片。花期5～6月；果期8～9月。

产中国中部及西北部。

喜充分日照；有一定耐寒力，北京能露地越冬；喜排水良好、肥沃土壤，也有一定耐干旱瘠薄能力。

播种、扦插、分株繁殖均可。管理粗放，初春及天旱时及时灌水，花后酌量修剪，不令结实，秋冬酌施肥料，则次年开花更为繁茂，每3年可视情况重剪1次，以便控制株丛，使之较为紧密。

猬实着花茂密，花色娇艳，是国内外著名观花灌木。宜丛植于草坪、角隅、径边、屋侧及假山旁，也可盆栽或作切花用。

图 17-368　猬　实

3. 六道木属 *Abelia* R. Br.

落叶灌木，稀常绿；冬芽小，卵圆形，有数对芽鳞。单叶对生，具短柄，全缘或有齿。花1或数朵组成腋生或顶生的聚伞花序，有时可成圆锥状或簇生；萼片2～5，花后增大宿存；花冠管状、钟状或漏斗状，5裂；雄蕊4，2长2短，着生于花冠筒基部；子房3室，仅1室发育，有1胚珠。瘦果革质，顶端冠以宿萼。

约25种以上，产于东亚及中亚，2种产于墨西哥。中国产的种类大部分布于中部和西南部。

分种检索表

A_1　花多数密集成圆锥状聚伞花序；花冠漏斗状，花萼裂片5 ……………………（1）糯米条 *A. chinensis*

A_2　花2朵并生于小枝顶端；花冠钟状高脚碟形，花萼裂片4。

　B_1　2朵花下无总梗 ……………………………………………………………（2）六道木 *A. biflora*

　B_2　2朵花下具总花梗 ……………………………………………………（南方六道木 *A. dielsii*）

（1）糯米条（茶条树）（图 17-369）

***Abelia chinensis* R. Br.**

灌木，高达2m。枝开展，幼枝红褐色，被微毛，小枝皮撕裂。叶卵形至椭圆状卵形，长2～3.5cm，端尖至短渐尖，基部宽钝至圆形，边缘具浅锯齿，背面叶脉基部密生白色柔毛。圆锥状聚伞花序顶生或腋生；花萼被短柔毛，裂片5，粉红色，倒卵状长圆形，边缘有睫毛；花冠白色至粉红色，芳香，漏斗状，裂片5，外有微毛，内有腺毛；雄蕊4，伸出花冠。瘦果状核果。花期7～9月。

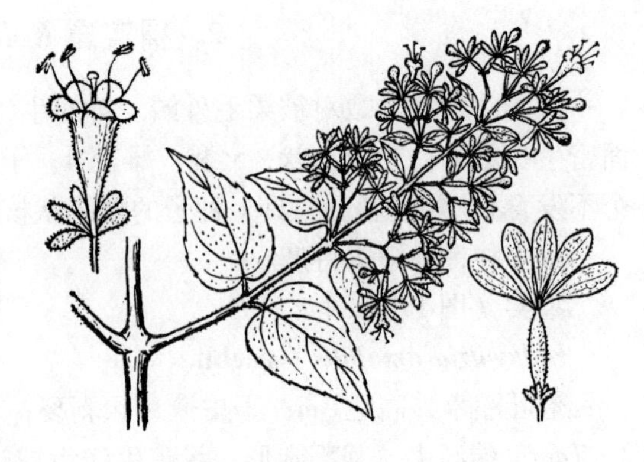

图 17-369　糯米条

在秦岭以南各地的低山湿润林缘及溪谷岸边多有生长。

喜光，耐荫性强；喜温暖湿润气候，耐寒性较差，北京露地栽培，冬季枝梢受冻害；对土壤要求不严，酸性、中性土均能生长，有一定的耐旱、耐瘠薄能力。适应性强，生长强盛，根系发达，萌蘖力、萌芽力均强。

用播种或扦插繁殖均可。

糯米条枝叶婉垂，树姿婆娑，花开枝梢，洁莹可爱，花谢后，粉色萼片相当长期宿存枝头，也颇可观，其花期正值少花季节，且花期特长，花香浓郁，故是不可多得的秋花灌木，可丛植于草坪、角隅、路边、假山旁；于林缘、树下作下木配植也极适宜，又可作基础栽植、花篱、花径用。

(2) 六道木（图 17-370）

***Abelia biflora* Turcz.**

灌木，高达 3m。枝有明显的 6 条沟棱，幼枝被倒向刺刚毛。叶长椭圆形至椭圆状披针形，长 2～7cm，端尖至渐尖，基部楔形，全缘或有缺刻状疏齿，两面均生短毛，边有睫毛；叶柄短，基部膨大，具刺刚毛。花 2 朵并生于小枝顶端，无总花梗；花萼疏生短刺刚毛，裂片 4，匙形；花冠高脚碟形，白色、淡黄色或带红色，外生短柔毛杂有倒向刺刚毛，裂片 4；雄蕊 2 长 2 短，内藏。瘦果状核果常弯曲，端宿存 4 枚增大之花萼。花期 5 月。

图 17-370 六道木

产河北、山西、辽宁、内蒙古，生山地灌丛中。

性耐荫，耐寒，喜湿润土壤。生长缓慢。播种繁殖。

六道木叶秀花美，可配植在林下、石隙及岩石园中，也可栽植在建筑背阴面。

4. 忍冬属 *Lonicera* L.

落叶，很少半常绿或常绿灌木，直立或右旋攀援，很少为乔木状。皮部老时呈纵裂剥落。单叶对生，全缘，稀有裂，有短柄或无柄；通常无托叶。花成对腋生，稀 3 朵、顶生，具总梗或缺，有苞片 2 及小苞片 4；花萼顶端 5 裂，裂齿常不相等；花冠管状，基部常弯曲，唇形或近 5 等裂；雄蕊 5，伸出或内藏；子房 2～3 室，每室有多数胚珠；花柱细长，柱头头状。浆果肉质，内有种子 3～8。

约 200 种，分布于北半球温带和亚热带地区；中国约 140 种，南北各地均有分布，以西南部最多。

分 种 检 索 表

A_1 花双生于总花梗顶端，花序下无合生的叶片。

B_1 藤木；苞片叶状卵形 ………………………………………………… (1) 金银花 *L. japonica*

B_2　直立灌木；苞片线形或披针形。

C_1　枝中空；苞片线形；相邻两花的萼筒分离。

D_1　叶多少具毛，基部常呈楔形……………………………………………（2）金银木 *L. maackii*

D_2　叶两面均无毛，基部圆形或近心脏形………………………………（3）鞑靼忍冬 *L. tatarica*

C_2　枝充实；苞片线状披针形；相邻两花萼筒合生达中部以上　……（4）郁香忍冬 *L. fragrantissima*

A_2　花多朵集合成头状、穗状花序，花序下 1～2 对叶基部合生。

B_1　常绿；顶生穗状花序，花橘红至深红色　……………………………（5）贯月忍冬 *L. sempervirens*

B_2　落叶；顶生头状花序，花淡黄色　………………………………………（6）盘叶忍冬 *L. tragophylla*

（1）金银花（忍冬、金银藤）（图 17-371）

***Lonicera japonica* Thunb.**

形态：半常绿缠绕藤木，长可达 9m。枝细长中空，皮棕褐色，条状剥落，幼时密被短柔毛。叶卵形或椭圆状卵形，长 3～8cm，端短渐尖至钝，基部圆形至近心形，全缘，幼时两面具柔毛，老后光滑。花成对腋生，苞片叶状；萼筒无毛；花冠二唇形，上唇 4 裂而直立，下唇反转，花冠筒与裂片等长，初开为白色略带紫晕，后转黄色，芳香。浆果球形，离生，黑色。花期 5～7 月；8～10 月果熟。

分布：中国南北各地均有分布，北起辽宁，西至陕西，南达湖南，西南至云南、贵州。

变种：

①红金银花 var. *chinensis* Baker：小枝、叶柄、嫩叶带紫红色，花冠淡紫红色。

②‘黄脉’金银花‘Aureo-reticulata’Nichols：叶较小，网脉黄色。

图 17-371　金银花

1. 花枝　2. 果枝　3. 花

习性：喜光也耐荫；耐寒；耐旱及水湿；对土壤要求不严，酸碱土壤均能生长。性强健，适应性强，根系发达，萌蘖力强，茎着地即能生根。

繁殖栽培：播种、扦插、压条、分株均可。10 月果熟，采回堆放后熟，洗净阴干，层积贮藏，至次春 4 月上旬播种，种子千粒重为 3.1g，播前把种子放在 25℃温水中浸泡 1 昼夜，取出与湿砂混拌，置于室内，每天拌 1 次，待 30%～40% 的种子裂口时进行播种，保持湿润，10 天后可出苗。扦插，春、夏、秋三季都可进行，而以雨季最好，2～3 周后即可生根，第 2 年移植后就能开花。压条在 6～10 月进行。分株在春、秋两季进行。

观赏特性及园林用途：金银花植株轻盈，藤蔓缭绕，冬叶微红，花先白后黄，富含清香，是色香兼备的藤本植物，可缠绕篱垣、花架、花廊等作垂直绿化；或附在山石上，植于沟边，爬于山坡，用作地被，也富有自然情趣；花期长，花芳香，又值盛夏酷暑开放，是庭园布置夏景的极好材料；又植株体轻，是美化屋顶花园的好树种；老桩作盆景，姿态古雅。花蕾、茎枝入药。是优良的蜜源植物。

（2）金银木（金银忍冬）（图 17-372）

***Loniccra maackii*（Rupr.）Maxim.**

落叶灌木，高达 5m。小枝髓黑褐色，后变中空，幼时具微毛。叶卵状椭圆形至卵状披针形，长 5～8cm，端渐尖，基宽楔形或圆形，全缘，两面疏生柔毛。花成对腋生，总花梗短于叶柄，苞片线形；相邻两花的萼筒分离；花冠唇形，花先白后黄，芳香，花冠筒 2～3 倍短于唇瓣；雄蕊 5，与花柱均短于花冠。浆果红色，合生。花期 5 月；果 9 月成熟。

产东北，分布很广，华北、华东、华中及西北东部、西南北部均有。

变型红花金银木 f. *erubescens* Rehd.：花较大，淡红色，嫩叶也带红色。

性强健，耐寒，耐旱，喜光也耐荫，喜湿润肥沃及深厚之壤土。管理粗放，病虫害少。播种、扦插繁殖。

金银木树势旺盛，枝叶丰满，初夏开花有芳香，秋季红果缀枝头，是一良好之观赏灌木。孤植或丛植于林缘、草坪、水边均很合适。

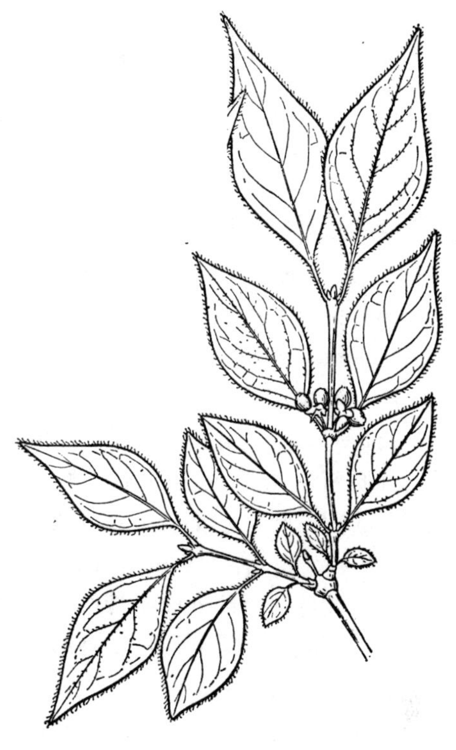

图 17-372　金银木

（3）鞑靼忍冬（新疆忍冬）

***Lonicera tatarica* L.**

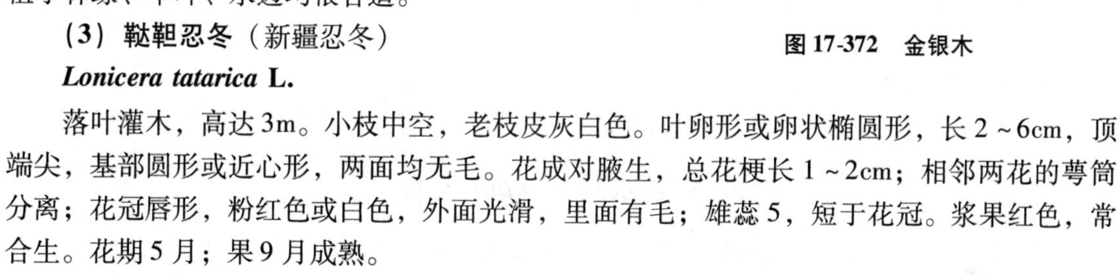

落叶灌木，高达 3m。小枝中空，老枝皮灰白色。叶卵形或卵状椭圆形，长 2～6cm，顶端尖，基部圆形或近心形，两面均无毛。花成对腋生，总花梗长 1～2cm；相邻两花的萼筒分离；花冠唇形，粉红色或白色，外面光滑，里面有毛；雄蕊 5，短于花冠。浆果红色，常合生。花期 5 月；果 9 月成熟。

原产欧洲及西伯利亚、中国新疆北部。生山谷或沟谷灌丛中，海拔 1100～1800m；北京有栽培。性耐寒。用播种或扦插法繁殖。

鞑靼忍冬花美叶秀，常栽培庭园观赏。

（4）郁香忍冬（香吉利子、羊奶子）

***Lonicera fragrantissima* Lindl. et Paxon.**

半常绿灌木，高达 2m。枝髓充实，幼枝有刺刚毛。叶卵状椭圆形至卵状披针形，长4～10cm，顶端尖至渐尖，基部圆形，两面及边缘有硬毛。花成对腋生，苞片线状披针形；相邻两花萼筒合生达中部以上；花冠唇形，粉红色或白色，芳香。浆果红色，两果合生过半。花期 3～4 月先叶开放，果 5～6 月成熟。

主产长江流域，生山坡灌丛，海拔 200～1000m。华东城市已引种栽培，常植于庭园观赏。

（5）贯月忍冬

***Lonicera sempervirens* L.**

常绿缠绕藤木，全体无毛。叶卵形至椭圆形，先端钝或圆，表面深绿，背面灰白毛，全缘，花序下 1~2 对叶基部合生。花每 6 朵为 1 轮，数轮排成顶生穗状花序；花冠细长筒形，长约 4cm，端 5 裂片短而近整齐，橘红色至深红色；雄蕊 5。浆果球形。花期晚春至秋季陆续开花。

原产北美东南部。

喜光，不耐寒。上海等地常盆栽观赏。

(6) 盘叶忍冬（图 17-373）

Lonicera tragophylla Hemsl.

落叶缠绕藤木。小枝光滑无毛。叶长椭圆形，长 5~12cm，端锐尖至钝，基楔形，表面光滑，背面密生柔毛或至少沿中脉下部有柔毛，花序下的一对叶片基部合生。花在小枝端轮生，头状，1~2 轮，有花 9~18 朵；萼齿小；花冠黄色至橙黄色，上部外面略带红色，长 7~8cm，筒部 2~3 倍长于裂片，裂片唇形；雄蕊 5，伸出花冠外。浆果红色。

产我国中部及西部，沿秦岭各地山地均有分布。

图 17-373 盘叶忍冬

性耐寒。播种或扦插法繁殖。

盘叶忍冬花大而美丽，为良好的观赏藤木，可用作棚架、花廊等垂直绿化。

5. 接骨木属 *Sambucus* L.

落叶灌木或小乔木，稀为多年生草本。枝内髓部较大。奇数羽状复叶对生，小叶有锯齿或分裂。花小、辐射对称，聚伞花序排成伞房花序式或圆锥花序式；花萼顶端 3~5 裂，萼筒短；花冠辐状，3~5 裂；雄蕊 5 枚，花丝短而直立；子房 3~5 室，每室胚珠 1。果为浆果状核果，内有 3~5 粒骨质小核，小核内有种子 1。

约 20 种，产温带和亚热带地区。

接骨木（公道老、扦扦活）（图 17-374）

***Sambucus williamsii* Hance**

灌木至小乔木，高达 6m。老枝有皮孔，光滑无毛，髓心淡黄棕色。奇数羽状复叶，小叶 5~7~（11），椭圆状披针形，长 5~12cm，端尖至渐尖，基部阔楔形，常不对称，缘具锯齿，两面光滑无毛，揉碎后有臭味。圆锥状聚伞花序顶生，长达 7cm；萼筒杯状；花冠辐状，白色至淡黄色，裂片 5；雄蕊 5，约与花冠等长。浆果状核果等球形，黑紫色或红色；核 2~3 颗。花期 4~5 月；果 6~7 月成熟。

我国南北各地广泛分布，北起东北，南至南岭以北，西达甘肃南部和四川、云南东南部。

性强健，喜光，耐寒，耐旱。根系发达，萌蘖性强。通常用扦插、分株、播种繁殖，栽培容易，管理粗放。

接骨木枝叶繁茂，春季白花满树，夏秋红果累累，是良好的观赏灌木，宜植于草坪、林缘或水边，也可用于城市、工厂的防护林。枝叶入药。

图 17-374　接骨木

1. 果枝　2. 果　3. 花

6. 荚蒾属 *Viburnum* L.

落叶或常绿，灌木，少有小乔木；冬芽裸露或被鳞片。单叶对生，全缘或有锯齿或分裂；托叶有或无。花少，全发育或花序边缘为不孕花，组成伞房状、圆锥状或伞形聚伞花序；萼 5 小裂，萼筒短；花冠钟状、辐状或管状，5 裂；雄蕊 5；子房通常 1 室，有胚珠 1 至多颗，花柱极短，柱头 3 裂。浆果状核果，具种子 1。

约 120 种，分布于北半球温带和亚热带地区；我国南北均产，以西南地区最多。

分种检索表

A_1　常绿性 ………………………………………………………………………… (1) 珊瑚树 *V. awabuki*

A_2　落叶性。

　B_1　叶不裂，具锯齿，通常羽状脉。

　　C_1　组成花序的花全为可育花。

　　　D_1　聚伞花序圆锥状，花冠高脚碟状，长 11 ~ 14mm ……………………… (2) 香荚蒾 *V. farreri*

　　　D_2　聚伞花序复伞形状，花冠辐状，长约 2.5mm ………………………… (3) 荚蒾 *V. dilatatum*

　　C_2　组成花序的花为不孕花，或边缘为不孕花。

　　　D_1　裸芽；幼枝、叶背密被星状毛；叶表面羽状脉不下陷 ……… (4) 木本绣球 *V. macrocepyalum*

　　　D_2　鳞芽；枝叶疏生星状毛；叶表面羽状脉甚凹下 …………………… (5) 蝴蝶绣球 *V. plicatum*

　B_2　叶 3 裂，裂片有不规则齿，掌状 3 出脉。

　　C_1　枝皮暗灰色，浅纵裂，略带木栓质；花药紫色……………………… (6) 天目琼花 *V. sargentii*

　　C_2　枝皮浅灰色，光滑；花药黄色 ……………………………………… (7) 欧洲琼花 *V. opulus*

(1) 珊瑚树（法国冬青）（图 17-375）

***Viburnum awabuki* K. Koch**

常绿灌木或小乔木，高 2 ~ 10m。全体无毛；树皮灰色；枝有小瘤状凸起的皮孔。叶长椭圆形，长 7 ~ 15cm，端急尖或钝，基部阔楔形，全缘或近顶部有不规则的浅波状钝齿，革质，表面深绿而有光泽，背面浅绿色。圆锥状聚伞花序顶生，长 5 ~ 10cm；萼筒钟状，5 小裂；花冠辐状，白色，芳香，5 裂。核果倒卵形，先红后黑。花期 5 ~ 6 月；果 9 ~ 10 月

图 17-375 珊瑚树
1. 花枝 2. 花 3. 果

成熟。

产华南、华东、西南等地区。日本、印度也产。长江流域城市都有栽培。

喜光，稍能耐荫；喜温暖，不耐寒；喜湿润肥沃土壤，喜中性土，在酸性和微碱性土中也能适应；对有毒气体氯气、二氧化硫的抗性较强，对汞和氟有一定的吸收能力，耐烟尘，抗火力强。根系发达，萌蘖力强，易整形，耐修剪，耐移植，生长较快，病虫害少。

一般扦插繁殖，也可播种繁殖。霉雨季扦插，3 周后即能生根，成活率达 98%。

珊瑚树枝茂叶繁，终年碧绿光亮，春日开以白花，深秋果实鲜红，累累垂于枝头，状如珊瑚，甚为美观。江南城市及园林中普遍栽作绿篱或绿墙，也作基础栽植或丛植装饰墙角；枝叶繁密，富含水分，耐火力强，可作防火隔离树带；隔音及抗污染能力强，也是工厂绿化的好树种。

(2) 香荚蒾（香探春、翘兰）

Viburnum farreri **Stearn**（***V. fragrans*** **Bunge**）

落叶灌木，高达 3m。枝褐色，幼时有柔毛。叶椭圆形，长 4 ~ 7cm，顶端尖，基阔楔形或楔形，缘具三角形锯齿，羽状脉明显，叶背侧脉间有簇毛。圆锥花序长 3 ~ 5cm；花冠高脚碟状，蕾时粉红色，开放后白色，芳香，花冠筒长 7 ~ 10mm，裂片 5；雄蕊 5；核果矩圆形，鲜红色。花期 4 月先叶开放，也有花叶同放；果期秋季。

原产中国北部，河北、河南、甘肃等地均有分布。耐半荫，耐寒；喜肥沃、湿润、松软土壤，不耐瘠土和积水。种子不易收到，故繁殖多不用播种，用压条及扦插繁殖。

香荚蒾花白色而浓香，花期极早，北京 3 月下旬就破蕾开放，花期约 20d，是华北地区重要的早春花木。丛植于草坪边、林缘下、建筑物前都极适宜；其耐半荫，可栽植于建筑的东西两侧或北面，丰富耐荫树种的种类。

(3) 荚蒾（图 17-376）

Viburnum dilatatum **Thunb.**

落叶灌木，高 2 ~ 3m。嫩枝有星状毛，老枝红褐色。叶宽倒卵形至椭圆形，长 3 ~ 9cm，

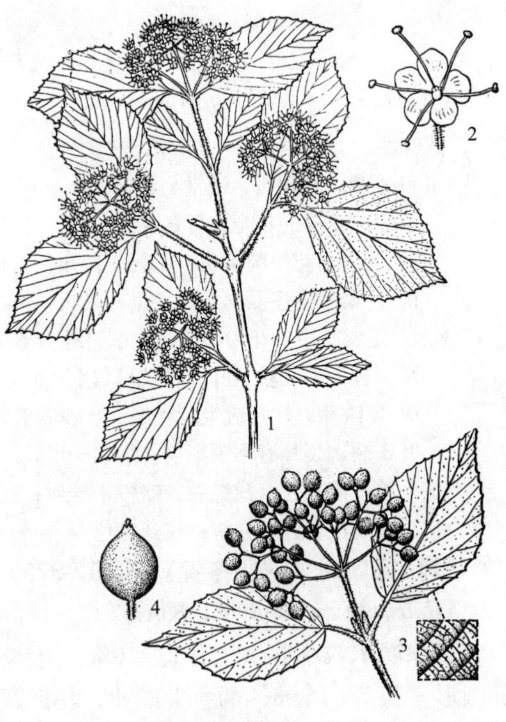

图 17-376 荚 蒾
1. 花枝 2. 花 3. 果枝 4. 果

顶端渐尖至骤尖，基圆形至近心形，边缘有尖锯齿，表面疏生柔毛，背面近基部两侧有少数腺体和多数细小腺点，脉上有柔毛或星状毛。复聚伞花序，直径 8 ~ 12cm；花冠辐状，白色，5 裂；雄蕊 5，长于花冠。核果近球形，深红色。花期 5 ~ 6 月；果期 9 ~ 10 月。

广布于陕西、河南、河北及长江流域各地，以华东常见。

荚蒾花白色而繁密，果红色而艳丽，可栽植于庭园观赏。果熟时可食。茎叶入药。

(4) 木本绣球（大绣球、斗球、荚蒾绣球）（图 17-377）

***Viburnum macrocephalum* Fort.**

形态：灌木，高达 4m；枝条广展，树冠呈球形。冬芽裸露，幼枝及叶背密被星状毛，老枝灰黑色。叶卵形或椭圆形，长 5 ~ 8cm，端钝，基圆形，边缘有细齿。大型聚伞花序呈球形，几全由白色不孕花组成，直径约 20cm；花萼筒无毛；花冠辐状，纯白。花期 4 ~ 6 月。

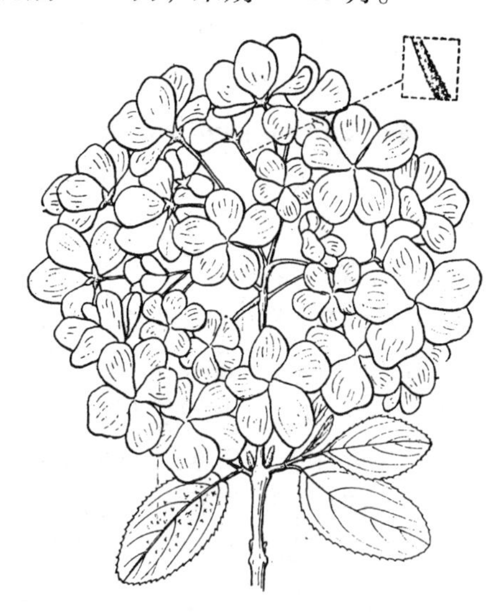

图 17-377　木本绣球

分布：主产长江流域，南北各地都有栽培。

变型：琼花 f. *keteleeri* Rehd.：又名八仙花，实为原种，聚伞花序，直径 10 ~ 12cm，中央为两性可育花，仅边缘为大型白色不孕花；核果椭圆形，先红后黑。果期 7 ~ 10 月。

习性：喜光略耐荫；性强健，颇耐寒，华北南部可露地栽培；常生于山地林间的微酸性土壤，也能适应平原向阳而排水较好的中性土。萌芽力、萌蘖力均强。

繁殖栽培：因全为不孕花不结果实，故常行扦插、压条、分株繁殖。扦插一般于秋季和早春进行。压条在春季当芽萌动时将去年枝压埋土中，次年春与母株分离移植。其变型琼花可播种繁殖，10 月采种，堆放后熟，洗净后置于 1 ~ 3℃低温 30d，露地播种，次年 6 月发芽出土，搭棚遮荫，留床 1 年分栽，用于绿化需培育 4 ~ 5 年。

移植修剪注意保持圆整的树姿，管理较为粗放，如能适量施肥、浇水，即可年年开花繁茂。

观赏特性及园林用途：木本绣球树姿开展圆整，春日繁花聚簇，团团如球，犹似雪花压树，枝垂近地，尤饶幽趣，其变型琼花，花型扁圆，边缘着生洁白不孕花，宛如群蝶起舞，逗人喜爱。最宜孤植于草坪及空旷地，使其四面开展，体现其个体美；如群体一片，花开之时即有白云翻滚之效，十分壮观；栽于园路两侧，使其拱形枝条形成花廊，人们漫步于其花下，顿觉心旷神怡；配植于庭中堂前，墙下窗前，也极相宜。

(5) 蝴蝶绣球（雪球荚蒾、斗球、日本绣球）

***Viburnum plicatum* Thunb.**

灌木，高 2 ~ 4m。枝开展，幼枝疏生星状绒毛。叶阔卵形或倒卵圆形，长 4 ~ 8cm，端凸尖，基部圆形，缘具锯齿，表面羽状脉甚凹下，背面疏生星状毛及绒毛。聚伞花序复伞形，径约 6 ~ 12cm，全为大型白色不孕花。花期 4 ~ 5 月。

产华东、华中、华南、西南、西北东部等地。

变型蝴蝶树 f. *tomentosum*Rehd. （图 17-378）：又名蝴蝶荚蒾、蝴蝶戏珠花，实为原种，其花序仅边缘有大形白色不孕花，形如蝴蝶；果红色，后变蓝黑色。

习性、繁殖、园林用途等同木本绣球。

（6）天目琼花（鸡树条荚蒾）

***Viburnum sargentii* Koehne**

灌木，高约 3m。树皮暗灰色，浅纵裂，略带木栓质，小枝具明显之皮孔。叶广卵形至卵圆形，长 6～12cm，通常 3 裂，裂片边缘具不规则的齿，生于分枝上部的叶常为椭圆形至披针形，不裂，掌状 3 出脉；叶柄顶端有 2～4 腺体。聚伞花序复伞形，径 8～12cm，有白色大型不孕边花；花冠乳白色，辐状；雄蕊 5，花药紫色。核果近球形，红色。花期 5～6 月；果期 8～9 月。

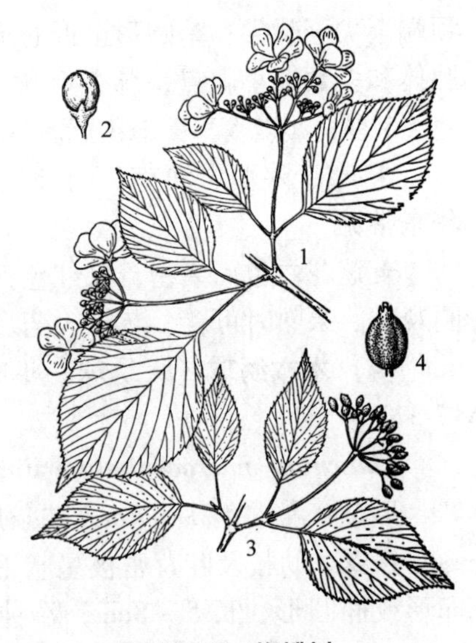

图 17-378 蝴蝶树

1. 花枝 2. 花蕾 3. 果枝 4. 果

东北南部、华北至长江流域均有分布。

喜光又耐荫；耐寒，多生于夏凉湿润多雾的灌丛中；对土壤要求不严，微酸性及中性土都能生长；引种时对空气相对湿度、半荫条件要求明显，幼苗必须遮阴，成年苗植于林缘，生长发育正常。根系发达，移植容易成活。多用播种繁殖。

天目琼花姿态清香，叶绿、花白、果红，是春季观花、秋季观果的优良树种。植于草地、林缘均适宜；其又耐荫，是种植于建筑物北面的好树种。嫩枝、叶、果供药用。种子可榨油，供制肥皂和润滑油。

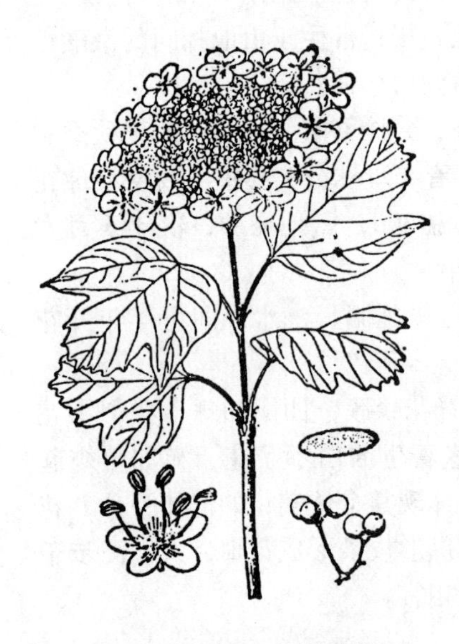

图 17-379 天目琼花

（7）欧洲琼花（图 17-379）

***Viburnum opulus* L.**

灌木，高达 4m。枝浅灰色，光滑。叶近圆形，3 裂，有时 5 裂，裂片有不规则粗齿，背面有毛，叶柄近端处有盘状大腺体。聚伞花序，多少扁平，有大型白色不孕边花；花药黄色。果近球形，红色。花期 5～6 月；果期 8～9 月。

原产欧洲、北非及亚洲北部，我国有引种栽培。

栽培品种‘欧洲雪球’‘Roseum’花序全为不孕花，绣球形。

欧洲琼花花果可观，秋季叶色也美丽，我国引种栽培，植于庭园观赏。

第二节 单子叶植物纲 Monocotyledoneae

多为须根系；茎内有不规则排列的散生维管束，没有形成层，不能形成树皮，也没有直径增粗生长；叶为单叶，有羽状或掌状分裂，有时裂片上有啮齿状缺刻，全缘，平行脉或弧形脉；花各部为3基数；种子的胚具一片顶生的子叶。单子叶植物的种类约占被子植物的1/4，其中草本植物占绝大多数，木本植物约占10%。

〔81〕禾本科 Gramineae

1年生或多年生草本，有时为木本。地上茎通称秆，秆有显著而实心的节与通常中空的节间。单叶互生，排成2列，由包于秆上的叶鞘和通常狭长、全缘的叶片组成；叶鞘与叶片间常有呈膜质或纤毛状的叶舌；叶片基部两侧有时还有叶耳。花序顶生或腋生，由多数小穗排成穗状、总状、头状或圆锥花序；小穗有小花1至多朵，排列于小穗轴上，基部有1～2片不孕的苞片，称为颖；花通常两性，为外稃和内稃包被着，每小花有2～3片透明的小鳞片称为鳞被；雄蕊1～6枚，通常3枚；雌蕊1枚；子房1室，花柱通常2裂，柱头呈羽毛状。颖果，少数为浆果。

约600属，6000种以上，广布于世界各地；中国约190属，1200多种。

本科经济价值很高，包括有主要粮食作物，经济竹类，大都富含纤维，可作造纸或编织原料，有些可作牧草、药材、绿化或为固堤保土植物。

本科分为竹亚科和禾亚科。

分属检索表

A_1　秆木质；枝条上的叶片有短柄（竹亚科）。

　B_1　地下茎为单轴型或复轴型；秆在分枝一侧扁平或具纵沟或呈四方形。

　　C_1　地下茎为单轴型；秆每节分枝大都为2，基部数节无气根；秆箨常为革质或厚纸质 ……………………………… 1. 刚竹属 *Phyllostachys*

　　C_2　地下茎为复轴型；秆每节分枝3，基部数节各具一圈气根，后变成小刺状或小瘤状突起；秆箨为薄纸质 ……………… 2. 方竹属 *Chimonobambusa*

　B_2　地下茎为复轴型或合轴型；秆圆筒形。

　　C_1　地下茎为合轴型。

　　　D_1　箨鞘的顶端仅略宽于箨叶基部，箨叶大都直立，若有外反者，则小枝常硬化成刺 ……………………………… 3. 簕竹属 *Bambusa*

　　　D_2　箨鞘的顶端远宽于箨叶基部，箨叶常外反，小枝不硬化成刺。

　　　　E_1　秆节间表面常被厚层白粉，节间甚长，50～100cm，秆箨硬纸质 …… 4. 单竹属 *Lingnania*

　　　　E_2　秆节间表面幼时略被白粉，节间中等长，10～50cm，秆箨革质 …… 5. 慈竹属 *Sinocalamus*

　　C_2　地下茎为复轴型。

　　　D_1　花枝短缩，侧生于叶枝（或无叶的枝条）下部的各节上，而不生于正常具叶枝条的顶端 ……………………………… 6. 苦竹属 *Pleioblastus*

　　　D_2　花序生于叶枝的顶端，稀可生于叶枝下部的节上而花枝延长常超越其所生的叶枝。

　　　　E_1　主秆每节通常1分枝；枝较粗壮，其直径与主秆相似；叶片大形 ……………………………… 7. 箬竹属 *Indocalamus*

　　　　E_2　主秆每节分枝3个以上（有时不足3个）；枝大部细弱；叶片中形或小形 ……………………………… 8. 箭竹属 *Sinarundinaria*

A_2 秆草质；枝条上的叶片无短柄（禾亚科） …………………………………… （芦竹属 *Arundo*）

1. 刚竹属 *Phyllostachys* Sieb. et Zucc.

乔木或灌木状；秆散生，圆筒形，节间在分枝一侧扁平或有沟槽，每节有2分枝。秆箨革质，早落，箨叶明显，有箨舌，箨耳，肩毛发达或无。叶披针形或长披针形，有小横脉，表面光滑，背面稍有灰白色毛。花序圆锥状、复穗状或头状，由多数小穗组成，小穗外被叶状或苞片状佛焰苞；小花2~6；颖片1~3或不发育；外稃先端锐尖；内稃有2脊，2裂片先端锐尖；鳞被3，形小；雄蕊3；雌蕊花柱细长，柱头3裂，羽毛状。颖果。

约50种，大都分布于东亚，中国为分布中心，约产40种，主要分布在黄河流域以南至南岭以北，不少种类已引至北京、河北、辽宁等地。

分种检索表

A_1 老秆全部绿色，无其他色彩。
　B_1 秆下部诸节间不短缩，也不肿胀。
　　C_1 箨鞘有箨耳或鞘口缘毛。
　　　D_1 秆环不隆起，竹秆各节仅现1箨环；新秆密被细柔毛和白粉 ………… （1）毛竹 *P. pubescens*
　　　D_2 秆环与箨环均隆起，竹秆各节现出2环；新秆无毛无白粉 ………… （2）桂竹 *P. bambusoides*
　　C_2 箨鞘无箨耳及鞘口缘毛。
　　　D_1 秆表面在扩大镜下见有晶状凹点；分枝以下竹秆上秆环不明显或低于箨环……………………
　　　　……………………………………………………………………………… （3）刚竹 *P. viridis*
　　　D_2 秆表面在扩大镜下不见晶状凹点；分枝以下竹秆上秆环均较隆起。
　　　　E_1 箨鞘无白粉；箨舌截平，暗紫色 ………………………………………… （4）粉绿竹 *P. glauca*
　　　　E_2 箨鞘有白粉；箨舌弧形，淡褐色 ………………………………………… （5）早园竹 *P. propinqua*
　B_2 秆下部数节间短缩。
　　C_1 秆下部数节间交互的斜面连接 ………………………… （1）①龟甲竹 *P. pubescens* var. *heterocycla*
　　C_2 秆下部诸节间作不规则的短缩或畸形肿胀，或节间近于正常而在节下有长约1cm的一段明显膨大区 ………………………………………………………………………… （6）罗汉竹 *P. aurea*
A_2 老秆非绿色，或在绿色底上有其他色彩。
　B_1 老秆全部或部分带紫黑色。
　　C_1 老秆全部紫黑色 ……………………………………………………………………… （7）紫竹 *P. nigra*
　　C_2 老秆绿色底上具大小不等的紫黑色斑纹。
　　　D_1 紫黑色斑纹外深内浅 ………………………………………………… （4）①筠竹 *P. glauca* f. *yuozhu*
　　　D_2 紫黑色斑纹外浅内深………………………………………… （2）①斑竹 *P. bambusoides* f. *tanakae*
　B_2 老秆绿色仅沟槽处黄色，或黄色底有绿色纵条。
　　C_1 秆绿色，而沟槽处为黄色。
　　　D_1 箨鞘有弯镰形箨耳；秆在扩大镜下不见晶状小体 ………………… （8）黄槽竹 *P. aureosulcata*
　　　D_2 箨鞘无箨耳；秆在扩大镜下可见晶状小体 ……… （3）①槽里黄刚竹 *P. viridis* f. *houzeauana*
　　C_2 秆黄色，散生绿色纵条。
　　　D_1 箨鞘有弯镰形箨耳；秆在扩大镜下不见晶状小体…………………………………………………
　　　　…………………………………………………………… （8）①金镶玉竹 *P. aureosulcata* f. *spectabilis*

D_2 箨鞘无箨耳；秆在扩大镜下可见晶状小体 ………………（3）②黄皮刚竹 *P. viridis* f. *youngii*

（1）毛竹（楠竹、孟宗竹）（图 17-380）

***Phyllostachyr pubescens* Mazel ex H. de Lehaie**

形态：高大乔木状竹类，秆高 10～25m，径 12～20cm，中部节间可长达 40cm；新秆密被细柔毛，有白粉，老秆无毛，白粉脱落而在节下逐渐变黑色，顶梢下垂；分枝以下秆上秆环不明显，箨环隆起。箨鞘厚革质，棕色底上有褐色斑纹，背面密生棕紫色小刺毛；箨耳小，边缘有长缘毛；箨舌宽短，弓形，两侧下延，边缘有长缘毛；箨叶狭长三角形，向外反曲。枝叶 2 列状排列，每小枝保留 2～3 叶，叶较小，披针形，长 4～11cm；叶舌隆起；叶耳不明显，有肩毛，后渐脱落。花枝单生，不具叶，小穗丛形如穗状花序，外被有覆瓦状的佛焰苞；小穗含 2 小花，一成熟一退化。颖果针状。笋期 3 月底至 5 月初。

分布：原产中国秦岭、汉水流域至长江流域以南海拔 1000m 以下广大酸性土山地，分布很广，东起台湾，西至云南东北部，南自广东和广西中部，北至安徽北部、河南南部；其中浙江、江西、湖南为分布中心。

变种：龟甲竹 var. *heterocycla*（Carr.）H. de Lehaie：秆较原种稍矮小，下部诸节间极度缩短、肿胀，交错成斜面。宜栽于庭院观赏。

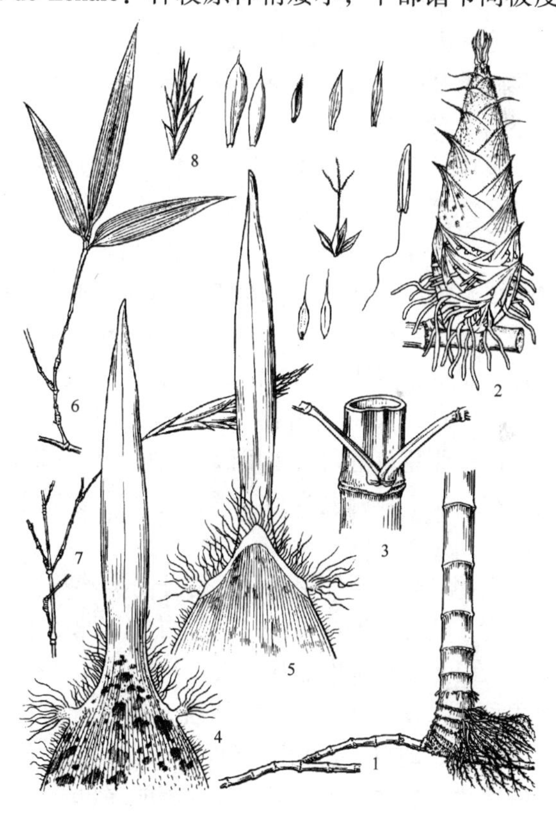

图 17-380 毛 竹

1. 地下茎和竹秆下部 2. 笋 3. 秆一节，示二分枝 4. 秆箨背面 5. 秆箨腹面 6. 叶枝 7. 花枝 8. 小穗

习性：喜温暖湿润的气候，要求年平均温度 15～20℃，耐极端最低温 -16.7℃，年降水量 800～1000mm；喜空气相对湿度大；喜肥沃、深厚、排水良好的酸性砂壤土，干燥的沙荒石砾地、盐地，碱地、排水不良的低洼地均不利生长。毛竹分布的北缘地区，年平均温度 15℃左右，极端最低温为 -14℃左右，年降水量为 800～1000mm，年蒸发量为 1200～1400mm，显然，对毛竹分布和生长起限制作用的主要是水分条件，其次才是温度条件。

毛竹竹鞭的生长靠鞭梢，在疏松、肥沃土壤中，一年间鞭梢的钻行生长可达 4～5m；竹鞭寿命约 14 年。

毛竹笋开始出土，要求 10℃左右的旬平均温度；从出土到新竹长成约 2 个月时间，新竹长成后，竹株的干形生长结束，高度、粗度和体积不再有明显的变化，新竹第 2 年春季换叶，以后每 2 年换叶 1 次。

毛竹开花前出现反常预兆，如出笋少甚至不出笋，叶绿素显著减退，竹叶全部脱落或换生变形的新叶。毛竹的花期长，从4～5月至9～10月都有发生，而以5～6月为盛花期；因花的花丝长而花柱短，授粉率低，十花九不孕。毛竹开花初期总是零星发生在少数竹株上，有的全株开花，竹叶脱落，花后死亡；有的部分开花，部分生叶，持续2～3年，直至全株枝条开完后竹秆死亡；一片毛竹林全部开花结实，一般要经历5～6年以上。

毛竹的生长发育周期很长，一般50～60年，从实生苗起，经过长期的无性繁殖，逐渐发展生殖生长，进入性成熟；处于同一生理成熟阶段的毛竹，不论老竹、新竹，或分栽于各地的竹株，都可能先后开花结实，然而外界的环境包括人为影响，对毛竹开花有一定的抑制或促进作用。

繁殖栽培：可播种、分株、埋鞭等法繁殖。

毛竹种实在8～9月陆续成熟脱落，要及时连枝采下，经干燥、脱粒，即可贮藏，在阴凉、干燥、通风良好处，保持0～5℃低温，发芽力可保持1年以上；成熟的种子没有休眠期，暖地可随采随播，在偏北地区则以春播或温床育苗为宜。

利用毛竹实生苗分蘖丛生的特性，可以进行分株育苗。春季，将1年生竹苗整丛挖起，用剪子从竹苗基部切开，分成2～3株一小丛，尽量少伤分蘖芽和根系，剪去竹苗枝叶1/2，按30～50cm的株行距进行栽植，成活率在90%以上。

毛竹实生苗的竹鞭再生繁殖能力很强，当竹苗起出后，圃地上还有大量的残留竹鞭，挖起并截成15cm左右长的鞭段，上具3～4个完整肥壮的芽苞，开沟埋鞭，当年每丛即可分蘖5～6株，抽鞭数条。

园林绿化栽植毛竹时常直接移竹栽植或截秆移蔸栽植，以便迅速达到绿化效果。

移竹栽植，即是连竹秆带竹鞭挖出栽植。选择秆直、基部粗、枝叶繁茂、分枝较低、无病虫害、胸径2～4cm的1～3年生母竹，根据竹子最下一盘枝条的方向确定去鞭的方向，挖掘时留来鞭30～40cm，去鞭50～70cm的长度截断，断面要光滑，起竹时注意保护鞭芽，少伤鞭根，不要摇动竹秆，否则容易损伤竹秆和竹鞭的连接处（称“螺丝钉”）而影响成活，母竹挖起后，留枝4～5盘，削去竹梢，栽时要使鞭根舒展，覆土深度比母竹原来入土部分稍深3～5cm，防止竹秆摇晃，应设立防风支架。

截秆移蔸栽植同上法相似，只是母竹基部离地面15～30cm处截断竹秆，用蔸栽植。此法有利运输，栽后也容易管理，竹蔸不易失水，有利于成活，但新竹细小，成林成材都较缓慢。

观赏特性及园林用途：毛竹秆高、叶翠，四季常青，秀丽挺拔，值霜雪而不凋，历四时而常茂，颇无夭艳，雅俗共赏。自古以来常植于庭园曲径、池畔、溪涧、山坡、石际、天井、景门，以至室内盆栽观赏；与松、梅共植，誉为“岁寒三友”，点缀园林。在风景区大面积种植，谷深林茂，云雾缭绕，竹林中有小径穿越，曲折、幽静、深邃，形成“一径万竿绿参天”的景感；湖边植竹，夹以远山、近水、湖面游船，实是一幅幅活动的画面；高大的毛竹也是建筑、水池、花木等的绿色背景；合理栽植，又可分隔园林空间，使境界更觉自然、调和；毛竹根浅质轻，是植于屋顶花园的极好材料；植株无毛无花粉，在精密仪器厂、钟表厂等地栽植也极适宜。

经济用途：毛竹材质坚韧富弹性，抗压和抗拉性均强，为良好的建筑材料；竹材篾性好，可加工制作各种工具、农具、文具、家具、乐器以及工艺美术品和日常生活用品，有的是我国传统出口商品；竹材纤维含量高，纤维长度长，是造纸工业的好原料；竹材之外，毛竹的鞭、根、蔸、枝、箨等都可以加工利用；笋味鲜美可食；毛竹全身都能利用，实为理想的结合生产的绿化树种。

（2）桂竹（刚竹、五月季竹）（图 17-381）

***Phyllostachys bambusoides* Sieb. et Zucc.**

秆高 11～20m，径 8～10cm；秆环、箨环均隆起，新秆绿色，无白粉。箨鞘黄褐色底密被黑紫色斑点或斑块，常疏生直立短硬毛；箨耳小，1 枚或 2 枚，镰形或长倒卵形，有长而弯曲的肩毛；箨舌微隆起；箨叶三角形至带形，橘红色，有绿边，皱折下垂。小枝初生 4～6 叶，后常为 2～3 叶；叶带状披针形，长 7～15cm，有叶耳和长肩毛。笋期 4～6 月。

原产中国，分布甚广，东自江苏、浙江，西至四川，南自两广北部，北至河南、河北都有栽植。

园林中常见变型有斑竹 f. *tanakae* Makino ex Tsuboi：竹秆和分枝上有紫褐色斑块或斑点，通常栽植于庭园观赏，秆加工成工艺品。

图 17-381 桂竹（1～3）、粉绿竹（4）
1. 笋 2、4. 秆箨 3. 叶枝

桂竹抗性较强，适生范围大，能耐－18℃的低温，多生长在山坡下部和平地土层深厚肥沃的地方，在粘重土壤上生长较差。

园林用途同毛竹。经济用途仅次于毛竹；竹笋味美可食。是“南竹北移”的优良竹种。

（3）刚竹（图 17-382）

***Phyllostachs viridis*（Young）McClure**

秆高 10～15cm，径 4～9cm，挺直，淡绿色，分枝以下的秆环不明显；新秆无毛，微被白粉，老秆仅节下有白粉环，秆表面在扩大镜下可见白色晶状小点。箨鞘无毛，乳黄色或淡绿色底上有深绿色纵脉及棕褐色斑纹；无箨耳；箨舌近截平或微弧形，有细纤毛；箨叶狭长三角形至带状，下垂，多少波折。每小枝有 2～6 叶，有发达的叶耳与硬毛，老时可脱落；叶片披针形，长6～16cm。笋期 5～7 月。

原产中国，分布于黄河流域至长江流域以南广大地区。

园林中常见栽培有 2 个变型：

①槽里黄刚竹（绿皮黄筋竹）f. *houzeauana* C. D. Chu et C. S. Chao：秆绿色，着生分枝一侧的纵槽为金黄色。为庭园观赏竹种之一。

②黄皮刚竹（黄皮绿筋竹）

f. *youngii* C. D. Chu et C. S. Chao：秆常较小，金黄色，节下面有绿色环带，节间有少数绿色纵条；叶片常有淡黄色纵条纹。竹秆金黄色颇美观，是庭园常见观赏竹种。

刚竹抗性强，能耐 -18℃低温，微耐盐碱，在 pH8.5 左右的碱土和含盐 0.1% 的盐土上也能生长。

园林用途同毛竹。刚竹的材质坚硬，韧性较差，不宜劈篾编织，可供小型建筑及农具柄材使用；笋味略苦，浸水后可食用。

(4) 粉绿竹（淡竹）（图 17-381）

***Phyllotachys glauca* McClure**

秆高 5~10m，径 2~5cm，无毛，新秆密被白粉而为蓝绿色，老秆绿色，仅节下有白粉环。箨鞘淡红褐或淡绿色，有紫色细纵条纹，无毛，多少有紫褐色斑点；无箨耳；箨舌截平，暗紫色，微有波状齿缺，有短纤毛；箨叶带状披针形，绿色，有紫色细条纹，平直。每小枝 2~3 叶，叶鞘初有叶耳，后渐脱落；叶舌紫色或紫褐色；叶片披针形，长 8~16cm。笋期4 月中旬至5 月底。

原产中国，分布在长江、黄河中下游各地，而以江苏、山东、河南、陕西等地较多。

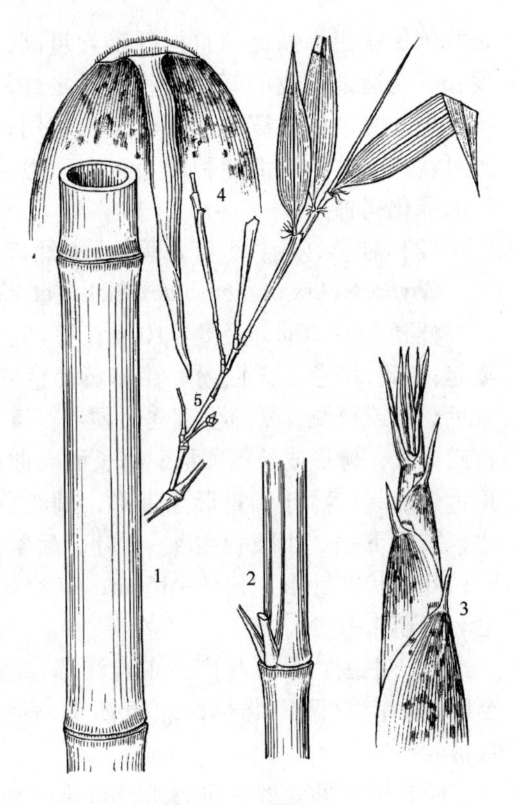

图 17-382 刚 竹
1. 竹秆 2. 秆一节，示分枝
3. 笋上部 4. 秆箨 5. 叶枝

变型筠竹 f. *yuozhu* J. L. Lu：秆渐次出现紫褐色斑点或斑块。分布河南、山西。竹材匀齐劲直，柔韧致密，秆色美观，常栽于庭园观赏，为河南博爱著名的“清化竹器”原材料，适于编织竹器及各种工艺品。

粉绿竹适应性较强，在 -18℃左右的低温条件和轻度的盐碱土上，也能正常生长，能耐一定程度的干燥瘠薄和暂时的流水漫渍。近年来，苏北沿海地区用粉绿竹造林，取得显著成绩；北移引种已跨过渤海，在北纬 40 度以上的辽宁省营口、盖县等地能安全越冬。

材质优良，韧性强，篾性好，可编织各种竹器，也作农具柄、晒竿、棚架等。笋味鲜美，供食用。

(5) 早园竹

***Phyllostachys propinqua* McClure**

秆高 8~10m，胸径 5cm 以下。新秆绿色具白粉，老秆淡绿色，节下有白粉圈，箨环与秆环均略隆起。箨鞘淡紫褐色或深黄褐色，被白粉，有紫褐色斑点及不明显条纹，上部边缘枯焦状；无箨耳；箨舌淡褐色，弧形；箨叶带状披针形，紫褐色，平直反曲。小枝具叶 2~3 片，带状披针形，长 7~16cm，宽 1~2cm，背面基部有毛；叶舌弧形隆起。笋期 4~6 月。

主产华东。北京、河南、山西有栽培。

抗寒性强，能耐短期的 -20℃低温；适应性强，轻碱地，砂土及低洼地均能生长。

早园竹秆高叶茂，生长强壮，是华北园林中栽培观赏的主要竹种。秆质坚韧，篾性好，为柄材、棚架、编织竹器等优良材料。笋味鲜美，可食用。

(6) 罗汉竹（人面竹）

***Phyllostachys aurea* Carr. ex A. et C. Riviere**

秆高 5～12m，径 2～5cm，中部或以下数节节间作不规则的短缩或畸形肿胀，或其节环交互歪斜，或节间近于正常而于节下有长约 1cm 的一段明显膨大；老秆黄绿色或灰绿色，节下有白粉环。箨鞘无毛，紫色或淡玫瑰的底色上有黑褐色斑点，上部两侧边缘常有枯焦现象，基部有一圈细毛环；无箨耳；箨舌极短，截平或微凸，边缘具长纤毛；箨叶狭长三角形，皱曲。叶狭长披针形，长 6.5～13cm。笋期 4～5 月。

原产中国，长江流域各地都有栽培。耐寒性较强，能耐 -20℃低温。

常植于庭园观赏，与佛肚竹、方竹等秆形奇特的竹种配植一起，增添景趣。秆可作钓鱼秆、手杖及小型工艺品。笋味甘而鲜美，供食用。

(7) 紫竹（黑竹、乌竹）

***Phyllostachys nigra*（Lodd.）Munro**

秆高 3～10m，径 2～4cm，新秆有细毛茸，绿色，老秆则变为棕紫色以至紫黑色。箨鞘淡玫瑰紫色，背部密生毛，无斑点；箨耳镰形、紫色；箨舌长而隆起；箨叶三角状披针形，绿色至淡紫色。叶片 2～3 枚生于小枝顶端，叶鞘初被粗毛，叶片披针形，长 4～10cm，质地较薄。笋期 4～5 月。

原产中国，广布于华北经长江流域以至西南等地区。

变种淡竹（毛金竹）var. *henonis* Stapf ex Rendle，秆高大，可达 7～18m，秆壁较厚，秆绿色至灰绿色。竹秆可作农具柄等用，粗大者可代毛竹供建筑用，箨性好，可供编织，中药竹沥、竹茹制取于本竹，笋供食用。

紫竹耐寒性较强，耐 -18℃低温，北京紫竹院公园小气候条件下能露地栽植。

紫竹秆紫黑，叶翠绿，颇具特色，常植于庭园观赏，与黄槽竹、金镶玉竹、斑竹等秆具色彩的竹种同栽于园中，增添色彩变化。秆可制小型家具，细秆可作手杖、笛、箫、烟秆、伞柄及工艺品等。

(8) 黄槽竹

***Phyllostachys aureosulcata* McClure**

秆高 3～6m，径 2～4cm，新秆有白粉，秆绿色，分枝一侧纵槽呈黄色。箨鞘质地较薄，背部无毛，通常无斑点，上部纵脉明显隆起；箨耳镰形，缘有紫褐色长毛，与箨叶明显相连；箨舌宽短、弧形，边缘缘毛较短；箨叶长三角状披针形，初皱折而后平直。叶片披针形，长 7～15cm。笋期 4～5 月。

原产中国。北京有栽培。

变型金镶玉竹 f. *spectabilis* C. D. Chu et C. S. Chao：秆金黄色，分枝一侧纵槽绿色，秆上有数条绿色纵条。秆色泽美丽，常植于庭园观赏。

黄槽竹适应性较强，耐 -20℃低温，在干旱瘠薄地，植株呈低矮灌木状。常植于庭园观赏。

2. 方竹属 *Chimonobambusa* Makino

灌木或小乔木状；地下茎复轴型。秆圆筒形或微呈四方形，在分枝一侧常扁平或具沟槽,基部数节常各有一圈瘤状气根;每节具3分枝。箨鞘厚纸质,背部无毛,有斑点;常无箨耳;箨舌膜质,全缘;箨叶细小,直立,三角形或锥形。叶片较坚韧,小横脉显著。花枝紧密簇生,重复分枝或有时不分枝;小穗几无柄;颖1~3片,不等长;外稃膜质带厚纸质;内稃微短于外稃;鳞被3,披针形;雄蕊3;花柱2,分离,柱头羽毛状。坚果状颖果,有坚厚的果皮。

约15种,分布于中国、日本、印度和马来西亚等地。中国约有3种。

方竹(图17-383)

***Chimonobambusa quadrangularis*(Fenzi.) Makino**

秆散生,高3~8m,径1~4cm,幼时密被黄褐色倒向小刺毛,以后脱落,在毛基部留有小疣状突起,使秆表面较粗糙,下部节间四方形;秆环甚隆起,箨环幼时有小刺毛,基部数节常有刺状气根一圈;上部各节初有3分枝,以后增多。箨鞘无毛,背面具多数紫色小斑点;箨耳及箨舌均极不发达;箨叶极小或退化。叶2~5枚着生小枝上;叶鞘无毛;叶舌截平、极短;叶片薄纸质,窄披针形,长8~29cm。肥沃之地,四季可出笋,但通常笋期在8月至次年1月。

中国特产,分布于华东、华南以及秦岭南坡。生于低山坡。栽培供庭园观赏。秆可作手杖。笋味美可食。

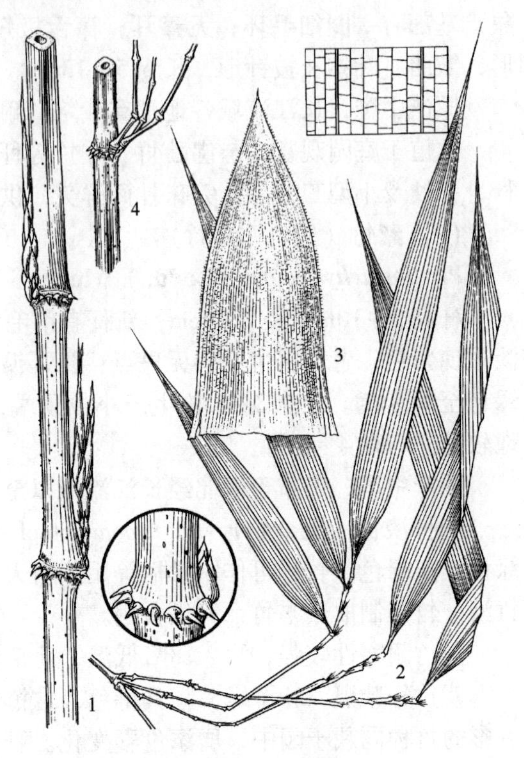

图17-383 方 竹

1. 秆及分枝部放大,示气生根刺 2. 叶枝 3. 秆箨 4. 秆一节,示分枝

3. 箣竹属 *Bambusa* Schreb.

乔木状或灌木状。地下茎合轴型;秆丛生,圆筒形,每节有枝条多数,有时不发育的枝常硬化成棘刺。箨鞘较迟落,厚革质或硬纸质;箨耳发育,近相等或不相等;箨叶直立、宽大。叶片小型至中等,线状披针形至长圆状披针形,小横脉常不明显。小穗簇生于枝条各节,组成大型无叶或有叶的假圆锥花序;小穗有少至多数小花;颖1~4枚;内稃等长或稍长于外稃;鳞被3;雄蕊6枚;子房基部通常有柄,柱头羽毛状。颖果长圆形。

100余种,分布于东亚、中亚、马来西亚及大洋洲等处;中国有60余种,大多分布于华南及西南。

分种检索表

A_1 植株之秆2型,除正常秆外,尚有畸形肿胀的秆……………………………………(1)佛肚竹 *B. ventricosa*

A_2 植株之秆仅1型,即仅有正常的秆。

  B_1 秆之节间绿色,无条纹 ……………………………………………………………(2)孝顺竹 *B. multiplex*

  B_2 秆的节间鲜黄色,有显著的绿色条纹………………………(3)黄金间碧竹 *B. vulgaris* var. *striata*

(1) 佛肚竹（佛竹、密节竹）（图 17-384）

***Bambusa ventricosa* McClure**

乔木型或灌木型，高与粗因栽培条件而有变化。秆无毛，幼秆深绿色，稍被白粉，老时橄榄黄色；秆有两种：正常秆高，节间长，圆筒形；畸形秆矮而粗，节间短，下部节间膨大呈瓶状。箨鞘无毛，初时深绿色，老后变成橘红色；箨耳发达，圆形或倒卵形至镰刀形；箨舌极短；箨叶卵状披针形，于秆基部的直立，上部的稍外反，脱落性。每小枝具叶 7～13 枚，叶片卵状披针形至长圆状披针形，长 12～21cm，背面被柔毛。

中国广东特产，南方公园中有栽植或盆栽观赏。

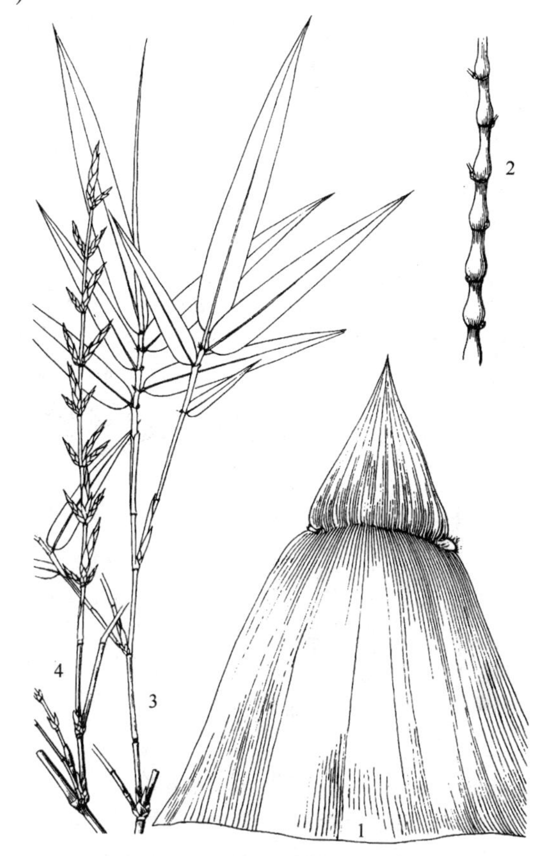

图 17-384　佛肚竹

1. 秆箨　2. 秆一段　3. 叶枝　4. 花枝

(2) 孝顺竹（凤凰竹）（图 17-385）

***Bambusa multiplex* (Lour.) Raeuschel**

秆高 2～7m，径 1～3cm，绿色，老时变黄色。箨鞘硬脆，厚纸质，无毛；箨耳缺或不明显；箨舌甚不显著；箨叶直立，三角形或长三角形。每小枝有叶 5～9 枚，排成 2 列状；叶鞘无毛；叶耳不显；叶舌截平；叶片线状披针形或披针形，长 4～14cm，质薄，表面深绿色，背面粉白色。笋期 6～9 月。

原产中国、东南亚及日本；我国华南、西南直至长江流域各地都有分布。

变种凤尾竹 var. *nana* (Roxb.) Keng f.：比原种矮小，高 1～2m，径不超过 1cm。枝叶稠密、纤细而下弯，每小枝有叶 10 余枚，羽状排列，叶片长 2～5cm。长江流域以南各地常植于庭园观赏或盆栽。

变型花孝顺竹 f. *alphonsekarri* Sasaki：秆金黄色，夹有显著绿色之纵条纹。常盆栽或栽植于庭园观赏。

孝顺竹性喜温暖湿润气候及排水良好、湿润的土壤，是从生竹类中分布最广、适应性最强的竹种之一，可以引种北移。

本种植丛秀美，多栽培于庭园供观赏，或种植宅旁作绿篱用，也常在湖边、河岸栽植。竹秆细长强韧，可作编织、篱笆、造纸等用。

(3) 黄金间碧竹（青丝金竹）

***Bambosa vulgaris* Schrad. var. *striata* Gamble**

秆高 6～15m，径 4～6cm，鲜黄色，间以绿色纵条纹。箨鞘草黄色，具细条纹，背部密

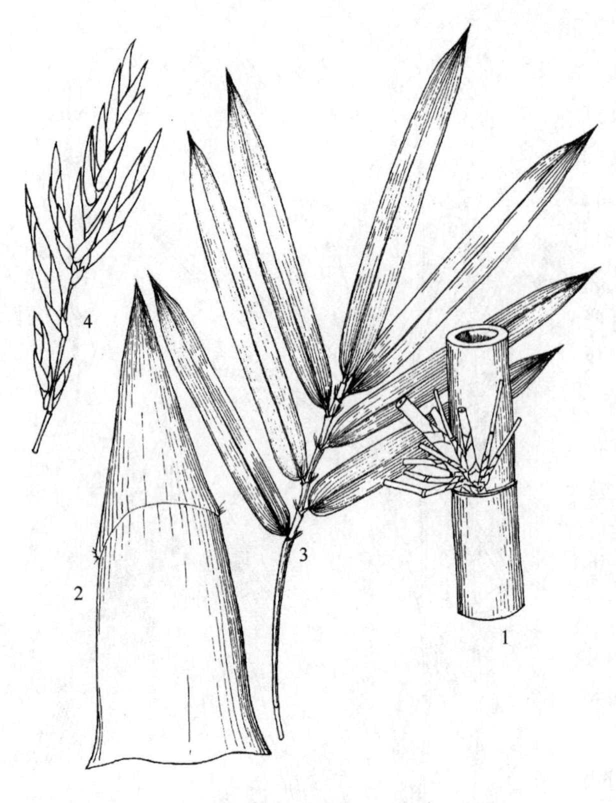

图 17-385 孝顺竹
1. 秆一段 2. 秆箨 3. 叶枝 4. 花枝

被暗棕色短硬毛，毛易脱落；箨耳近等大；箨舌较短，边缘具细齿或条裂；箨叶直立，卵状三角形或三角形，腹面脉上密被短硬毛。叶披针形或线状披针形，长 9 ~ 22cm，两面无毛。

原产中国、印度、马来半岛。盆栽或植于庭园观赏。

4. 单竹属 *Lingnania* McClure

乔木型或灌木型。地下茎合轴型；秆丛生，通常直立；节间圆柱形，极长；秆环几乎不高起；每节具多数分枝，主枝和侧枝粗细相仿，丛生节上。秆箨脱落性；箨鞘顶端甚宽，截平或弓形；箨叶近外反，其基部宽度仅为箨鞘顶端的 1/2 ~ 1/4。叶片线状披针形、披针形或卵状披针形，不具小横脉。花序由无柄或近无柄的假小穗簇生于花枝节上组成，小穗有小花数至多朵；颖 1 ~ 2 片；外稃宽卵形，无毛而具光泽，内稃与外稃近等长或稍较长，无毛或脊上被纤毛；鳞被通常 3 枚；雄蕊 6 枚；花柱单一，有时极短或近乎缺，柱头 3 枚，极少 2 枚，羽毛状。

约 10 种，分布于中国南部和越南；中国产 7 种。

粉单竹（图 17-386）

***Lingnania chungii* McClure**

高 3 ~ 10m，最高可达 16 ~ 18m，径 5 ~ 8cm。节间圆柱形，淡黄绿色，被白粉，尤以幼秆被粉较多，长 50 ~ 100cm；秆环平，箨环木栓质，隆起，其上有倒生的棕色刺毛。箨鞘硬纸质，坚脆，顶端宽，截平，背面多刺毛；箨耳狭长圆形，粗糙；箨舌远比箨叶基部宽；箨叶淡绿色，卵状披针形，边缘内卷，强烈外反。每小枝有叶 6 ~ 7 枚，叶片线状披针形至长圆状披针形，大小变化较大，长 7 ~ 21cm，基部歪斜，两侧不等，质地较厚；叶鞘光滑无毛；叶耳较明显，被长缘毛；叶舌较短。笋期 6 ~ 8 月。

中国南方特产，分布于广东、广西和湖南等地区。喜温暖湿润气候及疏松、肥沃的砂壤土，普遍栽植在溪边、河岸及村旁。

竹材韧性强，节间长而节平，为中上等劈篾用材，可供精细编织，竹髓和竹青供药用。为良好的园林绿化竹种。

5. 慈竹属 *Sinocalamus* McClure

乔木型竹类，无刺。地下茎合轴型；秆丛生，梢部呈弧形弯曲或下垂如钩丝状，节间圆筒形。秆箨脱落性；箨鞘硬革质，大型，基部甚宽，顶端截形而两肩宽圆；箨耳缺或不显著；箨舌颇发达，有时极显著地伸出，且具流苏状毛；箨叶小，基部远狭于箨鞘顶部，常为不同程度的外反，极少直立。每节具多数分枝，其中主枝较粗而长。叶片宽大；叶耳通常缺；叶舌显著。假圆锥花序无叶或具叶；小穗簇生或呈头状聚集于花枝每节上，每小穗有花多朵；颖1～3片，宽卵形；外稃较颖为大，内稃约与外稃等长而较狭；鳞被通常3；雄蕊6；花柱单一，柱头2～4，羽毛状。

20余种，多分布于非洲东南部；中国产10种。

图17-386　粉单竹

1. 秆一段　2. 秆箨　3. 叶枝　4. 假小穗　5. 小花　6. 外稃　7. 内稃　8. 鳞被　9. 雄蕊　10. 雌蕊

分种检索表

A_1　竹秆高大，基部数节有明显气根或根眼，节间无毛；竹壁厚；枝下各节有芽；中心主枝特别粗长；叶片大型 ……………………………………………… (1) 麻竹 *S. latiflorus*

A_2　竹秆大小中等，基部各节无气根或根眼，节间有刺毛；竹壁薄；枝下各节无芽；主侧枝区别不突出；叶片中型 ……………………………………………………………………… (2) 慈竹 *S. affinis*

(1) 麻竹（龙竹）

***Sinocalamus latiflorus*（Munro）McClure**

秆高15～20m，最高可达25m，径10～30cm，秆梢弧形弯曲而下垂，节间长30～45～(60) cm；基部4～6节有明显气根或根眼；秆环平而微突；箨环木栓质，隆起。箨鞘通常大，革质，坚脆，背部平滑，无条纹；箨耳甚小，箨舌齿裂状，箨叶三角形至披针形，向外反倒。小枝先端具叶7～10枚；叶鞘长达19cm；叶耳不明显；叶舌突起，截平；叶片宽大，卵状披针形至长圆状披针形，长15～35cm，最长可达50cm，正面无毛，背面中脉突起，具小锯齿。笋期早而长，5月出土，11～12月仍有笋萌发。

原产中国，自华南至西南都有分布。越南、缅甸、菲律宾也有栽培。喜温暖湿润气候及肥沃湿润土壤，在黏土上生长不良。

麻竹秆粗大劲直，是良好的建筑用材；笋期长，笋味美，是主要笋用竹种之一；竹叶繁茂，竹鞭强韧，可作护堤、防风及绿化用。

（2）慈竹（钓鱼竹）（图 17-387）

***Sinocalamus affinis* Rendle McClure**

秆高 5～10m，径 4～8cm，顶梢细长作弧形下垂。箨鞘革质，背部密被棕黑色刺毛；箨耳缺如；箨舌流苏状；箨叶先端尖，向外反倒，基部收缩略呈圆形，正面多脉，密生白色刺毛，边缘粗糙内卷。叶数至十数枚着生于小枝先端；叶片质薄，长卵状披针形，长 10～30cm，表面暗绿色，背面灰绿色，侧脉 5～10 对，无小横脉。笋期 6 月，持续至 9～10 月。

原产中国，分布在云南、贵州、广西、湖南、湖北、四川及陕西南部各地。喜温暖湿润气候及肥沃疏松土壤，干旱瘠薄处生长不良。

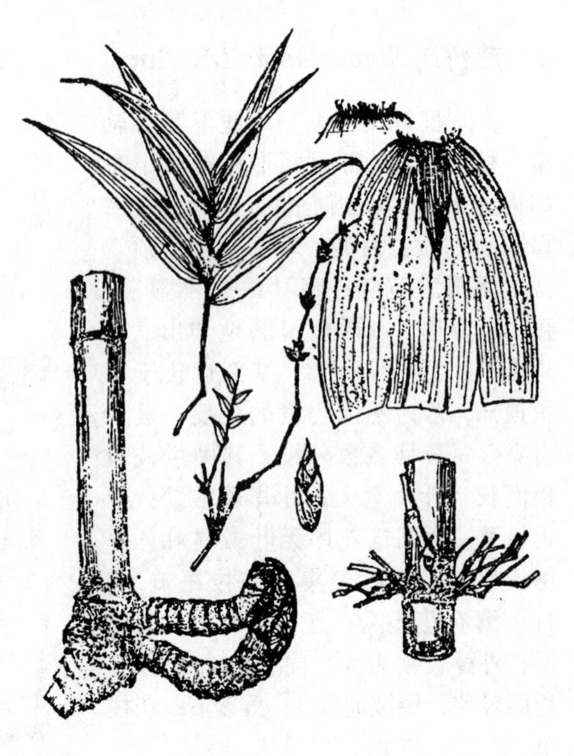

图 17-387 慈 竹

慈竹秆丛生，枝叶茂盛秀丽，于庭园内池旁、石际、窗前、宅后栽植，都极适宜。材质柔韧，劈篾性能良好，是编织竹器、扭制竹索以及造纸的好材料；笋味苦，煮后去水，仍可食用。

6. 苦竹属 *Pleioblastus* Nakai

灌木状或小乔木状竹类。地下茎复轴型。秆散生或丛生，圆筒形；秆环很隆起，每节有 3～7 分枝。箨鞘厚革质，基部常宿存，使箨环上具一圈木栓质环状物；箨叶锥状披针形。每小枝具叶 2 ～13 片；叶鞘口部常有波状弯曲的刚毛；叶舌较长或较短；叶片有小横脉。总状花序着生于枝下部各节；小穗绿色，具花数朵；颖 2～5，有锐尖头，边缘有纤毛；外稃披针形，近革质，边缘粗糙；内稃背部 2 脊间有沟纹；鳞被 3 片；雄蕊 3 枚，花柱 1，柱头 3，羽毛状。颖果长圆形。

约有 90 种，分布于东亚，以日本为多；中国 10 余种。

分种检索表

A_1 秆较高，3～7m；每节具 3～6 分枝；叶片绿色……………………………………（1）苦竹 *P. amarus*

A_2 秆低矮，高不足 2m；每节 2 至数分枝或下部为 1 分枝 …………………（2）菲白竹 *P. angustifolius*

（1）苦竹（伞柄竹）（图 17-388）

***Pleioblastus amarus*（Keng）Keng f.**

秆高 3～7m，径 2～5cm，节间圆筒形，在分枝一侧稍扁平；箨环隆起呈木栓质。箨鞘厚纸质或革质，绿色，有棕色或白色刺毛，边缘密生金黄色纤毛；箨耳细小，深褐色，有直立棕色缘毛；箨舌截平；箨叶细长披针形。叶鞘无毛，有横脉；叶舌坚韧，截平；叶片披针形，长 8~20cm，质坚韧，表面深绿色，背面淡绿色，有微毛。笋期 5~6 月。

原产中国，分布于长江流域及西南部。适应性强，较耐寒，北京在小气候条件下能露地栽植，在低山、丘陵、山麓、平地的一般土壤上，均能生长良好。

苦竹常于庭园栽植观赏。秆直而节间长，大者可作伞柄、帐竿、支架等用，小者可作笔管、筷子等；笋味苦，不能食用。

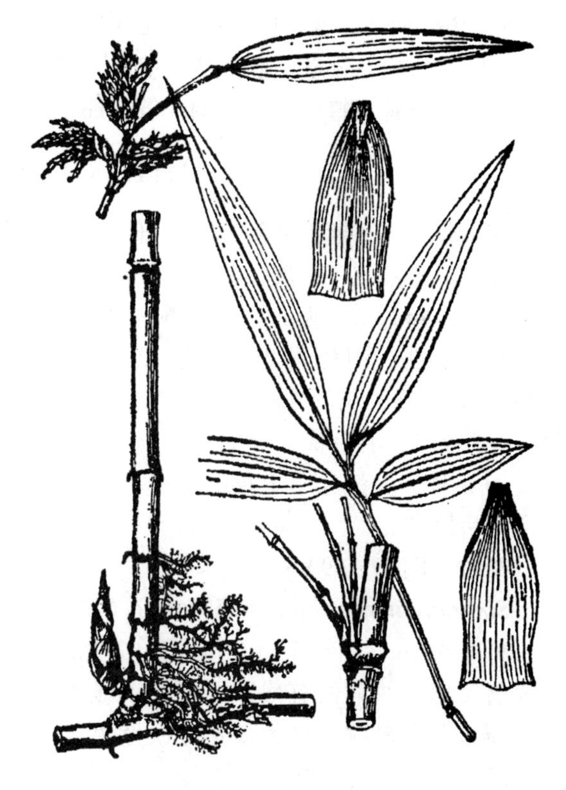

图 17-388 苦 竹

（2）菲白竹

***Pleioblastus angustifolius* (Mitford) Nakai**

低矮竹类，秆每节具 2 至数分枝或下部为 1 分枝。叶片狭披针形，绿色底上有黄白色纵条纹，边缘有纤毛，两面近无毛，有明显的小横脉，叶柄极短；叶鞘淡绿色，一侧边缘有明显纤毛，鞘口有数条白缘毛。笋期 4~5 月。

原产日本。中国华东地区有栽培。喜温暖湿润气候，耐荫性较强。

菲白竹植株低矮，叶片秀美，常植于庭园观赏；栽作地被、绿篱或与假山石相配都很合适；也是盆栽或盆景中配植的好材料。

7. 箬竹属 *Indocalamus* Nakai

灌木型或小灌木型竹类。地下茎复轴型。秆散生或丛生，每节有 1~4 分枝，分枝通常与主秆同粗。秆箨宿存性。叶片宽大，有多条次脉及小横脉。花序总状或圆锥状，具苞片或不具苞片；小穗有小花数至多朵；颖卵形或披针形，顶端渐尖至尾状；外稃近革质；内稃稍短于外稃，背部有 2 脊；鳞被 3；雄蕊 3；花柱 2，分离或基部稍离合，柱头羽毛状。

约 30 种，分布于斯里兰卡、印度、马来西亚和菲律宾、中国。中国 10 多种。

阔叶箬竹

***Indocalamus latifolius* (Keng) McClure**

秆高约 1m，下部直径 5~8mm，节间长 5~20cm，微有毛。秆箨宿存，质坚硬，背部常有粗糙的棕紫色小刺毛，边缘内卷；箨舌截平，鞘口顶端有长 1~3mm 流苏状缘毛；箨叶小。每小枝具叶 1~3 片，叶片长椭圆形，长 10~40cm，表面无毛，背面灰白色，略生微毛，小横脉明显，边缘粗糙或一边近平滑。圆锥花序基部常为叶鞘包被，花序分枝与主轴均密生微毛，小穗有 5~9 小花。颖果成熟后古铜色。

原产中国华东、华中等地。多生于低山、丘陵向阳山坡和河岸。

阔叶箬竹植株低矮，叶宽大，在园林中栽植观赏或作地被绿化材料，也可植于河边护岸。秆可制笔管、竹筷，叶可制斗笠、船篷等防雨用品。

8. 箭竹属 *Sinarundinaria* Nakai

灌木状竹类。地下茎复轴型；秆直立，每节具3至多分枝。箨鞘宿存，箨叶狭长，箨耳常不发育。圆锥花序开展，其分枝腋间常具小瘤状腺体，并常托以微小之苞片；小穗具柄，含数小花；颖片2，膜质；外稃顶端渐尖或具锥状小尖头；内稃具2脊；顶端2齿裂；鳞被3；雄蕊3，花丝分离；子房无毛，花柱筒短，柱头2，羽毛状。

10余种，大都分布于我国华中、华西各地之山岳地带。

箭竹（图17-389）

***Sinarundinaria nitida*（Mitford）Nakai**

秆高约3m，径约1cm。新秆具白粉，箨环显著突出，并常留有残箨，秆环不显。箨鞘具明显紫色脉纹；箨舌弧形，淡紫色；箨叶淡绿色，开展或反曲。小枝具叶2～4，叶鞘常紫色，具脱落性淡黄色肩毛；叶矩圆状披针形，长5～13cm，次脉4对。笋期8月中、下旬。

分布于甘肃南部、陕西、四川、云南、湖北、江西。为高山区野生竹种，生于海拔1000～3000m的山坡林缘。

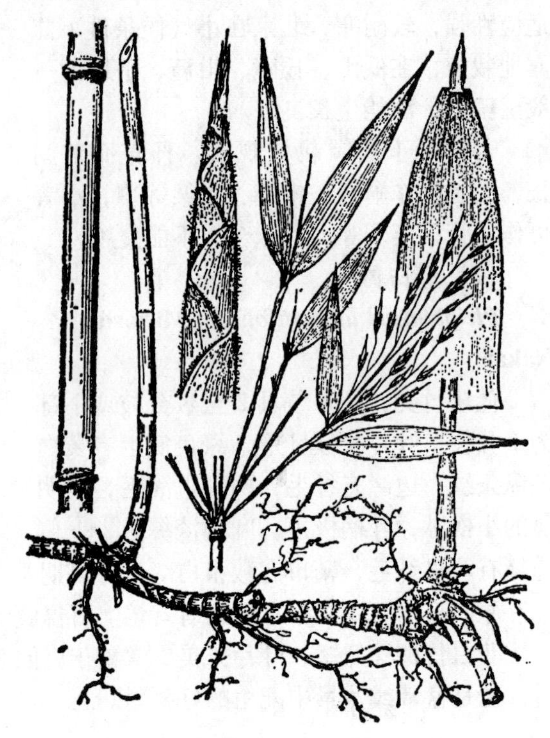

图17-389 箭 竹

适应性强。耐寒冷，耐干旱瘠薄土壤，在避风、空气湿润的山谷生长茂密，有时也生于乔木林冠下。

秆供编制筐篮等用具及搭置棚架之用。

〔82〕棕榈科 Palmaceae（Palmae）

常绿乔木或灌木，茎单生或丛生，直立或攀援，实心。叶常聚生茎端，攀援种类则散生枝上，常羽状或掌状分裂，大形；叶柄基部常扩大成具纤维的叶鞘。花小，多辐射对称，两性或单性，雌雄同株或异株，有时杂性，组成圆锥状肉穗花序或肉穗花序，萼片、花瓣各3枚，分离或合生，镊合状或覆瓦状排列；雄蕊多6枚，罕3枚，有时多数；子房上位，多1～3室，心皮3枚分离或仅基部合生，每室胚珠1枚。浆果、核果或坚果。

分属检索表

A_1 叶掌状分裂。

B_1 叶柄两侧光滑无齿或刺。丛生灌木。干细如指。叶裂片30片以下，裂片顶端通常阔而有数个细尖齿 ………………………………………………………………………… 1. 棕竹属 *Rhapis*

B_2 叶柄两侧有齿、刺。乔木或灌木。干粗15cm以上。叶裂片30片以上，裂片顶端常尖而具2裂：

C_1 叶裂片分裂至中上部，端深2裂而下垂；叶柄两侧有较大的倒钩刺 ………… 2. 蒲葵属 *Livistona*

C_2 叶裂片分裂至中下部，端裂较浅，常挺直或下折；叶柄两侧有极细之锯齿 ……………………… ………………………………………………………………………… 3. 棕榈属 *Trachycarpus*

A_2 叶羽状分裂。

B_1 叶为2~3回羽状全裂，裂片菱形，边缘具不整齐的啮蚀状齿 ………………… 4. 鱼尾葵属 *Caryata*

B_2 叶为1回羽状全裂，裂片线形、线状披针形或长方形，边全缘或仅局部具啮蚀状齿。

C_1 叶轴上近基部裂片变成针刺状 ……………………………………………… 5. 刺葵属 *Phoenix*

C_2 叶柄和叶轴均无刺。

D_1 叶裂片基部耳垂状 ……………………………………………………………… 6. 桄榔属 *Arenga*

D_2 叶裂片基部不呈耳垂状。

E_1 果大，中果皮为厚而松软的纤维质；内果皮骨质、坚硬，近基部有萌发孔3枚 ………… ………………………………………………………………………… 7. 椰子属 *Cocos*

E_2 果小，中果皮通常薄而非纤维质；内果皮无萌发孔。

F_1 叶裂片在叶轴上排成多列。茎秆幼时基部膨大，后中部膨大……… 8. 王棕属 *Roystonea*

F_2 叶裂片在叶轴上排成2列。茎秆基部略膨大。

G_1 乔木；叶裂片背面有灰色鳞秕状或绒毛状被覆物 ……… 9. 假槟榔属 *Archontophoenix*

G_2 丛生灌木；叶裂背面光滑……………………………… 10. 散尾葵属 *Chrysaliaocarpus*

1. 棕竹属 *Rhapis* L.

丛生灌木。茎直立，上部常为纤维状叶鞘包围。叶聚生茎顶，叶片扇形，折叠状，掌状深裂几达基部；裂片2至多数，叶脉显著；叶柄纤细，上面无凹槽，顶端与叶片连接处有小戟突。花单性，雌雄异株，无梗，组成松散、分枝的肉穗花序；雄花花萼杯状，3齿裂，花冠倒卵形或棒状，3浅裂，裂片三角形，镊合状排列，雄蕊6枚，着生于花冠管上，2轮；雌花花萼与雄花相似，花冠则较雄花为短，心皮3枚，分离，胚珠1枚。果球形或卵形，稍肉质。种子单生，球形或近球形。

约15种，分布于亚洲东部及东南部；中国有7种或更多。产广东、广西、云南、贵州、四川等南部和西南部。

分种检索表

A_1 叶片5~10（14）深裂，裂片较宽短，表面常呈龟甲状隆起，并有光泽。宿存的花冠管不变成实心的柱状体 ………………………………………………………………（1）筋头竹 *R. excelsa*

A_2 叶片常10~24深裂，裂片较窄长，表面不隆起，无光泽。宿存的花冠管变成实心的柱状体 ……… ……………………………………………………………………（2）棕竹 *R. humilis*

(1) 筋头竹（棕竹）（图 17-390）

***Rhapis excelsa*（Thunb.） Henry ex Rehd**

形态：丛生灌木。茎高 2m 左右，直径 2～3cm。叶片掌状，5～10 深裂；裂片条状披针形，长达 30cm，宽 2～5cm，端阔，有不规则齿缺，边缘和主脉上有褐色小锐齿，横脉多而明显；叶柄长 8～30cm，初被秕糠状毛，稍扁平。肉穗花序多分枝，长达 10～30cm，雄花序纤细；雄花小，淡黄色，无梗，花蕾近球形；花萼长 1.5mm；花冠裂片卵形，质厚；雌花序较粗壮。浆果近圆形，长 7～8mm，宽 7mm，黄褐色，果皮薄。种子球形。花期 4～5 月。

图 17-390　筋头竹

1. 植株　2. 叶下部，示叶柄顶端小戟突　3. 果序　4. 叶部分放大，示细横脉

分布：产中国东南部及西南部，广东较多；日本也有。

习性：生长强壮，适应性强。喜温暖湿润的环境，耐荫；不耐寒。野生于林下、林缘、溪边等阴湿处。宜湿润而排水良好的微酸性土。

繁殖栽培：播种、分株均可。早春将原株丛分成数丛后置于遮荫处，有利于恢复。

观赏特性及园林用途：棕竹秀丽青翠，叶形优美，株丛饱满，亦可令其拔高，剥去叶鞘纤维，杆如细竹，为优良的，富含热带风光的观赏植物。在植物造景时可作下木。常植于建筑的庭院及小天井中，栽于建筑角隅可缓和建筑生硬的线条。盆栽或桶栽供室内布置。

经济用途：茎干作手杖及伞柄。根及叶鞘入药。

(2) 棕竹（矮棕竹）

***Rhapis humilis* Bl.**

丛生灌木，比筋头竹要高大，叶掌状深裂，裂片 10～24，条形，宽 1～2cm，端尖，并有不规则齿缺，缘有细锯齿。横脉疏而不明显。肉穗花序较长且分枝多。果球形，径约 7mm，单生或成对生宿存的花冠管上，花冠管变成一实心的柱状体。种子 1 颗，球形，径约 4.5mm。

产中国南部及西南部，生山地林下。习性、繁殖栽培、用途同筋头竹。

2. 蒲葵属 *Livistona* R. Br.

乔木或大乔木。茎直立，有环状叶痕。叶近圆形、扇状折叠，掌状分裂至叶片中部附近，亦有浅裂或深裂者；裂片多条形，顶端 2 裂；叶柄长，腹面平，背面圆凸，两侧具长大显著之骨质齿刺；叶鞘纤维棕色，网状；裂片在芽时向内折叠。花两性，甚小，大量，生于延长、疏散圆锥状肉穗花序上；佛焰苞管状，多数，包被花梗；萼片 3，覆瓦状排列，革质；雄蕊6，花丝合生成为一环，心皮3，近乎分离，每一心皮内各有直立、基生胚珠1颗，花柱短，分离或连合，柱头微小。核果1~3枚，球形至卵状椭圆形。种子1枚。

本属分布于亚洲及大洋洲的热带地区，全球共约30种；中国产约4种，分布华南、东南部及云南西双版纳地区。

蒲葵（葵树）（图17-391）

***Livistona chinensis*（Qaxq） R. Br.**

形态：乔木，高达10~20m。胸径15~30cm。树冠密实，近圆球形，冠幅可达8m，叶阔肾状扇形，宽约1.5~1.8m，长1.2~1.5m，掌状浅裂，或深裂，通常部分裂深至全叶1/4~2/3，下垂；裂片条状披针形，顶端长渐尖，再深裂为2；叶柄两侧具骨质的钩刺；叶鞘褐色，纤维甚多。肉穗花序腋生，排成圆锥花序式，长1m余，分枝多而疏散；总苞1，革质，圆筒形，苞片多数，管状；花小，两性，通常4朵集生；花冠3裂，几达基部，花瓣近心脏形，直立。核果椭圆形至阔圆形，状如橄榄，两端钝圆，熟时亮紫黑色，外略被白粉。

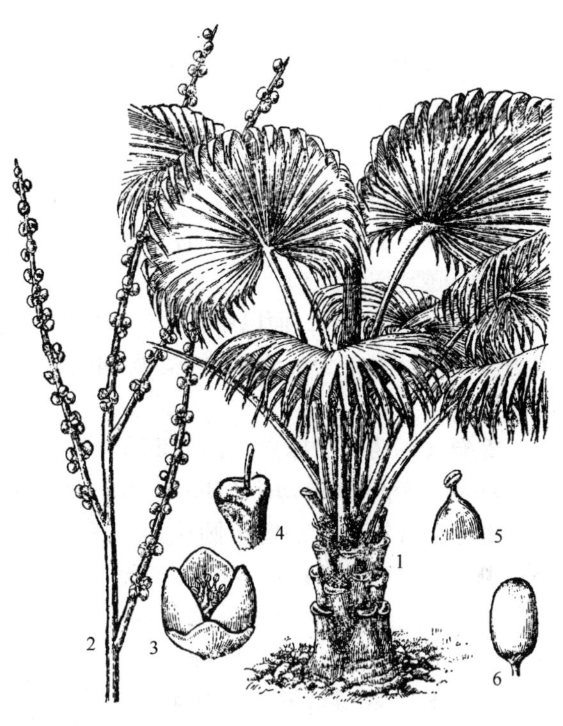

图17-391 蒲 葵

1. 全相 2. 花序部分 3. 花 4. 雌蕊 5. 雄蕊 6. 果

分布：原产华南，在广东、广西、福建、台湾栽培普遍，湖南、江西、四川、云南亦多有引种。内陆地区以湖南南部、广西北部、云南中部（昆明）为其分布北界，滨海地区向北延伸至上海偶见在小气候良好处露地栽培，但需保护越冬。

习性：喜高温多湿气候，适应性强，耐0℃左右的低温和一定程度的干旱。喜光略耐荫，苗期尤耐荫，光照充足则生长强健，葵叶产量高。抗风力强，须根盘结丛生，耐移植，能在海滨、河滨生长而少遭风害。喜湿润、肥沃、富含有机质的粘壤土，能耐一定程度的水涝及短期浸泡。

抗有毒气体，对氯气和二氧化硫抗性强。

蒲葵生长速度中等，20年生树高8.1m，冠幅6.7m，胸径28cm（广东植物园）。寿命甚长，可达200年以上。

在广州3月抽出花序，3月中下旬至4月上中旬开花，花期约月余。9~10月果熟。

繁殖栽培：播种繁殖：选20~30年生健壮母株采种，采下果实不宜暴晒，立即浸水3~5d，洗去果皮阴干后可播种。产地多于秋冬播种，偏北地区可春播。1.5~3年后定植。植后3~4年可开始割叶，可连续收获数十年甚至百年之久。每年可割叶8~15片，亩产葵叶约1500kg。

蒲葵对病虫害抵抗力强，主要害虫有绿刺蛾和灯蛾，可用乐果等防治。

观赏特性及园林用途：树形美观，可丛植、列植、孤植。

经济用途：蒲葵全身都是宝，嫩叶制葵扇，老叶制蓑衣席子。叶脉可制牙签，树干可作梁柱。果实及根、叶均可入药。

3. 棕榈属 *Trachycarpus* H. Wendal.

乔木或灌木。茎干直立，多单生而不分枝。单叶簇生干端，近圆形或肾形，掌状深裂，有皱折，裂片在芽时内向折叠，裂片狭长，多数，顶端浅2裂，叶柄上面近平，下面半圆，两侧具细齿。圆锥状肉穗花序粗大而多分枝，佛焰苞多数，革质，压扁状，被绒毛；花杂性或单性，雌雄同株或异株；花小，花萼、花瓣各3枚；雄蕊6，花丝分离，花药短；心皮3，仅基部连合，柱头3，向后反曲，胚珠基生。核果1~3，球形、长圆至肾形；种子直生，腹面有沟，胚乳均匀。

全世界约10种，而以中国西南、华南、华中、华东和喜马拉雅地区（包括印度、尼泊尔等国）以及日本为其分布中心。中国约产6种。本属植物抗寒性较强，分布于棕榈科区域北缘至最北界限。

棕榈（棕树、山棕）（图17-392）

***Trachycarpus fortunei*（Hook. f.）H. Wendl.**

形态：常绿乔木。树干圆柱形，高达10m，干径达24cm。叶簇竖干顶，近圆形，径50~70cm，掌状裂深达中下部；叶柄长40~100cm，两侧细齿明显。雌雄异株，圆锥状肉穗花序腋生，花小而黄色。核果肾状球形，径约1cm，蓝褐色，被白粉。花期4~5月，10~11月果熟。

分布：原产中国。日本、印度、缅甸也有。棕榈在我国分布很广：北起陕西南部，南到广东、广西和云南，西达西藏边界，东至上海和浙江。从长江出海口，沿着长江上游两岸500km广阔地带分布最广。

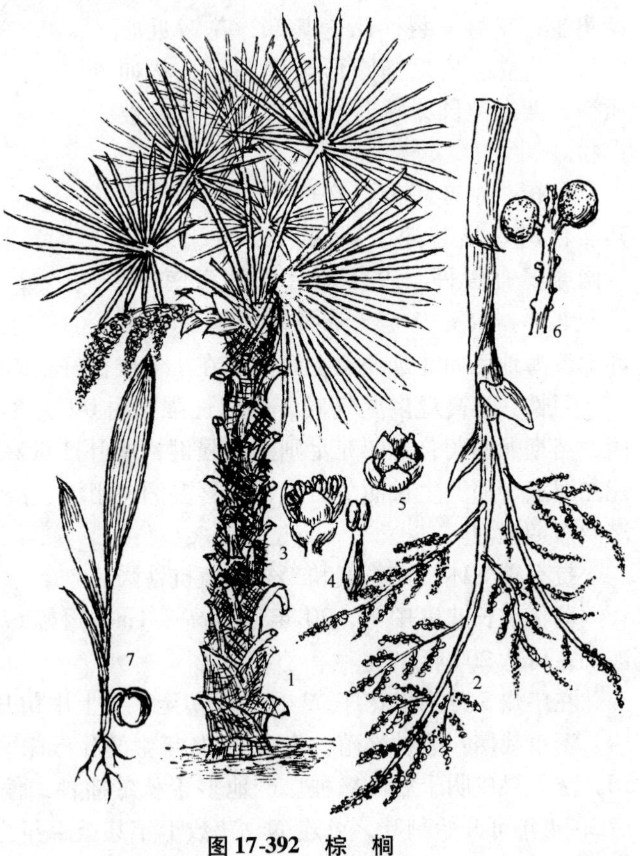

图17-392 棕 榈

1. 树全形 2. 花序 3. 雄花 4. 雄蕊 5. 雌花 6. 果序一节及果 7. 幼苗

习性：棕榈是棕榈科中最耐寒的植物，在上海可耐-8℃低温，但喜温暖湿润气候。野生棕榈往往生长在林下和林缘，有较强的耐荫能力，幼苗则更为耐荫，苗圃中常用其幼苗间作在大苗下层。但在阳光充足处棕榈生长更好。喜排水良好、湿润肥沃之中性、石灰性或微酸性的粘质壤土，耐轻盐碱土，也能耐一定的干旱与水湿。喜肥。耐烟尘，对有毒气体抗性强。抗二氧化硫及氟化氢，有很强吸毒能力。经二氧化硫污染后，1kg 干叶的含硫量为 5g 以上。经氯气污染后，叶片的含氯量为未染的 2. 33 倍。在严重氟污染区 1kg 干叶可吸氟 1000mg 以上。在汞蒸汽散放的工厂附近，1kg 干叶的含汞量为 84mg。

棕榈根系浅，须根发达。生长缓慢，1～2 年生苗仅生披针叶 2～3 片，多至 4～5 片；8～10 年生幼树干径基本稳定，生长开始加快，高 1. 2～1. 5m，或更高，始有花果，也可剥取棕皮；8～20 年生高生长迅速，节间长，棕皮产量高，以后逐渐生长缓慢、衰退、节密而棕皮产量低。棕榈寿命长，四川灌县青城山天师洞一株“古山棕”据说已有数百年高龄。自播繁衍能力强。

繁殖栽培：播种繁殖，10～11 月果实充分成熟时，以随采随播最好。或采后置于通风处阴干，或行沙藏，至次年春 3～4 月播种，发芽率 80%～90%。播种苗 2 年后换床移栽，移时剪除叶片 1/2～2/3 浅栽，以免烂心及蒸发，保证成活。

观赏特性及园林用途：棕榈挺拔秀丽，一派南国风光，适应性强，能抗多种有毒气体。棕皮用途广泛，供不应求，故系园林结合生产的理想树种，又是工厂绿化优良树种。可列植、丛植或成片栽植，也常用盆栽或桶栽作室内或建筑前装饰及布置会场之用。

经济用途：棕皮的叶鞘纤维耐拉力强，耐磨又耐腐，可编织蓑衣、鱼网、搓绳索、制刷具、地毯及床垫等。老叶可加工制成绳索。树干可作亭柱、水槽，又可制扇骨、木梳等。嫩花葶可食。花、果、种子入药。种子富含淀粉、蛋白质，加工后是很好的饲料。

4. 鱼尾葵属 *Caryota* L.

灌木、小乔木至大乔木。茎单生或丛生，有环状叶痕。叶大，聚生茎顶，2～3 回羽状全裂，芽时外向折叠；裂片菱形、楔形或披针形，阔或狭，顶端极偏斜而有不规则啮齿状缺刻，状如鱼尾；叶鞘纤维质。肉穗花序生于叶腋内，下垂，分枝多而呈圆锥花序式，雌雄同株，花单性，通常 3 朵聚生；雄花萼片 3 枚，圆形，分离，覆瓦状排列；花瓣 3 片，镊合状排列；雄蕊 6 枚至多数。雌花萼片圆形，覆瓦状排列，花瓣卵状三角形，镊合状排列；子房 3 室，柱头 3 裂，罕 2 裂。浆果球形，有种子 1～2 颗。种子圆形或半圆形。约 12 种，分布于亚洲热带地区至澳大利亚东北部。中国有 4 种，产云南南部、广东、广西等地。

分种检索表

A_1 树干单生。花序长约 3m。果粉红色 ……………………………… （1）鱼尾葵 *Caryota ochlandra*

A_2 树干丛生。花序长不及 1m。果蓝黑色 ……………………………… （2）短穗鱼尾葵 *Caryota mitis*

（1）鱼尾葵（假桄榔）（图 17-393）

***Caryota ochlandra* Hance**

乔木，高达 20m。叶 2 回羽状全裂，长 2～3m，宽 1. 15～1. 65m，每侧羽片 14～20 片，中部较长，下垂；裂片厚革质，有不规则啮齿状齿缺，酷似鱼鳍，端延长成长尾尖，近对生；叶轴及羽片轴上均被棕褐色毛及鳞粃；叶柄长仅 1. 5～3cm；叶鞘巨大，长圆筒形，抱茎，长约 1m 余。圆锥状肉穗花序长约 1. 5～3m，下垂。雄花花蕾卵状长圆形。雌花花蕾三角状卵形。果球形，径约 1. 8～2cm，熟时淡红色，有种子 1～2 颗。花期 7 月。

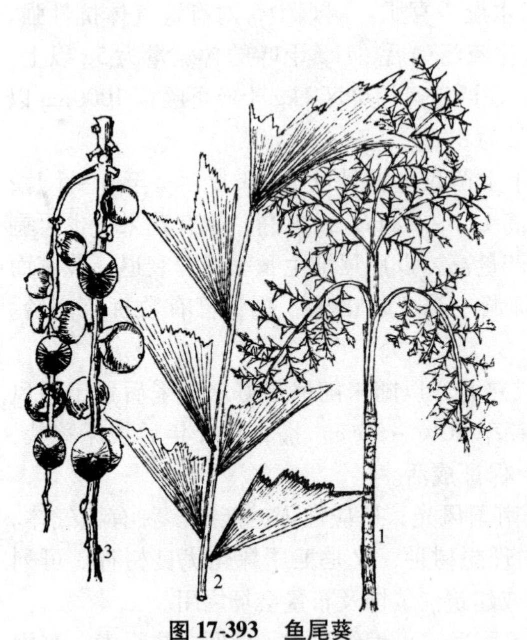

图 17-393 鱼尾葵

1. 树全形 2. 夏叶羽片一部分及小叶 3. 果序一部分及果

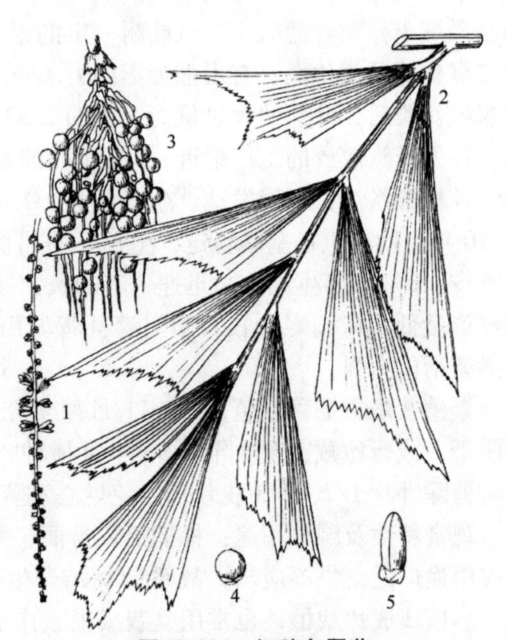

图 17-394 短穗鱼尾葵

1. 部分花序 2. 部分叶裂片 3. 果序 4. 果 5. 雄花

产广东、广西、云南、福建等地。生石灰岩山地及低海拔林中。耐荫，喜湿润酸性土。果实落地后，种子自播繁衍能力很强，在沟谷雨林中常成为稳定的下层乔木。

树姿优美，叶形奇特，供观赏。自广西桂林以南广泛作为庭园绿化树种，可作行道树，庭荫树。云南仅见于南部及西南部栽植。茎含大量淀粉，可作桄榔粉的代用品，边材坚硬，可作家具贴面，手杖或筷子等工艺品。

(2) 短穗鱼尾葵（尾槿棕）（图 17-394）

***Caryota mitis* Lour.**

从生小乔木，高 5 ~ 9m，干竹节状，在环状叶痕上常有休眠芽，近地面有棕褐色肉质气根。叶长 2 ~ 3m，2 回羽状全裂，大小、形状如鱼尾葵；叶鞘较短，长 50 ~ 70cm，下部厚被绵毛状鳞粃。肉穗花序稠密而短，长仅 60cm，总梗弯曲下垂，小穗长仅 30 ~ 40cm；佛焰苞可多达 11 枚。果球形，径 1.2 ~ 1.5cm，熟时蓝黑色。有种子 1 颗，种子扁圆形。花期 7月。

产广东、广西及亚洲热带地区，生山谷林中，为优美的庭园树种。茎内含淀粉，可食。花序汁液含糖分，可制糖和制酒。

5. 刺葵属 *Phoenix* L.

灌木或乔木。茎单生或丛生，叶羽状全裂；裂片条状披针形至条形，芽时内向折叠，最下部的常退化为坚硬的针状刺。肉穗花序生于叶丛中，直立，结果时下垂；佛焰苞鞘状，革质或软革质。花单性，雌雄异株。雄花花萼碟状，3 齿裂；花瓣 3 片，镊合状排列；雄蕊 6 枚，有时 3 ~ 9 枚，花丝极短。雌花球形；花萼碟状，且花后增长；花瓣 3 片，扁圆形或圆形，覆瓦状排列；退化雄蕊 6 枚或连合呈杯状而有 6 齿裂，心皮 3 枚，分离，无花柱，柱头钩状。果长圆形，种子 1 颗，腹面有槽纹。

约 17 种，分布于亚洲和非洲的热带和亚热带地区。中国 2 种，产广东南部和云南南部。

枣椰子（伊拉克蜜枣）（图 17-395）

***Phoenix dactylifera* L.**

形态：乔木，高达 20 ~ 25m。茎单生，基部萌蘖丛生。叶长 2.7m 左右，羽状全裂；裂片条状披针形，端渐尖，缘有极细微之波状齿，互生，在叶轴二侧常呈 V 字形上翘，绿色或灰绿色，基部裂片退化成坚硬锐刺；叶柄长 68cm 左右。雌雄异株，花单性。雄花序长 50 ~ 60cm，直立；佛焰苞鞘状，花序轴扁平，宽约 2.5cm；小穗短而密集，不规则横列于轴的上部。雄花长圆形，黄色，背面具纵纹。果序长达 2m，直立，宽 5cm，扁平，淡橙黄色，被蜡粉，状如扁担；小穗长 58 ~ 70cm，径 6mm，淡橙黄色，被蜡粉，不规则横列于果序轴的上部，果时被压下弯。果长圆形，长 4 ~ 5.1cm，宽1.7 ~ 2.1cm，宿存花瓣扁圆形，淡橙黄色，端圆钝或浅凹。种子 1 颗，长圆形。

分布：原产伊拉克、非洲撒哈拉沙漠及印度西部；中国两广、福建、云南有栽培。

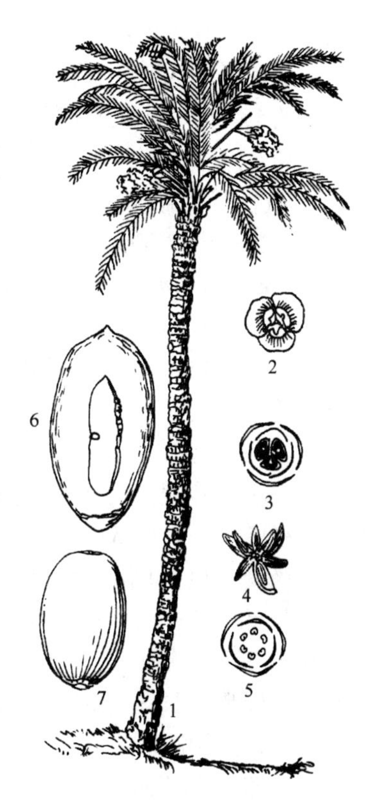

图 17-395　枣椰子

1. 树形　2、3. 雌花及花图式　4、5. 雄花及花图式　6. 果纵剖　7. 果

习性：枣椰子为干热带果树。喜高温干燥气候及排水良好轻软的砂壤，耐盐碱性强，但不能超过 3%。最低温度至 -6.7℃，在 17.7℃以下就不开花结实，结实期要在 29℃以上。忌结果初期下雨，尤畏阴雨连绵。

繁殖栽培：用萌蘖繁殖和播种繁殖均可。常用 10 ~ 20 年生枣椰子的萌蘖进行繁殖，产量高。种子繁殖产量低。管理粗放，每年只需剪除枯叶，6 年生以上，则每年冬季可修剪掉下面一排的叶。

观赏特性及园林用途：为良好的行道树、庭荫树及园景树。在昆明有 200 年生的雄株，在厦门结果累累，但种子未充分发育。

经济用途：果除生食外，可制蜜饯酿酒。种子打碎可作骆驼、山羊、牛、马的饲料。叶可制席、扇笼、绳等。嫩芽可作蔬菜。干可作屋柱梁等。

6. 桄榔属 *Arenga* Labill

乔木或灌木。单干或丛生；茎干覆被黑色、粗纤维状叶鞘残体。叶聚生干顶，羽状全裂，裂片顶端常具不整齐啮蚀状，基部一侧或两侧呈耳垂状。肉穗花序生于叶腋，总梗短，多分枝而下垂，由上向下抽穗开花，当最下部花序结果后，全株即告死亡。花单性同株，异序，通常单生或 3 朵聚生，雌花居中。雄花萼片近圆形，花瓣长圆形，雄蕊多数，花丝短，花药条形。雌花萼片圆形，花后增大，花瓣三角状，花后亦增大，子房近球形。果多少核果状，倒卵形至球形，有种子 2 ~3 粒。种子阔椭圆形。

约 17 种，分布于亚洲和澳大利亚热带地区。中国有 2 种，产云南、广东、广西、福建、西藏和台湾等地。

桄榔（砂糖椰子、山椰子、莎木、羽叶糖棕）（图 17-396）

***Arenga pinnata*（Wurmb）Merr.**

形态：乔木。高 6 ~ 17m。叶聚生于顶，斜出，长 4 ~ 9m，羽状全裂，裂片每侧多达 146 枚，顶端不整齐啮蚀状，缘疏生不整齐啮蚀状齿缺，基部两侧耳垂状，一大一小，叶表深绿，背面灰白；叶柄粗壮，径 5.1 ~ 8.6cm；叶鞘粗纤维质，黑色，缘具黑色针刺状附属物。肉穗花序下弯，长约 1.7m，小穗多达 52 条，长达 1.2m，下垂；佛焰苞 5 ~6 枚，软革质。果倒卵状球形，长 3.5 ~6.0cm，棕黑色。种子 3 粒，阔椭圆形。

图 17-396　桄　榔

1. 植株　2. 叶轴一段　3. 雄花　4. 部分果序

分布：产广东、广西、云南、西藏等地的南部。国外则印度、斯里兰卡、缅甸、印度尼西亚、马来西亚、菲律宾、澳大利亚等地有分布。

习性：桄榔常野生于密林、山谷中及石灰质石山上。喜阴湿环境。

繁殖栽培：播种繁殖。

观赏特性及园林用途：桄榔叶片巨大、挺直，树姿雄伟优美，宜孤植、对植、丛植，也有作行道树。

经济用途：茎髓部含淀粉 44.5%，舂烂后可制淀粉及粉丝；幼嫩花序割伤后流出汁液，可煎熬成砂糖。叶片坚韧，可编织凉帽、扇子等用，叶鞘上黑色纤维耐水浸，可作绳索、刷子和扫帚。

7. 椰子属 *Cocos* L.

单干直立无刺大乔木。干上有明显的环状叶痕及叶鞘残基。叶甚长，羽状全裂，簇生干顶；裂片多数，端长渐尖，肉穗花序生于叶丛中，圆锥花序式，多分枝；总苞厚革质至木质，1 枚至多枚。花单性同株，同序。雄花小，多数，聚生穗状分枝的上部及中部。雌花大，少数生于分枝基部，或有时雌雄花在下部混生。雄花萼片 3，软革质，覆瓦状排列；花瓣 3，软革质，远较萼片为大，镊合状排列；雄蕊 6，内藏，丁字着药。雌花萼片、花瓣各 3，均较雄花大，革质，覆瓦状排列，子房 3 室，各有胚珠 1 颗，通常仅 1 室发育。坚果极大，倒卵形或近球形。外果皮薄，革质，中果皮松厚，系纤维层，内果皮骨质而坚硬，即椰壳，近基部有萌发孔3。种子多颗，与内果皮粘着。胚乳大（即椰肉），坚实成1层衬着内果皮，一大空腔内贮存丰富的浆汁，即椰水。

1种，现广布于热带海岸，而以东南亚最多。

椰子（椰树）（图17-397）

***Cocos nucifera* L.**

形态：乔木，高15～35m，单干，茎干粗壮，叶长3～7m，羽状全裂；裂片外向摺叠；叶柄粗壮，长1m余，基部有网状褐色棕皮。肉穗花序腋生，长1.5～2m；总苞舟形，最下一枚长60～100cm，肉穗花序雄花呈扁三角状卵形，长1～1.5cm。雌花呈略扁之圆球形，横径2.4～2.6cm。坚果每10～20聚为一束，极大，长径在15～20cm以上，几乎全年开花，7～9月果熟，4～6月和10月有少量收获。

图17-397　椰　子

1. 树全形　2. 花序的一分枝　3. 果及纵剖面

分布：原产地至今不清，据说为中太平洋群岛的波利尼西亚（Polynesia），现主产区为东南亚及太平洋诸岛。中国海南岛、台湾和云南南部栽培椰子已有2000年以上的历史。

习性：在高温、湿润、阳光充足的海边生长发育良好。要求年平均温度24～25℃以上，温差小，最低温度不低于10℃，才能正常开花结实。最适年平均温度是26～27℃，如有1个月的年平均温度在15℃以下，就会引起落花落果和叶片变黄。要求年降水量1500～2000mm，且分布均匀，不耐干旱，一次干旱可影响2～3年的产量，长期水涝也会影响生势和产量。喜海滨和河岸的深厚冲积土，次为砂壤土，要求排水良好，地下水位在1～2.5m。抗风力强，6～7级强风对椰子生长和产量影响轻微；8～9级台风可吹断叶片，吹落果实；10～12级台风可造成风折、风倒。

繁殖栽培：播种繁殖要选良种，苗期管理要合理施肥（对钾需要量最大，氮次之，磷最小）。7年始果，15～80年生为盛果期，每年株产40～80个。

观赏特性及园林用途：椰子苍翠挺拔，在热带和南亚热带地区的风景区，尤其是海滨区为主要的园林绿化树种。可作行道树，或丛植、片植。椰子全身是宝，有“宝树”之称。

经济用途：椰水是清凉饮料；椰肉烘干成椰干是重要的油源，可食用，制成椰茗、椰奶，配成椰子糖、椰子酱等。树干坚硬，可作家具、桥桩等建筑材料。椰壳作工艺品及乐器。椰衣可制绳索、扫帚、地毯、船缆等，其细纤维又是沙发椅、床垫、隔音板的优良垫料。叶可编席。根可提染料。花序可割取糖液，供饮料。

8. 王棕属 *Roystonea* O. F. Cook

乔木，茎单生，圆柱状，近基部或中部膨大。叶极大，羽状全裂；裂片线状披针形；叶鞘长筒状，包茎。花序巨大，分枝长而下垂，生于叶鞘束下，佛焰苞2，外面1枚早落，里面1枚全包花序，于开花时纵裂。花小，单性同株，单生、并生或3朵聚生，雄花萼片3，极小，薄革质，雄蕊6～12，具退化雌蕊。雌花花冠壶状，3裂至中部；子房3室；退化雄蕊6，鳞片状。果近球形或长圆形，长不过1.2cm。种子1颗。约6种，产热带美洲；中国引入栽培种。

王棕（大王椰子）（图17-398）

***Roystonea regia*（H. B. K）O. F. Cook**

乔木，高达10～20m。茎淡褐灰色，具整齐的环状叶鞘痕，幼时基部明显膨大，老时中部膨大。叶聚生茎顶，长约4m，羽状全裂；裂片条状披针形，长85～100cm，宽4cm，软革质，端渐尖或2裂，基部外向折叠，通常4列排列；叶柄短；叶鞘长1.5m，光滑。肉穗花序3回分枝，排成圆锥花序式。佛焰苞2枚，外面1枚短而早落，里面1枚舟形，端具扁平的长喙全包花序，厚革质，苞内及肉穗花序上有大量白色及灰褐色锯末状散落物。小穗长12～28cm，基部或中部以下有雌花，中部以上全为雄花。雄花淡黄色，花瓣镊合排列，雄蕊6～12枚，丁字着药，雌花花冠壶状，3裂至中部，具扁平之退化雄蕊6，柱头3。果近球形，长8～13mm，红褐色至淡紫色。种子1颗，卵形，压扁。

图17-398　王　棕
1. 植株　2. 叶轴一段，示裂片

原产古巴，现广植于世界各热带地区。中国广东、广西、台湾、云南及福建均有栽培。作行道树，园景树。可孤植、丛植和片植，均具良好效果。种子可作鸽子饲料。播种繁殖，耐粗放管理。

9. 假槟榔属 *Archontophoenix* H. Wendl et Drude

乔木。干单生，有环纹。叶羽状全裂，裂片条状披针形，中脉及细中脉均极显著，叶背及叶轴背面有鳞秕状绒毛被复物。肉穗花序生于叶鞘束下方之干上，具多数悬垂之分枝。总苞2。花无梗，单性，雌雄同株异序。雄花三角状；萼片3，较小，覆瓦状排列，具一退化雌蕊；花瓣3，较大，镊合状排列；雄蕊9～24枚，花丝近基部合生。雌花近球形，小于雄花，花后花被增大；萼片3，覆瓦状排列；花瓣3，较萼片小，退化雄蕊6或0，子房三角状卵形，1室，柱头3，微小而外弯。坚果小，球形或椭圆状球形，果皮纤维质。种子具嚼烂状胚乳。

4种。原产澳大利亚之热带、亚热带地区。中国常见栽培1种。

假槟榔（亚力山大椰子）（图17-399）

***Archonthophoenix alexandrae* H. Wendl et Drude**

乔木，高达20～30m。茎干具阶梯状环纹，干之基部膨大。叶长约2.3m，羽状全裂；裂片137～141枚，长约60cm，端渐尖而略2浅裂，边全缘，表面绿色，背面灰绿，有白粉，具明显隆起之中脉及纵侧脉，叶背略被灰褐色鳞粃，叶轴背面密被褐色鳞粃状绒毛；叶柄短；叶鞘长1m，膨大抱茎，革质。肉穗花序悬垂叶鞘束下，雌雄异序，雄花序长约75cm，宽约55cm，2总苞鞘状扁舟形，软革质，长约54cm，各级分枝“之”字折屈。雄花为三角状长圆形，淡米黄色；萼片及花瓣均3枚；雄蕊（6）9～10（15），长在花盘上。雌花序长约80cm，宽约60cm；总苞长约50cm，雌花单生，卵形，柱头3，子房卵形，光滑，米黄色。果卵状球形，长1.2～1.4cm，红色。

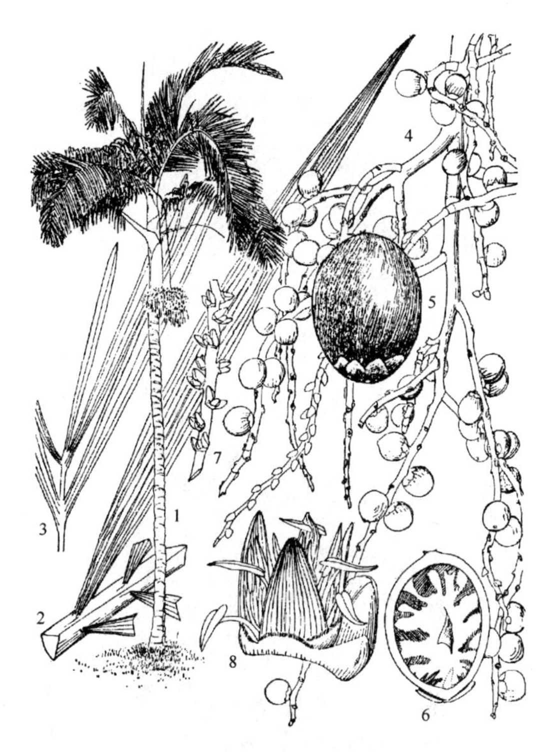

图17-399 假槟榔

1. 植株形态 2. 叶中部 3. 叶顶部 4. 果序（部分） 5. 果 6. 果纵剖 7. 小穗状花序一段 8. 雄花

原产澳大利亚之昆士兰州。中国广东、广西、云南西双版纳、福建及台湾等地有栽培。生长及开花结果良好。播种繁殖，防鼠食幼苗。

假槟榔为一树姿优美而管理粗放的观赏树木，大树移栽容易成活，故在华南、西南适合生长的城市及风景区可以更多推广应用。

10. 散尾葵属 *Chrysalidocarpus* H. Wendl

丛生灌木。干无刺。叶长而柔弱，有多数狭的羽裂片；叶柄和叶轴上部有槽。穗状花序生于叶束下，花单性同株；萼片和花瓣6枚；花药短而阔，背着；子房1，有短的花柱和阔的柱头。果稍作陀螺形。约20种，产马达加斯加。中国引入栽培种。

散尾葵（黄椰子）（图17-400）

***Chrysalidocarpus lutescens* H. Wendl**

丛生灌木，高7～8m。干光滑黄绿色，嫩时被蜡粉，环状鞘痕明显。叶长1m左右稍曲拱，羽状全裂；裂片条状披针形，中部裂片长约50cm，顶部裂片仅10cm，端长渐尖，常为

图17-400 散尾葵

2短裂，背面主脉隆起；叶柄、叶轴、叶鞘均淡黄绿色；叶鞘圆筒形，包茎。肉穗花序圆锥状，生于叶鞘下，多分枝，长约40cm，宽50cm。雄花花蕾卵形，黄绿色，端钝；花萼覆瓦状排列；花瓣镊合状排列。雌花花蕾卵形或三角状卵形，花萼、花瓣均覆瓦状排列。果近圆形，长1.2cm，宽1.1cm，橙黄色。种子1~3，卵形至阔椭圆形，腹面平坦，背具纵向深槽。

产马达加斯加。中国广州、深圳、台湾等地多用于庭园栽植。极耐荫，可栽于建筑阴面。性喜高温，在广州有时受冻。北方各地温室盆栽观赏，宜布置厅、堂、会场。

〔83〕百合科 Liliaceae

通常为多年生草本，具鳞茎或根状茎，少数种类为灌木或有卷须的半灌木。茎直立或攀援。叶基生或茎生，茎生叶通常互生，少有对生或轮生，极少退化为鳞片状。花两性，少数为单性或雌雄异株；单生或组成总状、穗状、伞形花序，少数为聚伞花序，顶生或腋生；花钟状、坛状或漏斗状；花被片通常6，少为4，鲜艳，排成两轮，离生或合生；雄蕊通常与花被片同数，花丝分离或连合；子房上位，少有半下位，常3室而为中轴胎座，少有1室而为侧膜胎座。蒴果或浆果；种子多数，成熟后常为黑色。

约240属，4000多种，分布温带及亚热带；中国有60多属，约600种。

分属检索表

A_1 叶剑形，质地坚硬；花大，花被片长3cm以上，花被片分离 …………………………… 1. 丝兰属 *Yucca*

A_2 叶非剑形，质地较软；花被片不超过3cm，花被片下部合生。

　B_1 子房每室具多数胚珠 ……………………………………………………………… 2. 朱蕉属 *Cordyline*

　B_2 子房每室具1~2胚珠 ………………………………………………………………（龙血树属 *Dracaena*）

1. 丝兰属 *Yucca* L.

植株常绿。茎分枝或不分枝。叶片狭长，剑形，顶端尖硬，多基生或集生干端。花杯状或碟状，下垂，在花茎顶端排成一圆锥或总状花序；花被片6，离生或近离生；雄蕊6，远较花被片短；花柱短，柱头3裂。蒴果卵形，通常开裂或肉质不开裂；种子扁平，黑色。

约30种，产美洲，现各国都有栽培；中国引入4种。

分种检索表

A$_1$ 叶质硬，多直伸而不下垂，叶缘老时有少许丝线 …………………………… (1) 凤尾兰 *Y. gloriosa*
A$_2$ 叶质较软，端常反曲，缘显具白丝线 ………………………………………… (2) 丝兰 *Y. smalliana*

(1) 凤尾兰（波萝花）（图 17-401）

***Yucca gloriosa* L.**

灌木或小乔木。干短，有时分枝，高可达5m。叶密集，螺旋排列茎端，质坚硬，有白粉，剑形，长 40 ~ 70cm，顶端硬尖，边缘光滑，老叶有时具疏丝。圆锥花序高 1m 多，花大而下垂，乳白色，常带红晕。蒴果干质，下垂，椭圆状卵形，不开裂。花期 6 ~ 10 月。

原产北美东部及东南部，现长江流域各地普遍栽植。

适应性强，耐水湿。扦插或分株繁殖，地上茎切成片状水养于浅盆中，可发育出芽来作桩景。

凤尾兰花大树美叶绿，是良好的庭园观赏树木，常植于花坛中央、建筑前、草坪中、路旁及绿篱等栽植用。叶纤维韧性强，可供制缆绳用。

图 17-401 凤尾兰
1. 植株 2. 花序

(2) 丝兰

***Yucca smalliana* Fern.**

植株低矮，近无茎。叶丛生，较硬直，线状披针形，长 30 ~ 75cm，先端尖成针刺状，基部渐狭，边缘有卷曲白丝。圆锥花序宽大直立，花白色、下垂。

原产北美，我国长江流域栽培观赏。

图 17-402 朱 蕉

2. 朱蕉属 *Cordyline* Comm. ex Juss

茎较高，呈棕榈状。花排成圆锥花丛；花被片 6，雄蕊 6，子房 3 室。果为浆果。

约 15 种，产热带及亚热带，各国多栽植供观赏。

朱蕉（铁树）（图 17-402）

***Cordyline fruticosa*（L.）A. Cheval.**

灌木，高达 3m，茎通常不分枝。叶常聚生茎顶，绿色或紫红色，长矩圆形至披针状椭圆形，长 30～50cm，中脉明显，侧脉羽状平行，叶端渐尖，叶基狭楔形；叶柄长 10～15cm，腹面有宽槽，基部抱茎。圆锥花序生于上部叶腋，长 30～60cm；花序主轴上有条状披针形苞片，长约 10cm；花淡红色至紫色，罕黄色，近无梗；花被长 1cm 余，宽约 2mm，互相靠合成花被管。

分布华南地区；印度及太平洋热带岛屿亦产。性喜高温多湿气候，干热地区宜植半荫处，忌碱土，喜排水良好富含腐殖质土壤。可用扦插、分株、播种等法繁殖；性强健，栽培管理容易。多作庭园观赏或室内装饰用，赏其常青不凋的翠叶或紫红斑彩的叶色。

学 名 索 引

（按字母顺序排列）

D

N

O

P

Q

R

T

U

V

中 名 索 引

（按拼音顺序排列）

Y

Z